Java Web 高级编程

——涵盖 WebSockets、Spring Framework、JPA Hibernate 和 Spring Security

[美] Nicholas S. Williams　著

王肖峰　译

清华大学出版社

北　京

Nicholas S. Williams
Professional Java for Web Applications
EISBN：978-1-118-65646-4

图书在版编目(CIP)数据

Java Web 高级编程：涵盖 WebSockets、Spring Framework、JPA Hibernate 和 Spring Security / (美) 威廉斯 (Williams, N.S.) 著；王肖峰 译. —北京：清华大学出版社，2015（2019.4 重印）

书名原文：Professional Java for Web Applications

ISBN 978-7-302-40095-0

Ⅰ. ①J…　Ⅱ. ①威… ②王…　Ⅲ. ①JAVA 语言—程序设计　Ⅳ. ①TP312

中国版本图书馆 CIP 数据核字(2015)第 089657 号

责任编辑：王　军　于　平
装帧设计：牛静敏
责任校对：成凤进
责任印制：刘海龙

出版发行：清华大学出版社
　　网　　址：http://www.tup.com.cn，http://www.wqbook.com
　　地　　址：北京清华大学学研大厦 A 座　　邮　　编：100084
　　社 总 机：010-62770175　　邮　　购：010-62786544
　　投稿与读者服务：010-62776969，c-service@tup.tsinghua.edu.cn
　　质 量 反 馈：010-62772015，zhiliang@tup.tsinghua.edu.cn
印 刷 者：清华大学印刷厂
装 订 者：三河市铭诚印务有限公司
经　　销：全国新华书店
开　　本：185mm×260mm　　印　　张：51.75　　字　　数：1389 千字
版　　次：2015 年 6 月第 1 版　　印　　次：2019 年 4月第 6 次印刷
定　　价：139.80 元

产品编号：060402-02

译 者 序

毫无疑问，Java 是这些年来最流行的编程语言之一。它无处不在——计算机、手机、网站以及各种嵌入式设备中都存在着大量的 Java 应用程序，而其中应用最为广泛的应该就是 Java EE Web应用程序(以及安卓应用程序，不过本书的主题是Java EE 开发)。通过使用Java EE 平台中的各种组件，我们可以轻松构建出稳定而功能丰富的企业级 Web 应用程序。

随着 Spring 的出现，Java 开发更是变得简洁和轻松。Spring 是一个一站式的开发框架，它通过自身实现和第三方集成两种方式提供了 Java 企业应用程序表现层、业务层、持久层等相关技术。而它的几个特性——依赖注入(DI)、反转控制(IoC)和面向切面编程(AOP)，相信大家更是应该耳熟能详了。本书将对 Spring 框架的这些特性进行深入的讲解。另外，本书还将讲解如何使用 Spring Security 保护自己的应用程序。

在开发过程中的另一个重要技术就是如何存储数据了，在这方面对象关系映射(O/RM)得到了充分的发展，涌现出了一大批优秀的框架(Hibernate、iBatis、Toplink 等)，而 Hibernate 更是其中的佼佼者。随后又出现了统一的规范 JPA，又再次促进了对象关系映射的发展。而对于开发者来说，这也简化了大家的学习曲线，我们只需要掌握 JPA 规范就可以轻松地在各种不同实现之间切换。

无论是 Java EE 开发，还是 Spring 和 JPA，它们都拥有丰富的内容，任意一项其实都可以拿出来单独通过一本书来讲解，而在这里本书对这些内容进行了巧妙的组合，既对开发中经常使用的内容进行了详细的讲解，也保证了内容的清晰。每章除了自己独有的样例之外，本书还使用了一个贯穿全书的样例，通过不断对它进行改进来演示真实的开发过程。除此之外，本书还对 Java SE 7 和 8 中新增的特性进行了讲解。

本书主要面向已经具有丰富的 Java 语言和 Java SE 平台知识的软件开发者和软件工程师。开发者通过阅读本书可以扩展自己 Java 方面的知识，提升自己的技能。架构师通过阅读本书可以在团队项目中应用本书详细讨论的一些 Web 软件开发概念和模式。团队管理者通过阅读本书也可以扩展自己的知识库，使他们可以更好地与开发者进行沟通，并提出解决某些问题的建议。总而言之，本书是一本学习各种 Java EE 开发技术的佳作。

另外，感谢清华大学出版社的编辑们为本书付出的心血。同样感谢妻子对我翻译工作的支持和鼓励。没有你们的支持，本书就不可能顺利出版。

对于这本经典之作，译者对本书进行了严格审校，对其中一些具有争议的地方也进行了反复的考证，但个人精力有限，难免有疏漏之处，敬请各位读者见谅。如有任何意见或建议，请不吝指正。本书全部章节由王肖峰翻译，参与翻译工作的还有白广州、杜欣、高国一、韩丽威、胡银、孙其淳、孙绍辰、王小红、王耀光、徐保科、尤大鹏、张立红、邓伟、李宾、马宁宁、佘建伟、王鹤、王蕊、袁强强、张宏。

最后，祝愿各位读者通过阅读本书可以熟练掌握 Java EE 开发中涉及的各种技术，从而开发出更加强大的企业级应用程序。

译　者

作 者 简 介

Nick Williams 就职于 UL Workplace Health and Safety(位于田纳西州的富兰克林)，是一位软件工程师。从贝尔蒙特大学获得计算机科学硕士学位之后，他从事商业和开源软件项目超过了 9 年时间。他同时也是 DNSCrawler.com 的创建者，该网站用于提供免费的 DNS 和 IP 故障排除工具，同时还提供了 NWTS Java 代码。另外，它还是一个专注于编写满足商业需求的 Java 库的开源社区。在 2010 年，纳什维尔技术委员会(Nashville Technology Council)授予他中部田纳西州最杰出软件工程师称号。Nick 是 Apache Logging(包括 log4j)和 Jackson Data Processor JSR 310 Data Types 的代码提交者。他还为 Apache Tomcat 8.0、Spring Framework 4.0、Spring Security 3.2、Spring Data Commons 1.6、Spring Data JPA 1.4 和 JBoss Logging 3.2 添加了一些新的特性；他也是包括 OpenJDK 在内的其他几个项目的贡献者；并且他还是 Java Community Process(JCP)的成员。

技术编辑简介

Jake Radakovich 在 2009 年加入了 UL Workplace Health and Safety，现在是 Occupational Health Manager 产品的一位软件开发者。在此之前，他曾经是中部田纳西州立大学的一位研究助理，主要参与开发 AlgoTutor，这是一个基于 Web 的算法开发系统。他在中部田纳西州立大学获得计算机科学和数学的学士学位。

Manuel Jordan Elera 是一位自主的开发者和研究者，他喜欢通过自己的实验学习新的技术，也喜欢创造新的集成技术。他曾获得 2010 年的 Springy Award，而且还是 2013 年的 Community Champion 和 Spring Champion。在休闲时间内，他喜欢阅读圣经和创作乐曲。Manuel 是 Spring 社区论坛的一位高级成员，他的 ID 为 dr_pompeii。你可以通过他的博客了解和联系他，也可以通过他的 Twitter 账户@dr_pompeii 与他沟通。

致　谢

感谢我的妻子 Allison，在这充满了压力的一年中，她一直支持我的工作，还不断地提醒我本书的截稿日期，帮助我顺利完成了本书的编写。

感谢我的父母和兄弟姐妹，他们确信我一定能够完成任何想做的事情。

感谢 Joyce Blair Crowell 和 William Hooper 博士，他们的帮助和教导使我受益匪浅。

感谢 Sarah Ann Stewart 博士，感谢他在我最沮丧的时候给予了我极大的信任。

感谢 Mrs. Lockhart，感谢他鼓励我进行本书的创作。

感谢 Jay，感谢他将我介绍给了 Mary。感谢 Mary 和 Maureen，他们使本书的出版成为现实。

感谢 Jake。噢，感谢他愿意成为我的技术编辑。

前　　言

尽管许多人并没有意识到，但实际上大多数人每天都在使用 Java。它无处不在——在 TV 中，在蓝光播放器中，在计算机中。一些流行的智能手机也运行在基于 Java 的操作系统上；并且它为你每天使用的许多网站都提供了技术支持。当你想到 Java 时，可能自然会想象到浏览器 applet 或者与操作系统中其他应用程序风格不匹配的桌面应用程序。你可能甚至会想到一直通知你升级 Java 的、让人讨厌的系统托盘提醒。

但其实 Java 的应用远比你能想到的(每天可以见到的)要广泛。Java 是一门强大的语言，但它的强大之处更多地体现在它的平台中。尽管 Java SE 平台已经提供了创建控制台、桌面和浏览器应用程序所必不可少的工具，但 Java EE 平台仍然对它进行了巨大的扩充，Java EE 平台可以帮助创建内容丰富的强大 Web 应用程序。本书将对这些工具进行讲解，并向你展示如何创建现代的、有用的企业级 Java Web 应用程序。

0.1　本书面向的读者

本书主要面向已经具有丰富的Java语言和Java SE平台知识的软件开发者和软件工程师。本书可以通过自学完成，现有的 Java 开发者通过学习本书可以扩展自己 Java 方面的知识，提升自己的技能——从 applet、控制台或桌面应用开发发展到企业级 Web 应用开发。你可以从头到尾按顺序阅读本书的所有章节，也可以挑选其中一些感兴趣的章节进行阅读，将本书作为参考书使用。尽管某些章节可能会引用到之前章节中的例子，但本书已经努力使各章内容变得更加独立。所有的样例代码都可以从 wrox.com 网站和 http://www.tupwk.com.cn/downpage 获得，当某个例子依赖于之前章节中的另一个例子时，这些样例代码可以帮助你轻松地查看示例的完整内容，而无须寻找另一章节的代码。

本书对于已经具有 Java EE 平台经验的开发者也是非常有用的，它可以帮助他们提升自己的技能或者学习一些最新 Java EE 版本中的新特性。本书对于软件架构师来说也是非常有用的，因为除了具体的工具和平台组件之外，本书还对几种不同的 Web 软件开发概念和模式进行了详细讲解。本书可以帮助架构师在团队的项目中应用这些新的想法。

如果你是一个软件开发团队的管理者，那么本书对于你来说也是非常有用的。毫无疑问，你每天都在努力地与团队中的开发者和工程师沟通。通过阅读本书，你可以扩展自己的知识面，理解开发者使用的工具，从而更好地进行沟通，并可以为你的团队提供解决某些问题的建议。在阅读本书之后，你也可以为自己的团队购买几本该书，帮助团队中的开发者提高技能，并在项目中应用这些概念。

最后，老师和学生们也可以将该书用于课堂中。作为教科书，它可以是宝贵的 300 和 400

级课程，它为学生讲解了实际工作中将会用到的技能，这些内容有助于他们毕业后在职场上获得成功。

0.2 本书不面向的读者

本书不适合那些没有 Java 经验并且从未编写或编译过 Java 应用程序的读者。如果你之前没有任何 Java 经验，那么可能会发现本书中的内容和示例都难于理解。这是因为本书未涉及 Java 语言语法或者 Java SE 平台的规范。本书假定读者都已经能够熟练编写、编译和调试 Java 代码，并且熟悉标准平台(Java SE)。只有一些在 Java SE 8 中添加的新特性和工具才会出现在本书中。

另外，读者最好了解以下技术和概念。尽管其中一些概念可能看起来很简单，但需要注意的是，如果你不熟悉其中的某些概念，在阅读本书的某些章节时，可能会感到很困难。

- Internet、TCP、HTTP 协议
- 超文本标记语言(HTML)，包括 HTML5
- 可扩展标记语言(XML)
- JavaScript 或 ECMAScript，包括 jQuery 和浏览器调试工具
- 层叠样式表(CSS)
- 结构化查询语言(SQL)和关系数据库，尤其是 MySQL(如果你熟悉其他关系数据库的话，也可以轻松地使用 MySQL)
- 事务和事务概念，例如 ACID(原子性、一致性、隔离性、持久性)
- 集成开发环境(IDE)的使用
- 简单命令行任务的执行(不需要精通命令行)

0.3 本书会涉及的内容

本书将对 Java EE 平台版本 7 和其中的许多技术进行详细讲解。本书首先将介绍什么是 Java EE 平台以及它的发展过程，接着介绍应用服务器和 Servlet 容器以及它们的工作原理。然后讲解 Spring Framework、发布-订阅、高级消息队列协议(AMQP)、对象关系映射(O/RM)、Hibernate ORM、Spring Data、全文搜索、Apache Lucene、Hibernate Search、Spring Security 和 OAuth。本书还将对下列 Java EE 7 组件进行讲解：

- Servlets 3.1 – JSR 340
- JavaServer Pages (JSP) 2.3 – JSR 245
- Java Unified Expression Language (JUEL 或仅 EL) 3.0 – JSR 341
- Java API for WebSockets – JSR 356
- Bean Validation (BV) 1.1 – JSR 349
- Java Message Service (JMS) 2.0 – JSR 343
- Java Persistence API (JPA) 2.1 – JSR 338
- Java Transaction API (JTA) 1.2 — JSR 907

本书还将广泛地使用 lambda 表达式和新的 JSR 310 Java 8 Date and Time API，它们都被添加到 Java SE 8 中。

第Ⅰ部分：创建企业级应用程序

本部分将对 Servlet、过滤器、监听器和 JavaServer Pages(JSP)进行讲解。本部分首先将讲解 Servlet 如何响应 HTTP 请求，以及过滤器如何协助它完成对请求的处理。还将讲解如何使用 JSP 轻松创建出强大的用户界面，以及如何通过结合使用 JSP 标记和全新的 Expression Language 3.0，创建出不含 Java 代码的视图，这些视图可以由不具有 Java 知识的 UI 开发者进行维护。本部分还将讲解 HTTP 会话，以及如何使用它们创建出丰富的用户体验(可以跨越应用程序中的多个页面)。另外还会对一门全新的技术 WebSockets 进行讲解，通过它我们可以创建出更加丰富、更具有交互性的用户界面，因为它将在应用程序和客户端(例如浏览器)之间提供全双工的双向通信。最后，本部分将讲解应用程序日志的最佳实践和技术，当你创建了一个包含大量代码的复杂应用程序时，日志的使用是非常重要的。

第Ⅱ部分：添加 Spring Framwork

从第Ⅱ部分开始，我们将开始使用 Spring Framework 和 Spring MVC。该部分包含的内容有：依赖注入(DI)、反转控制(IoC)和面向切面编程(AOP)。我们将使用 XML 和基于注解的配置搭建高级 Spring Framework 项目，还将使用 Spring 工具实现 bean 验证和国际化。我们将使用 Spring MVC 控制器和 Spring Web Services 创建出 RESful 和 SOAP Web 服务，还将学习如何使用 Spring Framework 内建的消息传送系统。最终我们将学习高级消息队列协议(AMQP)，并学习如何配置和使用 RabbitMQ。

第Ⅲ部分：使用 JPA 和 Hibernate ORM 持久化数据

第Ⅲ部分将专注于数据持久化和使用不同的方式将对象存储在数据库中。在介绍了使用原生 JDBC 持久化实体的一些基本问题之后，该部分将开始讲解对象关系映射(O/RM)和 Hibernate ORM 及其 API。接下来将讲解 Java Persistence API，该 API 抽象出了一些公共 API，不管底层使用的是哪种 O/RM 实现，我们都可以编写相同的代码。然后讲解了 Spring Data，以及它如何帮助在不用编写任何持久化代码的情况下，创建持久化应用程序。最后讲解了几种搜索持久化数据的不同方法，以及如何结合使用 Hibernate Search 和 Apache Lucene 作为潜在的全文搜索工具。

第Ⅳ部分：使用 Spring Security 保护应用程序

本书的最后一部分介绍了认证和授权的概念，并展示了同时可用于这两种目的的几种技术。然后讲解了如何在 Spring Framework 应用程序中集成 Spring Security。最后讲解了如何使用 OAuth 1.0a 和 OAuth 2.0 保护 Web 服务，以及如何创建自定义的访问令牌类型，对 OAuth 2.0 实现进行增强。

0.4 本书不会涉及的内容

本书不会讲解基本的 Java 语法或 Java SE 平台，尽管其中会有部分内容涉及 Java SE 7 和 Java SE 8 中新增的特性。本书也不会讲解如何编写基于 Java 的控制台应用程序、桌面应用程序或 applet。如果你需要这方面的书籍，Wrox 有许多书籍可供选择。

更重要的是，本书不会讲解如何管理 Java EE 应用服务器环境。现在有众多的应用服务器和 Web 容器可以使用，没有哪两种服务器管理方式是一样的。使用哪种应用服务器完全取决于应用程序的特性、商业需求、商业实践和服务器环境。所以讲解如何管理一些最常见的应用服务器也是不合实际的。学习如何部署和管理 Java EE 应用服务器或 Web 容器的最好方法是查询它的文档，在某些情况下，最好的方式是进行实验(因为 Web 容器的使用是完成本书示例的必需内容，所以第 2 章将对一些基本的任务进行讲解，包括安装、启动、停止以及部署应用程序到 Apache Tomcat)。

参考 0.2 节——本书不包含其中列出的技术和概念方面的知识。它也不包含下面的 Java EE 7 组件，这些组件在大多数简单的 Web 容器并未得到支持，在使用 Spring Framework 和与它相关的项目时也不需要使用这些组件。

- Java API for RESTful Web Services (JAX-RS) 2.0 – JSR 339
- JavaServer Faces (JSF) 2.2 – JSR 344
- Enterprise JavaBeans (EJB) 3.2 – JSR 345
- Contexts and Dependency Injection (CDI) 1.1 – JSR 346
- JCache – JSR 107
- State Management – JSR 350
- Batch Applications for the Java Platform – JSR 352
- Concurrency Utilities for Java EE – JSR 236
- Java API for JSON Processing – JSR 353

0.5 需要使用的工具

完成和运行本书中的示例需要使用几种不同的工具。在开始之前，请确保你已经在计算机中安装或启用以下工具：

- Apache Maven 版本 3.1.1 或更新的版本
- 执行特定任务的命令行以及提供了命令行读取的操作系统(换句话说，不能在智能手机或平板电脑上编译和运行示例)
- 一个强大的文本编辑器，用于完成某些任务，例如编辑配置文件。不要使用 Windows Notepad 或 Apple TextEdit 作为文本编辑器。如果需要新的文本编辑器，那么可以考虑：
    - **Windows** — Notepad++或 Sublime Text 2
    - **Mac OS X** —TextWrangler、Sublime Text 2 或 Vim
    - **Linux** — Sublime Text 2 或 Vim

0.5.1 支持 Java SE 8 的 Java 开发工具包

必须在计算机中安装支持 Java SE 8 的 Java 开发工具包(JDK)。Java SE 8 已在 2014 年 3 月发布。可以从 Oracle 标准 Java SE 下载网站(http://www.oracle.com/technetwork/java/javase/downloads/index.html)获得该 JDK。总是使用最新版的 JDK，为自己的计算机下载合适的版本和架构。如果你的计算机使用的是 64 位处理器和 64 位操作系统，那么应该下载 64 位的 Java 安装包。

0.5.2 集成开发环境

你需要一个集成开发环境或 IDE，用于编译和执行样例代码以及正常的实验。IDE 通常也被称为交互式开发环境，是一种包含了编码、编译、部署和调试功能的软件应用程序，软件开发者使用它创建软件。现在有许多不同的 Java IDE 可供选择，其中的某些 IDE 特别优秀。许多人觉得一种 IDE 比另一种好仅仅是因为个人的观点和经验——对于一位开发者来说非常优秀的 IDE 可能并不适用于另一位开发者。不过，通常包含了智能代码建议、代码补全、代码生成、语法检查、拼写检查和框架集成(Spring Framework、JPA、Hibernate ORM 等)等功能的 IDE 都是非常有用的，相对不提供这些功能的 IDE 来说，这些功能会为开发者提供具有更高生产力的工作环境。

你可能已经拥有了自己经常使用的 IDE，或者你只是使用文本编辑器和命令行。如果你已经有了 IDE，那么它也可能无法运行本书中的示例。在选择 IDE(或者评估当前使用的 IDE 能否满足需要)时，应该选择一个包含了智能代码补全和建议、语法检查和集成 Java EE、Spring Framework、Spring Security、Spring Data、JPA 和 Hibernate ORM 等功能的 IDE。这意味着它需要能够检查 Java EE、Spring、JPA 和 Hibernate 配置，并告诉你这些配置中是否包含错误或问题。下面将介绍三种支持多种语言的 IDE，并针对本书做出建议。

1. NetBeans IDE 8.0

NetBeans——免费的 IDE——是一个由 Oracle 赞助的标准 Java IDE，类似于 Microsoft Visual Studio 是.NET 开发的标准 IDE。不过它不是最流行的 Java IDE。只有 NetBeans IDE 8.0 才支持 Java SE 8 和 Java EE 7，之前的版本不支持。NetBeans 提供了强大的特性集，并为所有 Java EE 特性提供了内建支持。它还支持 C、C++和 PHP 开发。你也可以通过插件扩展 NetBeans 的功能，现在有支持 Spring Framework 和 Hibernate ORM 的插件。不过，NetBeans 特性集不如其他 IDE 丰富，所以在学习本书的过程中，不推荐使用它。本书中的样例代码并未涉及 NetBeans 的下载格式，但如果你选择使用 NetBeans，那么可以通过导入 Maven 项目的方式导入代码。下载 NetBeans 的网址为 https://netbeans.org/。

2. 支持 Java EE 开发的 Eclipse Luna IDE 4.4

Eclipse 是另一个免费的 IDE，并且是世界上应用最广泛的 Java IDE。其中的一个强大之处在于它的可扩展性，与它支持插件的特性相比该特性要强大得多。使用 Eclipse 平台时，可以为特定的任务或工作流完全自定义 IDE 的布局。它已经包含了支持 Spring Framework、Spring Data、Spring Security、Hibernate ORM 等的插件和扩展。Spring 社区也提供了一个

Eclipse 的自定义版本——称为 Spring Tool Suite——非常适用于基于 Spring 项目的开发。不过，以作者的观点来看，Eclipse 是一种很难高效使用的 IDE。完成很简单的任务却需要大量的工作。从历史上看，兼容的 Eclipse 版本通常都在 Java SE 和 EE 发布之后发布。在编写本书时，Eclipse 社区尚未发布兼容 Java SE 8 和 Java EE 7 的版本。因此，不推荐使用 Eclipse 运行本书中的示例。如果选择使用——或者继续使用——Eclipse 的话，那么需要获得支持 Java EE 开发的 Eclipse Luna IDE 4.4，它已在 2014 年 7 月发布。下载 Eclipse IDE 的网址为 http://www.eclipse.org/downloads/。

由于 Eclipse IDE 的广泛应用，本书中的样例代码可以作为 Eclipse 项目下载，只要 Eclipse Luna 4.4 能够支持它们的运行。

3. IntelliJ IDEA 13 终极版

JetBrains 的 IntelliJ IDEA 不论是社区版(免费的)还是终极版(付费的)都是具有丰富功能的 Java IDE。以作者的观点来看，它是最易用也是最强大的 Java IDE。它的代码建议和补全功能以及框架支持都是其他任何 IDE 所无法比拟的。另外，从历史上看，它对 Java SE 和 Java EE 发布之前的实验版本提供了较好的支持。例如，IntelliJ IDEA 12 在 2012 年 12 月已经提供了对 Java SE 8 的支持——比 Java SE 8 的发布早了整整 15 个月，比 Eclipse IDE 对 Java SE 8 的支持早了 18 个月。如果你喜欢在 Java SE 和 Java EE 发布之前测试它们的新版本，并在发布之后立即使用它们，那么 IntelliJ IDEA 是你必然的选择。

不过它的强大是有代价的。社区版本可用于许多不同类型的 Java SE 项目，但不可用于 Java EE 项目。如果需要完整地支持 Java EE、Spring 项目和 Hibernate ORM，那么就要购买终极版。终极版的定价是非常合理的，对于公司、个人和学生来说都是有竞争力的，它只是 Microsoft Visual Studio 同等版本花费的一小部分。教育机构可以获得免费许可用于正式的教学使用，开源组织也可以获得免费许可用于项目开发。在这里，你可以从 http://www.jetbrains.com/idea/download/下载 IntelliJ IDEA 13 终极版的 30 天免费版，之后你可以购买一份许可(或者如果你符合条件的话，可以申请免费许可)，可用在以后任何时间下载的版本中。对于本书中的所有样例代码，推荐使用 IntelliJ IDEA 终极版。直到 Eclipse Luna 4.4 能够支持本书示例的运行之前，所有的下载代码都可被用于 IntelliJ IDEA 项目中。

请确保下载 IntelliJ IDEA 的最新版本。尽管版本 13.0.x 是本书出版之前的最新版本，但版本 13.1.x 已在 2014 年 4 月发布，它将包含几个对 Spring Framework 和 Java EE 7 支持的改进，版本 14.0.x 已在 2014 年 11 月发布。

0.5.3 Java EE 7 Web 容器

在阅读本书时最后一个需要的工具是 Java EE Web 容器(必须是实现了 Servlet、JSP、JUEL 和 Java EE 7 中 WebSocket 规范的 Web 容器)。第 2 章将对该内容进行详细的讲解，并介绍大多数流行的 Web 容器和应用服务器，以及如何下载、安装和使用 Apache Tomcat 8.0。

0.6 本书约定

在本书中，有几种约定可用于帮助你注意某些内容或者显示代码中的某些问题。本节列出了这些约定的示例。

注意：注意表示注意、提示、技巧、提醒或者与当前讨论内容有关的其他有趣信息。要注意这些方框。

警告：警告包含了一些与周围文本直接相关，并且一定要牢记的重要信息。警告通常表示陷阱、危险和潜在的损失或者损坏的数据。要关注这些方框。

0.7 代码示例

作为一本软件开发书籍，该书广泛地应用了代码示例，通过它们证明我们正在讨论的主题。大多数情况下，这些示例都是完整的 IDE 项目，你可以在 IDE 中打开、编译和执行。所有的示例都可以从 wrox.com 代码下载网站和 http://www.tupwk.com.cn/downpage 获得。请访问网址 http://www.wrox.com/go/projavaforwebapps 并单击 Download Code 选项卡。你可以将所有代码示例下载为单个 ZIP 文件或者将每章的示例单独下载为一个 ZIP 文件。在每章的示例中，可以找到每个示例的两个版本：一个 IntelliJ IDEA 项目和一个 Eclipse 项目。使用自己选择的 IDE 对应的版本即可。如果你使用的不是这两种 IDE 中的某一个，那么你的 IDE 应该能够将 IntelliJ IDEA 项目作为简单的 Maven 项目导入。

注意：请记住，Eclipse 版本的代码示例在 Eclipse Luna 4.4 发布之后才能获得。如果在此之前阅读该书，请下载 IntelliJ IDEA 示例项目。

在本书的初始部分，你可以直接在 IDE 中创建这些示例，而无须从代码网站下载(如果你愿意的话)。不过当示例变得越来越复杂时，这种方式就不可取了。最重要的代码在书中已经打印了出来，但打印出每一行代码是不实际的。另外，大部分省略的代码都是重复的。例如，从第 II 部分到第Ⅳ部分的大多数示例项目中的 Spring Framework 配置基本是一致的。在这种情况下，只显示出配置中与之前章节的不同部分才是合理的，而不是重新打印出完整的配置。出于这个原因，如果你希望执行并测试这些示例的话，就需要从 wrox.com 代码下载网站下载大多数样例代码。

在每章的首页，你将会看到一块标题为“本章需要从 wrox.com 下载的代码”的区域。

该部分列出了本章将使用的所有样例代码的名字，并提醒你下载这些代码示例的链接。其中一些章节未包含代码示例下载，但大多数都包含。

0.8 Maven 依赖

本书中的样例代码将广泛运用第三方依赖，例如 Spring Framework、Hibernate ORM 和 Spring Security。在下载网站的代码中包含这些依赖 JAR，将使下载文件变大，你可能需要下载几百兆的文件。为了解决这个问题，样例代码将使用 Apache Maven 及其依赖管理功能。所有的示例项目都是 Maven 项目。在 IDE 中打开每个项目时，IDE 将自动在本地 Maven 库中查找这些依赖，或者如果需要的话，IDE 将下载它们到本地 Maven 库中。

在每章的首页，你将会看到一个标题为“本章新增的 Maven 依赖”的区域。该部分列出了本章中新增的 Maven 依赖。你也可以查看 pom.xml 文件来检查每个示例项目的依赖。某些章节未引入新的 Maven 依赖，但大多数章节都引入了。

每个 Maven 依赖都会有作用域，用于定义依赖在哪个类路径上可用。最常见的作用域——“compile”作用域——表示该依赖在项目的编译类路径上、单元测试编译和执行类路径上以及运行应用程序时的最终运行时类路径上可用。在 Java EE Web 应用程序中，这意味着依赖将被复制到所部署的应用程序中。“runtime”作用域表示依赖将在单元测试执行和运行时执行类路径上可用，但不像“compile”作用域一样在编译应用程序或者执行单元测试时也可用。一个运行时依赖将被复制到所部署的应用程序中。最后，“provided”作用域表示运行应用程序的容器将会提供该依赖。在 Java EE 应用程序中，这意味着依赖已经在 Servlet 容器或应用服务器的类路径上了，因此不需要再复制到部署的应用程序中。Maven 和 IDE 将保证在编译应用程序和执行单元测试时，“provided”作用域的依赖是可用的。Maven 还有其他类型的作用域，但在本书中将只会用到这些。

在文本和示例项目中，有一些 Maven 依赖将会包含排除(exclusions)，用于忽略某些特定的依赖——它们被称为临时依赖。很多时候这些排除都是多余的，列出它们只是为了使代码更清晰。当某个依赖依赖于另一个旧版本的依赖，而不是现在正在使用的依赖时，通过排除可以更清楚地表示这里出现了矛盾，并且避免了由 Maven 的最近算法所引起的问题。不过，某些排除的存在是由于 Java SE 或 Java EE 的新版本已经提供了依赖，或者因为依赖 ID 发生了变化。当出现这种情况时，文本中会进行提示。

0.9 将安全相关的内容安排在最后的原因

坦白地说，应用程序安全会影响其他内容的学习。在产品中添加认证和授权所使用的技术将会干扰你的代码，并使学习过程变得困难。安全是第一位的，而且一直记得安全问题永远也不是错误。不过，只要使用了正确的工具，在项目完成(或基本上完成)之后为它添加验证和授权也是相当简单的一件事。本书首先将关注于如何使用工业标准工具创建出高质量、特性丰富的 Web 应用程序。在学会了创建强大应用程序所需的技能之后，本书的第Ⅳ部分将向你展示如何为现有的应用程序添加认证和授权，保护它不受未授权的和恶意访问的攻击。

0.10　勘误表

我们力图使本书尽可能地全面和准确，但没有人是完美的，所以书中仍然会有错误存在。本书偶尔可能会包含一些需要修正的错误。如果你发现了内容错误、拼写错误或错误代码，请告诉我们！通过您提供的反馈，可以帮助节省其他读者解决这些问题的时间和努力，同时也可以帮助改进本书未来的版本。

如果你希望阅读本书已经发现的勘误表，请访问 Wrox 的网站 http://www.wrox.com/，并使用搜索框寻找该书名。搜索 ISBN 是最快的方式。在本书的首页，单击勘误表的链接。在这里你可以看到所有由读者提交并由 Wrox 编辑验证过的错误。如果你无法解决自己发现的错误，请访问 Wrox 的技术支持页面并填写报告问题的表单。在我们验证该错误并修正之后，我们将把它发布到本书的勘误页面，并在未来的版本中解决该问题。

目　录

第 I 部分

创建企业级应用程序

- 第 1 章：介绍 Java EE 平台
- 第 2 章：使用 Web 容器
- 第 3 章：创建第一个 Servlet
- 第 4 章：使用 JPS 显示页面内容
- 第 5 章：使用会话维持状态
- 第 6 章：在 JSP 中使用表达式语言
- 第 7 章：使用 Java 标准标签库
- 第 8 章：编写自定义标签和函数库
- 第 9 章：使用过滤器改进应用程序
- 第 10 章：在应用程序中使用 WebSocket 进行交互
- 第 11 章：使用日志监控应用程序

第 1 章 介绍 Java EE 平台

本章内容：

- Java SE 和 Java EE 版本时间线
- 介绍 Servlet、过滤器、监听器和 JSP
- 了解 WAR 和 EAR 文件，以及类加载器层次

1.1 Java 平台时间线

Java 语言和 Java 平台的发展是一个漫长而传奇的历史。从 20 世纪 90 年代中期它的发明开始，经过 2007 年至 2012 年的发展，Java 已经经历了许多变化，也遇到过许多争论。在早期，Java 被称为 Java 开发工具包或 JDK，是一门与平台(由一组必需的应用程序编程接口(API)组成)紧密耦合的语言。Sun 公司在 1995 年推出了最早的 alpha 和 beta 版本，尽管按照今天的标准看来，Java 的发展是极其缓慢和原始的，但它在软件开发领域掀起了一场革命。

1.1.1 起始

图 1-1 是对 Java 历史的总结，它展示了 Java 平台发展的时间线。在本书出版时，Java 语言和 Java SE 平台一直是共同发展的——它们的新版本总是会同时发布，并与彼此紧密耦合。从 1997 年的 1.1 版本开始，该平台被称为 JDK，但到了版本 1.2，很明显 JDK 和平台不再是同一样技术。从 1998 年底的 1.2 版本开始，Java 技术栈被分割为以下关键部分：

- Java 是一门包含了严格和强类型语法的语言，你现在已经熟悉它了。
- Java 2 平台标准版本，也被称为 J2SE，指的是平台以及 java.lang 和 java.io 包中包含的类。它是构建 Java 应用程序的基础。
- Java 虚拟机或 JVM 是一个可以运行编译后 Java 代码的软件虚拟机。因为被编译过的 Java 代码只是字节码，JVM 将在运行代码之前，把字节码编译成机器码(通常被称作即时编译器或 JIT 编译器)。JVM 还负责管理内存，从而实现了应用程序代码的简化。

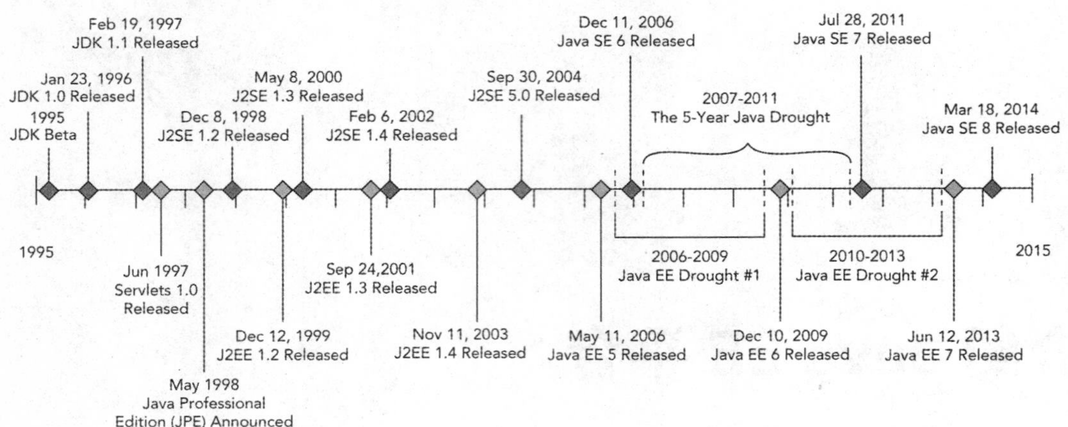

图 1-1　Java SE 和 Java EE 平台演变的时间线。时间线上方的事件表示 Java SE 里程碑，时间线下方的事件表示 Java EE 里程碑

- Java 开发工具包或 JDK 曾经并且现在也仍然是 Java 开发者创建应用程序所需的软件。它包含了 Java 语言编译器、文档生成器、与本地代码协作的工具和用于调试平台类的 Java 源代码。
- Java 运行时环境或 JRE 曾经并且现在也仍然是终端用户用于运行编译后 Java 应用程序的软件。它包含了 JVM 但不含任何 JDK 中的开发工具。不过 JDK 中确实也包含了一个 JRE。

这 5 个组件曾经都只是规范，而不是实现。任何公司都可以创建自己的 Java 技术栈实现，并且许多公司已经这样做了。尽管 Sun 提供了 Java、J2SE、JVM、JDK 和 JRE 的标准实现，但 IBM、Oracle 和 Apple 仍然创建了包含不同特性的实现。

IBM 的实现来源于实际的需求——Sun 公司不提供运行于 IBM 操作系统上的二进制文件，所以 IBM 创建了自己的版本。对于 Apple Mac OS 操作系统也有着类似的情况，所以 Apple 也创建了自己的实现。尽管这些公司提供的实现可以免费使用，但不是自由的，所以它们并不是开源软件。因此，开源社区快速地形成了 OpenJDK 项目，该项目将提供 Java 栈的开源实现。

还有一些公司创建了一些并不流行的实现，其中的一些实现将应用程序代码编译为目标架构的机器码，只是为了通过使用避免 JIT 编译的方式提高性能。对于广大的用户和开发者来说，Sun 公司的 Java 实现是首选。在 Oracle 收购了 Sun 之后，Sun 和 Oracle 的实现变成了同一个。

图 1-1 并未显示出能够运行在 J2SE 和 JVM 上的其他语言的发展过程。随着多年的发展，许多语言都可以被编译为 Java 字节码(在某些情况下可以被编译为机器码)，并运行在 JVM 上。其中最引人注目的有 Clojure(Lisp 方言)、Groovy、JRuby(基于 Java 的 Ruby 实现)、Jython(基于 Java 的 Python 实现)、Rhino 和 Scala。

1.1.2　企业级 Java 的诞生

这个简短的历史课程似乎是不必要的——作为一名 Java 开发者，你可能之前已经听说过其中的大多数内容。不过，将 Java SE 平台的历史背景包含在其中是很重要的，因为它与 Java EE 平台的诞生和发展紧密相关。随着 Internet 的发展和 Web 应用程序的流行，Sun 公司已经意识到应用程序开发对高级开发工具的需求。1998 年，就在 J2SE 1.2 发布之前，Sun 宣布它正在开发一个称为 Java 专业版本或 JPE 的产品。同时它还研发了一门称为 Servlet 的技术，这是一个能够处理 HTTP 请求的小型应用程序。在 1997 年，Java Servlets 1.0 与 Java Web Server 一起发布，因为该服务器缺少许多 Java 社区需要的特性，所以它并未流行起来。

Servlet 和 JPE 在经历过几次内部迭代过程之后，Sun 于 1999 年 12 月 12 日发布了 Java 2 平台的企业版(或 J2EE)，版本为 1.2。版本号对应着当时的 Java 和 J2SE 版本，该规范包括：

- Servlets 2.2
- JDBC Extension API 2.0
- Java Naming and Directory Interface (JNDI) 1.0
- JavaServer Pages (JSP) 1.2
- Enterprise JavaBeans (EJB) 1.1
- Java Message Service (JMS) 1.0
- Java Transaction API (JTA) 1.0
- JavaMail API 1.1
- JavaBeans Activation Framework (JAF) 1.0.

如同 J2SE 一样，J2EE 只是一个规范。Sun 提供了规范组件的参考实现，但各个公司仍然可以创建自己的实现。下一章将会对其中的一些实现进行讲解。这些实现包括开源的和商业的解决方案。J2EE 迅速成为对 J2SE 的补充，并且随着多年的发展，一些组件已经被认为必须从 J2EE 迁移到 J2SE 中。

1.1.3　Java SE 和 Java EE 共同发展

J2EE 1.3 在 2001 年 9 月发布，Java 和 J2SE 1.3 的发布稍晚一点，但在 Java/J2SE 1.4 发布之前。它的大多数组件都进行了小的升级，并且也添加了一些新的特性。下面的技术也加入了 J2EE 规范，并且它们的实现也得到了扩展和升级：

- Java API for XML Processing (JAXP) 1.1
- JavaServer Pages Standard Tag Library (JSTL) 1.0
- J2EE Connector Architecture 1.0
- Java Authentication and Authorization Service (JAAS) 1.0

此时技术已经相当地成熟，但仍然有充足的改进空间。

J2EE 1.4 代表着 Java 平台企业版的一次极大飞跃。在 2003 年 11 月发布时(大约在 Java/J2SE 5.0 发布一年之前，Java/J2SE 1.4 发布两年之后)，它包含了 Servlets 2.4 和 JSP 2.0。在该版本中，JDBC Extension API、JNDI 和 JAAS 规范被移除了，因为它们被认为是 Java 的必需部分，被移入 Java/J2SE 1.4。该版本还代表着 J2EE 组件被分割成了几个更高级别的分类：

- Web 服务技术：包括 JAXP 1.2 和 J2EE 1.1 中的新 Web 服务、Java API for XML-based RPC (JAX-RPC) 1.1、Java API for XML Registries (JAXR) 1.0
- Web 应用程序技术: 包括 Servlet、JSP 和 JSTL 1.1 组件，还有新的 Java Server Faces (JSF) 1.1
- 企业级应用程序技术：包括 EJB 2.1、Connector Architecture 1.5、JMS 1.1、JTA、JavaMail 1.3 和 JAF
- 管理和安全技术：包括 Java Authorization Service Provider Contract for Containers (JACC) 1.0、Java Management Extensions (JMX) 1.2、Enterprise Edition Management API 1.0 和 Enterprise Edition Deployment API 1.1

1. 名称变化的时代

进入了名称变化的时代之后，经常会引起 Java 开发者的混淆。这里对它们进行强调是为了让你完全理解本书中的命名约定，以及如何将它们与你之前已经熟悉的命名约定关联起来。Java 和 J2SE 5.0 在 2004 年 9 月发布，它们包含了泛型、注解和枚举这三种在 Java 历史上最大的语言语法变化。该版本号不再遵守之前的模式，J2SE API 和 java 命令行工具显示出的版本号为 1.5，这更加会引起混淆。Sun 公司已经决定从发布的版本号中去除 1，而只使用次版本号。它很快意识到版本号尾部的点会引起混淆，所以开始使用 5 作为版本号。

大约在相同的时间，Sun 公司决定使用 Java 平台标准版取代 Java 2 平台标准版，使用全新的缩写名字 Java SE。2006 年发布的 Java SE 6 开始正式使用该名称，直到今天名字和版本的命名方式都未再改变。Java SE 6 实际对应着 1.6，Java SE 7 实际对应着 1.7，Java SE 8 实际对应着 1.8。

J2EE 也采用了新的命名和版本约定，但因为 J2EE 1.5 在 J2SE 5.0 和 Java SE 6 之间发布，所以它的命名改变要比 Java SE 早。Java 平台企业版 5 或 Java EE 5 在 2006 年 5 月发布，大约是 J2SE 5.0 发布之后的第 18 个月，比 Java SE 6 早 6 个月。Java EE 5 实际对应着 1.5，Java EE 6 实际对应着 1.6，Java EE 7 实际对应着 1.7。无论何时看到 J2SE 或 Java SE，它们都是可以相互替换的，但现在推荐使用的名字为 Java SE。同样，J2EE 和 Java EE 也是可以相互替换的，但现在推荐使用 Java EE。本书剩余的内容中只会使用 Java SE 和 Java EE。

Java EE 5 再次发生了变化，它包含了众多修改和改进，直到今天它仍然是应用程序最广泛的一个 Java EE 版本。它包括以下修改和补充：

- JAXP 和 JMX 被移到了 J2SE 5.0 中，不再包含在 Java EE 5 中。
- Java API for XML-based Web Services (JAX-WS) 2.0、 Java Architecture for XML Binding (JAXB) 2.0、Web Service Metadata for the Java Platform 2.0、SOAP with Attachments API for Java (SAAJ) 1.2 以及 Streaming API for XML (StAX) 1.0 被添加到了 Web 服务技术中。
- Java Persistence API (JPA) 1.0 和 Common Annotations API 1.0 被添加到了企业级应用程序技术中。

2. Java SE 和 EE 发展的停滞

2006 年 12 月 Java SE 6 的发布标志着 Java SE 持续了大概 5 年的发展停滞期。在这段时期内，许多 Java 社区都感到沮丧甚至是生气。Sun 公司继续承诺在 Java SE 7 中添加新的语言特性和 API，但计划推迟了一年又一年。与此同时其他技术，例如 C#语言和.NET 平台，赶上并超越了 Java 语言的特性和平台 API，许多人都猜测 Java 是否已经到了生命的终结。更糟的是，Java EE 也进入了发展停滞期直到 2009 年，距离 Java EE 5 发布已经过去了三年多的时间。不过，这并不是终结。Java EE 6 的开发在 2009 年初重新开始，并在 2009 年 12 月发布，距离 Java EE 5 的发布已经过去了 3 年零 7 个月，距离 Java SE 6 的发布几乎接近 3 年。

此时，Java 企业版已经变得极其庞大：

- SAAJ、StAX 和 JAF 被移到了 Java SE 6 中。
- Java API for RESTful Web Services (JAX-RS) 1.1 和 Java APIs for XML Messaging (JAXM) 1.3 规范被添加到 Web 服务技术中。
- Java Unified Expression Language (JUEL 或称为 EL) 2.0 被添加到 Web 应用程序技术中。

- Management and Security Technologies 中添加了 Java Authentication Service Provider Interface for Containers (JASPIC) 1.0。
- 企业级应用程序技术增加了大量的新特性，包括 Contexts and Dependency Injection for Java (CDI) 1.0、Dependency Injection for Java 1.0、Bean Validation 1.0、Managed Beans 1.0 和 Interceptors 1.1，还对它所有其他的组件做了更新。

Java EE 6 还代表着 Java EE 架构在两个技术上的重大转折点：

- 该版本引入了基于注解的配置和编程式应用程序配置，是对已经使用超过 10 年的传统 XML 配置的补充。
- 该版本标志着 Java EE Web Profile 的引入。

由于 Java EE 已经变得如此庞大(维护和更新公认的实现变得相当困难)，Web Profile 验证程序为认证只包含完整 Java EE 平台一个子集的 Java EE 实现提供了机会。该子集包含了对于大量应用程序都十分关键的特性，排除了一些只被少数应用程序使用的规范。对于 Java EE 6 来说：

- 所有的 Web 服务或者管理和安全组件都不是 Java EE Web Profile 的一部分。
- 该 Web Profile 包含了 Web 应用程序技术和企业级应用程序技术的所有内容，除了 Java EE Connector Architecture、JMS 和 JavaMail。

就在这 5 年的发展停滞期中，Oracle 公司于 2010 年 1 月收购了 Sun 公司。除了 Java SE 发展的停滞，该事件为 Java 社区带来了新的担忧。Oracle 并不愿意或积极与开源项目合作，许多人担心购买了 Sun 的 Oracle 会关闭 Java。不过，事实并不是这样的。

在初期，Oracle 开始重组 Java 团队，创建与开源社区的沟通渠道，并发布了未来 Java SE 和 EE 版本的规划蓝图，这比 Sun 的承诺要更加实际。首先完成的是 Java SE 7，Oracle 在 2011 年 6 月按时发布，距离 Java SE 6 的发布几乎已经过去了 5 年。第二个 Java EE 发展停滞期在 2013 年 6 月结束，此时发布了 Java EE 7，距离 Java EE 6 的发布已经过去了 3 年零 7 个月。

Oracle 现在表示 Java 的发展已经步入正轨，以后每两年将会同时发布两个平台的新版本(轮流发布)。让我们拭目以待。

1.1.4　了解最新的平台特性

Java SE 7、8 和 Java EE 7 为 Java 语言和支持 API 带来了重大的变化，并引起了 Java 技术的复兴。因为本书将会使用到这些新的特性，所以本节将首先对它们进行简单的介绍。

1. Java SE 7

最初，Java SE 7 有一个非常庞大的特性列表，但 Oracle 在收购 Sun 之后，表示如果要完成 Java SE 7 的目标，需要花费许多年的时间。而每个特性对于特定的用户组来说都是非常重要的，所以 Oracle 决定将其中的一些特性推迟到将来的版本中。另一种可选的方式是推迟 Java SE 7 的发布到 2015 年或更晚——这是不可接受的选择。

Java SE 7 增加了对动态语言和 64 位压缩指针(用于改善 64 位 JVM 的性能)的支持。它还添加了几种新的语言特性，可以使开发 Java 应用程序更容易。可能菱形操作符(<>)就是其中最有用的改进之一 ——泛型实例化的简写。在 Java 7 之前，泛型类型的变量声明和变量赋值都必须包含泛型参数。例如，下面是一个非常复杂的 java.util.Map 变量的声明和赋值：

```
Map<String, Map<String, Map<Integer, List<MyBean>>>> map =
```

```
newHashtable<String, Map<String, Map<Integer, List<MyBean>>>>();
```

当然，该声明语句中包含了大量的冗余信息。将任何不是 Map<String, Map<String, Map<Integer, List<MyBean>>>>类型的对象赋给该变量都是非法的，那么为什么还需要再次指定所有的类型参数呢？使用了 Java 7 菱形操作符之后，上述声明和赋值语句将变得非常简单。编译器将会为实例化生成的 java.util.Hashtable 推断出它的类型参数。

```
Map<String, Map<String, Map<Integer, List<MyBean>>>> map = new Hashtable<>();
```

在 Java 7 之前 Java 中的另一个常见问题是：使用 try-catch-finally 块管理可关闭的资源。尤其是下面这样有点讨厌的 JDBC 代码：

```
Connection connection = null;
PreparedStatement statement = null;
ResultSetresultSet = null;
try
{
    connection = dataSource.getConnection();
    statement = connection.prepareStatement(...);
    //set up statement
    resultSet = statement.executeQuery();
    // do something with result set
}
catch(SQLException e)
{
   // do something with exception
}
finally
{
    if(resultSet != null) {
        try {
            resultSet.close();
        }catch(SQLException ignore) { }
    }

    if(statement != null) {
        try {
            statement.close();
        }catch(SQLException ignore) { }
    }

    if(connection != null && !connection.isClosed()) {
        try {
            connection.close();
        }catch(SQLException ignore) { }
    }
}
```

Java 7 的 *try-with-resource* 极大地简化了这个任务。任何实现了 java.lang.AutoCloseable 的类都可用于 try-with-resources 结构中。JDBC Connection、PreparedStatement 和 ResultSet 接口都继承了这个接口。下面的例子使用了 try-with-resources 结构，在 try 关键字后面的圆括号中声明的资源，将会在隐式的 finally 块中自动关闭。任何在这段清理过程中抛出的异常将被添加到现有异常的抑制异常中，或者如果之前未有任何异常发生，那么该异常将在所有的资源都关闭后抛出。

```
try(Connection connection = dataSource.getConnection();
   PreparedStatement statement = connection.prepareStatement(...))
{
    //set up statement
    try(ResultSetresultSet = statement.executeQuery())
    {
        //do something with resul set
    }
}
catch(SQLException e)
{
   //do something with exception
}
```

对于 try-catch-finally 的另一处改进是添加了 multi-catch(捕捉多个异常)。在 Java 7 中可以在单个 catch 块中同时捕捉多个异常，使用单个竖线隔开异常类型即可。

```
try
{
   //do something
}
catch(MyException | YourException e)
{
   //handle these exceptions the same way
}
```

需要注意的是，不能同时捕捉多个相互之间有继承关系的异常。例如，下面的代码是不可行的，因为 FileNotFoundException 继承了 IOException：

```
try {
   //do something
} catch(IOException | FileNotFoundException e) {
   //handle these exceptions the same way
}
```

当然，这可以被认为是一个常识性的问题。在这种情况下，只需要捕捉 IOException 即可，这样两种异常类型都可以被捕捉到。

Java 7 的一些其他语言特性包括字节码/整数的*二进制字面量*(可以将字面量 1928 写作 0b11110001000)以及在数字字面量中使用下划线(如果愿意的话，可将相同的字面量 1928 写作 1_928 和 ob111_1000_1000)。另外，终于可以将字符串用作 switch 的参数了。

2. Java EE 7

Java EE 7 在 2013 年 6 月 12 日发布，它包含许多变动和新特性。本书将会用到其中许多新特性，所以不在这里详细讲解。总而言之，Java EE 7 中的变动有：

- JAXB 被添加到了 Java SE 7 中，并且不再包含在 Java EE 中。
- Batch Applications for the Java Platform 1.0 和 Concurrency Utilities for Java EE 1.0 被添加到了企业级应用程序技术中。

- Web应用程序技术中添加了 Java API for WebSockets 1.0 (将在第10章中讲解)和 Java API for JSON Processing 1.0。
- Java Unified Expression Language 得到了极大的扩展，其中包括 lambda 表达式和对 Java SE 8 Collections Stream API 的模拟(将在第 6 章中讲解)。
- Web Profile 得到了少许扩展，其中添加了在通用 Web 应用程序中使用较多的一些规范：JAX-RS、Java API for WebSockets 和 Java API for JSON Processing。

3. Java SE 8

在本书的示例中，Java SE 8 的新特性都可以派上用场。可能最明显的就是添加了 lambda 表达式(非正式的名称为闭包)。lambda 表达式的本质就是匿名函数，在定义和调用(可能)时不需要被赋予类型名或绑定到标志符。lambda 表达式是非常有用的，尤其是在实现单方法接口(在 Java 应用程序中非常常见)的时候。例如，之前使用匿名 Runnable 实例化 Thread 时使用的代码为：

```
public String doSomethingInThread(String someArgument)
{
    ...
    Thread thread = new Thread(new Runnable() {
        @Override
        public void run()
        {
            //do something
        }
    });
    ...
}
```

现在可以使用 lambda，将表达式简化为：

```
public String doSomethingInThread(String someArgument)
{
    ...
    Thread thread = new Thread(() -> {
        //do something
    });
    ...
}
```

lambda 表达式可以有参数、返回类型和泛型。如果希望的话，还可以使用方法引用而不是 lambda 表达式传入一个匹配接口方法的引用。下面的代码也等同于之前实例化的两个 Thread。也可以将方法引用和 lambda 表达式赋给变量。

```
public String doSomethingInThread(String someArgument)
{
    ...
    Thread thread = new Thread(this::doSomething);
    ...
}

public void doSomething()
{
```

```
    //do something
}
```

Java 用户最大的抱怨之一是：早期缺少优雅的日期和时间 API。java.util.Date 一直存在着这个问题，添加了 java.util.Calendar 之后却使许多问题变得更加糟糕。Java SE 8 最终通过 JSR 310 解决了这些问题，它提供了新的日期和时间 API。该 API 主要基于 Joda Time，但解决了 Joda Time 发明者指出的一些架构中潜在的问题。该 API 是对 Java SE 平台 API 的革命性改进，最终为 Java 带来了强大和优雅的日期和时间 API。

1.1.5　持续发展

如你所见，Java SE 和 EE 平台一同诞生以来，已经共同发展了近 20 年。它们可能会继续发展多年或数十年。你应该对 Java SE 非常熟悉，但可能完全不知道 Java EE。也可能你熟悉旧版 Java EE，但希望学习 Java EE 中的新特性。

本书的第 I 部分将讲解 Java EE 中最重要的特性，包括：

- 应用程序服务器和 Web 容器(第 2 章)
- Servlet(第 3 章)
- JSP(第 4、第 6、第 7 和第 8 章)
- HTTP 会话(第 5 章)
- 过滤器(第 9 章)
- WebSocket(第 10 章)

1.2　了解基本的 Web 应用程序结构

大量的组件共同组成了一个 Java EE Web 应用程序。首先，需要自己的代码和它依赖的第三方库。然后需要部署描述符，其中包含了部署和启动应用程序的指令。还可以添加 ClassLoader 用于将自己的应用程序与同一台服务器上的其他 Web 应用程序隔离开。最后，通过某种方式将应用程序打包，生成 WAR 和 EAR 文件。

1.2.1　Servlet、过滤器、监听器和 JSP

Servlet 是任何 Java EE Web 应用程序的一个关键组件。Servlet(在第 3 章讲解)是用于接受和响应 HTTP 请求的 Java 类。几乎发送到应用程序中的所有请求都将经过某种类型 Servlet 的处理，除了错误的或被其他组件拦截的请求。过滤器就是这样一种组件，可以拦截发送给 Servlet 的请求。通过使用过滤器可以满足各种需求，包括数据格式化、对返回的数据进行压缩、认证和授权。第 9 章将会对各种过滤器的使用进行讲解。

与许多其他不同类型的应用程序一样，Web 应用程序也有自己的生命周期。既有启动进程也有关闭进程，在这些阶段中可以执行许多不同的任务。Java EE Web 应用程序支持各种不同类型的监听器，在第 I 和第 II 部分将会对监听器进行讲解。这些监听器可以通知代码多种事件，例如应用程序启动、应用程序关闭、HTTP 会话创建和会话销毁。

Java EE 工具中最强大的一个就是 JavaServer Pages 技术或 JSP。通过使用 JSP 可以为 Web 应用程序创建动态的、基于 HTML 的图形用户界面，不需要手动向 OutputStream 或 PrintWriter 中输入

HTML 的字符串。JSP 技术包含了许多不同的内容，包括 JavaServer Pages Standard Tag Library、Java Unified Expression Language、自定义标签、国际化和本地化。在第 4 章以及第 6～第 9 章将会有许多内容涉及这些特性。

当然，除了 Servlet、过滤器、监听器和 JSP，Java EE 还有许多其他特性。本书将会涉及其中许多特性，但不会用到所有。

1.2.2　目录结构和 WAR 文件

标准 Java EE Web 应用程序将作为 WAR 文件或未归档的 Web 应用程序目录进行部署。你应该已经熟悉 JAR 或 Java 归档文件。JAR 文件只是一个简单的 ZIP 格式归档文件，其中包含了可被 JVM 识别的标准目录结构。没有专门的 JAR 文件格式，任何 ZIP 归档应用程序都可以创建和读取 JAR 文件。Web 应用程序归档或 WAR 是 Java EE Web 应用程序对应的归档文件。

所有的 Java EE Web 应用程序服务器都支持 WAR 文件应用程序归档。大多数服务器还支持未归档的应用程序目录。如图 1-2 所示，无论是归档文件还是未归档文件，它们的目录结构约定都是相同的。如同 JAR 文件一样，该结构包含了类和其他应用程序资源，但这些类并未像 JAR 文件一样存储在应用程序根目录的相对路径上。相反，类文件都存储在/WEB-INF/classes 中。WEB-INF 目录存储了一些包含了信息和指令的文件，Java EE Web 应用程序服务器使用它们决定如何部署和运行应用程序。它的 classes 目录被用作包的根目录。所有编译后的应用程序类文件和其他资源都被存储在该目录中。

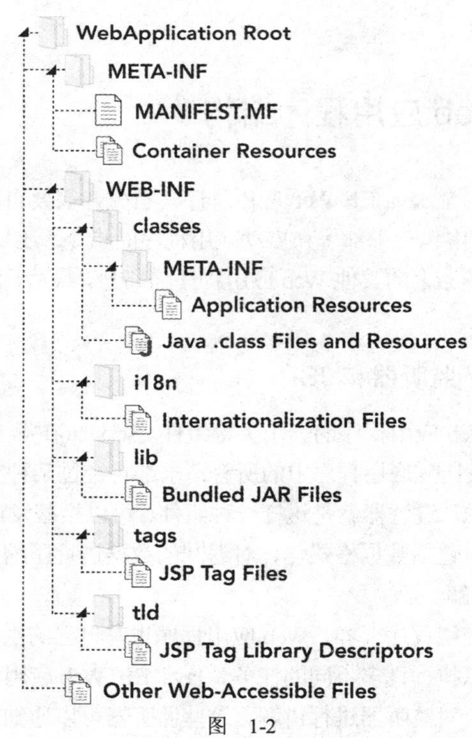

图　1-2

不同于标准的 JAR 文件，WAR 文件可以包含应用程序所依赖的 JAR 文件，它们被存储在/WEB-INF/lib 中。JAR 文件中所有在该目录中的类对于在应用程序类路径上的应用程序都是可用的。

目录/WEB-INF/tags 和/WEB-INF/tld 分别用于存储 JSP 标签文件和标签库描述符。第 8 章将对标签文件和标签库进行详细讲解。目录 i18n 实际上并不是 Java EE 规范的一部分，但大多数应用程序开发者都会遵守这个约定，将国际化(i18n)和本地化(L10n)文件存储在该目录中。

你可能还注意到两个不同的 META-INF 目录的存在。对于某些开发者来说，这可能会引起混淆，但如果你记住了最简单的类路径规则，就可以区分出它们。如同 JAR 文件的 META-INF 目录一样，根级别的/META-INF 目录中包含了应用程序清单文件。它也可以存储特定 Web 容器或应用程序服务器需要使用的资源。例如，Apache Tomcat(在第 2 章将进行讲解)在该目录中寻找 context.xml 文件，并使用该文件自定义在 Tomcat 中部署的应用程序。这些文件都不是 Java EE 规范的一部分，并且支持的文件可能随着应用程序服务器或 Web 容器的不同而变化。

不同于 JAR 文件的是，根级别的/META-INF 目录并不在应用程序类路径上。不能使用 ClassLoader 获得该目录中的资源。不过/WEB-INF/classes/META-INF 在类路径上。可以将任何希望使用的资源文件存储在该目录中，这样就可以通过 ClassLoader 访问这些资源。一些 Java EE 组件指定了某些文件必须存储在该目录中。例如，Java Persistence API(在本书的第III部分会进行讲解)指定两个文件——persistence.xml 和 orm.xml——必须存储在/WEB-INF/classes/META-INF 目录中。

包含在 WAR 文件或未归档 Web 应用程序目录中的大多数文件都是可以通过 URL 访问的资源。例如，存储在应用程序根目录的文件/bar.xml 将被部署在 http://example.org/foo，可通过 http://example.org/foo/bar.html 访问。在不使用过滤器或安全规则的情况下，应用程序中的所有符合条件的资源都可以通过这种方式访问，除了在/WEB-INF 和/META-INF 目录下的文件。因为这些目录中的文件是受到保护的，因此不能通过 URL 访问。

1.2.3　部署描述符

部署描述符是用于描述 Web 应用程序的元数据，并为 Java EE Web 应用程序服务器部署和运行 Web 应用程序提供指令。从传统上来说，所有元数据都来自于部署描述符文件/WEB-INF/web.xml。该文件通常包含 Servlet、监听器和过滤器的定义，以及 HTTP 会话、JSP 和应用程序的配置选项。Java EE 6 中的 Servlet 3.0 添加了使用注解和 Java Configuration API 配置 Web 应用程序的能力。它还增加了 Web 片段的概念——应用程序中的 JAR 文件可以包含 Servlet、过滤器和监听器的配置，这些配置将被添加到必要 JAR 文件的部署描述符文件/META-INF/web-fragment.xml 中。Web 片段也可以使用注解和 Java Configuration API。

Java EE 6 对 Web 应用程序部署的这个改变为文件部署增加了巨大的复杂性。为了简化操作，可以配置 Web 片段的顺序，从而按照特定的顺序扫描和激活它们。可以通过下面两种方式实现：

- 每个 Web 片段的 web-fragment.xml 文件中可以包含一个<ordering>元素，该元素可以使用嵌套的<before>和<after>标签来控制该 Web 片段在哪个 Web 片段之前或之后激活。这些标签包含嵌套的<name>元素用于指定与当前片段有顺序关系的 Web 片段。<before>和<after>也可以包含嵌套的<others>元素，表示该片段应该在任何未指定的片段之前或之后激活。
- 如果未创建特定的 Web 片段，并且不能控制它的内容，那么仍然可以在应用程序的部署描述符中控制 Web 片段的顺序。通过使用/WEB-INF/web.xml 中的<absolute-ordering>元素与它的嵌套的<name>和<others>元素，可以配置绑定的 Web 片段的绝对顺序，该配置将覆盖来自于 Web 片段的任何顺序指令。

默认情况下，Servlet 3.0 及更高版本的环境将扫描 Web 应用程序和 Web 片段中的 Java EE Web

应用程序注解，用于配置 Servlet、监听器、过滤器等。如果需要，可以在根<web-app>或<web-fragment>元素中添加特性 metadata-complete="true"，禁止扫描和注解配置。还可以在部署描述符中添加元素<absolute-ordering/>(不包含任何嵌套元素)，禁止应用程序中的所有 Web 片段。

本书的第 I 部分将对 Web 应用程序部署描述符和注解配置进行讲解。第 II 部分将会讲解容器初始化和使用 Java API 的编程式配置，并且演示它如何以一种更容易和便于测试的方式启动 Spring Framework。

1.2.4　类加载器架构

在使用 Java EE Web 应用程序时，有必要理解类加载器(ClassLoader)架构，因为它不同于你所熟悉的标准 Java SE 应用程序。在典型的应用程序中，Java SE 平台中的 java.*类将被加载到特定的根类加载器中，并且不能被覆盖。这是一种安全的方式，它阻止了恶意代码的执行，例如恶意代码可能会替换 String 类，或者重定义 Boolean.TRUE 和 Boolean.FALSE。

在根类加载器之后是扩展类加载器，它将加载 JRE 安装目录中的扩展 JAR。最后，应用程序 Class Loader 将加载应用程序中的所有其他类。这组成了类加载器的层次，根类加载器是所有类加载器最早的祖先。当低级别类加载器申请加载一个类时，它总是首先将该任务委托给它的父类加载器。继续向上委托直至根类加载器确认成功。如果它的父类加载器未能找到该类，那么当前的类加载器将尝试从自己的 JAR 文件和目录中加载该类。

这种类加载的方法被称为双亲优先类加载委托模式，尽管这种方法适用于许多类型的应用程序，但它并不完全适用于 Java EE Web 应用程序。运行 Java EE Web 应用程序的服务器通常相当复杂，许多供应商都可以提供其实现。服务器可能使用了与个人应用程序使用的相同的第三方库，但它们的版本可能相互冲突。另外，不同的 Web 应用程序也可能使用了同一第三方库的冲突版本，导致更多的问题。为了解决这些问题，就需要使用子女优先类加载委托模式。

在 Java EE Web 应用程序服务器中，每个 Web 应用程序都被分配了一个自由的相互隔离的类加载器，它们都继承自公共的服务器类加载器。通过隔离不同的应用程序，它们不能访问相互的类。这不仅消除了类冲突的风险，还是一种阻止 Web 应用程序被其他 Web 应用程序干扰或伤害的安全方式。另外，Web 应用程序类加载器通常会在自己无法加载某个类的时候，请求它的父类加载器帮助加载。通过这种方式，类加载的任务会在最后而不是首先委托给它的父类，Web 应用程序中的类和库会被优先使用，而不是服务器提供的版本优先使用。为了维持绑定的 Java SE 类的安全状态，Web 应用程序类加载器仍然会在尝试加载任何类之前与根类加载器确认。尽管几乎在所有的情况下，这种委托模式都更适用于 Web 应用程序，但仍然有它不适用的情况。出于这个原因，兼容 Java EE 的服务器通常会提供修改委托模式的方法，从父类最后改为父类首先。

1.2.5　企业级应用程序归档文件

尽管之前已经学习了 WAR 文件，但还有另一种 Java EE 归档文件需要了解：EAR 文件。企业级应用程序归档将许多 JAR 文件、WAR 文件和配置文件压缩到单个可部署的归档文件中(与 JAR 和 WAR 使用相同的 ZIP 格式)。

图 1-3 显示了一个 EAR 文件样例。如同 WAR 文件一样，

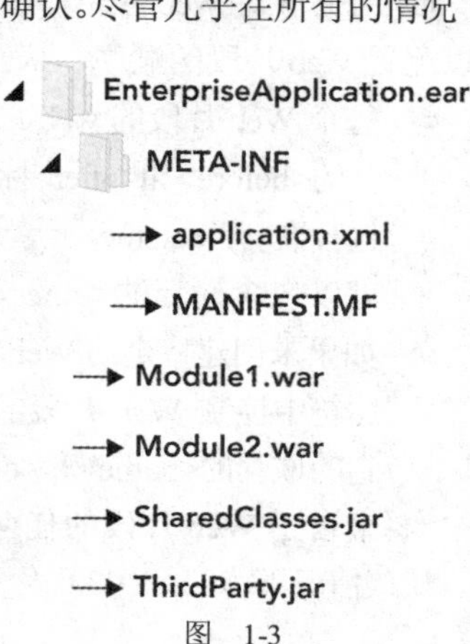

图　1-3

根部的/META-INF 目录包含了归档清单文件，并且该目录中的所有文件都不在应用程序的类路径上。文件/META-INF/application.xml 是特有的部署描述符，用于描述如何部署 EAR 文件中包含的各种不同组件。在 EAR 文件的根目录中是它所包含的所有 Web 应用程序模块——一个模块对应一个 WAR 文件。这些 WAR 文件没有什么特殊之处；它们与独立的 WAR 文件包含着相同的内容和功能。EAR 文件还可以包含 JAR 库，用于多种不同的目的。JAR 文件可以包含在/META-INF/application.xml 部署描述符中声明的 EJB(Enterprise JavaBeans)，或者可用作 EAR 中两个或多个 WAR 模块的第三方库。

如同 WAR 文件一样，EAR 也有着自己独有的类加载器架构。通常，需要在服务器类加载器和为每个模块分配的 Web 应用程序类加载器之间插入一个额外的类加载器。该类加载器用于将该企业级应用程序与其他企业级应用程序隔离开，但允许单个 EAR 中的多个模块之间共享通用库。Web 应用程序类加载器可以是双亲委托优先模式(优先使用 EAR 库中的类)或子女委托优先模式(优先使用 WAR 文件中的类)。

尽管了解 EAR 是非常有用的，它是完整 Java EE 规范的一部分，但是大多数只包含了 Web 容器的服务器(例如 Apache Tomcat)并不支持它。因此，本书不再对 EAR 进行深入讲解。

警告：

本节描述的类加载器示例仅仅是一个示例而已。尽管 Java EE 规范中确实描述了双亲优先和子女优先类加载过程，但不同的实现可能会以不同的方式实现这些模式，并且每个服务器的实现都有一定的差别，对于不同的需求可能会引起问题。你总是应该阅读已选择服务器的文档，并决定该服务器的类加载架构是否符合需求。

1.3　小结

本章对 Java 平台标准版和 Java 平台企业版做了详细的讲解，并描述了两个平台在过去 19 年中的共同发展过程。还简单地介绍了本书将涉及的一些主题——Servlet、过滤器、监听器、JSP 等，并且讲解了 Java EE 应用程序的结构(内部的和文件系统上的)。然后讲解了 Web 应用程序归档和企业级应用程序归档，以及如何通过它们控制和部署 Java EE 应用程序。

本书剩下的内容将对这些主题进行详细讲解，并解答你在阅读之前内容中可能遇到的许多问题。第 2 章将详细描述应用程序服务器和 Web 容器的定义，以及如何根据自己的需要选择服务器。本书还将讲解如何安装和使用 Tomcat(用于运行示例)。

第 2 章

使用 Web 容器

本章内容：

- 选择 Web 容器
- 在个人计算机中安装 Tomcat
- 在 Tomcat 中部署和卸载应用程序
- 使用 IntelliJ IDEA 调试 Tomcat
- 使用 Eclipse 调试 Tomcat

本章需要从 wrox.com 下载的代码

访问网址 http://www.wrox.com/go/projavaforwebapps 的 Download Code 选项卡，找到本章的代码下载链接。本章的代码被分成了三个主要的示例：

- sample-deployment WAR 应用程序文件
- Sample-Debug-IntelliJ 项目
- Sample-Debug-Eclipse 项目

2.1 选择 Web 容器

在之前的章节中已经介绍了 Java 平台企业版和 Servlet、过滤器和其他 Java EE 组件等概念。还介绍了 Java 7 和 8 的一些新特性。Java EE Web 应用程序运行在 Java EE 应用服务器和 Web 容器(也称为 Servlet 容器，本书将交替使用这些术语)中。

尽管 Java EE 规范由许多更小的子规范组成，但大多数 Web 容器都只实现了 Servlet、JSP 和 JSTL 规范。这不同于实现了完整 Java EE 规范的成熟 Java EE 应用服务器。每个应用服务器都包含了一个 Web 容器，用于管理 Servlet 的生命周期、将请求 URL 映射到对应的 Servlet 代码、接受和响应 HTTP 请求以及管理过滤器链(在适用的时候)。不过，独立运行的 Web 容器通常是轻量级的，并且易于使用(如果不需要使用 Java EE 的所有特性的话)。

选择 Web 容器(或应用服务器)要求对项目的需求进行认真的研究和考虑。在选择 Web 容器时有多种选项，每种容器都有自己的优点和不足。也可以同时使用多种不同的 Web 容器。例如，可以选择在个人计算机上使用 Apache Tomcat 用于本地测试，在生产环境中使用 GlassFish。或者如果需要编写一个客户自行部署的应用程序，那么就需要在许多不同的应用服务器和 Web 容器中测试。

本节将会对一些常见的 Web 容器和应用服务器进行讲解，剩余的小节将对本书使用的 Web 容器进行讲解。

2.1.1　Apache Tomcat

Apache Tomcat 是目前最常见和最流行的 Web 容器。Sun 公司的软件工程师最初创建了该 Web 容器，称为 Sun Java Web Server，它也是 Java EE Servlet 规范最初的参考实现。之后在 1999 年，Sun 将它捐献给了 Apache Software Foundation，就在此时它变成了 Jakarta Tomcat，并最终变成了 Apache Tomcat。另外很有意思的是 Apache 对 Tomcat 的改进引起了 Apache Ant 构建工具的发展，该构建工具在今天已经被数以千计的商业和开源项目所使用。

Tomcat 的主要优点是占用内存小、配置简单以及长期的社区参与。通常，开发者可以在 5 到 10 分钟内安装并运行 Tomcat 安装包成功，包括下载时间。Tomcat 只需要很少的额外配置即可在开发计算机上成功运行，经过调优之后，也可以在高负载、高可用性的生产环境中使用。你可以创建出庞大的 Tomcat 群集，以可靠的方式处理大量通信。因为 Tomcat 简单并且使用的是轻量级架构，所以它经常被用于商业生产环境中。不过与许多竞争者相比，它在配置服务器时缺少复杂的 Web 管理界面。相反，Tomcat 只提供了处理基本任务的简单界面，包括部署和卸载应用程序。对于更详细的配置，管理员必须操作一组 XML 和 Java 属性文件。另外，因为它不是一个完整的应用服务器，所以缺少了许多 Java EE 组件，例如 Java Persistence API、Bean Validation API 和 Java Message Service。

可以想象的是，Tomcat 可以完美地完成许多任务，但不能轻松地部署复杂的企业级应用程序，有时甚至是不可能的。如果你喜欢 Tomcat 但需要一个完整的 Java EE 应用服务器，那么可以考虑使用 Apache TomEE，该服务器基于 Tomcat 构建，但提供了对于 Java EE 组件的完整实现。由于它是基于 Tomcat 构建的，因此它有着 Tomcat 社区的完全支持，以及超过 10 年的测试。Apache 还提供了另一个开源的完整 Java EE 应用服务器：Geronimo。

注意：TomEE 和 Geronimo 都是 Oracle 认证的 Java EE 应用服务器，这意味着它们已经通过了验证，完全兼容于 Java EE 规范。因为 Tomcat 只是一个 Web 容器，它没有这样的认证。不过，它庞大的用户基础和活跃的社区保证了它能准确地实现自己所提供的 Java EE 组件。

Tomcat 提供了 Servlet、Java Server Pages(JSP)、Java Unified Expression Language(EL)和 WebSocket 规范。表 2-1 列出了几个 Tomcat 版本和它们所实现的规范。目前只有 Tomcat 6、7、8 仍然能得到支持。版本 3.3、4.1 和 5.5 已经在多年前停止了开发。在 Tomcat 网站(http://tomcat.apache.org/)上可以获得更多关于 Apache Tomcat 的详细信息。

表 2-1 Tomcat 版本和它们的规范

Tomcat 版本	Java EE *	Servlet	JSP	EL	WebSocket	所需最小 Java SE 版本
3.3.x	1.2	2.2	1.1	–	–	1.1
4.1.x	1.3	2.3	1.2	–	–	1.3
5.5.x	1.4	2.4	2.0	–	–	1.4
6.0.x	5	2.5	2.1	2.1	–	5.0
7.0.x	6	3.0	2.2	2.2	–	6
8.0.x	7	3.1	2.3	3.0	1.0	7

* Java EE 列只表示对应的 Java EE 版本；Tomcat 不是应用服务器，而且并未实现 Java EE。列中的连字符表示该 Tomcat 版本未实现特定的规范。

2.1.2 GlassFish

GlassFish 服务器是一个开源的、也是商业的完整 Java EE 应用服务器实现。它提供了 Java EE 规范的所有特性，包括 Web 容器，而且它目前还是 Java EE 规范的参考实现。它的 Web 容器实际源自于 Apache Tomcat；不过自从使用 Tomcat 核心创建了 GlassFish 之后，它已经做出了重大的改变，初始的代码已经很难识别出来了。GlassFish 的开源版本由社区提供支持，而 Oracle 的商业 GlassFish 服务器版本由 Oracle 公司提供收费的商业支持。Oracle 将只为 Java EE 7 之前的版本提供商业支持。从 Java EE 8 开始，GlassFish 将不再包含商业支持选项。

GlassFish 的一个优势是它的管理界面，可以通过图形 Web 用户界面、命令行界面和配置文件等方式对服务器进行设置。服务器管理员甚至可以使用管理界面在 GlassFish 群集中部署新的 GlassFish 实例。作为参考实现，无论何时规范被更新，它都将是第一个实现新版本规范的服务器。GlassFish 的第一个版本在 2006 年 5 月发布，它实现了 Java EE 5 规范。在 2007 年 9 月发布的版本 2.0 添加了对完整群集能力的支持。版本 3.0 作为 Java EE 6 的参考实现，在 2009 年 12 月发布——包含几个企业级特性的改进。该版本代表着 GlassFish 流行度的转折点，它变得非常易于管理企业级群集 GlassFish 环境。在 2011 年 7 月，版本 3.1.1 改进了几个企业级特性并添加了对 Java SE 7 的支持，尽管所需的最小版本仍然是 Java SE 6。在 2013 年 6 月发布的 GlassFish 4.0 作为 Java EE 7 的参考实现，所需的最小版本是 Java SE 7。

在 GlassFish 网站(https://glassfish.java.net)上可以获得它的更多信息，也可以在需要的时候下载 GlassFish。

2.1.3 JBoss 和 WildFly

截至 2013 年初，Red Hat 的 JavaBeans Open Source Software Application Server (JBoss AS)是仅次于 Tomcat、第二流行的 Java EE 服务器。从历史上看，JBoss AS 已经是一个支持 Enterprise JavaBeans (EJB)和一些 Java EE 特性的 Web 容器。最终它通过了 Web Profile 的认证，并在 2012 年通过了完整 Java EE 应用服务器的认证。随着时间的流逝，JBoss 变成了提供几种产品的开发社区(例如 Apache)和商业 JBoss 企业级应用平台的代名词。该应用服务器一直使用 JBoss AS 作为名字直到版本 7.1.x，到了 2012 年，社区觉得由于其他 JBoss 项目的存在，该名字会引起许多混乱，因此在 2014 年初发布的应用服务器被重命名为 WildFly。

类似于 GlassFish，WildFly 由 JBoss 社区提供免费支持，由 Red Hat 提供收费的商业支持。它有一套完整的管理工具，并如同 Tomcat 和 GlassFish 一样提供了群集和高可用性。JBoss AS 从版本 4.0.x 到 4.2.x 都是基于 Tomcat 5.5 构建的，并且支持 Java EE 1.4 的特性。版本 5.0 引入了对 Java EE 5 的支持以及一个全新的 Web 容器，而版本 5.1 则包含了一些 Java EE 6 特性的早期实现(尽管它仍然是 Java EE 5 应用服务器)。JBoss AS 6.0 实现了 Java EE Web Profile，但它并未追求通过 Java EE 6 应用服务器的认证。JBoss AS 7.0 代表着对产品完整的重写，极大地减少了内存占用并提高了性能，另外它只支持 Java EE 6 Web Profile。直到 JBoss AS 7.1，它才再次成为完整的应用服务器，在 Java EE 6 发布两年之后通过了 Java EE 6 认证。WildFly 8.0 是一个完整的 Java EE 7 应用服务器，它要求使用的 Java SE 最小版本为 Java SE 7(实际上，所有 Java EE 7 应用服务器和 Web 容器都要求 Java SE 的最小版本为 Java SE 7)。

在 JBoss 网站(http://www.jboss.org/jbossas)上可以了解和下载 JBoss AS 7.1 以及之前的版本，在 WildFly 网站(http://www.wildfly.org/)上可以找到 WildFly 8.0。

2.1.4　其他容器和应用服务器

现在有多种 Web 容器(例如 Jetty 和 Tiny)和开源的完整 Java EE 应用服务器(例如 JOnAS、Resin、Caucho 和 Enhydra)可供选择。另外还有大量的商业完整应用服务器，其中 Oracle WebLogic 和 IBM WebSphere 是最流行的。表 2-2 显示出了其中的一些服务器和它们不同版本所支持的 Java EE 规范。

表 2-2　容器和应用服务器版本

服务器	J2EE 1.2	J2EE 1.3	J2EE 1.4	Java EE 5	Java EE 6	Java EE 7
Jetty*	3.x	4.x	5.x	6.x: J2SE 1.4 7.x: Java SE 5.0	8.x: Java SE 6 9.0.x: Java SE 7	9.1.x
WebLogic	6.x	7.x-8.x	9.x	10.x: Java SE 6 11g PS5: Java SE 7	12*c*	12.1.4**
WebSphere	4.x	5.x	6.x	7.x	8.x: Java SE 6 8.5.x: Java SE 7	9.x**

*只代表 Web 容器；不是完整的应用服务器

**代表推测出的版本——Oracle 和 IBM 尚未正式宣布对 Java EE 7 进行支持

每种 Web 容器或应用服务器都有自己的优点和不足。如何挑选应用服务器无法在一章内容中讲解完，并且这也超出了本书的范围。你必须理解自己的组织项目的需求，然后选择符合需求的正确 Web 容器或应用服务器。因为商业应用服务器的许可通常价格很高，所以必须考虑运营预算。所有的这些因素都将影响你的决定，甚至你最终挑选的服务器可能并未出现在本书列出的服务器列表中。

2.1.5　本书使用 Tomcat 的原因

Apache Tomcat(本书余下的内容中将直接使用术语 Tomcat)的许多优点都已经被列出。对于本书来说最重要的一点是开发者可以轻松地使用 Tomcat。到目前为止，Tomcat 比其他任何 Web 容器都容易快速上手，并且它提供了完成本书示例所需的所有特性。另外，所有主要的 Java IDE 都提供了工具用于运行、部署和调试 Tomcat，便于应用开发。

尽管一些开发者更喜欢使用其他 Web 容器——在了解了正确的知识之后，几乎任何 Web 容器都可以在开发计算机上成功运行——因此很难反对使用 Tomcat。通过使用 Tomcat，你可以专注于代码和开发实践，而无须耗费大量时间在容器的管理上。本章其余的内容将讲解如何在个人计算机中安装和配置 Tomcat。另外本节还讲解了如何使用 Tomcat 管理器部署和卸载应用程序，以及如何使用 Java IDE 调试 Tomcat。

2.2　在个人计算机中安装 Tomcat

在安装 Tomcat 到个人计算机之前，首先需要从 Tomcat 项目网站下载安装文件。在 http://tomcat.apache.org/download-80.cgi 上访问 Tomcat 8.0 下载页面，向下滚动至“二进制包”部分。在该页面中有许多下载项，本书所需的都在“核心”标题之下。作为 Windows 用户，需要关心的两个下载项是“32-bit/64-bit Windows Service Installer”(适用于任何系统架构)和“32-bit Windows zip”或“64-bit Windows zip”(依赖于个人计算机的架构)。如果运行的是 Linux、Mac OS X 或其他操作系统，那么就需要使用非 Windows zip。

2.2.1　将 Tomcat 安装为 Windows 服务

许多开发者希望将 Tomcat 安装为 Windows 服务。这种方式有几个优点，尤其是在质保(QA)或生产环境中更能够得到体现。它使 JVM 内存和其他资源的管理更容易，并且大大地简化了启动过程，Tomcat 将在 Windows 启动时自动启动。不过，在开发环境中，将 Tomcat 安装为服务有几个缺点。该技术只会安装服务，而不会安装运行 Tomcat 的命令行脚本。大多数 IDE 都使用命令行脚本运行和调试 Tomcat。可以通过下载“32-bit/64-bit Windows Service Installer”将 Tomcat 安装为服务，但也需要下载“Windows zip”用于从 IDE 中运行 Tomcat。

本书并未涉及该部分内容，因为通常只有在生产或质保环境中才采用这样的方式。如果需要了解更多 Tomcat 的相关知识，请访问 Tomcat 网站上的文档。当然，如果使用的不是 Windows，Windows 安装包就没有用处了。通过其他方式可以在其他操作系统中自动启动 Tomcat，但这超出了本书的范围。

2.2.2　将 Tomcat 安装为命令行应用程序

大多数应用程序开发者需要以命令行应用程序的方式运行 Tomcat，并且通常会从 IDE 中使用 Tomcat。具体步骤如下所示：

(1) 从 Tomcat 8.0 下载页面下载适合目标计算机架构的 Windows zip(如果使用的是 Windows 系统)或非 Windows zip(如果使用的是任何其他操作系统)，并解压该文件。

(2) 将 zip 文件中 Tomcat 目录的内容放置在本机文件夹 C:\Program Files\Apache Software Foundation\Tomcat 8.0 中(或者操作系统中任何合适的目录)。例如，webapps 目录现在应该位于 C:\Program Files\Apache Software Foundation\Tomcat 8.0\webapps。

(3) 如果使用的是 Windows 7 或更新版本，那么就需要修改一些权限，使 Tomcat 可以被 IDE 访问。在 C:\Program Files 中的 Apache Software Foundation 目录上右击，并单击“属性”。在 Security 选项卡上，单击 Edit 按钮。添加自己的用户或用户组，并将目录完整的控制权限交付给它们。

(4) 为了在首次使用时设置 Tomcat，在文本编辑器中打开文件 conf/tomcat-users.xml。将下列标签添加到<tomcat-users>和</tomcat-users> XML 标签之间：

```
<user username="admin" password="admin" roles="manager-gui,admin-gui" />
```

警告：该标签配置了一个管理用户，通过该用户可以登录 Tomcat 的 Web 管理界面。当然，这种用户名和密码结合的配置是非常不安全的，在生产环境或面向公众的服务器上绝不应该使用。不过，对于在本地计算机上运行测试是可以的。

(5) 打开 conf/web.xml 文件。在文件中搜索文本 org.apache.jasper.servlet.JspServlet。以下是两个<init-param>标签。下一章将对 Servlet 初始化参数进行讲解，现在先将下列初始化参数添加到现有的参数中：

```
<init-param>
    <param-name>compilerSourceVM</param-name>
    <param-value>1.8</param-value>
</init-param>
<init-param>
    <param-name>compilerTargetVM</param-name>
    <param-value>1.8</param-value>
</init-param>
```

默认情况下，Tomcat 8.0 将使用 Java SE 6 编译 JavaServer Pages 文件(即使开启了对 Java SE 8 的支持)。相反，这些新的 Servlet 初始化参数将指示 Tomcat 使用 Java SE 8 语言功能编译 JSP 文件。

(6) 在修改配置文件并保存后，重启 Tomcat 并确保它正常运行。打开命令行并切换到 Tomcat 主目录(C:\Program Files\Apache Software Foundation\Tomcat 8.0)。

(7) 输入命令 echo %JAVA_HOME%(或者在非 Windows 系统中输入 echo $JAVA_HOME)，按下回车键检查是否已经将 JAVA_HOME 环境变量设置为 Java 开发工具包(JDK)的主目录。如果不是，那么设置该环境变量，在继续下面的步骤之前注销并重新登录(参考下面的“注意”)。如果未正确设置该变量，Tomcat 则无法运行。

(8) 输入命令 bin\startup.bat(或者 bin/startup.sh，如果使用的不是 Windows)并按下回车键。一个 Java 控制台窗口将会打开，并显示出正在运行的 Tomcat 进程的输出。在几秒之后，应该能够在控制台中看到“INFO [main]org.apache.catalina.startup.Catalina.start Server startup in 1827 ms”或者一些类似的消息。这意味着 Tomcat 已经正确运行起来。

注意：在启动 Tomcat 时，它将会寻找环境变量 JRE_HOME，如果已经设置该变量，将使用它。否则，接下来寻找 JAVA_HOME 变量。如果也未设置，则 Tomcat 启动失败。不过，为了调试 Tomcat，必须设置 JAVA_HOME，因此最好提前设置该变量。

(9) 打开最喜欢的 Web 浏览器，并访问 http://localhost:8080/。你应该可以看到如图 2-1 所示的页面。这意味着 Tomcat 正在运行，并且 JSP 也已经使用 Java SE 8 编译成功。如果未出现该界面或者在 Java 控制台中出现错误，那么就需要检查之前的步骤，可能还需要查询 Tomcat 文档。

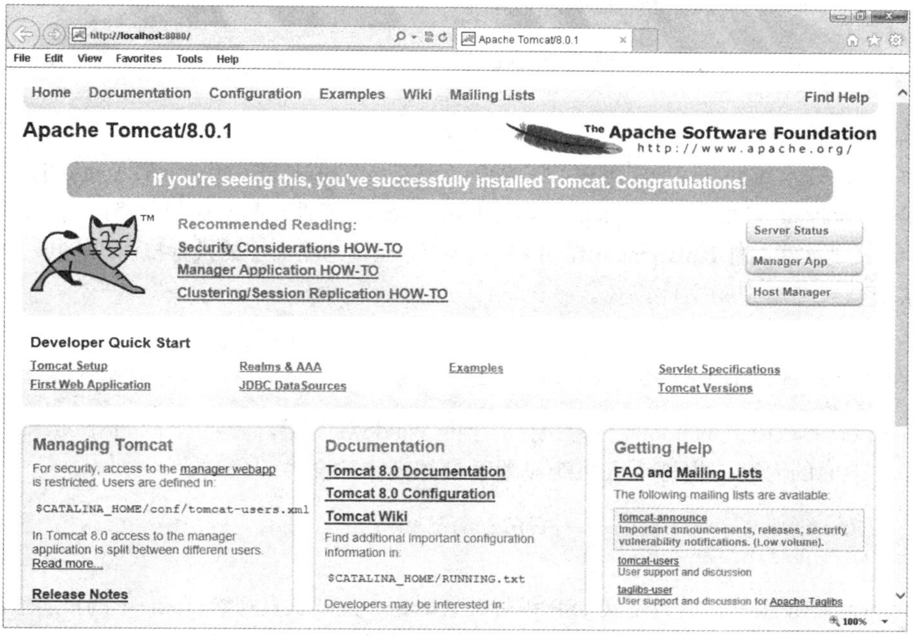

图　2-1

在使用完 Tomcat 之后，可以在 Tomcat 8.0 的主目录中运行命令 bin\shutdown.bat(或 bin/shutdown.sh)停止它。Java 控制台将会关闭，而 Tomcat 也会终止。不过现在先不要这样做；在下一节中，需要在 Tomcat 中部署和卸载应用程序(如果你已经关闭了 Tomcat，不用担心。很轻松就可以重新启动它)。

警告：最早发布的 Tomcat 8.0 并不支持使用 Java 8 编译 JSP。在发布应用程序时如果在控制台中看到了消息 *"WARNING: Unknown source VM 1.8 ignored"* 或者类似的内容，那么就是这个原因造成的。如果确实发生了该问题，就需要通过下面的步骤"配置自定义的 JSP 编译器"解决。

2.2.3　配置自定义的 JSP 编译器

Tomcat包含并使用Eclipse JDT编译器编译Web应用程序中的JavaServer Pages文件(第4章将详细讲解JSP文件以及如何编译JSP)。通过这种方式在未安装JDK的情况下，也可以正常运行Tomcat。使用Eclipse编译器之后，就只需要安装一个简单的Java Runtime Edition(JRE)。因为JSP通常都非常简单，所以Eclipse编译器足以适用于任何Tomcat环境。不过在有些情况下，你并不希望使用Eclipse编译器。可能是发现了Eclipse编译器中的一个会阻止JSP编译的bug，或者希望在JSP中使用新版Java中的语言特性(这可能发生在Eclipse发布兼容的编译器之前)。无论是什么理由，都可以通过配置Tomcat轻松地使用JDK编译器取代Eclipse编译器。

(1) 打开 Tomcat 的 conf/web.xml 文件，再次查找 JspServlet。

(2) 添加下面的初始化参数，它将告诉 Servlet 使用 Apache Ant 结合 JDK 编译器而不是 Eclipse

编译器编译 JSP。

```
<init-param>
    <param-name>compiler</param-name>
    <param-value>modern</param-value>
</init-param>
```

(3) Tomcat 并未提供直接使用 JDK 编译器的方式，因此必须在系统中安装最新版的 Ant。还需要将 JDK 的 tools.jar 文件和 Ant 的 ant.jar 与 ant-launcher.jar 文件一起添加到类路径上。完成该操作的最简单方式是创建文件 bin\setenv.bat，并将下面的代码(请忽略其中的换行符)添加到该文件中，根据个人系统替换掉其中的文件路径。

```
set "CLASSPATH=C:\path\to\jdk8\lib\tools.jar;C:\path\to\ant\lib\ant.jar;
C:\path\to\ant\lib\ant-launcher.jar"
```

当然，该脚本适用于 Windows 计算机。对于非 Windows 环境，需要创建 bin/setenv.sh 文件，并在其中添加下面的内容，根据个人系统设置替换掉其中的文件路径。

```
export CLASSPATH=/path/to/jdk8/lib/tools.jar:/path/to/ant/lib/ant.jar:
/path/to/ant/lib/ant-launcher.jar
```

在 Tomcat 中使用这样的自定义 JSP 编译配置时，一定要认真观察 Tomcat 的日志输出。如果 Tomcat 找不到 Ant 或者 Ant 找不到 JDK 编译器，Tomcat 将会自动切换回 Eclipse 编译器，并仅仅在日志中输出警告。

2.3 在 Tomcat 中部署和卸载应用程序

本节将讲解如何在Tomcat中部署和卸载Java EE Web应用程序。有两种方式可以完成该任务：

- 手动将应用程序添加到 webapps 目录中
- 使用 Tomcat 管理器应用程序

如果尚未创建 Web 应用程序，则可以从 wrox.com 下载站点下载第 2 章的示例应用程序 sample-deployment.war。接下来将使用该文件练习部署和卸载。

2.3.1 手动部署和卸载

在 Tomcat 中手动部署应用程序是很简单的——只需要将 sample-deployment.war 文件添加到 Tomcat 的 webapps 目录中。如果 Tomcat 正在运行，几分钟后 Tomcat 将会自动解压应用程序文件到一个去掉.war 扩展名的同名目录中。如果 Tomcat 尚未运行，那么启动它，应用程序文件将会在 Tomcat 启动时解压。当应用程序已经被解压之后，打开浏览器访问网址 http://localhost:8080/sample-deployment/。浏览器页面将如图 2-2 所示。这意味着示例应用程序已经部署成功了。

卸载应用程序的方法也非常简单，与部署的顺序相反。删除 sample-deployment.war 文件，然后等几分钟。当 Tomcat 检测到该文件被删除之后，它将会卸载应用程序并删除解压生成的目录，然后该应用程序将无法再通过浏览器访问。执行这个任务并不需要停止 Tomcat。

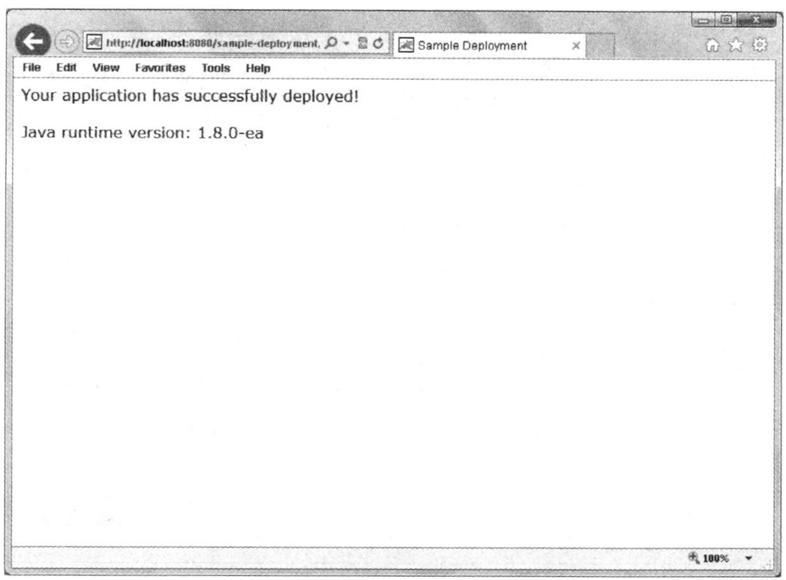

图　2-2

2.3.2　使用 Tomcat 管理器

另外也可以使用 Tomcat 管理器 Web 界面部署 Java EE 应用程序。步骤如下：

(1) 打开浏览器并访问网址 http://localhost:8080/manager/html。

(2) 看到要求输入用户名和密码的提示框时，输入 admin 作为用户名和密码(无论 conf/tomcat-users.xml 中配置的是什么账户)。浏览器中显示出的页面将如图 2-3 所示。

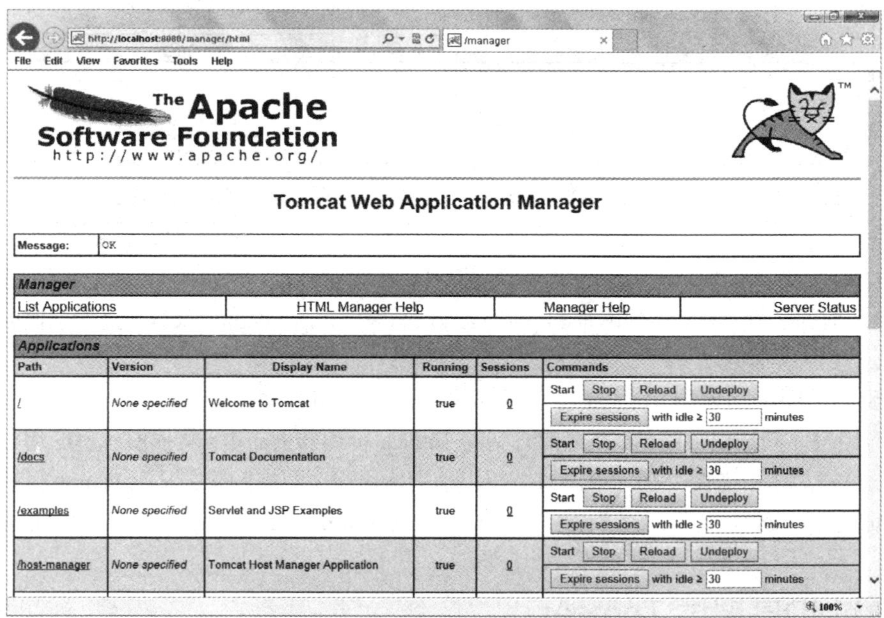

图　2-3

(3) 向下滚动至部署部分，找到表单“WAR file to deploy”。在字段“Select WAR file to upload”

中，选择文件系统中的 sample-deployment.war 文件，如图 2-4 所示。然后单击 Deploy 按钮。

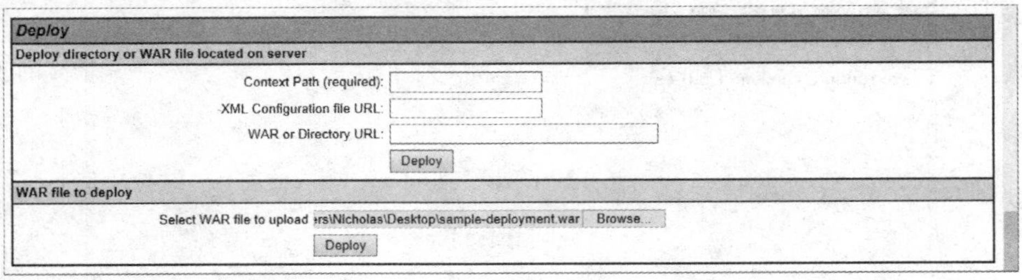

图 2-4

Tomcat 将上传该文件并进行部署。目录 sample-deployment 再次出现在 Tomcat 的 webapps 目录中。所有步骤结束后，Tomcat 将返回一个包含了已部署应用程序的列表，其中就包含了已经部署成功的示例应用程序，如图 2-5 所示。

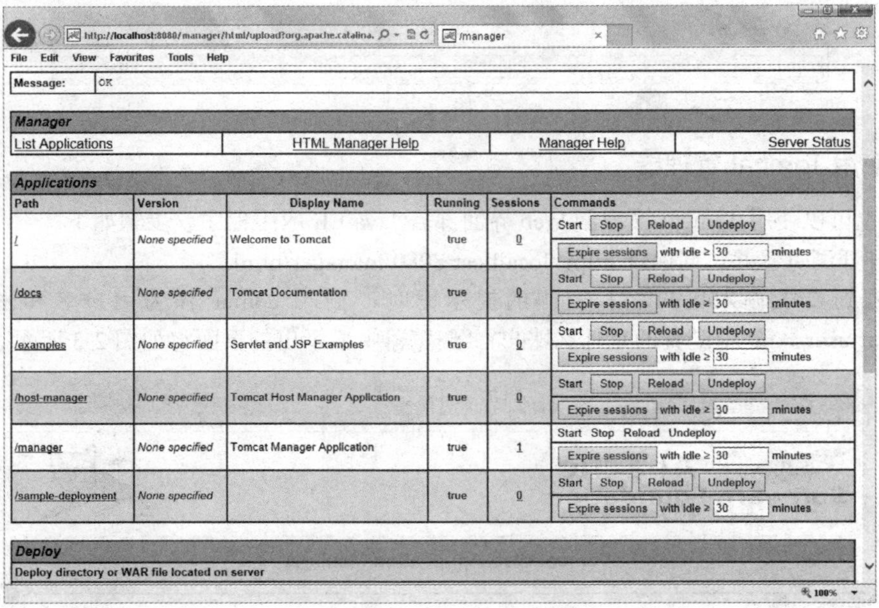

图 2-5

(4) 如之前的步骤一样，访问网址 http://localhost:8080/sample-deployment/，查看示例应用程序的示例页面。

现在我们已经成功使用 Tomcat 管理器部署了一个应用程序。

卸载应用程序同样也很简单。在之前看到的 Tomcat 管理器页面中，紧挨着示例应用程序之后有一个 Undeploy 按钮(参考图 2-5)。单击该按钮，示例应用程序即被卸载并从 webapps 目录中删除。当步骤完成之后，就不能再通过 http://localhost:8080/sample-deployment/访问该应用程序了。

2.4 通过 IDE 调试 Tomcat

作为 Java EE 开发者，必须具有的一个重要技能就是：通过 Java IDE 部署和调试 Tomcat 中的应用程序。当应用程序无法运行或者客户反映应用程序出现问题时，该技能可以帮助快速发现问题的原因。本节将讲解如何使用 IntelliJ IDEA 和 Eclipse 设置、运行和调试 Tomcat 中的 Web 应用程序。你可以阅读所有的内容，也可以选择只阅读自己使用的 IDE 所对应的内容——取决于自己的选择。

本书剩余的内容中很少会使用到这样的指令。它们将保持文本内容不依赖于任何特定的 IDE。本章之后你也不会看到任何特定 IDE 的截图。在继续学习后面的内容之前，要保证你熟悉并掌握了如何使用 IDE 在 Tomcat 中部署和调试应用程序，哪怕这意味着需要反复学习本节内容多次。

2.4.1　使用 IntelliJ IDEA

如果使用的是IntelliJ IDEA 13或更新版本，只需要进行简单的几步即可成功设置和运行Web应用程序。首先设置IntelliJ，使它能够识别本地Tomcat或者已安装的其他容器。这是一次性设置——在全局IDE设置中完成之后，所有的Web应用程序项目都可以使用该应用服务器。接下来，设置每个Web应用程序项目，在其中使用之前配置的容器。最后，只需要从IntelliJ中启动应用程序，并在合适的位置添加断点来调试应用程序。

1. 在 IntelliJ 中设置 Tomcat 8.0

首先在 IntelliJ 的应用服务器列表中配置 Tomcat。

(1) 打开 IntelliJ IDE 的设置对话框。在打开的项目中，单击 File | Settings，或者单击工具栏中的 Settings 图标，或者按下 Ctrl+Alt+S。如果未打开项目，则可以单击 Configure 按钮，然后再单击 Settings 按钮。

(2) 在 Settings 对话框的左面板中，单击 IDE 设置中的 Application Servers。开始的时候其中并未配置任何应用服务器。

(3) 单击绿色的加号＋添加新的应用服务器。单击紧挨着 Tomcat Home 字段的浏览按钮寻找并选择 Tomcat 主目录(例如 C:\Program Files\Apache Software Foundation\Tomcat 8.0)。然后单击 OK 按钮。IntelliJ 将自动检测 Tomcat 版本，该对话框将如图 2-6 所示。

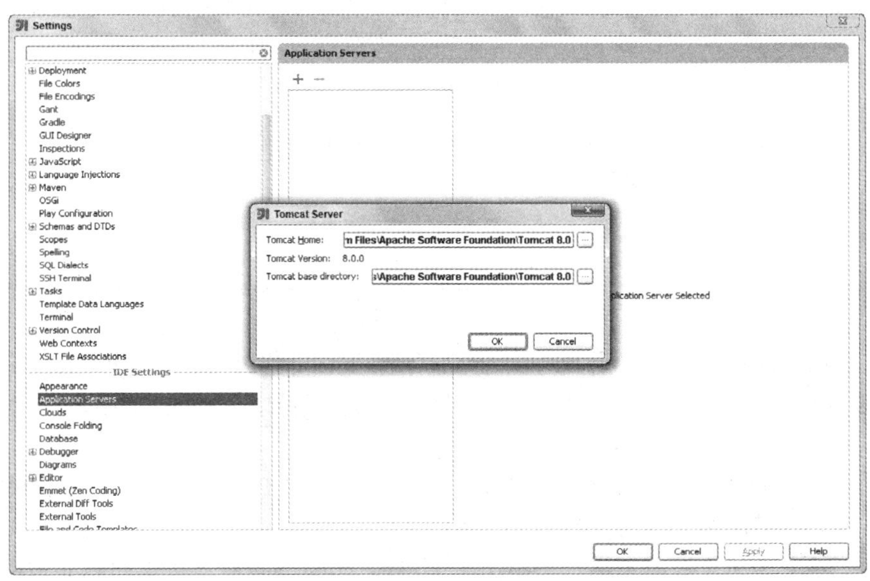

图　2-6

(4) 再次单击 OK 按钮，将 Tomcat 添加到应用服务器列表中，可以任意修改它的名字。本书中使用的所有 IntelliJ 示例代码都默认应用服务器的名字为 Tomcat 8.0，因此最简单的方式就是将它重命名为 Tomcat 8.0。

(5) 单击 Apply 保存改动，并单击 OK 按钮关闭 Settings 对话框。

2. 将 Tomcat 配置添加到项目中

在创建项目并从 IntelliJ 部署应用到 Tomcat 中时，就需要将 Tomcat 的 run/debug 配置添加到项目中。

(1) 单击工具栏中的 run/debug 配置图标(向下的箭头)，然后单击 Edit Configurations。

(2) 在出现的对话框中，单击绿色的加号图标＋，向下滚动到 Add New Configuration 菜单，将鼠标悬停在 Tomcat Server 上，并单击 Local。现在就创建出了一个使用本地 Tomcat 运行项目的 run/debug 配置，如图 2-7 所示。

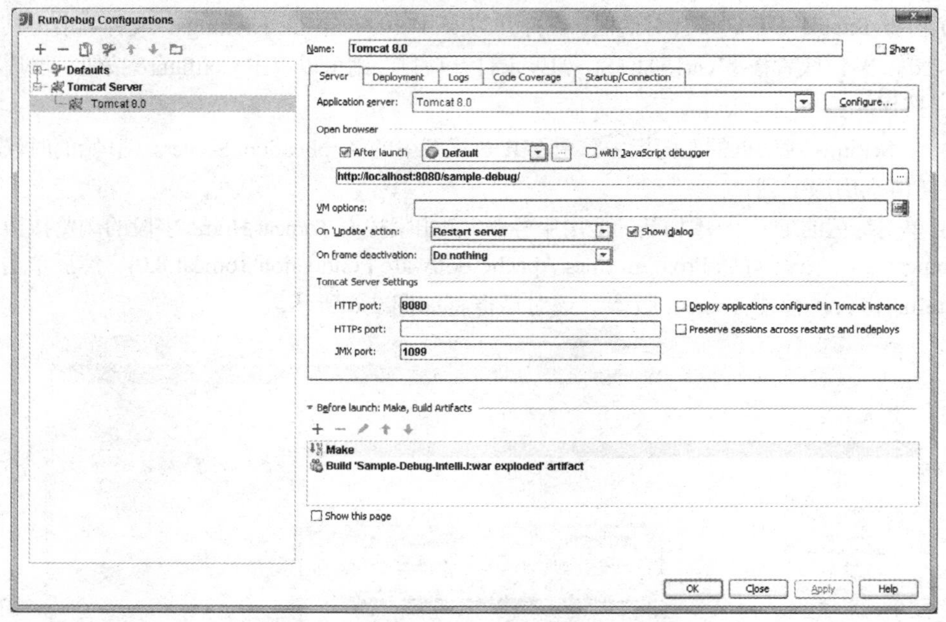

图　2-7

(3) 如果 Tomcat 8.0 是 IntelliJ 中唯一的应用服务器，Intellij 将自动使用它作为 run/debug 配置的应用服务器。如果还配置了其他应用服务器，那么可能被选中的是其中某一个，单击“Application Server”下拉列表，并选择 Tomcat 8.0。

(4) 为运行配置添加有意义的名字。在图 2-7 和所有下载的 IntelliJ 项目中，运行配置都被命名为 Tomcat 8.0，如应用服务器使用的名字一样。

(5) 你可能会看到警告，表示未指定用于部署的 artifacts。修复这个问题非常简单。单击

Deployment 选项卡并单击“Deploy at the server startup”标题下的绿色加号图标＋。单击 Artifact，然后单击解压开的 war 文件 artifact。单击 OK 按钮。修改“Application context”中的 artifact 部署名称，从而将应用部署到与目标服务器相对的 URL，如图 2-8 所示。

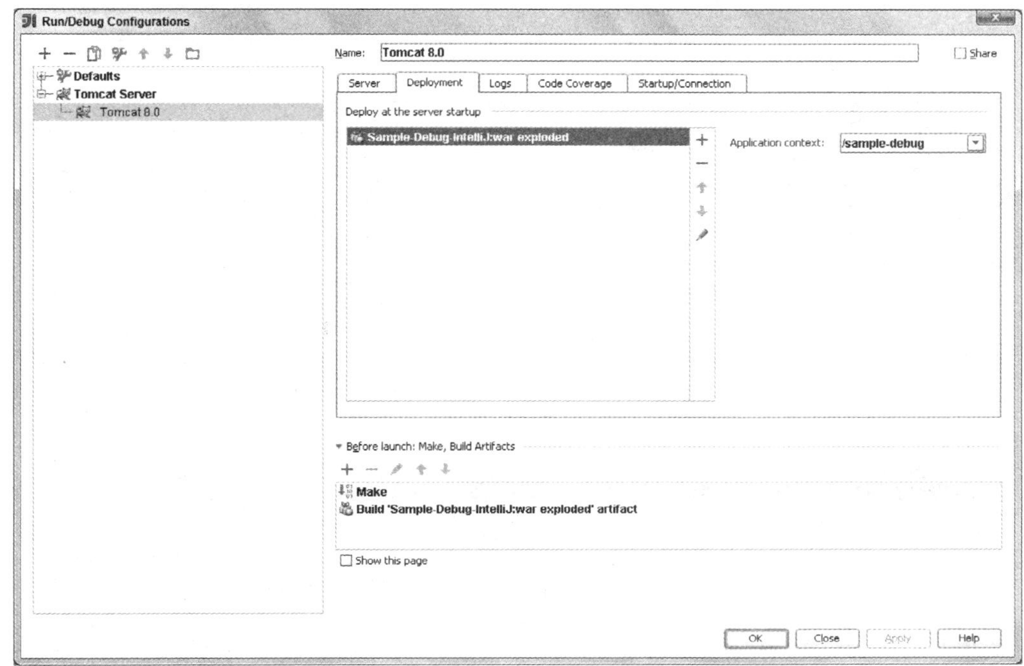

图　2-8

(6) 单击 Apply，然后单击 OK 按钮保存 run/debug 配置，关闭对话框。

你可以从 wrox.com 下载站点下载 Sample-Debug-IntelliJ 项目，查看一个已经配置好的示例 Web 应用程序，该应用程序将运行在本地 Tomcat 8.0 应用服务器中(不过，你仍然需要在 IntelliJ 的 IDE 设置中配置自己的 Tomcat 8.0 应用服务器)。

3. 启动应用程序并测试断点

在 IntelliJ 中添加了 Tomcat 并配置好运行在 Tomcat 中的 IntelliJ 项目后，现在可以启动应用程序并使用 IDE 对应用程序进行调试。

(1) 从 wrox.com 代码下载站点下载 Sample-Debug-IntelliJ 项目，然后在 IntelliJ IDEA 中打开。

(2) 确保它的 run/debug 配置正确，并且使用的是本地 Tomcat 8.0 应用服务器。在尝试启动下载的每个示例项目之前，都应该检查它们的配置。

(3) 打开项目之后，IDE 界面将如图 2-9 所示，index.jsp 中包含了两个断点。

(4) 单击工具栏中的 Debug 图标(在图 2-9 中由鼠标光标高亮指出)，或者按下 Shift+F9 编译应用程序，并以调试模式启动。IntelliJ 将会自动启动默认浏览器，然后你将立刻看到 index.jsp 中的断点被命中。

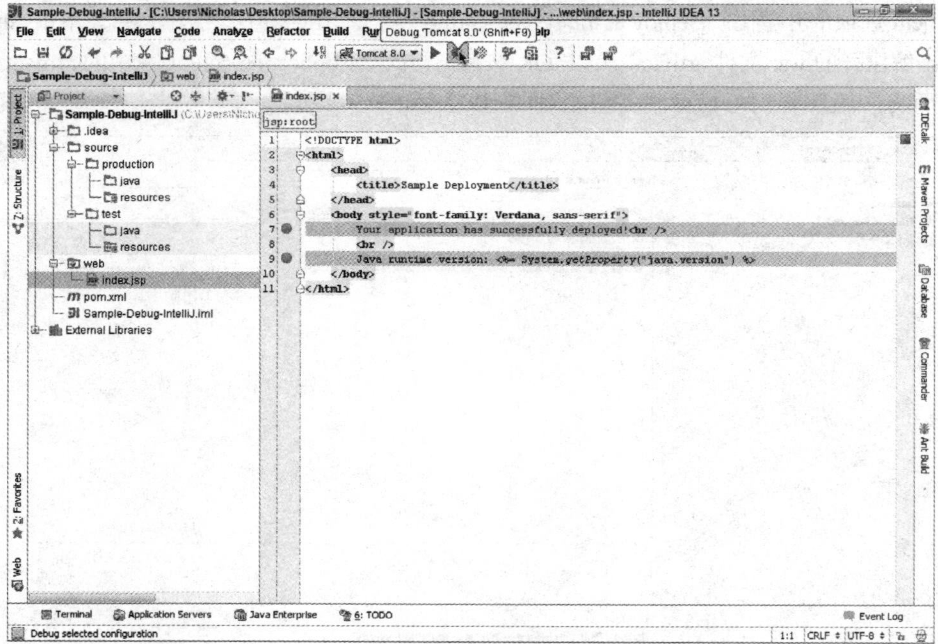

图　2-9

这里将再次显示出图 2-2 所示的 Web 页面，表示应用程序已经部署成功。

注意： IntelliJ 实际上在运行浏览器之前会访问 http://localhost:8080/sample-debug/。通过这种方式保证应用程序确实已经部署成功。如果部署成功了，JSP 中的断点将会被命中两次，第一次发生在 IntelliJ 访问应用程序时，第二次发生在通过浏览器访问应用程序时。

2.4.2　使用 Eclipse

在 Eclipse 中使用 Tomcat 与在 IntelliJ IDEA 中使用 Tomcat 有一定的相似性，但也有许多不同，并且界面也看起来大不相同。基本的过程是相同的——需要在 Eclipse 的全局设置中添加 Tomcat、将它配置到项目中、启动并调试项目。在本节的最后一部分，将会讲解如何在 Eclipse 中使用 Tomcat(如果你选择 Eclipse 作为自己的 IDE 的话)。

警告： 如前言中所讨论的，到本书英文版出版为止，Eclipse 尚未支持 Java SE 8、Java EE 7 或 Tomcat 8.0。因此，本节讲解的 Eclipse 指令和图示可能不是十分准确，你需要根据 Eclipse Luna 的发布版本做出相应修改。

1. 在 Eclipse 中设置 Tomcat 8.0

首先必须在 Eclipse 的全局参数配置中将 Tomcat 8.0 设置为运行时环境。步骤如下所示：

(1) 打开 Eclipse IDE 的 Java EE Developers，访问 Windows | Preferences。

(2) 在出现的 Preferences 对话框中，展开 Server，然后单击 Runtime Environment。下面将出现 Server Runtime Environments 面板，用于管理应用服务器和 Web 容器，它们可用于所有的 Eclipse 项目。

(3) 单击 Add 按钮打开 New Server Runtime Environment 对话框。

(4) 展开 Apache 文件夹并选择 Apache Tomcat v8.0，确保选中了“Create a new local server”复选框。然后单击 Next 按钮。

(5) 在下一个界面中，单击 Browse 按钮，并浏览至 Tomcat 8.0 主目录(例如 C:\Program Files\Apache Software Foundation\Tomcat 8.0)。然后单击 OK。

(6) 在 JRE 下拉列表中，选择本地 Java SE 8 JRE 安装包。将服务器名修改为任意喜欢的名字。本书的 Eclipse 示例项目使用的服务器名称为 Apache Tomcat v8.0，为避免麻烦可将服务器名称也修改为 Apache Tomcat v8.0。此时，将显示出如图 2-10 所示的界面。

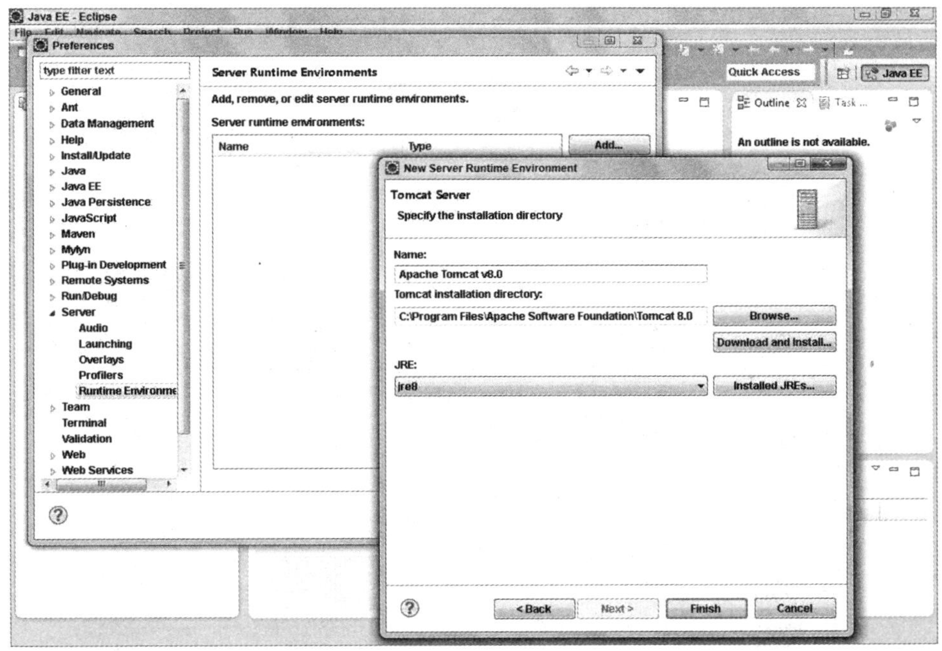

图 2-10

(7) 单击 Finish 按钮，将本地 Tomcat 服务器添加到 Eclipse，然后单击 OK 关闭 Preferences 对话框。

现在即可在 Eclipse 项目中使用 Tomcat 8.0 了。

另一点需要注意的是，Eclipse 默认将使用内建的浏览器打开 Web 应用程序。可以禁止该功能，并使用主流的浏览器，例如 Google Chrome、Mozilla Firefox 或 Microsoft Internet Explorer。为了改变这个设置，请访问 Window | Web Browser 菜单，并选择“0 Internal Web Browser”之外的选项。大多数情况下，选项“1 Default System Web Browser”足以满足需求，但也可以随时按照自己的需求修改该设置。

2．在项目中使用 Tomcat Server

在 Eclipse 中创建新的项目时，必须在第一个对话框中选择将要使用的运行时服务器，如图 2-11 所示。不过该配置只为应用程序添加了必需的库。并未真正选择之前创建的 Tomcat 8.0 服务器。具体步骤如下：

(1) 在创建或打开项目之后，访问 Project | Properties，并单击项目 Properties 对话框中左侧的 Server 菜单项。

(2) 默认选中的服务器为“<None>”，所以需要将它修改为“Tomcat v8.0 Server at localhost”，如图 2-12 所示。

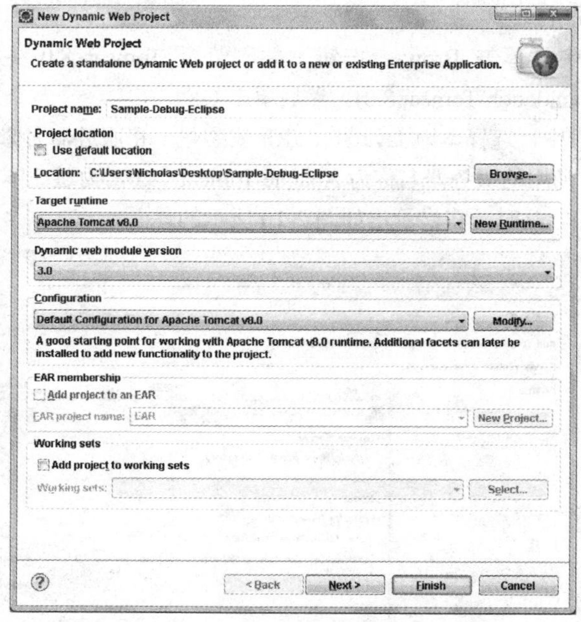

图　2-11

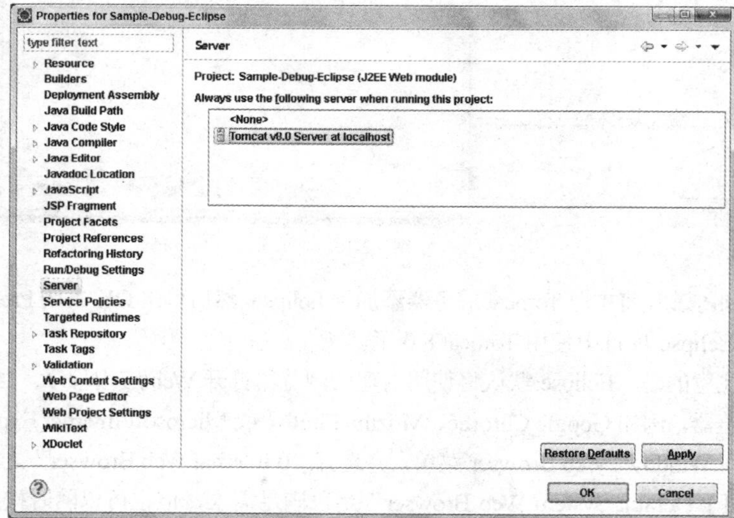

图　2-12

(3) 单击 Apply 保存修改。

(4) 修改应用程序部署到 Tomcat 中的应用上下文 URL(假设在创建项目时并未配置该选项)。在项目 Properties 对话框中，单击 Web Project Settings 菜单项，并更新“Context root”字段修改该设置。

(5) 在单击 Apply 保存修改之后，单击 OK 按钮关闭对话框。

可以从 wrox.com 下载站点中下载 Sample-Debug-Eclipse 项目，查看一个已经配置好的示例 Web 应用程序，该应用程序将运行在本地 Tomcat 8.0 应用服务器中(不过，你仍然需要在 Eclipse 的 IDE 参数配置中添加 Tomcat 8.0 服务器设置)。

3．启动应用程序并测试断点

现在可以启动应用程序并从 Eclipse 中调试该应用程序了。

(1) 从 wrox.com 代码下载站点下载 Sample-Debug-Eclipse 项目，并在 Eclipse IDE 中打开 Java EE Developers。

(2) 确保它的服务器设置配置正确，并且使用的是本地 Tomcat 8.0 应用服务器。在尝试启动下载的每个示例项目之前，都应该检查它们的配置。

(3) 打开项目之后，IDE 界面将如图 2-13 所示，在 index.jsp 中包含了两个断点。

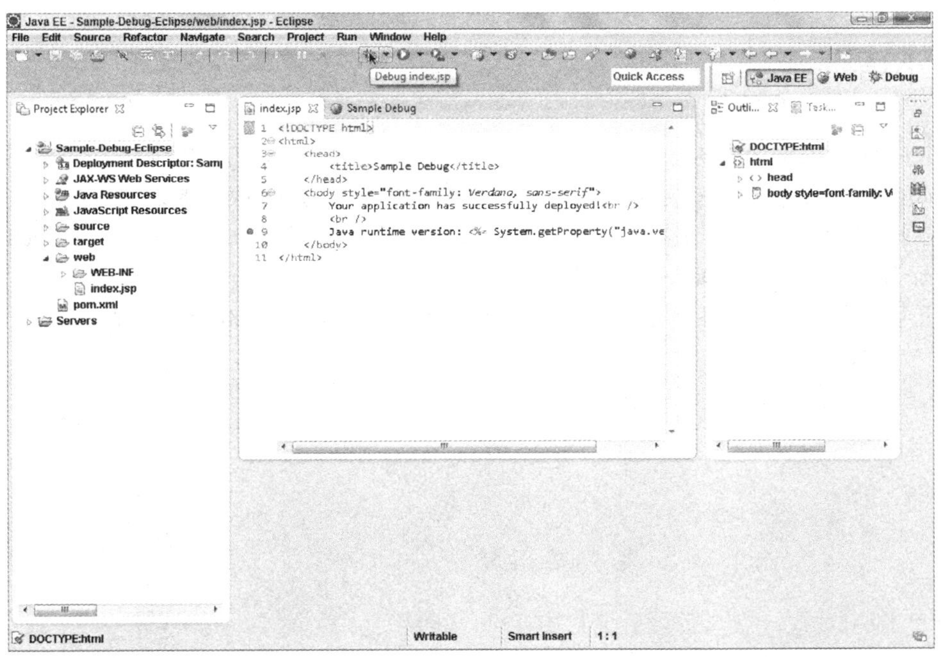

图　2-13

(4) 单击工具栏中的 Debug 图标(在图 2-13 中由鼠标光标高亮指出)编译应用程序，并以调试模式启动。Eclipse 将会自动启动配置好的浏览器，然后你将立刻看到 index.jsp 中的断点被命中。你将再次看到图 2-2 所示的页面，表示该应用程序已经部署成功了。

(5) 从断点开始继续执行，单击 Eclipse 工具栏中的继续图标。

警告：使用 Eclipse 运行 Tomcat 时，Eclipse 将会覆盖任何自定义的 conf\setenv.bat 或 conf/setenv.sh 文件(之前使用这些文件配置高级 JSP 编译选项)。如果不希望使用 Eclipse JDT 编译器编译 JSP 文件，那么需要将该文件中的 CLASSPATH 配置添加到一些其他 Tomcat 的配置文件中。查询 Tomcat 文档，判断应该需要将配置添加到哪个文件中。

注意：你可能注意到在 Eclipse 的 JSP 中只有一个断点，而 IntelliJ IDEA 中的 JSP 有两个断点。Eclipse JSP 调试器的功能不如 IDEA JSP 调试器强大，所以无法在 Eclipse 中的 JSP 的第 7 行添加断点。

2.5　小结

本章对 Java EE 应用服务器和 Web 容器做出了详细讲解，并且介绍了几种流行的实现。然后还讲解了如何在本地计算机中安装 Tomcat 8.0、配置 JSP 编译选项、通过命令行启动服务器，并在 Tomcat 中练习部署和卸载应用程序。最后，还讲解了如何配置和运行 Tomcat 8.0，以及如何使用 IntelliJ IDEA 和 Eclipse IDE 的 Java EE Developers 调试应用程序。

在下章内容中，我们将学习如何创建 Servlet 和运行 Java EE Web 应用程序。

第 3 章 创建第一个 Servlet

本章内容：

- 创建 Servlet 类
- 配置可部署的 Servlet
- 了解 doGet()、doPost()及其他方法
- 使用参数和接受表单提交
- 使用初始化参数配置应用程序
- 使用表单上传文件
- 编写线程安全的应用程序

本章需要从 wrox.com 下载的代码

访问网址 http://www.wrox.com/go/projavaforwebapps 的 Download Code 选项卡，找到本章的代码下载链接。本章的代码被分成三个主要的例子：

- Hello-World 项目
- Hello-User 项目
- Customer-Support-v1 项目

本章新增的 Maven 依赖

本章将添加本书的第一个 Maven 依赖，如下面的代码所示。本书余下的章节中都将用到该依赖。

```
<dependency>
    <groupId>javax.servlet</groupId>
    <artifactId>javax.servlet-api</artifactId>
    <version>3.1.0</version>
    <scope>provided</scope>
</dependency>
```

在上一章中，我们已经学习了应用服务器和 Web 容器方面的知识，并且还学习了如何从 Java IDE 中运行、部署和调试 Apache Tomcat 8.0。本章将开始讲解如何构建 Web 应用程序，首先从 Servlet 开始讲解。从本章开始，我们将不断地修改和改进这些应用程序，然后将它们部署到 Tomcat 中进

行测试和调试。

3.1　创建 Servlet 类

在 Java EE 平台中，Servlet 用于接收和响应终端用户的请求。Servlet 在 Java EE API 规范中的定义如下：

> Servlet 是一个运行在 Web 服务器中的 Java 小程序。Servlet 将会接收和响应来自 Web 客户端的请求，使用 HTTP(超文本传输协议)进行通信。
>
> ——http://docs.oracle.com/javaee/7/api/javax/servlet/Servlet.html

Servlet 是所有 Web 应用程序的核心类，它是唯一的既可以直接处理和响应用户请求，也可以将处理工作委托给应用中的其他部分的类。除非某些过滤器提前终止了客户端的请求，否则所有的请求都将被发送到某些 Servlet 中。运行应用程序的 Web 容器将会有一个或多个内建的 Servlet。这些 Servlet 将用于处理 JavaServer Pages、显示目录列表(如果启用了该功能的话)和访问静态资源，例如 HTML 页面和图片。现在还不需要考虑这些 Servlet(在某些情况下，永远也不需要担心)。本章将会讲解如何为自己的应用程序编写和配置自定义的 Servlet。

所有的 Servlet 都实现了 javax.servlet.Servlet 接口，但通常不是直接实现的。Servlet 只是一个简单接口，它包含了初始化并销毁 Servlet 和处理请求的方法。不过，无论什么类型的请求，甚至是非 HTTP 请求(理论上，假设使用的 Web 容器支持这样的请求)，也将会调用 service 方法。例如，将来 Java EE 中可能会添加新的 Servlet 用于处理文件传输协议(FTP)。出于这个原因，Java EE 中有许多可用于继承的 Servlet 类。目前 Java EE 7 支持的唯一 Servlet 协议就是 HTTP。

3.1.1　选择要继承的 Servlet 类

在大多数情况下，Servlet 都继承自 javax.servlet.GenericServlet。GenericServlet 仍然是一个不依赖于具体协议的 Servlet，它只包含了一个抽象的 service 方法，但它同时也包含了几个辅助方法用于日志操作和从应用和 Servlet 配置中获取信息(更多详细内容将在 3.2 节中讲解)。

作为响应 HTTP 请求的 java.servlet.http.HttpServlet，它继承了 GenericServlet，并实现了只接受 HTTP 请求的 service 方法。然后，它提供了响应每种 HTTP 方法类型的方法的空实现，如表 3-1 所示。

表 3-1　针对各种 HTTP 方法类型的方法的空实现

方　法	Servlet 方法	目　的
GET	doGet()	从指定的 URL 中获取资源
HEAD	doHead()	与 GET 一致，唯一的区别在于该请求只返回页面的头部数据
POST	doPost()	通常用于处理 Web 表单提交
PUT	doPut()	存储 URL 中提供的实体
DELETE	doDelete()	删除由 URL 标识的资源
OPTIONS	doOptions()	返回支持的 HTTP 方法
TRACE	doTrace()	用于诊断目的

注意： 大多数 Web 程序员都熟悉 GET 和 POST 方法，并且大部分时间内都在使用它们。如果你不熟悉各种 HTTP 方法或者希望了解更多的内容，请访问网址 http://www.w3.org/Protocols/rfc2616/rfc2616-sec9.html，查看 RFC-2616 规范中关于方法定义一节对它们的描述。

本书也不例外，我们的 Servlet 将总是继承 HttpServlet。另外，我们需要有选择地接受和响应不同类型的 HTTP 请求，它也为我们提供了这样的工具，并且它的方法接受的是 javax.servlet.http.HttpServletRequest 和 javax.servlet.http.HttpServletResponse 参数，而不是 javax.servlet.ServletRequest 和 javax.servlet.ServletResponse，这样它就可以轻松访问 Servlet 服务所处理的请求中的 HTTP 特定的特性。让我们从创建一个全新的空 Servlet 开始，让它继承 HttpServlet，如下面的代码所示：

```
package com.wrox;

import javax.servlet.http.HttpServlet;

public class HelloServlet extends HttpServlet
{

}
```

注意： 为了可以编译该代码，需要将 Java EE Servlet API 库添加到编译类路径上。本章第一页列出的 Maven artifact 就是该 API 库。在每一章都需要添加篇头列出的 Maven artifact 用于编译示例。

通过这种方式，该 Servlet 已经可以接受任何 HTTP 请求，并返回一个 405 Method Not Allowed 错误。这样我们就可以控制自己的 Servlet 应该响应哪些 HTTP 方法：任何未重写的 HTTP Servlet 方法都将返回一个 HTTP 状态 405 作为响应。如果一个 Servlet 不处理任何请求，当然它就是无用的，因此在这里我们需要重写 doGet 方法，添加对 HTTP GET 方法的支持：

```
package com.wrox;

import javax.servlet.ServletException;
import javax.servlet.http.HttpServlet;
import javax.servlet.http.HttpServletRequest;
import javax.servlet.http.HttpServletResponse;
import java.io.IOException;

public class HelloServlet extends HttpServlet
{
    @Override
    protected void doGet(HttpServletRequest request, HttpServletResponse response)
```

```
            throws ServletException, IOException
    {
        response.getWriter().println("Hello, World!");
    }
}
```

现在该Servlet已经能够对GET请求作出响应，并在响应主体中显示出普通文本“Hello，World！”了。示例中的代码相当地直观。调用参数response中的getWriter方法，获得一个java.io.PrintWriter(一个将文本输入到输出流中的公共Java类)。接下来，调用PrintWriter的println方法，向输出流中输入文本“Hello，World!”。注意，不需要担心任何原生HTTP请求或响应的细节。Web容器将会处理请求的解释，并从套接字(socket)中读取请求头和参数。在Servlet的方法返回之后，Web容器还将格式化响应头和主体，并写回到套接字中。

注意：注意代码中并未调用PrintWriter(从参数response中获得)的close方法。一般来说，在Java中只需要关闭自己创建的资源即可。Web容器创建了该资源，所以它也会负责关闭该资源。即使将该实例赋给一个局部变量，并且调用了它的几个方法，也是如此。

当然，我们可以在doGet方法中添加更多的处理，例如使用请求参数，也可以考虑使用其他的方法。下面很快会讲到这些内容。

3.1.2　使用初始化方法和销毁方法

在完成并运行第一个Servlet时，你可能会注意到init和destroy方法。当Web容器启动Servlet时，将会调用Servlet的init方法。有时但并不总是，在部署应用程序时也会调用该方法((下一节将学习如何控制该行为)。稍后在Web容器关闭Servlet时，它将调用Servlet的destroy方法。这些方法不同于Java的构造器和终止化器(finalizer)，它们的调用事件与构造器和终止化器不同。通常，这些方法什么也不做，不过我们可以重写它们以执行一些操作：

```
@Override
public void init() throws ServletException
{
    System.out.println("Servlet " + this.getServletName() + " has started.");
}

@Override
public void destroy()
{
    System.out.println("Servlet " + this.getServletName() + " has stopped.");
}
```

注意：还有另一个接受单个 javax.servlet.ServletConfig 类型参数的 init 方法。该方法存在于 Servlet 接口中，但 GenericServlet 实现了该方法，并且会接着调用之前代码中无参 init 方法的重载版本。通过这种方式，你就不需要在自己的 init 方法实现中调用 super.init(servletConfig)。

尽管可以重写原始方法，但不应该这样做，因为如果之后忘记了调用父类中的方法，那么该 Servlet 可能无法正确初始化。如果需要访问 ServletConfig，则可以通过调用 getServletConfig 方法实现。在本书的第 I 和第 II 部分将详细讲解 ServletConfig。

在这两个方法中，还可以完成许多其他操作。更重要的是，init 方法在 Servlet 构造完成之后调用，但在响应第一个请求之前。与构造器不同，在调用 init 方法时，Servlet 中的所有属性都已经设置完成，并提供了对 ServletConfig 和 javax.servlet.ServletContext 对象的访问(3.5 节将具体讲解如何使用这些对象)。所以，可以使用该方法读取属性文件，或者使用 JDBC 连接数据库。init 方法将在 Servlet 启动时调用。如果将 Servlet 配置为在 Web 应用程序部署和启动时自动启动，那么它的 init 方法也将会被调用。否则，init 方法将在第一次请求访问它接收的 Servlet 时调用。

同样地，destroy 在 Servlet 不再接受请求之后立即调用。这通常发生在 Web 应用程序被停止或卸载，或者 Web 容器关闭时。因为它将在卸载或关闭时立即调用，所以不需要等待垃圾回收在清理资源(临时文件或断开后不再使用的数据库连接)之前触发终止化器。这对于应用程序被卸载了但服务器仍然运行的环境来说非常重要，因为垃圾回收可能在几分钟或数小时之后运行。如果在终止化器中清理资源而不是使用 destroy 方法，那么可能会导致应用程序部分卸载或无法卸载。因此，总是应该使用 destroy 方法清理 Servlet 持有的资源(在所有请求的处理过程中)。

之前的代码示例使用 init 和 destroy 方法分别在 Servlet 启动和关闭时输出日志作为记录。在下一节中运行应用程序时，这些日志将出现在 IDE 调试器的输出窗口中。本章稍后将会讲解如何更好地使用这些方法。

3.2 配置可部署的 Servlet

在创建 Servlet 之后，接下来我们将学习如何使用它。尽管已经有了一个可以响应 HTTP GET 请求并发出问候的类，但我们尚未编写指令告诉容器如何部署应用程序中的 Servlet。第 1 章介绍了部署描述符(web.xml)和 Web 应用程序的结构，第 2 章介绍了如何使用 IDE 部署和调试应用程序。本节我们将要在 WEB-INF 目录中创建 web.xml 文件，并对 Servlet 进行配置，使它可以正确地部署到服务器中。然后使用 IDE 部署应用程序并在浏览器中访问该 Servlet，获得它返回的问候。最后在代码中添加断点并检查某些方法是否被调用。

3.2.1 向描述符中添加 Servlet

如之前讲到的，部署描述符将指示 Web 容器如何部署应用程序。尤其是它定义了应用程序中所有的监听器、Servlet 和过滤器，以及应用程序所应使用的设置。首先，请查看下面的(几乎)空 web.xml 文件：

```
<?xml version="1.0" encoding="UTF-8"?>
<web-app xmlns="http://xmlns.jcp.org/xml/ns/javaee"
         xmlns:xsi="http://www.w3.org/2001/XMLSchema-instance"
         xsi:schemaLocation="http://xmlns.jcp.org/xml/ns/javaee
                             http://xmlns.jcp.org/xml/ns/javaee/web-app_3_1.xsd"
         version="3.1">

    <display-name>Hello World Application</display-name>

</web-app>
```

警告：如果你已经在之前的 Java EE 版本中使用过部署描述符，那么你会感到有点陌生。这是因为 web.xml 和其他配置文件的 XML Schema URI 在 Java EE 6 以后都发生了变化。为了使应用程序兼容 Java EE 7，必须使用新的 URI。

在上面的示例中，粗体部分的代码表示应用程序在应用服务器中显示的名字。Tomcat 管理器页面(显示出所有已安装应用程序的列表)中将显示出<display-name>标签中配置的名字。标签<web-app>中的 version 特性表示应用程序使用的是哪个 Servlet API 版本——本例中使用的是版本 3.1。

现在需要告诉 Web 容器创建一个之前示例 Servlet 的实例，因此必须在描述符文件中的开始和结束<web-app>标签之间添加一个 Servlet 标签：

```
<servlet>
    <servlet-name>helloServlet</servlet-name>
    <servlet-class>com.wrox.HelloServlet</servlet-class>
</servlet>
```

在本章开头，我们已经学习了 Servlet init 方法以及它在何时被调用。在本例中，init 方法将在 Web 应用程序启动后，第一个请求到达 Servlet 时调用。通常，这能够满足大多数用户的需求。不过如果 init 方法需要完成许多工作，那么 Servlet 的启动可能会需要很长时间，从而导致 Servlet 需要花费几秒钟甚至几分钟才能处理完第一个请求！明显，这不是我们所希望的。对 Servlet 配置做一点简单的调整，使它在 Web 应用程序启动之后立即启动：

```
<servlet>
    <servlet-name>helloServlet</servlet-name>
    <servlet-class>com.wrox.HelloServlet</servlet-class>
    <load-on-startup>1</load-on-startup>
</servlet>
```

加粗的代码将指示 Web 容器在应用程序启动之后立即启动 Servlet。如果多个 Servlet 配置都包含了该标签，它们将按照标签内的值的大小顺序启动，之前代码中使用的 1 表示第一个启动，数字越大启动越晚。如果两个或多个 Servlet 的<load-on-startup>配置相同，那么将按照它们在描述符文件中的出现顺序启动，其他 Servlet 仍然按照大小顺序依次启动。

3.2.2 将 Servlet 映射到 URL

在告诉应用服务器如何启动 Servlet 之后，接着需要告诉该 Servlet 应该对哪些请求 URL 做出响应。配置如下所示：

```
<servlet-mapping>
    <servlet-name>helloServlet</servlet-name>
    <url-pattern>/greeting</url-pattern>
</servlet-mapping>
```

使用了该配置之后，所有访问应用程序相对 URL/greeting 的请求都将由 helloServlet 处理(注意<servlet>和<servlet-mapping>标签内的<servlet-name>标签应该一致。Web 容器通过这种方式关联这两个配置)。如果应用程序在部署后的 URL 为 http://www.example.net，那么 Servlet 响应的 URL 地址应为 http://www.example.net/greeting。当然，这里并没有任何限制，可以将多个 URL 映射到相同的 Servlet：

```
<servlet-mapping>
    <servlet-name>helloServlet</servlet-name>
    <url-pattern>/greeting</url-pattern>
    <url-pattern>/salutation</url-pattern>
    <url-pattern>/wazzup</url-pattern>
</servlet-mapping>
```

在该配置中，三个 URL 都将被映射到相同的 Servlet：helloServlet。那么，你可能会问，为什么需要先创建一个 Servlet 实例，然后再通过名字将 URL 映射到该 Servlet 呢？为什么不可以直接将 URL 映射到 Servlet 类呢？请思考一下，如果在一个在线商店应用程序中，有两个不同的仓库 Servlet。它们可能有着相同的逻辑，但链接到不同的数据库。那么可以通过下面的方式实现：

```
<servlet>
    <servlet-name>oddsStore</servlet-name>
    <servlet-class>com.wrox.StoreServlet</servlet-class>
</servlet>
<servlet>
    <servlet-name>endsStore</servlet-name>
    <servlet-class>com.wrox.StoreServlet</servlet-class>
</servlet>

<servlet-mapping>
    <servlet-name>oddsStore</servlet-name>
    <url-pattern>/odds</url-pattern>
</servlet-mapping>
<servlet-mapping>
    <servlet-name>endsStore</servlet-name>
    <url-pattern>/ends</url-pattern>
</servlet-mapping>
```

现在创建了两个实例，它们使用的是相同的 Servlet 类，但名字不同，并且被映射到了不同的 URL 上。在之前的例子中，曾将三个 URL 都指向同一个 Servlet 实例。而现在的例子则创建了两个不同的 Servlet 实例。那么这两个实例如何知道自己使用的是哪个仓库呢。在 Servlet 代码的任何位置调用 this.getServletName()即可区分出这两个实例，因为该方法将返回“oddsStore”或“endsStore”(取决于在哪个实例中调用)。在之前的初始化及销毁方法示例中，曾将该方法的结果输出到日志中。

再对配置做一点调整，我们就得到了一个简单的、也是完整的 web.xml 描述符文件：

```
<?xml version="1.0" encoding="UTF-8"?>
<web-app xmlns="http://xmlns.jcp.org/xml/ns/javaee"
         xmlns:xsi="http://www.w3.org/2001/XMLSchema-instance"
         xsi:schemaLocation="http://xmlns.jcp.org/xml/ns/javaee
                             http://xmlns.jcp.org/xml/ns/javaee/web-app_3_1.xsd"
         version="3.1">

    <display-name>Hello World Application</display-name>

    <servlet>
        <servlet-name>helloServlet</servlet-name>
        <servlet-class>com.wrox.HelloServlet</servlet-class>
    </servlet>
    <servlet-mapping>
        <servlet-name>helloServlet</servlet-name>
        <url-pattern>/greeting</url-pattern>
    </servlet-mapping>

</web-app>
```

3.2.3　运行和调试 Servlet

在保存配置之后，编译应用程序并检查 IDE 的运行配置是否已经正确地指向本地 Tomcat 8.0 实例(如果不记得如何完成该步骤，请参考第 2 章)。该应用程序将被部署到/hello-world。还可以从 wrox.com 代码下载站点下载 Hello-World IDE 项目——它已经完成了正确的部署设置。完成后，请按照下面的步骤依次执行：

(1) 单击 IDE 中的调试图标，以调试模式启动 Web 容器。IDE 将在 Web 容器启动之后将应用程序部署到容器中。

(2) 打开最喜爱的 Web 浏览器，并访问 http://localhost:8080/hello-world/greeting。浏览器中将显示出如图 3-1 所示的页面。

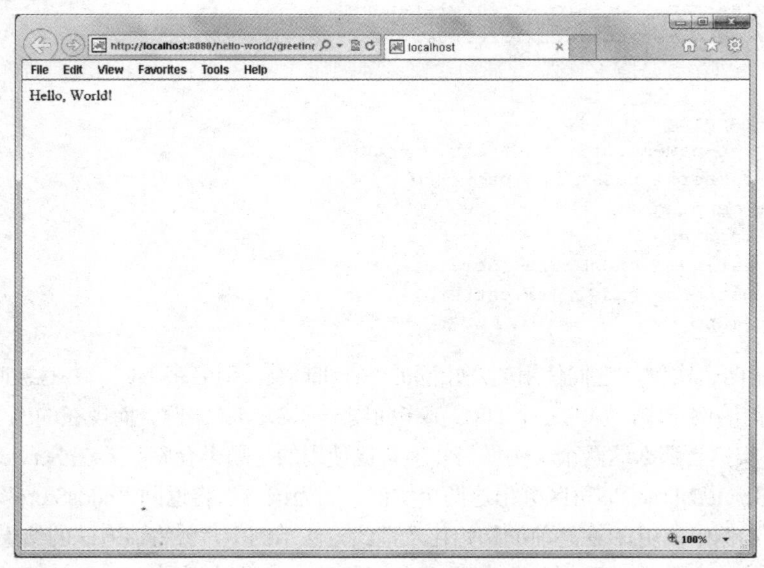

图　3-1

(3) 下面在 HelloServlet 中添加几个断点，并再次运行，通过这种方式我们可以了解 Servlet 的处理过程。停止调试器(也同样会关闭 Tomcat)，这样再次启动时，也会命中初始化方法中的断点。在 Servlet 的 doGet、init 和 destroy 方法中的某一行代码上添加断点；然后重启调试器。在 Tomcat 启动后，应用程序被部署到 Tomcat 中，此时你会注意到并没有任何断点被命中(因为目前的部署描述符中没有设置<load-on-startup>)。

(4) 刷新浏览器中的 greeting 页面，IDE 中 init 方法中的断点将会被命中。这意味着 Tomcat 采用了及时启动的方式激活 Servlet：直到第一个请求到达才初始化 Servlet。

(5) 就像 init 方法花费了很长时间才完成一样，来自浏览器的请求一直被保持住，直到调试继续运行才会被处理，因此现在让调试器继续执行。现在 doGet 方法中的断点会立即被命中。Servlet 将处理该请求，但浏览器仍然在等待响应结果。

(6) 在几秒钟后继续执行调试器，浏览器将收到响应结果。

现在，我们可以随意单击浏览器的 Refresh 按钮刷新页面，只有 doGet 方法中的断点才会被命中。方法 init 将不会再被调用，直到 Servlet 被某些操作销毁(例如，关闭 Tomcat)并重新启动。直到此时，destroy 方法中的断点尚未被命中。如果希望现在命中它，就需要从命令行中关闭 Tomcat，如果从 IDE 中关闭 Tomcat，Tomcat 将在断点被命中之前断开与调试器的连接。按照下面的步骤依次执行：

(1) 打开命令行，并将当前目录切换到 Tomcat 主目录(Windows 计算机中，该目录为 C:\Program Files\Apache Software Foundation\Tomcat 8.0)。

(2) 输入命令 bin\shutdown.bat(如果在非 Windows 系统中，请输入 bin/shutdown.sh)，并按下回车键。

(3) 在 IDE 窗口中，destroy 方法中的断点将会被立即命中。直到继续执行调试器，Tomcat 才能完全关闭。

如之前提到的，我们可以修改 Servlet 的配置，使它在应用程序启动时立即初始化。现在尝试一下：

(1) 更新部署描述符中的 Servlet 声明，添加下面示例中的粗体文字：

```
<servlet>
    <servlet-name>helloServlet</servlet-name>
    <servlet-class>com.wrox.HelloServlet</servlet-class>
    <load-on-startup>1</load-on-startup>
</servlet>
```

(2) 保留之前 Servlet 中的断点，再次启动调试器。在第一个请求访问该 Servlet 之前，init 方法中的断点将立刻被命中。

(3) 继续执行调试器并刷新浏览器。现在 doGet 方法中的断点将被命中；Servlet 在应用程序启动时已经被初始化，因此不需要再次被初始化。

我们已经创建了第一个 Servlet 并了解了 Servlet 的生命周期，接下来我们可以尝试使用 Servlet 中的其他方法，以及 doGet 方法的参数 request 和 response。在下一节中，我们将深入学习 doGet、doPost 及其他方法，以便于深入了解 HttpServletRequest 和 HttpServletResponse 的用法。

注意：你应该从网址 http://docs.oracle.com/javaee/7/api/上的 Java EE 7 的 API 文档中查询可用的方法以及它们的目的。

3.3 了解 doGet、doPost 和其他方法

之前的小节已经讲解了 doGet 方法及其他用于处理各种不同 HTTP 请求的方法。但在这些方法中可以做什么呢？更重要的是应该做些什么呢？这些问题最简单的答案分别是“任何事情”和“不要太多”。本节将学习一些在这些方法中可以实现的操作，以及如何实现它们。

3.3.1 在 service 方法执行的过程中

如你之前学到的，Servlet 类的 service 方法将会处理所有到达的请求。最终，它必须根据所使用的协议解析并处理到达请求中的数据，然后返回客户端可接受的响应(符合协议)。如果 service 方法在返回之前未发送任何响应数据到套接字中，客户端可能会检查到网络错误，例如“connection reset”。尤其是在使用 HTTP 协议的情况下，service 方法应该能够识别客户端发送的请求头和参数，然后返回正确的 HTTP 响应，其中最少要包含 HTTP 头(即使响应的正文为空)。事实上，service 方法的实现是非常复杂的，而且随着 Web 容器的不同，service 方法的实现也会随之变化。

扩展 HttpServlet 的优点在于我们不需要担心其中的任何细节问题。尽管事实上 service 方法在响应用户之前需要完成许多事情，但使用了 HttpServlet 的开发者并不需要完成什么。实际上，在之前两节使用的 Hello-World 项目中，如果从 doGet 方法中移除所有的代码，该应用程序仍然可以正常工作！它将返回正确的 HTTP 结构响应，只是不包含任何内容。唯一的要求是：必须重写 doGet 方法(或 doPost、doPut 以及任何希望支持的方法)；不要在其中添加任何代码。但这真的有意义吗？

答案是没有意义。只因为你可以返回空的响应，并不意味着你应该这么做。这时我们将需要用到 HttpServletRequest 和 HttpServletResponse。通过使用 HttpServlet 在各种不同方法中定义的这些参数，我们可以读取由客户端发送的参数、接受通过表单上传的文件、读取包含在请求正文中的原始数据(完成某些操作，例如处理 PUT 请求或者接受 JSON 请求正文)、读取请求头和操作响应头，并将响应正文返回到客户端。这些是我们在处理请求时可以完成的事情，实际上通常我们也应该完成其中的一件或多件事情。

3.3.2 使用 HttpServletRequest

HttpServletRequest 接口是对 ServletRequest 的扩展，它将提供关于收到请求的额外的与 HTTP 协议相关的信息。它指定了多个可以获得 HTTP 请求的详细信息的方法。它也允许设置请求特性(不同于请求参数)。

注意： 下一章将讲解请求特性和认证属性的检测。本书并未涵盖所有方法的细节(具体信息请查询 API 文档)，但将对最重要的特性进行讲解。

1. 获取请求参数

HttpServletRequest 最重要的功能，也是下一节中示例所展示的：从客户端发送的请求中获取参数。请求参数有两种不同的形式：查询参数(也称为 URI 参数)、以 application/x-www-form-urlencoded 或 multipart/form-data 编码的请求正文。所有的请求方法都支持查询参数，它们被添加在 HTTP 请求的第一行数据中，如下面的例子所示：

```
GET /index.jsp?productId=9781118656464&category=Books HTTP/1.1
```

注意： 从技术上讲，HTTP 协议的 RFC 规范并不禁止在任何 HTTP 方法中使用查询参数。不过许多 Web 服务器都将忽略通过 DELETE、TRACE 和 OPTIONS 传入的查询参数，在这些请求中使用查询参数是值得商榷的。所以，最好不要在这些类型的请求中依赖于查询参数。本书并未涵盖 HTTP 协议的所有规则和复杂细节。这个练习将留给读者来完成。

本例的请求中包含了两个查询参数：productId(将本书的 ISBN 作为它的值)和 category(它的值为 Books)。这些参数也可以作为 post 变量保存在请求正文中。如同它的名字所表示的，post 变量只可以包含在 POST 请求中。请考虑下面的例子：

```
POST /index.jsp?returnTo=productPage HTTP/1.1
Host: www.example.com
Content-Length: 48
Content-Type: application/x-www-form-urlencoded

addToCart&productId=9781118656464&category=Books
```

该 POST 请求中包含了 post 变量(告诉网站添加本书到购物车中)和查询参数(告诉网站在完成任务之后返回产品页)。尽管这两种类型的参数在传输方式上不同，但事实上它们是一样的，也表达了相同的信息。Servlet API 并未区分这两种类型的参数。无论参数是作为查询参数还是 post 变量传入，都可以调用请求对象中与参数相关的方法来获取它们。

方法 getParameter 将返回参数的单个值。如果参数有多个值，getParameter 将返回第一个值，而 getParameterValues 将返回参数的值的数组。如果参数只有一个值，该方法将返回只有一个元素的数组。方法 getParameterMap 将返回一个包含了所有参数名值对的 java.util.Map<String, String[]>，而 getParameterNames 方法将返回所有可用参数的名字的枚举。这两种方法在遍历所有的请求参数时非常有用。

警告：第一次调用请求对象的 getParameter、getParameterMap、getParameterNames 或 getParameterValues 方法时，Web 容器将判断该请求是否包含了 post 变量，如果包含了，它将读取请求的 InputStream 并解析这些 post 变量。请求的 InputStream 只能被读取一次。如果在调用了一个含有 post 变量的请求的 getInputStream 或 getReader 方法之后，再次尝试获取请求的参数时，将会触发一个 IllegalStateException 异常。同样地，如果在获取了一个含有 post 变量的请求的参数之后，再次调用 getInputStream 或 getReader 时，将同样会触发 IllegalStateException 异常。

简单地说，任何时候在使用含有 post 变量的请求时，最好只使用参数方法，不要使用 getInputStream 和 getReader 方法。

2. 确定与请求内容相关的信息

有几个方法可用于帮助决定 HTTP 请求内容的类型、长度和编码。方法 getContentType 将返回请求的 MIME(多用途互联网邮件扩展)内容类型，例如 application/x-www-form-urlencoded、application/json、text/plain 或 application/zip 等。MIME 内容类型描述了数据的类型。例如，ZIP 归档文件的 MIME 内容类型为 application/zip，表示它们包含了 ZIP 归档数据。

方法 getContentLength 和 getContentLengthLong 都返回了请求正文的长度，以字节为单位，后面的方法用于那些内容长度超过 2GB 的请求(不常见，但不代表不可能)。当请求中包含字符类型的内容时，方法 getCharacterEncoding 将返回请求内容的字符编码(例如 UTF-8 或 ISO-8859-1)(text/plain、application/json 和 application/x-www-form-urlencoded 是一些常见的字符类型 MIME 内容类型)。尽管这些方法在许多情况下都非常方便，但如果需要使用参数方法从请求正文中获得 post 变量，就不需要使用它们。

注意：Java EE 7 中的 Servlet 3.1 规范是支持 getContentLengthLong 方法的第一个版本。在该版本之前，对于大小超过 2 147 483 647 字节的请求需要调用 getHeader ("Content-Length")，并将返回的 String 转换成 long。

3. 读取请求的内容

方法 getInputStream 将返回一个 javax.servlet.ServletInputStream，而方法 getReader 将返回一个 java.io.BufferedReader，它们都可用于读取请求的内容。使用哪个方法完全取决于上下文——所需读取的请求的内容类型。如果请求内容是基于字符编码的，例如 UTF-8 或 ISO-8859-1 文本，那么使用 BufferedReader 通常是最简单的方式，因为它可以帮助你轻松地读取字符数据。不过，如果请求数据是二进制格式的，那么必须使用 ServletInputStream，这样才可以访问字节格式的请求内容。永远不应该在同一请求上同时使用这两个方法。在调用其中一个方法之后，再调用另一个将会触发 IllegalStateException 异常。记住之前的警告，不要在含有 post 变量的请求上使用这些方法。

4. 获取请求特有的数据，例如 URL、URI 和头

请求还有许多特有数据需要我们了解，例如请求的目标 URL 或 URI。这些都可以轻松地从请求对象中获得：

- getRequestURL：返回客户端用于创建请求的完整 URL，包括协议(http 或 https)、服务器名称、端口号和服务器路径，但不包括查询字符串。所以，对于一个访问 http://www.example.org/application/index.jsp?category=Books 的请求来说，getRequestURL 方法将返回 http://www.example.org/application/index.jsp。
- getRequestURI：该方法与 getRequestURL 稍有不同，它将只返回 URL 中的服务器路径部分；对于之前的例子来说，它将返回/application/index.jsp。
- getServletPath：类似于 getRequestURI，它将返回更少的 URL。如果请求访问的是/hello-world/greeting?foo=world，应用程序在 Tomcat 中被部署到/hello-world，Servlet 映射为/greeting、/salutation 和/wazzup，getServletPath 方法将只返回用于匹配 Servlet 映射的 URL 部分：/greeting。
- getHeader：返回指定名字的头数据。传入参数的字符串大小写不必与头名称的大小写一致，所以 getHeader("contenttype")可以匹配 Content-Type 头。如果有多个头使用了相同的名字，该方法将只返回第一个值。在这种情况下，最好使用 getHeaders 方法返回所有值的枚举。
- getHeaderNames：返回请求中所有头数据的名字的枚举——一种遍历所有可用头数据的好方式。
- getIntHeader：如果有某个特定的头的值一直是数字，那么可以调用该方法返回一个数字。如果头数据不能被转换为整数，它将抛出 NumberFormatException 异常。
- getDateHeader：对于可以表示有效时间戳的头数据，该方法将返回一个 Unix 时间戳(毫秒)。如果头数据不能被识别为日期，它将抛出 IllegalArgumentException 异常。

5. 会话和 Cookies

这里只是提到方法 getSession 和 getCookies，本章不会对它们进行讲解。因为它们对于 HttpServletRequest 来说非常重要，所以第 5 章将会进行详细讲解。

3.3.3 使用 HttpServletResponse

作为继承了 ServletRequest 的 HttpServletRequest 接口，它提供了对请求中与 HTTP 协议相关属性的访问，而 HttpServletResponse 接口继承了 ServletResponse，所以 HttpServletResponse 也提供了对响应中与 HTTP 协议相关属性的访问。可以使用响应对象完成设置响应头、编写响应正文、重定向请求、设置 HTTP 状态码以及将 Cookies 返回到客户端等任务。这里只涉及了最重要的常用特性。

1. 编写响应正文

对于响应对象最常见的事情，也是之前已经做过的事情，就是将内容输出到响应正文中。可以是在浏览器中显示的 HTML、浏览器希望获取的图像或客户端下载的文件内容。可以是普通文本或二进制数据。可能只有数个字节大小，也可能有几 GB 大。

方法 getOutputStream 将返回一个 javax.servlet.ServletOutputStream，而方法 getWriter 将返回一个

java.io.PrintWriter，通过它们都可以向响应中输出数据。如同它们对应的 HttpServletRequest 方法一样，可以使用 PrintWriter 向客户端返回 HTML 或者其他基于字符编码的文本，因为通过使用该方法可以轻松地向响应中输出编码字符串和字符。不过，如果要返回二进制数据，就必须使用 ServletOutputStream 发送。另外，永远不要对同一个响应对象同时使用 getOutputStream 和 getWriter 方法。在调用了其中一个方法之后，再调用另一个方法将触发 IllegalStateException 异常。

在向响应正文中输出数据时，可能需要设置内容类型或编码格式。可以通过 setContentType 和 setCharacterEncoding 方法进行设置。这些方法可以被调用多次；但最后一次调用将覆盖之前的设置。不过，如果计划在使用 getWriter 时调用 setContentType 和 setCharacterEncoding，那么必须在 getWriter 之前调用 setContentType 和 setCharacterEncoding，因为这样 getWriter 方法返回的 writer 才能获得正确的字符编码设置。在 getWriter 调用之后调用的 setContentType 和 setCharacterEncoding 将被忽略。如果在调用 getWriter 之前未调用 setContentType 和 setCharacterEncoding，返回的 writer 将使用容器的默认编码。

另外还可以使用 setContentLength 和 setContentLengthLong 方法。在大多数情况下，都不需要调用这些方法。Web 容器在响应完成之后，将会设置响应的 Content-Length 头，由它来完成也更安全。

注意：Java EE 7 中的 Servlet 3.1 规范是支持 getContentLengthLong 方法的第一个版本。在该版本之前，对于大小超过 2 147 483 647 的响应对象需要调用 SetHeader ("Content-Length", Long.toString(length))。

2. 设置头和其他响应属性

作为 HttpServletRequest 的对应方法，可以调用 setHeader、setIntHeader 和 setDateHeader 等方法设置几乎任何希望设置的头数据。如果现有的响应头中已经包含了同名的头，该头数据将被覆盖。为了避免这种情况，可以使用 addHeader、addIntHeader 或 addDateHeader 方法。这些版本的方法将不会覆盖现有的头数据，相反地，它们将会添加一个额外的值。还可以使用 getHeader、getHeaders、getHeaderNames 和 containsHeader 方法判断是否已经在响应中设置过某个响应头。

另外还可以使用：

- setStatus：设置 HTTP 响应状态码
- getStatus：判断当前响应的状态
- sendError：设置状态码，表示一条可选的错误消息将会输出到响应数据中，重定向到 Web 容器为客户端提供的错误页面，并清空缓存
- sendRedirect：将客户端重定向至另一个 URL

本节内容对大多数在 Servlet 中处理 HTTP 请求可能会用到的方法做了详细讲解，并提供了重要的细节和必要的警告。在过去的几节内容中，我们使用 Hello-World 项目演示了如何使用 Servlet。下一节我们将学习使用一个稍微复杂一些的示例。

3.4　使用参数和接受表单提交

本节将学习如何通过接受参数和表单提交，使 Hello-World 项目变得更加具有交互性。本节还将讲解如何使用注解配置，请暂时忘掉部署描述符。对于本节的例子，可以使用完整的 Hello-User 项目，也可以简单地将这些改动添加到现有的项目中。

接下来我们将对项目作出几处修改。首先需要注意的是 doGet 方法现在将变得更加复杂：

```
private static final String DEFAULT_USER = "Guest";

@Override
protected void doGet(HttpServletRequest request, HttpServletResponse response)
        throws ServletException, IOException
{
    String user = request.getParameter("user");
    if(user == null)
        user = HelloServlet.DEFAULT_USER;

    response.setContentType("text/html");
    response.setCharacterEncoding("UTF-8");

    PrintWriter writer = response.getWriter();
    writer.append("<!DOCTYPE html>\r\n")
          .append("<html>\r\n")
          .append("    <head>\r\n")
          .append("        <title>Hello User Application</title>\r\n")
          .append("    </head>\r\n")
          .append("    <body>\r\n")
          .append("        Hello, ").append(user).append("!<br/><br/>\r\n")
          .append("        <form action=\"greeting\" method=\"POST\">\r\n")
          .append("            Enter your name:<br/>\r\n")
          .append("            <input type=\"text\" name=\"user\"/><br/>\r\n")
          .append("            <input type=\"submit\" value=\"Submit\"/>\r\n")
          .append("        </form>\r\n")
          .append("    </body>\r\n")
          .append("</html>\r\n");
}
```

粗体部分是全新的代码。它们实现了一点逻辑：

- 检测请求中是否包含 user 参数，如果未包含，就使用 DEFAULT_USER 常量。
- 将响应的内容类型设置为 text/html，并将字符编码设置为 UTF-8。
- 从响应中获得一个 PrintWriter，并输出一个兼容于 HTML5 的文档(注意 HTML5 的 DOCTYPE)，其中包括问候(现在它将问候某个特定的用户)和一个用于提供用户名的表单。

那么当表单的方法类型设置为 POST 时，doGet 方法是如何接收表单提交的呢？它将使用一个简单的 doPost 实现对请求进行处理，该段代码也是新增加的：

```
@Override
protected void doPost(HttpServletRequest request, HttpServletResponse response)
        throws ServletException, IOException
{
```

```
    this.doGet(request, response);
}
```

该实现只是简单地将请求委托给了 doGet 方法。一个名为 user 的查询参数或者 post 变量都将改变页面中问候的内容。

最后一处需要注意的是 Servlet 声明上的注解：

```
@WebServlet(
        name = "helloServlet",
        urlPatterns = {"/greeting", "/salutation", "/wazzup"},
        loadOnStartup = 1
)
public class HelloServlet extends HttpServlet
{
...
}
```

注意：你会注意到新的 HelloServlet 样例代码中已经不再包含类导入代码。因为代码变得越来越复杂，导入代码可能需要占据许多行空间。这对于图书的印刷来说太浪费了。一个好的 IDE，如你为本书所使用的，可以自动识别类名并将为类的导入做出建议，避免手动完成这项复杂的工作。在本书剩下的例子中，除了一些特殊情况，import 和 package 语句都将被忽略。除非特别说明，新的类都将添加到 com.wrox 包中。

如果你还想看一眼部署描述符，那么你会发现 Servlet 声明和映射都已经从 web.xml 文件中移除(如果是在现有的项目中添加代码，那么应该从部署描述符中删除<display-name>标签以外的内容)。该例中的注解代替了之前项目中编写的 XML。

HelloServlet 实例的名字仍然是 helloServlet；它仍然在应用程序启动时初始化；它也仍然映射到 URL /greeting。它现在也被映射到 URL/salutation 和/wazzup。这种初始化和映射 Servlet 的方式更直接也更简洁。不过，它也有一些缺点，在本书剩下的内容中将会指出。现在，编译项目并在调试器中启动 Tomat；然后在浏览器中访问 http://localhost:8080/hello-world/greeting。浏览器应显示出如图 3-2 所示的页面。

为了了解该 Servlet 可以做些什么，首先在 URL 中添加查询字符串 user=Allison：http://localhost:8080/hello-world/greeting?user=Allison。页面将发生变化，并显示出“Hello, Allison!”而不是“Hello, Guest”。在本例中，请求将由 doGet 方法处理，它发现了查询参数 user，并将它输出到页面中。

可以通过在 doGet 和 doPost 方法中添加断点，并刷新页面来确认这个操作。现在，在页面的表单字段中输入名字，并单击 Submit 按钮。检查下地址栏中的 URL，它并未包含任何查询字符串。相反，你的名字将作为 post 变量包含在请求中，当 doPost 方法处理请求，并将该请求委托给 doGet 方法时，doGet 方法可以通过调用 getParameter 取得 post 变量，并最终在页面中显示出你的名字。断点的命中将可以确认这一点。

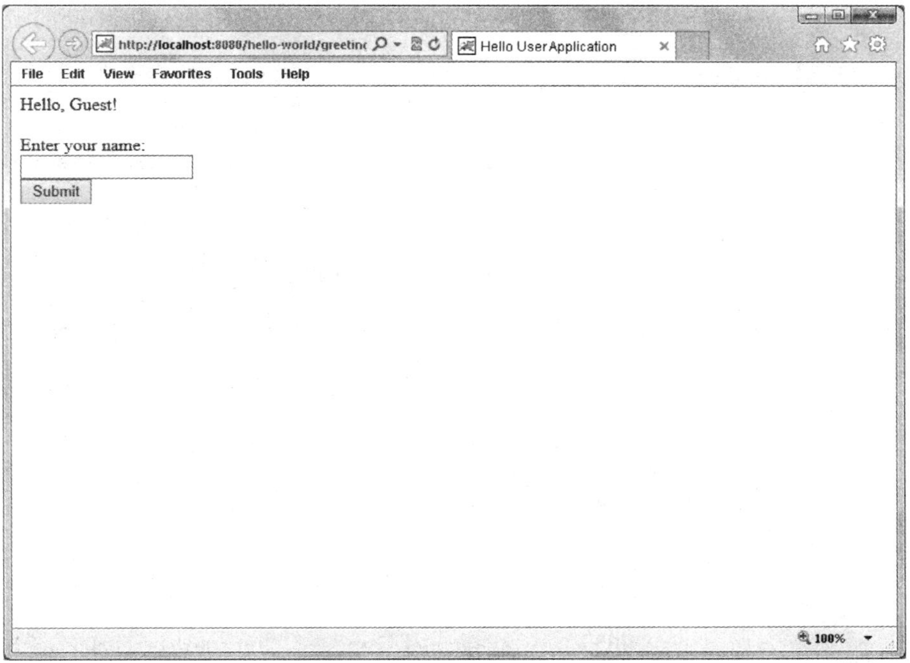

图　3-2

记住 Servlet 除了可以接受之前小节中的单个参数值外，还可以接受多值参数。最常见的多值参数的例子就是一个相关复选框的集合(用户可以选择一个或多个值)；参考代码清单 3-1 中的 MultiValueParameterServlet 将被映射到/checkboxes。编译并使用调试器启动 Tomcat，运行该代码，在浏览器中访问 http://localhost:8080/hello-world/checkboxes。Servlet 中的 doGet 方法将输出一个含有 5 个复选框的简单表单。用户可以选择任意数目的复选框并单击 Submit(将由 doPost 方法处理)。该方法将获得所有的水果值并在页面中使用无序列表显示出来。尝试选择不同的复选框并单击 Submit 按钮。

代码清单 3-1：MultiValueParameterServlet.java

```
@WebServlet(
        name = "multiValueParameterServlet",
        urlPatterns = {"/checkboxes"}
)
public class MultiValueParameterServlet extends HttpServlet
{
    @Override
    protected void doGet(HttpServletRequest request, HttpServletResponse response)
            throws ServletException, IOException
    {
        response.setContentType("text/html");
        response.setCharacterEncoding("UTF-8");

        PrintWriter writer = response.getWriter();
        writer.append("<!DOCTYPE html>\r\n")
              .append("<html>\r\n")
              .append("    <head>\r\n")
```

```
                .append("        <title>Hello User Application</title>\r\n")
                .append("    </head>\r\n")
                .append("    <body>\r\n")
                .append("        <form action=\"checkboxes\" method=\"POST\">\r\n")
                .append("Select the fruits you like to eat:<br/>\r\n")
                .append("<input type=\"checkbox\" name=\"fruit\" value=\"Banana\"/>")
                .append(" Banana<br/>\r\n")
                .append("<input type=\"checkbox\" name=\"fruit\" value=\"Apple\"/>")
                .append(" Apple<br/>\r\n")
                .append("<input type=\"checkbox\" name=\"fruit\" value=\"Orange\"/>")
                .append(" Orange<br/>\r\n")
                .append("<input type=\"checkbox\" name=\"fruit\" value=\"Guava\"/>")
                .append(" Guava<br/>\r\n")
                .append("<input type=\"checkbox\" name=\"fruit\" value=\"Kiwi\"/>")
                .append(" Kiwi<br/>\r\n")
                .append("<input type=\"submit\" value=\"Submit\"/>\r\n")
                .append("        </form>")
                .append("    </body>\r\n")
                .append("</html>\r\n");
    }

    @Override
    protected void doPost(HttpServletRequest request, HttpServletResponse response)
            throws ServletException, IOException
    {
        String[] fruits = request.getParameterValues("fruit");

        response.setContentType("text/html");
        response.setCharacterEncoding("UTF-8");

        PrintWriter writer = response.getWriter();
        writer.append("<!DOCTYPE html>\r\n")
                .append("<html>\r\n")
                .append("    <head>\r\n")
                .append("        <title>Hello User Application</title>\r\n")
                .append("    </head>\r\n")
                .append("    <body>\r\n")
                .append("        <h2>Your Selections</h2>\r\n");

        if(fruits == null)
            writer.append("        You did not select any fruits.\r\n");
        else
        {
            writer.append("        <ul>\r\n");
            for(String fruit : fruits)
            {
                writer.append("        <li>").append(fruit).append("</li>\r\n");
            }
            writer.append("        </ul>\r\n");
        }

        writer.append("    </body>\r\n")
                .append("</html>\r\n");
    }
}
```

本节内容讲解了在 Servlet 方法中使用请求参数的几种方式。另外还对查询参数、post 变量以及单值参数和多值参数的使用做了详细介绍。下一节将会讲解使用 init 参数配置应用程序的几种方式。

3.5 使用初始化参数配置应用程序

在编写 Java Web 应用程序时，不可避免地会需要提供一些配置应用程序和其中 Servlet 的方式。现在有许多技术可供选择，它们能够以各种不同的方式完成配置任务，本书将只选择其中的一部分进行讲解。本节将讲解的是配置应用程序的最简单方式，通过上下文初始化参数(简称初始化参数)和 Servlet 初始化参数进行设置。这些参数有多种用途，例如定义关系数据库的连接信息、提供发送订单警告的邮件地址等。它们在应用程序启动时定义，只有在重启应用程序时才可以被修改。

3.5.1 使用上下文初始化参数

在之前的示例中我们已经清空了部署描述符文件，并使用 Servlet 类上的注解替代了其中的 Servlet 声明和映射。尽管这些都可以通过注解完成(在 Java EE 6 的 Servlet 3.0 规范中添加)，但仍然有一些配置必须通过部署描述符才能完成。上下文初始化参数就是其中之一。在 web.xml 文件中使用<context-param>标签声明上下文初始化参数。下面的代码样例展示了部署描述符中添加的两个上下文初始化参数：

```
<context-param>
    <param-name>settingOne</param-name>
    <param-value>foo</param-value>
</context-param>
<context-param>
    <param-name>settingTwo</param-name>
    <param-value>bar</param-value>
</context-param>
```

该代码创建了两个上下文初始化参数：值为 foo 的 settingOne 和值为 bar 的 settingTwo。在 Servlet 代码的任何地方都可以轻松获得和使用这些参数。例如下面的 ContextParameterServlet 所示：

```
@WebServlet(
        name = "contextParameterServlet",
        urlPatterns = {"/contextParameters"}
)
public class ContextParameterServlet extends HttpServlet
{
    @Override
    protected void doGet(HttpServletRequest request, HttpServletResponse response)
            throws ServletException, IOException
    {
        ServletContext c = this.getServletContext();
        PrintWriter writer = response.getWriter();

        writer.append("settingOne: ").append(c.getInitParameter("settingOne"))
              .append(", settingTwo: ").append(c.getInitParameter("settingTwo"));
    }
}
```

编译代码，启动调试器，并访问 http://localhost:8080/hello-world/contextParameters，浏览器的页面中将列出这两个参数。应用程序中的所有 Servlet 都将共享这些初始化参数，在所有的 Servlet 中它们的值也都是相同的。有时需要使某个设置只作用于某一个 Servlet，那么就需要使用 Servlet 初始化参数。

注意：在 Servlet 3.0 中，除了使用<context-param>定义上下文初始化参数，还可以调用 ServletContext 的 setInitParameter 方法。不过该方法只可以在 javax.servlet.ServletContextListener 的 contextInitialized 方法(第 9 章将进行讲解)或者 javax.servlet.ServletContainerInitializer 的 onStartup 方法(第 12 章将进行讲解)中调用。即使如此，改变初始化参数的值也要求重新编译应用程序，所以 XML 通常是定义上下文初始化参数的最好方式。

3.5.2　使用 Servlet 初始化参数

请看下面 ServletParameterServlet 类的代码。你可能会立即注意到它并未使用@WebServlet 注解。不要担心；本节很快会讲解为什么这么做。该代码基本上与 ContextParameterServlet 的功能一致。不过它不是从 ServletContext 对象中获取初始化参数，而是从 ServletConfig 对象中：

```
public class ServletParameterServlet extends HttpServlet
{
    @Override
    protected void doGet(HttpServletRequest request, HttpServletResponse response)
            throws ServletException, IOException
    {
        ServletConfig c = this.getServletConfig();
        PrintWriter writer = response.getWriter();

        writer.append("database: ").append(c.getInitParameter("database"))
              .append(", server: ").append(c.getInitParameter("server"));
    }
}
```

当然，只有 Servlet 代码是不够的。将下面的 XML 添加到部署描述符中，它将声明和映射 Servlet，并完成一些额外的工作：

```
<servlet>
    <servlet-name>servletParameterServlet</servlet-name>
    <servlet-class>com.wrox.ServletParameterServlet</servlet-class>
    <init-param>
        <param-name>database</param-name>
        <param-value>CustomerSupport</param-value>
    </init-param>
    <init-param>
        <param-name>server</param-name>
        <param-value>10.0.12.5</param-value>
    </init-param>
</servlet>
```

```
    <servlet-mapping>
        <servlet-name>servletParameterServlet</servlet-name>
        <url-pattern>/servletParameters</url-pattern>
    </servlet-mapping>
```

标签<init-param>如同 Servlet 上下文的<context-param>一样，创建了专属于该 Servlet 的初始化参数。编译、调试并访问 http://localhost:8080/hello-world/servletParameters，部署描述符中的 database 和 server 参数将显示在页面中。那么如何使用注解的方式完成 Servlet 初始化参数的设置呢？从之前的部署描述符中移除初始化和映射配置，并在 Servlet 声明中添加以下注解：

```
@WebServlet(
        name = "servletParameterServlet",
        urlPatterns = {"/servletParameters"},
        initParams = {
                @WebInitParam(name = "database", value = "CustomerSupport"),
                @WebInitParam(name = "server", value = "10.0.12.5")
        }
)
public class ServletParameterServlet extends HttpServlet
{
...
}
```

不过，这样做也有一个缺点，那就是在修改了 Servlet 初始化参数之后必须重新编译应用程序。当然有一些配置发生变化时，你可能会希望重新编译应用程序，但是为什么不将它们设置为类的常量呢？将 Servlet 初始化参数添加到部署描述符的优点是，服务器管理员只需要改变数行 XML 代码并重启应用即可使新的配置生效。如果配置中包含了关系数据库的连接信息，通常我们采用的最后一种方式才是重编译应用程序来改变数据库服务器的 IP 地址！

下一节将介绍 Servlet 3.0 规范为 HttpServletRequest 添加的新特性，以及一个将在本书剩下的内容中不断改进的示例应用程序。

@CONFIG 的缺点：

如之前提到的，在 Web 应用程序中使用基于注解的配置有些优点，也有一些不足。在配置应用程序时使用注解最大的优势是：避免了 XML 配置，并且注解非常直接和简洁。不过这种方式也有许多缺点。

其中一个例子是在创建单个 Servlet 的多个实例时。本章已经演示过如何使用注解。这个任务根本不可能通过注解完成，只可以通过 XML 配置或编程式 Java 配置完成。

在第 9 章，我们将学习过滤器以及为什么要注意过滤器的执行顺序。在通过 XML 配置或编程式 Java 配置时，可以使过滤器按照特定的顺序执行。如果使用@javax.servlet.annotation.WebFilter 声明过滤器，那么就不可能使它们按照特定的顺序执行(许多人觉得这是 Servlet 3.0 和 3.1 规范的一个重要失误)。除非应用程序只有一个过滤器，否则@WebFilter 实际上是无用的。

另外，还有许多较小的功能需要使用 XML 部署描述符完成，例如定义错误处理页面、配置 JPS 设置和提供欢迎页面列表。幸亏，我们可以混合使用 XML、注解和编程式 Java 配置，所以采用最合适的方式即可。本章将会用到所有这三种技术。

3.6　通过表单上传文件

我们可以将文件上传到 Java EE Servlet 中，但需要花费不少功夫。这项工作是如此复杂，以至于 Apache Commons 单独为它创建了一个完整的项目，称为 Commons FileUpload，用于处理上传任务。因此，接受文件上传提交的最基本需求似乎是：在应用程序中添加一个第三方依赖。Java EE 6 中的 Servlet 3.0 为 Servlet 添加了 multipart 配置选项，并为 HttpServletRequest 添加了 getPart 和 getParts 方法，这些新增的特性将改变目前的现状。

我们将把该特性作为跨章节示例应用程序的起点。每章除了有一些较小的例子用于演示特定的知识点外，它们还会添加一个新版本的客户支持项目，在其中添加本章讲解的知识点。

3.6.1　介绍客户支持项目

这是一个为跨国部件公司创建的服务于全球客户的网站。该公司要求产品经理在公司网站中添加一个交互性的客户支持应用程序。它需要能够让用户提出问题或支持票据，并且员工也可以对这些查询做出响应。支持票据和评论都应该支持文件附件。对于紧急的事件，客户能够进入一个有特定客户支持代表参与的聊天窗口。并且最重要的是，作为跨国部件公司的网站，整个应用程序应该能够实现本地化，要求支持公司所需要的所有语言。这些要求并不过分，对吗？

另外，该应用程序还必须非常的安全。

明显我们不可能一次性完成所有功能，尤其是目前我们只学习了一点相关知识，所以之后的每一章都将完成一个小功能或者对之前已经完成的代码进行改进。对于本章剩下的内容，请参考 Customer-Support-v1 项目。该项目现在相对简单。它由 3 个页面组成，通过 doGet 处理：一个票据列表、一个创建票据的页面和一个查看单个票据的页面。它还支持下载某个 ticket 票据文件的附件，以及接受 POST 请求用于创建新的票据。尽管代码并不复杂，并且主要使用的是本章已经学过的概念，但如果全部打印出来就显得太多了。请参考从本书支持网站下载的项目代码。

3.6.2　配置 Servlet 支持文件上传

在本项目中有 Ticket 类、Attachment 类和 TicketServlet 类。Ticket 和 Attachemnt 类都是简单的 POJO—普通 Java 对象。这次 TicketServlet 将完成所有的重要工作，下面是它的声明和所包含的字段：

```
@WebServlet(
        name = "ticketServlet",
        urlPatterns = {"/tickets"},
        loadOnStartup = 1
)
@MultipartConfig(
        fileSizeThreshold = 5_242_880, //5MB
        maxFileSize = 20_971_520L, //20MB
        maxRequestSize = 41_943_040L //40MB
)
public class TicketServlet extends HttpServlet
{
    private volatile int TICKET_ID_SEQUENCE = 1;

    private Map<Integer, Ticket> ticketDatabase = new LinkedHashMap<>();
...
```

```
}
```

其中有一些知识点之前已经学过，有一些则尚未学习。注解@MultipartConfig 将告诉 Web 容器为该 Servlet 提供文件上传支持。它有几个重要的特性需要注意。首先是 location，这里并未使用它。如果需要的话，该特性将告诉浏览器应该在哪里存储临时文件，不过在大多数情况下，都可以忽略该字段，让应用服务器使用它的默认临时目录即可。特性 fileSizeThreshold 将告诉 Web 容器文件必须达到多大才能写入到临时目录中。

在本例中，小于 5MB 的上传文件将保存在内存中，直到请求完成，然后由垃圾回收器回收。对于超过 5MB 的文件，容器将把该文件保存在 location 指向的目录中，在请求完成之后，容器将从磁盘中删除该文件。最后两个参数 maxFileSize 和 maxRequestSize 用于设置上传文件的两个限制：在本例中，maxFileSize 的设置将禁止上传大小超过 20MB 的文件，而 maxRequestSize 则会禁止大小超过 40MB 的请求，不论它上传了多少个文件。现在配置 Servlet 用以接受文件上传。

注意： 如同使用注解配置 Servlet 初始化参数一样，前面例子中的 multipart 配置参数在修改之后，也必须重新编译。如果管理员需要在不重新编译应用程序的情况下自定义这些设置，那么就需要使用部署描述符取代@WebServlet 和@MultipartConfig。在<servlet>标签中，可以添加一个<multipart-config>标签，在该标签中则可以使用<location>、<file-size-threshold>、<max-file-size>和<max-request-size>标签。

你可能会注意到"票据数据库"根本就不是数据库，而是一个简单的哈希 map。最终在本书的第III部分我们将真正在应用程序中使用关系数据库存储数据。不过，现在这样做只是为了能够获得一个正确的用户界面，并帮助了解业务的需求，这样跨国部件公司的产品经理才会满意。在此之后再担心如何存储数据。

在理解了之前的代码之后，现在请阅读 doGet 实现：

```
@Override
protected void doGet(HttpServletRequest request, HttpServletResponse response)
        throws ServletException, IOException
{
    String action = request.getParameter("action");
    if(action == null)
        action = "list";
    switch(action)
    {
        case "create":
            this.showTicketForm(response);
            break;
        case "view":
            this.viewTicket(request, response);
            break;
        case "download":
            this.downloadAttachment(request, response);
            break;
        case "download":
        default:
```

```
                this.listTickets(response);
                break;
        }
    }
```

有太多的东西都被添加到了 doGet 方法中；很快，这个方法可能就会增长到数百行。在本例中，doGet 方法使用原始操作/执行器模式：操作通过请求参数传入，doGet 方法根据操作将请求发送给执行器(方法)。方法 doPost 的代码与 doGet 类似：

```
    @Override
    protected void doPost(HttpServletRequest request, HttpServletResponse response)
            throws ServletException, IOException
    {
        String action = request.getParameter("action");
        if(action == null)
            action = "list";
        switch(action)
        {
            case "create":
                this.createTicket(request, response);
                break;
            case "download":
            default:
                response.sendRedirect("tickets");
                break;
        }
    }
```

doPost 方法中一个新的变化是：使用了重定向方法。在之前的章节中我们已经学习过该方法。在本例中，如果客户端执行了一个不含 action 参数或者含有无效 action 参数的 POST 请求，浏览器页面将被重定向至显示票据的页面。本类中使用的大多数方法之前都已经学过：使用参数、使用 PrintWriter 将内容输出到客户端浏览器等。不是所有的代码都适合在本书中使用，但是这里使用的一些新特性都值得一看。下面的例子是 downloadAttachment 方法的一个片段，只有包含了新代码的部分我们之前未见过：

```
        response.setHeader("Content-Disposition",
                "attachment; filename=" + attachment.getName());
        response.setContentType("application/octet-stream");

        ServletOutputStream stream = response.getOutputStream();
        stream.write(attachment.getContents());
```

本段代码用于处理客户端浏览器的下载请求。响应中设置的头 Content-Disposition，将强制浏览器询问客户是保存还是下载文件，而不是在浏览器中在线打开该文件。其中设置的内容类型是通用的、二进制内容类型，这样容器就不会使用字符编码对该数据进行处理((更正确的方式应该是使用附件真正的 MIME 内容类型，但该任务超出了本书的范围)。最后，使用 ServletOutputStream 将文件内容输出到响应中。这可能不是将文件内容写入到响应中的最高效方式，因为对于大文件的处理，该代码可能会存在内存问题。如果希望实现大文件下载，那么不应该将文件存在内存中，而是应该将数据从文件的 InputStream 中复制到 ResponseOutputStream 中，并且应该经常刷新 ResponseOutput-

Stream，这样数据才能不断被发送到用户浏览器中，而不是全部缓存在内存中。改进代码这个任务就留给读者来完成。

3.6.3　接受文件上传

最后查看方法 createTicket，以及它所使用的 processAttachment 方法，如代码清单 3-2 所示。这些方法特别重要，因为它们将负责处理文件上传任务——之前尚未完成该工作。方法 processAttachment 将从 multipart 请求中获得 InputStream，并将它复制到 Attachment 对象中。它使用了 Servlet 3.1 中新增的 getSubmittedFileName 方法，用于识别文件在上传之前的原始名称。方法 createTicket 将使用该方法和其他请求参数填充 Ticket 对象，并将该对象添加到数据库中。

代码清单 3-2：TicketServlet.java 的部分代码

```
private void createTicket(HttpServletRequest request,
                          HttpServletResponse response)
        throws ServletException, IOException
{
    Ticket ticket = new Ticket();
    ticket.setCustomerName(request.getParameter("customerName"));
    ticket.setSubject(request.getParameter("subject"));
    ticket.setBody(request.getParameter("body"));

    Part filePart = request.getPart("file1");
    if(filePart != null)
    {
        Attachment attachment = this.processAttachment(filePart);
        if(attachment != null)
            ticket.addAttachment(attachment);
    }

    int id;
    synchronized(this)
    {
        id = this.TICKET_ID_SEQUENCE++;
        this.ticketDatabase.put(id, ticket);
    }

    response.sendRedirect("tickets?action=view&ticketId=" + id);
}

private Attachment processAttachment(Part filePart)
        throws IOException
{
    InputStream inputStream = filePart.getInputStream();
    ByteArrayOutputStream outputStream = new ByteArrayOutputStream();

    int read;
    final byte[] bytes = new byte[1024];

    while((read = inputStream.read(bytes)) != -1)
    {
        outputStream.write(bytes, 0, read);
```

```
        }

        Attachment attachment = new Attachment();

        attachment.setName(filePart.getSubmittedFileName());
        attachment.setContents(outputStream.toByteArray());

        return attachment;
    }
```

你可能注意到 createTicket 方法中使用了 synchronzied 块，用于锁定对 ticket 数据库的访问。在下一节和本章的最后一节中将会讲解更多相关内容。

3.7 编写多线程安全的应用程序

Web 应用程序是天然的多线程应用程序。在任何一个时间点，可能没有人、1 个人或 1000 个人同时访问同一个 Web 应用程序，应用程序代码必须能够预见并支持这种情况。关于该话题有许多不同的方面可以讨论，整本书都将讨论多线程以及如何管理应用程序中的并发问题。明显地，本书不可能涵盖所有重要的多线程知识点。不过，在考虑 Web 应用程序的并发性时，至少需要知道最重要的两点。

3.7.1 理解请求、线程和方法执行

当然所有的 Web 容器都稍有不同。但一般来说，在 Java EE 世界里，Web 容器通常会包含某种类型的线程池，它们被称为连接池或执行池。

当容器收到请求时，它将在池中寻找可用的线程。如果找不到可用的线程，并且线程池已经达到了最大线程数，那么该请求将被放入一个队列中——先进先出——等待获得可用的线程(通常，在 Tomcat 中还有一个更高级的限制，被称为 acceptCount，它定义了容器在拒绝客户端连接之前，队列中可以包含的最大连接数目)。一旦出现可用线程，浏览器将从线程池中借出线程，并将请求传递给线程，由线程进行处理。此时，该线程对于其他请求是不可用的。在普通请求中，线程和请求的关联将会贯穿请求的整个生命周期。只要请求正在由应用程序代码处理，该线程就只属于这个请求。只有在请求完成，响应内容已经发送到客户端后，该线程才会变成可用状态并返回到线程池中，用于处理下一个请求。

创建和销毁线程会产生许多开销，这可能会降低应用程序的运行速度，所以采用由可复用线程组成的线程池可以减少这种开销，提高性能。

线程池有一个可以配置的大小属性，通过它可以决定一次可以创建多少连接。尽管这不是对管理应用服务器技术和实践的讨论，但事实上硬件会对线程池的大小产生实质性的限制，超过了这个大小，即使再增加线程数目也无法提供更好的性能(通常还会损害性能)。Tomcat 中的最大线程池大小默认为 200，可以增加或减小这个数目。必须明确这一点，因为它意味着在最糟糕的情况下，200 个不同的线程(或者更多，如果你增大了这个设置的话)可能同时在同一个实例上执行着相同的方法。因此，必须考虑代码的运行方式，避免代码在多个线程中并发执行的情况下出现异常行为。

注意：对于请求和线程的关系，有时可能出现在请求的整个生命周期中，它对应的线程并未完全属于它的情况。Java EE 6 中的 Servlet 3.0 规范添加了异步请求上下文的概念。实际上，当 Servlet 处理请求时，它可以调用 ServletRequest 的 startAsync 方法。它返回一个包含了请求对象的 javax.servlet.AsyncContext 对象。然后 Servlet 将从 service 方法返回，不需要对请求作出响应，它所使用的线程也会被返回到线程池中。但该请求并未关闭，相反仍然保持打开、未应答的状态。稍后，当某些事件发生时，容器应该可以从 AsyncContext 中获取到响应对象，并使用它向客户端发送响应数据。第 9 章将会对异步请求上下文进行详细讲解。通常长轮询(long polling)会采取这种方式，第 10 章将会对长轮询进行讲解。

3.7.2 保护共享资源

在编写多线程应用程序时最典型的问题就是对共享资源的访问。方法中创建的对象和变量在方法执行过程中都是安全的——其他线程都无法访问它们。不过，Servlet 中的静态变量和实例变量都可以被多个线程同时访问(记住在最坏的情况下，甚至可能有 200 个线程同时访问它们)。对这些共享资源进行同步是非常重要的，只有这样才能避免损坏资源的内容，也能避免可能由应用程序引起的错误。

有多种技术可用于保护共享资源，避免这些问题。请考虑 TicketServlet 中的第一行代码：

```
private volatile int TICKET_ID_SEQUENCE = 1;
```

在 Java 中，有时即使一个线程已经改变了该变量的值，另一个线程却仍然可能会读取到变量修改之前的值。在某些情况下，这可能会引起一致性问题。本例中使用的 volatile 关键字，用于保证其他线程始终都可以读取变量修改后的最终值。

接下来，思考代码清单 3-2 中的 createTicket 方法中的同步代码块：

```
synchronized(this)
{
    id = this.TICKET_ID_SEQUENCE++;
    this.ticketDatabase.put(id, ticket);
}
```

在该代码块中完成了两个操作：将 TICKET_ID_SEQUENCE 变量自增 1 并将修改后的值赋给 id，将变量 ticket 插入到哈希 map 中。这两个变量都是 Servlet 的实例变量，这意味着多个线程可以同时访问它们。将这些操作添加到同步代码块中，可以保证其他线程都无法同时执行这两行代码。当前执行该代码块的线程将拥有对代码块的排他访问，直到线程结束。当然，在使用同步代码块或方法时一定要小心，因为不正确的同步代码可能会引起死锁(该问题超出了本书的讨论范围)。

警告：在编写 Servlet 方法时，最需要记住的一件事，是永远不要在静态或实例变量中存储请求或响应对象。不要这样做。没有可能，它一定会引起问题。任何属于请求的对象和资源都只应该被用作本地变量和方法参数。

3.8 小结

本章介绍了 Servlet 接口、GenericServlet 和 HttpServlet 抽象类，还有 HttpServletRequest 和 HttpServletResponse 接口。讲解了如何处理到达的请求，并使用请求和响应对象作出正确的响应。还练习了部署描述符的使用，学习了如何使用 web.xml 和注解配置 Servlet。另外本章也讲解了处理 HTTP 请求时的一个最重要的任务：处理请求参数、包含查询参数和 post 变量、接受通过表单提交上传的文件。接下来本章介绍了上下文和 Servlet 初始化参数，以及如何使用它们配置应用程序。最后，本章介绍了请求线程和线程池，以及在 Web 应用编程中考虑多线程的重要性。

此时，你应该已经熟练掌握了在应用程序中创建和使用 Servlet 的基础知识。你可能会注意到本章示例代码的一个主要的不便之处：在响应中编写 HTML 代码时的复杂性和繁琐性。在下一章，你将能够得到这个问题的答案，并学习如何使用 JavaServer Pages 简化开发。

第 4 章 使用 JSP 显示页面内容

本章内容：

- 使用
替代 output.println("<br/>")
- 创建第一个 JSP
- 在 JSP 中使用 Java(以及不使用 Java 的原因)
- 结合使用 Servlet 和 JSP
- 关于 JSP 文档(JSPX)的注意事项

本章需要从 wrox.com 下载的代码

访问网址 http://www.wrox.com/go/projavaforwebapps 的 Download Code 选项卡，找到本章的代码下载链接。本章的代码被分成了三个主要的例子：

- Hello-World-JSP 项目
- Hello-User-JSP 项目
- Customer-Support-v2 项目

本章新增的 Maven 依赖

除了前一章引入的 Maven 依赖之外，本章还需要以下 Maven 依赖。因为 JSTL 实现定义了对旧版 JSP 和 Servlet 规范的依赖，它们与当前版本的 JSP 和 Servlet 规范的 Maven artifact ID 不同，所以必须使用 exclusions 将它们排除。

```
<dependency>
    <groupId>javax.servlet.jsp</groupId>
    <artifactId>javax.servlet.jsp-api</artifactId>
    <version>2.3.1</version>
    <scope>provided</scope>
</dependency>

<dependency>
    <groupId>javax.servlet.jsp.jstl</groupId>
    <artifactId>javax.servlet.jsp.jstl-api</artifactId>
    <version>1.2.1</version>
```

```
        <scope>compile</scope>
    </dependency>

    <dependency>
        <groupId>org.glassfish.web</groupId>
        <artifactId>javax.servlet.jsp.jstl</artifactId>
        <version>1.2.2</version>
        <scope>compile</scope>
        <exclusions>
            <exclusion>
                <groupId>javax.servlet</groupId>
                <artifactId>servlet-api</artifactId>
            </exclusion>
            <exclusion>
                <groupId>javax.servlet.jsp</groupId>
                <artifactId>jsp-api</artifactId>
            </exclusion>
            <exclusion>
                <groupId>javax.servlet.jsp.jstl</groupId>
                <artifactId>jstl-api</artifactId>
            </exclusion>
        </exclusions>
    </dependency>
```

在上一章中我们已经学习了 Servlet，以及如何处理请求、响应、请求参数、文件上传、Servlet 配置等。不过，你可能会注意到在编写 Servlet 代码的时候，向响应中输出 HTML 文档是非常不方便的：需要反复调用 ServletOutputStream 或 PrintWriter 类的方法输出内容，并将 HTML 内容添加到 Java 字符串中，还要求对引号进行转义，这些都非常麻烦。本章将学习 JavaServer Pages 以及如何使用它们简化开发。

4.1　使用
替代 output.println("<br/>")

Java 是一门非常强大的语言。它的许多功能和特性可以使它变得非常有用、灵活和易用。下面本节将开始讲解如何对下面这段复杂的代码进行优化：

```
PrintWriter writer = response.getWriter();
writer.append("<!DOCTYPE html>\r\n")
      .append("<html>\r\n")
      .append("    <head>\r\n")
      .append("        <title>Hello World Application</title>\r\n")
      .append("    </head>\r\n")
      .append("    <body>\r\n")
      .append("        Nick says, \"Hello, World!\"\r\n")
      .append("    </body>\r\n");
      .append("</html>\r\n");
```

该段代码很长，这是非常不便和冗长的。需要编写许多代码，也需要使用更多的文件空间用于存储代码。编写和测试代码也会浪费很长时间。冗长的行结束符(\r\n)可以使 HTML 源代码在浏览器查看源代码的功能中正确显示出来。任何出现在 HTML 中的引号都必须先进行转义，只有这样才能保证字符串可以被正确地解析。不过还有一个很糟糕的问题——代码编辑器无法轻松地(在大多数情况下，根本无法)识别和验证字符串中的 HTML 代码，也就无法判断出其中是否存在错误。当然我们会有更好的方式，毕竟它只是文本。在普通的 HTML 文件中编写之前样例返回的内容是非常简单的，如下所示：

```
<!DOCTYPE html>
<html>
    <head>
        <title>Hello World Application</title>
    </head>
    <body>
        Hello, World!
    </body>
</html>
```

幸运的是，Java EE 规范的创建者意识到系统很快就会变得非常难于处理，于是设计了 JavaServer Pages(也称为 JSP)用于满足这个需求。

4.1.1　使用 JSP 的原因

最后一个代码样例的问题在于：它是一个静态 HTML 文档。与之前使用 Java 编写的样例相比，它可能易于编写，也非常易于维护，但它不具有任何动态性。JSP 是一个重要的混合解决方案，它结合了 Java 代码和 HTML 标签。JSP 可以包含除了 Java 代码之外的任何 HTML 标签、内建的 JSP 标签(第 7 章)、自定义 JSP 标签(第 8 章)以及表达式语言(第 5 章)。这些特性都将在稍后的章节中进行详细讲解。

本章首先将讲解 JSP 的基本规则，以及 JSP 技术的语法、指令、声明、脚本和表达式。另外还将讲解 JSP 的生命周期，以及如何使用它向用户发送响应结果。

除了 JSP，我们还有其他备用选项。最常见的选项可能就是 Facelet，它是被广泛应用的 JavaServer Faces 技术的一部分(或者简称 JSF，很容易与 JSP 混淆)。可用的选项还有其他的模板框架，例如 Velocity、Freemarker、SiteMesh 和 Tiles，它们以某种方式补充或替代了由 JSP 提供的特性。本书不可能包含支持 Servlet 3.1 的所有技术以及显示技术的变种，因此本书将只关注于最流行和应用最广泛的技术。

在 wrox.com 下载页面的 Hello-World-JSP 项目的 index.jsp 文件中，可以找到下面的样例，该代码重新创建了来自于第 2 章的 Hello-World 项目，但使用 JSP 而不是 Servlet 来显示对用户的问候。

```
<%@ page contentType="text/html;charset=UTF-8" language="java" %>
<!DOCTYPE html>
<html>
    <head>
        <title>Hello World Application</title>
    </head>
    <body>
        Hello, World!
    </body>
</html>
```

该样例与之前小节样例中的 HTML 代码几乎一致。唯一的区别是做了加粗显示的第一行代码。

这是其中的一条 JSP 指令，在 4.2 节将进行详细讲解。这条特殊的指令将设置页面的内容类型和字符编码，之前我们曾经使用 HttpServletResponse 的 setContentType 和 setCharacterEncoding 方法进行设置。该 JSP 中的其他内容都只是普通的 HTML，将作为响应内容被发送到客户端。那么有趣的问题是："在幕后到底发生了什么事情呢？"

4.1.2　JSP 在运行时的处理

JSP 实际上只是一个精心设计的 Servlet。你之前可能听说过"语法糖"这个说法。事实上，就某种意义上而言，目前程序员所使用的流行语言基本上都是语法糖。以 Java 代码为例。在编译 Java 代码的时候，它将被转换成字节码。重要的是我们将使用字节码而不是 Java 代码。实际上 Java 中许多不同的语句都可以转换成一致的字节码。但如果再深入思考的话，字节码也并不是对 Java 程序最终的渲染。字节码仍然是独立于平台的，并不足以运行在各种不同的操作系统上。

当 Java 在 JRE 中运行时，即时编译器将把它编译成机器码(特定于运行 JRE 的目标机器)。最终执行的实际是机器码。更低级的语法，例如 C，只是针对它们最终编译成的机器码的语法糖。JSP 是另一种形式的语法糖。在运行时，JSP 代码将由 JSP 编译器进行转换，它将解析出 JSP 代码的所有特性，并将它们转换成 Java 代码。由 JSP 创建得到的 Java 类都将实现 Servlet。然后，该 Java 代码将与普通 Java 代码一样经历相同的生命周期。同样地，在运行时它将被再次转换成字节码，然后转换成机器码。最终，由 JSP 转换而来的 Servlet 将与其他 Servlet 一样对请求作出响应。

接下来，请按照下面的步骤对上面的描述进行验证：

(1) 在 IDE 中编译 Hello-World-JSP 项目，启动调试器并打开浏览器访问 http://localhost:8080/hello-world-jsp/。浏览器中将显示出熟悉的问候页面。

(2) 浏览文件系统中 Tomcat 8.0 的主目录(Windows 中的 C:\Program Files\Apache Software Foundation\Tomcat 8.0)，然后进入目录 work\Catalina\localhost\hello-world-jsp。Tomcat 将把所有编译过的 JSP 文件都存储在该目录中，同时也将把它生成的中间 Java 文件存储在其中，以便于检查和解决问题。

(3) 继续进入下一层目录直到发现 index_jsp.java 文件，在文本编辑器中打开该文件(不是 index_jsp.class 文件)。

文件中的类继承了 org.apache.jasper.runtime.HttpJspBase。而该抽象类继承了 HttpServlet。HttpJspBase 提供了一些可供 Tomcat 编译过的 JSP 所使用的功能，在执行 JSP 时，最终被执行的是 Servlet 的 service 方法，而该方法又将执行方法_jspService。

检查_jspService 方法，其中包含了一系列的方法调用，用于将 HTML 写入输出流中。该代码看起来很熟悉，因为它与我们使用 JSP 替换掉的代码基本相同。当然，各个 Web 容器生成的 JSP Servlet 类看起来并不一致。例如，org.apache.jasper 类是 Tomcat 特有的类。JSP 编译后的类最终取决于它在其中运行的 Web 容器。重要的一点是：JSP 的行为和语法有标准规范，只要使用的 Web 容器兼容于该规范，那么 JSP 在所有容器中都将有着相同的行为，即使它们编译生成的代码可能不尽相同。

JSP 就像普通的 Servlet 一样，可以在运行时进行调试。为了证明这一点，在 JSP 包含了"Hello, World,"的那一行代码上添加断点，然后刷新浏览器。此时 JSP 中的断点将被命中，另外我们还会有一些新的发现。首先，JSP 代码中的断点可以被直接命中！不需要在解释后的 JSP Servlet 类中添加断点；Java、Tomcat 和 IDE 可以在运行时匹配 JSP 中的断点。另外，尽管断点添加在 JSP 代码中，但调试器并不这么认为。调试器的堆栈将显示代码暂停在_jspService 方法中，变量窗口将显示出所有在 index_jsp 类中定义的实例和局部变量。

警告： IntelliJ IDEA 对 JSP 调试的支持要优于 Eclipse IDE。如果使用的是 Eclipse，可能根本无法在 JSP 中添加断点。到目前为止，Eclipse 只允许在 JSP 的内嵌 Java 代码中添加断点，而 Intellij 则可以在任何 JSP 代码中添加断点。

如同 Web 容器中的其他 Servlet 一样，JSP 也有自己的生命周期。在某些容器(例如 Tomcat)中，JSP 将在第一次请求到达时被即时转换并编译。对于之后的请求，可以直接使用编译好的 JSP。如你所想象的，这会有一定的性能影响。尽管该性能问题通常只出现在处理第一个请求时，其他的请求都可以正常处理，但是这在某些生产环境中仍然是不理想的。因此，许多 Web 容器提供了在部署应用程序时预编译所有 JSP 的选项。当然，对于大的应用程序来说，这会降低部署的速度。如果应用程序中有数千个 JSP，该应用程序大概需要 10 分钟而不是 1 分钟才能完成部署。用户可以自行决定哪种配置更符合自己的需求。不考虑编译的时间，在第一个请求到达后，JSP Servlet 将被实例化和初始化，然后处理第一个请求。

此时你应该意识到：JSP 中编写的代码最终将被转换成类似于不使用 JSP 时所必须编写的代码。那么为什么还需要使用 JSP 呢？因为 JSP 的文件格式更简单，与直接编写 Java 代码相比，JSP 更容易生成在 Web 浏览器中显示的内容。JSP 可以改善编程速度、效率和开发过程的准确性，所以它是最好的选择。

4.2　创建第一个 JSP

在了解了 JSP 之后，现在开始创建我们自己的 JSP。首先我们需要知道 JSP 的结构和 JSP 中可以包含的内容。本节将先讲解一些 JSP 的基本知识，然后在下一节中再进行深入讲解。

4.2.1　了解文件结构

在之前的章节中，我们学习了 Servlet 以及如何在 service 方法中完成对请求的处理。“service 方法中必须做些什么呢？”事实上 service 方法中必须对 HTTP 请求作出正确的响应，但是因为 HttpServlet 处理了所有的事情，所以自己的 doGet 和 doPost 方法甚至可以是空方法(但是也是无用的)。事实表明，本例中的问题也是相同的。JSP 在执行时有许多事情必须处理，但所有的这些事情都已经被处理了。

为了证明这一点，在一个空项目的 Web 根目录下创建文件 blank.jsp；删除它的所有内容(IDE 可能在文件中添加了一些内容——删除它们)；重新部署项目。也可以使用从 wrox.com 下载的 Hello-World-JSP 项目，它已经包含了一个 blank.jsp 文件。访问 http://localhost:8080/hello-world/blank.jsp，并未出现任何错误。一切都正常工作；浏览器中只是显示了一个无用的空白页面。现在将下面的代码添加到文件中，并重新部署，重新加载：

```
<!DOCTYPE html>
<html>
    <head>
```

```
        <title>Hello World Application</title>
    </head>
    <body>
        Hello, World!
    </body>
</html>
```

现在 blank.jsp 与 index.jsp 稍有不同，它并未包含 index.jsp 中的第一行代码。不过显示出的内容是一样的。这是因为 JSP 默认的内容类型为 text/html，默认的字符编码为 ISO-8859-1。不过，默认的字符编码与许多特殊字符并不兼容，例如非英语的语言，它们可能会影响应用程序的本地化。所以 JSP 中至少需要包含一些 HTML 代码用于显示。不过，为了确保 HTML 可以在所有使用了不同语言的系统的浏览器中正常显示，需要在其中添加 JSP 标签，控制发送到客户端的数据，例如将字符编码设置为本地友好的 UTF-8。

JSP 中有几种不同类型的标签可供使用，在下一节中我们将学习更多相关的标签。在指令标签类型中，下面的例子是之前已经使用过的：

```
<%@ page ... %>
```

该指令标签提供了对 JSP 如何转换、渲染和传输(到客户端)的控制。在样例 index.jsp 中，它的 page 指令被设置为：

```
<%@ page contentType="text/html;charset=UTF-8" language="java" %>
```

特性 language 将告诉容器 JSP 中使用的是哪种脚本语言。JSP 脚本语言(不要与解释的脚本语言混淆)是一种可以内嵌在 JSP 中、用于完成某些操作的语言。目前，JSP 只支持 Java 作为它的脚本语言，但该特性可用于支持将来的扩展。

从技术上讲，可以忽略这个特性。因为 Java 是唯一得到支持的 JSP 脚本语言，而且在规范中 Java 也是默认的脚本语言，如果该特性不存在，就表示当前 JSP 将使用 Java 作为它的脚本语言。特性 contentType 将告诉容器在发送响应时如何设置其中 Content-Type 头的值。Content-Type 头同时包含了内容类型和字符编码，以分号隔开。回想一下之前的 index_jsp.java 文件，该特性转换后的 Java 代码为：

```
response.setContentType("text/html;charset=UTF-8");
```

注意，该代码等同于下面的两行代码(在第 3 章的 Hello-User 项目中曾见到过它们)：

```
response.setContentType("text/html");
response.setCharacterEncoding("UTF-8");
```

另外，以上代码也等同于下面的代码：

```
response.setHeader("Content-Type", "text/html;charset=UTF-8");
```

如你所见，这几种不同的方式可以完成相同的任务。setContentType 和 setCharacterEncoding 是最方便的方法。使用哪个方法取决于个人需求；不过通常我们应该坚持使用某一种方法，避免产生混淆。不过从现在开始，大部分代码都将是基于 JSP 编写的，因此主要考虑 page 指令中的 contentType 特性即可。

4.2.2　指令、声明、脚本和表达式

JSP 中除了各种不同的 HTML 和 JSP 标签，还有几种独特的结构可用于 JSP 中，如指令、声明、脚本和表达式。下面是它们最简单的例子：

```
<%@ 这是一个指令 %>
<%! 这是一个声明 %>
<% 这是一个脚本 %>
<%= 这是一个表达式 %>
```

1. 使用指令

指令用于指示 JSP 解释器执行某个操作(例如设置内容类型)或者对文件作出假设(例如使用的是哪种脚本语言)、导入类、在转换时包含其他 JSP 或者包含 JSP 标签库。

2. 使用声明

声明用于在 JSP Servlet 类的范围内声明一些东西，例如可以定义实例变量、方法或声明标签中的类。要记住：这些声明都将出现在自动生成的 JSP Servlet 类中，所以声明中定义的类实际上是 JSP Servlet 类的内部类。

3. 使用脚本

如同声明一样，脚本中也包含了 Java 代码。不过脚本有着不同的作用域。声明中的代码将在转换时被复制到 JSP Servlet 类的主体中，并且它们可用于声明某些字段、类型或方法，而脚本则将被复制到_jspService 方法的主体中。该方法中的所有局部变量都可以在脚本中使用，任何在该方法体中合法的代码在脚本中也是合法的。所以，在脚本中可以定义局部变量而不是实例字段。另外还可以使用条件语句、操作对象和执行数学计算，这些在声明中都是无法完成的。我们甚至可以在脚本中定义类(听起来很奇怪，但在 Java 的方法中定义类是合法的)，但这些类只在_jspService 方法中有效。声明中定义的类、方法或变量都可以在脚本中使用，但脚本中定义的类或变量不能在声明中使用。

4. 使用表达式

表达式中包含了一些简单的 Java 代码，可用于向客户端输出一些内容，它将把代码的返回值变量输出到客户端。因此可以在表达式中执行数学计算，因为数值结果是可以显示在客户端的。还可以调用一些返回字符串、数字或其他原生类型的方法，因为这些类型的返回值都是可显示的。事实上，任何赋值表达式的整个右侧都可以用在表达式中。表达式的作用域与脚本相同；如同脚本一样，表达式也将被复制到_jspService 方法中。

请考虑下面的示例代码。它并未完成任何有用的工作，但它演示了在指令、声明、脚本和表达式中可以完成的任务：

```
<%@ page contentType="text/html;charset=UTF-8" language="java" %>
<%!
    private final int five = 0;

    protected String cowboy = "rodeo";
```

```
        //下面是赋值语句而不是声明语句，如果未注释的话会出现语法错误
        //cowboy = "test";

        public long addFive(long number)
        {
            return number + 5L;
        }

        public class MyInnerClass
        {

        }
        MyInnerClass instanceVariable = new MyInnerClass();

        //WeirdClassWithinMethod在方法作用域内，所以如果未注释的话，下面的声明将出现语法错误
        //WeirdClassWithinMethod bad = new WeirdClassWithinMethod();
    %>
    <%
        class WeirdClassWithinMethod
        {

        }
        WeirdClassWithinMethod weirdClass = new WeirdClassWithinMethod();
        MyInnerClass innerClass = new MyInnerClass();
        int seven;
        seven = 7;
    %>
    <%= "Hello, World" %><br />
    <%= addFive(12L) %>
```

5. 结合使用所有技术

在一个空白项目的Web根目录中创建一个JSP文件gibberish.jsp，将之前的代码添加到文件中(或者直接使用 Hello-World-JSP 项目中的 JSP)。编译并运行该应用程序，在浏览器中访问http://localhost:8080/hello-world/gibberish.jsp。明显该页面在浏览器中并未起到什么作用；此时我们需要了解的是源文件。回到Tomcat工作目录，找到gibberish_jsp.java文件。检查JSP转换之后的Java代码，理解指令、声明、脚本和表达式在JSP Servlet类中的不同作用。

4.2.3 注释代码

如同其他语言或标记一样，JSP也有注释代码的方法。在JSP中实现代码注释的方法有以下4种：

- XML注释
- 传统的Java行注释
- 传统的Java块注释
- JSP注释

XML注释(同样也是HTML注释)的语法应该是你最熟悉的：

```
<!--这是一个HTML/XML注释 -->
```

这种类型的注释可以被发送到客户端，因为它是标准的 XML 和 HTML 标记。浏览器将会忽略它，但是它会出现在响应的源代码中。更重要的是，注释中的任何 JSP 标签都将被处理。一定要记住，因为这种类型的注释并未阻止其中 Java 代码的执行。为了演示这一点，请考虑下面的例子：

```
<!--这是一个 HTML/XML 注释：<%= someObject.dumpInfo() %> -->
```

如果 someObject.dumpInfo()返回的是“connections=5, errors=12, successes=3847”，那么返回到客户端浏览器的响应也将包含以下 HTML 注释：

```
<!--这是一个 HTML/XML 注释：connections=5, errors=12, successes=3847 -->
```

可以在 JSP 的声明和脚本中使用任何合法的 Java 注释，包括之前提到的行注释和块注释。在下面的例子中，粗体部分的所有代码都将被注释掉，不会进行任何处理：

```
<%
    String hello = "Hello, World!";//这是一个注释
    //long test = 12L;
    /*int i = 0;
    int j = 12;*/
    String goodbye = "Goodbye, World!";
%>
```

上面例子中新增的注释类型就是 JSP 注释。JSP 注释的语法与 XML/HTML 注释非常相像，唯一的区别在于：JSP 注释开始和结尾使用的都是百分号而不是感叹号：

```
<%-- 这是一个 JSP 注释--%>
```

如同 XML/HTML 注释一样，在<%--和--%>之间的所有内容都是注释内容。这些内容不仅不会发送到浏览器，甚至连 JSP 编译器也不会解释/转换它们。而之前讲的三种类型注释的内容最终都将出现在 JSP Servlet java 文件中，最后一种注释类型不会。对于解释器来说，它甚至是不存在的。如果需要注释一段包含 JSP 脚本、表达式、声明、指令和标记的代码的话，这是非常有用的，因为它们将不会被执行，也不会被发送到浏览器中。

4.2.4　在 JSP 中导入类

在 Java 中使用某个类时，必须使用它的完全限定类名引用它，或者在 Java 代码文件的顶部添加一条导入语句。该规则在 JSP 中也是相同的。无论何时在 JSP 中包含直接使用类的 Java 代码，该 JSP 要么使用完全限定类名，要么在 JSP 文件中添加一条导入指令。正如在 Java 文件中，java.lang 包中的所有类都将被隐式地导入一样，它们也会被隐式地导入到 JSP 文件中。

在 JSP 中导入 Java 类的方式是不一样的，但如同在 Java 代码文件中导入 Java 类一样简单。如果需要导入一个或多个类，只需要在 page 指令中添加一个 import 特性即可：

```
<%@ page import="java.util.*,java.io.IOException" %>
```

上面的例子使用逗号将多条导入语句分隔开，该指令将会导入 java.io.IOException 类和 java.util 包中的所有类。当然，不需要添加一条专门用于导入类的指令。可以与之前的样例结合在一起使用：

```
<%@ page contentType="text/html;charset=UTF-8" language="java"
        import="java.util.*,java.io.IOException" %>
```

当然也不是必须使用逗号将多条导入语句合并为一条。还可以使用多个指令完成该任务：

```
<%@ page import="java.util.Map" %>
<%@ page import="java.util.List" %>
<%@ page import="java.io.IOException" %>
```

需要注意的是，对于不产生输出的 JSP 标记、指令、声明和脚本，它们将会在客户端输出一行空白。所以，如果在变量声明和脚本之前有许多导入类的 page 指令，那么这将会在输出中显示出数行空白。为了解决这个问题，JSP 开发者通常会将一个标记的尾部与另一个标记的头部连接在一起：

```
<%@ page import="java.util.Map"
%><%@ page import="java.util.List"
%><%@ page import="java.io.IOException" %>
```

该代码样例与之前的样例有着相同的逻辑结果，但它只会在输出中产生 1 行空白，而不是 3 行空白。在 4.4 节中，我们将学习如何通过部署描述符设置去除所有的空白。

4.2.5　使用指令

之前已经介绍过指令，它由开始<%@和结束%>组成。现在本节将对三种不同类型的指令进行详细讲解。

1. 修改页面属性

之前我们已经学习过 page 指令的一些特性，例如 contentType、language 和 import 特性。还有许多 page 指令的特性尚未讲解。如之前解释过的，page 指令提供了对 JSP 如何转换、渲染以及传输到客户端的控制。接下来本节将对该指令中可以包含的一些特性进行详细讲解。

pageEncoding

指定 JSP 所使用的字符编码，等同于 HttpServletResponse 中的 setCharacterEncoding 方法。可以在 page 指令中使用 contentType="text/html" pageEncoding="UTF-8"取代之前的 contentType=“text/html;charset=UTF-8”。

session

它的值只能是真和假中的一个，表示 JSP 是否将参与 HTTP 会话。默认值为真，因此在 JSP 中可以访问隐式的 session 变量(在 4.3 节将会详细讲解)。如果将该值设置为假，那就不能使用隐式的 session 变量。如果你的应用程序不会用到会话，并且希望改进性能，那么可以将该特性设置为假。第 5 章将讲解更多关于 HTTP 会话的内容。

isELIgnored

该特性表示 JSP 编译器是否将解析和转换 JSP 中的表达式语言(EL)。第 6 章将会讲解 EL 相关的内容。在 JSP 2.0 规范之前，它的默认值为真，这意味着对于希望使用表达式的每一个 JSP 页面，都需要将它设置为假。到了 JSP 2.0 之后，它的默认值将被设置为假，所以以后就不需要再担心这个设置了。

buffer 和 autoFlush

这两个特性有着紧密的联系，它们的默认值分别是“8kb”和真。它们决定了 JSP 的输出方式：

是在生成之后立即发送到浏览器中，还是先将输出缓存起来，再按批次发送到浏览器。特性 buffer 指定了 JSP 缓存的大小，或者为“none”(不会缓存任何输出)，而 autoFlush 则表示是否在它达到大小限制之后自动刷新缓存。如果将 buffer 设置为“none”，将 autoFlush 设置为假，那么在将 JSP 转换成 Java 时将出现异常。如果将 autoFlush 设置为假，将 buffer 设置为满，同样会出现异常。这是一种确保 JSP 生成的内容不会超过特定长度的有效方式。

当 autoFlush 设置为真时，缓存值越小，数据被刷新到客户端的频率就越高，反之缓存越大，数据刷新到客户端的频率越低。如果将 buffer 设置为“none”完全禁止缓存，则可以提高 JSP 的性能，因为它减少了内存占用和 CPU 花销。不过，这样做也是有缺点的。如果不使用缓存，可能会导致向浏览器发送更多的数据包，并增加一定的带宽消耗。另外，当响应的第一个字符开始向客户端发送时，HTTP 响应头必须在响应之前提交和发送。出于这个原因，不可以在缓存刷新之后设置响应头(response.setHeader(...))或转发 JSP 请求(<jsp:forward/>)，也不可以在已经禁止缓存的 JSP 中设置响应头或转发 JSP 请求。在某些情况下，为了提高服务器端性能，这也是可以接受的。

errorPage

如果在 JSP 的执行过程中出现了错误，该特性将告诉容器应该将请求转发到哪个 JSP。

isErrorPage

该特性表示当前的 JSP 是否被用作错误页面(默认值为假)。如果设置为真，在该 JSP 中将可以使用隐式的 exception 变量。在错误发生时转发到的 JSP 中，或者在容器中已经被定义为错误处理的 JSP 中将需要使用该特性。

isThreadSafe

默认值为真，该特性表示当前的 JSP 可以安全地同时处理多个请求。如果修改为假，容器将把请求逐个发送到该 JSP。作为一条好的经验法则：永远也不要修改这个设置。记住，“如果你的 JSP 不是线程安全的，那么它就是错误的”。

extends

该特性指定了当前 JSP Servlet 的父类。使用了该特性的 JSP 将无法从一个 Web 容器迁移到另一个容器，它也不是必须使用的。所以不要使用它。

其他特性

大多数 JSP 都将对 page 指令中的 contentType(可能还有 pageEncoding)做出修改，而不是使用默认值。特性 session 和 isErrorPage 可能是其他特性中最常用的两个。偶尔，也需要禁止缓存。对于每一个 JSP，都应该评估自己的选择，并决定需要修改哪些特性来满足应用程序的需求。

2. 包含其他 JSP

在一个 JSP 文件中包含其他 JSP 是很简单的，但需要记住一些有趣的规则和选项。第一个可用于包含其他 JSP 的指令是 include 指令。它看起来非常直接：

```
<%@ include file="/path/to/some/file.jsp" %>
```

特性 file 将为容器提供需要包含的 JSP 文件的路径。如果使用的是绝对路径，容器将从应用程序的 Web 根目录开始定位该文件，所以对于存储在 WEB-INF 目录中的 included.jsp 文件来说，可以使用路径/WEB-INF/included.jsp 包含它。如果使用的是相对路径，它将从包含指令的 JSP 文件所在的目录开始定位包含文件。指令 include 将在转换时执行。在 JSP 被转换成 Java 之前，编译器将使用被包含 JSP 文件的内容替换 include 指令。在此之后，合并后的 JSP 文件将被转换成 Java 代码并编译。因此，如你所见，该过程是静态的并且只发生一次。

为了证明这一点，请按照下面的步骤进行实验：

(1) 在 Hello-World-JSP 项目的 Web 根目录中创建名为 includer.jsp 的 JSP，并添加以下代码(删除任何由 IDE 生成的代码)。也可以使用 Hello_World-JSP 项目。

```
<%@ include file="index.jsp" %>
```

(2) 编译并调试应用程序，在浏览器中访问 http://localhost:8080/hello-world/includer.jsp。浏览器中将显示出类似的页面，这意味着 include 指令已经正常工作了。

(3) 现在进入 Tomcat 工作目录，并打开由 Tomcat 创建的 includer_jsp.java 文件。你会注意到，除了类名，其他内容都与 index_jsp.java 文件相同。这是因为该 JSP 在转换 includer.jsp 文件时被包含了进来。

还有另外一种包含 JSP 页面的方式，它通过动态(运行时)的方式包含，而不是静态(转换时)的方式。如下面的代码所示，它将通过<jsp:include>标记完成该任务：

```
<jsp:include page="/path/to/some/page.jsp" />
```

标签<jsp:include>不包含 file 特性；它只有 page 特性。如同 include 指令一样，它使用的路径仍然是相对于当前文件的相对路径，或者从 Web 根目录开始的绝对路径。但它不是在转换时添加被包含文件。相反，被包含的文件将会单独编译。在运行时，请求将会被临时地重定向至被包含的 JSP，再将该 JSP 的结果输出到响应中，然后再将控制权返还给主 JSP 页面。为了证明这一点，请在项目的 Web 根目录中创建文件 dynamicIncluder.jsp，并在其中添加下面的代码(或者使用 Hello-World-JSP 项目)：

```
<jsp:include page="index.jsp" />
```

编译应用程序并再次启用调试，访问 http://localhost:8080/hello-world/dynamicIncluder.jsp，然后打开 Tomcat 创建的 dynamicIncluder_jsp.java 文件。该文件的内容与之前的 JSP 是大不相同的。其中最有意思的代码就是：

```
org.apache.jasper.runtime.JspRuntimeLibrary.include(request, response, "index.jsp",
                                                    out, false);
```

该代码将把请求和响应对象传递到另一个方法中，而该方法将运行被包含的 JSP，然后将内容输出到响应对象中，再返回。

这两种包含文件的方法各有优劣。指令 include 速度快，因为它只计算一次，并且被引用的 JSP 文件可以引用主 JSP 文件中定义的所有变量。但这种方法将使 JSP 文件变大(_jspService 方法也会变长)，一定要记住：Java 方法编译后的字节数目最大不能超过 65 534 字节。<jsp:include>不会引起这个问题，但它的表现也并不好，因为它将在每次页面加载时都会重新计算，并且被包含的 JSP 文件不能使用主 JSP 中已定义的变量。最终，要根据自己的需求决定应该如何包含文件，但大多数情况下，include 指令都是最好的选择。

注意：Web 容器默认将对以.jsp 和.jspx(本章之后会讲解这两个扩展名)结尾的 JSP 文件进行翻译和编译。你可能还见过扩展名.jspf。JSPF 文件通常被称为 JSP Fragment，Web 容器通常不会编译该文件。尽管关于 JSPF 文件没有硬性的规定(如果需要，大多数 Web 容器都可以通过设置添加对该文件的编译支持)，但仍然有一些商定的最佳实践存在。JSPF 文件代表 JSP 文件的片段，它们无法独立运行，需要以包含的方式添加到标准的 JSP 中，而且不能直接访问它们。这就是为什么 Web 容器通常不会编译它们的原因。事实上，在许多情况下，JSPF 文件会使用一些只有它被包含到标准 JSP 文件中时才存在的变量。出于这个原因，只能使用 include 指令包含 JSPF 文件，否则被包含的 JSP 文件将无法访问主 JSP 中定义的变量。

3. 包含标签库

第 7 和第 8 章将对标签库进行详细讲解，这里将只提到如何包含标签库。如果希望在 JSP 中使用标签库中定义的标签，使用 taglib 指令引用该标签库即可。如同 include 指令一样，taglib 指令非常简单：

```
<%@ taglib uri="http://java.sun.com/jsp/jstl/core" prefix="c" %>
```

特性 uri 指定了目标标签库所属的 URI 命名空间，特性 prefix 则定义了用于引用库中标签时使用的别名。第 7 章将对这些内容进行详细讲解。

4.2.6　使用<jsp>标签

所有 JSP 都支持一种以 XMLNS 为前缀的特殊 jsp 标签。该标签有许多种用法和特性。大多数特性都将被用在 JSP Document 中(JSP 的 XML 版本，本章最后一节将进行讲解)或旧版 JSP 的遗留代码中(比当前的实现要困难得多，因此这里不再讲述)。不过，该标签的一些特性还是非常有用的。

之前我们已经学习了<jsp:include>以及它与 include 指令的区别。另一个类似的标签是<jsp:forward>。通过该标签可以将当前 JSP 正在处理的一些请求转发至其他 JSP。与<jsp:include>不同，被转发的请求不会再返回到原始 JSP 中。这不是重定向；客户端浏览器无法看到这个变化。所以在转发发生时，当前 JSP 在响应中输出的内容依然存在；它们不会被擦除，就像这是一个重定向操作一样。<jsp:forward>标签的用法是非常简单的：

```
<jsp:forward page="/some/other/page.jsp" />
```

本例中，请求在内部被转发给了/some/other/page.jsp。在该标签之前生成的任何响应内容仍然会被发送到客户端浏览器中。任何在此标签之后的代码都将被忽略。这就是它与<jsp:include>标签的区别。如果<jsp:forward>标签之后的代码未被忽略，那么该标签的行为就与<jsp:include>标签一致了。

另外，还有其他三个相关的标签：<jsp:useBean>、<jsp:getProperty>和<jsp:setProperty>。标签<jsp:useBean>在页面中声明一个 JavaBean，而<jsp:getProperty>将从使用<jsp:useBean>声明的 bean

中获取属性值(通过 getter 方法)。类似地，<jsp:setProperty>将用于设置该实例的属性(使用 setter 方法)。此时，一个 Java bean 就是一个实例化对象。<jsp:useBean>将实例化一个类用于创建 bean，并且该 bean 可以通过其他两种 bean 标签、自定义标签、JSP 脚本和表达式访问。以这种方式声明 bean 的优势在于，它对于其他 JSP 标签是可见的；如果在脚本中声明一个 bean，那么该实例只能用于脚本和表达式中。

最后还有一个<jsp:plugin>标签，它是一个在 HTML 页面中内嵌 Java Applet 的便利工具。该标签避免了搅乱<object>和<embed>标签严谨结构的风险，使 Java Applet 可以在所有浏览器中正确运行。它将自动创建这些 HTML 标签，通过这种方式使 Applet 能够在支持 Java 插件的所有主流浏览器中正确运行。下面是一个使用了<jsp:include>标签的样例：

```
<jsp:plugin type="applet" code="MyApplet.class" jreversion="1.8">
    <jsp:params>
        <jsp:param name="appletParam1" value="paramValue1"/>
    </jsp:params>
    <jsp:fallback>
        The browser you are using does not support Java Applets. You might
        consider switching browsers.
    </jsp:fallback>
</jsp:plugin>
```

注意<jsp:plugin>也可以包含标准对象/内嵌 HTML 特性，例如 name、align、height、width、hspace 和 vspace。这些特性都将被复制到 HTML 标记中。

注意： Java Applet 是 Web 应用程序中一个完全不同的主题，这超出了本书的范围。如果你希望学习更多 Java Applet 相关的知识，可以参考一些面向 Java 初学者的书籍，它们通常都会对 Java Applet 进行讲解。

4.3　在 JSP 中使用 Java(以及不鼓励使用 Java 的原因)

本节将讲解如何在 JSP 中使用 Java，并使用 JSP 替代之前 Hello-User 项目中的 Servlet。然后讲解为什么不鼓励在 JSP 中使用 Java 的原因(以及为什么在部署描述符中有专门用于禁止该特性的设置选项)。本节剩下的内容中将使用 wrox.com 下载站点中的 Hello-User-JSP 项目。

4.3.1　使用 JSP 中隐式的变量

JSP 文件提供了几个可在脚本和表达式中使用的隐式变量。之所以称它们为隐式变量：是因为不需要在任何位置定义或声明即可使用它们。JSP 规范要求 JSP 的转换器和编译器提供这些变量，并且名字也要完全相同。这些变量有方法作用域。它们被定义在 JSP 执行的 Servlet 方法的开头(Tomcat 8.0 中使用的是_jspService 方法)。这意味着在 JSP 声明的代码中不能使用它们。而声明有类作用域。因为隐式的变量值在 JSP 执行的 Servlet 方法中有效，所以声明中的代码不能使用它们。下面我们将通过查看上一节中已编译过的 JSP 文件来验证隐式变量的定义方式：

```
public void _jspService(final javax.servlet.http.HttpServletRequest request,
                        final javax.servlet.http.HttpServletResponse response)
    throws java.io.IOException, javax.servlet.ServletException
{
    final javax.servlet.jsp.PageContext pageContext;
    javax.servlet.http.HttpSession session = null;
    final javax.servlet.ServletContext application;
    final javax.servlet.ServletConfig config;
    javax.servlet.jsp.JspWriter out = null;
    final java.lang.Object page = this;
    javax.servlet.jsp.JspWriter _jspx_out = null;
    javax.servlet.jsp.PageContext _jspx_page_context = null;

    try {
        response.setContentType("text/html;charset=UTF-8");
        pageContext = _jspxFactory.getPageContext(this, request, response,
                null, true, 8192, true);
        _jspx_page_context = pageContext;
        application = pageContext.getServletContext();
        config = pageContext.getServletConfig();
        session = pageContext.getSession();
        out = pageContext.getOut();
        _jspx_out = out;
        ...
    }
    ...
}
```

该代码中掺杂了一些其他的代码，但其中重要的部分都已经加粗显示。粗体代码对 JSP 规范要求的隐式变量的声明和赋值语句都做了强调。未加粗的变量(例如_jspx_out 或_jspx_page_context)都是 Tomcat 特有的变量，因此不能保证它们将来会继续存在，所以也不应该在 JSP 文件中使用。在该代码中定义了 8 个隐式变量，但 JSP 规范定义了 9 个隐式变量。现在本节将对这些隐式变量进行详细讲解，并解释为什么之前缺少了一个隐式变量。

1. request 和 response

变量 request 是 HttpServletRequest 的一个实例，而 response 则是 HttpServletResponse 的一个实例，第 3 章已经对它们进行过详细讲解。在 Servlet 中通过请求对象完成的事情都可以在 JSP 完成，包括获取请求参数、获取和设置特性，以及从响应正文中读取内容。上一章学到的规则同样适用于本节内容。不过，JSP 中响应对象的使用存在着一些限制。这些限制不是规范上的限制，所以在编译时不存在这些限制。相反，它们在运行时生效，违反了这些限制可能会引起不可预料的行为或异常。例如，不应该调用 getWriter 和 getOutputStream 方法，因为 JSP 已经向响应中输出了一些内容。也不应该设置内容类型或字符编码、刷新或重置缓存或者修改缓存大小。这些工作已经由 JSP 完成了，所以如果在代码中再次重复执行这些工作，将会引起问题。

2. session

该变量是 HttpSession 的一个实例。下一章将对会话进行详细讲解。回想上一节中讲解的 page 指令，它有一个 session 特性，并且默认值为真。这就是为什么在之前的代码样例中可以使用 session

的原因，默认在所有的 JSP 中都可以使用 session 变量。如果将 page 指令的 session 特性设置为假，那么 JSP 中就没有 session 变量的定义，也不能使用该变量。

3. out

变量 out 是 JspWriter 的一个实例，在所有的 JSP 中都可以使用。如同通过调用 HttpServletResponse 的 getWriter 方法获得 Writer 一样。如果出于某个原因，需要直接向响应中输出内容，那么应该使用 out 变量。不过，在大多数情况下，都可以直接使用表达式，或者在 JSP 中编写文本或 HTML 内容。

4. application

它是 ServletContext 接口的一个实例。回想一下第 3 章讲解的内容，该接口提供了对 Web 应用程序配置的访问，包括上下文初始化参数。为什么称该变量为 application 而不是 context 或 servletContext 就不得而知了。

5. config

变量 config 是 ServletConfig 接口的一个实例。不同于 application 变量，它的名字反映了自己的目的。如你在第 3 章所学到的，可以使用该对象访问 JSP Servlet 的配置，例如 Servlet 初始化参数。

6. pageContext

该对象是 PageContext 类的一个实例，它提供了获取请求特性和会话特性值、访问请求和响应、包含其他文件、转发请求的几个便利方法。在 JSP 中你可能永远也不需要使用该类。不过在第 8 章学习编写自定义 JSP 标签时，使用该实例是非常方便的。

7. page

变量 page 是一个很有意思的对象。它是 java.lang.Object 的一个实例，看起来它似乎毫无用处。不过事实上，它代表了 JSP Servlet 对象的 this 变量。所以，可以将它强制转换为 Servlet 对象，并使用 Servlet 接口中已定义的方法。它还实现了 javax.servlet.jsp.JspPage(继承了 Servlet)和 javax.servlet.jsp.HttpJspPage(继承了 JspPage)，所以也可以将该对象强制转换为这两个接口，并使用其中定义的方法。实际上，你可能并不会有使用该对象的需要。如果 JSP 中规范中增加了对其他 JSP 脚本语言的支持，那么该变量可能会变得有用。不过，JSP 2.3 规范的 1.8.3 小节中的注意“a”，表示当使用的脚本语言为 Java 时，page 将永远是 this 的代名词。因此，任何使用 page 完成的事情(例如，获取 Servlet 名称或者访问在 JSP 声明中定义的方法或实例变量)，都可以通过使用 this 完成。

8. exception

该变量在之前的代码样例中并未出现。回想下之前小节中，在 page 指令中可以通过将它的 isErrorPage 特性设置为真，表示该 JSP 的目的是用于处理错误。只有这样才能够在 JSP 中使用 exception 变量。因为 isErroPage 的默认值为假，并且之前还未使用过它，所以 exception 变量在之前创建的所有 JSP 中都未曾定义过。如果创建了一个 isErrorPage 被设置为真的 JSP，那么页面中将会自动定义一个隐式变量 exception，类型为 Throwable。

注意：更多详细信息，请阅读 JavaServer Pages 2.3 规范文档中的 JSP 规范页(http://download.oracle.com/otndocs/jcp/jsp-2_3-mrel2-spec/)。

9. 使用隐式变量

在了解了可用的隐式变量以及它们的目的之后，下面将学习更多使用这些隐式变量的代码。在项目的 Web 根目录中创建一个 greeting.jsp 文件，并添加以下代码(或者使用 Hello-User-JSP 项目)：

```
<%@ page contentType="text/html;charset=UTF-8" language="java" %>
<%!
    private static final String DEFAULT_USER = "Guest";
%>
<%
    String user = request.getParameter("user");
    if(user == null)
        user = DEFAULT_USER;
%>
<!DOCTYPE html>
<html>
    <head>
        <title>Hello User Application</title>
    </head>
    <body>
        Hello, <%= user %>!<br /><br />
        <form action="greeting.jsp" method="POST">
            Enter your name:<br />
            <input type="text" name="user" /><br />
            <input type="submit" value="Submit" />
        </form>
    </body>
</html>
```

将该代码与之前章节中编写的 HelloServlet.java 相比较。这段代码更简练，但完成了相同的任务。注意，该代码中包含了一个定义了 DEFAULT_USER 变量的 JSP 声明、一段查找 user 请求参数(默认未设置)的脚本以及一个用于输出 user 变量值的 JSP 表达式。现在编译并调试代码，然后在浏览器中访问 http://localhost:8080/hello-world/greeting.jsp。在输入字段中输入一个名字，并单击 Submit 按钮——这里将使用 post 变量传递参数。然后尝试访问 http://localhost:8080/hello-world/greeting.jsp?user=Allison，此时 URL 中的查询参数也将被检测到并应用在页面中。你可以查看由 Tomcat 转换后的 JSP 代码(鼓励你这么做)。

之前在 Hello-User 项目中还创建了一个使用多值参数的 Servlet。该功能也可以在 JSP 中实现。在项目的 Web 根目录下创建一个名为 checkboxes.jsp 的文件(或者使用 Hello-User-JSP 项目)：

```
<%@ page contentType="text/html;charset=UTF-8" language="java" %>
<!DOCTYPE html>
<html>
    <head>
        <title>Hello User Application</title>
    </head>
```

```
    <body>
        <form action="checkboxesSubmit.jsp" method="POST">
            Select the fruits you like to eat:<br />
            <input type="checkbox" name="fruit" value="Banana" /> Banana<br />
            <input type="checkbox" name="fruit" value="Apple" /> Apple<br />
            <input type="checkbox" name="fruit" value="Orange" /> Orange<br />
            <input type="checkbox" name="fruit" value="Guava" /> Guava<br />
            <input type="checkbox" name="fruit" value="Kiwi" /> Kiwi<br />
            <input type="submit" value="Submit" />
        </form>
    </body>
</html>
```

该文件的输出与之前 Hello-User 项目中的 MultiValueParameterServlet.java 的 doGet 方法一致。接下来，创建 checkboxesSubmit.jsp(也在 Hello-User-JSP 项目中创建)：

```
<%@ page contentType="text/html;charset=UTF-8" language="java" %>
<%
    String[] fruits = request.getParameterValues("fruit");
%>
<!DOCTYPE html>
<html>
    <head>
        <title>Hello User Application</title>
    </head>
    <body>
        <h2>Your Selections</h2>
        <%
            if(fruits == null)
            {
        %>You did not select any fruits.<%
            }
            else
            {
        %><ul><%
                for(String fruit : fruits)
                {
                    out.println("<li>" + fruit + "</li>");
                }
        %></ul><%
            }
        %>
    </body>
</html>
```

该文件复制了 MultiValueParameterServlet 类的 doPost 方法的逻辑和输出。注意粗体代码中脚本与代码的交叉使用，在有逻辑需要的时候只使用 Java 代码，并且使用脚本直接输出内容，而不是使用隐式变量 out。唯一的例外是 for 循环中的代码，其中使用了 out 变量。当然也可以通过使用%><li><%= fruit %></li><%来替代以完成相同的任务。现在编译和调试项目，并在浏览器中访问 http://localhost:8080/hello-world/checkboxes.jsp。浏览器中应出现如图 4-1 所示的页面。使用不同的复选框组合进行测试，并检查它的行为是否与第 3 章的 Hello-User 项目一致。尝试使用%><li><%= fruit %></li><%替换 for 循环中的 out 变量。再次编译并运行项目，输出不应该有任何改变。

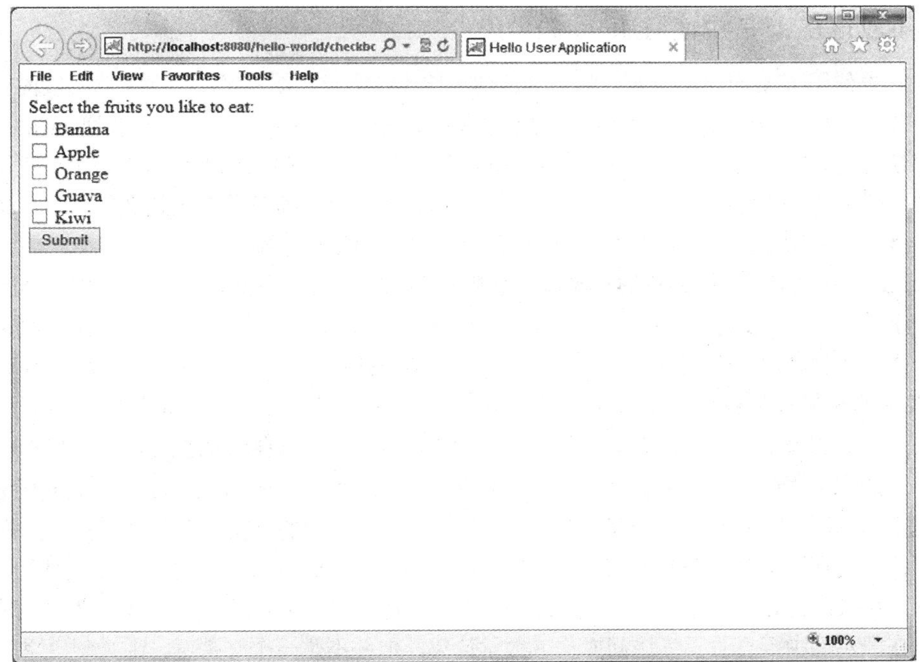

图　4-1

最后，创建文件 contextParameters.jsp，在其中使用 application 隐式变量并获取上下文初始化参数。当然，也可以使用 Hello-User-JSP 项目中现有的文件。

```
<%@ page contentType="text/html;charset=UTF-8" language="java" %>
<!DOCTYPE html>
<html>
    <head>
        <title>Hello User Application</title>
    </head>
    <body>
        settingOne: <%= application.getInitParameter("settingOne") %>,
        settingTwo: <%= application.getInitParameter("settingTwo") %>
    </body>
</html>
```

另外，在部署描述符中也需要设置一些上下文初始化参数，如第 3 章所设置的一样：

```
<context-param>
    <param-name>settingOne</param-name>
    <param-value>foo</param-value>
</context-param>
<context-param>
    <param-name>settingTwo</param-name>
    <param-value>bar</param-value>
</context-param>
```

现在编译并调试项目，然后访问 http://localhost:8080/hello-world/contextParameters.jsp。如同基于 Servlet 的 Hello-User 项目一样，页面中将显示出上下文初始化参数的值。

4.3.2　不应该在 JSP 中使用 Java 的原因

在 JSP 中使用 Java 有许多优点，除了到目前为止本章中已经演示过的，在阅读本段内容时，你可能还会想到一些其他的优点。在 JSP 中使用 Java 最酷的一点是：几乎任何在普通 Java 类中可以完成的事情都可以在 JSP 中完成。不过，在 JSP 中使用 Java 最危险的一点也在于：几乎任何在普通 Java 类中可以完成的事情都可以在 JSP 中完成。这些话听起来很疯狂，但这是真的。请考虑所有能够在 Java 代码中完成的事情。下面的内容将帮助你思考这个问题。

在 Java 代码中可以连接、查询和操作关系数据库(或 NoSQL 数据库)。可以访问和修改服务器文件系统上的文件。可以连接到远程服务器、执行 REST Web service 事务以及与系统外设系统交互。可以执行数学计算、对一个拥有数十亿节点的二叉树进行排序、遍历一个大数据集以查找可疑数据或者搜索文档对象模型中特定节点的集合。你认为这些事情在 JSP 中完成合适吗？

Java 是一门强大的语言，那么最大的问题就在于，拥有了这么强大的能力，就很难不使用它。取决于不同的应用程序，这些任务中的某一个可能就是你需要在 Web 应用程序中完成的任务。请考虑下面这个问题：在有着一个简洁架构的应用程序中，是否适合将所有的数据库访问、文件操作和数学计算都编写在同一个类中呢？应该是不适合的。更合理的做法是，创建几个类分别用于完成不同的功能，并在合适的时候使用它们。JavaServer Pages 是一门用于开发表示层(也称为视图)的技术。尽管可以在表示层中混合数据库访问操作或数学计算，但并不是一个好主意。函数型语言、脚本语言和其他从文件头执行到尾的语言，例如 PHP，当然可以这么做。但是不可能在选择 Java 作为平台语言的时候，还继续以这种方式进行开发。在选择 Java 时，最重要的就是选择了它的优雅、强类型和严格的面向对象结构。

另外在大多数组织中，用户界面开发者将负责创建表示层。这些开发者几乎没有编写 Java 代码的经验，因此为他们提供这样的能力是很危险的。相反，总是应该为他们提供一些不太强大的工具。

在一个具有良好结构、干净代码的应用程序中，表示层通常会与业务层分隔开，同样也与数据持久层分隔开。实际上，在 JSP 中显示动态内容，可以不使用一行 Java 代码。这使得应用开发者可以专注于业务和数据逻辑，而用户界面开发者则负责 JSP 的开发。之后我们将会讲解如何实现这一点。下一节将会进行初步介绍，在第 6、第 7、第 8 章将会着重讲解更强大的 JSP 技术。

4.4　结合使用 Servlet 和 JSP

在本章剩余的内容中，将对之前创建的客户支持应用程序进行改善。你可以跟着样例进行学习，Customer-Support-v2 项目的所有源代码都可以在 wrox.com 下载站点找到。在处理复杂的逻辑、数据验证、数据持久化以及详细的表示层时，结合使用 Servlet 和 JSP 会显得更加合理(而不是只使用其中的一门技术)。在本节，我们将首先学习如何将客户支持的业务逻辑和表示层分隔开。

4.4.1　配置部署描述符中的 JSP 属性

之前本章已经讲解了 page 指令以及它提供的许多特性，通过这些特性可以自定义转换、编译和处理 JSP 的方式。如果许多 JSP 有着相似的属性，那么在每个 JSP 文件的顶部重复添加 page 指令是非常麻烦的工作。幸运的是，在部署描述符中可以配置通用的 JSP 属性。在空的 web.xml 文件(只应该包含<display-name>)中，添加以下内容：

```
<jsp-config>
    <jsp-property-group>
        <url-pattern>*.jsp</url-pattern>
        <url-pattern>*.jspf</url-pattern>
        <page-encoding>UTF-8</page-encoding>
        <scripting-invalid>false</scripting-invalid>
        <include-prelude>/WEB-INF/jsp/base.jspf</include-prelude>
        <trim-directive-whitespaces>true</trim-directive-whitespaces>
        <default-content-type>text/html</default-content-type>
    </jsp-property-group>
</jsp-config>
```

1. 了解 JSP 属性组

标签<jsp-config>中可以包含任意数目的<jsp-property-group>标签。这些属性组用于区别不同 JSP 组的属性。例如，为/WEB-INF/jsp/admin 文件夹中的所有 JSP 定义一组通用的属性，而为/WEB-INF/jsp/help 文件夹中的所有 JSP 定义另一组属性。通过为每个<jsp-property-group>定义不同的<url-pattern>标签来区分不同的属性组。在之前的代码样例中，<url-pattern>标签标识该属性组将应用于所有以.jsp 和.jspf 结尾的文件中，无论在 Web 应用程序的什么位置。如果希望将一个文件中的 JSP 与另一个文件夹中的 JSP 按照之前的方式区分开，可以添加两个(或更多个)<jsp-property-group>标签，其中一个标签的<url-pattern>被设置为<url-pattern>/WEB-INF/jsp/admin/*.jsp</url-pattern>，另一个则被设置为<url-pattern>/WEB-INF/jsp/help/*.jsp</url-pattern>。

在处理<url-pattern>标签时，请注意以下重要规则：

- 如果应用程序中的某些文件同时匹配<servlet-mapping>和 JSP 属性组中的<url-pattern>，那么此时更准确的匹配将胜出。例如，如果某个文件既匹配<url-pattern>的*.jsp，也匹配另一个<url-patter>的/WEB-INF/jsp/admin/*.jsp，那么设置/WEB-INF/jsp/admin/*.jsp 的<url-patter>将胜出。如果两者的<url-pattern>标签是一致的，那么优先使用 JSP 属性组而不是 Servlet 映射。
- 如果某些文件同时匹配多个 JSP 属性组中的<url-pattern>，那么此时更准确的匹配将胜出。如果两个或多个准确匹配的设置是一致的，那么按顺序第一个出现在部署描述符中的 JSP 属性组将胜出。
- 如果某些文件同时匹配多个 JSP 属性组中的<url-pattern>，并且其中有多个属性组还包含了<include-prelude>或<include-coda>规则，那么这些 JSP 属性组中的包含规则将同时作用于该文件(即使只有其中一个属性组可用于设置其他 JSP 属性)。

为了理解最后一点，请考虑以下属性组：

```
<jsp-property-group>
    <url-pattern>*.jsp</url-pattern>
    <url-pattern>*.jspf</url-pattern>
    <page-encoding>UTF-8</page-encoding>
    <include-prelude>/WEB-INF/jsp/base.jspf</include-prelude>
</jsp-property-group>
<jsp-property-group>
    <url-pattern>/WEB-INF/jsp/admin/*.jsp</url-pattern>
    <url-pattern>/WEB-INF/jsp/admin/*.jspf</url-pattern>
    <page-encoding>ISO-8859-1</page-encoding>
    <include-prelude>/WEB-INF/jsp/admin/include.jspf</include-prelude>
```

```
</jsp-property-group>
```

文件名/WEB-INF/jsp/user.jsp 只能匹配第一个属性组中的<url-patter>。所以它的字符变量将被设置为 UTF-8，并且/WEB-INF/jsp/base.jspf 文件将被包含在它的开头。另一个文件/WEB-INF/jsp/admin/user.jsp 则可以匹配两个属性组。因为第二个属性组的匹配更加准确，所以该文件的字符编码将被设置为 ISO-8859-1。不过，/WEB-INF/jsp/base.jspf 和/WEB-INF/jsp/admin/include.jspf 这两个文件都将被包含到该文件的开头。这种行为非常容易引起混淆，所以要保持 JSP 属性组尽量简单。

2. 使用 JSP 属性

客户支持项目的部署描述符中的<include-prelude>标签，将告诉容器在所有属于该属性组的 JSP 的头部添加文件/WEB-INF/jsp/base.jspf。在定义公共变量、标签库声明或共享其他可作用于属性组中所有 JSP 的资源时，这种方式是非常有用的。类似地，<include-coda>标签定义了包含在组中所有 JSP 尾部的文件。在一个 JSP 组中可以同时使用这些标签多次。例如，创建两个文件 header.jspf 和 footer.jspf，分别在所有 JSP 的头部和尾部包含它们。在这些文件中包含 HTML 内容的头部或尾部，然后将它们用作应用的一种模板。当然，使用该设置时一定要小心，因为这些文件很容易被包含到预期之外的文件中。

标签<page-encoding>与 page 指令的 pageEncoding 特性一致。因为 JSP 的默认内容类型为 text/html，所以只需要通过<page-encoding>将字符编码设置为 UTF-8 即可，页面的内容类型字符变量将从 text/html;ISO-8859-1 变成 text/html;UTF-8。还可以使用<default-content-type>标签以其他默认的内容类型覆盖 text/html。

<trim-directive-whitespaces>也是一个特别有用的属性。该属性告诉 JSP 转换器删除响应输出中的空白，只保留由指令、声明、脚本和其他 JSP 标签创建的文本。本章之前已经讲解了如何将一条指令的尾部与下一条指令的开头连接起来，从而避免在响应中输出额外的空白行。该标签可以帮助编写出干净的代码。

另外之前曾经提到，可以使用部署描述符完全禁止 JSP 中的 Java。通过<scripting-invalid>标签将可以实现这个目的。它的默认值以及目前项目代码中所设置的值都是假：允许在组中的所有 JSP 中使用 Java。本书稍后将把该设置修改为真。一旦修改为真，在组中的 JSP 内使用 Java 将引起转换错误。标签<el-ignored>的作用类似，不过它对应的是 page 指令中的 isELIgnored 特性。如果它的值为真，那么组中的 JSP 内将禁止使用表达式语言(如果使用了表达式语言，那么将会引起转换错误)。它的默认值为假(允许使用表达式语言)。

还有许多其他 JSP 属性组标签可能从来也不会用到。<is-xml>表示匹配到的 JSP 都是 JSP 文档(在下一节中将进行讲解)。标签<deferred-syntax-allowed-as-literal>是一个表达式语言特性，在第 6 章将进行讲解。标签<buffer>对应于 page 指令中的 buffer 特性，在本章之前的内容中已经讲解过。最后，<error-on-undeclared-namespace>表示在匹配的 JSP 中使用了含有未知命名空间的标签时，是否抛出异常，它的默认值为假。

除了<url-pattern>，<jsp-property-group>中所有标签都是可选的，但在使用它们时必须按照下面的顺序添加到<jsp-property-group>中(忽略掉不希望使用的标签)：<url-pattern>、<el-ignored>、<page-encoding>、<scripting-invalid>、<is-xml>、<include-prelude>、<include-coda>、<deferred-syntax-allowed-as-literal>、<trim-directive-whitespace>、<default-content-type>、<buffer>、<error-on-undeclared-

namespace>。

在客户支持项目中，我们已经在应用程序的所有 JSP 中包含了/WEB-INF/jsp/base.jspf(Web 容器足够聪明，它不会将该规则作用于 base.jspf 自身)。该文件的内容很简单：

```
<%@ page import="com.wrox.TicketServlet, com.wrox.Attachment" %>
<%@ taglib prefix="c" uri="http://java.sun.com/jsp/jstl/core" %>
```

该代码完成了两件事情：为所有的 JSP 导入这些类，并声明 JSTL 核心代码库(XMLNS 前缀为 c)。第 7 章将对 JSTL 详细讲解。你可能会奇怪为什么将该文件添加到/WEB-INF/jsp 目录中而不是 Web 根目录中。原因在于：WEB-INF 目录中的文件是禁止通过 Web 访问的。将 JPS 文件添加到该目录中，可以阻止用户通过浏览器访问这些 JSP。对于所有不希望浏览器直接访问的 JSP 都可以这么处理，例如，依赖于由重定向 Servlet 和 JSP 提供的会话和请求特性的 JSP 都可以添加到 WEB-INF 中。

在继续讲解其他内容之前，最后一点需要注意的是：客户支持项目的 Web 根目录下的 index.jsp 文件。它是 Web 应用程序的目录索引文件，如果 Web 根目录中包含该文件，表示它可以响应部署到应用程序根目录(/)的请求，无须通过 URL 指定对它的访问。下面是它的内容，只有两行代码：

```
<%@ page session="false" %>
<c:redirect url="/tickets" />
```

第 2 行代码将把用户重定向至相对于部署的应用程序根路径的/tickets Servlet URL。index.jsp 文件中的第一行代码将禁止会话功能，防止将重定向 URL(当已经创建了一个会话，客户端的相同请求被重定向时产生)中自动添加的 JSESSIONID 参数当作有效的会话进行处理。

4.4.2　将 Servlet 中的请求转发给 JSP

结合使用 Servlet 和 JSP 时的一种典型模式就是，由 Servlet 接受请求，实现业务逻辑处理以及必需的数据存储或读取，创建可以由 JSP 轻松处理的数据模型，最终将请求转发给 JSP。为了在客户支持应用程序的 TicketServlet 中使用这种模式，需要对该代码做出一些修改。你可以自己动手完成这些修改，或者直接查看从网站中下载的项目文件。

1. 使用请求派发器

首先需要修改的是最简单的 showTicketForm 方法。修改它的方法签名，让它接受一个 HttpServletRequest，并清空其中的所有内容，然后编写简单的转发代码，将请求转发给 JSP。

```
private void showTicketForm(HttpServletRequest request,
                            HttpServletResponse response)
        throws ServletException, IOException
{
    request.getRequestDispatcher("/WEB-INF/jsp/view/ticketForm.jsp")
           .forward(request, response);
}
```

该方法的代码引入了 HttpServletRequest 的一个新特性。通过方法 getRequestDispatcher 可以获得一个 javax.servlet.RequestDispatcher，可用于处理针对指定路径下(在本例中路径为/WEB-INF/jsp/view/ticketForm.jsp)的内部转发和包含。通过该对象，可以将当前请求转发给调用 forward 方法的 JSP。

注意，这不是重定向：用户的浏览器不会收到重定向状态码，浏览器的 URL 也不会改变。相反，内部的请求处理将被转发至应用程序的不同部分。在调用 forward 之后，Servlet 代码将无法再操作响应对象。如果这样做，可能会导致错误的或不稳定的行为。现在创建目标 JSP 文件(或者请查看下载的项目文件)：

```
<%@ page session="false" %>
<!DOCTYPE html>
<html>
    <head>
        <title>Customer Support</title>
    </head>
    <body>
        <h2>Create a Ticket</h2>
        <form method="POST" action="tickets" enctype="multipart/form-data">
            <input type="hidden" name="action" value="create"/>
            Your Name<br/>
            <input type="text" name="customerName"><br/><br/>
            Subject<br/>
            <input type="text" name="subject"><br/><br/>
            Body<br/>
            <textarea name="body" rows="5" cols="30"></textarea><br/><br/>
            <b>Attachments</b><br/>
            <input type="file" name="file1"/><br/><br/>
            <input type="submit" value="Submit"/>
        </form>
    </body>
</html>
```

2. 设计表示层

这不是一个让人印象深刻的示例，因为它只是将之前某些 Java 代码复制到了 JSP 中。现在我们还不会使用会话，因为 JSP 中已经禁用了会话。接下来修改 TicketServlet 的 viewTicket 方法，该方法稍微复杂一些。在开始之前，首先思考表示层到底需要什么样的数据，然后在 Servlet 代码中提供这些信息。一边思考这个问题，一边开始修改/WEB-INF/jsp/view/viewTicket.jsp 文件。

```
<%@ page session="false" %>
<%
    String ticketId = (String)request.getAttribute("ticketId");
    Ticket ticket = (Ticket)request.getAttribute("ticket");
%>
<!DOCTYPE html>
<html>
    <head>
        <title>Customer Support</title>
    </head>
    <body>
        <h2>Ticket #<%= ticketId %>: <%= ticket.getSubject() %></h2>
        <i>Customer Name - <%= ticket.getCustomerName() %></i><br /><br />
        <%= ticket.getBody() %><br /><br />
        <%
            if(ticket.getNumberOfAttachments() > 0)
            {
```

```
                %>Attachments: <%
                int i = 0;
                for(Attachment a : ticket.getAttachments())
                {
                    if(i++ > 0)
                        out.print(", ");
                    %><a href="<c:url value="/tickets">
                        <c:param name="action" value="download" />
                        <c:param name="ticketId" value="<%= ticketId %>" />
                        <c:param name="attachment" value="<%= a.getName() %>" />
                    </c:url>"><%= a.getName() %></a><%
                }
            }
        %>
        <a href="<c:url value="/tickets" />">Return to list tickets</a>
    </body>
</html>
```

这个 JSP 作为表示层，需要得到 ticketId 和 ticket(粗体代码)才能正确显示出页面。修改 viewTicket 方法以提供这些信息，并将请求转发给该 JSP：

```
private void viewTicket(HttpServletRequest request,
                        HttpServletResponse response)
        throws ServletException, IOException
{
    String idString = request.getParameter("ticketId");
    Ticket ticket = this.getTicket(idString, response);
    if(ticket == null)
        return;

    request.setAttribute("ticketId", idString);
    request.setAttribute("ticket", ticket);

    request.getRequestDispatcher("/WEB-INF/jsp/view/viewTicket.jsp")
           .forward(request, response);
}
```

该方法的前几行代码执行了一些业务逻辑，解析请求参数并从数据库中得到 ticket。然后粗体代码将在请求中添加两个特性。这是使用请求特性的主要目的。它们可用在应用程序的不同部分(它们处理的必须是相同的请求)之间传递数据，例如在 Servlet 和 JSP 之间。请求特性不同于请求参数：请求特性是对象，而请求参数是字符串，并且客户端不能像传递参数一样传递特性。请求特性只在应用程序的内部使用。如果 Servlet 将 Ticket 作为请求特性保存在请求中，那么 JSP 将收到一个 Ticket。在请求的生命周期中，应用程序中任何能够访问 HttpServletRequest 实例的模块都可以访问请求特性。当请求完成时，请求特性将被丢弃。

最后一个需要修改的方法是 listTickets。首先在客户支持应用程序中创建表示层文件/WEB-INF/jsp/view/listTickets.jsp。因为请求特性都是对象，所以在获取它们时必须进行强制转换。在这种情况下，将对象强制转换为 Map<Integer, Ticket>是一个未检查操作，所以需要抑制警告。

```
<%@ page session="false" import="java.util.Map" %>
<%
    @SuppressWarnings("unchecked")
```

```
    Map<Integer, Ticket> ticketDatabase =
            (Map<Integer, Ticket>)request.getAttribute("ticketDatabase");
%>
<!DOCTYPE html>
<html>
    <head>
        <title>Customer Support</title>
    </head>
    <body>
        <h2>Tickets</h2>
        <a href="<c:url value="/tickets">
            <c:param name="action" value="create" />
        </c:url>">Create Ticket</a><br /><br />
        <%
            if(ticketDatabase.size() == 0)
            {
                %><i>There are no tickets in the system.</i><%
            }
            else
            {
                for(int id : ticketDatabase.keySet())
                {
                    String idString = Integer.toString(id);
                    Ticket ticket = ticketDatabase.get(id);
                    %>Ticket #<%= idString %>: <a href="<c:url value="/tickets">
                        <c:param name="action" value="view" />
                        <c:param name="ticketId" value="<%= idString %>" />
                    </c:url>"><%= ticket.getSubject() %></a> (customer:
        <%= ticket.getCustomerName() %>)<br /><%
                }
            }
        %>
    </body>
</html>
```

如你所见，该 JSP 需要 ticketDatabase，所以需要修改 listTickets 方法以提供该变量，并将请求转发至该 JSP：

```
    private void listTickets(HttpServletRequest request,
                             HttpServletResponse response)
            throws ServletException, IOException
    {
        request.setAttribute("ticketDatabase", this.ticketDatabase);

        request.getRequestDispatcher("/WEB-INF/jsp/view/listTickets.jsp")
               .forward(request, response);
    }
```

3. 测试修改后的客户支持应用程序

此时 Servlet 中的代码应该看起来简洁得多。因为现在我们已经将表示层代码移到了 JSP 中，Servlet 只关注业务逻辑。目前只保留了 TicketServlet 之前版本的两个方法，writeHeader 和 writeFooter 已经不再使用，可以从代码中移除。这些方法曾经帮助 Servlet 完成表示层的输出，不过现在已经不需要了。最后，更新 doGet 和 doPost 方法，修改其中旧的方法调用。

编译客户支持应用程序并在 IDE 调试器中运行 Tomcat。在浏览器中访问 http://localhost:8080/support/。由于 index.jsp 中的重定向代码，该页面将会重定向至 http://localhost:8080/support/tickets。最终显示出的内容应如图 4-2 所示。创建一些 ticket，并在其中一部分 ticket 中添加附件；查看 ticket；下载附件。总而言之，该应用程序应该与第 3 章创建的第 1 个版本功能完全一致。不过，现在不再需要在 Java 中编写表示层代码，因此更容易改进和扩展应用程序。

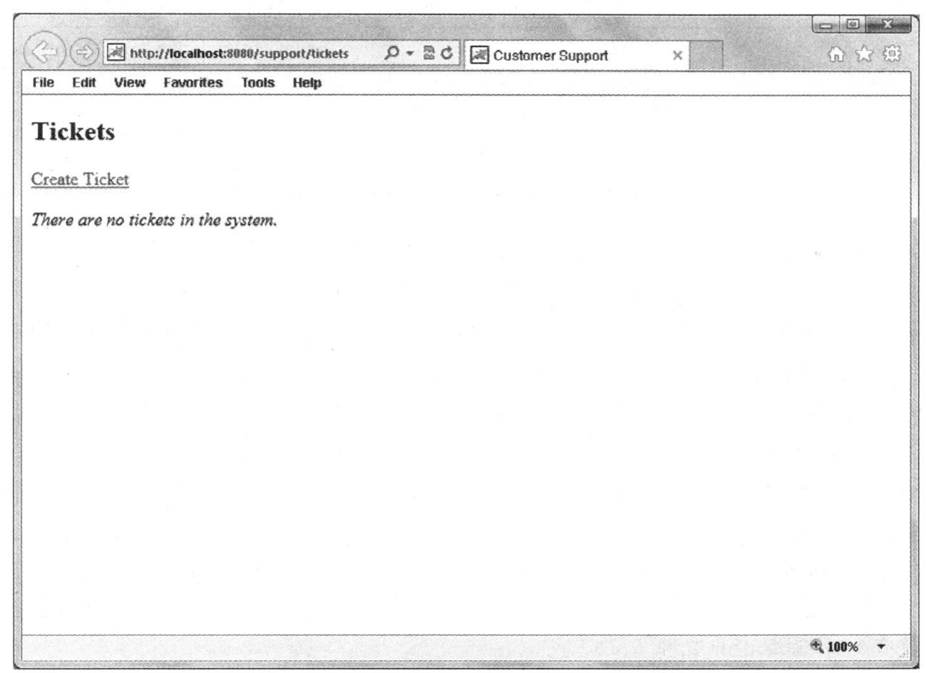

图　4-2

下一章将继续改进客户支持应用程序，增加对会话的支持并添加对支持 ticket 的评论功能。

4.5　关于 JSP 文档(JSPX)的注意事项

本章之前提到过一种称为 JSP 文档的技术，它的文件扩展名为.jspx。它的应用不如 JSP 广泛，尽管它们支持的功能相同，但实现的方式不同。总的来说，使用 JSP 文档取代 JSP 将增加编程难度和代码量，本节内容将证明这一点。另外，因为 JSP 文档不怎么流行，所以能找到的例子和在线代码样例会少一些，并且也可能很难找到论坛和有 JSP 文档经验的邮件列表用户(通常他们可以帮助解答你的问题)。出于这个原因，本书将不会使用 JSP 文档。只有在本章，出于了解两者区别的目的，展示了一个 JSP 文档的例子。然而，这种技术只有在你特别喜欢使用纯 XML 编程的时候才有价值。

JSP 文档就是 XML 文档(从它们的名字看出来)，因此我们已经学过的特性(例如指令)，都无法以相同的方式工作。XML 文档必须遵守严格的模式，否则会无法正确解析。与使用标准 JSP 相比，JSP 文档更容易检测出问题，因为它可以在编译时而不是运行时发现问题。不过，在许多情况下，这个优势相较于处理 JSP 文档所需的代价而言并不值得。表 4-1 列出了几个 JSP 特性，并将它们的

JSP 语法与 JSP 文档语法相比较。

表 4-1　比较 JSP 特性和 JSP 文档特性

特　性	JSP 语 法	JSP 文档语法
Page 指令	<%@ page %>	<jsp:directive.page />
Include 指令	<%@ include %>	<jsp:directive.include />
标签库指令	<%@ taglib %>	xmlns:prefix="Library URI"
声明	<%! ... %>	<jsp:declaration> ... </jsp:declaration>
脚本	<% ... %>	<jsp:scriptlet> ... </jsp:scriptlet>
表达式	<%= ... %>	<jsp:expression> ... </jsp:expression>
注释	<%-- ... --%>	<!-- ... -->

该表列出的所有 JSP 文档语法有两个特点：

- 所有的语法使用的都是 jsp 标签。指令、声明、脚本和表达式现在都是 XML 标签了，但使用了 jsp 命名空间前缀。唯一的例外是标签库指令，它变成了根文档标签的特性。
- 现在无法区分 JSP 注释和 XML 注释了。所有的注释都是 XML 注释(当然，在声明和脚本中仍然可以使用 Java 注释)。

为了显示这些语法在 JSP 文件中引起的改变，请查看代码清单 4-1。这是一个简单的 JSP 文件，它包含了本章讲到的所有特性。然后，与代码清单 4-2 中的代码相比较，该代码实现的功能与代码清单 4-1 相同。注意指令、声明、脚本、表达式和注释的变化。要特别关注 XML doctype、<jsp:root>元素和 XMLNS 特性。如你所见，与使用 JSP 文档相比，标准 JSP 要简单得多。

代码清单 4-1：标准 JSP 文件

```
<%@ page contentType="text/html;charset=UTF-8" language="java" %>
<%@ include file="/WEB-INF/jsp/base.jspf" %>
<%@ taglib prefix="c" uri="http://java.sun.com/jsp/jstl/core" %>
<%!
    private static final String DEFAULT_USER = "Guest";
%>
<%
    String user = request.getParameter("user");
    if(user == null)
        user = DEFAULT_USER;
%>
<%--<%= "This code is commented" %>--%>
<!DOCTYPE html>
<html>
    <head>
        <title>Hello User Application</title>
    </head>
    <body>
        Hello, <%= user %>!<br /><br />
        <form action="greeting.jsp" method="POST">
            Enter your name:<br />
            <input type="text" name="user" /><br />
```

```
            <input type="submit" value="Submit" />
        </form>
    </body>
</html>
```

代码清单 4-2：与代码清单 4-1 功能相同的 JSP 文档实现

```
<?xml version="1.0" encoding="UTF-8"?>
<jsp:root xmlns="http://www.w3.org/1999/xhtml" version="2.0"
          xmlns:jsp="http://java.sun.com/JSP/Page"
          xmlns:c="http://java.sun.com/jsp/jstl/core">
    <jsp:directive.page contentType="text/html;charset=UTF-8" language="java" />
    <jsp:directive.include file="/WEB-INF/jsp/base.jspx" />
    <jsp:declaration>
        private static final String DEFAULT_USER = "Guest";
    </jsp:declaration>
    <jsp:scriptlet>
        String user = request.getParameter("user");
        if(user == null)
            user = DEFAULT_USER;
    </jsp:scriptlet>
    <!--<jsp:expression>"This code is commented"</jsp:expression> -->
    <!DOCTYPE html>
    <html>
        <head>
            <title>Hello User Application</title>
        </head>
        <body>
            Hello, <jsp:expression>user</jsp:expression>!<br /><br />
            <form action="greeting.jsp" method="post">
                Enter your name:<br />
                <input type="text" name="user" /><br />
                <input type="submit" value="Submit" />
            </form>
        </body>
    </html>
</jsp:root>
```

4.6 小结

本章详细讲解了 JSP，以及如何以更简单的方式将 HTML 标记输出到响应中。还介绍了指令、声明、脚本和表达式。之后讲解了在 JSP 中注释代码的不同方式，以及在 JSP 文件中包含 Java 代码的多种方式。然后学习了 JSP 中 9 个可用的隐式 Java 变量，以及为什么不鼓励使用 Java 脚本和声明的原因。最后，使用这些知识改进客户支持应用程序，在部署描述符中添加 JSP 属性，将 Servlet 中的业务逻辑和 JSP 中的表示层代码分离开。

下一章我们将学习 HTTP 会话、它们的目的，以及如何在 Java EE Web 应用程序中使用它们。

第 5 章 使用会话维持状态

本章内容：

- 需要会话的原因
- 使用 cookie 和 URL 参数
- 在会话中存储数据
- 使用会话
- 将使用会话的应用程序群集化

本章需要从 wrox.com 下载的代码

访问网址 http://www.wrox.com/go/projavaforwebapps 的 Download Code 选项卡，找到本章的代码下载链接。本章的代码被分成了三个主要的例子：

- Shopping-Cart 项目
- Session-Activity 项目
- Customer-Support-v3 项目

本章新增的 Maven 依赖

本章没有 Maven 依赖，将继续使用之前章节中已经引入的依赖。

5.1 需要会话的原因

到目前为止，我们已经学习了 Web 应用程序、Web 容器、Servlet、JSP 以及如何结合使用 Servlet 和 JSP。另外还学习了请求的生命周期，明显到目前为止介绍的所有工具都不能关联来自同一客户端的多个请求，也无法在这些请求之间共享数据。也许你会认为可以将 IP 地址用作唯一标识符，那么在某一个时间段内来自同一 IP 地址的所有请求一定属于相同的客户端。但是，网络地址转换(NAT)并不可靠。在大学校园中，数以千计的学生都在使用着相同的 IP 地址，他们的真实 IP 地址隐藏在 NAT 路由之后。出于这个原因，所有 HTTP 服务器端技术都普遍采用 HTTP 会话的概念，并且 Java EE 也在规范中添加了对会话的支持。

并不是所有的应用程序都需要会话。本书演示的 Hello World 样例肯定不需要会话。到目前为止，客户支持应用程序也不需要会话。它更像是一个匿名的留言板。但如果你思考一下跨国部件公司对客户支持网站的要求，你很快会意识到，在将来的某个时刻就会需要为用户创建账户，并且需要用户登录应用程序。客户支持请求中可能包含一些私有信息，例如其他客户不应该看到的服务器端配置文件。那么此时就需要一种方式限制用户对特定的客户支持票据的访问，只有发布问题的客户和跨国部件公司客户支持团队的成员才可以访问这些票据。当然你可以要求用户在访问每一个页面之前都提供用户名和密码，但同样用户也可能为此而感到不快。

5.1.1　维持状态

会话用于维持请求和请求之间的状态。HTTP 请求自身是完全无状态的。从服务器的角度来说，当用户的 Web 浏览器打开第一个连接到服务器的套接字时请求就开始了，直到服务器返回最后一个数据包并关闭连接时，该请求将结束。此时，在用户的浏览器和服务器之间不再有任何联系，当下一个连接开始时，无法将新的请求与之前的请求关联起来。

在这样的无状态方式下，应用程序通常无法正常工作。一个经典的例子就是在线购物网站。几乎所有在线购物网站都要求在购买之前创建自己的账户，即使是那些不要求创建账户的网站，它们的模式也是一致的。当你浏览商店时，找到了喜欢的商品，就会将它添加到购物车中。然后继续浏览商店并找到另一个喜欢的商品，同样也将它添加到购物车中。在查看购物车时，你应该看到其中有两个商品。在你发出的多个请求之间，网站通过某种方式了解到它们是来自于同一计算机中的同一浏览器，并将它们关联到你的购物车。其他人是无法看到你的购物车或购物车中包含的产品——购物车只绑定到你的计算机和浏览器。该场景是对真实生活中购物体验的类比。进入最喜欢的百货商店，走进门，找到一个购物车或篮子(从服务器端获得会话)。一边逛商店，一边挑选喜欢的商品并将它们添加到购物车中(将商品添加到会话中)。到达收银台时，将商品从购物车中取出并递给收银员，收银员扫描商品并接收你的付款(通过会话付款)。出门并返还购物车或篮子(关闭浏览器或注销，结束会话)。

在本例中，当你在逛商店时，购物车或篮子将始终维持着商品的状态。没有购物车，你自己或商店都无法保持希望购买的所有商品。如果在请求之间无法维持状态，那么你就必须“走进来”，挑选一个商品，付款，“离开” (结束请求)，并为每个希望购买的商品重复整个过程。会话是在幕后维持请求之间状态的引擎，没有了它们 Web 将会有天翻地覆的变化。

5.1.2　记住用户

另一个需要考虑的场景是用户论坛网站。几乎所有的在线论坛，用户都会有自己的用户名或“匿名”。当用户进入论坛时，需要提供用户名和密码作为个人身份的验证，这样才能成功登录(使用用户名/密码认证作为身份证明的方式一直存在争议，在第 25 章将进行讨论)。登录之后，该用户可以添加论坛主题、回复主题、参与其他用户的私人讨论、向版主举报主题或回复，还可以收藏主题。注意在整个过程中用户只需要登录一次。系统需要通过某种方式记住该用户，会话就提供了这种功能。

5.1.3　启动应用程序工作流

通常用户在使用高级 Web 应用程序完成某个任务时，需要使用某种形式的工作流。例如在新闻网站中创建用于发布的新闻时，记者可能首先需要进入一个可以输入标题、标语和正文的页面，并对其中的元素进行格式化。在下一个页面中它可能需要选择一幅或多幅与文章有关的照片，并指定如何显示它们。最后，它可能还需要选择一些类似的文章或者可用于搜索类似文章的关键字，这样这些文章将会被列在相关文章框中。

在完成了所有的这 3 个步骤之后，该文章将会被发布出去。上面的整个场景代表着工作流的概念。工作流包含了许多步骤，每个步骤的结束都代表了单个任务的完成。将所有的步骤结合在一起就组成了整个工作流，因此在请求之间必须维持一个状态。购物车的例子实际上只是工作流概念的一部分。

5.2　使用会话 cookie 和 URL 重写

在了解了会话的重要性之后，接下来本节开始讲解会话的工作方式。本节将分两部分进行讲解：首先是 Web 会话的理论基础以及如何实现 Web 会话；其次是 Java EE Web 应用程序中会话实现的规范。

在 Web 会话的理论中，会话是由服务器或 Web 应用程序管理的某些文件、内存片段、对象或者容器，它包含了分配给它的各种不同数据。

这些数据元素可以是用户名、购物车、工作流细节等。用户浏览器中不用保持或维持任何此类数据。它们只由服务器或 Web 应用程序代码管理。容器和用户浏览器之间将通过某种方式连接起来。出于这个原因，通常会话被赋予一个随机生成的字符串，称为会话 ID。第一次创建会话时(即收到请求时)，创建的会话 ID 将会作为响应的一部分返回到用户浏览器中。接下来从该用户浏览器中发出的请求都将通过某种方式包含该会话 ID。当应用程序收到含有会话 ID 的请求时，它可以通过该 ID 将现有会话与当前请求关联起来，如图 5-1 所示。

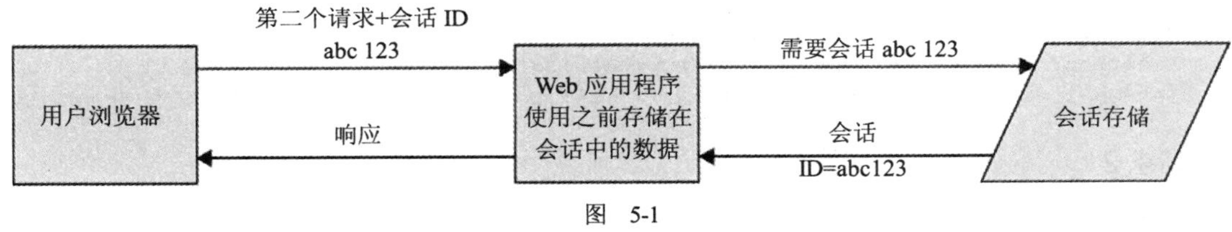

图　5-1

注意：你可能好奇为什么使用随机字符串作为会话 ID 而不使用简单的序列 ID。原因是不得不这么做：序列 ID 是可预测的，这样可能会容易引起会话劫持。

剩下需要解决的问题就是如何将会话 ID 从服务器返回到浏览器中，并在之后的请求中包含该 ID。目前有两种技术可用于完成该任务：会话 cookie 和 URL 重写。

5.2.1　了解会话 cookie

幸运的是，HTTP 1.1 中已经有了现成的解决方案，可用于将会话 ID 发送到浏览器，从而使浏览器可以在未来的请求中包含该会话 ID。这种技术被称为 HTTP cookie。cookie 是一种必要的通信机制，可以通过 Set-Cookie 响应头在服务器和浏览器之间传递任意的数据，并存储在用户计算机中，然后再通过请求头 Cookie 从浏览器返回到服务器中。cookie 可以有各种不同的特性，例如域名、路径、过期日期或最大生命周期、安全标志或只含 HTTP 的标志。

特性 Domain 将告诉浏览器应该将 cookie 发送到哪个域名中，而 Path 特性则进一步将 cookie 限制在相对于域的某个特定 URL 中。每次浏览器发出请求时，它都将找到匹配该域和路径的所有 cookie，然后将 cookie 随着请求一起发送到服务器。Expires 定义了 cookie 的绝对过期日期，而另一个与它互斥的特性 Max-Age 则定义了 cookie 在过期之前所需的秒数。如果 cookie 的过期日期属于过去，那么浏览器将立即删除它(通过将过期日期设置为过去的方式删除 cookie)。如果 cookie 中不含 Expires 和 Max-Age 特性，它将在浏览器关闭时被删除。如果存在 Secure 特性(不需要有值)，浏览器将只会通过 HTTPS 发送 cookie。这将保护 cookie，避免以未加密的方式进行传输。最后，特性 HttpOnly 将把 cookie 限制在直接的浏览器请求中。其他技术，例如 JavaScript 和 Flash，将无法访问 cookie。

当 Web 服务器和应用服务器使用 cookie 在客户端存储会话 ID 时，这些 ID 将随着每次的请求被发送到服务器端。在 Java EE 应用服务器中，会话 cookie 的名字默认为 JSESSIONID。请查看下面部署在 http://www.example.com/support 中的 Java EE Web 应用与客户端浏览器之间的一系列请求和响应的头数据。如果使用网络嗅探工具(例如 Fiddler 或 Wireshark)追踪 HTTP 请求和响应的话，你将可以发现以下信息：

请求 1

```
GET /support HTTP/1.1
Host: www.example.com
```

响应 1

```
HTTP/1.1 302 Moved Temporarily
Location: https://www.example.com/support/login
Set-Cookie: JSESSIONID=NRxclGg2vG7kI4MdlLn; Domain=.example.com; Path=/; HttpOnly
```

请求 2

```
GET /support/login HTTP/1.1
Host: www.example.com
Cookie: JSESSIONID=NRxclGg2vG7kI4MdlLn
```

响应 2

```
HTTP/1.1 200 OK
Content-Type: text/html;charset=UTF-8
Content-Length: 21765
```

请求 3

```
POST /support/login HTTP/1.1
Host: www.example.com
Cookie: JSESSIONID=NRxclGg2vG7kI4MdlLn
```

响应 3

```
HTTP/1.1 302 Moved Temporarily
Location: http://www.example.com/support/home
Set-Cookie: remusername=Nick; Expires=Wed, 02-Jun-2021 12:15:47 GMT;
    Domain=.example.com; Path=/; HttpOnly
```

请求 4

```
GET /support/home HTTP/1.1
Host: www.example.com
Cookie: JSESSIONID=NRxclGg2vG7kI4MdlLn; remusername=Nick
```

响应 4

```
HTTP/1.1 200 OK
Content-Type: text/html;charset=UTF-8
Content-Length: 56823
```

第一个响应中的 Set-Cookie 头用于将 cookie 发送到用户浏览器，然后存储在用户本地计算机中。同样地，请求中的 Cookie 头也用于将 cookie 发送回 Web 服务器。考虑一个常见的访问场景：用户浏览某些客户支持网站，被重定向至登录页面。在重定向时，用户浏览器将从服务器端获得会话 ID。当用户进入登录页面时，他的请求中将含有包含了该会话 ID 的 cookie。从此时开始，每次浏览器发送新的请求时，都将包含 JSESSIONID cookie。服务器不会再次发送该会话 ID，因为它知道浏览器已经获得该信息。

在成功登录之后，服务器将会发送一个 remusername cookie 到浏览器。这与会话无关，它代表网站使用的一种技术，当用户再次进入登录页面时，网站将会自动填充用户的用户名。注意 JSESSIONID 没有过期日期，而 remusername cookie 有。remusername cookie 将在 2021 年过期(从现在开始的一段很长时间，甚至可能在用户更换了计算机之后)，而 JSESSIONID cookie 将在用户关闭浏览器之后过期。

注意：这里使用的 remusername cookie 只是为了演示 cookie 的另一种用法，以及如何在 Cookie 请求头中传输多个 cookie。它实际的功能——记住用户名——与本节的讨论无关。

使用 cookie 传输会话 ID 的另一个问题是：用户可以在浏览器中禁止对 cookie 的支持，这样将完全禁止这种传输会话 ID 的方式。不过在过去的几十年中，这个顾虑变得越来越不值得注意，因为重要的搜索引擎、邮件服务提供商和社交网络网站都要求用户在访问它们的网站时启用 cookie。

5.2.2 URL 中的会话 ID

另一种传输会话 ID 的流行方式是通过 URL。Web 或应用服务器知道如何查找 URL 中包含了会话 ID 的特定模式，如果找到了，就从 URL 中获得会话。不同的技术对如何在 URL 中内嵌和定位会话 ID 使用不同的策略。例如，PHP 使用名为 PHPSESSID 的查询参数：

```
http://www.example.com/support?PHPSESSID=NRxclGg2vG7kI4MdlLn&foo=bar&high=five
```

Java EE 应用程序使用了一种不同的方式。会话 ID 被添加到 URL 的最后一个路径段(或目录)的矩阵参数中。通过这种方式分离开会话 ID 与查询字符串的参数，使它们不会相互冲突。

```
http://www.example.com/support;JSESSIONID=NRxclGg2vG7kI4MdlLn?foo=bar&high=five
```

特定的技术使用特定方法并不影响最终的结果:将会话ID内嵌在URL中,可以避免使用 cookie。不过，你可能会好奇第一次如何将请求 URL 中的会话 ID 发送到浏览器。请求 URL 只在将会话 ID 从浏览器发送到服务器时有效。所以，会话 ID 是如何产生的呢？答案是必须将会话 ID 内嵌在应用程序返回的所有 URL 中，包括页面的链接、表单操作以及 302 重定向。考虑一下之前使用 cookie 登录的例子。下面的头信息将演示如何通过 URL 内嵌(而不是 cookie)完成相同的工作：

请求 1

```
GET /support HTTP/1.1
Host: www.example.com
```

响应 1

```
HTTP/1.1 302 Moved Temporarily
Location: https://www.example.com/support/login;JSESSIONID=NRxclGg2vG7kI4MdlLn
```

请求 2

```
GET /support/login;JSESSIONID=NRxclGg2vG7kI4MdlLn HTTP/1.1
Host: www.example.com
```

响应 2

```
HTTP/1.1 200 OK
Content-Type: text/html;charset=UTF-8
Content-Length: 21796
...
<form action="http://www.example.com/support/login;JSESSIONID=NRxclGg2vG7kI4MdlLn"
      method="post">
...
```

请求 3

```
POST /support/login;JSESSIONID=NRxclGg2vG7kI4MdlLn HTTP/1.1
Host: www.example.com
```

响应 3

```
HTTP/1.1 302 Moved Temporarily
```

```
Location: http://www.example.com/support/home;JSESSIONID=NRxclGg2vG7kI4MdlLn
```

请求 4

```
GET /support/home;JSESSIONID=NRxclGg2vG7kI4MdlLn HTTP/1.1
Host: www.example.com
```

响应 4

```
HTTP/1.1 200 OK
Content-Type: text/html;charset=UTF-8
Content-Length: 56854
...
<a href="http://www.example.com/support/somewhere;JSESSIONID=NRxclGg2vG7kI4MdlLn">
...
```

在本例中，注意浏览器将通过 Location 头、表单操作和链接标签返回会话 ID。如你所见，浏览器从未真正意识到会话 ID 的存在(与会话 cookie 不同)。相反，服务器将重写 Location 头中的 URL 以及任何响应内容中的 URL(链接、表单操作和其他 URL)，使浏览器用于访问服务器的所有 URL 都已经内嵌了会话 ID。最重要的一点是会话 ID 必须内嵌在 Location 头中的 URL 和页面标签的所有 URL 中。这些任务都不简单，通常这也会引起许多不便，因此 Java EE Servlet API 提出了一些方案用于简化这些任务。

对于初学者，HttpServletResponse 接口定义了两个可以重写 URL 的方法：encodeURL 和 encodeRedirectURL，它们将在必要的时候把会话 ID 内嵌在 URL 中。任何在链接、表单操作或其他标签中的 URL 都将被传入到 encodeURL 方法中，然后该方法将返回一个正确的、经过编码处理的 URL。任何传入 sendRedirect 响应方法中的 URL 也可以传入 encodeRedirectURL 方法中，该方法将返回一个正确的、经过编码处理的 URL。只要以下 4 个条件满足了，单词“编码”就意味着 JSESSIONID 矩阵参数已经内嵌在 URL 的最后一个路径段中：

- 会话对于当前请求是活跃的(要么它通过传入会话 ID 的方式请求会话，要么应用程序代码创建了一个新的会话)。
- JSESSIONID cookie 在请求中不存在。
- URL 不是绝对 URL，并且是同一 Web 应用程序中的 URL。
- 在部署描述符中已经启用了对会话 URL 重写的支持(更多相关信息在 5.3 节中讲解)。

第二个条件麻烦些。检测用户浏览器是否支持 cookie 的唯一方式是设置 cookie，然后在返回的下一个请求中查找 cookie。不过，我们需要使用会话关联不同的请求；否则，如何得知当前请求是来自不同用户的另一个请求，还是不支持 cookie 的用户发来的第二个请求呢？因此，第二个条件总是假设：如果缺少 JSESSIONID，就意味用户浏览器不支持 cookies，这同样也意味着即使用户浏览器支持 cookie，在发送第一个请求到支持会话的应用程序中时，URL 也会进行编码(添加会话 ID)。这样造成的一个不良的结果是，有时即使用户浏览器接受了 JSESSIONID cookie，URL 中也会包含 JSESSIONID 矩阵参数。

当然，HttpServletRequest 方法只是用于帮助在 URL 中内嵌会话 ID 的工具集中的一部分。标签 <c:url>也可以在 URL 中内嵌会话 ID，第 7 章将对它进行详细讲解。

5.2.3　会话的漏洞

可以想象的是，会话也是有漏洞的，没有警告你将是笔者的失职。坏消息是，这些漏洞可能会为用户引起严重的问题，并且如果你对敏感的个人信息进行交易(例如信用卡号码或医疗保健数据)，那么也会招致巨额罚款。好消息是，可以通过一些简单的方式发现这些漏洞，接下来本节将会讲解这些方式。当然，不可能指出应用程序中的所有潜在漏洞，因为有太多的地方可能会引起问题。开发者应该一直保持对安全事件的关注。在执行重要任务、含有敏感数据的应用程序中，使用某些商业的扫描器检测应用程序中的漏洞是更加明智的选择。

关于 Web 应用程序和会话的更多信息，以及如何检测和解决它们，请访问 Open Web Application Security Project(OWASP)网站：https://www.owasp.org/。

1. 复制并粘贴错误

影响应用程序的最简单方式之一就是：不知情的用户将浏览器中的 URL 复制粘贴到了邮件、论坛帖子、聊天室和其他公共区域中。本节之前学习的，在 URL 中内嵌会话的方式正是引起此类问题的根源。还记得在客户端和服务器端反复发送的 URL 吗？这些 URL、会话 ID 和所有的信息都显示在客户端浏览器的地址栏中。如果用户决定要跟朋友分享应用程序中的某个页面，并将地址栏中的 URL 复制粘贴出来，那么他的朋友将可以看到 URL 中包含的会话 ID。如果他们在该会话终止之前访问该 URL，那么他们也会被当成之前分享 URL 的用户。这明显会引起问题，因为该用户的朋友可能会不小心看到他的个人信息。

更危险的问题是如果恶意用户发现了该链接，可以使用劫持用户的会话。他将可以修改账户邮件地址、获取密码重置链接并最终修改密码——获得了用户账户的所有权限。

产生问题的原因是无意的操作——用户复制并粘贴地址栏中的 URL——解决此问题的唯一正确方法就是完全禁止在 URL 中内嵌会话 ID。尽管这听起来像是一个严厉的错误，并且有可能对应用程序的可用性产生灾难性的影响，但事实上之前提到过，许多重要的网络公司都要求用户在访问它们的网站时使用 cookie，因此 cookie 已经成为事实上的通用解决方案。cookie 在 Web 用户中应用十分广泛，比起在 URL 中内嵌会话 ID 引起的问题，cookie 固有的风险并不那么常见，危险性也较小。

2. 会话固定

会话固定攻击类似于复制粘贴错误，不过其中的不知情用户变成了攻击者，而被攻击的用户则使用了含有会话 ID 的 URL。攻击者可能会首先找到一些允许在 URL 中内嵌会话 ID 的网站。攻击者将通过这种方式获得一个会话 ID(通过 URL 或检查浏览器的 cookie)，然后将含有会话 ID 的 URL 发送给目标用户，通过论坛或(通常是)邮件。此时，当用户点击链接进入网站时，它的会话 ID 就变成了 URL 中含有的固定 ID——攻击者已经持有该 ID。如果用户接着在该会话期间登录网站，那么攻击者也可以登录成功，因为这个会话 ID 是他分享的，因此他也可以访问用户的账户。

有两种方式可以解决这个问题：

- 如同复制粘贴错误一样，可以通过禁止在 URL 中内嵌会话 ID 的方式避免，同时也需要在应用程序中禁止接受通过 URL 传递的会话 ID(在 5.3 节将进行详细讲解)。
- 在登录后采用会话迁移。当用户登录时，修改会话 ID 或者将会话详细信息复制到新的会话中，并使之前的会话无效(两种方法都完成了相同的任务：为新登录产生的会话分配一个不同的会话 ID)。攻击者此时仍然持有初始的会话 ID，但该 ID 是无效的，也不能连接到用户的会话中。

警告：会话固定攻击的另一种方式是，恶意网站使用另一个网站的域名创建会话 ID cookie，将该 ID 设置在受害者用户浏览器的其他网站的会话 ID 中。这种攻击与 URL 会话固定攻击有着相同的效果。不过，Web 应用程序如果不同时禁止会话就无法避免这个问题。该漏洞事实上是浏览器的漏洞，而不是 Web 应用程序的漏洞。

所有现代浏览器都已经解决了这个跨域攻击问题(网站 example.net 为网站 example.com 设置 cookie)。不过网站 malicious.example.net 仍然可以设置域名为.example.net 的网站的会话 cookie，这可能会对网站 vulnerable.example.net 产生影响。该问题可以通过一条简单的规则避免：不要与不信任的应用程序共享域名。

3. 跨站脚本和会话劫持

之前本节已经介绍了复制粘贴错误，当恶意的第三方利用这个问题时，这就变成了会话固定攻击。还有另一种形式的会话劫持，它将利用 JavaScript 读取会话 cookie 的内容。攻击者将利用网站的漏洞实行跨站脚本攻击，将 JavaScript 注入某个页面，使用 JavaScript DOM 属性 document.cookie 读取会话 ID cookie 中的内容。在攻击者从不知情用户处获得会话 ID 之后，他可以通过在自己的计算机中创建 cookie 模拟该会话，或者使用 URL 嵌入模拟受害者的身份。

防止此类攻击的最明显的方法就是不要在网站中使用跨站脚本，该话题超出了本书的范围(请参考之前提到的 OWASP 网站)。不过要想完全做到就有点难度了，攻击者总是能找到新的方式实施跨站脚本攻击。保护网站避免此类攻击还有另一种方式，那就是在所有 cookie 中使用 HttpOnly 特性。通过设置该特性，cookie 将只可被用在浏览器创建的 HTTP(或 HTTPS)请求中，无论请求是由链接创建，还是通过在地址栏手动输入 URL、表单提交或 AJAX 请求。更重要的是，HttpOnly 完全禁止了 JavaScript、Flash 或其他浏览器脚本以及插件获取 cookie 内容(或者仅仅是知道它的存在)的能力。这将阻止跨站脚本会话劫持攻击的发生。会话 ID cookie 中总是应该包含 HttpOnly 特性。

注意：尽管使用了 HttpOnly 特性将阻止 JavaScript 使用 document.cookie DOM 属性访问 cookie，由 JavaScript 代码创建的 AJAX 请求仍然会包含会话 ID cookie，因为是浏览器而不是 JavaScript 代码将负责 AJAX 请求头的生成。这意味着服务器仍然能够将 AJAX 请求关联到用户的会话。

4. 不安全的 cookie

最后需要考虑的一个漏洞是中间人攻击(MitM 攻击)，这是典型的数据截获攻击，攻击者通过观察客户端和服务器端交互的请求或响应，从中获取信息。该种类型的攻击促进了安全套接字层和传输层安全(SSL/TLS)的发展，它们是 HTTPS 协议的基础。使用 HTTPS 保护网络通信将有效地防止

MitM 攻击，并保护会话 ID cookie 不被盗用。不过，它的问题是用户可能需要首先使用 HTTP 访问网站。即使立刻将请求重定向至 HTTPS，攻击可能已经发生了：他们的浏览器已经以未加密的方式将会话 ID cookie 发送到服务器，此时一个正在观察的攻击者可能已经偷取到了该会话 ID。

cookie 的 Secure 标志专门用于解决这个问题。当服务器将会话 ID 通过响应返回到客户端时，它将设置 Secure 标志。该标志告诉浏览器只应该通过 HTTPS 传输 cookie。从现在开始，cookie 只以加密的方式传输，攻击将无法拦截它。这种方式的缺点是网站必须一直使用 HTTPS。否则，一旦将用户重定向至 HTTP，浏览器将不再传输 cookie 并且会话也会丢失。出于这个原因，你必须衡量应用程序的安全需求，并决定你所保护的数据是否敏感到必须承担额外的性能开销，并使用 HTTPS 保护所有的请求。

5. 最强大的防护

在处理会话的安全问题时，最后一个需要理解的选项是 SSL/TLS 会话 ID。它通过去除必须在每次请求中都执行 SSL 握手的需求，改善了 SSL 协议的效率，SSL 协议定义了自己的会话 ID 类型。SSL 会话 ID 将在 SSL 握手期间建立，然后使用在后续的请求中，将请求绑定在一起，决定加密和解密所使用的密钥。这个概念与 HTTP 会话 ID 的概念相同。不过，SSL 会话 ID 并不通过 cookie 或 URL 传输或存储，它极其安全(关于 SSL 会话 ID 工作方式的更多信息，请查看 RFC 2246 “The TLS Protocol”)。未获得授权的人很难获得 SSL 会话 ID。对于一些高安全网站，例如金融机构，将重用 SSL 会话 ID 作为 HTTP 会话 ID，从而避免了 cookie 和 URL 编码的使用，并且仍然可以维护请求之间的状态。

这是一种在请求之间创建会话 ID 的极其安全的方法，几乎是没有漏洞的。另外，如果发现了新的 SSL 漏洞，通常在几个星期内就会出现解决方法，并通过浏览器更新的方式完成部署。不过，使用该技术也有一些缺点；否则所有网站都应该使用该技术。在旧版的 Java EE 规范中，并没有实现该技术的标准方式，所以开发者不得不使用特定于某个容器的类来完成 SSL 会话 ID 的应用，并且该配置有时无法正常工作。Java EE 6.0 规范中添加了对该技术的支持(将在下一节中详细讲解)，它可以帮助轻松地在 Web 容器中应用 SSL 会话 ID，所以配置不再是主要的问题(尽管使用该技术的网站还不多)。另外，与 cookie 的 Secure 标志一样，它要求网站必须一直使用 HTTPS。如果你非常担心网站的安全问题，并因此启用了该功能，那么你的整个网站应该会一直使用 HTTPS，这个问题也就不是问题了。

重用 SSL 会话 ID 的另一个问题是，SSL 通信必须由 Web 容器完成。如果使用了 Web 服务器或负载均衡器(群集服务器环境中常见的模块)管理 SSL 通信，那么 Web 容器将无法获得通信中的 SSL 会话 ID 值。在这样的群集环境中，用户的请求必须一直发送到同一服务器中。最后，取决于服务器和浏览器，SSL 会话 ID 的生命周期或长或短，所以很难使用它完全取代 HTTP 会话 ID。

到目前为止，本节已经讲解了会话、JSESSIONID cookie 和 URL 重写，并且还对会话固有的漏洞和解决方法进行了讨论，接下来我们将开始在 Java EE 应用程序中使用会话。

5.3　在会话中存储数据

本章已经讲解了 Java EE 中的会话，下面将在 wrox.com 下载站点的 Shopping-Cart 样例中应用会话。你并不需要创建包含支付系统和相关功能的完整购物网站。只需要学习如何使用会话汇总从多个页面中收集到的数据(在本例中，产品将被添加到购物车中)。可以创建自己的项目或者直接使用 Shopping-Cart 项目。首先从部署描述符开始，在其中添加第 4 章中学到的<jsp-config>，然后添加下面的文件/WEB-INF/jsp/base.jspf：

```
<%@ taglib prefix="c" uri="http://java.sun.com/jsp/jstl/core" %>
```

另外，在 Web 根目录中还应该有一个简单的 index.jsp 文件，用于将请求重定向至商店 Servlet。

```
<c:redirect url="/shop" />
```

5.3.1　在部署描述符中配置会话

在许多情况下，都可以在 Java EE 中直接使用 HTTP 会话，不需要添加显式的配置。不过可以在部署描述符中配置它们，并且出于安全的目的也应该配置。在部署描述符中使用<session-config>标签配置会话。在该标签内，可以配置追踪会话的方法、会话超时的时间以及会话 ID cookie 的细节(如果使用了会话 ID cookie 的话)。其中许多标签的默认值都不需要修改。下面的代码列出了部署描述符中所有可用于设置会话的标签：

```
<session-config>
    <session-timeout>30</session-timeout>
    <cookie-config>
        <name>JSESSIONID</name>
        <domain>example.org</domain>
        <path>/shop</path>
        <comment><![CDATA[Keeps you logged in. See our privacy policy for
            more information.]]></comment>
        <http-only>true</http-only>
        <secure>false</secure>
        <max-age>1800</max-age>
    </cookie-config>
    <tracking-mode>COOKIE</tracking-mode>
    <tracking-mode>URL</tracking-mode>
    <tracking-mode>SSL</tracking-mode>
</session-config>
```

所有在<session-config>和<cookie-config>中的标签都是可选的，但如果使用了这些标签，那么必须按照本例中的顺序添加到部署描述符中(除了被忽略的标签)。标签<session-timeout>指定了会话在无效之前，可以保持不活跃状态的时间，以分钟为单位。如果该值小于等于 0，那么会话将永远也不过期。如果忽略该标签，那么它将使用容器的默认值。Tomcat 容器的默认值是 30 分钟，可以通过 Tomcat 配置修改。如果希望配置在应用程序中保持一致，那么应该使用该标签显式地设置超时时间。在本例中超时时间是 30 分钟。每次当用户发送含有会话 ID 的请求到应用程序时，记录会话不活跃状态时间的定时器将会重置。如果用户超过了 30 分钟不曾发出新的请求，那么该会话将会无效，并在下次请求到达时重新创建新会话。Servlet 3.0/Java EE6 中新增的标签<tracking-mode>用于表示容器应该使用哪种技术追踪会话 ID。它的合法值有：

- URL——容器将只在 URL 中内嵌会话 ID。不使用 cookie 或 SSL 会话 ID。这种方式非常不安全。
- COOKIE——容器将使用会话 cookie 追踪会话 ID。该技术非常安全。

- SSL——容器将使用 SSL 会话 ID 作为 HTTP 会话 ID。该方法是最安全的方式，但要求使用的所有请求都必须是 HTTPS 请求。

可以为<tracking-mode>配置多个值，表示容器可以使用多种策略。例如，如果同时指定了 COOKIE 和 URL，容器将优先使用 cookie，但如果 cookie 不可用，那么容器将使用 URL(如之前小节描述的一样)。如果指定 COOKIE 作为唯一的追踪模式，那么容器将永远不会在 URL 中内嵌会话，并且总是假设用户已经启用了会话。同样地，如果指定 URL 作为唯一的追踪模式，容器也永远不会使用 cookie。如果启用了 SSL 追踪模式，那么就不能使用 COOKIE 或 URL 模式。SSL 会话 ID 必须单独使用；容器在无法使用 HTTPS 的情况下也不能使用 cookie 或 URL 模式。

只有在追踪模式中使用了 COOKIE 时，才可以使用<cookie-config>标签。该标签中的标签将自定义容器返回到浏览器中的会话 cookie：

- 通过标签<name>可以自定义会话 cookie 的名字。默认值为 JSESSIONID，你可能永远也不需要修改这个值。
- 标签<domain>和<path>对应着 cookie 的 Domain 和 Path 特性。Web 容器已经设置了正确的默认值，因此通常不需要自定义它们。Domain 将使用会话创建过程中构造请求时使用的域名。Path 默认使用部署应用程序的上下文名称。
- 标签<comment>将在会话 ID cookie 中添加 Comment 特性，在其中可以添加任意文本。这通常用于解释 cookie 的目的，并告知用户网站的隐私策略。是否使用它取决于个人。如果忽略了该标签，Comment 特性将不会添加到 cookie 中。
- 标签<http-only>和<secure>对应着 cookie 的 HttpOnly 和 Secure 特性，它们的默认值都是假。为了满足日益提高的安全需求，应该一直将<http-only>设置为真。对于标签<secure>，如果使用了 HTTPS，就应该将它的值设置为真。
- 最后一个标签<max-age>指定了 cookie 的 Max-Age 特性，用于控制 cookie 何时过期。默认情况下，cookie 没有过期日期，这意味着它将在浏览器关闭时过期。将它设置为-1 的效果相同。在浏览器关闭时使 cookie 过期基本可以满足正常的需求。可以自定义该值，以秒为单位(不像<session-timeout>以分钟为单位)，但这样做可能会导致用户正在使用应用程序时，出现 cookie 过期、会话追踪失败的情况。最好保持该值不变并且不要使用该标签。

注意：在 Servlet 3.0/Java EE 6 中，可以忽略部署描述符，使用 ServletContext 以编程的方式配置其中的大多数选项。使用 setSessionTrackingModes 方法用于指定包含了一个或多个 javax.servlet.SessionTrackingMode 枚举常量的集合。方法 getSessionCookieConfig 将返回一个 javax.servlet.SessionCookieConfig 对象，使用它配置<cookie-config>中的选项。只可以在 ServletContextListener 的 contextInitialized 方法或 ServletContainerInitializer 的 onStartup 方法中设置追踪模式或 cookie 配置。5.4 节中将讲解监听器的使用，而 ServletContainerInitializer 将在第 12 章中讲解。当前无法通过编程的方式设置会话超时——这个问题将在 Java EE 8 中解决。

在了解了所有可用的选项之后，请按照下面的 XML 配置设置 Shopping-Cart 项目：

```
<session-config>
    <session-timeout>30</session-timeout>
    <cookie-config>
        <http-only>true</http-only>
    </cookie-config>
    <tracking-mode>COOKIE</tracking-mode>
</session-config>
```

使用了该配置的应用程序，会话超时时间将被设置为 30 分钟，并且只使用 cookie 用于会话追踪，在会话 cookie 中也将包含 HttpOnly 特性用于解决安全问题。它将接受所有其他的默认值，并且不在 cookie 中指定 comment 特性。URL 会话追踪将被禁止，它未使用 secure 配置。在本书剩下的内容中都将使用该会话配置。

注意：如之前讲解的一样，最安全的方式是使用 SSL 会话 ID。折中的安全方案是使用 cookie，但设置 cookie 的 Secure 特性要求使用 HTTPS。本书并未演示这些技术，但这样做将要求生成一个自签名的 SSL 证书，并要求了解 Tomcat 中 SSL 的复杂配置。这些话题都超出了本书的范围，更多细节请查看 Tomcat 文档。

5.3.2　存储和获取数据

在项目中创建名为 com.wrox.StoreServlet 的 Servlet，并将它的 URL 模式标注为/shop。另外，在 Servlet 中创建一个简单的 map 用于表示产品数据库(或者直接使用 Shopping-Cart 项目)。

```
@WebServlet(
        name = "storeServlet",
        urlPatterns = "/shop"
)
public class StoreServlet extends HttpServlet
{
    private final Map<Integer, String> products = new Hashtable<>();

    public StoreServlet()
    {
        this.products.put(1, "Sandpaper");
        this.products.put(2, "Nails");
        this.products.put(3, "Glue");
        this.products.put(4, "Paint");
        this.products.put(5, "Tape");
    }
}
```

可以使用该产品数据库浏览产品，并将购物车中的产品关联到产品名。

1. 在 Servlet 中使用会话

在 doGet 方法中实现 3 种操作——browse、addToCart 和 viewCart：

```
@Override
```

```
protected void doGet(HttpServletRequest request, HttpServletResponse response)
        throws ServletException, IOException
{
    String action = request.getParameter("action");
    if(action == null)
        action = "browse";

    switch(action)
    {
        case "addToCart":
            this.addToCart(request, response);
            break;

        case "viewCart":
            this.viewCart(request, response);
            break;

        case "browser":
        default:
            this.browse(request, response);
            break;
    }
}
```

Servlet 的 browse 和 viewCart 方法都非常简单，它们添加了一个请求特性并将请求转发到一个 JSP：

```
private void viewCart(HttpServletRequest request, HttpServletResponse response)
        throws ServletException, IOException
{
    request.setAttribute("products", this.products);
    request.getRequestDispatcher("/WEB-INF/jsp/view/viewCart.jsp")
           .forward(request, response);
}

private void browse(HttpServletRequest request, HttpServletResponse response)
        throws ServletException, IOException
{
    request.setAttribute("products", this.products);
    request.getRequestDispatcher("/WEB-INF/jsp/view/browse.jsp")
          .forward(request, response);
}
```

这些方法很相似，因为它们都将产品数据库添加到了请求特性中，但它们转发到的 JSP 不同。现在请查看 addToCart 方法：

```
private void addToCart(HttpServletRequest request,
                       HttpServletResponse response)
        throws ServletException, IOException
{
    int productId;
    try
    {
        productId = Integer.parseInt(request.getParameter("productId"));
```

```
        }
        catch(Exception e)
        {
            response.sendRedirect("shop");
            return;
        }

        HttpSession session = request.getSession();
        if(session.getAttribute("cart") == null)
            session.setAttribute("cart", new Hashtable<Integer, Integer>());

        @SuppressWarnings("unchecked")
        Map<Integer, Integer> cart =
                (Map<Integer, Integer>)session.getAttribute("cart");
        if(!cart.containsKey(productId))
            cart.put(productId, 0);
        cart.put(productId, cart.get(productId) + 1);

        response.sendRedirect("shop?action=viewCart");
    }
```

该方法看起来更为复杂。首先，它将读取并解析添加到购物车的产品的产品 ID。粗体部分代码调用了一些会话相关的方法。HttpServletRequest 的 getSession 方法有两种形式：getSession()和getSession(boolean)。

对 getSession()的调用实际将会调用 getSession(true)，如果会话存在，就返回已有会话，不存在，就创建一个新的会话(永远不会返回 null)。另外如果调用的是 getSession(false)，那么如果会话存在就返回已有会话，否则返回 null。使用 false 作为参数调用 getSession 方法的原因有许多——例如，你可能希望测试是否已经创建会话——但大多数情况下调用 getSession()即可。方法 getAttribute 将返回会话中存储的对象。它的对应方法为 getAttributeNames，该方法将返回会话中所有特性的名字的枚举。方法 setAttribute 将把对象绑定到会话中。在本例中，代码将查找 cart 特性，如果不存在，则添加该特性，然后从会话中获取一个简单的类型为 map 的 cart。然后在购物车中寻找产品 ID，如果产品 ID 不存在，就在购物车中添加产品 ID，并将它的数量设置为 0。最后增加购物车中产品的数量。

2. 在 JSP 中使用会话

尽管 Servlet 代码可以处理应用程序中的逻辑，但是仍然需要使用一些 JSP 显示产品列表和商店购物车。从创建/WEB-INF/jsp/view/browse.jsp 开始：

```
<%@ page import="java.util.Map" %>
<!DOCTYPE html>
<html>
    <head>
        <title>Product List</title>
    </head>
    <body>
        <h2>Product List</h2>
        <a href="<c:url value="/shop?action=viewCart" />">View Cart</a><br /><br />
        <%
            @SuppressWarnings("unchecked")
            Map<Integer, String> products =
```

```
                (Map<Integer, String>)request.getAttribute("products");

        for(int id : products.keySet())
        {
            %><a href="<c:url value="/shop">
                <c:param name="action" value="addToCart" />
                <c:param name="productId" value="<%= Integer.toString(id) %>"/>
            </c:url>"><%= products.get(id) %></a><br /><%
        }
    %>
    </body>
</html>
```

该 JSP 基本上只是列出了所有的产品。第 7 章将进一步讲解<c:url>和<c:param>标签。单击产品名将它添加到购物车中。接下来创建/WEB-INF/jsp/view/viewCart.jsp：

```
<%@ page import="java.util.Map" %>
<!DOCTYPE html>
<html>
    <head>
        <title>View Cart</title>
    </head>
    <body>
        <h2>View Cart</h2>
        <a href="<c:url value="/shop" />">Product List</a><br /><br />
        <%
            @SuppressWarnings("unchecked")
            Map<Integer, String> products =
                    (Map<Integer, String>)request.getAttribute("products");
            @SuppressWarnings("unchecked")
            Map<Integer, Integer> cart =
                    (Map<Integer, Integer>)session.getAttribute("cart");

            if(cart == null || cart.size() == 0)
                out.println("Your cart is empty.");
            else
            {
                for(int id : cart.keySet())
                {
                    out.println(products.get(id) + " (qty: " + cart.get(id) +
                            ")<br />");
                }
            }
        %>
    </body>
</html>
```

该 JSP 使用隐式的 session 变量(第 4 章中已讲解过)访问会话中存储的商店购物车 Map，然后列出了购物车中所有的产品和它们的数量。注意 page 指令的 session 特性不再设置为假(默认值为真)，因此可以在 JSP 中使用 session 变量。

3. 编译和测试

现在所有代码都已完成，编译项目并在 IDE 调试器中运行 Tomcat。

(1) 在浏览器中访问 http://localhost:8080/shopping-cart/，页面将出现产品列表。

(2) 单击 View Cart 查看购物车，因为还未添加任何产品，所以结果显示为空。

(3) 单击 Product List 返回到产品列表，然后单击产品名将它添加到购物车中。现在再查看购物车即可看到其中的产品。

(4) 返回到产品列表，并向购物车中添加一个不同的产品。现在购物车将出现两个产品。会话成功地在不同请求之间存储了数据。

(5) 添加另一个产品并添加一些相同的产品。更多的产品将出现在购物车中，购物车中的产品数量将会增加。

购物车中的产品应如图 5-2 所示。

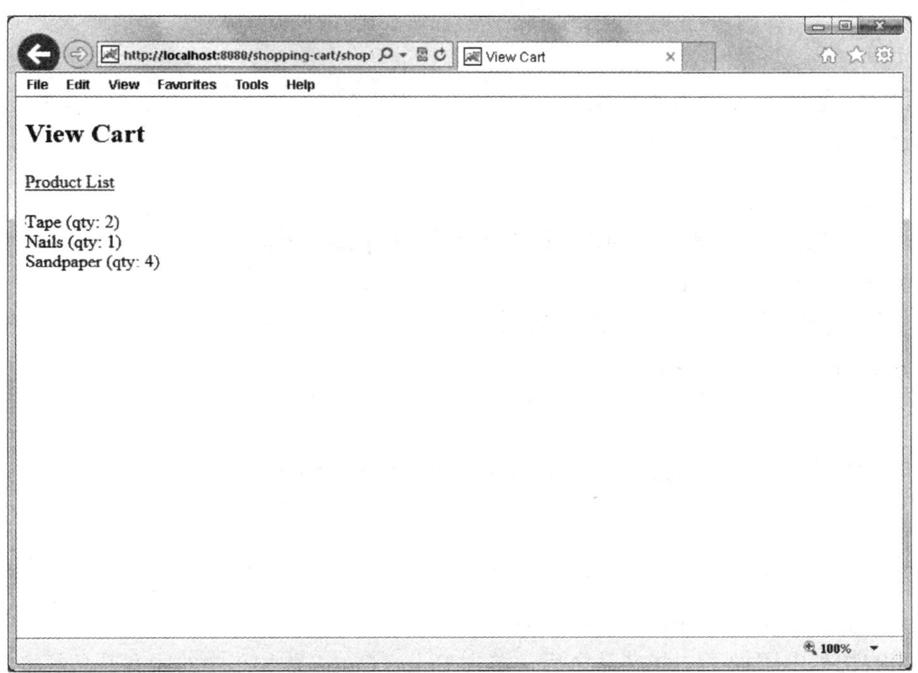

图　5-2

在另一个不同的浏览器中打开该应用程序并单击 View Cart，检查会话是否正常工作。新浏览器中的购物车应该是空的，而原有的浏览器中的购物车应保持不变。这证明了应用程序中的购物车不仅可以在请求之间存储数据，而且这些数据只属于该浏览器中的单个会话。其他用户都无法看到它们。

现在执行最后的测试，关闭并重新打开原来的浏览器，检查购物车是否为空。结果应该为空，因为浏览器关闭时，会话 cookie 将会过期，再次打开浏览器时服务器将创建出新的会话。不过旧的会话仍会存在于服务器端直至应用程序卸载或 Tomcat 关闭，或会话超时。在浏览器中很难再次找回之前的会话。

5.3.3　删除数据

到目前为止我们看到会话非常有用，但需要关闭并重新打开浏览器才能清空购物车。这时就可以使用会话的 removeAttribute 方法。

(1) 在 doGet 方法中添加一个新的 case：

```
            case "emptyCart":
                this.emptyCart(request, response);
                break;
```

(2) 添加 emptyCart 方法实现：

```
    private void emptyCart(HttpServletRequest request,
                           HttpServletResponse response)
            throws ServletException, IOException
    {
        request.getSession().removeAttribute("cart");
        response.sendRedirect("shop?action=viewCart");
    }
```

如你所见，这是 Servlet 中最简单的方法。该代码将从会话中删除 cart 特性，然后将请求重定向至查看购物车页面。

注意：这里需要指出的是，也可以通过调用 getAttribute 方法获取 Map，然后调用 Map 的 clear 方法清空数据。这种方式也将清空购物车，但会稍微有点不同，因为随着时间的推移，因它导致的垃圾收集次数会更少一些。不过该例只演示了 removeAttribute 方法的使用。

(3) 现在需要添加一个链接用于清空购物车。修改/WEB-INF/jsp/view/viewCart.jsp，并添加下面的链接：

```
<a href="<c:url value="/shop?action=emptyCart" />">Empty Cart</a><br /><br />
```

(4) 编译并调试应用程序，然后在购物车中添加一些产品。

(5) 在购物车中添加了一些产品之后，单击 Empty Cart。购物车中的所有产品都将被清空。

除了以上操作，还可以使用会话完成一些其他的操作，不过这里暂不演示。我们最希望完成的操作应该是：获取会话 ID 用于其他目的。调用 HttpSession 对象的 getId 方法可以实现，另外还有 getCreationTime 和 getLastAccessedTime 方法。尽管 getCreationTime 方法明显返回的是会话对象创建的时间(以毫秒为单位的 Unix 时间戳)，但是 getLastAccessedTime 方法的返回值就有点出乎意料了。

它的值不是代码中最后一次通过某种方式使用会话对象的时间。相反，它是最后一个包含了该会话 ID 的请求(URL、cookie 或 SSL 会话)的时间——换句话说，用户最后访问会话的时间。方法 isNew 就很方便：如果会话在当前请求期间创建就返回真，这意味着用户浏览器尚未收到会话 ID。

方法 getMaxInactiveInterval 将返回会话在它过期之前可以处于不活跃状态的最长时间(以秒为单位)。它的对应方法为 setMaxInactiveInterval，这意味着可以修改处于不活跃状态的时间。默认情况下，getMaxInactiveInterval 将返回<session-timeout>中设置的时间。方法 setMaxInactiveInterval 将重写它所属会话的配置，使该时间变长或变短。

为了了解为什么需要这样做，请考虑一下这种需要：在某个应用程序中特定的用户(管理员)有很大的权限并且可以看到敏感信息。你可能会希望他们的不活跃间隔比其他人短。所以，当用户第一次登录时，可以根据用户的权限调用 setMaxInactiveInterval 修改该时间值。

HttpSession 最重要的方法之一可能就是 invalidate 方法了。当用户注销时需要调用该方法(尽管这是其中一个例子)。方法 invalidate 将销毁会话并解除所有绑定到会话的数据。即使客户浏览器使用相同的会话 ID 发起了另一个请求，已经无效的会话也不能再使用。相反，新的会话将被创建，并且响应中将包含新的会话 ID。

5.3.4　在会话中存储更复杂的数据

到目前为止我们已经学习了如何使用 HttpSession 对象，以及如何在会话中添加和删除数据。不过之前只使用了一个简单的具有整型键和值的 Map 存储数据。会话可以做到更多。理论上讲，会话可以存储希望存储的数据。

当然，也必须考虑希望存储数据的大小。如果在会话中添加了过多数据，那么有可能会导致虚拟机的内存池耗尽。记住这里还有群集的概念。在 5.5 节中将进行详细讲解，不过你需要保证可以通过群集序列化和传输会话数据(所以会话的特性需要实现 Serializable)。有了这两个限制，能放入会话中的数据就没有那么多了。

为了演示这一点，请使用 wrox.com 下载站点中的 Session-Activity 样例项目。它有着相同的部署描述符和/WEB-INF/jsp/base.jspf 文件，但 index.jsp 文件稍有不同：

```
<c:redirect url="/do/home" />
```

在 com.wrox 包中有一个名为 PageVisit 的 POJO。下面的代码显示出了它的类和字段。简单的 getter 和 setter 方法留给读者来完成。

```
import java.io.Serializable;
import java.net.InetAddress;

public class PageVisit implements Serializable
{
    private long enteredTimestamp;

    private Long leftTimestamp;

    private String request;

    private InetAddress ipAddress;

    // accessor and mutator methods
}
```

注意 enteredTimestamp 是原始 long 数据，而 leftTimestamp 是封装过的 Long 数据。这是因为 leftTimestamp 可以为 null。代码清单 5-1 中的 ActivityServlet 并不是很复杂。标准的 doGet 方法先调用 recordSessionActivity 方法，然后调用 viewSessionActivity 方法。方法 viewSessionActivity 只是将请求转发到一个 JSP 中。方法 recordSessionActivity 则完成了主要的工作：获取到会话；保证 activityVector 在会话中存在；如果存在的话，就更新 Vector 中最后一个 PageView 的 leftTimestamp；然后在 Vector 中添加本次请求的信息。这里使用的是 Vector 而不是 ArrayList，因为它是一个线程安全的列表。另外 Servlet 的 URL 模式中使用了通配符。该 URL 模式意味着这个 Servlet 可以处理任何以/do/开头的请求，这在测试时会非常方便。

代码清单 5-1：ActivityServlet.java

```
@WebServlet(
        name = "storeServlet",
        urlPatterns = "/do/*"
)
public class ActivityServlet extends HttpServlet
{
    @Override
    protected void doGet(HttpServletRequest request, HttpServletResponse response)
            throws ServletException, IOException
    {
        this.recordSessionActivity(request);

        this.viewSessionActivity(request, response);
    }

    private void recordSessionActivity(HttpServletRequest request)
    {
        HttpSession session = request.getSession();

        if(session.getAttribute("activity") == null)
            session.setAttribute("activity", new Vector<PageVisit>());
        @SuppressWarnings("unchecked")
        Vector<PageVisit> visits =
                (Vector<PageVisit>)session.getAttribute("activity");

        if(!visits.isEmpty())
        {
            PageVisit last = visits.lastElement();
            last.setLeftTimestamp(System.currentTimeMillis());
        }

        PageVisit now = new PageVisit();
        now.setEnteredTimestamp(System.currentTimeMillis());
        if(request.getQueryString() == null)
            now.setRequest(request.getRequestURL().toString());
        else
            now.setRequest(request.getRequestURL()+"?"+request.getQueryString());
        try
        {
            now.setIpAddress(InetAddress.getByName(request.getRemoteAddr()));
        }
        catch (UnknownHostException e)
        {
            e.printStackTrace();
        }
        visits.add(now);
    }
    private void viewSessionActivity(HttpServletRequest request,
                                     HttpServletResponse response)
            throws ServletException, IOException
    {
        request.getRequestDispatcher("/WEB-INF/jsp/view/viewSessionActivity.jsp")
               .forward(request, response);
```

```
    }
}
```

项目中最后一个值得一看的文件是代码清单 5-2 中的/WEB-INF/jsp/view/viewSessionActivity.jsp。它其实比看起来要简单。它所完成的工作只是以读取的方式显示出会话中累积的所有页面访问数据。现在按照下面的步骤进行测试：

(1) 编译并调试应用程序，在浏览器中访问 http://localhost:8080/session-activity/do/home/。页面中将显示出会话相关的信息、表示会话是否是全新会话的标志，以及在请求中添加的信息。

(2) 在 URL 的末端添加路径和查询参数。尝试不同的 URL，并在每次请求之间等待不同的时间。甚至可以将 home/替换成其他的路径——只需要保证在 URL 有/do/即可。

过一会儿，页面中将如图 5-3 所示。该应用程序追踪了所有的请求并在请求之间存储了它们的信息，最终显示给用户。

代码清单 5-2：viewSessionActivity.jsp

```
<%@ page import="java.util.Vector, com.wrox.PageVisit, java.util.Date" %>
<%@ page import="java.text.SimpleDateFormat" %>
<%!
    private static String toString(long timeInterval)
    {
        if(timeInterval < 1_000)
            return "less than one second";
        if(timeInterval < 60_000)
            return (timeInterval / 1_000) + " seconds";
        return "about " + (timeInterval / 60_000) + " minutes";
    }
%>
<%
    SimpleDateFormat f = new SimpleDateFormat("EEE, d MMM yyyy HH:mm:ss Z");
%>
<!DOCTYPE html>
<html>
    <head>
        <title>Session Activity Tracker</title>
    </head>
    <body>
        <h2>Session Properties</h2>
        Session ID: <%= session.getId() %><br />
        Session is new: <%= session.isNew() %><br />
        Session created: <%= f.format(new Date(session.getCreationTime()))%><br />

        <h2>Page Activity This Session</h2>
        <%
            @SuppressWarnings("unchecked")
            Vector<PageVisit> visits =
                    (Vector<PageVisit>)session.getAttribute("activity");

            for(PageVisit visit : visits)
            {
                out.print(visit.getRequest());
                if(visit.getIpAddress() != null)
```

```
                out.print(" from IP " + visit.getIpAddress().getHostAddress());
            out.print(" (" + f.format(new Date(visit.getEnteredTimestamp())));
            if(visit.getLeftTimestamp() != null)
            {
                out.print(", stayed for " + toString(
                        visit.getLeftTimestamp() - visit.getEnteredTimestamp()
                ));
            }
            out.println(")<br />");
        }
    %>
  </body>
</html>
```

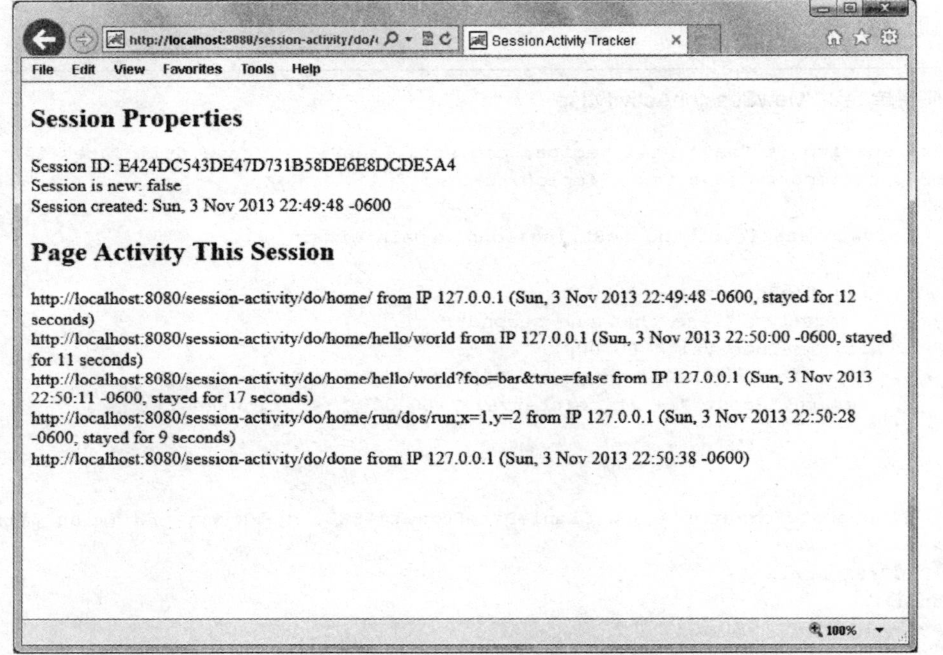

图　5-3

5.4　使用会话

此时，你应该已经熟悉了会话的工作方式，以及如何在 Java EE Web 应用程序中使用会话。通过会话还可以完成许多其他工作。另外，一些额外的工具也可以帮助追踪会话创建、销毁和更新的时间。本节将深入讲解这些工具。在本章剩余的内容中，将使用 wrox.com 代码下载站点中的 Customer-Support-v3 项目，然后将会话集成到该客户支持应用程序中。

5.4.1　为客户支持应用程序添加登录功能

在上一章中，我们通过在所有页面中添加页面特性 session="false"禁止了客户支持应用程序中的会话。现在需要开始使用会话，因此首先从客户支持应用程序的所有 JSP 中移除该特性。记住该特性的默认值为真，所以删除该特性将会启用会话。

将 Shopping-Cart 应用程序中的<session-config> XML 配置添加到部署描述符中，使会话变得更加安全，并且会话 ID 也不会出现在 URL 中。明显此时客户支持应用程序还需要某种形式的用户数据库用于验证登录。本节将在应用程序中添加一项简陋的、不安全的登录功能。在本书的最后一部分，有几章内容将讲解如何使用更全面的认证和授权系统，目前使用简单的版本即可。

1. 创建用户数据库

在应用程序中添加 LoginServlet 类，并在其中添加一个静态的、存在于内存中的用户数据库：

```
@WebServlet(
        name = "loginServlet",
        urlPatterns = "/login"
)
public class LoginServlet extends HttpServlet
{
    private static final Map<String, String> userDatabase = new Hashtable<>();

    static {
        userDatabase.put("Nicholas", "password");
        userDatabase.put("Sarah", "drowssap");
        userDatabase.put("Mike", "wordpass");
        userDatabase.put("John", "green");
    }
}
```

如你所见，该用户数据库只是一个简单的 map，它包含了用户名和密码，并未使用任何其他的权限级别。用户要么可以访问系统，要么不能，并且密码也未以安全的方式存储。方法 doGet 负责显示出登录界面，现在我们开始创建该方法。

```
    @Override
    protected void doGet(HttpServletRequest request, HttpServletResponse response)
            throws ServletException, IOException
    {
        HttpSession session = request.getSession();
        if(session.getAttribute("username") != null)
        {
            response.sendRedirect("tickets");
            return;
        }

        request.setAttribute("loginFailed", false);
        request.getRequestDispatcher("/WEB-INF/jsp/view/login.jsp")
               .forward(request, response);
    }
```

该代码的第一件工作就是检查用户是否已经登录(username 特性是否存在)，如果已登录，就将他们重定向至票据页面。如果未登录，即将请求特性 loginFailed 设置为假，然后将请求转发至登录 JSP。当 JSP 中的登录表单被提交时，请求将被发送到 doPost 方法：

```
    @Override
    protected void doPost(HttpServletRequest request, HttpServletResponse response)
```

```
        throws ServletException, IOException
    {
        HttpSession session = request.getSession();
        if(session.getAttribute("username") != null)
        {
            response.sendRedirect("tickets");
            return;
        }

        String username = request.getParameter("username");
        String password = request.getParameter("password");
        if(username == null || password == null ||
                !LoginServlet.userDatabase.containsKey(username) ||
                !password.equals(LoginServlet.userDatabase.get(username)))
        {
            request.setAttribute("loginFailed", true);
            request.getRequestDispatcher("/WEB-INF/jsp/view/login.jsp")
                    .forward(request, response);
        }
        else
        {
            session.setAttribute("username", username);
            request.changeSessionId();
            response.sendRedirect("tickets");
        }
    }
```

方法 doPost 中并没有太多新的代码。它再次验证用户是否已经登录并检查用户名和密码是否与数据库中存储的一致。如果登录失败，就将请求中的 loginFailed 特性设置为真，并将请求转发至登录 JSP。如果用户名和密码都正确，那么在会话中添加 username 特性，修改会话 ID，然后将用户重定向至票据页面。方法 changeSessionId(粗体代码)是 Java EE 7 的 Servlet 3.1 中新增的特性，可通过迁移会话的方式(修改会话 ID)应付之前提到的会话固定攻击。

2. 创建登录表单

接下来创建一个含有登录表单的/WEB-INF/jsp/view/login.jsp 文件：

```
<!DOCTYPE html>
<html>
    <head>
        <title>Customer Support</title>
    </head>
    <body>
        <h2>Login</h2>
        You must log in to access the customer support site.<br /><br />
        <%
            if(((Boolean)request.getAttribute("loginFailed")))
            {
                %>
        <b>The username or password you entered are not correct. Please try
            again.</b><br /><br />
                <%
            }
```

```
        %>
        <form method="POST" action="<c:url value="/login" />">
            Username<br />
            <input type="text" name="username" /><br /><br />
            Password<br />
            <input type="password" name="password" /><br /><br />
            <input type="submit" value="Log In" />
        </form>
    </body>
</html>
```

这个简单的 JSP 将在页面中创建一个登录表单，并使用 loginFailed 特性，在用户的登录凭证被拒绝时提醒用户。结合使用 LoginServlet，它完成了一个简单的登录功能。不过，这并不能阻止用户访问票据页面。因此需要在 TicketServlet 中检查用户是否已经登录(在显示票据之前或者让用户创建票据之前)。可以通过在 TicketServlet 的 doGet 和 doPost 方法中添加以下代码来完成：

```
if(request.getSession().getAttribute("username") == null)
{
    response.sendRedirect("login");
    return;
}
```

现在用户在创建票据之前已经登录了，那么当他们在创建新的票据时就可以访问他们的名字。这意味着票据表单中不再需要名字这个字段。在 TicketServlet 的 createTicket 方法中，修改当前的代码，之前使用了请求参数中的名字设置客户名称，现在使用会话中的 username 特性即可，如下面的代码所示。还可以从/WEB-INF/jsp/view/ticketForm.jsp 页面中删除“Your Name”(customerName)输入字段。

```
ticket.setCustomerName(
        (String)request.getSession().getAttribute("username")
);
```

3. 测试登录功能

现在该应用程序已经添加了登录功能，请按照下面的步骤进行测试：

(1) 编译项目并使用 IDE 调试它。

(2) 在浏览器中访问该应用程序(http://localhost:8080/support/)，浏览器中应立刻显示出登录页面。

(3) 尝试使用不正确的用户名和密码(都是区分大小写的)登录，页面中应该显示被拒绝。

(4) 尝试使用有效的用户名和密码登录，页面中将显示出票据列表。

(5) 如同之前章节中所完成的一样，创建一个新的票据，用户名应该被自动添加到其中。

(6) 关闭浏览器并重新打开，使用不同的用户名和密码重新登录。

(7) 创建另一个票据，该票据中应该包含目前登录的用户名，而旧的票据应该使用之前登录的用户名。

4. 添加注销链接

在测试时需要关闭浏览器来完成客户支持应用程序的注销。这并不是一种理想的方式，也不是企业级应用程序的标志。添加一个注销链接才是正确的做法。首先，调整 LoginServlet 的 doGet 方法顶部的代码，添加注销用户的功能：

```
HttpSession session = request.getSession();
if(request.getParameter("logout") != null)
{
    session.invalidate();
    response.sendRedirect("login");
    return;
}
else if(session.getAttribute("username") != null)
{
    response.sendRedirect("tickets");
    return;
}
```

另外需要完成的是在/WEB-INF/jsp/view 中的 listTickets.jsp、ticketForm.jsp 和 viewTicket.jsp 等文件的顶部添加一个注销链接，在<h2>头之前添加即可：

```
<a href="<c:url value="/login?logout" />">Logout</a>
```

现在重新编译并再次运行，然后登录应用程序。所有页面的顶部都将出现注销链接。点击它，页面将重新返回到登录页面，表示已经成功注销。

5.4.2　使用监听器检测会话的变化

Java EE 中会话最有用的特性之一就是会话事件。当会话发生变化时(例如，会话特性被添加或删除)，Web 容器将通知应用程序这些变化。该功能通过发布订阅模式实现，从而可以将修改会话和监听会话变化的代码解耦合。如果使用了一些第三方代码——例如 Spring Framework 或 Spring Security——对会话进行修改，该功能是非常有用的，因为你可以在代码中检测到这些变化并且不需要修改第三方代码。用于检测这些变化的工具被称为监听器。

Servlet API 中定义了几种监听器，大多数尽管不是全部，都将监听某种形式的会话活动。通过实现对应事件的监听器接口订阅某个事件，然后在部署描述符中添加<listener>配置，或者在该类中添加注解@javax.servlet.annotation.WebListener(但不要同时使用两种方式)。

如果需要，可以在单个类中实现多个监听器接口；当然，你不会希望将不同业务的代码添加到同一个类中。当某个事件发生时，将触发事件的发布，然后容器将调用对应事件监听器中的方法。

注意：从 Servlet 3.0/Java EE 6 开始，除了使用注解@WebListener 标注监听器类或者在部署描述符中声明它，还可以使用 ServletContext 的 addListener 方法以编程的方式注册它。不过该方法只能在 ServletContextListener 的 contextInitialized 方法或 ServerletContainerInitializer 的 onStartup 方法中调用。当然，任何用于监听事件的 ServletContextListener 都必须通过某种方式注册(三种方式之一)。第 12 章将讲解 ServletContainerInitializer 的更多相关内容。

接口 javax.servlet.http.HttpSessionAttributeListener 是可用的监听器接口之一。它有 3 个方法，分

别用于处理会话特性的添加、更新(替换)和删除。

一个特别有趣的监听器是 javax.servlet.http.HttpSessionBindingListener。与其他的大多数监听器不同，不需要为它添加部署描述符配置或者添加注解。如果某个类实现了该接口，那么它将把自己的状态当作会话特性。例如，如果类 Foo 实现了 HttpSessionBindingListener，然后使用 HttpSession 的 setAttribute 方法添加 Foo 的一个实例，容器将调用该实例的 valueBound 方法。同样地，使用会话的 removeAttribute 方法删除它时，容器将调用该实例的 valueUnbound 方法。

下面将详细讲解的两个监听器是 javax.servlet.http 包中的 HttpSessionListener 和 HttpSessionIdListener。在项目中创建类 SessionListener，并同时实现这两个接口，然后添加注解@WebListener(或者直接使用 Customer-Support-v3 项目)：

```
@WebListener
public class SessionListener implements HttpSessionListener, HttpSessionIdListener
{
...
}
```

@WebServlet 并不是在容器中注册监听器的唯一方式。还可以使用编程的方式注册它，或者在部署描述符中声明该监听器，如下面的代码所示(不过样例中将坚持使用注解，因为这是最简单的方法)：

```
<listener>
    <listener-class>com.wrox.SessionListener</listener-class>
</listener>
```

接口 HttpSessionListener 定义了方法 sessionCreated 和 sessionDestroyed。从字面上看，sessionCreated 将在创建新的会话时调用。方法 sessionDestroyed 将在会话无效时调用。引起会话无效的原因可能是在代码中调用了会话的 invalidate 方法，也可能是由于不活跃状态超时引起的隐式失效。下面的代码实现了这些方法：

```
@Override
public void sessionCreated(HttpSessionEvent e)
{
    System.out.println(this.date() + ": Session " + e.getSession().getId() +
            " created.");
}

@Override
public void sessionDestroyed(HttpSessionEvent e)
{
    System.out.println(this.date() + ": Session " + e.getSession().getId() +
            " destroyed.");
}
```

如你所见，该代码使用这些事件记录了会话创建和销毁的信息。这是该监听器的常用方式，因为通常管理员会希望以某种方式保存该记录信息。HttpSessionIdListener 中只定义了一个方法 sessionIdChanged。当使用请求的 changeSessionId 方法改变会话 ID 时将调用该方法，下面是它的实现代码：

```
@Override
```

```
    public void sessionIdChanged(HttpSessionEvent e, String oldSessionId)
    {
        System.out.println(this.date() + ": Session ID " + oldSessionId +
                " changed to " + e.getSession().getId());
    }
```

这三种方法都使用一个简单的辅助类用于在会话活动日志中添加时间戳。

```
    private SimpleDateFormat formatter =
            new SimpleDateFormat("EEE, d MMM yyyy HH:mm:ss");
...
    private String date()
    {
        return this.formatter.format(new Date());
    }
```

现在编译、调试并访问应用程序。调试窗口中将立刻出现一条日志消息显示已经创建了一个会话。登录到应用程序中，调试窗口将会出现另一条会话 ID 改变的日志消息。这是之前添加的代码，用于防止固定会话攻击。最后在退出应用程序时，调试窗口将会出现两条日志——一条表示会话已经销毁，另一条表示创建了新的会话(因为返回到了登录页面)。现在应用程序中就有了用于记录会话活动的机制。

注意：在启动了调试器，但在打开浏览器之前，调试窗口中可能就已经出现了一条日志消息，表示有一个或多个会话已经销毁。这是完全正常的。当 Tomcat 关闭时，它将把会话持久到文件系统中，从而保证其中的数据不会丢失，当 Tomcat 重新启动时它会尝试把这些序列化的会话恢复到内存中。如果持久化的会话在 Tomcat 恢复它们之前就过期了，那么 Tomcat 将通知 HttpSessionListener 这些会话过期了，就像 Tomcat 从未停止过一样。在 Web 容器中这是很标准的做法，并且在大多数情况下都可以禁止这种行为，不过这超出了本书的范围。具体信息请参考容器的官方文档。

5.4.3　维护活跃会话列表

除了记录会话活动，还可以使用 HttpSessionListener 和 HttpSessionIdListener 在应用程序中维护一个活跃会话列表，Servlet API 规范中并未直接提供该方法。

为了实现这个目标，首先创建如代码清单 5-3 所示的 SessionRegistry 类。该类相当简单。它维护了一个静态的 Map，使用会话 ID 作为键，使用对应的会话对象作为值。这看起来似乎并不高效，但记住这些会话对象其实已经存在于内存中。会话对象并未被复制；该类只是存储了它们的另一个引用集合，相对于会话对象自身所占用的内存而言，这是一种相对轻量级的操作。因为该类只包含了静态方法，所以它的构造函数也是私有的，阻止创建它的实例。

代码清单 5-3：SessionRegistry.java

```
public final class SessionRegistry
{
```

```
    private static final Map<String, HttpSession> SESSIONS = new Hashtable<>();

    public static void addSession(HttpSession session)
    {
        SESSIONS.put(session.getId(), session);
    }

    public static void updateSessionId(HttpSession session, String oldSessionId)
    {
        synchronized(SESSIONS)
        {
            SESSIONS.remove(oldSessionId);
            addSession(session);
        }
    }

    public static void removeSession(HttpSession session)
    {
        SESSIONS.remove(session.getId());
    }

    public static List<HttpSession> getAllSessions()
    {
        return new ArrayList<>(SESSIONS.values());
    }

    public static int getNumberOfSessions()
    {
        return SESSIONS.size();
    }

    private SessionRegistry() { }
}
```

该注册表保存了所有活跃会话的引用，但必须通过其他方式添加和删除会话。因此，请按照下面的步骤进行操作：

(1) 扩展之前创建的 SessionListener。在 sessionCreated 方法中添加下面的代码：

```
SessionRegistry.addSession(e.getSession());
```

(2) 在 sessionDestroyed 方法中添加下面的代码：

```
SessionRegistry.removeSession(e.getSession());
```

(3) 在 sessionIdChanged 方法中添加下面的代码：

```
SessionRegistry.updateSessionId(e.getSession(), oldSessionId);
```

现在会话将在合适的时间被添加到注册表中或从注册表中删除。但我们仍然需要一种显示这些会话的方式。一个简单的 SessionListServlet 将会处理该请求：

```
@WebServlet(
        name = "sessionListServlet",
        urlPatterns = "/sessions"
```

```
)
public class SessionListServlet extends HttpServlet
{
    @Override
    protected void doGet(HttpServletRequest request, HttpServletResponse response)
            throws ServletException, IOException
    {
        if(request.getSession().getAttribute("username") == null)
        {
            response.sendRedirect("login");
            return;
        }

        request.setAttribute("numberOfSessions",
                SessionRegistry.getNumberOfSessions());
        request.setAttribute("sessionList", SessionRegistry.getAllSessions());
        request.getRequestDispatcher("/WEB-INF/jsp/view/sessions.jsp")
               .forward(request, response);
    }
}
```

如代码清单 5-4 所示，/WEB-INF/jsp/view/sessions.jsp 中的代码将负责显示这些会话。

代码清单 5-4：sessions.jsp

```
<%@ page import="java.util.List" %>
<%!
    private static String toString(long timeInterval)
    {
        if(timeInterval < 1_000)
            return "less than one second";
        if(timeInterval < 60_000)
            return (timeInterval / 1_000) + " seconds";
        return "about " + (timeInterval / 60_000) + " minutes";
    }
%>
<%
    int numberOfSessions = (Integer)request.getAttribute("numberOfSessions");
    @SuppressWarnings("unchecked")
    List<HttpSession> sessions =
            (List<HttpSession>)request.getAttribute("sessionList");
%>
<!DOCTYPE html>
<html>
    <head>
        <title>Customer Support</title>
    </head>
    <body>
        <a href="<c:url value="/login?logout" />">Logout</a>
        <h2>Sessions</h2>
        There are a total of <%= numberOfSessions %> active sessions in this
        application.<br /><br />
        <%
            long timestamp = System.currentTimeMillis();
            for(HttpSession aSession : sessions)
```

```
            {
                out.print(aSession.getId() + " - " +
                        aSession.getAttribute("username"));
                if(aSession.getId().equals(session.getId()))
                    out.print(" (you)");
                out.print(" - last active " +
                        toString(timestamp - aSession.getLastAccessedTime()));
                out.println(" ago<br />");
            }
        %>
    </body>
</html>
```

为了测试该功能，首先需要有两个不同的浏览器(不是同一浏览器的两个窗口)：

(1) 重新编译并调试应用程序，然后打开浏览器访问客户支持应用程序 URL。

(2) 在登录后，访问 http://localhost:8080/support/sessions。页面的会话列表中将显示出当前会话。

(3) 打开第二个浏览器，登录客户支持应用程序，然后访问 http://localhost:8080/support/sessions。页面中将显示出类似于图 5-4 的页面。

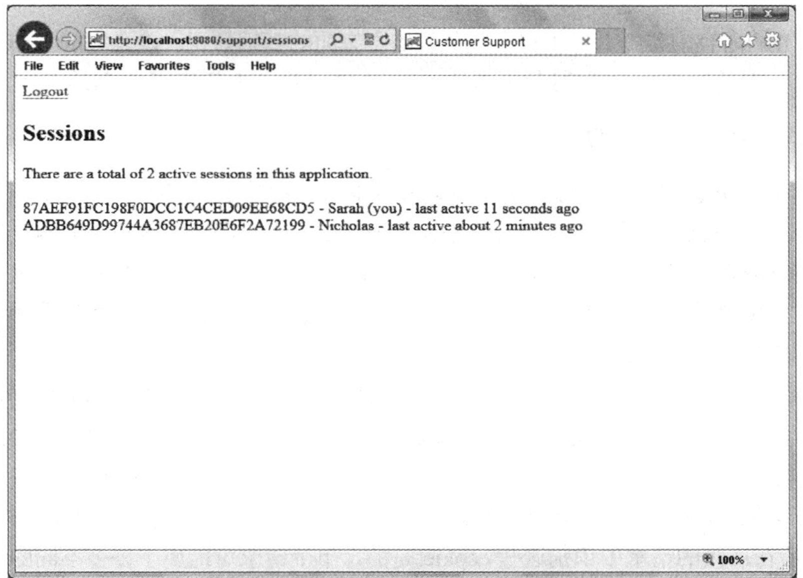

图　5-4

(4) 重新加载第一个浏览器，此时新的会话也将出现在列表中。这意味我们已经成功地维护了一个会话列表。

注意： 本例中列出的会话是当前 Tomcat 实例中的会话。如果应用程序被部署到了多个 Tomcat 实例中，你将看到不同的会话列表，这取决于你访问的是哪个实例上运行的应用程序，因为该页面仍然只能列出特定 Tomcat 实例中的会话。该问题的解决方法是配置出正确的应用群集，并在容器中创建会话复制。这些话题将在下一节中详细讲解。

5.5　将使用会话的应用程序群集化

在开发企业级应用程序时，毫无疑问一定会遇到将应用程序群集化的需求。群集有几个优势，特别是它为应用程序增加了冗余和可扩展性。经过正确配置的群集应用程序即使在遇到某些服务器终止时也可以正常运行，甚至在执行日常维护工作时也可以正常处理用户请求。在有着良好管理的环境中，管理员甚至可以升级应用程序，并保证应用程序不会终止对请求的处理。如你所想，群集是 Web 应用程序工具中的一个宝贵的组成部分。

不过群集也有自己的缺点，因此必须要克服一些挑战。其中最大的一个挑战就是如何在应用程序的实例之间通信，尤其是当这些实例运行在不同的计算机中时，有时它们甚至会运行在分散的或断开的网络中，或在世界上不同的地域中。几十年来，工程师一直在重新设计群集消息系统，不断地在寻求更完美的消息系统，它要更稳定、更可靠和更快速。Advanced Message Queuing Protocol (AMQP)、Java Message Service(JMS)和 Microsoft Message Queuing (MSMQ)是目前最有竞争力的三种技术。当然，除了消息，应用程序群集中还有其他的挑战需要克服，本节将要讲解的是如何管理群集中的会话。

要学习本节的内容，首先需要了解一些负载均衡方面的基础知识，以及它的工作方式和常用的负载均衡策略。对这些话题的学习都需要大量的时间，并且也超出了本书的范围。

5.5.1　在群集中使用会话 ID

使用群集时立即会遇到的问题就是：会话以对象的方式存在于内存中，并且只存在于 Web 容器的单个实例中。在纯粹的循环赛或智能负载平衡的场景中，来自同一个客户端的两个连续请求将会访问不同的 Web 容器。第一个 Web 容器将会为它收到的第一个请求分配会话 ID，然后第二个请求将会由另一个 Web 容器实例处理，第二个实例无法识别其中的会话 ID，因此将重新创建并分配一个会话 ID。此时会话就变得无用了。

解决该问题的方法是使用粘滞会话。粘滞会话的概念是：使负载均衡机制能够感知到会话，并且总是将来自于同一会话的请求发送到相同的服务器。有许多种方式可以实现粘滞会话，主要取决于具体的负载均衡技术。例如，负载均衡器可能会感知到 Web 容器的会话 cookie，然后通过某种方式决定何时应该将请求发送到相同的服务器。或者某些负载均衡器可以在响应中添加它们自己的会话 cookie，然后在后续的请求中识别这些 cookie(是的，单个请求可能属于许多不同的会话，只要会话 cookie 名或会话 ID 传输技术不同)。

这两种技术潜在的缺点是，Web 容器不能使用 SSL/HTTPS，因为这将阻止负载均衡器检测或修改请求和响应。不过许多负载均衡器都支持 HTTPS 通信的加密和解密，所以应用程序仍然可以保持它的安全性；只是将加密机制从服务器移到负载均衡器(某些组织甚至喜欢使用这种方式，但记住：使用了它就无法将 SSL 会话 ID 用作 HTTP 会话 ID)。最后，某些负载均衡器还将使用源和目标 ID 地址来决定何时将多个请求发送到同一服务器，但出于同样的原因，使用 IP 地址创建 HTTP 会话也可能会带来麻烦。

Tomcat 环境中最常见的负载均衡方式是：使用 Apache HTTPD 或 Microsoft IIS Web 服务器在 Apace Tomcat 实例之间处理服务期间的负载均衡请求。Apache Tomcat Connector(http://tomcat.apache.org/connectors-doc/)提供了一种机制，可用于 Web 服务器与 Tomcat 之间的交互。该连接器的 mod_jk

组件是一个将请求转发至 Tomcat，并使用 Tomcat 会话 ID 提供粘滞会话能力的 Apache HTTPD 模块。同样地，isapi_redirect 也是一个提供了相同能力的 IIS 连接器(使用 IIS 时)。随着负载的增加，甚至可以创建一个群集负载均衡器来均衡多个 HTTPS 或 IIS Web 服务器之间的请求。

如图 5-5 所示，这是一种多层组织方式，在维护会话关系的同时，可以极大地提供高性能和可扩展性。连接器(mod_jk 或 isapi_redirect)使用了一个 Tomcat 中被称为会话 ID jvmroute 的概念，来决定应该将请求发送到哪个 Tomcat 实例。请考虑下面的会话 ID：

```
AA64E92624FFEA976C4148DF5BC6BA03
```

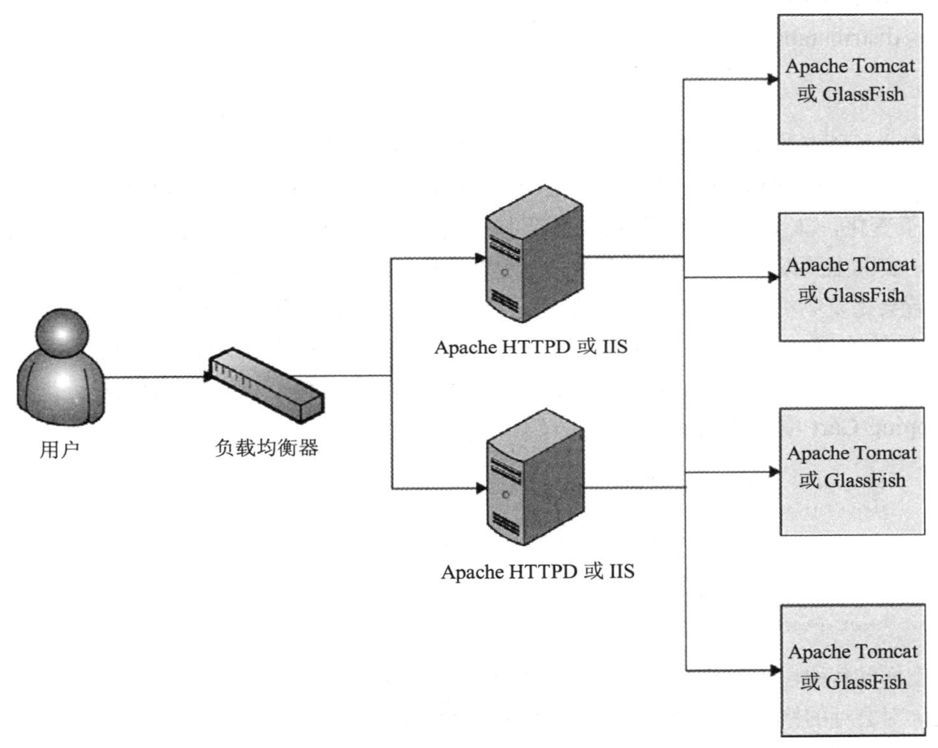

图　5-5

在具有多个 Tomcat 实例的负载均衡环境中，每个 Tomcat 实例都将在它的 conf/server.xml 配置文件的<Connector>元素中添加一个 jvmroute 配置。该 jvmroute 值将被添加到所有会话 ID 的末端。在一个具有 3 个 Tomcat 实例的群集中，它们的 jvmroute 分别为 tcin01、tcin02 和 tcin03，如果某个请求来自于实例 tcin02，那么同一个会话 ID 将会显示出不同的内容：

```
AA64E92624FFEA976C4148DF5BC6BA03.tcin02
```

从此时起，Web 服务器的连接器(mod_jk 或 isapi_redirect)将能够识别出该会话属于 Tomcat 的实例 tcin02，并总是将属于该会话的请求发送到该实例。如果应用程序中使用了 HTTPS，Web 服务器将不得不负责证书管理和加密/解密工作。使用 mod_jk 或 isapi_redirect 的优势在于，它们可以访问 SSL 会话 ID 并将该 ID 重新传输到 Tomcat，从而使 SSL 会话追踪可以正常工作。这种粘滞会话负载均衡方式同样适用于与 Apache HTTPD/mod_jk 和 IIS/isapi_redirect 一起工作的 GlassFish。

配置 mod_jk、isapi_redirect 和 Tomcat/GlassFish 的 jvmroute 的具体细节超出了本书的范围，并

且各个版本的配置也各不相同。具体请参考 Tomcat 和 GlassFish 的文档。WebLogic、WebSphere 和其他容器也都提供了类似的但完全不同的方式，具体细节请参考它们的文档。

5.5.2　了解会话复制和故障恢复

使用粘滞会话的主要问题是，它可以支持扩展性，但不支持高可用性。如果创建特定会话的 Tomcat 实例终止服务，那么该会话将丢失，并且用户需要重新登录。更糟的情况是，用户可能会丢失未保存的工作。出于这个目的，会话可以在整个群集中复制，因此无论会话产生于哪个实例，它们对所有的 Web 容器实例都是可用的。在应用程序中启用会话复制是很简单的。只需要在部署描述符中添加< distributable >标签即可：

```
<distributable />
```

这就完成了所有的配置工作。该标签中没有任何特性、嵌套的标签或内容。它的存在就代表了 Web 容器将在群集中复制会话。当会话在某个实例中创建时，它将被复制到其他实例中。如果会话特性发生了变化，该会话也会重新被复制到其他实例，使它们一直拥有最新的会话信息。

当然，实际上并没有这么简单。例如，该配置只是使应用程序支持可分布会话。它并未在 Web 容器中配置会话复制机制(这是一个复杂的话题，因此本书并未讨论)。它也并不意味着应用程序会自动遵守最佳实践。必须小心会话特性的设置(如果特性未实现 Serializable 接口的话，调用 setAttribute 方法时将抛出 IllegalArgurmentException 异常)以及如何更新那些会话特性。请考虑下面来自 Shopping-Cart 项目的代码片段：

```
@SuppressWarnings("unchecked")
Map<Integer, Integer> cart =
        (Map<Integer, Integer>)session.getAttribute("cart");
if(!cart.containsKey(productId))
    cart.put(productId, 0);
cart.put(productId, cart.get(productId) + 1);
```

对于上面的代码，Web 容器无法得知会话中的 Map(存储了购物车中的产品列表)已经发生了改变。因此，对会话的修改并未得到复制，这意味着其他实例容器无法得知购物车中的新产品。这个问题可以通过下面的方式解决：

```
@SuppressWarnings("unchecked")
Map<Integer, Integer> cart =
        (Map<Integer, Integer>)session.getAttribute("cart");
if(!cart.containsKey(productId))
    cart.put(productId, 0);
cart.put(productId, cart.get(productId) + 1);
session.setAttribute("cart", cart);
```

注意新增的粗体部分代码。这看起来很傻，因为只是使用同一对象替换了之前的 cart 会话特性。不过调用该方法将告诉容器会话已经发生了变化，并需要将它复制到其他容器中。任何时候对会话特性对象的修改，都需要重新调用 setAttribute 设置它，从而保证修改被复制到其他容器中。

另外还有一个与会话复制概念相关的监听器。任何添加到会话中的特性对象都可以实现 javax.servlet.http.HttpSessionActivationListener 接口。当会话被序列化并发送到其他服务器时，sessionWillPassivate 方法将会被调用，给绑定到会话的对象首先执行某些操作的机会。当会话在另一个容器中反序列化时，sessionDidActivate 方法将被调用，通知特性它已经被反序列化。

最后一点需要注意的是：粘滞会话和会话复制并不是互斥的概念。通常可以结合两者来实现会话故障恢复——会话仍然会被复制，但同一会话中的请求也将被发送到同一实例，直到该实例终止，此时请求将被发送到另一个已经得知此会话的实例。对于使用了粘滞会话故障恢复的应用程序，可以使用多种技术提高它的性能，但这超出了本书的讨论范围。Web 容器的文档应该可以描述清楚它支持的复制功能以及如何使用它们。

5.6　小结

本章首先介绍了会话的概念，以及如何在客户端和服务器之间创建会话。还学习了与会话有关的许多潜在安全漏洞中的一部分，以及对应的解决方法，同时还介绍了最安全的会话 ID 传输方法：使用 SSL 会话 ID。接下来我们在购物车应用程序中使用了会话，并为客户支持应用程序添加了登录支持。接着学习了如何检测会话的变化，并使用该技术在应用程序中建立了一个会话注册表。最后，本章介绍了群集会话相关的概念，以及实现群集会话的一些挑战和实现方式。在接下的 3 章内容中，我们将会学习一些新的技术，它们可以帮助更好地使用 JSP，同时也将帮助从 JSP 中移除 Java 代码。

第6章 在 JSP 中使用表达式语言

本章内容：

- 了解表达式语言(EL)
- 学习 EL 语法
- 在 EL 表达式中使用作用域变量
- 在 EL 表达式中使用 Java 8 流 API 访问集合
- 使用表达式语言替代 Java 代码

本章需要从 wrox.com 下载的代码

访问网址 http://www.wrox.com/go/projavaforwebapps 的 Download Code 选项卡，找到本章的代码下载链接。本章的代码被分成了两个主要的例子：

- User-Profile 项目
- Customer-Support-v4 Project 项目

本章新增的 Maven 依赖

除了之前章节中引入的 Maven 依赖，本章还需要下面的 Maven 依赖：

```
<dependency>
    <groupId>javax.el</groupId>
    <artifactId>javax.el-api</artifactId>
    <version>3.0.0</version>
    <scope>provided</scope>
</dependency>
```

6.1 了解表达式语言

到目前为止，我们已经学会了使用 Java 向 JSP 中输出动态内容。不过，第 4 章曾提到过：不鼓励使用声明、脚本和表达式。不仅是因为它们为 JSP 提供了过于强大的能力，还因为对于有很少或者没有 Java 基础的 UI 开发者来说，这将增加他们的开发难度。除了使用 Java 代码，一定还有其他简单的方式可以显示数据和执行简单操作。你可能会想到<jsp>标签，确实这些标签可以用于替换特定的 Java 操作。不过这些标签很笨重而且难于使用。我们需要的是一种对于 Java 开发者和 UI 开发者来说都易读且熟悉的技术，只需要一些简单的规则和操作就可以轻松访问和操作数据。

6.1.1　表达式语言的用途

表达式语言(EL)最初源自 JSP 标准标签库(JSTL)的一部分(在下一章中将会讲到)，用于在不使用脚本、声明或者表达式的情况下，在 JSP 页面中渲染数据。它的灵感和依据主要来自于 ECMAScript (JavaScript 的基础)和 XPath 语言。开始它被称为 Simplest Possible Expression Language(SPEL)，但之后被简称为表达式语言。EL 曾是 JSTL 1.0 规范(与 JSP 1.2 同时产生)中的一部分，并且只可以用作 JSTL 标签的特性。到了 JSP 2.0 和 JSTL 1.1，由于 EL 的流行，它的规范从 JSTL 规范移动到了 JSP 规范中，并且在 JSP 的任何部位都可以使用，不再限制于 JSTL 标签特性中。

与此同时，JavaServer Faces 也出现了，它基于 JSP 1.2 构建，可以替代普通的 JSP。JSF 也需要自己的表达式语言。不过，如果复用 JSP 现有 EL 的话，这样会有几个缺点。首先，JSF 需要在生命周期的特定时间控制表达式的执行。一个表达式可能需要在页面渲染期间执行，同时也需要在回传到 JSF 页面中时执行。另外，JSP 需要对方法表达式提供更好的支持。结果两种不同的但极其类似的表达式语言出现了——一种用于 JSP 2.0，另一种用于 JSF 1.0。

出现两种不同的 Java 表达式语言明显是不理想的，所以 JSP 2.1 规范努力尝试将 JSP 2.0 EL 和 JSF 1.1 EL 合并在了一起。结果就是现在的 Java 统一表达式语言(Java Unified Expression Language，JUEL)，它可同时用于 JSP 2.1 和 JSF 1.2。

尽管 JUEL 被 JSP 和 JSF 所共享，EL 并没有自己的 JSR，它仍然是 JSP 规范的一部分，尽管它已经有了自己的规范文档和 JAR artifact。到了 JSP 2.2，这种情况也并没有改变。EL 继续扩展和改进，到了 Java EE 7，它被移动到了自己的 JSR(JSR 341)中，并更新了对 lambda 表达式和 Java 8 Collections Stream API 的支持，这标志着 Java 统一表达式语言 3.0 的产生(或者简称 EL 3.0)。EL 3.0 随着 Java EE 7、Servlet 3.1、JSP 2.3 和 JSF 2.2 一起在 2013 年发布。本章将主要学习 EL 3.0，主要讲解它在 JSP 中的应用，至于 JSF 相关的特性只在需要进行比较的时候讲解。本章的大部分内容都主要关注于语法，并演示 EL 3.0 中新增的特性。

6.1.2　了解基本语法

EL 的基本语法描述了一个必须与其他 JSP 页面语法分开执行的表达式。JSP 转换器必须要能够检测到 EL 表达式的开始和结束，并能与页面的其他部分区分开，然后正确地解析和执行表达式。基本的 EL 语法有两种不同类型：立即执行和延迟执行。

1. 立即执行

立即执行 EL 表达式将在页面渲染的时候，被 JSP 引擎解析和执行。因为 JSP 从上向下执行，这意味着 EL 表达式将在 JSP 引擎发现它，并在继续执行其他页面部分之前执行它。如同下面的例子一样，EL 表达式应该被立即执行，其中的 expr 是一个有效的 EL 表达式。

```
${expr}
```

美元符号和开始/结束花括号定义了 EL 表达式的边界。在括号中的所有内容都将作为 EL 表达式执行。更重要的是，这意味着在 JSP 中不能将该语法用于任何其他目的；否则，它将作为 EL 表达式执行，并产生 EL 语法错误。如果需要通过该语法向响应中输出一些内容，那么需要将美元符号转义：

```
\${not an EL expression}
```

美元符号之前的后斜线将告诉 JSP 引擎这并不是一个 EL 表达式，也不应该被执行。之前的例子将被按照字面内容输出到响应中：\${not an EL expression}。还可以使用美元符号的 XML 实体$取代\$，结果是相同的。

```
&#36;{not an EL expression}
```

尽管 JSP 引擎同样会忽略该实体，但许多人还是觉得使用后斜线更简单。这只是个人的参考意见。当然，有时也需要在表达式之前添加后斜线，但仍然希望表达式执行。这时就必须使用后斜线的 XML 实体：

```
&#92;${EL expression to evaluate}
```

在这种情况下，后斜线之后的 EL 表达式仍将会执行和渲染。

2. 延迟执行

延迟执行 EL 表达式是统一表达式的一部分，主要用于满足 JavaServer Faces 的需要。尽管延迟执行语法在 JSP 中是合法的，但通常不会出现在 JSP 中。延迟执行语法看起来几乎与立即执行语法一致，如下面的例子所示，其中 expr 是一个合法的表达式：

```
#{expr}
```

在 JSF 中，延迟执行表达式将在页面渲染或者回传到页面时执行，或者同时在两个阶段内执行。本书将不会讲解它的具体细节，但必须要理解这与 JSP 是不同的，JSP 中的表达式没有生命周期的概念。在 JSP 中，#{}延迟执行语法只是一个有效的 JSP 标签特性，用于将 EL 表达式的执行推迟到标签的渲染过程中。不同于在特性值绑定到标签之前执行 EL 表达式(如${}一样)的方式，该标签的特性将获得一个对未执行 EL 表达式的引用。该标签可以在之后一个合适的时间，调用一个方法来执行 EL 表达式。这种技术在某些情况下是非常有用的，但很少使用，第 8 章将对该技术进行详细讲解。

使用延迟执行语法的一个潜在问题是，一些模板语言和 JavaScript 框架将#{}用作替换语法。因此，如果使用了这种替换语法，那么就必须将它们转义，避免引起与延迟执行 EL 表达式的冲突：

```
\#{not an EL expression}
&#35;{also not an EL expression}
```

不过，这对于某个使用了该语法的框架来说可能依然无法正常工作，如果需要经常使用该语法，或者如果有大量现有的 JSP 都需要使用 EL 2.1 或者更高版本，那么这可能是件痛苦的事(另外，XML 实体与 JavaScript 不兼容)。因此，还可以设置另一个选项，禁止将#{}当作延迟执行表达式执行。在部署描述符的<jsp-config>部分，可以向任何<jsp-property-group>中添加下面的标签：

```
<deferred-syntax-allowed-as-literal>true</deferred-syntax-allowed-as-literal>
```

该配置允许以字面的方式使用#{}语法，并在此情况下阻止使用转义标签。如果需要在单个 JSP 中控制该行为，则可以在任何 JSP 的 page 指令中使用 deferredSyntaxAllowedAsLiteral="true"特性。

本书的样例代码中将只会使用立即执行 EL 语法，只有一处用到延迟执行 EL 语法。第 8 章将讲解自定义标签和函数库，在定义自定义标签时会使用到<deferred-value>和<deferred-method>选项。该样例同时也演示了延迟执行语法的使用。

6.1.3 添加 EL 表达式

EL 可以直接用在 JSP 的任何位置，除了少数例外情况。首先，EL 表达式不能用在任何指令中，不要尝试这么做。在编译 JSP 时，指令(<%@ page %>、<%@ include %>和<%@ taglib %>)将会被执行，但 EL 表达式是在稍后渲染 JSP 时执行，所以在其中添加 EL 表达式是无法正常工作的。另外，JSP 声明(<%! %>)、脚本(<% %>)或者表达式(<%= %>)中的 EL 表达式也是无效的。如果用在任何一种情况中，EL 表达式都将被忽略，或者更坏的情况会导致语法错误。

除此之外，EL 表达式可以添加到其他任何位置。一种常见的情况是将 EL 表达式添加到输出到屏幕的简单文本中：

```
The user will see ${expr} text and will know that ${expr} is good.
```

该例子中包含了两个 EL 表达式，当表达式执行时，结果将会内嵌在文本中显示到屏幕。如果第一个表达式的执行结果为“red”，第二个表达式的执行结果为“it”，那么结果将显示为：

```
The user will see red text and will know that it is good.
```

另外，表达式还可以用在标准的 HTML 标签特性中，如下面的代码所示：

```
<input type="text" name="something" value="${expr}" />
```

HTML 标签特性并不是唯一可以使用 EL 表达式的地方。还可以在 JSP 标签特性中使用，如下面的代码所示：

```
<c:url value="/something/${expr}/${expr}" />
<c:redirect url="${expr}" />
```

如你所见，EL 表达式可以只是特性值的一部分。另外，特性值的任意一个或者多个部分都可以包含 EL 表达式。此时，你可能会想到另一个 HTML 特性，例如 JavaScript 或者层叠样式表。JSP 引擎不会解析这些 HTML 特性中的内容，它会将其中的内容当作普通文本输出到响应中，所以可以在引用或者文本形式中包含 EL 表达式：

```
<script type="text/javascript" lang="javascript">
    var employeeName = '${expr}';
    var booleanValue = ${expr};
    var numericValue = ${expr};
</script>
<style type="text/css">
    span.error {
        color: ${expr};
        background-image: url('/some/place/${expr}.png');
```

```
    }
</style>
```

到目前为止，我们已经学习了 EL 表达式的不同类型，以及可以使用 EL 表达式的位置，但尚未学习 expr 中可以包含的真正内容。下一节中将学习 EL 表达式可以包含的内容。

6.2　使用 EL 语法

EL 表达式与其他任何语言一样，有着特定的语法。如同 Java、JavaScript 和其他大多数语言一样，它的语法要求非常严格，如果违反了该语法，将会导致 JSP 在渲染时出现语法错误。不过，与 Java 不同的是，EL 语法是弱类型，并且它包含了许多内建的隐式类型转换，类似于 PHP 或者 JavaScript 这样的语言。表达式主要的规则是执行后要产生某个值。不能在表达式中声明变量、执行赋值语句或者不产生结果的操作(例如，${object.method()}只有在其中的方法返回非空值时，该表达式才是有效的)。EL 并不是设计用来替代 Java 的；相反，它的目的是为了提供一种创建 JSP 的工具，从而避免在 JSP 中使用 Java。

注意：尽管不能在 EL 表达式中声明变量，但是在 EL 3.0 规范中可以在表达式中为变量赋值。通过使用标准的赋值操作符=，在表达式中使用 A = B 的形式，将 B 的值赋给 A，只要 B 是一个可以输出到页面的值即可。所以，表达式${x=5}将把 5 赋给 x，并且在页面中渲染出 EL 表达式中的 5。

6.2.1　保留关键字

与任何其他关键字都一样，EL 也有自己的保留关键字。这些关键字只应该被用于特定的目的。变量、属性和方法的名字不应该与这些保留关键字相同。

- true
- false
- null
- instanceof
- empty
- div
- mod
- and
- or
- not
- eq
- ne
- lt

- gt
- le
- ge

开始的四个关键字同样也是 Java 保留关键字。可以像在 Java 中使用它们对应的关键字一样使用它们。关键字 empty 用于验证某些集合、Map 或者数组是否含有值，或者某些字符串是否含有一个或多个字符。如果它们为 null 或者“空”，那么表达式的结果将为真；否则，结果为假。

```
${empty x}
```

关键字 div 和 mod 分别对应着 Java 数学运算符除(/)和求余(%)，它们只是数学运算符的替代关键字。如果愿意的话，你仍然可以使用/和%。关键字 and、or 和 not 分别对应着 Java 逻辑运算符&&、||和!。如同数学运算符一样，如果你愿意，也可以仍然使用传统的逻辑运算符。最后，eq、ne、lt、gt、le 和 ge 运算符分别是 Java 关系运算符==、! =、<、>、<=和>=的替代关键字(你仍然可以使用传统的关系运算符)。

6.2.2　操作符优先级

与其他语言一样，所有之前讲到的操作符与 EL 中的其他操作符都是有优先级的，这点很重要。这个顺序更像是直观上的顺序，与 Java 中的操作符优先级并没有什么不同。更重要的是，与 Java 和数学方程式一样，优先级相同的操作符将按照它们出现的顺序，从左向右执行。

EL 表达式中第一个执行的操作符是括号[]和点(.)解析操作符。请看下面的表达式：

```
${myCollection["key"].memberName["anotherKey"]}
```

引擎首先将解析对象 myCollection 中映射到 key 的值。然后在该值中解析 memberName 方法、字段或者属性。最后在该方法、字段或者属性中再解析 anotherKey 所对应的值。在这些操作符都执行之后，下面开始解析分组圆括号操作符()。这些操作符用于改变其他操作符的优先级，如同它们在 Java 或者数学方程式中的作用一样。

第三类要考虑的运算符包括一元负号(-)、not、! 和 empty。接下来，EL 引擎将首先执行数学运算符乘(×)、除(/)、div、取余(%)和 mod，然后执行加号(+)和二进制减号(-)运算符，如同它们在数学方程式的顺序一样。在此之后，EL 引擎将要执行的是字符串连接运算+=(EL 3.0 新增的运算符)。然后执行比较关系运算符<(或者 lt)、>(或者 gt)、<=(或者 le)和>=(或者 get)，再接着是相等关系运算符==(或者 eq)和! =(或者 ne)。在此之后 EL 引擎将按照从左到右的顺序执行所有的&&和 and 运算符，然后从左到右执行所有的||和 or 运算符，最后从左到右执行所有的?和:条件运算符。

EL 引擎将要执行的下一个运算符是 EL 3.0 规范中新增的 lambda 表达式操作符(->)。它与 Java 8 lambda 表达式操作符有着相同的语法和语义。不过，它并不需要运行在 Java 8 上。在此之后，EL 引擎将执行赋值操作符=，该操作符同样也是在 EL 3.0 规范中新增的特性。该操作符将把操作符右侧的某些表达式的值赋给左侧的变量。该 EL 表达式最终的结果变成了操作符左侧变量的值。例如下面的表达式：

```
${x = y + 3}
```

假设该表达式在运行时，y 的值为 4。那么表达式 y+3 结果为 7，因此 7 被赋给了变量 x。因为表达式的最终结果是 x 的值，因此${x = y + 3}的结果为 7。

EL 引擎执行的最后一个操作符是分号(；)，它同样也是 EL 3.0 规范中新增的特性。该操作符看上去与 C 中的逗号(，)相像，它允许在表达式中同时使用多个表达式，但只有最后一个表达式的值会被保留下来。例如下面的表达式：

```
${x = y + 3; object.callMethod(x); 'Hello, World!'}
```

该 EL 表达式中一共使用了 4 个表达式：

- 如果 y 的值为 4，那么表达式 y+3 的结果为 7。
- 该结果将被赋给 x。
- 变量 object 上的 callMethod 方法被调用，并将 x(7)作为参数传给它。
- 最后执行字符串字面量“Hello，World！”。该表达式的最终结果是最后一个分号之后的表达式“Hello，World！”。

表达式 x=y+3 和 object.callMethod(x)的结果将被丢弃。这是非常有用的，例如现在我们可能需要将某个值赋给 EL 变量，然后将该变量包含在其他表达式中，而不是输出它。

为了清晰地显示出这些操作符之间的优先级，下面的列表总结了所有操作符的优先级，按顺序从上(最高优先级)到下(最低优先级)显示，其中只使用了符号，没有其他形式的表示。记住，对于具有相同优先级的操作符，它们将按照在表达式中出现的顺序依次从左向右执行。

```
[], .
()
unary -, !, not, empty
*, /, div, %, mod
+ math, binary -
+= string
<, lt, >, gt, <=, le, >=, ge
==, eq, !=, ne
&&, and
||, or
?, :
->
=
;
```

注意：在 Java 中，使用 equals 方法测试两个对象是否相等。例如，为了测试两个字符串是否相等，需要使用“Hello”.equals(“Hello”)，而不是“Hello”==“Hello”。后一种形式用于测试两个引用是否指向同一实例，而不是测试两个对象是否相等。不过，EL 表达式将使用==或者 eq 操作符测试对象是否相等，而不是调用 equals 方法(在 EL 中无法测试两个引用是否相同)。同样地，EL 表达式将使用！=或者 ne 而不是！“Hello”.equals(“Hello”)测试对象是否不等。

关系比较运算符<、lt、>、gt、<=、le、>=和 ge 类似于相等运算符。任何两个实现了 java.lang.Comparable 接口的对象都可以使用比较运算符进行比较，只要它们的类型相同或者其中一个对象可以被强制转型成另一个对象的类型。所以 EL 中的${o1 >= o2}和${o1 ge o2}等同于 Java 中的 o1.compareTo(o2)>= 0，而${o1 <o2}和${o1 lt o2}等同于 Java 中的 o1.compareTo(o2)< 0。

字面量

统一表达式语言可以通过使用特定的语法指定字面量。之前已经介绍过的 true、false 和 null 关键字，它们都是字面量。

另外，EL 也可以有字符串字面量。与 Java 不同，Java 中的字面量必须使用双引号引起来，EL 中的字符串字面量既可以使用双引号也可以使用单引号，类似于 PHP 和 JavaScript。所以，以下两种表达式都是有效的。

```
${"This string will be rendered on the user's screen."}
${'This string will also be "rendered" on the screen.'}
```

如你所见，使用这两种字符串字面量各有优劣，在许多情况下针对特定的需求，使用最简单的方式即可。如果某些字符串中已经使用了单引号，那么该字面量可能使用双引号更简单。类似地，如果字符串中包含了双引号，那么可能使用单引号更简单。

不过，还有一件必须要注意的事情是：JSP 标签特性中使用的 EL 表达式字符串字面量。因为它们都将由 JSP 引擎执行，特性值两边的引号和字符串字面量两边的引号会发生冲突。因此，以下两个 EL 表达式特性值都是无效的，而且这将导致语法错误：

```
<c:url value="${"value"}" />
<c:url value='${'value'}' />
```

有两种方式可以解决这个冲突。要么在特性和字面量中使用不同的引号类型，要么将字面量中的引号转义。以下的例子都是有效的表达式特性。

```
<c:url value="${'value'}" />
<c:url value='${"value"}' />
<c:url value="${\"value\"}" />
<c:url value='${\'value\'}' />
```

通常来说，使用不同的引号要比使用转义简单得多。但如果字符串变量自身已经包含了单引号或者双引号，然后需要将包含它的表达式添加到特性值中，该如何处理呢？没有其他的方法。必须将其中一些引号转义。下面的 6 行代码都使用了这种方式处理冲突：

```
<c:url value="${'some \"value\"'}" />
<c:url value='${"some \"value\""}' />
<c:url value="${'some \'value\''}" />
<c:url value='${"some \'value\'"}' />
<c:url value="${\"some 'value'\"}" />
<c:url value='${\'some "value"\'}' />
```

如果需要在特性值的字符串字面量中交叉使用单引号和双引号，该如何处理呢？此时，整个特性就变得有些麻烦了：

```
<c:url value="${'some attribute\'s \"value\"'}" />
<c:url value='${"some \"attribute\" \'value\'"}' />
```

如你所见，这样下去将会迅速失控。因此如果可能，最好保持字符串字面量尽可能的简单。关于字符串字面量最后一件需要注意的事是：在 Java EE 7 的表达式语言 3.0 中，可以如同 Java 一样，将 EL 表达式中的字符串字面量相连接。以下 3 个例子是相等的，它们将产生相同的结果。

```
The user will see ${expr} text and will ${expr}.
${'The user will see ' += expr += " text and will " += expr += '.'}
${"The user will see " += expr += ' text and will ' += expr += "."}
```

如果某些对象中的 expr 结果不是字符串，它将被强制转型为字符串(调用该对象的 toString 方法)。

与 Java 相比，EL 中的数值字面量被简化了，它甚至可以在特定的对象之间执行数学计算，这在 Java 中是无法做到的。例如下面的 3 个整型数字字面量：

```
${105}
${-132147483648}
${139223372036854775807}
```

- 第一个字面量是隐式的 int，在表达式执行时将被当作整型处理。
- 第二个字面量的值要大于 int。在 Java 中，这样的表达式将出现语法错误，除非在数字的末端添加一个 L，表示它是 long，但在 EL 中，它将被隐式地转换为 long 类型。
- 第三个字面量比 long 的范围也大得多，所以它将被隐式地转换为 BigInteger。

所有这些转换都将自动进行，不需要任何干涉。以下的数字字面量将被转型为小数类型：

```
${105.509}
${3400000000000000000000000000000000000001.0}
${1.79769313486231570e+309}
```

类似于整型，这些字面量将分别被转型为 float、double 和 BigDecimal。需要注意的是，Java 中的默认字面量小数类型是 double，而 EL 中则默认为 float，除非需要更大的精度。在使用 EL 表达式时要记住这一点。不能显式地指定字面量类型——它们总是以隐式的方式进行处理。

EL 表达式使数学计算变得更简单，所以所有的类型转换和精度升级都将以隐式的方式完成，并且数学运算符也可用于 BigInteger 和 BigDecimal 类型。例如下面的例子，它将两个数字相加然后返回结果：

```
${12 + 1.7976931348623157Oe+309}
```

加号运算符左侧的数值是一个整型，而右侧是一个隐式的 BigDecimal。在 Java 中如果要实现相同的事情，需要编写以下代码：

```
new BigDecimal(12).add(new BigDecimal("1.7976931348623157Oe+309"));
```

而 EL 引擎则帮你处理了所有的事情。首先，它将把 12 从 int 转型为 BigDecimal；然后将加号运算符转换成对 add 方法的调用。

注意：在 Java 中，数字可以表示为标准字面量(基数为 10，如 83)、八进制字面量(基数为 8，如 0123)、十六进制字面量(基数为 16，0x53)或者二进制字面量(基数为 2，如 0b01010011)。在 EL 表达式中，只允许使用十进制字面量。对于其他类型的字面量，EL 表达式中没有对应的用法。另外，Java 中允许在数字字面量中使用下划线(1_491_188、0b0101_0011))以便于区分数字分组，EL 表达式同样不允许。数字字面量必须是连续的。

还有其他三种常用的原生字面量，分别是 char、byte 和 short。通常不需要在 EL 表达式中使用这些数据类型，但如果需要使用 char、byte 或者 short 类型的数据作为参数调用某个函数时，可以使用它们。EL 并未包含这些类型的具体字面量，但可以在必要的时候将其他字面量强制转型为 char、byte 和 short。

对于 char、null、"字符串字面量或者""字符串字面量都将被转换为 null 字节字符(0x00)。单字符字符串字面量(单引号或者双引号)将被强制转型为与它对等的 char 类型字符。在 0 到 65535 之间的整型数字也可以被强制转型为 char 类型。任何其他类型、任何多字符字符串或者任何在 0 到 65535 范围之外的数字在转型为 char 时都将出现错误。

在必要的时候，整型数字也可以被强制转型为 byte 或者 short，只要该数字没有超出 byte 或者 short 的范围。否则，在强制转型时将会出现错误。

最后一种字面量类型不是原生数据类型，而是用于创建不同集合的字面量。集合字面量构造原本将作为对 Java Collections API 的改进出现在 Java 8 中，不过最终被推迟到了 Java 9 中(目前来说是这样的)。不过，该特性被添加到了 EL 3.0 中。无论何时需要，都可以直接在 EL 表达式中创建集合。该语法相当地直观，与 JavaScript 和其他语言中的语法非常相似，与 Java 9 中建议使用的语法保持一致。通过使用 EL 集合字面量可以构造集合、列表和 Map，构造实例时将会使用它们的默认实现。字面量集合将会构造出 HashSet<Object>，字面量列表将会构造出 ArrayList<Object>，而字面量 Map 将构造出 HashMap<Object, Object>。例如下面的集合字面量：

```
{1, 2, 'three', 4.00, x}
```

该样例将构造出一个包含了 5 个不同类型元素的 HashSet<Object>。第 5 个对象 x 可以是任何数据类型。字面量集合中的元素将以逗号分隔开。有时可能需要创建出一个集合用作参数调用某个方法，例如：

```
${someObject.someMethod({1, 2, 'three', 4.00, x})}
```

构造列表的方法与构造集合的方法基本一致，区别在于列表使用的是方括号，而集合使用的是花括号，并且列表的用法与 JavaScript/JSON 中数组的用法一致：

```
[1, 2, 'three', [x, y], {'foo', 'bar'}]
```

注意 ArrayList<Object>中的第 4 个元素是另一个列表，第 5 个元素是一个集合。可以通过在一个集合对象中插入另一个集合对象的方式嵌套集合。与集合一样，列表中的元素也将以逗号分隔。

最后创建一个 HashMap<Object，Object>的集合字面量，与 JavaScript 和 JSON 中的对象字面量语法一致：

```
{'one': 1, 2: 'two', 'key': x, 'list': [1, 2, 3]}
```

这里的元素也都以逗号分隔开。不过 Map 更复杂一些，因为它们要求包含键值对，而不只是值。所以该字面量中的每个元素都是一对由分号分隔开的对象，分号左侧的对象是键，分号右侧的对象是值。该字面量的 list 键被映射到了一个包含了 1、2 和 3 的列表对象上。

6.2.3　对象属性和方法

EL 除了使用公共访问方法访问属性的标准语法，还提供了访问 JavaBean 中属性的简化语法。不可以在 EL 表达式中访问公开字段。假设现在有一个名为 Shirt 的类，它包含了一个公开字段 size。现在有一个名为 shirt 的变量，尝试使用下面的 EL 表达式访问 size 字段：

```
${shirt.size}
```

这种方式是行不通的。当 EL 引擎看到该语法时，它将寻找 shirt 中的属性而不是字段。但什么是属性呢？现在对 Shirt 类进行修改，使用标准的 JavaBean 访问和设置方法 getSize 和 setSize 将 size 封装为私有字段。现在表达式 shirt.size 就变成了调用 shirt.getSize()的快捷方式。这种方式可应用于任何类型的任何字段。只要它有标准的 JavaBean 访问方法，就可以通过这种方式访问。如果 Shirt 有一个名为 styleCategory 的字段，并具有访问方法 getStyleCategory，就可以通过 shirt.styleCategory 访问该字段。对于 boolean 字段(并且只有 boolean 字段)，它的访问方法可以以 get 或者 is 开头。所以对于名为 expired 的字段，类中只要有访问方法 getExpired 或者 isExpired，就可以通过 shirt.expired 访问该字段。

这并不是访问 JavaBean 中属性的唯一方法。在 ECMAScript 和 XPath 语言中，还可以使用[]操作符访问属性。下面的表达式将分别使用 getSize、getStyleCategory 和 getExpired 或者 isExpired 方法访问属性 size、styleCategory 和 expired。

```
${shirt["size"]}
${shirt["styleCategory"]}
${shirt["expired"]}
```

在 EL 的早期版本中，只可以访问 JavaBean 属性，不可以调用对象的方法。不过 EL 2.1 添加了在 JSP 中调用对象方法的能力。因此，可以通过${shirt.getSize()}访问 Shirt 的 size 属性，而不是${shirt.size}。不过后者更简单。在调用一个需要传入参数并且具有返回值的函数时，方法调用特别有用。

假设现在有一个代表数学复数的不变类 ComplexNumber(实数和虚数的组合，形式为 a + b*i*)。毫无疑问该类将会提供一个用于与其他数字相加的 plus 方法(还可能会有用于与 integer、double 或者另一个 ComplexNumber 相加的重载函数)。如下面的样例所示，调用 plus 方法并传入一个参数，最终返回的将是该表达式的结果：

```
${complex.plus(12)}
```

在本例中，EL 表达式将会隐式地调用结果 ComplexNumber 对象的 toString 方法，最终渲染出 ComplexNumber 的字符串表示。不过，假设现在希望使用斜体表示字符串表示中的 *i*，从而使它看起来更像一个复数的正确数学表示。那么可以通过调用 ComplexNumber 类的 toHtmlString 方法。如下面的样例所示：

```
${complex.plus(12).toHtmlString()}
```

该表达式中使用了链式方法调用，与标准 Java 代码中该操作符的用法一致。

6.2.4　EL 函数

在 EL 中，函数是映射到类中静态方法的一个特殊工具。如同兼容模式的 XML 标签一样，函数将被映射到命名空间。函数调用的语法如下所示：[ns]是命名空间，[fn]是函数名，从[a1]到[an]都是参数：

```
${[ns]:[fn]([a1[, a2[, a3[, ...]]]])}
```

函数在标签库描述符(TLD)中定义，这听起来可能有点奇怪，因为函数并不是标签。该用法来自于早期的 EL 规范，当时它仍是标准标签库的一部分，并且只可以在 JSP 标签特性中使用。因为 TLD 概念已经支持了命名空间的理念，所以将 EL 函数定义保留在 TLD 中是合理的。

第 8 章将学习更多 TLD 以及标签和函数定义方面的内容。不过，JSTL 中已经定义了一套函数，可用于满足开发者在开发 JSP 时的需求。所有的函数都可以通过某种方式处理字符串——修建、搜索、连接、分割、转义等。按照惯例，JSTL 函数库的命名空间为 fn；不过，也可以在 taglib 指令中使用任何其他命名空间。下一节中将练习使用 EL 函数，这里先列出一些比较常见的 JSTL EL 函数：

- ${fn:contains(String, String)}——该函数将测试第 1 个字符串是否包含了第 2 个字符串的 1 个或多个实例，如果包含，即返回真。
- ${fn:escapeXml(String)}——如果输出的字符串中可能包含特殊字符，则可以使用该函数将这些特殊字符转义。<变成了<，>变成了>，&变成了&，"变成了"。在防止跨站脚本(XSS)攻击时，该工具尤其重要。
- ${fn:join(String[], String)} ——该函数将使用指定的字符串作为分隔符，将字符串数据中的字符串连接起来。例如，使用逗号作为分隔符，将一组邮件地址连接成一个字符串显示在页面中。
- ${fn:length(Object)} ——如果参数是一个字符串，该函数将调用指定字符串的 length 方法，并返回它的结果。如果参数是一个 Collection、Map 或者数组，它将返回 Collection、Map 或者数组的大小。不支持其他的类型。这可能是 JSTL 中最有用的函数。

- ${fn:toLowerCase(String)}和${fn:toUpperCase(String)}——可以使用这些函数将字符串的大小写改变成全部小写或者全部大写。
- ${fn:trim(String)}——该函数将去除指定字符串两端的空白。

JSTL 中还有更多可用的函数，请单击链接 http://docs.oracle.com/javaee/5/jstl/1.1/docs/tlddocs/fn/tld-summary.html 查看它们。这是 Java EE5 中 JSTL 1.1 的文档。但是，Java EE 6 和 Java EE 7 中没有为 JSTL 1.2 准备轻松可用的 HTML 文档。

6.2.5　静态字段和方法访问

表达式语言 3.0 中新增的特性，可以访问 JSP 类路径中任何类的公开静态字段和公开静态方法。你可能会认为这种方式为 JSP 开发者赋予了过于强大的能力，使他们可以完成任何可以在脚本中完成的事情。这是好是坏完全取决于个人，但该特性已经存在于 EL 3.0 中，并且无法禁止。

与 Java 访问静态字段和方法的方式相同：在 EL 中使用完全限定的类名，接着是点操作符，再接着字段或者方法名。例如，可以通过下面的表达式访问 Integer 类的 MAX_VALUE 常量：

```
${java.lang.Integer.MAX_VALUE}
```

除非使用的类已经使用 JSP page 指令导入，否则必须使用完全限定的类名。记住：在 JSP 中，如同 Java 一样，所有在 java.lang 包中的类都已经被隐式地导入了。因此，之前的表达式可以被重写为：

```
${Integer.MAX_VALUE}
```

通过这种方式可以访问所有 JSP 类路径中的类的静态字段或者方法。必须要注意的是只可以读取这些字段的值，不能修改它们(当然，如果一个字段是 final，无论怎样也无法修改它)。调用某个类上的静态方法同样简单。假设希望反转数字中每个位的顺序，并查看修改的数字：

```
${java.lang.Integer.reverse(42)}
${Integer.reverse(24)}
```

该表达式将调用 Integer 类的静态 reverse 方法，并将数字 42 作为它的参数传入。除了调用已命名的静态方法，还可以调用类的构造函数，它将返回一个该类的实例，可基于该实例进一步访问属性、调用方法或者将它强制转型为字符串用于输出。

```
${com.wrox.User()}
${com.wrox.User('First', 'Last').firstName}
```

尽管静态方法访问可以完全替代 EL 函数和函数库，但这不意味着就不需要使用函数库。之前对 Integer.reverse 静态方法的调用可能是很方便的，但如果使用的是映射到 Integer 静态方法的 int 函数库，这将会更加方便，如下面的样例所示：

```
${int:reverse(42)}
```

这看起来似乎并不比之前的调用短，但对于类名特别长的情况，函数库的优势就显现出来了。静态字段访问的优势之一在于对枚举的访问，下一节将进行讲解。

6.2.6　枚举

现在终于可以通过某种方式使用 Java 枚举了，如果之前使用过 Java 的话，你可能已经意识到枚举的用途和强大之处。从传统上来讲，EL 中的枚举将在必要的时候被强制转型为字符串，或者从字符串强制转型为枚举。例如，现在 JSP 中有一个局部变量 dayOfWeek，它是 Java 8 新增的日期和时间 API 中 java.time.DayOfWeek 枚举的实例。可以使用下面的布尔表达式测试 dayOfWeek 代表的是不是星期六：

```
${dayOfWeek == 'SATURDAY'}
```

变量 dayOfWeek 将被转换为字符串，并与'*SATURDAY*'相比较。在 Java 中，该转换无法自动完成。尽管这种方式很方便，但它并不是类型安全的。如果错误拼写了星期六这个单词(或者如果星期六不再是一周中的一天)，IDE 可能无法发现这个问题，如果在持续集成中编译 JSP(用于检查 JSP 编译时错误)，同样也无法发现该问题。不过，到了 EL 3.0，可以使用静态字段访问语法实现类型安全的枚举常量引用。毕竟，枚举常量只是他们枚举类型的公共静态的、不可改变的字段。

```
${dayOfWeek == java.time.DayOfWeek.SATURDAY}
```

另外，如果在 JSP 中导入了类 DayOfWeek，那么该表达式将几乎与之前使用的表达式一样简单(更像在 Java 代码中的使用方式)：

```
${dayOfWeek == DayOfWeek.SATURDAY}
```

最后两种技术是类型安全的，可以由 IDE 验证，也可以在编译时验证。无论你使用的是哪种方式，我们都推荐采用类型安全的方式。

6.2.7　lambda 表达式

在表达式语言 3.0 的许多新特性中，lambda 表达式也是其中之一。一个 lambda 表达式就是一个匿名函数，通常它将被作为参数传入到一个更高级的函数中(例如 Java 方法)。在大多数情况下，lambda 表达式是一个参数名字的列表(如果函数没有参数，可能使用的是某些占位符)，紧着是某种类型的操作符，最后是函数体。在某些支持 lambda 表达式的语言中，该顺序可能会以逆序的方式显示或者使用不同的顺序。EL 中的 lambda 表达式语法几乎与 Java 8 中的 lambda 表达式一致。两者主要的区别是：Java 的 lambda 表达式体中可以包含任何对于 Java 方法来说合法的代码，而 EL 的 lambda 表达式体中包含的则是另一个 EL 表达式。

如同 Java lambda 表达式一样，EL lambda 表达式将使用箭头操作符->分隔左侧的表达式参数和右侧的表达式。另外，如果只有一个参数的话，表达式参数两侧的圆括号是可选的。以下是两个有效的 EL lambda 表达式：

```
a -> a + 5
(a, b) -> a + b
```

当然，这些 lambda 表达式自身并不是完整的 EL 表达式。必须再添加一些其他 EL 表达式的语法才算完整。以下是两个使用了 lambda 表达式的有效 EL 表达式：

```
${(a -> a + 5)(4)}
${((a, b) -> a + b)(4, 7)}
```

之前的 EL 表达式中，声明了 lambda 表达式并立即执行了该表达式。这两个 EL 表达式的执行结果分别为 9 和 11。注意 lambda 表达式也将由圆括号括起来。这避免了将 lambda 表达式与周围的代码混淆的问题，并且通过这种方式可以立即执行该表达式。另外，还可以定义在之后使用的 EL lambda 表达式：

```
${v = (a, b) -> a + b; v(3, 15)}
```

第二个表达式的输出是 18，因为它执行了分号之前定义的 lambda 表达式。lambda 表达式 *v* 现在可以在页面中该表达式之后的任何其他 EL 表达式中使用。如果 lambda 表达式非常复杂，那么采用这种方式是非常方便的。

最后，在 EL 表达式内可以将 EL lambda 表达式作为参数传入到方法调用中：

```
${users.stream().filter(u -> u.lastName == 'Williams' ||
   u.lastName == 'Sanders ').toArray()}
```

6.2.8　集合

EL 可以使用点和中括号操作符轻松地访问集合。如何使用操作符取决于所使用集合的类型。记住在 Java Collections API 中，所有集合只能是 Collection 或者 Map。在 Map 的层次之中，可能有许多不同类型的子类，不过它们有着相同的结构：某个键与某个值关联在一起。而 Collection 的层次就更复杂一点。它包括了集合、列表和队列。因为每种集合的使用方式都稍有不同，所以 EL 对每种类型的方法的支持也稍有不同。

访问 Map 的值的方式相当简单，与 JavaBean 中访问属性的方式很相像。假设现在有个名为 map 的 Map，其中键 username 被映射到了值“Jonathon”上，键 userId 被映射到了值“27”上。如下面的样例所示，可以使用中括号操作符访问 map 的这两个属性：

```
${map["username"]}
${map["userId"]}
```

这只是访问 Map 值的其中一种方式。还可以将键当作 bean 属性使用，通过点操作符访问它们的值：

```
${map.username}
${map.userId}
```

尽管第二种方式使用了更少的字符(准确的说，总是会少 3 个字符)，但有些人觉得第一种方式更自然，也更像在一种支持操作符重载的语言中访问 Map 值的方式。使用自己觉得舒服的方式即可。不过，也要注意使用点操作符访问 Map 值时所存在的一些限制。首先键名必须是 Java 中的标识符，否则必须使用中括号操作符访问键值，而不能使用点操作符。这意味着：键名中不能包含空格、句号或者连字符，不能以数字开头，不能包含大多数特殊字符(尽管 Java 支持在标识符使用一些让人惊讶的特殊字符，例如美元符号($)和 å, é, è, î, ö, ū 和 ñ 这样的重音字符等。如果它包含了任何在 Java 标识符中非法的字符，就必须使用中括号。如果不确定的话，谨慎起见最好还是使用中括号。

访问列表也同样的简单；不过，你会对它的包容性感到惊讶。例如，现在有一个列表(命名为 list)，它包含了值“blue”、“red”和“green”，按照 0 到 2 的顺序依次存储。下面将通过中括号操作符将它当作一个数组来访问其中的值。如下面的样例所示：

```
${list[0]}
${list[1]}
${list[2]}
```

但不能将列表索引当作属性然后通过点操作符访问它们。这将导致语法错误：

```
${list.0} <%-- EL 转换器将会抱怨这里有语法错误--%>
```

不过，EL 允许使用字符串字面量代替数字用作列表索引，如同使用 Map 一样，将 List 索引作为键访问键值：

```
${list["0"]}
${list['1']}
${list[2]}
```

使用字符串字面量的唯一规则是所使用的字符串必须能够转换为整数；否则，代码中将出现运行时异常。尽管这提供了一定的灵活性，但并没有理由这么做，因为这样会导致其他开发者产生困惑，误将列表(名字可能并不是 list)错认为 Map。我们推荐使用数字字面量。

其他两种集合的值，集合和队列不能通过 EL 访问。这些集合并未提供直接访问值的方式，例如列表中的索引或者 Map 中的键。在集合和队列中也没有访问方法。只能通过遍历的方式访问它们——下一章将会进行讲解。不过，与其他所有类型的集合一样，可以使用 empty 操作符测试集合和队列是否为空。

```
${empty set}
${empty queue}
```

可以通过使用 EL 集合流完成更多的事情，本章的“集合流”一节中将进行详细的讲解。

6.3　在 EL 表达式中使用作用域变量

表达式语言对作用域变量的支持，以及它解析变量的方式都使它变得非常有用。回想下第 4 章的内容，JSP 中包含了一套隐式变量(request、response、session、out、application、config、pageContext、page 和 exception)，可用于从请求、会话和执行环境中获取信息，还可以用于修改响应信息。EL 有着类似的隐式变量；不过，在解析未知变量时，它也有隐式作用域的概念。通过它们，可以使用最少的代码从不同的源中获得信息。本节将对这些知识点进行讲解。

本节将使用 User-Profile 项目，可以从 wrox.com 代码下载站点下载到。如果从头开始创建，一定要确保 web.xml 文件中使用了第 4 章中的<jsp-config>配置和第 5 章中的<session-config>配置，并且创建一个只含有标签<c:redirect url="/profile" />的 index.jsp。

之前章节中使用的/WEB-INF/jsp/base.jspf 文件在此将做出一点改变。本节除了声明 c 标签库，它还将声明 fn 函数库：

```
<%@ taglib prefix="c" uri="http://java.sun.com/jsp/jstl/core" %>
<%@ taglib prefix="fn" uri="http://java.sun.com/jsp/jstl/functions" %>
```

关于作用域的说明

在本节中将提到 4 种不同的特性作用域(页面、请求、会话和应用程序)，但你不需要明白它们的区别和具体含义。每个作用域都比它之前的作用域范围要大。你应该已经熟悉了请求的作用域：它从服务器接收到请求开始，一直到服务器完成处理并将响应返回到客户端。请求作用域存在于所有可以访问请求对象的地方，绑定到请求的特性在请求完成之后也会无效。

第 5 章曾学习过会话和会话特性，所以现在你应该已经明白，会话作用域可以存在于请求之间，任何访问 HttpSession 对象的代码都可以访问会话作用域。当会话无效之后，它的特性也会解除绑定，会话作用域也将结束。

页面和应用作用域则有些不同。页面作用域封装了特定页面(JSP)和请求的特性。当变量绑定到页面作用域时，它只在该 JSP 页面中可用，并且只在该请求的生命周期内有效。其他 JSP 和 Servlet 不能访问绑定到页面作用域的变量，并且当请求完成时，变量也会解除绑定。通过访问 JspContext 或者 PageContext 对象，可以使用 setAttribute 和 getAttribute 存储和获取页面作用域中存在的特性。应用作用域是范围最广的作用域，在所有的请求、会话、JSP 页面和 Servlet 中都可以访问该作用域。第 3 章学过的 ServletContext 代表了应用作用域，存储其中的特性即存在于应用作用域中。

6.3.1　使用隐式的 EL 作用域

EL 在 EL 表达式的作用域中定义了 11 个隐式变量，本节将对所有的隐式变量进行讲解。因为隐式作用域能够解析请求、会话、页面或者应用作用域中的特性，所以它非常有用，使用也非常广泛。当 EL 表达式引用了一个变量时，EL 求值程序将按照下面的流程解析变量：

(1) 检查该变量是否属于隐式变量。

(2) 如果变量不在 11 个隐式变量之中，EL 求值程序将在页面作用域中寻找特性(PageContext.getAttribute(“variable”))，检查其中是否包含了同名的变量(大小写敏感)。如果找到了一个匹配的页面作用域特性，它将使用该特性值作为变量的值。

(3) 如果未找到匹配的页面特性，求值程序接着将寻找同名的请求特性(HttpServletRequest.getAttribute(“variable”))。如果找到了，就使用该特性值作为变量值。

(4) 接着求值程序将寻找同名的会话特性(HttpSession.getAttribute(“variable”))。如果找到了，就使用该特性值作为变量的值。

(5) 接着求值程序将寻找同名的应用特性(ServletContext.getAttribute(“variable”))。如果找到了，就使用该特性值作为变量的值。

(6) 在求值程序搜索完所有的位置之后，如果它未找到匹配变量名的隐式变量或者特性，它将会报出错误。

该特性的强大之处就在于，为了使用这些对象的特性，你不需要获得 HttpServletRequest 或 HttpSession 的实例。User-Profile 项目的 ProfileServlet 和 profile.jsp 文件中展示了这一点。首先让我们查看 com.wrox.User 类，它包含了几个私有字段，这些字段都有对应的访问和设置方法：

```
public class User
{
    private long userId;
    private String username;
    private String firstName;
    private String lastName;
    private Map<String, Boolean> permissions = new Hashtable<>();
...
```

```
    //设置方法和访问方法
    ...
}
```

这是一个简单的 POJO，你可以使用它保存用户相关的信息。因为我们需要通过某种方式查看该信息，所以接下来创建一个非常简单的 ProfileServlet:

```
@WebServlet(
        name = "profileServlet",
        urlPatterns = "/profile"
)
public class ProfileServlet extends HttpServlet
{
    @Override
    protected void doGet(HttpServletRequest request, HttpServletResponse response)
            throws ServletException, IOException
    {
        User user = new User();
        user.setUserId(19384L);
        user.setUsername("Coder314");
        user.setFirstName("John");
        user.setLastName("Smith");

        Hashtable<String, Boolean> permissions = new Hashtable<>();
        permissions.put("user", true);
        permissions.put("moderator", true);
        permissions.put("admin", false);
        user.setPermissions(permissions);

        request.setAttribute("user", user);
        request.getRequestDispatcher("/WEB-INF/jsp/view/profile.jsp")
               .forward(request, response);
    }
}
```

到目前为止，这里并未显示出任何新的信息。该 Servlet 创建了一个新的 User 实例，在其中设置了一些值，添加了一些权限，创建了一个请求特性用于保存 user 对象，然后将请求转发至视图。核心代码被包含在/WEB-INF/jsp/view/profile.jsp 文件中，它将在浏览器中显示出用户的概况信息：

```
<%--@elvariable id="user" type="com.wrox.User"--%>
<!DOCTYPE html>
<html>
    <head>
        <title>User Profile</title>
    </head>
    <body>
        User ID: ${user.userId}<br />
        Username: ${user.username} (${user.username.length()} characters)<br />
        Full Name: ${fn:escapeXml(user.lastName) += ', '
            += fn:escapeXml(user.firstName)}
        <br /><br />
        <b>Permissions (${fn:length(user.permissions)})</b><br />
        User: ${user.permissions["user"]}<br />
        Moderator: ${user.permissions["moderator"]}<br />
```

```
        Administrator: ${user.permissions["admin"]}<br />
    </body>
</html>
```

在这个 JSP 中有许多有趣的代码，我们将很快对它们进行分析讲解。现在，编译并启动调试器；然后在浏览器中访问 http://localhost:8080/user-profile/profile。你将看到如图 6-1 所示的页面。

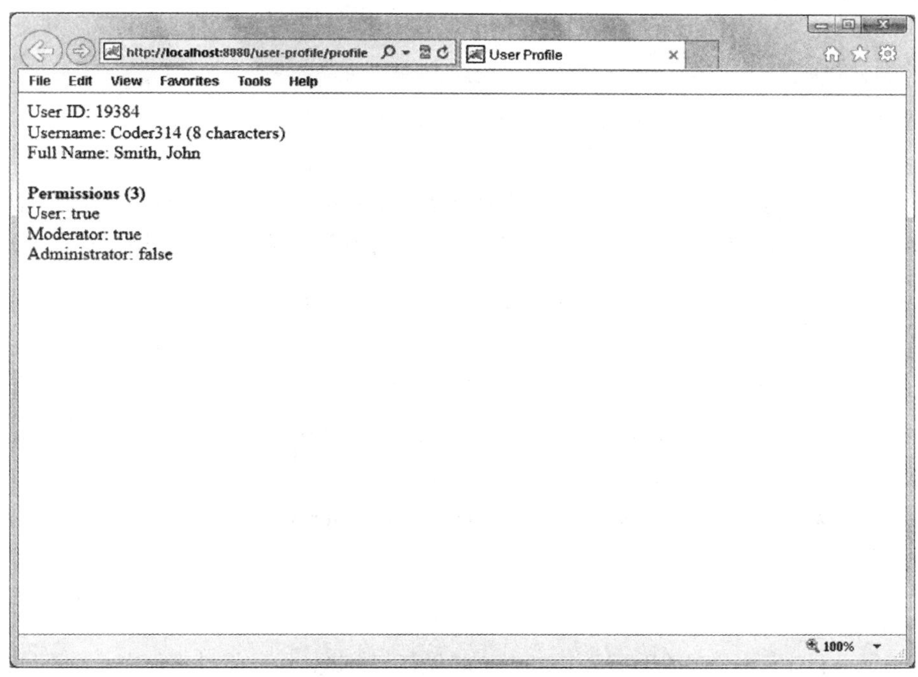

图　6-1

现在让我们逐行查看这个 JSP 的内容，从而帮助我们理解它是如何工作的。首先是文件顶部新增加的一个奇怪的 JSP 注释：

```
<%--@elvariable id="user" type="com.wrox.User"--%>
```

这个注释标签并不是必需的，而事实上如果你删除它、重新编译然后再运行应用程序，它仍然可以工作(请尝试一下！)那么它的作用到底是什么呢？特殊的@elvariable 注释是开发者为 IDE 提供类型提示的一个约定。这个注释将告诉 IDE“是的，在本页的隐式作用域中有一个 user 变量，它的类型是 com.wrox.User”。这种方式的优点是：因为 IDE 知道有变量存在并且知道它的类型，那么它就可以提供自动完成和智能建议，否则它是无法做到的。它还可以验证你的 EL 表达式是否正确。

即使你不使用 IDE 或者使用了一种不支持这种约定的 IDE，那么之后维护该 JSP 的其他开发者也可以快速地了解 EL 变量的类型。如果你习惯了使用@elvariable 注释，它将会大大减少你的 JSP 编写时间。

接下来要注意的是 User ID 这一行：

```
User ID: ${user.userId}<br />
```

这里，该代码在 JSP 页面里使用了隐式作用域，通过 EL 变量的方式访问 user 特性(该特性之前在 Servlet 代码中已经添加到了请求中)，并且这里使用的是 bean 属性 userId 而不是直接调用访问方法。接下来的这行代码，通过相同的方式访问了 username 特性，但它还调用了 username 字符串上的 length 方法：

```
Username: ${user.username} (${user.username.length()} characters)<br />
```

注意，除了直接调用 length 方法，还可以使用 fn:length 函数，该函数的使用将在稍后的集合代码中使用(它是另一种调用方法的方式的很好例子)。接下来，JSP 将名和姓进行转义，并使用逗号将它们连接在一起：

```
Full Name: ${fn:escapeXml(user.lastName) += ', '
    += fn:escapeXml(user.firstName)}
```

注意，这里使用了 fn:escapeXML 函数对 HTML 字符(名字中可能包含这些字符)进行转义，还使用了+=字符串连接操作符结合所有的字符串。JSP 的最后一部分输出了用户的权限：

```
<b>Permissions (${fn:length(user.permissions)})</b><br />
User: ${user.permissions["user"]}<br />
Moderator: ${user.permissions["moderator"]}<br />
Administrator: ${user.permissions["admin"]}<br />
```

第一行代码使用函数 fn:length 输出了用户的 permission 集合中元素的数目，而剩下的 3 行代码则使用括号操作符访问 permissions　Map 中的值。

作为实践，请编辑 ProfileServlet 并修改 request.setAttribute("user"，user)这行代码，将用户添加到会话而不是请求上：

```
request.getSession().setAttribute("user", user);
```

现在编译并再次运行应用程序。不需要对 JSP 做任何修改。user 特性可能在一个不同的作用域中(会话而不是请求)，但它仍然存在于隐式作用域中，因此可以通过 EL 表达式将它当成 EL 变量进行访问。当它被绑定到请求时，user 特性会一直存在直到请求完成，然后垃圾回收将会回收它。现在它被绑定到了会话上，它将对同一客户端上的其他请求可见，即使它们将访问不同的页面。不过，这并不是唯一可以绑定 user 特性的作用域。将 request.getSession()替换为 this.getServletContext()，并将 user 特性绑定到应用上下文中：

```
this.getServletContext().setAttribute("user", user);
```

现在编译并运行应用程序，不需要修改 JSP。特性 user 仍然在隐式作用域中，并可以通过 EL 表达式访问。可以通过这种方式访问 4 种作用域中的任何数据，从而帮助你简化 JSP 编写任务。

6.3.2　使用隐式的 EL 变量

如本节之前提到的，EL 变量式中有 11 个隐式 EL 变量可用。除了其中一个之外，其他都是 Map 对象。它们中的大多数都被用于访问某些作用域、请求参数或者头中的特性。

- pageContext 是 PageContext 类的一个实例，并且是唯一一个不是 Map 的隐式 EL 变量。你应该熟悉第 4 章和本节之前讲解的 PageContext。通过使用该变量，你可以访问页面错误数据和异常对象(如果可用的话)、表达式求值程序、输出 writer、JSP Servlet 实例、请求和响应、ServletContext、ServletConfig 和会话。

- pageScope 是 Map<String, Object >的一个实例，它包含了所有绑定到 PageContext 的特性(页面作用域)。
- *requestScope* 是 Map<String, Object >的一个实例，它包含了所有绑定到 ServletRequest 的特性。通过该特性，你可以在不调用请求对象方法的情况下访问这些特性。
- *sessionScope* 也是 Map<String, Object >的一个实例，它包含了所有绑定到当前会话的特性。
- *applicationScope* 也是 Map<String, Object >的一个实例，它包含了所有绑定到 ServletContext 实例的特性(也是最后一个作用域)。
- param 和 paramValues 类似，它们都提供了对请求参数的访问。变量 param 是一个 Map<String, String>的实例，它包含了任何多值参数中的第一个值(类似于 ServletRequest 中的 getParameter)，而 paramValues 是 Map<String, String[]>的一个实例，它包含了所有参数的所有值(类似于 ServletRequest 中的 getParameterValues)。如果你知道请求参数只有一个值的话，param 更易于使用。
- header 和 headerValues 提供了对请求头的访问，header 是 Map<String, String>的一个实例，它包含了所有多值头的第一个值，而 headerValues 是 Map<String, String[]>的一个实例，它包含了所有头的所有值。如同 param 一样，如果你知道 header 只有一个值的话，header 更易于使用。
- initParam 是 Map<String, String>的一个实例，它包含了该应用程序中 ServletContext 实例的所有上下文初始化参数。
- cookie 是 Map<String, javax.servlet.http.Cookie>的一个实例，它包含了用户浏览器发送的请求中的所有 cookie。该 Map 中的键是 cookie 的名字。应该注意的是：可能存在两个 cookie 名字相同的情况(但路径不同)，在这种情况下，该 Map 将只包含请求中按顺序出现的第一个 cookie。cookie 出现的顺序可能随着请求的不同而不同。如果不遍历所有的 cookie，在 EL 中就无法访问其他具有相同名字的重复 cookie(下一章将讲解如何使用 EL 遍历集合)。

为了演示不同 EL 隐式变量的用法，我们将在项目的 Web 根目录下创建一个名为 info.jsp 的文件，并添加下面的代码：

```
<%
    application.setAttribute("appAttribute", "foo");
    pageContext.setAttribute("pageAttribute", "bar");
    session.setAttribute("sessionAttribute", "sand");
    request.setAttribute("requestAttribute", "castle");
%>
<!DOCTYPE html>
<html>
    <head>
        <title>Information</title>
    </head>
    <body>
        Remote Address: ${pageContext.request.remoteAddr}<br />
        Request URL: ${pageContext.request.requestURL}<br />
        Session ID: ${pageContext.request.session.id}<br />
        Application Scope: ${applicationScope["appAttribute"]}<br />
        Page Scope: ${pageScope["pageAttribute"]}<br />
        Session Scope: ${sessionScope["sessionAttribute"]}<br />
        Request Scope: ${requestScope["requestAttribute"]}<br />
```

```
        User Parameter: ${param["user"]}<br />
        Color Multi-Param: ${fn:join(paramValues["colors"], ', ')}<br />
        Accept Header: ${header["Accept"]}<br />
        Session ID Cookie Value: ${cookie["JSESSIONID"].value}<br />
    </body>
</html>
```

出于演示的目的，该 JSP 的头 4 行代码在不同的作用域中设置了 4 个不同的变量。HTML 体中的代码输出了请求、不同作用域上的特性、URL 中的参数、头和 cookie 相关的信息。编译并调试应用程序；然后在浏览器中访问地址 http://localhost:8080/user-profile/info.jsp?user=jack&colors=green&colors=red。你应该在屏幕中看到大量的信息。如果 Session ID Cookie Value 字段值是空的，那就意味着会话才刚刚建立，浏览器尚未发送任何 cookie；刷新页面后 Session ID Cookie Value 字段中将会显示出会话 ID Cookie 值。

下面的 JSP 将演示在隐式 EL 作用域中解析变量时不同作用域的优先级。在 Web 根目录中创建一个名为 scope.jsp 的文件，并添加下面的代码：

```
<%
    pageContext.setAttribute("a", "page");
    request.setAttribute("a", "request");
    session.setAttribute("a", "session");
    application.setAttribute("a", "application");

    request.setAttribute("b", "request");
    session.setAttribute("b", "session");
    application.setAttribute("b", "application");

    session.setAttribute("c", "session");
    application.setAttribute("c", "application");

    application.setAttribute("d", "application");
%>
<!DOCTYPE html>
<html>
    <head>
        <title>Scope Demonstration</title>
    </head>
    <body>
        a = ${a}<br />
        b = ${b}<br />
        c = ${c}<br />
        d = ${d}<br />
    </body>
</html>
```

该 JSP 主要是设置代码，它只包含了 4 个 EL 表达式，用于演示不同作用域的优先级。特性 a 在所有的 4 个作用域中都有冲突值，变量 b 在 3 个作用域中有冲突值，变量 c 在两个作用域中有冲突值。页面中现在每个特性名称后的值是冲突值在所有作用域中优先级最高的作用域的名称。编译并运行应用程序，然后访问地址 http://localhost:8080/user-profile/scope.jsp。输出结果应与下面的结果一致，表示 EL 引擎将先在页面作用域中搜索隐式作用域变量，然后按顺序在请求、会话和应用作用域中搜索。

```
a = page
b = request
c = session
d = application
```

6.4 使用流 API 访问集合

Java EE 7 的表达式语言 3.0 新增的重大特性之一是：支持 Java SE 8 引入的集合流 API。因为 EL 3.0 将以原生的方式支持该 API，所以如果希望使用该 EL 特性的话，并不需要在 Java 8 中运行应用程序。在本节，我们将学习流 API 的基础知识以及如何在 JSP 中使用它。

注意：在早期预发布的表达式语言 3.0 版本中，它包含了对 Microsoft LINQ(语言集成查询)的实现。它通过使用 LINQ 标准查询操作符添加了集合查询能力。在最后的规范中，LINQ 特性被移除了，并使用了对等的流 API 作为替代。通过流 API，表达式语言将为 Java 语言和表达式语言规范提供一致性。

流 API 的基础是所有 Collection 中存在的无参 stream 方法。该方法将返回 java.util.stream.Stream 类的一个对象，该对象可以过滤和操作集合的副本。类 java.util.Arrays 还提供了许多静态方法，用于从不同的数组中获取 Stream 对象。使用该 Stream 对象，你可以执行许多不同的操作。其中的一些操作将返回其他的 Stream 对象，通过这种方式可以创建出操作的链式管道。该管道由管道源(初始的 Stream)、中间操作(例如过滤和排序)和最后的终结操作(例如将结果转换成可以遍历和显示的 List)。

在 EL 3.0 中，如果该 EL 变量是 Java 数组或者 Collection 的实例，那么就可以调用它的 stream 方法。因为 EL 3.0 必须运行在 Java 7 中，而这时 Stream 类尚不存在，所以 stream 方法返回的并不是 java.util.stream.Stream 类的对象。例如，下面的 EL 表达式将按照标题对书的集合进行过滤，并将所有书可用的属性限制为标题和作者，最后返回一个结果列表：

```
books.stream().filter(b->b.title == 'Professional Java for Web Applications')
      .map(b->{ 'title':b.title, 'author':b.author })
      .toList()
```

6.4.1 了解中间操作

如之前提到的，通过中间操作过滤、排序、减少或者修改集合值等，可以使集合最终变成目标状态。但中间操作都是基于流(Stream)执行的，并不会修改原始的集合或数组，理解这一点非常重要。这些操作只会影响流的内容。你会发现有许多不同的中间操作，本节将会对其中最常见和有用的中间操作进行讲解。如果你希望了解剩下的中间操作的话，可以从规范下载页中下载和阅读 JSR 341 规范(http://download.oracle.com/otndocs/jcp/el-3_0-fr-eval-spec/index.html)。

1. 过滤流

过滤操作可能是使用最频繁的操作。它将过滤流的内容，通常会减少其中包含的对象的数目。过滤操作接受一个谓词(predicate)参数——一个 lambda 表达式，该表达式返回一个布尔值并接受一个类型为流的泛型类型的参数。对于 List<E>来说，E 就是它的泛型类型，此时流将返回一个 Stream<E>。在该 Stream<E>上调用过滤操作，为它提供一个签名为 E->boolean 的 Predicate<E>即可。然后使用属性 E 决定是否要将特定的 E 包含在最终的 Stream<E>中。为了更好地理解这个过程，请考虑下面的表达式：

```
${books.stream().filter(b -> b.author == "John F. Smith")}
```

本例中使用的谓词是一个接受图书作为参数的 lambda 表达式，它将检测图书的作者是否是 John F. Smith。当表达式被传入到过滤操作中时，该谓词将被应用到流中的所有图书，并且结果流中将只包含谓词返回真的这些图书。

还可以使用特殊的 distinct 操作过滤出重复值。下面的表达式将从列表中移除重复的 3 和 5：

```
${[1, 2, 3, 3, 4, 5, 5, 5, 5, 6].stream().distinct()}
```

2. 操作值

可以使用 forEach 操作流中的值。如同过滤操作一样，forEach 也接受一个作用于流中所有元素的 lambda 表达式。不过，该表达式是一个消费者，这意味着它没有返回值。你可以使用它操作流中的值，例如通过某种方式将它们进行转换。下面是一个合理的用例：

```
${books.stream().forEach(b -> b.setLastViewed(Instant.now()))}
```

3. 对流进行排序

使用排序操作可以对流进行排序。对于 Stream<E>，排序操作将接受一个 java.util.Comparator<E>。作为一个 Java 开发者，你可能熟悉该接口，我们可以通过 lambda 表达式(E，E)->int 表示它。该表达式或者 Comparator 将使用高效的排序算法比较流中的两个元素，不过其中的排序算法规范并未指定，由不同的实现决定。下面的表达式将按照标题对书进行排序：

```
${books.stream().sorted((b1, b2) -> b1.title.compareTo(b2.title))}
```

排序操作还存在着一个变种，该操作不接受任何参数。相反，它认为流中的元素都已经实现了 java.lang.Comparable 接口，这意味着你可以对它们进行自然排序。下面的样例将对数字列表进行从小到大地排序。结果列表为-2、0、3、5、7、8、19。

```
${[8, 3, 19, 5, 7, -2, 0].stream().sorted()}.
```

4. 限制流的大小

通过 limit 和 substream 操作可以限制流的元素数目。使用 limit 只是简单地从流中截去特定数目元素之后的所有元素。对于分页操作来说 substream 更有用，因为你可以指定开始索引(包含)和结束索引(不包含)。

```
${books.stream().limit(10)}
```

```
${books.stream().substream(10, 20)}
```

5. 转换流

使用映射操作，你可以将流中的元素转换为某些其他类型的元素。映射操作将接受一个映射器，该映射器将接受一种类型的元素并返回另一种类型的元素。对于 Stream<S>，映射将希望接受一个参数为类型 S 的 lambda 表达式。如果该 lambda 表达式返回了一个不同的类型 R，那么结果流将变为 Stream<R>。下面的样例接受了一个 List<Book>，获得了它的 Stream<Book>，并将它转换为只包含图书标题的 Stream<String>：

```
${books.stream().map(b -> b.title)}
```

当然，你可以返回更复杂的类型。例如，使用一个不同的类型 DisplayableBook，包含一个有限的属性集。或者你可以创建一个隐式的 List 或者 Map，返回一个 Stream<List<Object>>或者 Stream<Map<Object, Object>>：

```
${books.stream().map(b -> [b.title, b.author])}
${books.stream().map(b -> {"title":b.title, "author":b.author})}
```

6.4.2　使用终结操作

在过滤、排序或者改变流之后，你可以执行一些最终的操作，它们将把流转换成一个有用值：集合或者数组。这种类型的操作就是终结操作。之所以称它们为终结操作是因为中间操作都会返回一个流用于进一步的处理，而终结操作不会。出于性能原因，它将执行任何被延迟的中间操作，然后将流转换为最终结果。记住，你必须执行终结操作。只是使用 Stream 的话并不是很有用；必须要对最终结果进行处理。

1. 返回集合

可以使用 toArray 和 toList 操作返回一个 Java 数组或者 List，该 List 将使用最终的结果元素类型作为泛型类型。例如，下面的表达式将分别返回包含了图书标题的 String[]或者 List<String>：

```
${books.stream().map(b -> b.title).toArray()}
${books.stream().map(b -> b.title).toList()}
```

如果在流上执行了任何排序中间操作，那么结果数组或 List 中元素的顺序将与这些操作符指定的顺序相同。你还可以使用迭代操作返回一个合适的 java.util.Iterator。

2. 使用聚集函数

可以在流中使用 min、max、average、sum 和 count 操作进行聚集计算。count 操作可以在任何类型的流上执行，而 average 和 sum 操作要求最终的流元素类型必须是数字。count 操作最终将返回流的元素数目，类型为 long；average 操作将返回流中元素的平均值，类型为 Optional<? Extends Number>；sum 操作将返回所有流中元素的和，类型为 Number。Optional 是一个占位符，它可以报告返回值是否为 null，并且可以在必须要的时候提供返回值。

min 和 max 操作都是很有意思的。它们都将返回 Optional<E>，E 就是结果流的元素类型。这些操作不使用任何参数，但都要求流元素实现 Comparable 接口。不过，必要的时候你可以将一个

Comparator 参数提供给这些操作。

下面的表达式代表了这些聚集终结操作的一些常见用例：

```
${books.stream().map(b -> b.price()).min()}
${books.stream().map(b -> b.price()).max()}
${books.stream().filter(b -> b.author == "John F. Smith")
        .map(b -> b.price()).average()}
${books.stream().filter(b -> b.author == "John F. Smith").count()}
${cartItems.stream().map(i -> i.price() * i.quantity()).sum()}
```

3. 返回第一个值

通过 findFirst 操作可以返回结果流中的第一个元素。对于 Stream<E>，该操作将返回一个 Optional<E>，因为流可能是空的，这意味着没有第一个元素可以返回。

```
${books.stream().filter(b -> b.author == "John F. Smith").findFirst()}
```

6.4.3 使用流 API

下面对流 API 进行简单的练习，在 User-Profile 项目中添加一个 JSP 文件，并对用户列表进行过滤、映射和排序。首先在 User 对象中添加一个构造函数(另外也需要添加一个默认的构造函数，保证之前的代码可以正常运行)。

```
    public User() { }

    public User(long userId, String username, String firstName, String lastName)
    {
        this.userId = userId;
        this.username = username;
        this.firstName = firstName;
        this.lastName = lastName;
    }
```

现在在项目的 Web 根目录中创建文件 collections.jsp，并添加下面的代码：

```
<%@ page import="com.wrox.User" %>
<%@ page import="java.util.ArrayList" %>
<%
    ArrayList<User> users = new ArrayList<>();
    users.add(new User(19384L, "Coder314", "John", "Smith"));
    users.add(new User(19383L, "geek12", "Joe", "Smith"));
    users.add(new User(19382L, "jack123", "Jack", "Johnson"));
    users.add(new User(19385L, "farmer-dude", "Adam", "Fisher"));
    request.setAttribute("users", users);
%>
<!DOCTYPE html>
<html>
    <head>
        <title>Collections and Streams</title>
    </head>
    <body>
        ${users.stream()
                .filter(u -> fn:contains(u.username, '1'))
```

```
                .sorted((u1, u2) -> (x = u1.lastName.compareTo(u2.lastName);
                    x == 0 ? u1.firstName.compareTo(u2.firstName) : x))
                .map(u -> {'username':u.username, 'first':u.firstName,
                    'last':u.lastName})
                .toList()}
    </body>
</html>
```

文件顶部的设置代码创建了一些用户并将他们添加到了列表中。然后 EL 表达式对该列表进行过滤，只保留了用户名中含有数字 1 的用户；先按姓后按名进行排序；在所有匹配的用户中选择用户名、名字和姓；然后立即执行返回一个 List。最后，List 将被自动强制转型为 String，显示在屏幕中(使用 List 的 toString 方法)。注意排序 lambda 表达式中使用的分号和赋值操作符——通过这种方式可以只比较姓一次，然后将比较结果赋给变量(x)，接下来测试 x 的值，如果姓不同，就返回该值，否则再比较名字。因为 lambda 操作符(->)比赋值和分号操作符的优先级更高，所以需要使用括号(粗体)将排序 lambda 表达式的主体括起来。

编译并运行应用程序，然后在浏览器中访问 http://localhost:8080/user-profile/collections.jsp，测试该文件的执行结果。

注意：在第 4 章中学习如何在 JSP 中使用 Java 代码时，曾提到出于众多原因中的某些原因，我们并不鼓励在 JSP 中使用 Java。流 API 为表达式语言操作集合提供了大量额外的能力。如果你习惯了在 JSP 中使用流 API，那么你可能已经开始将业务逻辑添加到了表示层而不是 Java 代码中。只有你能决定是否符合个人的需求，但你需要记住这一点。在本书其他地方的 JSP 中你不会看到流 API 的使用——这些类型的操作从现在开始只会在 Java 代码中执行。

6.5　使用表达式语言替换 Java 代码

本节我们将对客户支持应用程序做出一些改进，从而学习使用 EL 表达式替换 JSP 中的一些 Java 代码。代码下载站点 wrox.com 中的 Customer-Support-v4 项目包含了这些修改。目前我们尚不能完全替换所有的 Java 代码。为此我们需要学习下一章的内容。首先更新/WEB-INF/jsp/base.jspf 文件，在其中包含一个 JSTL 函数库的标签库声明：

```
<%@ page import="com.wrox.Ticket, com.wrox.Attachment" %>
<%@ taglib prefix="c" uri="http://java.sun.com/jsp/jstl/core" %>
<%@ taglib prefix="fn" uri="http://java.sun.com/jsp/jstl/functions" %>
```

本节不需要对 Java 代码做任何修改。所有的修改都将在 JSP 中进行。/WEB-INF/jsp/view 中的 ticketForm.jsp 已经没有任何 Java 代码，所以不需要对它做任何修改。另一方面，viewTicket.jsp 有几处地方需要修改。该文件新的代码如代码清单 6-1 所示。

注意新的代码中在顶部为 ticketId 和 ticket 添加了@elvariable 类型提示，并且 ticketId Java 变量已经被移除了。不过，因为 EL 表达式无法替换所有正在使用(例如迭代附件)的 ticket 变量，所以 ticket

Java 变量被保留了下来。新的 EL 表达式已经用粗体高亮显示。

代码清单 6-1：viewTicket.jsp

```
<%--@elvariable id="ticketId" type="java.lang.String"--%>
<%--@elvariable id="ticket" type="com.wrox.Ticket"--%>
<%
    Ticket ticket = (Ticket)request.getAttribute("ticket");
%>
<!DOCTYPE html>
<html>
    <head>
        <title>Customer Support</title>
    </head>
    <body>
        <a href="<c:url value="/login?logout" />">Logout</a>
        <h2>Ticket #${ticketId}: ${ticket.subject}</h2>
        <i>Customer Name - ${ticket.customerName}</i><br /><br />
        ${ticket.body}<br /><br />
        <%
            if(ticket.getNumberOfAttachments() > 0)
            {
                %>Attachments: <%
                int i = 0;
                for(Attachment a : ticket.getAttachments())
                {
                    if(i++ > 0)
                        out.print(", ");
                    %><a href="<c:url value="/tickets">
                        <c:param name="action" value="download" />
                        <c:param name="ticketId" value="${ticketId}" />
                        <c:param name="attachment" value="<%= a.getName() %>" />
                    </c:url>"><%= a.getName() %></a><%
                }
                %><br /><br /><%
            }
        %>
        <a href="<c:url value="/tickets" />">Return to list tickets</a>
    </body>
</html>
```

/WEB-INF/jsp/view/sessions.jsp 文件是另一个可以使用 EL 表达式的 JSP 文件。在代码清单 6-2 中可以找到该文件的新代码。对该 JSP 做出的修改只有@elvariable 类型提示和粗体显示的 EL 表达式。此时其余的 Java 代码都未被替换，因为需要使用它们进行递归和时间间隔格式化。

代码清单 6-2：session.jsp

```
<%--@elvariable id="numberOfSessions" type="java.lang.Integer"--%>
<%@ page import="java.util.List" %>
<%!
    private static String toString(long timeInterval)
    {
        if(timeInterval < 1_000)
```

```
            return "less than one second";
        if(timeInterval < 60_000)
            return (timeInterval / 1_000) + " seconds";
        return "about " + (timeInterval / 60_000) + " minutes";
    }
%>
<%
    @SuppressWarnings("unchecked")
    List<HttpSession> sessions =
            (List<HttpSession>)request.getAttribute("sessionList");
%>
<!DOCTYPE html>
<html>
    <head>
        <title>Customer Support</title>
    </head>
    <body>
        <a href="<c:url value="/login?logout" />">Logout</a>
        <h2>Sessions</h2>
        There are a total of ${numberOfSessions} active sessions in this
        application.<br /><br />
        <%
            long timestamp = System.currentTimeMillis();
            for(HttpSession aSession : sessions)
            {
                out.print(aSession.getId() + " - " +
                        aSession.getAttribute("username"));
                if(aSession.getId().equals(session.getId()))
                    out.print(" (you)");
                out.print(" - last active " +
                        toString(timestamp - aSession.getLastAccessedTime()));
                out.println(" ago<br />");
            }
        %>
    </body>
</html>
```

现在编译并运行客户支持应用程序，然后在浏览器中访问网址 http://localhost:8080/support/。登录、创建一些票据并查看它们。访问 http://localhost:8080/support/sessions 查看会话列表。它们的工作方式应该与第 5 章一致，但现在 EL 将会负责一部分输出内容的处理。

6.6 小结

本章讲解了 Java 统一表达式语言的历史、EL 语法的基础和 EL 表达式的用途。还讲解了保留关键字、操作符、字面量值、对象属性和方法的访问、EL 函数和 JSTL 函数库、静态字段和方法的访问、枚举、lambda 表达式和集合操作符。本章还介绍了 4 种不同的作用域和隐式的 EL 作用域，并讲解了 11 个隐式 EL 变量。还讲解了流 API 和在 EL 3.0 中如何使用该 API。最后，使用 EL 表达式替换了客户支持应用程序(从第 3 章开始使用的应用程序)中的一些 Java 代码。

要注意的是：尽管 EL 表达式可以替换许多 Java 代码，但它们无法替换 JSP 中的所有 Java 代码。例如，不能在循环中使用 EL 表达式，或者根据某些表达式是否为真执行一块代码。为此，我们需要使用 Java 标准标签库，下一章将对该技术进行详细讲解。

第7章 使用 Java 标准标签库

本章内容：

- 了解 JSP 标签和 JSTL(标准标签库)
- 使用核心标签库(C 命名空间)
- 使用格式化标签库(FMT 命名空间)
- 使用数据库访问标签库(SQL 命名空间)
- 使用 XML 处理标签库(XML 命名空间)
- 使用 JSP 标签替换 Java 代码

本章需要从 wrox.com 下载的代码

访问网址 http://www.wrox.com/go/projavaforwebapps 的 Download Code 选项卡，找到本章的代码下载链接。本章的代码被分成了三个主要的例子：

- Address-Book 项目
- Address-Book-i18n 项目
- Customer-Support-v5 项目

本章新增的 Maven 依赖

本章没有新增 Maven 依赖。继续使用所有之前章节引入的 Maven 依赖即可。

7.1 JSP 标签和 JSTL 简介

直到此时，在 JSP 中使用 Java 完成特定的任务绝对是必须的。在 JSP 中添加 Java 代码的能力是非常方便的，但要记住 UI 开发者习惯于使用 HTML、JavaScript 和 CSS，而不可能编写 Java 代码。你的目标是编写不使用 Java 的 JSP，但目前还无法做到。表达式语言在替换某些 Java 代码时非常有用，但在上一章的学习过程中，我们已经发现了即使在使用标签式语言的情况下，仍然需要使用 Java 代码。事实上，你仍未真正接触到表达式语言的强大之处，因为你仍然被限制在使用 Java 代码的地步。

在之前的章节中我们已经学习了 JSP 标签和 JSTL 的一个小样例，它使用了<c:url>和<c:redirect>标签。这两个标签是无法避免的，因为它们的替代方式太不友好。不过，之前只是提到了这些标签，它们的细节将在本章进行讲解。之前的章节在浏览 JSTL 函数库(命名空间为 fn)时还涉及了一部分 JSTL，这是必须的，因为它是真正的函数库，而不是标签库，并且它只能用在 EL 表达式中。不能在 EL 表达式之外使用 JSTL 函数库。本章将详细讲解 JSP 标签和 JSTL 的概念，并最终结合使用 JSP 标签和 EL 表达式完全替换 JSP 的 Java 代码。

使用标签

JSP 标签是 JavaServer Pages 技术中的特殊语法，它看起来就像普通的 HTML 或者 XML 标签一样。JSP 标签也被称为操作，因为这就是它们所实现的。一个 JSP 标签将执行某些操作，例如创建或者限制输出。JSP 和 JSTL 规范中都将它们称为操作，但本书将称它们为标签。因为它们超出了任何标准 HTML 特定标签的范围，为了引用 JSP 标签必须使用正确的 XML 命名空间。不过，编写 XML 是一项非常繁琐和无聊的任务，如同之前第 4 章对 JSP 文档(.jspx)的简单介绍一样。尤其是，需要使用严格的 XML 文档语法，这对于经验丰富的程序员来说也有点困难。因此，JSP 标签语法中包含了一些简写可以帮助轻松地编写 JSP。这些简写中的第一个就是 taglib 指令，第 4 章曾讲解并使用过。

```
<%@ taglib prefix="c" uri="http://java.sun.com/jsp/jstl/core" %>
<%@ taglib prefix="fn" uri="http://java.sun.com/jsp/jstl/functions" %>
```

指令是 XML 文档中引用 XML 命名空间的一种方式，是 XMLNS 技术的替代品：

```
<jsp:root xmlns="http://www.w3.org/1999/xhtml" version="2.0"
          xmlns:jsp="http://java.sun.com/JSP/Page"
          xmlns:c="http://java.sun.com/jsp/jstl/core"
          xmlns:fn="http://java.sun.com/jsp/jstl/functions">
```

使用了该指令将阻止 XML 文档解析器解析 JSP，并且你也不需要担心 XML 标准的兼容性(其他重要的简写)。相反，Web 容器中的 JSP 引擎可以识别这个特殊的 JSP 语法，并知道如何解析它，(现在)所有主要的 Java IDE 也都能识别该语法，在 JSP 中出现语法错误或者其他问题时也可以显示出警告。

指令 taglib(或者 XML 命名空间)中的 prefix 特性代表了在 JSP 页面中引用标签库时使用的命名空间。标签库的标签库描述符(TLD)文件中提供了建议的标签前缀，但需要在 taglib 指令中使用 prefix 特性声明。因此可以在 prefix 特性中指定任意的前缀，但通常开发者会坚持使用 TLD 建议的前缀，这样可以避免引起其他开发者的混淆。

特性 uri 标志着 TLD 中为该标签库定义的 URI。这是 JSP 解析器为引用的标签库定位正确 TLD 的方式：它将找到含有相同 URI 的 TLD。

注意：URI 是一个命名惯例，并不是实际的 TLD 位置(并不是一个真正的 URL)。事实上，大多数情况下，在浏览器中访问该 URI 时，你将会看到一个 404 页面未找到或者其他类似的错误。你所使用的 TLD 将被以某种方式包含在应用程序中，无论是在容器中、应用程序的 JAR 文件中或者应用程序的 WEB-INF 目录中。URI 只是一种用于识别唯一 TLD 的技术，通过这种方式可以正确地关联到相应的 TLD。

当 JSP 解析器遇到 taglib 指令时，它将在不同的位置搜索该 URI，并定位到该标签库的 TLD 文件。JSP 规范中定义的这些位置如下所示(按优先级从高到低显示)：

(1) 如果使用的容器是一个 Java EE 兼容容器，那么解析器将搜索所有匹配 Java EE 规范的 TLD 文件，包括 JSP 标签库、Java 标准标签库和所有的 JavaServer Faces 库。

(2) 然后解析器将检查部署描述符文件中<jsp-config>中的显式<taglib>声明。

(3) 如果解析器仍然未找到匹配的 TLD 文件，它将检查应用程序的/WEB-INF/lib 目录中所有 JAR 文件的 META-INF 目录中的所有 TLD 文件，或者检查应用程序的/WEB-INF 目录中的 TLD 文件，或者递归地检查所有/WEB-INF 子目录中的 TLD 文件。

(4) 最后，解析器将检查 Web 容器或者应用服务器中的所有 TLD 文件(这些通常是特定于 Web 容器的，因此使用它们将会把你的应用程序绑定到特定的 Web 容器上，并且不可迁移)。

通常不需要使用显式的<taglib>声明，除非你引用的 TLD 文件中不包含 URI(合法的，但不常见)，因此无法在之前列出的位置中找到它(可以通过将文件放在正确的位置避免这样的问题)，或者需要使用同名的 URI 覆盖一个你无法控制的第三方 JAR 文件中的 TLD 文件(似乎可能性大一些，但仍然不常见)。显式的<taglib>声明应如下所示：

```
<jsp-config>
    ...
    <taglib>
        <taglib-uri>http://www.example.org/xmlns/jsp/custom</taglib-uri>
        <taglib-location>/tld/custom.tld</taglib-location>
    </taglib>
    ...
</jsp-config>
```

本例的<taglib-uri>值为 http://www.example.org/xmlns/jsp/custom，它将会与 taglib 指令中的 uri 特性相比较。如果它们相匹配，那么它将使用指定的 TLD 文件(/tld/custom.tld)，该路径是相对于 Web 应用程序的根目录的。注意该配置不需要指定前缀。这是因为它不是一个像 taglib 指令这样的标签库声明。它只是一个映射，告诉容器指定标签库 URI 的 TLD 文件所在的位置。显式<taglib>声明的使用几乎是可以避免的，所以本书的任何样例中都不会使用它们。

在正确地配置了 taglib 指令(可以解析到正确的 TLD)之后，就可以在 JSP 中使用标签库中的标签。所有的 JSP 标签都将遵守相同的基本语法：

```
<prefix:tagname[ attribute=value[ attribute=value[ ...]]] />

<prefix:tagname[ attribute=value[ attribute=value[ ...]]]>
```

```
    content
</prefix:tagname>
```

在该语法标记中，prefix 表示 JSP 标签库前缀，也被称为命名空间(这是标准 XML 术语)。tagname 是 TLD 中定义的标签名称。特性值将使用单引号或者双引号引起来，永远不要使用不含引号的格式。相同标签中的两个特性可以使用不同的引用样式，但如果特性值开始使用了单引号，那么它必须以单引号结尾，如果它开始使用的是双引号，那么也必须使用双引号结尾。在特性之间必须添加一些空白，但在自闭合标签中，/>之前的空白是可选的。所有 JSP 标签必须是有效的 XML 自闭合标签(<prefix:tagname />)，或者它们必须有匹配的结束标签(<prefix:tagname></prefix:tagname>)。使用没有匹配结束标签(<prefix:tagname>)的非 XML 自闭合标签是一种语法错误。

当你编写 JSP 时，注意所有 JSP 中已经隐式地包含了一个标签库。它就是 JSP 标签库(前缀为 jsp)，使用它时不需要在 JSP 中添加 taglib 指令(不过，在 JSP 文件中需要为 jsp 标签库添加 XMLNS 声明)。在之前的章节中，你已经看到了一些 JSP 标签库标签的使用，例如<jsp:include>、<jsp:forward>、<jsp:plugin>、<jsp:useBean>等。你也看到了如何在 JSP 文档中使用 JSP 标签库的标签<jsp:root>、<jsp:directive>、<jsp:declaration>、<jsp:scriptlet>和<jsp:expression>。所有这些标签在你编写的 JSP 中都是可用的。

记住第 2 章提到的，现在有完全兼容 Java EE 的应用服务器，不过有更多的 Java EE Web 容器只是部分兼容于 Java EE 规范。应用服务器实现了完整的 Java EE 规范，而 Web 容器只实现了 Servlet 和 JSP 规范——也可能实现了一些 Web 容器创建者认为有用的其他规范。大多数 Web 容器还实现了 EL 规范，因为它过去曾是 JSP 规范的一部分，并且现在也与 JSP 规范有着千丝万缕的关系。所有的 Web 容器都支持在 JSP 中使用标签库，因为这是 JSP 规范的一部分。不过，某些 Web 容器并未使用 Java 标准标签库(JSTL)规范，因为 JSTL 中的特定标签库很容易与标签库的通用概念脱钩。Tomcat 曾是这些 Web 容器中的一员，直到今天它也没有实现 JSTL。不过，这并不意味着不能在部署到 Tomcat 的应用程序中使用 JSTL！

注意：Tomcat 实现了 Servlet API、JSP、表达式语言和 WebSocket API 规范。其他 Web 容器可能实现更多或者更少的规范，这将随着版本的不同而变化。一定要检查特定 Web 容器的文档，分析它所支持的规范。

回想一下，我们在第 4 章样例代码中添加的 3 个新的 Maven 依赖。其中一个就是 JSP API，通过使用该依赖你可以在 IDE 中编译 JSP 特性。另一个依赖是 Servlet API。这些 Maven 依赖的作用域都是“provided”，这是因为 Tomcat 已经包含了 JSP API 库，因此不需要将它们包含在部署的应用程序中。添加的另外两个依赖是 JSTL API(JSTL 的接口、抽象类和标签声明)和由 GlassFish 提供的 JSTL 实现(JSTL TLD、具体类和接口的实现)。如果 Tomcat 提供了 JSTL 实现，那么我们仍然需要 JSTL Maven 依赖，不过需要将它们的作用域设置为“provided”。因为 Tomcat 并未提供 JSTL 实现，所以这些依赖将使用“compile”作用域，这样它们将被部署到应用程序中。通过这种方式可以在 Tomcat 缺少 JSTL 实现的情况下，在应用程序中使用 JSTL。

下面是 Java 标准标签库规范的 5 个标签库：

- 核心 (c)
- 格式化 (fmt)
- 函数 (fn)
- SQL (sql)
- XML (x)

第 6 章在讲解表达式语言的同时，已经讲解了函数库。本章其余的内容将讲解如何使用其他 4 个库，以及为什么通常不鼓励使用 XML 和 SQL 库。作为参考，你可以查看 Java EE 5 的 JSTL 1.1 的 TLD 文档：http://docs.oracle.com/javaee/5/jstl/1.1/docs/tlddocs/。可惜的是，目前没有 Java EE 6 的 JSTL 1.2 的公开文档，但这两个版本之间的区别是很小的。新版规范中并未添加新的标签——只是在规范中做了详细的说明。Java EE 7 中未包含新的 JSTL 版本。

7.2　使用核心标签库(C 命名空间)

核心标签库如它的名字所示，包含了几乎所有在替换 JSP 中 Java 代码时需要用到的核心功能。它包括条件编程工具、循环和迭代以及输出内容。在本章的末尾对客户支持应用程序进行改进时，你会发现几乎所有的 Java 代码都可以使用核心库中的某些标签进行替换。之前我们已经学习了一些核心库的标签，所以你应该熟悉它的 taglib 指令：

```
<%@ taglib prefix="c" uri="http://java.sun.com/jsp/jstl/core" %>
```

核心库中有许多标签，它们都是相当重要的。不过，其中的一些更加常用，所以首先对它们进行讲解。

7.2.1　<c:out>

标签<c:out>可能是核心标签库中最常用的标签(有时也是最容易误解的)。它的目的是帮助在 JSP 中输出内容。你可能立即想知道使用它与使用 EL 表达式输出内容的区别是什么。可能更容易仍然引起混淆的是<c:out>几乎总是要使用一个或者多个 EL 表达式！

```
<c:out value="${someVariable}" />
```

尽管在本例中，<c:out>可能几乎等同于简单地编写一个${someVariable}，但它们还是有一些区别的。首先，本例中使用的<c:out>实际上等同于${fn:escapeXml(someVariable)}。这是因为默认<c:out>将如同 fn:escapeXml 一样，对保留的 XML 字符(<、>、‘、“、和&)进行转义。通过将特性 escapeXml 设置为假可以禁止该行为：

```
<c:out value="${someVariable}" escapeXml="false" />
```

不过，大多数情况下你都不会希望这样做。默认对保留 XML 字符进行转义，可以保护网站避免遭到跨站脚本攻击和各种不同的注入攻击，另外还可以帮助防止出现由于不可预料的特殊字符网站功能遭到破坏的情况。该标签中还有一个 default 属性，可用于指定当 value 特性为 null 时使用的默认值。

```
<c:out value="${someVariable}" default="Value not specified." />
```

特性 default 中可以使用 EL 表达式(几乎所有标签的所有特性都可以)。

```
<c:out value="${someVariable}" default="${someOtherValue}" />
```

除了 default 特性，也可以使用嵌套内容实现相同的目的。通过这种方式，你可以使用 HTML 标签、JavaScript 和其他 JSP 标签生成默认值。

```
<c:out value="${someVariable}">default value</c:out>
```

最后，要注意 value 特性的工作方式。通常，通过 EL 表达式指定的 value 属性值将被强制转型为字符串，并将该字符串输出。不过，如果 EL 表达式返回的是 java.io.Reader。该 Reader 中的内容将被读取，然后写入到输出中。

7.2.2 <c:url>

标签<c:url>可以正确地对 URL 进行编码，并且在需要添加会话 ID 的时候重写它们，它还可以在 JSP 中输出 URL(在本书的样例中，URL 中的会话 ID 被禁止了，这样可以阻止固定会话攻击，所以你不会看到该标签重写 URL 的情况)。该标签将与<c:param>标签一起完成该行为，而<c:param>标签将指定包含在 URL 中的查询参数。如果使用的是相对 URL，那么该标签将在 URL 之前添加应用程序的上下文路径，从而保证浏览器收到正确的绝对 URL。请考虑下面的<c:url>用例：

```
<c:url value="http://www.example.net/content/news/today.html" />
```

因为这里使用的 URL 是一个绝对 URL，并且其中未包含任何需要编码的空白或其他特殊字符，所以它不会被修改。在这种情况下使用<c:url>是没有意义的。不过，如果需要在 URL 中添加查询参数，那么情况就会变得不同。

```
<c:url value="http://www.example.net/content/news/today.jsp">
    <c:param name="story" value="${storyId}" />
    <c:param name="seo" value="${seoString}" />
</c:url>
```

在本例中，<c:url>标签将会正确地生成和编码查询字符串。参数 story 可能不会有什么问题，但参数 seo 可能会包含空白、问号、与字符和其他特殊字符，所有这些字符都需要进行编码，保证它们不会破坏 URL。不过<c:url>最有用的地方就在于对相对 URL 的编码。

假设应用程序被部署到网址 http://www.example.org/forums/，并且 HTML 中使用了下面的链接标签：

```
<a href="/view.jsp?forumId=12">Product Forum</a>
```

当用户单击该链接时，页面将会跳转到网址 http://www.example.org/view.jsp?forumId=12。可能你使用的 URL 是相对于论坛应用程序的，而不是相对于整个网站。那么可以轻松地将链接指向/forums/view.jsp?forumId=12，但如果你编写的是一个任何人都可以下载并在自己网站中使用的论坛应用程序呢？你不知道他们是否会将应用程序部署到/forums，/discussion，/boards 或者/。这时<c:url>就派上用场了。

```
<a href="<c:url value="/view.jsp">
    <c:param name="forumId" value="12" />
</c:url>">Product Forum</a>
```

注意，这里的标签</c:url>实际上是内嵌在 HTML 标签中。这是完全合法的，并且相当常见。当 JSP 引擎渲染 JSP 时，将会解析</c:url>并替换它，它将把所有不是 JSP 特有语法的部分都当作普通文本。如果应用程序被部署到/forums，结果链接将指向/forums/view.jsp?forumId=2。如果它被部署到/boards，那么结果链接将指向/boards/view.jsp?forumId=12。这样就不需要考虑应用程序被部署到的上下文路径所引起的问题。当然，你可能会希望使用网站的根路径。或者你可能需要它访问其他应用程序。这也很容易完成，在标签中添加 context 特性即可。

```
<c:url value="/index.html" context="/"/>
<c:url value="/item.jsp?itemId=15" context="/store" />
```

第一个标签产生的 URL 将指向根上下文/index.html。第二个标签产生的 URL 将指向上下文/store，即/store/item.jsp?itemId=15。

默认<c:url>标签将把结果 URL 输出到响应中。如果某个 URL 需要在页面中使用多次，那么可以将结果 URL 保存在作用域变量中：

```
<c:url value="/index.jsp" var="homepageUrl" />
<c:url value="/index.jsp" var="homepageUrl" scope="request" />
```

特性 var 指定了用于创建和保存结果 URL 的 EL 变量名称。默认它被保存为页面作用域(记住 4 个 EL 变量作用域：页面、请求、会话和应用程序)，这通常可以满足正常的需求。如果出于某些原因，希望将它保存在不同的作用域中，那么可以使用 scope 属性显式地指定作用域。注意 var 的值是一个普通字符串，而不是 EL 表达式。尽管这里可以使用 EL 表达式，但使用这种方式并没有意义。通过使用 scope 属性可以告诉 JSP 希望使用的作用域的名称，所以应该一直使用普通字符串。

之前样例中的第一个标签在页面作用域中创建了一个 homepageUrl 特性。第二个标签创建了相同的特性，但使用的是请求作用域。无论将 URL 保存在哪个作用域中，稍后都可以使用 ${homepageUrl}(在本例中)在页面中引用该 URL。

```
<a href="${homepageUrl}">Home</a>
```

为了获得最大的安全性、灵活性和可迁移性，推荐使用<c:url>对所有 JSP 中的 URL 进行编码，除非该 URL 是一个外部 URL 并且不包含任何查询参数。即使在这样的情况下，使用<c:url>仍然是合法的，并且我们鼓励使用<c:url>，以防 URL 中包含了需要编码的特殊字符。

7.2.3 <c:if>

很明显<c:if>是一个条件标签，用于控制是否渲染特定的内容。<c:if>标签的使用是相当直观的：

```
<c:if test="${something == somethingElse}">
   execute only if test is true
</c:if>
```

特性 test 指定了一个条件，只有该条件为真时，<c:if>标签中内嵌的内容才会被执行。如果特性 test 值为假，标签中的所有内容都将被忽略。如果有某个复杂的条件，你只希望执行一次但需要在页面中多次使用它的结果，那么可以使用 var 特性将它保存为变量(并且可以指定不同的作用域)：

```
<c:if test="${someComplexExpressionIsTrue}" var="itWasTrue" />
...
<c:if test="${itWasTrue}">
```

```
    do something
</c:if>
...
<c:if test="${itWasTrue}">
    do something else
</c:if>
```

你可能立即会想到对应着<c:if>是否有<c:else>存在呢。没有。<c:if>标签只是一个简单的、全有或全无的条件块。关于更复杂的 if/else-if/else 逻辑，需要使用一些比<c:if>更强大的技术。

7.2.4　<c:choose>、<c:when>和<c:otherwise>

相对于<c:if>标签，<c:choose>、<c:when>和<c:otherwise>标签更加强大，它们提供了更复杂的 if/else-if/else 逻辑。标签<c:choose>作为一个框架，指定了复杂条件块的开始和结束。它没有特性，并且可以只包含空白、嵌套的<c:when>和<c:otherwise>。在<c:choose>中至少需要有一个<c:when>标签，可使用的最大数目不受限制，所有的<c:when>标签都必须添加在<c:otherwise>标签之前。<c:when>有一个特性 test，它代表了进行测试的条件，如果为真，就执行<c:when>中内嵌的内容。所有内容或者其他 JSP 标签都必须内嵌在<c:when>中。只有一个<c:when>标签的内容会被执行：第一个 test 结果为真的<c:when>标签。在<c:when>标签成功执行之后，<c:choose>标签将直接短路至标签末尾。

<c:choose>标签中最多只能包含一个<c:otherwise>标签(可选的)，并且它必须是<c:choose>标签中的最后一个标签。它没有特性，可以包含任何嵌套内容，并且只有当所有的<c:choose>标签条件结果都不为真时才会执行。

```
<c:choose>
    <c:when test="${something}">
        "if"
    </c:when>
    <c:when test="${somethingElse}">
        "else if"
    </c:when>
    ...
    <c:otherwise>
        "else"
    </c:otherwise>
</c:choose>
```

从之前的代码中可以看到第一个<c:when>就像是 Java 中的第一个 if。它首先被执行，如果它为真的话，那么它的内容将被执行，而所有其他标签都将被忽略。第二个<c:when>和所有其他的<c:when>都类似于 else if。只有在之前的所有<c:when>标签执行结果都为假时，它们才会执行。<c:otherwise>标签更像是当所有其他的选项都为假时执行的备用选项最后的 else:。当然，<c:choose>标签可以只包含一个<c:when>标签：

```
<c:choose>
    <c:when test="${something}">
        "if"
    </c:when>
</c:choose>
```

不过，使用<c:if test="${something}">...</c:if>的方式编写本例会更加简单。当复杂性增加时，就可以选择使用<c:choose>。当你只需要使用 if 而不需要 else 时，<c:if>可能是最好的方式。

7.2.5　<c:forEach>

标签<c:forEach>用于迭代并重复它的嵌套主体内容固定次数，或者遍历某些集合或数组。取决于所使用的特性，它可以像 Java 的 for 循环或者 for-each 循环一样工作。例如，可以使用<c:forEach>替换下面的 Java 循环：

```
for(int i = 0; i < 100; i++)
{
    out.println("Line " + i + "<br />");
}
```

对等的<c:forEach>标签如下所示：

```
<c:forEach var="i" begin="0" end="100">
    Line ${i}<br />
</c:forEach>
```

在本例中，所有在 0 与 100 之间的数字都将被输出到屏幕中。特性 begin 的最小值为 0。如果 end 小于 begin，那么循环将不会执行。如果需要使用 step 特性，将每次对 i 增加的值修改为大于 1 的值(该特性必须大于等于 1)。

```
<c:forEach var="i" begin="0" end="100" step="3">
    Line ${i}<br />
</c:forEach>
```

在本例中，所有 0 到 100 之间 3 的倍数将被输出到屏幕中。

使用<c:forEach>遍历对象的某些集合时将会使用到不同的特性。

```
<c:forEach items="${users}" var="user">
    ${user.lastName}, ${user.firstName}<br />
</c:forEach>
```

特性 items 中的表达式必须是一些集合、Map、Iterator、Enumeration、对象数组或者原生数组。如果该特性的值为 Map，那么该标签将通过调用 entrySet 遍历 Map.Entry。如果该特性的值为 Iterator 或者 Enumeration，那么要记住一旦开始迭代，就无法从头开始迭代，所以你只可以遍历它们一次。如果该特性值为 null，那么该标签不会执行任何迭代操作，如同集合为空一样。这不会引起 NullPointerException 异常。如果使用的类实现了 Iterable 接口，但不是这些类型中的一种，那么可以调用对象上的 iterator 方法使用它(items="${object.iterator()}")。特性 var 指定了在每次循环迭代中每个元素应该被赋给的变量的名称。之前的样例等同于下面的 Java for-each 循环：

```
for(User user : users)
{
    out.println(user.getLastName() + ", " + user.getFirstName() + "<br />");
}
```

可以使用<c:forEach>的 step 特性略过一些集合元素，如同迭代数字时使用的方法一样。还可以使用 begin 特性从指定的索引开始(包含)，使用 end 特性指定结束索引(包含)。这是非常有用的，例如可以实现对象集合的分页。

最后，无论是将<c:forEach>用作 for 循环遍历数字，还是用作 for-each 循环迭代对象集合，都可以使用包含了当前迭代状态的 varStatus 特性，通过它可以使某个变量在循环中可用。

```
<c:forEach items="${users}" var="user" varStatus="status">
    ${status.begin}
    ${status.end}
    ${status.step}
    ${status.count}
    ${status.current}
    ${status.index}
    ${status.first}
    ${status.last}
</c:forEach>
```

本例中的字段 status 封装了当前迭代的状态。该 status 对象(一个 javax.servlet.jsp.jstl.core.LoopTagStatus 的实例)的属性如下面所示：

- *begin* ——包含了循环标签的 begin 特性的值。
- *end* ——包含了循环标签的 end 特性的值。
- *step* ——包含了循环标签 step 特性的值。
- *index* ——返回当前迭代使用的索引。该值将在每次迭代时增加 step 所设置的值。
- *count* ——返回目前已执行的迭代次数(包含本次迭代)。该值在每次迭代时增加 1(即使 step 值大于 1)。该值在第一个迭代时从 1 开始，它永远也不会等于 status.index。
- *current* ——它包含了迭代的当前元素。如果使用 var 特性将该元素导出为变量的话，它们是相同的。在之前的样例中，status.current 等于变量 user。
- *first* ——如果当前迭代是第一次迭代(如果 status.count 值为 1)，那么该值为真。否则为假。
- *last* ——如果当前迭代为最后一次迭代，那么该值为真，否则为假。

使用<c:forEach>时最后一个需要考虑的是 EL 延迟语法(#{})的影响。如果循环中的某些标签需要在属性中使用延迟语法，并且希望在该延迟语法中使用通过 var 创建的变量，那么必须也在<c:forEach>的 items 属性中使用 EL 表达式的延迟语法。否则，引用元素变量的延迟语法将无法工作。

7.2.6 <c:forTokens>

标签<c:forTokens>几乎与<c:forEach>标签是一样的。它包含了许多相同的特性(var、varStatus、begin、end 和 step)，这些特性的行为与<c:forEach>对对象集合进行 for-each 循环时的行为一致。主要的区别在于：<c:forTokens>的 items 特性使用的是字符串，而不是集合，并且需要使用一个额外的 delims 特性指定一个或多个字符，通过该特性将字符串分割成记号。然后该标签将迭代这些分割后的记号。

```
<c:forTokens items="This,is,a,cool,tag." delims="," var="word">
    ${word}<br />
</c:forTokens>
```

7.2.7 <c:redirect>

许多样例项目中的 index.jsp 文件已经使用了<c:redirect>标签。该标签将把用户重定向至另一个

URL，由 name 属性决定。在响应中添加 HTTP 位置头并修改 HTTP 响应状态码之后，它将终止 JSP 的执行。因为它修改了响应头，所以在开始将响应返回到客户端之前必须调用<c:redirect>。否则，它将无法成功重定向客户端，因此客户端将收到一个被截断的响应(JSP 中<c:redirect>标签之后的所有内容都丢失了)。关于 URL 编码、会话 ID 的重写和使用嵌套<c:param>标签添加查询参数等规则，<c:redirect>与<c:url>都是相同的。下面的样例演示的<c:redirect>用例都是可行的；不过，这肯定不是<c:redirect>的所有用法。

```
<c:redirect url="http://www.example.com/" />

<c:redirect url="/tickets">
    <c:param name="action" value="view" />
    <c:param name="ticketId" value="${ticketId}" />
</c:redirect>

<c:redirect url="/browse" context="/store" />
```

7.2.8　<c:import>

标签<c:import>是一个特别有趣的操作，它可以获取特定 URL 资源的内容。这些内容可以内嵌在响应中、保存到字符串变量或者保存到 Reader 变量。如同<c:url>和<c:redirect>一样，该 URL 可以是一个本地上下文、另一个上下文或者外部网站，并且编码要正确，在必要的时候需要重写。嵌套的<c:param>标签还可以在 URL 中指定查询参数。特性 var 指定了字符串变量的名称，该变量将用于保存导入的内容，并且可以使用 scope 特性指定该变量的作用域。特性 varReader 指定了 Reader 变量的名称，通过它可以读取资源内容。

如果使用 varReader 导出 Reader 变量，那么就不可以使用<c:param>，并且必须在<c:import>标签的嵌套内容中使用 Reader。Reader 变量在结束</c:import>标签之后是不可用的(这保证了 JSP 引擎能够正确地关闭 Reader)。

永远不应该同时使用 var 和 varReader；这样做将会导致异常。当 var 和 varReader 特性都未指定时，URL 中指定的资源内容将被内嵌在 JSP 中。下面的样例演示了一些使用<c:import>的方式：

```
<c:import url="/copyright.jsp" />

<c:import url="/ad.jsp" context="/store" var="advertisement" scope="request">
    <c:param name="category" value="${forumCategory}" />
</c:import>

<c:import url="http://www.example.com/embeddedPlayer.do?video=f8ETe9238MNTte"
        varReader="player" charEncoding="UTF-8">
    <wrox:writeVideoPlugin reader="${player}" />
</c:import>
```

第一个样例将把应用程序的本地 copyright.jsp 中的内容内嵌在页面中。第二个样例将 ad.jsp?category=${forumCategory}的内容保存在请求作用域的字符串变量 advertisement 中，并对 category 查询参数进行正确的编码。第三个样例获取了一些外部资源，并将它导出为名为 player 的 Reader 对象。然后虚拟的<wrox:writeVideoPlugin>将通过某种方式使用 player(在这里，它是如何工作的并不重要)。

另外还要注意特性 charEncoding 的使用。你永远不会使用这个特性。不过，如果目标资源未返回 Content-Type 头(非常少见)，并且内容类型不是 ISO-8859-1，那么就需要通过 charEncoding 特性指定字符编码。

7.2.9　<c:set>和<c:remove>

通过<c:set>标签可以设置新的或者现有的作用域变量，还可以使用它对应的标签<c:remove>从作用域中删除变量。

```
<c:set var="myVariable" value="Hello, World!" />
...
${myVariable}
...
<c:remove var="myVariable" scope="page" />

<c:set var="complexVariable" scope="request">
   nested content including other JSP tags
</c:set>
...
${complexVariable}
...
<c:remove var="complexVariable" scope="request" />
```

如同大多数其他暴露出作用域变量的标签一样，可以使用 scope 特性指定变量所属的作用域(默认是页面作用域)。使用<c:remove>标签时要小心，因为它的 scope 特性的工作方式不同：如果未指定 scope，所有作用域中匹配该名称的所有特性都将被移出。这可能不是你所希望的，因此应该一直使用 scope 特性。

除了之前显示的用法之外，还可以使用<c:set>修改某个 bean 的属性值。

```
<c:set target="${someObject}" property="propertyName" value="Hello, World!" />

<c:set target="${someObject}" property="propertyName">
   nested content including other JSP tags
</c:set>
```

使用这种方式时，特性 target 应该一直是一个 EL 表达式，该表达式的执行结果应该是一个 Map 或者含有设置方法(“setter”用于设置属性值)的某些其他 bean。之前的样例都等同于调用 Java 代码中 bean 的 someObject.setPropertyName(...)方法，或者 Map 的 someObject.put("propertyName", ...)方法。

7.2.10　使用核心库标签

为了学习核心标签库的工作方式，本节将创建一个显示出地址簿所有联系人的应用程序。你可以从头创建地址簿或者使用 wrox.com 代码下载站点中的 Address-Book 项目。使用包含了标准 JSP 和会话设置的部署描述符(第 6 章使用过的)创建标准应用程序。欢迎文件 index.jsp 应该使用<c:redirect>标签重定向至/list servlet：

```
<c:redirect url="/list" />
```

基础 JSP 页面/WEB-INF/jsp/base.jsp 应该包含 JSTL 核心库和函数库的 taglib 指令：

```
<%@ taglib prefix="c" uri="http://java.sun.com/jsp/jstl/core" %>
<%@ taglib prefix="fn" uri="http://java.sun.com/jsp/jstl/functions" %>
```

为了显示出信息，首先创建一个简单的 Contact POJO，在其中包含地址簿中可以找到的基本信息。注意，下面代码样例中的 Contact 用到了新的 Java 8 日期和时间 API，并且实现了 Comparable 接口，从而保证它可以进行正确的排序。出于简化代码的目的，设置和访问方法以及构造函数的内容都被忽略了。

```
public class Contact implements Comparable<Contact>
{
    private String firstName;
    private String lastName;
    private String phoneNumber;
    private String address;
    private MonthDay birthday;
    private Instant dateCreated;

    public Contact() { }

    public Contact(String firstName, String lastName, String phoneNumber,
                   String address, MonthDay birthday,
                   Instant dateCreated) { ... }

    ...

    @Override
    public int compareTo(Contact other)
    {
        int last = lastName.compareTo(other.lastName);
        if(last == 0)
            return firstName.compareTo(other.firstName);
        return last;
    }
}
```

代码清单 7-1 中的 ListServlet 将用于响应请求；它包含了一个联系人的静态 Set，用作排序数据库，并且该 Set 也已经预先填充了一些联系人。如果参数为 empty，doGet 方法将为请求特性添加一个空的联系人 Set，如果参数不存在，就为请求添加静态的 Set，然后将请求重定向至代码清单 7-2 所示的文件/WEB-INF/jsp/view/list.jsp。

注意 list.jsp 中使用了<c:choose>、<c:when>和<c:otherwise>，如果地址簿为空，就显示一个消息，否则执行代码循环遍历列表。<c:forEach>将执行该任务，而<c:out>将保证字符串值都被正确地转义，使它们不包含 XML 字符。最后，<c:if>标签将保证只有在生日不为 null 的情况下才显示它。

代码清单 7-1：ListServlet.java

```
@WebServlet(
        name = "listServlet",
        urlPatterns = "/list"
)
public class ListServlet extends HttpServlet
{
    private static final SortedSet<Contact> contacts = new TreeSet<>();

    static {
```

```
        contacts.add(new Contact("Jane", "Sanders", "555-1593", "394 E 22nd Ave",
                MonthDay.of(Month.JANUARY, 5),
                Instant.parse("2013-02-01T15:22:23-06:00")
        ));
        contacts.add(new Contact( "John", "Smith", "555-0712", "315 Maple St",
                null, Instant.parse("2012-10-15T09:31:17-06:00")
        ));
        contacts.add(new Contact("Scott", "Johnson", "555-9834", "424 Oak Dr",
                MonthDay.of(Month.NOVEMBER, 17),
                Instant.parse("2013-04-04T19:45:01-06:00")
        ));
    }

    @Override
    protected void doGet(HttpServletRequest request, HttpServletResponse response)
            throws ServletException, IOException
    {
        if(request.getParameter("empty") != null)
            request.setAttribute("contacts", Collections.<Contact>emptySet());
        else
            request.setAttribute("contacts", contacts);
        request.getRequestDispatcher("/WEB-INF/jsp/view/list.jsp")
               .forward(request, response);
    }
}
```

代码清单 7-2：list.jsp

```
<%--@elvariable id="contacts" type="java.util.Set<com.wrox.Contact>"--%>
<!DOCTYPE html>
<html>
    <head>
        <title>Address Book</title>
    </head>
    <body>
        <h2>Address Book Contacts</h2>
        <c:choose>
            <c:when test="${fn:length(contacts) == 0}">
                <i>There are no contacts in the address book.</i>
            </c:when>
            <c:otherwise>
                <c:forEach items="${contacts}" var="contact">
                    <b>
                        <c:out value="${contact.lastName}, ${contact.firstName}" />
                    </b><br />
                    <c:out value="${contact.address}" /><br />
                    <c:out value="${contact.phoneNumber}" /><br />
                    <c:if test="${contact.birthday != null}">
                        Birthday: ${contact.birthday}<br />
                    </c:if>
                    Created: ${contact.dateCreated}<br /><br />
                </c:forEach>
            </c:otherwise>
```

```
        </c:choose>
    </body>
</html>
```

编译并调试项目，在浏览器中访问 http://localhost:8080/address-book/list?empty。你应该看到消息中不包含任何地址簿联系人，这意味着<c:when>的测试条件为真。现在从 URL 中移出 empty 参数，你将看到如图 7-1 所示的界面。该界面显示出的内容大部分都没有问题，但日期并未以友好的方式显示，并且不支持其他语言。在下一节，我们将学习如何实现这些功能。

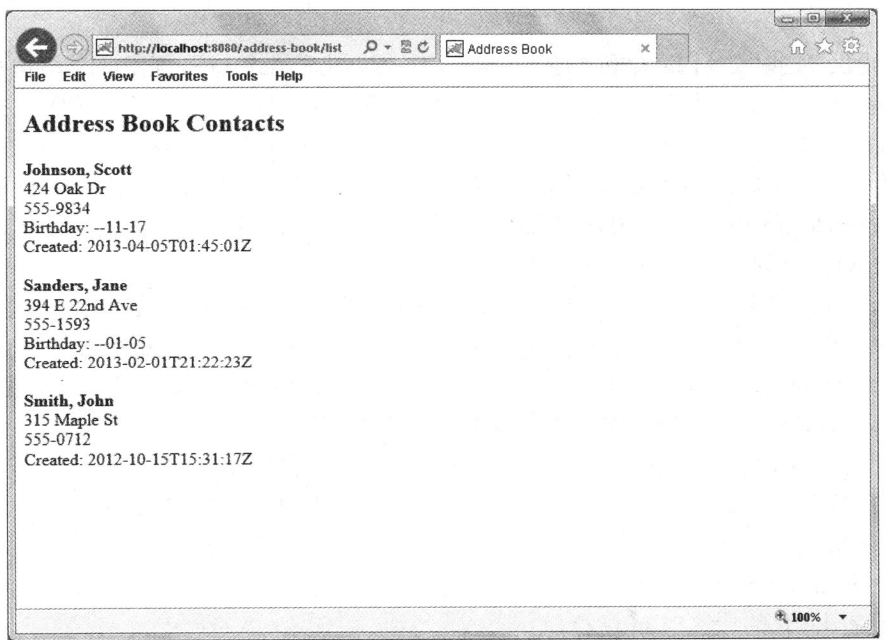

图　7-1

7.3　使用国际化和格式化标签库(FMT 命名空间)

如果你希望创建部署在 Web 上，并面向庞大的国际化用户的企业级 Java 应用程序，那么你最终需要为世界的特定区域进行应用程序本地化。这将通过国际化实现(通常简写为 i18n)，它是设计应用程序的过程，通过它可以在不重新设计或者不为新的区域重新编写应用程序的情况下，使应用程序适应不同的区域、语言和文化。

在应用程序被国际化后，就可以通过添加对目标区域、语言和文化的支持，使用国际化应用程序将应用程序本地化。通常术语本地化(通常简写为 L10n)和国际化是容易混淆的，它们的关联是如此的密切，所以这是可以理解的。一种记住区别它们的简单方式是“首先通过架构进行国际化，然后通过转换进行本地化”。

7.3.1　国际化和本地化组件

国际化和本地化工作由三个部分组成：

- 为了让使用其他语言的用户可以使用应用程序，必须对文本进行转换。

- 必须为不同的语言环境将日期、时间和数字(包括货币和百分比)进行正确的格式化。例如，美国的 12,934.52 在法国等同于 12934,52，而在德国则等同于 12.934,52。
- 为了满足世界各地客户的需求，价格需要以本地货币的格式显示，所以它们必须是可以转换的。

通常货币转换可以忽略——出于一个合理的理由。将价格以不同的货币形式显示是非常具有挑战性的、不准确的并且过时的，现在大多数商业金融机构都提供了在结账时把交易货币转换为用户货币的机制。在许多情况下，将价格显示为美元即可完美地满足需求。由于货币转换话题的复杂性，本书不会进行讲解。

JSTL 提供了同时支持国际化和本地化的标签库：国际化和格式化库，它们的前缀是 fmt。本节将讲解如何使用和配置格式化库，从而将应用程序进行国际化处理，并在稍后可以对它进行本地化处理。你会经常看到术语区域设置，它是代表了特定的区域、文化和或者政治领域的标志符。区域设置通常包含了一个由 ISO 639-1 指定的两字母小写语言代码。单击链接 http://www.loc.gov/standards/iso639-2/php/code_list.php 可以查看所有的区域设置代码。该页面显示出了所有的两字母 ISO 639-1 和三字母 ISO 639-2 代码。本书将只会用到两字母代码。

对于语言代码不容易区分的语言来说(例如，墨西哥西班牙语和西班牙的西班牙语稍有不同)，区域设置还可以包含一个由 ISO 3166-1 指定的两字母大写国家代码，单击链接 http://www.iso.org/iso/home/standards/country_codes/iso-3166-1_decoding_table.htm 可以查看到所有的国家代码。

在区域设置代码中，语言代码在前。如果指定了国家代码，它将紧接在语言代码之后，使用下划线分隔语言和国家代码。偶尔，区域设置代码也会有变体，它并未被列在区域设置代码中。通常我们不需要担心这些变体，关于它们的更多信息，请查看 Java 和 JSTL 中代表区域设置的 java.util.Locale 类的 API 文档。

国际化和格式化标签库被分成了两大类：

- 支持国际化的标签(i18n 标签)
- 支持日期、时间和数字格式化的标签(格式化标签)

I18n 标签有资源包的概念，它定义了特定区域设置的对象。资源包由对应着包中条目的键组成，将开发者选择的区域代码添加到任意的基本名称上即可组成完整的资源包名称。特定的键通常在所有的资源包中都有条目存在，每种支持的语言和国家各有一条。本节将先学习所有的 i18n 标签，然后再学习格式化标签。

国际化和格式化库的 taglib 指令如下所示：

```
<%@ taglib prefix="fmt" uri="http://java.sun.com/jsp/jstl/fmt" %>
```

注意： 一个对 JSTL 国际化和格式化标签库的常见抱怨是：它比想象中难于使用。不过，有时这也被看成一个个人偏好问题，因为其他开发者都认为 JSTL 对 i18n 和本地化的支持是相同充足的。许多情况下这都取决于特定的需求，第 15 章将会学习 Spring 框架的 i18n 工具，帮助你完整地了解国际化和可选的其他技术。

7.3.2 <fmt:message>

标签 i18n 可能是你会用到最多的标签(你可能只会使用 i18n 标签)，<fmt:message>将在资源包中定位到某个本地化消息，然后将它内嵌在页面的消息中或者将它保存在 EL 变量中。属性 key 是必需的，它将指定本地化消息的键，用于定位资源包中的消息。使用可选的 bundle 特性表示本地化上下文，通过<fmt:setBundle>创建，它应该被用于定位键。它将覆盖默认的包。可选的 var 特性将指定保存本地化消息的 EL 变量，对应的 scope 特性可以控制变量所在的作用域。也可以在<fmt:message>标签中嵌套<fmt:param>标签将本地化消息进行参数化处理。假设现在应用程序中有一个资源束被翻译成了两种语言——美国英语(en_US)和墨西哥西班牙语(es_MX)——每个翻译中都包含了本地化消息 store.greeting 的条目。消息 store.greeting 的英语值应该如下所示：

```
store.greeting=There are {0} products in the store.
```

消息 store.greeting 的西班牙语值格式应该是类似的，但翻译成的语言不同：

```
store.greeting=Hay {0} productos en la tienda.
```

每个消息中的{0}都代表着一个应该使用参数替换的占位符。占位符是从 0 开始计算的，但它们在消息中出现的顺序不必与数字顺序一致。某些语言使用了非常不同的单词顺序，这意味着参数在不同的语言中可能需要被替换到不同的位置。如果需要，占位符也可以是重复的——你可能希望将相同的参数插入到消息中多次。在 JSP 中使用下面的代码引用本地化消息：

```
<fmt:message key="store.greeting">
   <fmt:param value="${numberOfProducts}" />
</fmt:message>
```

如果 numberOfProducts 是 63，那么根据用户选择的区域设置的不同，他们将看到下面不同的输出：

```
English: There are 63 products in the store.
Spanish: Hay 63 productos en la tienda.
```

嵌套的<fmt:param>标签依次对应着从 0 开始的各个占位符。所以无论占位符在本地化消息中出现的顺序是怎样的，第一个<fmt:param>标签都将指定{0}的值，第二个将指定{1}的值等(消息不一定非要使用占位符，也可以使用不含<fmt:param>的<fmt:message>。如果消息中包含了占位符但未使用<fmt:param>，那么占位符将保持原样显示在消息中)。如果不希望使用 value 特性，那么可以在<fmt:param>的开始和结束标签中使用参数值替换它。

```
<fmt:message key="store.greeting">
   <fmt:param>${numberOfProducts}</fmt:param>
</fmt:message>
```

还需要注意，这里的 key 特性并不是必需的；而消息中的 key 特性是必需的。在不使用 key 特性的情况下，还可以使用另一种方式指定消息键：

```
<fmt:message>some.message.key</fmt:message>

<fmt:message>
    store.greeting
```

```
    <fmt:param value="${numberOfProducts}" />
</fmt:message>
```

尽管支持这种方法，但很少使用，并且许多 IDE 也都只验证 key 特性中的消息键。本书将一直在 key 特性中指定消息键。

注意：如果你看到<fmt:message>被替换成了？？？？？？，这意味着你未能有效地指定一个消息键(key 特性或者标签体中的键)。如果某些消息(例如 store.greeting)被替换成了？？？<key>？？？(例如？？？store.greeting？？？)，这意味着消息键在资源包中无法找到。

7.3.3 <fmt:setLocale>

<fmt:setLocale>标签将设置 i18n 解析资源包时使用的区域设置，并进行格式化。特性 value 指定了区域设置值，该值可以是一个字符串区域设置代码(例如 en_US)，也可以是一个执行结果为 Locale 实例的 EL 表达式。如果使用的是区域设置代码，还可以使用特性 variant 指定区域设置的变体。区域设置将被保存在一个名为 *javax.servlet.jsp.jstl.fmt.locale* 的 EL 变量中，并成为指定作用域(默认为页面区域)中的默认区域设置。如果使用了该标签，那么它应该出现在其他 i18n 或者格式化标签之前，这样才可以保证它们使用了正确的区域设置。不过，正常情况下我们是不需要使用<fmt:setLocale>标签的。国际化应用程序通常会提供一种机制：在请求被转发到 JSP 中时自动进行区域设置(例如从用户账户中加载已保存的区域设置)。第 15 章将深入讲解该内容。

```
<fmt:setLocale value="en_US" />

<fmt:setLocale value="${locale}" />
```

7.3.4 <fmt:bundle>和<fmt:setBundle>

JSTL 中的 i18n 标签依赖于本地化上下文告诉它们当前的资源包和区域设置。可以使用<fmt:setLocale>和其他的技术指定当前本地化上下文的区域设置。<fmt:setLocale>和<fmt:setBundle>是指定应使用资源包的两种方式。当 i18n 标签需要知道它的本地化上下文时，它将搜索几个地方，并按照下面的优先级使用第一个指定的本地化上下文：

- 如果在<fmt:message>标签中指定了 bundle 特性，那么它将优先使用该值(而不是使用其他可以应用到该标签上的设置)。
- 如果 i18n 标签被内嵌在<fmt:bundle>中，那么它将使用该资源包(除非被<fmt:message>中的 bundle 特性所覆盖)。
- 如果使用上下文初始化参数或者 EL 变量 *javax.servlet.jsp.jstl.fmt.localizationContext* 指定了默认的本地化上下文，那么它将使用默认设置。本节稍后将讲解如何设置默认的本地化上下文。

尽管<fmt:bundle>标签创建了一个即时本地化上下文，并且只影响内嵌在其中的标签，但<fmt:setBundle>可以将本地化上下文导出为 EL 变量，这样 i18n 标签就可以在稍后引用 bundle 特性中的变量。导出变量的名字在 var 特性中指定，它的作用域将在 scope 特性中指定(默认为页面作用域)。如果不指定 var 变量，本地化上下文将被保存在名为 javax.servlet.jsp.jstl.fmt.localizationContext 的 EL 变量中，并成为该作用域中的默认本地化上下文。下面的样例演示了资源包定义的优先级：

```
<fmt:setBundle basename="Errors" var="errorsBundle" />

<fmt:bundle basename="Titles">
    <fmt:message key="titles.homepage" />

    <fmt:message key="errors.notFound" bundle="${errorsBundle}" />
</fmt:bundle>

<fmt:message key="others.greeting" />
```

特性 basename 表示了资源包的基本名称——即资源包文件名的开头，在区域设置代码添加到文件名之前。输出 titles.homepage 消息的标签<fmt:message>将使用它的<fmt:bundle>父标签指定的 Titles 资源包，而 errors.notFound 消息将使用由<fmt:setBundle>标签定义的 Errors 包。最后，others.greeting 消息将使用默认的本地化上下文。

如同<fmt:setLocale>一样，你几乎不会使用<fmt:bundle>和<fmt:setBundle>标签。有些工具可以让这个工作变得更简单，本节稍后将进行讨论，第 15 章也将进行更加深入的讲解。

7.3.5 <fmt:requestEncoding>

标签<fmt:requestEncoding>将使用 var 特性设置当前请求的字符编码，从而使请求参数可以根据给定的区域设置，使用正确的字符编码进行编码。出于两个原因，我们并不需要使用该标签，本书也不会使用它：

- Servlet 在<fmt:requestEncoding>标签之前处理请求，它能够修改请求的字符编码。
- 对于字符编码不同于 ISO-8859-1 的请求，所有现代浏览器都将为它添加一个指定了字符编码的内容类型请求头。它们也都使用由网站返回的最后一个响应中指定的字符编码。这就消除了手动设置请求字符编码的需求。

该标签是之前遗留下来的标签，当时请求特性中的编码无法获知，因此只好进行猜测。开发者可以根据选择的语言进行有序的猜测。今天，现代浏览器已经解决了这个问题，所以就无须再这样做了。

7.3.6 <fmt:timeZone>和<fmt:setTimeZone>

为了能够正常使用日期和时间的格式化标签，需要设置区域设置和时区。区域设置来自于本地化上下文(之前已经学习了如何使用<fmt:bundle>和<fmt:setBundle>进行设置)，并根据之前章节中相同的规则决定使用哪个设置。不过，时区的概念有时会与区域设置中的区域或者语言相关，但并不严格依赖于区域设置。例如，来自于美国的用户可能会访问东京的应用程序，并希望使用英语访问该应用程序，而且在查看东京的日期时希望看到美国的日期和时间格式。出于该原因和许多其他原因，Java 和 JSTL 中的时区和区域设置是分离的。需要使用时区的格式化标签将按照指定的策略搜索时区设置，优先级将如下所示：

- 如果日期和时间格式化标签中指定了 timeZone 特性，那么优先使用该设置(而不是其他时区)。

- 如果该标签内嵌在<fmt:timeZone>标签中，那么使用由<fmt:timeZone>标签指定的时区。
- 如果指定了上下文初始化参数或者名为 javax.servlet.jsp.jstl.fmt.timeZone 的 EL 变量，那么使用该时区。
- 否则，使用由容器提供的时区(通常是 JVM 时区，它所在操作系统的时区)。

标签<fmt:timeZone>是类似于<fmt:bundle>操作的时区标签。它将创建一个即时时区作用域，它包含的所有嵌套标签都将使用该时区。它只有一个特性 value，该特性的值可以是一个执行结果为 java.util.TimeZone 的 EL 表达式，或者匹配 IANA 时区数据库中指定的任意合法时区 ID 的字符串。关于这些 ID 的更多信息，请参考 IANA 网站(http://www.iana.org/time-zones)或者 TimeZone 的 API 文档。如果 value 为 null 或者空，那么 GMT 时区将被用作默认值。

另一方面，标签<fmt:setTimeZone>的行为类似于<fmt:setBundle>标签，它将导出指定时区的值为作用域变量。特性 var 指定了 EL 变量的名称，特性 scope 指定了时区变量的作用域(默认为页面作用域)。如果 var 被忽略了，时区将被保存为名为 *javax.servlet.jsp.jstl.fmt.timeZone* 的 EL 变量，并成为该作用域的默认时区。

```
<fmt:setTimeZone value="America/Chicago" var="timeZoneCst" />

<fmt:timeZone value="${someTimeZone}">
    tags nested here use someTimeZone
</fmt:timeZone>

<fmt:timeZone value="${timeZoneCst}">
    tags nested here use America/Chicago
</fmt:timeZone>
```

7.3.7　<fmt:formatDate>和<fmt:parseDate>

<fmt:formatDate>标签将使用默认或者指定的区域设置以及默认或者指定的时区，格式化指定的日期(和/或时间)。然后，格式化的日期将被内嵌或者保存在指定作用域中由 var 特性指定的变量中。特性 timeZone 指定了用于格式化日期的不同 TimeZone 或者字符串时区 ID。使用 value 特性指定该日期值。目前，value 值必须是执行结果为 java.util.Date 实例的 EL 表达式；不支持 java.util.Calendar 或者 Java 8 Date & Time API 类。下一章，我们将学习使用改进后的日期格式化标签(它可以支持这些新的类)创建自定义标签库。JSTL 的新版本中也可能会支持这些类型。

使用区域设置结合 type、dateStyle、timeStyle 和 pattern 特性可以决定日期格式化的方式。特性 type 通常应该是“date”、“time”或者“both”中的一个，分别用于表示只输出日期、只输出时间或者在日期之后输出时间。特性 dateStyle 和 timeStyle 都将遵守 java.text.DateFormat 类的 API 文档定义的语义，并且它们的值必须是“default”(默认，也是最方便的)、“short”、“medium”、“long”或者“full”中的一个。这些特性分别指定了日期和时间的格式化方式(结合区域设置一起)。如果需要的话，也可以使用 pattern 特性指定一个符合 java.text.SimpleDateFormat 规则的自定义格式化模式。此时，type、dateStyle 和 timeStyle 特性都将被忽略。这样做也会忽略区域设置中的样式(尽管月份仍然会根据语言进行本地化)，所以如果可能的话，最好不要使用 pattern。

```
<fmt:formatDate value="${someDate}" type="both" dateStyle="long"
                timeStyle="long" />
```

```
<fmt:formatDate value="${someDate}" type="date" dateStyle="short"
                var="formattedDate" timeZone="${differentTimeZone}" />
```

对于日期 2013.10.3 15：22：37，假设它的默认时区为 America/Chicago，第一个样例将为美国英语区域设置输出“October 3, 2013 3:22:37 PMCDT”，为法国法语区域设置输出“3 October 2013 15:22:37 CDT”。第二个样例将只格式化日期，并根据${differentTimeZone}指定的时区以较短的格式进行格式化，然后将结果保存在变量 formattedDate 中。美国英语区域设置版本的 formattedDate 值为“10/3/13”，而法国法语区域设置版本的值为“03/10/13”。

<fmt:parseDate>听起来像是<fmt:formatDate>的相反操作，事实上确实也是如此。<fmt:parseDate>的所有特性和规则都与<fmt:formatDate>相同，但它将进行相反的操作。它接受格式化字符串(就像<fmt:formatDate>输出的内容一样)，然后将字符串解析为 Date 对象。通常，可以使用 var 特性将结果赋给一个变量；否则，它的用处就不是很大。另外，除了使用 value 特性指定将要解析的日期，还可以在标签体中指定它。

7.3.8　<fmt:formatNumber>和<fmt:parseNumber>

<fmt:formatNumber>标签是一个非常强大的操作，它可以格式化数字(整数样式和小数)、货币和百分比。它有许多特性，但并非所有的特性都可以应用到所有的情况中。首先该标签如许多其他标签一样有 var 和 scope 特性，它们的行为与之前学到的一样。如果 var 被忽略，格式化数字将被内嵌在 JSP 中。假设现在需要格式化货币，并假设 number 是一个值为 12349.15823 的作用域变量。

```
<fmt:formatNumber type="currency" value="${number}" />
```

该标签将为美国英语区域设置输出“$12,349.16”，为西班牙西班牙语区域设置输出“12.349,16 €”。你应该立即会看到问题：格式化数字使用了两种不同的货币符号，但并未进行货币转换计算。这是不准确的，也会引起应用程序用户的混淆。因此，应该一直指定 currencyCode 特性，它可以是任何有效的 ISO 4217 货币代码(请单击链接 http://en.wikipedia.org/wiki/ISO_4217 查看货币代码清单)。

```
<fmt:formatNumber type="currency" value="${number}" currencyCode="USD" />
```

该标签为美国英语区域设置输出仍然是“$12,349.16”，但为西班牙西班牙语区域设置输出的信息变成了“12.349,16 USD”，这是正确的。特性 currencySymbol 可用于覆盖目前使用的货币符号，但最好不要使用它。标签可以根据指定的货币代码，正确地选择出应该使用的货币符号。如果 type 值不是“currency”的话，这两个特性都将被忽略。

另一个有效的 type 值(默认)是“number”。它将按照通用数字对值进行格式化。默认，它将把数字四舍五入成 3 位小数，并按照区域设置对数字进行分组。

```
<fmt:formatNumber type="number" value="${number}" />
```

该标签将为美国英语区域设置输出“12,349.158”，为西班牙西班牙语区域设置输出“12.349,158”。使用特性 maxFractionDigits 可以增大或减小四舍五入的精度(通过指定小数部分位数的方式)，使用 maxIntegerDigits 可以指定整数部分的最大位数(不要使用 maxIntegerDigits，因为它将截断数字。例如，如果将该值设置为 3，那么数字 12345 将变成 345)。特性 minFractionDigits 使用 0 将数字的小数部分填充至指定位数，同样地，minIntegerDigits 通过在数字的前面添加 0 的方式将数字的整数部分填充至指定位数。特性 groupingUsed(默认为真)指定了格式化数字是否应该进行分组显示。如果设置为假，之前样例的输出就变成了“12349.158”和“12349,158”。这 5 个特性可用于所有的 3 种数字类型中。

第 3 种也是最后一个有效类型是：“percent”，它将用于把数字格式化为百分比。

```
<fmt:formatNumber type="percent" value="0.8572" />
```

该标签为美国英语和西班牙西班牙语区区域设置输出的都是“86%”，因为它们的默认策略是将数字四舍五入至整数。如果maxFractionDigits特性被设置为2，那么该值将变成“85.72%”和“85,72%”。注意，该数字将自动乘以 100，这样它才可以转成百分比。关于特性 maxFractionDigits 的默认值，对于货币来说该值取决于具体的区域设置，数字使用的是 3，百分比使用的是 0。还可以设置特性 pattern，根据 java.text.DecimalFormat 的规则创建自定义模式用于格式化数字。通常不建议使用该特性。

如同<fmt:parseDate>标签一样，<fmt:parseNumber>标签保留了与<fmt:formatNumber>标签相同的处理过程。它不包含 maxFractionDigits、maxIntegerDigits、minFractionDigits、 minIntegerDigits 或者 groupingUsed 特性，因为解析数字时不需要使用这些特性。它包含了一个额外的特性 integerOnly(该特性将指定在解析数字时是否忽略小数部分，默认值为假)和 parseLocale(指定解析数字时使用的区域设置，如果目前使用的不是默认区域设置的话)。另外如同<fmt:parseDate>一样，可以在特性 value 或者标签体中指定将要解析的数字。

7.3.9　使用 i18n 和格式化库标签

为了深入学习 i18n 和格式化库，我们将对本书之前创建的 Address-Book 项目进行扩展，对它进行国际化处理。你可以继续使用之前已创建的项目，或者使用 wrox.com 代码下载站点中的 Address-Book-i18n 项目。首先要做的是在部署描述符中添加一个新的上下文初始化参数。

```
<context-param>
    <param-name>javax.servlet.jsp.jstl.fmt.localizationContext</param-name>
    <param-value>AddressBook-messages</param-value>
</context-param>
```

该配置将创建一个用于加载本地化消息的资源包。但容器应该在哪里寻找该资源包呢？它将在类路径上搜索名为 AddressBook-messages_[language]_[region].properties 的文件。如果未找到该文件，它将搜索文件 AddressBook-messages_[language].properties。如果仍然未找到，它将切换回默认的区域设置(英语)，并寻找它的资源包。为了满足该需求，在 IDE 项目的 source/production/resources 目录中创建一个名为 AddressBook-messages_en_US.properties 的文件。目录 resources 中的所有文件都将在编译时复制到/WEB-INF/classes 目录中。

```
title.browser=Address Book
title.page=Address Book Contacts
message.noContacts=There are no contacts in the address book.
label.birthday=Birthday
label.creationDate=Created
```

我们还需要另一个翻译后的版本，这样才可以测试语言的切换，因此在相同的目录中创建名为 AddressBook-messages_fr_FR.properties 的文件。

```
title.browser=Carnet d'Adresses
```

```
title.page=Contacts du Carnet d'Adresses
message.noContacts=Il n'y a pas des contacts dans le carnet d'adresses.
label.birthday=Anniversaire
label.creationDate=Établi
```

下面需要一种可以轻松改变页面显示语言的方式，因此在 ListServlet 的 doGet 方法的顶部添加下面的代码。这里使用的 Config 类是导入的 javax.servlet.jsp.jstl.core.Config 类。

```
String language = request.getParameter("language");
if("french".equalsIgnoreCase(language))
    Config.set(request, Config.FMT_LOCALE, Locale.FRANCE);
```

因为<fmt:formatDate>标签不支持 Java 8 日期和时间 API，所以我们需要一种访问旧日期对象的方式，因此在 Contact POJO 中添加下面的方法(如果你觉得这是一种非正常(hack)方法，那是因为它本来就是。这是获得日期对象格式的最简单方式。在下一章，我们将在不使用该方法的情况下，创建一种格式化新 API 的方式)。

```
public Date getOldDateCreated()
{
    return new Date(this.dateCreated.toEpochMilli());
}
```

最后，在/WEB-INF/jsp/base.jspf 文件中添加本章之前讲解的 taglib 指令。现在所有的基础工作就都完成了，请查看代码清单 7-3 显示的新 list.jsp。所有的字面量文本都被<fmt:message>标签所替换，它们将引用属性文件中的键。在 JSP 中替换<fmt:message>标签的过程就是应用程序的国际化。创建包含翻译的属性文件的过程就是应用程序的本地化。

代码清单 7-3：list.jsp

```
<%--@elvariable id="contacts" type="java.util.Set<com.wrox.Contact>"--%>
<!DOCTYPE html>
<html>
    <head>
        <title><fmt:message key="title.browser" /></title>
    </head>
    <body>
        <h2><fmt:message key="title.page" /></h2>
        <c:choose>
            <c:when test="${fn:length(contacts) == 0}">
                <i><fmt:message key="message.noContacts" /></i>
            </c:when>
            <c:otherwise>
                <c:forEach items="${contacts}" var="contact">
                    <b>
                        <c:out value="${contact.lastName}, ${contact.firstName}" />
                    </b><br />
                    <c:out value="${contact.address}" /><br />
                    <c:out value="${contact.phoneNumber}" /><br />
                    <c:if test="${contact.birthday != null}">
                        <fmt:message key="label.birthday" />:
                        ${contact.birthday.month.getDisplayName(
                            'FULL', pageContext.response.locale
```

```
                    )} ${contact.birthday.dayOfMonth}<br />
                </c:if>
                <fmt:message key="label.creationDate" />:
                <fmt:formatDate value="${contact.oldDateCreated}" type="both"
                        dateStyle="long" timeStyle="long" />
                <br /><br />
            </c:forEach>
        </c:otherwise>
    </c:choose>
  </body>
</html>
```

还需要注意这里使用了<fmt:formatDate>标签格式化创建日期，并将结果显示在页面中，另外还需要注意显示生日的代码所做出的改动。现在编译并调试项目，并在浏览器中访问地址 http://localhost:8080/address-book/list。你会看到页面的大多数部分都未发生变化，只有生日和创建日期的显示变得更加友好。在 URL 中添加?language=french，现在页面将显示出发布版本的内容，而不是英语，如图 7-2 所示。在 URL 中添加&empty，页面中将继续显示出法语，但未显示任何联系人。这意味着我们已经成功实现了应用程序的国际化和本地化。

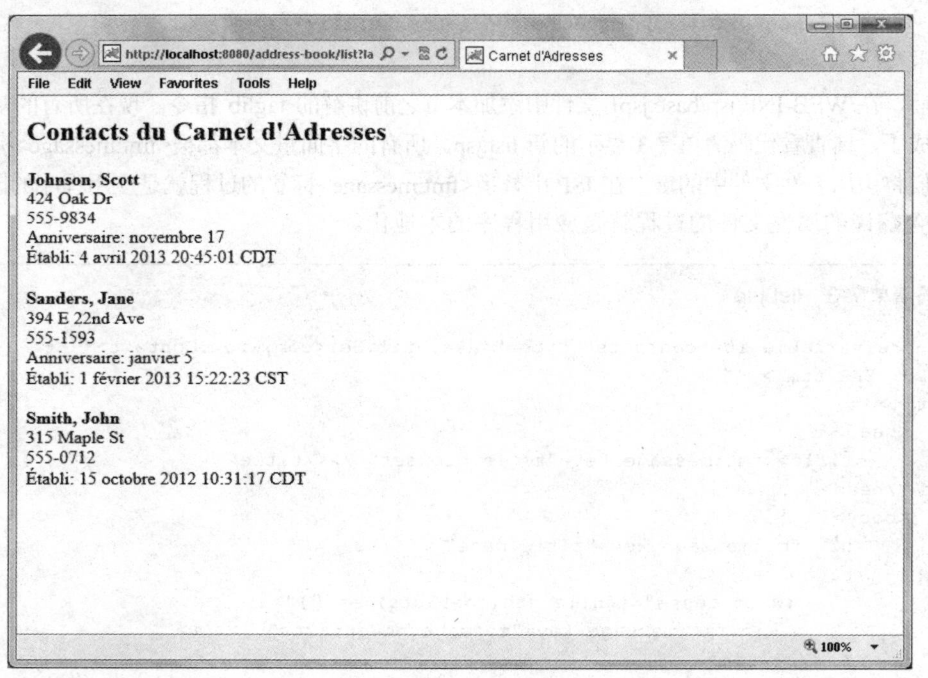

图　7-2

7.4　使用数据库访问标签库(SQL 命名空间)

JSTL 中包含了一个可以提供对关系数据库进行事务访问的标签库。该标签库的标准前缀是 sql，它的 taglib 指令类似于之前已学过的指令。

```
<%@ taglib prefix="sql" uri="http://java.sun.com/jsp/jstl/sql" %>
```

一般来讲，在表示层(JSP)执行数据库操作是不鼓励的，如果可能的话应该尽量避免。相反，这样的代码添加到应用程序的业务逻辑层中，通常是 Servlet 或者更合适的地方(Servlet 使用的存储仓库)。出于该原因，本书不会讲解 SQL 标签库的太多细节，并且不建议你使用该标签库。不过，有时该标签库是有用的，尤其是在创建应用程序原型或者快速测试某些理论或概念时，所以对它的使用进行简单的概述是有必要的。

SQL 库中的操作提供了使用 SELECT 语句查询数据的能力；访问和迭代这些查询的结果；使用 INSERT、UPDATE 和 DELETE 语句更新数据；并在一个事务中执行任何数目的这些操作。通常，标签库中的标签都将使用 javax.sql.DataSource 进行操作。<sql:query>、<sql:update>、<sql:transaction>和<sql:setDataSource>标签都有 dataSource 特性，用于指定执行该操作时应该使用的数据源。

特性 dataSource 的值必须是 DataSource 类的对象或者字符串。如果它是一个 DataSource，就直接使用它。如果它是一个字符串，容器将尝试把它当作数据源的 JNDI 名称进行解析。如果未找到匹配的 DataSource，容器将做出最后的努力，将该字符串当作 JDBC 连接 URL，并尝试使用 java.sql.DriverManager 连接数据库。如果这些都无法正常工作，那么就抛出异常。对于所有的标签来说，dataSource 特性都是可选的，此时容器将在默认作用域中查找名为 *javax.servlet.jsp.jstl.sql.dataSource* 的 EL 变量(使用上下文初始化参数或者<sql:setDataSource>进行设置)。如果它是一个字符串或者 DataSource，那么容器将对它执行之前描述的操作，否则抛出异常。

使用<sql:query>标签执行查询，使用<sql:update>标签执行更新操作。对于这两个标签，都可以在 sql 特性或者嵌套的标签体中执行 SQL 语句。嵌套标签可用于指定预编译语句参数。还可以使用<sql:transaction>标签创建事务，所有的嵌套查询和更新标签都将使用该事务，但必须记住下面两条规则：

- 只有<sql:transaction>标签可以指定 dataSource 特性(其中的嵌套标签都不可以)。
- 如果执行的是查询操作，那么也必须在该事务中迭代数据。

下面的代码演示了如何使用 SQL 标签库执行数据库操作：

```
<sql:transaction dataSource="${someDataSource}" isolation="read_committed">
   <sql:update sql="UPDATE dbo.Account
                  SET Balance = Balance - ?, LastTransaction = ?
                  WHERE AccountId = ?">
      <sql:param value="${transferAmount}" />
      <fmt:parseDate var="transactionDate" value="${effectiveDate}" />
      <sql:dateParam value="${transactionDate}" />
      <sql:param value="${sourceAccount}" />
   </sql:update>
   <sql:update>
      UPDATE dbo.Account SET Balance = Balance + ?, LastTransaction = ?
      WHERE AccountId = ?
      <sql:param value="${transferAmount}" />
      <sql:dateParam value="${someLaterDate}" />
      <sql:param value="${destinationAccount}" />
   </sql:update>
</sql:transaction>

<sql:query var="results" sql="SELECT * FROM dbo.User WHERE Status = ?">
   <sql:param value="${statusParameter}" />
</sql:query>
```

```
<c:forEach items="${results.rows}" var="user">
    ...
</c:forEach>
```

7.5 使用 XML 处理标签库(X 命名空间)

如同 SQL 标签库，XML 处理标签库也不推荐使用，本书也不会深入讲解。在发明该标签库的时候，XML 是应用共享数据的、唯一得到广泛应用的标准，因此具有解析和遍历 XML 的能力是非常关键的。现在，越来越多的应用程序都支持 JSON 标准作为 XML 的备用选项，并且几种高效的标签库都可以将对象映射为 JSON 或者 XML，并再映射回对象。这些工具比 XML 标签库更易用，并且可以在业务逻辑层处理数据传输。

XML 标签库的前缀是 x，它基于 XPath 标准，由节点或节点集、变量绑定、函数和命名空间前缀组成。它包含了许多类似于核心标签库标签的操作，但被专门设计为使用 XPath 表达式处理 XML 文档。下面的代码演示了 taglib 指令和 XML 标签库使用的一个样例。

```
<%@ taglib prefix="x" uri="http://java.sun.com/jsp/jstl/xml" %>

<c:import url="http://www.example.news/feed.xml" var="feed" />
<x:parse doc="${feed}" var="parsedDoc" />

<x:out select="$parsedDoc/feed/title" />

<x:forEach select="$parsedDoc/feed/stories//story">
    <x:out select="@title" /><br />
    <x:out select="@url" /><br /><br />
</x:forEach>
```

7.6 使用 JSP 标签替换 Java 代码

第 6 章使用表达式语言替换了客户支持应用程序中 JSP 的一些 Java 代码。不过，所替换的代码并不多，因为当时我们尚未学习 JSTL。在本节内容中，你会看到几乎所有的 JSP Java 代码都将被 JSTL 标签所替代。你可以使用 wrox.com 代码下载站点中的 Customer-Support-v5 项目作为开始。首先查看页面/WEB-INF/jsp/view/login.jsp。如下面的代码样例所示，不需要太多修改(因为这里并没有太多的 Java 代码)。页面内容类型之上的第一行代码中添加了一个@elvariable 类型提示，并且该页面中唯一的脚本将被<c:if>标签所替换。

```
<%--@elvariable id="loginFailed" type="java.lang.Boolean"--%>
...
        You must log in to access the customer support site.<br /><br />
        <c:if test="${loginFailed}">
            <b>The username and password you entered are not correct. Please try
                again.</b><br /><br />
        </c:if>
        <form method="POST" action="<c:url value="/login" />">
...
```

/WEB-INF/jsp/view/viewTicket.jsp 页面做出的修改就比较多，其中的所有 Java 代码都被替换掉了。请看代码清单 7-4 做出的修改。一系列的脚本和表达式(它们将列出附件的链接)都已经被一个测试附件数目的<c:if>标签所替换。<c:forEach>标签将循环遍历附件的列表，而另一个<c:if>标签将使用循环标签的 status 变量决定是否在当前附件之前输出一个逗号。另外，大多数 EL 表达式都被移动到了<c:out>标签的 value 特性中。这样将可以保护应用程序避免 HTML 和 JavaScript 的注入攻击。只要<c:out>标签的 escapeXml 特性设置为真，它将转义所有的 XML 保留字符。总是使用<c:out>输出字符串变量是一个好习惯。不过，对于值为非字符原生类型的变量(整数、小数等)就不需要转义了。

代码清单 7-4：viewTicket.jsp

```
<%--@elvariable id="ticketId" type="java.lang.String"--%>
<%--@elvariable id="ticket" type="com.wrox.Ticket"--%>
<!DOCTYPE html>
<html>
    <head>
        <title>Customer Support</title>
    </head>
    <body>
        <a href="<c:url value="/login?logout" />">Logout</a>
        <h2>Ticket #${ticketId}: <c:out value="${ticket.subject}" /></h2>
        <i>Customer Name - <c:out value="${ticket.customerName}" /></i><br /><br />
        <c:out value="${ticket.body}" /><br /><br />
        <c:if test="${ticket.numberOfAttachments > 0}">
            Attachments:
            <c:forEach items="${ticket.attachments}" var="attachment"
                       varStatus="status">
                <c:if test="${!status.first}">, </c:if>
                <a href="<c:url value="/tickets">
                    <c:param name="action" value="download" />
                    <c:param name="ticketId" value="${ticketId}" />
                    <c:param name="attachment" value="${attachment.name}" />
                </c:url>"><c:out value="${attachment.name}" /></a>
            </c:forEach><br /><br />
        </c:if>
        <a href="<c:url value="/tickets" />">Return to list tickets</a>
    </body>
</html>
```

与代码清单 7-4 相比，代码清单 7-5 所示的文件/WEB-INF/jsp/view/listTickets.jsp 在替换 Java 代码时使用了许多相同的特性，但它也使用了更复杂的<c:choose>、<c:when>和<c:otherwise>用于替换旧的 if-else 代码。<c:when>标签将测试票据数据库是否为空，如果为空，就输出“There Are No Tickets in the System”。否则使用<c:forEach>遍历循环数据库。注意这里<c:forEach>标签的 items 特性被解析为 Map，所以每次迭代都将得到一个 Map.Entry<Integer, Ticket>变量。很容易就可以使用 entry.key 访问 int 键，使用 entry.value 访问对应的 Ticket 值。<c:out>标签将以安全的方式输出用户输入。

代码清单 7-5 中最后一个需要注意的是：出于印刷的目的，这里的@elvariable 类型提示被换行显示了；但是在 IDE 中必须全部在一行上，这样 IDE 才能识别它。

代码清单 7-5：listTickets.jsp

```
<%--@elvariable id="ticketDatabase"
        type="java.util.Map<Integer, com.wrox.Ticket>"--%>
<!DOCTYPE html>
<html>
    <head>
        <title>Customer Support</title>
    </head>
    <body>
        <a href="<c:url value="/login?logout" />">Logout</a>
        <h2>Tickets</h2>
        <a href="<c:url value="/tickets">
            <c:param name="action" value="create" />
        </c:url>">Create Ticket</a><br /><br />
        <c:choose>
            <c:when test="${fn:length(ticketDatabase) == 0}">
                <i>There are no tickets in the system.</i>
            </c:when>
            <c:otherwise>
                <c:forEach items="${ticketDatabase}" var="entry">
                    Ticket ${entry.key}: <a href="<c:url value="/tickets">
                        <c:param name="action" value="view" />
                        <c:param name="ticketId" value="${entry.key}" />
                    </c:url>"><c:out value="${entry.value.subject}" /></a>
                    (customer: <c:out value="${entry.value.customerName}" />)<br />
                </c:forEach>
            </c:otherwise>
        </c:choose>
    </body>
</html>
```

此时，唯一仍然包含 Java 代码的 JSP 是/WEB-INF/jsp/view/sessions.jsp。该 JSP 包含了一个特殊方法的定义，该方法用于将时间间隔转换成一个友好的文本，例如“不到一秒”或者“大约 x 秒”。遗憾的是，本章学习的知识都无法轻松地替换该方法。如果真的需要，可以在某些 Servlet 代码中计算该值，并使用 POJO 列表而不是使用 HttpSession 列表将结果转发到 JSP 中。不过，这样会增加不必要的代码工作量，所以现在可以将该部分留作下一章的练习。

现在编译并启动应用程序，然后访问 http://localhost:8080/support/并登录。创建一些票据、查看票据列表，并查看已经创建票据的具体信息。在票据的标题和内容中添加一些 HTML 标签、引号和撇号。在之前版本的项目中，它们将在内部按照字面的意思输出，并在浏览器中被解释为 HTML。现在，你可以查看页面源码检查它们是如何被正确转义的，以后不要再让应用程序存在这样的风险了。

7.7　小结

本章讲解了 Java 标准标签库(JSTL)的所有特性，以及一些常用的 JSP 标签和它们的创建方式。还讲解了核心标签库以及国际化和格式化标签库的方方面面，并简单讲解了在 JSP 中访问数据库和解析 XML 的方式。本章还讲解了如何使用 JSP 标签替换 Java 代码，以及如何使用 JSTL 完成几乎所有需要在 JSP 中完成的工作，我们几乎可以替换掉为跨国部件公司开发的客户支持应用表示层中的所有 Java 代码。

你可能会注意到，如果创建自定义标签的话，某些事情能够以更好或者更简单的方式完成(例如使用 Java 8 日期和时间 API 格式化日期)，另外在会话列表的时间间隔格式化代码中仍然在使用 Java 代码。下一章将学习创建自定义的标签、函数和标签函数库，并使用它们移除 JSP 中剩余的 Java 代码。第 15 章将深入学习国际化，使用 Spring 框架提供的工具以更简单的方式完成该工作。

第8章 编写自定义标签和函数库

本章内容：

- 所有 TLD(标签库描述符)、标签文件和标签处理器相关的内容
- 使用标签文件创建 HTML 模板
- 创建日期格式化标签处理器
- 使用 EL 函数简写字符串
- 使用自定义 JSP 标签替换 Java 代码

本章需要从 wrox.com 下载的代码

访问网址 http://www.wrox.com/go/projavaforwebapps 的 Download Code 选项卡，找到本章的代码下载链接。本章的代码被分成了下面几个主要的例子：

- c.tld
- fn.tld
- Template-Tags 项目
- Customer-Support-v6 项目

本章新增的 Maven 依赖

除了之前章节中引入的 Maven 依赖，本章还需要下面的 Maven 依赖：

```
<dependency>
    <groupId>org.apache.commons</groupId>
    <artifactId>commons-lang3</artifactId>
    <version>3.1</version>
    <scope>compile</scope>
</dependency>
```

8.1 了解 TLD、标签文件和标签处理器

第 7 章已经学习了 Java 标准标签库(JSTL)，并简单了解了标签库描述符(TLD)(该文件用于描述

库中的标签和/或函数)。本章将学习更多 TLD 相关的知识，包括如何在 TLD 中声明标签和函数。我们还将学习如何创建标签处理器和标签文件。

所有 JSP 标签都将引起某些标签处理器的执行。标签处理器是 javax.servlet.jsp.tagext.Tag 或者 javax.servlet.jsp.tagext.SimpleTag 的实现类，其中包含了用于完成标签目的的必要代码。标签处理器将在 TLD 中的标签定义中指定，容器则使用该信息将 JSP 中的标签映射到应该执行的 Java 代码。

不过，标签不是一定要被显式地编写为 Java 代码。正如容器可以将 JSP 转换和编译成 HttpServlet 一样，它也可以将标签文件转换和编译成 SimpleTag。标签文件不如直接的 Java 代码强大，并且它无法像显式的标签处理器一样解析标签中的嵌套标签，但是标签文件可以使用 JSP 这样的简单标签并支持在其中使用其他 JSP 标签。TLD 中的标签定义可以指向一个标签处理器类或者标签文件。不过，为了使用标签文件中定义的标签，你不需要创建 TLD。指令 taglib 中的 tagdir 特性将帮助你完成这个工作：

```
<%@ taglib prefix="myTags" tagdir="/WEB-INF/tags" %>
```

注意，这里的 taglib 指令与之前的使用方式不同。它并未指定包含了标签库定义的 TLD 文件的 URL，而是指定了可以找到标签文件的目录。在本例中， tagdir 目录中的所有.tag 或者.tagx 文件都将被绑定到 myTags 命名空间。应用中的标签文件必须在/WEB-INF/tags 目录中，但它们也可以被添加到该目录的子目录中。如下面的样例所示，我们可以在应用程序中为标签文件使用多个命名空间。

```
<%@ taglib prefix="t" tagdir="/WEB-INF/tags/template" %>
<%@ taglib prefix="f" tagdir="/WEB-INF/tags/formats" %>
```

注意：.tag 和.tagx 之间的区别与.jsp 和.jspx 之间的区别是一样的。文件.tag 中包含了 JSP 语法，而.tagx 文件包含了 JSP 文档(XML)语法。关于 JSP 和 JSP 文档语法之间的更多区别，请参考第 4 章的 4.5 节。

JSP 标签文件还可以在应用程序的/WEB-INF/lib 目录的 JAR 文件中定义，但规则稍有不同。应用程序中的文件必须被添加在/WEB-INF/tags 目录中，并且可以在 TLD 中声明，或者使用 taglib 指令指向目录，而 JAR 文件中的标签文件必须被添加到/META-INF/tag 目录中，并且必须在相同 JAR 文件的/META-INF 目录中的 TLD 中声明。

8.1.1　读取 Java 标准标签库 TLD

为了编写自定义标签和函数库，我们必须了解 JSP 标签库 XSD 和使用它编写标签的方式。要演示这些内容最好的办法就是样例，使用一些你已经熟悉的东西会更有帮助，现在请查看 JSTL 核心标签库的 TLD。在 org.glassfish.web:javax.servlet.jsp.jstl Maven artifact JAR 文件中可以找到该文件(请查看/META-INF/c.tld 文件)，或者从 wrox.com 代码下载站点下载它。首先查看该文件的初始声明：

```
<?xml version="1.0" encoding="UTF-8" ?>
<!--...Copyright (c) 2010 Oracle and/or its affiliates. All rights reserved...-->
<taglib xmlns="http://java.sun.com/xml/ns/javaee"
    xmlns:xsi="http://www.w3.org/2001/XMLSchema-instance"
```

```
    xsi:schemaLocation="http://java.sun.com/xml/ns/javaee
                        http://java.sun.com/xml/ns/javaee/web-jsptaglibrary_2_1.xsd"
    version="2.1">
  ...
</taglib>
```

如果你已经完全熟悉 XML，你会知道这里只是创建了文档根元素，并声明文档将使用 XML 模式定义 web-jsptaglibrary_2_1.xsd。该 XML 模式定义了 TLD 构造的方式，与 web.xml 中的 web-app_3_1.xsd 定义部署描述符的构造方式一样。关于 JSP 标签库 XSD 有一件重要的事情(在阅读 TLD 文件时并不明显)需要注意：模式使用了严格的元素顺序，这意味着所有使用的元素必须严格按照特定的顺序出现，否则该 TLD 文件将是无效的。文档根中的前 5 个元素声明了关于标签库的通用信息。

```
<description>JSTL 1.2 core library</description>
<display-name>JSTL core</display-name>
<tlib-version>1.2</tlib-version>
<short-name>c</short-name>
<uri>http://java.sun.com/jsp/jstl/core</uri>
```

关于此段代码：

- 元素<description>和<display-name>提供了 XML 工具(例如 IDE)可以显示的有用名称，但与 TLD 的实际内容无关并且是完全可选的。实际上如果需要，可以添加许多<description>和<display-name>(只要保持顺序正确即可)，这样就可以为不同的语言指定不同的显示名称和描述。另一个可选的元素<icon>这里并未显示，它必须出现在<display-name>之后，<tlib-version>之前。不需要担心<icon>；你永远也不会需要使用它。
- <tlib-version>是一个必需的元素。创建的任何 TLD 中都必须要有一个<tlib-version>元素。它定义了标签库的版本，其中只能使用数字和圆点(数字分组可以使用单个圆点分隔)。
- <short-name>表示该标签库推荐使用的，也是默认的前缀(或者命名空间)，它也是必需的。它不能包含空白，或者以数字或下划线开头。
- 这里显示的第 5 个元素<uri>定义了该标签库的 URI。该元素不是必需的，如果缺少了该元素，就意味着为了使用该标签库，部署描述符中的<jsp-config>必须包含<taglib>声明。尽管它是可选的，但最好一直使用<uri>，并且要记住它不必是(事实上也不应该是)实际资源的 URL。TLD 中可以只包含一个<uri>。

1. 定义验证器和监听器

核心 TLD 中的下一个元素定义的是验证器：

```
<validator>
  <description>
      Provides core validation features for JSTL tags.
  </description>
  <validator-class>
      org.apache.taglibs.standard.tlv.JstlCoreTLV
  </validator-class>
</validator>
```

验证器继承了 javax.servlet.jsp.tagext.TagLibraryValidator 类，用于在编译时验证 JSP，保证它正确地使用了标签库。例如，本例中的验证器将检查嵌套的<c:param>标签是否真正支持它(例如<c:url>和<c:import>就支持嵌套<c:param>标签)。验证器元素中可以嵌套 0 个或多个<description>元素，并要求必须有一个<validator-class>元素，以及 0 个或更多的<init-param>元素(如同部署描述符中的该元素一样)。标签库可以有 0 个或多个验证器。验证器的实现比较困难，因为它要求实际地去解析 JSP 语法。我们几乎不需要使用验证器，并且它极其的复杂，所以本书将不会对它进行详细讲解。

这里提到验证器只是因为它们必须定义在<uri>元素之后，所有的<listener>元素之前。监听器声明与它们在部署描述符中对应的元素声明方式一致，所有有效的 Java EE 监听器类都可以在这里声明(ServletContextListener、HttpSessionListener 及其他监听器)。不过，在 TLD 中声明监听器是非常少见的，本书中不会出现这样的样例。你可以在 TLD 中声明 0 个或多个监听器，紧接其后可以定义 0 个或多个标签，这些标签是核心 TLD 中接下来将会显示的标签。

2. 定义标签

<tag>元素是 TLD 的主要元素，它负责定义标签库中的标签。

```
<tag>
  <description>
      Catches any Throwable that occurs in its body and optionally
      exposes it.
  </description>
  <name>catch</name>
  <tag-class>org.apache.taglibs.standard.tag.common.core.CatchTag</tag-class>
  <body-content>JSP</body-content>
  <attribute>
      <description>
Name of the exported scoped variable for the
exception thrown from a nested action. The type of the
scoped variable is the type of the exception thrown.
      </description>
      <name>var</name>
      <required>false</required>
      <rtexprvalue>false</rtexprvalue>
  </attribute>
</tag>
```

如同<taglib>一样，它可以有 0 个或多个嵌套<description>、<display-name>和<icon>元素。通常，这里只使用一个<description>元素。在这些元素之后需要一个<name>元素，它将指定 JSP 标签的名称。在本例中，完整的标签名称为<c:catch>，c 是标签库的<short-name>(前缀)，catch 是标签的名称。一个标签明显只可以有一个名称。接下来是<tag-class>元素，它表示负责执行标签的标签处理器类(Tag 或者 SimpleTag)。本例中未演示的是可选的<tei-class>元素，它出现在这些元素之后，为该标签指定一个 javax.servlet.jsp.tagext.TagExtraInfo 的扩展。类 TagExtraInfo 可以在转换时验证标签中使用的特性，从而保证它们的使用是正确的。你偶尔可以看到它们的使用，但不常见。在核心标签库中，只有<c:import>和<c:forEach>标签提供了额外的信息类。

接下来，<body-content>指定了标签中允许嵌套的内容类型。它的有效值有：

- empty ——表示该标签不可以包含任何嵌套内容，并且必须是一个空标签。

- scriptless ——使用该类型的标签中可以嵌套模板文本、EL 表达式和 JSP 标签，但不能使用脚本或者表达式(在标签的嵌套内容中永远不允许使用声明)。
- JSP ——表示该标签的嵌套内容可以是任何 JSP 中有效的内容(包括脚本，如果 JSP 中启用了脚本的话，但不包含声明)。
- tagdependent ——告诉标签不要执行标签的嵌套内容，相反标签自己将执行它的内容。通常这意味着它的内容是一种不同的语言，例如 SQL、XML 或者编码后的数据。

在<body-content>之后是 0 个或多个<variable>元素，之前的样例中也未显示该元素，并且在所有的 JSTL TLD 中也无法找到该元素。这些元素提供了使用该标签定义的结果变量的相关信息。元素<variable>含有以下子元素，可用于提供已定义变量的信息：

- <description> ——对变量的描述，是可选的。
- <name-given> ——该标签创建的变量的名称(必需的)。它应该是一个有效的 Java 标识符。
- <name-from-attribute> ——决定了变量名的特性名(必需的)。注意该元素与<name-given>冲突。必须同时指定这些元素，但只有一个可以有值。另一个必须为空。<name-from-attribute>元素必须总是引用标签特性的名字，它的类型必须是字符串，并且它的值中不允许使用运行时表达式，该特性也将指定变量的名称。
- <variable-class> ——该元素是可选的，它表示了已定义变量类型的完全限定 Java 类名。如果未提供，那么假设它的值为字符串。
- <declare> ——该布尔元素的默认值为真，表示已定义的变量是否是一个要求声明的新变量。如果为假，它意味着该变量已经在别的地方定义，只是发生了改变。
- <scope> ——表示定义变量的作用域。默认值为 NESTED，它意味着变量只对标签内嵌套的代码和操作可用。其他有效的值还有：AT_BEGIN 表示变量对标签内嵌套代码和标签之后的代码可用，AT_END 意味着变量只对标签之后的代码可用，对标签内的嵌套代码不可用。

注意：此时变量到底是什么呢？为什么 JSTL 不在 TLD 中使用该元素？遗憾的是，关于 TLD 中的<variable>元素，网上有许多不完整或者不准确的信息(甚至 XML 模式文档也未能清晰地解释该元素)，如同往常一样，完整的描述可以在官方的 JSP 规范文档中找到。此时的变量既指 EL 变量也指 Java(脚本)变量。在标签处理器或者标签文件中，通过调用 pageContext.setAttribute、jspContext.setAttribute 或者 getJspContext().setAttribute 创建或将值赋给 EL 变量(取决于处理器或文件的类型)。TLD 中的<variable>特性将告诉容器它希望使用的是 EL 变量，并需要将它的值复制到脚本变量中(默认 IDE 也将会使用变量定义，协助开发者使用该标签)。没有<variable>元素，标签的使用者仍然可以使用 EL 访问你定义的变量。另外在有了<variable>之后，标签的用户就可以使用 EL 或者 Java 代码访问你定义的变量。因为在 JSP 中使用脚本是不鼓励的(参见第 4 章)，开发者很少使用<variable>，所以在本书中也不会有它的样例。

警告：TagExtraInfo 类也提供了一种指定变量(使用标签定义)的方式。不过，这是一种旧方法，不应该再使用。为了实现该操作，你只应该在 TLD 中使用<variable>元素。

在标签的<variable>元素之后，可以定义 0 个或多个<attribute>，之前定义的<c:catch>标签中已经演示过。该特性如它的名字所示，它将为标签定义可用的特性。<attribute>有几个子元素可用于指定它定义的特性的细节。

- <description> ——对该特性的描述，是可选的。
- <name> ——表示该特性的名称，是必需的。该值必须是一个有效的 Java 标识符。
- <required> ——可选的布尔值，表示在使用该标签时，该特性是否是必需的。默认值是假。.
- <rtexprvalue> ——该布尔元素是可选的，它的默认值为假，表示该特性是否允许使用运行时表达式(EL 或者脚本表达式)指定特性值。如果为真，那么可以使用运行时表达式。否则，特性值必须是静态的，使用运行时表达式将导致转换时错误。
- <type> ——该元素指定了特性类型的完全限定 Java 类名称，它是可选的。如果未指定，该类型将被假设为 Object。
- <deferred-value> ——该元素表示特性值是一个延迟 EL 值表达式，并且传入标签处理器的结果将是一个 javax.el.ValueExpression 类型的特性值，它是可选的。通常，容器将先执行表达式，然后将它的返回值绑定到特性值。相反，在使用延迟表达式时，未执行的值表达式将被绑定到特性。然后标签处理器可以按需要执行表达式 0 次或多次。默认，该表达式的值将被强制转型为 Object，但嵌套的<type>元素可以为它指定一个更精确的类型，在 IDE 中使用该特性时尤其有用。
- <deferred-method> ——该元素表示特性值是一个延迟 EL 方法表达式，并且传入标签处理器的结果将是一个 javax.el. MethodExpression 类型的特性值，它是可选的。该元素类似于<deferred-value>，不过表达式类型不同。默认情况下，表达式中的方法签名为 void method()，也可以使用嵌套的<method-signature>元素指定更精确的签名(例如 void execute(java.lang.String) 或者 boolean test(java.lang.Object))，使期待的返回类型以及参数的类型可以得到正确的记录。这里的方法名实际上并不重要，容器将忽略它。
- <fragment> ——该布尔元素是可选的，如果它被设置为真，特性类型将变成 javax.servlet.jsp.tagext.JspFragment，并且它将告诉容器不要执行特性值中包含的 JSP 内容。然后，标签处理器可以手动地执行片段 0 次或多次。如果它被忽略了，那么它的默认值将为假。如下面的样例所示，在使用<fragment>标签时，使用标签的代码可以通过嵌套的<jsp:attribute>标签指定特性值，而不必使用真正的 XML 特性。在这种情况下，即使是正文内容也可以设置为空。

```
<myTags:doSomething>
    <jsp:attribute name="someAttribute">
        Any <b>content</b> <fmt:message key="including.jsp.tags" />.
    </jsp:attribute>
</myTags:doSomething>
```

<attribute>标签之后是<dynamic-attributes>，该元素并不常见。只可以指定该布尔元素一次或者忽略它。它的默认值为假，它用于表示是否允许通过<attribute>元素指定特性值。最常见的用例是：使用 JSP 标签输出 HTML 标签。标签代码中可以包含动态特性，然后在运行时将它们从 JSP 标签中复制到 HTML 标签中。Spring 框架的表单标签库(本书的第 II 部分将会讲解)正是由于这个原因才选择使用动态特性。动态特性总是允许使用 EL 和脚本表达式作为值。为了使用动态特性，标签处理器类必须实现 javax.servlet.jsp.tagext.DynamicAttributes。

在<dynamic-attributes>之后是可选的<example>元素(只可以有一个<example>元素)。它与<description>标签相关，其中包含了一些简单文本，为标签的使用提供样例。最后，标签中可以有 0 个或多个<tag-extension>元素。这些元素提供了关于标签的额外信息，可以被某些工具所使用，例如 IDE 或者验证器。标签扩展不会影响标签或者容器的行为。它们都是抽象的并且不包含任何子元素；相反，开发者负责定义他们希望实现的标签扩展的模式。标签扩展并不常见并且很复杂，所以本书也不会进行详细讲解。

3. 定义标签文件

之前我们已经学习了如何使用 taglib 指令将目录中的标签文件导入到自定义标签的命名空间中，并且现在你也明白标签文件事实上是一种 JSP 文件，只不过使用的语义稍有不同。本节稍后将学习这些语义的细节。不过，你也应该知道如何在标签库描述符中定义标签文件。记住，JAR 库中的标签文件必须定义在 TLD 中。另外，如果希望将一个或多个标签文件(包含了一个或多个标签处理器或者 JSP 函数)分配到相同的命名空间中，那么需要在 TLD 中定义这些标签，即使它们不在 JAR 文件中。

在 TLD 的所有<tag>元素之后，可以添加 0 个或多个<tag-file>元素，定义属于库的标签文件。在<tag-file>元素中是可选的<description>、<display-name>和<icon>元素，现在你应该已经熟悉它们了。通常，只可以指定一个<description>。元素<name>类似于<tag>的<name>元素，它将指定前缀之后的标签名。下一个元素是<path>，它指定了实现自定义标签的.tag 文件所在的路径。<path>元素的值必须以 Web 应用程序的/WEB-INF/tags 路径开头，或者以 JAR 文件的/META-INF/tags 路径开头。最后两个元素是<example>和<tag-extension>，它们与<tag>标签中对应元素的目的相同。JSTL TLD 中找不到<tag-file>的样例，不过下面的 XML 演示了它的基本用法。

```
<tag-file>
  <description>This tag outputs bar.</description>
  <name>foo</name>
  <path>/WEB-INF/tags/foo.tag</path>
</tag-file>
```

4. 定义函数

在 TLD 中定义标签文件之后，就可以使用<function>元素定义 0 个或多个 JSP 函数。文件 c.tld 中并未演示它的用法，但你可以查看 fn.tld 文件中定义的 JSTL 函数——该文件可以在 Maven artifact 的/META-INF/目录中找到，或者从 wrox.com 下载站点中下载。如果打开该文件，你会看到类似的头：标签库描述、显示名称、版本、简写名称和 URI。下面是第一个函数：

```
<function>
  <description>
```

```
    Tests if an input string contains the specified substring.
  </description>
  <name>contains</name>
  <function-class>
    org.apache.taglibs.standard.functions.Functions
  </function-class>
  <function-signature>
    boolean contains(java.lang.String, java.lang.String)
  </function-signature>
  <example>
    &lt;c:if test="${fn:contains(name, searchString)}">
  </example>
</function>
```

如你所见，在 TLD 中定义函数是极其简单的。略过<tag>和<tag-file>标签中你已经熟悉的<description>、<display-name>、<icon>和<name>元素之后，本样例中最重要的元素就是<function-class>和<function-signature>。该函数类只是一个标准 Java 类的完全限定名称，而函数签名实际上是此类的静态方法签名。任何公共类上的所有公共静态方法都可以通过这种方式成为 JSP 函数。在<function>内可以使用的最后两个元素是<example>和<function-extension>，它们类似于标签和标签文件定义中的<example>和<tag-extension>元素。

警告： fn:contains 函数中的<example>包含了 XML 语言中的保留字符。这是一个糟糕的实践，非常严格的 XML 验证器可能将这种情况标志为问题。你总是应该在 CDATA 块(<![CDATA[special content goes here]]>)中添加这样的内容。

5. 定义标签库扩展

在 TLD 中所有的<tag>、<tag-file>和<function>标签之后，可以使用<taglib-extension>元素定义 0 个或多个标签库扩展。标签库扩展如同标签扩展和函数扩展一样，不会影响标签或者容器的行为，它们的存在只是为了支持工具的使用。它们的概念是抽象的，在<taglib-extension>中也没有预定义的子元素；相反，开发者应该知道使用扩展的目的，并自己定义模式。实际上作者从未见过标签扩展、函数扩展或者标签库扩展，所以本书也不会进行讲解。

8.1.2　比较 JSP 指令和标签文件指令

如本章之前所讨论的，标签文件的工作方式本质上与 JSP 文件是一致的。它们都包含了相同的语法，并且需要遵守相同的基本规则，它们也将如同 JSP 一样在运行时转换并编译成 Java 文件。标签文件可以使用任何普通模板文本(包括 HTML)、任何其他 JSP 标签、声明、脚本、表达式和表达式语言。不过毫不奇怪的是，这两种文件格式之间稍微有一些区别，主要涉及标签文件中可用的指令。第 4 章已经学习了 page、include 和 taglib 指令，以及如何在 JSP 中使用它们。标签文件也可以使用 include 和 taglib 指令在 JSP 中包含文件和其他标签库，但不能使用 page 指令。指令 include 可用于在.tag 文件中包含.jsp、.jspf 和其他.tag 文件，或者在.tagx 文件中包含.jspx 和其他.tagx 文件。在标签文件中使用 taglib 指令的方法与在 JSP 中的使用方法一致。

相对于 page 指令，标签文件有一个 tag 指令。该指令将替换 JSP page 指令的必要功能，并且还替换了 TLD 文件的<tag>元素中的许多配置元素。指令 tag 含有下列特性，没有一个特性是必需的：

- pageEncoding ——等同于 page 指令的 pageEncoding 特性，用于设置标签输出的字符编码。
- isELIgnored ——等同于 page 指令的 isELIgnored 特性，它将指示容器不要执行标签文件中的 EL 表达式，默认值为假。
- language ——它将指定标签文件中使用的脚本语言(目前只支持 Java)，如同 page 指令中的 language 特性一样。
- deferredSyntaxAllowedAsLiteral ——正如 page 指令特性一样，它将告诉容器忽略并且不要解析标签文件中的延迟 EL 语法。
- trimDirectiveWhitespaces ——该特性将告诉容器去除指令周围的空白，等同于 page 指令中的相同特性。
- import ——该特性的工作方式如同 page 指令的 import 特性一样。在该特性中，可以指定希望导入的一个或多个用逗号分隔的 Java 类，并且可以在相同的标签指令或者跨多个标签指令中使用该特性多次。
- description ——它等同于 TLD 文件中的<description>元素，指定了该特性对开发者是非常有帮助的，它可以帮助开发者更容易地了解你的标签。
- display-name ——等同于 TLD 中的<display-name>元素，通常不需要指定它。
- small-icon 和 large-icon——事实上这些特性取代了 TLD 中的<icon>元素，并且你永远也不需要指定它们。
- body-content ——该特性取代了 TLD 中的<body-content>元素，只有一个小小的改动：它的有效值可以是 empty、scriptless 和 tagdependent。TLD 中可用的 JSP 值不是有效的标签文件正文内容。出于标签文件工作方式的限制，使用标签文件中定义的标签时，不能在嵌套正文内容中使用脚本或表达式。该特性的默认值是 scriptless。
- dynamic-attributes ——该字符串特性对应于 TLD 中的<dynamic-attributes>元素，该特性表示是否启用了动态特性。默认该值为空，这意味着不支持动态特性。为了启用动态特性，可以将它的值设置为希望创建的，用于保存所有动态特性的 EL 变量名。EL 变量的类型应为 Map<String, String>。Map 的键将是动态特性的名称，值将是动态特性的值。
- example ——如同 TLD 中的<example>元素一样，可以使用该特性演示样例标签用法，但在指定特性中很难有效地完成这个任务。

注意：对应的指令特性中缺少了<name>、<tag-class>、<tei-class>、<variable>、<attribute>和<tag-extension>元素。标签名总是与标签文件名相同(去掉.tag 扩展名)，不需要使用<tag-class>，因为标签文件就是标签处理器(或者将是，在容器编译它之后)。也无法为标签文件设置 TagExtraInfo 类或者标签扩展，因为没有对应的元素。最后剩下的<variable>和<attribute>分别被 variable 和 attribute 指令所替代。

指令 variable 提供了 description、name-given、name-from-attribute、variable-class、declare 和 scope 特性，它们等同于 TLD 中的同名元素。它还提供了一个额外的特性 alias，通过该特性可以指定一个在标签文件中引用变量的本地变量名。指令特性有 description、 name、required、rtexprvalue、type、fragment、deferredValue、deferredValueType、deferredMethod 和 deferredMethodSignature 特性，它们对应着 TLD 中的同名元素。

8.2　创建标签文件用作 HTML 模板

现在我们已经熟悉了标签库描述符和标签文件的细节，现在是时候创建自定义 JSP 标签了。创建自定义标签的最简单方式就是：编写一个标签并使用含有 tagdir 特性的 taglib 指令。这里需要使用 wrox.com 代码下载站点中的 Template-Tags 项目，因为接下来几节中的一些代码太长，所以无法打印到书中。注意：第 7 章开始使用的标准部署描述符已经做出了一点修改：<scripting-invalid>false</scripting-invalid>被修改成了<scripting-invalid>true</scripting-invalid>，JSP 中的 Java 被禁用了。该项目在 Web 根目录中有一个 index.jsp 文件，它将使用<c:url>把请求重定向至/index，另外它还有一个含有下面标签库声明的/WEB-INF/jsp/base.jspf 文件：

```
<%@ taglib prefix="c" uri="http://java.sun.com/jsp/jstl/core" %>
<%@ taglib prefix="fmt" uri="http://java.sun.com/jsp/jstl/fmt" %>
<%@ taglib prefix="fn" uri="http://java.sun.com/jsp/jstl/functions" %>
<%@ taglib prefix="template" tagdir="/WEB-INF/tags/template" %>
```

接下来，创建一个简单的 Servlet，它可以处理发送到/index 的请求。对于现在这样一个简单的操作来说，该代码看起来可能有点过于复杂了，但在稍后的小节中我们将添加更多的逻辑。

```
@WebServlet(
        name = "indexServlet",
        urlPatterns = "/index"
)
public class IndexServlet extends HttpServlet
{
    @Override
    protected void doGet(HttpServletRequest request, HttpServletResponse response)
            throws ServletException, IOException
    {
        String view = "hello";

        request.getRequestDispatcher("/WEB-INF/jsp/view/" + view + ".jsp")
               .forward(request, response);
    }
}
```

使用标签文件最强大的一个特性是：使用它为应用程序创建 HTML 模板系统。该模板系统可以处理许多跨应用程序多个页面的重复任务，减少重复代码并使网站的设计易于修改。为了演示这一点，现在我们将创建一个包含了基本 JSP 布局(应用程序中大多数页面都使用的布局)的/WEB-INF/tags/template/main.tag 文件。

```
<%@ tag body-content="scriptless" dynamic-attributes="dynamicAttributes"
        trimDirectiveWhitespaces="true" %>
<%@ attribute name="htmlTitle" type="java.lang.String" rtexprvalue="true"
              required="true" %>
<%@ include file="/WEB-INF/jsp/base.jspf" %>
<!DOCTYPE html>
<html<c:forEach items="${dynamicAttributes}" var="a">
    <c:out value=' ${a.key}="${fn:escapeXml(a.value)}"' escapeXml="false" />
</c:forEach>>
```

```
    <head>
        <title><c:out value="${fn:trim(htmlTitle)}" /></title>
    </head>
    <body>
        <jsp:doBody />
    </body>
</html>
```

现在检查之前的代码样例：

- 文件中的第 1 个指令表示标签中可以包含正文内容、可以支持动态特性、可以使用 dynamicAttributes EL 变量访问动态特性、指令中的空白应被移除。注意这里使用 trimDirectiveWhitespace 特性完成该任务；部署描述符中的<jsp-config>不会影响标签文件，所以需要在每个标签文件中手动添加该设置。
- 第 2 个指令创建了显式的 htmlTitle 特性。
- 第 3 个特性包含了 base.jspf 文件，因为<jsp-config>不会影响标签文件。
- <c:forEach>将把所有的动态特性循环复制到<html>标签中。通常这不是你需要做的事，但它的确演示了动态特性的用途。
- 循环中的<c:out>标签似乎是不必要的，但这样做的原因是：它将保证每个特性之间的空白不会被忽略、特性值将被正确地转义、特性值周围的引号不被转义。
- 使用<c:out>将 htmlTitle 特性输出为文档<title>，并使用 EL 表达式去除该值的空白。
- 特殊的<jsp:doBody>标签被用在 HTML<body>中。该标签只用在标签文件中，它将告诉容器执行 JSP 标签调用，并将它的结果内容进行内嵌。还可以指定 var 或者 varReader 特性以及它的 scope 特性，将执行到的正文内容输出到变量中而不是内嵌它。

现在开始使用它们，创建/WEB-INF/jsp/view/hello.jsp 文件调用已创建的<template:main>标签。

```
<template:main htmlTitle="Template Homepage">
    Hello, Template!
</template:main>
```

这就是所有的工作了！编译应用程序并启动调试器；然后访问 http://localhost:8080/template-tags/index。如果查看结果页面的响应源码，你会看到文档标题为“Template Homepage”，文档正文内容是“Hello, Template!”。你已经成功地创建了第一个自定义 JSP 标签！在下一节中，我们将创建另一个页面用于展示下一个自定义标签，你将会更清楚地感受到该 HTML 模板的强大。

8.3 创建日期格式化标签处理器

在之前的章节中，我们已经学习了 JSTL、国际化、本地化和标准 fmt 标签库。之前我们曾提到要创建新的标签替换<fmt:formatDate>，因为它的功能是如此的有限。该标签的一些主要缺点你可能已经注意到了，它不能格式化 java.util.Date 之外的任何对象、不能在需要的时候将时间显示在日期之前、也不能在日期和时间之间添加记号字符串。第一个缺点总是要求将所有的日期时间实例都转换为 Date，第二个和第三个缺点则要求要么使用两个<fmt:formatDate>标签或者要么使用 pattern 特性，它们都不理想。

为了创建一个更好的格式化标签，首先思考希望支持的日期类型。明显，你会希望支持 Date，可能还有 Calendar。然后是 Java 8 日期和时间 API，它有许多代表日期和时间的不同类型。幸亏，该 API 有一个通用的接口 java.time.temporal.TemporalAccessor，所有代表日期和时间的主要类型都实现了该接口。在 IndexServlet 的 doGet 方法中添加一些代码，将每种类型的日期添加到页面模型中。

```
if(request.getParameter("dates") != null)
{
    request.setAttribute("date", new Date());
    request.setAttribute("calendar", Calendar.getInstance());
    request.setAttribute("instant", Instant.now());
    view = "dates";
}
```

现在你已经知道了标签需要做什么，那么再考虑希望如何使用它。创建一个 TLD 文件指定新的日期格式化标签的行为和特性。在实际编写标签处理器之前这样做是基于用例编写接口，然后再编写实际接口的一种方式。在此情况中，TLD 中的标签定义就是接口。代码清单 8-1 声明了 URI 为 http://www.wrox.com/jsp/tld/wrox 的 wrox 标签库，并指定了单个名为 formatDate 的标签。

完整的标签声明长度超过 100 行——由于过长所以无法打印在书中。你需要从 wrox.com 下载站点中下载 Template-Tags 项目查看完整的代码。该标签有许多特性都与<fmt:formatDate>标签相同，当你阅读 TLD 时，可以通过特性的描述了解它们的目的。

代码清单 8-1：wrox.tld

```
<?xml version="1.0" encoding="ISO-8859-1"?>
<taglib xmlns="http://java.sun.com/xml/ns/javaee"
        xmlns:xsi="http://www.w3.org/2001/XMLSchema-instance"
        xsi:schemaLocation="http://java.sun.com/xml/ns/javaee
        http://java.sun.com/xml/ns/javaee/web-jsptaglibrary_2_1.xsd"
        version="2.1">

    <tlib-version>1.0</tlib-version>
    <short-name>wrox</short-name>
    <uri>http://www.wrox.com/jsp/tld/wrox</uri>

    <tag>
        <description><![CDATA[...]]></description>
        <name>formatDate</name>
        <tag-class>com.wrox.tag.FormatDateTag</tag-class>
        <body-content>empty</body-content>
        <attribute>
            <description>...</description>
            <name>value</name>
            <required>true</required>
            <rtexprvalue>true</rtexprvalue>
        </attribute>
        <attribute>
            ...
        </attribute>
        ...
        <dynamic-attributes>false</dynamic-attributes>
```

```
    </tag>

</taglib>
```

实现该标签不是一个简单的任务。FormatDateTag 类继承了 TagSupport，并使用 Java 8 lambda 表达式和方法引用处理一些较为困难的工作，它包含了几百行代码，也无法打印在书中。在 wrox.com 代码下载站点中的 Template-Tags 项目中可以找到该类的实现。关于该类有许多重要的事情需要注意。

首先，使用静态字段的目的是：使 Apache/GlassFish JSTL 实现的反射访问更高效。Apache 类已经根据 JSTL 规范实现了解析区域设置和时区信息的困难工作，它包含了数百行代码，所以重复编写该代码并不是一个好主意。当然，使用这些类会要求应用程序遵守 JSTL 规范，这样并不总是理想的行为。在一个真正的企业级应用程序中，你可能希望将相关的开源代码复制到应用程序中，这样迁移性更好。出于演示的目的，使用 Apache 的类是足够的。私有的 getLocale 和 getTimeZone 方法将使用这些静态字段调用 Apache 类中的保护方法。

构造函数和 release 方法中调用的 init 方法将把所有标签的特性值重置为默认值。这是很重要的，因为重用容器池和标签处理器可以提高效率，在调用每个标签之间，它们将在再次设置所有的特性之前调用 release 方法重置所有特性。一系列的设置(“setters”)方法将设置标签特性的所有值。来自于 Apache Commons Lang 的 org.apache.commons.lang3.StringUtils 类可以更轻松地测试这些方法中的字符串特性值是否为 null 或者为空白。方法 setTimezone 支持 string、java.util.TimeZone、java.time.ZoneId 或者 null，如果传入其他类型的值，它将抛出异常。

方法 doEndTag 是容器在关闭标签时调用的方法。对于支持正文内容的标签，也可以重写 doStartTag 和 doAfterBody 方法，在不同的时间执行该代码，因为该标签不支持正文内容，所以只需要重写 doEndTag。然后它将基于值的类型调用两个 formatDate 方法中的一个，并将格式化日期输出或者设置到指定的作用域变量中。两个 formatDate 方法为不同日期类型创建了正确的格式化器，然后将这些格式化器传递到第三个 formatDate 方法中，该方法将根据 timeFirst 和 separateDateTimeWith 特性值以适当的顺序执行它们。在 Java 8 之前，这将要求 DateFormat 和 DateTimeFormatter 继承通用接口，但它们没有。使用 Java 8 lambda 表达式引用每个格式化器的格式化方法时，它将被传入并在需要的时候调用。

为了使用最新创建的标签，在/WEB-INF/jsp/base.jspf 中添加 taglib 指令：

```
<%@ taglib prefix="wrox" uri="http://www.wrox.com/jsp/tld/wrox" %>
```

现在创建/WEB-INF/jsp/view/date.jsp 页面查看之前由 Servlet 创建的日期。

```
<%--@elvariable id="date" type="java.util.Date"--%>
<%--@elvariable id="calendar" type="java.util.Calendar"--%>
<%--@elvariable id="instant" type="java.time.Instant"--%>
<template:main htmlTitle="Displaying Dates Properly">
    <b>Date:</b>
    <wrox:formatDate value="${date}" type="both" dateStyle="full"
                     timeStyle="full" /><br />
    <b>Date, time first with separator:</b>
    <wrox:formatDate value="${date}" type="both" dateStyle="full"
                     timeStyle="full" timeFirst="true"
                     separateDateTimeWith=" on " /><br />
```

```
    <b>Calendar:</b>
    <wrox:formatDate value="${calendar}" type="both" dateStyle="full"
                timeStyle="full" /><br />
    <b>Instant:</b>
    <wrox:formatDate value="${instant}" type="both" dateStyle="full"
                timeStyle="full" /><br />
    <b>Instant, time first with separator:</b>
    <wrox:formatDate value="${instant}" type="both" dateStyle="full"
                timeStyle="full" timeFirst="true"
                separateDateTimeWith=" on " /><br />
</template:main>
```

编译和调试应用程序，并在浏览器中访问地址 http://localhost:8080/template-tags/index?dates。如同代码所示，你应该看到所有三个格式化日期，其中两个格式化日期以不同格式显示了两次。与 JSTL 提供的<fmt:formatDate>标签相比，新创建的标签更灵活和强大。

了解标签处理器的不同类型

为了完成许多不同的任务，可以通过不同的方式编写标签处理器，本书无法覆盖到所有的方式。但了解这些不同标签类型间的常见区别非常重要。所有的标签必须实现 Tag 接口或者 SimpleTag 接口，它们都将实现 JspTag 标记接口。Tag 是典型的标签处理器(自从 JSP 标签出现的初期它就已经出现了)，到了 JSP 2.0 才添加的 SimpleTag，它更易于编写。

对于许多任务来说 SimpleTag 都更易用，但除了这些优点，它也有一个关键的缺点：SimpleTag 类将被实例化，并只使用一次，然后丢弃。Tag 实例可以被缓存并重用，对于大量使用的标签或使用了许多资源的标签来说，Tag 实例可以获得良好的性能。不过，你不可以忽略它的易用性，例如 SimpleTag 中实现的循环(本例中的 invoke 方法将把被调用的正文写入 JSP 输出中，当传入的是 Writer 而不是 null 时，正文将被写入该 Writer 中)。

```
public void doTag() throws JspException, IOException
{
    while(condition-is-true)
    {
        this.getJspContext().setAttribute("someElVariable", value);
        this.getJspBody().invoke(null);
    }
}
```

将该代码与 Tag 中实现的复杂循环相比(它实现了 IterationTag，IterationTag 继承了 Tag)：

```
public int doStartTag() throws JspException
{ // this is invoked exactly once
    if(condition-is-true)
    {
        this.pageContext.setAttribute(¡°someElVariable¡±, value);
        return Tag.EVAL_BODY_INCLUDE;
    }
    return Tag.SKIP_BODY;
}

public int doAfterBody() throws JspException
```

```
{ // this is invoked as many times as needed
    if(condition-is-true)
    {
        this.pageContext.setAttribute(¡°someElVariable¡±, value);
        return Tag.EVAL_BODY_AGAIN;
    }
    return Tag.SKIP_BODY;
}

public int doEndTag() throws JspException
{ // this is invoked exactly once
    return Tag.EVAL_PAGE;
}
```

你必须评估每个需要创建的标签，判断它是否优先满足了性能(与易用性相比)。记住：doStartTag 只可以返回 Tag.SKIP_BODY 或者 Tag.EVAL_BODY_INCLUDE；doAfterBody 只可以返回 Tag.SKIP_BODY 或者 IterationTag.EVAL_BODY_AGAIN; doEndTag 只可以返回 Tag.SKIP_PAGE 或者 Tag.EVAL_PAGE。

下面的列表显示了可以实现的各种标签接口以及实现每个接口的时机。

- SimpleTag 继承了 JspTag ——对于不需要通过缓冲池获得性能优化的所有标签可以使用该类。通常你应该继承 SimpleTagSupport。
- Tag 继承了 JspTag ——为大多数不需要循环或者访问它们正文内容的简单标签使用这个可池化的标签处理器(标签的正文内容仍然可以执行，只是不能被访问)。
- LoopTag 继承了 Tag ——该标签不常使用，因为它只有在使用循环遍历对象的集合(或数组)时有用。通常你应该继承 LoopTagSupport。
- IterationTag 继承了 Tag ——这是一个更有用的迭代标签，它可以基于任何条件进行迭代，包括循环遍历对象集合。通常你应该继承 IterationTagSupport。
- BodyTag 继承了 IterationTag ——该迭代标签将把正文的输出缓存在 BodyContent 对象中，之后可以在一些其他的目的中使用(如同将输出保存到变量中一样)。为了完成该操作，需要在 doStartTag 中返回 BodyTag.EVAL_BODY_BUFFERED 而不是 Tag.EVAL_BODY_INCLUDE，然后在 doEndTag 中访问正文内容。通常你应该继承 BodyTagSupport。

8.4　创建 EL 函数简写字符串

之前的章节中我们已经学习了使用 TLD 文件定义 EL 函数和标签。记住：EL 函数定义非常简单；所有需要的就是某个类中的一个公共静态方法，然后定义一个映射到该方法的 EL 函数。甚至不需要自己编写静态方法。它可以是 Java SE 库、Java EE 库或者完全不同的第三方库中的方法。请考虑 Apache Commons Lang 库中的 StringUtils。它有一个非常方便的方法 abbreviate，用于保证字符串不超过特定的长度。这在 Web 应用程序中是非常有用的，用户输入通常可能很长，有时出于显示或者保持页面布局正确的目的需要对输入进行简写。

为了将这个有用的方法转换成可以在 JSP 中轻松调用的 EL 函数，请按照下面的步骤进行修改：

(1) 打开 wrox.tld 文件，并在下面的日期格式化<tag>中添加下面的<function>标签：

```
<function>
    <description>...</description>
    <name>abbreviateString</name>
    <function-class>org.apache.commons.lang3.StringUtils</function-class>
    <function-signature>
        java.lang.String abbreviate(java.lang.String,int)
    </function-signature>
</function>
```

明显定义 EL 函数比定义 JSP 标签简单得多。<function-class>元素指定了该方法所属的完全限定类名，<function-signature>元素指定了构成该函数的类方法。

(2) 现在在 IndexServlet 的 doGet 方法中添加一点逻辑：

```
        else if(request.getParameter("text") != null)
        {
            request.setAttribute("shortText", "This is short text.");
            request.setAttribute(
                    "longText",
                    "This is really long text that should get cut
off at 32 chars."
            );
            view = "text";
        }
```

(3) 创建/WEB-INF/jsp/view/text.jsp 页面演示如何使用 EL 函数。

```
<%--@elvariable id="shortText" type="java.lang.String"--%>
<%--@elvariable id="longText" type="java.lang.String"--%>
<template:main htmlTitle="Abbreviating Text">
    <b>Short text:</b> ${wrox:abbreviateString(shortText, 32)}<br />
    <b>Long text:</b> ${wrox:abbreviateString(longText, 32)}<br />
</template:main>
```

(4) 再一次编译和启动 Template-Tags 项目，在浏览器中访问网址 http://localhost:8080/template-tags/index?text。

你应该看到新的 EL 函数已经对第二个字符串进行了简写，并在字符串的末尾添加了一个省略号。

8.5　使用自定义 JSP 标签替换 Java 代码

之前已经提到过最终我们将使用本章创建的 JSP 标签替换客户支持应用程序 JSP 中的所有 Java 代码。确实，你可以通过本章学到的知识实现。你可以使用 wrox.com 下载站点中可用的 Customer-Support-v6 项目，也可以直接根据这里的提示进行修改。首先将部署描述符中的<scripting-invalid>false</scripting-invalid>修改为<scripting-invalid>true</scripting-invalid>。这个修改将可以证明你是否已经成功替换了 JSP 中的所有 Java 代码，因为在启用了该设置之后，JSP 中的 Java 代码就无法进行编译。

现在复制 Template-Tags 项目中的 com.wrox.tag.FormatDateTag 类和/WEB-INF/tld/wrox.tld 文件到客户支持项目中；在该应用程序中可以使用日期格式化标签和字符串简写函数。还可以在 TLD 中添加另一个函数。如下所示，创建一个 TimeUtils 类：

```
public final class TimeUtils
{
    public static String intervalToString(long timeInterval)
    {
        if(timeInterval < 1_000)
            return "less than one second";
        if(timeInterval < 60_000)
            return (timeInterval / 1_000) + " seconds";
        return "about " + (timeInterval / 60_000) + " minutes";
    }
}
```

然后可以在 TLD 的底部添加一个函数，调用 TimeUtils 类的方法。

```
<function>
    <description>
        Formats a time interval in an attractive way, such as "less than one
        second" or "ten seconds" or "about 12 minutes".
    </description>
    <name>timeIntervalToString</name>
    <function-class>com.wrox.TimeUtils</function-class>
    <function-signature>
        java.lang.String intervalToString(long)
    </function-signature>
</function>
```

保证/WEB-INF/jsp/base.jspf 文件中包含了正确的 taglib 声明。

```
<%@ taglib prefix="c" uri="http://java.sun.com/jsp/jstl/core" %>
<%@ taglib prefix="fmt" uri="http://java.sun.com/jsp/jstl/fmt" %>
<%@ taglib prefix="fn" uri="http://java.sun.com/jsp/jstl/functions" %>
<%@ taglib prefix="wrox" uri="http://www.wrox.com/jsp/tld/wrox" %>
<%@ taglib prefix="template" tagdir="/WEB-INF/tags/template" %>
```

我们几乎已经做好修改 JSP 的准备了。接下来我们还将创建一些标签文件帮助将应用程序模板化，避免展示代码的重复。首先从代码清单 8-2 所示的/WEB-INF/tags/template/main.tag 开始，它比 Template-Tags 项目中的模板标签复杂得多。

注意：该标签中的两个特性是简单的字符串，但 headContent 和 navigationContent 特性的值为 JSP 片段。这样就可以在这些特性中包含 JSP 内容，并在之后执行。该标签将在正确的位置使用<jsp:invoke>标签执行这些片段。这类似于<jsp:body>标签，不过它将作用于片段特性而不是标签正文内容。

代码清单 8-2：main.tag

```
<%@ tag body-content="scriptless" trimDirectiveWhitespaces="true" %>
<%@ attribute name="htmlTitle" type="java.lang.String" rtexprvalue="true"
        required="true" %>
<%@ attribute name="bodyTitle" type="java.lang.String" rtexprvalue="true"
        required="true" %>
<%@ attribute name="headContent" fragment="true" required="false" %>
```

```
<%@ attribute name="navigationContent" fragment="true" required="true" %>
<%@ include file="/WEB-INF/jsp/base.jspf" %>
<!DOCTYPE html>
<html>
    <head>
        <title>Customer Support :: <c:out value="${fn:trim(htmlTitle)}" /></title>
        <link rel="stylesheet"
              href="<c:url value="/resource/stylesheet/main.css" />" />
        <jsp:invoke fragment="headContent" />
    </head>
    <body>
        <h1>Multinational Widget Corporation</h1>
        <table border="0" id="bodyTable">
            <tbody>
                <tr>
                    <td class="sidebarCell">
                        <jsp:invoke fragment="navigationContent" />
                    </td>
                    <td class="contentCell">
                        <h2><c:out value="${fn:trim(bodyTitle)}" /></h2>
                        <jsp:doBody />
                    </td>
                </tr>
            </tbody>
        </table>
    </body>
</html>
```

你可能会好奇如何在特性中包含 JSP 内容；毕竟，这样的值可能包含许多行并且包含其他 JSP 标签。代码清单 8-3 所示的/WEB-INF/tags/template/loggedOut.tag 演示了这一点。在使用 JSP 标签时，通常可以将所有的特性都指定为普通的 XML 特性，然后标签中的内容将组成整个标签正文。不过，当特性值过长或者包含了 JSP 内容时，可以在标签正文中使用<jsp:attribute>标签指定特性值。

此时，我们在标签正文内容中指定特性，为了指定真正的标签正文内容，需要使用<jsp:body>标签。该标签中的所有内容都将成为封闭标签(本例为<template:main>)的正文。代码清单 8-4 所示的/WEB-INF/tags/template/basic.tag 再次演示了这一点，不过片段特性中添加了更多的内容。该标签指定了几个链接，它们将指向所有使用该模板标签的页面的工具栏。它还提供了 extraHeadContent 和 extraNavigationContent 特性，用于在头标签或者工具栏中添加额外的内容。

尽管标签文件在技术上不能继承另一个标签，但事实上我们正在这么做。标签 main 创建了模板的基础，loggedOut 和 basic 标签将基于基础进行构建。接下来我们就可以看到标签文件的强大之处了。

代码清单 8-3：loggedOut.tag

```
<%@ tag body-content="scriptless" trimDirectiveWhitespaces="true" %>
<%@ attribute name="htmlTitle" type="java.lang.String" rtexprvalue="true"
              required="true" %>
<%@ attribute name="bodyTitle" type="java.lang.String" rtexprvalue="true"
              required="true" %>
<%@ include file="/WEB-INF/jsp/base.jspf" %>
<template:main htmlTitle="${htmlTitle}" bodyTitle="${bodyTitle}">
```

```
    <jsp:attribute name="headContent">
        <link rel="stylesheet"
              href="<c:url value="/resource/stylesheet/login.css" />" />
    </jsp:attribute>
    <jsp:attribute name="navigationContent" />
    <jsp:body>
        <jsp:doBody />
    </jsp:body>
</template:main>
```

代码清单 8-4：basic.tag

```
<%@ tag body-content="scriptless" trimDirectiveWhitespaces="true" %>
<%@ attribute name="htmlTitle" type="java.lang.String" rtexprvalue="true"
              required="true" %>
<%@ attribute name="bodyTitle" type="java.lang.String" rtexprvalue="true"
              required="true" %>
<%@ attribute name="extraHeadContent" fragment="true" required="false" %>
<%@ attribute name="extraNavigationContent" fragment="true" required="false" %>
<%@ include file="/WEB-INF/jsp/base.jspf" %>
<template:main htmlTitle="${htmlTitle}" bodyTitle="${bodyTitle}">
    <jsp:attribute name="headContent">
        <jsp:invoke fragment="extraHeadContent" />
    </jsp:attribute>
    <jsp:attribute name="navigationContent">
        <a href="<c:url value="/tickets" />">List Tickets</a><br />
        <a href="<c:url value="/tickets">
            <c:param name="action" value="create" />
        </c:url>">Create a Ticket</a><br />
        <a href="<c:url value="/sessions" />">List Sessions</a><br />
        <a href="<c:url value="/login?logout" />">Log Out</a><br />
        <jsp:invoke fragment="extraNavigationContent" />
    </jsp:attribute>
    <jsp:body>
        <jsp:doBody />
    </jsp:body>
</template:main>
```

注意： 你可能已经注意到这些标签中的两个 CSS 文件/resource/stylesheet/main.css 和/resource/stylesheet/login.css。这些样式表将使应用程序更具有吸引力，但并不是应用程序正常运行所必须的代码，所以本书并未打印出它们。你可以在 wrox.com 代码下载站点的 *Customer-Support-v6* 项目中找到它们。

现在只需要对应用程序的 Java 类做一些简单的修改即可。首先，在 Ticket 类中添加一个创建日期字段和合适的设置及访问方法：

```
private OffsetDateTime dateCreated;
```

在 TicketServlet 类的 createTicket 方法中添加下面的代码，将值赋给创建日期字段：

```
ticket.setDateCreated(OffsetDateTime.now());
```

在 SessionListServlet 的 doGet 方法中，在请求派发器转发请求之前添加下面的请求特性：

```
request.setAttribute("timestamp", System.currentTimeMillis());
```

现在可以使用新的模板和 wrox 标签库修改/WEB-INF/jsp/view 中的 JSP 文件了。文件 login.jsp 是非常简单的，它使用了<template:loggedOut>标签：

```
<%--@elvariable id="loginFailed" type="java.lang.Boolean"--%>
<template:loggedOut htmlTitle="Log In" bodyTitle="Log In">
    You must log in to access the customer support site.<br /><br />
    <c:if test="${loginFailed}">
        <b>The username and password you entered are not correct. Please try
            again.</b><br /><br />
    </c:if>
    <form method="POST" action="<c:url value="/login" />">
        Username<br />
        <input type="text" name="username" /><br /><br />
        Password<br />
        <input type="password" name="password" /><br /><br />
        <input type="submit" value="Log In" />
    </form>
</template:loggedOut>
```

所有其他的票据都将使用<template:basic>标签。文件 ticketForm.jsp 除了使用下面的模板之外没有其他修改：

```
<template:basic htmlTitle="Create a Ticket" bodyTitle="Create a Ticket">
    <form method="POST" action="tickets" enctype="multipart/form-data">
        <input type="hidden" name="action" value="create"/>
        Subject<br />
        <input type="text" name="subject"><br /><br />
        Body<br />
        <textarea name="body" rows="5" cols="30"></textarea><br /><br />
        <b>Attachments</b><br />
        <input type="file" name="file1"/><br /><br />
        <input type="submit" value="Submit"/>
    </form>
</template:basic>
```

除了使用模板，viewTicket.jsp 现在还将使用<wrox:formatDate>标签显示票据的创建日期：

```
<%--@elvariable id="ticketId" type="java.lang.String"--%>
<%--@elvariable id="ticket" type="com.wrox.Ticket"--%>
<template:basic htmlTitle="${ticket.subject}"
            bodyTitle="Ticket #${ticketId}: ${ticket.subject}">
    <i>Customer Name - <c:out value="${ticket.customerName}" /><br />
    Created <wrox:formatDate value="${ticket.dateCreated}" type="both"
                    timeStyle="long" dateStyle="full" /></i><br /><br />
    <c:out value="${ticket.body}" /><br /><br />
    <c:if test="${ticket.numberOfAttachments > 0}">
        Attachments:
        <c:forEach items="${ticket.attachments}" var="attachment"
                varStatus="status">
```

```
            <c:if test="${!status.first}">, </c:if>
            <a href="<c:url value="/tickets">
                    <c:param name="action" value="download" />
                    <c:param name="ticketId" value="${ticketId}" />
                    <c:param name="attachment" value="${attachment.name}" />
                </c:url>"><c:out value="${attachment.name}" /></a>
        </c:forEach><br /><br />
    </c:if>
</template:basic>
```

文件 listTickets.jsp 不只使用了日期格式化器，还使用了 wrox:abbreviateString EL 函数将票据的主题截短至 60 个字符：

```
<%--@elvariable id="ticketDatabase"
            type="java.util.Map<Integer, com.wrox.Ticket>"--%>
<template:basic htmlTitle="Tickets" bodyTitle="Tickets">
    <c:choose>
        <c:when test="${fn:length(ticketDatabase) == 0}">
            <i>There are no tickets in the system.</i>
        </c:when>
        <c:otherwise>
            <c:forEach items="${ticketDatabase}" var="entry">
                Ticket ${entry.key}: <a href="<c:url value="/tickets">
                    <c:param name="action" value="view" />
                    <c:param name="ticketId" value="${entry.key}" />
                </c:url>">
                <c:out value="${wrox:abbreviateString(entry.value.subject, 60)}" />
                </a><br />
                <c:out value="${entry.value.customerName}" /> created ticket
                <wrox:formatDate value="${entry.value.dateCreated}" type="both"
                        timeStyle="short" dateStyle="medium" /><br />
                <br />
            </c:forEach>
        </c:otherwise>
    </c:choose>
</template:basic>
```

注意 sessions.jsp 文件的修改是最大的。所有声明方法、循环遍历会话和输出数据的 Java 代码都消失了，取而代之的是使用<c:forEach>、<c:out>、<c:if>和 wrox:timeIntervalToString 的百分百 JSP 代码。

```
<%--@elvariable id="timestamp" type="long"--%>
<%--@elvariable id="numberOfSessions" type="int"--%>
<%--@elvariable id="sessionList"
            type="java.util.List<javax.servlet.http.HttpSession>"--%>
<template:basic htmlTitle="Active Sessions" bodyTitle="Active Sessions">
    There are a total of ${numberOfSessions} active sessions in this
    application.<br /><br />
    <c:forEach items="${sessionList}" var="s">
        <c:out value="${s.id} - ${s.getAttribute('username')}" />
        <c:if test="${s.id == pageContext.session.id}"> (you)</c:if>
         - last active
        ${wrox:timeIntervalToString(timestamp - s.lastAccessedTime)} ago<br />
```

```
    </c:forEach>
</template:basic>
```

现在编译和运行应用程序，并在浏览器中访问 http://localhost:8080/support/login。登录客户支持应用程序，创建、查看并列出票据。注意查看和列出票据页面中的格式化日期，以及页面左侧方便的工具栏。创建一个含有长主题的票据，并查看它在显示到页面之前是否被截短。现在你已经拥有了所有的工具，通过它们可以在不使用任何内嵌代码的情况下创建有用的动态 JSP 页面。

8.6 小结

本章讲解了如何创建自定义 JSP 标签和 EL 函数。还通过查看 Java 标准标签库(JSTL)的方式讲解了标签库描述符(TLD)，并创建了自定义的 TLD。接下来讲解了标签文件的概念并使用该技术创建了强大的模板，用作应用程序页面的基础页面。还创建了一个更好的日期和时间格式化标签，该标签在保持 JSTL 的本地化和时区设置不变的情况下，提供了更灵活的格式化选项，并支持 Date、Calendar 和 Java 8 日期和时间 API。此时，所有不使用 Java 代码创建 JSP 页面的相关知识就都讲完了。

从现在开始，我们将改变主题学习一些更高级的技术。在下一章，我们将学习过滤器以及如何在应用程序中使用它们。

第 9 章 使用过滤器改进应用程序

本章内容：

- 过滤器的目的
- 创建、声明和映射过滤器
- 对过滤器进行排序
- 在异步请求处理中使用过滤器
- 学习过滤器的实际应用
- 使用过滤器简化认证

本章需要从 wrox.com 下载的代码

访问网址 http://www.wrox.com/go/projavaforwebapps 的 Download Code 选项卡，找到本章的代码下载链接。本章的代码被分成了下面几个主要的例子：

- Filter-Order 项目
- Filter-Async 项目
- Compression-Filter 项目
- Customer-Support-v7 项目

本章新增的 Maven 依赖

本章没有新增 Maven 依赖。继续使用所有之前章节引入的 Maven 依赖即可。

9.1 了解过滤器的目的

过滤器是可以拦截访问资源的请求、资源的响应或者同时拦截两者的应用组件，它们将以某种方式作用于这些请求或响应。过滤器可以检测和修改请求和响应，它们甚至可以拒绝、重定向或转发请求。

过滤器是 Servlet 规范中相对较新的技术，它在 Servlet 2.3 中添加并在 Servlet 2.4 中得到了改进，之后就未有太多的改变。javax.servlet.Filter 接口非常简单，它使用到了我们已经熟悉的

HttpServletRequest 和 HttpServletResponse。如同 Servlet 一样，过滤器可以在部署描述符中以编程或者声明的方式声明，它们可以有初始化参数并且可以访问 ServletContext。过滤器的使用方式是非常多的(只会受到个人经验所限)；本节将学习过滤器的一些最常见应用程序。

9.1.1　日志过滤器

过滤器在记录应用程序日志时是非常有用的。第 11 章将学习日志相关的概念和工具，但应用程序开发者有时面对的一个场景是：需要记录所有应用程序的请求和每个请求的结果(状态代码、长度、可能还有其他信息)。通常 Web 容器提供了请求日志机制，但如果需要在请求日志中显示出一些特有的信息，那么可以使用过滤器记录请求。还可以使用过滤器添加追踪信息，它们将被用在请求的所有日志操作中。这被称为鱼类标记(fish tagging)，第 11 章将进行详细讲解。

9.1.2　验证过滤器

如果需要确保只有授权用户才可以访问应用程序，通常可以检查每个请求的信息，保证用户已经“登录”(该术语可能随着应用程序的变化而变化)。但是在所有的 Servlet 中都执行该检查是非常乏味的。过滤器可以通过将验证和授权操作集中到一个位置(拦截所有安全的请求)的方式使工作变得更简单。

本章的末尾将在客户支持项目中添加一个过滤器，用于验证并从应用程序中移除重复代码。在第Ⅳ部分，我们还将学习 Spring Security，并使用它为应用程序添加验证和授权。过滤器是 Spring Security 的基础，并组成了它的大部分功能。

9.1.3　压缩和加密过滤器

尽管并不总是这样(现在这种请求变得越来越少见)，但仍然存在网络带宽有限而 CPU 资源充足的情况。此时，通常可以在传输数据之前，使用一些 CPU 周期对数据进行压缩。这样就可以使用过滤器完成这个任务：收到请求时，请求保持不变，但在将响应返回给用户时，使用过滤器压缩响应对象。当然，这样做也会要求用户解析响应对象。在 9.4 节中会讲解如何编写响应压缩过滤器。

过滤器还可以用于处理请求解密和响应加密。通常，我们依赖于 HTTPS 完成该任务；一些 Web 容器和服务器可以在本地处理。不过，如果网站资源的使用者不是浏览器或者其他 Web 客户端，而是某些应用程序时，那么它们可能会采用某种专有的加密系统，只有进行通信的两个系统才能明白。此时，过滤器是第一选择，它可以在请求进入时解密请求，也可以在响应返回时加密响应。不过要明白这种情况并不常见，你真的应该依赖于业界标准工具(例如 HTTPS)来保护应用程序的通信。

9.1.4　错误处理过滤器

让我们面对这个事实：如同软件开发者尝试处理软件执行过程中出现的错误一样困难，有时错误会悄悄溜掉。当该软件是一个操作系统时，讨厌的症状就是系统停机，在技术的世界里它被称为“蓝屏死机”。当该软件是一个桌面应用程序时，用户可能会收到通知“应用程序已经意外退出了”。

而对于 Web 应用程序来说，结果通常是一个 HTTP 响应代码 500，一般还会伴随着一个普通的 HTML 页面，写着“Internal Server Error”以及一些诊断信息。对于在本地运行的应用程序(如企业内部网)，这样的诊断信息通常是无害的，并且它对于开发者可能是有用的，因为他们可以通过这些信息分析出错误的原因。但对于在远端运行的应用程序来说，该诊断信息可能会泄漏出一些敏感的系统信息，黑客可能会使用这些信息入侵应用程序。

出于这些原因，我们应该为用户显示出更友好和通用的错误页面(通常使用与 Web 应用程序其他页面相同的风格)，并记录错误信息或者在必要的时候通知系统管理员。过滤器是完成该任务的完美工具。可以将请求处理包含在 try-catch 块中，用于捕捉和记录所有的错误。请求中的结果将被转发至一个通用的错误页面，该页面不包含任何诊断或者敏感信息。

9.2 创建、声明和映射过滤器

创建过滤器如同实现 Filter 接口一样简单。过滤器在初始化时将调用 init 方法，它可以访问过滤器的配置、初始化参数和 ServletContext，正如 Servlet 的 init 方法一样。类似地，应用程序在关闭时将调用过滤器的 destroy 方法。当请求进入到过滤器中时，doFilter 方法将会被调用。它提供了对 ServletRequest、ServletResponse 和 FilterChain 对象的访问。尽管可以使用过滤器过滤更多的信息，而不只是 HTTP 请求和响应，事实上，你使用的请求一直都是 HttpServletRequest，响应一直都是 HttpServletResponse。实际上，目前 Servlet API 规范尚未支持任何除 HTTP 之外的协议。在 doFilter 之中，可以拒绝请求或者调用 FilterChain 对象的 doFilter 方法；可以修改请求和响应；并且可以封装请求和响应对象。

9.2.1 了解过滤器链

尽管只有一个 Servlet 可以处理请求，但可以使用许多过滤拦截请求。图 9-1 演示了过滤器链如何接受进入的请求并将它传递到下一个过滤器，直至所有匹配的过滤器都处理完成，最终再将它传入 Servlet 中。调用 FilterChain.doFilter()将触发过滤器链的持续执行。如果当前处理器是过滤器链的最后一个过滤器，那么调用 FilterChain.doFilter()将把控制权返回到 Servlet 容器中，它将把请求传递给 Servlet。如果当前的过滤器未调用 FilterChain.doFilter()，那么过滤器链将被中断，Servlet 和所有其他剩余的过滤器都无法再处理该请求。

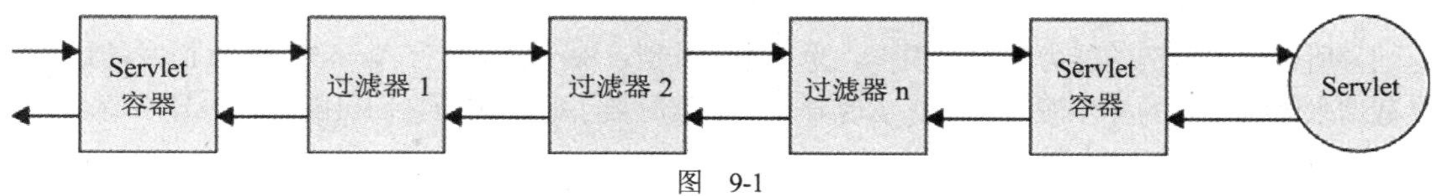

图 9-1

过滤器链的这种工作方式非常像栈(确实，一系列方法的执行都将运行在 Java 栈上)。当请求进入时，它首先将进入第一个过滤器，该过滤器将被添加到栈中。当过滤器链继续执行时，下一个过滤器将被添加到栈中。一直到请求进入 Servlet 中，它是被添加到栈中的最后一个元素。当请求完成并且 Servlet 的 service 方法也返回时，Servlet 将从栈中移除，然后控制权被返回到最后一个过滤器。当它的 doFilter 方法返回时，该过滤器将从栈中移除，控制权也将返回到之前的过滤器中。一直到控制权返回到第一个过滤器中。当它的 doFilter 方法返回时，栈已经是空的，请求处理也就完成了。因此，过滤器可以在目标 Servlet 处理请求的前后执行某些操作。

9.2.2 映射到 URL 模式和 Servlet 名称

如同 Servlet 一样，过滤器可以被映射到 URL 模式。这会决定哪个或哪些过滤器将拦截某个请求。任何匹配某个过滤器的 URL 模式的请求在被匹配的 Servlet 处理之前将首先进入该过滤器。通过使用 URL 模式，我们不止可以拦截 Servlet 的请求，还可以拦截其他资源，例如图片、CSS 文件、JavaScript 文件等。

有时，映射到特定的 URL 上是不方便的。可能现在已经有多个 URL——甚至几十个——已经映射到了 Servlet 上，并且我们希望将某些过滤器映射到这些 URL 上。与映射到 URL 上相反，我们可以将它映射到一个或多个 Servlet 名称。如果请求匹配于某个 Servlet，容器将寻找所有匹配该 Servlet 名称的过滤器，并将它们应用到请求上。本节稍后将讲解如何将过滤器映射到 URL 和 Servlet 名称上。无论是使用 URL 模式、Servlet 名称，还是同时使用这两种方式进行映射，过滤器都可以拦截多个 URL 模式和 Servlet 名称，多个过滤器也可以拦截相同的 URL 模式或者 Servlet 名称。

9.2.3　映射到不同的请求派发器类型

在 Servlet 容器中，可以通过多种方式派发请求：

- 普通请求——这些请求来自于客户端，并包含了容器中特定 Web 应用程序的目标 URL。
- 转发请求——当代码调用 RequestDispatcher 的 forward 方法或者使用<jsp:forward>标签时将触发这些请求。尽管它们被关联到原始的请求，但在内部它们将被作为单独的请求进行处理。
- 包含请求——类似地，使用<jsp:include>标签或者调用 RequestDispatcher 的 include 方法时，将会产生一个不同的、与原始请求相关的内部包含请求(记住它与<%@ include %>是不同的)。
- 错误资源请求——这些是访问处理 HTTP 错误(例如 404 Not Found、500 Internal Server Error 等)的错误页面的请求。
- 异步请求——这些请求是在处理任何其他请求的过程中，由 AsyncContext 派发的请求。

在 Servlet 2.4 之前，过滤器只能作用于资源的普通请求。Servlet 2.4 添加了将过滤器映射到转发请求、包含请求和错误资源请求的能力，极大地扩展了它们的能力。在 Servlet 3.0(Java EE 6)中，新的异步请求处理向过滤器编写者提出了挑战：因为 Servlet 的 service 方法将在请求的响应发送之前返回，所以过滤器链的能力受到了损害。为了作出补偿，Servlet 3.0 为 AsyncContext 派发的过滤器拦截请求添加了新的异步派发类型。实现异步过滤器时要小心，因为它们可能被单个异步请求调用多次(潜在的多个不同线程)。下一节将详细进行讲解。

在声明和映射过滤器时，需要指明派发器类型或者过滤器应该作用于的类型，本节剩余的内容中将学习这些内容。

9.2.4　使用部署描述符

在编写的过滤器拦截请求之前，必须如同 Servlet 一样声明和映射它们。如同 Servlet 一样，可以通过多种方式实现该设置。传统的方式是在部署描述符中使用<filter>和<filter-mapping>元素(类似于<servlet>和<servlet-mapping>元素)。<filter>必须至少包含一个名字和类名，它还可以包含描述、显示名称、图标以及一个或多个初始化参数。

```
<filter>
    <filter-name>myFilter</filter-name>
    <filter-class>com.wrox.MyFilter</filter-class>
</filter>
```

之前的代码脚本演示了部署描述符中的一个简单的过滤器声明。与 Servlet 不同的是，过滤器不可以在第一个请求到达时加载。过滤器的 init 方法总是在应用程序启动时调用：在 ServletContextListerner 初始化之后，Servlet 初始化之前，它们将按照部署描述符中出现的顺序依次加载。

在声明了过滤器之后，可以将它映射到任意数目的 URL 或 Servlet 名称。如同 Servlet URL 映射一样，过滤器 URL 映射还可以包含通配符。

```
<filter-mapping>
    <filter-name>myFilter</filter-name>
    <url-pattern>/foo</url-pattern>
    <url-pattern>/bar/*</url-pattern>
    <servlet-name>myServlet</servlet-name>
    <dispatcher>REQUEST</dispatcher>
    <dispatcher>ASYNC</dispatcher>
</filter-mapping>
```

此时，过滤器将会响应所有相对于应用程序的 URL/foo 和/bar/*的请求，以及任何最终由 ServletmyServlet 处理的请求。这里的两个<dispatcher>元素意味着它可以响应普通的请求和由 AsyncContext 派发的请求。有效的<dispatcher>类型有 REQUEST、FORWARD、INCLUDE、ERROR、和 ASYNC。过滤器映射可以有 0 个或多个<dispatcher>元素。如果未指定，那么默认将只使用 REQUEST 派发器。

9.2.5　使用注解

如同 Servlet 一样，可以使用注解声明和映射过滤器。注解@javax.servlet.annotation.WebFilter 中包含了取代部署描述符所有选项的特性。下面的代码与之前部署描述符中的过滤器声明和映射有着相同的效果：

```
@WebFilter(
        filterName = "myFilter",
        urlPatterns = { "/foo", "/bar/*" },
        servletNames = { "myServlet" },
        dispatcherTypes = { DispatcherType.REQUEST, DispatcherType.ASYNC }
)
public class MyFilter implements Filter
```

使用注解声明和映射过滤器的主要缺点是：不能对过滤器链上的过滤器进行排序。为了使过滤器正确运行，特定的执行顺序是非常重要的(下一节将进行讲解)。如果希望在不使用部署描述符的情况下，控制过滤器执行的顺序，那么需要使用编程式配置。但愿未来的 Java EE 8 可以包含对注解过滤器排序的能力。

9.2.6　使用编程式配置

如同 Servlet、监听器和其他组件一样，可以在 ServletContext 中以编程的方式配置过滤器。不使用部署描述符和注解，调用 ServletContext 的方法注册和映射过滤器即可。因为这必须要在 ServletContext 结束启动之前完成，所以通常需要在 ServletContextListener 的 contextInitialized 方法中实现(也可以在 ServletContainerInitializer 的 onStartup 方法中添加过滤器，本书的第 II 部分将进行讲解)。

```
@WebListener
public class Configurator implements ServletContextListener
{
    @Override
    public void contextInitialized(ServletContextEvent event)
    {
        ServletContext context = event.getServletContext();

        FilterRegistration.Dynamic registration =
                context.addFilter("myFilter", new MyFilter());
        registration.addMappingForUrlPatterns(
                EnumSet.of(DispatcherType.REQUEST, DispatcherType.ASYNC),
                false, "/foo", "/bar/*"
        );
        registration.addMappingForServletNames(
                EnumSet.of(DispatcherType.REQUEST, DispatcherType.ASYNC),
                false, "myServlet"
        );
    }
}
```

本例使用 addFilter 方法将过滤器添加到了 ServletContext 中。它将返回一个 javax.servlet.FilterRegistration.Dynamic 对象，可以使用该对象为 URL 模式和 Servlet 名称添加过滤器映射。addMappingForUrlPatterns 和 addMappingForServletNames 都接受一个 javax.servlet.DispatcherType 对象的集合作为第一个参数。如同部署描述符一样，如果派发类型参数为 null，那么它将使用默认的 REQUEST 派发器：

```
registration.addMappingForUrlPatterns(null, false, "/foo", "bar/*");
```

第二个方法参数表示该过滤器相对于部署描述符中过滤器的顺序。如果使用的参数为假(如同本例)，那么编程式的过滤器映射将在部署描述符的所有过滤器加载之前进行加载并排序。如果为真，部署描述符中的映射将先被加载。下一节将详细讲解过滤器顺序的相关内容。最后一个参数是 vararg，它指定了过滤器映射到的 URL 模式(addMappingForUrlPatterns)或者 Servlet 名称(addMappingForServletNames)。

9.3 过滤器排序

在本章之前的内容中，我们已经学习了一些过滤器顺序相关的内容，但你可能会希望知道它到底指的是什么。过滤器顺序决定了过滤器在过滤器链中出现的位置，这反过来也决定了过滤器什么时候处理请求。在某些情况下，过滤器处理请求的顺序并不重要；不过，在另外一些情况下，它也可能是非常关键的——这完全取决于如何使用过滤器。例如，为请求创建日志信息的过滤器(或者将请求输入到日志中)应该出现在所有其他过滤器之前，因为其他过滤器可能会改变请求的处理过程。如之前讨论的，使用注解时无法对过滤器进行排序，这样它们对于大多数企业级应用程序来说就是无用的。我们将会广泛地使用部署描述符或者编程式配置，但可能永远也不会使用注解配置过滤器。

9.3.1 URL 模式映射和 Servlet 名称映射

定义过滤器顺序是很简单的：匹配请求的过滤器将按照它们出现在部署描述符或者编程式配置中的顺序添加到过滤器链中(记住，如果同时在部署描述符或者编程式配置中设置了一些过滤器，那么需要在编程式配置中使用 addMapping*方法的第 2 个参数，决定编程式映射是否应该出现在 XML 映射之前)。如图 9-2 所示的过滤器顺序，不同的请求将匹配不同的过滤器，但使用的过滤器顺序总是相同的。不过，这个顺序并不是那么简单：URL 映射的过滤器优先级比 Servlet 名称映射到的过滤器高。如果两个过滤器都可以匹配某个请求，一个是 URL 模式而另一个是 Servlet 名称，那么在过滤器链中，由 URL 模式匹配的过滤器(即使它的映射出现在后面)总是出现由 Servlet 名称匹配的过滤器之前，如图 9-3 所示。为了演示这一点，请考虑下面的映射：

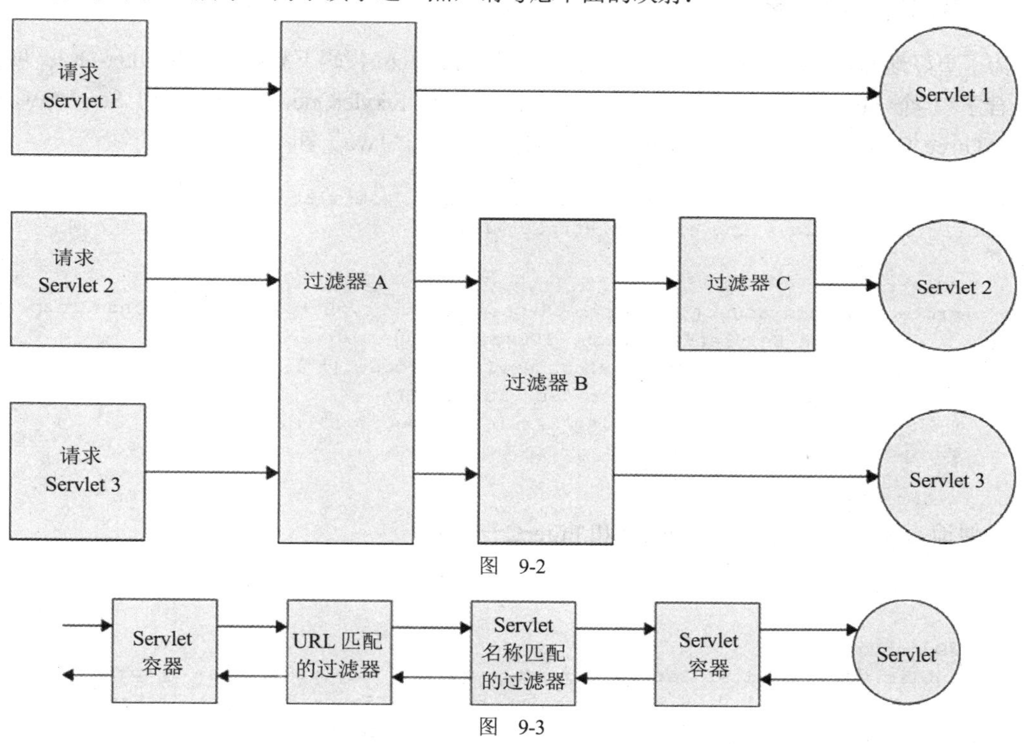

图 9-2

图 9-3

```
<servlet-mapping>
    <servlet-name>myServlet</servlet-name>
    <url-pattern>/foo*</url-pattern>
</servlet-mapping>

<filter-mapping>
    <filter-name>servletFilter</filter-name>
    <servlet-name>myServlet</servlet-name>
</filter-mapping>

<filter-mapping>
    <filter-name>myFilter</filter-name>
    <url-pattern>/foo*</url-pattern>
</filter-mapping>
```

```
<filter-mapping>
    <filter-name>anotherFilter</filter-name>
    <url-pattern>/foo/bar</url-pattern>
</filter-mapping>
```

如果一个普通的请求访问的 URL 是/foo/bar，那么它将匹配所有这 3 个过滤器。过滤器链将由 3 个过滤器组成，依次为 *myFilter*、*anotherFilter*，然后是 *servletFilter*。myFilter 将在 anotherFilter 之前执行，因为这是它们出现在部署描述符中的顺序。它们都将在 servletFilter 之前执行，因为 URL 映射总是在 Servlet 名称映射之前执行。如果这是一个转发、包含、错误派发或者异步派发的请求，它就不会匹配任何一个过滤器，因为这些映射并未显式地指定任何<dispatcher>元素。

9.3.2 演示过滤器顺序

为了更好地理解过滤器顺序的工作方式，请查看 wrox.com 代码下载站点中的 Filter-Order 项目。它包含了 3 个 Servlet 和 3 个过滤器。下面的代码脚本 ServletOne，它与对应的 ServletTwo 和 ServletThree 一致，除了所有的“One”分别被替换成了“Two”和“Three”：

```
@WebServlet(name = "servletOne", urlPatterns = "/servletOne")
public class ServletOne extends HttpServlet
{
    @Override
    protected void doGet(HttpServletRequest request, HttpServletResponse response)
            throws ServletException, IOException {
        System.out.println("Entering ServletOne.doGet()");
        response.getWriter().write("Servlet One");
        System.out.println("Leaving ServletOne.doGet()");
    }
}
```

类似地，下面的 FilterA 与 FilterB 和 FilterC 一致：

```
public class FilterA implements Filter
{
    @Override
    public void doFilter(ServletRequest request, ServletResponse response,
                         FilterChain chain) throws IOException, ServletException {
        System.out.println("Entering FilterA.doFilter()");
        chain.doFilter(request, response);
        System.out.println("Leaving FilterA.doFilter()");
    }

    @Override
    public void init(FilterConfig config) throws ServletException { }

    @Override
    public void destroy() { }
}
```

为了匹配图 9-2 中所示的过滤器映射，请按照下面的代码对部署描述符的过滤器映射进行设置。

```
<filter>
    <filter-name>filterA</filter-name>
    <filter-class>com.wrox.FilterA</filter-class>
```

```
    </filter>

    <filter-mapping>
        <filter-name>filterA</filter-name>
        <url-pattern>/*</url-pattern>
    </filter-mapping>

    <filter>
        <filter-name>filterB</filter-name>
        <filter-class>com.wrox.FilterB</filter-class>
    </filter>

    <filter-mapping>
        <filter-name>filterB</filter-name>
        <url-pattern>/servletTwo</url-pattern>
        <url-pattern>/servletThree</url-pattern>
    </filter-mapping>

    <filter>
        <filter-name>filterC</filter-name>
        <filter-class>com.wrox.FilterC</filter-class>
    </filter>

    <filter-mapping>
        <filter-name>filterC</filter-name>
        <url-pattern>/servletTwo</url-pattern>
    </filter-mapping>
```

尝试执行下面的步骤：

(1) 编译应用程序并从 IDE 中启动 Tomcat。

(2) 在浏览器中访问 http://localhost:8080/filters/servletOne。IDE 中 Tomcat 的标准输出中将显示出几条消息：

```
Entering FilterA.doFilter().
Entering ServletOne.doGet().
Leaving ServletOne.doGet().
Leaving FilterA.doFilter().
```

(3) 将浏览器中的地址修改为/servletTwo，标准输出中将出现新的消息：

```
Entering FilterA.doFilter().
Entering FilterB.doFilter().
Entering FilterC.doFilter().
Entering ServletTwo.doGet().
Leaving ServletTwo.doGet().
Leaving FilterC.doFilter().
Leaving FilterB.doFilter().
Leaving FilterA.doFilter().
```

现在过滤器链将从 A 执行到 C，然后再执行 Servlet。接着在 Servlet 完成请求处理之后，过滤器链将按照相反的顺序从 C 执行到 A。

(4) 将浏览器中的地址修改为/servletThree。它的输出将如下所示：

```
Entering FilterA.doFilter().
Entering FilterB.doFilter().
Entering ServletThree.doGet().
Leaving ServletThree.doGet().
Leaving FilterB.doFilter().
Leaving FilterA.doFilter().
```

(5) 修改过滤器映射，检查修改对过滤器链的影响。尝试修改一个或多个 URL 映射和 Servlet 名称映射，检查过滤器链的变化。

9.3.3　使用过滤器处理异步请求

如之前小节中提到的，正确地实现和配置处理异步请求的过滤器可能有点麻烦。异步请求处理的关键在于：Servlet 的 service 方法可以在响应发送到客户端之前返回。然后请求处理将被委托到另一个线程或者基于某些事件完成。

例如，service 方法(或者 doGet、doPost 及其他方法)可以启动 AsyncContext，然后注册某种类型目标消息(例如收到一个聊天请求)的监听器，然后返回。接着当目标消息的监听器收到消息之后，它可以将响应返回到用户。通过使用这种技术，在请求处理暂停的时候，请求线程也不会被阻塞。拦截这样请求的过滤器将在响应真正发送之前完成，因为当 service 方法返回时，FilterChain 的 doChain 方法也将返回。

映射到 ASYNC 派发器的过滤器将拦截调用 AsyncContext 的 dispatch 方法得到的内部请求。为了演示更复杂的过滤器，请查看 wrox.com 代码下载站点中的 Filter-Async 项目。它的 AnyRequestFilter 封装了请求和响应(下一节将进行深入讲解)，并可以过滤任何类型的请求。如果它检测到 Servlet 启动了 AsyncContext，那么它将输出该信息，并表示 AsyncContext 是否使用原始的请求和响应对象或者未封装的请求和响应对象。

```
public class AnyRequestFilter implements Filter
{
    private String name;

    @Override
    public void init(FilterConfig config)
    {
        this.name = config.getFilterName();
    }

    @Override
    public void doFilter(ServletRequest request, ServletResponse response,
                         FilterChain chain) throws IOException, ServletException
    {
        System.out.println("Entering " + this.name + ".doFilter().");
        chain.doFilter(
                new HttpServletRequestWrapper((HttpServletRequest)request),
                new HttpServletResponseWrapper((HttpServletResponse)response)
        );
        if(request.isAsyncSupported() && request.isAsyncStarted())
        {
            AsyncContext context = request.getAsyncContext();
            System.out.println("Leaving " + this.name + ".doFilter(), async " +
                    "context holds wrapped request/response = " +
```

```
                !context.hasOriginalRequestAndResponse());
        }
        else
            System.out.println("Leaving " + this.name + ".doFilter().");
    }

    @Override
    public void destroy() { }
}
```

在 web.xml 中，该过滤器将被实例化和映射 3 次。所有这 3 个映射都可以拦截任何 URL，但 normalFilter 实例只负责拦截普通请求；forwardFilter 只拦截转发请求；asyncFilter 只拦截由 AsyncContext 派发的请求。注意每个<filter>元素中添加的<async-supported>true</async-supported>。这将告诉容器该过滤器是用于处理异步请求的。如果一个未启用<async-supported>的过滤器过滤一个请求，并尝试在请求中启动 AsyncContext，那么将会导致 IllegalStateException 异常。

NonAsyncServlet 是非常直观的：它将响应访问 URL /regular 的请求并转发至 nonAsync.jsp 视图。

```
@WebServlet(name = "nonAsyncServlet", urlPatterns = "/regular")
public class NonAsyncServlet extends HttpServlet
{
    @Override
    protected void doGet(HttpServletRequest request, HttpServletResponse response)
            throws ServletException, IOException
    {
        System.out.println("Entering NonAsyncServlet.doGet().");
        request.getRequestDispatcher("/WEB-INF/jsp/view/nonAsync.jsp")
                .forward(request, response);
        System.out.println("Leaving NonAsyncServlet.doGet().");
    }
}
```

代码清单 9-1 所示的 AsyncServlet 要复杂得多。为了使日志更加清晰，它为当前请求生成了一个唯一 ID。如果 unwrap 参数不存在，它将使用 startAsync(ServletRequest，ServletResponse)启动 AsyncContext。这将使 AsyncContext 得到 doGet 方法中传入的请求和响应对象。如果过滤器封装了请求或响应，AsyncContext 将使用封装后的对象。不过，如果存在 unwrap 参数，doGet 将使用无参 startAsync 方法启动 AsyncContext。此时，AsyncContext 将得到原始的请求和响应对象，而不是封装过的请求和响应。注意对 AsyncContext 的 start(Runnable)方法的调用(使用 Java 8 方法引用)。使用该方法将告诉容器在它的内部线程池中运行 Runnable。也可以启动自己的线程，但使用容器的线程池更安全，并且可以避免资源耗尽问题。

代码清单 9-1：AsyncServlet.java

```
@WebServlet(name = "asyncServlet", urlPatterns = "/async", asyncSupported = true)
public class AsyncServlet extends HttpServlet
{
    private static volatile int ID = 1;

    @Override
    protected void doGet(HttpServletRequest request, HttpServletResponse response)
```

```
            throws ServletException, IOException
    {
        final int id;
        synchronized(AsyncServlet.class)
        {
            id = ID++;
        }
        long timeout = request.getParameter("timeout") == null ?
                10_000L : Long.parseLong(request.getParameter("timeout"));

        System.out.println("Entering AsyncServlet.doGet(). Request ID = " + id +
                ", isAsyncStarted = " + request.isAsyncStarted());

        final AsyncContext context = request.getParameter("unwrap") != null ?
                request.startAsync() : request.startAsync(request, response);
        context.setTimeout(timeout);

        System.out.println("Starting asynchronous thread. Request ID = " + id +
                ".");

        AsyncThread thread = new AsyncThread(id, context);
        context.start(thread::doWork);

        System.out.println("Leaving AsyncServlet.doGet(). Request ID = " + id +
                ", isAsyncStarted = " + request.isAsyncStarted());
    }

    private static class AsyncThread
    {
        private final int id;
        private final AsyncContext context;

        public AsyncThread(int id, AsyncContext context) { ... }

        public void doWork()
        {
            System.out.println("Asynchronous thread started. Request ID = " +
                    this.id + ".");

            try {
                Thread.sleep(5_000L);
            } catch (Exception e) {
                e.printStackTrace();
            }

            HttpServletRequest request =
                    (HttpServletRequest)this.context.getRequest();
            System.out.println("Done sleeping. Request ID = " + this.id +
                    ", URL = " + request.getRequestURL() + ".");

            this.context.dispatch("/WEB-INF/jsp/view/async.jsp");
```

```
            System.out.println("Asynchronous thread completed. Request ID = " +
                    this.id + ".");
        }
    }
}
```

现在对这些 Servlet 和过滤器进行实验：

(1) 编译应用程序并从 IDE 中启动 Tomcat；然后在浏览器中访问 http://localhost:8080/filters/regular。在调试器的输出窗口中将出现下面的信息。注意 normalFilter 将拦截 Servlet 的请求，forwardFilter 将拦截 JSP 的转发请求。

```
Entering normalFilter.doFilter().
Entering NonAsyncServlet.doGet().
Entering forwardFilter.doFilter().
In nonAsync.jsp.
Leaving forwardFilter.doFilter().
Leaving NonAsyncServlet.doGet().
Leaving normalFilter.doFilter().
```

(2) 在浏览器中访问 http://localhost:8080/filters/async。调试器输出中将立即显示出下面的信息。注意 normalFilter 将拦截该请求，但在响应发出之前就会完成。

```
Entering normalFilter.doFilter().
Entering AsyncServlet.doGet(). Request ID = 1, isAsyncStarted = false
Starting asynchronous thread. Request ID = 1.
Leaving AsyncServlet.doGet(). Request ID = 1, isAsyncStarted = true
Leaving normalFilter.doFilter(), async context holds wrapped request/response=true
Asynchronous thread started. Request ID = 1.
```

在等待了 5 秒之后，AsyncThread 内部类将把响应发送到用户，调试器输出中将显示出下面的信息。当使用 AsyncContext 的 dispatch 方法将请求派发到 JSP 中时，asyncFilter 将拦截访问 JSP 的内部请求。

```
Done sleeping. Request ID = 1, URL = http://localhost:8080/filters/async.
Asynchronous thread completed. Request ID = 1.
Entering asyncFilter.doFilter().
In async.jsp.
Leaving asyncFilter.doFilter().
```

(3) 访问地址 http://localhost:8080/filters/async?unwrap，并等待响应完成。调试器输出中将立即显示出下面的信息(某些将在 5 秒之后显示)。此时，AsyncContext 使用的是原始请求和响应，而不是封装请求和响应(粗体部分的输出发生了变化)。

```
Entering normalFilter.doFilter().
Entering AsyncServlet.doGet(). Request ID = 2, isAsyncStarted = false
Starting asynchronous thread. Request ID = 2.
Leaving AsyncServlet.doGet(). Request ID = 2, isAsyncStarted = true
Leaving normalFilter.doFilter(), async context holds wrapped request/response=false
Asynchronous thread started. Request ID = 2.
Done sleeping. Request ID = 2, URL = http://localhost:8080/filters/async.
Asynchronous thread completed. Request ID = 2.
Entering asyncFilter.doFilter().
```

```
In async.jsp.
Leaving asyncFilter.doFilter().
```

(4) 访问地址 http://localhost:8080/filters/async?timeout=3000。调试器输出中将显示出下面的消息，在 5 秒的睡眠之后，代码将从 AsyncContext 中获取请求，并最终导致 IllegalStateException 异常。这是因为 AsyncContext 超时过期了，响应也在 AsyncThread 内部类完成工作之前关闭了。

```
Entering normalFilter.doFilter().
Entering AsyncServlet.doGet(). Request ID = 3, isAsyncStarted = false
Starting asynchronous thread. Request ID = 3.
Leaving AsyncServlet.doGet(). Request ID = 3, isAsyncStarted = true
Leaving normalFilter.doFilter(), async context holds wrapped request/response=true
Asynchronous thread started. Request ID = 3.
```

现在你应该明白异步请求处理是如何的复杂和强大了。重要的一点是：如果使用 AsyncContext 直接处理响应对象，代码将在所有过滤器的范围之外执行。不过，如果使用 AsyncContext 的 dispatch 方法在内部将请求转发到某个 URL，那么映射到 ASYNC 请求的过滤器可以拦截该内部转发请求，并应用必要的额外逻辑。你必须决定每种方式正确的使用时机，在大多数情况下我们都不需要使用异步请求处理。本书的其他部分也都不会使用异步请求处理。

9.4　调查过滤器的实际用例

本章的开头讨论了许多过滤器的实际用例。wrox.com 代码下载站点中的 Compression-Filter 项目演示了这些用例中的两个：日志过滤器和响应压缩过滤器。该项目包含了一个映射到/servlet 的简单 Servlet，该 Servlet 返回的响应内容为“This Servlet response may be compressed.”。它还包含了一个简单的/index.jsp 文件，该 JSP 返回的响应内容为“This content may be compressed.”。该项目将使用下面的 ServletContextListener 以编程的方式为应用程序配置过滤器。

```
@WebListener
public class Configurator implements ServletContextListener
{
    @Override
    public void contextInitialized(ServletContextEvent event) {
        ServletContext context = event.getServletContext();

        FilterRegistration.Dynamic registration =
                context.addFilter("requestLogFilter", new RequestLogFilter());
        registration.addMappingForUrlPatterns(null, false, "/*");

        registration = context.addFilter("compressionFilter",
                new CompressionFilter());
        registration.setAsyncSupported(true);
        registration.addMappingForUrlPatterns(null, false, "/*");
    }

    @Override
    public void contextDestroyed(ServletContextEvent event) { }
}
```

9.4.1　添加简单的日志过滤器

代码清单 9-2 中的 RequestLogFilter 类是处理应用程序的所有请求的过滤器链中的第一个过滤器。它将记录处理请求的时间，并记录所有访问应用程序的请求信息——IP 地址、时间戳、请求方法、协议、响应状态和长度以及处理请求的时间——类似于 Apache HTTP 日志格式。日志操作被添加到 finally 块中，这样过滤器链中抛出的任何异常都不会阻止日志语句的执行。

代码清单 9-2：RequestLogFilter.java

```
public class RequestLogFilter implements Filter
{
    @Override
    public void doFilter(ServletRequest request, ServletResponse response,
                         FilterChain chain) throws IOException, ServletException {
        Instant time = Instant.now();
        StopWatch timer = new StopWatch();
        try {
            timer.start();
            chain.doFilter(request, response);
        } finally {
            timer.stop();
            HttpServletRequest in = (HttpServletRequest)request;
            HttpServletResponse out = (HttpServletResponse)response;
            String length = out.getHeader("Content-Length");
            if(length == null || length.length() == 0)
                length = "-";
            System.out.println(in.getRemoteAddr() + " - - [" + time + "]" +
                    " \"" + in.getMethod() + " " + in.getRequestURI() + " " +
                    in.getProtocol() + "\" " + out.getStatus() + " " + length +
                    " " + timer);
        }
    }

    @Override
    public void init(FilterConfig filterConfig) throws ServletException { }

    @Override
    public void destroy() { }
}
```

> **注意：** RequestLogFilter 无法正确地处理异步请求。如果 Servlet 启动了一个 AsyncContext，那么 doFilter 将会在发送响应之前返回，这意味着过滤器记录的日志将是不完整的或者不正确的。使用该过滤器正确地处理异步请求是巨大并且复杂的任务，就留给读者作为练习。

9.4.2　使用过滤器压缩响应内容

代码清单 9-3 中的 CompressionFilter 比 RequestLogFilter 要复杂得多。在考虑压缩响应时，你可能认为应该执行过滤器链，然后在返回的过程中执行压缩逻辑。不过要记住：响应数据可以在 Servlet 完成请求处理之前返回到客户端。在异步请求处理的情况下，它还可以在 Servlet 完成请求处理之后返回到客户端。因此，如果希望修改响应内容，必须在传递响应对象到过滤器链之前对它进行封装。CompressionFilter 正是这样做的。

请花一分钟时间阅读代码并检查 CompressionFilter 完成的工作。首先，它将检查客户端是否在 Accept-Encoding 请求头中包含了“gzip”编码。这是非常重要的检查，因为如果没有该设置，就意味着客户端可能无法处理 gzip 压缩响应。如果有，它将把 Content-Encoding 头设置为“gzip”，然后使用私有内部类 ResponseWrapper 的实例封装响应对象。接下来，该类将使用私有内部类 GZIPServletOutputStream 封装 PrintWriter 或者 ServletOutputStream，通过它们将数据发送到客户端。该封装对象包含了一个 java.util.zip.GZIPOutputStream 的内部实例。响应数据首先被写入 GZIPOutputStream，当请求完成时，它将完成压缩并将压缩响应写入封装的 ServletOutputStream 中。ResponseWrapper 还将阻止 Servlet 代码设置响应的内容长度头，因为直到响应被压缩之后它才能获得内容长度。

代码清单 9-3：CompressionFilter.java

```
public class CompressionFilter implements Filter
{
    @Override
    public void doFilter(ServletRequest request, ServletResponse response,
                         FilterChain chain) throws IOException, ServletException {
        if(((HttpServletRequest)request).getHeader("Accept-Encoding")
                .contains("gzip")) {
            System.out.println("Encoding requested.");
            ((HttpServletResponse)response).setHeader("Content-Encoding", "gzip");
            ResponseWrapper wrapper =
                    new ResponseWrapper((HttpServletResponse)response);
            try {
                chain.doFilter(request, wrapper);
            } finally {
                try {
                    wrapper.finish();
                } catch(Exception e) {
                    e.printStackTrace();
                }
            }
        } else {
            System.out.println("Encoding not requested.");
            chain.doFilter(request, response);
        }
    }

    @Override
    public void init(FilterConfig filterConfig) throws ServletException { }

    @Override
```

```
public void destroy() { }

private static class ResponseWrapper extends HttpServletResponseWrapper
{
    private GZIPServletOutputStream outputStream;
    private PrintWriter writer;

    public ResponseWrapper(HttpServletResponse request) {
        super(request);
    }

    @Override
    public synchronized ServletOutputStream getOutputStream()
            throws IOException {
        if(this.writer != null)
            throw new IllegalStateException("getWriter() already called.");
        if(this.outputStream == null)
            this.outputStream =
                    new GZIPServletOutputStream(super.getOutputStream());
        return this.outputStream;
    }

    @Override
    public synchronized PrintWriter getWriter() throws IOException {
        if(this.writer == null && this.outputStream != null)
            throw new IllegalStateException(
                    "getOutputStream() already called.");
        if(this.writer == null) {
            this.outputStream =
                    new GZIPServletOutputStream(super.getOutputStream());
            this.writer = new PrintWriter(new OutputStreamWriter(
                    this.outputStream, this.getCharacterEncoding()
            ));
        }
        return this.writer;
    }

    @Override
    public void flushBuffer() throws IOException {
        if(this.writer != null)
            this.writer.flush();
        else if(this.outputStream != null)
            this.outputStream.flush();
        super.flushBuffer();
    }

    @Override
    public void setContentLength(int length) { }

    @Override
    public void setContentLengthLong(long length) { }

    @Override
    public void setHeader(String name, String value) {
        if(!"content-length".equalsIgnoreCase(name))
```

```
            super.setHeader(name, value);
    }

    @Override
    public void addHeader(String name, String value) {
        if(!"content-length".equalsIgnoreCase(name))
            super.setHeader(name, value);
    }

    @Override
    public void setIntHeader(String name, int value) {
        if(!"content-length".equalsIgnoreCase(name))
            super.setIntHeader(name, value);
    }

    @Override
    public void addIntHeader(String name, int value) {
        if(!"content-length".equalsIgnoreCase(name))
            super.setIntHeader(name, value);
    }

    public void finish() throws IOException {
        if(this.writer != null)
            this.writer.close();
        else if(this.outputStream != null)
            this.outputStream.finish();
    }
}

private static class GZIPServletOutputStream extends ServletOutputStream
{
    private final ServletOutputStream servletOutputStream;
    private final GZIPOutputStream gzipStream;

    public GZIPServletOutputStream(ServletOutputStream servletOutputStream)
            throws IOException {
        this.servletOutputStream = servletOutputStream;
        this.gzipStream = new GZIPOutputStream(servletOutputStream);
    }

    @Override
    public boolean isReady() {
        return this.servletOutputStream.isReady();
    }

    @Override
    public void setWriteListener(WriteListener writeListener) {
        this.servletOutputStream.setWriteListener(writeListener);
    }

    @Override
    public void write(int b) throws IOException {
        this.gzipStream.write(b);
    }
```

```
        @Override
        public void close() throws IOException {
            this.gzipStream.close();
        }

        @Override
        public void flush() throws IOException {
            this.gzipStream.flush();
        }

        public void finish() throws IOException {
            this.gzipStream.finish();
        }
    }
}
```

封装模式是一种非常常见的模式，在许多过滤器中都可以看到。请求和响应对象都可以被封装；不过，封装响应通常更为常见。通过封装响应对象，可以拦截对被封装的响应任何方法的调用，并利用它修改响应数据的能力。还可以使用与代码清单 9-3 非常类似的过滤器加密响应数据，而不是压缩它。请求对象可以被封装用于解密它的内容。

尝试日志和压缩过滤器：

(1) 编译应用程序并从 IDE 中启动 Tomcat。

(2) 在浏览器中访问地址 http://localhost:8080/compression/和 http://localhost:8080/compression/servlet。

(3) 使用浏览器的开发者工具监控应用程序的请求和响应头(Microsoft Internet Explorer 和 Google Chrome 都有内建的开发者工具可以完成该任务，Mozilla Firefox 的 Firebug 插件也具有该能力)。你应该看到如图 9-4 所示的界面。

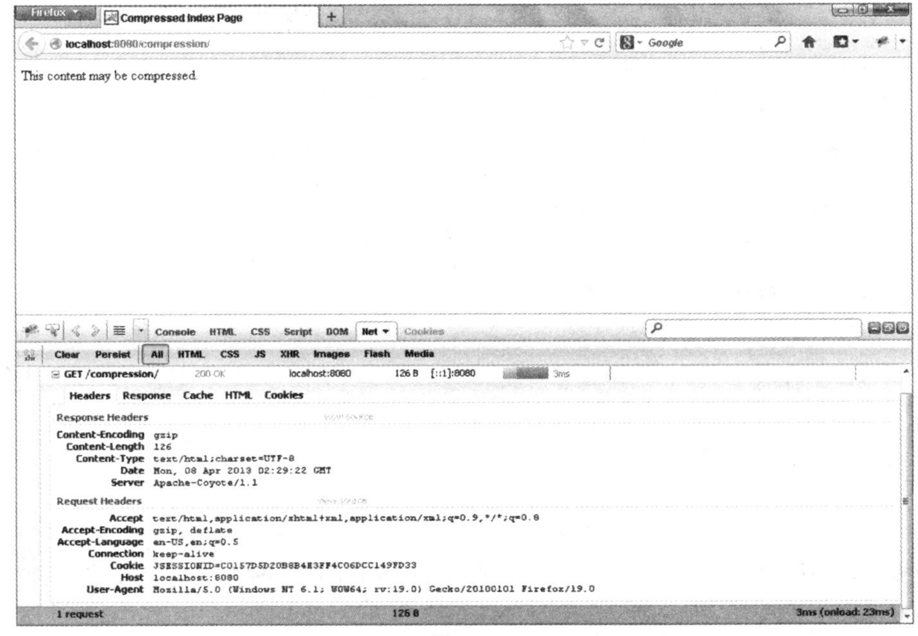

图　9-4

注意：Accept-Encoding 请求头中包含了“gzip”编码，并且 Content-Encoding 响应头的值为“gzip”。这意味着浏览器声明它可以接受编码为 gzip 的响应，压缩过滤器将在把请求和响应发送到浏览器之前处理请求和压缩响应数据。

9.5　使用过滤器简化认证

在 Web 应用程序中，过滤器的一个关键用例是保护应用程序不被未授权的用户访问。为跨国部件公司开发的客户支持应用程序使用了一种非常原始的认证机制保护页面。你可能已经注意到应用程序中的许多地方都包含了相同的重复代码，用于检查认证：

```
if(request.getSession().getAttribute("username") == null)
{
    response.sendRedirect("login");
    return;
}
```

同时你可能认为认证更简单的方式就是在某个类上创建一个公开静态方法执行该检查，并在所有的地方调用它。确实，这将减少重复代码，但它仍然会导致在多个地方调用该方法的问题。随着应用程序中 Servlet 数量的增加，同样也会增加对该静态方法的调用。

在本章学习了过滤器之后，很明显过滤器是一个执行该代码的好地方。wrox.com 代码站点下载网站中的 Customer-Support-v7 项目通过添加 Configurator 监听器类和 AuthenticationFilter 类演示了这一点。之前的代码脚本已经从 TicketServlet 的 doGet 和 doPost 方法以及 SessionListServlet 的 doGet 方法中移除了。该配置非常简单：声明了 AuthenticationFilter 并将它映射到/tickets 和/sessions：

```
@WebListener
public class Configurator implements ServletContextListener
{
    @Override
    public void contextInitialized(ServletContextEvent event)
    {
        ServletContext context = event.getServletContext();

        FilterRegistration.Dynamic registration = context.addFilter(
                "authenticationFilter", new AuthenticationFilter()
        );
        registration.setAsyncSupported(true);
        registration.addMappingForUrlPatterns(
                null, false, "/sessions", "/tickets"
        );
    }

    @Override
    public void contextDestroyed(ServletContextEvent event) { }
}
```

如果要在应用程序中添加更多 Servlet 和其他受保护资源(例如 JSP)时，只需要将它们的 URL 模式添加到过滤器注册器中，保证用户在访问这些资源之前已经登录即可。当然，该过滤器并未保护登录 Servlet，因为我们并不希望保护登录界面。也不需要保护 CSS、JavaScript 或者图片资源，因为它们并未包含敏感数据。AuthenticationFilter 将在所有 HTTP 方法的请求上执行认证检查，如果用户并未登录就将用户重定向至登录界面：

```
public class AuthenticationFilter implements Filter
{
    @Override
    public void doFilter(ServletRequest request, ServletResponse response,
                         FilterChain chain) throws IOException, ServletException
    {
        HttpSession session = ((HttpServletRequest)request).getSession(false);
        if(session != null && session.getAttribute("username") == null)
            ((HttpServletResponse)response).sendRedirect("login");
        else
            chain.doFilter(request, response);
    }

    @Override
    public void init(FilterConfig config) throws ServletException { }

    @Override
    public void destroy() { }
}
```

采用这种方式的优势在于：如果要修改认证算法，只需要修改过滤器就可以保护应用程序中的资源。之前，你将不得不修改所有的 Servlet。编译并从 IDE 中启动 Tomcat 测试这些改动，然后在浏览器中访问地址 http://localhost:8080/support。尽管我们已经从所有的 Servlet 中移除了认证检查，但查看或者创建票据、查看会话列表时仍然需要登录。

9.6　小结

本章讲解了过滤器的目的和使用它们的许多原因，还讲解了 Filter 接口和在应用程序中创建、声明、映射过滤器的方式。我们实验了所有重要的过滤器链，并学习了过滤器的执行顺序在某些场景中是非常不重要的，但在其他场景中可能是非常重要的。接着还学习了异步请求处理的概念，并使用过滤器深入学习该主题，了解异步请求处理的困难。最后，在学习了声明和映射过滤器的三种不同方式之后——部署描述符、使用注解和编程式——我们通过日志过滤器、响应压缩过滤器和认证过滤器进行了实验。

下一章我们将学习 WebSocket 技术，并了解它们如何可以显著地改进交互式 Web 应用程序以及如何在 Java 和 JavaScript 中使用它们。有趣的一点是：Tomcat 中的代码使 WebSocket 可以使用过滤器拦截应用程序中所有绑定到 WebSocket 的请求，并将它们发送到 WebSocket 终端(下一章将学习更多相关信息)。所以，即使不做任何事情，应用程序也已经有了用于检测的过滤器，如果需要可以修改请求。

第10章 在应用程序中使用WebSocket进行交互

本章内容：

- Ajax 到 WebSocket 的演变
- WebSocket API 讨论
- 使用 WebSocket 创建多人游戏
- 在群集中使用 WebSocket 进行通信
- 在 Web 应用程序中添加聊天工具

本章需要从 wrox.com 下载的代码

访问网址 http://www.wrox.com/remtitle.cgi?isbn=1118656464 的 Download Code 选项卡，找到本章的代码下载链接。本章的代码被分成了三个主要的例子：

- Game-Site 项目
- Simulated-Cluster 项目
- Customer-Support-v8 项目

本章新增的 Maven 依赖

除了之前章节中引入的 Maven 依赖，本章还需要下面的 Maven 依赖：

```
<dependency>
    <groupId>javax.websocket</groupId>
    <artifactId>javax.websocket-api</artifactId>
    <version>1.0</version>
    <scope>provided</scope>
</dependency>

<dependency>
    <groupId>org.apache.commons</groupId>
    <artifactId>commons-lang3</artifactId>
    <version>3.1</version>
    <scope>compile</scope>
</dependency>
```

```
<dependency>
   <groupId>com.fasterxml.jackson.core</groupId>
   <artifactId>jackson-core</artifactId>
   <version>2.3.2</version>
   <scope>compile</scope>
</dependency>

<dependency>
   <groupId>com.fasterxml.jackson.core</groupId>
   <artifactId>jackson-annotations</artifactId>
   <version>2.3.2</version>
   <scope>compile</scope>
</dependency>

<dependency>
   <groupId>com.fasterxml.jackson.core</groupId>
   <artifactId>jackson-databind</artifactId>
   <version>2.3.2</version>
   <scope>compile</scope>
</dependency>

<dependency>
   <groupId>com.fasterxml.jackson.datatype</groupId>
   <artifactId>jackson-datatype-jsr310</artifactId>
   <version>2.3.2</version>
   <scope>compile</scope>
</dependency>
```

10.1　演变：从 AJAX 到 WEBSOCKET

开始的时候，人们创建了 HTML 并看到了它的不足。用户希望 Web 页面可以进行交互。用于解决这个问题的技术是 JavaScript。在 JavaScript 的早期，浏览器之间几乎没有统一的标准(在最早的时候，只有一个浏览器支持它)，JavaScript 极其的缓慢和不安全。随着时间的流逝，它在速度、安全和能力方面都得到了极大的改善。现在 Web 上有许多可用的 JavaScript 框架，你可以在使用很少 JavaScript 的情况下创建出极其丰富的单页面 Web 应用程序。这个革新最大的驱动就是新技术 Ajax 的采用。

10.1.1　问题：从服务器获得新数据到浏览器

Ajax 全名为异步 JavaScript 和 XML，它已经变成了使用 JavaScript 与远程服务器异步通信(或者同步通信)的代名词。如同它的名字所示，它并不需要使用 XML(通常使用的是 JSON，此时它仍然可以被称为 Ajax 或者也可以成为 AJAJ)。在采用了 Ajax 之后，浏览器中的 Web 应用程序现在可以与服务器端组件通信，而不需要改变浏览器页面或者刷新。这个通信过程可以是完全同名的，不需要用户知道，并且它可以用于向服务器发送新数据或者从服务器获得新数据。不过，这是问题的核心：浏览器可以只从服务器抓取新数据。但浏览器并不知道新数据什么时候可用，而服务器知道。正如只有浏览器知道什么时候有新数据可以发送到服务器一样，只有服务器知道什么时候有新数据可以发送到浏览器。例如，当两个用户在 Web 应用程序中聊天时，只有服务器知道用户 A 已经发送了一条消息给用户 B。用户 B 的浏览器直到联系服务器时才会知道该消息的存在。即使对于强大的 Ajax，这也是一个难以解决的问题。

在过去的 14 年中，出现了大量的解决方案，其中的一些得到了广泛的支持，而其他一些则完全取决于特定的浏览器。本书并未覆盖到所有的解决方案，这样也没有任何作用。不过，本书将讲解 4 种主要的方式，它们是各种不同解决方案的基础，了解它们和它们的缺点是更好地理解需求的关键。

注意： 使用 JavaScript 创建 *Ajax* 请求和接收响应的具体细节对于本章进行的讨论来说并不重要，并且这也超出了本书的讨论范围。如果你不熟悉该话题，网上有大量可用的 Ajax 教程可供参考。

10.1.2　解决方案 1：频繁轮询

这个问题最普遍的解决方案是：频繁轮询服务器获取新数据。这个概念相当简单：以一个固定的频率，通常是每秒一次，浏览器将发送 Ajax 请求到服务器查询新数据。如果浏览器有新的数据要发送到服务器，数据将被添加到轮询请求中一同发送到服务器。如果服务器有新的数据要发送到浏览器，它将回复一个含有新数据的响应。如果它没有，就返回空(这意味着一个空的 JSON 对象或者 XML 文档，或者 Content-Length 头为 0)。这个协议看起来有点像图 10-1 所示的 4 个请求(除了它使用的请求和响应对象更多之外)。

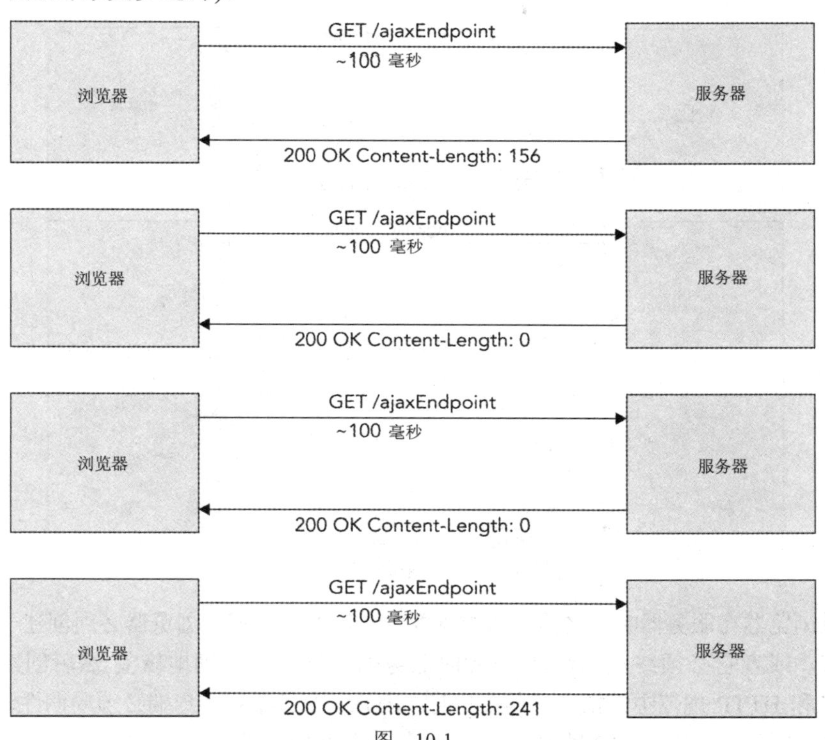

图　10-1

该协议不利的一面很明显：有大量请求的被浪费了，并且服务器做出了大量无效的响应。注意：图中所示的第 2 个和第 3 个请求什么作用也没有！再加上创建连接、发送和接收头和关闭连接的时间，大量处理器资源和网络资源被浪费在查找服务器是否有新的数据上。尽管该技术仍然在广泛应用(由于该方式实现的简单性)，但是很明显它不是该问题的一个好的解决方案。

10.1.3　解决方案 2：长轮询

如图 10-2 所示，长轮询类似于频繁轮询，不过服务器只有在发送数据时才会响应浏览器。这样更加高效，因为减少了被浪费的计算和网络资源，但它也带来了一些自己的问题：

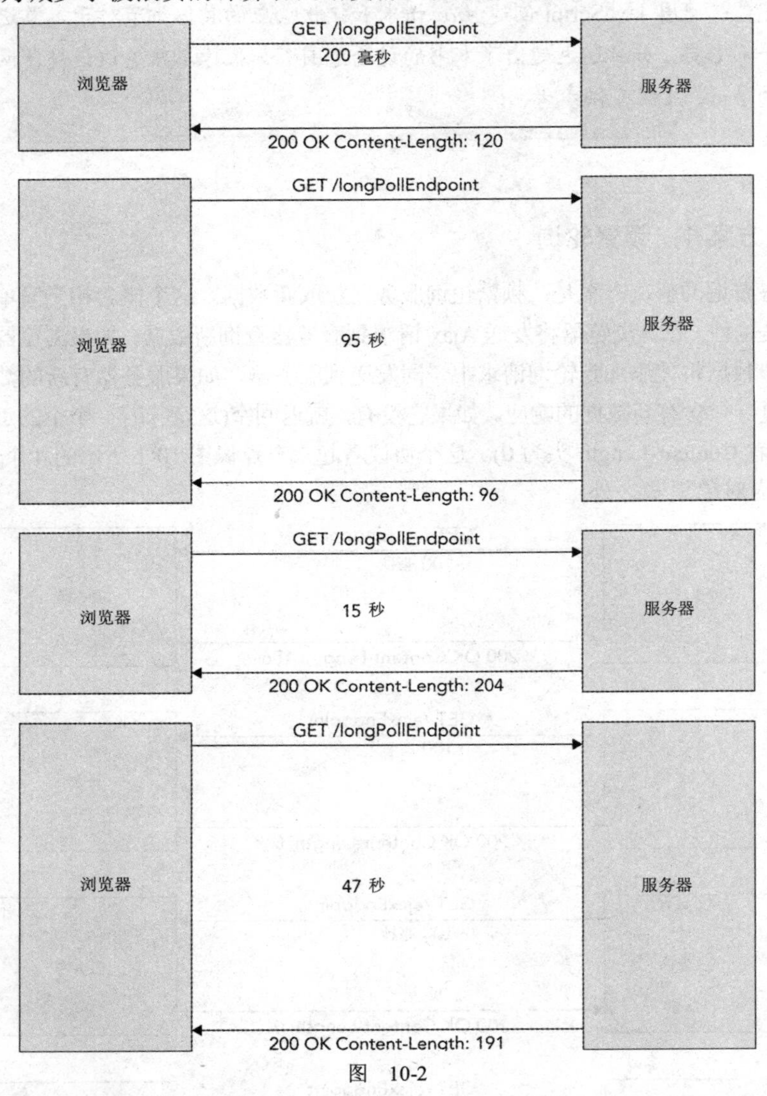

图　10-2

- 如果浏览器在服务器响应之前有新数据要发送该怎么办呢？浏览器必须创建一个新的并行请求，或者它必须终止当前请求(此时服务器必须能够正确地恢复)然后创建新的请求。
- TCP 和 HTTP 规范中都指定了连接超时。因此，服务器和客户端必须周期性地关闭和重建连接。通常连接需要每 60 秒关闭一次，尽管有些实现可以成功地保持连接几分钟而不关闭。

- HTTP/1.1 规范中存在着强制的连接限制。浏览器最多只允许同时创建两个到相同主机名的连接。如果一个连接长期连接到服务器等待数据推送，那么它将会减少一半可用于从服务器抓取 Web 页面、图形和其他资源的连接。

除了这些问题之外，这是一种流行的方式，它在过去的几年间已经得到了广泛的应用，通常被称为 Comet(与 Ajax 一样是一个讽刺的词汇，因为它们都是清洁产品的名字)。

10.1.4　解决方案 3：分块编码

分块编码非常类似于长轮询，它利用了 HTTP/1.1 的特性：服务器可以在不声明内容长度的情况下响应请求。响应在不使用 Content-Length：n 头时，可以使用 Transfer-Encoding: chunked 头。这将告诉浏览器响应对象将被“分块发送”。在响应中，每个块的开头依次是：一个用于表示块长度的数字、一系列表示块扩展的可选字符(与本节内容无关)和一个 CRLF(回车加换行)序列。接着是块包含的数据和另一个 CRLF。可以使用任意数目的块，并且它们也可以是不连续的，理论上可以使用任意的时间间隔，或大或小均可。当收到的块长度为 0(在两个 CRLF 之后没有任何内容)时，表示响应结束。

通常使用块编码解决实际问题的方式是：在开始的时候创建一个连接，只用于接收服务器发送的事件。来自服务器的每个块都是一个新的事件，它们将触发 JavaScript XMLHttpRequest 对象的 onreadystatechange 事件处理器的调用。偶尔，尽管不如长轮询那么频繁，但连接仍然需要刷新。当浏览器需要发送新数据到服务器时，它将使用第 2 个短生命周期请求。

该协议如图 10-3 所示。在左侧，浏览器会发送新的数据到“上游端点”，在必要的时候，它将使用短生命周期请求。而在右侧，浏览器将创建一个连接到“下游端点”的长生命周期连接，并且服务器将使用该连接以块的方式向浏览器发送更新。块编码解决了长轮询中主要的超时问题(浏览器容忍响应花费长时间完成，要比等待响应花费长时间开始要好得多——大文件下载是一个很好的例子)，但浏览器只能创建两个连接的限制仍然存在。另外，旧浏览器在使用长轮询和块编码时，它们会一直在状态栏中显示页面仍在加载的消息——尽管现代浏览器已经移除了该行为。

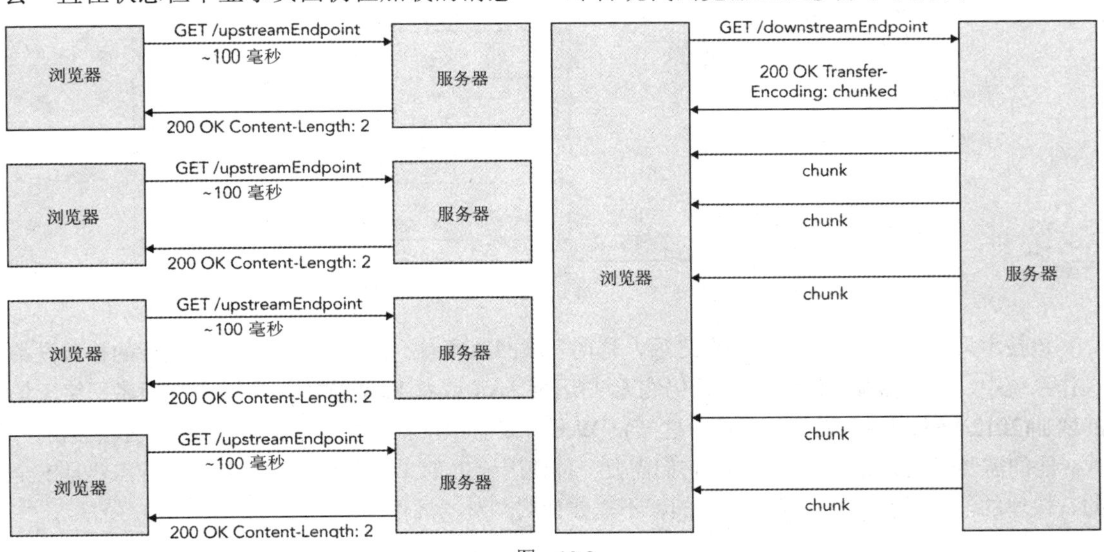

图　10-3

10.1.5　解决方案 4：Applet 和 Adobe Flash

在演变过程的初期，许多人意识到这些解决方法所做的就是在浏览器和服务器之间通过单个连接模拟全双工通信。简单地说，使用 Ajax 和 XMLHttpRequest 无法完成该任务。一个更流行尽管更短命的解决方案是：使用 Java Applet 或者 Adobe Flash 影片，如图 10-4 所示。事实上，开发者将创建一个含有 1 个像素的普通透明的 Applet 或者 Flash 影片，并内嵌在页面中。然后这个插件将创建出连接到服务器的普通 TCP 套接字连接(而不是 HTTP 连接)。这种方式消除了所有 HTTP 协议中存在的制约和限制。当服务器发送消息到浏览器时，Applet 或者 Flash 影片将调用 JavaScript 函数，并使用消息数据作为参数。当浏览器有了新的数据要发送到服务器，它将使用由浏览器插件暴露出的 JavaScript DOM 函数调用 Java 或 Flash 方法，然后该方法将把数据转发到服务器上。

该协议在单个连接上实现了真正的全双工通信，并消除了例如超时和并发连接限制这样的问题(甚至还避免了 Ajax 连接中的安全限制：它们必须来自于相同的完全限定域名的页面)。但它也带来了很高的代价：它要求使用第三方(Java 或者 Flash)插件，而这些插件天生是不安全、缓慢并且内存敏感的。因为这个解决方案中没有构建安全协议，并且每个开发者使用的都是自己的设备，它还暴露出了一些有趣的弱点。

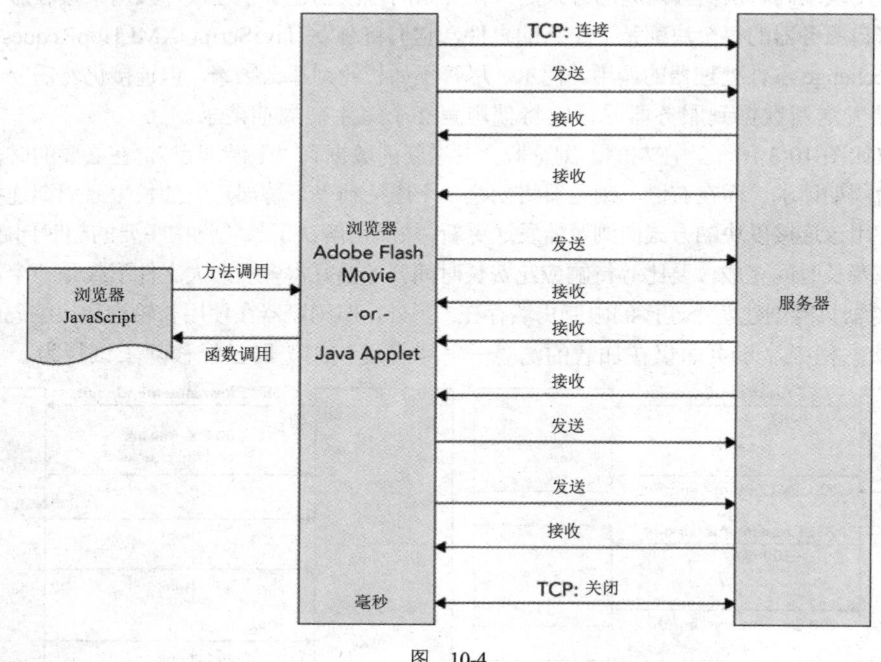

图　10-4

该技术只流行了一段时间，不久之后，移动互联网就席卷了技术世界。在多数流行的移动设备操作系统中，浏览器都无法(直到今天仍然无法)运行 Java 或者 Flash 插件。随着移动设备网络流量的增加(2012 年末已占到总流量的四分之一)，Web 开发者很快就抛弃了这种从服务器获取数据的方式。他们需要一些更好的解决方案。它们需要一种使用原生 TCP 连接的解决方法，并且需要是安全的、快速的、容易获得移动平台支持的、不需要使用浏览器插件的。

10.1.6　WebSocket：一种无人知道但已经存在的解决方案

RFC 2616 中的 HTTP/1.1 规范在 1999 年形成。它提供了所有 HTTP 通信的框架，直到今天已经使用超过了 10 年。小节 14.42 中包含了一种很少使用、并且经常被忽略的特性：HTTP 升级。

1. HTTP/1.1 升级特性

前提很简单：所有的 HTTP 客户端(不仅是浏览器)都可以在请求中包含头名称和值 Connection: Upgrade。为了表示客户端希望升级，在额外的 Upgrade 头中必须指定一个或多个协议的列表。这些协议必须是兼容 HTTP/1.1 的协议，例如 IRC 或者 RTA。如果服务器接受升级请求，那么它将返回状态码 101 Switching Protocols，并在响应的 Upgrade 头中使用单个值：请求协议列表中服务器支持的第一个协议。最初，该特性经常用于从 HTTP 升级为 HTTPS，但是它会受到中间人攻击，因为整个连接是不安全的。因此，该技术很快被 https URI 模式所替代。从此，Connection: Upgrade 就很少使用了。

HTTP 升级的最重要的特性是：最终我们可以使用任意的协议。在升级握手完成之后，它就不再使用 HTTP 连接，并且我们甚至可以使用一个持久的、全双工 TCP 套接字连接。理论上讲，使用 HTTP 升级可以在任意两个端点之间使用自己设计的协议，创建任意类型的 TCP 通信。不过，浏览器不会让 JavaScript 开发者随意使用 TCP 栈(他们也不应该这么做)，所以就需要指定某些协议。因此，就产生了 WebSocket 协议。

注意：如果服务器上的特定资源只接受 HTTP 升级请求，并且客户端在不请求升级的情况下连接到该资源，服务器将返回一个 426 Upgrade Required 响应，表示必须使用升级。在这种情况下，响应还可以包含 Connection: Upgrade 头，并且在 Upgrade 头中包含服务器支持的升级协议的列表。如果客户端使用服务器不支持的协议请求升级，服务器将返回响应 400 Bad Request，并可以在 Upgrade 头中包含服务器支持的升级协议的列表。最终，如果服务器不接受升级请求，它将返回响应 400 Bad Request。

2. 使用 HTTP/1.1 升级的 WebSocket 协议

图 10-5 所示的 WebSocket 连接首先将使用非正常的 HTTP 请求以特定的模式访问一个 URL。URL 模式 ws 和 wss 分别对应于 HTTP 的 http 和 https。除了 Connection: Upgrade 头之外，还有 Connection: websocket 头存在，它们将告诉服务器把连接升级为 WebSocket 协议——作为 RFC6455 在 2011 年制定的持久、全双工通信协议。在握手完成之后，文本和二进制消息将可以同时在两个方向上进行发送，而不需要关闭和重建连接。此时，这事实上与客户端和服务器的通信方式并没有区别——它们在连接上有着对等的能力，并且只是简单的节点。

注意： 模式 ws 和 wss 严格地说并不是 HTTP 协议的一部分，因为 HTTP 请求和请求头实际上并不包含 URL 模式。相反，HTTP 请求只在请求的第一行中包含相对于服务器的 URL，在 Host 头中包含域名。特有的 WebSocket 模式主要用于通知浏览器和 API 是希望使用 SSL/TLS(wss)，还是希望使用不加密的方式(ws)进行连接。

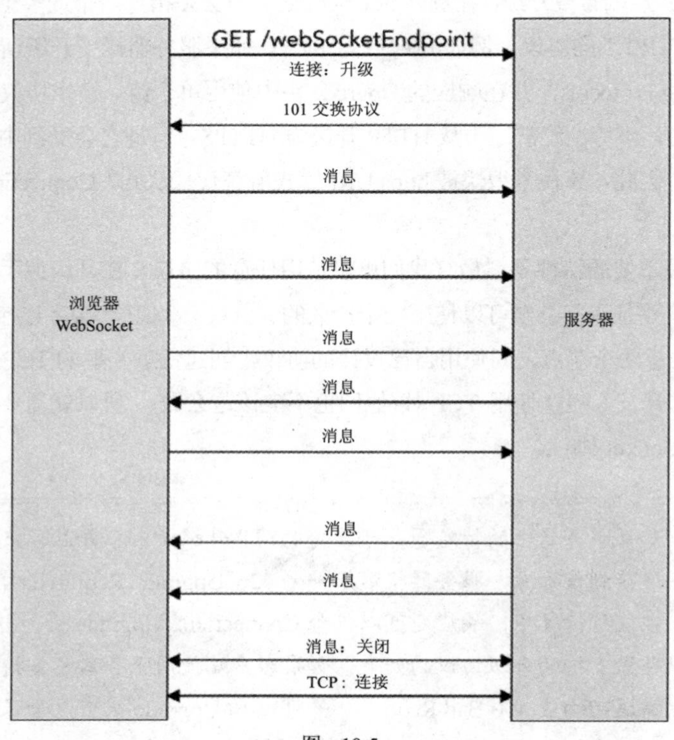

图　10-5

WebSocket 协议的实现方式有许多优点：

- 因为连接在端口 80(ws)或者 443(wss)上创建，与 HTTP 使用的端口相同，几乎所有的防火墙都不会阻塞 WebSocket 连接。
- 因为它使用 HTTP 进行握手，所以该协议可以自然地集成到网络浏览器和 HTTP 服务器中。
- 心跳消息(称为 ping 和 pong)将反复地被发送，保持 WebSocket 连接几乎一直处于活跃状态。基本上，一个节点周期性地发送一个小数据包到另一个节点(ping)，而另一个节点则使用包含了相同数据的数据包作为响应(pong)。这将使两个节点都处于连接状态。
- 该协议将代表你构建消息(不需要额外的代码)，这样当消息启动和它的内容到达时，服务器和客户端都可以知道。
- WebSocket 连接关闭时将发送一个特殊的关闭消息，其中可以包含原因代码和用于解释连接被关闭原因的文本。
- WebSocket 协议可以安全地支持跨域连接，避免了 Ajax 和 XMLHttpRequest 上的限制。

- HTTP 规范要求浏览器将并发连接数限制为每个主机名两个连接，但是在握手完成之后该限制就不再存在，因为此时的连接已经不再是 HTTP 连接了。

WebSocket 连接的握手请求头非常简单。一个典型的 WebSocket 升级请求可能如下所示(如果使用 Wireshark 或者 Fiddler 这样的流量分析器进行研究的话)：

```
GET /webSocketEndpoint HTTP/1.1
Host: www.example.org
Connection: Upgrade
Upgrade: websocket
Origin: http://example.com
Sec-WebSocket-Key: x3JJHMbDL1EzLkh9GBhXDw==
Sec-WebSocket-Version: 13
Sec-WebSocket-Protocol: game
```

你应该已经熟悉 HTTP 的 prelude(GET /webSocketEndpoint HTTP/1.1)和 Host 头了。另外之前还解释了 Connection 和 Upgrade 头。Origin 头是一种安全机制，用于防止非预期的跨域请求。浏览器将把处理 Web 页面的域设置在该请求头中，服务器也会检查该值是否在“已许可”的域列表中。

Sec-WebSocket-Key 头是一个规范一致性检查：浏览器将生成一个随机键，使用 base64 进行编码，然后将它设置在请求头中。服务器将在请求头值中添加一个 258EAFA5-E914-47DA-95CA-C5AB0DC85B11，然后使用 SHA-1 计算它的哈希值，并返回 Sec-WebSocket-Accept 响应头中由 base64 编码的哈希值。Sec-WebSocket-Version 表示客户端使用的协议的当前版本，Sec-WebSocket-Protocol 是一个可选的头，它进一步表示了 WebSocket 协议之上使用的是哪种协议(自己定义的协议，例如聊天、游戏或者股票代码)。下面是之前请求可能得到的响应内容：

```
HTTP/1.1 101 Switching Protocols
Server: Apache 2.4
Connection: Upgrade
Upgrade: websocket
Sec-WebSocket-Accept: HSmrc0sMlYUkAGmm5OPpG2HaGWk=
Sec-WebSocket-Protocol: game
```

此时，HTTP 连接将消失，取而代之的是使用了相同的下层 TCP 连接的 WebSocket 连接。连接成功的最大障碍是 HTTP 代理，曾经它也无法处理 HTTP 升级请求(一般的 HTTP 通信也不可以)。通常浏览器会尝试检测连接是否经过代理，并在握手之前发出一个 HTTP CONNECT 请求，但这种方式并不是一直都能正常工作。使用 WebSocket 最可靠的方式是一直使用 SSL/TLS(wss)。代理通常不会干涉 SSL/TLS 连接，而是让它们自己运行，因此采用了这种策略之后，WebSocket 几乎可以在所有的环境中正常工作。它也是安全的：两个方向上的通信都将使用 HTTPS 这样业界已测试过的安全机制进行加密。

尽管所有这些细节——升级、头、协议、构架以及二进制和文本消息——可能听起来令人感到气馁，但好消息是你完全不用担心它们。有几个 API 已经涵盖到了协议所有困难的任务，只是把基于它们构建应用程序的任务留给了你。

警告：相对于浏览器采用新技术的时间帧，WebSocket 协议是一种非常新的技术。因此，为了使用 WebSocket 需要在客户端机器中安装非常现代的浏览器。本章的样例都要求个人系统中安装了两种不同的浏览器(不只是两个窗口——两个完全不同的浏览器)。这些浏览器需要是下面列表中两个或者更新的版本：

- Microsoft Internet Explorer 10.0 (必须使用 Windows 7 SP1 或者更新的版本)
- Mozilla Firefox 18.0
- Google Chrome 24.0
- Apple Safari 6.0
- Opera 12.1
- Apple Safari iOS 6.0
- Google Android Browser 4.4
- Microsoft Internet Explorer Mobile 10.0
- Opera Mobile 12.1
- Google Chrome for Android 30.0
- Mozilla Firefox for Android 25.0
- Blackberry Browser 7.0

3. WebSocket 的众多用途

WebSocket 协议的用途几乎是无限的，其中的一些包括浏览器应用程序，但有许多用途都在网络浏览器的范围之外。本章将会演示一些这样的样例。尽管本书无法列出所有的用法，但下面的列表展示了 WebSocket 众多用途中的一些：

- JavaScript 聊天
- 多人在线游戏(Mozilla 创建了一个有趣的 MMORPG 游戏，被称为 BrowserQuest，它完全是通过 HTML5 和 JavaScript 使用 WebSocket 编写的)。
- 在线股票网站
- 在线即时新闻网站
- 高清视频流(是的，不论你是否相信，它真的更快更强大)。
- 应用程序群集节点之间的通信
- 在应用程序之间跨网络传输大量事务数据。
- 远程系统或者软件状态和性能的实时监控

10.2　了解 WebSocket API

了解 WebSocket 的关键是：它们并不只是用在浏览器和服务器的通信中。理论上，两个以任何框架编写的、支持 WebSocket 的应用程序都可以创建 WebSocket 连接进行通信。因此，许多 WebSocket

实现在客户端或者服务器终端工具中都是可用的。这是真的，例如 Java 和.NET。不过，如果使用的是 JavaScript，就意味着这只是一个 WebSocket 连接的客户端终端。本节将首先学习使用 JavaScript WebSocket 客户端终端，然后学习 Java 客户端终端，最后再学习 Java 服务器终端。

注意：当本书提到 JavaScript 的能力时，指的只是由网络浏览器实现的 JavaScript。某些 JavaScript 框架，例如 Node.js，可以运行在浏览器环境之外，并且它们提供了一些额外的能力(包括 WebSocket 服务器)，这些内容超出了本书的范围。对这些框架的学习是本书之外的练习。

10.2.1　HTML5(JavaScript)客户端 API

如之前提到的，所有现代浏览器都提供了对 WebSocket 的支持，并且在所有支持的浏览器之间已经得到了标准化。万维网联盟(W3C)确定了浏览器中 WebSocket 通信的需求和接口，作为对 HTML5 的扩展。尽管我们使用 JavaScript 执行 WebSocket 通信，但 WebSocket 实际上只是 HTML5 的一部分。所有浏览器都通过 WebSocket 接口的实现提供 WebSocket 通信(如果你还记得 Ajax 早期的话，不同的浏览器在执行 Ajax 请求时使用的是不同的类和函数，这会让你大吃一惊)。

1. 创建 WebSocket 对象

创建 WebSocket 对象是非常直观的：

```
var connection = new WebSocket('ws://www.example.net/stocks/stream');
var connection = new WebSocket('wss://secure.example.org/games/chess');
var connection = new WebSocket('ws://www.example.com/chat', 'chat');
var connection = new WebSocket('ws://www.example.com/chat', {'chat.v1','chat.v2'});
```

WebSocket 的第一个参数是希望连接的 WebSocket 服务器要求使用的 URL。可选的第二个参数可以是字符串或者字符串数组，它定义了希望使用的一个或多个客户端定义的协议。记住这些协议都是由自己实现的，不受 WebSocket 技术管理。该参数只是提供了一种传递信息的机制(如果你需要这样做的话)。

2. 使用 WebSocket 对象

WebSocket 接口中存在着几个属性。第一个属性 readyState 表示当前 WebSocket 连接的状态。它的值总是 CONNECTING(数字 0)、OPEN(1)、CLOSING(2)或者 CLOSED(3)中的一个。

```
if(connection.readyState == WebSocket.OPEN) { /* do something */ }
```

它主要在内部使用；不过它是非常有用的，可以使用它确保发送信息的连接不是关闭的。与 XMLHttpRequest 不同，WebSocket 没有 onreadystatechange 事件(无论发生什么事件都被调用的事件)，这将迫使我们自己检查 readyState 并决定接下来的操作。相反，WebSocket 有 4 种不同的事件，它们代表了 WebSocket 中可能发生的 4 种不同事件：

```
connection.onopen = function(event) { }
```

```
connection.onclose = function(event) { }
connection.onerror = function(event) { }
connection.onmessage = function(event) { }
```

事件名称清楚地显示了这些事件被触发的原因。重要的是，当 readyState 从 CLOSING 变成 CLOSED 时将触发 onclose 事件。当握手完成并且 onopen 被调用时(readyState 从 CONNECTING 变成 OPEN)，只读的 url、extensions(服务器提供的扩展)和 protocol(服务器选择的协议)对象属性将被设置并且固定下来。传入到 onopen 方法中的事件对象是一个标准的 JavaScript 事件，没有任何特殊的地方。不过，传入 onclose 方法的事件有 3 个有用的属性：wasClean、code 和 reason。我们可以使用这些属性向用户报告一些非正常关闭的信息：

```
connection.onclose = function(event) {
    if(!event.wasClean)
        alert(event.code + ': ' + event.reason);
}
```

RFC 6455 小节 7.4 中定义了合法的关闭代码(http://tools.ietf.org/html/rfc6455#section-7.4)。代码 1000 是正常的，而所有其他代码都是不正常的。onerror 中包含了一个 data 属性，它包含的是错误对象，可能是任何类型的数据(通常它是一个字符串消息)。只有出现客户端错误时才会触发该事件；协议错误将导致连接的关闭。onmessage 是一个必须要小心处理的事件处理器。它的事件也包含了一个 data 属性。如果消息是一个文本消息，该属性就是一个字符串，如果消息是一个二进制消息，它就是一个 Blob 数据并且 WebSocket 的 binaryType 属性将被设置为“blob”(默认)，如果消息是一个二进制数据并且 binaryType 被设置为“arraybuffer”，那么该属性的值将是一个 ArrayBuffer。通常你应该在实例化 WebSocket 对象之后立即设置 binaryType，并在连接剩下的时间中一直使用该类型；不过，也可以在需要的时候修改它的值。

```
var connection = new WebSocket('ws://www.example.net/chat');
connection.binaryType = 'arraybuffer';
...
```

WebSocket 对象有两个方法：send 和 close。方法 close 接受一个可选的关闭代码作为它的第一个参数(默认为 1000)，一个可选的字符串 reason 作为它的第二个参数(默认为空)。方法 send 接受一个字符串、Blob、ArrayBuffer 或者 ArrayBufferView 作为它的唯一参数，它是唯一可以使用 WebSocket 接口的 bufferedAmount 属性的地方。属性 bufferedAmount 表示之前的 send 调用还有多少数据需要发送到服务器。尽管在还有数据需要发送的情况下你也可以继续发送数据，但有时你可能希望只有在不存在等待数据的时候才推送新的数据到服务器：

```
connection.onopen = function() {
    var intervalId = window.setInterval(function() {
        if(connection.readyState != WebSocket.OPEN) {
            window.clearInterval(intervalId);
            return;
        }
        if(connection.bufferedAmount == 0)
            connection.send(updatedModelData);
    }, 50);
}
```

之前的样例几乎每 50 毫秒就会发送一次刷新数据，如果缓存中有数据仍在等待发送，它就等待另一个 50 毫秒再继续尝试。如果连接并未处于打开状态，它就停止数据发送并清除间隔调用。

10.2.2　Java WebSocket API

WebSocket 的 Java API 由 JCP 创建，被称为 JSR 356，它被包含在 Java EE 7 中。其中包含了客户端和服务器 API。客户端 API 是基础 API：它在包 javax.websocket 中指定了一组类和接口，它们包含了 WebSocket 节点中所有必需的常见功能。服务器 API 包含了 javax.websocket.server 类和接口，它们使用和/或者扩展客户端类以提供额外的功能。因此，该 API 中有两个 artifact：只有客户端的 artifact 和完整的 artifact(同时包含了客户端、服务器类和接口)。这两个 API 包含了许多类和接口，本节并未涵盖到所有的类和接口。此时你就需要用到 API 文档了(可以在网址 http://docs.oracle.com/javaee/7/api/中找到其他的 Java EE 文档)。本节的其他内容将强调这两个 API 的重要细节。本章的样例代码将为你演示如何使用这些 API。

1. 客户端 API

客户端 API 基于 ContainerProvider 类和 WebSocketContainer、RemoteEndpoint 和 Session 接口构建。WebSocketContainer 提供了对所有 WebSocket 客户端特性的访问，而 ContainerProvider 类提供了一个静态的 getWebSocketContainer 方法，用于获取底层 WebSocket 客户端实现。WebSocketContainer 提供了 4 个重载的 connectToServer 方法，它们都将接受一个 URI，用于连接远程终端和初始化握手。这些方法可以接受这些类型中的一个：标注了@ClientEndpoint 的任意类型的 POJO、标注了@ClientEndpoint 的任意类型的 POJO 的 Class<?>、Endpoint 类的实例或者一个 Class<? extendsEndpoint>。如果使用的是这些采用了不同参数的方法，那么提供的类必须有一个无参数构造函数，并且它们将以你的名义进行实例化。

如果使用的是 Endpoint 或者 Class<? extends Endpoint>方法，那么还必须提供一个 ClientEndpointConfig。当握手完成时，connectToServer 方法将返回一个 Session。通过 Session 对象可以完成许多事情，最重要的就是关闭会话(关闭 WebSocket 连接)或者发送消息到远程终端。

注意： WebSocket 的 Java API 只是指定了 API，而不是实现。你可以针对该 API 进行编程，但运行时需要一个具体的实现。如果应用程序运行在支持 WebSocket 的 Java EE 应用服务器或者 Web 容器中，那么它们已经提供客户端和服务器实现。如果需要独立运行，那么需要找到一个独立的客户端或者服务器实现(取决于你的需求)与个人应用程序一起部署。

WebSocket 的 Endpoint 有 3 个方法 onOpen、onClose 和 onError，它们将在这些事件发生时调用，而@ClientEndpoint 类可以有(可选的)标注了@OnOpen、@OnClose 和@OnError 的方法。@ClientEndpoint 类和继承了 Endpoint 的类可以指定一个或多个标注了@OnMessage 的方法，用于从远程终端接收消息。通过使用注解类和方法，在选择具体的方法参数时有很大的灵活性。

@OnOpen 方法可以有：

- 一个可选的 Session 参数
- 一个可选的 EndpointConfig 参数

@OnClose 方法可以有：

- 一个可选的 Session 参数
- 一个可选的 CloseReason 参数

@OnError 方法可以有：

- 一个可选的 Session 参数
- 一个必须的 Throwable 参数

@OnMessage 方法要复杂得多。除了标准的可选 Session 参数，它们必须使用下列参数组合中的一个：

- 一个字符串用于接收完整文本消息
- 一个字符串加上一个布尔值，用于以块的方式接收文本消息，并在最后一块中将布尔值设置为真。
- 一个 Java 原生类型或者原生类型的包装器类，用于接收完整的文本消息并转换成该类型
- 一个 java.io.Reader 的对象，以阻塞流的方式接收文本消息
- 一个 byte[]或者一个 java.nio.ByteBuffer，用于接收完整的二进制消息
- 一个 byte[]或者一个 ByteBuffer，再加上一个布尔值，用于以块的方式接收二进制消息
- 一个 java.io.InputStream 对象，用于以阻塞流的方式接受二进制消息
- 一个 PongMessage 对象，用于自定义心跳响应的处理
- 任意的 Java 对象，如果终端注册了 Decoder.Text、Decoder.Binary、Decoder.TextStream 或者 Decoder.BinaryStream 的话，它们将把结果转换为该对象类型。文本或者二进制的消息类型必须与注册的解码器相匹配。

关于打开、关闭和错误事件，一个终端只能有一个方法分别用于处理它们；不过，它最多可以有 3 个消息处理方法：只能有一个用于处理文本消息，一个用于处理二进制消息，一个用于处理 pong 消息。最后需要注意的是客户端 API：本章使用的 WebSocket Maven 依赖是服务器 API，它包含了对客户端 API 的依赖。如果编写的 Java 应用程序只是一个 WebSocket 客户端，那么只需要使用客户端 API Maven 依赖：

```
<dependency>
    <groupId>javax.websocket</groupId>
    <artifactId>javax.websocket-client-api</artifactId>
    <version>1.0</version>
    <scope>provided</scope>
</dependency>
```

2. 服务器 API

服务器 API 依赖于完整的客户端 API，它只添加了少数的类和接口。ServerContainer 继承了 WebSocketContainer，它添加了通过编程方式注册 ServerEndpointConfig 实例的方法和标注了@ServerEndpoint 的类。在 Servlet 环境中，调用 ServletContext.getAttribute("javax.websocket.server.ServerContainer") 可以获得 ServerContainer 实例。在独立运行的应用程序中，需要按照特定 WebSocket 实现的指令获得 ServerContainer 实例。

不过，几乎在所有的用例(包括 Java EE Web 容器中的所有用例)中你都不需要获得 ServerContainer。相反，只需要使用@ServerEndpoint 标注服务器终端类即可；WebSocket 实现可以扫描类的注解，并自动选择和注册服务器终端。容器将在每次收到 WebSocket 连接时创建对应终端类的实例，在连接关闭之后再销毁该实例。

在使用@ServerEndpoint 时，至少需要指定必须的 value 特性，它表示该终端可以做出响应的应用程序相对的 URL。该 URL 路径必须以斜杠开头，并可以包含模板参数。例如下面的注解：

```
@ServerEndpoint("/game/{gameType}")
```

如果应用程序部署到的地址为 http[s]://www.example.org/app，那么该服务器终端将会响应地址 ws[s]://www.example.org/app/game/chess、ws[s]://www.example.org/app/game/checkers 等。然后服务器终端中的所有@OnOpen、@OnClose、@OnError 或者@OnMessage 方法都可以使用@PathParam("gameType")标注出一个可选的额外参数，并且容器将分别提供“chess”和“checkers”作为该参数的值。服务器终端中的事件处理方法将如同客户端终端中的事件处理方法一样工作。服务器和客户端的区别只在握手的时候。在握手完成，连接建立之后，服务器和客户端都将变成端点，并且是具有相同能力和责任的完全对等的终端。

注意：因为 *WebSocket* 协议的主要目的是在服务器和浏览器之间通信，所以本章包含了许多 JavaScript 代码。其中的一些代码广泛使用了 jQuery JavaScript 库。如果本书要对 Web 的 JavaScript 编程进行讲解，那么可能需要花费数百页的内容进行，所以这里假设你已经了解了 JavaScript 和 jQuery(通过它可以使代码更简单、样例更短)方面的知识。如果你不熟悉 JavaScript，那么鼓励你暂停一下，找一本 JavaScript 和 jQuery 图书或者教程学习一下。否则，某些代码会难于理解。

10.3　使用 WebSocket 创建多人游戏

之前我们已经看到 WebSocket 的众多用途之一就是加速多人在线游戏的通信，哪怕是大型多人在线角色扮演游戏(MMORPG)。本章将创建一个简单的多人游戏，用于演示 WebSocket 的能力。多人游戏的关键是响应性：当玩家采取某些操作时，它的对手必须尽快看到这个操作。这对于战斗和动作序列来说尤其关键，此时对手必须实时进行竞争。

创建一个响应性最为关键的动作游戏可能需要花费成千上万行的代码。但是我们可以实现一个简单的、双人三连棋游戏。三连棋游戏(也被称为 X 和 O 或者圈和叉)是一个简单的策略游戏，玩家的目标是将垂直、水平或者对角线上放置 3 个 X 或者 O。尽管三连棋游戏并不要求响应性，但该样例仍然演示了 WebSocket 所可以实现的响应性。你可以使用 wrox.com 代码下载站点中的 Game-Site 项目。本书只打印出了它的一部分代码，另外该项目中还包含了游戏必需的图形和样式表。

10.3.1　实现基本的三连棋游戏策略

在在线三连棋游戏中，你可以选择人类对手或者计算机。当你需要在对手中包含计算机玩家时，算法会变得非常复杂，因为我们需要实现一些人工智能算法，而这些算法都超出了本书的范围。另外，这也不是演示 WebSocket 的好样例。相反，我们的三连棋游戏应该要求两个人类对手参与。TicTacToeGame 类中包含了核心算法。该类对于项目来说非常重要，但它并未执行任何 WebSocket 操作。这是一个分离关注点的样例——游戏被抽象成了一个它自己的类，这样所有的用户界面包括 WebSocket 接口都可以使用该游戏逻辑。

因为该类中并未包含新的东西，所以本书并未将它打印出来。请打开 Game-Site 项目并查看 TicTacToeGame。它包含了一些简单的方法，用于获取玩家的姓名——接下来轮到的玩家——包括游戏是平局还是结束，以及游戏的获胜者是谁(如果有的话)。方法 move 将检查希望执行的动作是否是合法的，执行移动然后调用其他方法计算游戏是否结束，并判断获胜者是谁。calculateWinner 实现了判断游戏获胜者的算法。最后，还有几个静态的方法用于提供启动、加入和协调游戏的机制。

10.3.2　创建服务器终端

对游戏逻辑有了充分的了解之后，下面真正要学习的是 Java WebSocket 代码。在代码清单 10-1 所示的 TicTacToeServer 类中可以找到。TicTacToeGame 在任意的三连棋游戏用户接口中使用，而 TicTacToeServer 将作为两个 WebSocket 会话的网关与 TicTacToeGame 进行交互。这需要进行一番精心的设计(假设这是一个可以有无数玩家的游戏！)

方法 onOpen 将从路径参数中获得游戏 ID 和用户名(该游戏网站明显不担心安全问题)，然后根据用户是启动新的游戏还是加入现有游戏，来创建或完成一个 Gate 对象。内部的 Gate 类将两个玩家的会话对象与 TicTacToeGame 实例相关联。当两个用户都已经加入时，使用内部的 sendJsonMessage 辅助方法向两个终端发送 GameStartedMessage 消息。

代码清单 10-1：TicTacToeServer.java

```
@ServerEndpoint("/ticTacToe/{gameId}/{username}")
public class TicTacToeServer
{
    private static Map<Long, Game> games = new Hashtable<>();
    private static ObjectMapper mapper = new ObjectMapper();

    @OnOpen
    public void onOpen(Session session, @PathParam("gameId") long gameId,
                @PathParam("username") String username) {
        try {
            TicTacToeGame ticTacToeGame = TicTacToeGame.getActiveGame(gameId);
            if(ticTacToeGame != null) {
                session.close(new CloseReason(
                        CloseReason.CloseCodes.UNEXPECTED_CONDITION,
                        "This game has already started."
                ));
            }
            List<String> actions = session.getRequestParameterMap().get("action");
            if(actions != null && actions.size() == 1) {
                String action = actions.get(0);
                if("start".equalsIgnoreCase(action)) {
                    Game game = new Game();
                    game.gameId = gameId;
                    game.player1 = session;
```

```
                TicTacToeServer.games.put(gameId, game);
            } else if("join".equalsIgnoreCase(action)) {
                Game game = TicTacToeServer.games.get(gameId);
                game.player2 = session;
                game.ticTacToeGame = TicTacToeGame.startGame(gameId, username);
                this.sendJsonMessage(game.player1, game,
                        new GameStartedMessage(game.ticTacToeGame));
                this.sendJsonMessage(game.player2, game,
                        new GameStartedMessage(game.ticTacToeGame));
            }
        }
    } catch(IOException e) {
        e.printStackTrace();
        try {
            session.close(new CloseReason(
                    CloseReason.CloseCodes.UNEXPECTED_CONDITION, e.toString()
            ));
        } catch(IOException ignore) { }
    }
}

@OnMessage
public void onMessage(Session session, String message,
                      @PathParam("gameId") long gameId) {
    Game game = TicTacToeServer.games.get(gameId);
    boolean isPlayer1 = session == game.player1;
    try {
        Move move = TicTacToeServer.mapper.readValue(message, Move.class);
        game.ticTacToeGame.move(
                isPlayer1 ? TicTacToeGame.Player.PLAYER1 :
                        TicTacToeGame.Player.PLAYER2,
                move.getRow(), move.getColumn()
        );
        this.sendJsonMessage((isPlayer1 ? game.player2 : game.player1), game,
                new OpponentMadeMoveMessage(move));
        if(game.ticTacToeGame.isOver()) {
            if(game.ticTacToeGame.isDraw()) {
                this.sendJsonMessage(game.player1, game,
                        new GameIsDrawMessage());
                this.sendJsonMessage(game.player2, game,
                        new GameIsDrawMessage());
            } else {
                boolean wasPlayer1 = game.ticTacToeGame.getWinner() ==
                        TicTacToeGame.Player.PLAYER1;
                this.sendJsonMessage(game.player1, game,
                        new GameOverMessage(wasPlayer1));
                this.sendJsonMessage(game.player2, game,
                        new GameOverMessage(!wasPlayer1));
            }
            game.player1.close();
            game.player2.close();
        }
    } catch(IOException e) {
        this.handleException(e, game);
    }
```

```
    }

    @OnClose
    public void onClose(Session session, @PathParam("gameId") long gameId) {
        Game game = TicTacToeServer.games.get(gameId);
        if(game == null)
            return;
        boolean isPlayer1 = session == game.player1;
        if(game.ticTacToeGame == null) {
            TicTacToeGame.removeQueuedGame(game.gameId);
        } else if(!game.ticTacToeGame.isOver()) {
            game.ticTacToeGame.forfeit(isPlayer1 ? TicTacToeGame.Player.PLAYER1 :
                    TicTacToeGame.Player.PLAYER2);
            Session opponent = (isPlayer1 ? game.player2 : game.player1);
            this.sendJsonMessage(opponent, game, new GameForfeitedMessage());
            try {
                opponent.close();
            } catch(IOException e) {
                e.printStackTrace();
            }
        }
    }

    private void sendJsonMessage(Session session, Game game, Message message) {
        try {
            session.getBasicRemote()
                    .sendText(TicTacToeServer.mapper.writeValueAsString(message));
        } catch(IOException e) {
            this.handleException(e, game);
        }
    }

    private void handleException(Throwable t, Game game) {
        t.printStackTrace();
        String message = t.toString();
        try {
            game.player1.close(new CloseReason(
                    CloseReason.CloseCodes.UNEXPECTED_CONDITION, message
            ));
        } catch(IOException ignore) { }
        try {
            game.player2.close(new CloseReason(
                    CloseReason.CloseCodes.UNEXPECTED_CONDITION, message
            ));
        } catch(IOException ignore) { }
    }

    private static class Game {
        public long gameId;
        public Session player1;
        public Session player2;
        public TicTacToeGame ticTacToeGame;
    }

    public static class Move {
```

```
            private int row;
            private int column;
            // accessor and mutator methods
        }

        public static abstract class Message {
            private final String action;
            public Message(String action) {
                this.action = action;
            }
            public String getAction() { ... }
        }
        public static class GameStartedMessage extends Message {
            private final TicTacToeGame game;
            public GameStartedMessage(TicTacToeGame game) {
                super("gameStarted");
                this.game = game;
            }
            public TicTacToeGame getGame() { ... }
        }
        public static class OpponentMadeMoveMessage extends Message {
            private final Move move;
            public OpponentMadeMoveMessage(Move move) {
                super("opponentMadeMove");
                this.move = move;
            }
            public Move getMove() { ... }
        }
        public static class GameOverMessage extends Message {
            private final boolean winner;
            public GameOverMessage(boolean winner) {
                super("gameOver");
                this.winner = winner;
            }
            public boolean isWinner() { ... }
        }
        public static class GameIsDrawMessage extends Message {
            public GameIsDrawMessage() {
                super("gameIsDraw");
            }
        }
        public static class GameForfeitedMessage extends Message {
            public GameForfeitedMessage() {
                super("gameForfeited");
            }
        }
    }
```

在该系统中，从浏览器发送到服务器的消息总是 Move 对象(一个内部类)，而从服务器发送到浏览器的消息总是 Message 对象(另一个内部类)。这里的 WebSocket 消息使用文本格式进行交互，然后 Jackson Data Processor 库将把 Message 序列化成发出的消息，并将进入的消息反序列化成 Move。当 onMessage 方法被调用时，就意味着玩家已经有了动作并将该动作发送到终端。服务器终端使用 TicTacToeGame 注册该动作，然后通过在对手的会话中发送 WebSocket 消息通知这个动作的发生。

如果游戏结束了，它将发送合适的消息：GameOverMessage 或者 GameIsDrawMessage，然后关闭两个会话。如果一个连接被关闭了，onClose 方法将保证游戏已经结束或者从未被启动。如果游戏正在进行中，那么关闭了会话的用户就等于放弃了游戏(可能他们关闭了浏览器或者浏览其他的页面去了)。

当然，没有用户界面这些都是无用的，你也可能好奇我们开始是如何创建 TicTacToeGame 的。下一节将进行详细讲解。

10.3.3　编写 JavaScript 游戏控制台

为了创建用户界面，需要做的第一件事就是创建一个 Servlet，用于启动或加入游戏、获取玩家的用户名称以及转发请求到合适的 JSP。TicTacToeServlet 正是这样做的。首先，用户通过在游戏会话中输入用户名启动游戏。接下来，游戏被添加到一个等待游戏列表中。当另一个用户访问网站时，他将看到等待游戏列表并选择加入哪个游戏。当他提供用户名加入游戏时，游戏将从等待状态转变为正在进行中。list.jsp 是显示等待游戏列表的页面，它也包含了启动新游戏的 UI 代码。对于 Servlet 或者 JSP 来说，这都不是新鲜的或者令人激动的事情，所以这里并未打印出它们的代码。

代码清单 10-2 所示的 game.jsp 中包含了所有重要的 JavaScript 代码。注意该文件的顶部包含了 ticTacToe.css 样式表、jQuery JavaScript 库、Bootstrap JavaScript 库和 CSS 文件。它们帮助完成了讨厌的非 WebSocket 部分功能，这样就帮助我们节省了大量的时间和代码。游戏表面是一个包含了 3 行和 3 列的基本 div 布局。为了简化代码，本地玩家将总是使用 O，而对手总是使用 X(尽管通常第一个玩家的动作是 X)。当轮到你操作的时候，你可以在每个游戏方块上悬停，如果它是一个合法的动作，该方块将显示出一个褪色的 O。单击方块提交动作，这是不可取消的。

当文档已经加载完成时，该代码将检查浏览器是否支持 WebSocket，如果不支持就显示出错误。然后它将连接服务器，并在连接创建后显示出等待对手加入的消息。Window 对象中添加了一个 onbeforeunload 事件，用于保证在用户关闭浏览器或者离开页面的情况下显示为放弃游戏。Onclose 事件将保证连接被正确关闭，onerror 事件则用于错误处理。onmessage 负责处理服务器可以发送的 5 种不同类型的消息(GameStartedMessage, OpponentMadeMoveMessage, GameOverMessage, GameIsDrawMessage 和 GameForfeitedMessage)、清除对手选择的方块并在游戏结束时通知用户。最后是 move 函数，当玩家单击游戏方块时将调用该函数，把当前玩家的动作发送到服务器。

代码清单 10-2：game.jsp

```
<%--@elvariable id="action" type="java.lang.String"--%>
<%--@elvariable id="gameId" type="long"--%>
<%--@elvariable id="username" type="java.lang.String"--%>
<!DOCTYPE html>
<html>
    <head>
        <title>Game Site :: Tic Tac Toe</title>
        <link rel="stylesheet" href="http://cdnjs.cloudflare.com/ajax/libs/twitter-
bootstrap/2.3.1/css/bootstrap.min.css" />
        <link rel="stylesheet"
              href="<c:url value="/resource/stylesheet/ticTacToe.css" />" />
        <script src="http://code.jquery.com/jquery-1.9.1.js"></script>
        <script src="http://cdnjs.cloudflare.com/ajax/libs/twitter-bootstrap/2.3.1/
js/bootstrap.min.js"></script>
```

```
</head>
<body>
    <h2>Tic Tac Toe</h2>
    <span class="player-label">You:</span> ${username}<br />
    <span class="player-label">Opponent:</span>
    <span id="opponent"><i>Waiting</i></span>
    <div id="status"> </div>
    <div id="gameContainer">
        <div class="row">
            <div id="r0c0" class="game-cell" onclick="move(0, 0);"> </div>
            <div id="r0c1" class="game-cell" onclick="move(0, 1);"> </div>
            <div id="r0c2" class="game-cell" onclick="move(0, 2);"> </div>
        </div>
        <div class="row">
            <div id="r1c0" class="game-cell" onclick="move(1, 0);"> </div>
            <div id="r1c1" class="game-cell" onclick="move(1, 1);"> </div>
            <div id="r1c2" class="game-cell" onclick="move(1, 2);"> </div>
        </div>
        <div class="row">
            <div id="r2c0" class="game-cell" onclick="move(2, 0);"> </div>
            <div id="r2c1" class="game-cell" onclick="move(2, 1);"> </div>
            <div id="r2c2" class="game-cell" onclick="move(2, 2);"> </div>
        </div>
    </div>
    <div id="modalWaiting" class="modal hide fade">
        <div class="modal-header"><h3>Please Wait...</h3></div>
        <div class="modal-body" id="modalWaitingBody"> </div>
    </div>
    <div id="modalError" class="modal hide fade">
        <div class="modal-header">
            <button type="button" class="close" data-dismiss="modal">&times;
            </button>
            <h3>Error</h3>
        </div>
        <div class="modal-body" id="modalErrorBody">A blah error occurred.
        </div>
        <div class="modal-footer">
            <button class="btn btn-primary" data-dismiss="modal">OK</button>
        </div>
    </div>
    <div id="modalGameOver" class="modal hide fade">
        <div class="modal-header">
            <button type="button" class="close" data-dismiss="modal">&times;
            </button>
            <h3>Game Over</h3>
        </div>
        <div class="modal-body" id="modalGameOverBody"> </div>
        <div class="modal-footer">
            <button class="btn btn-primary" data-dismiss="modal">OK</button>
        </div>
    </div>
    <script type="text/javascript" language="javascript">
        var move;
        $(document).ready(function() {
            var modalError = $("#modalError");
```

```
        var modalErrorBody = $("#modalErrorBody");
        var modalWaiting = $("#modalWaiting");
        var modalWaitingBody = $("#modalWaitingBody");
        var modalGameOver = $("#modalGameOver");
        var modalGameOverBody = $("#modalGameOverBody");
        var opponent = $("#opponent");
        var status = $("#status");
        var opponentUsername;
        var username = '<c:out value="${username}" />';
        var myTurn = false;

        $('.game-cell').addClass('span1');

        if(!("WebSocket" in window))
        {
            modalErrorBody.text('WebSockets are not supported in this ' +
                    'browser. Try Internet Explorer 10 or the latest ' +
                    'versions of Mozilla Firefox or Google Chrome.');
            modalError.modal('show');
            return;
        }

        modalWaitingBody.text('Connecting to the server.');
        modalWaiting.modal({ keyboard: false, show: true });

        var server;
        try {
            server = new WebSocket('ws://' + window.location.host +
                    '<c:url value="/ticTacToe/${gameId}/${username}">
                        <c:param name="action" value="${action}" />
                    </c:url>');
        } catch(error) {
            modalWaiting.modal('hide');
            modalErrorBody.text(error);
            modalError.modal('show');
            return;
        }

        server.onopen = function(event) {
            modalWaitingBody
                    .text('Waiting on your opponent to join the game.');
            modalWaiting.modal({ keyboard: false, show: true });
        };

        window.onbeforeunload = function() {
            server.close();
        };

        server.onclose = function(event) {
            if(!event.wasClean || event.code != 1000) {
                toggleTurn(false, 'Game over due to error!');
                modalWaiting.modal('hide');
                modalErrorBody.text('Code ' + event.code + ': ' +
                        event.reason);
                modalError.modal('show');
```

```
        }
    };

    server.onerror = function(event) {
        modalWaiting.modal('hide');
        modalErrorBody.text(event.data);
        modalError.modal('show');
    };

    server.onmessage = function(event) {
        var message = JSON.parse(event.data);
        if(message.action == 'gameStarted') {
            if(message.game.player1 == username)
                opponentUsername = message.game.player2;
            else
                opponentUsername = message.game.player1;
            opponent.text(opponentUsername);
            toggleTurn(message.game.nextMoveBy == username);
            modalWaiting.modal('hide');
        } else if(message.action == 'opponentMadeMove') {
            $('#r' + message.move.row + 'c' + message.move.column)
                    .unbind('click')
                    .removeClass('game-cell-selectable')
                    .addClass('game-cell-opponent game-cell-taken');
            toggleTurn(true);
        } else if(message.action == 'gameOver') {
            toggleTurn(false, 'Game Over!');
            if(message.winner) {
                modalGameOverBody.text('Congratulations, you won!');
            } else {
                modalGameOverBody.text('User "' + opponentUsername +
                        '" won the game.');
            }
            modalGameOver.modal('show');
        } else if(message.action == 'gameIsDraw') {
            toggleTurn(false, 'The game is a draw. ' +
                    'There is no winner.');
            modalGameOverBody.text('The game ended in a draw. ' +
                    'Nobody wins!');
            modalGameOver.modal('show');
        } else if(message.action == 'gameForfeited') {
            toggleTurn(false, 'Your opponent forfeited!');
            modalGameOverBody.text('User "' + opponentUsername +
                    '" forfeited the game. You win!');
            modalGameOver.modal('show');
        }
    };

    var toggleTurn = function(isMyTurn, message) {
        myTurn = isMyTurn;
        if(myTurn) {
            status.text(message || 'It\'s your move!');
            $('.game-cell:not(.game-cell-taken)')
                    .addClass('game-cell-selectable');
        } else {
```

```
                    status.text(message ||'Waiting on your opponent to move.');
                    $('.game-cell-selectable')
                            .removeClass('game-cell-selectable');
                }
            };

            move = function(row, column) {
                if(!myTurn) {
                    modalErrorBody.text('It is not your turn yet!');
                    modalError.modal('show');
                    return;
                }
                if(server != null) {
                    server.send(JSON.stringify({ row: row, column: column }));
                    $('#r' + row + 'c' + column).unbind('click')
                            .removeClass('game-cell-selectable')
                            .addClass('game-cell-player game-cell-taken');
                    toggleTurn(false);
                } else {
                    modalErrorBody.text('Not connected to came server.');
                    modalError.modal('show');
                }
            };
        });
    </script>
  </body>
</html>
```

10.3.4　WebSocket 三连棋游戏试玩

现在我们将审阅代码，研究它们是如何协同工作的，请按照下面的步骤进行操作：

(1) 编译 Game-Site 项目。

(2) 在调试器中启动 Tomcat，并打开两个不同的浏览器(例如 Firefox 和 Safari，或者 Internet Explorer 10 和 Chrome)。将它们的大小调整到合适的程度，这样就可以在屏幕中同时显示出它们。

(3) 在两个浏览器中同时访问 http://localhost:8080/games/ticTacToe。目前不应该显示出任何游戏。

(4) 在一个浏览器中单击 Start a Game，并输入姓名或者在提示框中输入姓名，然后单击 OK。浏览器将会跳转到游戏页面并显示出等待对手的消息。

(5) 在另一个浏览器中，重新加载游戏列表页面，此时应该看到等待游戏列表。单击游戏并输入不同的姓名或者在提示框中输入用户名。一旦登录到游戏页面，第一个浏览器中的等待消息将会消失。这几乎是实时的。其中一个浏览器应该收到消息：“It's Your Move!”，而另一个浏览器中将显示出消息“Waiting on Your Opponent to Move”。

(6) 反复在两个浏览器中进行操作。在游戏完成之前，屏幕中显示出的内容应如图 10-6 所示(此时约翰在左下角执行一个动作即可击败史考特)。注意从一个玩家移动到另一个玩家的浏览器中显示出该动作，这个过程是非常快速的。几乎察觉不到延迟。WebSocket 的速度和可扩展性使它变成了一个极其强大的技术。

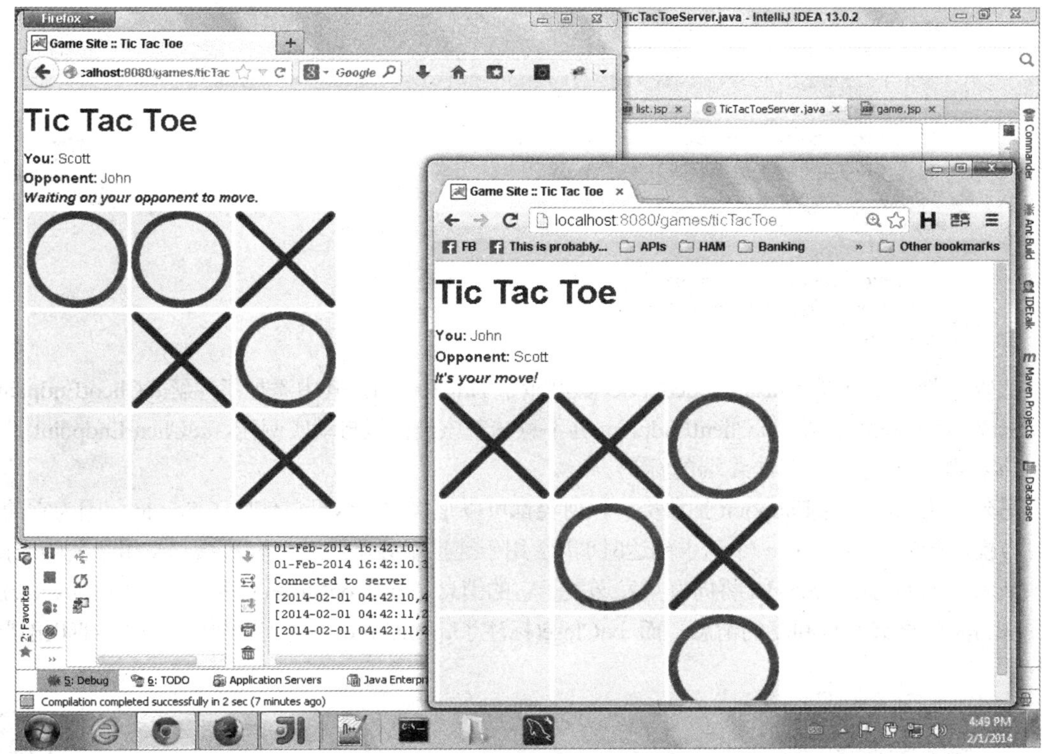

图 10-6

10.4 在群集中使用 WebSocket 进行通信

现在我们已经了解了 Java 服务器终端是如何工作的，以及如何使用 JavaScript 与服务器终端进行通信，现在是时候可以学习 Java 客户端终端了。因为客户端终端不能用于连接浏览器，所以需要连接到一些其他的应用程序。客户端终端有多种用途，从数据传输到协调多服务器之间的分布活动。它的可能性是无限的。作为软件开发者，有时我们需要对服务器群集进行处理，扩大 Web 应用程序的规模以适应大量用户的处理，WebSocket 可能是帮助应用程序节点与其他节点之间进行通信的一种方式。

10.4.1 使用两个 Servlet 实例模拟简单的群集

在一个标准群集场景中，节点将通过某种方式通知其他节点它们的存在，通过将一个数据包发送到一个协定好的多播 IP 地址和端口上。它们将通过某种其他方式建立通信，例如 TCP 套接字。在一个小的样例中复制完整的群集行为是非常复杂的，但是我们可以在单个应用程序中通过多个 Servlet 模拟这种行为。请查看 wrox.com 代码下载站点中的 Simulated-Cluster 项目。首先是 web.xml，其中配置了两个 Servlet 映射。第一个 Servlet 的映射如下面的代码所示。第二个 Servlet 映射与该代码是一致的，除了名称、初始化参数值和 URL 模式不同，它的 URL 模式有两个而不是一个。如果你好奇为什么需要在部署描述符中配置它们，那么要记住使用注解是无法将相同的 Servlet 映射两次的。必须使用部署描述符或者编程式配置完成该任务。

```
<servlet>
    <servlet-name>clusterNode1</servlet-name>
    <servlet-class>com.wrox.ClusterNodeServlet</servlet-class>
    <init-param>
        <param-name>nodeId</param-name>
        <param-value>1</param-value>
    </init-param>
</servlet>
<servlet-mapping>
    <servlet-name>clusterNode1</servlet-name>
    <url-pattern>/clusterNode1</url-pattern>
</servlet-mapping>
```

代码清单 10-3 中的 ClusterNodeServlet 类继承了 HttpServlet，其中添加了注解@ClientEndpoint。与@ServletEndpoint 不同，@ClientEndpoint 并不意味着该类会被自动实例化。@ClientEndpoint 是一个告诉容器该类是一个合法终端的标记。

另外，还可以实现 Endpoint 抽象类。任何类都可以是终端。这里只使用了 Servlet，因为它简单并且方便。方法 init 将在第一个请求到达时调用，用于连接服务器终端，方法 destory 用于关闭连接。每次请求进入的时候，Servlet 将向群集发送关于它的消息。方法 onMessage(标注了@OnMessage)将接受来自其他群集节点回复的消息，而 onClose(标注了@OnClose)将在连接异常关闭时打印出错误消息。

代码清单 10-3：ClusterNodeServlet.java

```
@ClientEndpoint
public class ClusterNodeServlet extends HttpServlet
{
    private Session session;
    private String nodeId;

    @Override
    public void init() throws ServletException {
        this.nodeId = this.getInitParameter("nodeId");
        String path = this.getServletContext().getContextPath() +
                "/clusterNodeSocket/" + this.nodeId;
        try {
            URI uri = new URI("ws", "localhost:8080", path, null, null);
            this.session = ContainerProvider.getWebSocketContainer()
                    .connectToServer(this, uri);
        } catch(URISyntaxException | IOException | DeploymentException e) {
            throw new ServletException("Cannot connect to " + path + ".", e);
        }
    }

    @Override
    public void destroy() {
        try {
            this.session.close();
        } catch(IOException e) {
            e.printStackTrace();
        }
    }
```

```
    @Override
    protected void doGet(HttpServletRequest request, HttpServletResponse response)
            throws ServletException, IOException {
        ClusterMessage message = new ClusterMessage(this.nodeId,
                "request:{ip:\"" + request.getRemoteAddr() +
                "\",queryString:\"" + request.getQueryString() + "\"}");
        try(OutputStream output = this.session.getBasicRemote().getSendStream();
            ObjectOutputStream stream = new ObjectOutputStream(output)) {
            stream.writeObject(message);
        }
        response.getWriter().append("OK");
    }

    @OnMessage
    public void onMessage(InputStream input) {
        try(ObjectInputStream stream = new ObjectInputStream(input)) {
            ClusterMessage message = (ClusterMessage)stream.readObject();
            System.out.println("INFO (Node " + this.nodeId +
                    "): Message received from cluster; node = " +
                    message.getNodeId() + ", message = " + message.getMessage());
        } catch(IOException | ClassNotFoundException e) {
            e.printStackTrace();
        }
    }

    @OnClose
    public void onClose(CloseReason reason) {
        CloseReason.CloseCode code = reason.getCloseCode();
        if(code != CloseReason.CloseCodes.NORMAL_CLOSURE) {
            System.err.println("ERROR: WebSocket connection closed unexpectedly;" +
                    " code = " + code + ", reason = " + reason.getReasonPhrase());
        }
    }
}
```

10.4.2　发送和接收二进制消息

你可能注意到 ClusterNodeServlet 在 WebSocket 连接中使用 Java 序列化器发送和接收实现了 Serializable 接口的 ClusterMessage。为了实现该目标，WebSocket 消息必须是二进制的。这不同于三连棋服务器终端，该终端将把消息转换为 JSON 再把 JSON 转换为消息，然后将它们作为文本消息进行发送。Java 序列化器比 JSON 更快，所以最好使用 Java 序列化器。不过，只有在两个终端都采用 Java 编写时才可使用。如果只有一个节点是 Java，那么就不得不使用不同的序列化技术，例如 JSON。尽管 ClusterNodeServlet 使用 OutputStream 和 InputStream 发送和接收二进制消息，但是代码清单 10-4 中的 ClusterNodeEndpoint 使用的是字节数组。此时，它将需要花费更多的代码，因为必须使用 ObjectOutputStream 和 ObjectInputStream 执行序列化和反序列化。在某些情况下使用字节数组更简单，而在另一些情况下使用 ByteBuffer 或者流会更简单，所以同时学习这两种方式是非常值得的。这全都取决于数据来自于哪里，以及我们希望如何处理它。如果需要将已经存在的数据作为直接数组发送，那么使用直接数组更简单。另一方面，如果已经在使用流处理数据，那么继续使用流会更简单。

终端唯一的责任是将另一个节点发送过来的消息再发送到所有其他节点中，并在其他节点加入或离开群集时通知已连接的节点。在另一个群集场景中，你可能不会有这样一个中央终端用于收集和回复所有的消息。相反，每个节点都可以直接连接到所有其他的节点。这都取决于你的用例和应用程序的需求。

代码清单 10-4：ClusterNodeEndpoint.java

```
@ServerEndpoint("/clusterNodeSocket/{nodeId}")
public class ClusterNodeEndpoint
{
    private static final List<Session> nodes = new ArrayList<>(2);

    @OnOpen
    public void onOpen(Session session, @PathParam("nodeId") String nodeId) {
        System.out.println("INFO: Node [" + nodeId + "] connected to cluster.");
        ClusterMessage message = new ClusterMessage(nodeId, "Joined the cluster.");
        try {
            byte[] bytes = ClusterNodeEndpoint.toByteArray(message);
            for(Session node : ClusterNodeEndpoint.nodes)
                node.getBasicRemote().sendBinary(ByteBuffer.wrap(bytes));
        } catch(IOException e) {
            System.err.println("ERROR: Exception when notifying of new node");
            e.printStackTrace();
        }
        ClusterNodeEndpoint.nodes.add(session);
    }

    @OnMessage
    public void onMessage(Session session, byte[] message) {
        try {
            for(Session node : ClusterNodeEndpoint.nodes) {
                if(node != session)
                    node.getBasicRemote().sendBinary(ByteBuffer.wrap(message));
            }
        } catch(IOException e) {
            System.err.println("ERROR: Exception when handling message on server");
            e.printStackTrace();
        }
    }

    @OnClose
    public void onClose(Session session, @PathParam("nodeId") String nodeId) {
        System.out.println("INFO: Node [" + nodeId + "] disconnected.");
        ClusterNodeEndpoint.nodes.remove(session);
        ClusterMessage message = new ClusterMessage(nodeId, "Left the cluster.");
        try {
            byte[] bytes = ClusterNodeEndpoint.toByteArray(message);
            for(Session node : ClusterNodeEndpoint.nodes)
                node.getBasicRemote().sendBinary(ByteBuffer.wrap(bytes));
        } catch(IOException e) {
            System.err.println("ERROR: Exception when notifying of left node");
            e.printStackTrace();
        }
```

```
        }

        private static byte[] toByteArray(ClusterMessage message) throws IOException {
            try(ByteArrayOutputStream output = new ByteArrayOutputStream();
                ObjectOutputStream stream = new ObjectOutputStream(output)) {
                stream.writeObject(message);
                return output.toByteArray();
            }
        }
    }
```

10.4.3　测试模拟群集应用程序

测试模拟群集应用程序是非常直观的。只需要按照下面的步骤进行操作即可：

(1) 编译应用程序并从 IDE 中启动 Tomcat。

(2) 在最喜欢的浏览器中访问 http://localhost:8080/cluster/clusterNode1，你应该在调试器输出中看到下面的消息。这是第一个 Servlet 实例的 init 方法被调用，并连接到 WebSocket 服务器终端时得到的结果。

```
INFO: Node [1] connected to cluster.
```

(3) 现在访问 http://localhost:8080/cluster/clusterNode2。这次你应该看到一些消息。此时第二个 Servlet 实例将连接到终端，当它发送消息时，终端将把该消息再发送回第一个 Servlet。

```
INFO: Node [2] connected to cluster.
INFO (Node 1): Message received from cluster; node = 2, message =
Joined the cluster.
INFO (Node 1): Message received from cluster; node = 2, message =
request:{ip:"127.0.0.1",queryString:""}
```

(4) 再次尝试第一个 URL，但这次添加一个查询字符串 http://localhost:8080/cluster/clusterNode1?hello=world&foo=bar。注意这次没有连接消息出现，因为两个 Servlet 都已经启动了。

```
INFO (Node 2): Message received from cluster; node = 1, message =
request:{ip:"127.0.0.1",queryString:"hello=world&foo=bar"}
```

(5) 最后一次，再次尝试第二个 URL，也添加上查询字符串：http://localhost:8080/cluster/clusterNode2?baz=qux&animal=dog。

```
INFO (Node 1): Message received from cluster; node = 2, message =
request:{ip:"127.0.0.1",queryString:"baz=qux&animal=dog"}
```

(6) 如果希望深入进行实验，那么创建另一个 Servlet 实例并将它映射到/clusterNode3；然后编译并再次启动应用程序。尝试访问所有的三个 URL，那么你将看到无论何时 Servlet 响应一个 GET 请求，其他两个 Servlet 都将接收到一个关于它的 WebSocket 消息。

这个样例看起来可能有点初级，但这是演示 Java WebSocket 客户端和服务器 API 一起协作的最简单方式。它还是一个学习使用字节数组、ByteBuffer 和流处理二进制消息的好机会。这种方式在某些群集应用程序中可能是非常有用的，但在另外一些群集应用程序中可能会需要一些不同的技术。第 18 章将会对这些选项进行讲解。

注意：你可能已经注意到项目中的 Servlet 实例被设置为在第一个请求到达时初始化，而不是在应用程序启动时初始化。这样做的一个非常重要的原因是：ClusterNodeServlet 将在 init 方法中连接到 WebSocket 终端。如果 Servlet 初始化时，应用程序正处于启动过程中，那么它们将无法连接到终端。因此，Servlet 必须在应用程序启动后初始化。

10.5　在客户支持应用程序中添加“支持与客户聊天”功能

在 WebSocket 的用途中，可能最普遍的例子就是网络聊天了。许多桌面应用程序都提供了聊天的功能，大多数都是用某种服务器提供商传递消息。聊天在网站中也非常常见，社交网络、论坛和在线社区都提供了该功能。通常聊天将通过下面两种方式实现：

- 聊天室——它有超过两个参与者，通常最大数量没有上限。聊天室通常也是公共的，只要是网站的成员即可参加。
- 私聊——它通常只有两个参与者。其他人都无法看到聊天的内容。

无论是私聊还是聊天室，服务器端实现基本上都是相同的：服务器接受连接，关联所有相关的连接，并将进入的消息发送到所有相关连接中。它还将发布有趣的事件，例如某些人加入到聊天或者退出聊天。只有一个最大的区别，那就是关联到彼此的连接数目。

跨国部件公司需要在它的客户支持应用程序中添加聊天功能。客户支持聊天是一个基本的概念：在一个紧急的情况下，客户可能需要在线帮助。客户可以登录到支持网站，并与某个客户支持代表进行私聊。通常，公司只在特定的时间内提供这种服务。另外，客户可以在聊天结束时下载聊天记录或者将聊天记录发送到他们的邮箱中。本节将使用 WebSocket 在客户支持应用程序中添加“支持与客户聊天”功能。请使用 wrox.com 代码下载站点中可用的 Customer-Support-v8 项目，因为本书没有足够的空间打印出所有内容。

main.css 样式表将会做出一点修改，并使用一个新的 chat.css 样式表指定聊天页面的样式。现在/WEB-INF/tags/template/main.tag 文件中包含了一些第三方的 CSS 和 JavaScript 库，并定义了一些可在任何页面中使用的 JavaScript 函数。另外，现在 basic.tag 中添加了创建新的聊天或者查看等待聊天请求的链接。

一般情况下，只有客户支持代表才可以查看和响应等待聊天请求，但客户支持应用程序尚未提供完整的用户权限设置。在本书的第Ⅳ部分将会添加权限设置。ChatServlet 的任务相当简单：管理聊天会话的显示、创建和加入。方法 doPost 设置了 Expires 和 Cache-Control 头，用于保证浏览器不会缓存该聊天页面。/WEB-INF/jsp/view/chat/list.jsp 负责列出等待的聊天请求，由客户支持代表选择响应哪个请求。最后，Configurator 类将把 AuthenticationFilter 映射到/chat　URL，这样可以保护 ChatServlet。

10.5.1　使用编码器和解码器转换消息

本章开始的时候已经讲解了所有可以在@OnMessage 方法中指定的参数。记住：

- 只要提供的解码器能够将进入的文本或者二进制消息转换成对象，那么就可以指定任意的 Java 对象作为参数。
- 只要提供的编码器能够将对象转换成文本或者二进制消息，那么就可以使用 RemoteEndpoint.Basic 或者 RemoteEndpoint.Async 的 sendObject 方法发送任何对象。
- 实现 Encoder.Binary、Encoder.BinaryStream、Encoder.Text 或者 Encoder.TextStream，并在解码器属性@ClientEndpoint 或者@ServerEndpoint 中指定它们的类，通过这种方式可以提供解码器。
- 可以实现 Decoder.Binary、Decoder.BinaryStream、Decoder.Text 或者 Decoder.TextStream，并使用终端注解的 decoders 特性为消息提供解码器。

```
public class ChatMessage
{
    private OffsetDateTime timestamp;
    private Type type;
    private String user;
    private String content;

    // accessor and mutator methods

    public static enum Type
    {
        STARTED, JOINED, ERROR, LEFT, TEXT
    }
}
```

之前的 ChatMessage 代码显示它是一个简单的 POJO。WebSocket API 同时需要一个编码器和解码器，这样聊天应用程序就可以发送和接收消息了。代码清单 10-5 包含了一个简单的类用于编码和解码 ChatMessage。它将使用 Jackson 数据处理器编码和解码消息。编码方法将接受一个 ChatMessage 和一个 OutputStream，通过将它转换成 JSON 对消息进行编码，并将它写入 OutputStream 中。方法 decode 完成的任务则相反：根据所提供的 InputStream，读取并反序列化 JSON ChatMessage。Encoder 和 Decoder 接口中都指定了 init 和 destroy 方法。这里并未用到它们，但如果需要初始化和释放编码器/解码器使用的资源时，它们也是非常方便的。

代码清单 10-5：ChatMessageCodec.java

```
public class ChatMessageCodec
        implements Encoder.BinaryStream<ChatMessage>,
                   Decoder.BinaryStream<ChatMessage>
{
    private static final ObjectMapper MAPPER = new ObjectMapper();
    static {
        MAPPER.findAndRegisterModules();
        MAPPER.configure(JsonGenerator.Feature.AUTO_CLOSE_TARGET, false);
    }

    @Override
    public void encode(ChatMessage chatMessage, OutputStream outputStream)
            throws EncodeException, IOException {
        try {
```

```
                ChatMessageCodec.MAPPER.writeValue(outputStream, chatMessage);
            } catch(JsonGenerationException | JsonMappingException e) {
                throw new EncodeException(chatMessage, e.getMessage(), e);
            }
        }

        @Override
        public ChatMessage decode(InputStream inputStream)
                throws DecodeException, IOException {
            try {
                return ChatMessageCodec.MAPPER.readValue(
                        inputStream, ChatMessage.class
                );
            } catch(JsonParseException | JsonMappingException e) {
                throw new DecodeException((ByteBuffer)null, e.getMessage(), e);
            }
        }

        @Override
        public void init(EndpointConfig endpointConfig) { }

        @Override
        public void destroy() { }
    }
```

10.5.2　创建聊天服务器终端

服务器终端使用下面的 ChatSession 类将请求聊天的用户关联到了响应请求的客户支持代表。它包含了消息的打开和聊天中众多消息的发送。

```
public class ChatSession
{
    private long sessionId;
    private String customerUsername;
    private Session customer;
    private String representativeUsername;
    private Session representative;
    private ChatMessage creationMessage;
    private final List<ChatMessage> chatLog = new ArrayList<>();

    // accessor and mutator methods

    @JsonIgnore
    public void log(ChatMessage message) { ... }

    @JsonIgnore
    public void writeChatLog(File file) throws IOException {
        ObjectMapper mapper = new ObjectMapper();
        mapper.findAndRegisterModules();
        mapper.configure(JsonGenerator.Feature.AUTO_CLOSE_TARGET, false);
        mapper.configure(SerializationFeature.WRITE_DATES_AS_TIMESTAMPS, false);

        try(FileOutputStream stream = new FileOutputStream(file))
        {
            mapper.writeValue(stream, this.chatLog);
```

```
        }
    }
}
```

代码清单 10-6 中的 ChatEndpoint 类接收了聊天连接并进行适当的协调。由于长度的关系某些代码被省略了，但新的概念都被包含了进来。嵌套在该类中的是 EndpointConfigurator 类，它重写了 modifyHandshake 方法。在握手的时候，该方法将被调用并暴露出底层的 HTTP 请求。

从该请求中可以得到 HttpSession 对象，此时可以通过 HTTP 会话保证用户已经登录，如果用户登录了还可以关闭 WebSocket 会话。这也是为什么终端实现了 HttpSessionListener 接口的原因。当会话无效时，sessionDestroyed 方法将被调用，并且终端也会终止该聊天会话。需要记住的一件事是：该类的一个新实例将在启动时作为 Web 监听器创建，每次客户端终端连接到服务器终端时也都将创建新的实例。这就是所有字段都是静态字段的原因：这样所有关于 Session、HttpSession 和 ChatSession 的信息都可以在实例之间进行协调。

当新的握手完成时，onOpen 方法将被调用，首先检查 HttpSession 是否被关联到了 Session(在 modifyHandshake 方法中完成)，以及用户是否已经登录。如果聊天会话 ID 为 0(请求创建新的会话)，那么它将会创建新的聊天会话并添加到等待会话列表中。如果 ID 大于 0，客户支持代表将加入到被请求的会话中，消息也将同时被发送到两个客户端。当 onMessage 从某个客户端收到消息时，它将同时把消息发送到两个客户端。当会话被关闭引起错误时或者 HttpSession 被销毁时，一个消息将被发送到另一个用户，通知他聊天已经结束，并关闭两个连接。

代码清单 10-6：ChatEndpoint.java

```java
@ServerEndpoint(value = "/chat/{sessionId}",
        encoders = ChatMessageCodec.class,
        decoders = ChatMessageCodec.class,
        configurator = ChatEndpoint.EndpointConfigurator.class)
@WebListener
public class ChatEndpoint implements HttpSessionListener
{
    ...
    private static final Map<Long, ChatSession> chatSessions = new Hashtable<>();
    private static final Map<Session, ChatSession> sessions = new Hashtable<>();
    private static final Map<Session, HttpSession> httpSessions =
            new Hashtable<>();
    public static final List<ChatSession> pendingSessions = new ArrayList<>();

    @OnOpen
    public void onOpen(Session session, @PathParam("sessionId") long sessionId) {
        HttpSession httpSession = (HttpSession)session.getUserProperties()
                .get(ChatEndpoint.HTTP_SESSION_PROPERTY);
        try {
            if(httpSession==null || httpSession.getAttribute("username")==null) {
                session.close(new CloseReason(
                        CloseReason.CloseCodes.VIOLATED_POLICY,
                        "You are not logged in!"
                ));
                return;
            }
            String username = (String)httpSession.getAttribute("username");
```

```
                session.getUserProperties().put("username", username);
                ChatMessage message = new ChatMessage();
                message.setTimestamp(OffsetDateTime.now());
                message.setUser(username);
                ChatSession chatSession;
                if(sessionId < 1) {
                    message.setType(ChatMessage.Type.STARTED);
                    message.setContent(username + " started the chat session.");
                    chatSession = new ChatSession();
                    synchronized(ChatEndpoint.sessionIdSequenceLock) {
                        chatSession.setSessionId(ChatEndpoint.sessionIdSequence++);
                    }
                    chatSession.setCustomer(session);
                    chatSession.setCustomerUsername(username);
                    chatSession.setCreationMessage(message);
                    ChatEndpoint.pendingSessions.add(chatSession);
                    ChatEndpoint.chatSessions.put(chatSession.getSessionId(),
                            chatSession);
                } else {
                    message.setType(ChatMessage.Type.JOINED);
                    message.setContent(username + " joined the chat session.");
                    chatSession = ChatEndpoint.chatSessions.get(sessionId);
                    chatSession.setRepresentative(session);
                    chatSession.setRepresentativeUsername(username);
                    ChatEndpoint.pendingSessions.remove(chatSession);
                    session.getBasicRemote()
                            .sendObject(chatSession.getCreationMessage());
                    session.getBasicRemote().sendObject(message);
                }
                ChatEndpoint.sessions.put(session, chatSession);
                ChatEndpoint.httpSessions.put(session, httpSession);
                this.getSessionsFor(httpSession).add(session);
                chatSession.log(message);
                chatSession.getCustomer().getBasicRemote().sendObject(message);
            } catch(IOException | EncodeException e) {
                this.onError(session, e);
            }
        }

        @OnMessage
        public void onMessage(Session session, ChatMessage message) {
            ChatSession c = ChatEndpoint.sessions.get(session);
            Session other = this.getOtherSession(c, session);
            if(c != null && other != null) {
                c.log(message);
                try {
                    session.getBasicRemote().sendObject(message);
                    other.getBasicRemote().sendObject(message);
                } catch(IOException | EncodeException e) {
                    this.onError(session, e);
                }
            }
        }

        @OnClose
```

```
    public void onClose(Session session, CloseReason reason) { ... }

    @OnError
    public void onError(Session session, Throwable e) { ... }

    @Override
    public void sessionDestroyed(HttpSessionEvent event) { ... }

    @Override
    public void sessionCreated(HttpSessionEvent event) { /* do nothing */ }

    @SuppressWarnings("unchecked")
    private synchronized ArrayList<Session> getSessionsFor(HttpSession session) {
        try {
            if(session.getAttribute(WS_SESSION_PROPERTY) == null)
                session.setAttribute(WS_SESSION_PROPERTY, new ArrayList<>());
            return (ArrayList<Session>)session.getAttribute(WS_SESSION_PROPERTY);
        } catch(IllegalStateException e) {
            return new ArrayList<>();
        }
    }

    private Session close(Session s, ChatMessage message) { ... }

    private Session getOtherSession(ChatSession c, Session s) { ... }

    public static class EndpointConfigurator
            extends ServerEndpointConfig.Configurator {
        @Override
        public void modifyHandshake(ServerEndpointConfig config,
                                    HandshakeRequest request,
                                    HandshakeResponse response) {
            super.modifyHandshake(config, request, response);
            config.getUserProperties().put(
                    ChatEndpoint.HTTP_SESSION_PROPERTY, request.getHttpSession()
            );
        }
    }
}
```

10.5.3　编写 JavaScript 聊天应用程序

文件/WEB-INF/jsp/view/chat/chat.jsp 中包含了支持客户聊天的用户界面。许多代码都是用于表示、连接和错误处理，这些在之前的三连棋游戏中我们已经见到过。其中最重要的就是 onmessage 事件和 send 函数，它们分别用于处理接收和发送二进制消息。因为该应用程序使用 JSON 在浏览器和服务器之间发送消息，所以使用文本消息要比二进制消息简单得多。不过，我们尚未见过如何在 JavaScript 中处理二进制 WebSocket 消息，所以本样例将演示这一点。

```
server.onmessage = function(event) {
    if(event.data instanceof ArrayBuffer) {
        var message = JSON.parse(String.fromCharCode.apply(
                null, new Uint8Array(event.data)
        ));
```

```
                objectMessage(message);
                if(message.type == 'JOINED') {
                    otherJoined = true;
                    if(username != message.user)
                        infoMessage('You are now chatting with ' +
                                message.user + '.');
                }
            } else {
                modalErrorBody.text('Unexpected data type [' +
                        typeof(event.data) + '].');
                modalError.modal('show');
            }
        };

        send = function() {
            if(server == null) {
                modalErrorBody.text('You are not connected!');
                modalError.modal('show');
            } else if(!otherJoined) {
                modalErrorBody.text(
                        'The other user has not joined the chat yet.');
                modalError.modal('show');
            } else if(messageArea.get(0).value.trim().length > 0) {
                var message = {
                    timestamp: new Date(), type: 'TEXT', user: username,
                    content: messageArea.get(0).value
                };
                try {
                    var json = JSON.stringify(message);
                    var length = json.length;
                    var buffer = new ArrayBuffer(length);
                    var array = new Uint8Array(buffer);
                    for(var i = 0; i < length; i++) {
                        array[i] = json.charCodeAt(i);
                    }
                    server.send(buffer);
                    messageArea.get(0).value = '';
                } catch(error) {
                    modalErrorBody.text(error);
                    modalError.modal('show');
                }
            }
        };
```

现在编译并启动 Customer-Support-v8 应用程序，并打开两个不同的网络浏览器访问地址 http://localhost:8080/support。同时在两个浏览器登录为不同的用户(记住在 LoginServlet 代码中可以查看可用的用户名和密码)。在一个浏览器中，单击 Chat with Support 请求聊天会话。在另一个浏览器中单击 View Chat Requests，然后单击之前打开的会话。在每个浏览器中输入消息并单击 Send。浏览器页面将如图 10-7 所示。你现在将通过两个浏览器与自己进行交流。

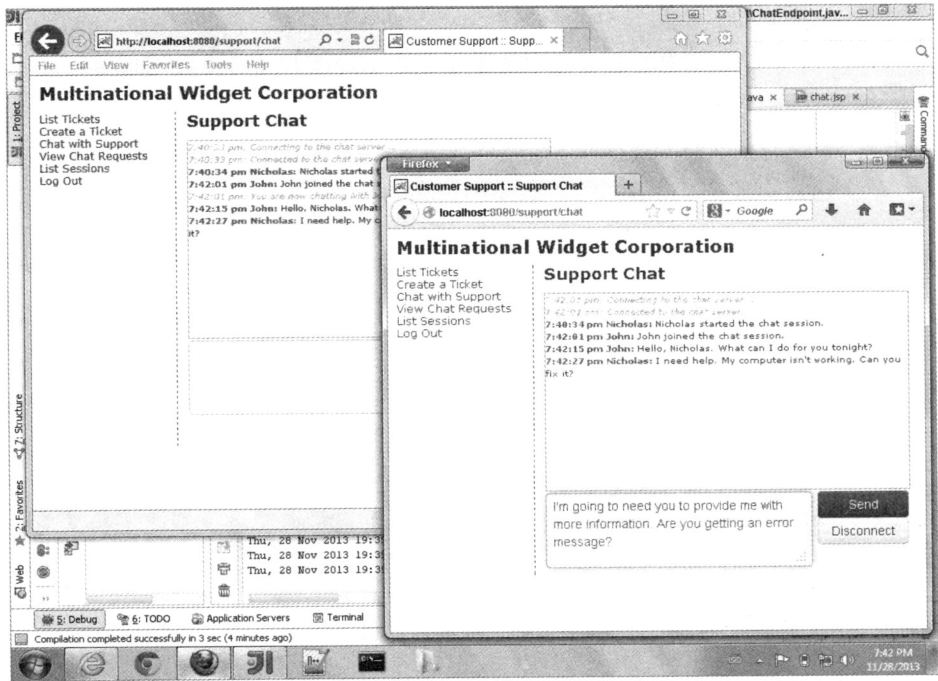

图　10-7

10.6　小结

WebSocket 是网络世界中极其有用和强大的新技术。如同 HTTP 协议在早期经历许多修改一样，WebSocket 协议在接下来的几年中也可能会进行大量的修改。目前，它有一个用于扩展的框架，但没有已实现的扩展。这可能会使越来越多的开发者开始使用该技术。WebSocket 还有众多的用途，本章已经学习了其中的一些。我们创建了三连棋的多人游戏版本，在应用程序群集的节点之间使用 WebSocket 进行通信，并为客户支持应用程序添加支持客户聊天功能。本章还讲解了 WebSocket 出现之前的许多技术，以及 WebSocket 是如何解决这些其他技术无法解决的问题的。现在你应该已经熟悉这个协议以及使用它所必需的 Java 和 JavaScript API。

下一章我们将学习应用程序日志记录的原则以及可用于调试、追踪应用程序和识别错误的技术。

10.6 小结

[illegible]

第11章 使用日志监控应用程序

本章内容：

- 日志相关内容
- 日志级别
- 选择日志工具
- 在应用程序中集成日志
- 在客户支持应用程序中添加日志

本章需要从 wrox.com 下载的代码

访问网址 http://www.wrox.com/go/projavaforwebapps 的 Download Code 选项卡，找到本章的代码下载链接。本章的代码被分成了下面几个主要的例子：

- Logging-Integration 项目
- Customer-Support-v9 项目

本章新增的 Maven 依赖

除了之前章节中引入的 Maven 依赖，本章还需要下面的 Maven 依赖：

```
<dependency>
    <groupId>org.apache.logging.log4j</groupId>
    <artifactId>log4j-api</artifactId>
    <version>2.0</version>
    <scope>compile</scope>
</dependency>

<dependency>
    <groupId>org.apache.logging.log4j</groupId>
    <artifactId>log4j-core</artifactId>
    <version>2.0</version>
    <scope>runtime</scope>
</dependency>

<dependency>
```

```
        <groupId>org.apache.logging.log4j</groupId>
        <artifactId>log4j-jcl</artifactId>
        <version>2.0</version>
        <scope>runtime</scope>
    </dependency>

    <dependency>
        <groupId>org.apache.logging.log4j</groupId>
        <artifactId>log4j-slf4j-impl</artifactId>
        <version>2.0</version>
        <scope>runtime</scope>
    </dependency>

    <dependency>
        <groupId>org.apache.logging.log4j</groupId>
        <artifactId>log4j-taglib</artifactId>
        <version>2.0</version>
        <scope>runtime</scope>
    </dependency>
```

11.1　了解日志的概念

想象一个场景：应用程序中出现了一个问题。根据客户支持提供的精确步骤，每次都可以重现该问题。那么问题在于：一旦在调试器中使用断点，该问题就消失了。这可能意味着(尽管不确定)该问题与多线程有关，使用断点时降低了执行的速度，所以该问题被隐藏了。那么如何才能分析清楚问题的原因呢？对于成功地调试应用程序、解决问题、监控和错误报告来说，应用程序日志是非常关键的。本章将学习日志的一些概念；学习日志门面、API 和实现；在应用程序中集成日志。

11.1.1　记录日志的原因

作为个人的选择，我们不倾向于通过调试器获得栈信息或者一两个变量的值。其中的一个原因是：复杂的数据结构和控制流中的细节信息很容易丢失；我们发现逐步调试程序，与认真思考并添加输出语句、在关键位置进行代码自检的方式相比效率低得多。单击跳过语句要比浏览可疑位置显示的输出花费更长的时间。即使我们已经知道了错误的位置，决定在哪里输出语句的时间仍然要比逐步调试关键区域代码的时间少得多。更重要的是，调试语句会保留在程序中；而调试会话只是暂时的。

Kernighan, Brian W. and Rob Pike.*The Practice of Programming*. Reading: Addison Wesley Longman, Inc., 1999. 119.

记录日志的原因有许多。之前的引文强调了日志的一些重要观点以及调试器的一些缺点。应该注意的是：该书发布之后已经过去了很长时间，调试器也已经经历了长期的发展。今天在 IDE 中触发调试器和逐步调试应用程序执行的简单性都是不可低估的。在许多方式中，Java 调试器都是最好的解决方案，并且目前 Java IDE 中集成的调试器使检测、甚至是修改静态、实例和栈变量都变得非常简单。在大多数 Java IDE 中，当在某个断点暂停时，你可以在运行时执行任意的表达式，并且可以修改、重新编译和重新加载代码而不用重启 Java 虚拟机。

但即使调试如此的强大，它也不足以处理所有的情况。之前描述的前提是：可以获得一个调试器。另外，有时调试器是不可用的。考虑一下这种情况：一个客户问题无法在开发环境中重现，甚至无法在质量保证环境中重现。在大多数情况下都无法使用调试器监控客户生产环境中的应用程序。

让我们面对它：问题的出现是不可预料的。我们希望将应用程序编写得完美，但总会出现这样那样的问题。它们总是会出现的。现在有许多技术和工具可用于检测和减少代码中的问题，但我们永远也无法完全避免它们。所以，计划在不使用调试器的情况下解决问题是合理的。

不过，调试应用程序并不是需要记录日志的唯一原因。通常我们希望获得一些重要事件的通知，例如错误、应用程序配置的修改、不可预料的行为、组件的启动和停止、用户登录、数据修改等。你还可能需要对应用程序进行监控，保证它正常工作和执行一些必要活动。所有这些需求以及更多其他需求都证明了我们应该记录日志。

在 Java 的早期(java.util.logging 直到 Java 1.4 才成为框架的一部分)，许多开发者都使用 System.err.println()和 System.out.println()“记录”错误和感兴趣的信息。甚至在今天，许多应用程序甚至是库中都仍然充斥这样的语句。这些流可以被重定向至不同的文件中，这种做法是有用的，但它们缺少粒度并且“永远启用”的特性会导致日志被快速填满，还会妨碍应用程序的性能。理想的情况下，我们希望使用一些可以自定义、可通过配置显示出很少或者许多信息、可以根据包或类显示不同信息并且不妨碍性能(最重要的)的工具。

11.1.2 在日志中记录的内容

根据之前描述的理想日志系统——可自定义、可配置、可根据包或类变化、性能良好 ——思考你希望在日志中记录的内容。你可能会想到许多东西，事实上在技术上可能性是无限的，但这里有一些基本的想法可供你参考：

- 当应用程序崩溃或者意外退出时，非常有必要在日志中记录尽可能多的细节，所有与崩溃相关的信息。这可能包含消息、栈跟踪、线程转储以及堆转储。JVM 崩溃并不容易记录。大多数时候，系统崩溃的天性会阻止日志机制工作。因此，大多数 JVM 都内建了工具用于在这些事件发生时进行记录。例如，Oracle 和 OpenJDK JVM 中可以添加命令行选项 -XX:+HeapDumpOnOutOfMemoryError，该选项将使 Java 在 JVM 内存溢出时生成堆转储。查询 JVM 供应商的文档获得更多信息。
- 当错误发生时，应该记录关于错误的所有信息(类型、消息、栈跟踪以及错误发生时应用程序在做什么)。然后，在日志的某个地方存储所有重要的数据，只向用户显示一点错误信息，告诉他们发生了错误，但不透漏可能危害系统的信息(例如文件路径或者 SQL 查询)。
- 有时发生的问题并不是错误，也不会阻止操作的执行，但可能应该在稍后引起某些人的注意。这些问题表示了应用程序中一个潜在的但并非绝对的问题。此时应该记录这些情况的类型，包括细节信息和应用程序正在执行的操作。有时，也应该记录栈跟踪信息。你可以将它们看作“警告”。
- 在日志中你可能希望看到一些特定的重要事件。记录一些重要的事件可以帮助你了解系统是否处于正常工作状态，例如实体的创建、组件的启动、成功的用户登录或者任务的执行。
- 当你希望追踪某个问题时，你会希望看到方法和例程执行的细节信息，通常包含相关变量的值。不过，你可能不希望一直看到该数据，并且创建太多数据可能会妨碍性能。

- 在最困难的调试场景中，你可能需要看到进入方法或者退出方法的时间，以及每个方法的参数值和返回值。在执行循环时，你可能每次都需要迭代数据。当在一个高负载应用程序中，可能会含有大量这样的信息，所以你绝对不会希望一直看到它们，并且即使你启用了这种方式，也不会针对所有的方法进行记录。事实上，有时你甚至可能希望将日志细节的类型限制为某个用户或者其他条件。
- 通常你需要审核应用程序中的活动。如果你的领域是安全、医疗保健或者法律，有时法律会强制要求你保存谁在何时做了什么操作这样的记录！有时，你可能会需要一种机制追踪这些信息。不要误解：这只是日志的另一种形式。这种类型的日志可能有独特的功能，并且它可能与其他日志相分离，但它仍然只是日志。

这绝对不是一个详尽的列表。每个开发者和项目的需求都是不同的，并且你可能已经想到了不在列表中的一些东西。不过，这些关键概念对于几乎所有应用程序来说都是通用的，在编写应用程序和设计日志系统时应该记住它们。

11.1.3　日志的写入方式

需要记住一件重要的事情："日志"并不一定就是一个文件。通常当你想到日志时，自然地会想到文件。毕竟，有时日志内容可能会终止在文件的某个位置。但这并不意味着日志内容将被直接写入平面文件中，因为稍后手动读取时会非常困难(如果你愿意这样做的话也可以)。日志可以通过许多方式写入多种媒介中。有时，日志将被同时写入多个位置，或者写入一个主媒介，并在主媒介出现问题时自动切换到备份媒介。有时日志通过异步的方式写入，这样日志信息将进行队列并等待写入，而应用程序可以继续执行。在某些情况下，日志甚至必须是事务安全的，这样如果日志记录失败，那么操作也需要终止。所有这些事情和应用程序的业务需求都影响着日志的写入。

1. 控制台

一种经过时间检验的机制：控制台日志的效率相当于使用 System.out.println()。尽管使用日志系统可以获得许多优势，但日志输出的位置是相同的：标准输出流。关于控制台日志，除非使用操作系统工具将进程的标准输出重定向(经常发生)，控制台的内容将在应用程序退出或者数据大小超出了控制台缓存之后消失。不过，在开发周期中，当其他机制无效时，控制台日志可能是极其有用的。对于大多数应用程序来说，它几乎总是被设置为故障日志机制(至少)。

2. 平面文件

另一种传统的日志方法：平面文件，它可能是写入日志的最简单媒介，并且是读取日志最困难的媒介。与控制台日志相比，平面文件主要的优点在于它们天生是持久化的(直到删除它们)，但这也是它的缺点。

通常，平面文件日志为每个日志条目记录一行信息，但因为日志消息有时会占据多行(如栈跟踪)，所以可能很难将这种模式应用到编程中。标准的平面文件日志使人眼很容易阅读，但几乎不能过滤或者筛选。现在有一些扁平文件日志的变种，它们在某些情况下稍微改进了这个问题：

- XML 日志将使用标准化的 XML 语法持久化所有的日志事件。这种方法主要的优势在于它既是人类可读的也是机器可读的，这意味着可以编写程序读取日志内容并在显示的时候应用过滤。不过，XML 是一种极其臃肿的格式，它可能会三倍于或者四倍于原始文件的大小。

- JSON 日志类似于 XML，不过它使用 JavaScript 对象标记格式保存日志内容。这意味着与 XML 相比，它稍微简洁一些，但另一方面对于人类来说它的可读性也稍差一些。
- 在 Linux 操作系统中，syslog 是一种所有进程都可以写入的设备。它的规范超出了本书的范围，但实际上日志事件被写入到由操作系统日志工具管理的平面文件中，并以一种标准化格式保存在中央位置。Windows通过Windows事件日志提供了类似的功能，它的数据以XML格式存储，可以通过操作系统内建的日志查看器进行访问。

滚动文件的概念可以被应用于所有这些模式(如果使用的是 syslog 或者事件日志，那么它们将自动使用滚动文件)。如果我们创建的日志系统使用的是滚动文件，那么它将周期性地改变记录日志的文件。有时滚动操作是基于时间的——例如，Tomcat 每天都会创建一个新的日志文件 ——而有时滚动操作是基于文件大小的，当日志文件达到一定规模时，日志文件将被重名为一个含有序号的文件，并开始启用新的日志文件。

3. 套接字

作为一种记录日志不太常用的方法，套接字在某些情况下是非常有用的。日志事件将被转换成某种可通过网络进行传输的格式，然后通过网络发送到一些其他位置。有时接收应用程序在相同的机器上；有时它在相同网络的不同机器上；有时它在一个不同的网络中(甚至是世界的另一边)。几乎在所有的情况中，套接字连接的另一端都是一个专门的日志服务器，它的唯一目的就是接收日志并以某种方式持久化日志。

4. SMTP 和 SMS

尽管为日志事件发送电子邮件听起来有些奇怪，但有的时候，你会非常希望在应用程序发生错误时得到通知。电子邮件和 SMS 日志通知很少应用在普通的日志事件上。在作者见过的所有案例中，电子邮件和 SMS 都被保留用于严重的应用程序错误，例如导致系统操作终止或者引起组件无法启动的异常。它将通知系统管理员应用程序中存在必须立即解决的问题。

5. 数据库

出于某些原因，现在将日志写入数据库中变得非常常见。数据库是高效的，并且存储方式是事务安全的(易于查询和过滤)。如果记录的是审核数据，那么就必须使用数据库存储这些日志。将日志写入数据库的缺点也非常明显。第一个缺点就是速度：将数据写入索引表中会引起网络栈的开销，与写入文件相比写入数据库也要慢得多(在小规模的情况下)。然后是数据库大小：许多数据库都会限制它们可以保持的数据，即使这些限制被取消，它们的性能也可能会发生剧烈的变化。写入操作可能需要花费接近一秒的时间或者更多时间。对于可以轻松过滤的日志来说，这是一个不可接受的代价。

而 NoSQL 数据库与关系数据库相比，被用作日志系统时就少了许多问题。这些数据库以非关系的方式存储数据，这将会避免许多开销，它们在存储数百 GB 甚至是 TB 级别数据时仍然可以保持良好的性能。毫无疑问，完成这种任务最流行的数据库就是 MongoDB——一个 NoSQL 文档数据库。该数据以二进制 JSON 格式存储数据(BSON)，这是一种压缩和存储数据的高效方式。

MongoDB 牺牲了读性能——在过滤大数据集时它可能是非常慢的——取而代之的是良好的写入性能。当数据大小超过几个 GB 时，在 MongoDB 中插入数据要比流行的关系数据库系统快上几个数量级。这对于日志系统来说是一个极大的优势，因为我们希望对应用程序的影响越小越好。如同大多数其他文档数据库一样，MongoDB 不是完全 ACID 兼容的，但如果你能构造出正确的文档结构的话，就可以如同 ACID RDBMS 一样减小丢失数据的可能性。

11.2 使用日志级别和分类

之前的小节中，我们学习了日志的概念，包括在应用程序日志中希望看到的不同信息类型的概览。当你在学习该主题时，很快就会明白日志事件有着不同的类型和严重程度，并且不是所有的类型都会一直被记录到日志中。这个概念通常被称为日志级别。有时，级别并不足以满足需要。通常你需要从应用程序的特定部分获得最精细的日志细节，而不是整个应用程序的日志。如果可以对日志事件进行分类，那么日志数据将变得更加有用。本节将讲解日志级别和分类。另外，还将讲解日志筛选的概念和它与日志分类的关系及区别。

11.2.1 使用不同日志级别的原因

可能你已经得到了答案。目前到本章为止，我们已经识别了许多应该包含在日志中的信息；其中一些表示了严重的错误，而其他类型代表了极其精细和大量的调试细节。如果一直保留这些细节，那么日志文件将可能以每秒数兆的速度增长(相信我，我曾见到这样的事情发生过)。这不只会严重地妨碍应用程序的性能，还会使日志变得无用。当应用程序执行的每秒钟内都有数兆的日志数据产生时，那么几乎等于没有任何日志。

级别表示了日志事件的严重或者相对重要性。这里使用了单词“相对”是因为：一个日志级别可能比另一个日志级别更重要或者不那么重要。日志级别的名字并未定义消息的实际重要性；它只是定义了消息与其他消息相比的相对重要性。在某些系统中，日志级别只不过是整数而已。而在另外一些系统中，日志级别被分配了名字，它们提供了一定的语义有效性。日志级别并没有约定的数字、顺序或者名称。你使用的系统几乎都可以对它们进行不同的定义，这取决于你觉得哪种方式更好。

11.2.2 定义的日志级别

尽管没有约定好的标准，但为 Java 应用程序编写的大多数日志系统仍然存在着一些常见的模式。通常它们为日志级别赋予的名字都具有高级的含义，大多数系统中都使用了 6 到 10 个不同的级别。表 11-1 列出了大多数通用的类型(按照从最严重到最普通的顺序显示)，并列出了 java.util.logging.Level 中定义的对等常量。

表 11-1　常见日志级别

通用名称	级　别	常量语义
致命错误/崩溃	没有对等的常量	表示一种最严重形式的错误。通常这些错误会导致系统崩溃或者提前终止
错误	SEVERE	表示发生了严重的问题
警告	WARNING	表示发生了一些可能是也可能不是问题的事件，并且可能需要进行检查
信息	INFO	表示信息级别的日志，这些日志对应用程序监控和调试来说是非常有用的

(续表)

通用名称	级　别	常量语义
配置细节	CONFIG	这个级别的事件通常包含了配置信息的细节。在应用程序或者组件启动时经常会看到这个级别的事件
调试	FINE	表示调试信息，其中通常包含了变量值
Trace Level 1 Trace Level 2	FINER FINEST	这些级别代表了应用程序追踪的不同级别。许多日志框架都指定义了一个追踪级别。分别使用这些级别的一种可能方式是：在记录执行的 SQL 语句时使用 FINER，在记录进入和退出方法调用时使用 FINEST

需要注意的是，这些样例都是基于一个特定的日志系统的：Java SE API 中内建的 java.utillogging。但 Java 编程范围内外还有许多不同的日志系统，它们每个都定义了稍有不同的日志级别集合。某些系统(例如 java.util.loggin)允许扩展和定义更多的级别。而另一些系统则不允许。

作为日志级别的不同集合，请考虑 Apache HTTPD 2.2 服务器日志中定义的日志级别：emerg、alert、crit、error、warn、notice、info 以及 debug(版本 2.4 添加了另外 8 个级别：从 trace1 到 trace8)。与调试级别数目相比，非正常活动级别数目比例的不均衡突出了该系统的根本区别：在这里，区分出众多不同类型的错误要比区分出不同类型的调试信息更加重要(尽管在稍后的版本中这已经改变了)。同样的，你的需求也可能随着应用程序用例的不同而变化。

11.2.3　日志分类的工作方式

日志分类的概念比日志级别要稍微抽象一点。在几乎所有的 Java 用例中(包括本章看到的所有样例)，日志分类都由命名记录器实例表示，并且每个记录器都可以分配一个不同的级别。通过这种模式，两个不同的类可以具有两个不同的记录器：可以将一个设置为日志追踪数据，而另一个只记录警告。事实上，这正是大多数用例中分类的用法：在开发时，每个类都有自己的记录器，通常使用完全限定类名命名。通常建立记录器层次时，要使未定义级别的记录器继承某些父亲记录器的级别，这取决于具体的日志系统。

11.2.4　筛选的工作方式

日志筛选在概念上类似于日志分类，但工作的目的稍有不同。通过使用日志筛选，不同类型或者起源的事件将被记录到不同的位置(不同的文件、不同的数据库表或者文档等)。在某些方面，这与分类的想法是类似的，区别在于：分类通常会定义不同的日志级别而不是不同的日志目标。许多日志框架都允许使用分类进行日志筛选，从而通过一个特性解决了两个问题。其他系统则提供了使用分类和其他日志事件属性进行筛选的能力(通常由某些类型的过滤器所决定)。在 Java 中，所有主要的日志框架都(至少会)支持通过日志分类进行筛选(如果不支持更多日志事件属性的话)。在下面的两节内容中我们将学习更多关于日志筛选的话题。

11.3　选择日志框架

在了解了应用程序的日志需求之后，下一个任务就是选择日志框架。这并不意味着就是使用第三方框架——它也可能意味着要创建自己的框架。不过，在几乎所有的情况中，经过业界测试的日志框架都可以满足个人的需求，这意味着创建自己的框架是一件不必要的任务。在本节我们将学习两个需要牢记的重要准则，然后学习一些现有的日志框架。

11.3.1　API 和实现

请考虑这个场景：你已经编写了一个包含了数千个类的庞大企业级应用程序。这些类(不是 POJO)中的许多都使用了日志。在经过认真的研究之后，你选择并将一个业界标准日志系统集成到应用程序中。在应用程序上线一个星期之后，系统的项目师团队通知你选择的 syslog 输出是不足的，它需要使用数据库日志。遗憾的是，你已经选择的日志系统并不支持数据库日志。那么应该怎么办呢？你可以选择扩展日志系统，但现在现实中已经有非常好的日志系统存在，并且已经支持了数据库日志，所以可以考虑采用该系统。不过，如果这样做的话，就需要对数千个类进行修改，让它们都改用一个不同的日志系统。这个工作可能会花费几个星期的时间并花费公司数万美元。

该场景中潜在的问题是：它使用的日志 API 被紧密地绑定到了具体的实现中。如果不修改应用程序中所有使用日志的代码就无法替换日志实现。如果希望避免这个问题，可以编写一个简单的日志 API 隐藏底层的框架，而不是在代码中直接使用框架代码。然后，在更换框架时只需要修改 API 中的几个类即可；其他应用程序可以继续使用该 API 用于记录日志。幸亏，这并不是日志框架世界中的一个新概念，你甚至可能没有机会自己编写这样的 API。

Java 平台中内建的标准 java.util.logging 框架就是这样一个将日志 API 和实现分离的样例。在收到请求时，java.util.logging.LogManager 类将负责创建和返回 Logger 实例，并代表默认实现进行操作。开发者可以扩展 LogManager，并通过指定系统属性提供标准日志 API 的另一个实现。

标准实现具有可以写入文件、流、套接字、控制台甚至是内存的处理器。那么你可能会好奇，我们为什么不能仅仅使用标准日志设备。简单的答案是“你可以”。在许多情况中和许多应用程序中，内建的日志系统是完全足够的。不过，它有一个关键的缺点，如果在 Web 应用程序中使用的话，它会变得非常难于使用：它从系统属性中加载配置而不是类路径。因此，部署在相同容器实例中的两个 Web 应用程序不可以有不同的日志配置，除非容器扩展了基本的日志实现。Tomcat 是这样做的，但并非所有的日志都是这样，所以依赖这一点应用程序将变得不可移植。相反，最好找到一些使用了独立 API 和实现的其他解决方案。

11.3.2　性能

明显，无论开发应用程序的哪个部分，都要对性能进行充分考虑，日志也不例外。请思考一下向文件、套接字、数据库写入或者发送电子邮件的过程。这些任务将会花费许多时间在阻塞上，等待输入/输出操作完成，而阻塞是一个时间敏感的情况。没有办法绕过它：记录消息需要时间，并且大多数时间都不受个人控制，而是受操作系统的控制——这意味着无法单独通过软件的方式对它进行加速。

但如果真的有足够重要的消息需要记录，那么你可能也不会在意它会增加数毫秒的时间。所以为什么性能还是非常重要的呢？关键在于：在记录日志时花费一些时间并没有关系；但在日志被禁用时，是否花费大量的时间就非常重要了。你可能会在代码中充满了追踪、调试和信息级别的语句，但这些语句大多数情况下你都不会希望看到它们。基本上你并不希望这些操作执行，除非启用了某个具体的级别。

下面是日志系统能够正常运行的关键情况：

- 在调试级别日志被禁用时调用 debug 方法，该操作不应该花费毫秒级的时间——而是应该在纳秒级别或者更少时间。
- 在选择一个性能良好的系统时，你应该在代码中填满日志语句，然后关闭日志，并观察应用程序的响应时间是否有可感知的变化。这是在选择日志系统时应该注意的关键性能指标。

当然，启用日志时良好的性能也是值得称赞的，但如果日志关闭之后性能变得糟糕的话，那就没有意义了。

11.3.3　Apache Commons Logging 和 SLF4J

Apache Commons Logging(http://commons.apache.org/proper/commons-logging/)和 Simple Logging Façade for Java(http://www.slf4j.org/)都是开源的、简单的日志 API。这两个 API 都未包含任何实现代码。相反，开发者希望挑选一个符合该 API 的日志框架。在 Maven 项目中，Commons Logging or SLF4 JAPI 通常被赋予 compile 作用域，而它的实现将被赋予 runtime 作用域，从而完全避免了应用程序直接使用底层实现的情况。

尽管这两个 API 都包含了几个类，但每个 API 中真正直接使用的只有两个类。在 Commons Logging 中，LogFactory 类有两个静态的 getLog 方法，用于返回已命名的 Log。类 Log 含有分别用于记录调试、信息、警告、错误以及其他级别消息的方法。SLF4J 也非常类似。它的 LoggerFactory 类的静态 getLogger 方法将返回 Logger，其中包含了用于记录各种不同级别消息的方法。SLF4J API 更加灵活，因为它的 Logger 类中的所有记录方法都支持标记、格式化语法字符串和参数。稍后本节将进行详细讲解。

这两个 API 在库中得到了大量的应用，它们也是日志领域中最流行的两个 API。不只是应用程序代码需要日志。通常应用程序使用的库，尤其是像 Spring Framework 或者 Hibernate 这样的复杂库，也需要记录消息。日志可以帮助库的使用者了解发生了什么事情，并可以帮助在应用程序出错时追踪问题的原因。不过，因为在使用库时只是使用了它们的代码，而不是执行它们，所以它们无法得知(也不关心)日志实际的运行方式。

现在让我们了解一下 Commons Logging 和 SLF4J API 的行为。这两个日志 API 都不含任何实现；相反，它们提供了多个日志框架的适配器。在运行时，它们将检查实际使用的日志框架(通过惯例或者配置)，并启动合适的适配器，将 API 中的日志事件转换成实现的日志事件。Commons Logging 为 Avalon、java.util.logging、Log4j 1.2 和 LogKit logging 都提供了适配器。SLF4J 为 Commons Logging、java.util.logging 和 Log4j 1.2 logging 提供了适配器。当 API 未发现支持特定日志框架的适配器时，通常日志框架会为它自己提供适配器。例如，Logback 就是一个用于 SLF4J 中的流行实现，它自己就提供了 SLF4J 的适配器绑定。在最糟糕的场景中，我们可以轻松地为这两个 API 编写出自定义适配器。

多年来，Log4j 一直是最流行的日志框架，它可以单独使用或者结合 Commons Logging 和 SLF4J 一起使用(它通常与 Commons Logging 一起使用)。不过，Log4j 有一些缺点，特别是它的接口很窄(没有标记、没有消息格式化、没有消息参数)并且还存在性能问题。出于对不同 API 和框架的不满意才导致了 SLF4J(对 Commons Logging 的改进)和稍后 Logback 的出现。Logback 自诩含有极其有用的接口、性能良好的实现，以及证明它稳定性和性能的大量测试。它出现不长时间，Log4j 2——Log4j 的继任者就出现了，它的目标是改进 Log4j 框架的接口和性能。

11.3.4　Log4j 2 简介

Log4j 2(http://logging.apache.org/log4j/2.x/)在 2014 年 2 月发布，它是对 Log4j 的一个巨大改进。它包含了重大的性能改进、得到极大扩展的接口和为这一切改进所执行的大量测试。另外，API 和实现被完全分离了。API 指定了开发者用于记录消息的接口，还提供了用于创建底层实现的挂钩。

当然它也有默认的实现，但应用程序的开发者和其他日志框架都可以随意地使用该 API 的挂钩，在底层使用其他日志实现。因为现在有如此多可用的日志框架，而 Log4j 2 项目还非常年轻，所以在编写新的库时仍然应该使用 Commons Logging 或者 SLF4J 作为日志 API。这是因为：你无法得知库的使用者所采用的日志框架，并且这些日志框架更可能含有 Commons Logging 或者 SLF4J 而不是 Log4j 2 的适配器。不过，在编写应用程序时可以考虑采用 Log4j 2。直接针对 Log4j 2 API 编程可以提供更大的灵活性，并且还可以提供更佳的性能(取决于使用的方式)，而且还不会丢失切换底层日志实现的功能(如果需要的话)。

注意：Log4j 2 在它的网站上显示了几个性能指标。最重要的指标——关闭日志时的性能——非常引人注目：在中等硬件上，关闭调试级别日志时，调用 isDebugEnabled 使用了 3 纳秒，调用 debug 使用了 4 纳秒。在应用程序中添加有用的消息日志需要花费十亿分之 4 秒。这意味着，禁用了所有调试日志后，应用程序需要执行 250 000 次调试方法才能增加执行时间 1 毫秒，或者每秒执行 250 000 000 次调试方法才能使执行时间加倍。

Log4j 2 与 Logback 相比，它们的性能大致上是相同的，但 Log4j 2 真正擅长的地方在于日志过滤器。测试表明：在一个多线程应用程序中，当过滤器处于活跃状态时，Log4j 2 要比 Logback 快上一个或多个数量级。

在本书的其余部分内容中，我们将使用 Log4j 2 API 和 Log4j 2 核心实现记录日志(在真实世界的场景中，我们应该针对项目的需求进行评估并决定使用哪个 API 和实现最有利)。毫无疑问，你已经注意到本章之前添加了 5 个 Log4j 2 Maven 依赖。下面是对每个依赖的描述：

- log4j-api 提供了日志的 API。它是唯一需要添加到应用程序编译作用域中的 Log4j 依赖，因为它只包含了用于编码的类。
- log4j-core 包含了标准的 Log4j 2 实现，当你在本章的其余部分中学习 Log4j 2 的配置时，它是我们配置的标准实现，而不是 API。API 不要求任何配置。
- log4j-jcl 是一个支持 Commons Logging API 的适配器。在本书的剩余部分使用的几个库中，它们使用的是 Commons Logging API，并且该适配器将使用 Log4j 2 作为 Commons Logging 的实现。
- log4j-slf4j-impl 是一个 SLF4J 实现适配器。在本书的剩余部分使用的几个库中，它们使用的是 SLF4J API，并且该适配器将使用 Log4j 2 作为 SLF4J 的实现。
- log4j-taglib 是一个在 JSP 页面中包含 JSP 标签库用于日志记录的适配器。如同之前的 3 个依赖一样，编写应用程序代码时将依赖设置为运行时作用域即可，因为我们不需要针对它进行编程。不过，如果你准备配置一个构建来编译 JSP，那么需要在 JSP 编译过程中将该依赖设置为编译作用域。

Log4j 2 实现有几个关键的概念一定要了解。尽管该 API 暴露出了这些通用概念中的一些(在适用的地方将会提示)，但是它与实现的继承才真正使这些特性成为可能。

不使用 Commons Logging 或者 SLF4J 的原因

此时，你可能会想到之前提到的场景——需要快速地切换日志实现。通过 Log4j 2 API 可以实现这一点，但并不容易。毫无疑问地，该 API 编写的时候是与实现结合在一起的。那么为什么不使用 Commons Logging 或者 SLF4J，而是使用 Log4j 2 呢？

Commons Logging API 和 SLF4J API 都不如 Log4j 2 API 完整，特性也没有 Log4j 2 API 丰富。选择 Commons Logging 或者 SLF4J 就意味着放弃了一些特性，例如致命日志、任何级别日志、自定义级别日志、简单方法进入和退出日志以及含有参数的消息格式化。在独立的库中使用日志门面比在应用程序中使用这种模式更加重要。如果你愿意牺牲一些 Log4j 2 特性，那么当然可以选择 Commons Logging 或者 SLF4J，而不是 Log4j 2 API。另一方面，如果希望使用所有 Log4j 2 的特性，并且也希望使用日志门面，那么可以创建自己的门面用于匹配 Log4j 2 API。这个选择在于自己。至于本书，我们将直接使用 Log4j 2 API。

1. 配置

Log4j 2 实现是完全自配置的。最多只有一件事情是必须做的：在代码的日志语句中使用 Log4j 2。默认，Log4j 2 可以将自己配置为记录错误和更高级别的日志，并将消息记录到控制台中。只有在下面所有定位显式配置的步骤都失败时，它才会这样做：

(1) 检测 log4j.configurationFile 系统属性，如果属性存在，就从它指定的文件中加载配置。

(2) 在类路径上寻找名为 log4j2-test.json 或者 log4j2-test.jsn 的文件，如果文件存在，就从该文件加载配置。

(3) 在类路径上寻找名为 log4j2-test.xml 的文件，如果文件存在，就从该文件加载配置。

(4) 在类路径上寻找名为 log4j2.json 或者 log4j2.jsn 的文件，如果文件存在，就从该文件加载配置。

(5) 在类路径上寻找名为 log4j2.xml 的文件，如果文件存在，就从该文件加载配置。

优先使用含有-test 文件的原因很简单：执行单元(或者其他)测试时，这两个文件应该都在类路径上。下一节我们把它集成到 Web 应用程序中，通过这种方式学习 Log4j 2 的配置。

2. 级别

在 org.apache.logging.log4j.Level 类中，Log4j 2 定义了 6 个日志级别和两个具有特殊含义的级别，类中按照优先级列出了这些级别：OFF、FATAL、ERROR、WARN、INFO、DEBUG、TRACE、ALL。注意 OFF 和 ALL 并非是在实际应用程序中会使用的级别；相反，需要将这些级别赋给一个特有的 org.apache.logging.log4j.Logger 或者 org.apache.logging.log4j.core.Appender，OFF 意味着“不记录任何信息”，而 ALL 意味着“记录所有消息”。Level 将根据需要通过 API 暴露出来，但如何使用级别控制消息的记录是在具体实现中配置的。

开始的时候 Level 是一个枚举类型，意味着它不可被扩展。不过在 Log4j 2 发布不久，Level 就从枚举变成了一个含有私有构造函数和工厂方法 forName(String name，intLevel)的不可变类。如果已有 Level 存在，该方法将返回它，否则创建一个新的 Level。在通过桥梁 API 进行记录时，枚举 org.apache.logging.log4j.spi.StandardLevel 可以帮助将创建的自定义 Level 映射到标准级别上。对于给定的名称来说，总是只有一个实例存在。这意味着使用下面的技术可以轻松地创建自己的自定义 Level，并且可以使用==操作符而不是 equals 方法比较 Level 的值。

```
public final class CustomLevels
{
    public static final Level CONFIG = Level.forName("CONFIG", 350);
    public static final Level NOTICE = Level.forName("NOTICE", 450);
    public static final Level DIAG = Level.forName("DIAG", 550);
}
```

3. 记录器

在 Log4j 2 中记录器和分类是同义词，必须在所有需要记录日志的类中使用 Logger 类。通过调用 org.apache.logging.log4j.LogManager 的 getLogger 方法可以获得一个 Logger。获得了 Logger 实例之后就可以记录错误、警告和其他消息。Logger 名称定义了日志的分类，按照惯例，它的名称应该是使用 Logger 的类的完全限定类名。

使用相同的名称或类调用 getLogger 多次将得到完全相同的 Logger 实例，而不是同名的多个实例(换句话说，Logger 被缓存了)。任何两个不同的 Logger 都可以设置不同的级别，并且可以被赋给 0 个或者多个 Appender。Log4j 2 中 Logger 的名称遵守点分隔层次，更具体的 Logger 将继承祖先 Logger 的 Level 和 Appender。表 11-2 演示了这一点。该表只演示了 Level，但对于 Appender 来说这个继承规则是完全相同的。被赋予的 Level 列代表了你可以在 Log4j 配置中赋予的级别。

表 11-2　Log4j 2 Logger 的继承层次

Logger	被赋予的级别	有 效 级 别	继承下来的级别
root (special)	WARN	WARN	n/a
com	–	WARN	root
com.wrox	INFO	INFO	–
com.wrox.chat	DEBUG	DEBUG	–
com.wrox.shop	–	INFO	com.wrox
com.example.test	–	WARN	root

4. 日志存储器

Appender 负责将日志内容写入它们的目标中。在赋给 Logger 时，Appender 的继承规则与 Level 相同，唯一的区别在于：该继承还有一个 additivity 属性用于决定 Appender 是添加还是覆盖其继承下来的 Appender。

例如，如果 root 记录器被赋给了一个控制台 Appender，而 com.wrox 被赋给了一个文件 Appender，那么写入 com.wrox、com.wrox.chat 和其他记录器的日志消息将同时被输出到控制台和文件，而写入

root 或者 com.example.test 记录器的消息将输出到控制台。不过，如果将 com.wrox 的 additivity 属性设置为假，那么写入 com.wrox、com.wrox.chat 和其他记录器的日志消息将只被写入文件(它们将在这个 Appender 上停止)。如果 com.wrox 的 additivity 属性仍然是假，并且 com.wrox.shop 有一个 additivity 属性被设置为真(默认)的 syslog Appender，那么写入 com.wrox.shop 的消息将输出到 syslog 和文件，但不会输出到控制台。

5. 布局

Appender 经常使用 Layout 决定如何对输出进行格式化。布局最常见的类型就是基于模式的布局，它定义了一系列在输出时可用日志消息数据替换的记号。可用的还有 HTML、XML、syslog 和序列化布局等，这里仅举出几个例子。下一节我们将学习 PatternLayout 相关的更多知识。

6. 过滤器

不要将 Log4j 2 过滤器与 Servlet 过滤器混淆，它提供了一种机制用于检查日志消息是否应该或者如何被输出。Filter 执行的结果可以是 ACCEPT、DENY 或者 NEUTRAL 之一，正如网络防火墙一样。ACCEPT 表示该消息应该被输出，所有其他的过滤器应该被忽略。如果 Filter 的评估结果是 ACCEPT，那么消息级别将被忽略，即使日志消息的级别不够高，它也将被记录下来。DENY 表示的意思完全相反：它意味着消息将立刻被拒绝，接下来的过滤器也没有机会再对消息进行评估。NEUTRAL 表示过滤器不接受也不拒绝该消息，其他过滤器可以进一步对它进行评估。

在 Log4j 2 配置中，过滤器可以被附加到架构的 4 个不同阶段中：上下文配置、Logger 配置、Appender 引用或者 Appender 配置。当消息被记录时，它的上下文范围内的过滤器将按声明的顺序对消息进行评估。这发生在级别评估之前。假设上下文过滤器返回的结果是 NEUTRAL，那么它的级别将对它进行评估。如果它通过了级别评估，Logger 配置中的过滤器将对它进行评估。在此之后是 Appender 引用过滤器，它将决定 Logger 是否应该将消息路由到特定的 Appender(例如，这可用于将消息筛选到不同的文件或者数据库表中)。最后，每个 Appender 上的过滤器将决定 Appender 是否应该输出该消息。

过滤器可以对所有此类信息进行操作。一个常见的模式是：在日志消息中包含 Marker 对象，并使用过滤器检查这些 Marker 对象(这在筛选时尤其有用)。过滤器还可以查看消息的内容、消息类型、消息中附加的异常和当前运行线程中存储的数据，这里仅仅举出了一些例子。另外，过滤器可以使用一些与当前消息无关的信息决定是否在消息上执行评估，例如系统时间。下一节将会显示一个配置过滤器的样例。

11.4　在应用程序中集成日志

使用和配置 Log4j 是相当简单的任务。如最后一节所描述的，可以使用尽可能少的配置，直接在应用程序中使用日志语句：

```
private static final Logger log = LogManager.getLogger();

@Override
protected void doGet(HttpServletRequest request, HttpServletResponse response)
```

```
        throwsServletException, IOException
    {
        if(request.getParameter("action") == null)
            log.error("No action specified.");
    }
```

Log4j 2 可以使用默认的配置进行设置，并开始将日志消息输出到控制台中。当然，默认的配置可能无法满足你的需求。可能你需要记录的不只是错误消息(你可能还需要警告和信息消息)，也可能你需要将日志写入到除控制台之外的某些地方。通过配置文件可以轻松地实现这些目标。

注意： 如果你习惯于配置 Log4j 之前的版本，那么你应该记住两个重要的事情。第一，*Log4j 2* 不再支持通过 Java 属性文件进行配置。必须使用 XML 或者 JSON。第二，*Log4j 2* 的 XML 模式与 *Log4j* 的 XML 模式不再相同。如果应用程序中已经有了 log4j.xml 文件，那么不能仅仅是将它重命名为 log4j2.xml，还必须采用新的配置模式。

11.4.1　创建 Log4j 2 配置文件

记住：Log4j 2 将寻找两个不同的配置文件(log4j2 和 log4j2-test)，并且它支持这两个配置文件的 3 种不同扩展(.xml、.json 和.jsn)。.json 和.jsn 扩展都是 JSON 格式配置。与 XML 配置相比，JSON 配置更易于阅读和编写，所以如果你希望通过编程的方式创建 Log4j 2 配置，那么 JSON 可能正是你应该采用的方式。如果选择手动创建自己的配置，那么 XML 是更简单的选择，所以此时可以采用 XML。你可以使用 wrox.com 代码下载站点中的 Logging-Integration 项目。

该项目非常简单，它包含了一个 Servlet，其中包含了一些可以正确执行的方法，还有一些不可以正常执行的方法。首先必须要做的是创建正确的配置文件。当你在创建标准的配置文件时，它还将影响单元测试运行时日志的行为。因为标准配置文件将指示 Log4j 2 把日志输出到文件，并且可能你不希望运行单元测试，所以你首先应该在项目的 test 文件夹的 resources 的目录中创建一个 log4j2-test.xml 文件：

```
<?xml version="1.0" encoding="UTF-8"?>
<configuration status="WARN">
    <appenders>
        <Console name="Console" target="SYSTEM_OUT">
            <PatternLayout
                    pattern="%d{HH:mm:ss.SSS} [%t] %-5level %logger{36} - %msg%n"/>
        </Console>
    </appenders>
    <loggers>
        <root level="debug">
            <appender-ref ref="Console"/>
        </root>
    </loggers>
</configuration>
```

注意： Log4j 配置文件没有官方正式的 XML 模式。你可以使用的 XML 格式是非常灵活的，也可以随着类路径上扩展和插件的不同而变化，因此，该配置文件不可以严格地按照模式进行验证。在 Log4j 配置文件中可以找到更多关于有效 XML 元素和特性的信息，地址为 http://logging.apache.org/log4j/2.x/manual/configuration.html。

该配置文件几乎与隐式的默认配置一致。唯一的区别是配置状态 Logger 的 Level 从 OFF 变成了 WARN，root Logger 的 Level 从 ERROR 变成了 DEBUG，这两个改动都更适合于测试环境。

你已经熟悉了 root Logger(Log4j 2 中所有 Logger 的祖先)，但你可能会好奇配置状态 Logger 是什么。当事情出现问题时，Log4j 也需要记录一些消息。它通过一个成为 StatusLogger 的特殊 Logger 完成这个任务。该 Logger 唯一的目的就是当日志系统自身出现问题时记录一些发生的事件。例如，创建的套接字 Appender 无法连接到它的目标服务器。此时，它将使用 StatusLogger 记录这个失败事件。StatusLogger 默认的设置为 OFF，它将抑制日志系统的所有消息。这里，该级别已经被修改为 WARN(通过修改<configuration>元素的 status 特性)。

在创建了合适的测试配置之后，接下来在项目的 source 文件夹的 resources 目录中创建一个 log4j2.xml 文件：

```
<?xml version="1.0" encoding="UTF-8"?>
<configuration status="WARN">
   <appenders>
      <Console name="Console" target="SYSTEM_OUT">
         <PatternLayout
               pattern="%d{HH:mm:ss.SSS} [%t] %-5level %logger{36} - %msg%n"/>
      </Console>
      <RollingFile name="WroxFileAppender" fileName="../logs/application.log"
               filePattern="../logs/application-%d{MM-dd-yyyy}-%i.log">
         <PatternLayout>
            <pattern>%d{HH:mm:ss.SSS} [%t] %X{id} %X{username} %-5level
%c{36} %l: %msg%n</pattern>
         </PatternLayout>
         <Policies>
            <SizeBasedTriggeringPolicy size="10 MB" />
         </Policies>
         <DefaultRolloverStrategy min="1" max="4" />
      </RollingFile>
   </appenders>
   <loggers>
      <root level="warn">
         <appender-ref ref="Console" />
      </root>
      <logger name="com.wrox" level="info" additivity="false">
         <appender-ref ref="WroxFileAppender" />
         <appender-ref ref="Console">
            <MarkerFilter marker="WROX_CONSOLE" onMatch="NEUTRAL"
                     onMismatch="DENY" />
         </appender-ref>
      </logger>
```

```
        <logger name="org.apache" level="info">
            <appender-ref ref="WroxFileAppender" />
        </logger>
    </loggers>
</configuration>
```

这里有一些新鲜和有趣的内容。第一，这里使用了滚动文件 Appender 将日志输出到 Tomcat logs 目录中的 application.log 文件(假设此时 IDE 是从 bin 目录中启动 Tomcat 的，这是常见的行为；在真实世界的场景中，你会希望这些路径是可配置的)。尽管 Log4j 2 有一个更简单的文件 Appender 用于输出日志到文件，但是该 Appender 在一种或多种情况下可以自动滚动文件，例如日志达到了特定的大小、日期变化、应用程序启动或者这几个情况的任意组合。在本例中，Appender 被设置为每当文件大小达到 10MB 时就滚动日志文件，并保持不超过 4 个备份日志文件。

注意： 如果在运行应用程序时，无法在 Tomcat 的 logs 目录中找到 application.log 文件，那么请尝试将相对路径修改为系统目录的绝对路径，然后重启应用程序。

PatternLayout 有许多模式可用于记录日志事件信息，我们可以在 Log4j 布局文档中了解所有的模式(和其他的布局)，地址为 http://logging.apache.org/log4j/2.x/manual/layouts.html。在本例中，文件 Appender 模式用%logger 替换了%c 并添加了%l，它用于输出类、方法、文件和日志消息发生的行号。它还添加了%X{id}(鱼标签)和%X{username}，它们是 ThreadContext 中的属性——接下来我们将学习这些内容。另外，文件 Appender 的模式与控制台 Appender 的模式相比，除了设置不同之外，它还使用了不同的 XML 格式。可以将 Appender、Filter、Logger 等的属性指定为标签特性或者嵌套标签。这两种方式是可以互相交换的。

最后，该文件中新的 Logger 配置表示 com.wrox 中的所有 Logger 和 org.apache 层次的级别都是 INFO，并且 com.wrox 的所有 Logger 也都不是可添加的——它们不继承控制台 Appender 的属性，并且只记录到文件 Appender 中。不过要注意：com.wrox 的控制台 Appender 的<appender-ref>元素含有一个嵌套的<MarkerFilter>元素。该过滤器表示 com.wrox 层次中的 Logger 可以将日志记录到控制台 Appender，但只可以应用于包含了名为 WROX_CONSOLE 的 Marker 的事件。在 Log4j 过滤器文件中可以学习各种可用的过滤器，地址为 http://logging.apache.org/log4j/2.x/manual/filters.html。下面不完整的配置显示了过滤器配置元素的所有有效位置(以粗体显示)：

```
<?xml version="1.0" encoding="UTF-8"?>
<configuration>
    ...
    <FilterName ... /><!-- This is a context-wide filter -->
    <appenders>
        <AppenderName name="someAppender">
            <FilterName ... /><!-- This is an appender filter -->
            ...
        </AppenderName>
        ...
    </appenders>
    <loggers>
```

```
        <logger name="someLogger" level="info">
            <FilterName ... /><!-- This is a logger filter -->
            ...
            <appender-ref ref="someAppender">
                <FilterName ... /><!-- This is an appender reference filter -->
                ...
            </appender-ref>
            ...
        </logger>
        ...
    </loggers>
</configuration>
```

本书无法展示配置 Log4j 的所有可能方式，因为可用的方式有许多。如果你希望得到更多信息，那么请阅读 Log4j 的手册(这是学习 Log4j 配置的一个好方式)，地址为 http://logging.apache.org/log4j/2.x/manual/index.html。

11.4.2　在 Web 过滤器中使用鱼标签

在使用任何日志框架时，都应该为请求添加鱼标签，这样就可以将属于相同请求的日志消息进行分组，然后进行分析。org.apache.logging.log4j.ThreadContext 中存储了当前线程的属性，直到 ThreadContext 被清空。同一线程中记录的所有事件，在属性被添加到 ThreadContext 之后，到该属性被移除之前都可以关联到该属性。如果有许多并发 Web 请求正在执行，那么为每个请求分配唯一的鱼标签可以帮助你识别出特定请求的所有相关消息。

一个鱼标签通常是一些非常唯一的信息，例如 UUID。ThreadContext 可以存储任何用于区别日志事件的有用信息，例如登录用户的用户名。下面的 LoggingFilter 在请求开始时将标签(id)和会话用户名(username)添加到了 ThreadContext 中，并在请求完成时清除 ThreadContext。然后之前讨论过的模式将使用%X{id}和%X{username}打印出这些属性。因为过滤器支持多个派发器类型，并且可以在单个请求中执行多次，所以它只在鱼标签和 username 属性尚未设置时设置它们，并且只在设置鱼标签和 username 属性的相同调用中清除 ThreadContext：

```
@WebFilter(urlPatterns = "/*", dispatcherTypes = {
        DispatcherType.REQUEST, DispatcherType.ERROR, DispatcherType.FORWARD,
        DispatcherType.INCLUDE, DispatcherType.ASYNC
})
public class LoggingFilter implements Filter
{
    @Override
    public void doFilter(ServletRequest request, ServletResponse response,
                         FilterChain chain) throws IOException, ServletException {
        boolean clear = false;
        if(!ThreadContext.containsKey("id")) {
            clear = true;
            ThreadContext.put("id", UUID.randomUUID().toString());
            HttpSession session = ((HttpServletRequest)request).getSession(false);
            if(session != null)
                ThreadContext.put("username",
                        (String)session.getAttribute("username"));
        }
```

```
        try {
            chain.doFilter(request, response);
        } finally {
            if(clear)
                ThreadContext.clear();
        }
    }

    ...
}
```

警告：请回想一下第 9 章讲解的异步请求处理相关的内容。如果在异步请求开始的时候设置 ThreadContext 的值，那么这些值将在请求完成之前被清除。出于该原因，在异步请求中使用 ThreadContext 时一定要小心。*Log4j2* 在线手册的 Web 应用程序和 JSP 小节中包含了在异步环境中使用 Log4j 的各个方面的有用信息。

11.4.3　在 Java 代码中编写日志语句

Log4j 2 的 Logger 实例的使用是非常直观的。每个日志级别都有多个重载方法，可以在其中指定字符串、对象或者 Message 作为消息、提供一个或多个参数用于替换字符串消息，提供 Throwable 用于记录它的栈追踪以及提供 Marker 用于标记事件。请查看代码清单 11-1，它使用 Logger 记录了 ActionServlet 的活动。Servlet 的所有实例都将创建一个单例 Logger。然后使用 info、warn 和 error 这样的方法输出日志消息。特殊的方法 entry 和 exit 记录了 TRACE 级别的消息，它们是通过记录方法调用和返回追踪程序执行的简便方式。更多可用方法请参见 Logger 接口，更多相关知识请阅读它的 API 文档，地址为 http://logging.apache.org/log4j/2.x/javadoc.html。

注意：LogManager 的无参数 getLogger 方法将返回一个 Logger，它的名字等于调用 getLogger 的类的完全限定类名。对于代码清单 11-1 所示的代码来说，Logger 的名字就是 *com.wrox.ActionServlet*。还可以使用接受一个 Class 参数的 getLogger 方法，它将返回一个以该类命名的 Logger。如果希望使用类名之外的其他名称作为 Logger 名，那么可以使用接受字符串参数(Logger 的名称)的 getLogger 方法。

代码清单 11-1：ActionServlet.java

```
@WebServlet(name = "actionServlet", urlPatterns = "/files")
public class ActionServlet extends HttpServlet
{
    private static final Logger log = LogManager.getLogger();

    @Override
```

```
    protected void doGet(HttpServletRequest request, HttpServletResponse response)
            throws ServletException, IOException {
        String action = request.getParameter("action");
        if(action != null) {
            log.info("Received request with action {}.", action);
            String contents = null;
            switch(action) {
                case "readFoo":
                    contents = this.readFile("../foo.bar", true);
                    break;
                case "readLicense":
                    contents = this.readFile("../LICENSE", false);
                    break;
                default:
                    contents = "Bad action " + action + " specified.";
                    log.warn("Action {} not supported.", action);
            }
            if(contents != null)
                response.getWriter().write(contents);
        } else {
            log.error("No action specified.");
            response.getWriter().write("No action specified.");
        }
    }

    protected String readFile(String fileName, boolean deleteWhenDone) {
        log.entry(fileName, deleteWhenDone);

        try {
            byte[] data = Files.readAllBytes(new File(fileName).toPath());
            log.info("Successfully read file {}.", fileName);
            return log.exit(new String(data));
        } catch(IOException e) {
            log.error(MarkerManager.getMarker("WROX_CONSOLE"),
                    "Failed to read file {}.", fileName, e);
            return null;
        }
    }
}
```

现在编译并启动应用程序，然后在浏览器中访问地址 http://localhost:8080/logging-integration/files。日志文件 application.log 应该出现在 Tomcat 的 logs 目录中，并且其中有一个错误。在 URL 后面添加上?action=badAction，再次加载日志文件，其中将出现一个新的信息级别消息和一个警告消息。将 action 修改为 readLicense，从浏览器中读取 Tomcat 的许可文件。这次就只有信息级别消息出现在日志中。最后，将 action 修改为 readFoo，此时一个错误以及完整的异常栈追踪将出现在日志文件中。该错误也会出现在控制台(调试器)输出中，因为它包含了名为 WROX_CONSOLE 的标记。注意每个消息中记录的鱼标签，相同请求中的多条消息使用的鱼标签是相同的。你应该对 Log4j 配置文件进行实验，并修改 level 和 additivity 特性，以查看日志数据的变化。

注意：访问 Tomcat 许可文件时使用的相对文件名，只有当 IDE 从 Tomcat 的 bin 目录启动 Tomcat 时才可以正常工作，而这也是常见的行为。如果 IDE 从其他目录中启动 Tomcat，那么你可能就需要修改文件的路径，以保证该代码可以正常工作。

11.4.4　在 JSP 中使用日志标签库

如之前提到的，Log4j 2 提供了一个标签库，用于在 JSP 中而不是使用脚本记录消息。本书不会对这个主题进行过多的讲解，因为一般来说，很少有需要在表示层记录日志的。事实上，只要 JSP 中不含任何业务逻辑，就不需要在日志中使用日志标签。可以使用下面的 taglib 指令包含标签库：

```
<%@ taglib prefix="log" uri="http://logging.apache.org/log4j/tld/log" %>
```

Logging-Integration 项目在 Web 根目录中有一个 logging.jsp 文件，它演示了使用这些日志标签的方式：

```
<log:entry />
<!DOCTYPE html>
<html>
    <head>
        <title>Test Logging</title>
    </head>
    <body>
        <log:info message="JSP body displaying." />
        Messages have been logged.
        <log:info>JSP body complete.</log:info>
    </body>
</html>
<log:exit />
```

应用程序中使用了一个或多个 log 标签的每个 JSP 都将自动创建一个唯一的 Logger 实例。可以使用<log:setLogger>标签或者大多数其他标签的 logger 特性覆盖该 Logger。启动应用程序尝试 JSP 日志，在浏览器中访问 http://localhost:8080/logging-integration/logging.jsp。根据已配置的日志级别的不同，日志文件中将出现不同的消息。

11.4.5　客户支持应用程序中的日志

wrox.com 代码下载站点的 Customer-Support-v9 项目已经移除了所有的 System.out、System.err 和 Throwable.printStackTrace()代码，并替换上了 Log4j 2 日志。另外，更多的日志语句将被添加到应用程序中。最后，从之前的样例中将 LoggingFilter 复制过来，添加到 Configurator 中的过滤器链的开始，这样所有的请求都将被添加上鱼标签。

下载并查看这些修改，因为它与之前学过的内容有太多重复的部分，所以这里就不再详细讲解。在 com.wrox 层次中，所有 Logger 的默认日志级别被设置为 INFO，目前只有用户登录时的事件为 INFO 级别。大多数其他日志事件都是 DEBUG、TRACE、WARN 或者 ERROR。因此，运行客户支持应用程序时，support.log 中并不会出现太多的日志。请放心，在本书的第 II 部分当我们开始使用 Spring Framework 之后，这个情况将会改变。

11.5　小结

本章讲解了应用程序日志的基础知识，以及日志如此重要的原因。还讲解了几种不同的日志模式和分类、日志级别的概念。还讲解了将日志 API 与底层实现分离的重要性，避免了将来可能出现的问题。本章介绍了几个流行的日志 API 和实现，例如 Apache Commons Logging、SLF4J、Logback、Log4j 1.x 和 Log4j 2。最后，讲解了使用和配置 Log4j 2 的细节，并尝试将它继承到 Web 应用程序中。在本书的剩余部分中，日志将会出现在每一章。每个项目都会包含 Log4j 2 配置和日志语句。通过这种方式，你会习惯于在编程的时候使用日志。

到此为止本书第 I 部分就结束了，我们已经学习了 Web 应用程序开发的各个方面，包括 Java SE、Java EE、Servlet、JSP、过滤器、WebSocket、应用服务器和 Web 容器等。你应该已经牢固掌握了这些基本知识，也应该能够编写相当复杂的应用程序。在第 II 部分学习 Spring Framework 时，我们将开始接触更多企业开发技能，以及如何补充、增强——在某些情况下——取代 Java EE 的某些部分。

第 II 部分

添加Spring Framework

- 第 12 章：介绍 Spring Framework
- 第 13 章：使用控制器替代 Servlet
- 第 14 章：使用服务和仓库支持控制器
- 第 15 章：使用 Spring Framework i18n 国际化应用程序
- 第 16 章：使用 JSR 349、Spring Framework 和 Hibernate Validator 执行 Bean 验证
- 第 17 章：创建 RESTful 和 SOAP Web 服务
- 第 18 章：使用消息传送和群集实现灵活性和可靠性

第12章 介绍 Spring Framework

本章内容：

- 了解 Spring Framework
- Spring Framework 的优点
- 应用上下文的定义
- 启动 Spring Framework 的方法
- 配置 Spring Framework
- 使用 Bean definition profile

本章需要从 wrox.com 下载的代码

访问网址 http://www.wrox.com/go/projavaforwebapps 的 Download Code 选项卡，找到本章的代码下载链接。本章的代码被分成了下面几个主要的例子：

- Spring-One-Context-XML-Config 项目
- Spring-XML-Config 项目
- Spring-Hybrid-Config 项目
- Spring-Java-Config 项目

本章新增的 Maven 依赖

除了之前章节中引入的 Maven 依赖，本章还需要下面的 Maven 依赖：

```
<dependency>
    <groupId>javax.inject</groupId>
    <artifactId>javax.inject</artifactId>
    <version>1</version>
    <scope>compile</scope>
</dependency>

<dependency>
    <groupId>javax.annotation</groupId>
    <artifactId>javax.annotation-api</artifactId>
    <version>1.2</version>
```

```
        <scope>runtime</scope>
    </dependency>

    <dependency>
        <groupId>org.springframework</groupId>
        <artifactId>spring-webmvc</artifactId>
        <version>4.0.0.RELEASE</version>
        <scope>compile</scope>
    </dependency>
```

12.1　Spring Framework 简介

Spring Framework 是一个 Java 应用程序容器，它提供了许多有用的特性，例如反转控制、依赖注入、抽象数据访问、事务管理等。它创建于 2002 年，当时业界都在抱怨 Java EE 规范的缺失和难于使用。2004 年它发布的第一个主要版本改变了 Java EE 应用程序的游戏规则，之后在 2006 年发布了版本 2.0，2007 年发布了版本 2.5，2009 年发布了版本 3.0，2011 年发布了版本 3.1，2012 年发布了版本 3.2。2013 年 12 月发布的最后一个主要版本 Spring Framework 4.0 中包含了许多增强特性，包括对 Java SE 8、Java EE 7、WebSocket 和 Groovy 2 的支持。

尽管 Spring Framework 起源于企业版本，但它并未被限制在企业版本环境中。通常可以将它认为是 Enterprise JavaBean(EJB——使用封装 Bean 以模块化的方式构建企业级应用程序的一种 Java EE 服务器端组件)的替代或补充，Spring Framework 容器可以运行在任何 Java EE 应用服务器、Java EE Web 容器或 Java SE 独立应用程序(包括服务器守护进程和桌面应用程序)中。

另一方面，EJB 是特定于应用服务器的框架，在桌面应用程序甚至像 Apache Tomcat 和 Jetty 这样的 Web 容器中都找不到。不过，Spring Framework 不只是 EJB 的一个替代品；它还提供了许多特性，这些特性到今天 Java EE 也仍然无法取代。随着时间的流逝，Spring 已经从一个框架发展成为一个社区，延伸出许多相关的项目，例如 Spring Security(在本书的第Ⅳ部分将会讲解)、Spring Data(在本书的第III部分将会讲解)、Spring Integration、Spring Batch、Spring Mobile、Spring for Android、Spring Social、Spring Boot 和 Spring .NET (C# .NET 版本的 Spring Framework)，这里只列举出了一部分。

可以肯定的是，Spring Framework 并不要求必须开发富 Java Web 应用程序。你可以使用到目前为止本书所讲解的任何知识创建具有丰富特性的 Web 应用程序。Spring Framework 是一个有生产力的框架：它通过模块化的概念使所有类型应用程序的快速开发和可测试性代码的编写变得更加容易。它抽象出了“请求”和“响应”的概念，使编写出的应用程序代码可以通过许多不同的接口进行调用。如果使用方式正确的话，Spring Framework 就是 Java 开发工具箱中最强大的工具。

12.1.1　反转控制和依赖注入

Spring Framework 的核心特性之一就是对两个紧密相关观念的支持：反转控制(IoC)和依赖注入(DI)。IoC 是一个软件设计模式：组装器(在此例中为 Spring Framework)将在运行时而不是编译时绑定对象。当某些程序逻辑组件，例如 Service A，依赖于另一个程序逻辑组件 Service B 时，该依赖将在应用程序运行时实现，而不是由 Service A 直接实例化 Service B(这种方式将在编译时绑定对象)。通过使用这种方式，应用程序开发者可以针对一组接口进行编程，这样可以在不同的环境中进行切换，而无须重新编译代码。一个很方便的场景就是测试环境：可以在运行单元测试时提供“模拟”和“测试”服务；然后在部署到生产环境中时可以使用相同的代码，但使用“真正的”服务。

尽管理论上可以通过许多种方式实现 IoC，但 DI 是最常见的技术。通过使用 DI，一段程序代码(Spring Framework 中的一个类)可以声明它依赖于另一块程序代码(一个接口)，然后组装器可以在运行时注入它依赖的实例(通常但并不总是单例)。

12.1.2　面向切面编程

因为 Spring Framework 负责处理实例化和依赖注入，所以它可以通过封装注入依赖的实例，使用其他行为对方法调用进行装饰。例如，使用 Spring Security 时，它可以对方法进行注解，表示在这些方法上添加的安全限制，Spring Framework 将使用必要的安全检查封装这些方法，以实现这些安全限制。还可以使用切面定义自己的横切关注点，Spring Framework 将使用这些关注点装饰所有合适的方法。横切关注点是影响程序多个组件的关注点(例如安全关注)，通常与这些组件无关。面向切面编程是对面向对象编程的补充，通过定义切面可以在应用程序中启用这些关注点，该定义指定了如何以及何时应用这些关注点。Spring Framework 提供了支持面向切面编程的扩展工具，本书的剩余部分内容中将会进行讲解。

12.1.3　数据访问和事务管理

Spring Framework 提供了一组数据访问工具，它们可以简化关系数据库中 Java 对象的读取和持久化。尽管这些特性使单元测试数据访问变得极其容易，但是我们仍然需要使用特定供应商的 SQL。Spring Framework 还提供了对 Java Persistent API(JPA)和对象关系映射(例如 Hibernate ORM)的广泛支持，这些内容将在本书的第III部分中进行讲解。通过 Spring Data 项目，在关系数据库以及 MongoDB 和 Redis 这样的 NoSQL 数据库中持久化对象变成了一个简单的任务。最后，Spring Framework 还支持声明事务模型，添加了注解的方法的执行将被封装在事务中，如果方法抛出异常，事务也将回滚。使用 Spring Framework 的 AOP 支持可以实现该任务。

12.1.4　应用程序消息

在许多应用程序中，消息都是一个需要解决的重要关注点。例如，程序的特定部分可能需要知道程序的另一个部分是否执行了特定的操作。执行此操作的程序部分可以简单地依赖于所有对该操作感兴趣的程序，并调用它们的方法通知它们，但这种类型的紧耦合是难于维护的，并且很容易就变得混乱。

Spring Framework 提供了一个松耦合的消息系统，它使用的是发布-订阅模式：系统中的组件通过订阅消息，声明它对该消息感兴趣，然后这些消息的生产者将会发布该消息，而无须关心谁对消息感兴趣。实际上这正是 Twitter 的工作方式：如果有人有一些有趣或无趣的事情希望 tweet 它们，那么对该类型 tweet 感兴趣的人都将关注他们。使用 Spring Framework 时，一个由 Spring 管理的 bean 可以通过实现一个通用接口订阅特定的消息类型，其他由 Spring 管理的对象可以发布这些消息到 Spring Framework 中，然后由 Spring Framework 将消息发送到已订阅的 bean 中。该系统也可以被扩展和配置为向跨应用程序的群集中发布消息。

12.1.5　Web 应用程序的模型-视图-控制器模式

Spring Framework 提供了一个模型-视图-控制器(MVC)模式框架，它可以简化创建交互式 Web 应用程序的过程。不用手动处理复杂的 Servlet、HttpServletRequest、HttpServletResponse 以及 JSP 转发，Spring 将处理这些任务。控制器类的每个方法都被映射到了一个不同的请求 URL、方法或请求的其他属性上。模型将以 Map<String, Object>的形式从控制器传递到视图。控制器返回的视图或视图名称将使 Spring 把模型转发到合适的 JSP 视图。请求和 URL 路径参数将被自动转换为原始或复杂的控制器方法参数。

除了典型的 HTML 视图，Spring 可以自动地生成普通文本视图和文件下载视图，以及 XML 或 JSON 实体视图。通过所有这些特性，Spring Framework 极大地简化了 Servlet 容器的工作内容。

12.2　使用 Spring Framework 的原因

在之前的小节中，我们已经学习了 Spring Framework 提供的许多特性，所以你可能已经了解了在应用程序中使用 Spring Framework 的一些令人信服的原因。它的特性集和 Servlet API 的简化并不是 Spring Framework 的唯一优点。它鼓励使用的模式提供了一些优点，当你在努力创建强大的 Web 应用程序时一定会欣赏这些模式的，本部分将会对这些模式进行详细讲解。

12.2.1　逻辑代码分组

请考虑一下本书在之前章节中创建的更加复杂的 Servlet。这些 Servlet 都有 doGet 或 doPost 方法，或者同时有这两个方法，其中包含了许多 if 语句或 switch 代码块，用于将请求路由到 Servlet 中任意数量的方法中。在一个极其复杂的企业级应用程序中，很快你就会发现这种模式变得不可管理，并且极其难于测试。例如，一个处理用户配置的 Servlet 可以有数十个方法，每个含有不同路由逻辑的方法都将被添加到 doGet 和 doPost 方法中。

一种可供选择的解决方案是创建数十个 Servlet。尽管这会产生更加可测试和可维护的代码，但如同之前的逻辑分支数量一样，Servlet 也会很快变得不可管理。如果应用程序中包含了数百个功能，每个功能都有数十个页面，那么代码会很快被数千个小的 Servlet 所充满，对于许多开发者来说这也是不理想的。如果 Servlet 可以被映射到单个方法级别，而不是类级别，那么许多问题都将可以得到解决。

使用 Spring 的 Web MVC 框架时，控制器类的行为非常像使用方法级别映射的 Servlet。每个方法都可以拥有一个指向特定 URL、请求方法、参数存在性、头的值、内容类型和/或期望相应类型的唯一映射。当单元测试对小的代码单元(即控制器方法)进行测试时，控制器类中可以包含许多映射方法，它们将被按逻辑进行分组。返回到用户配置样例中，该控制器可以含有数十个方法，使用它们分别代表对用户配置的不同操作，但必须使用 doGet 和 DoPost 将请求路由到正确的方法。Spring Framework 将处理所有的分析和路由工作。

12.2.2　使用同一代码库的多个用户界面

在真实世界的场景中，我们可能需要创建一个含有数千个功能的高级应用程序，它应该可以通过桌面应用程序、Web 浏览器、移动 Web 浏览器、RESTful Web 服务和 SOAP Web 服务进行访问。

如果只使用 Servlet 的话，这个任务很快会让人变得失去信心。最后你可能会创建出大量的重复代码，或者创建出一个自己的系统，将业务逻辑抽象到一组类中，然后从许多用户界面中访问。

幸运的是，Spring Framework 提供了这样一个系统，已经过测试并且易于使用。使用 Spring 时，业务逻辑将被封装到一组被称为服务的业务对象中。这些服务将执行所有用户界面公共的操作，例如保证特定的实体属性已经得到了正确的设置。应用程序中为每个用户界面包含了一组不同的控制器和视图，并且它们将使用公共业务对象执行关键操作。然后，需要使用控制器执行特定于某个用户界面的操作，例如将表单提交或将 JSON 请求正文转换成实体，并在合适的视图中显示给用户。单元测试将变得更加简单，代码也可以被重用，并且我们很容易就可以实现这两个目标。

12.3　了解应用上下文

Spring Framework 容器以一个或多个应用上下文的形式存在，由 org.springframework.context.ApplicationContext 接口表示。一个应用上下文管理着一组 bean、执行业务逻辑的 Java 对象、执行任务、持久化和获取持久化数据、响应 HTTP 请求等。由 Spring 管理的 bean 可以自动进行依赖注入、消息通知、定时方法执行、bean 验证和执行其他关键的 Spring 服务。

一个 Spring 应用程序至少需要一个应用上下文，并且有时这就是所有的要求。不过，它也可以使用由多个应用上下文组成的层次结构。在这样的层次结构中，任何由 Spring 管理的 bean 都可以访问相同的应用上下文、父亲应用上下文、父亲的父亲应用上下文中的 bean(依此类推)。它们不能访问兄弟或孩子应用上下文中的 bean。这对于定义一组共享应用模块来说是非常有用的，它可以将应用模块彼此隔离开。例如，你可能希望 Web 应用程序的用户和管理员模块无法相互访问，但毫无疑问这两个模块中有一些共享的资源。

注意： 在本书的剩余部分中，*Spring Framework* 将得到广泛应用，并且你应该总是将它的 API 文档放在手边。一定要为 http://docs.spring.io/spring/docs/4.0.x/javadoc-api/ 上显示的文档添加一个书签，这样你就可以在需要了解 Spring 接口、类、注解、枚举或异常的更多信息时参考它。

有许多接口都继承了 ApplicationContext，也有许多类实现了它：

- ConfigurableApplicationContext 接口如它的名字所示，它是可配置的，而基本的 ApplicationContext 是只读的。
- org.springframework.web.context.WebApplicationContext 和 ConfigurableWebApplicationContext 接口被设计用于 Servlet 容器中运行的 Java EE Web 应用程序，它们提供了对底层 ServletContext 和 ServletConfig(如果可以的话)的访问。
- 具体类 ClassPathXmlApplicationContext 和 FileSystemXmlApplicationContext 被设计用于在独立运行的应用程序中从 XML 文件加载 Spring 配置，而 XmlWebApplicationContext 被设计用于在 Java EE Web 应用程序中实现相同的目标。

● 如果需要使用 Java 而不是使用 XML 以编程方式对 Spring 进行配置，那么 AnnotationConfig-ApplicationContext 和 AnnotationConfigWebApplicationContext 类分别可用于独立运行的应用程序和 Java EE Web 应用程序中。

在 Java EE Web 应用程序中，Spring 将使用派发器 Servlet 处理 Web 请求，该 Servlet 将把进入的请求委托给合适的控制器，并按需要对请求和响应实体进行转换。只要是合理的，Web 应用程序中可以使用任意数量的 org.springframework.web.servlet.DispatcherServlet 类实例。

每个 DispatcherServlet 实例都有自己的应用上下文，其中包含了对 Web 应用程序的 ServletContext 和它自己的 ServletConfig 的引用。我们可以创建多个 DispatcherServlet，例如，将 Web 用户界面与 Web 服务分离开。因为没有一个 DispatcherServlet 可以访问其他 DispatcherServlet 的应用上下文，所以通常可以在一个公共的根应用上下文中共享特定的 bean(例如业务对象或数据访问对象)。整个 Web 应用程序的全局应用上下文是所有 DispatcherServlet 应用上下文的父亲，它将通过 org.springframework.web.context.ContextLoaderListener 创建。它也有 Web 应用程序的 ServletContext 的引用，但因为它不属于任何特定的 Servlet，所以它没有 ServletConfig 的引用。

尽管创建多个 DispatcherServlet 在 Web 应用程序中是非常常见的，并且本书也将一直使用这种方式，但它只是众多配置方式中的一种。在任何独立运行的应用程序或 Web 应用程序中，你都可以创建任意的应用上下文层次(只要需要)。作为通用规则，我们应该总是创建一个根应用上下文，所有其他的应用上下文都将通过一种方式或另一种方式继承它，如图 12-1 所示。

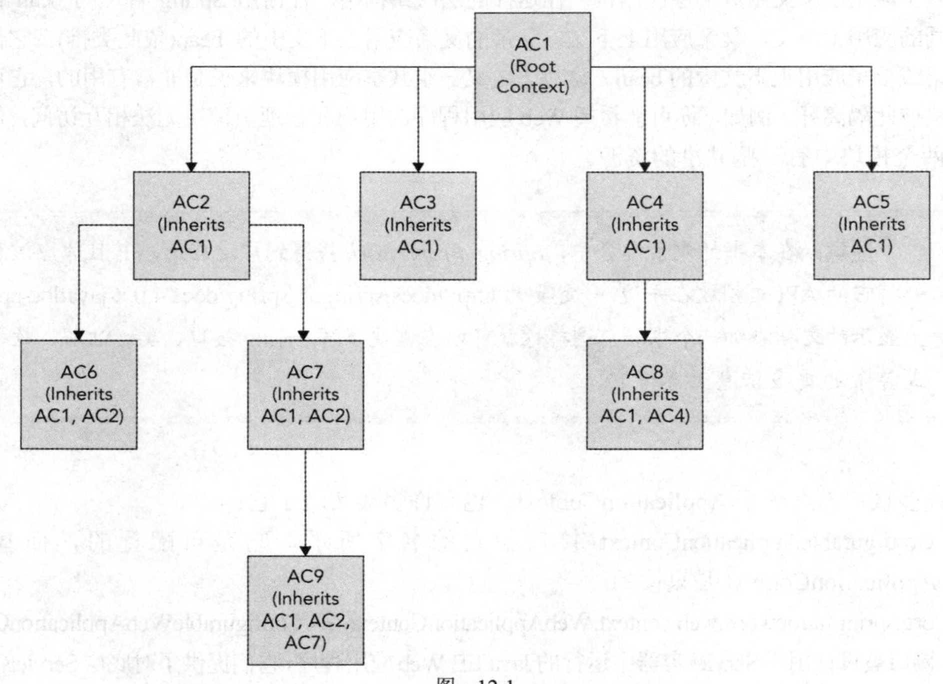

图　12-1

12.4　启动 Spring Framework

在计算机软件的世界里，一切都必须在某个时间点启动。请考虑桌面 PC、笔记本电脑或移动计算设备：当它启动时，某种类型的启动设备(通常是 BIOS 或类似的设备)将初始化所有的硬件，从某个位置加载启动指令(例如硬盘上的启动分区)，并启动操作系统。在这种情况下，硬件就是操作系统的容器。而操作系统就是另一个容器——对于运行在其中的软件来说。

C 程序有着标准化的启动机制：main()方法。所有可运行的 C 程序必须包含该方法用于启动程序。一个 Java 虚拟机可执行文件，通常由 C 或 C++编写，也包含了这个 main()方法(或者所使用语言的对等启动方法)。语言虚拟机，例如 JVM 或.NET 运行时，都是其他软件的容器。对于 Java 应用程序来说，在应用程序清单文件中的指令(或者通过命令行提供)将通过提供含有 public static void main(String...)的类的名字启动 Java 应用程序。Tomcat 如同任何其他 Java 应用程序一样，也有一个 public static void main(String...)方法，但 Tomcat 又是另外一个容器——一个运行 Java EE Web 应用程序的 Servlet 容器。这些 Web 应用程序中包含了一组启动指令：部署描述符或者以注解形式标注的元数据信息，它们将指示 Tomcat 如何运行应用程序。

如同所有这些样例一样，Spring Framework 又是另一个容器。它可以运行在任何 Java SE 和 EE 容器中，并作为应用程序的运行时环境。另外，如同所有这些样例一样，Spring 必须被启动，它必须被启动并且需要得到如何运行它所包含应用程序的指令。

配置和启动 Spring Framework 是两个不同的任务，并且相互独立，都可以通过多种不同的方式实现。当配置告诉 Spring 如何运行它所包含的应用程序时，启动进程将启动 Spring 并将配置指令传递给它。在 Java SE 应用程序中，只有一种方式启动 Spring：通过在应用程序的 public static void main(String...)方法中以编程的方式启动。在 Java EE 应用程序中，有两种选择：可以使用 XML 创建部署描述符启动 Spring，也可以在 javax.servlet.ServletContainerInitializer 中通过编程的方式启动 Spring。

12.4.1 使用部署描述符启动 Spring

传统的 Spring Framework 应用程序总是使用 Java EE 部署描述符启动 Spring。至少，这要求在配置文件中创建 DispatcherServlet 的一个实例，然后以 contextConfigLocation 启动参数的形式为它提供配置文件，并指示 Spring 在启动时加载它。

```
<servlet>
    <servlet-name>springDispatcher</servlet-name>
    <servlet-class>org.springframework.web.servlet.DispatcherServlet
</servlet-class>
    <init-param>
        <param-name>contextConfigLocation</param-name>
        <param-value>/WEB-INF/servletContext.xml</param-value>
    </init-param>
    <load-on-startup>1</load-on-startup>
</servlet>
<servlet-mapping>
    <servlet-name>springDispatcher</servlet-name>
    <url-pattern>/</url-pattern>
</servlet-mapping>
```

该代码将为 DispatcherServlet 创建出单个 Spring 应用上下文，并指示 Servlet 容器在启动时初始化 DispatcherServlet。在初始化的时候，DispatcherServlet 将从/WEB-INF/servletContext.xml 文件中加载上下文配置并启动应用上下文。当然，这只会为应用程序创建出一个上下文，如之前所解释的，并不是很灵活。一个更完整的部署描述符应如下所示：

```
<context-param>
    <param-name>contextConfigLocation</param-name>
    <param-value>/WEB-INF/rootContext.xml</param-value>
</context-param>
<listener>
    <listener-class>org.springframework.web.context.ContextLoaderListener
</listener-class>
</listener>

<servlet>
    <servlet-name>springDispatcher</servlet-name>
    <servlet-class>org.springframework.web.servlet.DispatcherServlet
</servlet-class>
    <init-param>
        <param-name>contextConfigLocation</param-name>
        <param-value>/WEB-INF/servletContext.xml</param-value>
    </init-param>
    <load-on-startup>1</load-on-startup>
</servlet>
<servlet-mapping>
    <servlet-name>springDispatcher</servlet-name>
    <url-pattern>/</url-pattern>
</servlet-mapping>
```

ContextLoaderListener 将在 Web 应用程序启动时被初始化(因为它实现了 ServletContextListener,，所以它将在所有的 Servlet 之前初始化)，然后从 contextConfigLocation 上下文初始化参数指定的 /WEB-INF/rootContext.xml 文件中加载根应用上下文，并启动根应用上下文。

注意：contextConfigLocation 上下文初始化参数不同于 DispatcherServlet 的 contextConfigLocation Servlet 初始化参数。它们并不冲突；前者作用于整个 Servlet 上下文，而后者只作用于它所指定的 Servlet。由监听器创建的根应用上下文将自动被设置为所有通过 DispatcherServlet 创建的应用上下文的父亲上下文。

尽管在 Web 应用程序中只有根应用上下文具有该特性，但是你可以使用许多不同的 Servlet 应用上下文。第 17 章在为 RESTful Web 服务创建第 2 个 DispatcherServlet 时会展示一个这样的样例。如果需要，你可以随意创建其他的应用上下文，尽管通常这并不适用于 Web 应用程序。

当然，这些启动样例都假设你已经使用 XML 文件完成了对 Spring 的配置，本章的 12.5 节中将进行详细讲解。我们还可以使用 Java 而不是 XML 配置 Spring(之后的小节中也将进行讲解)，这与从部署描述符中启动 Java 配置几乎是相同的：

```
<context-param>
    <param-name>contextClass</param-name>
    <param-value>org.springframework.web.context.support.
AnnotationConfigWebApplicationContext</param-value>
</context-param>
<context-param>
    <param-name>contextConfigLocation</param-name>
    <param-value>com.wrox.config.RootContextConfiguration</param-value>
</context-param>
<listener>
```

```
        <listener-class>org.springframework.web.context.ContextLoaderListener
</listener-class>
    </listener>

    <servlet>
        <servlet-name>springDispatcher</servlet-name>
        <servlet-class>org.springframework.web.servlet.DispatcherServlet
</servlet-class>
        <init-param>
            <param-name>contextClass</param-name>
            <param-value>org.springframework.web.context.support.
AnnotationConfigWebApplicationContext</param-value>
        </init-param>
        <init-param>
            <param-name>contextConfigLocation</param-name>
            <param-value>com.wrox.config.ServletContextConfiguration
</param-value>
        </init-param>
        <load-on-startup>1</load-on-startup>
    </servlet>
    <servlet-mapping>
        <servlet-name>springDispatcher</servlet-name>
        <url-pattern>/</url-pattern>
    </servlet-mapping>
```

通常 ContextLoaderListener 和 DispatcherServlet 将创建出 org.springframework.web.context.support.XmlWebApplicationContext 的一个实例，该实例希望使用 XML 文件作为 Spring 的配置。之前的样例使用 AnnotationConfigWebApplicationContext 覆盖这个行为。这种上下文类型期望使用编程式的上下文配置，因此在 contextConfigLocation 参数中指定类名(而不是文件名)即可。

12.4.2　在初始化器中使用编程的方式启动 Spring

在之前的章节中，我们曾使用 ServletContextListener 以编程的方式配置应用程序中的 Servlet 和过滤器。使用该接口的缺点是：监听器的 contextInitialized 方法可能在其他监听器之后调用。Java EE 6 中添加了一个新的接口 ServletContainerInitializer。实现了 ServletContainerInitializer 接口的类将在应用程序开始启动时，并在所有监听器启动之前调用它们的 onStartup 方法。这是应用程序生命周期中最早可以使用的时间点。不要在部署描述符中配置 ServletContainerInitializer；相反，需要使用 Java 的服务提供系统声明实现了 ServletContainerInitializer 的一个或多个类，在文件/META-INF/services/javax.servlet.ServletContainerInitializer 中列出它们，每行一个类。例如，下面的文件列出了两个实现了 ServletContainerInitializer 接口的类：

```
com.wrox.config.ContainerInitializerOne
com.wrox.config.ContainerInitializerTwo
```

这种方式不利的一面在于文件不能直接存在于应用程序的 WAR 文件或解压后的目录中——不能将文件放在 Web 应用程序的/META-INF/services 目录中。它必须在 JAR 文件的/META-INF/services 目录中，并且需要将该 JAR 文件包含在应用程序的/WEB-INF/lib 目录中。

Spring Framework 提供了一个桥接口，使这种方式更加容易实现。org.springframework.web.SpringServletContainerInitializer 类实现了 ServletContainerInitializer 接口，因为含有该类的 JAR 中包

含了一个服务提供文件，列出了类的名字，所以应用程序在启动时就会调用它的 onStartup 方法。然后该类将扫描应用程序以寻找 org.springframework.web.WebApplicationInitializer 接口的实现，并调用所有匹配它的类的 onStartup 方法。在 WebApplicationInitializer 实现类中，可以通过编程的方式配置监听器、Servlet、过滤器等，所有这些操作都不需要编写任何一行 XML 代码。更重要的是我们可以从该类中启动 Spring。

```
public class Bootstrap implements WebApplicationInitializer
{
    @Override
    public void onStartup(ServletContext container)
    {
        XmlWebApplicationContext rootContext = new XmlWebApplicationContext();
        rootContext.setConfigLocation("/WEB-INF/rootContext.xml");
        container.addListener(new ContextLoaderListener(rootContext));

        XmlWebApplicationContext servletContext = new XmlWebApplicationContext();
        servletContext.setConfigLocation("/WEB-INF/servletContext.xml");
        ServletRegistration.Dynamic dispatcher = container.addServlet(
            "springDispatcher", new DispatcherServlet(servletContext)
        );
        dispatcher.setLoadOnStartup(1);
        dispatcher.addMapping("/");
    }
}
```

这个启动类在功能上等同于之前使用的部署描述符(它使用的是 Spring XML 配置)。下面的启动类将使用 Spring Java 配置通过纯 Java 的方式启动和配置 Spring。

```
public class Bootstrap implements WebApplicationInitializer
{
    @Override
    public void onStartup(ServletContext container)
    {
        AnnotationConfigWebApplicationContext rootContext =
            new AnnotationConfigWebApplicationContext();
        rootContext.register(com.wrox.config.RootContextConfiguration.class);
        container.addListener(new ContextLoaderListener(rootContext));

        AnnotationConfigWebApplicationContext servletContext =
            new AnnotationConfigWebApplicationContext();
        servletContext.register(com.wrox.config.ServletContextConfiguration
.class);
        ServletRegistration.Dynamic dispatcher = container.addServlet(
            "springDispatcher", new DispatcherServlet(servletContext)
        );
        dispatcher.setLoadOnStartup(1);
        dispatcher.addMapping("/");
    }
}
```

当然，我们不必通过相同的方式配置所有的应用上下文。可以混合和匹配启动过程中使用的配置方法。下面的样例演示了这一点，另外它还演示了如何在独立运行的应用程序中启动 Spring，例如桌面应用程序或服务器守护进程。

```
public class Bootstrap
{
    public static void main(String... arguments)
    {
        ClassPathXmlApplicationContext rootContext =
            new ClassPathXmlApplicationContext("com/wrox/config/rootContext.xml");

        FileSystemXmlApplicationContext daemonContext =
            new FileSystemXmlApplicationContext(
                new String[] {"file:/path/to/daemonContext.xml"}, rootContext
            );

        AnnotationConfigApplicationContext forkedProcessContext =
            new AnnotationConfigApplicationContext(
                com.wrox.config.ProcessContextConfiguration.class
            );
        forkedProcessContext.setParent(rootContext);

        rootContext.start();
        rootContext.registerShutdownHook();
        daemonContext.start();
        daemonContext.registerShutdownHook();
        forkedProcessContext.start();
        forkedProcessContext.registerShutdownHook();
    }
}
```

注意，我们需要完成一些额外的工作：将 rootContext 赋给 daemonContext 和 forkedProcessContext 作为父亲上下文，并调用 start 和 registerShutdownHook 方法。在 Web 应用程序中，ContextLoaderListener 和 DispatcherServlet 将自动设置父亲应用上下文，并在应用程序启动时调用它们的 start 方法，在应用程序关闭时调用它们的 stop 方法。在独立运行的应用程序中，必须自己调用 start 方法，然后必须在应用程序关闭时自己调用 stop 方法。作为手动调用 stop 方法的一种备用方式，我们可以调用 registerShutdownHook 在 JVM 中注册一个关闭回调函数，它将在 JVM 退出时自动停止应用上下文。

派发器 Servlet 映射

你到目前为止看到的样例以及本书之后使用的样例，都将把 DispatcherServlet 映射到 URL 模式 /。随着多年的发展，将 DispatcherServlet 映射到应用程序 URL 的根引起了许多误会，在论坛、博客和其他技术网站中很容易找到不正确或不完整的信息。

我们可以将 DispatcherServlet 映射到任意的目标 URL。一些常见的方式是将它映射到 URL 模式 /do/*、*.do 或*.action，某些网站使用*.html 映射使页面看起来更像是静态页面。不过，这里有一些重要的事情需要注意。最重要的是：不要将 DispatcherServlet 映射到 URL 模式/*。在多数情况下，URL 模式必须以星号开头或结尾，但在映射到应用程序根时，只使用前斜线/，不使用星号，就足以使 Servlet 响应应用程序的所有 URL，并且 Servlet 容器的 JSP 机制仍然可以处理 JSP 请求。在尾部添加星号的话，Servlet 容器甚至会把内部 JSP 请求发送到该 Servlet，这并不是我们希望的行为。(这是因为容器将在我们的 Servlet 映射之后映射它自己的 JSP 处理器 Servlet，优先级较低)

如果计划将 DispatcherServlet 映射到应用程序根，请注意统计你需要使用的静态资源类型，例如 HTML 页面、CSS 和 JavaScript 文件以及图片。某些在线教程演示了如何设置 Spring Framework 以提供静态资源，但这样做是不必要的，并且效果也不好。当任何一个 Servlet 被映射到应用程序根时(不使用星号)，更具体的 URL 模式总是会覆盖它。所以允许 Servlet 容器提供静态资源是非常简单的，只需要将这些资源映射到名为 default 的 Servlet 上即可(所有容器都将自动提供该 Servlet)。完成该任务的部署描述符如下所示：

```
<servlet-mapping>
    <servlet-name>default</servlet-name>
    <url-pattern>/resources/*</url-pattern>
    <url-pattern>*.css</url-pattern>
    <url-pattern>*.js</url-pattern>
    <url-pattern>*.png</url-pattern>
    <url-pattern>*.gif</url-pattern>
    <url-pattern>*.jpg</url-pattern>
</servlet-mapping>
```

或者在 ServletContainerInitializer(WebApplicationInitializer)或 ServletContextListener 中以编程的方式实现：

```
servletContext.getServletRegistration("default").addMapping(
    "/resources/*", "*.css", "*.js", "*.png", "*.gif", "*.jpg"
);
```

默认的 Servlet 不需要声明。Servlet 容器将替你显式地声明它。这里展示的 URL 模式只是样例——只有你才可以决定将静态资源放在什么位置，从而决定合适的 URL 模式。

12.5 配置 Spring Framework

现在我们已经学习了如何启动 Spring Framework，接下来我们将学习如何进行配置。本章剩余部分的样例将继续使用 XML 和编程方式启动 Spring Framework，但本书将来所有的样例都只会使用编程方式启动。如你所见，我们可以通过 XML 或 Java 配置 Spring 应用上下文。不仅可以在单个应用程序中配置不同的应用上下文，还可以结合使用 Java 和 XML 配置单个应用上下文。在现代应用程序中这是不常见的场景，但在某些情况下会要求这样使用。例如，Spring Security 3.2 中添加的 Java 配置并未覆盖到所有的配置场景，所以本书第Ⅳ部分中的一些样例必须使用 Spring Security 的 XML 配置。另外，第 17 章学习的 Spring Web Services 工具完全不支持 Java 配置。在使用这些工具配置应用上下文时，可以使用 Java 配置应用上下文，但为 Spring Security 或 Spring Web Services 导入 XML 配置。本章将学习所有这些内容。

本节将使用 wrox.com 代码下载站点中的 Spring-One-Context-XML-Config、Spring-XML-Config、Spring-Hybrid-Config 和 Spring-Java-Config 项目。在本节你可以参考这些项目或者创建自己的代码。初学者也不用担心，所有这 4 个项目使用的基本部署描述符都与你在第 I 部分看到的相同。在本书剩余的部分中都将使用该部署描述符模板。

```
<display-name>Spring Application</display-name>
```

```
    <jsp-config>
        <jsp-property-group>
            <url-pattern>*.jsp</url-pattern>
            <url-pattern>*.jspf</url-pattern>
            <page-encoding>UTF-8</page-encoding>
            <scripting-invalid>true</scripting-invalid>
            <include-prelude>/WEB-INF/jsp/base.jspf</include-prelude>
            <trim-directive-whitespaces>true</trim-directive-whitespaces>
            <default-content-type>text/html</default-content-type>
        </jsp-property-group>
    </jsp-config>

    <session-config>
        <session-timeout>30</session-timeout>
        <cookie-config>
            <http-only>true</http-only>
        </cookie-config>
        <tracking-mode>COOKIE</tracking-mode>
    </session-config>

    <distributable />
```

我们还应该更新 log4j2.xml 文件，保证所有合适的消息都出现在日志中。在下面的样例中，所有消息都将写入控制台和日志文件，尽管大多数消息都被限制为警告，com.wrox、org.apache 和 org.springframework 包中的类的日志级别为 INFO。

```
        <root level="warn">
            <appender-ref ref="Console" />
            <appender-ref ref="WroxFileAppender" />
        </root>
        <logger name="com.wrox" level="info" />
        <logger name="org.apache" level="info" />
        <logger name="org.springframework" level="info" />
```

所有这 4 个项目都包含了最基本的 GreetingService 接口及其 GreetingServiceImpl 实现。

```
public class GreetingServiceImpl implements GreetingService
{
    @Override
    public String getGreeting(String name)
    {
        return "Hello, " + name + "!";
    }
}
```

接下来的 HelloController 将响应所有 4 个项目的 Web 请求。此时不需要担心这些类的语义、控制器上的注解或控制器-服务模式。很快我们将讲解这些内容，但现在你应该记住在 4 个一致的基础项目中，我们可以通过多种不同的方式配置 Spring Framework，实现相同的目标。

```
@Controller
public class HelloController
{
    private GreetingService greetingService;
```

```
    @ResponseBody
    @RequestMapping("/")
    public String helloWorld()
    {
        return "Hello, World!";
    }

    @ResponseBody
    @RequestMapping("/custom")
    public String helloName(@RequestParam("name") String name)
    {
        return this.greetingService.getGreeting(name);
    }

    public void setGreetingService(GreetingService greetingService)
    {
        this.greetingService = greetingService;
    }
}
```

12.5.1　创建 XML 配置

bean 是由 Spring Framework 管理的，所以这是在配置 Spring Framework 时我们主要需要完成的配置。如同 GreetingServiceImpl 和 HelloController 一样，我们将自己编写其中的一些 bean。其他的 bean 都是 Spring Framework 提供的默认框架 bean，例如 Spring 的 ApplicationContext、ResourceLoader、BeanFactory、MessageSource 和 ApplicationEventPublisher 类的实现，这些都是为初学者提供的。

为了告诉 Spring 如何配置所有这些 bean，我们需要使用<beans> XML 命名空间，如 Spring-One-Context-XML-Config 项目所演示的。请看它的/WEB-INF/servletContext.xml 文件：

```
<?xml version="1.0" encoding="UTF-8"?>
<beans xmlns="http://www.springframework.org/schema/beans"
       xmlns:xsi="http://www.w3.org/2001/XMLSchema-instance"
       xmlns:mvc="http://www.springframework.org/schema/mvc"
       xsi:schemaLocation="http://www.springframework.org/schema/beans
           http://www.springframework.org/schema/beans/spring-beans-4.0.xsd
           http://www.springframework.org/schema/mvc
           http://www.springframework.org/schema/mvc/spring-mvc-4.0.xsd">

    <mvc:annotation-driven />

    <bean name="greetingServiceImpl" class="com.wrox.GreetingServiceImpl" />

    <bean name="helloController" class="com.wrox.HelloController">
        <property name="greetingService" ref="greetingServiceImpl" />
    </bean>

</beans>
```

这个简单的 XML 文件将告诉 Spring 实例化 GreetingServiceImpl 和 HelloController，并将 greetingServiceImpl bean 注入到 helloController bean 的 greetingService 属性中。<beans>元素是包含了 Spring 配置的父元素。在其中几乎可以使用所有其他 Spring 配置元素——不过一般来讲，<beans>

元素中使用的元素都将引起 bean 的创建。使用<bean>元素可以显式地构造一个指定类的 bean，还可以通过<bean>的子元素指定构造器参数和属性。元素<mvc:annotation-driven>将指示 Spring 使用@RequestMapping、@RequestBody、@RequestParam、@PathParam 和@ResponseBody 这样的注解将请求映射到控制器方法上。使用<mvc:annotation-driven>元素实际上会在幕后创建出特定的 bean，但现在还不必担心它们。它们将把请求映射到控制器方法上。下面的几章内容中将讲解这些框架 bean 的更多内容。

可以使用@RequestMapping 注解和它的同伴一起完成许多事情，第 13 章将进行详细讲解。现在，知道 URL 模式/gets 将被映射到 HelloController 的 helloWorld 方法上，URL 模式/custom 被映射到 helloName 方法上即可。这些 URL 模式是相对于 DispatcherServlet 的 URL 模式的，而不是 Web 应用程序根的 URL。不过，因为此时 DispatcherServlet 被映射到了应用程序根上，所以该 URL 模式也将是相对于应用程序根的。如果将 DispatcherServlet 映射到/do/*，那么@RequestMapping 注解中的 URL 模式也不会改变，但在浏览器的地址栏中它们之前都将添加上/do。

现在我们已经创建了 Spring 配置，但仍然需要启动它。可以使用部署描述符，但如果需要的话，使用 Java 启动会更加简单。注意默认 Servlet 的映射，它将保证 Tomcat 对静态资源的处理。

```
    <servlet-mapping>
        <servlet-name>default</servlet-name>
        <url-pattern>/resource/*</url-pattern>
    </servlet-mapping>

    <servlet>
        <servlet-name>springDispatcher</servlet-name>
        <servlet-class>org.springframework.web.servlet.DispatcherServlet
</servlet-class>
        <load-on-startup>1</load-on-startup>
        <init-param>
            <param-name>contextConfigLocation</param-name>
            <param-value>/WEB-INF/servletContext.xml</param-value>
        </init-param>
    </servlet>
    <servlet-mapping>
        <servlet-name>springDispatcher</servlet-name>
        <url-pattern>/</url-pattern>
    </servlet-mapping>
```

现在编译项目，启动 Tomcat，然后在浏览器中访问 http://localhost:8080/xml/。屏幕中应该显示出“Hello, World!”。接下来，尝试 URL http://localhost:8080/xml/custom?name=Nick。现在浏览器窗口中应该显示出“Hello, Nick!”。修改 name 参数之后，输出的内容也会随之改变。我们的第一个 Spring Framework 应用程序可以正常工作了！

如之前小节中讨论的，通常我们可能需要在 Web 应用程序中使用两个不同的应用上下文。这里已经创建了一个。一种典型的模式是：将把所有业务逻辑类放在根应用上下文中，将控制器放在 Servlet 应用上下文中。为了演示这一点，请切换到 Spring-XML-Config 项目或者自己进行修改。

从 servletContext.xml 文件中移除 greetingServiceImpl bean 声明(如果不移除它，它将被实例化两次)，并创建一个包含该 bean 的新文件/WEB-INF/rootContext.xml：

```
<?xml version="1.0" encoding="UTF-8"?>
```

```
<beans xmlns="http://www.springframework.org/schema/beans"
    xmlns:xsi="http://www.w3.org/2001/XMLSchema-instance"
    xsi:schemaLocation="http://www.springframework.org/schema/beans
        http://www.springframework.org/schema/beans/spring-beans-4.0.xsd">

    <bean name="greetingServiceImpl" class="com.wrox.GreetingServiceImpl" />

</beans>
```

然后只需要在部署描述符中添加 ContextLoaderListener 即可。

```
    <context-param>
        <param-name>contextConfigLocation</param-name>
        <param-value>/WEB-INF/rootContext.xml</param-value>
    </context-param>
    <listener>
        <listener-class>org.springframework.web.context.ContextLoaderListener
</listener-class>
    </listener>
```

现在就有第二个应用上下文了：根应用上下文包含了 greetingServiceImpl bean；DispatcherServlet 的应用上下文则继承了所有根上下文的 bean，它包含了 helloController bean，并初始化了注解驱动的控制器映射。为了让事情变得更有趣，我们稍微调整控制器的 helloName 方法的请求映射。

```
@RequestMapping(value = "/", params = {"name"})
public String helloName(@RequestParam("name") String name)
```

现在该方法被映射到了与 helloWorld 方法相同的 URL 上，但它要求请求中必须有 name 参数。参数 name 的存在或不存在将决定由哪个方法处理请求。为了证明这一点，再次编译并启动应用程序，然后尝试 URL http://localhost:8080/xml/和 http://localhost:8080/xml/?name=Nick。

注意：你可能注意到 *Spring Framework* 把日志消息写入了调试控制台和 application.log 文件。Spring 使用的是 Log4j 吗？不是直接使用的。Spring 使用 *Apache Commons Logging* 作为它的日志 API。因为你的项目中已经在它的类路径上包含了 org.apache.logging.log4j:log4j-jcl *Commons Logging Bridge artifact*，*Spring Framework* 通过 *Commons Logging* 记录的事件将被传递到 Log4j 中并写入日志配置的目标中。INFO 或更高级别的消息将会出现，因为 Log4j 配置文件中将 org.springframework 的日志级别设置成了 INFO。

12.5.2 创建混合配置

使用 XML 配置 Spring Framework 可能会变得非常单调，之前的样例甚至并未演示 MultiActionController 和 SimpleUrlHandlerMapping 类——一种遗留机制(在 Spring Framework 4.0 中被移除了)用于将请求映射到控制器(这将涉及极其复杂的 XML 配置和接受 HttpServletRequest 和 HttpServletResponse 的严格方法签名)。在庞大的企业级应用程序中，我们可能会定义数百个 bean，每个都要求三行或多行 XML 代码。这种配置方法并不比在部署描述符中使用 XML 配置 Servlet

简单。

如果对 XML 的清晰性不感兴趣，并且不希望使配置文件变得太长——配置文件可能变得非常难于维护——可以创建混合配置，结合这两种配置方式的优点。

混合配置的核心是组件扫描和注解配置的概念。通过使用组件扫描，Spring 将扫描通过特定注解指定的包查找类。所有标注了@org.springframework.stereotype.Component 的类(在这些包中)，都将变成由 Spring 管理的 bean，这意味着 Spring 将实例化它们并注入它们的依赖。

其他符合组件扫描的注解：任何标注了@Component 的注解都将变成组件注解，任何标注了另一个组件注解的注解也将变成组件注解。因此，标注了@Controller、@Repository 和@Service 的类(与@Component 所在的包相同)也将成为 Spring 管理的 bean。也可以创建自己的组件注解。在第 17 章中，我们将创建标记了@Controller 的@WebController 和@RestController 注解，用于区分普通的控制器和 RESTful Web 服务控制器。

与注解配置结合使用的另一个关键注解是：@org.springframework.beans.factory.annotation.Autowired。可以为任何私有、保护和公开字段或者接受一个或多个参数的公开设置方法标注@Autowired。@Autowired 声明了 Spring 应该在实例化之后注入的依赖，并且它也可以用于标注构造器。通常由 Spring 管理的 bean 必须有无参构造器，但对于只含有一个标注了@Autowire 的构造器的类，Spring 将使用该构造器并注入所有的构造器参数。

在任何一种情况中，如果 Spring 无法为依赖找到匹配的 bean，它将抛出并记录一个异常，然后启动失败。同样，如果它为依赖找到多个匹配的 bean，它也将抛出并记录一个异常，然后启动失败。可以使用@org.springframework.beans.factory.annotation.Qualifier 或@org.springframework.context.annotation.Primary 注解避免第二个问题。在使用@Autowired 字段、方法、方法参数或构造器参数时，通过@Qualifier 可以指定应该使用的 bean 的名字。相反，可以使用@Primary 标记一个组件标注的 bean，表示在出现多个符合依赖的候选 bean 时应该优先使用它。

所以，应该在字段、设置方法或构造器上使用@Autowired 吗？这个争论已经持续了多年。一些团队更喜欢使用@Autowired 字段，因为它减少了代码量。其他的团队更喜欢使用@Autowired 构造器，因为它可以在不满足所有依赖的情况下构造对象。还有一些喜欢使用@Autowired 设置方法，尽管它使用的代码量最多，但是它避免了非私有字段，并且还使单元测试变得简单，因为构造实例时我们并不总是需要模拟所有的依赖。在真实世界中使用哪种方式完全取决于你自己，但本书大多数情况下都将在字段上进行标注，这样代码样例占用的空间会更小一些。

注意：Spring Framework 还支持在它的私有注解的位置使用某些 Java EE 注解。@javax.inject.Inject 完全是@Autowired 的同义词，为了使它工作并不需要进行特殊的设置。如同使用@Autowired 一样，可以使用@Inject 标注任意字段、构造器或方法。@javax.annotation.Resource 也被看作@Autowired 的同义词。同样，@javax.inject.Named 等同于@Qualifier，它对@Autowired 或@Inject 属性的影响与@Qualifier 相同(Spring 还支持使用@javax.inject.Qualifier 元信息注解的自定义限定词)。使用哪个注解极大地取决于你；不过，使用 javax.*注解标注参数可以将应用程序与 Spring 解耦，并使切换到另一个框架这个任务变得简单。

如本节之前提到的，Spring 自动提供了许多默认的框架 bean，有时你的 bean 需要使用这些 bean 的实例。不过，通常我们不鼓励使用框架 bean，因为这样做会将应用程序与 Spring 框架绑定得更紧，并使框架的切换变得更加困难。不过，如果你希望使用 Spring 的某个强大特性的话，那么可能必须使用这些 bean，例如发布-订阅消息。可以将这些 bean 中的任何一个设置为@Autowired 或@Injected 的目标，Spring 将会自动设置它，但许多人更喜欢通过不同的方式获得这些 bean，使与 Spring 的连接变得更明显。为此你可以使用 org.springframework.beans.factory.Aware 接口。Aware 是一个简单的标记接口，其他接口可以继承它来表示对某些框架 bean 的感知。例如，org.springframework.context.ApplicationContextAware 接口指定了一个 setApplicationContext 方法，可以为 bean 提供当前上下文(不是父亲上下文)的 ApplicationContext 实例(如果需要，可以调用 ApplicationContext 的 getParent 方法以获得父亲上下文)。

有许多接口都继承了 Aware，下面是最流行的一些接口：

- ApplicationEventPublisherAware 用于获得发布应用程序事件的 bean。
- BeanFactoryAware 用于获得 BeanFactory，通过它可以手动获得或创建 bean。
- EnvironmentAware 用于获得 Environment 对象，通过它可以从属性源中获得属性。
- MessageSourceAware 用于获得国际化消息源。
- ServletContextAware 用于获得 Java EE Web 应用环境中的 ServletContext。
- ServletConfigAware 用于获得 DispatcherServlet Web 应用上下文管理的 bean 中的 ServletConfig。

通常在 bean 的所有依赖都注入后，在它作为依赖被注入其他 bean 之前，可以在该 bean 上执行某种初始化操作。只需要使用 org.springframework.beans.factory.InitializingBean 接口就可以轻松实现。在 bean 的所有配置都完成之后(依赖被注入并且 Aware 方法也已经被调用)，Spring 将调用它的 afterPropertiesSet 方法。如果不希望将应用程序绑定到 Spring 的特有接口上，可以只创建一个公开、void、无参方法，并标注上@javax.annotation.PostConstruct。它的调用时间与 afterPropertiesSet 方法的调用时间相同。

无论使用的是哪种方式，即使 bean 中并未声明需要注入的依赖，它也会被调用。另一方面，如果 bean 需要在使用它的 bean 关闭之后，Spring 停止之前，停止自己的 bean，那么可以实现 org.springframework.beans.factory.DisposableBean 的 destroy 方法，或者创建自己的公开、void、无参方法并标注上@javax.annotation.PreDestroy。

注意：如果你希望对 bean 的生命周期进行更高级的控制(比 InitializingBean、@PostConstruct、DisposableBean 或@PreDestroy 所提供的控制要高级)，那么请查看 org.springframework.context.Lifecycle 和 SmartLifecycle 接口的 API 文档。

初始化组件扫描和注解配置是一个简单的任务，使用部署描述符配置和 rootContext.xml 以及 servletContext.xml 文件即可。在 Spring-Hybrid-Config 项目中可以看到这个改动。在 rootContext.xml 配置中，移除所有的 bean 定义，并替换上<context:annotation-config>和<context:component-scan>元素即可：

```
<?xml version="1.0" encoding="UTF-8"?>
<beans xmlns="http://www.springframework.org/schema/beans"
      xmlns:xsi="http://www.w3.org/2001/XMLSchema-instance"
      xmlns:context="http://www.springframework.org/schema/context"
      xsi:schemaLocation="http://www.springframework.org/schema/beans
          http://www.springframework.org/schema/beans/spring-beans-4.0.xsd
          http://www.springframework.org/schema/context
          http://www.springframework.org/schema/context/spring-context-4.0.xsd">

   <context:annotation-config />
   <context:component-scan base-package="com.wrox" />

</beans>
```

特性 base-package 将指示 Spring Framework 扫描包 com.wrox 的类路径上的所有类或子包，查找@Component、@Controller、@Repository 和@Service。类似的 servletContext.xml 配置文件中仍然包含了<mvc:annotation-driven>元素：

```
<?xml version="1.0" encoding="UTF-8"?>
<beans xmlns="http://www.springframework.org/schema/beans"
      xmlns:xsi="http://www.w3.org/2001/XMLSchema-instance"
      xmlns:context="http://www.springframework.org/schema/context"
      xmlns:mvc="http://www.springframework.org/schema/mvc"
      xsi:schemaLocation="http://www.springframework.org/schema/beans
          http://www.springframework.org/schema/beans/spring-beans-4.0.xsd
          http://www.springframework.org/schema/context
          http://www.springframework.org/schema/context/spring-context-4.0.xsd
          http://www.springframework.org/schema/mvc
          http://www.springframework.org/schema/mvc/spring-mvc-4.0.xsd">

   <mvc:annotation-driven />

   <context:annotation-config />
   <context:component-scan base-package="com.wrox" />

</beans>
```

还有两个小的改动需要完成：

- 必须告诉 Spring 实例化 GreetingServiceImpl，所以需要使用@Service 标注该类。

```
@Service
public class GreetingServiceImpl implements GreetingService
```

- 必须告诉 Spring 将 GreetingService 注入到 HelloController 中，所以需要使用@Autowired 标注设置方法。

```
@Autowired
public void setGreetingService(GreetingService greetingService)
```

你可能已经注意到了该配置的问题，在启动 Tomcat 之前，在 setGreetingService 设置方法上添加断点。该断点将被命中两次，分别对应着 HelloController 和 GreetingServiceImpl 的两个不同实例。确实，我们也可以在应用程序文件中看到这一点。Spring 实例化了 GreetingServiceImpl 和 HelloController

两次：一次在根应用上下文中，一次在 DispatcherServlet 的应用上下文中。

记住：组件扫描默认将扫描所有的@Component 注解，而且这两个应用上下文都启动了组件扫描。我们真正希望做的是分离 bean。根应用上下文应该保存服务、仓库和其他业务逻辑片段，而 DispatcherServlet 的应用上下文应该包含 Web 控制器。幸运的是，有一种简单的方式可以修改默认的组件扫描算法。Spring-Hybrid-Config 项目中已经实现了这一点。首先，在 rootContext.xml 的扫描配置中添加一个排除元素：

```
<context:annotation-config />
<context:component-scan base-package="com.wrox">
    <context:exclude-filter type="annotation"
            expression="org.springframework.stereotype.Controller" />
</context:component-scan>
```

该 exclude-filter 元素将告诉 Spring 扫描所有的@Component，但@Controller 除外。除了该排除元素，默认的扫描模式仍然将正常执行。servletContext.xml 配置将采用一种稍微不同的方式，它使用白名单而不是黑名单告诉 Spring 应该扫描哪个组件：

```
<mvc:annotation-driven />

<context:annotation-config />
<context:component-scan base-package="com.wrox" use-default-filters="false">
    <context:include-filter type="annotation"
            expression="org.springframework.stereotype.Controller" />
</context:component-scan>
```

在本例中，use-default-filters 特性被设置为假，这将告诉 Spring 忽略它的标准扫描模式。与根上下文中指定的 exclude-filter 相反，include-filter 将告诉 Spring 只扫描@Controller。即使 use-default-filters 被设置为真，也仍然可以使用 include-filters 添加默认的扫描过滤器。

尽管所有的<bean>定义已经从配置文件中移除了，但是我们仍然可以结合使用<bean>和组件扫描。有时你可能无法使用组件扫描注册 bean。其中一种情况就是：将第三方提供的类注册为一个 bean，因为只有该类的编译版本，所以不能在其中添加 Spring 注解。另一种情况是：注册默认未被注册的框架 bean，例如 Java Persistence API 工具。任何需要的时候，都可以在配置中指定<bean>元素，以补充 Spring 通过组件扫描得到的 bean。

编译应用程序并从 IDE 中启动 Tomcat。访问 http://localhost:8080/hybrid/和 http://localhost:8080/hybrid/?name=John，你会注意到此应用程序与使用 XML 配置时的工作方式相同。

12.5.3　使用@Configuration 配置 Spring

如何配置 Spring 基本上取决于个人偏好。某些开发团队更喜欢 XML 文件的清晰和普通文本描述性。不过，使用 XML 配置 Spring 时也有一些缺点：

- XML 配置难于调试。必须下载并将 Spring Framework 源代码附着在项目中，并且需要知道在什么位置添加断点以及如何进行调试。Spring 的源代码非常庞大，调试它也不是一件轻松的事。
- 不能对 XML 配置进行单元测试。当然，可以通过编程的方式在单元测试中启动 Spring 配置，但这并不是单元测试。因为这样做将启动整个应用程序并封装所有的 bean，它实际上是集成测试。如果它是基于 XML 的，那么就不能测试 Spring 配置的独立单元。

Spring Framework 的纯 Java 配置可以通过编程的方式配置 Spring 容器，这样我们就可以轻松地进行调试，并对配置的片段进行单元测试。这对于只是不喜欢 XML 的开发团队来说也是非常有用的。

本章稍早的时候已经讲解了如何使用 AnnotationConfigWebApplicationContext 启动编程式 Spring 配置。使用该类时，通过 register 方法注册配置类即可。这些配置类(必须标注上@org.springframework.context.annotation.Configuration，也必须有默认构造器)将通过标注了@Bean 的无参方法注册 bean。通过使用@Configuration 类可以实现许多强大的功能，更重要的是，可以在必要的时候进行单元测试和调试每个方法。

@Configuration 注解是标注了@Component 的元数据注解，这意味着@Configuration 类可以使用@Autowired 或@Inject 进行依赖注入；可以实现 Aware 接口、InitializingBean 或 DisposableBean 中的任意一个；也可以使用@PostConstruct 和@PreDestroy 方法。如果@Configuration 需要直接访问框架 bean 或者在另一个@Configuration 类中创建 bean，这是非常有用的。如果它需要在注入了自己的依赖之后，但在 Spring 调用它的@Bean 之前，初始化两个或多个被依赖的 bean，这也是非常有用的。

@Configuration 类是@Component 的这个事实也意味着，如果启用了组件扫描，在对包进行扫描时，标注了@Configuration 的类将被自动读取。这可能会产生预料中或预料之外的结果。如果@Configuration 类在它驻留的相同包上启用了组件扫描，你的 bean 可能被实例化两次，这种结果可并不理想。

另一方面，如果将应用程序分割成许多模块，并且每个模块可以有自己的@Configuration，那么我们可以创建一个核心@Configuration，组件将扫描它以获得所有模块的@Configuration。这里的关键点是：结合使用@Configuration 和组件扫描时一定要小心。

通常，最好使用外部的值驱动配置。例如，应用程序可能需要使用一个 JNDI 数据源，但你可能不希望硬编码数据源的名称。相反，推荐将数据源的名称存储在某些在配置时加载的设置文件中。使用@org.springframework.context.annotation.PropertySource 注解即可实现。

```
@Configuration
@PropertySource({
    "classpath:com/wrox/config/settings.properties",
    "file:config.properties"
})
public class ExampleConfiguration
...
```

为了访问属性源中的属性，可以使用一个注入的 org.springframework.core.env.Environment 实例手动获取属性值，或者使用@org.springframework.beans.factory.annotation.Value 注解将属性值自动注入。

```
...
public class ExampleConfiguration
{
    @Inject Environment environment;

    @Value("my.property.key") String myPropertyValue;
...
```

你可能无法或者不希望在单个类中包含整个配置。因此，你可能需要使用 Java 完成所有的配置。如之前讨论过的，某些工具可能仍然要求使用 XML 配置。@org.springframework.context.annotation.Import 和@ImportResource 注解提供了对这些需求的支持。

```
@Configuration
@Import({ DatabaseConfiguration.class, ClusterConfiguration.class })
@ImportResource("classpath:com/wrox/config/spring-security.xml")
public class ExampleConfiguration
...
```

在之前的代码片段中，Spring Framework 除了加载 ExampleConfiguration 中包含的配置，还将加载 DatabaseConfiguration、ClusterConfiguration 和 spring-security.xml 中的配置。它不会以特定的顺序初始化和执行这些配置；相反，它将判断配置中的 bean 是否依赖于其他配置提供的 bean，并以适当的顺序初始化配置，保证满足其中的依赖关系。

之前我们已经用过 Spring Framework 的许多 XML 配置特性，但它们并未涉及<bean>定义。它们将产生一些处于后台的、框架特有的 bean 定义，通过使用它们我们能够以最小的工作量完成配置，其中包括<mvc:annotation-driven>和<context:component-scan>等。它们使用一组配置相关的注解替代了所有的 XML 命名空间特性。为了启用这些特性，我们可以在任何标注了@Configuration 注解的类中使用下面的注解。本书的剩余部分将慢慢讲解这些注解。

- @ComponentScan 替代的是<context:component-scan>，它将在指定的一个或多个包上启用组件扫描。正如对应的 XML 配置一样，它可以启用和禁用默认的过滤器，并且可以指定 include 和 exclude 过滤器对组件扫描算法进行微调。
- @EnableAspectJAutoProxy 替代的是<aop:aspectj-autoproxy>，通过它可以启用对标注了 AspectJ 的@Aspect 注解的类的处理，并使用面向切面编程正确地通知方法。
- @EnableAsync 替代的是 Spring 的<task:*>命名空间，并且它还启用了 Spring 的异步@Async 方法执行。在使用 AsyncConfigurer 接口时，@Configuration 可以对异步行为的配置进行微调。
- @EnableCaching 启用了 Spring 的注解驱动缓存管理特性，它替代的是<cache:*>命名空间。
- @EnableLoadTimeWeaving 替代的是<context:load-time-weaver>。它改变了@Transactional、@Configurable、@Aspect 等特性的工作方式。在大多数情况下，我们都不需要使用该特性，但是第Ⅲ部分在使用 Java Persistence API 时将会对它进行讲解。
- @EnableMBeanExport 替代的是<context:mbean-export>，它将指示 Spring 把特定的框架 bean 和标注了@ManagedResource 的 bean 用作 JMX MBean。
- @EnableScheduling 替代的是 Spring 剩下的<task:*>命名空间，它将激活标注了@Scheduled 的计划的执行，类似于由@EnableAsync 激活的异步方法的执行。
- @EnableSpringConfigured 将激活非 Spring 管理的 bean 的依赖注入，它替代的是<context:spring-configured>。为了支持该特性需要使用加载时织入(load time weaving)，因为它必须拦截对象的构造。
- @EnableTransactionManagement 替代的是<tx:annotation-driven>，通过它可以为标注了@Transactional 注解的方法启用事务管理。

- @EnableWebMvc 激活了注解驱动的控制器请求映射，它替代的是<mvc:annotation-driven>。该注解将激活一个非常复杂的配置，通常需要对它进行自定义。通过使标注了@Configuration 的类实现 WebMvcConfigurer 来自定义整个 Web MVC 配置，或者更简单的，通过继承 WebMvcConfigurerAdapter 自定义需要的部分。

Spring-Java-Config 项目演示了纯 Java 配置的使用，从配置 WebApplicationInitializer 启动类到为根和 DispatcherServlet 应用上下文配置@Configuration 类。GreetingService、GreetingServiceImpl 和 HelloController 类已经被移到了 com.wrox.site 包中，从而将它们与 com.wrox.config 包中的配置类分隔开。这种方式将保证组件扫描不会检测@Configuration 类。

该项目中的第一个新类 RootContextConfiguration 是非常简单的：

```
@Configuration
@ComponentScan(
        basePackages = "com.wrox.site",
        excludeFilters = @ComponentScan.Filter(Controller.class)
)
public class RootContextConfiguration
{
}
```

@ComponentScan 注解将告诉 Spring 扫描 com.wrox.site 包中的类以及所有子包中的类，同时排除@Controller 类，正如之前本节讲解的混合配置一样。新的 ServletContextConfiguration 类是非常类似的，它关闭了默认的过滤器，只扫描@Controller 类，并启用了注解驱动的 Web MVC 特性。

```
@Configuration
@EnableWebMvc
@ComponentScan(
        basePackages = "com.wrox.site",
        useDefaultFilters = false,
        includeFilters = @ComponentScan.Filter(Controller.class)
)
public class ServletContextConfiguration
{
}
```

你可能已经注意到了这两个类都没有@Bean 方法。现在所有你需要的 bean 都将通过组件扫描和@EnableWebMvc 自动配置，所以不需要使用任何@Bean 方法。

注意： 下一节将会讲解一个通过使用@Bean 手动配置 bean 的样例，在本书的剩余部分中，我们将会使用越来越多这样的样例，它们都将使用@Bean 方法创建自定义 bean。

当然，这些配置类都无法自己启动，所以 Bootstrap 类将实现 WebApplicationInitializer 接口。

```
public class Bootstrap implements WebApplicationInitializer
{
    @Override
```

```
    public void onStartup(ServletContext container) throws ServletException
    {
        container.getServletRegistration("default").addMapping("/resource/*");

        AnnotationConfigWebApplicationContext rootContext =
                new AnnotationConfigWebApplicationContext();
        rootContext.register(RootContextConfiguration.class);
        container.addListener(new ContextLoaderListener(rootContext));

        AnnotationConfigWebApplicationContext servletContext =
                new AnnotationConfigWebApplicationContext();
        servletContext.register(ServletContextConfiguration.class);
        ServletRegistration.Dynamic dispatcher = container.addServlet(
                "springDispatcher", new DispatcherServlet(servletContext)
        );
        dispatcher.setLoadOnStartup(1);
        dispatcher.addMapping("/");
    }
}
```

本节之前在部署描述符中添加的初始化参数、监听器和 DispatcherServlet 都已经被移除了，现在 web.xml 中包含的只有基本的 JSP 和会话配置。唯一的改动只是出于演示的目的，不是必需的：现在 HelloController 将使用@Inject 而不是@Autowired 声明它的依赖。

```
@Inject
public void setGreetingService(GreetingService greetingService)
```

现在编译应用程序，从 IDE 中启动 Tomcat，并在浏览器中访问 http://localhost:8080/java/和 http://localhost:8080/java/?name=Mars。该应用程序的功能与 Spring-XML-Config 和 Spring-Hybrid-Config 应用程序相同。

12.6　使用 bean definition profile

Java 是一门灵活的语言，它可以运行在许多环境中，所以 Spring Framework 应用程序也没有理由必须是死板的。通过 Spring 的 bean definition profile，在命令行中使用简单的切换就可以轻松实现对整个配置的启动和关闭。在许多情况下，该功能都非常方便，并且毫无疑问到本节内容结束时你也会有自己的想法。下面是其中的一些示例：

- **在一个多层次的应用环境中，需要让一些 bean 运行在一个层次中，而让另外一些 bean 运行在另一层次中。**通过使用 bean definition profile，可以将单个应用程序部署到所有层次中，由被激活的 profile 控制应该注册哪些 bean。
- **你可能需要针对许多不同类型的数据存储编写一个应用程序，用于重复销售。**当你的终端用户购买并安装应用程序时，他们将指定希望使用的数据存储类型。你的应用程序可以使用一个包含了 JPA 仓库的 Java Persistence API profile 用于持久化关系数据库，以及一个包含了 NoSQL 仓库的 Spring Data NoSQL profile 用于编写无模式数据存储。用户可以安装相同的可执行文件，但只需要使用简单的配置启用正确的 profile 即可。

- **你可能希望创建不同的开发、质量保证和生产 profile。**在生产 profile 中，可以硬编码某些设置，例如到本地数据库(所有开发者都必须创建)的连接。同样，质量保证环境中也可以有一些硬编码的设置，它们将与开发 profile 中的设置不同。毫无疑问，生产环境团队需要修改应用程序的设置，而无须等待你来修改和重新编译，生产 profile 将从属性文件中加载这些配置，而你的技术人员可以修改它。

12.6.1 了解 profile 的工作原理

类似于其他提供配置 profile 的技术(例如 Maven)，Spring bean definition profile 有两个组件：声明和激活。可以在 XML 配置文件中使用<beans>元素声明 profile，或者在@Configuration 类或@Components 上使用@org.springframework.context.annotation.Profile 注解，或者同时使用这两种方式。任意的<beans>中都可以包含 profile 特性，表示它的 bean 属于某个特定的 profile。幸运的是，你不需要为希望创建的所有 profile 创建一个新的配置文件，因为我们可以嵌套<beans>元素。下面的代码片段将演示这一点：

```
<?xml version="1.0" encoding="UTF-8"?>
<beans xmlns="http://www.springframework.org/schema/beans"
      xmlns:xsi="http://www.w3.org/2001/XMLSchema-instance"
      xsi:schemaLocation="http://www.springframework.org/schema/beans
          http://www.springframework.org/schema/beans/spring-beans-4.0.xsd">

    ...
    <beans profile="development,qa">
        <jdbc:embedded-database id="dataSource" type="HSQL">
            <jdbc:script location="classpath:com/wrox/config/sql/schema.sql"/>
            <jdbc:script location="classpath:com/wrox/config/sql/test-data.sql"/>
        </jdbc:embedded-database>
    </beans>

    <beans profile="production">
        <context:property-placeholder location="file:/settings.properties" />
        <jee:jndi-lookup id="dataSource"
                         jndi-name="java:/comp/env/${production.dsn}" />
    </beans>
    ...

</beans>
```

在本例中，两个使用了不同配置的 DataSource bean 被注册到了两个不同的 profile 上。如果当前激活的是开发或测试环境，那么创建的数据库将是内嵌内存型数据库 HyperSQL，如果激活的是生产环境，那么应用程序将从 JNDI 上下文中根据配置的名称查找目标数据源。因为这两个 bean 都实现了 DataSource，并且有着相同的 ID，所以任何<bean>都可以引用该数据源 bean，任何@Component 也都可以自动注入正确的 DataSource。如下面的代码所示，我们还可以通过使用 Java @Configuration 完成该任务：

```
interface DataConfiguration
{
    DataSource dataSource();
}
```

```
@Configuration
@Import({DevQaDataConfiguration.class, ProductionDataConfiguration.class})
@ComponentScan(
        basePackages = "com.wrox.site",
        excludeFilters = @ComponentScan.Filter(Controller.class)
)
public class RootContextConfiguration
{
}

@Configuration
@Profile({"development", "qa"})
public class DevQaDataConfiguration implements DataConfiguration
{
    @Override
    @Bean
    public DataSource dataSource()
    {
        return new EmbeddedDatabaseBuilder()
                .setType(EmbeddedDatabaseType.HSQL)
                .addScript("classpath:com/wrox/config/sql/schema.sql")
                .addScript("classpath:com/wrox/config/sql/test-data.sql")
                .build();
    }
}

@Configuration
@Profile("production")
@PropertySource("file:settings.properties")
public class ProductionDataConfiguration implements DataConfiguration
{
    @Value("production.dsr")
    String dataSourceName;

    @Override
    @Bean
    public DataSource dataSource()
    {
        return new JndiDataSourceLookup()
                .getDataSource("java:/comp/env/" + this.dataSourceName);
    }
}
```

在声明了自己的 profile 之后，可以通过一种或多种不同的方式激活它们。首先，可以使用 spring.profiles.active 上下文初始化参数：

```
<context-param>
    <param-name>spring.profiles.active</param-name>
    <param-value>development</param-value>
</context-param>
```

或者 Servlet 初始化参数：

```
<servlet>
```

```
...
    <init-param>
        <param-name>spring.profiles.active</param-name>
        <param-value>development</param-value>
    </init-param>
...
</servlet>
```

上下文参数将影响该 Web 应用程序中运行的所有 Spring 应用上下文，而 Servlet 初始化参数只会影响使用它的 DispatcherServlet 应用上下文。

也可以使用-Dspring.profiles.active=development 命令行参数通过 Java 虚拟机为所有运行的应用上下文激活 profile。使用任何一种技术都可以同时激活多个 profile，使用逗号分隔即可(<param-value>profile1,profile2</param-value>, -Dspring.profiles.active=profile1,profile2)。这当然也意味着 profile 名称中不能包含逗号。

也可以调用 ConfigurableEnvironment 实例的 setActiveProfiles 方法，通过编程的方式激活一个或多个 profile：

```
configurableEnvironment.setActiveProfiles("development");
configurableEnvironment.setActiveProfiles("profile1", "profile2");
```

这种方法将影响包含了该环境设置的应用上下文和它的所有子应用上下文。使用上下文、Servlet 初始化参数或命令行属性通常是更加常见的。通过编程的方式设置 profile 在集成测试时是非常有用的。

还有一件需要了解的事情是@Profile 注解，与@Component 一样，它可以被用作一个元数据注解。这意味着可以创建一个自定义注解用作@Profile 注解，如下面的注解所示：

```
@Documented
@Retention(value=RetentionPolicy.RUNTIME)
@Target(value={ElementType.TYPE, ElementType.METHOD})
@Profile("development")
public @interface Development
{
}
```

这个自定义的@Development 注解与 profile 名为“development”的@Profile 注解的作用相同。现在使用@Development 就等同于使用@Profile("development")。这是非常有用的，因为在代码中使用字符串字面量 profile 名易于出现拼写错误，并且如果需要修改 profile 名称的话，就难于替换。

12.6.2 考虑反模式和安全问题

无论何时决定使用 bean definition profile 解决问题或满足需求时，都要记住一些重要的注意事项：

- **有没有更简单的方法可以实现相同的目标呢？**如果在多个 profile 中创建了相同的 bean，但使用的设置不同，那么可以通过属性源和一个或多个属性文件实现该目标。使用 profile 实现该目标通常是反模式的，这也会增加超出它的价值的复杂性。
- **你的 profile 中存在的 bean 类型都有哪些？**在大多数情况下，两个不同的 profile 所具有的 bean 大部分都应该是相同的，尽管它们可能使用了不同的实现，或者启用了更多的调试、调优或报告。一般来说，QA 和生产 profile 基本是一致的，开发和 QA profile 之间应该有极大的区别。否则，你可能无法完成所有的测试。

- **使用 bean definition profile 的安全意义是什么？**一般来说，不应该使用 profile 控制应用程序的安全。因为终端用户可能会通过启用或禁用 JVM 命令行属性的方式激活或无效化 profile，这样他们就可以轻松地绕过以这种方式定义的安全限制。这种情况下，一种明显的反模式就是：在开发 profile 中禁用所有的产品许可检查，但在 QA 和生产 profile 中启用它们。然后聪明的用户只需要从生产环境切换到开发环境就可以免费使用你的产品。有许多方式可以避免这个问题，例如在生产构建时可以将类剥离出来，或者使用 Java SecurityManager，但最好的做法还是完全避免这种情况。

12.7　小结

本章介绍了 Spring Framework，并讲解了 bean、应用上下文和派发器 Servlet。然后本章通过许多方式实验了如何启动和配置 Spring Framework。接着讲解了依赖注入(DI)和反转控制(IoC)、面向切面编程、事务管理、发布-订阅应用程序消息和 Spring 的 MVC 框架。还学习了使用 Spring Framework 的一些优势，以及 Spring 如何可以使 Web 应用程序、桌面应用程序甚至是服务器守护进程的开发变得容易和更快捷。

在下一章，我们将深入学习控制器和 MVC 框架，了解@RequestMapping 注解的真正用途。在本书的剩余内容中将会演示许多 Spring 应用程序。记住：在实际的 Spring 应用程序中，只有你可以决定到底是使用 XML 还是使用 Java 引导，使用 XML、混合还是 Java 配置。不过，为统一起见，从现在开始本书将一直使用 Java 引导和配置。

第13章 使用控制器替代 Servlet

本章内容：

- @RequestMapping 的定义
- 使用 Spring Framework 的模型和视图模式
- 使用表单对象简化开发
- 更新客户支持应用程序

本章需要从 wrox.com 下载的代码

访问网址 http://www.wrox.com/go/projavaforwebapps 的 Download Code 选项卡，找到本章的代码下载链接。本章的代码被分成了下面几个主要的例子：

- Model-View-Controller 项目
- Spring-Forms 项目
- Customer-Support-v10 项目

本章新增的 Maven 依赖

除了之前章节中引入的 Maven 依赖，本章还需要下面的 Maven 依赖：

```
<dependency>
    <groupId>org.springframework</groupId>
    <artifactId>spring-oxm</artifactId>
    <version>4.0.2.RELEASE</version>
    <scope>compile</scope>
</dependency>
```

13.1 了解@RequestMapping

第 12 章介绍了 Spring Framework 控制器和如何使用@RequestMapping 注解将请求映射到控制器中的方法。@RequestMapping 是 Spring 工具集中一个非常强大的工具，通过它可以映射请求、请求的 Content-Type 或者 Accept 头、HTTP 请求头、指定请求参数或头是否存在，或者这些信息的任意组合。

使用了@RequestMapping 之后，在 Servlet 的 doGet 或者类似的方法中选择正确的方法时，就不再需要使用复杂的切换或者逻辑分支。相反，请求将被自动路由到正确的控制器和方法。如何将请求映射到正确的控制器和方法，是通过不同的@RequestMapping 注解特性完成的。一个被映射的方法可以有任意的名字、任意数量的不同参数和众多返回类型中的一个类型。本节将讲解所有这些内容。

13.1.1　使用@RequestMapping 特性缩小请求匹配的范围

@RequestMapping 注解将把请求被映射到的方法缩小到特定的方法上。可以只在控制器方法中添加@RequestMapping，或者同时在控制器类和它的方法中添加。将注解添加到控制器类和它的方法将为映射建立起特定的继承和优先级规则。某些为控制器类创建的@RequestMapping 特性将被方法继承，并添加到方法上创建的@RequestMapping 中，而方法上添加的@RequestMapping 特性将覆盖类上创建的@RequestMapping 特性。因此，记住每个特性、它的目标，以及方法上的值是添加还是覆盖类上的值都非常重要。

注意：只有控制器类上指定的@RequestMapping 才会被考虑，指定在它的父类上无效。因此，不能在抽象类上添加注解，然后通过派生类的方式继承抽象类的映射。

1. URL 限制

我们已经使用@RequestMapping 缩小了方法可以响应的 URL 请求范围。使用 value 特性(如果使用其他特性，可以隐式或者显式地)可以指定任何 Ant 风格的 URL 模式。这与 Servlet URL 映射(它只可以使用通配符作为开头或结尾，在 URL 中间不可以使用多个通配符或者不能使用通配符)相比要灵活得多。控制器方法 URL 映射将通过 DispatcherServlet、控制器映射(如果可用)或者方法映射进行构建，如果未指定的话，所有这些映射都将通过前斜线进行分隔。为了演示这一点，请考虑下面这些映射到不同 URL 的方法：

```
@RequestMapping("viewProduct")
public String viewProduct(...) { ... }

@RequestMapping("addToCart")
public String addProductToCart(...) { ... }

@RequestMapping("writeReview")
public String writeProductReview(...) { ... }
```

在本例中，如果将 DispatcherServlet 映射到上下文根(/)，那么这些方法相对于应用程序的 URL 将分别变成/viewProduct、/addToCart 和/writeReview。假设现在将 DispatcherServlet 映射到了/store/*，那么这些方法的 URL 也将分别变成/store/viewProduct、/store/addToCart 和/store/writeReview。

注意：如果你不熟悉 Ant 风格的模式，那么请花上几分钟时间查看一下 Apache Ant 模式文档，地址为 http://ant.apache.org/manual/dirtasks.html#patterns。

如果控制器中的许多 URL 都共享了一个相同的元素，那么可以使用映射继承来减少映射中的冗余：

```
@RequestMapping("product")
public class ProductController
{
    @RequestMapping("view")
    public String viewProduct(...) { ... }

    @RequestMapping("addToCart")
    public String addProductToCart(...) { ... }

    @RequestMapping("writeReview")
    public String writeProductReview(...) { ... }
}
```

此时，如果 DispatcherServlet 映射到上下文根的话，那么方法 URL 将分别变成/product/view、/product/addToCart 和 /product/writeReview。同样地，如果 DispatcherServlet 映射到/store/*的话，方法 URL 将分别变成/store/product/view、/store/product/addToCart 和 /store/product/writeReview。

URL 映射的另一个重要方面是：如果请求匹配到多个不同的 URL 映射，那么最具体的映射胜出。因此，请考虑下面的映射：

```
@RequestMapping("view/*")
public String viewAll(...) { ... }

@RequestMapping("view/*.json")
public String viewJson(...) { ... }

@RequestMapping("view/id/*")
public String view(...) { ... }

@RequestMapping("view/other*")
public String viewOther(...) { ... }
```

许多不同的 URL 可能会匹配到不止一个方法：

- URL /view/other.json 可以匹配 viewAll、viewJson 或者 viewOther 方法，但 viewOther 方法更为具体，所以该请求将被路由到 viewOther 方法。
- 同样地，/view/id/anything.json 将会匹配 viewAll、viewJson 或者 view 方法，但它将被映射到 view 方法。
- 因为在这些方法中 viewAll 的映射最不具体，所以只有完全不匹配其他方法的请求才会被路由到 viewAll。

通过使用这种技术，我们可以创建一个 catchAll 方法用于捕捉所有未被其他控制器方法映射的请求：

```
public class HomeController
{
    @RequestMapping(value="/*")
    public String catchAll(...) { ... }
}
```

不过，通常不推荐这么做。因为当用户访问网站的无效 URL 时，看到的是网站主页而不是 404 错误页面，那么这将会引起混淆。如果 Spring Framework 未找到任何匹配请求的方法，它将自动返回一个 404 错误作为响应。如果希望自定义该错误页面，则可以使用部署描述符中的<error-page>元素。

关于@RequestMapping value 特性需要了解的最后一件事情是：它也可以接受一组 URL 映射。因此，可以将多个 URL 映射到指定的方法上。在本例中，home 方法将响应 URL /、/home 和/dashboard：

```
@RequestMapping({"/", "home", "dashboard"})
public String home(...) { ... }
```

尽管并非严格要求，但是通常我们应该总是使用 value 特性(即使也可以使用其他特性)。将控制器方法映射到一个 POST 请求但不指定 URL，这并不合理。

2. HTTP 请求方法限制

还可以使用 HTTP 方法缩小控制器方法匹配的请求范围。@RequestMapping 方法特性接受一个或多个 org.springframework.web.bind.annotation.RequestMethod 枚举常量。如果控制器方法映射在 method 特性中添加了一个或多个值，那么只有请求的 HTTP 方法匹配指定的常量之一时，请求才会被映射到该控制器方法。根据 HTTP 方法将同一请求映射到不同的控制器方法，这是非常有用的，如下面的样例所示：

```
@RequestMapping("account")
public class AccountManagementController
{
    @RequestMapping(value="add", method=RequestMethod.GET)
    public String addForm(...) { ... }

    @RequestMapping(value="add", method=RequestMethod.POST)
    public View addSubmit(...) { ... }
}
```

/account/add URL 将同时匹配 addForm 和 addSubmit 方法。该 URL 的 GET 请求将被路由至 addForm 方法，而 POST 请求将被路由至 addSubmit 方法。使用任何其他 HTTP 方法发出的请求都将被拒绝。实际上最佳的实践是：为所有的映射都指定它们支持的 HTTP 方法。这样应用程序将变得更加安全，并且使问题变得更加明显，尤其是当一个表单应该使用 POST 请求提交(例如登录)，但忽然使用 GET 请求提交时。RequestMethod 支持的 HTTP 方法有 OPTIONS、HEAD、GET、POST、PUT、DELETE、PATCH 和 TRACE。

有一点非常重要，当 method 特性继承自类时，该特性将同时在两个级别上产生限制。请求的 HTTP 方法将先检查类级别上的限制。如果它通过了这些限制，那么接下来将检查方法级别上的限制。因此，下面的 AccountManagementController 在语义上与之前的版本相同。

```
@RequestMapping(value="account", method={RequestMethod.GET, RequestMethod.POST})
```

```
public class AccountManagementController
{
    @RequestMapping(value="add", method=RequestMethod.GET)
    public String addForm(...) { ... }

    @RequestMapping(value="add", method=RequestMethod.POST)
    public View addSubmit(...) { ... }
}
```

3. 请求参数限制

@RequestMapping 注解的 params 特性是另一个已在第 12 章进行详细讲解的特性。使用该特性可以指定一个或多个参数表达式，它们的执行结果必须为真。表达式“myParam=myValue”表示 myParam 请求参数必须存在，并且它的值必须等于“myValue”。而“myParam！=myValue”表示 myParam 请求参数必须不等于“myValue”。也可以使用表达式“myParam”，这意味着 myParam 请求参数必须存在，可以为任意值(包括空白)，而“!myParam”则意味着 myParam 请求参数必须不存在(空白也不允许)。如果请求无法匹配 params 特性指定的所有的表达式，那么它就不会被映射到控制器方法。

下面的请求映射将缩小匹配的范围，只有在 employee 参数存在并且 confirm 参数存在还等于 true 时，才会调用该方法：

```
@RequestMapping(value="can", params={"employee", "confirm=true"})
public String can(...) { ... }
```

如同 HTTP 请求方法限制一样，参数限制也将被继承下来。Spring Framework 首先将检查控制器类上的参数限制，然后检查方法上的参数限制。如果请求通过了这两个限制，那么它将把请求映射到该方法上。

4. 请求头限制

使用@RequestMapping 的 headers 特性实现的头限制工作方式与参数限制几乎一致，包括它们被继承的方式。正如参数限制一样，我们可以为任何头指定值或者存在表达式，也可以使用感叹号对这些表达式取反。

头限制有一个额外的特性：我们可以为媒体类型头指定含有通配符的值。所以下面的请求映射只会匹配包含了 X-Client 头并且 Content-Type 头为任意文本类型的请求。注意不区分头名称的匹配的大小写。

```
@RequestMapping(value="user", headers={"X-Client", "content-type=text/*"})
public User user(...) { ... }
```

5. 内容类型限制

可以使用请求内容类型或者请求期望的响应内容类型(或者同时使用两者)进一步缩小请求映射。尽管这些限制都可以使用 headers 特性，但 consumes 和 produces 特性将使该任务的实现变得更简单。

特性 consumes 将接受一个或多个媒体类型(或者媒体类型通配符)，它们必须匹配请求的 Content-Type 头。因此，它定义了方法可以处理的内容类型。同样地，特性 produces 将接受一个或多个媒体类型(或者通配符)，它们必须匹配请求的 Accept 头。它指定了方法可以产生的内容类型，这样 Spring 可以决定这些内容类型是否匹配客户端期望接收的响应类型。下面的请求映射将只会匹配 Content-Type 头为 application/json 或 text/json，并且 Accept 头包含了 application/json 或 text/json 的请求。

```
@RequestMapping(value="song", consumes={"text/json", "application/json"},
                produces={"text/json", "application/json"})
public Song song(...) { ... }
```

如果同时在类@RequestMapping 和方法@RequestMapping 中指定 consumes 和 produces 特性，那么方法上的特性将会覆盖类上指定的特性(换句话说，如果方法上指定了相同的特性的话，类上的值将被忽略)。

注意：内容类型限制是有用的，但并不是实现内容协商的好方法。本章的“配置内容协商”一节中将对该话题进行详细讲解。

13.1.2　指定控制器方法参数

控制器方法可以有任意数量的不同类型的参数。Spring Framework 中参数的数目和类型都非常灵活。最简单的方法可以不含参数，而复杂的方法可以有几十个参数甚至更多。Spring 可以理解这些参数的目的，并在调用的时候提供正确的值。另外，通过一些简单的配置可以扩展 Spring 理解的参数类型。

1. 标准 Servlet 类型

在需要的时候，Spring 可以为方法提供 Servlet API 相关的众多参数类型作为参数。传入到这些参数的值永远不会为 null，因为 Spring 将保证这一点。方法中可以指定一个、任意数目或者所有下面这些参数类型：

- HttpServletRequest 用于使用请求属性。
- HttpServletResponse 用于操作响应。
- HttpSession 用于操作 HTTP 会话对象。
- InputStream 或者 Reader 用于读取请求正文，但不能同时使用两者。在完成对它的处理之后不应该关闭该对象。
- OutputStream 或者 Writer 用于编写响应正文，但不能同时使用两者。在完成对它的处理之后不应该关闭该对象。
- 客户端识别出的 java.util.Locale，用于本地化(如果未指定的话，可以使用默认的区域设置)。
- org.springframework.web.context.request.WebRequest 用于请求属性和 HTTP 会话对象的操作，不需要直接使用 Servlet API。如果在相同的方法中还有 HttpServletRequest、HttpServletResponse 或者 HttpSession 类型的参数，那么就不应该使用该参数类型。

2. 注解请求属性

可以使用几个参数注解(它们都在 org.springframework.web.bind.annotation 包中)表示方法参数的值应该从请求的某些属性中获取。在大多数情况下，标注这些注解之一的参数可以是任意的原始类型或者原始封装类型，String、Class、File、Locale、Pattern、java.util.Properties、java.net.URL 或者这些类型中任意一种的数组或集合。如果可能，Spring 将自动把值转换为这些类型。也可以在 Spring Framework 中注册自定义的 java.beans.PropertyEditor 或者 org.springframework.core.convert.converter.Converter，用于处理其他类型。

@RequestParam 注解表示被注解的方法参数应该派生自命名请求参数。使用 value 特性指定请求参数的名称(隐式地或显式地)。默认情况下，该注解表示请求参数是必需的，如果没有它，请求映射就无法完成。可以将 required 特性设置为假，禁用该行为(使该请求参数变为可选的)，此时如果请求中未包含请求参数，那么方法参数值将为 null。下面的方法将接受一个必需的 id 请求参数、一个可选的 name 请求参数(默认值为 null)和一个可选的 key 请求参数(默认值为空白)。请求参数名称是区分大小写的。

```
@RequestMapping("user")
public String user(@RequestParam("id") long userId,
                   @RequestParam(value="name", required=false) String name,
                   @RequestParam(value="key", defaultValue="") String key)
{ ... }
```

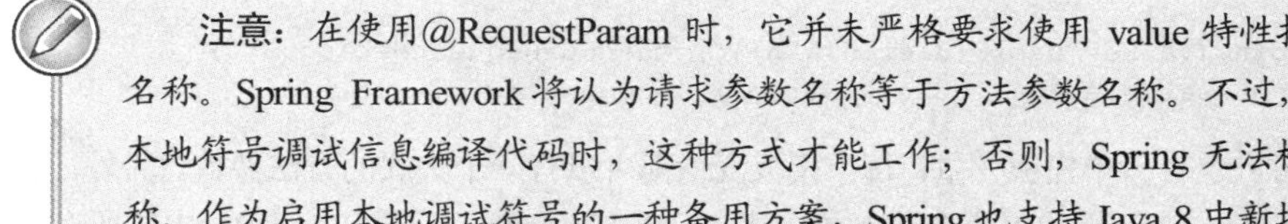

注意：在使用@RequestParam 时，它并未严格要求使用 value 特性指定请求参数名称。Spring Framework 将认为请求参数名称等于方法参数名称。不过，只有使用了本地符号调试信息编译代码时，这种方式才能工作；否则，Spring 无法检测到参数名称。作为启用本地调试符号的一种备用方案，Spring 也支持 Java 8 中新增的参数名反射工具，它要求编译时必须使用-parameters 命令行参数。如果希望不依赖于这两种方式之一，那么就必须显式地指定请求参数名。

如果希望请求参数有多个值，那么可以将响应方法的参数修改为正确类型的数组或集合。

通过在 Map<String, String>或者 org.springframework.util.MultiValueMap<String, String>类型的单个参数上标注@RequestParam，也可以获得 Map 中的所有请求参数值。

@RequestHeader 的工作方式与@RequestParam 一致，它提供了对请求头的值的访问。它指定了一个必须的(默认)或者可选的请求头，用作相应方法的参数值。因为 HTTP 头也可以有多个值，所以如果会出现这种请求的话，应该使用数组或集合参数类型。可以使用@RequestHeader 注解类型为 Map<String, String>、MultiValueMap<String, String>或者 org.springframework.http.HttpHeaders 的单个参数，从而获得所有请求头的值。在下面的 3 个方法中，foo 将按照名称获得两个头的数据，而 bar 和 baz 将获得所有头的数据。头名称不区分大小写。

```
@RequestMapping("foo")
```

```
    public String foo(@RequestHeader("Content-Type") String contentType,
                      @RequestHeader(value="X-Custom-Header", required=false)
                      Date customHeader)
    { ... }

    @RequestMapping("bar")
    public String bar(@RequestHeader MultiValueMap<String, String> headers)
    { ... }

    @RequestMapping("baz")
    public String baz(@RequestHeader HttpHeaders headers)
    { ... }
```

Spring Framework 中的 URL 映射不必是静态值。相反，该 URL 可以包含一个模板，表示 URL 的某个部分是可变的，它的值将在运行时决定。URI 模板变量通常对搜索引擎更加友好，并且它是 RESTful Web 服务标准的一部分。下面的代码脚本演示了如何在 URL 映射中指定一个 URI 模板，并通过@PathVariable 的方式将该模板变量用作方法参数的值。

```
@RequestMapping(value="user/{userId}", method=RequestMethod.GET)
public String user(@PathVariable("userId") long userId) { ... }
```

默认情况下，Spring 允许模板变量中包含除句号之外的任意字符(正则表达式为[^\.]*)。可以通过在 URL 映射中指定正则表达式(减少允许的字符或者增加它的范围将句号包含进来)自定义该行为。下面的映射实际上与之前的相同，但它将 userId 模板变量限制为只能使用数值字符。不包含该模板变量或者包含了无效字符的请求 URL 将不会映射到该控制器方法。

```
@RequestMapping(value="user/{userId:\\d+}", method=RequestMethod.GET)
public String user(@PathVariable("userId") long userId) { ... }
```

URL 映射中可以包含多个模板变量，每个模板变量都可以有一个关联的方法参数。另外，还可以将类型为 Map<String, String>的单个方法参数标注为@PathVariable，它将包含 URL 中的所有 URI 模板变量值。

```
    @RequestMapping(value="foo/{var1}/bar/{var2}")
    public String fooBar(@PathVariable("foo") String foo,
                         @PathVariable("bar") long bar)
    { ... }

    @RequestMapping(value="bar/{var1}/foo/{var2}")
    public String barFoo(@PathVariable Map<String, String> variables)
    { ... }
```

RFC 3986 定义了 URI 路径参数的概念。与查询参数不同，查询参数将被添加到查询字符串中并作为一个整体属于 URI，路径参数则属于路径的特定段。

例如，在 URL http://www.example.com/hotel/43;floor=8;room=15/guest 中，路径参数 floor 和 room 属于路径段 43(在本例中可能是旅馆的 ID)。Servlet API 规范要求将 URL 匹配到 Servlet 映射之前，必须将路径参数从 URL 中移除。对于旅馆 URL 来说，这意味着用于将请求匹配到 Servlet 的 URL 实际上是/hotel/43/guest。当它将请求匹配到控制器方法映射时，Spring Framework 完成的工作是相同的。另外，Spring 提供了@MatrixVariable 注解，从 URL 中提取出路径参数用作方法参数。类似于@RequestParameter，@MatrixVariable 有 value、required 和 defaultValue 特性。

```
@RequestMapping("hotel/{hotelId:\\d+}/guest")
public String guestForRoom(@PathVariable("hotelId") long hotelId,
                           @MatrixVariable("floor") short floorNumber,
                           @MatrixVariable("room") short roomNumber)
{ ... }
```

该映射将匹配之前的旅馆 URL。因为将请求匹配到 URL 映射时，路径参数将被忽略，所以映射实际上并未声明参数。

@MatrixVariable 还有一个 pathVar 特性，用于指定 URI 路径参数所属的 URI 模板变量(@PathVariable)。不过，特性 pathVar 是可选的。如果 URL 中只有一个路径段可以包含指定名称的路径参数，那么就没有理由使用 pathVar。如果 URL 中有多个路径段可能会包含指定名称的路径参数，那么必须指定 pathVar 用于明确正在引用的参数。下面的样例在语义上与之前的样例相同，但它是完全清晰的：

```
@RequestMapping("hotel/{hotelId:\\d+}/guest")
public String guestForRoom(@PathVariable("hotelId") long hotelId,
                           @MatrixVariable(pathVar="hotelId", value="floor")
                              short floorNumber,
                           @MatrixVariable(pathVar="hotelId", value="room")
                              short roomNumber)
{ ... }
```

3. 输入绑定表单对象

在使用 HTML 表单时，客户端提交通常可以包含数十个或者更多字段。请考虑一个用户注册表单，它可能有用户名、密码、确认密码、电子邮件地址、姓和名、电话号码、地址等。

尽管@RequestParam 一定是个有价值的工具，但是在方法中使用数十个参数是非常繁琐的，并且这将使单元测试变得困难。与此相反，Spring Framework 允许指定一个表单对象(也称为命令对象)作为控制器方法的参数。表单对象是含有设置和读取方法的简单 POJO。它们不必事先实现任何特殊的接口，也不需要使用任何特殊的注解对控制器方法参数进行标记，Spring 将把它识别为一个表单对象。

```
public class UserRegistrationForm
{
    private String username;
    private String password;
    private String emailAddress;

    // other fields, and mutators and accessors
}

@RequestMapping("user")
public class UserController
{
    @RequestMapping(value="join", method=RequestMethod.POST)
    public String join(UserRegistrationForm form) { ... }
}
```

在本例中，Spring 将在 UserRegistrationForm 类中寻找方法名以 set 开头的方法。然后它将使用参数名称把请求参数映射到表单对象属性。例如，调用 setUsername 方法时将使用请求参数 username 的值作为参数，调用 setEmailAddress 方法时将使用请求参数 emailAddress 的值作为参数。如果请求参数不匹配表单对象的任意一个属性，它将被忽略。同样地，如果表单对象的属性不满足请求参数，它们也将被忽略。已注册的 PropertyEditor 和 Converter(转换控制器方法参数的相同实例)将把基于字符串的请求参数值转换为它们的目标属性类型。

Spring 也可以自动验证表单对象的细节，这意味着可以避免在控制器方法中内嵌验证逻辑。如果启用了 bean 验证，并且使用@javax.validation.Valid 标记了表单对象参数，那么紧接在表单对象参数之后参数的类型可以是 org.springframework.validation.Errors 或者 org.springframework.validation.BindingResult。当 Spring 调用该方法时，参数值是验证过程的结果。如果紧接在表单对象参数之后的参数不是 Errors 或者 BindingResult 对象，并且表单对象验证失败的话，那么 Spring 将会抛出一个 org.springframework.web.bind.MethodArgumentNotValidException 异常。

```
@RequestMapping(value="join", method=RequestMethod.POST)
public String join(@Valid UserRegistrationForm form,
                   BindingResult validation) { ... }
```

表单对象验证如何工作的具体细节以及如何启用它将在第 16 章进行详细讲解。

4. 请求正文转换和实体

到目前为止，我们已经学习了与@RequestMapping 一起协作的工具，用于处理 GET 和 POST Web 请求的额外特性：头、URL 查询参数和 x-www-form-urlencoded 请求正文(表单提交)。不过，POST 和 PUT 请求可以包含除 x-www-form-urlencoded 格式之外的任意数据。例如，在 RESTful Web 服务中，POST 或 PUT 请求可能包含了一个 JSON 或 XML 格式的请求正文，用于代表比 x-www-form-urlencoded 更复杂的数据。请求正文也可以包含二进制、base64 编码数据或者几乎所有客户端和服务器都可以理解的格式。当该数据代表某种对象时，它通常被引用为请求实体或者 HTTP 实体。通过使用@RequestBody 注解，Spring 将自动把一个请求实体转换为控制器方法参数。

```
public class Account
{
    public long accountId;
    public String accountName;
    public String emailAddress;

    // other fields, and mutators and accessors
}

@RequestMapping("account")
public class AccountController
{
    @RequestMapping(value="update", method=RequestMethod.POST)
    public String update(@RequestBody Account account) { ... }
}
```

默认情况下，@RequestBody 参数是必需的，但我们可以通过设置 required 特性使它们变成可选的。Spring 的 HTTP 消息转换器将自动对请求实体进行转换。尽管其他参数类型都是简单类型，例如@RequestParam 和@RequestHeader，它们将通过 PropertyEditor 和 Converter 自动从字符串表示转换为目标类型，但请求实体必须使用特殊的消息转换器，该转换器必须可以理解源格式(JSON、XML、二进制等)和目标格式(POJO 或者其他复杂对象)。第 17 章将详细讲解 HTTP 消息转换器。

如同表单对象一样，还可以将@RequestBody 方法参数标记为@Valid，从而触发内容验证，并且可以指定 Error 或者 BindingResult 参数(可选的)。同样地，如果验证失败并且请求实体参数之后未使用 Error 或 BindingResult 参数，那么验证将会抛出 MethodArgumentNotValidException 异常。

```
@RequestMapping(value="update", method=RequestMethod.POST)
public String update(@Valid @RequestBody Account account,
                     BindingResult validation) { ... }
```

除了使用@RequestBody 注解，方法还可以接受一个类型为 org.springframework.http.HttpEntity <?>的参数。该类型提供了对请求头(HttpHeader)以及作为类型参数提供的请求正文的访问。所以，可以使用下面的方法替换之前的方法：

```
@RequestMapping(value="update", method=RequestMethod.POST)
public String update(HttpEntity<Account> request) { ... }
```

不过，使用 HttpEntity 参数时，请求正文对象的验证不会自动发生，所以并不是真的必须使用该方法。

5. Multipart 请求数据

第 3 章讲解了如何使用 Servlet 3.0 的 multipart 请求支持接受文件上传。在浏览器环境中，几乎总是使用一个 multipart 请求用于上传文件，并结合使用一个正常的表单数据。在这些情况下，请求的 Content-Type 为 multipart/form-data，并且它包含了被提交的每个表单字段的一部分。请求的每个部分都由指定的边界分隔开，它们都有一个值为 form-data 的 Content-Disposition 和匹配表单输入名称的名字。如果表单字段是一个标准的表单字段，那么它的每个部分都将包含表单字段的数据。如果表单字段是一个用于处理单个文件的文件类型字段，那么它的每个部分都有一个匹配文件 MIME 类型的 Content-Type 和文件内容(如果需要的话可以使用二进制编码)。

下面是一个表单 POST 请求的样例，该表单有一个值为“John”的 username 字段，和一个文本文件的单文件上传控件。该请求的内容类似于使用 Wireshark 或 Fiddler 这样的网络监控工具捕捉到的内容：

```
POST /form/upload HTTP/1.1
Hostname: www.example.org
Content-Type: multipart/form-data; boundary=X3oABba8
Content-Length: 236

--X3oABba8
Content-Disposition: form-data; name="username"

John
--X3oABba8
Content-Disposition: form-data; name="upload"; filename="sample.txt"
Content-Type: text/plain; charset=UTF-8

This is the contents of sample.txt
```

```
--X3oABba8--
```

如果表单字段是一个用于多文件的文件类型字段，那么它的每个部分都有一个值为multipart/mixed的Content-Type，并且包含了它自己的那一部分内容，它们各存储了一个文件，如下面的样例所示：

```
POST /form/upload HTTP/1.1
Hostname: www.example.org
Content-Type: multipart/form-data; boundary=X3oABba8
Content-Length: 512

--X3oABba8
Content-Disposition: form-data; name="username"

John
--X3oABba8
Content-Disposition: form-data; name="uploads"
Content-Type: multipart/mixed; boundary=Bc883CXNc

--Bc883CXNc
Content-Disposition: file; filename="sample.txt"
Content-Type: text/plain; charset=UTF-8

This is the contents of sample.txt
--Bc883CXNc
Content-Disposition: file; filename="blank-pixel.gif"
Content-Type: image/gif
Content-Transfer-Encoding: base64

R0lGODlhAQABAHAAACH5BAUAAAAALAAAAAABAAEAAAICRAEAOw==
--Bc883CXNc--
--X3oABba8--
```

使用@RequestParam 标注控制器方法参数将使 Spring 从 URL 查询参数中、x-www-form-urlencoded POST 请求正文中或者 multipart 请求部分中使用该名字抽取对象的值。不过，可用的PropertyEditor 和 Converter 只能把这些参数从字符串值转换为简单类型。而文件上传既不是字符串也不是简单类型。

@RequestPart 注解可以标注在任意的控制器方法参数上，该参数应该来自于一个 multipart 请求的一部分，并且应该被 HTTP 消息转换器而不是使用 PropertyEditor 或 Converter 转换。如许多其他注解一样，它也有一个默认值为真的 required 特性。

```
@RequestMapping(value="form/upload", method=RequestMethod.POST)
public String upload(@RequestParam("username") String username,
                     @RequestPart("upload") Part upload) { ... }
```

该方法可以响应之前演示的包含了单个文件的 multipart 请求。这种方式可以正常工作，因为Spring 有一个内建的 HTTP 消息转换器可以识别文件的部分。除了 javax.servlet.http.Part 类型外，还可以将文件上传转换为 org.springframework.web.multipart.MultipartFile。如果文件字段允许多文件上传，如第二个 multipart 请求所示，那么简单地使用 Part 或 MultipartFile 的数组或集合即可。

```
@RequestMapping(value="form/upload", method=RequestMethod.POST)
```

```
    public String upload(@RequestParam("username") String username,
                         @RequestPart("uploads") List<MultipartFile> uploads)
    { ... }
```

并非必须直接使用 multipart 文件上传作为控制器方法参数。表单对象可以包含 Part 或 MultipartFile 字段，并且 Spring 将自动知道它必须从文件部分中获取值，再对数据进行正确的转换。

```
public class UploadForm
{
    private String username;
    private List<Part> uploads;

    // mutators and accessors
}

    @RequestMapping(value="form/upload", method=RequestMethod.POST)
    public String upload(UploadForm form) { ... }
```

到目前为止，我们已经学习了专门用于文件上传的 multipart 处理，但对于 Spring 请求处理来说，文件上传并不是它唯一支持的 multipart 内容。除了 multipart/form-data，请求还可以是 multipart/mixed。它的每个部分都可以包含任意的内容，包括 JSON、XML 或者二进制形式的请求实体。然后 Spring 将把这些部分转换为任意的类型，只要它有一个合适的 HTTP 消息转换器。它甚至可以对非文件部分进行验证，如同对@RequestBody 参数和表单对象所做的验证一样。

```
    @RequestMapping(value="update", method=RequestMethod.POST)
    public String update(@Valid @RequestPart("account") Account account,
                         BindingResult validation) { ... }
```

应该注意的是，以这种方式使用 multipart 请求是极其不常见的。通常，实体请求只有一个部分；Multipart 请求来自于浏览器上传文件。

6. 模型类型

下一节我们将学习在 Spring MVC 架构中使用模型和视图。不过，这里应该要注意的是：控制器方法可以有单个类型为 Map<String，Object>、org.springframework.ui.ModelMap 或 org.springframework.ui.Model 的非标注参数。这些类型之一的方法参数代表了 Spring 传入到视图中用于渲染的模型，并且我们可以在方法执行时向其中添加任意的特性。

13.1.3 为控制器方法选择有效的返回类型

毫无疑问，在 Spring Framework 中可以为@RequestMapping 方法指定的方法参数是极其灵活的。同样地，Spring 在控制器可以返回的类型上也非常灵活。一般来说，方法参数通常与请求内容相关，返回类型通常与响应相关。例如，返回类型为 void 将告诉 Spring 该方法将手动处理响应的写入，所以 Spring 在方法返回之后不需要进一步对请求进行处理。不过，更常见的是控制器方法将返回某种类型(有时还使用注解)表示 Spring 应该如何响应请求。

1. 模型类型

控制器方法可以返回一个 Map<String, Object>、ModelMap 或 Model。这是将这些类型之一指定为方法参数的备用方式。Spring 可以将该返回类型识别为模型，并使用已配置的 org.springframework.web.servlet.RequestToViewNameTranslator(默认为 org.springframework.web.servlet.view.DefaultRequestToViewNameTranslator)自动确定视图。

2. 视图类型

为了指示 Spring 使用特定的视图渲染响应，控制器方法可以返回许多不同的视图类型。接口 org.springframework.web.servlet.View(或者任意实现了 View 的类)表示方法将返回一个显式的视图对象。在方法返回之后，请求处理将被传递到该视图。Spring Framework 提供了许多 View 实现(例如 RedirectView)，或者创建自己的实现。控制器方法也可以返回一个字符串，表示用于解析的视图的名称。下一节将讲解视图解析。最后，控制器方法可以返回一个 org.springframework.web.servlet.ModelAndView。该类提供了同时返回 View 和模型类型或者字符串视图名称和模型类型的能力。

3. 响应正文实体

正如请求正文可以包含 HTTP 实体(请求实体)一样，响应正文也可以包含 HTTP 实体(响应实体)。控制器方法可以返回 HttpEntity<?>或者 org.springframework.http.ResponseEntity<?>，Spring 将把实体中的正文对象转换为正确的响应内容(基于协商的内容类型，使用合适的 HTTP 消息转换器进行转换)。HttpEntity 允许设置响应正文和各种不同的头。ResponseEntity 继承了 HttpEntity，并添加了设置响应状态代码的能力，响应状态代码的类型应为 org.springframework.http.HttpStatus。

```
@RequestMapping(value="user/{userId}", method=RequestMethod.GET)
public ResponseEntity<User> getUser(@PathVariable("userId") long userId)
{
    User user = this.userService.getUser(id);
    return new ResponseEntity<User>(user, HttpStatus.OK);
}
```

如果不希望使用 HttpEntity 或 ResponseEntity，那么可以返回正文对象自身，并使用@ResponseBody 注解该方法，这样将起到相同的效果。然后我们还可以使用@ResponseStatus 注解该方法，指定响应状态代码(如果不使用@ResponseStatus 的话，默认值为 200 OK)。

```
@RequestMapping(value="user/{userId}", method=RequestMethod.GET)
@ResponseBody
@ResponseStatus(HttpStatus.OK)
public User getUser(@PathVariable("userId") long userId)
{
    return this.userService.getUser(id);
}
```

第 12 章使用了一个样例，它的返回类型为 String，并注解了@ResponseBody。在指定了@ResponseBody 时，返回类型(例如视图解析)的其他处理器将被忽略。因此，Spring 将为该样例返回一个 String 作为真正的响应正文，而不是使用名称解析视图。@ResponseBody 总是优先于所有其他控制器方法返回值处理器进行处理。

4. 任意返回类型

控制器方法还可以返回任何其他对象，Spring 将假设该对象是模型中的一个特性。它将使用返回类型类名称的驼峰命名法版本作为模型特性名称，除非该方法注解了@ModelAttribute，此时 Spring 将使用注解中指定的名称作为特性名。在这两种场景中，Spring 都将使用已配置的 RequestToViewNameTranslator 自动确定视图。在下面的样例中，第一个方法的返回值将变成名为 *userAccount* 的模型特性，第二个方法的返回值将变成名为 user 的模型特性。

```
@RequestMapping("user/{userId}")
public UserAccount viewUser(@PathVariable("userId") long userId)
{ ... }

@RequestMapping("user/{userId}")
@ModelAttribute("user")
public UserAccount viewUser(@PathVariable("userId") long userId)
{ ... }
```

5. 异步类型

除了之前列出的所有返回值类型选项，控制器方法还可以返回 java.util.concurrent.Callable<?>或 org.springframework.web.context.request.async.DeferredResult<?>。这些类型将使 Spring 在一个单独的线程中使用异步请求处理执行 Callable 或者 DeferredResult，并释放请求线程用于处理其他请求。通常对于需要长时间执行的请求才会这样做，尤其是当它们花费了太长时间在阻塞上，以等待网络或磁盘 I/O 时。如果不希望调用异步请求处理的话(View、String、ModelMap、ModelAndView、ResponseEntity 等)，那么 Callable 或 DeferredResult 的类型参数(返回类型)通常应该是控制器方法返回的类型。我们仍然可以使用@ResponseBody、@ResponseStatus 或者@ModelAttribute 注解控制器方法，在 Callable 或 DeferredResult 返回之后触发合适的处理。第 9 章和第 11 章在讲解如何为过滤器和日志采用异步请求处理时也会有同样的注意事项。

13.2　使用 Spring Framework 的模型和视图模式

此时你可能已经得到了结论，Spring Framework 的 MVC 架构名称的来源是因为它依赖于模型-视图-控制器(MVC)设计模式。如果不熟悉 MVC 模式的话，你可以选择阅读 *Head First Design Patterns*(O'Reilly, ISBN 978-0596007126)，这是非常有用的。

总结为一句话：控制器将操作模型中的数据(用户感兴趣的信息)，并将模型传递给视图，而视图将以某种有用的方式对模型进行渲染。用户只会知道与视图进行交互，但在执行某种操作时不会知道它在与控制器交互。MVC 模式在 Java EE 环境中工作得非常好，并且从第 4 章开始我们就已经在使用它了！Servlet 可以被认为是一个控制器，在请求到达时将代表用户执行操作。Servlet 将操作 HttpServletRequest 特性形式的模型，然后将模型传递给视图 JSP 用于渲染。

Spring 将再继续执行两个步骤，将模型从请求中完全分离开(记住：Map<String, Object>、ModelMap 或 Model)，并提供可以通过无限多种方式实现的高级 View 接口。InternalResourceView 和 JstlView 将分别实现传统的 JSP 和 JSTL 增强 JSP 视图。它们负责将模型特性转换成请求特性，并将请求转发到正确的 JSP。如果你不喜欢 JSP，那么可以选择 FreeMarkerView(它支持 FreeMarker

模板引擎)、VelocityView(支持 Apache Velocity 模板引擎)和 TilesView(支持 Apache Tiles 模板引擎)。还可以实现某些其他模板引擎的支持。

如果需要将模型转换为 JSON 或 XML 响应——通常用于 RESTful Web 服务和支持 Ajax 的请求终端——Spring 提供了 MappingJackson2JsonView 和 MarshallingView。它们分别支持 JSON 和 XML。也可以使用 RedirectView，它将发送一个状态码为 302 Found(兼容 HTTP 1.0)或 303 See Other(HTTP 1.1 客户端的正确状态码)的 Location-header 重定向响应，取决于你如何构造它。稍后，在“更新客户支持应用程序”一节中，我们将编写自己的自定义视图称为 DownloadView，将服务器端文件的内容发送到用户浏览器。

当控制器方法返回一个 View、或者 ModelAndView(将 View 的实现传入到 ModelAndView 构造器中)的实现时，Spring 将直接使用该 View，并且不需要额外的逻辑用于判断如何向客户端展示模型。如果控制器方法返回了一个字符串视图名称或者使用字符串视图名称构造的 ModelAndView，Spring 必须使用已配置的 org.springframework.web.servlet.ViewResolver 将视图名称解析成一个真正的视图。如果方法返回的是模型或者模型特性，Spring 首先必须使用已配置的 RequestToViewNameTranslator(如之前所描述的)隐式地将请求转换成视图名称，然后使用 ViewResolver 解析已命名的视图。最后，当控制器方法返回的是响应实体 ResponseEntity 或者 HttpEntity 时，Spring 将使用内容协商决定将实体展示到哪个视图中。

本节将对每种技术都进行讲解。你的应用程序可能会在控制器中用到其中一个、一些或者全部。你可以使用 wrox.com 代码下载站点中可用的 Model-View-Controller 项目。

13.2.1　使用显式的视图和视图名称

正如第 12 章所讲解的，Model-View-Controller 项目将采用编程的方式配置和启动：使用 WebApplicationInitializer 启动 Spring Framework，它配置了两个@Configuration 类：RootContextConfiguration 和 ServletContextConfiguration。对于该项目，所有的请求都将被映射到 HomeController 类。

1. 使用重定向视图

通常，显式返回的最常见视图就是 org.springframework.web.servlet.view.RedirectView，它用于将客户端请求发送到一个不同的 URL 上。如果 URL 以某种协议(http://、https://等)或者网络前缀(//)开头，它将被认为是一个绝对 URL。如果 URL 是相对的(没有协议、前缀或者前斜线)，那么它将被认为是相对于当前 URL(典型的 Web 和文件系统行为)。RedirectView 的行为可能有点违反直觉，通常它认为以前斜线开头的 URL 是相对于服务器 URL 的(在几乎所有的情况下，都不是预期的行为)，而不是应用上下文 URL。所以在构造 RedirectView 时，要注意使用相对于上下文的绝对 URL，如 HomeController 的第一个方法所示。

```
@RequestMapping("/")
public View home(Map<String, Object> model)
{
    model.put("dashboardUrl", "dashboard");
    return new RedirectView("/{dashboardUrl}", true);
}
```

RedirectView 构造器的第二个参数 true 表示该 URL 是相对于上下文的，而不是相对于服务器。注意 RedirectView 的 URL 中的替换模板。RedirectView 将使用模型中的特性替换这样的模板。当然，在这种情况下，使用静态 URL 字符串(newRedirectView("/dashboard", true))构造视图会更简单，但使用该模板将会演示 RedirectView 的强大之处。

视图将客户端重定向到的最终 URL，如果没有对应的处理器方法的话，这是相当无用的，所以 HomeController 的第二个方法将会处理这种情况。

```
@RequestMapping(value = "/dashboard", method = RequestMethod.GET)
public String dashboard(Map<String, Object> model)
{
    model.put("text", "This is a model attribute.");
    model.put("date", Instant.now());

    return "home/dashboard";
}
```

该方法将响应/dashboard URL，添加 text 和 date 特性，并返回视图的字符串名称。但该名称意味着什么呢？Spring 如何接收该名称并从其中分析出应该使用哪个视图呢？

2. 配置视图解析

为了将视图名称匹配到一个实际的视图，Spring 需要一个可以了解这个映射的 ViewResolver 实例。创建一个视图解析器是一个简单的任务，在派发器 servlet 应用上下文中实例化一个框架 bean 即可。此时，应该使用 InternalResourceViewResolver，它将把视图名称转换成 JSP 文件名。这是通过 ServletContextConfiguration 的 viewResolver 方法完成的。

```
@Bean
public ViewResolver viewResolver()
{
    InternalResourceViewResolver resolver =
            new InternalResourceViewResolver();
    resolver.setViewClass(JstlView.class);
    resolver.setPrefix("/WEB-INF/jsp/view/");
    resolver.setSuffix(".jsp");
    return resolver;
}
```

如上面的配置所示，视图解析器将使用前缀/WEB-INF/jsp/view 加上视图名称再加上.jsp 的方式构造 JSP 文件名。这样就足以使视图解析正常工作。应该注意的是：要将 bean 命名为 viewResolver，因此也必须将@Bean 方法命名为 viewResolver。

3. 创建 JSP 视图

自然地，根据已配置的视图解析器和 dashboard 处理器方法返回的视图名称，应用程序需要一个/WEB-INF/jsp/view/home/dashboard.jsp 文件。该 JSP 文件没有什么特殊的地方。可以在其中使用所有相同的特性——脚本、表达式、表达式语言、JSP 标签以及更多其他特性——如同在其他 JSP 所实现的一样。注意在第 I 部分所学的@elvariable 类型提示，它将帮助 IDE 为 JSP 提供验证和代码建议服务。

```
<%--@elvariable id="text" type="java.lang.String"--%>
<%--@elvariable id="date" type="java.time.Instant"--%>
```

```
<!DOCTYPE html>
<html>
    <head>
        <title>Dashboard</title>
    </head>
    <body>
        Text: ${text}<br />
        Date: ${date}
    </body>
</html>
```

本例中的视图是非常简单的：它只是输出了模型中的两个特性。注意：我们可以如同访问 HttpServletRequest 特性一样访问模型特性。不必有任何特殊的地方，因为 JstlView 将保证所有的模型特性都被暴露为 JSP 中可用的 EL 变量。为了测试这一点，请编译应用程序并从 IDE 中启动 Tomcat。在浏览器中访问 http://localhost:8080/mvc，页面将会立即被重定向至 http://localhost:8080/mvc/dashboard。这就是 RedirectView 在 HomeController 的 home 方法中完成的工作。现在浏览器中应该显示出模型中的文本和 ISO 8601 格式的当前时间。这意味着视图解析正在正常工作，JSP 视图也通过 JstlView 显式出了模型的内容。

13.2.2 使用含有模型特性的隐式视图

如果控制器方法返回的是模型或模型特性，Spring 必须自动决定使用哪个视图。为了实现这一点，它需要结合使用 RequestToViewNameTranslator bean 和 ViewResolver。

1. 配置视图名称转换

尽管可以在需要的时候创建自己的 RequestToViewNameTranslator，但是默认的 DefaultRequestToViewNameTranslator 通常是足够的。它将去除 Web 应用上下文 URL 和 URL 结尾的任何文件扩展名。剩下的 URL 将变成视图名称。例如，URL http://localhost:8080/mvc/foo 将被转换成视图名称 foo，而 URL http://localhost:8080/mvc/foo/bar.html 将被转换成视图名称 foo/bar。如同 ViewResolver 一样，所有必须要做的就是在 ServletContextConfiguration 中添加一个 bean，用于配置 RequestToViewNameTranslator。

```
@Bean
public RequestToViewNameTranslator viewNameTranslator()
{
    return new DefaultRequestToViewNameTranslator();
}
```

我们可以自定义 DefaultRequestToViewNameTranslator 如何使用各种不同的配置方法对名称进行转换，但在这里默认的配置就足够了。必须将该 bean 命名为 viewNameTranslator，所以也必须将 @Bean 方法命名为 viewNameTranslator。

2. 使用@ModelAttribute

在配置了视图名称转换之后，使用它是非常简单的。HomeController 中被映射到/user/home URL 的 userHome 方法将创建一个 User 对象，在其中设置一些值，然后返回该 User。此时，User 类是一个简单的 POJO，它含有字段 userId、username 和 name，并伴有标准的设置方法和访问方法。

```
@RequestMapping(value = "/user/home", method = RequestMethod.GET)
@ModelAttribute("currentUser")
public User userHome()
{
    User user = new User();
    user.setUserId(1234987234L);
    user.setUsername("adam");
    user.setName("Adam Johnson");
    return user;
}
```

注解@ModelAttribute 将告诉 Spring 返回的 User 应该被添加到模型的特性键 currentUser 上。如果没有该注解，Spring 将使用默认的特性键 user(根据返回类型的类名)。现在我们需要一个视图显示该用户，使用已配置的视图名称进行转换，视图名称将变成 user/home，所以可以创建出一个 JSP 文件：/WEB-INF/jsp/view/user/home.jsp。

```
<%--@elvariable id="currentUser" type="com.wrox.site.User"--%>
<!DOCTYPE html>
<html>
    <head>
        <title>User Home</title>
    </head>
    <body>
        ID: ${currentUser.userId}<br />
        Username: ${currentUser.username}<br />
        Name: ${currentUser.name}<br />
    </body>
</html>
```

现在编译项目，并从 IDE 中启动 Tomcat，在浏览器中访问 http://localhost:8080/mvc/user/home。页面中应该显示出由 userHome 控制器方法创建的 ID、用户名和用户的名字。视图名称转换和视图解析将一起工作，检测并为请求显示出正确的视图。

13.2.3　返回响应实体

获得请求实体并返回响应实体通常是 RESTful Web 服务或其他自动化任务的保留任务。在大多数情况下，只有在 JavaScript 应用程序发出 Ajax GET 或者 POST 请求时浏览器才会被牵涉进来。因此，关于 HTTP 实体和内容协商的详细内容将在第 17 章讲解。本节只会讲解一些处理响应实体、配置消息转换器和内容协商的基础知识。

1. 配置消息转换器

当服务器收到包含了请求正文的 POST 或 PUT 请求时，该正文通常被称为 HTTP 实体或请求实体，但也可以被称为消息。该消息可能是任意一种格式，它们必须被转换成控制器方法可以处理的某种类型的 Java 对象。这将根据请求的 Content-Type 头实现。

之前我们已经学习了一个消息转换器，你可能并未意识到：org.springframework.http.converter.FormHttpMessageConverter 负责将 x-www-form-urlencoded 消息转换成控制器方法可以处理的表单对象。消息转换器的工作方式有两种：将进入的消息转换成 Java 对象，或者将 Java 对象转换成发出的消息。它们根据已识别的 MIME 内容类型的和目标 Java 类型的简单原则进行操作。每个转换器都可以支持一种或多种 MIME 和 Java 类型，并且它可以将这些 MIME 类型的消息转换成这些类型的 Java 对象，并再转换回来。这是内容协商过程的结尾。当 Spring 建立起协商内容类型时，它将挑选一个支持源和目标类型的转换器，并使用它处理进入或发出的消息，或者同时处理两个消息(在单个请求中，请求可能包含一种内容类型的消息，而服务器则返回另一种不同的内容类型)。

如果未手动配置任何消息转换器的话，Spring Framework 将自动创建出特定的消息转换器。在许多情况下，这个自动产生的配置都是足够的。出于演示和额外配置的目的，Model-View-Controller 将手动配置一个消息转换器。为了实现这一点，ServletContextConfiguration 类必须继承 WebMvcConfigurerAdapter，并重写 configureMessageConverters 方法。

```
...
public class ServletContextConfiguration extends WebMvcConfigurerAdapter
{
    @Inject ObjectMapper objectMapper;
    @Inject Marshaller marshaller;
    @Inject Unmarshaller unmarshaller;

    @Override
    public void configureMessageConverters(
            List<HttpMessageConverter<?>> converters
    ) {
        converters.add(new ByteArrayHttpMessageConverter());
        converters.add(new StringHttpMessageConverter());
        converters.add(new FormHttpMessageConverter());
        converters.add(new SourceHttpMessageConverter<>());

        MarshallingHttpMessageConverter xmlConverter =
                new MarshallingHttpMessageConverter();
        xmlConverter.setSupportedMediaTypes(Arrays.asList(
                new MediaType("application", "xml"),
                new MediaType("text", "xml")
        ));
        xmlConverter.setMarshaller(this.marshaller);
        xmlConverter.setUnmarshaller(this.unmarshaller);
        converters.add(xmlConverter);

        MappingJackson2HttpMessageConverter jsonConverter =
                new MappingJackson2HttpMessageConverter();
        jsonConverter.setSupportedMediaTypes(Arrays.asList(
                new MediaType("application", "json"),
                new MediaType("text", "json")
        ));
        jsonConverter.setObjectMapper(this.objectMapper);
        converters.add(jsonConverter);
    }
...
}
```

ByteArrayHttpMessageConverter、StringHttpMessageConverter、FormHttpMessageConverter 和 SourceHttpMessageConverter 是所有 Spring 会自动配置的转换器。这里将按照它们通常出现的顺序进行配置。顺序非常重要，因为有的转换器有更宽的 MIME 类型和 Java 类型范围，这可能会屏蔽我们希望使用的转换器。

通常我们不会将 MarshallingHttpMessageConverter 添加到消息转换器列表中，但此时添加了它，用于支持 XML 实体的转换。只要 Jackson Data Processor 2 在类路径上，MappingJackson2HttpMessageConverter 通常会自动创建。不过，它将使用默认的无配置的 com.fasterxml.jackson.databind.ObjectMapper 创建，并且只支持 application/json MIME 内容类型。这里的配置添加了对 text/json 的支持，并使用了一个预配置的 ObjectMapper。

毫无疑问，你会注意到配置类中注入的 org.springframework.oxm.Marshaller、org.springframework.oxm.Unmarshaller 和 ObjectMapper，并且你可能会好奇它们来自于哪里。为了配置这些 bean 并在应用程序中共享，它们将在 RootContextConfiguration 中创建。因为 org.springframework.oxm.jaxb.Jaxb2Marshaller 既是 Marshaller 也是 Unmarshaller，所以它将同时负责这两个任务。

```
@Bean
public ObjectMapper objectMapper()
{
    ObjectMapper mapper = new ObjectMapper();
    mapper.findAndRegisterModules();
    mapper.configure(SerializationFeature.WRITE_DATES_AS_TIMESTAMPS, false);
    mapper.configure(DeserializationFeature.ADJUST_DATES_TO_CONTEXT_TIME_ZONE,
            false);
    return mapper;
}

@Bean
public Jaxb2Marshaller jaxb2Marshaller()
{
    Jaxb2Marshaller marshaller = new Jaxb2Marshaller();
    marshaller.setPackagesToScan(new String[] { "com.wrox.site" });
    return marshaller;
}
```

Jackson ObjectMapper 配置完成了一些重要的事情。首先它告诉 Jackson 查找并注册所有的扩展模块，例如 JSR 310(Java 8 日期和时间)支持模块。然后它将禁止把日期序列化为时间戳整数(意味着它们将被序列化为 ISO 8601 字符串)，并禁止将反序列化得到的日期调整为当前时区(这样不含时区的日期字符串将被认为是 UTC 时间)。Jaxb2Marshaller 有一个相当简单的配置——只需要告诉它在哪个包中扫描 XML 注解的实体即可。

2. 配置内容协商

内容协商是客户端向服务器传达一个优先使用的响应内容类型的列表(按照优先级顺序)，然后服务器将从其中选择一个合适的内容类型(如果没有合适的就使用默认类型)的过程。内容协商中最大也是最具有挑战的部分是：分析清楚客户端希望使用的数据格式。如果请求包含了一个请求实体，那么它也会有该实体的 Content-Type，但这并非必须是客户端希望返回的响应格式(尽管通常是这样)。然后这里还有 Accept 头，用于表示客户端希望接受的响应格式。这里的关键是客户端可能会设置多种格式；客户端可以表示许多可接受的格式和每种格式的偏好和优先级。较老的浏览器将发送又长又容易混淆的 Accept 头，这也是非常难于处理，并且通常最后列出的才是 text/html，或者根本就未列出。安装了 Microsoft Office 的 Windows 7 机器中的 Internet Explorer 8 将发送一个不超过 200 字节的 Accept 头(其中包含了 14 种 MIME 类型)，没有一个是 text/html！

幸亏，所有主流浏览器的最新版本都将发送合理的 Accept 头，其中至少会包含 text/html。另外，在使用 JavaScript 应用程序或 RESTful Web 服务客户端时，客户端应用程序对 Accept 头有完全的控制，这将使它的内容变成协商内容类型中更加可靠的类型。更现实一点，浏览器很少参与内容协商。几乎在所有的情况中，对 Web 应用程序的请求都将落入到下面三种分类之一：

- 如果某人单击了链接或者在浏览器地址栏中输入了某个地址产生了请求，它的目标是使用了固定内容类型的资源，不受内容协商控制——一个 HTML 页面(text/html 或 application/xhtml+xml)、下载文件等。
- 如果是一个客户端 JavaScript 浏览器应用程序发出的 Ajax 请求，那么客户端应用程序对 Accept 头有完全的控制，用于执行内容协商。
- 如果它是一个访问 Web 服务的客户端应用程序，它对 Accept 头有完全的控制，用于执行内容协商。

Spring 中的内容协商将使用多步骤方式决定客户端希望接受的内容类型。有时请求和响应所使用的消息转换器是相同的，有时不是。当请求包含了一个请求实体时，进入消息总是根据请求的 Content-Type 头选择转换器。当响应包含响应实体时，发出的消息将按照下面的多步骤过程选择转换器：

(1) Spring 首先将寻找请求 URL 上的文件扩展名。如果它包含了文件扩展名(例如.html、.xml、.json 等)，那么它将根据该扩展名决定被请求的格式。如果它未包含文件扩展名，或者如果文件扩展名不能被识别，那么它将继续执行下一步。

(2) 接下来 Spring 将寻找名为 format 的请求参数(可以配置 format 修改参数名)。如果它存在，那么它将使用被请求的格式(html、xml、json 等)。如果 format 参数不存在或不被识别，它将继续执行下一步。

(3) 最后，Spring 将使用 Accept 头确定希望返回的响应格式。

可以自定义整个过程以满足自己的需求。可以完全移除一个或多个步骤，并根据应用程序执行内容协商的需求，改变每个步骤的工作方式(不过不能对这些步骤进行重新排序)。Model-View-Controller 项目中的 ServletContextConfiguration 类将重写 WebMvcConfigurerAdapter 中的 configure-ContentNegotiation 方法以实现该目的。

```
@Override
public void configureContentNegotiation(
        ContentNegotiationConfigurer configurer)
{
    configurer.favorPathExtension(true).favorParameter(false)
            .parameterName("mediaType").ignoreAcceptHeader(false)
            .useJaf(false).defaultContentType(MediaType.APPLICATION_XML)
            .mediaType("xml", MediaType.APPLICATION_XML)
            .mediaType("json", MediaType.APPLICATION_JSON);
}
```

该配置将启用文件扩展名检查，禁用请求参数检查，将请求参数名称设置为 mediaType(因为它被禁止了，所以这是不必要的，这里使用它只是为了演示)，并确保 Accept 头不会被忽略。它还将禁用 Java Activation Framework(JAF)——一个可以将文件扩展名映射到媒体类型的工具——支持手动指定可用的媒体类型。最后，它将默认的内容类型设置为 application/xml，还添加了对 application/xml 和 application/json 的支持。

3. 使用@ResponseBody

现在我们已经正确地配置了内容协商，接下来就可以在控制器方法中使用它了。HomeController 中的 getUser 方法将会实现该任务。

```
@RequestMapping(value = "/user/{userId}", method = RequestMethod.GET)
@ResponseBody
public User getUser(@PathVariable("userId") long userId)
{
    User user = new User();
    user.setUserId(userId);
    user.setUsername("john");
    user.setName("John Smith");
    return user;
}
```

注意：这里使用了@ResponseBody，它将触发已配置的内容协商策略。另外，该方法将使用 URI 模板变量和@PathVariable 注解，用于从 URL 中而不是从请求参数中获得用户 ID。现在编译应用程序，从 IDE 中启动 Tomcat，并在最喜欢的浏览器中访问 http://localhost:8080/mvc/user/12。页面应该显示出 XML 格式的用户信息(如图 13-1 所示)，要么因为浏览器发送的 Accept 头中包含了 application/xml，要么因为 XML 在内容协商配置中被设置成了默认值。

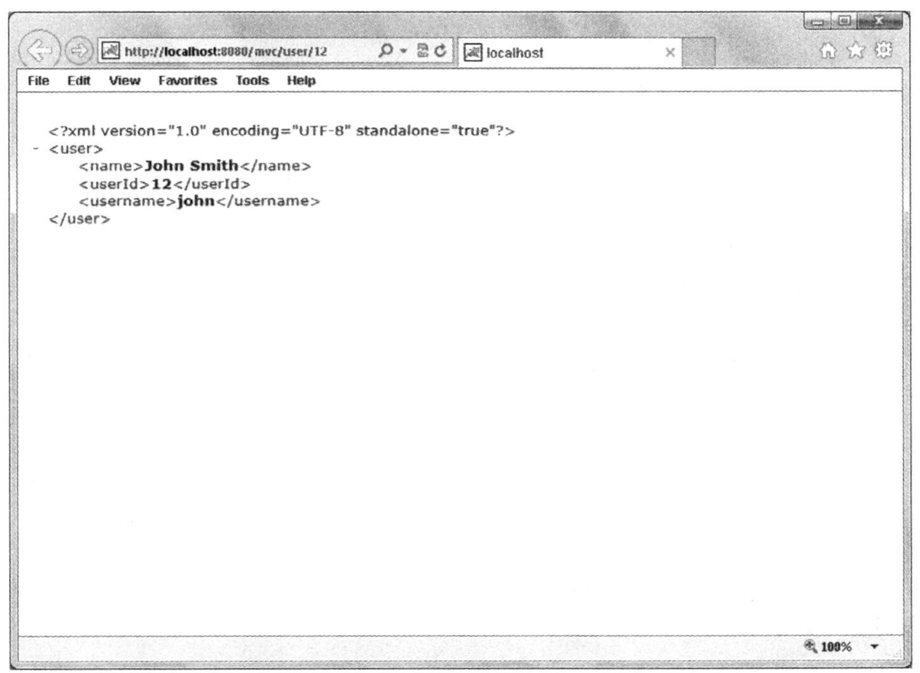

图　13-1

如果修改 URL 末尾的 ID，页面中的 XML 将会发生变化，反映出新的 ID。现在访问 http://localhost:8080/mvc/user/13.json，页面中显示的内容将从 XML 变成 JSON(推荐使用 Chrome 或者 Firefox，因为 Internet Explorer 将提示你下载 JSON 文件)。不需要修改控制器方法的 URL 映射，因为 Spring 将识别扩展名，忽略请求映射中的扩展名，并在内容协商中使用它。现在如果将扩展名从 JSON 修改为 XML，那么页面的显示将重新改变回 XML。

注意：Jaxb2Marshaller 可以将 User 对象转换成它的 XML 表示，这是因为 User 类上添加了@javax.xml.bind.annotation.XmlRootElement 注解。

13.3　使用表单对象简化开发

Spring Framework 中的表单对象是编写基于浏览器的 Web 应用程序时最方便的一点。将请求参数定位、强制转换和转换成业务对象的工作可能是非常无聊的，并且业务对象中的每个额外的属性都将使该工作变得更加无聊。使用表单对象是非常简单的，wrox.com 代码下载站点中的 Spring-Forms 项目演示了如何通过简单的控制器和一些 JSP 视图完成该工作。

UserManagementController 有两个私有字段和一个同步的私有方法用于自动生成用户 ID。首先，它先添加了一个请求处理器方法 displayUsers，用于显示现有用户的列表。

```
@Controller
public class UserManagementController
{
    private final Map<Long, User> userDatabase = new Hashtable<>();
    private volatile long userIdSequence = 1L;

    @RequestMapping(value = "user/list", method = RequestMethod.GET)
    public String displayUsers(Map<String, Object> model)
    {
        model.put("userList", this.userDatabase.values());
        return "user/list";
    }
...
    private synchronized long getNextUserId()
    {
        return this.userIdSequence++;
    }
}
```

User 类是一个简单的 POJO 类，它含有字段 userId、username 和 name，并含有合适的设置和访问方法。/WEB-INF/jsp/view/user/list.jsp 视图将提供一个链接，用于创建新的用户，并使用<c:forEach>标签循环遍历和显示已有用户。

```
<%--@elvariable id="userList" type="java.util.Collection<com.wrox.site.User>"--%>
<!DOCTYPE html>
<html>
    <head>
        <title>User List</title>
    </head>
    <body>
        <h2>Users</h2>
```

```
        [<a href="<c:url value="/user/add" />">new user</a>]<br />
        <br />
        <c:forEach items="${userList}" var="user">
            ${user.name} (${user.username})
            [<a href="<c:url value="/user/edit/${user.userId}"/>">edit</a>]<br/>
        </c:forEach>
    </body>
</html>
```

13.3.1　在模型中添加表单对象

为了使用表单对象，首先需要让显示表单的视图可以访问它。方法 createUser(Map)在模型中添加了一个新的 UserForm 对象，并返回视图名称 user/add。你可能希望知道为什么代码同时使用了 User 和 UserForm 对象。诚然，在这种情况下其实是多余的。但它强调了业务对象并不总是看起来与表单对象一致。

作为一个样例，你可能有许多不需要或者不希望使用的字段，或者在 Web 表单中正在编辑某个用户。另外在表单对象中，你可能有一些不同格式的字段，或者不同类型的字段。甚至可能使用了多个表单(因此也产生了多个表单对象)用于编辑单个业务对象。实际上，很多时候必须将表单对象和业务对象分隔开，该样例将演示该如何实现。

```
    @RequestMapping(value = "user/add", method = RequestMethod.GET)
    public String createUser(Map<String, Object> model)
    {
        model.put("userForm", new UserForm());
        return "user/add";
    }
...
    @RequestMapping(value = "user/edit/{userId}", method = RequestMethod.GET)
    public String editUser(Map<String, Object> model,
                           @PathVariable("userId") long userId)
    {
        User user = this.userDatabase.get(userId);
        UserForm form = new UserForm();
        form.setUsername(user.getUsername());
        form.setName(user.getName());
        model.put("userForm", form);

        return "user/edit";
    }
```

注意 editUser(Map，long)方法也在模型中添加了一个 UserForm，但它实现的方式并不相同。它首先获取正在编辑的用户，将用户信息复制到表单，然后在返回视图名称 user/edit 之后将表单添加到模型中。

13.3.2　使用 Spring Framework <form>标签

/WEB-INF/jsp/view/user/add.jsp 和/WEB-INF/jsp/view/user/edit.jsp 视图是非常简单的。所有需要做的就是设置 EL 变量 title，并包含/WEB-INF/jsp/view/user/form.jspf 文件。

```
<c:set var="title" value="Add User" />
<%@ include file="form.jspf" %>
```

之前的两行代码组成了完整的 add.jsp 文件，而 edit.jsp 几乎与它一致，除了它的 title 被设置成了“Edit User”。文件 form.jspf 将使用 userForm 模型特性输出表单。

```
<%--@elvariable id="userForm" type="com.wrox.site.UserForm"--%>
<!DOCTYPE html>
<html>
    <head>
        <title>${title}</title>
    </head>
    <body>
        <h1>${title}</h1>
        <form:form method="post" modelAttribute="userForm">
            <form:label path="username">Username</form:label><br />
            <form:input path="username" /><br />
            <br />
            <form:label path="name">Name:</form:label><br />
            <form:input path="name" /><br />
            <br />
            <input type="submit" value="Save" />
        </form:form>
    </body>
</html>
```

可能你注意到的第一件事就是 form 命名空间中标签的使用。该标签库由 Spring Framework 提供，它是标准<form>、<input>和<textarea>字段的封装器，它提供了自动绑定到表单对象内容的字段。在创建新的用户时，这并不意味着什么。不过，在编辑现有用户时，模型特性中的值将被自动添加到属于它们的表单字段中。这将简化代码，并避免了对表单中值的转义。当然，为了使用标签库必须首先声明它。form 标签库和所有其他的标签库都声明在 base.jspf 文件中，它也将被自动包含在所有的 JSP 中。

```
<%@ taglib prefix="form" uri="http://www.springframework.org/tags/form" %>
```

命名空间 form 中包含了 14 个标签，它们封装了各种不同的 Web 表单特性。除了它自己的特性之外，每个标签还支持对应 HTML 标签的所有标准 HTML 特性。标签<form:form>是所有其他标签的父标签，它表示了表单字段将绑定到哪个模型特性表单对象上。不需要指定 action 特性(尽管你可以)，因为默认<form:form>总是提交到当前页面的 URL。剩余的 13 个标签将绑定到表单对象的各种不同 bean 属性，由标签上的 path 特性表示。

- <form:errors>等同于一个<span>，它将被关联到自动表单对象验证。第 16 章将讲解更多关于该标签的内容。
- <form:label>表示字段的标签文本，它等同于<label>。
- <form:hidden>等同于<input type="hidden">。
- 如你之前看到的，<form:input>等同于<input type="text">。
- <form:password>通常等同于<input type="password">，它有一个 showPassword 特性(默认为 false)用于指定是否显示密码。当特性 showPassword 为 true 时，该标签实际上等同于<input type="text">。
- <form:textarea>等同于<textarea>。

- <form:checkbox>等同于<input type="checkbox">，它可以支持多种类型的属性，例如 boolean、Boolean 和数字类型。
- <form:checkboxes>是<form:checkbox>的变种，它将自动创建一个多选框字段。使用 items 特性指定一个集合、Map 或者对象数组用于生成标签。特性 itemValue 和 itemLabel 分别为集合中的对象指定了字段值的名称和字段标签属性。
- <form:radiobutton>等同于<input type="radio">。通常，需要将两个或多个该标签绑定到相同的路径上(表单对象属性)，Spring 将根据属性值自动选择正确的标签。
- 如同<form:checkboxes>等同于<form:checkbox>一样，<form:radiobuttons>等同于<form:radiobutton>。它们有着相同的 items、itemValue 和 itemLabel 特性，用于帮助生成单选按钮。<form:radiobuttons>和<form:checkboxes>都非常有利于从枚举派生出字段。
- <form:select>等同于一个<select>下拉列表或多选框。它可以与<form:option>和<form:options>一起使用。它将根据下拉列表被绑定到的路径的值自动选择正确的选项。
- <form:option>将被嵌套在一个<form:select>中，等同于<option>。
- <form:options>如同<form:checkboxes>和<form:radiobuttons>一样，有 items、itemValue 和 itemLabel 特性，它们将帮助生成多个<option>元素。

13.3.3　获得被提交的表单数据

当用户提交表单到控制器时，从提交中获取数据是非常简单的。方法 createUser(UserForm)和 editUser(UserForm，long)都将接收自动从请求参数转换成的被提交的 UserForm 对象(由 FormHttpMessageConverter 自动转换)。

```
    @RequestMapping(value = "user/add", method = RequestMethod.POST)
    public View createUser(UserForm form)
    {
        User user = new User();
        user.setUserId(this.getNextUserId());
        user.setUsername(form.getUsername());
        user.setName(form.getName());
        this.userDatabase.put(user.getUserId(), user);

        return new RedirectView("/user/list", true, false);
    }
...
    @RequestMapping(value = "user/edit/{userId}", method = RequestMethod.POST)
    public View editUser(UserForm form, @PathVariable("userId") long userId)
    {
        User user = this.userDatabase.get(userId);
        user.setUsername(form.getUsername());
        user.setName(form.getName());

        return new RedirectView("/user/list", true, false);
    }
```

现在编译应用程序，从 IDE 启动 Tomcat，然后在浏览器中访问 http://localhost:8080/forms/user/list。单击新用户链接，并输入用户名和名字用于创建新的用户。添加一个或多个用户，然后尝试编辑其中一个。你会注意到 Spring 将自动把模型上的 UserForm 对象绑定到视图中的表单字段。它将在提交时自动把请求参数转换成表单对象。这是一个可以重复使用的 Spring MVC 特性，在本书的剩余部分以及开发 Spring Framework 应用程序时都可以使用。

13.4 更新客户支持应用程序

现在请查看 wrox.com 代码下载站点中可用的 Customer-Support-v10 项目。该应用程序从本书的第 I 部分开始已经发生了巨大的改变，它启动了 Spring Framework，将现有的类移动到 com.wrox.site 包中，并使用 Spring MVC 控制器替换 Servlet。由于空间的问题，本书无法打印出整个项目。不过，你应该了解一些关键的区别。

13.4.1 启用 Multipart 支持

首先，Configurator 类已经被移除了。该类是一个 ServletContextListener，它以编程的方式配置了 LoggingFilter 和 AuthenticationFilter，这样可以使它们按照正确的顺序执行。无论何时以编程的方式配置 Servlet API，最好在单个类中完成。在本章和之前的章节中，Bootstrap 类都是对过滤器(之前在 Configurator 中)进行编程式配置的最佳位置。另外，因为票据系统支持文件作为附件上传，Bootstrap 类中配置的 DispatcherServlet 现在也已经添加了对 multipart 的支持。代码清单 13-1 显示出了 Bootstrap 类的内容。

代码清单 13-1：Bootstrap.java

```
public class Bootstrap implements WebApplicationInitializer {
    @Override
    public void onStartup(ServletContext container) throws ServletException {
        container.getServletRegistration("default").addMapping("/resource/*");

        AnnotationConfigWebApplicationContext rootContext =
                new AnnotationConfigWebApplicationContext();
        rootContext.register(RootContextConfiguration.class);
        container.addListener(new ContextLoaderListener(rootContext));

        AnnotationConfigWebApplicationContext servletContext =
                new AnnotationConfigWebApplicationContext();
        servletContext.register(ServletContextConfiguration.class);
        ServletRegistration.Dynamic dispatcher = container.addServlet(
                "springDispatcher", new DispatcherServlet(servletContext)
        );
        dispatcher.setLoadOnStartup(1);
        dispatcher.setMultipartConfig(new MultipartConfigElement(
                null, 20_971_520L, 41_943_040L, 512_000
        ));
        dispatcher.addMapping("/");

        FilterRegistration.Dynamic registration = container.addFilter(
                "loggingFilter", new LoggingFilter()
        );
        registration.addMappingForUrlPatterns(null, false, "/*");
```

```
        registration = container.addFilter(
                "authenticationFilter", new AuthenticationFilter()
        );
        registration.addMappingForUrlPatterns(
                null, false, "/ticket", "/ticket/*", "/chat", "/chat/*",
                "/session", "/session/*"
        );
    }
}
```

在 DispatcherServlet 启用对 multipart 的支持并不足以使文件上传在 Spring MVC 中正常工作。Spring Framework 还支持旧版的 Servlet API。回想一下在 Servlet 3.0 之前，在 Servlet API 没有内嵌对 multipart 的支持之前，我们必须使用第三方工具完成文件上传。Spring MVC 需要一个 MultipartResolver 实例，告诉它是使用 Servlet 3.0+还是使用一些第三方工具。ServletContext-Configuration 类有一个额外的@Bean 方法，用于创建该 bean，它必须被命名为 multipartResolver。

```
@Bean
public MultipartResolver multipartResolver()
{
    return new StandardServletMultipartResolver();
}
```

13.4.2　将 Servlet 转换成 Spring MVC 控制器

文件 index.jsp 已经被移除了，并被 IndexController 所替换。旧的 SessionListServlet 现在变成了 SessionListController。该代码并没有太大的区别，除了现在使用的是 Spring MVC，而不是 HttpServletRequest 和 HttpServletResponse 工具之外。

LoginServlet 已经变成了 AuthenticationController。该代码发生了一些变化。每个操作都被一个简单的控制器方法所替代，而不是使用 doGet 和 doPost 方法检查各种不同请求参数的存在。ChatServlet 已经变成了 ChatController，而 TicketServlet 变成了 TicketController。这些 Servlet 都使用了行为模式，action 请求参数将用于控制 doGet 和 doPost 方法的执行。只是为了决定执行哪个方法将使 doGet 和 doPost 方法变得更长。现在 Spring 将使用@RequestMapping 处理该操作，从这些控制器中移除了许多代码。

TicketController 将使用表单对象提交票据，并且该表单对象将使用 Spring 的 MultipartFile 轻松地对被上传文件进行访问。

```
public static class Form
{
    private String subject;
    private String body;
    private List<MultipartFile> attachments;

    // mutators and accessors
}
```

与之前的 Servlet 代码相比，这将使 create 处理器方法的代码变得更加简洁。

```
@RequestMapping(value = "create", method = RequestMethod.POST)
public View create(HttpSession session, Form form) throws IOException
{
```

```
        Ticket ticket = new Ticket();
        ticket.setId(this.getNextTicketId());
        ticket.setCustomerName((String)session.getAttribute("username"));
        ticket.setSubject(form.getSubject());
        ticket.setBody(form.getBody());
        ticket.setDateCreated(Instant.now());

        for(MultipartFile filePart : form.getAttachments())
        {
            log.debug("Processing attachment for new ticket.");
            Attachment attachment = new Attachment();
            attachment.setName(filePart.getOriginalFilename());
            attachment.setMimeContentType(filePart.getContentType());
            attachment.setContents(filePart.getBytes());
            if((attachment.getName() != null &&
                    attachment.getName().length() > 0) ||
                    (attachment.getContents() != null &&
                        attachment.getContents().length > 0))
                ticket.addAttachment(attachment);
        }

        this.ticketDatabase.put(ticket.getId(), ticket);

        return new RedirectView("/ticket/view/" + ticket.getId(), true, false);
    }
```

13.4.3　创建自定义下载视图

最后应该注意的一件事是新的客户支持应用程序启用了 Spring，它将使用自定义的 com.wrox.site.DownloadView 类(代码清单 13-2)从 Spring 控制器中下载文件。可以在应用程序中的任何地方使用这个可复用的视图，用于将文件附加到响应中返回到客户端，实现文件下载。

代码清单 13-2：DownloadView.java

```
public class DownloadingView implements View
{
    private final String filename;
    private final String contentType;
    private final byte[] contents;

    public DownloadingView(String filename, String contentType, byte[] contents)
    {
        this.filename = filename;
        this.contentType = contentType;
        this.contents = contents;
    }

    @Override
    public String getContentType()
    {
        return this.contentType;
    }

    @Override
```

```
    public void render(Map<String, ?> model, HttpServletRequest request,
                       HttpServletResponse response) throws Exception
    {
        response.setHeader("Content-Disposition",
                "attachment; filename=" + this.filename);
        response.setContentType("application/octet-stream");

        ServletOutputStream stream = response.getOutputStream();
        stream.write(this.contents);
    }
}
```

该下载视图得到了极大的简化，并且在其中存在了一些硬编码行为。在真实世界中，它可能有几种不同的设置用于自定义。不过，TicketController 中只使用了一行代码将附件发送到客户端浏览器用于下载，这样就完成了任务。

```
return new DownloadingView(attachment.getName(),
        attachment.getMimeContentType(), attachment.getContents());
```

如往常一样，可以编译项目，从 IDE 中启动 Tomcat，在浏览器中访问 http://localhost:8080/support/ 对重构后的客户支持应用程序进行测试。测试常用的功能——列出票据、创建票据、聊天等。对于用户来说它似乎是相同的，但实际上它正在变成一个具有良好设计的应用程序。

13.5　小结

本章讲解了一些关于 Spring MVC 控制器和请求映射方法方面的知识。还讲解了使用 @RequestMapping 的众多方式，以及创建强大的控制器方法(可以处理和响应任何类型的请求)的许多其他注解和类型。我们还实验了 Spring 对模型-视图-控制器模式的支持，并设计了 Spring 可以自动从请求参数创建的表单对象。最后，我们学习了为跨国部件公司重构后的客户支持应用程序，现在它将使用 Spring Framework 和控制器，而不是使用采用了行为模式的 Servlet。然后我们学习了如何创建自己的 Spring 视图，用于将文件下载到客户端浏览器。

在下一章，我们将学习如何通过服务和仓库进一步增强应用程序；它们帮助将不同类型的程序逻辑分割到独立的层次中，通过这种方式我们可以对它们进行抽象，并对独立测试进行模拟。

第14章 使用服务和仓库支持控制器

本章内容：

- 模型-视图-控制器模式与控制器-服务-仓库模式相结合
- 使用根应用上下文取代 Web 应用上下文
- 使用异步和计划执行增强服务
- 使用 WebSocket 实现逻辑层分离

本章需要从 wrox.com 下载的代码

访问网址 http://www.wrox.com/go/projavaforwebapps 的 Download Code 选项卡，找到本章的代码下载链接。本章的代码被分成了下面几个主要的例子：

- Discussion-Board 项目
- Customer-Support-v11 项目

本章新增的 Maven 依赖

除了之前章节中引入的 Maven 依赖，本章还需要下面的 Maven 依赖：

```
<dependency>
    <groupId>org.springframework</groupId>
    <artifactId>spring-websocket</artifactId>
    <version>4.0.2.RELEASE</version>
    <scope>compile</scope>
</dependency>
```

14.1 了解模型-视图-控制器模式与控制器-服务-仓库模式

第 13 章讲解了一个强大的工具：Spring MVC 控制器，可以使用它替换 Servlet。我们学习了 Spring Framework 中实现的模型-视图-控制器(MVC)模式。到现在为止，你可能已经大体上非常了解该模式了，即使之前从未见过它。不过，你可能已经注意到了该模式的问题。尽管它非常简单并且控制器也比 Servlet 要简洁清晰，但控制器方法仍然不可控制。直到此时，业务逻辑已经变得相当简单：将已提交的数据保存在内存的某个位置。不过在应用程序中创建或编辑数据时，请考虑所有需要执行的其他操作：

- 验证——需要通过某种方式验证数据，保证数据在创建时遵守了正确的规则。例如，某些数据是不可选的，而其他字段可能有限制值。
- 警告——关于变动的这些警告可能需要通过电子邮件、文本消息或者移动通知发送出去。
- 应用程序中现有的其他数据——这可能需要改变。请考虑一个在线论坛系统，此时通常我们会看到帖子和用户的数目，以及每个论坛中的最后一个帖子的日期。然后在论坛中，每个帖子通常会显示出回复和用户的数目，以及每个帖子最后一个回复的日期。为了改进性能，回复的统计数据通常将会被添加到帖子中，而帖子的统计数据将被添加到论坛中。因此，在论坛中添加一个回复时，必须也要更新帖子和论坛数据。
- 数据持久化——应用程序数据很少只会持久化到内存中。通常它会驻留在某种类型的数据存储中，例如关系数据库、NoSQL 数据库或者一组扁平文件。持久化数据将涉及一组逻辑代码和它自身的代码，并且该逻辑有时可能是非常复杂的，会需要许多代码才能完成。

综上所述，控制器是添加这些逻辑的最佳位置吗？请考虑图 14-1，它演示了 MVC 系统中 3 个组件的基本操作。如果你实现了一个非常棒的 Web 应用程序，并且它也完全符合老板的需求，但如果老板让你在应用程序中添加 RESTful 和 SOAP Web 服务，你该怎么办呢？可以重用之前为 Web 应用程序创建的控制器吗？不可以。相反，我们可能需要对代码进行巨大的重构，将用户界面逻辑和业务逻辑分隔开。

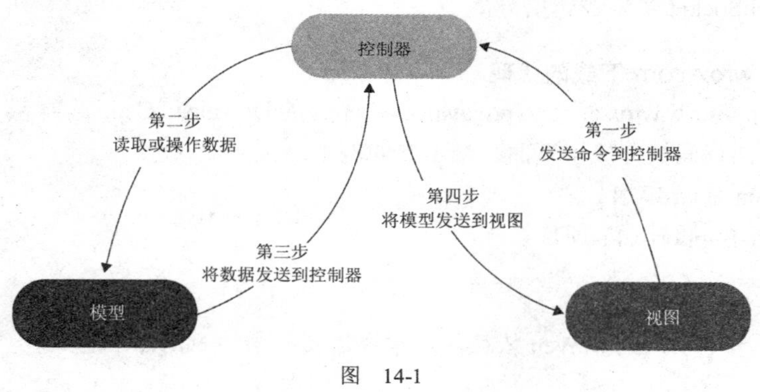

图　14-1

14.1.1　识别程序逻辑的不同类型

用户界面逻辑是所有只用于支持特定用户界面的逻辑。如果无论用户如何与应用程序交互，都需要某一块相同的代码逻辑，那么该逻辑就是业务逻辑。不过，如果一块代码逻辑只对特定的用户界面有用，那么它就是页面逻辑。在一个理想的应用程序中，你可能希望将这些类型的逻辑分割到不同的层次中。通过这种方式，我们可以轻松地切换用户界面，或者更好的方式，同时利用多个用户界面，而不必修改任何业务逻辑。也可以编写一个库用于处理业务逻辑，然后在 Web 应用程序和桌面应用程序中使用该库。

在将应用程序数据持久化到某种类型的数据存储中时，通常需要许多用于数据持久化的逻辑和许多与其他业务逻辑无关的逻辑。当底层的数据存储发生巨大的变化时，我们可以根据代码的用途分辨出持久化逻辑。例如，将数据库从 MySQL 切换成 PostreSQL 时，如果一块代码仍然是必需的，但当你切换为内存型数据存储或者 NoSQL 数据库时，该代码变成不必要的，那么这可能就意味着它是持久化逻辑。如同将用户界面逻辑和业务逻辑分隔开一样，也应该将持久化逻辑与业务逻辑分隔开。这样做会产生两个明显的优势：

- 如果稍后希望切换持久化数据的数据存储，那么就可以在不改变业务逻辑的情况下实现。
- 测试业务逻辑将变得非常简单，因为我们可以模拟持久化逻辑，并只将业务逻辑分离开用于测试。

根据个人应用程序的特性，你可能会想到程序逻辑的其他形式，它们可能并且应该被分隔到不同的层次中。通过使用@Component(或者使用@Component 标注的自定义元数据注解)可以创建出任意依赖于其他 bean 的 bean，并且 Spring 将实例化它并注入必要的 bean，创建出程序结构。不过，Spring 还提供了一个控制器-服务-仓库模式，它天生可以满足将这三种常见类型的程序逻辑分离的需求。Spring 中的该模式并不像 MVC 模式一样强制在结构上实现。相反，Spring 简单地提供了一组标记，用于在应用程序中指导和支持该模式的实现(可选的)。

14.1.2　使用仓库提供持久化逻辑

在控制器-服务-仓库模式中，仓库是最低的一层，它负责所有的持久化逻辑，将数据保存到数据存储中并从数据存储中读取已保存的数据。使用@Repository 注解标记出仓库，表示它的语义目的。启用了组件扫描之后，@Repository 类所属的 Spring 应用上下文将自动实例化、注入和管理这些仓库。通常，每个仓库负责一种持久化对象或实体。这将把仓库分割成许多易于测试的小代码单元，如果决定将某个特定的实体改变到一个不同的数据存储时，我们可以一次替换一个实体。

仓库需要实现特定的接口，这样依赖于仓库的资源将针对该接口而不是针对实现编程。通过这种方式，我们可以使用 EasyMock 或者 Mockito 这样的模拟框架模拟出假的仓库用于辅助测试，而不需要依赖于真正的实现。通常执行类似存储操作的仓库将继承自共同的基类，该基类将为所有类似的仓库提供公共操作。仓库中也可以使用其他仓库，但不应该使用更高应用程序层中的资源，例如服务或者控制器(不过，Spring 并未强制这样做)。

14.1.3　使用服务提供业务逻辑

服务是仓库之上的下一层。服务封装了应用程序的业务逻辑，它将使用其他服务和仓库，但不能使用更高层应用程序层的资源，例如控制器(再次，Spring 并未强制这样做)。服务被标记上了@Service 注解，使它们可以自动实例化和依赖注入，另外它还有一些其他的优点。如同仓库一样，服务也实现了特定的接口，这样依赖于它的资源也可以针对接口进行编程。这种每一层都针对一组接口进行编程的模式，允许将每一层从所有其他层中分离开进行测试。从视图的事务角度来看，更高的层次中服务方法的执行(例如控制器)可以被认为是一个工作的事务单元。它可以在上下文的多个仓库和其他服务中执行几个操作，所有这些操作必须作为一个单元，要么执行成功，要么执行失败。当从另一个服务方法中调用当前服务方法时，该方法被认为是属于调用方法所属的相同工作单元。

应该注意的是，工作单元的概念并不表示它总是可以处理传统关系数据库事务。如果工作单元中的操作在不同的数据存储或文件媒介上执行，这可能会产生多种不同的结果。这些操作可能包括应用程序内或应用程序间消息的传输、电子邮件、文本消息或移动通知，在大多数情况下它们都不能被回滚。如何维持该逻辑工作单元的原子性超出了本书的范围，对于这些情况必须逐例进行处理。

在处理单个 ACID 兼容数据存储的简单应用程序中，工作单元基本上等同于数据库事务。Spring 确实提供了对这些事务需求的支持，本书的第III部分将进行深入讲解。

一些开发者不喜欢使用术语“服务”描述应用程序的这一层，因为有时它可能与 Web 服务相混淆。如何称呼业务层逻辑层并不重要。你甚至不必使用@Service 注解。相反可以使用@Component 注解或者标注了@Component 的自定义元注解。如何称呼它以及如何标记它并未改变它的目的。不过，本书的剩余部分都将把它们称为服务。

14.1.4　使用控制器提供用户界面逻辑

你应该已经非常熟悉控制器、@Controller、@RequestMapping 的概念了，并且也熟悉如何在 Spring MVC 中使用它们。控制器是控制器-服务-仓库模式中食物链的顶层。事实上，这种三层系统可以轻松地比拟成自然界的食物链。在该系统中，仓库就是植物生命，只从自然(数据库)中吸收养分。服务是使用仓库(植物生命)或者其他服务(杂食动物)的杂食动物。继续这个逻辑对比，控制器就是肉食动物。它们将使用服务(杂食动物)，但从不直接使用仓库(植物生命)，并且它们从不使用其他控制器。各种形式的控制器将控制用户界面，并使用服务用于协助、准备视图中展示的模型。

在 MVC 模式中，服务和仓库被认为是控制器(不是@Controller)的一部分。如图 14-2 所示，@Controller 依赖的@Service、@Service 依赖的@Repository 与所有居于这些组件之间的缓存层将共同组成模型-视图-控制器模式中的控制器。所有这些组件都以某种形式使用模型。最后，@Controller ——可以是一个 Web GUI 或者 Web 服务 API——将模型的必要部分传递给视图用于渲染。该视图可以是一个 JSP(对于 Web GUI)，或者 JSON 或 XML 渲染引擎(对于 Web GUI 或 Web 服务 API 来说)。

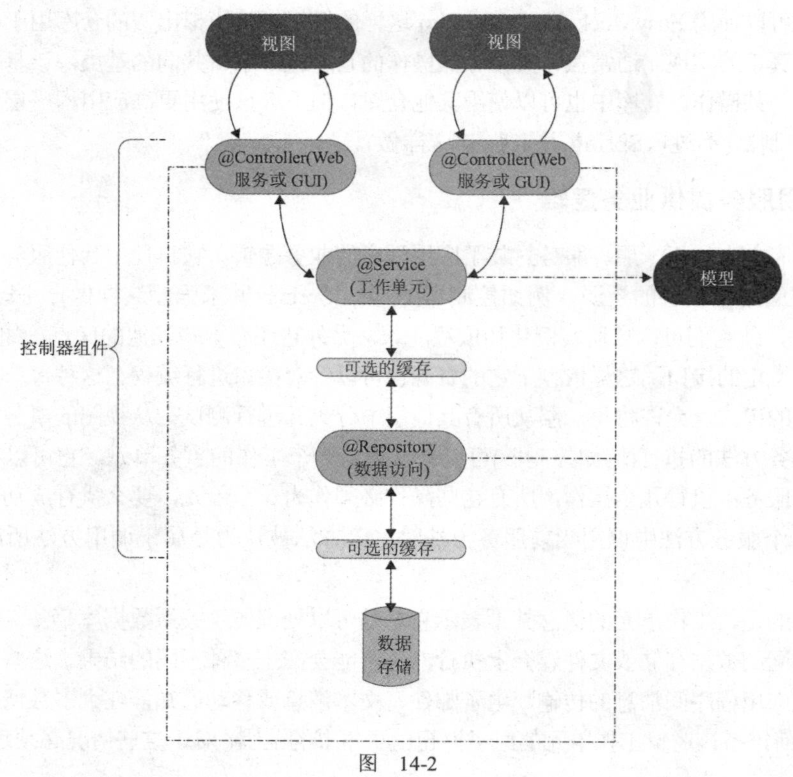

图　14-2

14.2　使用根应用上下文替代 Web 应用上下文

请思考我们在之前的两章中已经熟悉的 ServletContextConfiguration 类。当然，可以将该类命名为任意的名称，但它的目的将保持不变。如 Spring 应用上下文中 DispatcherServlet 的配置一样，该类负责指定 Servlet 容器中的 Spring 在收到 HTTP 请求时如何进行操作。这个描述立即限制了该配置的使用范围。

在 Servlet 容器之外，ServletContextConfiguration 没有任何用处。配置的内容反映了这一点。该类中配置的所有 bean 都与接受、处理和响应 HTTP 请求有点关系。如果要为应用程序创建一个 RESTful 或者 SOAP Web 服务，那么我们可能需要在应用程序的上下文中创建一个单独的 DispatcherServlet 和@Configuration，并且配置也将变得不同，以反映该上下文中控制器处理请求的不同方式。可以禁用不必要的 bean，例如 ByteArrayHttpMessageConverter、StringHttpMessageConverter、FormHttpMessageConverter，因为它们并不适用于 RESTful 或者 SOAP Web 服务。也不再需要 ViewResolver 或者 RequestToViewNameTranslator 这样的 bean。

14.2.1　在多用户界面中重用根应用上下文

根据之前的讨论，请记住：通常不同的用户界面将共享相同的服务。通过这种方式，业务逻辑将在所有的用户界面之间保持不变。为了实现这一点，不应该在 Web 应用上下文中管理服务和仓库，而是应该在根应用上下文中，它是所有 Web 应用上下文的父亲。所有这些服务和仓库都将被控制各种不同用户界面的 Web 应用上下文所继承。如果希望使用为 Web 应用程序编写的服务和仓库编写桌面应用程序，那么可以使用相同的根应用上下文配置，然后使用不同的机制启动。

我们已经在第 12 章花费了许多时间考虑应用上下文的层次和继承、在 Web 应用上下文(ServletContextConfiguration)中配置根应用上下文(RootContextConfiguration)，以及修改组件扫描机制，使它只扫描每个上下文中合适的组件。组件扫描是分离应用上下文层次的关键。如果启用了组件扫描，那么必须进行正确的配置。否则，可能出现重复的 bean 定义，或者更糟的情况，某些 bean 定义并未被发现。组件扫描基于两个准则进行工作：包扫描和类过滤。

在使用@ComponentScan 注解时，要使用 String[] basePackages 特性告诉 Spring 扫描哪些 Java 包，查找可用的类。Spring 将定义出这些包或子包中的所有类，并针对每个类应用资源过滤器。使用 basePackages 不利的一面是：它不是类型安全的，所以我们可能无法轻松注意到输入错误。作为一种备用方式，可以使用 Class<?>[] basePackageClasses 特性。Spring 将根据指定的类决定要扫描的包。

对于 Spring 在基本包中找到的每个类，它都将应用已配置的过滤器。过滤器分为包含过滤器和排除过滤器。如果某个类触发了任意一个包含过滤器，并且未触发任何排除过滤器，那么它将变成 Spring bean，这意味着它将被构造、注入、初始化，并执行任何应用在 Spring 管理 bean 上的操作。当@ComponentScan 的 useDefaultFilters 特性为真时(除非被显式设置为假)，默认没有排除过滤器，只有一个包含过滤器。唯一一个默认包含过滤器将检查类是否标记了@Component，或者它是否标记了使用@Component 作为元数据注解创建的注解。

因此，下面的两个组件扫描配置是等同的：

```
@ComponentScan(basePackages = "com.wrox.site")
```

```
@ComponentScan(
        basePackages = "com.wrox.site",
        useDefaultFilters = false,
        includeFilters = @ComponentScan.Filter(value = Component.class,
                                       type = FilterType.ANNOTATION)
)
```

如果指定了包含或排除过滤器，并且 useDefaultFilters 被设置为真，那么它们将与默认的过滤器合并在一起。如果将 useDefaultFilters 设置为假，那么指定的过滤器将取代默认的过滤器。可以随意自定义组件扫描过滤器。

例如，可以创建出自己的一组注解，并告诉 Spring 扫描寻找它们。也可以使用可赋值类型过滤器，它们将在某个类继承或实现了指定的一个或多个类时触发。另一种可用的方法是：使用 org.springframework.context.annotation.FilterType.CUSTOM，此时指定的单个或多个类都应该实现 org.springframework.core.type.filter.TypeFilter。或者可以结合应用一些或者所有这些技术，无论使用还是不使用默认的过滤器。

请看下面的组件扫描配置，它来自于我们之前看到的 RootContextConfiguration：

```
@ComponentScan(
        basePackages = "com.wrox.site",
        excludeFilters = @ComponentScan.Filter(Controller.class)
)
```

该配置将扫描 com.wrox.site 包，寻找所有通过了默认过滤器但并未标记@Controller 的类。所以标记了@Component、@Service、@Repository 或者任何标记了这些注解的类都变成了 bean，但@Controller 没有。这是对 ServletContextConfiguration 的组件扫描配置的补充，因为它只会寻找标注了@Controller 的 bean。

```
@ComponentScan(
        basePackages = "com.wrox.site",
        useDefaultFilters = false,
        includeFilters = @ComponentScan.Filter(Controller.class)
)
```

为不同的应用上下文使用这些组件扫描将实现我们的目标：业务逻辑和仓库逻辑将集中在根应用上下文中，而用户界面逻辑将保留在 Servlet 应用上下文中。回想一下第 13 章中，如果我们未在根和 Servlet 应用上下文中指定这些组件扫描过滤器的话，那么 bean 将被实例化多次——为每个上下文实例化一次。

14.2.2 将业务逻辑从控制器移动到服务

在一个完美的世界中，所有的引擎都将使用最好的工具和最佳的实践从底层开始编写。在真实世界中，通常我们需要在遗留应用程序中工作，它们并未使用最好的工具和最佳的实践。你不仅必须要维护这些应用程序，还需要解决由用户提交的问题，通常也必须为他们添加新的功能，而添加这些新的功能会要求对代码进行重构以支持新的业务需求。

请考虑一个简单的讨论板以及它可能需要的业务逻辑类型。假设你没有办法对讨论进行分类或分组，那么用户就需要创建讨论和恢复讨论的能力。在创建讨论时，应该保证它的标题和正文不为空。在回复讨论时，不仅要检查回复不能为空，还需要检查回复的目标是否是一个实际存在的讨论。

讨论和回复都需要记录下时间，并且该时间戳必须是自动的，而不是用户提供的，所以这就是业务逻辑。在这样一个假设的场景中，现有的应用程序中有两个控制器。BoardController 提供了列出和创建讨论的能力，而 DiscussionController 允许查看讨论并回复它。这些控制器中包含了应用程序除配置和视图之外的所有代码。它们将管理用户界面逻辑、执行业务逻辑，并将讨论和回复持久化到数据库中。

现在老板给你分配了 3 个新任务：

- 用户要求在他们创建的讨论或回复被其他人回复时收到电子邮件通知。
- 用户也要求具有以 RSS 信息方式查看讨论板和讨论的能力。
- 服务器管理员希望自动删除存在时间或者从最后一次回复开始超过一年时间的话题，从而节省存储和改善性能。

请考虑一下为支持这些新功能所需要做出的修改。每个讨论都要求有一个所有唯一用户(这些用户回复了讨论)的列表，这样才能使发送通知变得简单。通常在这种情况下，用户最终会要求退订某个讨论，所以在讨论上保留一个列表会更简单，代价也更低，而不是每次从所有的回复中统计出该列表。另外，每个讨论也需要有一个日期字段，用于表示帖子最后一次被回复时的时间，或者它被创建的时间(如果没有回复的话)。这些改动都提出了一个问题，因为在发布回复时，对讨论的这些更新将在 DiscussionController 中触发，但 BoardController 包含了保存讨论记录的逻辑。另外，我们已经有了从数据库中获取讨论和回复并返回 JSP 视图的方法。现在需要一个新的方法完成相同的工作，但返回的是 RSS 视图。这听起来似乎有点代码重复的问题。

很快你会意识到，在开始完成这些任务之前，我们需要将业务逻辑与用户界面逻辑分离。在本节的剩余内容中，请使用 wrox.com 代码下载站点中可用的 Discussion-Board 项目完成。为了了解服务需要什么样的接口，请看 BoardController 和 DiscussionController 中的请求处理器方法。现在你不要担心该代码。只需要考虑接口即可。BoardController 中包含了列出和创建讨论的方法。

```
@Controller
@RequestMapping("discussion")
public class BoardController
{
    @RequestMapping(value = {"", "list"}, method = RequestMethod.GET)
    public String listDiscussions(Map<String, Object> model) { ... }

    @RequestMapping(value = "create", method = RequestMethod.GET)
    public String createDiscussion(Map<String, Object> model) { ... }

    @RequestMapping(value = "create", method = RequestMethod.POST)
    public View createDiscussion(DiscussionForm form) { ... }
}
```

与此同时，DiscussionController 中包含了查看讨论和回复讨论的方法。

```
@Controller
@RequestMapping("discussion/{discussionId:\\d+}")
public class DiscussionController
{
    @RequestMapping(value = {"", "*"}, method = RequestMethod.GET)
    public String viewDiscussion(Map<String, Object> model,
                                 @PathVariable("discussionId") long id) { ... }
```

```
    @RequestMapping(value = "reply", method = RequestMethod.POST)
    public ModelAndView reply(ReplyForm form,
                              @PathVariable("discussionId") long id) { ... }
}
```

请考虑需要支持该功能的 POJO。出于简单性，假设用户只使用电子邮件地址，可以使用字符串表示而不是某些用户对象。我们需要一个 Discussion 对象和 Reply 对象用于持久化数据和传递数据到视图。

```
public class Discussion
{
    private long id;
    private String user;
    private String subject;
    private String uriSafeSubject;
    private String message;
    private Instant created;
    private Instant lastUpdated;
    private Set<String> subscribedUsers = new HashSet<>();

    // mutators and accessors
}

public class Reply
{
    private long id;
    private long discussionId;
    private String user;
    private String message;
    private Instant created;

    // mutators and accessors
}
```

似乎为每个实体创建一个服务是非常符合逻辑的。根据对控制器的了解，DiscussionService 和 ReplyService 接口应该是非常简单的。注意：ReplyService 没有根据 ID 获得单个回复的方法。现在没有这样的业务需求。如果需要添加编辑回复的能力，那么就需要添加该方法。

```
public interface DiscussionService
{
    List<Discussion> getAllDiscussions();
    Discussion getDiscussion(long id);
    void saveDiscussion(Discussion discussion);
}

public interface ReplyService
{
    List<Reply> getRepliesForDiscussion(long discussionId);
    void saveReply(Reply reply);
}
```

现在服务的实现是如何工作的并没有关系。可以对控制器进行重构，开始使用服务的接口。如果你查看 BoardController 中的代码，可以看到这是多么简单。它的方法只包含了必要的代码，用于支持与用户的交互。尤其是 createDiscussion，它甚至并未在 Discussion 上设置所有的属性。它只设置了用户提供的属性，让服务设置其他生成的属性，例如 ID 和 URI 安全的话题。它不需要知道这是如何发生的，也不关心。

```
@Inject DiscussionService discussionService;

@RequestMapping(value = {"", "list"}, method = RequestMethod.GET)
public String listDiscussions(Map<String, Object> model)
{
    model.put("discussions", this.discussionService.getAllDiscussions());
    return "discussion/list";
}

@RequestMapping(value = "create", method = RequestMethod.GET)
public String createDiscussion(Map<String, Object> model)
{
    model.put("discussionForm", new DiscussionForm());
    return "discussion/create";
}

@RequestMapping(value = "create", method = RequestMethod.POST)
public View createDiscussion(DiscussionForm form)
{
    Discussion discussion = new Discussion();
    discussion.setUser(form.getUser());
    discussion.setSubject(form.getSubject());
    discussion.setMessage(form.getMessage());
    this.discussionService.saveDiscussion(discussion);

    return new RedirectView("/discussion/" + discussion.getId() + "/" +
            discussion.getUriSafeSubject(), true, false);
}
```

DiscussionController 的代码是非常简单的。大多数工作都将被委托给了 DiscussionService 和 ReplyService，控制器只需要处理用户界面即可。

```
@Inject DiscussionService discussionService;
@Inject ReplyService replyService;

@RequestMapping(value = {"", "*"}, method = RequestMethod.GET)
public String viewDiscussion(Map<String, Object> model,
                             @PathVariable("discussionId") long id)
{
    Discussion discussion = this.discussionService.getDiscussion(id);
    if(discussion != null)
    {
        model.put("discussion", discussion);
        model.put("replies", this.replyService.getRepliesForDiscussion(id));
        model.put("replyForm", new ReplyForm());
        return "discussion/view";
    }
```

```
        return "discussion/errorNoDiscussion";
    }

    @RequestMapping(value = "reply", method = RequestMethod.POST)
    public ModelAndView reply(ReplyForm form,
                              @PathVariable("discussionId") long id)
    {
        Discussion discussion = this.discussionService.getDiscussion(id);
        if(discussion != null)
        {
            Reply reply = new Reply();
            reply.setDiscussionId(id);
            reply.setUser(form.getUser());
            reply.setMessage(form.getMessage());
            this.replyService.saveReply(reply);

            return new ModelAndView(new RedirectView("/discussion/" + id + "/" +
                    discussion.getUriSafeSubject(), true, false));
        }

        return new ModelAndView("discussion/errorNoDiscussion");
    }
```

14.2.3　使用仓库存储数据

当你开始编写 DiscussionService 和 ReplyService 时，会很快意识到许多必要的代码都是用于从数据库保存和获取数据的。为了保持服务代码完全与业务相关，最好创建一个仓库层用于处理数据持久化。这将使服务方法更加简洁和易于测试。DiscussionRepository 和 ReplyRepository 的接口是非常简单的，这毫不奇怪，因为它与服务接口基本一致。

```
public interface DiscussionRepository
{
    List<Discussion> getAll();
    Discussion get(long id);
    void add(Discussion discussion);
    void update(Discussion discussion);
}

public interface ReplyRepository
{
    List<Reply> getForDiscussion(long id);
    void add(Reply reply);
    void update(Reply reply);
}
```

现在有了用于持久化数据的接口之后，接下来就可以针对它进行编程，并实现它。DefaultDiscussionService 的 getDiscussion 方法没有任何额外的业务逻辑(尽管某一天可能需要)，getAllDiscussions 将在列表返回之前对它进行排序，saveDiscussion 将执行一些有意思的任务。首先，它将序列化主体，并使它变成 URI 安全的，然后将序列化后的值设置到 uriSafeSubject 属性中。在为讨论创建 URL，使它们对搜索引擎友好时会使用到该值。它也将更新 lastUpdated 时间戳。最后，如果讨论是新增加的，它将更新创建时间戳，并在添加讨论之前订阅创建它的用户；否则，更新讨论。

```
@Service
public class DefaultDiscussionService implements DiscussionService
{
    @Inject DiscussionRepository discussionRepository;

    @Override
    public List<Discussion> getAllDiscussions()
    {
        List<Discussion> list = this.discussionRepository.getAll();
        list.sort((d1, d2) -> d1.getLastUpdated().compareTo(d2.getLastUpdated()));
        return list;
    }

    @Override
    public Discussion getDiscussion(long id)
    {
        return this.discussionRepository.get(id);
    }

    @Override
    public void saveDiscussion(Discussion discussion)
    {
        String subject = discussion.getSubject();
        subject = Normalizer.normalize(subject.toLowerCase(), Normalizer.Form.NFD)
                .replaceAll("\\p{InCombiningDiacriticalMarks}+", "")
                .replaceAll("[^\\p{Alnum}]+", "-")
                .replace("--", "-").replace("--", "-")
                .replaceAll("[^a-z0-9]+$", "")
                .replaceAll("^[^a-z0-9]+", "");
        discussion.setUriSafeSubject(subject);

        Instant now = Instant.now();
        discussion.setLastUpdated(now);

        if(discussion.getId() < 1)
        {
            discussion.setCreated(now);
            discussion.getSubscribedUsers().add(discussion.getUser());
            this.discussionRepository.add(discussion);
        }
        else
            this.discussionRepository.update(discussion);
    }
}
```

注意：方法 getAllDiscussions 显示出了 Java 8 lambda 表达式的强大，在某些情况下，使用 Java 代码完成此类特性也是非常正确的。不过大多数情况下，在数据库中排序会更加高效，并且通常要采用某种方式把排序指令传递到仓库中。

DefaultReplyService 的 getRepliesForDiscussion 方法也将在返回列表之前对列表进行排序。方法 saveReply 将同时使用仓库和 DiscussionService(注意，使用接口而不是实现)，用于执行某些业务任务。如果是新的回复，它将订阅讨论的回复者、设置回复创建时间戳和添加回复。如果不是新的回复，它将只会更新该回复。无论哪种方式，接着它都将使用 DiscussionService 保存讨论。这将保证代码遵守所有的业务规则。

```
@Service
public class DefaultReplyService implements ReplyService
{
    @Inject ReplyRepository replyRepository;
    @Inject DiscussionService discussionService;

    @Override
    public List<Reply> getRepliesForDiscussion(long discussionId)
    {
        List<Reply> list = this.replyRepository.getForDiscussion(discussionId);
        list.sort((r1, r2) -> r1.getId() < r2.getId() ? -1 : 1);
        return list;
    }

    @Override
    public void saveReply(Reply reply)
    {
        Discussion discussion =
                this.discussionService.getDiscussion(reply.getDiscussionId());
        if(reply.getId() < 1)
        {
            discussion.getSubscribedUsers().add(reply.getUser());
            reply.setCreated(Instant.now());
            this.replyRepository.add(reply);
        }
        else
        {
            this.replyRepository.update(reply);
        }
        this.discussionService.saveDiscussion(discussion);
    }
}
```

注意：方法 getRepliesForDiscussion 是一个关键样例，它演示了排序在 Java 代码完成(而不是在数据库中)实际上是正确的，因为该数据集的大小总是非常有限的。不过，你认为在服务中添加该逻辑是正确的吗？或者在控制器中添加逻辑是不是更正确呢？

现在剩下的事情就是实现仓库了。对于该样例，如同到目前为止本书的其他项目一样，使用一个保存在内存中的 map 即可。InMemoryDiscussionRepository 的代码是很容易预测的，但要注意：如果将数据持久化到某种类型的数据库中，代码就会变得更加复杂。

```
@Repository
public class InMemoryDiscussionRepository implements DiscussionRepository
{
    private final Map<Long, Discussion> database = new Hashtable<>();
    private volatile long discussionIdSequence = 1L;

    @Override
    public List<Discussion> getAll()
    {
        return new ArrayList<>(this.database.values());
    }

    @Override
    public Discussion get(long id)
    {
        return this.database.get(id);
    }

    @Override
    public void add(Discussion discussion)
    {
        discussion.setId(this.getNextDiscussionId());
        this.database.put(discussion.getId(), discussion);
    }

    @Override
    public void update(Discussion discussion)
    {
        this.database.put(discussion.getId(), discussion);
    }

    private synchronized long getNextDiscussionId()
    {
        return this.discussionIdSequence++;
    }
}
```

InMemoryReplyRepository 是非常有意思的，因为它的 getForDiscussion 方法使用了一个与 SQL 语句中 WHERE 子句相同的 lambda 表达式，用于排除不属于被选定讨论的回复。注意关键字 volatile 的使用，它将保证不同的线程永远不会看到 ID 序列字段的过期值。

```
@Repository
public class InMemoryReplyRepository implements ReplyRepository
{
    private final Map<Long, Reply> database = new Hashtable<>();
    private volatile long replyIdSequence = 1L;

    @Override
    public List<Reply> getForDiscussion(long id)
    {
        ArrayList<Reply> list = new ArrayList<>(this.database.values());
        list.removeIf(r -> r.getDiscussionId() != id);
        return list;
```

```
    }

    @Override
    public synchronized void add(Reply reply)
    {
        reply.setId(this.getNextReplyId());
        this.database.put(reply.getId(), reply);
    }

    @Override
    public synchronized void update(Reply reply)
    {
        this.database.put(reply.getId(), reply);
    }

    private synchronized long getNextReplyId()
    {
        return this.replyIdSequence++;
    }
}
```

现在可以进行测试了。本书没有足够的空间打印出所有 JSP 视图，但它们都被包含在 Discussion-Board 项目中，如果需要的话请自行查看。一切就绪后，编译应用程序并从 IDE 中启动 Tomcat；然后在浏览器中访问 http://localhost:8080/board/。尝试创建并回复各种不同的讨论。当你满足于代码可以正常工作之后，请查看所有的代码，并想象一下这些代码曾经是多么的丑陋——它曾经难于测试和扩展——如果将所有代码都添加到控制器中的话。用户要求创建的 RSS 视图任务突然变得非常简单，因为我们可以重用服务调用。本书并未涉及特定的任务，请读者自己动手尝试！

14.3　使用异步和计划执行改进服务

除了将业务逻辑与 UI 逻辑分离之外，还有两个任务需要完成：自动删除旧的讨论、在出现回复时通知用户。请思考这两个任务一分钟。你可能意识到自动删除旧的讨论意味着没有用户干涉，表示执行该任务时没有控制器调用服务方法。那么应该使用什么调用该方法呢？

另外，你可能没想到向多个人发送关于回复的邮件需要多长时间。发送给用户的电子邮件不应该显示出其他用户的电子邮件地址——因为那是违反隐私策略的。同时，使用密件副本(BCC)特性容易触发垃圾邮件过滤器——或者更糟糕的，使你的邮件服务器被添加到黑名单中。所以，如果需要向 20 个人通知关于回复的消息，那么就必须发送 20 封邮件，这可能需要花费几十秒的时间。所以如何才能完成任务而又不影响性能呢？必须在后台线程中以异步的方式执行。

Spring Framework 提供了处理这些任务的工具。当你安排任务按照某些计划执行时，或者异步执行代码时，最大的阻碍之一就是线程管理。Web 应用程序无法简单地启动任意多的线程，也无法在任意的时间启动线程。我们必须控制线程数量的增长，防止线程过度使用运行应用程序的硬件。在 Servlet 容器中，创建线程和保持它们运行可能会导致内存泄漏——而且这些情况最终的结果都非常糟糕。

大多数开发者都忘记了的或者不知道的问题是：创建和销毁线程牵涉到许多开销，这也可能引起性能问题。你真正需要的是一个中央线程池，它可以重用线程而不是反复创建和销毁，在池内的线程被其他任务耗尽时，新的任务将被加入队列中。Spring 不仅提供了这样的系统，它还提供了注解@org.springframework.scheduling.annotation.Async 和@org.springframework.scheduling.annotation.Scheduled，分别用于表示一个方法应该以异步的方式和自动的方式运行(不需要手动执行)。

不过，只是在方法上添加一些注解而不使用任何配置是无法奏效的。首先，我们需要启用这些特性。接下来，默认@Async 和@Scheduled 方法使用的线程池并不相同，但我们希望是这样的。使用相同的线程池将保证总是能够以最高效的方式使用资源。因此，花上一分钟时间了解支持该功能的底层特性是非常重要的。

14.3.1　了解执行器和调度器

Spring Framework 定义了不同但紧密相关的概念：执行器和调度器。执行器正如它的名字所示：它执行任务。协议中并不强制要求任务必须通过异步的方式完成；相反，在不同的实现中处理方式也可以并不相同。调度器负责记住任务应该什么时候执行，然后按时执行(使用执行器)。

- 接口 java.util.concurrent.Executor 定义了一个可以执行简单 Runnable 的执行器。
- Spring 的 org.springframework.core.task.TaskExecutor 继承了该接口。
- Spring 还提供了 org.springframework.scheduling.TaskScheduler 接口，指定几个方法用于调度任务，并在将来的某个时间点运行一次或多次。

这些 Spring 接口都有许多实现，并且其中的大多数都同时实现了这些接口。其中最常见的就是org.springframework.scheduling.concurrent.ThreadPoolTaskScheduler，它提供了执行器和调度器(包含了执行器)，以及一个以有序和高效的方式执行任务的线程池。当应用程序关闭时，该类将保证它创建的所有线程都被正确地关闭，以防止内存泄漏和其他问题。

该类也实现了 java.util.concurrent.ThreadFactory 接口。因此，你可以定义一个 ThreadPoolTask-Scheduler bean，它将满足所有 Executor、TaskExecutor、TaskScheduler 或 ThreadFactory 上的依赖。这种方式是非常方便的，因为我们需要通过它配置异步和计划方法执行。

14.3.2　配置调度器和异步支持

为了在@Async 方法上启用异步方法执行，我们需要在@Configuration 类上注解@EnableAsync。同样地，为了在@Scheduled 方法上启用计划方法执行，我们需要使用@EnableScheduling 注解。你会希望在 RootContextConfiguration 上添加这些注解，以便在应用程序的所有 bean 之间共享该配置。不过，@EnableAsync 和@EnableScheduling 它们自己可以创建出默认的异步和计划配置。为了自定义该行为，我们需要实现 AsyncConfigurer 接口返回正确的异步执行器，并通过实现SchedulingConfigurer 类将正确的执行器赋给调度器。

```
@Configuration
@EnableAsync(proxyTargetClass = true)
@EnableScheduling
...
public class RootContextConfiguration
        implements AsyncConfigurer, SchedulingConfigurer
{
    private static final Logger log = LogManager.getLogger();
    private static final Logger schedulingLogger =
```

```
            LogManager.getLogger(log.getName() + ".[scheduling]");

    ...

    @Bean
    public ThreadPoolTaskScheduler taskScheduler()
    {
        log.info("Setting up thread pool task scheduler with 20 threads.");
        ThreadPoolTaskScheduler scheduler = new ThreadPoolTaskScheduler();
        scheduler.setPoolSize(20);
        scheduler.setThreadNamePrefix("task-");
        scheduler.setAwaitTerminationSeconds(60);
        scheduler.setWaitForTasksToCompleteOnShutdown(true);
        scheduler.setErrorHandler(t -> schedulingLogger.error(
                "Unknown error occurred while executing task.", t
        ));
        scheduler.setRejectedExecutionHandler(
                (r, e) -> schedulingLogger.error(
                        "Execution of task {} was rejected for unknown reasons.",r
                )
        );
        return scheduler;
    }

    @Override
    public Executor getAsyncExecutor()
    {
        Executor executor = this.taskScheduler();
        log.info("Configuring asynchronous method executor {}.", executor);
        return executor;
    }

    @Override
    public void configureTasks(ScheduledTaskRegistrar registrar)
    {
        TaskScheduler scheduler = this.taskScheduler();
        log.info("Configuring scheduled method executor {}.", scheduler);
        registrar.setTaskScheduler(scheduler);
    }
}
```

这里只显示出了该类的一部分；已有的部分被隐藏了。@EnableAsync 注解中的 proxyTargetClass 特性将告诉 Spring 使用 CGLIB 库而不是使用 Java 接口代理创建含有异步或计划方法的代理类。通过这种方式，我们可以在自己的 bean 上创建接口未指定的异步和计划方法。如果将该特性设置为假，那么只有接口指定的方法可以通过计划或异步的方式执行。新的@Bean 方法将把调度器暴露为任何其他 bean 都可以使用的 bean。方法 getAsyncExecutor(在 AsyncConfigurer 中指定)将告诉 Spring 为异步方法执行使用相同的调度器，configureTasks 方法(在 SchedulingConfigurer 中指定)将告诉 Spring 为计划方法执行使用相同的调度器。

你可能立刻会好奇这是如何工作的。方法 getAsyncExecutor 和 configureTasks 都将调用 taskScheduler，那么这是否会实例化出两个 TaskScheduler 呢？当 Spring 调用@Bean 方法时是否会实例化第三个 TaskScheduler 呢？Spring 将代理所有对@Bean 方法的调用，所以它们永远不会被调用多次。第一次调用@Bean 方法的结果将被缓存，并在所有将来的调用中使用。这将允许配置中的多个方法使用其他的@Bean 方法。因此，在该配置中只有一个 TaskScheduler 被实例化，并且该实例将被用在 bean 定义的 getAsyncExecutor 方法和 configureTasks 方法中。当你稍后执行样例时，这些方法中的日志语句将会证明这一点。

14.3.3 创建和使用@Async 方法

Spring Framework 通过以代理的方式封装受影响的 bean 对@Async 方法提供支持。当 Spring 在其他依赖它的 bean 中注入使用了@Async 方法的 bean 时，它实际上注入的是代理，而不是 bean 自身。然后这些 bean 将调用代理上的方法。对于普通的方法来说，代理只是将调用委托给了底层的方法。对于标注了@Async 或@javax.ejb.Asynchronous 的方法，代理将指示执行器执行该方法，然后立即返回。这种工作方式会导致一个结果：如果 bean 调用它自己的一个@Async 方法，该方法不会异步执行，因为 this(它自身)不可以被代理。因此，如果希望以异步的方式调用一个方法，那么它必须是另一个对象的方法(当然，该对象必须是 Spring 管理的 bean)。

注意：这并不完全是真的，使用基于 Java 接口的代理时，不能对 this 进行代理。但是在使用 CGLIB 代理时，可以通过重写原有类中的所有方法重写 this。这就是配置@Bean 方法缓存的工作方式——Spring 总是使用 CGLIB 对@Configuration 类进行代理。因为这里已经启用了 CGLIB 代理，所以我们可以在相同的类上调用@Async 方法，它们会异步执行。不过，你不应该依赖于这一点——配置上的改变可能会破坏它。

Discussion-Board 项目中的 NotificationService 和 FakeNotificationService 演示了它的工作方式。注意：接口和实现上的方法都被标记上了@Async。这并不是严格要求的。不过，当你希望所有的实现都异步执行时，可以考虑在接口上注解，这样使用者会注意到这一点。

```
public interface NotificationService
{
    @Async
    void sendNotification(String subject, String message,
                          Collection<String> recipients);
}

@Service
public class FakeNotificationService implements NotificationService
{
    private static final Logger log = LogManager.getLogger();

    @Override
    @Async
    public void sendNotification(String subject, String message,
                                 Collection<String> recipients)
    {
        log.info("Started notifying recipients {}.", recipients);
        try {
            Thread.sleep(5_000L);
        } catch (InterruptedException ignore) { }
```

```
        log.info("Finished notifying recipients.");
    }
}
```

DefaultReplyService 获得了一个标注了@Inject 的 NotificationService，并通过几行代码在 saveReply 中调用异步方法，如果回复是新的话。

```
Set<String> recipients = new HashSet<>(discussion.getSubscribedUsers());
recipients.remove(reply.getUser()); // no need to email replier
this.notificationService.sendNotification(
        "Reply posted", "Someone replied to \"" + discussion.getSubject()
        + ".\"", recipients
);
```

14.3.4　创建和使用@Scheduled 方法

创建@Scheduled 方法与创建@Async 方法并没有太大的区别。所有需要做的就是编写一个完成任务的方法并注解它。关于@Scheduled 方法需要注意的重要一点是：它们没有参数。(Spring 如何能知道使用什么作为参数呢？)只是因为该方法是@Scheduled 的，并不意味着不能手动调用它。在希望的时候你随时都可以；尽管不必这么做。事实上，也可以在@Scheduled 方法上注解@Async，这样在手动执行的时候它将以异步的方式执行。

在 Discussion-Board 项目中，我们需要以计划执行的方式删除时间超过一年或者最新回复在一年以前的讨论(按照最近的时间进行判断)。这首先要求对仓库做出一些调整以支持删除。在 ReplyRepository 和它的实现中，现在需要添加一个 deleteForDiscussion 方法。

```
@Override
public synchronized void deleteForDiscussion(long id)
{
    this.database.entrySet()
            .removeIf(e -> e.getValue().getDiscussionId() == id);
}
```

DiscussionRepository 和它的实现也需要一个删除方法。不过，删除同样需要应用到回复上，所以该类需要一个标注了@Injected 的 ReplyRepository。

```
@Override
public void delete(long id)
{
    this.database.remove(id);
    this.replyRepository.deleteForDiscussion(id);
}
```

现在该仓库支持删除了，只需要在 DefaultDiscussionService 上添加一个@Scheduled 方法即可：

```
@Scheduled(fixedDelay = 15_000L, initialDelay = 15_000L)
public void deleteStaleDiscussions()
{
    Instant oneYearAgo = Instant.now().minus(365L, ChronoUnit.DAYS);
    log.info("Deleting discussions stale since {}.", oneYearAgo);

    List<Discussion> list = this.discussionRepository.getAll();
    list.removeIf(d -> d.getLastUpdated().isAfter(oneYearAgo));
```

```
        for(Discussion old : list)
            this.discussionRepository.delete(old.getId());
    }
```

该方法将在 Spring 启动 15 秒之后启动，并每隔 15 秒钟执行一次。我们可以通过许多不同的方式使用@Scheduled，控制方法执行的时间。注意：deleteStaleDiscussions 不是 DiscussionService 接口的一部分，但是因为@EnableAsync 的 proxyTargetClass 特性被设置为真，所以该方法仍然会按计划执行(当然，在真实世界中，该方法的执行并不会这么频繁，例如每天一次)。

现在我们已经创建和配置了一个异步和计划方法，编译应用程序，从 IDE 中启动 Tomcat，并在浏览器中访问 http://localhost:8080/board/。观察日志，你可以看到 TaskScheduler 只被实例化一次，计划方法将每隔 15 秒钟执行一次。创建讨论和回复，你可以看到异步通知方法向日志写入的消息。方法中的 5 秒钟休眠将证明它正在异步执行，因为如你所见，当你发布一个回复时，服务器将在 5 秒内响应。

14.4　使用 WebSocket 实现逻辑层分离

如果你查看 wrox.com 代码下载站点中的 Customer-Support-v11 项目的话，你可以看到它的业务逻辑也被移动到了服务中，这样控制器就只需要关注于用户界面逻辑。

- InMemoryUserRepository 实现了 UserRepository，将所有用户都保存在内存中。
- TemporaryAuthenticationService 实现了 AuthenticationService，它将使用 UserRepository 接口。
- AuthenticationController 现在将使用 AuthenticationService 接口执行业务逻辑。
- 同样地，你应该看到 InMemoryTicketRepository、DefaultTicketService 使用的是 TicketRepository 接口，而 TicketController 现在使用的是 TicketService 接口。
- 现在验证代码将使用 java.security.Principal 接口，并且 AuthenticationFilter 将封装底层的连接，把 Principal 暴露为查询会话特性的快捷备用方式。为了了解这是如何使用的，请查看 TicketController 中处理 POST 请求的 create 方法。现在它将接受一个 Principal 而不是 HttpSession 作为它的第一个参数，并且 Spring 知道如何提供该值。

14.4.1　在 Spring 应用上下文中添加由容器管理的对象

之前的 SessionRegistry 类做出了一些改变，它现在是实例方法的一个接口，DefaultSessionRegistry 则实现了它。对于 SessionListController 来说，它可以正常工作，但现在你应该意识到 SessionListener 将会引起问题。SessionListener 被实例化并由 Servlet 容器而不是 Spring Framework 所管理。这就是为什么 SessionRegistry 曾经是一个静态方法的类的原因。那么如何才能让 SessionListener 持有 SessionRegistry bean 的实例呢？

在这里实际上有几个选项可供选择。第一：使用字节码和面向切面编程，这在运行时是非常自动化的。如果希望将它们转换为 Spring bean 并自动实例化的话，唯一需要做的是使用 @org.springframework.beans.factory.annotation.Configurable 注解标注非 Spring 管理的 bean 的类。不过，完成该任务所需的配置是非常棘手的，隐藏所有的秘密并且不解释它是如何工作的，这对于你来说是不公平的。

或者，我们可以通过编程的方式，在运行时向 Spring 应用上下文中添加一个现有对象。必须要做的第一件事是：从 SessionListener 中移除@WebListener 注解(因为添加了该注解的监听器被调用的顺序是不可预测的)。我们需要在 Bootstrap 类中以编程的方式配置监听器，这将保证它在 Spring 的 ContextLoaderListener 之后调用。

```
...
container.addListener(new ContextLoaderListener(rootContext));
container.addListener(SessionListener.class);
...
```

现在修改 SessionListener，使它也实现 ServletContextListener 接口。通过这种方式，SessionListener 可以在容器启动时，在 Spring 启动之后使用 Spring 初始化自己。

```
public class SessionListener
        implements HttpSessionListener, HttpSessionIdListener,
        ServletContextListener
{
    ...
}
```

可以使用监听器的 contextInitialized 方法从 ServletContext 中获得根应用上下文，从应用上下文中获得 bean 工厂，并将 SessionListener 实例配置为根应用上下文中的 bean。

```
@Override
public void contextInitialized(ServletContextEvent event)
{
    WebApplicationContext context =
            WebApplicationContextUtils.getRequiredWebApplicationContext(
                    event.getServletContext());
    AutowireCapableBeanFactory factory =
            context.getAutowireCapableBeanFactory();
    factory.autowireBeanProperties(this,
            AutowireCapableBeanFactory.AUTOWIRE_BY_TYPE, true);
    factory.initializeBean(this, "sessionListener");
    log.info("Session listener initialized in Spring application context.");
}
```

当 contextInitialized 方法执行完成时，SessionRegistry 实现将被注入，SessionListener 可以立即开始使用它。

警告：现在监听器可以用于封装和其他设置了，但它并不完全是 Spring 的 bean。其他 bean 不能自动注入该监听器，调用 ApplicationContext 的 getBean 方法也不会返回监听器。这是因为监听器从未被添加到应用上下文的 bean 注册表中。实际上我们可以通过调用 bean 工厂的 registerSingleton 方法解决该问题，但是某些服务仍然无法正常工作，例如计划方法执行和构造后/构造前回调方法。

14.4.2　使用 Spring WebSocket 配置器

你可能已经意识到，WebSocket 服务器终端也是容器管理的对象。因此，我们可以使用与 SessionListener 中采用的相同的技术，封装 WebSocket 服务器终端。你可能好奇为什么 Spring 没有为 WebSocket 终端添加一个等同于控制器的替代品。该问题的答案非常简单：控制器是对 Servlet 的灵活替代，它抽象出了底层连接的细节。Java WebSocket API 已经完成了很好的工作，因此不需要让 Spring 提供替代品。不过，为了避免每次实例化服务器终端时(记住，每次连接时都将得到一个新的终端实例)，以编程的方式在 Spring 中注册服务器终端，Spring 通过 org.springframework.web.socket.server.endpoint.SpringConfigurator 的方式对服务器终端提供第一流的支持。

SpringConfigurator 类继承了 javax.websocket.server.ServerEndpointConfig.Configurator，用于保证服务器终端的实例在所有的事件或消息处理方法调用之前，被正确地注入和实例化。通常，应该使用 SpringConfigurator 声明终端，如下面的样例所示：

```
@ServerEndpoint(value="/chat/{sessionId}", configurator=SpringConfigurator.class)
```

不过，类 ChatEndpoint.EndpointConfigurator 已经继承了 ServerEndpointConfig.Configurator，它将把 HttpSession 暴露为用户属性，ChatEndpoint 也将使用该自定义配置器。所以，我们只需要修改自定义配置器，继承 SpringConfigurator 接口而不是 ServerEndpointConfig.Configurator 接口。

```
public static class EndpointConfigurator extends SpringConfigurator
{
    @Override
    public void modifyHandshake(ServerEndpointConfig config,
                                HandshakeRequest request,
                                HandshakeResponse response) { ... }
}
```

这就是所有需要做的事情了。在完成了这个改动之后，EndpointConfigurator 中可以添加 @Autowired 或者@Injected 属性，并实现 Spring 任意的魔法接口(例如 Aware 接口)，正如第一类 bean 一样。不过，与监听器一样，终端永远不会被添加到单例 bean 注册表中，这意味着其他 bean 不能访问它，也不适用于销毁前声明周期通知或者计划方法执行(尽管构造后方法可以工作)。如果希望将终端添加到 bean 注册表中，并适用于这些服务，可以在根应用上下文配置中声明该终端的一个单例。

```
@Bean
public ChatEndpoint chatEndpoint()
{
    return new ChatEndpoint();
}
```

如果这样做的话，@ServerEndpoint 注解中指定的 SpringConfigurator(或者它的子类)将不再为每个 WebSocke 连接返回一个新的实例。相反，它将总是返回单个实例用于处理每个连接。因此，终端的一个实例将处理多个连接，正如 Servlet 或者控制器一样。这就要求我们小心地进行编写，因为如果这样做的话，终端就不可以将 Session、HttpSession、ChatSession、Principal 和其他的对象保存为实例变量——必须在调用每个方法时查询它们。那么使用单例 ChatEndpoint bean 的优点是什么呢？首先，它将使用更少的内存，尤其是在创建了数千个 WebSocket 连接的时候。另外，它将花费更少的时间创建连接，因为 Spring 只需要注入依赖一次，而不是每次连接时都注入。在 Customer-Support-v11 应用程序中，终端并未以这种方式配置，相反它坚持使用一个 WebSocket 连接对应一个终端实例的传统模型。将它重构为单例 bean 的工作就当做练习留给读者来完成。

14.4.3　记住：WebSocket 只是业务逻辑的另一个界面

首先，在 WebSocket 终端中将业务逻辑与用户界面逻辑分离开似乎是非常艰难的事。在某些情况下，它与控制器非常相像，它可以响应每个进入的消息，如同控制器可以响应每个进入的 HTTP 请求一样。另外，服务器终端将在未接收消息的情况下，直接发送消息给客户端(控制器无法做到的事情)，这将使事情变得复杂。这里的界限很模糊。没有人可以告诉你界限在哪里；只有你和你的团队可以做出决定。不过，有一点很重要，无论如何使用它，WebSocket 连接都只是某些业务逻辑单元的另一个界面。我们可以从业务和用户页面逻辑的角度抽取出服务。

请回想一下之前的 ChatEndpoint 版本，它也实现了 HttpSessionListener，用于接收退出或者聊天中的会话超时通知。它的用例是：如果用户在另一个窗口中退出了他的聊天会话，那么出于安全原因该聊天必须被终止。

不过，实现 HttpSessionListener 是一种糟糕的解决方案，因为它意味着容器将创建 ChatEndpoint 的单个实例(但实际上它并未处理连接)，以及一组需要维护的关于 Session 到 HttpSession 的信息(跨 ChatEndpoint 的实例)。幸运的是，有更好的方式可以实现该任务。SessionRegistry 有两个新方法，使 bean 注册了可以在会话销毁时执行的回调方法。

```
void registerOnRemoveCallback(Consumer<HttpSession> callback);
void deregisterOnRemoveCallback(Consumer<HttpSession> callback);
```

ChatEndpoint 有一个标注了@Inject 的 SessionRegistry，它在@PostContsruct 方法中注册了一个回调方法。注意：该回调是通过 Java 8 方法引用(粗体)注册和取消注册的，它将使代码变得非常整洁。

```
    private final Consumer<HttpSession> callback = this::httpSessionRemoved;
    ...

    @PostConstruct
    public void initialize()
    {
        this.sessionRegistry.registerOnRemoveCallback(this.callback);
    }

    private void httpSessionRemoved(HttpSession httpSession)
    {
        if(httpSession == this.httpSession)
        {
            synchronized(this)
            {
                if(this.closed)
                    return;
                log.info("Chat session ended abruptly by {} logging out.",
                        this.principal.getName());
                this.close(ChatService.ReasonForLeaving.LOGGED_OUT, null);
```

```
            }
        }
    }

    private void close(ChatService.ReasonForLeaving reason, String unexpected)
    {
        ...
        this.sessionRegistry.deregisterOnRemoveCallback(this.callback);
        ...
    }
```

该代码现在非常简单，它移除了复杂的 Session-HttpSession Map 和 HttpSession-Session Map(不再需要它们)。

注意：你可能好奇为什么 ChatEndpoint 有一个 callback 实例变量，而不是将 this::httpSessionRemoved 传入到 registerOnRemoveCallback 和 deregisterOnRemoveCallback 方法中。Java 中的方法引用(this::*something*)没有对象标识。因此，传入到 registerOnRemoveCallback 和 deregisterOnRemoveCallback 方法中的引用将被认为是不同的实例，这将会导致无法注销 callback。使用 callback 实例可以解决这个问题。

ChatEndpoint将使用计划方法——sendPing——每隔25秒发送一个ping消息。浏览器将使用pong 回应 ping 消息，在这段事件内如果没有其他的活动发生的话，它也将保持连接处于活跃状态。WebSocket 容器不会代表你自动发送 ping 消息，所以需要由代码完成该工作。这是对 Spring Framework 计划方法执行的完美应用程序，采用了这种方式之后就无须再单独使用一个线程发送 ping 消息。不过，只是使用@Scheduled 标记 sendPing 是无效的，因为 ChatEndpoint 并不是单例 bean。Spring Framework 只支持在单例 bean 上使用@Scheduled，它将忽略 ChatEndpoint 上的@Scheduled。

为了解决这个问题，我们需要直接使用 Spring 的 TaskScheduler bean。下面的代码将发送 ping 消息并接受 pong 消息。在构造 ChatEndpoint 之后，它将安排 sendPing 在 25 秒之后运行，从此之后每隔 25 秒执行一次。当连接关闭时，它将取消未来 sendPing 的执行。

```
    private static final byte[] pongData =
            "This is PONG country.".getBytes(StandardCharsets.UTF_8);
    ...
    private ScheduledFuture<?> pingFuture;
    ...
    @Inject TaskScheduler taskScheduler;
    ...

    private void sendPing()
    {
        if(!this.wsSession.isOpen())
            return;
        log.debug("Sending ping to WebSocket client.");
        try
        {
            this.wsSession.getBasicRemote()
```

```
                .sendPing(ByteBuffer.wrap(ChatEndpoint.pongData));
        }
        catch(IOException e)
        {
            log.warn("Failed to send ping message to WebSocket client.", e);
        }
    }

    @OnMessage
    public void onPong(PongMessage message)
    {
        ByteBuffer data = message.getApplicationData();
        if(!Arrays.equals(ChatEndpoint.pongData, data.array()))
            log.warn("Received pong message with incorrect payload.");
        else
            log.debug("Received good pong message.");
    }

    @PostConstruct
    public void initialize()
    {
        ...
        this.pingFuture = this.taskScheduler.scheduleWithFixedDelay(
                this::sendPing,
                new Date(System.currentTimeMillis() + 25_000L),
                25_000L
        );
    }

    ...

    private void close(ChatService.ReasonForLeaving reason, String unexpected)
    {
        ...
        if(!this.pingFuture.isCancelled())
            this.pingFuture.cancel(true);
        ...
    }
```

ChatService(由 DefaultChatService 实现)将负责处理业务逻辑，例如创建 ChatSession 对象(并赋给它们 ID)，维持等待聊天会话的列表，并将消息写入到聊天日志中。这将使 ChatEndpoint 类专注于处理 WebSocket 会话对象，发送和接收消息，并使用标注了@Inject 的 ChatService 处理业务逻辑应用程序。

使 ChatEndpoint 变得稍微简单一点的方式就是：使用用户的 WebSocket 会话(wsSession)和对方的 WebSocket 会话(otherWsSession)实例变量替换含有不同会话类型的 map 系统。实现该任务的一个挑战就是：在客户服务代表连接到并响应聊天会话时，通知请求聊天会话的用户。Java 8 lambda 将通过在 ChatSession 对象上声明一个事件处理器的方式使该任务变得简单。

```
public class ChatSession
{
    ...
    private Consumer<Session> onRepresentativeJoin;
```

```
    ...
    public void setRepresentative(Session representative)
    {
        this.representative = representative;
        if(this.onRepresentativeJoin != null)
            this.onRepresentativeJoin.accept(representative);
    }

    public void setOnRepresentativeJoin(Consumer<Session> onRepresentativeJoin)
    {
        this.onRepresentativeJoin = onRepresentativeJoin;
    }
    ...
}
```

如果现在创建新的聊天会话的话，客户会话将使用一个简单的 lambda 表达式响应客户支持代表加入会话的行为。当客户支持代表加入并调用 setRepresentative 方法时，它将会触发回调，保证会话两边都知道彼此的存在。

```
public void onOpen(Session session, @PathParam(sessionId) long sessionId)
{
    ...
            if(sessionId < 1)
            {
                CreateResult result =
                        this.chatService.createSession(this.principal.getName());
                this.chatSession = result.getChatSession();
                this.chatSession.setCustomer(session);
                this.chatSession.setOnRepresentativeJoin(
                        s -> this.otherWsSession = s
                );
                session.getBasicRemote().sendObject(result.getCreateMessage());
            }
            else
            {
                JoinResult result = this.chatService.joinSession(sessionId,
                        this.principal.getName());
                if(result == null)
                {
                    log.warn("Attempted to join non-existent chat session {}.",
                            sessionId);
                    session.close(new CloseReason(
                            CloseReason.CloseCodes.UNEXPECTED_CONDITION,
                            "The chat session does not exist!"
                    ));
                    return;
                }
                this.chatSession = result.getChatSession();
                this.chatSession.setRepresentative(session);
                this.otherWsSession = this.chatSession.getCustomer();
                session.getBasicRemote()
                        .sendObject(this.chatSession.getCreationMessage());
                session.getBasicRemote().sendObject(result.getJoinMessage());
                this.otherWsSession.getBasicRemote()
```

```
                .sendObject(result.getJoinMessage());
        }
    ...
}
```

现在我们已经学习了更新后的客户支持应用程序，了解了所有的改进，现在编译项目、启动 Tomcat，并在浏览器中访问 http://localhost:8080/support。创建票据并查看会话列表，它们将如之前一样正常工作，但代码更加简单。打开另一个浏览器，尝试客户支持聊天功能。

14.5 小结

本章讲解了如何使用控制器-服务-仓库模式来完善模型-视图-控制器模式。它还讲解了将用户界面逻辑、业务逻辑和数据持久化逻辑分离到不同的层次中的重要性，并展示了这将使代码变得多么简单。简单的代码更易于测试，通常也更稳定，这总是软件开发的目标。本章还讲解了如何分离这些不同的层次，以及 Spring Framework 通过@Controller、@Service 和@Repository 对逻辑分离所提供的支持。

稍后本章讲解了 Spring 提供的强大异步和计划方法执行工具，并使用它们实现了一些任务，例如在后台发送电子邮件通知、周期性地从数据存储中清除旧数据。最后，它讲解了封装和初始化非 Spring bean，以及 Spring Framework 对 WebSocket 终端管理的支持。

在下一章，我们将学习一个旧话题：国际化和本地化，并学习 Spring Framework 如何使应用程序在全球发布这个任务变得如此简单。

第15章 使用 Spring Framework i18n 国际化应用程序

本章内容：

- Spring Framework i18n 的重要性
- 使用 Spring 的国际化和本地化 API
- 配置 Spring 的国际化支持
- 国际化代码的方式
- 国际化客户支持应用程序

本章需要从 wrox.com 下载的代码

访问网址 http://www.wrox.com/go/projavaforwebapps 的 Download Code 选项卡，找到本章的代码下载链接。本章的代码被分成了下面几个主要的例子：

- Localized-Application 项目
- Customer-Support-v12 项目

本章新增的 Maven 依赖

本章没有新的 Maven 依赖。继续使用之前所有章节中使用的 Maven 依赖即可。

15.1 使用 Spring Framework i18n 的原因

第 7 章讲解了如何使用 JSTL 国际化标签库和格式化标签库(fmt)实现国际化(i18n)和本地化(L10n)。如果你尚未阅读第 7 章，那么也不需要再返回到第 7 章，阅读本章内容即可；不过，如果你不明白国际化、本地化或者格式化标签库，那么应该返回到第 7 章阅读“使用国际化和格式化标签库”一节。该节对国际化和本地化的主要内容作了一个基本的概述，并介绍了如何使用格式化标签库实现这些目标。更重要的是，它涵盖了语言代码、区域和国家代码、变体、区域设置和时区等概念，只有明白它们才能有效地使用 Spring Framework 的国际化支持。本章将使用其中的许多概念和技术，但不会涉及所有这些话题。

本章将学习 Spring Framework 的国际化和本地化工具，并了解为什么使用它们比直接使用容器的工具更简单。本章将会讲解消息源和更多的 Spring JSP 标签，并且最终将对客户支持应用程序进行国际化和本地化。

15.1.1　使国际化变得更容易

关于国际化标签库和格式化标签库，你可能会觉得它并不是那么易于使用。首先，必须要在部署描述符中，或者在 ServletContainerInitializer 或者 ServletContextListener 中使用 javax.servlet.jsp.jstl.fmt.localizationContext 上下文参数配置资源包。该资源包必须是存在于类路径(/WEB-INF/classes)上的类或文件，尽管你可能希望从其他的地方获得它们(例如数据库，或者只是另一个不同的文件)。

另外，必须实现一种检测区域设置(用户希望使用的)的方式。HttpServletRequest 包含了 getLocale 和 getLocales 方法，它们可以从 Accept-Language HTTP 请求头中获得希望使用的区域设置，并在该头不存在的情况返回默认的系统区域设置，但这种机制只能在有限的环境下正常工作。用户使用的系统必须已经配置了偏好语言(并不总是这样，尤其是在公共计算机上)，并且浏览器必须支持 Accept-Language 头(现在非常常见，但这是无法保证的)。在决定了希望使用的区域设置之后，还必须使用 javax.servlet.jsp.jstl.core.Config 类和 Config.FMT_LOCALE 常量配置标签库，采用希望使用的区域设置。记住：要为不同的请求手动修改区域设置，这不能以自动的方式完成。

Spring 提供了所有这些任务的简化方法，使你可以通过更少的工作量完成对国际化的支持。另外，我们可以在代码中使用 Spring 的 i18n 支持，而不是只能在 JSP 中使用。Spring 的 i18n 使用了，并在某些情况下封装了 Java SE 和 Java EE 平台，以及 JSTL 中内建的 i18n 支持。本章将学习所有这些特性。本章还将讲解它们采用的国际化和本地化概念。

15.1.2　直接本地化错误消息

Java SE 和 EE 国际化的缺点之一是：它们严格依赖于使用字符串作为本地化键。可以肯定的是，你最终不得不查找错误代码，而最简单的方式也是使用字符串。不过，如果可以将 Throwable 和验证错误对象这样的东西直接传递给本地化 API，而不是在查找本地化消息之前执行调用判断错误代码的话，本地化会变得更加简单。通过使用 Spring Framework 的 MessageSourceResolvable 可以做到这一点。将任意实现了该接口的对象传入到任意的 Spring i18n API 中，它将会被自动解析。在“国际化代码”一节中，我们将通过它使用一种可靠的模式用于处理、记录和传播异常。在第 16 章，我们更将使用该特性用于 bean 验证错误。

15.2　使用基本的国际化和本地化 API

在深入学习应用程序国际化之前，我们应该先熟悉一些基本的类和 API。其中的一些是平台类和 API，所以你可能已经熟悉它们了。剩下的是 Spring Framework 类和 API，你必须明白它们是如何一起工作的。

15.2.1　了解资源包和消息格式

如同标准标签库一样，Spring Framework i18n 也将使用资源包和消息格式。它还使用了一个资源包的抽象——称为消息源，支持通过更简单的 API 获取本地化消息。在实际应用中，资源包是 java.util.ResourceBundle 的实现。ResourceBundle 是映射到本地化消息格式的消息键的集合(不是 Collection)。重要的一点是：键是消息格式，而不是消息自身。

当然，当消息格式(java.text.MessageFormat)存储在数据库或者属性文件中时，它看起来非常像本地化字符串消息。但消息格式实际上可以包含各种各样的占位符模板，它们将在运行时被提供的参数值所替换。如果值的类型被指定为数字、日期或者时间类型，那么它们将自动按照指定的区域设置进行格式化。例如，下面全部都是美国英语本地化消息格式：

```
The road is long and windy.
There are {0} cats on the farm.
There are {0,number,integer} cats on the farm.
With a {0,number,percentage} discount, the final price is {1,number,currency}.
The value of Pi to seven significant digits is {0,number,#.######}.
My birthdate: {0,date,short}. Today is {1,date,long} at {1,time,long}.
My birth day: {0,date,MMMMMM-d}. Today is {1,date,MMM d, YYYY} at {1,time,hh:mma).
There {0,choice,0#are no cats|1#is one cat|1<are {0,number,integer} cats}.
```

重要的是：占位符是有序号的，在使用消息代码时，我们需要按照占位符的序号指定参数顺序，而不是按照占位符出现在消息中的顺序指定。这是因为占位符在不同的语言中出现的顺序可能不同。占位符总是遵守下面的语法之一，其中#是占位符序号，斜线文本代表了用户提供的值：

```
{#}
{#,number}
{#,number,integer}
{#,number,percent}
{#,number,currency}
{#,number,custom format as specified in java.text.DecimalFormat}
{#,date}
{#,date,short}
{#,date,medium}
{#,date,long}
{#,date,full}
{#,date,custom format as specified in java.text.SimpleDateFormat}
{#,time}
{#,time,short}
{#,time,medium}
{#,time,long}
{#,time,full}
{#,time,custom format as specified in java.text.SimpleDateFormat}
{#,choice,choice format as specified in java.text.ChoiceFormat}
```

占位符 number、date 和 time 所遵守的规则与<fmt:formatNumber>和<fmt:dateFormat>标签使用的规则相同。这意味着 date 和 time 占位符不支持 Java 8 日期和时间 API。遗憾的是，支持这些类型的计划被安排到了 Java 9 SE 发行版本中。

当你使用上下文参数 javax.servlet.jsp.jstl.fmt.localizationContext 指定资源包时，它的值是代表资源包基本名称的一个或多个(逗号分隔)字符串。在使用国际化标签时，JSTL 将使用这些基本名称定位资源包。当 JSTL 需要本地化消息时，它将调用 ResourceBundle 类的 getBundle 方法之一，并指定基本名称和 Locale。然后 ResourceBundle 将构造出一个可能匹配下面格式的资源包名称的列表：

```
[baseName]_[language]_[script]_[region]_[variant]
[baseName]_[language]_[script]_[region]
[baseName]_[language]_[script]
[baseName]_[language]_[region]_[variant]
[baseName]_[language]_[region]
[baseName]_[language]
```

如果 Locale 未包含变量，那么列表中的第 1 个和第 4 个名称将被省略。如果它未包含区域，那么第 2 个和第 5 个名字也将被省略，第 1 和第 4 个名称也只会包含脚本和变量或者语言和变量(分别)，有两个下划线分隔(例如，baseName_en__JAVA)。如果 Locale 未包含脚本，那么前 3 个名称都将被省略。然后最终的列表将检查是否存在符合这些名称的资源包。

对于列表中的每个资源名称，ResourceBundle 将按照之前资源名称格式列表的优先级顺序进行加载，它首先从指定的资源名称中尝试加载，并实例化一个继承 ResourceBundle 的类，然后返回该类。如果该类不存在，ResourceBundle 将使用任意的圆点(.)替换名称中的前斜线(/)，并在名称中添加上.properties，然后在类路径上查找该文件，如果文件存在的话，就返回一个 PropertyResourceBundle。在搜索所有的资源包名称之后，如果 ResourceBundle 未找到匹配的资源，它将使用默认(fallback)的区域设置生成一个新的可能存在的资源名称，并再次搜索。如果它仍然未找到匹配的资源，那么它将搜索符合基本名称(不含其他限定符)的类，然后搜索文件，如果仍未找到资源，就抛出异常。

当找到并返回了 ResourceBundle 时，就可以用它将消息代码解析成消息格式字符串。该资源文件由 Java 属性样式消息组成，包括使用消息代码的键和使用 MessageFormat 字符串的值。可以根据这些值字符串构造 MessageFormat 实例。

如果 javax.servlet.jsp.jstl.fmt.localizationContext 上下文参数中指定的基本名称是文件，那么你可以看到这是多么易于管理。例如，在类路径上可能存在下面的文件，它们的名字中包含了基本名称 labels 和 errors：

```
labels_en.properties
labels_en_US.properties
labels_en_GB.properties
labels_fr_FR.properties
errors_en.properties
errors_en_US.properties
errors_en_GB.properties
errors_fr_FR.properties
```

这些结果都将产生自己的 ResourceBundle。不过，如果你希望将消息存储在数据库中，那该怎么办呢？我们需要为每个支持的区域添加一个不同的类，大多数类执行的逻辑都是相同的(从数据库中读取值)，或者必须使用自己的系统解析 ResourceBundle 实例(你甚至需要为每个支持的区域设置添加一个不同的实例)，这是因为一个指定的 ResourceBundle 实例一次只能支持一个区域设置。请检查 ResourceBundle 的 API 文档，确保解析消息的方法中并未包含 Locale 参数。你应该很快意识到这种模式是不可持续的。

15.2.2　使用消息源进行挽救

Spring 消息源提供了对资源包的抽象和封装。消息源实现了 org.springframework.context.MessageSource 接口，并提供了 3 个简单的方法用于解析字符串消息，它们的参数可以是 MessageSourceResolvable 对象和 Locale，或者一个字符串消息代码、对象数组参数列表、默认消息和 Locale。事实上，这些方法都接受 Locale，这意味着只需要使用一个 MessageSource 实例为任意的区域设置获取本地化消息即可。此外，因为它们返回的是已经被格式化的消息，而不是消息格式，所以 MessageSource 从本地化消息任务中移除了一个步骤(格式化消息)。

另外，Spring Framework 还提供了 MessageSource 的两个实现：

- org.springframework.context.support.ResourceBundleMessageSource
- org.springframework.context.support.ReloadableResourceBundleMessageSource

ResourceBundleMessageSource 的背后实际上有一个 ResourceBundle 的集合。它将使用 ResourceBundle 的 getBundle 方法定位它的资源包，所以实际上它将使用完全相同的策略(这意味着资源属性文件必须在/WEB-INF/classes 的类路径上)。

ResourceBundle 使用 getBundle 检测资源的一个缺点是：它们将被永远缓存(直到 JVM 关闭)，而有时这不是我们期望的方式。ReloadableResourceBundleMessageSource 如它的名字所示，是可以重新加载的。它的背后并没有使用 ResourceBundle(尽管它的名字中包含了 ResourceBundle)，但它将遵守类似的资源检测规则。不过，这些文件可以在类路径上(如果基本名称以 classpath:开头)，也可以在相对于上下文根的文件系统中。因为从类路径上加载的文件通常会被永远缓存，所以使用类路径资源会使 ReloadableResourceBundleMessageSource 无法重新加载，应该避免这样做。保存消息源资源文件的一个常见位置是/WEB-INF/i18n。使用 MessageSource API 是非常简单的：

```
@Inject MessageSource messageSource;

...

    this.messageSource.getMessage("foo.message.key", new Object[] {
            argument1, argument2, argument3
    }, user.getLocale());

    this.messageSource.getMessage("foo.message.key", new Object[] {
            argument1, argument2, argument3
    }, "This is the default message. Args: {0}, {1}, {2}.", user.getLocale());
```

毫无疑问地，你应该看到了在 Java 代码中使用 MessageSource 实现是多么的容易。Java 代码不再需要获得正确的基本名称、使用基本名称和 Locale 定位 ResourceBundle、从资源中解析消息格式，再格式化消息。相反，只需要调用注入的 MessageSource 实现上的单个方法即可。这在桌面应用程序中是极其有用的。但在一个具有良好设计的 Web 应用程序中，你真会在 Java 代码中执行本地化吗？

当然，也有直接在 Web 应用程序中使用 MessageSource API 的用例。例如，在发送电子邮件或其他通知时，需要本地化这些通知的内容。另外，如果指定了 Accept-Language 请求头的话，某些 Web 服务本地化将返回错误消息。不过，大多数本地化都发生在 JSP 中，那么 MessageSource 能帮助做些什么呢？JSTL 明显期望使用的是 ResourceBundle，而不是 MessageSource。

15.2.3 使用消息源国际化 JSP

Spring 通过 org.springframework.context.support.MessageSourceResourceBundle 实现该需求(注意它与 ResourceBundleMessageSource 的类似之处；确保不要混淆它们)。MessageSourceResourceBundle 继承了 ResourceBundle，它将为特定的 Locale 暴露出底层的 MessageSource，把对 ResourceBundle 的调用都委托给底层的 MessageSource。无论何时使用 JstlView 访问 JSP，Spring MVC 都将自动使用 javax.servlet.jsp.jstl.fmt.LocalizationContext 为用户指定的或者默认的 Locale 创建 MessageSource-Resource-Bundle，保证<fmt:message>可以正确执行。

当然，这只有从 Spring MVC 控制器中使用 JstlView 访问 JSP 时才能正常工作(要么直接，要么使用视图解析器)。有一些 JSP 可能不希望通过 Spring 访问，例如错误页面或者不需要控制器的简单页面。因为这些类型 JSP 的请求生命周期并未涉及 Spring，所以 Spring 不能为它们自动创建 MessageSourceResourceBundle。

对于无法由 Spring Framework 控制的 JSP，可以通过两种不同的方式获得 MessageSourceResourceBundle，用于国际化这些 JSP：

- 最简单的方式是使用 Spring 标签库中的<spring:message>，而不是<fmt:message>标签。本章学习的<spring:message>标签与<fmt:message>标签相比有几个优势。其中一个就是能够直接使用 MessageSource。
- 如果出于某些原因，不希望或者不能使用<spring:message>标签，那么另一种方式是：为所有 Spring Framework 不处理的 JSP 请求创建一个过滤器。该过滤器需要配置在 Spring 中，它将使用 org.springframework.web.servlet.support.JstlUtils 类模拟 JstlView 的行为，并创建 LocalizationContext。当然，如果使用 Accept-Language 之外的技术设置用户区域设置，那么就需要保证在该过滤器执行之前，发现并设置用户的区域设置。

下面的这个虚拟的过滤器将通过第 2 种方式实现该任务。

```
public class JstlLocalizationContextFilter implements Filter
{
    private ServletContext servletContext;
    @Inject MessageSource messageSource;

    @Override
    public void doFilter(ServletRequest request, ServletResponse response,
                         FilterChain chain) throws IOException, ServletException
    {
        JstlUtils.exposeLocalizationContext(
                (HttpServletRequest)request, this.messageSource
        );
        chain.doFilter(request, response);
    }

    @Override
    public void init(FilterConfig config) throws ServletException
    {
        this.servletContext = config.getServletContext();
        WebApplicationContext context =
                WebApplicationContextUtils.getRequiredWebApplicationContext(
                        this.servletContext);
```

```
        AutowireCapableBeanFactory factory =
                context.getAutowireCapableBeanFactory();
        factory.autowireBeanProperties(this,
                AutowireCapableBeanFactory.AUTOWIRE_BY_TYPE, true);
        factory.initializeBean(this, "jstlLocalizationContextFilter");
        this.messageSource = JstlUtils.getJstlAwareMessageSource(
                this.servletContext, this.messageSource
        );
    }

    @Override
    public void destroy() { }
}
```

15.3 在 Spring Framework 中配置国际化

在了解了消息源和资源包如何工作之后，你可能开始期望学习如何配置它们。在 Spring 中配置消息源是非常简单的，只需要几行代码即可实现。不过，如果要使 Spring 的国际化可以正常工作，还需要一些其他的配置。

大多数网站都提供了某种方式允许用户修改它们的区域设置，因此你可能也希望提供这种能力。除了另外修改他们的区域设置之外，许多用户可能希望通过某种用户配置永久地改变区域设置。其中有许多事情需要考虑。本节将讨论各种不同的选项，并为你展示如何在 Spring Framework 中配置国际化。在本节和下一节，我们将使用 wrox.com 代码下载站点中的 Localized-Application 项目。它包含了之前章节中使用过的 Bootstrap、RootContextConfiguration 和 ServletContextConfiguration 类。

15.3.1 创建消息源

在 Spring Framework 中创建消息源是一个简单的任务。所有需要做的就是在 RootContextConfiguration 类中创建一个@Bean 方法，并返回一个自己选择的 MessageSource 实现。该 bean 必须被命名为 messageSource。

```
...
private static final Logger schedulingLogger =
        LogManager.getLogger(log.getName() + ".[scheduling]");

@Bean
public MessageSource messageSource()
{
    ReloadableResourceBundleMessageSource messageSource =
            new ReloadableResourceBundleMessageSource();
    messageSource.setCacheSeconds(-1);
    messageSource.setDefaultEncoding(StandardCharsets.UTF_8.name());
    messageSource.setBasenames(
            "/WEB-INF/i18n/messages", "/WEB-INF/i18n/errors"
    );
    return messageSource;
}

@Bean
```

```
public ObjectMapper objectMapper()
...
```

在这种情况下可以使用 ReloadableResourceBundleMessageSource。你可能立即会注意到缓存时间的秒数被设置为-1。它将禁止重新加载并使消息源一直缓存消息(直到 JVM 重启)。

那为什么不使用 ResourceBundleMessageSource 呢？ReloadableResourceBundleMessageSource 的背后并没有像 ResourceBundleMessageSource 这样的真正 ResourceBundle，所以它的表现比 ResourceBundleMessageSource 要好——但只有在禁止重新加载的时候。如果启用了重新加载(cacheSeconds > 0)，那么相较于 ResourceBundleMessageSource，它将花费两倍的时间用于解析消息。将缓存时间设置为-1 是在生产环境中推荐使用的配置。在开发环境中，你可以将缓存时间设置为一个正数，这样就可以在不重启 Tomcat 的情况下改变本地化消息。这是 Spring 的 bean definition profile(第 12 章已经讲解过了)的完美替代选项。

关于消息源配置，你可能会注意到另一件事情：默认的编码被设置为 UTF-8。Spring 必须知道属性文件采用的编码格式才能正确地读取文件。实际上还有另一个属性 fileEncodings，它可用于设置每个文件的编码格式。属性 defaultEncoding 只用于设置那些在 fileEncodings 属性中未找到的文件的编码格式。因为 UTF-8 可以在使用尽可能少空间的情况下，对任何已知语言中的任意字符进行编码，所以大多数情况下将默认编码设置为 UTF-8，并保证所有的属性文件都以 UTF-8 格式进行编码即可。这比尝试根据每个文件包含的语言来管理编码要简单得多。

最后，使用基本名称/WEB-INF/i18n/messages 和/WEB-INF/i18n/errors 配置消息源。这意味着消息源将会寻找/WEB-INF/i18n/messages_en_US.properties、/WEB-INF/i18n/errors_fr_FR.properties 这样的文件名。

当然，这只是众多选项中的一种。Spring 只提供了两个消息源，它们都使用文件加载消息，但是你可以通过任意需要的方式实现 MessageSource，并返回该实现。例如，某些类型的应用程序拥有多个客户，每个客户又有许多员工或成员，这些客户希望为他们的账户自定义本地化。对于这种情况，在数据库中管理消息源要比使用属性文件集合简单得多。可能最完美的解决方法就是键-值 NoSQL 数据库，例如 Redis、RavenDB 或者 MongoDB(它实际上是一个文档数据库，但也非常擅长键-值存储)。通过使用 NoSQL 仓库(可以使用 Spring Data Redis 或者 Spring Data MongoDB)可以轻松地创建一个 MessageSource，用于从数据库获取消息。

15.3.2　了解区域设置解析器

在概念上，区域设置解析器类似于视图解析器。Spring 将区域设置解析器用作一种为当前请求判断区域设置的策略，这样它就可以决定如何本地化消息(告诉 JSTL 如何本地化消息)。区域设置解析器提供了一种获得用户区域设置的方式，而无须只是依赖于 Accept-Language 头(通过默认的实现 org.springframework.web.servlet.i18n.AcceptHeaderLocaleResolver)。因为我们不需要依赖于 Accept-Language 头，还希望为用户提供一种修改区域设置的方式(而不是使用浏览器的区域设置)，所以我们不希望使用默认的 LocaleResolver 实现。一个常见的备用选项是：org.springframework.web.servlet.i18n.SessionLocaleResolver。它将采用下面的策略：

- SessionLocaleResolver 将在当前会话上寻找名字等于 SessionLocaleResolver.LOCALE_SESSION_ATTRIBUTE_NAME 常量的会话特性。如果该特性存在，就返回它的值。

- 接下来，SessionLocaleResolver 将检查它是否设置了 defaultLocale 属性，如果已设置，就返回该属性的值。
- 最后，SessionLocaleResolver 将返回 HttpServletRequest 上 getLocale 方法的值(来自于 Accept-Language 头)。

创建区域设置解析器与在配置中创建新的@Bean 一样简单。DispatcherServlet 将检测到解析器，并自动将它使用在所有的区域设置抓取操作中。例如，请求处理方法中可能有一个类型为 Locale 的参数，Spring 将自动使用 LocaleResolver 提供的值作为该参数的值。

JstlUtils 也使用该解析器决定用户的区域设置。因为 HttpServletRequest 在 Accept-Language 头不存在的情况下将自动返回服务器默认编码，这个后备选项已经足以满足需求，所以大多数情况下都不需要在 SessionLocaleResolver 中设置默认的区域设置(实际上，设置默认的区域设置将阻止解析器使用 Accept-Language 头)。在配置 LocaleResolver @Bean 时，应该将它添加到 ServletContextConfiguration 中。使用 RootContextConfiguration 将会导致所有的 DispatcherServlet 都使用相同的 LocaleResolver，这不是我们期望的行为。该 bean 必须被命名为 localeResolver。

```
...
}

@Bean
public LocaleResolver localeResolver()
{
    return new SessionLocaleResolver();
}

@Bean
public ViewResolver viewResolver()
...
```

DispatcherServlet 负责使用已配置的解析器在每个进入的请求上设置一个 LocaleResolver 请求特性。这样所有由 DispatcherServlet 执行的或者在 DispatcherServlet 设置该特性之后访问请求对象的任意代码都可以使用该 LocaleResolver。那么，很明确的是：错误页面和其他非视图 JSP 都无法访问 LocaleResolver。之前的小节中使用了一个自定义的 JstlLocalizationContextFilter，为这些页面配置消息源。也可以对它做出一点调整，在其中将 LocaleResolver 设置在请求上。

```
...
private ServletContext servletContext;
private LocaleResolver = new SessionLocaleResolver();
@Inject MessageSource messageSource;

@Override
public void doFilter(ServletRequest request, ServletResponse response,
                     FilterChain chain) throws IOException, ServletException
{
    request.setAttribute(
            DispatcherServlet.LOCALE_RESOLVER_ATTRIBUTE, this.localeResolver
    );
    JstlUtils.exposeLocalizationContext(
            (HttpServletRequest)request, this.messageSource
    );
...
```

该代码未使用标注了@Inject 的 LocaleResolver，因为该过滤器被封装在根应用上下文中，但 localeResolver bean 存在于子 DispatcherServlet 应用上下文中。LocaleResolver 实现都是非常轻量级的对象，所以这里有一个重复的解析器是没有关系的。

15.3.3 使用处理拦截器修改区域设置

现在应用程序已经可以判断出用户希望使用的区域设置，但如果用户希望使用一个不同的区域设置，那么应该如何设置会话特性呢？为了解决这个问题，我们需要一个处理拦截器。org.springframework.web.servlet.HandlerInterceptor 接口将决定如何拦截 DispatcherServlet 中处理的请求，类似于 Filter。它的 preHandle 方法将在 DispatcherServlet 收到请求之后，但尚未调用控制器的处理器方法之前执行。方法 postHandle 将在处理器方法返回，但尚未返回渲染的视图之前执行。方法 afterCompletion 将在视图渲染之后，DispatcherServlet 将控制权返回到容器之前执行。

如果需要实现类似于过滤器这样的行为，并希望使用 Spring 管理的 bean，而且该行为只应该作用于 DispatcherServlet 处理的请求上，那么使用 HandlerInterceptor 是实现该任务的好方法。

org.springframework.web.servlet.i18n.LocaleChangeInterceptor 是一个用于在请求时修改区域设置的 HandlerInterceptor。在每个发送到 DispatcherServlet 的请求上，它将寻找一个请求参数，该参数默认为 locale，但可以自定义。如果该请求参数存在，那么拦截器将把字符串参数转换为一个 Locale，然后使用 LocaleResolver 的 setLocale 方法设置区域设置。通过这种方式，LocaleResolver 将同时负责决定如何获得区域设置以及如何设置区域设置。

为了创建 LocaleChangeInterceptor 或者任意其他的拦截器，需要重写 ServletContextConfiguration 类中 WebMvcConfigurerAdapter 的 addInterceptors 方法。如果希望自定义拦截器检查的请求参数，那么可以实例化拦截器，并调用 setParamName 方法，然后将它添加到注册表。

```
...
}

@Override
public void addInterceptors(InterceptorRegistry registry)
{
    super.addInterceptors(registry);

    registry.addInterceptor(new LocaleChangeInterceptor());
}

@Bean
public LocaleResolver localeResolver()
...
```

现在，在任意的页面上都可以添加一个链接用于改变区域设置，并将它提交到当前的页面。这不只会修改当前页面的区域设置，它也将修改接下来所有页面的区域设置，直至用户的会话超时或者关闭浏览器。

15.3.4 提供一个用户 Profile 区域设置

如果是一个用户可以注册和登录的应用程序，那么他们可能希望设置区域设置一次，并在每次他们返回到该网站时自动使用该设置。抽象的讲，可以在某个地方为用户提供一个 profile 设置，用于修改各种设置，例如名字、电子邮件地址、密码、时区和区域设置等。但如何使用该设置？如何使它的变动立即可见呢？

在使用用户 profile 区域设置时有多个可用的选项。第一，可以在登录控制器和 profile 控制器中使用一个标注了@Inject 的 LocaleResolver。当用户认证或更新他们的 profile 时，调用解析器的 setLocale 更新他们的当前区域设置即可。

这种技术的一个缺点是——通常该问题也存在于 SessionLocaleResolver——应用程序将在用户退出和关闭浏览器或者会话超时时，忘记用户的区域设置。当用户返回时，应用程序可能显示出一个不同的语言。在这些情况下，你可能希望创建出一个自定义的 LocaleResolver，它将优先使用登录用户的区域设置，并使用 cookie 值作为备份。因为 org.springframework.web.servlet.i18n.CookieLocaleResolver 已经完成了许多事情，所以你可以直接继承该解析器。

```
public class UserCookieHeaderLocaleResolver extends CookieLocaleResolver
{
    @Override
    public Locale resolveLocale(HttpServletRequest request)
    {
        Locale locale = null;
        Principal user = request.getUserPrincipal();
        if(user != null && user instanceof FooPrincipal)
            locale = ((FooPrincipal)user).getLocale();

        if(locale == null)
            locale = super.resolveLocale(request);
        return locale;
    }
}
```

因为实现该任务有几个选项可用，并且这些选项都极大地依赖于认证机制和用户 API，所以该样例并未在 Localized-Application 项目中演示。

15.3.5　包含时区支持

国际化应用程序时，区域设置并不是唯一需要考虑的主题。除了语言和区域，时区也是 Web 应用程序用户的主要问题之一。大多数用户希望在页面中看到以他们的时区显示的时间，而不是服务器时区，尤其是服务器处于世界另一面的话。通常我们很难知道世界的不同部分到底是什么时间！Spring Framework 4.0 为时区提供了最佳的支持，包括 java.util.TimeZone 和 java.time.ZoneId 类。Spring 为这些类型包含了 PropertyEditor，所以可以在控制器方法中指定 TimeZone 和 ZoneId 方法参数，然后 Spring 将把请求参数、路径变量和头的值转换为这些方法参数。

Spring 还可以解析用户的时区，并将它提供给控制器方法(类似于它如何解析区域设置)，并将用户区域设置提供给控制器方法。不过，该机制与区域设置解析的工作方式不同。这里没有 TimeZone 或者 ZoneId 解析器，也没有修改拦截器。时区将以不同于区域设置的方式进行处理，它们通常无法如同区域设置一样随时改动。从 Spring 的早期开始，我们已经能够使用 org.springframework.context.i18n.LocaleContextHolder 设置当前区域设置。该工具既是各种 LocaleResolver 的替代品也是它们的补充，用于保证总是可以在需要的时候操作 Locale。Locale 被存储在 ThreadLocal 变量中，并随着请求经历它的整个生命周期。

到了 Spring 4.0 之后，LocaleContextHolder 还支持设置和获取当前 TimeZone。可以使用该类的静态方法设置用户的 TimeZone，Spring 将自动设置 JSTL TimeZone 属性并提供对 TimeZone 和 ZoneId 控制器方法参数的访问。这将使管理应用程序的用户 TimeZone 的任务变得更加简单。所有需要做的就是判断用户希望使用的 TimeZone，并在 LocaleContextHolder 上设置该 TimeZone。

15.3.6　了解主题如何改进国际化

Spring Framework 有一个主题的概念，它非常类似于国际化支持。主题是用于设计站点的层叠样式表、JavaScript 文件、图片和其他资源的集合。Theme 接口代表了一个主题，而可用的 ThemeResolver(包括 SessionThemeResolver 和 CookieThemeResolver)可以为用户解析出合适的主题。毫不奇怪，ThemeChangeInterceptor 将使用可配置的请求参数，默认值为用户选择的主题。主题特性甚至提供了 ResourceBundleThemeSource，几乎与 ResourceBundleMessageSource 是一致的，它将从属性文件中加载键-资源路径指令。最后，在使用<spring:theme>标签创建视图时，它几乎与<spring:message>标签一致，为特定的主题输出合适的资源 URL。

此时你可能好奇这与国际化和本地化除了 API 相似之外还有什么关系。记住，在国际化应用程序的时候，不只是需要考虑语言内容。世界上不同的语言也会以不同的方式输出。

- 英语和其他西方语言都是先从左向右，然后从上向下阅读。
- 中东语言，例如阿拉伯语和希伯来语，通常是先从右向左，然后从上向下阅读。
- 更麻烦的是，日语、汉语和韩语都先从上向下，然后从右向左阅读。
- 蒙古语是先从上向下，然后从左向右阅读的。

如果你认为转换应用程序是非常困难的，那么当你需要考虑所有这 4 种语言方向时，这个任务会更加困难！

Spring Framework 主题实际上可以帮上很大忙。我们可以使用自定义的 ThemeResolver 根据当前区域设置而不是使用标准的 ThemeResolver 设置主题。通过 java.awt.ComponentOrientation 的 getOrientation(Locale)方法，可以根据 Locale 检测出合适的文本方向，然后为该文本方向返回正确的主题。还需要使用自定义的 LocaleResolver 和 LocaleChangeInterceptor，用于阻止用户选择应用程序不支持的区域设置(例如蒙古语)。因为 Theme 总是基于 Locale 的，所以不需要使用 ThemeChangeInterceptor。在完成这些配置之后，可以只通过 CSS 改变视图的文本方向，极大地减少了使用其他解决方案(例如为每个文本方向创建自定义的视图)时所需要的工作量。

注意：该话题明显是一个高级话题，由支持多文本方向引起的复杂性和众多问题超出了本书的范围。因此，这是本书唯一提到文本方向的地方。希望它能告诉你一些关于如何更好支持国际用户的想法。

15.4　国际化代码

第 7 章已经练习使用<fmt:message>、<fmt:formatDate>和<fmt:formatNumber>对 JSP 进行国际化。

本节不会重新讲解格式化和国际化标签库的细节，但你可以使用它国际化 JSP。Localize-Application 项目中包含的 HomeController 中有一个映射。这个简单的处理器方法只是在模型中添加了一些元素，并返回视图名称。

```
@Controller
public class HomeController
{
    @RequestMapping(value = "/", method = RequestMethod.GET)
    public String index(Map<String, Object> model)
    {
        model.put("date", Instant.now());
        model.put("alerts", 12);
        model.put("numCritical", 0);
        model.put("numImportant", 11);
        model.put("numTrivial", 1);

        return "home/index";
    }
}
```

文件/WEB-INF/i18n/messages_en_US.properties 中包含了美国英语的本地化消息。

```
title.alerts=Server Alerts Page
alerts.current.date=Current Date and Time:
number.alerts=There {0,choice,0#are no alerts|1#is one alert|1<are \
  {0,number,integer} alerts} in the log.
alert.details={0,choice,0#No alerts are|1#One alert is|1<{0,number,integer} \
  alerts are} critical. {1,choice,0#No alerts are|1#One alert is|1<{1,number,\
  integer} alerts are} important. {2,choice,0#No alerts are|1#One alert \
  is|1<{2,number,integer} alerts are} trivial.
```

最后，/WEB-INF/i18n/messages_es_MX.properties 文件中包含了墨西哥西班牙语的本地化消息。

```
title.alerts=Server Alertas Página
alerts.current.date=Fecha y hora actual:
number.alerts={0,choice,0#No hay alertas|1#Hay una alerta|1<Hay \
  {0,number,integer} alertas} en el registro.
alert.details={0,choice,0#No hay alertas son críticos|1#Una alerta es \
  cr¨ªtica|1<{0,number,integer} alertas son críticos}. \
  {1,choice,0#No hay alertas son importantes|1#Una alerta es importante\
  |1<{1,number,integer} alertas son importantes}. \
  {2,choice,0#No hay alertas son triviales|1#Una alerta es trivial\
  |1<{2,number,integer} alertas son triviales}.
```

15.4.1　使用<spring:message>标签

如果你熟悉<fmt:message>标签的话，那么你很自然地就会了解<spring:message>标签，它们非常类似，但<spring:message>标签表现更佳。特性 code 等同于<fmt:message>标签的 key 特性，它将指定消息代码。这两个标签都有 var 和 scope 特性，负责将本地化值导出为 EL 变量，而不是以内嵌的方式输出到页面中。<spring:message>没有对应的 bundle 特性，因为<spring:message>将使用 MessageSource，而不是 ResourceBundle。

特性 javaScriptEscape 是非常有用的，如果将它设置为真，那么它将使最终格式化后消息中的“和

'分别被替换为\"和\'，这样该消息才能在 JavaScript 中安全使用。默认特性 javaScriptEscape 的值为假，它在<fmt:message>中也没有对应的特性。特性 htmlEscape 也是专属于<spring:message>的，如果它的值为真的话，那么最终格式化消息中的特殊字符<、>、&、"和'将被转义成它们对应的实体转义序列。默认它的值为假。

如果页面中大多数或者所有的<spring:message>标签都应该是 HTML 转义的，那么可以在 JSP 中使用标签<spring:htmlEscape defaultHtmlEscape="true" />，这样就可以影响所有在它之后的<spring:mesage>标签。如果整个应用程序中的大多数或者所有<spring:message>都应该是 HTML 转义的，那么可以在部署描述符中或者以编程的方式，将上下文初始化参数 defaultHtmlEscape 设置为真，这样它将会影响应用程序中所有的<spring:message>标签。出于优先级的目的，如果显式设置了<spring:message>中的 htmlEscape 特性，那么它将总是覆盖<spring:htmlEscape>标签和上下文初始化参数，如果显式地使用了<spring:htmlEscape>标签，它将总是覆盖上下文初始化参数。

```
<context-param>
    <param-name>defaultHtmlEscape</param-name>
    <param-value>true</param-value>
</context-param>
```

<fmt:message>和<spring:message>的最后一个区别是：如何指定本地化消息。使用<fmt:message>时可以只通过 key 特性或者标签体指定消息作为消息代码，如果必要的话，还可以使用嵌套的<fmt:param>标签作为格式化参数变量。<spring:message>要灵活得多，它可以使用下面三种策略的任意一种。它们是互斥的；每个<spring:message>标签不能同时使用 1 种以上的策略。可以通过下面的方式指定消息代码：

- **传统地，使用 code 特性或者标签体作为消息代码，如果必要，可以使用嵌套<fmt:param>作为格式化参数变量。**Spring 4.0 中新增的<spring:argument>与<fmt:param>标签的工作方式一样。也可以使用 text 特性指定一个默认的消息格式(可选的)，如果消息代码未解析成功，那么<spring:message>标签将使用该值。不应该将该策略与 arguments、argumentSeparator 或者 message 特性一起使用。
- **使用 code 特性或者标签体作为消息代码，如果必要，在 arguments 特性中提供一个使用分隔符分隔的参数列表。**默认分隔符是单个逗号，但你可以使用 argumentSeparator 特性自定义该分隔符。也可以使用 text 特性指定一个默认的消息格式(可选的)，如果消息代码未解析成功，那么<spring:message>标签将使用该值。不应该将该策略与 message 特性或者<spring:argument>嵌套标签一起使用。
- 通过 EL 表达式将 MessageSourceResolvable 的实例设置为 message 特性。因为 MessageSourceResolvable 提供了它自己的代码、参数和默认消息，所以不应该将该策略与 code、arguments、argumentSeparator 或 text 特性、标签体或者嵌套的<spring:argument>标签一起使用。

Localized-Application 项目的/WEB-INF/jsp/view/home/index.jsp 文件演示了如何同时使用<spring:message>和<fmt:message>标签。你会注意到该文件并未包含任何字符串字面量，而是为所有的文本输出使用了消息国际化。这就是它的实现方式。

```
<%--@elvariable id="date" type="java.util.Date"--%>
<%--@elvariable id="alerts" type="int"--%>
```

```
<%--@elvariable id="numCritical" type="int"--%>
<%--@elvariable id="numImportant" type="int"--%>
<%--@elvariable id="numTrivial" type="int"--%>
<!DOCTYPE html>
<html>
    <head>
        <title><spring:message code="title.alerts" /></title>
    </head>
    <body>
        <h2><spring:message code="title.alerts" /></h2>
        <i><fmt:message key="alerts.current.date">
            <fmt:param value="${date}" />
        </fmt:message></i><br /><br />
        <fmt:message key="number.alerts">
            <fmt:param value="${alerts}" />
        </fmt:message><c:if test="${alerts > 0}">
             <spring:message code="alert.details">
                <spring:argument value="${numCritical}" />
                <spring:argument value="${numImportant}" />
                <spring:argument value="${numTrivial}" />
            </spring:message>
        </c:if>
    </body>
</html>
```

15.4.2　以更干净的方式处理应用程序错误

到现在你应该已经知道应用程序是会发生错误的。我们不能完全阻止它们的发生。某些东西终将会出错，应用程序也无法正常运行。通常，这将会抛出一个异常。第 11 章已经学习了日志如何可以帮助干净地处理这些错误。不过，隐藏错误不让用户知道或者向用户显示出所有的错误栈信息都不是可以接受的方式。当某些东西出错时，用户需要知道发生了什么。你应该记录下技术细节，但为用户显示出一个有用的错误消息，以尽量与技术无关的方式帮助他们了解发生了什么事情。

有许多不同的方式可以实现该任务，但是描述所有的方式超出了本书的范围。相反，本书只会为你展示其中一种方式，并演示如何极大地简化应用程序开发。

在预期(并非希望发生)类型的错误发生时，例如使用 JDBC 执行 SQL 语句时发生的 SQLException 异常，最直接的反应就是捕捉异常并记录它。这没有问题，但是我们仍然需要通过某种方式将错误消息报告给用户。你可以重新抛出该异常，但应用程序的更高层又如何得知异常已经被记录下来了呢？另外，如果只是重新抛出异常的话，那么如何为用户展示出有用的错误消息呢？一个视图需要捕捉底下三层抛出的异常，它毕竟不知道异常是在什么上下文中抛出的，并且也没有能力为它创建出一个有用的错误消息。

为了解决第一个问题，我们可以创建自己的自定义异常并抛出它，而不是重新抛出原有的异常。可以将异常命名为 LoggedException，然后指定一种策略：LoggedException 永远不应该被记录，而是应该在捕捉后重新抛出。所有的 LoggedException 构造器都要求将底层的异常用作原因。这确实可以解决第一个问题，但不能解决第二个问题。

解决第二个问题的一种好方法是：使 LoggedException 实现 MessageSourceResolvable。它将会包含自己的错误代码、默认消息和参数，可以使用它们显示出异常的国际化消息。不过，如果你考虑一分钟，很快就会意识到某些环境会要求你抛出国际化后的异常，而不是首先捕捉底层的异常。

所以我们真正需要的是一个实现 MessageSourceResolvable 的 InternationalizedException 异常，以及一个继承了它的 LoggedException 异常。代码清单 15-1 显示了 Localized-Application 项目中的 InternationalizedException 异常。

代码清单 15-1：InternationalizedException.java

```
public class InternationalizedException extends RuntimeException
        implements MessageSourceResolvable {
    private static final long serialVersionUID = 1L;
    private static final Locale DEFAULT_LOCALE = Locale.US;

    private final String errorCode;
    private final String[] codes;
    private final Object[] arguments;

    public InternationalizedException(String errorCode, Object... arguments) {
        this(null, errorCode, null, arguments);
    }

    public InternationalizedException(Throwable cause, String errorCode,
                                      Object... arguments) {
        this(cause, errorCode, null, arguments);
    }

    public InternationalizedException(String errorCode, String defaultMessage,
                                      Object... arguments) {
        this(null, errorCode, defaultMessage, arguments);
    }

    public InternationalizedException(Throwable cause, String errorCode,
                                      String defaultMessage,Object... arguments) {
        super(defaultMessage == null ? errorCode : defaultMessage, cause);
        this.errorCode = errorCode;
        this.codes = new String[] { errorCode };
        this.arguments = arguments;
    }

    @Override
    public String getLocalizedMessage() {
        return this.errorCode;
    }

    public String getLocalizedMessage(MessageSource messageSource) {
        return this.getLocalizedMessage(messageSource, this.getLocale());
    }

    public String getLocalizedMessage(MessageSource messageSource,Locale locale) {
        return messageSource.getMessage(this, locale);
    }

    @Override
    public String[] getCodes() {
        return this.codes;
    }
```

```
    @Override
    public Object[] getArguments() {
        return this.arguments;
    }

    @Override
    public String getDefaultMessage() {
        return this.getMessage();
    }

    protected final Locale getLocale() {
        Locale locale = LocaleContextHolder.getLocale();
        return locale == null ? InternationalizedException.DEFAULT_LOCALE:locale;
    }
}
```

方法 getLocale 和 getLocalizedMessage 并不是必需的，但它们将使 Java 代码中异常的使用变得更加简单。无论捕捉还是不捕捉异常，都可以在代码的任意位置抛出异常。如代码清单 15-2 所示，继承它的是 LoggedException。该异常甚至没有任何方法和字段；它只是对可能使用的构造器进行了限制，要求用户提供一个异常原因。

代码清单 15-2：LoggedException.java

```
public class LoggedException extends InternationalizedException {
    private static final long serialVersionUID = 1L;

    public LoggedException(Throwable cause, String errorCode,
                           Object... arguments) {
        this(cause, errorCode, null, arguments);
    }

    public LoggedException(Throwable cause, String errorCode,
                           String defaultMessage, Object... arguments) {
        super(cause, errorCode, defaultMessage, arguments);
    }
}
```

你应该已经意识到了记录异常并在它的位置抛出 LoggedException 异常的优点，它将避免在应用程序的更高层次捕捉异常并重新记录它。为了演示本地化异常是如何简单，请按照下面的步骤进行操作：

(1) 在 HomeController 的处理器方法中添加下面的代码：

```
model.put("exception", new InternationalizedException(
        "bad.food.exception", "You ate bad food."
));
```

(2) 在/WEB-INF/i18n/errors_en_US.properties 文件中添加转换后的消息。

```
bad.food.exception=You ate bad food.
```

(3) 在/WEB-INF/i18n/errors_es_MX.properties 文件中使用：

```
bad.food.exception=Comiste comida en mal estado.
```

(4) 更新/WEB-INF/jsp/view/home/index.jsp 文件使用<spring:message>显示异常。

```
        ...
        </c:if>
        <c:if test="${exception != null}"><br /><br />
            <spring:message message="${exception}" />
        </c:if>
    </body>
</html>
```

为了测试 Localized-Application 项目，请编译项目，从 IDE 中启动 Tomcat，并在浏览器中访问 http://localhost:8080/i18n/。你应该看到页面中显示出了良好的英文内容。访问网址 http://localhost:8080/i18n/?locale=es_MX，页面内容将变成西班牙语。更重要的是，现在可以重复返回到 http://localhost:8080/i18n/，而无须指定 locale 参数，页面将仍然显示为西班牙语。只有再次访问 http://localhost:8080/i18n/?locale=en_US 时，才能将区域设置重新改变为英语，即使之后不再使用 locale 参数它也会保持不变。

注意：如果在区域设置为西班牙语的计算机中访问应用程序，那么页面实际上将先显示出西班牙语，而不是英语(如果浏览器发送了 Accept-Language 头的话)。如果出现这种情况，请反转指令，使用 en_US 作为第一个区域设置值。

15.4.3　更新客户支持应用程序

从 wrox.com 代码下载站点中可以获得 Customer-Support-v12 项目，我们将使用与 Localized-Application 项目相同的配置对它进行国际化。唯一的区别在于：客户支持应用程序在消息源配置中有一个额外的资源包基本名称。

```
messageSource.setBasenames(
        "/WEB-INF/i18n/titles", "/WEB-INF/i18n/messages",
        "/WEB-INF/i18n/errors"
);
```

i18n 文件/WEB-INF/i18n/errors_en_US.properties、messages_en_US.properties 和 titles_en_US.properties 中包含了数十条消息。这里没有任何语言的本地化内容。大多数国际化按惯例将使用<spring:message>，但/WEB-INF/jsp/view/chat/chat.jsp 文件是一个有趣的样例。该文件中充满了需要本地化的 JavaScript 字符串字面量。将<spring:message>标签中的 javaScriptEscape 设置为真可以轻松解决这个问题，但这并不是唯一一个有问题的地方。例如，请看 messages_en_US.properties 文件中的下面这条消息，它最终将被添加到 JavaScript 字符串中：

```
message.chat.joined=You are now chatting with {0}.
```

该消息被参数化了，并且要求补全参数。那么在渲染视图时，如果没有可用的参数但又必须通过 JavaScript 进行填充，又该如何处理呢？相当简单，参数不存在的时候，格式化器将忽略额外的替换模板，所以该消息在运行时被写入到 JavaScritp 代码中后，将变成'You are now chatting with {0}.'。之后在使用该值时，只需要在 JavaScript 字符串上调用 replace 方法，使用合适的参数替换参数即可。

```
infoMessage('<spring:message code="message.chat.joined" javaScriptEscape="true"/>'
        .replace('{0}', message.user));
```

在国际化客户支持应用程序时，最后的挑战是如何处理聊天消息。与所有其他的本地化消息不同，它们是在渲染视图时解析，ChatService 和 ChatController 通过 WebSocket 连接输出的消息也必须本地化。此时<spring:message>和<fmt:message>标签就无能为力了。

15.4.4　直接使用消息源

为了解决这个问题，ChatMessage 需要组成一个消息代码和参数，并通过编程的方式进行国际化。ChatController 将直接使用 MessageSource 完成该任务。下面第一步要做的是重构 ChatMessage 类。

```
public class ChatMessage implements Cloneable
{
    private Instant timestamp;
    private Type type;
    private String user;
    private String contentCode;
    private Object[] contentArguments;
    private String localizedContent;
    private String userContent;

    // mutators and accessors
    // enum
    // clone

    static abstract class MixInForLogWrite
    {
        @JsonIgnore public abstract String getLocalizedContent();
        @JsonIgnore public abstract void setLocalizedContent(String l);
    }

    static abstract class MixInForWebSocket
    {
        @JsonIgnore public abstract String getContentCode();
        @JsonIgnore public abstract void setContentCode(String c);
        @JsonIgnore public abstract Object[] getContentArguments();
        @JsonIgnore public abstract void setContentArguments(Object[] c);
    }
}
```

新的 MixInForLogWrite 和 MixInForWebSocket 内部类是支持 Jackson Data Processor 的 Mix-In 注解特性的特殊类。方法 localizedContent 不应该被写入到聊天日志文件中，因为它是为某个特定用户进行本地化的。同样地，contentCode 和 contentArguments 不需要通过 WebSocket 连接进行传输，因为消息已经被本地化了。我们必须将该属性原本的内容传输并写入到日志中。为了添加 Mix-In 注解，首先需要在 DefaultChatService 中添加一个@PostConstruct 方法。

```
@PostConstruct
public void initialize()
```

```
{
    this.objectMapper.addMixInAnnotations(ChatMessage.class,
            ChatMessage.MixInForLogWrite.class);
}
```

现在我们可以使用静态初始化器在ChatMessageDecoderCodec的ObjectMapper中添加一个不同的Mix-In类。因为它是一个不同的ObjectMapper实例，所以它不会影响刚刚在DefaultChatService中添加的Mix-In。

```
MAPPER.addMixInAnnotations(ChatMessage.class,
        ChatMessage.MixInForWebSocket.class);
```

接下来，使用消息代码和参数而不是使用静态消息对DefaultChatService进行重构。

```
public CreateResult createSession(String user)
{
    ...
    message.setContentCode("message.chat.started.session");
    message.setContentArguments(user);
    ...
}

public JoinResult joinSession(long id, String user)
{
    ...
    message.setContentCode("message.chat.joined.session");
    message.setContentArguments(user);
    ...
}

public ChatMessage leaveSession(ChatSession session, String user,
                                ReasonForLeaving reason)
{
    ...
    if(reason == ReasonForLeaving.ERROR)
        message.setType(ChatMessage.Type.ERROR);
    message.setType(ChatMessage.Type.LEFT);
    if(reason == ReasonForLeaving.ERROR)
        message.setContentCode("message.chat.left.chat.error");
    else if(reason == ReasonForLeaving.LOGGED_OUT)
        message.setContentCode("message.chat.logged.out");
    else
        message.setContentCode("message.chat.left.chat.normal");
    message.setContentArguments(user);
    ...
}
```

此时，所有代码都可以正常编译，但终端尚未对消息进行本地化。它首先需要一个MessageSource和一个Locale：

```
private Locale locale;
private Locale otherLocale;
...
@Inject MessageSource messageSource;
```

该 locale 不能被注入，所以 ChatEndpoint.EndpointConfigurator 类的 modifyHandshake 方法将从 Spring 中获得 Locale，并将它添加到 WebSocket 会话中。

```
        config.getUserProperties().put(LOCALE_KEY,
                LocaleContextHolder.getLocale());
```

在 ChatEndpoint 的 onOpen 方法中设置区域设置。

```
    this.locale = EndpointConfigurator.getExposedLocale(session);
    ...
            this.otherWsSession = this.chatSession.getCustomer();
            this.otherLocale = EndpointConfigurator
                    .getExposedLocale(this.otherWsSession);
```

ChatEndpoint 也需要一个内部辅助方法，使本地化变得更加简单。调用该方法时，只需要一行代码就可以克隆并本地化 ChatMessage。

```
private ChatMessage cloneAndLocalize(ChatMessage message, Locale locale)
{
    message = message.clone();
    message.setLocalizedContent(this.messageSource.getMessage(
            message.getContentCode(), message.getContentArguments(), locale
    ));
    return message;
}
```

可以在内部生成的 ChatMessage 的地方进行本地化。记住你不能本地化用户生成的 ChatMessage，因为它们包含的是用户内容，而不是消息代码。

```
...
            session.getBasicRemote().sendObject(this.cloneAndLocalize(
                    result.getCreateMessage(), this.locale
            ));
...
            session.getBasicRemote().sendObject(this.cloneAndLocalize(
                    this.chatSession.getCreationMessage(), this.locale
            ));
            session.getBasicRemote().sendObject(this.cloneAndLocalize(
                    result.getJoinMessage(), this.locale
            ));
            this.otherWsSession.getBasicRemote()
                    .sendObject(this.cloneAndLocalize(
                            result.getJoinMessage(), this.otherLocale
                    ));
...
                    this.wsSession.getBasicRemote()
                            .sendObject(this.cloneAndLocalize(
                                    message, this.locale
                            ));
                    this.wsSession.close(closeReason);
...
                        this.otherWsSession.getBasicRemote()
                                .sendObject(this.cloneAndLocalize(
                                        message, this.otherLocale
```

```
                    ));
                    this.otherWsSession.close(closeReason);
```

现在客户支持应用程序的国际化就完成了，编译它，从 IDE 中启动 Tomcat，并访问 http://localhost:8080/support/。登录并浏览页面。创建、列出和查看票据，并查看会话的列表。从另一个浏览器中登录，打开一个聊天会话。完成国际化和本地化明显需要许多工作量，但 Spring Framework 提供的工具将使该工作变得非常容易。

15.5　小结

本章讲解了许多关于国际化(i18n)和本地化(L10n)的概念和实践。你现在已经见证了这些工作是多么困难，本章使用 Spring Framework 提供的工具简化了这个工作。接下来，本章使用<spring:message>、<fmt:message>、Java 字符串以及 Spring 的 MessageSource 对 JSP 视图进行了国际化处理。本章还讲解了在配置 Spring 的国际化和本地化时可用的选项，以及日志和国际化异常模式。最后，讲解了 Spring 对用户时区的支持，并了解了非西方区域设置中文本方向的复杂性。

在下一章，我们将学习 JSR 303/JSR 349 自动 bean 验证和 Hibernate 验证器。下一章内容与本章紧密相关，并且本章学习的技能和工具在下一章学习 bean 验证时也是必不可少的。

第16章 使用 JSR 349、Spring Framework 和 Hibernate Validator 执行 Bean 验证

本章内容：

- 介绍 Bean 验证
- 在 Spring Framework 容器中配置验证
- 为 bean 添加约束验证注解
- 为方法验证配置 Spring bean
- 编写自定义验证约束
- 在客户支持应用程序中集成验证

本章需要从 wrox.com 下载的代码

访问网址 http://www.wrox.com/go/projavaforwebapps 的 Download Code 选项卡，找到本章的代码下载链接。本章的代码被分成了下面几个主要的例子：

- HR-Portal 项目
- Custom-Constraints 项目
- Customer-Support-v13 项目

本章新增的 Maven 依赖

除了之前章节中引入的 Maven 依赖，本章还需要下面的 Maven 依赖：

```
<dependency>
    <groupId>javax.validation</groupId>
    <artifactId>validation-api</artifactId>
    <version>1.1.0.Final</version>
    <scope>compile</scope>
</dependency>

<dependency>
```

```
        <groupId>org.hibernate</groupId>
        <artifactId>hibernate-validator</artifactId>
        <version>5.1.0.Final</version>
        <scope>runtime</scope>
        <exclusions>
            <exclusion>
                <groupId>org.jboss.logging</groupId>
                <artifactId>jboss-logging</artifactId>
            </exclusion>
        </exclusions>
    </dependency>

    <dependency>
        <groupId>org.jboss.logging</groupId>
        <artifactId>jboss-logging</artifactId>
        <version>3.2.0.GA</version>
        <scope>runtime</scope>
    </dependency>
```

16.1　Bean 验证的概念

在大型应用程序中，许多不同类型的对象可能会以不同的方式“保存”下来。这里保存的意思并不重要；对象可以被保存在内存的集合中、通过网络连接传输到其他的系统中或者存储在数据库中。

毫无疑问，无论目标是什么，这些对象都有必须要遵守的规则。例如，一个对象代表了一个用户，那么它可能就要求在用户名字段中有一个非 null、非空的值。添加到购物车中的一个物品要求有产品 ID 和数量，并且数量必须大于 0。一封发出的邮件必须有收件人地址、主题和正文字段。添加到人力资源系统中的一个员工必须有姓和名，以及在某个日期之前的生日日期。

有时，这些业务逻辑可能会变得非常复杂。例如，一个表示电子邮件地址的属性必须匹配下面的正则表达式，这才是一个有效的 RFC 2822 地址(不过该标签仍然是不完整的，因为它忽略了非英文字符，以及域名部分的引号和括号字符)。

```
^[a-z0-9`!#$%^&*'{}?/+=|_~-]+(\.[a-z0-9`!#$%^&*'{}?/+=|_~-]+)*@
    ([a-z0-9]([a-z0-9-]*[a-z0-9])?)+(\.[a-z0-9]([a-z0-9-]*[a-z0-9])?)*$
```

当评估电子邮件地址正则表达式这样的代码被复制了多次时，在应用程序中评估这些业务逻辑可能就会变得非常麻烦和低效。至少，执行所有这些规则需要许多行代码才能实现。请考虑下面对员工实体进行验证的代码：

```
if(employee.getFirstName() == null ||
        employee.getFirstName().trim().length() == 0)
    throw new ValidationException("validate.employee.firstName");
if(employee.getLastName() == null || employee.getLastName().trim().length() == 0)
    throw new ValidationException("validate.employee.lastName");
if(employee.getGovernmentId() == null ||
        employee.getGovernmentId().trim().length() == 0)
    throw new ValidationException("validate.employee.governmentId");
if(employee.getBirthDate() == null ||
        employee.getBirthDate().isAfter(yearsAgo(18)))
```

```
        throw new ValidationException("validate.employee.birthDate");
    if(employee.getGender() == null)
        threw new ValidationException("validate.employee.gender");
    if(employee.getBadgeNumber() == null ||
            employee.getBadgeNumber().trim().length() == 0)
        throw new ValidationException("validate.employee.badgeNumber");
    if(employee.getAddress() == null || employee.getAddress().trim().length() == 0)
        throw new ValidationException("validate.employee.address");
    if(employee.getCity() == null || employee.getCity().trim().length() == 0)
        throw new ValidationException("validate.employee.city");
    if(employee.getState() == null || employee.getState().trim().length() == 0)
        throw new ValidationException("validate.employee.state");
    if(employee.getPhoneNumber() == null ||
            employee.getPhoneNumber().trim().length() == 0)
        throw new ValidationException("validate.employee.phoneNumber");
    if(employee.getEmail() == null || employee.getEmail().trim().length() == 0 ||
            !EMAIL_REGEX.matcher(employee.getEmail()).matches())
        throw new ValidationException("validate.employee.email");
    if(employee.getDepartment() == null ||
            lookupService.getDepartment(employee.getDepartment()) == null)
        throw new ValidationException("validate.employee.department");
    if(employee.getLocation() == null ||
            lookupService.getLocation(employee.getLocation()) == null)
        throw new ValidationException("validate.employee.location");
    if(employee.getPosition() == null ||
            lookupService.getPosition(employee.getPosition()) == null)
        throw new ValidationException("validate.employee.position");
    if(employee.getManager() == null && !"President".equals(employee.getPosition()))
        throw new ValidationException("validate.employee.manager");
```

你觉得厌倦了吗？我们甚至还没有开始编写保存员工的代码！该代码只是测试了是否允许保存该员工。更糟糕的是，这里的代码一次只能验证一个违规条件，这意味着你需要提交员工信息多次才能保证员工信息正确。不过，我们可以使用一个集合保存所有的错误代码，如果验证结束之后集合不为空就抛出异常，当然这也需要更多的代码。

幸亏现在我们有更简单的方法。Bean 验证是一个 Java EE API，用于自动验证在 Java bean 上声明的业务逻辑。它包含了一个元数据模型——一个注解的集合，其中为指定的类声明了业务规则——和一个使用验证工具的 API。

JSR 303 是 JavaBean Validation 1.0 最初的规范，它被添加到了 Java EE 6 平台中。Java EE 7 的 JSR 349 中添加的 JavaBean Validation 1.1 是 JSR 303 的后续版本。它包含了几个重要的改进，例如支持验证方法参数和返回值、在验证错误消息中支持统一表达式语言表达式。本书将在接下来的内容中使用 Hibernate Validator 5.1 执行 Bean 验证。

16.1.1　使用 Hibernate Validator 的原因

JSR 349 只是一个元数据模型和验证 API 的规范。应用程序中仍然需要使用该 API 的一个具体实现，用于执行实际的验证工作。Hibernate Validator 5.0 是 JSR 349 的参考实现，这意味着它兼容于该规范。另外，通常在识别和解决问题上，我们可以认为它是领先于其他实现的，因为它是 Bean 验证实现中应用最广泛的(Hibernate Validator 5.1 中包含了几个重要的改进、问题修正和性能改进，以便更好地支持 JSR 349)。

实际上，Hibernate Validator 促进了 Bean 验证标准的发展，从 Hibernate Validator 的版本号上可以清楚地看到这一点，它的版本号遥遥领先于规范的版本号。Hibernate Validator 已经创建了许多年。它最初是 Hibernate ORM 项目的一部分(本书的第III部分将进行讲解)，它将在实体被持久化到数据库时，为实体提供声明式验证。最终它变成了一个独立的项目，在多年之后发展成了 Bean 验证标准。

16.1.2　了解注解元数据模型

Bean 验证通过为字段、方法等添加注解的方式，指示如何在被标注的目标上应用特定的约束。所有保留策略是运行时(意味着注解在编译之后、运行时仍然保留在类的元数据中)并且被标注了@javax.validation.Constraint 的注解都代表了一个约束注解。该 API 中包含了几个预定义的约束注解，我们也可以创建自己的注解并提供对应的 javax.validation.ConstraintValidator 实现，用于处理自定义的注解。ConstraintValidator 负责评估特定的约束类型。该 API 没有为内建的约束定义 ConstraintValidator，因为具体的实现将决定如何处理这些内建注解。

约束注解可以被添加到字段、方法和方法参数上。添加在字段上时，它表示无论何时在该类的实例上调用验证方法，验证器都应该检查该字段是否满足约束兼容性。添加在 JavaBean 访问方法上时，它只是标注底层字段的另一种可选方式而已。在接口方法上添加注解，表示约束应该被应用到方法执行之后的返回值上。在接口的一个或多个方法参数上添加注解，意味着约束应该在方法执行之前作用于方法参数之上。

最后两种模式采用了一种称为契约式编程或 PbC 的编程方式。接口的创建者指定了一个接口应该遵守的契约，例如特定的返回值永远不能为 null 或者特定的方法参数必须遵守特定的规则。然后该接口的使用者可以依赖于该契约，该接口的实现者和使用者也都可以知道它们是否违反了契约。

将 Bean 验证注解用作 PbC 约束时，必须创建一个代理用于验证目标实现类。这就要求使用者通过某种形式依赖于接口，通过接口调用它的实现的代理。实现了 Java EE 7 的完整应用服务器都提供了(依赖)注入已通过验证的代理实现的能力。不过，在使用简单的 Servlet 容器时，例如 Tomcat，就必须提供一些其他的依赖注入解决方案。

16.1.3　使用 Spring Framework 实现 Bean 验证

明显，Spring Framework 的依赖注入是该问题的解决方案之一。Spring Framework 将自动为使用 Java Bean 验证的、由 Spring 管理的 bean 创建代理。它将拦截对添加了注解的方法的调用并进行适当的验证，检查使用者是否提供了有效的参数或者该实现的返回值是否有效。因此，在@Service 上使用 Bean 验证是相当常见的，因为它们是由 Spring 管理(在概念上)、用于处理业务逻辑的 bean。Spring Framework 也将验证任何形式的对象或者其他传入到控制器处理方法中、标注了限制注解的参数(如果参数上标注了@javax.validation.Valid 的话)。

本章将学习如何在 Spring Framework 中配置 Bean 验证，以及如何使用约束注解在 bean 上应用业务规则。本章还将讲解如何创建自定义约束注解，实现无法由内建约束满足的规则。

16.2　在 Spring Framework 容器中配置验证

在可以轻松使用任何一种验证工具之前，我们首先必须在 Spring Framework 配置中创建 Bean

验证。这并不是说，在 Spring 中配置 Bean 验证就必须使用验证器，在不使用 Spring 容器的情况下，下面的标准验证代码仍然可以正常工作：

```
ValidatorFactory factory = Validation.buildDefaultValidatorFactory();
Validator validator = factory.getValidator();
Set<ConstraintViolation<Employee>> violations = validator.validate(employee);
if(violations.size() > 0)
    throw new ConstraintViolationException(violations);
```

但我们并不希望这样使用它。这个过程最好是自动的，这也就意味着需要使用 Spring Framework 的依赖注入和代理支持。为了完成该任务，必须完成下面 4 个配置：

- 验证器
- 验证器消息的本地化
- 方法验证处理器
- Spring MVC 表单验证

在本节，我们将使用 wrox.com 代码下载站点中的 HR-Portal 项目。

注意：你可能已经注意到 Hibernate Validator 的 Maven 依赖中临时排除了 JBoss Logging API 依赖(Hibernate 使用它作为日志 API 而不是 Commons Logging)，并且单独声明了一个运行时 JBoss Logging 依赖。这是因为 hibernate-validator artifact 声明了一个不支持 Log4j 2 的 jboss-logging 版本，所以我们就需要声明一个支持 Log4j 2 的新版本。这里对旧版本的排除并不是必须的，只是为了清晰起见。

警告：在 Spring Framework 4.0 之前，Spring 对 Bean Validation 1.0 的支持只限于 Hibernate Validator 4.2 或 4.3。这是因为 Hibernate Validator 提供了一些非标准的特性，它们可用于解决特定的问题，例如集成 Spring i18n。到了 Spring 4.0 之后，任何 Bean Validation 1.1 实现都可以在 Spring 中正常工作了，因为这些特性已经在 1.1 中得到了标准化。不过，如果出于某些原因必须使用 Bean Validation 1.0 的话，那么我们仍然需要使用 Hibernate Validator。

16.2.1　配置 Spring 验证 Bean

Spring Framework 在 Bean Validation 正式出现很早之前，就已经提供了对对象自动验证的支持。org.springframework.validation.Validator 接口根据注解约束指定了验证对象的工具。这些约束和它们的应用程序最初被定义在一个单独的模块中，称为 Spring Modules Validation，它在开始支持 JSR 303 标准的贝塔测试阶段时就终止了。现在这个 Spring Validator 接口被用作了 Bean Validation API 的门面。

理解这一点非常重要，因为 Spring 的验证报告错误将使用 org.springframework.validation.Errors

接口，而不是返回一个 Set<javax.validation.ConstraintViolation<?>>。该 Errors 接口提供了对一个或多个 org.springframework.validation.ObjectError 和一个或多个 org.springframework.validation.FieldError 的访问。到今天为止，大多数情况下我们都可以使用 Spring Validator 或者 javax.validation.Validator 来满足个人的需求，但在一种特殊的情况下，我们仍然必须使用 Spring Validator 和它的 Errors。

注意：为了避免混淆，在本书中看到单词"Validator"时，除非另外指定，否则它指的就是 javax.validation.Validator。不过，如果在它之前添加了单词"Spring"变成"Spring Validator"，那么它代表的就是 org.springframework.validation.Validator。

在配置 Spring Framework 的验证支持时，需要定义一个同时实现 Validator 和 Spring Validator 的特殊类型 bean(一个继承了 org.springframework.validation.beanvalidation.SpringValidatorAdapter 的类)。在内部，该 bean 将使用 Validator 支持这两个接口的操作。可以选择使用下面的两个类：

- javax.validation.beanvalidation.CustomValidatorBean
- javax.validation.beanvalidation.LocalValidatorFactoryBean

在大多数情况下，我们需要使用 LocalValidatorFactoryBean，因为它支持获取底层的 Validator，并且支持使用应用程序的其他部分代码中用于国际化的相同 MessageSource 和资源包文件。在最简单的情况下，配置 Spring Framework 的 LocalValidatorFactoryBean 即可，只需要实例化它，并在 RootContextConfiguration 类的@Bean 方法中返回它：

```
@Bean
public LocalValidatorFactoryBean localValidatorFactoryBean()
{
    return new LocalValidatorFactoryBean();
}
```

LocalValidatorFactoryBean 将自动检测到类路径上的 Bean Validation 实现，无论是 Hibernate Validator 还是一些其他的实现，并使用它默认的 javax.validation.ValidatorFactory 作为支持工厂。不需要创建 META-INF/validation.xml 文件(通常在应用程序中使用 Bean Validation 时需要创建该文件)。不过，有时类路径上可能存在多个 Bean 验证提供者(例如，运行在一个完整的 Java EE 应用服务器时，如 GlassFish 或者 WebSphere)。在这些情况下，Spring 选择使用哪个提供者是不可预测的(甚至每次都可能改变)，所以如果希望使用指定的提供者的话，应该手动设置提供者类。

```
@Bean
public LocalValidatorFactoryBean localValidatorFactoryBean()
{
    LocalValidatorFactoryBean validator = new LocalValidatorFactoryBean();
    validator.setProviderClass(HibernateValidator.class);
    return validator;
}
```

使用这种方式唯一的一个缺点是：它要求将 Hibernate Validator 用作编译时依赖，而不是运行时依赖。这将对编译时类路径产生影响，也意味着 IDE 有时会做出你不希望看到的代码建议。通过动态加载类的方式可以避免这个问题，这当然也会有它的不利影响：任何名称上的错误都无法在编译时捕捉到。

```
@Bean
public LocalValidatorFactoryBean localValidatorFactoryBean()
        throws ClassNotFoundException
{
    LocalValidatorFactoryBean validator = new LocalValidatorFactoryBean();
    validator.setProviderClass(Class.forName(
            "org.hibernate.validator.HibernateValidator"
    ));
    return validator;
}
```

因为使用 Tomcat 时并不是必须手动设置提供者类，所以本书的样例并未这样做。

16.2.2　创建错误代码本地化

下一节我们将学习在类和实体中添加约束注解。此时还可以在每个约束中指定错误消息。当然，也可以指定错误代码。

通过使用错误代码我们可以对所使用的约束进行国际化，这样它们将在显示给用户之前进行本地化。Bean 验证中的默认国际化将使用资源包文件 ValidationMessages.properties、ValidationMessages_[language].properties、ValidationMessages_[language]_[region].properties 等。这些文件必须在类路径上(/WEB-INF/classes)。不过，在使用任意的 Bean Validation 1.1 实现时，可以通过 javax.validation.MessageInterpolator 提供自己的国际化文件(在 Bean Validation 1.1 发布之前，Hibernate Validator 4.2 和 4.3 也为插值器(interpolator)提供了非标准的支持)。无论采用哪种方式，每次激活验证器时都需要为它指定 Locale。

Spring 再次解决了这个问题，使提供自定义 MessageInterpolator 变得更加简单，还消除了由 Locale 引起的困扰。只需要在 RootContextConfiguration 中定义的 LocalValidatorFactoryBean 中设置有效的 MessageSource，就可以自动提供一个由 MessageSource 作为支持的插值器。

```
...

@Bean
public MessageSource messageSource()
{
    ReloadableResourceBundleMessageSource messageSource =
            new ReloadableResourceBundleMessageSource();
    messageSource.setCacheSeconds(-1);
    messageSource.setDefaultEncoding(StandardCharsets.UTF_8.name());
    messageSource.setBasenames(
            "/WEB-INF/i18n/titles", "/WEB-INF/i18n/messages",
            "/WEB-INF/i18n/errors", "/WEB-INF/i18n/validation"
    );
    return messageSource;
}

@Bean
public LocalValidatorFactoryBean localValidatorFactoryBean()
{
    LocalValidatorFactoryBean validator = new LocalValidatorFactoryBean();
```

```
        validator.setValidationMessageSource(this.messageSource());
        return validator;
    }

    ...
```

现在我们已经配置了使用 MessageSource 的 LocalValidatorFactoryBean，接着就可以与应用程序中其他所有本地化消息一样，创建本地化验证消息了，也可以利用 Spring 的特性处理当前用户的区域设置，这样消息将会在运行时正确地进行本地化。

16.2.3 使用方法验证 Bean 后处理器

Spring Framework 使用了 bean 后处理器的概念，通过它可以在容器完成启动过程之前配置、自定义和替换配置中的 bean(如果需要的话)。已配置的 org.springframework.beans.factory.config.BeanPostProcessor 实现将在 bean 被注入到依赖它的其他 bean 之前执行。例如：

- AutowiredAnnotationBeanPostProcessor 是配置 Spring 时自动创建的框架 bean。它负责寻找@Autowired 和@Injected 属性，并注入它们的值。
- InitDestroyAnnotationBeanPostProcessor 将负责寻找 InitializingBean 实现(或@PostConstruct 方法)和 DisposableBean 实现(或@PreDestroy 方法)，并在生命周期的适当阶段执行这些方法。
- 一些后处理器实际上能够替换指定的 bean。AsyncAnnotationBeanPostProcessor 将寻找含有@Async 方法的 bean，并使用代理替换这些 bean，这样@Async 方法就可以通过异步的方式执行。

如同之前提到的一样，大多数需要使用的后处理器都会自动创建。不过为了支持方法参数和返回值的验证，我们需要创建一个 org.springframework.validation.beanvalidation.MethodValidationPostProcessor 用于代理被验证方法的执行。因为默认 MethodValidationPostProcessor bean 将使用类路径上的验证提供者(不含 MessageSource)，所以这次可不像实例化一个 bean 一样简单。相反，我们需要在该实例中使用之前创建的 LocalValidatorFactoryBean。

```
    ...

    @Bean
    public LocalValidatorFactoryBean localValidatorFactoryBean() { ... }


    @Bean
    public MethodValidationPostProcessor methodValidationPostProcessor()
    {
        MethodValidationPostProcessor processor =
                new MethodValidationPostProcessor();
        processor.setValidator(this.localValidatorFactoryBean());
        return processor;
    }

    @Bean
    public ObjectMapper objectMapper() { ... }

    ...
```

MethodValidationPostProcessor 将寻找标注了@org.springframework.validation.annotation.Validated 或者@javax.validation.executable.ValidateOnExecution 的类，并为它们创建代理，这样被标注参数上的参数验证才可以在方法之前执行，被标注方法上的返回值验证才可以在方法执行之后执行。下面的两个小节将学习如何通过标注类方法激活该处理过程。

16.2.4　在 Spring MVC 中使用相同的验证 Bean

与刚才创建的 MethodValidationPostProcessor 不同(它使用了一个 Validator 实例)，Spring MVC 控制器表单对象和参数验证使用的是 Spring Validator 实例。它支持为期望的@Valid 参数的方法提供 Errors 参数，因为 Errors 接口比一个 ConstraintViolation 的集合更易用。幸运的是，LocalValidatorFactoryBean 同时实现了两个验证器接口，但默认 Spring MVC 将创建一个单独的 Spring Validator 实例，屏蔽在根应用上下文中创建的验证器实例。

为了修改默认的配置，只需要修改之前章节中创建的 ServletContextConfiguration 类，重写 WebMvcConfigurerAdapter 的 getValidator 方法，并返回根应用上下文中返回的验证器即可。

```
@Inject SpringValidatorAdapter validator;

...

@Override
public Validator getValidator()
{
    return this.validator;
}

...
```

完成修改之后，Spring MVC 将使用已配置的验证器验证合适的控制器处理方法参数，Spring Bean Validation 的配置现在也就完成了。

16.3　在 Bean 中添加约束验证注解

对于 Bean 验证，Spring 应用程序主要处理 bean 的两种类型：

- 像 POJO 或 JavaBean 这样的实体和表单对象，通常是方法参数或者返回类型
- 像@Controller 和@Service 这样的 Spring Bean，使用这些 POJO 作为方法参数或返回类型

这些类型的 bean 都将使用 Bean 验证约束注解，但使用的方式不同。本节将讲解如何在 POJO 中应用约束注解，下一节中将如何在 Spring Bean 中应用该注解实现验证。

16.3.1　了解内建的约束注解

尽管你随时可以创建自己的约束注解，但 Bean Validation API 中已经提供了几个内建的注解，它们可以满足大多数常见的验证需求。这些都是非常简单的约束，但在许多情况下这就是所有需要使用的约束。所有这些约束都在 javax.validation.constraints 包中。

- @Null——可以将它应用在任何类型上，用于保证被标注的目标为 null。
- @NotNull——可以将它应用在任何类型上，用于保证被标注的目标不为 null。

- @AssertTrue 和@AssertFalse——这些注解分别用于保证被标注的目标是真和假。因此，标注了它们的字段、参数或方法(返回值)的类型都必须是 boolean 或者 Boolean。一个值为 null 的 Boolean 被认为是有效的约束，如果不希望接受 null 值的话，还可以结合使用@NotNull。
- @DecimalMax——它定义了数字类型的上限(在 value 特性中指定)。它可以标注在类型为 BigDecimal、BigInteger、CharSequence (字符串)、byte、Byte、short、Short、int、Int、long 和 Long 的字段、参数和方法(返回值)上。CharSequences 将在验证之前转换为 decimal 类型，并且 null 值被认为是有效的。可选的 inclusive 特性用于指定测试是包含的(小于或等于)还是排除的(小于)，默认为包含的(真)。
- @DecimalMin——与@DecimalMax 注解相反。它的应用类型和规则都与@DecimalMax 相同。它也包含了一个 inclusive 特性。
- @Digits——可以使用它保证被标注的目标是一个可以被解析的数字(如果它是一个 CharSequence 的话)，然后测试约束的数字部分(无论它是 BigDecimal、BigInteger、CharSequence、byte、Byte、short、Short、int、Int、long 还是 Long)。必需的 integer 特性指定了整数部分(小数点之前)的最大值，而必需的 fraction 特性则指定了小数部分的最大值(在小数点之后)。一如往常，null 值被认为是有效的。
- @Future——保证 Date 或 Calendar 字段、参数或方法(返回值)是将来的某个时间点，无论是远还是近。Bean Validation 1.1 尚不支持 Java 8 日期和时间 API 类型。null 值被认为是有效的。
- @Past——保证 Date 和 Calendar 字段的值是过去的某个时间。
- @Max and @Min——和@DecimalMax and @DecimalMin 一样，但它们不支持 CharSequence 类型，并且它们没有 inclusive 特性——它们总是包含的。null 值被认为是有效的。
- @Pattern——它定义了目标 CharSequence(字符串)必须匹配的正则表达式 regexp，null 值被认为是有效的。它有一个可选的 flags 特性，可以支持一个任意 Pattern.Flag 枚举值的数组。支持的标志有：
    - CANON_EQ——启用正则等价
    - CASE_INSENSITIVE——大小写不敏感匹配
    - COMMENTS——支持在模式中使用空格和注释
    - DOTALL——启用 dotall 模式
    - MULTILINE——启用多行模式
    - UNICODE_CASE——Unicode 字符大小写不敏感
    - UNIX_LINES——启用 Unix 换行模式
- @Size——它定义了包含的最大和最小约束，用于约束 CharSequence(字符串)的长度、集合中值的数量、Map 中条目的数目或者任意类型的数组的元素数目。

16.3.2　了解常见的约束特性

如你所见，现在有许多约束可供选择。除了之前提到的特定于约束注解的特性，所有约束注解也都包含了下面的可选特性。这些特性也必须存在于我们创建的自定义约束中。

- message ——该字符串特性定义了应该显示给用户的消息。如果该消息被花括号括了起来(例如 message="{employee.firstName.notBlank}")，那么它代表这是一个需要在显示之前进行本地化的消息代码。否则，它就是一个简单的硬编码消息。默认它的值是一个消息代码，在每种约束类型中都不相同。
- groups——这是一组类，它们定义了当前约束所属的一个或多个验证组。默认该数组为空，它意味着该约束只属于默认的组。本节将会对验证组进行详细的讲解。
- payload——这是另一个类数组，这些类都必须继承了 javax.validation.Payload。Payload 为验证提供者或者评估约束的 ConstraintValidator 提供了某些类型的元数据信息。这将使 payload 无法在提供了内建约束类型(该 API 未定义 payload 的类型)的验证提供者之间进行迁移，但它在自定义约束中是非常有用的。我们可以在自定义约束中随意使用 payload，但是它们的理论使用超出了本书的范围。

最后，所有这些约束注解都定义了称为@List 的内部注解，它允许将多个该类型的约束应用到目标上。例如，可以通过@Max.List 注解在目标上标注多个@Max 约束。稍后本节关于验证组的一段内容中将会演示如何使用这些列表。

16.3.3　使用约束

为了了解这些内建约束的基本用法，请查看 HR-Portal 项目中的 Employee POJO。它是基于本章开始描述的虚拟员工验证业务逻辑实现的。

```
public class Employee
{
    private long id;

    @NotNull(message = "{validate.employee.firstName}")
    private String firstName;

    @NotNull(message = "{validate.employee.lastName}")
    private String lastName;

    private String middleName;

    @NotNull(message = "{validate.employee.governmentId}")
    private String governmentId;

    @NotNull(message = "{validate.employee.birthDate}")
    @Past(message = "{validate.employee.birthDate}")
    private Date birthDate;

    @NotNull(message = "{validate.employee.gender}")
    private Gender gender;

    @NotNull(message = "{validate.employee.badgeNumber}")
    private String badgeNumber;

    @NotNull(message = "{validate.employee.address}")
    private String address;
```

```
    @NotNull(message = "{validate.employee.city}")
    private String city;

    @NotNull(message = "{validate.employee.state}")
    private String state;

    @NotNull(message = "{validate.employee.phoneNumber}")
    private String phoneNumber;

    @NotNull(message = "{validate.employee.email}")
    @Pattern(
            regexp = "^[a-z0-9`!#$%^&*'{}?/+=|_~-]+(\\.[a-z0-9`!#$%^&*'{}?/+=" +
                    "|_~-]+)*@([a-z0-9]([a-z0-9-]*[a-z0-9])?)+(\\.[a-z0-9]" +
                    "([a-z0-9-]*[a-z0-9])?)*$",
            flags = {Pattern.Flag.CASE_INSENSITIVE},
            message = "{validate.employee.email}"
    )
    private String email;

    @NotNull(message = "{validate.employee.department}")
    private String department;

    @NotNull(message = "{validate.employee.location}")
    private String location;

    @NotNull(message = "{validate.employee.position}")
    private String position;

    // mutators and accessors
}
```

你应该会立即注意到一些事情：

- 大多数字段都被标注了@NotNull，除了 manager 和 middleName 字段。
- 之前代码中的许多字段上都没有替代 trim().length()>0 检查的代码，这很快会成为一个问题。
- 如果在许多地方使用的话，电子邮件正则表达式可能会成为麻烦。
- 只检查了 birthDate，并保证它是过去的某个时间，但并未保证员工至少超过 18 岁。因此，birthDate 一定是一个使用内建约束的遗留时间类型，你可能更希望使用 Java 8 日期类型。
- 这里并未检查员工部门、地址和位置是否存在。

通过自定义约束可以解决许多问题。不过，并不是所有的检查都适用于 Bean Validation 工具。检查部门、地址和位置是否存在需要使用到其他的业务逻辑，并可能需要查询数据库，所以像这样的任务最好留给手工验证。

注意：在本章接近结尾的地方，我们将学习如何编写自定义验证约束，满足字符串长度、日期范围和电子邮件验证等需求。不过，除了创建自定义约束我们还有其他的选项。Hibernate Validator 提供了可以使用的私有约束，但这样做会将 Hibernate Validator 绑定为永远的提供者。

另一个选项是 Bean Validation Constraint Extensions 项目(*Maven artifact* net.nicholaswilliams.java.validation:validation-api-constraint-extensions)，它提供了所有内建约束的、不允许 null 的版本，还提供了作用于电子邮件、信用卡号、IP 地址、Java 8 日期和时间、Joda Time 和其他目标的约束。因为该库只包含了一些约束，并且不是 Bean Validation 提供者，所以最好与其他提供者一起使用。

16.3.4　使用@Valid 实现递归验证

到目前为止，我们已经在字符串这样的简单字段和原始类型上标注了有效约束。但如果 bean 中包含了一个复杂字段，而它自身标注了有效约束，又该怎么处理呢？例如，请考虑下面的 bean：

```
public class Train
{
    @NotNull
    private String name;

    @NotNull
    private Station origin;

    @NotNull
    private Station destination;

    @NotNull
    private Person engineer;

    @NotNull
    private Person conductor;

    // mutators and accessors
}
```

本例中 Station 和 Person 字段都是拥有自己字段的 POJO，并且这些字段也标注了验证约束。这些嵌套的对象不会被自动验证。为了保证它们被验证，需要在这些类型的字段上标注@Valid，它表示字段、参数或方法(返回值)应该进行级联验证。

```
public class Train
{
    @NotNull
    private String name;

    @NotNull
```

```
    @Valid
    private Station origin;

    @NotNull
    @Valid
    private Station destination;

    @NotNull
    @Valid
    private Person engineer;

    @NotNull
    @Valid
    private Person conductor;

    // mutators and accessors
}
```

如果 Station 或 Person 也含有标注了@Valid 的字段，验证将递归执行。不过，验证器也会检测由循环引用引起的无限循环，当验证返回到初始对象时，它将终止字段的验证，并且不返回错误。

16.3.5　使用验证组

验证组提供了一种根据约束所属的组和当前活跃的分组，启用和禁用特定限制的方式。这非常类似于 Spring Framework 的 Bean Definition Profile。一个组由一个任意的标记接口表示。该接口不需要有任何约束或者方法，因为它们不会被使用。相反，该接口的类对象在声明约束时标志了不同的组。然后在验证时，验证器只会应用 validate、validateProperty 或 validateValue 方法调用中指定的分组类所包含的限制。

例如，请考虑一个多步骤数据录入 UI，字段已经成功地输入到了每个页面中。我们希望验证每一步中提供的字段，但可能需要将所有的数据保存在同一个表单对象中。使用分组的话，这是非常容易的：

```
public interface UiScreen1 { }

public interface UiScreen2 { }

public interface UiScreen3 { }

public class Form
{
    @NotNull(groups = UiScreen1.class)
    private String field1;

    @NotNull(groups = UiScreen2.class)
    private String field2;

    @NotNull(groups = UiScreen2.class)
    private String field3;

    @NotNull(groups = UiScreen3.class)
    private String field4;
```

```
    // mutators and accessors
}
```

然后在准备验证时，只需要在调用 Validator 时传入合适的分组类即可，它将会应用匹配这些分组的约束。如果希望在不使用已定义分组的情况下评估约束的话，还可以使用 javax.validation.groups.Default 分组。

```
// in method for step 1
Set<ConstraintViolation<Form>> violations =
    validator.validate(form, Default.class, UiScreen1.class)

// in method for step 2
Set<ConstraintViolation<Form>> violations =
    validator.validate(form, Default.class, UiScreen1.class, UiScreen2.class)

// in method for step 3
Set<ConstraintViolation<Form>> violations =
    validator.validate(form, Default.class, UiScreen1.class, UiScreen2.class,
            UiScreen3.class)
```

如果一个约束并未声明分组，那么它将被认为属于 Default 分组。同样地，如果调用 validate、validateProperty 或 validateValue 时未指定分组，那么我们将认为它会应用 Default 分组。

根据分组以不同的方式作用于相同的约束时，验证分组也是非常有用的。例如，@Size.List 和 @Size 的使用，在一个组中验证时可能要求字符串字段必须长度为 1，而在另一组中验证时可能就需要使用另一个长度。

```
public class BusinessObject
{
    @Size.List({
            @Size(min = 5, max = 100, groups = {Default.class, Group1.class}),
            @Size(min = 20, max = 75, groups = Group2.class)
    })
    private String value;

    // mutators and accessors
}
```

如往常一样，Spring 也使验证组的使用变得更加简单。除了直接访问验证器，还可以在注解中指定在验证对象时哪个分组应该是活跃的。下一节将讲解更多相关的内容。

16.3.6　在编译时检查约束合法性

Java 语言含有指定在哪个位置上使用注解的规则，通过特定注解定义上的@java.lang.annotation.Target 的 java.lang.annotation.ElementType 值指定。不过，应用验证约束的规则比原生支持的注解要更加复杂。

例如，约束注解允许在编译时使用 ElementyType.METHOD(和其他的类型)，但这忽略了一个事实：约束只可以使用在实例方法上，而不是静态方法上(ElementType 未能区分这一点)。同样地，限制只允许使用在实例字段上而不是静态字段上，但编译器也无法强制实现这一点。更重要的是：不同的限制被限制在不同的类型上(例如，不能在字符串上使用@Future)，因此需要一种方式保证使用限制的方式是正确的。

Hibernate Validator 提供了编译时注解处理器，它将与编译器挂钩，如果严格的限制应用规则未满足，那么代码将无法编译成功。这将使验证限制的使用变得更加简单，因为在编译代码的时候，我们就可以知道是否正确地使用了注解。否则，直到验证对象失败抛出 javax.annotation.ConstraintDeclarationException 异常时才能发现错误。使用注解处理器是非常简单的，在项目中添加下面的 Maven 依赖即可。

```
<dependency>
    <groupId>org.hibernate</groupId>
    <artifactId>hibernate-validator-annotation-processor</artifactId>
    <version>5.1.0.Final</version>
    <scope>compile</scope>
    <optional>true</optional>
</dependency>
```

该依赖被标记为可选的原因是：该库在运行时实际上是不需要的。只有在编译时才需要它，这样编译器才可以检测并使用它包含的注解处理器。这样做的优点是：该处理器将自动被引用到 Maven 构建和 IDE 编译中。不利的一面是：该 artifact 中的类在编译时对自己的类是可用的(从技术上讲)。这意味着 IDE 会建议使用它们(尽管我们并不需要使用它们)。

还有其他的方式可以在 Maven 和 IDE 中应用注解处理器。例如，可以在编译器插件依赖中而不是在项目依赖中添加该依赖，这将从类路径中移除它的类，但这样会强制你单独在 IDE 中创建该处理器。该技术和其他技术的学习超出了本书的范围。更多相关信息，请查询 Java 编译器、Maven 和 IDE 的文档。

16.4　为方法验证配置 Spring Bean

到目前为止，我们已经创建了支持验证的 bean，但还未编写任何验证它的代码。现在，你可能已经发现我们可以使用 Validator 的 validate、validateProperty 或 validateValue 方法验证该 bean，但我们真正需要的是：使验证自动发生，而不是直接使用 Validator。如同往常一样，Spring 会使这个任务变得简单。在创建了 MethodValidationPostProcessor 之后，我们就等于完成了一半的工作，该处理器将为需要验证方法参数和返回值的 Spring bean 创建代理。现在只需要标记 Spring bean 方法，表示哪个返回值或者参数应该被验证即可。

16.4.1　标注接口，而非实现

使用契约范例编程时，开发者将依赖于契约代码来实现特定的需求或者执行特定的操作，而无须关心这些需求是如何满足的。在 Java 中，接口被认为是实现契约编程的主要方式。第 14 章已经做了详细的讲解。我们创建了一个定义了方法的接口，用于表示实现应该完成的任务。通常，我们会使用 Javadoc 文档详细描述接口规定的契约。然后，该接口的使用者就可以随意地使用它，而不需要知道甚至不用关心实现是如何工作的。

限制注解是对编程契约的扩展。除了告诉 Validator 如何验证对象，它们也将告诉 API 的使用者类的行为。例如，一个标注了@NotNull 的方法将保证永远不会返回 null，所以在使用它的返回值之前不必检查值是否为 null。自然地，你可能希望知道在实现类上使用这些限制的优点是什么，答案

是：没有。实际上，它们可能会产生问题。

请考虑该场景：调用一个接口上的方法，它的所有参数都没有限制注解。不过，底层的实现则表示其中一个整数参数为@Max(12L)。当你调用该接口方法时，你可能会提供 15 作为值，并认为这是没有问题的，但是实现将抛出异常，因为它违反了你不知道的限制注解。因此，应该禁止在实现中为接口指定的方法添加限制注解。如果对这样的方法进行标注，那么 Validator 将在运行时抛出 ConstraintDeclarationException 异常。这是 Hibernate 验证器注解处理器便于使用的另一个原因，因为它可以在编译时检测出这样的错误。

将限制注解用于方法验证时，必须总是标注在接口上，而不是实现上。这将保证注解对程序员所依赖的契约进行扩展。如果开发者使用了提供代码完成功能的智能 IDE，那么当程序员使用每个方法时，它都将提醒他们这些额外的契约需求。

16.4.2　在方法参数上使用限制和递归验证

现在我们已经创建了 Employee 实体，接下来就需要添加一个服务用于保存和获取 Employee。下面的接口定义了这样的一个简单服务。

```
public interface EmployeeService
{
    public void saveEmployee(Employee employee);

    public Employee getEmployee(long id);

    public List<Employee> getAllEmployees();
}
```

请考虑需要应用在 getEmployee 和 saveEmployee 方法参数上的业务规则。在获取单个 Employee 时，ID 必须总是正数。为了表示这个契约，我们可以在 id 参数上标注@Min。

```
    public Employee getEmployee(
            @Min(value = 1L,
                    message = "{validate.employeeService.getEmployee.id}") long id
    );
```

这是非常简单的；Validator 将保证 ID 大于或等于 1，否则返回一个含有指定消息代码的验证错误。保存 Employee 会更加复杂一点。我们希望保证 employee 参数不为 null，但也希望对 Employee 进行验证，保证它满足自身的限制。为了完成这个任务，只需要使用@NotNull 限制和@Valid 注解实现递归验证即可。

```
    public void saveEmployee(
            @NotNull(message = "{validate.employeeService.saveEmployee}")
            @Valid Employee employee
    );
```

现在 Validator 首先将检查 Employee 是否为 null，如果它是 null，就返回一个含有指定消息代码的验证错误。如果它不为 null，Validator 将在 Employee 属性上应用之前声明的所有限制，如果 Employee 是无效的，它将返回合适的验证错误。

16.4.3　验证方法返回值

在为方法提供值时，除了保证接口的使用者遵守正确的规则，我们还希望保证实现遵守返回值的规则。EmployeeService 接口中的 getAllEmployee 方法永远不应该返回 null。如果没有可以返回的 Employee，它应该返回一个空列表。要实现该契约只需要在方法上标注@NotNull 即可。

```
@NotNull
public List<Employee> getAllEmployees();
```

注意该限制中并未提供消息代码。与方法参数限制不一样，它的状态通常由用户输入所驱动，一个返回值限制表示了一个实现问题，这是一个不可预料的问题，应该在代码中解决，而不应该由用户解决。检查型异常应该是意料之中的并且应得到优雅的处理，而非检查型异常通常会表示一个编程错误。确实我们可以为返回值限制提供消息代码，但它是不必要的。如果应用程序是正确的，那么该限制永远也不会失败，所以为它创建本地化消息只是浪费时间。

另外要注意的是：getEmployee 方法上并未标注@NotNull。这是故意的；如果员工不存在，那么使用者会希望得到一个 null 值。为了清楚地表示允许使用 null 返回值，可以创建一个@Nullable 注解，并标注出这样的方法。这样的注解不会被 Validator 强制执行(它只是表示返回值可以为 null，而不是它必须是 null)，但它将改进接口的契约。

注意： 当然，你可以在编译时使用静态代码分析器强制执行这些限制。各种不同的工具(例如 FindBugs 和 Intellij Contract Annotation)都提供了@NonNull 和@Nullable 这样的注解，以及检查这些注解并保证字节码不能违反限制(或者在使用它们之前检查@Nullable 值)的注解处理器。这样的工具可以保证在编译时你不会违反契约，并且它们可以减少可能存在的问题以及运行时 NullPointerException 和 UnsupportedOperationException 的数量。Java 8 中曾讨论过要创建一个静态代码分析使用的注解的标准集(@NonNull、@Nullable 和@Readonly)，但这并未实现。

16.4.4　表示一个类是否适用于方法验证

现在我们已经定义了接口的方法验证契约，接下来需要告诉 Spring 的 MethodValidationPostProcessor 在执行方法时应用验证。这里有多个可用的选项。可以使用标准的@ValidateOnExecution 注解或者 Spring 的@Validated 注解。每个都有自己的优点和缺点。

@ValidateOnExecution 是更加细粒度的，因为它可以在接口(应用在它所有的方法上)和每个方法上进行标注，而@Validated 只可以用在类或接口上。另一方面，我们可以在方法参数上使用@Validated，但不能在方法参数上使用@ValidateOnExecution 异常。

如果希望指定应该在方法执行时应用的验证组，可以在类上使用@javax.validation.GroupSequence 和@ValidateOnExecution。另一方面，通过@Validated 可以直接在其中指定验证组，而无须使用额外的注解，另外它可以为同一个控制器类中的不同 MVC 控制器方法参数指定不同的组(使用@ValidateOnExecution 和@GroupSequence 时不能这样做，因为@GroupSequence 只可以用在类上)。

遗憾的是，标准注解和@Validated 注解都无法为同一个非控制器类的方法参数指定不同的分组。几乎在所有的类中，@Validated 用法都是更简单的。

```
@Validated
public interface EmployeeService
{
    ...
}
```

如果只希望验证特定分组中的限制，那么可以在@Validated 注解中指定这些分组。

```
@Validated({Default.class, Group1.class})
public interface EmployeeService
{
    ...
}
```

此时应用程序需要一个 EmployeeService 的实现。下面的默认实现中充满了无操作方法，因为演示验证的工作并不需要我们真正地保存任何数据。注意，该实现缺少任何验证相关的注解。这是应有的方式，因为接口中已经包含了该契约。方法 getAllEmployee 返回的是 null，它违反了契约。本节稍后将演示这一点。

```
@Service
public class DefaultEmployeeService implements EmployeeService
{
    @Override
    public void saveEmployee(Employee employee)
    {
        // no-op
    }

    @Override
    public Employee getEmployee(long id)
    {
        return null;
    }

    @Override
    public List<Employee> getAllEmployees()
    {
        return null;
    }
}
```

16.4.5 在 Spring MVC 控制器中使用参数验证

除了验证服务、仓库和其他 bean 的方法执行，Spring 也可以验证 MVC 控制器处理方法中的指定参数。为了演示这一点，我们需要一个 EmployeeController 和 EmployeeForm。EmployeeForm 缺少了许多 Employee 中的字段，但这并没有问题。不要尝试真的创建 Employee；这里只是演示 Bean 验证而已。EmployeeForm 将同时使用@NotNull 和@Size，因为对于表单字段来说，某些浏览器会发送空白字符串，而另一些浏览器则会发送 null 值。

```
public class EmployeeForm
{
    @NotNull(message = "{validate.employee.firstName}")
    @Size(min = 1, message = "{validate.employee.firstName}")
    private String firstName;

    @NotNull(message = "{validate.employee.lastName}")
    @Size(min = 1, message = "{validate.employee.lastName}")
    private String lastName;

    private String middleName;

    // mutators and accessors
}
```

控制器包含了一个 listEmployee 处理器方法，它将响应索引请求并列出员工。如你所期待的，该请求将会失败并得到一个 ConstraintViolationException 异常，因为默认的 getAllEmployee 方法返回的是 null，这违反了契约。它还包含了一个简单的处理器方法，用于获得员工创建表单。这是标准的做法，之前已经将讲解过。

```
@Controller
public class EmployeeController
{
    @Inject EmployeeService employeeService;

    @RequestMapping(value = "/", method = RequestMethod.GET)
    public String listEmployees(Map<String, Object> model)
    {
        model.put("employees", this.employeeService.getAllEmployees());
        return "employee/list";
    }

    @RequestMapping(value = "/create", method = RequestMethod.GET)
    public String createEmployee(Map<String, Object> model)
    {
        model.put("employeeForm", new EmployeeForm());
        return "employee/create";
    }

    ...
}
```

控制器包含的最后一个方法负责处理员工创建表单的提交。它使用了一些你可能尚不熟悉的东西。首先，表单参数上标注了@Valid，它将告诉 Spring 在执行方法之前验证 EmployeeForm。通常违反限制将会导致异常的产生，但 Errors 参数的存在将告诉 Spring 把验证错误传入到方法中，而不是抛出异常，这样就可以采用优雅的方式处理它们(这只对控制器方法有用)。该方法首先将检查是否存在表单错误，如果存在错误，就将用户返回到表单视图中。然后它将把表单内容复制到 Employee 对象中，并尝试保存员工，因为员工信息不完整，所以该操作将会失败。如果检测到违反限制的情况，它将把这些异常信息设置到模型中，并返回到表单视图。

```
    @RequestMapping(value = "/create", method = RequestMethod.POST)
```

```
public ModelAndView createEmployee(Map<String, Object> model,
                                   @Valid EmployeeForm form, Errors errors)
{
    if(errors.hasErrors())
    {
        model.put("employeeForm", form);
        return new ModelAndView("employee/create");
    }

    Employee employee = new Employee();
    employee.setFirstName(form.getFirstName());
    employee.setLastName(form.getLastName());
    employee.setMiddleName(form.getMiddleName());

    try
    {
        this.employeeService.saveEmployee(employee);
    }
    catch(ConstraintViolationException e)
    {
        model.put("validationErrors", e.getConstraintViolations());
        return new ModelAndView("employee/create");
    }

    return new ModelAndView(new RedirectView("/", true, false));
}
```

16.4.6　为用户显示验证错误

该过程中可能已经显示出了一些问题：为什么要验证提交数据两次？记住：EmployeeService 封装了应用程序的核心业务逻辑。控制器只是一个在它之前的用户界面。在它之前，也可以使用其他的用户界面——例如 Web 服务或者桌面应用程序。相同的业务规则应该被平等地应用在所有用户界面上；因此，该限制也应该被应用在服务上。

那么为什么要验证表单呢？如下面的 JSP 代码所示，Spring 可以将表单验证错误和屏幕上的表单字段关联起来。这将使你可以在(例如)First Name 字段的旁边显示一个 firstName 属性相关的错误——这是一种更好的用户体验。不过，只有验证表单对象时才可以这样使用，所以必须使用验证表单对象。为了捕捉表单验证中忽略的或者只可以应用在业务逻辑中的错误(例如测试部门是否存在)，也必须验证业务层的对象，并通过某种优雅的方式向用户显示出非表单验证错误。下面的代码片段显示出了/WEB-INF/jsp/view/employee/create.jsp 文件的一部分，它将显示出这些类型的错误。

```
<h2><spring:message code="title.create.employee" /></h2>
<c:if test="${validationErrors != null}"><div class="errors">
    <ul>
        <c:forEach items="${validationErrors}" var="error">
            <li><c:out value="${error.message}" /></li>
        </c:forEach>
    </ul>
</div></c:if>
<form:form method="post" modelAttribute="employeeForm">
    <form:label path="firstName"><spring:message code="form.first.name" />
    </form:label><br />
```

```
        <form:input path="firstName" /><br />
        <form:errors path="firstName" cssClass="errors" /><br />

        <form:label path="middleName">
            <spring:message code="form.middle.name" />
        </form:label><br />
        <form:input path="middleName" /><br />
        <form:errors path="middleName" cssClass="errors" /><br />

        <form:label path="lastName"><spring:message code="form.last.name" />
        </form:label><br />
        <form:input path="lastName" /><br />
        <form:errors path="lastName" cssClass="errors" /><br />

        <input type="submit" value="Submit" />
    </form:form>
```

现在用户界面已经就绪，下面该测试 Bean 验证了：

(1) 编译应用程序并在 IDE 中启动 Tomcat。

(2) 在浏览器中访问 http://localhost:8080/portal/，页面中应该立即显示出一个 HTTP 500 错误，错误信息为 ConstraintViolationException。这是意料中的行为，它意味着 Bean 验证已经在正常工作，因为 DefaultEmployeeService 的 getAllEmployees 方法返回了非法的 null 值。

(3) 现在访问 http://localhost:8080/portal/create，页面中应该显示出员工创建表单。

(4) 不填写任何字段，提交表单。界面应该如图 16-1 所示，First Name 和 Last Name 字段下方都显示出了错误消息。这意味着表单对象未通过验证，因为我们并未提供这些值。

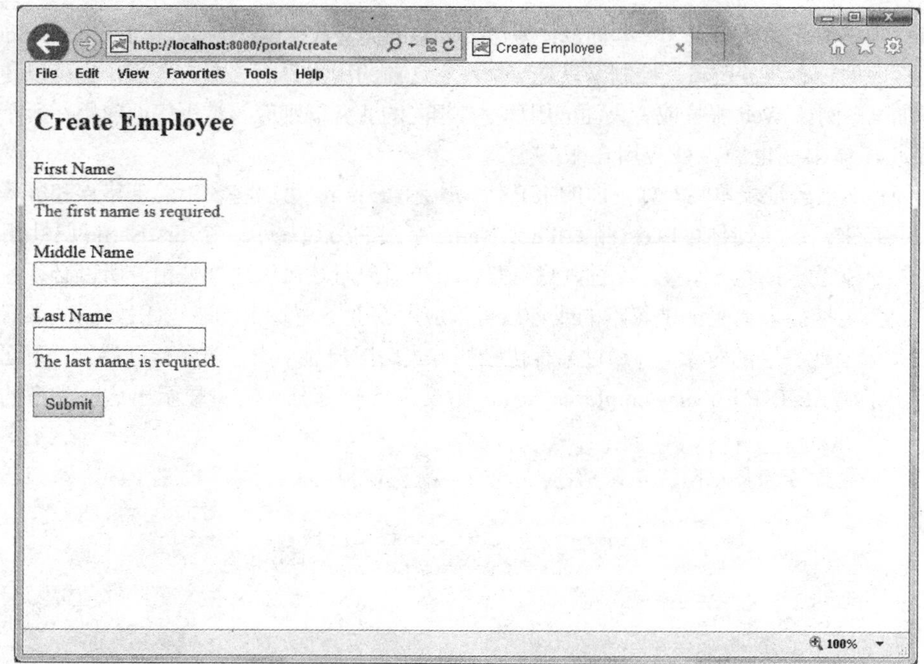

图 16-1

(5) 填充这些字段并再次提交表单。现在你应该看到一组不同的错误，如图 16-2 所示。这些错误是 Bean 验证拦截 EmployeeService 的 saveEmployee 方法时得到的错误，它保证了 Employee 必须满足所有的业务规则。

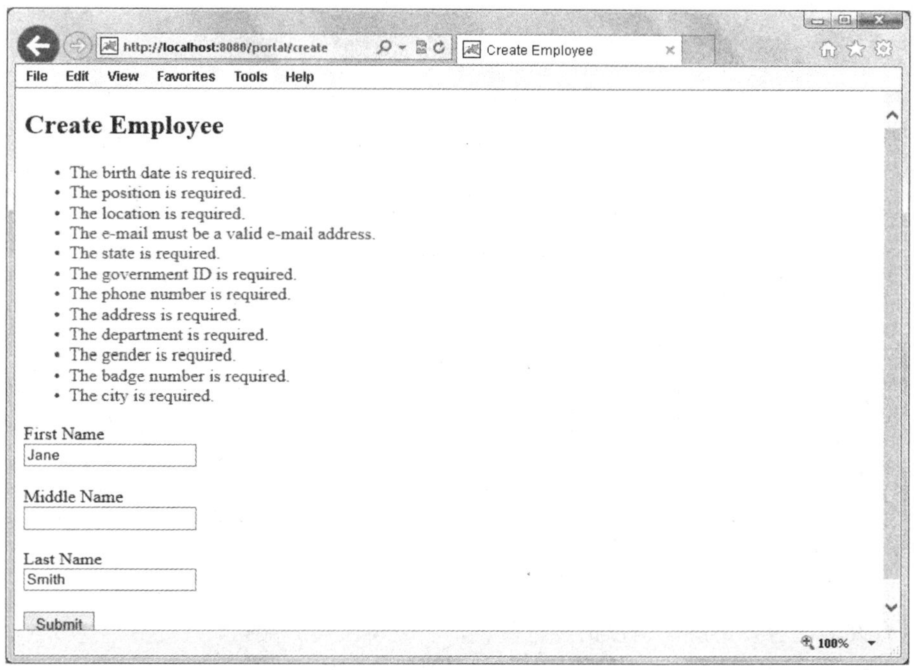

图　16-2

16.5　编写自己的验证约束

到现在，你可能已经注意到了，应用程序中可以使用一些自定义约束。例如，在 Employee 中使用@NotNull 并不足以检测到空白字符串。EmployeeForm 将使用@NotNull 和@Size，但它仍然无法检测到只有空白的字符串。此时真正需要的是一个@NotBlank 限制。此外，如果需要使用电子邮件正则表达式多次的话，它会变得麻烦，而使用@Email 限制可以帮助解决这个问题。

幸运的是，在 Bean 验证中编写自定义限制是非常简单的。wrox.com 代码下载站点中的 Custom-Constraints 项目是对 HR-Portal 项目的扩展，它添加了自定义限制@com.wrox.site.validation.NotBlank 和@com.wrox.site.validation。现在首先从@Email 限制开始讲解，因为它更简单。

16.5.1　在自定义限制中继承其他限制

在 Bean 验证中，限制可以继承另一个限制。当然，这与类的继承可不相同，因为注解是不能继承的。不过，根据惯例，限制注解通常包含了一个目标 ElementType.ANNOTATION_TYPE。在定位到限制注解时，Validator 将决定注解定义上是否标注了任何其他的限制。如果是这样的，它将把所有的额外限制和原始限制(如果有的话)中定义的逻辑合并成一个复合限制。在这种情况下，限制继承了它被标注的所有限制。如果出于某个原因需要创建一个不能被继承的限制，那么只需要在定义中忽略 ElementType.ANNOTATION_TYPE 即可。请先记住这些，再查看@Email 定义。

```
@Target({ElementType.METHOD, ElementType.FIELD, ElementType.ANNOTATION_TYPE,
```

```
        ElementType.CONSTRUCTOR, ElementType.PARAMETER})
@Retention(RetentionPolicy.RUNTIME)
@Documented
@Constraint(validatedBy = {})
@Pattern(regexp = "^[a-z0-9`!#$%^&*'{}?/+=|_~-]+(\\.[a-z0-9`!#$%^&*'{}?/+=|" +
        "_~-]+)*@([a-z0-9]([a-z0-9-]*[a-z0-9])?)+(\\.[a-z0-9]" +
        "([a-z0-9-]*[a-z0-9])?)*$", flags = {Pattern.Flag.CASE_INSENSITIVE})
@ReportAsSingleViolation
public @interface Email
{
    String message() default "{com.wrox.site.validation.Email.message}";

    Class<?>[] groups() default {};

    Class<? extends Payload>[] payload() default {};

    @Target({ElementType.METHOD, ElementType.FIELD, ElementType.ANNOTATION_TYPE,
            ElementType.CONSTRUCTOR, ElementType.PARAMETER})
    @Retention(RetentionPolicy.RUNTIME)
    @Documented
    static @interface List {
        Email[] value();
    }
}
```

这里有许多内容要讲解，所以请逐行阅读，首先从注解开始：

- @Target——它表示可以应用注解的语言特性。它的值是非常标准的，应该在大多数限制中使用。
- @Retention——表示注解必须保留到运行时。否则，Bean 验证将无法检测到它。
- @Documented——这意味着标记了该注解的目标 Javadoc 应该显示它的存在。在 IDE 中编程时这尤其有用，因为它使契约变得更加可见。
- @Constraint——它是必需的：它表示了当前注解是一个 Bean 验证限制，所以所有的限制定义都必须标记上它。没有它，限制将被忽略掉。@Constraint 也表示 ConstraintValidator 的实现将负责验证该限制。不过，在这种情况下，ConstraintValidator 不是必需的。
- @Pattern——这是另一个限制，它表示该限制将继承@Pattern 中声明的限制。这与之前看到的正则表达式相同，但现在我们不需要在所有使用到它的地方复制该表达式。相反，只可以使用@Email 注解。
- @ReportAsSingleViolation——表示复合限制应该被认为是一个限制，应该使用@Email 的消息替代@Pattern 的消息。创建一个继承其他限制的限制，但不使用@ReportAsSingleViolation 是非常罕见的。

注解中有 3 个特性：message、groups 和 payload。这些是所有限制中必须存在的标准特性。使用@Email 时，没有其中一个或多个特性将会导致 ConstraintDefinitionException 异常。如同所有的 Bean 验证列表注解一样，@Email.List 内部注解定义了在目标上指定多个@Email 限制的一种方式。

16.5.2　创建限制验证器

限制@NotBlank 看起来与@Email 几乎一致。大多数情况下，它们有着相同的注解、属性和特性。但是它被标注了@NotNull，而不是@Pattern。在这种情况下，@NotBlank 应该意味着非 null。所以继承@NotNull 限制可以实现该目的(如果需要定义可以为 null 但不能为空字符串的目标，那么可以从该注解中移除@NotNull)。

```
@Target({ElementType.METHOD, ElementType.FIELD, ElementType.ANNOTATION_TYPE,
        ElementType.CONSTRUCTOR, ElementType.PARAMETER})
@Retention(RetentionPolicy.RUNTIME)
@Documented
@Constraint(validatedBy = {NotBlankValidator.class})
@NotNull
@ReportAsSingleViolation
public @interface NotBlank
{
    String message() default "{com.wrox.site.validation.NotBlank.message}";

    Class<?>[] groups() default {};

    Class<? extends Payload>[] payload() default {};

    @Target({ElementType.METHOD, ElementType.FIELD, ElementType.ANNOTATION_TYPE,
            ElementType.CONSTRUCTOR, ElementType.PARAMETER})
    @Retention(RetentionPolicy.RUNTIME)
    @Documented
    static @interface List {
        NotBlank[] value();
    }
}
```

不过，与@Email 不同，它不能继承@NotNull 的所有功能。它需要一个 ConstraintValidator 测试值是否为空白。下面的 NotBlankValidator 类声明在@NotBlank 注解上的@Constraint 注解中，从而实现了这一点。

```
public class NotBlankValidator
        implements ConstraintValidator<NotBlank, CharSequence>
{
    @Override
    public void initialize(NotBlank annotation)
    {

    }

    @Override
    public boolean isValid(CharSequence value, ConstraintValidatorContext context)
    {
        if(value instanceof String)
            return ((String) value).trim().length() > 0;
        return value.toString().trim().length() > 0;
    }
}
```

添加了两个新的限制之后，请查看 Employee 和 EmployeeForm POJO。它们都使用@NotBlank 替换了几乎全部的@NotNull 限制，并且 EmployeeForm 也不再使用@Size。Employee 中 email 字段

使用的注解变成了@Email，EmployeeForm 中添加了一个类似的 email 字段，这样我们就可以看到实际的电子邮件验证操作。

```
@NotNull(message = "{validate.employee.email}")
@Email(message = "{validate.employee.email}")
private String email;
```

另外，employee/create 视图 JSP 中也添加了一个电子邮件表单字段。接下来让我们开始测试：

(1) 编译并启动应用程序，在浏览器中访问 http://localhost:8080/portal/create。

(2) 不填写任何字段，提交表单，你应该看到@NotBlank 限制正常工作了。

(3) 现在在所有的字段中都输入数据，但在 Email Address 字段中输入一个无效的电子邮件地址，例如使用一个不含@字符的地址。

(4) 再次提交表单，Email Address 字段仍然显示出了错误，因为该值不是一个有效的电子邮件地址。

(5) 输入一个有效的电子邮件地址并再次提交表单，此次通过了表单验证，但显示出了业务层的验证错误。

16.5.3 了解限制验证器的生命周期

当然，@NotBlank 和它的 NotBlankValidator 是非常简单的。根据限制类型、值类型和可用的限制特性，可以在该验证器中执行许多高级任务。为了了解可以执行的任务，首先需要了解 ConstraintValidator 的生命周期。

当 Validator 遇到字段、参数、其他限制等上面标注的限制注解时，它将首先检查限制上是否标注了其他限制。如果有，它将首先处理这些限制。接下来，它将检查限制是否有任何已定义的 ConstraintValidator。如果没有，它将查找与目标类型最匹配的 ConstraintValidator。例如，可以创建一个支持 CharSequence、int 和 Integer 的限制。这样的限制可能会需要两个不同的 ConstraintValidator：

```
public class IntValidator
        implements ConstraintValidator<MyConstraint, Integer> { ... }

public class StringValidator
        implements ConstraintValidator<MyConstraint, CharSequence> { ... }

@Constraint(validatedBy = {IntValidator.class, StringValidator.class})
...
```

在 Validator 找到匹配的 ConstraintValidator 之后，它将实例化并调用 ConstraintValidator 的 initialize 方法。该方法将在每次使用限制时调用。如果一个类中有 10 个字段，其中有 5 个使用了你的限制，那么 Validator 就会构造和初始化 5 个 ConstraintValidator 实例。这些实例将被缓存和重用，对于指定的字段来说每次使用的都是同样的实例。方法 initialize 将使代码可以从一个用于特定目的的注解实例中获得值(例如@Size 注解的 min 和 max 特性)。通过这种方式，可以决定限制如何只验证目标值一次，使 isValid 方法的执行更加高效。只有在 initialize 方法返回之后，Validator 才会调用 isValid，然后它将依次在每个字段、参数或者其他目标上调用 isValid 验证它们是否合法。

了解了这些知识之后，我们可以在自定义限制中实现一些非常复杂的任务。例如，可以创建一个限制，只应用于特定的类型，而不是字段或参数，并通过它应用一些业务规则，该规则需要考虑注解类型的多个字段。可用的方式非常多，但这超出了本书的范围。Hibernate Validator 参考文档和 JSR 349 规范中都含有大量关于如何创建自定义验证器的信息。你也可以查看本章之前在注意中提到的 Bean ValidationConstraint Extensions 项目源代码。

16.6 在客户支持应用程序中集成验证

wrox.com 代码下载站点中可用的 Customer-Support-v13 项目详细地演示了如何集成 Bean Validation 1.1。它所用到的都是本章讲解过的知识，但它是一个更稳定的应用程序，在表单、POJO 和 bean 上都使用了业务逻辑验证。现在 TicketController.TicketForm 和 AuthenticationController.LoginForm 对象将使用限制注解保证表单字段不为空，控制器中对应的提交方法将使用 Errors 对象和 ConstraintViolationException 检测并将错误报告给用户。

```
@RequestMapping(value = "create", method = RequestMethod.POST)
public ModelAndView create(Principal principal, @Valid TicketForm form,
                           Errors errors, Map<String, Object> model)
        throws IOException
{
    if(errors.hasErrors())
        return new ModelAndView("ticket/add");
    ...
    try
    {
        this.ticketService.save(ticket);
    }
    catch(ConstraintViolationException e)
    {
        model.put("validationErrors", e.getConstraintViolations());
        return new ModelAndView("ticket/add");
    }
    ...
}

@RequestMapping(value = "login", method = RequestMethod.POST)
public ModelAndView login(Map<String, Object> model, HttpSession session,
                          HttpServletRequest request, @Valid LoginForm form,
                          Errors errors)
{
    if(UserPrincipal.getPrincipal(session) != null)
        return this.getTicketRedirect();

    if(errors.hasErrors())
    {
        form.setPassword(null);
        return new ModelAndView("login");
    }

    Principal principal;
    try
    {
        principal = this.authenticationService.authenticate(
```

```
                form.getUsername(), form.getPassword()
        );
    }
    catch(ConstraintViolationException e)
    {
        form.setPassword(null);
        model.put("validationErrors", e.getConstraintViolations());
        return new ModelAndView("login");
    }
    ...
}
```

要注意一件有意思的事：Attachment 上应用了限制，用于保证名字和内容类型不为空，并且附件内容至少要包含一个字节。而 Ticket 中的附件列表将使用@Valid 注解为票据的所有附件执行递归验证。

```
public class Attachment
{
    @NotBlank(message = "{validate.attachment.name}")
    private String name;

    @NotBlank(message = "{validate.attachment.mimeContentType}")
    private String mimeContentType;

    @Size(min = 1, message = "{validate.attachment.contents}")
    private byte[] contents;

    // mutators and accessors
}

public class Ticket
{
    // other fields

    @Valid
    private Map<String, Attachment> attachments = new LinkedHashMap<>();

    // mutators and accessors
}
```

为了确保 Ticket 在保存之前是有效的，TicketService 被标注了@Validated，并在所有的方法上都包含了限制，用于强制执行接口的契约。

```
@Validated
public interface TicketService
{
    @NotNull
    List<Ticket> getAllTickets();
    Ticket getTicket(
            @Min(value = 1L, message = "{validate.ticketService.getTicket.id}")
                long id
    );
    void save(@NotNull(message = "{validate.ticketService.save.ticket}")
            @Valid Ticket ticket);
```

```
}
```

同样地，AuthenticationService 也标注了@Validated 限制，用于保证用户名和密码不为空。

```
@Validated
public interface AuthenticationService
{
    Principal authenticate(
            @NotBlank(message = "{validate.authenticate.username}")
                String username,
            @NotBlank(message = "{validate.authenticate.password}")
                String password
    );
}
```

完成了这些注意事项后，编译项目，从 IDE 中启动 Tomcat，并在浏览器中访问 http://localhost:8080/support/。你应该注意到验证已经在登录界面和票据生成界面正常工作了，而且我们仍然可以登录和创建票据。

16.7　小结

本章讲解了 Bean Validation 1.1(JSR 349，它替代了 JSR 303)、HibernateValidator 5.1，并讲解了在 Spring Framework 中如何使用 Bean Validation 和 Hibernate Validator。另外，本章也讲解了在 Spring 容器中配置 Bean Validation 的各种不同方式，并为希望验证的 POJO 和表单对象添加了限制注解。它讲解了如何使用 Spring bean 执行自动方法验证，并触发 Spring MVC 控制器处理方法的表单验证。最后，本章实验了自定义限制的创建，并讲解了许多可以通过自定义 Bean 验证限制完成的任务。

下一章我们将学习如何将 Spring MVC 控制器用作 RESTful Web 服务，并学习许多相关的技术，包括错误处理和 HTTP 响应状态码。

第17章 创建 RESTful 和 SOAP Web 服务

本章内容：

- Web 服务的定义
- 使用 Spring MVC 配置 RESTful Web 服务
- 测试 Web 服务终端
- 使用 Spring Web Service 实现 SOAP

本章需要从 wrox.com 下载的代码

访问网址 http://www.wrox.com/go/projavaforwebapps 的 Download Code 选项卡，找到本章的代码下载链接。本章的代码被分成了下面几个主要的例子：

- Web-Service 项目
- Customer-Support-v14 项目

本章新增的 Maven 依赖

除了之前章节中引入的 Maven 依赖，本章还需要下面的 Maven 依赖：

```
<dependency>
    <groupId>org.springframework</groupId>
    <artifactId>spring-aop</artifactId>
    <version>4.0.2.RELEASE</version>
    <scope>compile</scope>
</dependency>
```

17.1 了解 Web 服务

如果你尚未添加 Web 服务的话，那么为应用程序创建 Web 服务将是一个不可避免的任务。这是因为 Web 服务为非人类客户端提供了一种与 Web 应用程序交互的方式。通常也有人类与 Web 服务客户端交互，但此时这并不重要。本章不会创建一个使用 Web 服务的客户端——只是创建 Web 服务(在第 28 章的 28.3.2 中将使用 Spring Framework 工具创建一个 Web 服务客户端)。

通常创建 Web 服务的原因是：我们需要为非人类客户端提供一种方式，让它们通过这种方式以编程的方式使用、甚至是发现 Web 应用程序的资源。随着移动应用程序变得越来越流行，而传统桌面浏览器的体验方式则不断衰退，这一点变得越来越重要。移动应用程序倾向于依赖 Web 应用程序执行它们的主要任务，只在移动设备上提供用户界面。这将使拥有许多设备(移动设备或者其他的)的人可以在设备之间共享体验。

今天，许多应用程序开发者都倾向于专门创建 Web 服务，并编写一个单页面的 JavaScript 应用程序直接与这些 Web 服务进行交互。这种模型最终变成了一种规则，而不是例外，因为它意味着应用程序开发者只需要花费很少的时间进行开发，并给予用户界面开发者更大的权利创建出一个跨平台的优雅应用程序。

传统的 Web 服务开发者——思考这个概念并发明了支持 Web 服务的技术的先驱们——将会告诉你只有一种 Web 服务：SOAP。任何其他的技术(例如 RESTful)可能有自己的优点，但它们在技术上讲并不是 Web 服务。确实，万维网联盟(W3C)在网址 http://www.w3.org/TR/2004/NOTE-ws-gloss-20040211/#webservice 中对 Web 服务进行了描述：

> Web 服务是一个设计用于支持通过网络在机器与机器之间进行交互的软件系统。它有一个描述接口，通过机器可以处理的格式(尤其是 WSDL)进行描述。其他系统将通过 SOAP 消息中规定的通信方式与 Web 服务进行交互，通常使用 HTTP 加上 XML 序列化并结合其他 Web 相关标准进行传输。

本书不会讨论调用还是不调用某种技术 Web 服务的优缺点。相反，它将遵循 W3C 引文中第一句话的精神。对于本书而言，Web 服务是任意一个支持通过计算机网络在机器与机器之间进行交互的软件系统，并且使用的是一种可共同操作、机器可处理的协议和格式。它包括 SOAP 和 RESTful Web 服务以及其他 Web 服务技术。本章将学习如何在 Spring Framework 中创建 SOAP 和 RESTful Web 服务。因为整本书都会对这两种 Web 服务技术进行讲解，所以这里只会对它们的概念进行介绍。

17.1.1　最初的 SOAP

SOAP 源自于简单对象访问协议(*Simple Object Access Protocol*)，它是一种使用 XML 消息形式结构化数据在机器与机器之间进行交互的协议。在该协议的 1.2 版本中(首次被 W3C 采用)，该缩写被抛弃了，单词 SOAP 只代表它自己。当然在通常的概念中，SOAP 并不真的是 Web 服务的开始，因为其他的技术在 SOAP 之前已经存在了很长时间，例如 XML-RPC。不过，SOAP 的采用通常被认为是一个转折点，此时 Web 服务开始在企业中变得更加流行。

SOAP 有 3 个特点使它变得流行：

- 可扩展，因为它易于在基础协议中添加其他的特性，例如安全。
- 中立的，使用哪种传输机制都没有关系——使用 HTTP、JMS、AMQP、SMTP、TCP 和其他技术都是可以的。
- 独立的，因为 SOAP 不依赖于或者支持特定的编程模型。

不过，SOAP 确实鼓励使用契约优先设计的开发概念。Web 服务描述语言(WSDL，*Web Services Descriptive Language*)技术定义了一种创建契约的方式，用户应该注意并且 Web 服务也承诺遵守该契约。它在特定的位置定义了可用的 Web 服务地址，以及这些 Web 服务中使用的请求和响应的数据格式。通常我们使用 XSD(有时被引用为 XML 模式定义：*XML Schema Definition*)编写契约，一般在编写 Web 服务之前创建它，而创建出的 Web 服务应该遵守该契约。这类似于测试驱动开发——在编写应用程序之前编写单元和应用测试，然后编写出的代码应该能够通过测试——与契约后行设计形成了鲜明对比，这种方式将先创建 Web 服务，后编写匹配它的契约。

契约优先设计有它的优点，当然它也是清晰定义用户的需求和编写符合需求应用程序的最好方式(而不是先编写应用程序，后分析如何满足用户的需求)。但清晰地定义用户需求和编写 WSDL 是两个不同的事情，通常我们将以普通的人类语言显式地定义契约，编写满足需求的 Web 服务代码，然后使用 XML 工具自动生成非常复杂的 WSDL 文档，这种方式更简单。本书将采用这种方式，避免手动编写 WSDL 文件。

SOAP 不是一个简单的协议。每个 SOAP 消息由一个称为 SOAP 信封的根元素作为开头。所有关于消息的信息将被包含在该信封中。信封有一个可选的 SOAP 头元素(不要与 HTTP 头混淆)，用于包含特定于应用程序的信息，例如认证细节。在信息中还有一个必要的 SOAP 体元素，它包含了指令和请求或响应的数据。最后，响应的信封也可以有一个可选的 SOAP *Fault* 元素，用于描述处理请求时发生的错误。

所有这些元素的细节主要由 WSDL 定义。编写和处理 WSDL 文档有时可能是非常复杂和麻烦的任务，将它集成到处理过程中时自动化程度越高越好。更糟糕的是，XML 是已知的最冗长和消耗带宽和处理器的数据格式。SOAP 可能是非常有用的和强大的，但幸亏它不是唯一的选项。

17.1.2　RESTful Web 服务提供了一种更简单的方式

表述性状态转移(REST，*Representational State Transfer*)是一个 Web 服务概念，它在许多方面都非常类似于 SOAP。REST 架构由服务器和客户端组成。客户端通过操作(向服务器发送请求获得或者改变资源的状态)和服务器(处理请求并返回合适的资源)实现状态转移。资源可以是任意可以被客户端和服务器理解的逻辑概念，它将使用一种协商好的表示形式进行传输。REST 并不依赖或者指定资源类型或表示。资源可以是任意类型的数据(可想象的)。它们的表示形式可以是普通文本、HTML、XML、YAML、JSON、二进制数据或者任何可被客户端和服务器理解的任何其他格式。REST 系统使用 URL、动词和媒体类型进行操作，其中 URL 表示资源类型，动词表示在资源上执行的操作，媒体类型(MIME 类型)表示请求和响应中资源的表示。如果此时你想到了 HTTP 和万维网，这是非常正常的，并不是巧合。Roy Fielding 是 HTTP 1.0 和 1.1 的作者之一，作为 2000 年博士论文的一部分，他定义了表述性状态转移。由于万维网本身的特点，它其实就是现存的最大 REST 系统。

RESTful Web 服务背后的主要原则是：在资源上不需要执行太多重要操作。这些过程通常被引用为 CRUD 操作：创建、读取、更新和删除。HTTP 规范中指定的方法可以轻松地映射到这些动词：POST、GET、PUT 和 DELETE。SOAP 将使用信封元素描述要执行的操作(执行的方法)，而 REST 依赖于 HTTP 协议提供信封的内容。SOAP 也将使用信封识别将要操作的资源，而 REST 依赖于 HTTP URL。

在 RESTful Web 服务中，Content-Type 请求头将通知服务器请求正文的表示，Accept 头或者文件扩展名将请求一个特定的响应表示，Content-Type 头将通知客户端响应正文的表示。

了解了该信息之后，下面我们将开始了解每种协议的优点和缺点。RESTful Web 服务被绑定到了 HTTP 上，而 SOAP 是协议独立的，所以明显 SOAP 更胜一筹。尽管我们不可能在不使用 HTTP 的情况下创建出 RESTful Web 服务，但记住：RESTful Web 服务是一个基于 REST 协议构建的 Web

服务。所以创建一个非 HTTP RESTful Web 服务将涉及使用 URL、动词和媒体类型创建一个 REST 协议，这类似于 HTTP，它可以作为请求和响应的信封。此时也可以使用 HTTP。RESTful Web 服务是完全独立的数据格式，在这一点上 SOAP 就没有什么可炫耀的了；它要求使用 XML。在使用 HTTP 时，SOAP 会产生冗余，因为它实际上是一个信封中的信封。信封元素重复提供了可以由 URL 和 HTTP 方法提供的功能(它必须这样做才能保持协议中立)。

RESTful Web 服务的一个关键优点是：不需要使用 WSDL。不过，这并不意味着 RESTful Web 服务是契约后行的。它们可以如同 SOAP 一样契约先行，但该契约是使用普通语言文档和免费可用的公共 API 而不是复杂的 XSD 定义的。

某些 RESTful Web 服务提供者仍然会为它们的 RESTful Web 服务(基于 XML 或者 JSON)发布 XML 模式(XSD)或者 JSON 模式文档，这也可以帮助定义契约。出于这个原因和许多其他原因，REST 变成了主要的 Web 服务架构，软件框架对 REST 的采用和提供的支持都超过了 SOAP。例如，Spring Framework 将在 MVC 框架中直接支持 REST，但对于 SOAP Web 服务，必须使用单独的 Spring Web Services 项目。本章将主要使用 Spring 创建 RESTful Web 服务，不过本章的末尾部分将会讲解如何使用 Spring Web Services 创建 SOAP Web 服务。

1. 了解发现机制

RESTful Web 服务的另一个重要特性是它们的发现机制。结合使用 URL 和(有时)OPTIONS HTTP 方法，客户端可以在不访问契约的情况下发现 Web 服务中可用的资源，然后发现每个资源的可用操作。尽管现在许多 RESTful Web 服务提供者都还不提供发现机制，但它是 REST 结构的核心原则。万维网是自动可发现的。作为一个用户，我们可以打开 Web 浏览器并访问任意的主页。从主页中可以使用超链接在网站中发现其他页面。单击超链接将访问一个新的页面，它也可以有自己的超链接。通过这种方式，在对网站内容没有任何了解的情况下，我们也可以找到其中的资源，并以某种方式与这些资源进行交互。

在正式的 REST 应用架构中有着相同的限制。REST 客户端应该能够在对 Web 服务中可用资源没有任何了解的情况下使用 RESTful Web 服务。该概念被称为超媒体，即应用状态引擎(*HATEOAS: Hypermedia as the Engine of Application State*)，它将结合使用超文本(XML、YAML、JSON 或者选择任意格式)与超链接，通知客户端当前 Web 服务的结构。例如，一个 Web 服务请求和响应的基本 URL 将使用的 GET 操作类似于下面的内容：

```
> GET /services/Rest/ HTTP/1.1
> Accept: application/json

< 200 OK
< Content-Type: application/hal+json
<
< {
<    "_links": {
<        "self": { "href": "http://example.net/services/Rest" },
<        "account": { "href": "http://example.net/services/Rest/account" },
<        "order": { "href": "http://example.net/services/Rest/order" }
<    }
< }
```

获得了该数据之后，客户端现在就知道 Web 服务上有哪些可用的资源。如果它希望进一步浏览账户，那么有几个选择。首先，它可以简单地使用一个 GET 请求访问资源。这被称为集合请求或者对集合 URI 的请求，它将返回该类型可用的所有资源。

```
> GET /services/Rest/account HTTP/1.1
> Accept: application/json

< 200 OK
< Content-Type: application/json
<
< {
<     "value": [
<         {
<             "id": 1075,
<             "name": "John Smith",
<             ...
<         }, {
<             "id": 1076,
<             "name": "Adam Green",
<             ...
<         }
<     ]
< }
```

这样做有几个缺点。首先，该集合可能非常大——甚至是巨大的。请想象一下：如果要让 Amazon.com 的 Web 服务返回所有产品的话，你很快就明白这个问题。最明显的解决方案就是将资源分页，在大多数情况下我们都可以要求使用分页技术避免这个噩梦一样的情景(在响应中发送大量数据)(下一节在实现 Spring REST 控制器时，将会讲解分页的更多细节)。另一个问题是：该列表中包含的是资源数据，而不是资源的链接。一种可采用的方式是返回链接的列表，但这样做会使集合请求(为向终端用户展示资源列表而发出的)变得无用。出于这个原因，许多 Web 服务都在集合响应中结合使用了属性和链接。

为了详细浏览账户资源，客户可以采用另一个操作：使用 OPTIONS 请求访问资源。

```
> OPTIONS /services/Rest/account HTTP/1.1
> Accept: application/json

< 200 OK
< Allow: OPTIONS,HEAD,GET,POST,PUT,PATCH,DELETE
<
< {
<     "GET": {
<         "description": "Get a resource or resources",
<         "resourceTemplate": "http://example.net/services/Rest/account/{id}",
<         "parameters": {
<             "$select": {
<                 "type": "array/string",
<                 "description": "The properties to be returned for each resource.",
<             },
<             "$filter" ...
<         }
<     },
```

```
<    "POST" ...
< }
```

OPTIONS 响应可以是特别强大的。它不仅可以告诉客户端某个资源类型可用的操作，还可以根据客户端的权限进行过滤。例如，如果客户端有权限查看，但不能创建、更新或者删除，那么 Allow 响应头的值将只有 OPTIONS、HEAD、GET。另外，根据许多不同因素(包括权限)的影响，不同资源上的可用操作也是不同的，下面的两个请求和它们的响应演示了这一点：

```
> OPTIONS /services/Rest/account/1075 HTTP/1.1
> Accept: application/json

< 200 OK
< Allow: OPTIONS,HEAD,GET,PUT,PATCH,DELETE
< ...

> OPTIONS /services/Rest/account/1076 HTTP/1.1
> Accept: application/json

< 200 OK
< Allow: OPTIONS,HEAD,GET
< ...
```

RESTful Web 服务的发现机制的主要问题是：发现响应的内容没有一个一致的标准。第一个例子中的链接响应是超文本应用语言(Hypertext Application Language，HAL)的 JSON 表示，它是一个新兴的标准，但绝不是唯一的一个。账户的集合请求只是一个标准的 JSON 集合而已。OPTIONS 响应中的 Allow 头是标准通用的，但是响应正文完全是虚构的，许多供应商都是这样做的。

由于缺少统一的标准，可能只有很少一部分供应商会实现发现机制。在选择最佳的发现机制标准时，你需要评估自己的需求和所采用的技术。你甚至可能决定不支持发现机制，并告诉客户端阅读手册，这也是可以的。好消息是：在 Spring Framework 中实现 RESTFul Web 服务时，不需要依赖于你决定使用的资源或者展示方式。所以无论采用的是哪一种标准都不会影响我们在本章学习的 Spring 技术。

2. 使用 URL、HTTP 方法和 HTTP 状态码

如你之前所读到的，RESTful Web 服务将使用请求 URL 识别被请求的资源和 HTTP 方法，确定希望采用的操作。它们还使用 HTTP 状态码确认请求的结果。不同类型的请求使用的状态码是不同的。不过，有一些状态码是通用的，它们可以作用于所有类型的请求：

- 400 Bad Request 表示客户端发出的请求是不支持的或者无法识别的。这通常是因为客户端并未使用正确的请求语法。例如，如果 POST 或者 PUT 请求中资源的某个必需的字段被设置为空的话，这将会导致一个 400 Bad Request 响应。响应正文应该包含以协商好的格式或者默认无协议下的格式描述出现糟糕请求的原因。
- 401 Unauthorized 表示在访问资源或者执行请求的状态转换之前，需要进行认证和授权。响应的内容将随着采用的认证协议(例如 OAuth)的不同而不同。

- 403 Forbidden 表示客户端(尽管已经通过了认证)没有访问资源或者执行请求状态转换的权限。这取决于所采用的认证协议，使用含有更多权限的请求重新认证可能会解决这个问题。
- 404 Not Found 相当简单，它将告诉客户端请求的目标资源不存在。永远不应该使用它表示资源存在，但状态转换不支持或者不允许的情况。这应该通过 405 Method Not Allowed 和 403 Forbidden 实现。
- 405 Method Not Allowed 意味着不支持请求的状态转换(HTTP 方法)。这永远也不应该用于表示客户端没有权限执行状态转换的情况；这应该通过 403 Forbidden 实现。
- 406 Not Acceptable 表示服务器不支持 Accept 头中请求的表示格式。例如，客户端可能会请求使用 application/xml 格式，但服务器可能只生成 application/json。在这些情况下，服务器可能只会返回默认支持的表示格式，而不是返回 406 Not Acceptable，而大多数供应商也是这样做的。
- 415 Unsupported Media Type 非常类似于 406 Not Acceptable。它表示请求中的 Content-Type 头(请求实体的表示)是一种服务器无法支持的类型。服务器可能也包含了一个 Accept 响应头，用于表示服务器支持哪些媒体类型。有可能 Accept 请求头和 Content-Type 请求头的支持都是不支持的媒体类型。在这种情况下，服务器会优先返回 415 Unsupported Media Type 响应，因为 406 Not Acceptable 是一个可选的响应。
- 500 Internal Server Error 表示在处理请求的过程中出现了错误。响应内容中应该包含关于错误尽可能多的信息(以协商好的表示格式或者无协议下采用的默认格式)。

本节的剩余部分将涵盖 RESTful Web 服务支持的所有 HTTP 方法的语法和语义，包括对这些方法有意义的其他 HTTP 状态码。

OPTIONS

如之前展示的，OPTIONS 是少数可用的标准发现机制中的一种。当使用 OPTIONS 方法发出请求访问资源的 URL 时，服务器必须返回一个包含了 Allow 头的 200 OK 响应，Allow 头的内容应该是一个资源支持的 HTTP 方法的列表，以逗号分隔。如果客户已经通过了认证，那么 Allow 头反而可能会包含客户端已经获得授权的 HTTP 方法(目标资源的)。另外，服务器也可以返回一个响应正文，用于描述如何使用资源的每个 HTTP 方法。响应正文应该采用已经协商好的表示格式或者无协议下采用的表示格式。如果支持的方法中包含了 PATCH 方法，那么响应也应该包含一个 Allow-Patch 头，它将指定一个 PATCH 请求支持的表示(媒体类型)的逗号分隔的列表，这可能与其他类型的请求有所不同。

这些需求有一些例外：

- 如果资源不存在，服务器将返回 404 Not Found，而不是含有 Allow 头的 200 OK 响应。
- 如果未经过认证就不支持任何方法，那么服务器应该返回 401 Unauthorized 作为响应。
- 如果客户端通过了认证，但是没有权限调用资源上的任何操作，那么服务器应该返回 403 Forbidden。

OPTIONS 请求被认为是无用的(安全的)；也就是说在任何情况下，它们都不应该修改任何资源。

注意：某些 Web 服务启用了跨域资源共享(CORS)。通过使用这个特殊的、相对较新的协议，获得授权的浏览器应用程序可以使用特有头的集合绕过 AJAX 的同源策略。如果你希望 JavaScript 应用程序可以支持访问你的 Web 服务，那么就需要启用 CORS 支持。它的完整细节超出了本书的范围。不过，启用了 CORS 的 Web 服务必须为所有的资源支持 OPTIONS 请求，并且在响应 OPTIONS 请求时，必须包含 Access-Control-Allow-Methods 头，它的内容与 Allow 头一致。

HEAD 和 GET

只要资源支持和允许 GET 请求，就必须同时支持和允许 HEAD 请求。GET 和 HEAD 之间的唯一区别是：HEAD 响应不可以有响应正文。HEAD 响应中包含的头必须与 GET 响应一致。GET 请求被用于获得单个资源或多个资源。/services/Rest/account 这样的 URL 表示客户端希望获得所有的账户或者账户过滤后的列表。通常，过滤、排序和分页指令都包含在查询字符串参数中。

类似 URL /services/Rest/account/1075 这样的请求表示客户端希望获得唯一标识符为 1075 的单个账户的信息。某些供应商还支持关系 URL，例如/services/Rest/account/1075/order 和/services/Rest/account/1075/ order/1522，它们将分别获得账户 1075 的订单列表(可能已经经过了过滤)和属于账户 1075 的订单 1522。理论上，这个递归可以继续进行，直到达到 URL 长度的最大限制。/services/Rest/account/1075/order/1522/item/12 可以返回一个账户的一个订单中的一项信息。

注意：在这里演示的 URL 中，account 和 order 路径段是单数的。这不是必须的——取决于个人选择。相反，URL 中也可以包含 accounts 和 orders 路径段。使用哪种方式取决于你自己，但你应该挑选一种方式，并在所有的资源中一直使用相同的方式。一般来说，使用单数的路径段确实会产生较短的 URL，这样在必要的时候就可以在查询字符串中添加更多的内容。

服务器应该为成功的 GET 和 HEAD 请求返回 200 OK 响应，并在 GET 请求的响应正文中包含采用协商好的(或者默认的)表示格式的请求资源。

GET 和 HEAD 请求也是无用的，它们也不应该对服务器的资源产生任何影响。

POST

POST 请求用于在服务器上创建新的资源。一个 POST 请求应该总是针对集合 URI(/services/Rest/account)，但是它也可以针对子集合 URI(/services/Rest/account/1075/order)。单个元素 URI(/services/Rest/account/1075)的 POST 请求应该得到 405 Method Not Allowed 响应。在成功的 POST 请求中，服务器将创建被请求的资源并返回一个 201 Created 响应。该响应应该包含一个 Location 头，其中指定了新创建的资源的 URL。

例如，针对/services/Rest/account 的 POST 请求(用于创建一个新的账户)可能在 Location 头中返回 http://www.example.com/services/Rest/account/9156。响应正文应该是被创建的资源，因为使用 GET

请求访问 Location 头中的 URL 时，会返回该响应正文。

POST 请求是有用的(不安全的——请求引起了一个或多个资源的改变)，并且是非幂等的(创建多个完全相同的 POST 请求将导致多个资源的创建)。

PUT

PUT 请求将导致服务器中资源的替换。出于这个原因，PUT 请求被用于更新已有的资源。PUT 请求与 POST 请求不同，它永远不应该用于访问集合 URI。相反，它们用于访问单个元素 URI 和子元素 URI(/services/Rest/account/1075、/services/Rest/account/1075/order/5122)。访问集合 URI 或者子集合 URI 的 PUT 请求将导致 405 Method Not Allowed 响应。成功的 PUT 请求的响应应该是 204 No Content，它的正文也应该是空的。

明显的，PUT 请求是有用的。它们永远也不应该是幂等的。两个或多个连续的、一致的 PUT 请求只会对第一个 PUT 请求中指定的资源产生影响。

其中可能存在挑战的领域是：如果正在被更新的资源中包含了“最后被修改的”时间戳或者版本号的话。为了遵守幂等的限制，只有在底层的实体真正发生变化时，服务才应该为 PUT 请求更新资源的时间戳和/或版本号。这种需求的实现实际上是非常具有挑战性的，所以许多供应商都是以部分幂等的方式实现 PUT 的，这意味着对于完全一致的 PUT 请求，资源的时间戳和版本号也会被更新。

PATCH

PATCH 请求在目的和语义上都与 PUT 请求非常类似。PATCH 是相对较新的 HTTP 方法，它是在最近几年间添加的。它并不是初始 HTTP/1.1 规范中的一部分。PATCH 请求如同 PUT 请求一样，它的目的也是更新单个元素 URI 的资源。不过，PATCH 请求表示只会对资源进行部分更新，而不是对资源进行完整的替换。

例如，如果访问/service/Rest/account/1075/order/5122 的 PATCH 请求中只包含了 shippingAddress 属性，那么只有订单中的 shippingAddress 会得到更新。其他属性将保持不变(可能时间戳和版本号除外)。这是一个极其强大的请求方法，但对于实现来说也非常具有挑战性。为了支持 PATCH，应用程序必须在请求实体中接受一个非常灵活的属性集，然后只更新请求中存在的这些资源属性。不能只检查这些属性是否为 null，因为 PATCH 可能故意将属性值设置为 null。

一个成功的 PATCH 请求的响应应该是 200 OK 或者 204 No Content。在响应正文中返回完整的、更新后的实体还是返回空的正文完全取决于个人选择。如果支持 PATCH 请求，也支持请求的媒体类型，PATCH 请求的内容也得到了正确的解析，但是服务器仍然可能无法应用该补丁(例如，因为补丁将会使目标实体无效)，那么服务器应该返回一个 422 Unprocessable Entity 响应。如果客户端使用 If-Match 请求头或者 If-Unmodified-Since 请求头定义了补丁的先决条件，并且该条件无法满足，那么服务器将返回一个 412 Precondition Failed 响应。如果多个请求同时尝试对一个资源进行修改，这是不允许的，服务器应该返回一个 409 Conflict 响应。

如同 PUT 请求一样，PATCH 请求是有用的并且应该是幂等的。

DELETE

DELETE 请求自然是用于删除一个资源。一个 DELETE 请求可以针对单个元素的 URI——这种情况下单个资源将被删除——或者针对一个集合 URI——在这种情况下，所有匹配的资源都将被删除。允许删除多个资源可能不是我们所希望的，所以通常删除多个资源的能力并未得到支持。如果删除资源成功的话，那么服务器应该返回响应 200 OK(在请求的正文中包含被删除的资源)或者 204 No Content(响应正文内容为空)。如果出于某些原因，服务器接受了删除命令，但不能立即执行它(可能资源正在使用)，那么它将返回一个 202 Accepted 响应。在这种情况下，响应正文中应该包含一个资源 URL，客户端可以使用它对请求进行跟踪，并在稍后检查它的状态。

DELETE 请求明显是有用的，但它们的幂等性是一个有趣的话题。删除资源可能会导致在资源上设置一个标志，但保留它的数据(软删除)，或者它可能导致真正永久的删除，并且(以不可撤消的方式)清除资源的数据(硬删除)。采用软删除时，多个完全相同的 DELETE 请求总是会返回相同的响应，并且没有额外的副作用，这将使 DELETE 请求变成幂等的。不过在使用硬删除时，第二个完全相同的 DELETE 请求将总是导致产生一个 404 Not Found 响应，因为该资源不再存在。从技术上讲，这被认为是非幂等的，因为响应发生了变化，但它并不会真正地产生任何副作用，在接受 DELETE 请求执行硬删除时，这也是最佳实践。

17.2　在 Spring MVC 中配置 RESTful Web 服务

RESTful Web 服务的优点之一就是：将它们与现有的 HTTP 架构相结合时是十分简洁的，Spring Framework 中清晰地演示了这一点。从技术上讲，创建 RESTful Web 服务时不需要执行任何特殊的操作。可以简单地创建一个@Controller，并为它添加一些@RequestMapping 方法，然后就可以开始操作 RESTful Web 服务。不过从实际上讲，你不可能会希望在 Web 服务中重用现有的 DispatcherServlet 应用上下文。请思考一下之前在该应用上下文中配置的一些 bean：用于处理各种请求和响应格式的不同消息转换器；无法作用于无状态 REST 请求的 SessionLocaleResolver；在响应 Web 服务请求时完全没有作用的 ViewResolver 和 RequestToViewNameResolver。因此我们将创建一个单独的 DispatcherServlet 和应用上下文，并通过正确地配置来创建 RESTful Web 服务。

本节将讲解如何配置这个单独的 DispatcherServlet 和创建 REST 控制器。我们首先开始学习如何分离 Web 和 REST 控制器，避免使用交叉的上下文，然后创建和启动另一个应用上下文配置。接下来学习如何正确地处理服务中的错误条件。最后创建一个 REST 控制器，并使用@RequestMapping 为 XML 和 JSON 客户端提供发现机制和表述性状态转移。可以使用 wrox.com 代码下载站点中可用的 Web-Service 项目。

17.2.1　使用原型注解分离控制器

请回忆一下第 12 和 13 章的内容，@Controller 注解的目的有两个。作为一个@Component，它负责将控制器标记为受 Spring 管理的 bean(适用于实例化和依赖注入)。不过，在 Spring MVC 的上下文中，它也负责让 Spring 上下文在该类中搜索@RequestMapping。一个标记了@RequestMapping 的 bean，如果并未标记@Controller 的话，那么它也无法对请求作出响应。因此，如同 Web 控制器一样，REST 控制器也必须标记上@Controller。

当然，这也显示出了一些挑战。我们不希望 REST 控制器被 Web 的 DispatcherServlet 的组件扫描所发现，也不希望 Web 控制器被 REST 的 DispatcherServlet 的组件扫描所发现。一个很明显的解决方案是：将 Web 控制器和 REST 控制器添加到不同的包中，并且在每个应用上下文中只扫描正确的包。这确实也是一种简单的方式，在大多数情况下它都可以满足我们的需求。不过，有另一种方式可以解决这个问题：元注解。

Spring Framework 的@Component 原型注解将被其他注解所继承(没有更好的方式可以描述)。@Controller、@Service 和@Repository 都被标注了@Component，这意味着我们可以通过在注解上标注@Component 的方式，创建自己的原型注解。它也不仅仅是一个@Component(继承下来的)。我们可以使用@Controller 标注一个自定义注解，例如，让自己的注解与@Controller 具有相同的作用。这非常重要，因为它意味着自定义注解可以标注在控制器上，用于提供请求映射，这样就可以通过一种优雅的方式解决我们所面临的控制器分离问题。记住这一点，然后请查看 Web-Service 项目中的@com.wrox.config.annotation. WebController 和@com.wrox.config.annotation.RestEndpoint 注解。

```
@Target({ ElementType.TYPE })
@Retention(RetentionPolicy.RUNTIME)
@Documented
@Controller
public @interface WebController
{
    String value() default "";
}

@Target({ ElementType.TYPE })
@Retention(RetentionPolicy.RUNTIME)
@Documented
@Controller
public @interface RestEndpoint
{
    String value() default "";
}
```

这些注解实际上是一致的，但它们的语义是完全不同的。它们都表示目标 bean 是一个可用于请求映射的控制器。不过，@WebController 表示该控制器将用于处理传统的 Web 请求，而@RestEndpoint 则表示了一个用于处理 RESTful Web 服务请求的终端。在这里，唯一的 value 特性的目的与其他原型注解中的 value 特性相同：提供了一种指定 bean 名称的方式，该名称将覆盖默认的 bean 名称模式。

17.2.2 创建单独的 Web 和 REST 应用上下文

就这些自定义注解自身来说，它们并未帮忙解决实际的问题。我们可以将它们添加到控制器和终端上，但是之前章节中使用的 ServletContextConfiguration 类在使用组件扫描查找@Controller 时，仍然会找到所有的控制器和终端。因此，我们需要更新该配置，只让它扫描@WebController 注解。为了去除它的目的的二义性，最好将该类重命名为 WebServletContextConfiguration。

```
@Configuration
@EnableWebMvc
@ComponentScan(
        basePackages = "com.wrox.site",
        useDefaultFilters = false,
        includeFilters = @ComponentScan.Filter(WebController.class)
)
public class WebServletContextConfiguration extends WebMvcConfigurerAdapter
{
```

```
        ...
    }
```

该类中的代码都与之前章节使用的代码一致，并未做出任何修改。仅仅是修改了原型注解的类型，标注 bean 的该注解将表示它是否属于当前的应用上下文。现在我们需要创建一个新的应用上下文——用于寻找@RestEndpoint，它更适用于 RESTful Web 服务。代码清单 17-1 中的 RestServletContextConfiguration 类演示了这一点。

代码清单 17-1：RestServletContextConfiguration.java

```
@Configuration
@EnableWebMvc
@ComponentScan(
        basePackages = "com.wrox.site",
        useDefaultFilters = false,
        includeFilters = @ComponentScan.Filter(RestEndpoint.class)
)
public class RestServletContextConfiguration extends WebMvcConfigurerAdapter
{
    @Inject ObjectMapper objectMapper;
    @Inject Marshaller marshaller;
    @Inject Unmarshaller unmarshaller;
    @Inject SpringValidatorAdapter validator;

    @Override
    public void configureMessageConverters(
            List<HttpMessageConverter<?>> converters
    ) {
        converters.add(new SourceHttpMessageConverter<>());

        MarshallingHttpMessageConverter xmlConverter =
                new MarshallingHttpMessageConverter();
        xmlConverter.setSupportedMediaTypes(Arrays.asList(
                new MediaType("application", "xml"),
                new MediaType("text", "xml")
        ));
        xmlConverter.setMarshaller(this.marshaller);
        xmlConverter.setUnmarshaller(this.unmarshaller);
        converters.add(xmlConverter);

        MappingJackson2HttpMessageConverter jsonConverter =
                new MappingJackson2HttpMessageConverter();
        jsonConverter.setSupportedMediaTypes(Arrays.asList(
                new MediaType("application", "json"),
                new MediaType("text", "json")
        ));
        jsonConverter.setObjectMapper(this.objectMapper);
        converters.add(jsonConverter);
    }

    @Override
    public void configureContentNegotiation(
            ContentNegotiationConfigurer configurer)
```

```
    {
        configurer.favorPathExtension(false).favorParameter(false)
                .ignoreAcceptHeader(false)
                .defaultContentType(MediaType.APPLICATION_JSON);
    }

    @Override
    public Validator getValidator()
    {
        return this.validator;
    }


    @Bean
    public LocaleResolver localeResolver()
    {
        return new AcceptHeaderLocaleResolver();
    }
}
```

该类在某些方面类似于 WebServletContextConfiguration，但也有许多重要的区别。它没有任何视图解析或者多部件支持，因为我们不需要这些特性。它含有的消息转换器更少，只专注于解析和反解析 JSON 和 XML，忽略了字符串、表单和字节数组。方法 configureContentNegotiation 采用了一种稍微不同的方式，只支持 Accept 头用于内容协商(毕竟，这是 RESTful 的标准方式)。当然，我们仍然需要一个 Spring 验证器。Bean 验证在 RESTful Web 服务中也有自己的用处：我们可以在@RequestBody 实体参数上标注@Valid。

LocaleResolver 的使用也非常方便：具体的语言不会影响请求和响应的表示，但它可以用于本地化客户端请求中的错误消息。在这种情况下，我们将使用 AcceptHeaderLocaleResolver 而不是 SessionLocaleResolver(作为通用的规则，REST 中是没有会话的)，并且不再需要使用 LocaleChange-Interceptor，因为客户端在所有的请求上都指定了希望使用的区域设置(如果有的话)。

在创建了新的 REST 应用上下文之后，我们需要正确地启动它。如同往常一样，这将在 Bootstrap 类中完成。现有的 DispatcherServlet 声明已经被重命名了，这样就不会再引起歧义，新的 DispatcherServlet 声明也已经添加完了。

```
AnnotationConfigWebApplicationContext webContext =
        new AnnotationConfigWebApplicationContext();
webContext.register(WebServletContextConfiguration.class);
ServletRegistration.Dynamic dispatcher = container.addServlet(
        "springWebDispatcher", new DispatcherServlet(webContext)
);
dispatcher.setLoadOnStartup(1);
dispatcher.setMultipartConfig(new MultipartConfigElement(
        null, 20_971_520L, 41_943_040L, 512_000
));
dispatcher.addMapping("/");

AnnotationConfigWebApplicationContext restContext =
        new AnnotationConfigWebApplicationContext();
restContext.register(RestServletContextConfiguration.class);
DispatcherServlet servlet = new DispatcherServlet(restContext);
```

```
        servlet.setDispatchOptionsRequest(true);
        dispatcher = container.addServlet(
                "springRestDispatcher", servlet
        );
        dispatcher.setLoadOnStartup(2);
        dispatcher.addMapping("/services/Rest/*");
```

请注意：新的 Servlet 中并未添加多部件配置，这是预期的行为。我们可以在 RESTful Web 服务中使用多部件请求，但这非常少见并且也超出了本书的范围。该代码还将把 DispatcherServlet 的 dispatchOptionsRequest 属性设置为真。在这些情况下，通常 DispatcherServlet 会忽略 OPTIONS 请求，并按照默认的行为进行操作。为了支持发现机制，我们必须告诉 DispatcherServlet 将 OPTIONS 请求派发给 RESTful 终端(如同任何其他请求一样)。

17.2.3　处理 RESTful Web 服务中的错误条件

如何处理和响应 RESTful Web 服务的错误请求和错误条件，与如何处理和响应正确的请求一样重要。RESTful API 的使用者期待在出现问题的时候收到一个有意义的状态码和错误消息，它们当然不希望收到标准的容器 HTML 格式的错误页面。

关于如何优雅地处理错误，Spring Framework 在过去的 3 到 4 年间已经得到了极大的发展。快速地在 Web 中进行搜索，我们可以轻松地找到半打以上的可用方式，其中大多数都仍然在使用旧的、过时的、甚至是已经废弃的策略。本章内容不会讲解这些处理错误的过时方式，而是关注于 Spring 3.0 和 3.2 中新增的特性。

1. 改变 HTTP 状态码

在 Web 服务中需要处理的事情之一就是：请求的目标资源不存在。当然，如果请求访问的 URL 没有方法映射，那么 Spring 可以返回一个 404 Not Found 响应，但如果请求访问的是/services/Rest/account/10，而标识符为 10 的账户并不存在，那么应该如何处理呢？根据 RESTful 的标准，我们应该返回 404 Not Found。在过去，我们不得不到处使用 HttpServletRequest 设置相应的状态码。现在就简单得多。从编码的角度看，报告这样的问题的最简单方式就是抛出一个异常，所以创建一个异常：

```
@ResponseStatus(HttpStatus.NOT_FOUND)
public class ResourceNotFoundException extends RuntimeException
{
    ...
}
```

关于这个异常，唯一一个特殊的地方在于：其中添加了 Spring 3.0 新增的@org.springframework.web.bind.annotation.ResponseStatus 注解。当该注解被添加到异常声明中时，它将告诉 Spring Framework 返回一个 404 Not Found 状态码。如果未添加该注解，那么从控制器方法中抛出异常通常会导致一个 500 Internal Server Error 响应。@ResponseStatus 还有其他的用法，稍后本节将进行讲解。

2. 声明异常处理器

另一个需要考虑的事情是：bean 验证的问题。在第 16 章的 Web 控制器中，我们捕捉了 ConstraintViolationException 异常，然后将所有的约束违反情况都添加到了模型中显示给用户。如果在终端控制器中有一种简单的方式可以实现类似的工作就太好了，Spring 恰恰也确实提供了这样的方式。通过使用 Spring 3.0 中新增的@org.springframework.web.bind.annotation.ExceptionHandler 注解，我们可以将一个方法标记为异常处理器。它的语义与@RequestMapping 几乎相同，它可以返回大多数相同的返回类型，也可以接受大多数相同的方法参数。

```
@ExceptionHandler({ ConstraintViolationException.class })
@ResponseStatus(HttpStatus.BAD_REQUEST)
@ResponseBody
public ErrorResponse handleBeanValidationError(ConstraintViolationException e)
{
    ...
}
```

该模式的问题是：它要求在所有的控制器中都必须实现@ExceptionHandler 方法。我们可以从定义这些方法的基本控制器中继承它们，但是这样会阻止我们的控制器继承另一个类(如果需要的话)。

3. 使用控制器增强模式

Spring 3.2 引入了控制器增强模式的概念和@org.springframework.web.bind.annotation.ControllerAdvice 注解。标注了@ControllerAdvice(它是一个@Component)的类是由 Spring 管理的 bean，它们将对控制器进行增强。现在我们可以在控制器增强类中添加@ExceptionHandler、@InitBinder 和@ModelAttribute 方法，这些方法提供的增强都将作用于所有的控制器。作为一个@Component，@ControllerAdvice 类通常会在根应用上下文中自动实例化。我们不希望这样，并不是所有的 Web 控制器和终端控制器都需要得到这样的增强，所以我们需要从根上下文的组件扫描中排除该注解。

```
...
@ComponentScan(
        basePackages = "com.wrox.site",
        excludeFilters =
        @ComponentScan.Filter({Controller.class, ControllerAdvice.class})
)
public class RootContextConfiguration
...
```

为终端控制器创建控制器增强之前，考虑到在将来的某个时间我们也有可能需要为 Web 控制器创建增强。所以，最好为 RESTful 终端控制器创建自己的原型注解，而不是直接使用@ControllerAdvice。

```
@Target({ ElementType.TYPE })
@Retention(RetentionPolicy.RUNTIME)
@Documented
@ControllerAdvice
public @interface RestEndpointAdvice
{
    String value() default "";
}
```

最后一件需要做的事情是：为 REST 应用上下文配置组件扫描，确保它能够找到@RestEndpointAdvice 类。

```
...
@ComponentScan(
        basePackages = "com.wrox.site",
        useDefaultFilters = false,
        includeFilters =
        @ComponentScan.Filter({RestEndpoint.class, RestEndpointAdvice.class})
)
public class RestServletContextConfiguration extends WebMvcConfigurerAdapter
...
```

现在我们可以创建控制器增强进行错误处理了。代码清单 17-2 中的 com.wrox.site.exception.RestExceptionHandler 实现了这一点。它包含了两个内部类：ErrorItem 和 ErrorResponse，它们将帮助实现把错误清晰地报告给用户的目标。唯一的 handle 方法上被标注了@ExceptionHandler，它将把所有的约束违反情况都转换为 ErrorItem、添加到 ErrorResponse 中，并将 ErrorResponse 封装在 ResponseEntity 中，状态码被设置为 400 Bad Request。

请注意@ExceptionHandler 注解是如何表示该方法能够处理的异常的。我们可以在该注解中添加多个异常，从而使一个方法可以处理多个错误。因为 Spring 总是使用最具体的匹配方法，所以我们也可以创建一个捕捉所有异常的处理方法，它将接受异常的所有实例。Spring 将调用与抛出的异常最匹配的方法，只会将我们捕捉所有异常的方法用作最后的手段。

代码清单 17-2：RestExceptionHandler.java

```
@RestEndpointAdvice
public class RestExceptionHandler
{
    @ExceptionHandler(ConstraintViolationException.class)
    public ResponseEntity<ErrorResponse> handle(ConstraintViolationException e)
    {
        ErrorResponse errors = new ErrorResponse();
        for(ConstraintViolation violation : e.getConstraintViolations())
        {
            ErrorItem error = new ErrorItem();
            error.setCode(violation.getMessageTemplate());
            error.setMessage(violation.getMessage());
            errors.addError(error);
        }

        return new ResponseEntity<>(errors, HttpStatus.BAD_REQUEST);
    }

    public static class ErrorItem
    {
        private String code;
        private String message;

        @XmlAttribute
        public String getCode() { ... }
        public void setCode(String code) { ... }
        @XmlValue
        public String getMessage() { ... }
        public void setMessage(String message) { ... }
```

```
    }

    @XmlRootElement(name = "errors")
    public static class ErrorResponse
    {
        private List<ErrorItem> errors = new ArrayList<>();

        @XmlElement(name = "error")
        public List<ErrorItem> getErrors() { ... }
        public void setErrors(List<ErrorItem> errors) { ... }
        public void addError(ErrorItem error) { ... }
    }
}
```

现在你可能已经意识到了这一点：ResourceNotFoundException 中添加的@ResponseStatus 注解在 REST 上下文中的作用并不明显。对于 Web 控制器中抛出的异常来说，它是非常有用的，我们可以保留这个注解，让它继续帮助 Web 控制器处理异常，但是它会导致返回一个容器 HTML 错误页面，而这对于 REST 响应来说并不理想。一种更好的方式是：在 RestExceptionHandler 中添加另一个 handle 方法，处理该 ResourceNotFoundException 和 Spring 的 NoSuchRequestHandlingMethodException(进入的请求未找到匹配的控制器方法时抛出)。这个练习和创建捕捉所有异常的方法的练习都留给读者自己来完成。

17.2.4　将 RESTful 请求映射到控制器方法

为了创建 Web 服务，首先需要一个暴露给它的业务层。在本章，AccountService 接口将继续使用之前的账户样例 URL。它指定了列出、获得、保存和删除账户的方法。DefaultAccountService 实现的细节并不重要；它在内存中保存了账户的信息。请查看 Web-Service 项目中的 DefaultAccount-Service 实现。

```
@Validated
public interface AccountService
{
    @NotNull
    public List<Account> getAllAccounts();
    public Account getAccount(long id);
    public Account saveAccount(
            @NotNull(message = "{validate.accountService.saveAccount.account}")
            @Valid Account account
    );
    public void deleteAccount(long id);
}
```

Web 和 REST DispatcherServlet 应用上下文都可以访问该服务的实现(在根应用上下文中管理)，如 AccountController 和 AccountRestEndpoint 顶部的代码所示。AccountController 的细节也是不重要的。它是我们之前创建的标准 Web 控制器。

```
@WebController
public class AccountController
{
    @Inject AccountService accountService;
    ...
```

```
}

@RestEndpoint
public class AccountRestEndpoint
{
    @Inject AccountService accountService;
    ...
}
```

在 RESTful 终端中使用@RequestMapping 与在 Web 控制器中使用@RequestMapping 非常类似。从技术上讲，我们编写的请求处理器方法具有的所有参数规则和返回类型都可以是相同的；尽管现实中并不是这样的。在 RESTful Web 服务处理器方法中返回 ModelAndView、View、字符串视图名称、Model、Map、模型特性、Callable 或者 DeferredResult 并不合理。通常我们希望返回一个@ResponseBody 响应实体对象或者一个显式的 ResponseEntity<?>(它们可以被写回到客户端)，或者 void 或 ResponseEntity<Void>(如果没有内容需要返回到客户端的话)。方法参数通常由@PathVariable 和@RequestParam 参数组成，对于 POST 和 PUT 请求，还需要使用@RequestBody 请求实体。使用 Web 控制器时，请求实体应该是表单或者命令对象，其中不应该包含我们不希望客户设置的字段(通常至少资源标识符是这样的)。方法中返回的响应实体对象可以与我们通常操作的对象相同(不是表单对象)，但我们应该避免返回任何类型的 Collection 或者 Map。尽管这些类型可以轻松地被转换为 JSON 格式，但它们不能被转换为 XML 格式。

AccountRestEndpoint 中我们将会注意到的第一个方法是：discover，它将对 OPTIONS 请求做出响应。这里有两个方法：一个用于集合请求，另一个用于单个资源请求。这些方法都相当简单，并且总是返回相同的允许选项，我们可以在这里实现安全检查，并且可以只返回认证客户有权限访问的选项。

```
@RequestMapping(value = "account", method = RequestMethod.OPTIONS)
public ResponseEntity<Void> discover()
{
    HttpHeaders headers = new HttpHeaders();
    headers.add("Allow", "OPTIONS,HEAD,GET,POST");
    return new ResponseEntity<>(null, headers, HttpStatus.NO_CONTENT);
}

@RequestMapping(value = "account/{id}", method = RequestMethod.OPTIONS)
public ResponseEntity<Void> discover(@PathVariable("id") long id)
{
    if(this.accountService.getAccount(id) == null)
        throw new ResourceNotFoundException();

    HttpHeaders headers = new HttpHeaders();
    headers.add("Allow", "OPTIONS,HEAD,GET,PUT,DELETE");
    return new ResponseEntity<>(null, headers, HttpStatus.NO_CONTENT);
}
```

如 OPTIONS 响应所示，客户端可以通过 GET 请求获得集合或者单个资源。这是在 read 方法中实现的。使用集合的 read 是非常危险的，因为它并未实现结果分页。如果数据库中包含了 1 000 000 个账户，那么该方法将会返回所有的账户。通常我们将使用请求参数或者头过滤，并限制该方法返回的结果数量。另外，如果客户端并未指定过滤器或者限制的话，我们最好自动限制返回结果的数量。这些方法演示了@ResponseBody(用于返回响应实体)和@ResponseStatus 的使用，@ResponseStatus 用于表示 Spring 应该使用哪种 HTTP 状态响应请求。

```
@RequestMapping(value = "account", method = RequestMethod.GET)
@ResponseBody @ResponseStatus(HttpStatus.OK)
public AccountList read()
{
    AccountList list = new AccountList();
    list.setValue(this.accountService.getAllAccounts());
    return list;
}

@RequestMapping(value = "account/{id}", method = RequestMethod.GET)
@ResponseBody @ResponseStatus(HttpStatus.OK)
public Account read(@PathVariable("id") long id)
{
    Account account = this.accountService.getAccount(id);
    if(account == null)
        throw new ResourceNotFoundException();
    return account;
}
```

注意：读取单个账户的 read 方法返回了单个 Account，如果请求的 Account 不存在的话，就抛出 ResourceNotFoundException 异常(这将导致 404 Not Found)。在这种情况下，该方法上的@ResponseStatus 被忽略了，该异常(或异常处理器)的@ResponseStatus 被赋予了更高的优先级。与此同时，集合 read 方法返回了一个 AccountList(而不是 List<Account>)。如果你的 Web 服务只支持 JSON，那么只需要使用 List<Account>即可，无须使用特殊的 AccountList 对象。通过使用 AccountList，响应也可以被转换为 XML。这是在编写 RESTful Web 服务终端时必须要注意的事情。使用 JSON 格式表示请求和响应实体要比使用 XML 简单得多，所以在同时支持两者时一定要特别注意其中存在的差异。某些服务提供者倾向于只支持 JSON 请求和响应，这样就避免了这些复杂的问题，你可以采取这样的方式。还可以分别为 XML 和 JSON 响应创建单独的处理器方法；尽管，有时这将使工作变得更加复杂。

```
@XmlRootElement(name = "accounts")
public static class AccountList
{
    private List<Account> value;

    @XmlElement(name = "account")
    public List<Account> getValue()
    {
        return value;
    }

    public void setValue(List<Account> accounts)
    {
        this.value = accounts;
    }
}
```

下面代码脚本中显示的 create 和 update 方法(分别用于处理 POST 和 PUT)负责用于添加新账户

和对现有账户进行修改。注意：如果正在被更新的资源不存在，那么 update 方法将抛出 ResourceNotFoundException 异常，与读取单个账户的 read 方法一样。当资源被成功更新时，它将返回 void 和 204 No Content 响应，而 create 方法将返回一个 201 Created 响应，并返回响应实体，响应中包含了一个 Location 头(存储了已创建资源的 URL)。它将使用 Spring 的 org.springframework.web.servlet.support.ServletUriComponentsBuilder 创建 URL，这样该 URL 中就会包含应用程序的域名和上下文路径。

```
@RequestMapping(value = "account", method = RequestMethod.POST)
public ResponseEntity<Account> create(@RequestBody AccountForm form)
{
    Account account = new Account();
    account.setName(form.getName());
    account.setBillingAddress(form.getBillingAddress());
    account.setShippingAddress(form.getShippingAddress());
    account.setPhoneNumber(form.getPhoneNumber());
    account = this.accountService.saveAccount(account);

    String uri = ServletUriComponentsBuilder.fromCurrentServletMapping()
            .path("/account/{id}").buildAndExpand(account.getId()).toString();
    HttpHeaders headers = new HttpHeaders();
    headers.add("Location", uri);

    return new ResponseEntity<>(account, headers, HttpStatus.CREATED);
}

@RequestMapping(value = "account/{id}", method = RequestMethod.PUT)
@ResponseStatus(HttpStatus.NO_CONTENT)
public void update(@PathVariable("id") long id, @RequestBody AccountForm form)
{
    Account account = this.accountService.getAccount(id);
    if(account == null)
        throw new ResourceNotFoundException();
    account.setName(form.getName());
    account.setBillingAddress(form.getBillingAddress());
    account.setShippingAddress(form.getShippingAddress());
    account.setPhoneNumber(form.getPhoneNumber());
    this.accountService.saveAccount(account);
}
```

尽管很简单，AccountRestEndpoint 中最后一个有意思的方法是 delete。如同 read 和 update 方法一样，如果请求删除的资源不存在的话，它将抛出 ResourceNotFoundException 异常。如果资源存在，那么它将删除该资源，并返回 204 No Content 响应。

```
@RequestMapping(value = "account/{id}", method = RequestMethod.DELETE)
@ResponseStatus(HttpStatus.NO_CONTENT)
public void delete(@PathVariable("id") long id)
{
    if(this.accountService.getAccount(id) == null)
        throw new ResourceNotFoundException();
    this.accountService.deleteAccount(id);
}
```

17.2.5　使用索引终端改进发现机制

AccountRestEndpoint 中的 discovery 方法将帮助客户端了解账户资源的信息以及它们可以执行的操作，但这并未完成 RESTful 发现机制。通常我们将创建一个索引终端，用于列出 Web 服务中所有可用的资源。在最简单的场景中，这只是代码中的一个链接的静态列表，其中的链接都以应用程序的域名和上下文路径为开始。代码清单 17-3 中的 IndexRestEndpoint 正是这样做的。它使用 HAL 标准返回了资源的链接，因为该标准的 XML 和 JSON 格式有着非常大的区别，所以它使用了一个 POJO 和两个不同的发现方法，用于返回正确的响应。@RequestMapping 的 produces 特性将帮助根据请求的 Accept 头识别出应该调用哪个方法。

代码清单 17-3：IndexRestEndpoint.java

```
@RestEndpoint
public class IndexRestEndpoint
{
    @RequestMapping(value = {"", "/"}, method = RequestMethod.GET,
            produces = {"application/json", "text/json"})
    @ResponseBody @ResponseStatus(HttpStatus.OK)
    public Map<String, Object> discoverJson()
    {
        ServletUriComponentsBuilder builder =
                ServletUriComponentsBuilder.fromCurrentServletMapping();

        Map<String, JsonLink> links = new Hashtable<>(2);
        links.put("self", new JsonLink(builder.path("").build().toString()));
        links.put("account",
                new JsonLink(builder.path("/account").build().toString()));

        Map<String, Object> response = new Hashtable<>(1);
        response.put("_links", links);
        return response;
    }

    @RequestMapping(value = {"", "/"}, method = RequestMethod.GET,
            produces = {"application/xml", "text/xml"})
    @ResponseBody @ResponseStatus(HttpStatus.OK)
    public Resource discoverXml()
    {
        ServletUriComponentsBuilder builder =
                ServletUriComponentsBuilder.fromCurrentServletMapping();

        Resource resource = new Resource();
        resource.addLink(new Link("self", builder.path("").build().toString()));
        resource.addLink(new Link("account",
                builder.path("/account").build().toString()));
        return resource;
    }

    public static class JsonLink
    {
        private String href;
```

```
        public JsonLink(String href) { ... }
        @XmlAttribute
        public String getHref() { ... }
        public void setHref(String href) { ... }
    }

    public static class Link extends JsonLink
    {
        private String rel;

        public Link(String rel, String href) { ... }
        @XmlAttribute
        public String getRel() { ... }
        public void setRel(String rel) { ... }
    }

    @XmlRootElement
    public static class Resource
    {
        private List<Link> links = new ArrayList<>();

        @XmlElement(name = "link")
        public List<Link> getLinks() { ... }
        public void setLinks(List<Link> links) { ... }
        public void addLink(Link link) { ... }
    }
}
```

17.3　测试 Web 服务终端

无论是 RESTful 还是 SOAP，测试 Web 服务都是一个有意思的挑战。与标准的 Web 页面不同，我们不能只是打开浏览器并访问应用程序的 URL。对于 GET 请求来说，这可能是没问题的，但只限于 GET 请求。我们可以为服务创建一个用户界面，而这也是许多人测试 Web 服务的方式。但是这样做的缺点在于它为等式添加了另一个变量：如果用户界面有问题呢？有时我们需要在排除所有其他变量的情况下进行测试，因此我们就需要使用某种 Web 服务测试工具。

17.3.1　选择测试工具

现在有许多可用的工具，选择哪种工具取决于希望执行的测试。当然，我们可以(也应该)对 Web 服务进行单元测试，正如对业务逻辑和仓库所做的单元测试一样，我们可以使用自动化单元测试工具完成，例如 JUnit 或者 TestNG。另外还可以执行集成测试，这将对系统交互中的许多组件进行测试，如同它们在真实世界中执行一样。在世界各地质量保证团队所使用的其他工具中，JUnit 和 TestNG 也可以同样非常有用。另一个常见的测试需求是：负载测试，它有助于确定系统的性能特点、瓶颈和崩溃点。许多工具都可以完成该测试，包括免费的工具，例如 JMeter 和 The Grinder，和昂贵的企业级工具，例如 NeoLoad 和 LoadRunner。

不过，另一种常见的测试方式(本书已经使用过的一种方式)是：功能测试。有时测试系统是否正常运行的最简单和最快速的方式就是打开它并使用。对于移动应用程序来说，这就需要在电话或者平板上使用该应用程序。如果要对桌面应用程序进行功能测试，同样地也需要在桌面或者笔记本电脑中打开并使用该应用程序。测试 Web 应用程序同样简单，只需要打开浏览器并输入应用程序的 URL。

但如何才能对 Web 服务进行功能测试呢？我们需要一种可以帮助轻松创建和操作 HTTP 请求并查看响应的工具。命令行工具 cURL 就是其中一种，但它需要大量的工作和手动输入每个请求，而且如果要完成比 HTTP 基本认证更复杂的认证就非常困难了。如果该工具可以记住认证并预设请求头的值，然后将 JSON 和 XML 响应格式化为可读性高的内容，那么它将会变得非常有用。Fiddler 是对 Web 服务进行功能测试时一个非常有用的工具，它支持这些特性。不过 Fiddler 有许多其他用途，如果只将它用作功能测试工具的话，那么它可能显得有点麻烦。Chrome 和 Firefox 有几个 REST 客户端 Web 浏览器插件，在测试 RESTful Web 服务时也是非常有用的。本节将使用 RESTClient Firefox 插件进行测试，不过还有许多工具可以选择，你可以也应该从中选择最符合自己需求的工具。可以从网站 http://restclient.net/中下载 RESTClient Firefox 插件。

17.3.2　请求 Web 服务

在 Firefox 中安装了 RESTClient 扩展之后，请按照下面的步骤进行测试：

(1) 单击带有橘黄色圆圈的方形红色按钮打开 RESTClient——这里显示在浏览器的边缘——在地址和搜索栏的右边。

(2) 单击 Headers 菜单并单击 Custom Header。

(3) 在 Name 中输入 Content-Type，并在 Value 中输入 application/json，检查收藏夹并单击 Okay。

(4) 重复第 3 步添加 Content-Type 和 application/xml、Accept 和 application/json、Accept 和 application/xml。这些操作将会保存一些快速访问头，之后任何时间都可以轻松地使用它们。在完成这些操作之后，要确保你清空了 RESTClient 中的 Headers 栏。为了完成该操作，请单击 Remove All 按钮。

(5) 在 IDE 中编译并启动 Web-Service 应用程序。

(6) 在 RESTClient 的 Headers 栏中添加 application/json Content-Type 和 Accept 头，在方法中选择 GET，在 URL 中输入 http://localhost:8080/financials/services/Rest/，然后单击 Send 按钮。RestIndex-Endpoint 控制器返回的响应正文将是一个链接的列表。

(7)尝试将方法修改为 OPTIONS，将 URL 修改为 http://localhost:8080/financials/services/Rest/account。AccountRestController 将会返回一个 204 No Content 响应和一个 Allow 头(包含了所有在集合资源可以执行的操作)。

(8) 将方法修改回 GET，在 URL 中输入 http://localhost:8080/financials/services/Rest/Account，并单击 Send 按钮。响应正文中应该是一个空白列表。尝试访问 URL http://localhost:8080/financials/services/Rest/account/1，Web 服务应该返回一个 404 Not Found 响应。这是因为我们尚未添加任何账户。

(9) 为了解决这个问题，将 URL 修改为 http://localhost:8080/financials/services/Rest/account，将方法修改为 POST，并在 Body 字段中输入图 17-1 所示的值。在发送该请求之后，Web 服务将返回一个 400 Bad Request 响应。

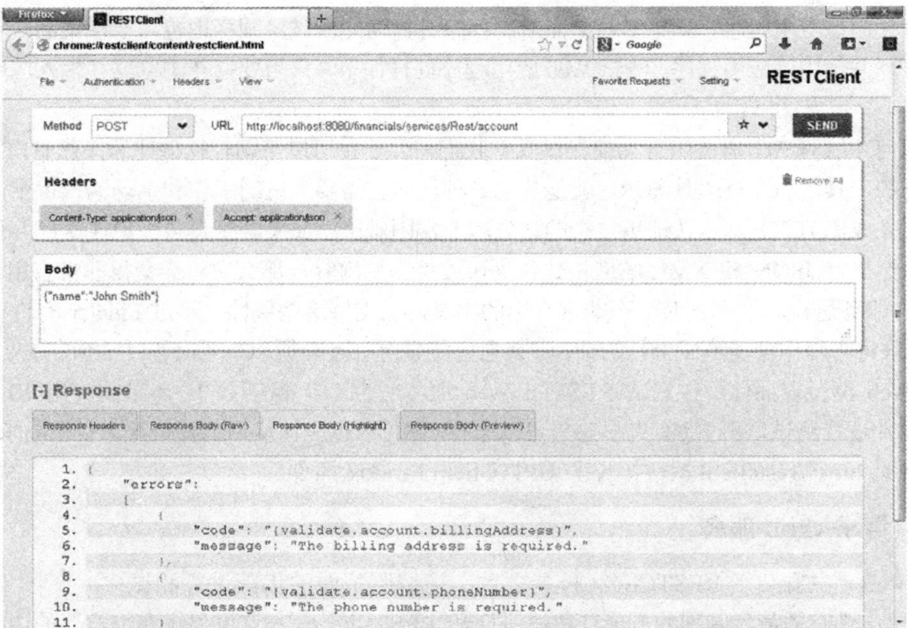

图　17-1

(10) 检查响应正文，它应该如图 17-1 所示。这意味着 bean 验证抛出了一个 ConstraintViolation-Exception 异常，而 RestExceptionHandler 将该异常转换为了一个 JSON REST 响应。

(11) 现在使用 XML 重复这个过程：将 Content-Type 和 Accept 头的值修改为 application/xml，将 Body 字段修改为图 17-2 所示的值。你会得到相同的响应结果，但显示的是 XML 格式而不是 JSON 格式。

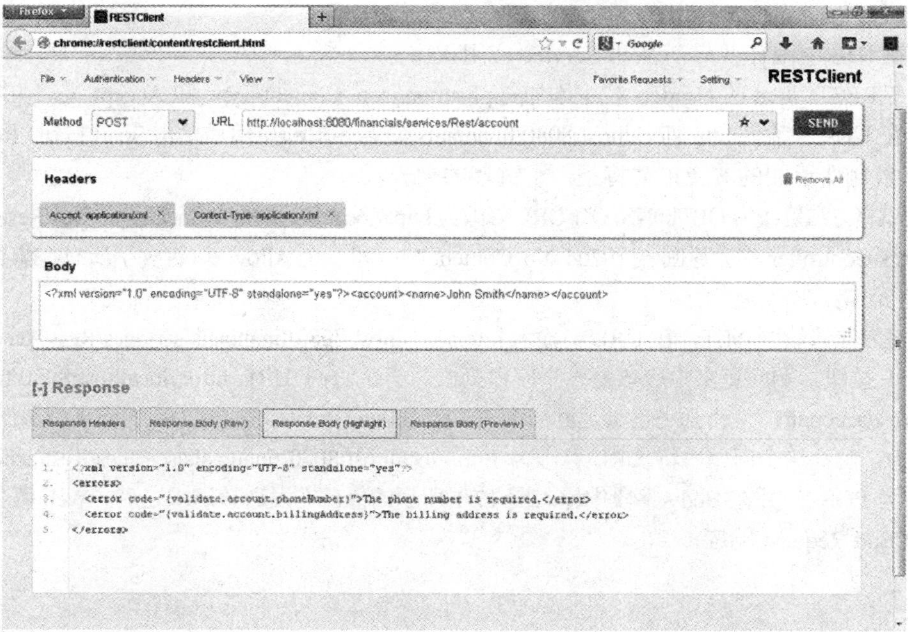

图　17-2

(12) 图 17-3 显示了一个成功的 POST 请求，它使用了完整的 JSON 请求正文成功创建了一个账户。执行该 POST 并查看响应头，你应该看到一个刚创建的资源的 Location URL。

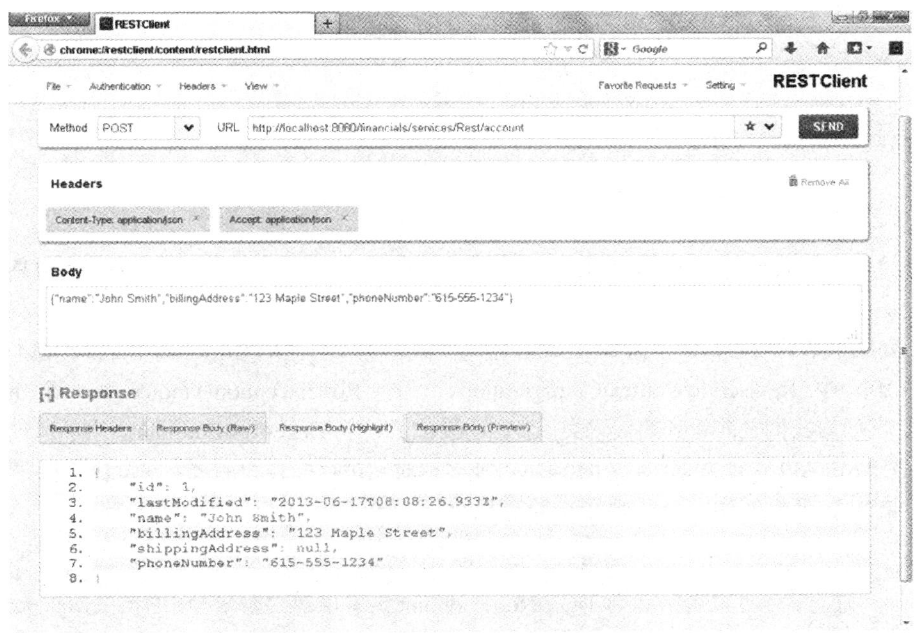

图　17-3

(13) 复制该 URL 并将它粘贴到 URL 字段中，清空请求正文，然后将方法修改为 GET。得到的响应应该是你刚刚创建的账户。

(14) 再使用 XML 创建一些新的账户，然后再次尝试集合 GET 请求。这次你应该看到所有已创建的账户，而不是一个空白列表。该测试意味着我们的 RESTful Web 服务已经可以正常运行了，并且它可以对 JSON 和 XML 请求做出响应。

17.4　使用 Spring Web Service 创建 SOAP Web 服务

在将来我们可能会需要正式为客户端提供 SOAP Web 服务，尤其如果你开发的是一个大型企业级应用程序的话。SOAP 是一个复杂的话题，即使花上一整章内容也无法讲解清楚，更不要说只有一节内容。本节将简单地介绍一个工具，它可以帮助轻松和快速地创建出简单 SOAP 服务：Spring Web Services。我们不可能在本节的内容中学习该项目提供的所有工具集，而且如果你完全不了解 SOAP 的话，它也无法给予你帮助。

如果你对这个话题感兴趣并且希望了解更多的话，请查看 Spring Web Services 项目的参考文档，地址为 http://static.springsource.org/spring-ws/sites/2.0/reference/html/index.html。Spring Web Services 是一个独立的项目，它与 Spring Framework 相关并依赖于 Spring Framework。它应该可以与现有的 Spring 代码一起工作，例如 Web 控制器和 RESTful 终端。

为了使用 Spring Web Services，我们需要添加一个额外的 Maven 依赖，本章的开头并未提到它：

```
<dependency>
```

```
            <groupId>org.springframework.ws</groupId>
            <artifactId>spring-ws-core</artifactId>
            <version>2.1.4.RELEASE</version>
            <scope>compile</scope>
            <exclusions>
                <exclusion>
                    <groupId>javax.xml.stream</groupId>
                    <artifactId>stax-api</artifactId>
                </exclusion>
            </exclusions>
        </dependency>
```

临时的 Java Streaming API for XML (StAX)依赖被排除了，因为它已经是 Java 6 和更高版本 API 的一部分。

为了完成本节的内容，请使用 wrox.com 代码下载站点中可用的 Customer-Support-v14 项目。它已经包含了一个 RestServletContextConfiguration、一个 RestExceptionHandler 和一个 IndexRest-Endpoint，它们与我们之前看到的代码类似。它还包含了一个 TicketRestEndpoint，用于通过 RESTful JSON 或者 XML API 管理票据，我们应该尽可能多地对它进行检查和测试。本章我们将关注于如何使用 SOAP Web 服务创建一个终端用于管理票据。

注意：你可能会注意到 TicketRestEndpoint 没有实现安全保护，它无法阻止未授权的访问。因此，SOAP 终端也没有安全保护。该应用程序使用的简单表单认证并不适用于 Web 服务。本书的第Ⅳ部分将学习如何使用 OAuth 保护 Web 服务。因此，你的 Web 服务将一直是没有保护措施的，直到第Ⅳ部分。

17.4.1　编写契约优先的 XSD 和 WSDL

Spring Web Services 将严格地执行契约优先开发模式。我们在开始任何工作之前必须先定义 XML 契约。好消息是有一些工具可以帮助完成 XML 契约的定义。请考虑我们可能需要使用的 Ticket 的 XML 格式。

```
<ticket xmlns="http://example.com/xmlns/support">
    <id>12</id>
    <customerName>John Doe</customerName>
    <dateCreated>2014-01-17T12:36:00Z</dateCreated>
    <subject>Foo</subject>
    <body>Bar</body>
    <attachment>
        <name>spacer.gif</name>
        <mimeContentType>image/gif</mimeContentType>
        <contents>R0lGODlhAQABAAAAACH5BAEKAAEALAAAAAABAAEAAAICTAEAOw==</contents>
    </attachment>
</ticket>
```

我们还需要创建新的票据，所以需要添加一个<ticketForm>元素。

```
<ticketForm xmlns="http://example.com/xmlns/support">
    <subject>Foo</subject>
    <body>Bar</body>
    <attachment>
        <name>spacer.png</name>
        <mimeContentType>image/png</mimeContentType>
        <contents>iVBORw0KGgoAAAANSUhEUgAAAAEAAAABAQMAAAAl21bKAAAAA1BMVEUAAACne
j3aAAAAAXRSTlMAQObYZgAAAApJREFUCB1jYAAAAAIAAc/INeUAAAAASUVORK5CYII=</contents>
    </attachment>
</ticketForm>
```

我们需要读取和删除单个票据，所以需要添加一个<ticketRequest>元素和一个相同的<deleteTicket>元素。最后，我们需要一种选择所有票据的方式，使用一个空的<ticketsRequest>元素可以实现这一点。

```
<ticketRequest xmlns="http://example.com/xmlns/support">
    <id>12</id>
</ticketRequest>
```

根据这些样例，我们的 IDE 可以帮助生成 XSD 模式代码。例如，在 IntelliJ IDEA 中，我们可以按照下面的步骤为每个元素创建临时的 XML 文件：

(1) 在 XML 内容的任何位置右击鼠标，单击 Generate XSD Schema from XMLFile。

(2) 在出现的对话框中，确保 Design Type 字段被设置为 local elements/global complex types，然后单击 OK。

(3) 生成的 XSD 模式文件与我们所需要的文件非常接近，只需要做一些微小的调整：表明期望使用的元素类型、指定类型可以出现的频度等。这些 XSD 文件需要合并成一个 XSD 文件，在其中包含 Web 服务中所有的操作。

代码清单 17-4 显示了最终的 XSD 模式文件：/WEB-INF/xsd/soap/support.xsd。

代码清单 17-4：support.xsd

```
<?xml version="1.0" encoding="UTF-8"?>
<xs:schema attributeFormDefault="unqualified" elementFormDefault="qualified"
        targetNamespace="http://example.com/xmlns/support"
        xmlns:xs="http://www.w3.org/2001/XMLSchema"
        xmlns:support="http://example.com/xmlns/support">
    <xs:element name="ticketsRequest" type="support:ticketsRequestType" />
    <xs:element name="ticketRequest" type="support:selectTicketType" />
    <xs:element name="createTicket" type="support:createTicketType"/>
    <xs:element name="deleteTicket" type="support:selectTicketType"/>
    <xs:element name="ticket" type="support:ticketType" />
    <xs:element name="tickets" type="support:ticketsType" />
    <xs:complexType name="ticketType">
        <xs:sequence>
            <xs:element type="xs:long" name="id" minOccurs="0"/>
            <xs:element type="xs:string" name="customerName" minOccurs="0"/>
            <xs:element type="xs:dateTime" name="dateCreated" minOccurs="0"/>
            <xs:element type="xs:string" name="subject"/>
            <xs:element type="xs:string" name="body"/>
            <xs:element type="support:attachmentType" name="attachment"
                    minOccurs="0" maxOccurs="unbounded"/>
```

```
            </xs:sequence>
        </xs:complexType>
        <xs:complexType name="ticketsRequestType">
            <xs:sequence />
        </xs:complexType>
        <xs:complexType name="selectTicketType">
            <xs:sequence>
                <xs:element type="xs:long" name="id"/>
            </xs:sequence>
        </xs:complexType>
        <xs:complexType name="createTicketType">
            <xs:sequence>
                <xs:element type="support:ticketType" name="ticket"/>
            </xs:sequence>
        </xs:complexType>
        <xs:complexType name="ticketsType">
            <xs:sequence>
                <xs:element type="support:ticketType" name="ticket" minOccurs="0"
                         maxOccurs="unbounded"/>
            </xs:sequence>
        </xs:complexType>
        <xs:complexType name="attachmentType">
            <xs:sequence>
                <xs:element type="xs:string" name="name"/>
                <xs:element type="xs:string" name="mimeContentType"/>
                <xs:element type="xs:base64Binary" name="contents"/>
            </xs:sequence>
        </xs:complexType>
    </xs:schema>
```

在本例中所有我们需要做的就是生成这个 XSD：Spring Web Services 将它看作是完整的契约，并自动创建出 WSDL。为了执行 WSDL 创建操作，我们首先需要配置 Spring Web Services。

17.4.2　添加 SOAP 派发器 Servlet 配置

与 Spring Framework 不同，Spring Web Services 不支持 Java 编程式配置。不过，我们需要在 SOAP 应用上下文中使用组件扫描，所以创建一个混合配置是最简单的方式。SoapServletContextConfiguration 将扫描@org.springframework.ws.server.endpoint.annotation.Endpoint 组件，并导入 soapServletContext.xml 配置。

```
@Configuration
@ComponentScan(
        basePackages = "com.wrox.site",
        useDefaultFilters = false,
        includeFilters = @ComponentScan.Filter(Endpoint.class)
)
@ImportResource("classpath:com/wrox/config/soapServletContext.xml")
public class SoapServletContextConfiguration
{
    @Bean
    public WebServiceMessageFactory messageFactory()
    {
        SaajSoapMessageFactory factory = new SaajSoapMessageFactory();
```

```
        factory.setSoapVersion(SoapVersion.SOAP_12);
        return factory;
    }
}
```

显式的 messageFactory bean(名字很重要)将覆盖默认的消息工厂，这样支持的 SOAP 版本才是 1.2 而不是默认的 1.1。SOAP 1.2 在协议绑定、扩展性和 XML 格式上都有一些增强，这超出了本书的讨论范围。soapServletContext.xml 文件将告诉 Spring Web Services 基于注解配置终端，并使用之前创建的 XSD 模式文件生成 WSDL。

```
<?xml version="1.0" encoding="UTF-8"?>
<beans xmlns="http://www.springframework.org/schema/beans"
       xmlns:sws="http://www.springframework.org/schema/web-services"
       xmlns:xsi="http://www.w3.org/2001/XMLSchema-instance"
       xsi:schemaLocation="http://www.springframework.org/schema/beans
           http://www.springframework.org/schema/beans/spring-beans-4.0.xsd
           http://www.springframework.org/schema/web-services
           http://www.springframework.org/schema/web-services/web-services-2.0.
xsd">

    <sws:annotation-driven marshaller="jaxb2Marshaller"
                           unmarshaller="jaxb2Marshaller" />
    <sws:dynamic-wsdl id="support" portTypeName="Support"
                      locationUri="/services/Soap/" createSoap11Binding="false"
                      createSoap12Binding="true"
                      targetNamespace="http://example.com/xmlns/support">
        <sws:xsd location="/WEB-INF/xsd/soap/support.xsd" />
    </sws:dynamic-wsdl>

</beans>
```

因为@Endpoint 也是@Component，所以我们需要修改 RootContextConfiguration，保证只有 SOAP 派发器 Servlet 上下文实例化并管理 SOAP 终端类。

```
...
@ComponentScan(
        basePackages = "com.wrox.site",
        excludeFilters = @ComponentScan.Filter({
                Controller.class, ControllerAdvice.class, Endpoint.class
        })
)
public class RootContextConfiguration
...
```

我们需要启动 SOAP 派发器 Servlet，让它使用 SoapServletContextConfiguration 进行初始化。Spring Web Services 有一个特有的 DispatcherServlet，它实现了处理 SOAP 请求的 org.springframework.ws.transport.http.MessageDispatcherServlet。下面的代码来自于 BootStrap 类，它创建了该 Servlet、设置它的应用上下文，并指示它将 WSDL 位置转换为请求。

```
        ...
        AnnotationConfigWebApplicationContext soapContext =
                new AnnotationConfigWebApplicationContext();
```

```
        soapContext.register(SoapServletContextConfiguration.class);
        MessageDispatcherServlet soapServlet =
                new MessageDispatcherServlet(soapContext);
        soapServlet.setTransformWsdlLocations(true);
        dispatcher = container.addServlet("springSoapDispatcher", soapServlet);
        dispatcher.setLoadOnStartup(3);
        dispatcher.addMapping("/services/Soap/*");
        ...
```

在配置了 Spring Web Services 之后，我们就可以创建 SOAP 终端了。

17.4.3　创建 SOAP 终端

终端是 Spring Web Service 的服务器支持的关键概念。与控制器不同，它们的处理器方法被直接绑定到了 HTTP 请求和响应，Spring Web Service SOAP 终端可以处理通过 HTTP、XMPP、SMTP、JMS 等协议创建的 SOAP 请求。正如@Controller 标记了控制器哪些@RequestMapping 方法应该被扫描和映射到请求一样，@Endpoint 标记了终端哪些@org.springframework.ws.server.endpoint.annotation.PayloadRoot 方法、@org.springframework.ws.soap.server.endpoint.annotation.SoapAction 方法和/或@org.springframework.ws.soap.addressing.server.annotation.Action 方法是处理通过任何协议进入的 SOAP 请求的处理器。终端方法的参数对应着请求的元素，而返回类型代表着响应的内容。

在选择方法参数时有着很大的灵活性，希望接受哪种类型的参数取决于你喜欢如何访问请求中的 XML 内容。例如，类型为 SoapMessage、SoapBody、SoapEnvelope 或者 SoapHeader 的方法参数将通过 SOAP 请求中的对应内容传入。类似于@RequestBody，如果方法参数上标注了@org.springframework.ws.server.endpoint.annotation.RequestPayload，那么 Spring Web Services 将把请求载荷转换为目标类型。支持的请求载荷类型有：

- javax.xml.transform.Source 或者它的子接口
- org.w3c.dom.Element
- org.dom4j.Element，如果 dom4j 在类路径上的话
- org.jdom.Element，如果 JDOM 在类路径上的话
- nu.xom.Element，如果 XOM 在类路径上的话
- javax.xml.stream.XMLStreamReader 或者 javax.xml.stream.XMLEventReader，在 Java SE 6 或者更高版本中，或者如果 StAX 在类路径上的话
- 任何标注了@javax.xml.bind.annotation.XmlRootElement 的类型，在 Java SE 6 或者更高版本中，或者如果 JAXB 在类路径上的话
- 任何 Spring OXM Unmarshaller 支持的类型，如果<sws:annotation-driven>中配置了 unmarshaller 属性的话。

类似地，标注了@org.springframework.ws.server.endpoint.annotation.ResponsePayload 的方法的返回类型可以是 Source 或者它的子接口、org.w3c.dom.Element、org.dom4j.Element、org.jdom.Element、nu.xom.Element、任何标注了@XmlRootElement 的类型和任何 Spring OXM Marshaller 支持的类型(如果<sws:annotation-driven>中配置了 marshaller 特性的话)。一个返回 void 的方法没有任何响应内容(一个空的 SOAP 信封)。

由于对方法参数和返回类型的支持，我们可以在 TicketSoapEndpoint 中重用为 TicketRestEndpoint 创建的几个参数和返回类型，如代码清单 17-5 所示。如你所见，该终端与 REST 终端有许多相似之

处，但是它也有一些区别。该终端通过使用@PayloadRoot 注解将载荷根元素匹配到了终端操作方法上，但是我们也可以使用@SoapAction 标注 SoapAction 头，或者使用 Web Services Addressing 标准(http://www.w3.org/2005/08/addressing)的@Action 注解。

代码清单 17-5：TicketSoapEndpoint.java

```
@Endpoint
public class TicketSoapEndpoint
{
    private static final String NAMESPACE = "http://example.com/xmlns/support";

    @Inject TicketService ticketService;

    @PayloadRoot(namespace = NAMESPACE, localPart = "ticketsRequest")
    @ResponsePayload
    public TicketWebServiceList read()
    {
        TicketWebServiceList list = new TicketWebServiceList();
        list.setValue(this.ticketService.getAllTickets());
        return list;
    }

    @PayloadRoot(namespace = NAMESPACE, localPart = "ticketRequest")
    @Namespace(uri = NAMESPACE, prefix = "s")
    @ResponsePayload
    public Ticket read(@XPathParam("/s:ticketRequest/id") long id)
    {
        return this.ticketService.getTicket(id);
    }

    @PayloadRoot(namespace = NAMESPACE, localPart = "createTicket")
    @ResponsePayload
    public Ticket create(@RequestPayload CreateTicket form)
    {
        Ticket ticket = new Ticket();
        ticket.setCustomerName("WebServiceAnonymous");
        ticket.setSubject(form.getSubject());
        ticket.setBody(form.getBody());
        if(form.getAttachments() != null)
            ticket.setAttachments(form.getAttachments());

        this.ticketService.save(ticket);

        return ticket;
    }

    @PayloadRoot(namespace = NAMESPACE, localPart = "deleteTicket")
    @Namespace(uri = NAMESPACE, prefix = "s")
    public void delete(@XPathParam("/s:deleteTicket/id") long id)
    {
        this.ticketService.deleteTicket(id);
    }

    @XmlRootElement(namespace = NAMESPACE, name = "createTicket")
```

```
    public static class CreateTicket
    {
        private String subject;
        private String body;
        private List<Attachment> attachments;

        public String getSubject() { ... }
        public void setSubject(String subject) { ... }
        public String getBody() { ... }
        public void setBody(String body) { ... }
        @XmlElement(name = "attachment")
        public List<Attachment> getAttachments() { ... }
        public void setAttachments(List<Attachment> attachments) { ... }
    }
}
```

编译并启动客户支持应用程序进行测试。在任何普通浏览器中访问 http://localhost:8080/support/services/Soap/support.wsdl，查看自动生成的 WSDL。使用图形用户界面创建一些票据，然后使用 RESTClient 浏览器插件测试 RESTful Web 服务接口。也可以使用 RESTClient 测试 SOAP Web 服务接口。因为手动创建 SOAP 信封请求可能是非常复杂的，所以本节包含了 4 个请求帮助测试 SOAP Web 服务。请求的目标应该是 http://localhost:8080/support/services/Soap/，方法使用的应该是 POST，采取哪种操作均可。

```
<soap:Envelope xmlns:soap="http://www.w3.org/2003/05/soap-envelope">
  <soap:Header/>
  <soap:Body>
    <support:ticketsRequest xmlns:support="http://example.com/xmlns/support"/>
  </soap:Body>
</soap:Envelope>

<soap:Envelope xmlns:soap="http://www.w3.org/2003/05/soap-envelope">
  <soap:Header/>
  <soap:Body>
    <support:ticketRequest xmlns:support="http://example.com/xmlns/support">
      <id>1</id>
    </support:ticketRequest>
  </soap:Body>
</soap:Envelope>

<soap:Envelope xmlns:soap="http://www.w3.org/2003/05/soap-envelope">
  <soap:Header/>
  <soap:Body>
    <support:deleteTicket xmlns:support="http://example.com/xmlns/support">
      <id>1</id>
    </support:deleteTicket>
  </soap:Body>
</soap:Envelope>

<soap:Envelope xmlns:soap="http://www.w3.org/2003/05/soap-envelope">
  <soap:Header/>
  <soap:Body>
    <support:createTicket xmlns:support="http://example.com/xmlns/support">
      <subject>Foo</subject>
```

```
      <body>Bar</body>
      <attachment>
        <name>spacer.gif</name>
        <mimeContentType>image/gif</mimeContentType>
        <contents>R0lGODlhAQABAAAAACH5BAEKAAEALAAAAAABAAEAAAICTAEAOw==</contents>
      </attachment>
    </support:createTicket>
  </soap:Body>
</soap:Envelope>
```

17.5 小结

本章讲解了许多内容。本章首先讲解了 Web 服务和 SOAP 的概念、现代 Web 服务的起源。接下来讲解了 RESTful Web 服务标准，并讲解了如何为客户提供 RESTful Web 服务。还讲解了如何使用标准的 Spring MVC 控制器创建 RESTful Web 服务，并讲解如何使用原型注解区分 Web 控制器和 RESTful Web 服务终端。最后本章还简单讲解了 Spring Web Services 项目，以及如何使用它为应用程序创建 SOAP Web 服务。

在下一章和第 II 部分的最后一章，我们将学习如何使用 Spring Framework 和 Web 应用群集使应用程序变得更加灵活、可扩展和可靠。

第18章 使用消息传送和群集实现灵活性和可靠性

本章内容：

- 识别使用消息传送和群集的时机
- 在应用程序中添加消息传送支持
- 将消息发布到群集中
- 使用高级消息队列协议发布事件

本章需要从 wrox.com 下载的代码

访问网址 http://www.wrox.com/go/projavaforwebapps 的 Download Code 选项卡，找到本章的代码下载链接。本章的代码被分成了下面几个主要的例子：

- Publish-Subscribe 项目
- WebSocket-Messaging 项目
- AMQP-Messaging 项目

本章新增的 Maven 依赖

本章没有新增将来会使用的 Maven 依赖。我们将继续使用之前章节中引入的 Maven 依赖。下面的依赖将在本章的最后一节中使用，不会出现在任何其他的章节中。

```
<dependency>
    <groupId>com.rabbitmq</groupId>
    <artifactId>amqp-client</artifactId>
    <version>3.2.3</version>
    <scope>compile</scope>
</dependency>
```

18.1 识别需要消息传送和群集的时机

消息传送和群集是两个关键的企业级应用程序特性。有意思的是，消息传送和群集能力可以单独使用，独立地增强应用程序，也可以结合使用它们改进应用程序的灵活性、可靠性、可扩展性和可用性。本章将分别讲解每个话题，并讲解如何在 Java EE Web 应用环境中通过 Spring Framework 使用它们。

18.1.1　应用程序消息传送的定义

术语消息传送可以有许多含义。当你与朋友和同事使用电子邮件和文本消息交流时，你就在使用消息传送。如果使用的是一个即时消息传送服务，例如 Jabber、AIM、Skype 或者 Lync，这也是消息传送。甚至使用摩斯代码通知某人也是一种消息传送形式。

不过，应用程序消息传送不会应用在这些行为的任意一种上。应用程序消息传送是信息的交换，通常是关于应用的不同单元之间的事件。尽管某些类型的人类交互通常会触发应用程序消息传送的交换，但它很少发生在应用程序用户的指令或者指示上。应用程序消息传送是所有大型应用程序的一个关键组件。通过它，可以使应用程序的某个部分通知另一部分它所发生的活动、数据改变、缓存无效或者任意数目的其他事件。应用程序消息传送可以采取许多形式，但最常用的是远程过程调用(RPC)和发布-订阅模式(pub/sub)

1. 了解发布-订阅

在 RPC 中，消息通过客户端-服务器范式交换。客户端连接到服务器(可能使用的是持久连接，或者可能每个过程调用一个连接)，并执行特定的过程(或方法)。在 Java 中，这通常被称为远程方法调用(RMI)，它真正是特定于 Java 的本地 RPC 协议，它将会使用接口和 Java 序列化。

通常，RPC 和客户端-服务器范式的问题是：调用者(或客户端)必须知道消息接收者(或服务器)的一些信息。RPC 甚至不能应用在某些本地环境中(在运行的同一个应用程序中)。一个简单的方法调用是单个运行应用程序中对 RPC 的模拟。为了了解这如何会引起问题，请考虑一个人力资源管理系统，它包含了一个存储了员工数据的简单数据库。该系统需要增加一个新的组件，在招聘了新员工时向地方政府发送一个税收记录，需要更新员工服务调用税收记录服务。现在工资系统需要为每个员工创建一个工资条目，所以更新员工服务将调用工资服务。另外，该系统需要一个保险组件，用于管理组策略中的员工，所以更新员工服务将再次调用保险服务。

在你接触到这个服务之前，它已经与 10 个或者 20 个系统组件有着紧密的联系。不止员工服务需要知道这些系统以及如何调用它们，员工服务的测试者也必须为员工服务提供所有这些组件的模拟实现，才能正确地测试它们是否被正确地调用了。因为所有这些系统都与其他服务互锁，所以这个系统非常复杂，就像一团乱麻一样，抽取了一根错误的线可能就会影响整个系统。是的，RPC 也有自己的用途，但它天生不应该被用作应用程序消息传送。

这样的系统是紧耦合的。为了更好地理解该模式的缺点，请将它应用在社交网络活动中。当你注册了一个社交网络平台时，在账户中添加“好友”，这些好友将按顺序把你添加到他们的账户中。如果遵守相同的客户端-服务器模式，那么每次更新自己的状态或发布链接时，就必须向每个朋友发送消息才能确保朋友们看到它。这可能很快会变得失控。

实际上，社交网络是发布-订阅模式的一个完美样例。例如，在 Twitter 上，用户订阅了其他用户。当用户发布内容时，他的订阅者将会自动收到该内容的通知——他不必手动将内容发给他的所有订阅者。该系统是松耦合的。内容的发布者不关心谁订阅了，并且不需要知道他的订阅者如何接收到发布的内容。同样地，订阅者也不需要知道谁正在发布特定类型的内容(可能有多个数据源)。发布者可能没有订阅者，也可能有数百个订阅者。发布-订阅模式将解耦该系统，并使它们变得不那么复杂(易于测试)。

一个 pub/sub 系统包含了 3 个角色：发布者、订阅者和代理。代理负责维护一个谁订阅了哪个主题的列表，并在发布者向相关的主题中广播消息时，将消息派发给合适的订阅者，如图 18-1 所示。在 Twitter 的样例中，Twitter 就是代理，你既是发布者也是订阅者。当你订阅另一个用户时，将通知 Twitter(单击 Follow 按钮)你希望订阅该用户的内容。当用户发布 tweet 时，Twitter 将保证它出现在你的 Twitter 主页的 Tweets 列表上。到现在为止，你可能已经意识到一个 pub/sub 发布者也可以是一个订阅者(通常是这样的)。因此，从技术上讲，代理也可以是发布者和/或订阅者(尽管这并不常见)。不过，你永远不能有超过一个代理，除非使用了负载共享或者故障恢复配置，采用两个或多个代理模拟一个逻辑代理(代理群集)。

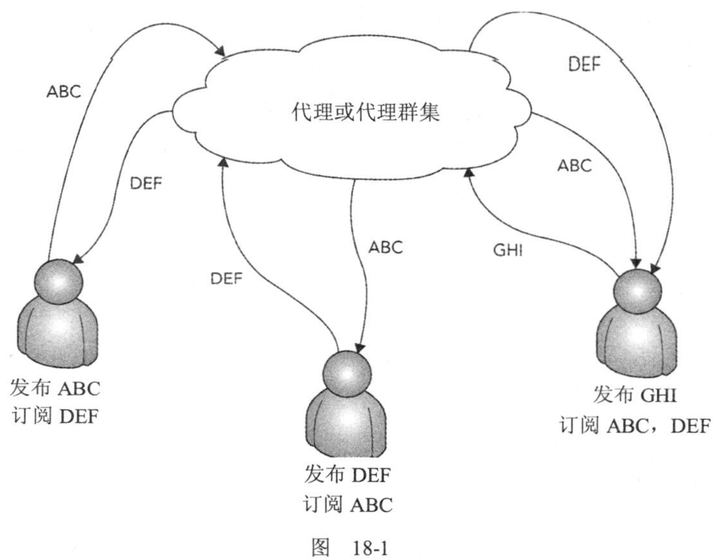

图 18-1

2. 使用 Spring Framework 的应用程序事件和监听器

不使用任何特殊的配置时，Spring Framework 将自动成为 pub/sub 环境中的消息代理。为了发布消息，调用一个 org.springframework.context.ApplicationEventPublisher 实例上的 publishEvent 方法，并向它传递一个 org.springframework.context.ApplicationEvent 的实例即可。通过依赖注入或者实现 org.springframework.context.ApplicationEventPublisherAware，可以获得由 Spring 管理的 bean 中的 ApplicationEventPublisher。得到了 ApplicationEventPublisher 实例之后，就可以发布任意数量的事件了。

订阅事件同样简单。由于事件 FooEvent 继承了 ApplicationEvent，Spring bean 只需要实现 org.springframework.context.ApplicationListener<FooEvent>即可订阅 FooEvent 消息。为了订阅 BarEvent，实现 ApplicationListener<BarEvent>即可。也可以创建和订阅一个事件的层次。例如，考虑下面的事件定义：

```
public class TopEvent extends ApplicationEvent { }
public class MiddleEvent extends TopEvent { }
public class CenterEvent extends TopEvent { }
public class BottomEvent extends MiddleEvent { }
```

因此，bean 如果实现了：

- ApplicationListener<ApplicationEvent>，它将会订阅所有的事件。
- ApplicationListener<TopEvent>，它将会订阅 TopEvent、MiddleEvent、CenterEvent 和 BottomEvent。
- ApplicationListener<MiddleEvent>，它将会订阅 MiddleEvent 和 BottomEvent。
- ApplicationListener<CenterEvent>，它只会订阅 CenterEvent。
- ApplicationListener<BottomEvent>，它只会订阅 BottomEvent。

因为 Java 不允许多次实现相同的接口，哪怕使用的是不同的类型参数，所以如果不订阅多个事件的共同祖先的话，就不能订阅多个不同事件。这并不总是可取的，尤其是如果唯一的共同祖先是 ApplicationEvent 的话——Spring 提供了几十个内建事件，用于在任意给定的时间为不同的原因发布。不过，我们可以通过一种聪明的方式，使用@Bean 和匿名内部类解决这个问题：

```
@Service
public class FooService
{
    public void doSomething() { }

    @Bean
    public ApplicationListener<BarEvent> fooService$barEventListener()
    {
        return new ApplicationListener<BarEvent>()
        {
            @Override
            public void onApplicationEvent(BarEvent e)
            {
                FooService.this.doSomething();
            }
        }
    }

    @Bean
    public ApplicationListener<BazEvent> fooService$bazEventListener()
    {
        return new ApplicationListener<BazEvent>()
        {
            @Override
            public void onApplicationEvent(BazEvent e)
            {
                FooService.this.doSomething();
            }
        }
    }
}
```

当然，这如同 Spring Framework 中内建的 pub/sub 支持一样强大，它是本地的。它只能在指定的 Spring 容器中工作，或者更重要的，只能在单个 JVM 中工作。在许多情况下，我们都需要让 pub/sub 在群集中跨服务器工作，这就引起了另一个问题："到底什么是群集？"。

18.1.2　群集的定义

群集有许多含义。按照术语的定义严格来说，群集是一组东西。使用单词群集时可以参考：地质学、生物学、化学、天文学、食品、技术和一些其他的东西。房子可以建在群集中，城市可以在群集中形成，人们也可以聚集在群集中。

不过，在计算机术语中，应用程序群集是两个或多个为了相同的目标而一起工作的应用程序组，可以将它们看作单个系统。通常，群集将涉及两个或多个物理或虚拟服务器，这些服务器将运行相同的服务并执行相同的任务、甚至均匀地在服务器间共享负载。它也可以涉及两个或多个一致的服务，它们将以相同的方式运行在相同的物理或虚拟机器上。例如，两个或多个 Apache Tomcat 可以组成一个群集，无论它们是运行在相同的服务器上，还是所有 Tomcat 都在不同的服务器上，或者以某种结合的方式运行。最重要的不是这些服务在哪里运行，而是如何对它们进行配置，它们是否将协同完成相同的任务。

1. 了解分布式 Java EE 应用程序

严格的讲，只要 Java EE Web 应用程序的部署描述符和/WEB-INF/lib 目录中任意 JAR 文件的/META-INF/web-fragment.xml 的描述符中有<distributable/>标签，那么它就被认为是分布式应用程序。如果 JAR 文件未包含 web-fragment.xml 文件，那么它就不会被认为是一个 Web 片段。如果应用程序的单个 JAR 中有 web-fragment.xml 文件但缺少<distributable/>，或者如果部署描述符缺少<distributable/>，那么应用程序将被认为是非分布式的。

如果不能准确地理解分布式 Java EE 应用程序到底是什么，那么就无法帮助我们了解如何创建分布式应用程序。元素<distributable/>表示所编写的 Web 应用程序将被部署到同一主机或者不同主机上运行的多个 JVM 中。几乎在所有的情况下，这都意味着所有写入 HttpSession 中的特性都是 Serializable。容器是允许在分布式应用程序中支持非 Serializable 会话特性的，但它们不必这样做，而且大多数简单 Servlet 容器也不会这样做。例如，在一个<distributable/>应用程序中，向会话中添加非 Serializable 特性的话，Tomcat 将会抛出 IllegalArgumentException 异常。使用 Serializable 会话特性的关键是：它允许在群集的服务器之间共享 HttpSession，这可能就是使用<distributable/>的最重要的原因。如果群集中配置了两个或多个容器，它们可以在群集中共享 HttpSession 数据(这只适用于分布式应用程序)。

2. 了解 HTTP 会话、粘滞和序列化

为什么需要在群集的服务器间共享 HttpSession 数据呢？答案相当简单，归根结底是使用群集的目的：可扩展性和可用性。单个服务器无法为数量无限增长的用户服务。当服务器出现故障时，你会希望用户以透明的方式切换到其他服务器上。因为大多数与用户交互的应用程序都使用会话，所以最重要的是在群集中共享会话数据。这可以实现两个目的：

- 如果一个服务器出现故障了，用户请求可以被发送到一个不同的服务器上，而该服务器拥有的会话数据与已经出现故障的服务器的数据完全相同。
- 在一个理想的世界中，连续的用户请求可以被接收到请求的服务器独立处理，所以用户的请求每一次都可以在不同的服务器上处理，而不会出现丢失会话信息的情况。

为了使这些场景正常工作，我们必须使会话特性变成 Serializable。因为 Java 对象不能在单个 Java 虚拟机范围之外存在，HttpSession 必须在发送到群集中其他服务器之前序列化它们——无论是通过共享内存、文件系统还是网络连接。这种模式提供了两个有挑战的解决方案。

首先，有时会话特性可能不完全是 Serializable。对于升级和重构的遗留应用程序来说更是如此。例如，会话特性可能(无论出于什么原因，不过这样做是糟糕的)持有一个数据库连接或者已打开文

件的句柄。这些特性明显是无法序列化的，也无法在群集中共享——或者它们可以？javax.servlet.http.HttpSessionActivationListener 接口指定了一个特殊类型的特性，它知道什么时候进行序列化并发送到群集中的其他服务器或者什么时候特性已经在某个服务器上反序列化了。当发送会话特性到其他服务器(通过 sessionWillPassivate 方法)或者从另一个服务器接收到会话特性时(通过方法 sessionDidActivate)，任何实现了该接口的会话特性都将得到通知。在之前提到的样例中，会话特性可以重新打开一个 sessionDidActivate 中标记为 transient 的数据库连接。

群集会话中更常见的问题是性能。为了实现完整的服务器独立性，每次更新会话特性和请求时，服务器必须序列化并共享 HttpSession(这样 lastAccessTime 属性才能保持为最近的时间)。在某些情况下这可能会导致真正的性能问题(尽管在使用一个服务器的情况下，它仍然有一些优势)。

出于该原因和一些其他的原因，在部署分布式应用程序时，会话粘滞的概念是一个重要的考虑因素。如何配置会话粘滞随着容器和负载均衡器的不同而不同，但概念是相同的：在单个会话中，所有的会话请求都将在相同的 JVM 中处理。会话将周期性地序列化并在群集中共享，周期频率由开发团队设定的性能标准决定。

共享会话频率低可能会引起问题：想象一下如果我们在购物车中添加了几个商品，但在下一个请求中，这些商品都消失了。在一个粘滞会话中，除非会话终止或者服务器出现故障，你的请求总会发送相同的服务器，会话状态不一致问题就得到了缓和。服务器故障是不可预测的，当故障发生时，会话很少能保持一致的状态。因此在可能的情况下，最好总是在每次会话更新时在群集中维护会话状态。

3. 配置容器以支持群集应用程序

配置应用程序群集的过程在 Java EE 应用服务器和 Servlet 容器之间有着极大的不同。例如，如果安装的是 GlassFish 域管理服务器(DAS)，那么可以使用该服务器上的 Web 应用程序自动创建和配置 GlassFish 群集和节点。然后所有需要做的就是在群集中部署一个<distributable/>应用程序，GlassFish 将把应用程序分布到群集节点中，并自动激活会话迁移。

相反地，Tomcat 和大多数独立运行的 Servlet 容器的配置就稍微复杂一点。在初始状态下，Tomcat 并不执行任何应用程序分布操作。运行了相同应用程序的两个 Tomcat 服务器只是运行相同应用程序的两个不同 Tomcat 服务器。它们不知道彼此，也没有办法共享会话数据。我们首先必须配置群集中的所有 Tomcat 服务器让它们识别彼此，并协调如何执行会话迁移。然后必须告诉它们如何与彼此共享会话数据——通过 TCP 套接字、数据库或者其他的方式。

还必须在 Tomcat 群集节点之间创建负载均衡。有许多不同的方式可以实现该任务，但通常可以使用图 18-2 和图 18-3 中所示的技术之一实现。

第一个场景更加常见，一个标准的网络通信负载均衡器将接受到达你的网站 IP 地址的请求，并在两个或多个 Apache HTTPD 或者 Microsoft IIS Web 服务器之间调度请求(请参考图 18-2)。这些 Web 服务器上运行着 Apache Tomcat Connector 的变体——Apache 的 mod_jk 或者 IIS 的 isapi_redirect。Apache Tomcat Connector 知道它连接到的 Tomcat 服务器的性能指标可以将请求路由到负载最小的 Tomcat 服务器。这是一个很有价值的智能负载均衡器，它被应用在世界各地的许多企业中。不过，它也有一些缺点——换句话说，它不支持 WebSocket 通信(尚未)。

另一种可行的解决方案是：使用网络负载均衡器直接在 Tomcat 实例之间实现智能的负载均衡(请参考图 18-3)。尽管该负载均衡器无法像 Apache Tomcat Connector 那样测试性能指标，但是好的网络负载均衡器可以通过发布简单的、周期性健康检查请求，然后测量每个服务器响应请求所花费的时间，再根据这些数据测量出精确的性能指标。

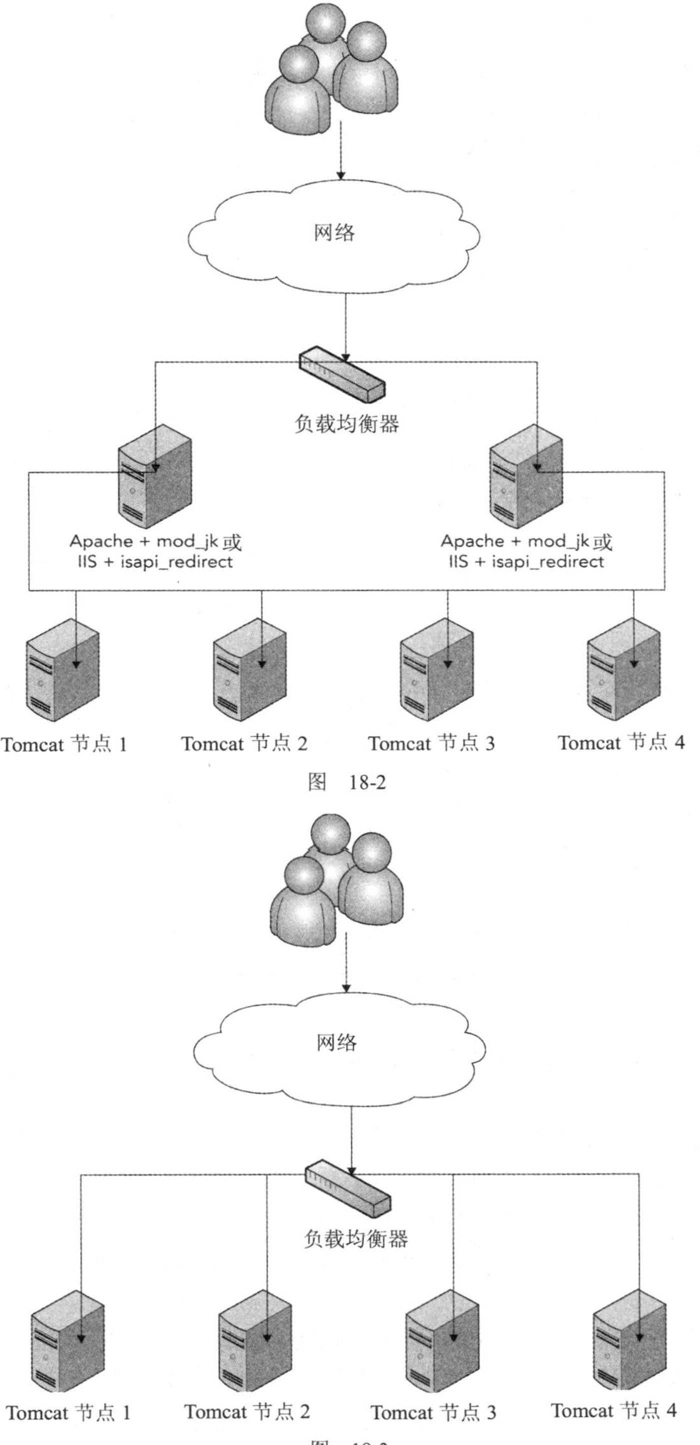

图 18-2

图 18-3

创建了群集节点并配置了负载均衡之后，我们必须配置 Tomcat 群集通信和会话迁移。实现该目标的最简单方式是在 Tomcat 的 conf/server.xml 文件的<Engine>或<Host>元素中添加下面的元素：

```
<Cluster className="org.apache.catalina.ha.tcp.SimpleTcpCluster"/>
```

这将激活默认的会话迁移配置。假设所有节点一直驻留在不同的主机上(并且可以使用相同的端口)，而它们将通过子网多播地址宣布自己的存在。会话将通过群集中所有节点之间创建的 TCP 连接进行传输。不过，这只是默认的选项，我们可以对群集配置中的许多设置进行自定义。可以让它使用一个数据库或者共享文件系统，并且可以修改群集执行操作的端口。也可以调整 Tomcat 用于决定何时共享会话以及选择哪个节点共享会话的算法。配置具有两个或多个 Tomcat 服务器的群集是相当复杂的，而本书并不是一本关于 Tomcat 服务器管理的书籍。因此，本章不会讲解如何创建和测试群集 Tomcat 环境。

注意：这里描述的负载均衡技术也可以应用于 GlassFish 群集。除了支持标准的负载均衡，GlassFish 还支持 *mod_jk* 和 *isapi_redirect Apache Tomcat Connector*。不过配置群集通信和会话迁移是完全不同的。

18.1.3　消息传送和群集的协作方式

你可能已经意识到了，跨群集迁移 HttpSession 是非常有用的，但在构建 Web 应用程序时它可能无法满足你所有的需求。类似地，Spring 对本地消息传送的支持是非常强大的，但它缺少向群集中其他节点发送消息的能力。在<distributable/>应用程序中，某些形式的分布式消息传送可以满足那些 HttpSession 迁移无法满足的需求。

1. 了解分布式消息传送的用途

为了了解分布式消息传送系统如何运行，我们首先必须了解跨群集发送消息的可能用途。为什么需要这样的系统，而这样做又能带来什么帮助呢？添加了群集消息传送系统之后，下面的这些场景可能会受益。只需要花费一点功夫，你可能就会想到一些特定于个人需求的场景。

- **大型应用程序通常在某种类型的数据库中存储了控制应用程序行为的设置。**因为设置的数量通常非常大而且经常需要访问，所以每次处理请求时(或者更常见的，如果任务运行在后台的话)都重新从数据库中加载设置可能会引起性能问题。另一方面，缓存设置并定期刷新设置可能会导致不正确的行为，如果服务器使用的缓存过期了的话。采用了分布式消息系统之后，处理更新设置请求的服务器将发送消息到群集的其他服务器，指示它们清空设置缓存。此外，还可以将特殊的消息裁剪成设置组，这样只需要重新加载缓存设置的一小部分即可。可以将该模式应用在所有的缓存类型中，不仅是设置。
- **不同的服务可能运行在群集中的不同服务器上。**如果这是我们所期望出现的情况，那么期望订阅特定主题的服务必须从群集中而不只是本地接收消息。
- **某些任务不能在单个 HTTP 请求的范围内启动和完成。**你可以按照计划或者针对请求启动这些任务，例如数据导入和导出，但通常它们必须在后台完成。在这些情况下，通常我们必须提供一种方式，用于检查后台任务的状态。分布式消息传送可以使应用程序群集中的所有服务器都知道任务的状态，这样向任意的服务器发送一个状态检查请求都可以得到一个有用的响应。

2. 识别分布式消息传送的问题

此时跨群集的分布式消息看起来似乎是一个灵丹妙药，但我们也要了解它的一些问题，这是非常重要的。这些问题并不是非常关键的问题，只要正确地了解了它们就可以解决这些问题。

一个常见的问题是：群集中消息传送的异步性。当然，一般来说这是 pub/sub 模式的缺点：先发布消息然后继续执行。在 pub/sub 模式中没有“回复”的过程。如果需要使用发送并回复模型，那么 RPC 更适合这个任务——关于这一点，任何类型的 Web 服务都可以满足该需求，并且有时它比 RPC 更好。不过，异步性问题在群集环境中显得更为突出。通常，相同的应用程序将在数毫秒之内接收和响应一个消息，但群集中的其他应用程序可能在一秒内也无法收到消息。我们应该注意到该延迟并为之做出计划。不要编写一个依赖于快速发送和处理消息的应用程序。

另一个问题是：传输能力。在相同应用程序中发送的消息事实上是可以保证被发送到订阅者的。因为消息传输和发送的时间都比较短暂，阻止消息发送的情况(例如 JVM 崩溃)非常少见。关于这一点，Spring Framework 中的 ApplicationEventPublisher 的 publishEvent 方法只有在所有订阅者都收到消息时才会返回，所以任何在该方法之后执行的代码都可以保证订阅者已经收到了消息。

不过，发布到群集中的消息就不同了。因为发布群集消息时会存在延迟，所以大多数情况下，这都是在一个单独的线程中完成的。在向目标群集发布了消息之后，我们无法保证任何一个订阅者可以收到它。某些系统提供了发送凭证，但这就是另外一个话题了。一般来说，在使用群集消息传送时，应该使应用程序变得足够健壮，即使消息发送失败了，也不应该对应用程序造成太大影响。

3. 了解 WebSocket 应用程序

第 10 章讲解了 WebSocket，并且进行了实验，使用它们在“群集”中的 Servlet 之间发送简单的消息。实际上，这些 Servlet 都运行在相同的 Web 应用程序中，但它的意义是很明确的。WebSocket 是一个改变了游戏规则的技术，它可以极大地简化群集中应用程序之间的通信。确实，WebSocket 信道可以用作发布应用程序消息的信道。在应用程序消息中主要有两种方式使用 WebSocket：

- **应用程序可以为群集中所有其他的应用程序打开一个 WebSocket 连接，并通过该连接发送消息。**目标代码(Spring Framework)将作为消息代理把消息发送到合适的订阅者。这种方式可以正常工作，但它依赖于某种发现机制 ——一种常用的方法是使用子网多播数据包。当应用程序启动完成之后，它将发送一个数据包到多播地址上，所有监听该数据包的应用程序都将接收到它。群集中的其他应用程序将使用数据包中的信息打开一个到发送数据包应用程序的连接。通过这种方式，应用程序只需要重新广播多播数据包，就可以自动地从故障中恢复。
- **可以使用 WebSocket 与消息代理进行通信。**WebSocket 应用通讯协议(*WAMP：WebSocket Application Messaging Protocol*，不要与 Windows-Apache-MySQL-PHP 混淆)中指定了这样的模式，在网址 http://wamp.ws/spec 中可以了解到相关的信息。在 WAMP 中，消息代理将驻留在不同的服务中(或者不同的服务器中)。逻辑代理可能是负载均衡器之后的一个代理服务器群集。应用程序将打开一个到代理的持久 WebSocket 连接，并通过该连接发送订阅请求和消息，接收消息。在这种情况下，Spring Framework 不再是主要的代理。结合使用 Spring Framework，我们可以通过许多方式实现逻辑代理。例如，可以使用代理广播所有的 ApplicationEvent 消息，并使用 Spring 的 pub/sub 支持将消息发送到正确的订阅者。或者可以只将 Spring 的 pub/sub 支持用于本地消息，并使用 WAMP 处理群集消息，使它们相互独立。也可以只使用 WAMP，不使用 Spring Framework 的 pub/sub 支持。使用哪种方式完全取决于个人偏好，并极大地依赖于应用程序的需求。

4. 介绍 Java Message Service 2.0(JSR 343)

一个更老的，但经过了业界测试并且可靠的分布式消息技术是 Java Message Service(JMS)。JMS 最初在 2001 年创建，在 2002 年更新了版本 1.1。它在 Java 世界中获得了广泛的应用，直到 2013 年形成的 JMS 2.0(JSR 343)之前，它基本上是保持不变的。JMS 2.0 并未引入任何重大的观念改变；相反，它澄清了规范中模糊的地方，在保持现有 API 具有兼容性的同时简化了 API，并提供了对 Java 7 AutoCloseable 资源的支持，还与完整的 Java EE 套件集成得更加彻底。

JMS 同时支持几种不同的消息传送模式，但它对使用了主题、发布者和订阅者概念的 pub/sub 模式提供了第一流的支持。另外，JMS 将被用作消息代理。使用 JMS 的一个优点是它具有在队列中添加消息的能力(可选的)。消息将一直存在直到一个感兴趣的消费者处理该消息。在处理时，该消息将从队列中移除，其他感兴趣的消费者不能再处理它。该过程也是事务的，只有一个消费者成功地处理了它，并且只有一个消费者成功地处理了该消息，它才能被标记为已处理。

了解 JMS 是一个 API 而不是协议，这一点很重要。JMS 的标准 API 使它可以很容易地切换 JMS 提供者，只需要修改很少的代码或者不需要修改代码。不过，JMS 标准只是指定了一组需要提供者实现的接口，然后提供者将以自己偏好的方式实现底层的协议。事实上，不同的实现之间可能无法交互和共享消息。这可能有许多缺点，因此在不同提供者或不同平台编写的应用程序之间通信时，JMS 通常不是最好的选择。

可以通过许多方式将 Spring Framework 与 JMS 集成在一起，这些方式与集成 WAMP 所采用的方式相同，包括只使用 JMS、分别独立使用 JMS 和 Spring 的 pub/sub 支持、使 JMS 与 pub/sub 支持相互协作。Spring 对 JMS 特性也提供了第一流的支持，它抽象出了一些 1.1 API 中头疼的问题。遗憾的是，JMS 在完整的 Java EE 应用服务器之外是难于使用的(包括 Tomcat 和独立运行的应用程序)。因此，本书并未详细讲解 JMS。

5. 了解高级消息队列协议

高级消息队列协议(AMQP：*Advanced Message Queuing Protocol*)标准的形成是为了解决 JMS 和类 JMS 规范之间的交互问题。与 JMS 不同，JMS 指定的是一个 Java API，而 AMQP 指定了一个传输消息的有线协议，使用该协议时，提供者可以指定依赖于个人语言的 API。这将允许不同的设备供应商在不同的平台上使用共同的消息协议编写出许多应用程序，并以高效的方式相互通信和协作。

该项目开始于 2003 年，它的目标是改进金融机构之间的货币事务通信。AMQP 1.0 在 2011 年发布，它在一年之后被作为标准采用。尽管它起源于金融服务企业，但它已经在许多企业中得到了广泛的应用。

如同其他标准一样，AMQP 支持 pub/sub、事务消息队列和点对点(定向)消息。可以使用与集成 WAMP 和 JMS 时使用的相同技术将它与 Spring Framework 进行集成。Spring Framework 并未提供内建的 AMQP 支持，但 Spring AMQP 项目提供了在 Spring Framework 应用程序中无缝集成 AMQP 消息传送解决方案的能力。不过，我们不必使用 Spring AMQP 处理 AMQP 消息传送。本章的 18.4 节中将会讲解如何使用 AMQP 代理和 AMQP Java 客户端库。

18.2 为应用程序添加消息传送支持

使用 Spring Framework 向应用程序中添加发布-订阅消息是非常简单的。一个常见的用例是：在用户登录或退出应用程序时通知订阅者。wrox.com 代码下载站点中的 Publish-Subscribe 项目实现了这一点。它包含了与之前章节相同的 Spring 配置，并添加了几个事件和监听器以及一个发布事件的控制器。

18.2.1 创建应用程序事件

如果应用程序将在用户登录或退出时发布和订阅事件，那么让这些事件继承一个共同的、认证相关的祖先就是合理的。AuthenticationEvent 就是这么一个很好的选择。

```
public abstract class AuthenticationEvent extends ApplicationEvent
{
    public AuthenticationEvent(Object source)
    {
        super(source);
    }
}
```

然后，LoginEvent 和 LogoutEvent 将继承 AuthenticationEvent，组成一个认证事件层次。

```
public class LoginEvent extends AuthenticationEvent
{
    public LoginEvent(Object source)
    {
        super(source);
    }
}

public class LogoutEvent extends AuthenticationEvent
{
    public LogoutEvent(Object source)
    {
        super(source);
    }
}
```

构造事件时神秘的事件源是必需的，它是任意你希望的或需要它是的东西。使用事件源的目的是为了识别事件的起因，并且该起因只在事件含义的上下文中有意义。例如，在人力资源系统中添加员工时发布的事件可能含有员工实体或者标志作为源。同样地，认证相关的事件可能应该含有主体(Principal)、用户名、用户凭证或者一些其他的用户标识作为事件源。因此，LoginEvent 和 LogoutEvent 使用字符串用户名作为事件源更加合理。

```
public class LoginEvent extends AuthenticationEvent
{
    public LoginEvent(String username)
    {
        super(username);
    }
}

public class LogoutEvent extends AuthenticationEvent
{
    public LogoutEvent(String username)
    {
        super(username);
    }
}
```

18.2.2　订阅应用程序事件

当然，创建应用程序事件的根本目的是为了让感兴趣的组件可以订阅并接收消息。实际上，你完全有可能只是基于需求创建事件。毕竟，如果没有人监听这些事件的话，发布数千个不同消息将会浪费时间和计算机资源。在这种情况下，有三个不同的组件(程序逻辑块)都对各种不同的验证信息感兴趣。它们为什么对这些消息感兴趣并不重要；发布者不关心——它只知道它必须发布这些事件。出于某个原因，AuthenticationInterestedParty 将订阅所有类型的验证消息。

```
@Service
public class AuthenticationInterestedParty
        implements ApplicationListener<AuthenticationEvent>
{
    private static final Logger log = LogManager.getLogger();

    @Override
    public void onApplicationEvent(AuthenticationEvent event)
    {
        log.info("Authentication event for IP address {}.", event.getSource());
    }
}
```

登录或退出消息将会触发对该 bean 的 onApplicationEvent 方法的调用。不过，LoginInterestedParty 和 LogoutInterestedParty bean 分别只订阅了登录和退出消息。

```
@Service
public class LoginInterestedParty implements ApplicationListener<LoginEvent>
{
    private static final Logger log = LogManager.getLogger();

    @Override
    public void onApplicationEvent(LoginEvent event)
    {
        log.info("Login event for IP address {}.", event.getSource());
    }
}
```

```
@Service
public class LogoutInterestedParty implements ApplicationListener<LogoutEvent>
{
    private static final Logger log = LogManager.getLogger();

    @Override
    public void onApplicationEvent(LogoutEvent event)
    {
        log.info("Logout event for IP address {}.", event.getSource());
    }
}
```

所有这些 bean 将执行相同的简单操作：当它们接收到自己订阅的事件时，它们将把消息写入日志中。当然，也可以对消息进行更多的操作然后记录它。还可以发送像电子邮件或者文本消息这样的通知，或者在数据库中创建或删除一条记录等。

记住：发布方法执行的过程中，消息的发送是同步执行的，所以一个耗费很长时间的操作将降低发送消息到其他订阅者的速度，并延迟控制权的返回(返回到最初发布消息的方法)。如果有一个消息处理操作可能需要很长时间才能完成(你知道或者怀疑)，那么应该在单独的线程中以异步的方式执行它。这时就可以用到 Spring 的异步方法执行了。一个@Async onApplicationEvent 方法，如同其他@Async 方法一样，将把工作交给 Spring 的任务执行器来完成。修订后的 LogoutInterestedParty 将会使用该特性。

```
@Service
public class LogoutInterestedParty implements ApplicationListener<LogoutEvent>
{
    private static final Logger log = LogManager.getLogger();

    @Override
    @Async
    public void onApplicationEvent(LogoutEvent event)
    {
        log.info("Logout event for IP address {}.", event.getSource());

        try
        {
            Thread.sleep(5000L);
        }
        catch(InterruptedException e)
        {
            log.error(e);
        }
    }
}
```

18.2.3　发布应用程序事件

现在我们已经创建了几个事件和订阅这些事件消息的 bean，接下来我们需要一种发布事件的方式，用于测试发布-订阅支持。最简单的方式就是创建一个标准的 Web 控制器，通过它交替发布

LoginEvent 和 LogoutEvent。

```
@WebController
public class HomeController
{
    @Inject ApplicationEventPublisher publisher;

    @RequestMapping("")
    public String login(HttpServletRequest request)
    {
        this.publisher.publishEvent(new LoginEvent(request.getRemoteAddr()));
        return "login";
    }

    @RequestMapping("/logout")
    public String logout(HttpServletRequest request)
    {
        this.publisher.publishEvent(new LogoutEvent(request.getRemoteAddr()));
        return "logout";
    }
}
```

方法 login 发布 LoginEvent 并返回了登录视图的名称。因为这个简单的应用程序缺少实际的验证系统，所以控制器将使用产生请求的 IP 地址进行验证，从而演示事件源的用法。/WEB-INF/view/login.js 视图非常简单，它只提供了一个退出操作的链接。

```
<!DOCTYPE html>
<html>
    <head>
        <title>Login</title>
    </head>
    <body>
        <a href="<c:url value="/logout" />">Logout</a>
    </body>
</html>
```

方法 logout 几乎与 login 一致，发布 LogoutEvent 并返回退出视图名称。/WEB-INF/view/logout.jsp 中的链接将返回到登录页面。通过这种方式，我们可以选择任意一个页面，并快速地在“登录”和“退出”之间进行切换。

```
<!DOCTYPE html>
<html>
    <head>
        <title>Login</title>
    </head>
    <body>
        <a href="<c:url value="/" />">Login</a>
    </body>
</html>
```

接下来让我们测试这个 pub/sub 功能：

(1) 编译并从 IDE 中启动应用程序，并打开最喜爱的浏览器。

(2) 访问 http://localhost:8080/messaging/，然后查看 Tomcat 的 logs 目录中的 application.log 文件。在日志文件的末尾应该能看到 AuthenticationInterestedParty 和 LoginInterestedParty 中的日志信息。

(3) 在浏览器中单击退出链接，AuthenticationInterestedParty 和 LogoutInterestedParty 中的日志信息将出现在日志的末尾。注意：与其他日志信息相比，在 LogoutInterestedParty 中写入的日志信息来自于一个不同的线程。这是因为 LogoutInterestedParty 采用了 Spring 的异步方法执行，异步方法执行将在一个背景线程中调用@Async 方法，这样消息发布就可以继续快速执行了。

你可以继续单击退出和登录链接，代码将一直在日志文件中写入日志信息。

注意： 你可能会对术语“事件”和“消息”以及它们之间的关系感到好奇。你可以通过多种方式思考它们的区别，但简单来说它们之间并不存在区别，本书将交替使用这两个术语。Spring Framework 更多使用的是单词“事件”，这是因为它是基于 Java 的 java.util.EventObject 和 EventListener 概念(这个概念在 Java Swing 中应用得最为广泛)构建的。但触发事件和事件监听器通知的概念与 pub/sub 消息的概念并没有什么真正的区别。只是取决于你所使用的工具，而不是它们的命名。因此，在所有的情况下，应用程序消息都将作为某种类型的事件结果而发布，所以单词“事件”相当于是一个代表消息的对象的名称。

18.3　在群集中分布消息传送

你可能会感到惊喜：在 Spring Framework 应用程序中添加本地 pub/sub 消息传送是如此简单。而跨群集的所有应用程序节点分布消息传送则是一个更加复杂的任务。首先，我们必须选择一种希望使用的协议用于消息的发送。接下来，必须创建一个自定义事件多播器，使用选择的协议正确地分布事件。在 Spring Framework 中，多播器(一个 org.springframework.context.event.ApplicationEvent-Multicaster 类的实现)是一个负责接收所有发布的事件，并将它们发送到合适的订阅者的 bean。另外，测试工作是一个有趣的挑战，因为在测试分布式消息时，我们只可以运行应用程序的两个或多个实例。

本节将讲解一些为了支持分布式而必须对事件做出的一些简单改动，然后实现一个 WebSocket 多播器。该多播器将采用直接通信而不是 WAMP 代理的方式。因此，节点之间的连接将组成一个完全无向简单图——在一个有 n 个节点的群集中，每个节点的度数为 n-1(意味着它有 n-1 个 WebSocket 连接，因为它连接到了群集中的所有其他节点)。图 18-4 中演示了一个这样的 4 节点群集。

当然，这种模式的前提是：你希望在选择的分布式消息传送协议中集成 Spring Framework 的 pub/sub 消息传送。本章并未讲解如何独立使用这些工具。可以使用 wrox.com 代码下载站点中的 WebSocket-Messaging 项目。它对之前的 Publish-Subscribe 项目作出了扩展。

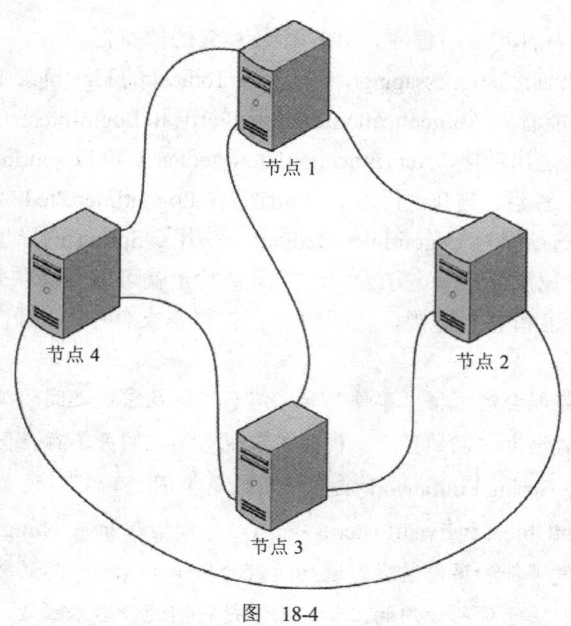

图　18-4

18.3.1　更新事件以支持分布

在开始发布事件之前，我们需要对它们进行更新以支持分布。因此我们需要先解决标准 ApplicationEvent 中的一些问题。

首先，EventObject(ApplicationEvent 继承的类)将它的源定义为临时的。这意味着事件在序列化时会将源字段排除。为了解决这个问题，必须保证源是可序列化，然后对该事件添加一些支持，从而保证接收到它的节点可以正确地反序列化出非临时值。源永远不能为 null；如果事件的源为 null，Spring 将会抛出 NullPointerException 异常。

另外，需要添加一些方式阻止事件被重复地播放。因为多播器从其他节点收到事件之后会重新对事件进行多播，所以它必须知道是否需要将这些事件重新播放给其他节点。否则，事件将会无限循环下去。一个基本的 ClusterEvent 类可以轻松地处理这些问题。

```
public class ClusterEvent extends ApplicationEvent implements Serializable
{
    private final Serializable serializableSource;
    private boolean rebroadcasted;

    public ClusterEvent(Serializable source)
    {
        super(source);
        this.serializableSource = source;
    }

    final boolean isRebroadcasted()
    {
        return this.rebroadcasted;
    }

    final void setRebroadcasted()
```

```
        {
            this.rebroadcasted = true;
        }

        @Override
        public Serializable getSource()
        {
            return this.serializableSource;
        }

        private void readObject(ObjectInputStream in)
                throws IOException, ClassNotFoundException
        {
            in.defaultReadObject();
            this.source = this.serializableSource;
        }
    }
```

该事件实现了 Serializable，这样它就可以被序列化。它定义了 source 字段的一个副本，该字段不是临时的，并且它实现了特殊的 readObject 反序列化方法，用于在反序列化之后将非临时源字段复制到原始的源字段上。它也覆盖了 getSource 方法，从而保证用户使用的源总是 Serializable 的。最后，它添加了一个 rebroadcasted 标志，用于识别已经通过群集分布的事件。WebSocket-Messaging 项目中的 AuthenticationEvent 不同于 Publish-Subscribe 项目的 AuthenticationEvent 事件，它继承了 ClusterEvent(而不是 ApplicationEvent)并接受一个 Serializable 对象作为它的源。

18.3.2　创建并配置一个自定义事件多播器

标准的事件多播器 org.springframework.context.event.SimpleApplicationEventMulticaster 未对消息群集提供任何内置的支持。代码清单 18-1 中显示的 ClusterEventMulticaster 继承了 SimpleApplication-EventMulticaster，并实现了专门的群集行为。方法 multicastEvent 将先执行父类中的默认行为，然后判断事件的类型，如果是 ClusterEvent 类型，就将事件发布到群集中。该行为非常重要，因为它意味着我们可以通过检查事件是否继承了 ClusterEvent，而判断出消息类型是本地的还是群集范围内的。方法 publishClusteredEvent 将把事件发送到多播器中注册的所有终端。

目前我们尚未看到 ClusterMessagingEndpoint，请在下一节查看它的相关内容。方法 register-Endpoint 和 deregisterEndpoint 将用于处理终端的注册——在打开连接时添加，在关闭连接时移除。方法 registerNode 将通过 WebSocket 连接到另一个节点(很快就可以看到哪里调用的它)，而 handleReceivedClusteredEvent 将在多播事件之前设置它的 rebroadcasted 标志。最后方法 shutdown 关闭了所有的 WebSocket 终端。

代码清单 18-1：ClusterEventMulticaster.java

```
public class ClusterEventMulticaster extends SimpleApplicationEventMulticaster {
    private static final Logger log = LogManager.getLogger();
    private final Set<ClusterMessagingEndpoint> endpoints = new HashSet<>();
    @Inject ApplicationContext context;

    @Override
    public final void multicastEvent(ApplicationEvent event) {
```

```
        try {
            super.multicastEvent(event);
        } finally {
            try {
                if(event instanceof ClusterEvent &&
                        !((ClusterEvent)event).isRebroadcasted())
                    this.publishClusteredEvent((ClusterEvent)event);
            } catch(Exception e) {
                log.error("Failed to broadcast distributable event to cluster.",
                        e);
            }
        }
    }

    protected void publishClusteredEvent(ClusterEvent event) {
        synchronized(this.endpoints) {
            for(ClusterMessagingEndpoint endpoint : this.endpoints)
                endpoint.send(event);
        }
    }

    protected void registerEndpoint(ClusterMessagingEndpoint endpoint) {
        if(!this.endpoints.contains(endpoint)) {
            synchronized(this.endpoints) {
                this.endpoints.add(endpoint);
            }
        }
    }

    protected void deregisterEndpoint(ClusterMessagingEndpoint endpoint) {
        synchronized(this.endpoints) {
            this.endpoints.remove(endpoint);
        }
    }

    protected void registerNode(String endpoint) {
        log.info("Connecting to cluster node {}.", endpoint);
        WebSocketContainer container = ContainerProvider.getWebSocketContainer();
        try {
            ClusterMessagingEndpoint bean =
                    this.context.getAutowireCapableBeanFactory()
                            .createBean(ClusterMessagingEndpoint.class);
            container.connectToServer(bean, new URI(endpoint));
            log.info("Connected to cluster node {}.", endpoint);
        } catch (DeploymentException | IOException | URISyntaxException e) {
            log.error("Failed to connect to cluster node {}.", endpoint, e);
        }
    }

    protected final void handleReceivedClusteredEvent(ClusterEvent event) {
        event.setRebroadcasted();
        this.multicastEvent(event);
    }

    @PreDestroy
```

```
    public void shutdown() {
        synchronized(this.endpoints) {
            for(ClusterMessagingEndpoint endpoint : this.endpoints)
                endpoint.close();
        }
    }
}
```

配置 Spring 使用多播器是非常简单的：RootContextConfiguration 类定义了一个下面这样的 applicationEventMulticaster bean 即可。注意：bean 的名称要与这里使用的名称相匹配，这样 Spring 才能识别它。

```
    @Bean
    public ClusterEventMulticaster applicationEventMulticaster()
    {
        return new ClusterEventMulticaster();
    }
```

18.3.3 使用 WebSocket 发送和接收事件

代码清单 18-2 的 ClusterMessagingEndpoint 实际上是到目前为止本书中最简单的 WebSocket 终端之一，但它也是独特的，因为它被同时标注了@ServerEndpoint 和@ClientEndpoint。这是完全合法的：在连接建立之后，WebSocket 客户端和服务器端在能力和责任上是一致的，所以我们可以编写一个同时用作客户端和服务器的终端。

通过这种编写终端的方式，每个节点都与所有其他节点保持了一个连接，并且消息可以通过连接同时在两个方向上发送。在打开连接时，终端将在多播器上注册自己，关闭连接时则撤消注册。当它收到一个事件消息时，它将发送事件到多播器，然后多播器将调用它的 send 方法把事件发送到群集。发送事件消息时，终端的 Codec 采用的是标准 Java 序列化。

代码清单 18-2：ClusterMessagingEndpoint.java

```
@ServerEndpoint(
        value = "/services/Messaging/{securityCode}",
        encoders = { ClusterMessagingEndpoint.Codec.class },
        decoders = { ClusterMessagingEndpoint.Codec.class },
        configurator = SpringConfigurator.class
)
@ClientEndpoint(
        encoders = { ClusterMessagingEndpoint.Codec.class },
        decoders = { ClusterMessagingEndpoint.Codec.class }
)
public class ClusterMessagingEndpoint
{
    private static final Logger log = LogManager.getLogger();
    private Session session;
    @Inject ClusterEventMulticaster multicaster;

    @OnOpen
    public void open(Session session) {
        Map<String, String> parameters = session.getPathParameters();
        if(parameters.containsKey("securityCode") &&
```

```
                !"a83teo83hou9883hha9".equals(parameters.get("securityCode"))) {
            try {
                log.error("Received connection with illegal code {}.",
                        parameters.get("securityCode"));
                session.close(new CloseReason(
                        CloseReason.CloseCodes.VIOLATED_POLICY, "Illegal Code"
                ));
            } catch (IOException e) {
                log.warn("Failed to close illegal connection.", e);
            }
        }

        log.info("Successful connection onOpen.");
        this.session = session;
        this.multicaster.registerEndpoint(this);
    }

    @OnMessage
    public void receive(ClusterEvent message) {
        this.multicaster.handleReceivedClusteredEvent(message);
    }

    public void send(ClusterEvent message) {
        try {
            this.session.getBasicRemote().sendObject(message);
        } catch (IOException | EncodeException e) {
            log.error("Failed to send message to adjacent node.", e);
        }
    }

    @OnClose
    public void close() {
        log.info("Cluster node connection closed.");
        this.multicaster.deregisterEndpoint(this);
        if(this.session.isOpen()) {
            try {
                this.session.close();
            } catch (IOException e) {
                log.warn("Error while closing cluster node connection.", e);
            }
        }
    }

    public static class Codec implements Encoder.BinaryStream<ClusterEvent>,
            Decoder.BinaryStream<ClusterEvent> {
        @Override
        public ClusterEvent decode(InputStream stream)
                throws DecodeException, IOException { ... }
        @Override
        public void encode(ClusterEvent event, OutputStream stream)
                throws IOException { ... }
        @Override public void init(EndpointConfig endpointConfig) { }
        @Override public void destroy() { }
    }
}
```

18.3.4　通过多播数据包发现节点

现在我们已经创建了相互协作的多播器和 WebSocket 终端，它们将协调事件的播放和多播。不过，在不知道其他节点位置的情况下，它们都不能初始化与其他节点的通信。我们可以通过两种方式解决这个问题：配置或者发现。配置是一个简单的概念：在每个应用程序节点中添加属性或 XML 文件，向节点提供指令指示它们如何连接到所有其他的节点。你自己应该就能够研究清楚这种方式。

发现是一个更具有挑战性也更有意思的技术，这里将对它进行讲解。代码清单 18-3 中的 ClusterManager 类首先将在一个多播地址监听来自于其他节点的数据包。在根应用上下文启动之后，它开始周期性地检查应用程序的 URL 是否是公开可访问的。这非常重要：如果在应用程序完全启动之前发送多播数据包，那么其他节点会在尝试连接它的时候失败。当它可以访问应用程序的 URL 时，它将发送发现数据包到多播组，宣布自己加入了群集。正在运行的节点将接收到该数据包，并连接到数据包中的 WebSocket URL。通过这种方式，每个节点都将只连接到所有其他节点一次。

代码清单 18-3：ClusterManager.java

```
@Service
public class ClusterManager implements ApplicationListener<ContextRefreshedEvent>
{
    private static final Logger log = LogManager.getLogger();
    private static final String HOST= InetAddress.getLocalHost().getHostAddress();
    private static final int PORT = 6789;
    private static final InetAddress GROUP = InetAddress.getByName("224.0.0.3");

    private final Object mutex = new Object();
    private boolean initialized, destroyed = false;
    private String pingUrl, messagingUrl;
    private MulticastSocket socket;
    private Thread listener;
    @Inject ServletContext servletContext;
    @Inject ClusterEventMulticaster multicaster;

    @PostConstruct
    public void listenForMulticastAnnouncements() throws Exception {
        this.pingUrl = "http://" + HOST + ":8080" +
                this.servletContext.getContextPath() + "/ping";
        this.messagingUrl = "ws://" + HOST + ":8080" +
                this.servletContext.getContextPath() +
                "/services/Messaging/a83teo83hou9883hha9";

        synchronized(this.mutex) {
            this.socket = new MulticastSocket(PORT);
            this.socket.joinGroup(GROUP);
            this.listener = new Thread(this::listen, "cluster-listener");
            this.listener.start();
        }
    }

    private void listen() {
        byte[] buffer = new byte[2048];
        DatagramPacket packet = new DatagramPacket(buffer, buffer.length);
        while(true) {
```

```
                try {
                    this.socket.receive(packet);
                    String url = new String(buffer, 0, packet.getLength());
                    if(url.length() == 0)
                        log.warn("Received blank multicast packet.");
                    else if(url.equals(this.messagingUrl))
                        log.info("Ignoring our own multicast packet.");
                    else
                        this.multicaster.registerNode(url);
                } catch (IOException e) {
                    if(!this.destroyed)
                        log.error(e);
                    return;
                }
            }
        }

    @PreDestroy
    public void shutDownMulticastConnection() throws IOException {
        this.destroyed = true;
        try {
            this.listener.interrupt();
            this.socket.leaveGroup(GROUP);
        } finally {
            this.socket.close();
        }
    }

    @Async
    @Override
    public void onApplicationEvent(ContextRefreshedEvent event) {
        if(this.initialized)
            return;
        this.initialized = true;

        try {
            URL url = new URL(this.pingUrl);
            log.info("Attempting to connect to self at {}.", url);
            int tries = 0;
            while(true) {
                tries++;
                URLConnection connection = url.openConnection();
                connection.setConnectTimeout(100);
                try(InputStream stream = connection.getInputStream()) {
                    String response = StreamUtils.copyToString(stream,
                            StandardCharsets.UTF_8);
                    if(response != null && response.equals("ok")) {
                        log.info("Broadcasting multicast announcement packet.");
                        DatagramPacket packet =
                                new DatagramPacket(this.messagingUrl.getBytes(),
                                        this.messagingUrl.length(), GROUP, PORT);
                        synchronized(this.mutex) {
                            this.socket.send(packet);
                        }
                        return;
```

```
                } else
                    log.warn("Incorrect response: {}", response);
            } catch(Exception e) {
                if(tries > 120) {
                    log.fatal("Could not connect to self within 60 seconds.",
                            e);
                    return;
                }
                Thread.sleep(400L);
            }
        }
    } catch(Exception e) {
        log.fatal("Could not connect to self.", e);
    }
  }
}
```

18.3.5　部署多个应用程序模拟群集

在群集中，我们通常将单个应用程序部署到两个或多个不同的 Servlet 容器中，并使用完全相同的上下文路径(例如 http://node1.example.org:8080/messaging 和 http://node2.example.org:8080/messaging)。实际上，如果希望在群集节点之间共享 HttpSession 数据的话，就必须这样做；部署到不同上下文的应用程序之间无法共享会话数据(出于安全原因)。

测试会话群集没有简便的方式。不过，测试群集消息传送可以在同一服务器上将相同的应用程序部署到多个上下文路径中。这很容易完成，但我们必须修改一些日志语句，才能在日志文件中清楚地看到当前发生的事情。

首先，HomeController 中发布的 LoginEvent 和 LogoutEvent 将使用上下文路径作为事件源而不是 IP 地址。这将表明事件起源于哪个节点。

```
...
        this.publisher.publishEvent(new LoginEvent(request.getContextPath()));
...
        this.publisher.publishEvent(new LogoutEvent(request.getContextPath()));
...
```

另外，AuthenticationInterestedParty、LoginInterestedParty 和 LogoutInterestedParty 将使用标注 @Inject 的 ServletContext 为接收到事件的应用程序记录上下文路径，并为发送事件的应用程序记录上下文路径(通过事件源)。

```
...
    @Inject ServletContext servletContext;

    @Override
    public void onApplicationEvent(AuthenticationEvent event)
    {
        log.info("Authentication event from context {} received in context {}.",
                event.getSource(), this.servletContext.getContextPath());
    }
...
```

现在就可以开始测试分布式消息传送了。步骤如下：

(1) 保证 IDE 中配置的应用程序被部署到 Tomcat 服务器的上下文路径/messaging1 上。

(2) 构建 WAR 文件 artifact，并从项目输出目录中复制该 artifact 到 Tomcat 的 webapps 目录，在该过程中将复制的 WAR 文件重命名为 messaging2.war。

(3) 从 IDE 中启动 Tomcat，并密切关注日志输出。/messaging2 可能会先启动(取决于所使用的 IDE)，当它发送多播数据包时，它就是群集中的唯一节点。没有任何其他节点连接到它。接下来，/messaging1 启动了并将日志输出到相同的文件。当它发送多播数据包时，/messaging2 将收到该数据包并使用数据包中的 WebSocket URL 连接到/messaging1。

(4) 打开浏览器并访问 http://localhost:8080/messaging1；然后查看日志文件。日志中将出现消息"Authentication event from context /messaging1 received in context /messaging1"，稍后将出现另一条消息"Authentication event from context /messaging1 received in context /messaging2"。你还将看到日志"Login event for context /messaging1 received in context /messaging1"和"Login event for context /messaging1 received in context /messaging2"。单击浏览器中的退出链接，日志中将出现 4 条类似的消息，通知你关于退出的信息。

(5) 访问 http://localhost:8080/messaging2 并查看日志文件。这次，日志消息将会反过来："Authentication event from context /messaging2 received in context /messaging2"、"Authentication event from context /messaging2 received in context /messaging1"等。这意味着你已经成功地使用 Spring Framework 的 pub/sub 事件和 WebSocket 将消息分布到应用程序群集中。

(6) 如果愿意，请关闭 Tomcat 并复制另一个 WAR 文件，重命名为 messaging3.war。再次启动 Tomcat 并重复测试过程，尝试第三个 URL。

(7) 完成测试时，请保证你删除了 messaging*n*.war 文件和 Tomat 的 webapps 目录中的对应 /messaging*n* 目录。

18.4 使用 AMQP 分布事件

在应用程序中有许多种方式可以实现分布式消息传送，但本书只会对其中的一部分进行讲解。在之前的小节中我们已经学习了如何使用 WebSocket 连接，通过它所有的节点组成了一个完全基本图。该配置的问题在于它的扩展性不强。在小的群集中它可以正常工作，但是当群集大小增加时，连接的数目将以非线性的方式增加。如果你参加了学校的图形理论课，那么你会记得：在一个具有 n 个顶点的连接图 k_n 中，边的数目将是 $\frac{n(n-1)}{2}$。尽管一个 4 节点群集可能总共只有 6 个连接，但是 8 节点群集就有 28 个连接，16 节点群集就会有 120 个连接。如果运行的是一个具有数千个节点的群集，那么将会创建出数以万计的连接(每个节点有几百个)。此时你应该明白这个扩展性问题了。

而其他的消息传送协议(例如 WAMP、JMS 和 AMQP)则更具有可扩展性，因为群集流中的所有消息都将被发送到一个中央代理。最终，该配置将形成一个简单连通图，除了代理(它有 n-1 个连接)之外，其他所有节点都只有一个连接，并且连接的总数目等于节点的数目减去代理的数目。图 18-5 演示了一个 6 节点群集，其中包含了一个代理。为了实现高可用性和可扩展性，还可以在群集中使用多个代理组成一个逻辑代理。这将会稍微增加连接的总数。

要在 Java EE 环境中完成这样的任务，我们自然会选择 JMS。不过，JMS 在独立运行的应用程序或者只有 Servlet 的容器(例如 Tomcat)中是非常难于配置的，因为它要求在 Tomcat 安装中添加一些库，并需要对 Tomcat 配置做出一些改动来支持这些库。因此，本节将讲解一种在应用程序中使用高级消息队列协议(AMQP)实现分布式消息传送的方式。

在该配置中，代理不会管理多个 pub/sub 主题。相反，它将把所有的消息发送到所有的节点，Spring Framework(作为本地代理)将把正确的消息发送到订阅者。也可以选择直接使用 AMQP 和独立的 ApplicationListener，用于管理代理上多个主题的 pub/sub。尽管本节不会讲解第二个选项，但通过演示一个简单的代码样例你应该明白如何实现它。

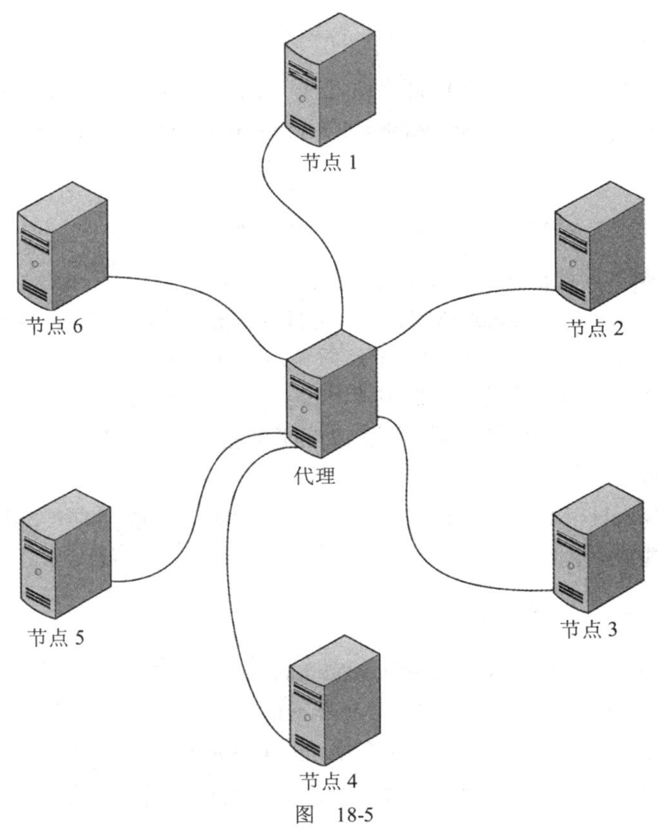

图　18-5

18.4.1　配置 AMQP 代理

选择环境中将要使用的 AMQP 代理时，有几个不同的 AMQP 提供者实现可供选择。到目前为止，最流行和强大的实现就是 RabbitMQ，一个免费的开源 AMQP 服务器，在必要时它也提供了付费的企业支持。本节并不是 RabbitMQ 的配置和管理指南，但它将讲解如何在 10 分钟内下载、安装并使用 RabbitMQ 的默认配置启动。

RabbitMQ 使用 Erlang 编写并运行于 Erlang 上，Erlang 是一个使用了垃圾回收的虚拟机运行环境的并发编程语言，类似于 Java(尽管语法大不相同)。在安装 RabbitMQ 之前，我们必须从网址 http://www.erlang.org/download.html 下载并安装 Erlang。在大多数 Linux 发行包中都可以使用包管理系统下载，但是在 Red Hat/Fedora/CentOS 系统中需要从网站下载。如果使用的是 Windows，那么就需要下载 http://technet.microsoft.com/en-us/sysinternals/bb896655.aspx，并从 Windows Sysinternals 中

安装 handle.exe(在 Program Files 的某个位置添加 handle.exe，例如 C:\Program Files\Sysinternals，然后在 PATH 系统变量中添加该目录)。

在安装了这些先决条件之后，请按照下面的步骤进行操作：

(1) 从 RabbitMQ 网站 http://www.rabbitmq.com/download.html 中下载服务器。

(2) 单击对应操作系统的 Installation Guides 链接。

(3) 按照指南安装服务器(对于 Windows 来说，运行可执行文件并告诉它安装 Windows 服务即可)。

(4) 如果在 Unix 环境中安装 RabbitMQ，那么请执行下面的命令：

```
rabbitmq-plugins enable rabbitmq_management
```

如果在 Windows 中安装 RabbitMQ，那么请打开一个命令提示符，将当前目录修改为 RabbitMQ 的 sbin 目录(例如 C:\Program Files (x86)\RabbitMQ Server\rabbitmq_server-3.1.3\sbin)，然后执行下面的命令：

```
.\rabbitmq-plugins.bat enable rabbitmq_management
```

该命令将启用 Web 管理控制台，默认它是被禁止的。

(5) 如果在 Windows 中安装 RabbitMQ，那么请打开服务管理器并重启 RabbitMQ 服务。在其他的操作系统中，请按照合适的步骤启动或重启服务或二进制文件。

(6) 此时你应该能够在最喜爱的浏览器中使用 http://localhost:15672/访问 RabbitMQ。使用用户名 guest 和密码 guest 登录(默认的设置)。如果无法访问管理控制台，那么请再次检查安装步骤，并查询文档检查哪个步骤出现了错误。

这就是安装基本 RabbitMQ 服务器并运行它的全部步骤了。当然在生产环境中，我们还需要考虑安全配置，并对性能微调配置。

18.4.2　创建 AMQP 多播器

创建一个使用 AMQP 的 ApplicationEventMulticaster 分布事件是非常简单的。你可以使用 wrox.com 代码下载站点中可用的 AMQP-Messaging 项目。该项目非常类似于之前学习的 WebSocket-Messaging 项目，并且它包含了完全相同的 ClusterEvent。其中并未包含 ClusterManager 或者 ClusterMessagingEndpoint。如代码清单 18-4 所示，所有的逻辑都包含在 ClusterEventMulticaster 中，它有一个 multicastEvent 方法与 WebSocket-Messaging 中的方法是一致的。

代码清单 18-4：ClusterEventMulticaster.java

```
public class ClusterEventMulticaster extends SimpleApplicationEventMulticaster {
    private static final Logger log = LogManager.getLogger();
    private static final String EXCHANGE_NAME = "AMQPMessagingTest";
    private static final String HEADER = "X-Wrox-Cluster-Node";

    private final AMQP.BasicProperties.Builder builder =
            new AMQP.BasicProperties.Builder();
    private Connection amqpConnection;
    private Channel amqpChannel;
    private String queueName;
    private Thread listener;
    private boolean destroyed = false;
```

```
@Override
public final void multicastEvent(ApplicationEvent event) { ... }

protected void publishClusteredEvent(ClusterEvent event) throws IOException {
    this.amqpChannel.basicPublish(EXCHANGE_NAME, "", this.builder.build(),
            SerializationUtils.serialize(event));
}

@PostConstruct
public void setupRabbitConnection() throws IOException {
    ConnectionFactory factory = new ConnectionFactory();
    factory.setHost("localhost");
    this.amqpConnection = factory.newConnection();
    this.amqpChannel = this.amqpConnection.createChannel();

    this.amqpChannel.exchangeDeclare(EXCHANGE_NAME, "fanout");
    this.queueName = this.amqpChannel.queueDeclare().getQueue();
    this.amqpChannel.queueBind(this.queueName, EXCHANGE_NAME, "");

    Map<String, Object> headers = new Hashtable<>();
    headers.put(HEADER, this.queueName);
    this.builder.headers(headers);

    this.listener = new Thread(this::listen, "RabbitMQ-1");
    this.listener.start();
}

@PreDestroy
public void shutdownRabbitConnection() throws IOException {
    this.destroyed = true;
    this.listener.interrupt();
    this.amqpChannel.close();
    this.amqpConnection.close();
}

private void listen() {
    try {
        QueueingConsumer consumer = new QueueingConsumer(this.amqpChannel);
        this.amqpChannel.basicConsume(this.queueName, true, consumer);

        while(!this.destroyed) {
            QueueingConsumer.Delivery delivery = consumer.nextDelivery();
            Object header = delivery.getProperties().getHeaders().get(HEADER);
            if(header == null || !header.toString().equals(this.queueName)) {
                ClusterEvent event = (ClusterEvent)SerializationUtils
                        .deserialize(delivery.getBody());
                event.setRebroadcasted();
                this.multicastEvent(event);
            }
        }
    } catch(Exception e) {
        if(!this.destroyed)
            log.error("Error while listening for message deliveries.", e);
    }
```

```
        }
    }
```

大多数有趣的事情都发生在 setupRabbitConnection 和 listen 方法中。方法 publishClusteredEvent 中只有一行代码，shutdownRabbitConnection 方法只是用于关闭资源。方法 setupRabbitConnection 首先创建了一个连接到 localhostRabbitMQ 服务器的连接，然后打开一个通道。接着它将创建一个名为 AMQPMessagingTest 的交换，并将该交换设置为 fanout 模式。

注意： 交换是一种定义如何将消息发布到队列的方式。Fanout 模式意味着所有被发布的消息都将被发送到所有的队列中。在 RabbitMQ 文档中，你可以了解到这些主题和通道的更多相关内容。深入学习它们则超出了本书的范围。

接下来，该方法将让 RabbitMQ 创建一个随机队列(对该节点唯一)，并将队列绑定到通道和交换。在发送每个消息时，它都将使用属性构建器创建和分配自定义的 X-Wrox-Cluster-Node 头。通过这种方式，在接收到消息时，该节点将忽略它自己发送的消息。最后，它启动了一个监听器线程用于监听进入的消息。

方法 listen 负责接收和多播从 RabbitMQ 中发送的消息。它创建了一个消费者，并将消费者绑定到通道和队列。然后消费者将阻塞所有 nextDelivery 方法的调用，直到新的消息到达。该监听器将检查所有收到的消息，保证它们来自于不同的节点(不是来自于自身)，然后反序列化和将事件多播到本地应用程序中。注意：样例代码是采用 Java 序列化发送消息的，这就意味着在该环境中只有 Java 应用程序可以使用该消息。对于这里的需求来说是没有问题的。如果希望与其他平台上的应用程序交流，那么就需要使用一种更具有可移植性的格式，例如 JSON。

18.4.3　运行使用了 AMQP 的应用程序

我们可以使用测试 WebSocket-Messaging 时采用的方式测试 AMQP-Messaging 应用程序：

(1) 保证 RabbitMQ 正在运行。

(2) 保证在 IDE 中配置的应用程序被部署到 Tomcat 服务器的上下文路径/messaging1 中。

(3) 构建 WAR 文件 artifact，将它重命名为 messaging2.war，并复制到 Tomcat 的 webapps 目录。

(4) 从 IDE 中启动 Tomcat，/messaging1 和/messaging2 应该已经启动。

(5) 访问 http://localhost:8080/messaging1 和 http://localhost:8080/messaging2 并轮流单击退出和登入链接。日志中的消息应该与之前测试 WebSocket-Messaging 应用程序时的日志一致。还可以创建并部署第三个 WAR 文件，将它重命名为 messaging3.war，尝试模拟一个三节点的群集。

(6) 运行了 Tomcat 之后，请访问 RabbitMQ Web 管理控制台，并单击顶部的 Queues 菜单项。页面应如图 18-6 所示，显示出 RabbitMQ 为你的应用程序实例创建的随机队列。

(7) 在完成测试之后，请保证自己删除了 messaging*n*.war 文件和 Tomcat 的 webapps 目录中对应的/messaging*n* 目录。

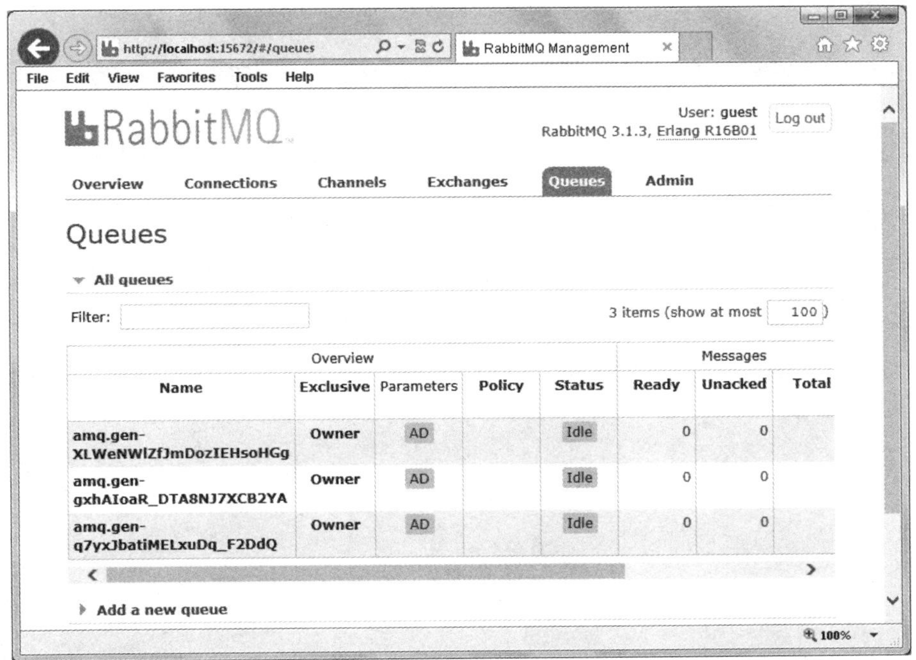

图　18-6

18.5　小结

本章讲解了许多内容。首先讲解了群集 Java EE Web 应用程序的概念和挑战，并讲解了支持企业级应用程序这个重要特性的技术和方式。还讲解了发布-订阅消息模式以及如何使用 Spring Framework 的 ApplicationEvent 和 ApplicationListener 实现本地发布-订阅。另外，也讲解了 WebSocket、WAMP、JMS 和 AMQP 以及如何使用这些技术实现跨群集发送应用程序消息。本章对 Spring 的应用程序消息传送和 WebSocket 的继承进行了实验，通过这种方式我们可以直接在应用程序之间发送消息。然后讲解了该配置扩展性不佳的原因。最后，本章讲解了如何安装 RabbitMQ 服务器，并使用它代理使用了 Spring 应用程序消息传送的 AMQP 消息。

本书的第 II 部分介绍了 Spring Framework 和它最强大的特性。在第III部分，我们将学习在 Spring 应用程序中使用 Java Persistence API 和 Hibernate ORM，将应用程序数据持久化到数据库中。

第Ⅲ部分

使用JPA和Hibernate ORM持久化数据

第19章

介绍 Java Persistence API 和 Hibernate ORM

本章内容：

- 了解数据持久化
- 对象关系映射的定义
- 了解 Hibernate ORM
- 如何准备关系数据库
- 本部分内容如何使用 Maven 依赖

本章需要从 wrox.com 下载的代码

本章没有可下载的代码。

本章新增的 Maven 依赖

本章没有新增的 Maven 依赖。继续使用之前所有章节引入的依赖即可。

19.1 数据持久化的定义

毫无例外，所有的应用程序都需要采用某种形式的持久化数据。但到底什么是持久化呢？简单地说，持久化就是使某种形式的数据可以在多次运行应用程序时一直存在。从这个意义上讲，日志也是某种形式的持久化，因为它持久化了程序执行相关的诊断信息，这样就可以在应用程序执行时或者执行之后使用。确实如此，如同所有其他形式的持久化一样，我们可以将日志信息记录到一个普通文件、XML 文件、JSON 文件、数据库或者任何其他媒介中。

不过，通常持久化指的并不是日志。相反，它指的是在应用程序中将实体保存到某些存储媒介中。实体可以是任意的东西——人、用户、票据、论坛帖子、购物车、存储订单、产品、新闻文章等。这个列表可以包含更多的东西，整本书都无法列出所有的选项。在软件开发中，实体只包含数据但不包含重要的逻辑。实体在程序单元之间传递，并封装了程序所使用的属性。

在本书第II部分构建的 Spring Framework 应用程序中，控制器创建了实体，并将它们传递到服务中(使用业务逻辑进行处理)，然后这些服务将把实体传递到仓库中，仓库再使用 Map 将实体存储在内存中。同样地，当控制器接收到一个或多个实体的请求时，它们将把这些请求传递到服务中，然后从仓库中获取这些已存储的实体。在 Java 中实体就是 POJO；在 C#中实体就是 POCO。其他的语言都有这些数据类型的对应术语。

不过，一个内存型持久化 Map 在真实世界中是不足的。群集中并不是所有的节点都有数据存在，并且如果应用程序关闭了，数据也就消失了。在考虑如何持久化数据时，有许多可用的选项，但没有一个是“灵丹妙药”。所有的选项都有合适的使用场景。不过，其中一些存储媒介更加常见和流行，无论是好还是糟糕。

19.1.1　平面文件实体存储

实体持久化的一种常见方式是：使用操作系统提供的本地文件系统。一种可能的情况将涉及为每个实体类型创建的目录，目录中的每个文件都代表了由实体的代理键(SK)命名的唯一实体。SK 是实体的唯一标识符，通过它可以单独定位到存储媒介中的某个实体。作为文件名称，SK 也被用作一种索引，这样就可以快速地定位到实体。

存储在平面文件中的数据可以采用许多格式。它可以被持久化为 Java 序列化对象(或者某些其他语言的序列化对象)或者使用键-值对、XML 或 JSON 表示。通过 Java 序列化形式可以实现极其高效的存储和检索，但完全消除了可移植性。只有其他 Java 应用程序可以访问该实体。

通常，无论使用哪种方式，与它的备选方式相比，使用平面文件存储都是极其缓慢和难于管理的。所有的实体 CRUD 操作都将打开一个文件句柄，立即将数据写入文件系统，然后关闭文件句柄。这些操作的开销是非常大的，并且会阻碍涉及代理键以外属性的实体定位操作，例如搜索实体属性。出于这个原因，平面文件实体存储只在最小和最基本的情况中使用，例如应用程序设置。

19.1.2　结构化文件存储

结构化文件存储在许多方面都与平面文件存储相似。它将使用操作系统的文件系统在文件中存储应用程序数据，而且 CRUD 操作通常会重复打开和关闭文件句柄。不过，结构化文件存储系统不依赖于目录和单个文件存储实体，它通常会创建一些大文件，以程序可以理解的预定义结构在每个文件中存储许多实体。通常每个实体类型将使用一个文件，而不是每个实体类型使用一个目录。它的优点在于：搜索操作会更加高效；它们可以针对单个文件而不是数千或数万个文件执行。不过，按照代理键执行的单个查询可能会存在问题。通常必须创建一个较小的、某种类型的索引文件，这样它才可以在较大的数据文件中轻松地定位到记录的位置。

如果它听起来非常像关系数据库，那么确实是这样。许多关系数据库都以非常类似的方式工作。此类数据库的早期代表之一 Btrieve，它将通过这种方式，使用索引序列访问方法(ISAM)格式将实体存储在文件中。不过，关系数据库和结构化文件存储系统之间是有许多区别的，也就是说结构化文件存储代码往往是特有的，并且它将在应用程序代码中直接进行操作，而关系数据库是基于某些可迁移标准的，并且可以在另一个应用程序中运行。更重要的是，结构化文件存储通常会忽略实体之间的关系。而关联不同实体的能力是关系数据库的标志。从这种意义上讲，Btrieve 是一个结构化存储系统，而不是关系数据库；不过，它确实有今天关系数据库中常见的事务概念。

19.1.3　关系数据库系统

在阅读本书时，你可能已经听说过关系数据库管理系统(RDBMS)。实际上，本章和接下来的 5 章内容都将对它们进行讲解。关系数据库将实体作为记录存储在表中，每个表值存储一种类型的实体(尽管复杂实体可能包含了多个表中的数据)。这些表由严格的模式组成，而模式定义了名称、类型和各种不同字段或列的大小。不能在表中存储一个含有不存在列的记录，如果表中列的定义为 NOT NULL，那么也不可以在表中存储一个值为 null 的记录。通常表包含了单个主键列(或者有时使用一个由多个列组成的复合主键)，它将被用作实体的代理键。使用 ANSI 标准结构化查询语言(SQL)与关系数据库进行交互，该语言被设计用于通过一种通用的方式操作表模式和数据内容。

遗憾的是，没有关系数据库是完全遵守 ANSI 标准的，并且大多数都定义了自己的特有扩展(其他数据库是不支持的)。例如，Oracle 将它的 SQL 实现称为 PL/SQL，而 Microsoft SQL Server 称之为 Transact-SQL 或者 T-SQL。因此，要创建一个可以在所有数据库中工作的最基本 SQL 语句变得非常困难，几乎不可能创建出能够在多个数据库上工作的 CREATE TABLE 或 ALTER TABLE 语句。

注意：将 SQL 读作“sequel”还是“*es-kyu-el*”存在着极大的争论。出于两个原因，本书的作者更倾向于使用发音“sequel”。首先，从历史上讲它是正确的。1970 年发明它的时候，SQL 最初被称为结构化英文查询语言(简称 SEQUEL)。不过，SEQUEL 商标已经被注册了，所以它被简写成了 SQL。其次，“sequel”更易于阅读。因为你正在阅读本书，而不是听它，所以你可以自由选择发音。

在 Java 中可以使用 *Java Database Connectivity*(JDBC)与关系数据库交互。使用 java.sql.DriverManager 或者某种像连接池一样的 java.sql.DataSource 获得一个数据库连接 java.sql.Connection，然后针对该连接执行语句。对于未包含参数的简单语句，可以使用 java.sql.Statement，对于包含一个或多个参数的复杂语句，可以使用 java.sql.PreparedStatement。甚至还有一个 java.sql.CallableStatement 可用于执行存储过程和函数。这些结构都提供了针对数据库执行 SQL 语句的能力，用于查询或者操作数据。在数据库中保存实体和检索实体涉及将列名映射到 POJO 属性。这是本书这一部分需要面对的挑战。

19.1.4　面向对象数据库

面向对象数据库管理系统(object-oriented database management system，OODBMS)通常只被称为对象数据库，它尝试解决面向对象实体和关系数据库之间的自然断开连接的问题。它们使用的表示数据的模型将与面向对象编程语言所采用的一致。

对象数据库的一个重要特点是：以这样的方式存储数据时，我们仍然可以使用 SQL 操作和检索对象。遗憾的是，对象的继承关系可能会引起许多问题。另一种方式是在数据库的文本列中存储 JSON 或 XML，并使用私有 SQL 扩展在该数据中执行查询，但使用索引数据高效检索数据的能力就被弱化了。对象数据库的关键问题在于：它尝试维护一个严格模式。主要就是因为这个原因，所以尽管对象数据库在 1980 年左右就已经出现了，但从未流行起来。

19.1.5　无模式数据库系统

当然，无模式数据库就是缺少严格模式的数据库。术语 NoSQL 出现于 1998 年，它通常用于描述这样的数据库。NoSQL 数据库是一种相对较新的数据库类型，在过去的 5 到 10 年间它已经变得流行起来。NoSQL 数据库解决了许多在关系数据库中不能轻松解决的问题，例如灵活的字段和对象继承。现在有许多不同类型的 NoSQL 数据库，大多数常见的数据库都是面向文档数据库。

尽管文档数据库缺少严格的结构，但它将使用一种一致和流行的格式进行编码，例如 XML 或 JSON(或 BSON，紧凑的二进制版本 JSON)。文档基本上是关系数据库中记录的同义词，集合基本上是表的同义词。尽管集合中的文档不必使用特定的模式，但它们彼此之间通常是相似的。当集合中的两个文档含有同名的属性时，最佳实践表示这些属性应该具有相同的类型，并且具有相同的语义。

大多数文档数据库都倾向于拥有极其快速的插入操作，有时操作数据的数量级也要优于关系数据库。有时它们的索引查询可能无法与关系数据库一样快，但是与关系数据库相比，它们可以存储更大规模的数据。某些文档数据库可以存储数百吉字节(GB)甚至太字节(TB)的数据，而不会牺牲插入性能。这使文档数据库变成了存储日志和认证相关数据的理想数据库。一些流行的文档数据库包括 MongoDB、Apache CouchDB 和 Couchbase Server。

NoSQL 数据库的另一种流行类型就是键-值存储。它的工作方式与它的名字很相像，以一种非常扁平的方式存储键值对。它可以被比作 Java Map<String, String>，尽管一些键-值存储是多值的，它们能够存储 Map<String, List<String>>这样的数据。一些流行的键值存储包括 Apache Cassandra、Freebase、Amazon DynamoDB、memcache、Redis、Apache River、Couchbase 和 MongoDB(是的，一些文档数据库同时也采用了键值存储)。

图数据库是关注于对象关系的 NoSQL 数据库。在图数据库中，对象有属性、对象有与其他对象的关系，并且这些关系有特性。数据将被存储和表示为图，存在的实体之间自然就产生了关系，而不是通过创建外键的生硬方式。这将使某些事情变得简单，例如可以通过查找在插入时还未意识到的实体关系，解决分离度数的问题。最流行的图数据库可能就是 Neo4j。尽管 Neo4j 以 Java 编写，但是它可以运行在任何平台上。不过，它非常适用于 Java 应用程序。

NoSQL 数据库无法使用任何类型的标准进行操作，例如 ANSI SQL。因此，没有一种公共的方式(例如 JDBC)可以访问任意两种 NoSQL 数据库。这当然是使用 NoSQL 数据库的不利之处，但它也有自己的优点。每个 NoSQL 数据库都有自己的客户端库，并且大多数客户端库都接受 Java 对象，并将它们按照数据库要求的格式直接存储到数据库中。这就避免了将 POJO 映射为“表”，把属性映射为“列”的任务，因此在存储实体时，NoSQL 就变成了关系数据库的有力替代品。因为所有 NoSQL 数据库的使用方式都不同，并且 NoSQL 客户端库避免了对象关系映射的需求，所以本书不会对它们进行深入讲解。

19.2　对象-关系映射的定义

到今天为止，关系数据库是实际使用中最常见的数据库。在所有主要的企业软件中都可以找到它们，它们存储了各种各样的实体，从应用配置到审计记录。不过，在关系数据库中存储面向对象实体通常不是一件简单的事情，它要求使用大量的重复代码和数据类型转换。对象关系映射或者

O/RM 的出现正是为了解决这个问题。O/RM 将在关系数据库中存储实体，并从中获取实体，而无须程序员编写 SQL 语言，也不需要将实体属性转换成语句参数、把结果集列转换成实体属性。

本章和接下来的 5 章内容将讲解对象-关系映射，以及如何在应用程序中使用它们持久化实体。在真正地学习 O/RM 的用途之前，我们需要先了解问题的所在。

19.2.1　了解持久化实体的问题

为了了解持久化和获取被持久化实体所需的代码规模，请考虑下面的仓库方法，它将从数据库中获取产品记录，并将它的数据复制到一个虚拟的 Product 对象中。

```
public Product getProduct(long id) throws SQLException
{
    try(Connection connection = this.getConnection();
        PreparedStatement s = connection.prepareStatement(
                "SELECT * FROM dbo.Product WHERE productId = ?"
        ))
    {
        s.setLong(1, id);
        try(ResultSet r = s.executeQuery())
        {
            if(!r.next())
                return null;

            Product product = new Product(id);
            product.setName(r.getNString("Name"));
            product.setDescription(r.getNString("Description"));
            product.setDatePosted(r.getObject("DatePosted", Instant.class));
            product.setPurchases(r.getLong("Purchases"));
            product.setPrice(r.getDouble("Price"));
            product.setBulkPrice(r.getDouble("BulkPrice"));
            product.setMinimumUnits(r.getInt("MinimumUnits"));
            product.setSku(r.getNString("Sku"));
            product.setEditorsReview(r.getNString("EditorsReview"));

            return product;
        }
    }
}
```

如你所知，上面的代码中缺少了一些东西。第一，该方法没有错误处理，在现实中这是必须的。另外，存储产品通常会涉及更多的属性——这里的代码是非常保守的。该方法的长度可以轻松达到现有代码的数倍。下面的代码将新建一个 Product：

```
public void addProduct(Product product) throws SQLException
{
    try(Connection connection = this.getConnection();
        PreparedStatement s = connection.prepareStatement(
                "INSERT INTO dbo.PRODUCT (Name, Description, DatePosted," +
                        "Purchases, Price, BulkPrice, MinimumUnits, Sku," +
                        "EditorsReview) VALUES (?, ?, ?, ?, ?, ?, ?, ?, ?)",
                new String[] { "ProductId" }
        ))
```

```
        {
            s.setNString(1, product.getName());
            s.setNString(2, product.getDescription());
            s.setObject(3, product.getDatePosted(), JDBCType.TIMESTAMP);
            s.setLong(4, product.getPurchases());
            s.setDouble(5, product.getPrice());
            s.setDouble(6, product.getBulkPrice());
            s.setInt(7, product.getMinimumUnits());
            s.setNString(8, product.getSku());
            s.setNString(9, product.getEditorsReview());

            if(s.executeUpdate() != 1)
                throw new SaveException("Failed to insert record.");

            try(ResultSet r = s.getGeneratedKeys())
            {
                if(!r.next())
                    throw new SaveException("Failed to retrieve product ID.");
                product.setProductId(r.getLong("ProductId"));
            }
        }
    }
```

当然，也必须提供方法用于更新和删除产品(尽管删除方法的实现要容易得多)。

这些方法似乎没有那么糟糕，但请你考虑一个更复杂的产品实体，然后思考产品评论、购物车、订单、航运、搜索、用户、存储管理、折扣和优惠、商户(如果你允许用户出售自己商品的话)、支付、退款等情况。一个在线商店可能很轻松地就会有数十个甚至数百个不同的实体，每个都与 Product 有着非常类似的代码，每个都需要使用许多 SQL 和 Statement 及 ResultSet。

毫无疑问，在开始实现之前，你可能会希望创建一些自己的工具简化这些任务。同样地，该工具将会涉及某些形式的反射，这样它才可以处理所有的实体类型。那么如果我们已经编写了这样的工具，并已经由社区用户测试过，这是不是更简单呢？

19.2.2　O/RM 使实体持久化更简单

一个好的 O/RM 可以极大地简化这个冗长、乏味的代码(它也容易出现拼写错误，并且单元测试难于实现)。O/RM 将使用反射分析实体，并将它们的属性与存储它们的关系数据库表所含的列一一对应起来。使用了 O/RM 之后，之前的代码就变成下面这样：

```
public Product getProduct(long id)
{
    return this.getCurrentTransaction().get(Product.class, id);
}

public void addProduct(Product product)
{
    this.getCurrentTransaction().persist(product);
}
```

添加更新和删除产品的方法同样简单，比直接使用 JDBC 要简单得多：

```
public void updateProduct(Product product)
{
```

```
        this.getCurrentTransaction().update(product);
    }

    public void deleteProduct(Product product)
    {
        this.getCurrentTransaction().delete(product);
    }
```

如你所见，该代码非常简单。实际上，如果你够聪明的话，甚至可能使这些代码变得通用，这样就可以在抽象类中编写该代码，然后在所有子类中使用它。当然，这不是它所有的能力。一个 O/RM 不能自己“得知”实体应该被映射到哪个表和那些列，它也不能总是知道如何对应数据类型(尽管，通常它可以自己分析清楚许多信息)。在使用 O/RM 时，必须创建正式的映射告诉 O/RM 如何映射自己的实体。根据所使用的 O/RM，这可能需要许多不同的表单，这也是一个问题。在使用特定 O/RM 的私有格式创建了数十个或者数百个实体映射之后，在将来将它切换到另一个 O/RM 就变得非常困难。有许多原因可能会导致你需要切换到另一个 O/RM：可能你需要另一个 O/RM 提供的特性，或者你发现目前使用的 O/RM 表现不佳并且希望使用一些更好的 O/RM。无论哪种方式，在切换到不同的 O/RM 时都需要大量的工作。

使用 O/RM 可能产生一些其他结果，有些人认为这是有问题的。其中之一，使用 O/RM 带来的高级别抽象可能使我们难于理解它在幕后到底做了什么。当你调用 persist 方法将实体持久化到数据库时，发生了什么事情呢?你知道实体将被插入到表中，但这足够吗？你是不是应该知道更多信息呢？

许多争论的答案都是 YES，在某种程度上他们是对的。在某种程度上了解 O/RM 如何工作是非常重要的，因为如果它生成了差劲的 SQL 语句，那么它可能导致应用的性能变差。但没有理由要完全明白 O/RM 精确的内部工作方式。你总是可以针对 O/RM 进行负载测试，并保证它的性能是足够的，而且还可以在自己的数据库服务器中创建语句日志，用于分析它生成的语句质量是否可以接受。

另外，O/RM 通常被认为是数据库设计糟糕的原因，这可能是正确的。但是这重要吗？这取决于实际的情况。首先，如果你通过多种方式使用数据库，而不只是将它用作持久化存储(例如数据仓库)，当然设计是非常重要的。不过，数据库的唯一目的就是为应用程序存储数据，那么它就是一个实现目标的方式而已。只要它可以工作并且工作得很好，那么数据库表不漂亮不一定是坏事。当然，这些描述都忽略一个简单的事实：数据库是由个人创建的。确实许多 O/RM 都可以根据映射指令自动生成表模式，但永远不应该在生产环境中使用。你应该总是自己创建表和列。如果数据库设计比较糟糕，那么就是你的错误，而不是 O/RM 的问题。

最后，只有你可以决定 O/RM 是否适用于你的用例，但在大多数情况下，它的优点通常是要远远大于缺点的。

19.2.3　JPA 提供了一种标准 O/RM API

TopLink 是最早的 O/RM 之一，它在 1990 年早期使用 Smalltalk 开发完成。它的开发者 The Object People(这就是 TopLink 中“Top”的由来)在 1998 年为 Java 发布了 TopLink，在 2002 年 Oracle 公司收购了 TopLink 用于 Oracle Fusion Middleware 中。随着多年的发展，TopLink 将代码捐赠给了 Sun Microsystem，后来 Sun 又捐赠给了 Eclipse Foundation，最终 TopLink 变成了 EclipseLink(不过，今天 TopLink 仍然作为 Oracle 的产品存在)。除了将对象映射到关系数据库，TopLink 和 EclipseLink

也可以将对象映射到 XML 文档。

另一个 O/RM：iBATIS，在 2002 年创建并作为 Apache Software Foundation 项目一直发展到了 2010 年，直到它退役，被 Google Code 的 MyBatis 所替代。iBATIS 被编写用于 Java、.NET 和 Ruby 中，MyBatis 则用于 Java 和.NET 中。Hibernate ORM 可能是最流行的 Java O/RM 之一，它开始于 2001 年并得到了显著的发展。它的 Hibernate 查询语言(Hibernate Query Language，HQL)非常类似于 SQL，但它被用于查询实体而不是表。NHibernate 是 Hibernate ORM 的.NET 版本，为.NET 平台带来了类似的特性。

有如此多不同 O/RM 的问题就在于：灵活性。使用 Hibernate 编写的应用程序，如果不对域层次代码进行重大的重构，就无法轻松地将应用程序修改为使用 EclipseLink 或者 MyBatis。Java Persistence API 的出现正是为了解决这个问题，它为使用 O/RM 技术在关系数据库中持久化 Java 对象提供了标准的 API。只针对 Java Persistence API 编程允许你以最小的代价切换 O/RM 实现，如果需要的话。

JPA 1.0 属于 JSR 220，在 2006 年被标准化，它是 Java EE 5 的一部分。它统一了 Java Data Objects(JDO)API 和 EJB 2.0 Container Managed Persistence(CMP)API，并包含了一些由 TopLink 和 Hibernate ORM 促进或者基于它们产生的许多特性。它也定义了 Java 持久化查询语言(Java Persistence Query Language，JPQL)，一种几乎与 HQL 一致的查询语言。不过，它有一些缺点：

- 不使用 JPQL 时，它缺少一种根据复杂条件查询对象的标准方式。因为许多开发者更希望使用一种不含查询语言的纯 Java 方式，所以他们通常使用提供者特定的特性，例如 Hibernate 的 Criteria。
- JPA 的核心原则之一就是将 SQL 数据类型的有限集合转换成 Java 数据类型，例如原生数据和它们的封装器、字符串、枚举、日期、日历等。JPA 指定了一个数据类型转换的有限集合，所有的实现必须支持该转换，但遗憾的是它没有提供自定义转换器的方式(处理其他类型数据)。某些实现支持额外的数据类型(例如，Hibernate ORM 支持所有的 Joda Time 类型)，但依赖于这一点可能会将应用程序绑定在特定的实现上。通常 JPA 实现也提供了一种指定自定义数据类型的方式，但这仍然会将应用程序绑定在特定的实现上。
- JPA 1.0 缺少对实体中的实体集合、多层嵌套实体和有序列表的支持。

JSR 317 在 2009 年标准化了 JPA 2.0，它是 Java EE 6 的一部分，添加了对实体集合、嵌套实体和有序列表的更好支持。它也支持根据已定义的实体自动生成数据库模式，以及集成 Bean Validation API。最重要的可能就是：它添加了标准的条件 API，可以在不使用 JPQL 的情况下使用纯 Java 实体查询。遗憾的是，它仍然缺少对自定义数据类型转换的支持，因此许多开发者不得不继续依赖于私有实现特性，例如 Hibernate 的 UserType。最后，JPA 2.1 满足了自定义数据类型的需求。作为 Java EE 7 的一部分，JSR 338 在 2013 年标准化了 JPA 2.1。除了自定义数据类型，它还包含了对 JPQL 的增强、对存储过程的支持以及对 JPA 2.0 条件 API 的改进(支持批量更新和删除操作)。

Sun 的 GlassFish 应用服务器包含了 JPA 1.0 的参考实现，它基于 Oralce 的 TopLink 捐赠的代码创建。在 JPA 1.0 之后，Sun 将代码捐赠给了 Eclipse，TopLink 变成了 EclipseLink。尽管 Hibernate 拥有压倒性的优势，EclipseLink 仍被选择为 JPA 2.0 和 2.1 的参考实现。BatooJPA、DataNucleus、EclipseLink、HibernateORM、ObjectDB、Apache OpenJPA、IBM WebSphere 和 Versant JPA 只是 JPA 2.0 提供者的一部分。在本书编写时，只有 EclipseLink、DataNucleus 和 Hibernate 发布了 JPA 2.1 实现。

注意：JPA 实现将使用 JDBC 执行 SQL 语句，但你永远不必接触到细节。总是使用 Java Persistence API 即可，而不是直接使用 JDBC API。

19.3　使用 Hibernate ORM 的原因

本书将使用 Hibernate ORM 作为项目的 JPA 实现。这似乎有点奇怪，因为 Hibernate 既不是原始的 Java O/RM，也不是 JPA 参考实现——这两个称号都属于 EclipseLink。不过，Hibernate 是一个非常成熟和稳定的项目，它有着庞大的支持社区和数以千计的在线帮助文档。在必要时我们可以轻松地从 Hibernate 中获得帮助，但 EclipseLink 的全球知识库就显得不够充足(就本书作者所知，Hibernate 在这一点上是做的最好的)。

Hibernate ORM 也支持集合的懒加载，并且不必要操作实体的字节码。另一方面，EclipseLink 必须在实体中织入字节码修饰才能实现，并且配置上可能有点麻烦。好在你不需要因为本书使用了 Hibernate，就必须使用 Hibernate。我们将使用 Java Persistence API，这样之后我们可以随时轻松地切换成一个不同的 JPA 实现。

19.4　Hibernate ORM 简介

下面的几章内容将关注于使用 Java Persistence API 持久化应用程序中的实体。我们不会直接使用实现提供者(Hibernate ORM)API。实际上，本书使用的提供者库在 Maven 文件中的作用域是运行时，这将阻止你直接使用它们。不过，如之前小节所讨论的，有时使用提供者 API 是必须的。尽管对 JPA 标准的不断改进减少了这种情况，但是我们仍然需要了解自己所使用的库。因此，本节将介绍 Hibernate ORM 以及它在 JPA 的范围之外是如何工作的。

19.4.1　使用 Hibernate 映射文件

请回想一下之前章节讲解的内容，在使用 O/RM 持久化实体之前，我们必须先定义实体字段到对应关系数据库列的映射。当你使用 JPA 实现该任务时，总是需要使用注解映射实体。在 Hibernate ORM 3.0 和 3.5 之间，我们可以使用仿照 JPA 注解的私有 Hibernate 注解，通过单独使用 Hibernate Annotation 项目映射实体。从 Hibernate ORM 3.5 开始，私有的注解已经被添加到了 Hibernate 核心库中，并且 Hibernate 也已经支持了 JPA 注解。不过，在 Hibernate 3.0 之前，我们仍然需要使用 Hibernate 映射模式创建 XML 映射文件。这些文件的扩展名为.hbm.xml，其中包含了告诉 Hibernate 如何保存实体和如何从关系数据库中获取实体的指令。今天如果愿意，我们仍然可以使用 XML 映射，但只有直接使用 Hibernate ORM 而不是 JPA 时才可以。

Hibernate XML 映射文件总是包含了<hibernate-mapping>根元素。<hibernate-mapping>元素中包含了一个或多个<class>元素，用于表示指定类名和对应的表之间的映射。尽管可以通过使用多个<class>元素在单个映射文件中包含多个映射，但最佳实践是：一个文件对应一个实体，并使用类名命名文件。例如，Product 类的映射文件将是 Product.hbm.xml。另一个最佳实践是：在包结构中(在资源目录中)实体类所在的包中添加映射文件，所以 com.wrox.entities.Product 的映射文件应该是 com/wrox/entities/Product.hbm.xml。

在<class>元素中，<id>元素指定了单列、单字段代理键，而互斥的<composite-id>元素则指定了一个多列、多字段代理键。一个或多个<property>元素将类字段映射到了数据库列。对于大多数的用例来说，映射完全可以使用<property>的特性表示，但对于复杂的用例来说，可能需要使用嵌套的<column>元素。

注意：你可能已经注意到本节内容提到将实体“字段”映射到数据库列。在本例中，单词“字段”引用的是 JavaBean 属性(具有访问和设置方法的实例字段)。在 JPA 和 Hibernate ORM 中，默认所有被映射的字段都必须是 JavaBean 属性(不过可以指定不同的行为)。通过移除访问方法中的“get”或者“is”，并将第一个字符转换为小写字符就可以得到字段名称，(字段名不是通过检测底层的实例字段得到的)。在称它为“字段”时，JPA 和 Hibernate 实体字段实际上并不需要底层有对应的实例字段。一个匹配的访问和设置方法就足以构成实体字段。

如果继续使用产品样例，为 Product 类创建一个映射是非常简单的：

```
<?xml version="1.0" encoding="UTF-8" ?>
<!DOCTYPE hibernate-mapping PUBLIC "-//Hibernate/Hibernate Mapping DTD 3.0//EN"
              "http://www.hibernate.org/dtd/hibernate-mapping-3.0.dtd">
<hibernate-mapping>
    <class name="com.wrox.entities.Product" table="Product" schema="dbo">
        <id name="productId" column="ProductId" type="long" unsaved-value="0">
            <generator class="identity" />
        </id>
        <property name="name" column="Name" type="string" length="60" />
        <property name="description" column="Description" type="string"
                  length="255" />
        <property name="datePosted" column="DatePosted"
                  type="java.time.Instant" />
        <property name="purchases" column="Purchases" type="long" />
        <property name="price" column="Price" type="double" />
        <property name="bulkPrice" column="BulkPrice" type="double" />
        <property name="minimumUnits" column="MinimumUnits" type="int" />
        <property name="sku" column="Sku" type="string" length="12" />
        <property name="editorsReview" column="EditorsReview" type="string"
                  length="2000" />
    </class>
</hibernate-mapping>
```

其中的大多数代码都可以自说明的。字段 productId 被映射到了 ProductId 列，并使用了标识符生成(Microsoft SQL Server 中的 IDENTITY 列，MySQL 中的 AUTO_INCREMENT 列等)。其他属性都是映射到简单列的简单字段。也可以创建<map>、<list>和<set>属性，并使用<one-to-many>和<many-to-one>元素关联实体。Hibernate ORM 4.3 用户手册中有几十页的映射样例和指令，地址为 http://docs.jboss.org/hibernate/orm/4.3/manual/en-US/html/。因为本书只使用 JPA 映射，所以这里不再进行深入讲解。

19.4.2　了解会话 API

在 Hibernate ORM 中执行操作的主要工作单元是 org.hibernate.Session 接口。Hibernate Session 与 HttpSession 或者 WebSocket 会话不同。Hibernate Session 代表了一个事务从开始到结束的整个生命周期。根据应用程序架构的不同，这可能会需要不到几秒钟或者几分钟的时间；在 Web 应用程序中，它可能是一个请求中多个事务的一个、在整个请求中一直持续的事务或者跨多个请求的事务。会话不是线程安全的，并且一次必须在一个线程中使用，它将负责管理实体的状态。

从数据库中获取实体时，该实体将被附着到会话上，并一直作为会话的一部分，直到会话(和它的事务)结束。通过这种方式，实体的特定属性可以通过懒加载的方式加载，只要在会话的生命周期内访问它们即可。同样地，添加或更新一个实体时，这些修改也将被附着到会话上，当从数据中删除实体时，它也将从会话中删除。如稍后将学到的，这非常类似于 JPA 的 EntityManager 的工作方式。

按照实体的代理键查找代理只需要调用会话实例上的 get 方法即可：

```
return (Product)session.get(Product.class, id);
```

如果指定的产品不存在，那么 get 方法将返回 null。为了添加一个新实体，将它传入到 save 方法中即可。

```
session.save(product);
```

该方法将返回被添加实体中自动生成的 ID；尽管通常不需要使用该返回值。在调用该方法之后，传入方法中的实体的 ID 属性将被更新为自动生成的 ID。save 方法的替代方法是 persist，它也将用于添加新的实体。关键的区别在于 persist 更安全：如果事务已经关闭，它永远也不会执行 INSERT 操作，而 save 方法将会产生额外的事务插入。不过，由 persist 方法触发的 INSERT 无法保证马上执行，只有刷新的时候才能保证它已经执行，所以 persist 不会返回自动生成的 ID，而且当 persist 方法完成时，实体的 ID 属性可能也可能未被设置。如果立即需要 ID，那么在保存实体之后应该刷新会话：

```
session.persist(product);
session.flush();
```

刷新会话只会使挂起的语句立即执行；它不会结束事务。因此如果需要，可以在会话的生命周期内多次调用 flush 方法。关闭会话或者自动提交它的事务将刷新会话。需要刷新会话背后的原因是：Hibernate 将会把语句添加到队列中。在一个涉及多个操作的事务中，操作实际上可能无法按照指定的顺序执行。在刷新时，从上一次刷新开始的所有操作将按照下面的顺序执行：

- 所有实体插入操作将按照添加它们的顺序执行
- 所有实体更新将按照更新它们的顺序执行
- 所有集合删除操作将按照删除它们的顺序执行
- 所有集合元素插入、更新和删除将按照执行它们的顺序执行
- 所有集合插入将按照添加它们的顺序执行
- 所有实体删除将按照删除它们的顺序执行

因此，如果需要保证一个或多个操作在某些其他操作之前执行，那么必须在它们之间刷新。唯一的例外是 save 方法，它总是立即执行 INSERT 操作，无论是否刷新(要记住，persist 会受到刷新的影响)。

警告： 刷新只影响写入到数据库的会话修改。对会话做出的修改将会立即反映到内存中。要小心该行为，因为它可能是许多混乱的根源。

更新实体稍微有点难于理解。如下面的代码片段所示，可以使用 update 方法更新实体：

```
session.update(product);
```

不过，只有在实体尚未附着到会话之前(在事务过程中，如果未在该实体上使用 get、save 或者 persist 的话)，这种方式才可以正常工作。如果实体已经被附着到会话上，那么更新将会抛出异常。因此，使用 merge 方法总是最好的方式，无论实体是否已经被附着到了会话上，它都可以正常工作：

```
session.merge(product);
```

删除实体是非常直观的：

```
session.delete(product);
```

实体驱逐是 Hibernate 中一个有趣的概念。调用 evict 方法将使实体从会话中分离，但它不会导致数据库的任何变动(例如删除实体)。

```
session.evict(product);
```

如果希望驱逐所有附着到会话的实体，那么可以调用 clear 方法。注意 evict 将取消所有挂起的修改(对被驱逐实体的修改，尚未被刷新的)。同样地，clear 将取消会话中所有实体的所有挂起的修改(包括插入和删除)，这些修改尚未被刷新。

使用实体的代理键获得单个实体当然不是我们需要执行的唯一查询类型。你会希望使用多个条件查询单个实体和实体集合。可以使用 org.hibernate.Criteria API 或者 org.hibernate.Query API 执行这些任务。下面两个返回语句将得到完全相同的单个实体：

```
return (Product)session.createCriteria(Product.class)
        .add(Restrictions.eq("sku", sku))
        .uniqueResult();

return (Product)session.createQuery("FROM Product p WHERE p.sku = :sku")
        .setString("sku", sku)
        .uniqueResult();
```

注意：HQL 查询中的 Product 引用的是实体名称，而不是表名称，在两个位置中 sku 引用的是实体的 sku 属性，而不是数据库表的 Sku 字段。同样地，两个返回语句都会产生一个 Product 列表，其中包含了一年以前发布的产品并且名字以“java”开头：

```
return (List<Product>)session.createCriteria(Product.class)
        .add(Restrictions.gt("datePosted",
```

```
                        Instant.now().minus(365L, ChronoUnit.DAYS)))
                .add(Restrictions.ilike("name", "java", MatchMode.START))
                .addOrder()
                .list();

        return (List<Product>)session.createQuery("FROM Product p WHERE
    datePosted > :oneYearAgo AND name ILIKE :nameLike ORDER BY name")
                .setParameter("oneYearAgo",
                        Instant.now().minus(365L, ChronoUnit.DAYS))
                .setString("nameLike", "java%")
                .list();
```

通过会话 API 可以完成许多任务，但这些基本的任务应该可以满足你的许多需求了。

19.4.3　从 SessionFactory 中获得会话

会话不会凭空出现。会话将被关联到一个 JDBC 数据库连接，因此使用会话之前，必须创建连接或者从数据源中获得一个连接，实例化会话实现，并将会话附着到连接上。如果当前上下文中已经有了一个正在执行的会话，那么需要查询现有会话，而不是每次执行操作时都创建一个新的会话。org.hibernate.SessionFactory 接口的出现正是出于这个目的。它包含了几个用于构建会话、打开会话和获取“当前”会话的方法。例如，为了打开一个新会话，可以调用 openSession 方法：

```
Session session = sessionFactory.openSession();
```

该代码将使用 SessionFactory 的所有默认配置(数据源、拦截器等)打开一个会话。不过，有时必须覆盖这些配置。出于某些特殊的目的，你可能需要使用不同数据库的连接：

```
Session session = sessionFactory.withOptions()
        .connection(connection).openSession();
```

或者你可能需要拦截所有的 SQL 语句，并以某种方式修改它们。例如，映射中可能指定了一些像 schema="@SCHEMA@"这样的东西，在运行时，使用设置中的值、参数或者其他变量替换它：

```
Session session = sessionFactory.withOptions()
        .interceptor(new EmptyInterceptor() {
            @Override
            public String onPrepareStatement(String sql)
            {
                return sql.replace("@SCHEMA@", schema);
            }
        })
        .openSession();
```

Hibernate ORM 也有无状态会话的概念，由 org.hibernate.StatelessSession 表示。StatelessSession 尤其适用于批量数据操作，它可以完成许多 Session 可以完成的相同工作，但它不会像 Session 一样保持附着的实体。可以使用 openStatelessSession 打开一个默认的 StatelessSession，或者使用 withStatelessOptions 打开一个自定义的 StatelessSession。

SessionFactory 最重要的特性之一可能就是它保持和获取“当前”Session 的能力(由于 StatelessSession 的无状态性，它们没有这样的能力)。但到底什么是“当前”会话呢？与 Session 不同，SessionFactory 是线程安全的，所以“当前”Session 不仅仅指的是最后一个使用 openSession 打开的 Session。相反，“当前”的含义是由使用的 org.hibernate.context.spi.CurrentSessionContext 实现所定义的。最常见的实现就是 org.hibernate.context.internal.ThreadLocalSessionContext，它在 java.lang.ThreadLocal 中存储了当前的会话。所有对 getCurrentSession 的调用都将获得之前在当前线程中打开的会话，如果有的话。

```
        Session session = sessionFactory.openSession();
    ...
        Session session = sessionFactory.getCurrentSession();
```

19.4.4 使用 Spring Framework 创建 SessionFactory

SessionFactory 可能不容易配置，在 Web 应用程序中如何在每个请求的结尾正确地清除资源是极其重要的。如果做不到这一点的话，可能会导致内存泄漏或者(更糟糕的)出现跨应用程序泄漏数据的情况。与之前学习的许多其他技术一样，Spring Framework 将使 SessionFactory 的创建变得更简单，并且它会管理会话和事务(代表你)的创建和关闭，这样你就无须担心应用程序中到处都充满了重复的代码。在 Spring 中配置 Hibernate ORM 时，使用两个 Spring 类之一创建 SessionFactory 即可。

如果使用 XML 配置 Spring，那么定义一个 org.springframework.orm.hibernate4.LocalSessionFactory-Bean bean 更简单，这个特殊类型的 Spring bean 将创建和返回一个 SessionFactory。LocalSessionFactory-Bean 还实现了 org.springframework.dao.support.PersistenceExceptionTranslator，所以它还可以被用作转换器，将 Hibernate ORM 异常转换为 Spring Framework 的持久化异常。

不过在使用 Java 配置时，使用 org.springframework.orm.hibernate4.LocalSessionFactoryBuilder 就是简单的方式。它继承了 org.hibernate.cfg.Configuration，为 Spring Framework 应用程序提供了配置 SessionFactory 的一些简洁方式。下面的 Java 配置脚本演示了这种方式：

```
...
@EnableTransactionManagement
public class RootContextConfiguration
        implements AsyncConfigurer, SchedulingConfigurer
{
    ...
    @Bean
    public PersistenceExceptionTranslator persistenceExceptionTranslator()
    {
        return new HibernateExceptionTranslator();
    }

    @Bean
    public HibernateTransactionManager transactionManager()
    {
        HibernateTransactionManager manager = new HibernateTransactionManager();
        manager.setSessionFactory(this.sessionFactory());
        return manager;
    }

    @Bean
    public SessionFactory sessionFactory()
    {
        LocalSessionFactoryBuilder builder = new
                LocalSessionFactoryBuilder(this.dataSource());
```

```
        builder.scanPackages("com.wrox.entities");
        builder.setProperty("hibernate.default_schema", "dbo");
        builder.setProperty("hibernate.dialect",
                MySQL5InnoDBDialect.class.getCanonicalName());

        return builder.buildSessionFactory();
    }
    ...
}
```

通过这种配置，Spring Framework 可以在调用@org.springframework.transaction.annotation.Transactional 服务或者仓库方法之前自动创建会话，并在这些方法返回之后关闭会话。如果@Transactional 方法调用了其他@Transactional 方法，当前的会话和事务将保持一直有效。然后，只需要在仓库中使用一个标注了@Inject 的 SessionFactory，并在需要使用会话时调用 getCurrentSession 即可。第 21 章将详细讲解@EnableTransactionManagement 和@Transactional 注解。

19.5　准备关系数据库

为了在本书的剩余部分中完成和使用样例项目，你需要能够访问一个存储持久化实体的关系数据库。你可以使用一个百分百 Java 内嵌数据库，例如 HyperSQL http://hsqldb.org/，但这样就与我们替换内存仓库(本书到目前为止一直在使用)的目的相违背了。相反，如果采用的是一个独立运行的关系数据库，如 MySQL、PosgreSQL 或者 Microsoft SQL Server，样例会更加高效。

本书的样例假设你能够访问关系数据库；如果没有，那么你需要安装一个。另外，这些样例都是针对 MySQL 服务器编写和测试的，因为它是可用的关系数据库中最流行的并且是免费的。大多数代码都可以独立于任何特定的数据库(这毕竟也是 ORM 概念中的一部分)，但在学习样例中的配置代码时，就需要你独立思考一些事情。例如，无论何时看到一些特定于数据库的东西，如之前小节中使用的 MySQL5InnoDBDialect 类，你就需要分析需求如何为你选择的数据库实现对应的功能。也需要将 MySQL 数据库、表和索引创建语句转换成适用于目标数据库的语句。

本节除了展示如何安装 JDBC 驱动，以及如何在 Tomcat 中创建连接资源之外，还将帮助你安装一个本地 MySQL 服务器(如果你没有权限访问目标数据库的话)。如果你计划使用一些其他的数据库，那么你仍然应该阅读本节内容！它包含了一些重要的信息，也适用于你的数据库供应商。

19.5.1　安装 MySQL 和 MySQL Workbench

为了安装 MySQL 数据库，请按照下面的步骤进行操作：

(1) 访问 MySQL 下载网站(http://dev.mysql.com/downloads/)，并下载 MySQL Community Server 和 MySQL Workbench 产品。

(2) 为 MySQL Community Server 选择合适的平台(Mac OS X、Windows、SuSE 等)，并为你的平台版本下载正确的安装程序或归档文件。

(3) 按照操作系统的安装指令，在计算机上安装 MySQL Community Server。安装程序应该引导你完成整个过程。

(4) 如果出现 Setup Type 界面，通常可以直接选择 Developer Default，如图 19-1 所示。它将安

装我们需要使用的所有 MySQL 功能，包括对 Microsoft Excel 的扩展(如果使用的是 Windows 系统的话)。如果希望只安装特定的特性，那么请选择 Custom 创建类型，并在屏幕中选择希望安装的特性，如图 19-2 所示。

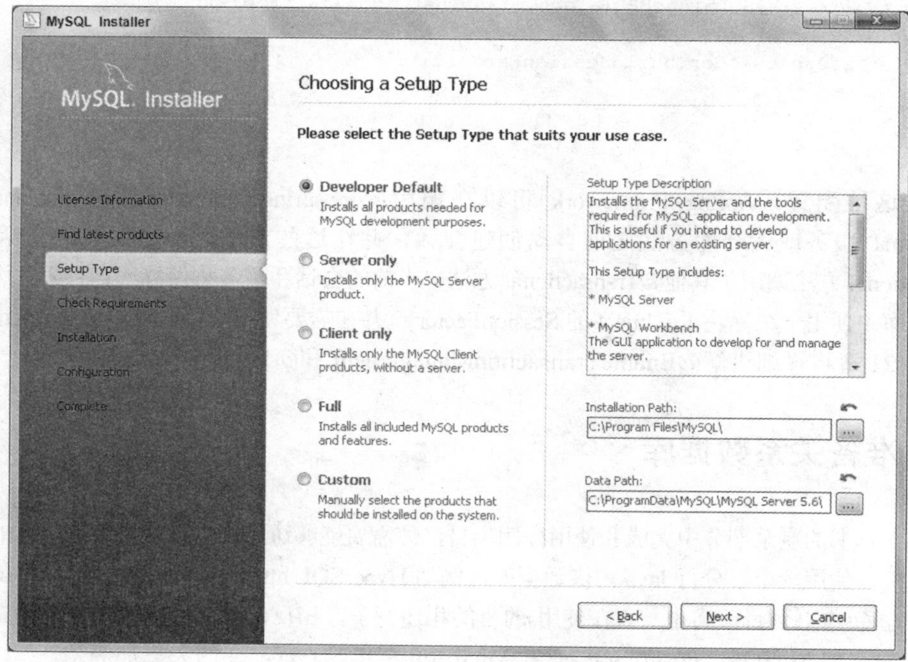

图　19-1

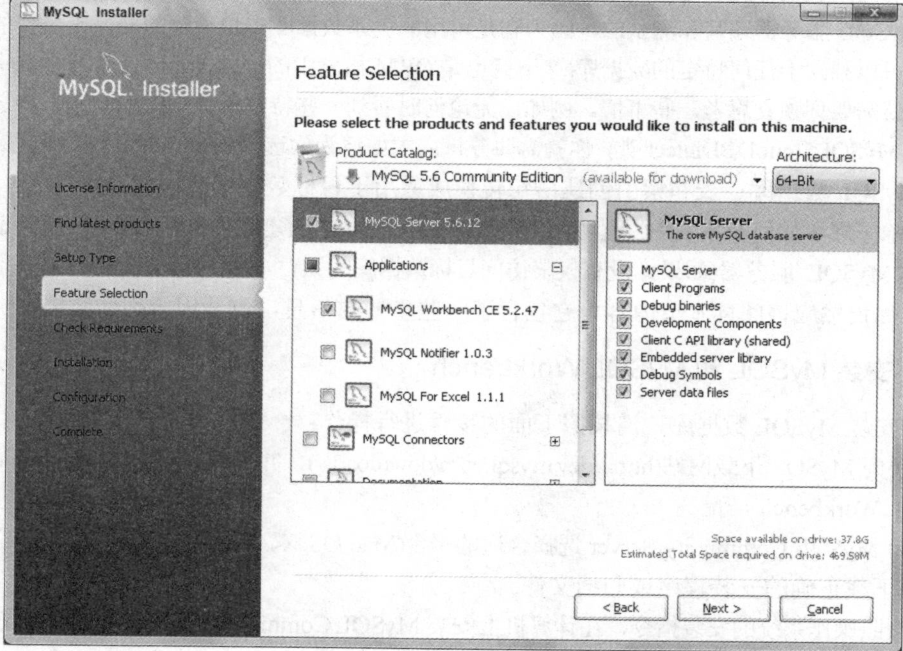

图　19-2

注意：许多 Linux 发行版本都在它们的包管理系统中提供了 MySQL，因此使用这种方式安装可能更容易一些。无论怎么安装它，你必须使用 MySQL 5.6.12 或更新的版本——早期的版本不支持一些本章将要使用的特性。从 MySQL 站点下载时，不需要创建账户或者登录。可以单击 *"No thanks, just start my download"* 链接跳过这个过程。

MySQL Workbench 是一个数据库浏览器和管理工具，它类似于 Microsoft SQL Server Management Studio 和 Oracle SQL Developer。本书的一些样例和屏幕截图将演示如何针对 MySQL 数据库执行查询，并在 Workbench 中展示结果。当然，你也可以使用任何希望使用的工具执行这些任务。如果在安装 MySQL server 时，它的安装程序已经包含了 Workbench，那么就不需要再独立安装 Workbench。否则，请下载并安装 Workbench，你应该选择正确的平台并为之下载正确的安装程序和二进制包。安装 Workbench 的过程比安装 MySQL Community Server 更简单，不过在标准的包管理仓库中通常无法找到 Workbench。

大多数情况下，在安装之后就可以开始使用 MySQL Community Server 了。对于开发来说，不需要进行任何额外的配置；不过，在它的默认配置中，它并未对性能进行优化而且是不安全的。默认配置应该足够用于执行本书列出的样例和一些任务。不过，为了通过 JDBC 访问数据库，你需要为应用程序创建一个用户名和密码。

注意：管理 *MySQL Community Server* 的细节超出了本书的范围，但 MySQL 网站有充足的资源可以帮助你对它进行配置，从而满足个人的需求。

为了创建用户名和密码，打开 MySQL Workbench 并连接到本地的 MySQL 服务器。输入根用户名和密码进行登录；如果在安装过程中并未创建根密码，那么默认根密码为空。

在查询编辑器中，输入下面的语句并单击执行图标执行它们：

```
GRANT ALL PRIVILEGES ON *.* TO 'tomcatUser'@'localhost'
    IDENTIFIED BY 'password1234';
GRANT ALL PRIVILEGES ON *.* TO 'tomcatUser'@'127.0.0.1'
    IDENTIFIED BY 'password1234';
GRANT ALL PRIVILEGES ON *.* TO 'tomcatUser'@'::1' IDENTIFIED BY 'password1234';
FLUSH PRIVILEGES;
```

上面的语句将创建出一个可以从本地 Tomcat 服务器连接数据库的用户。当然，该用户被授予了太多权限。在生产机器中，你会希望将它的权限限制在单个数据库中，并且可能只允许执行数据操作，并禁止执行模式操作。对于开发者机器来说，这就足够了。

19.5.2　安装 MySQL JDBC 驱动

如同大多数其他关系数据库提供者一样，MySQL 提供了从 Java 连接 MySQL 数据库的 JDBC 驱动。需要下载该驱动(JAR 文件)并将它添加到 Tomcat 服务器中，这样就可以从应用程序中使用它。这可能有点奇怪，因为其他的 JAR 文件都被添加到了应用程序的/WEB-INF/lib 中。永远不应该这样做，原因有两个：

- 最重要的是，这样做可能引起内存泄漏。JDBC 驱动将自动使用 java.sql.DriverManager 注册它们，这是 Java SE 核心库的一部分。如果应用程序在/WEB-INF/lib 中安装了一个 JDBC 驱动，那么 DriverManager 将永远保留该驱动类，即使应用程序被卸载了也是这样。应用服务器可能就无法完全卸载应用程序，并导致内存泄漏。
- 最好使用应用服务器管理 JDBC 数据源。应用服务器有专门用于管理连接池的内建系统，可以改进应用程序中数据库连接的性能。对于能够管理这些连接的应用服务器，必须在应用服务器类加载器中而不是 Web 应用类加载器中加载 JDBC 驱动。

在 Tomcat 中安装 MySQL JDBC 驱动是非常容易的。在之前提到的 MySQL 下载网站中，查找到 Connector/J 产品。这就是 JDBC 驱动了。它是平台独立的，所以所有需要做的就是下载 ZIP 或 TAR 归档文件(它更易于在个人计算机上使用)。从归档文件中解压出 JAR 文件，并将它复制到 C:\Program Files\Apache Software Foundation\Tomcat 8.0\lib(或者 Tomcat 服务器中的对应目录)。

这就是所有需要执行的步骤了。下一次 Tomcat 启动时，所有的 Web 应用程序都可以使用该 MySQL JDBC 驱动了。

警告： 在编写本书时，MySQL JDBC 驱动主要兼容于 JDBC 4.1，这是 Java 7 的一部分。Java 8 中包含了 JDBC 4.2。其中唯一的重大改变就是为 *SQL* DATE、TIME 和 DATETIME 添加了 Java 8 日期和时间类型。因为 MySQL 尚未兼容 JDBC 4.2，所以不能直接在 JDBC 语句和结果集中使用 Java 8 日期和时间类型。JDBC 提供者通常在新版 Java/JDBC 版本发布之后的 6 个月到几年内发布新版驱动，或者根本不发布。当你阅读本段内容时，MySQL 驱动可能已经兼容了 JDBC 4.2。保证你下载的是最新版本，并查询 Connector/J 文档是否兼容 JDBC 4.2。该警告同样适用于你可能使用的任何其他 JDBC 驱动。

19.5.3 在 Tomcat 中创建连接资源

在 Tomcat 中创建连接池 DataSource 是非常直观的，只需要几分钟时间即可完成。每次在样例或者样例项目中使用新的数据库时，本书都将指导你创建一个 Tomcat 连接资源。你可能会需要不时翻看本节内容，回忆这是如何实现的。除了每次都创建一个全新的资源(最终本书结束时将出现数十个连接资源)，也可以只创建一个资源，并在每次需要时对它进行修改。

(1) 使用最喜爱的文本编辑器打开 C:\Program Files\Apache Software Foundation\Tomcat 8.0\conf\context.xml(或者 Tomcat 安装目录中对应的文件)，创建一个连接资源。

(2) 在开始和结束<Context>元素之间添加下面的<Resource>元素：

```
<Resource name="jdbc/DataSourceName" type="javax.sql.DataSource"
          maxActive="20" maxIdle="5" maxWait="10000"
          username="mysqluser" password="mysqlpassword"
          driverClassName="com.mysql.jdbc.Driver"
          url="jdbc:mysql://localhost:3306/databaseName" />
```

(3) 对于每个样例，都必须使用正确的数据源名称(应该总是以 jdbc/开头)替换 *jdbc/DataSource-Name*，使用正确的数据库名称替换 databaseName。mysqluser 和 mysqlpassword 应该被替换为用户(tomcatUser)和密码(password1234)，这是之前我们为 Tomcat 创建的 MySQL 的账户和密码。在本书的所有样例中都可以重用该用户名和密码。

该<Resource>定义将使 Tomcat 把连接池 DataSource 暴露为 JNDI 资源，这样任何应用程序都可以通过 JNDI 查询到该资源。

19.5.4　注意 Maven 依赖

本书第III部分使用的 Maven 依赖可能不如之前使用的依赖那么直观。到此时为止使用的大多数 Java EE 依赖都是来自于 Maven 中央仓库的真正 Java EE 规范库，例如 javax.servlet:javax.servlet-api:3.1.0 和 javax.websocket:javax.websocket-api:1.0。不过，其他的 Java EE 组件有着不同的许可，这可能会阻止在 Maven 中央仓库中发布它们的二进制包。

导致出现这个问题的法律谬论超出了本书的讨论范围，但可以说的是在 Maven 中央仓库中没有 JPA 2.0 或 2.1 的“官方”javax.persistence(Java Persistence API)artifact。将来你也可能在使用其他 Java EE 组件时遇到类似的情况。不过，这些 API 实现的提供者将在 Maven 中央仓库中提供一致的、非官方的 API artifact，使用它们也是安全的。在这些情况下，使用参考实现发布的 API 是最佳实践，因为它最可能是百分百正确的。当你在下一章看到下面的 Maven 依赖时，就会明白这是参考实现 EclipseLink 提供的 Java Persistence API 2.1 artifact。它兼容于任何 JPA 实现，包括 Hibernate ORM。

```
<dependency>
    <groupId>org.eclipse.persistence</groupId>
    <artifactId>javax.persistence</artifactId>
    <version>2.1.0</version>
    <scope>compile</scope>
</dependency>
```

Hibernate ORM 也为 JPA 2.1 发布了 org.hibernate.javax.persistence:hibernate-jpa-2.1-api:1.0.0 artifact，如果愿意，也可以使用它。除了使用提供者发布的 artifact，还可以手动从 Java 网站中下载官方的 JAR，但这在 Maven 项目中无法很好地工作，所以真的没有必要这样做。幸运的是，这只是一些例外，而不是 Java EE 组件的标准行为。

19.6　小结

这个简短的筹备章节介绍了对象-关系映射(O/RM)和 Java Persistence API(JPA)。它解释了这两种技术的历史和发展，并介绍了使用 JPA 而不是私有 O/RM API 的优点。接下来它还简单介绍了如何在 JPA 范围之外使用 Hibernate ORM。不过，在本书的剩余部分中，我们将只会使用 JPA 类和接口。在本书的剩余部分中你必须有关系数据库的访问权限，因此本章提供了安装和创建 MySQL 的指令。最后，本章讲解了如何在 Tomcat 中安装 JDBC 驱动，并配置了一个 Tomcat 连接池 DataSource。

在接下来的章节中，我们将使用 JPA 将所有类型的实体都持久化到关系数据库中。这些章节还将讲解一些不同的技术，通过这些技术可以将实体映射为数据库表，以及通过各种不同的方式添加、更新、删除、读取和搜索实体。

第20章 使用 JPA 注解将实体映射到表

本章内容：

- 了解和使用简单的实体
- 设计和使用持久化单元
- 映射复杂数据类型

本章需要从 wrox.com 下载的代码

访问网址 http://www.wrox.com/go/projavaforwebapps 的 Download Code 选项卡，找到本章的代码下载链接。本章的代码被分成了下面几个主要的例子：

- Entity-Mappings 项目
- Enums-Dates-Lobs 项目

本章新增的 Maven 依赖

除了之前章节中引入的 Maven 依赖，本章还需要下面的 Maven 依赖：因为 Hibernate persistence API 和 JBoss transaction API 与已经声明的标准依赖相冲突，所以它们的临时依赖被排除了。因为 XML API 已经是 Java SE 7 及更新版本的一部分，所以它的依赖也被排除了。最后，JBoss Logging 的排除是不必要的，但因为之前的章节中已经声明了一个更新的版本，所以将它排除会更清晰。

```
<dependency>
    <groupId>org.eclipse.persistence</groupId>
    <artifactId>javax.persistence</artifactId>
    <version>2.1.0</version>
    <scope>compile</scope>
</dependency>

<dependency>
    <groupId>javax.transaction</groupId>
    <artifactId>javax.transaction-api</artifactId>
    <version>1.2</version>
    <scope>compile</scope>
</dependency>
```

```
<dependency>
    <groupId>org.hibernate</groupId>
    <artifactId>hibernate-entitymanager</artifactId>
    <version>4.3.1.Final</version>
    <scope>runtime</scope>
    <exclusions>
        <exclusion>
            <groupId>org.hibernate.javax.persistence</groupId>
            <artifactId>hibernate-jpa-2.1-api</artifactId>
        </exclusion>
        <exclusion>
            <groupId>org.jboss.spec.javax.transaction</groupId>
            <artifactId>jboss-transaction-api_1.2_spec</artifactId>
        </exclusion>
        <exclusion>
            <groupId>xml-apis</groupId>
            <artifactId>xml-apis</artifactId>
        </exclusion>
        <exclusion>
            <groupId>org.jboss.logging</groupId>
            <artifactId>jboss-logging</artifactId>
        </exclusion>
    </exclusions>
</dependency>
```

20.1 使用简单实体

本章将学习如何使用 JPA 注解将实体映射到关系数据库表。其中包含了众多可用的选项，既有简单的也有复杂的，本章将尝试对其中的大多数进行讲解。为了使读者可以更轻松地理解这个过程，本章将不使用 Spring Framework。相反，我们将使用简单的 Servlet 执行 JPA 代码，并持久和列出所创建的实体。所有的样例都包含在 Entity-Mappings 项目中，从 wrox.com 代码下载站点中可以找到该项目的下载文件。

基于注解或基于 XML 的映射

你不必在应用程序中使用注解映射实体。相反，可以使用/META-INF/orm.xml 文件创建基于 XML 的映射，类似于 Hibernate ORM 映射。如果同时展示如何创建基于注解和基于 XML 的映射，这可能需要花费两倍的页面才能讲解清楚，简单地说这是不实际的。注解是最简单的方法，并且也是映射 JPA 实体时推荐使用的方法，所以本章只会对该技术进行讲解。如果你也希望了解 XML 映射，XML 映射元素和它们的特性实际上与映射注解和它们的特性是一致的。一个好的 IDE，例如 IntelliJ IDEA，可以基于 orm.xml 的 XSD 提供代码提示。为了帮助你开始 XML 映射的学习，请参考下面的空白 orm.xml 文件：

```
<?xml version="1.0" encoding="UTF-8"?>
<entity-mappings xmlns="http://xmlns.jcp.org/xml/ns/persistence/orm"
  xmlns:xsi="http://www.w3.org/2001/XMLSchema-instance"
  xsi:schemaLocation="http://xmlns.jcp.org/xml/ns/persistence/orm
```

```
        http://xmlns.jcp.org/xml/ns/persistence/orm_2_1.xsd"
  version="2.1">

</entity-mappings>
```

20.1.1　创建实体并将它映射到表

前两个也是最基本的两个 JPA 映射注解是：@javax.persistence.Entity 和@javax.persistence.Table。将@Entity 标注在类上表示该类是一个实体。所有的实体都必须标有该注解。默认情况下，实体的名称等于完全限定实体类名，所以下面 com.wrox.site.entities.Author 类的实体名称为 Author。

```
@Entity
public class Author implements Serializable
{
    ...
}
```

可以通过指定@Entity 注解的 name 特性自定义实体名称，如 com.wrox.site.entities.Publisher 类上的注解所示：

```
@Entity(name = "PublisherEntity")
public class Publisher implements Serializable
{
    ...
}
```

实体映射到的表名默认为实体名。所以 Author 实体的默认表名为 Author，Publisher 实体的默认表名为 PublisherEntity。可以使用@Table 的 name 特性修改表名。

```
@Entity
@Table(name = "Authors")
public class Author implements Serializable
{
    ...
}

@Entity(name = "PublisherEntity")
@Table(name = "Publishers")
public class Publisher implements Serializable
{
    ...
}
```

现在这两个类将分别映射到表 Authors 和 Publishers。使用该注解还可以完成几件其他的事情。例如，可以使用 schema 特性覆盖数据库连接的用户的默认模式(假设数据库支持模式的话)。也可以使用 catalog 特性表示表存在于 catalog 属性所指向的目录中，而不是数据库连接中选择的目录中。在 JDBC 和 JPA 中，“目录”是对数据库表集合的通用术语。但是大多数关系数据库系统都使用术语“数据库”。

实体 com.wrox.site.entities.Book 演示了 uniqueConstraints 特性的用法。

```
@Entity
@Table(name = "Books", uniqueConstraints = {
```

```
        @UniqueConstraint(name = "Books_ISBN", columnNames = { "isbn" })
})
public class Book implements Serializable
{
    ...
}
```

uniqueConstraints 是一个特殊的特性，它专门用于模式生成。JPA 提供者可以根据实体自动生成数据库模式，通过该特性可以指定特定的一个列或多个列将组成一个唯一限制。在 JPA 2.1 中，也可以使用 indexes 特性指定在使用模式生成时 JPA 应该创建的索引。

```
@Entity
@Table(name = "Books", uniqueConstraints = {
        @UniqueConstraint(name = "Books_ISBNs", columnNames = { "isbn" })
},
indexes = {
        @Index(name = "Books_Titles", columnList = "title")
})
public class Book implements Serializable
{
    ...
}

@Entity
@Table(name = "Authors", indexes = {
        @Index(name = "Authors_Names", columnList = "AuthorName")
})
public class Author implements Serializable
{
    ...
}

@Entity(name = "PublisherEntity")
@Table(name = "Publishers", indexes = {
        @Index(name = "Publishers_Names", columnList = "PublisherName")
})
public class Publisher implements Serializable
{
    ...
}
```

当然，只有启用模式生成时才能使用 uniqueConstraints 和 indexes，默认情况下，如果模式生成被禁用了，那么就不需要指定它们。

警告：模式生成是一个危险的特性。尽管在开发时它非常有用，但是永远不应该在生产环境中使用。由该过程生成的模式并不总是最佳的，并且也无法保证总是正确的。作为最佳实践，本书作者从来不使用模式生成。开发过程中也应该同时创建出生产环境中所采用的模式，这样才可以保证在产品成熟的每个阶段都能对它进行完全的测试。

20.1.2　指示 JPA 使用实体字段的方式

默认情况下，JPA 提供者将访问实体字段的值，并使用 JavaBean 属性的访问(getter)和设置(setter)方法将这些字段映射到数据库列。因此，实体中私有字段的名称和类型与 JPA 没有关系。相反，JPA 将只查看 JavaBean 属性访问方法的名称和返回类型。可以使用@javax.persistence.Access 注解改变这个行为，以显式的方式指定 JPA 提供者应该采用的访问方法。

```
@Entity
@Access(AccessType.FIELD)
public class SomeEntity implements Serializable
{
    ...
}
```

可用的 AccessType 枚举选项值有：PROPERTY(默认值)和 FIELD。使用 PROPERTY 时，提供者将使用 JavaBean 属性方法获取和设置字段值。使用 FIELD 时，提供者将使用实例字段获取和设置字段值。作为最佳实践，应该坚持使用默认的设置：使用 JavaBean 属性(除非你有一个令人信服的理由必须使用 FIELD)。

其余的 JPA 注解大多数都是属性注解。本章接下来的内容中将对许多注解进行讲解，例如@Id、@Basic、@Temporal 等。从技术上讲，可以将这些属性注解添加到私有字段或者公开访问方法上。如果使用的是 AccessType.PROPERTY(默认值)，并且注解标注在私有字段上而不是 JavaBean 访问方法上，那么字段名必须匹配 JavaBean 属性名。不过，如果注解标注在 JavaBean 访问方法上，就不需要保证名称匹配。同样地，如果使用的是 AccessType.FIELD，并且注解标注在 JavaBean 访问方法上，而不是字段上，那么字段名称必须匹配 JavaBean 属性名称。如果注解标注在字段上，就也不需要保证名称匹配。添加注解的方式最好保持一致，使用 AccessType.PROPERTY 时就在 JavaBean 访问方法上标注，使用 AccessType.FIELD 时就在字段上标注——这将从根本上消除混淆。

警告：永远不应该在同一实体中将 JPA 属性注解和 JPA 字段注解混合使用。这样做将导致意料之外的行为，并且非常可能会引起错误。

20.1.3　映射代理键

在映射 JPA 实体时，开始必须要做的一件事就是为这些实体创建代理键，也称为主键或者 ID。所有的实体都应该有一个 ID，它可以是一个字段(对应着一个列)或者多个字段(对应着多个列)。因此，映射 ID 有许多不同的方式可以使用。

1. 创建简单 ID

首先，可以使用@javax.persistence.Id 标注任意的 JavaBean 属性。该注解可以使用在私有字段上或者公开访问方法上，它表示该属性是实体的代理键。该属性可能是任意的 Java 原生类型、原生类型封装器、字符串、java.util.Date、java.sql.Date、java.math.BigInteger 或者 java.math.BigDecimal。某些提供者可能最终也为该字段添加了对 Java 8 日期和时间类型的支持；不过，此时尚且没有(即使可以，这样做也是无法进行迁移的)。JPA 2.2 可能会要求支持这些类型。

如果实体类中没有@Id 属性，那么 JPA 提供者将查询名称为 id 的属性(访问方法为 getId，设置方法为 setId)，并自动使用它。该属性也必须是原始类型、原生类型封装器、字符串、java.util.Date、java.sql.Date、BigInteger 或者 BigDecimal。

作为最佳实践，实体 ID(主键)通常应该是 int、long、Integer、Long 或者 BigInteger。不过一般来说，使用 int 或者 Integer 将会限制实体的数量，这样表中最多只能保存 2147483647 条记录。BigInteger 难于使用并且无法自动转换成原始类型。与数字相比，字符串难于索引和查询。对于实体 ID 来说，很少有不能使用 long 或者 Long 的情况，所以本书在演示实体 ID 的其他类型时将只会使用 long。无论采用哪种方式，一旦启用了模式生成，JPA 提供者将会自动为 ID 列创建一个主键限制。不需要在@Table 中指定唯一限制。

无论何时需要，我们都可以创建一个实体，并在其中使用手动生成和分配的 ID。不过，很少需要这样做，因为它要求额外的、重复的、不必要的工作。通常，我们希望实体 ID 以某种方式自动生成。可以使用@javax.persistence.GeneratedValue 注解完成该任务。通过@GeneratedValue 可以指定生成策略，如果必要的话还可以指定生成器名称。例如，实体 Book 和 Author 的 ID 将使用 javax.persistence.GenerationType.IDENTITY 表示：存储 ID 的数据库列可以自动生成自己的值。

```
@Entity
...
public class Book implements Serializable
{
    ...
    @Id
    @GeneratedValue(strategy = GenerationType.IDENTITY)
    public long getId()
    {
        return this.id;
    }
    ...
}

@Entity
...
public class Author implements Serializable
{
    ...
    @Id
    @GeneratedValue(strategy = GenerationType.IDENTITY)
    public long getId()
    {
        return this.id;
    }
    ...
}
```

这种方式可以兼容于 MySQL AUTO_INCREMENT 列、Microsoft SQL Server 和 Sybase IDENTITY 列、PostgreSQL SERIAL 和 DEFAULT NEXTVAL()列、Oracle DEFAULT SYS_GUID()列等。如果数据库不支持列值的自动生成，那么就不能使用 GenerationType.IDENTITY，不过所有最常见的关系数据库都支持该特性。

至少，在任何支持插入前触发器的数据库中，可以使用触发器为列生成一个值(Oracle 数据库使用序列时采用的一种非常常见的技术)，并且该列兼容于 GenerationType.IDENTITY。不过，也可以使用其他生成器，这样就不需要采用触发器完成该任务。因为许多数据库都支持序列，例如 Oracle 和 PostgreSQL，所以可以结合使用@GeneratedValue 和@javax.persistence.SequenceGenerator，告诉 JPA 提供者使用序列生成值。

```
@Entity
public class SomeEntity implements Serializable
{
    ...
    @Id
    @GeneratedValue(strategy = GenerationType.SEQUENCE,
           generator = "SomeEntityGenerator")
    @SequenceGenerator(name = "SomeEntityGenerator",
           sequenceName = "SomeEntitySequence")
    public long getId()
    {
        return this.id;
    }
    ...
}
```

@GeneratedValue 注解的 generator 特性对应着@SequenceGenerator 的 name 特性，并且生成器的名称是全局的。这意味着你可以在一个实体上创建单个@SequenceGenerator，并在多个实体中重用它(不过，也可以为每个实体使用单独的序列)。

```
@Entity
public class SomeEntity implements Serializable
{
    ...
    @Id
    @GeneratedValue(strategy = GenerationType.SEQUENCE,
           generator = "GlobalGenerator")
    @SequenceGenerator(name = "GlobalGenerator", sequenceName = "GlobalSequence",
           allocationSize = 1)
    public long getId()
    {
        return this.id;
    }
    ...
}

@Entity
public class AnotherEntity implements Serializable
{
    ...
    @Id
    @GeneratedValue(strategy = GenerationType.SEQUENCE,
           generator = "GlobalGenerator")
public long getId()
    {
        return this.id;
```

```
    }
    ...
}
```

另外，也可以在 orm.xml 中使用<sequence-generator>元素创建一个在多个实体中共享的生成器。

```
<?xml version="1.0" encoding="UTF-8"?>
<entity-mappings xmlns="http://xmlns.jcp.org/xml/ns/persistence/orm"
              xmlns:xsi="http://www.w3.org/2001/XMLSchema-instance"
              xsi:schemaLocation="http://xmlns.jcp.org/xml/ns/persistence/orm
        http://xmlns.jcp.org/xml/ns/persistence/orm_2_1.xsd"
              version="2.1">
    <sequence-generator name="GlobalGenerator" sequence-name="GlobalSequence"
                       allocation-size="1" />
</entity-mappings>

@Entity
public class SomeEntity implements Serializable
{
    ...
    @Id
    @GeneratedValue(strategy = GenerationType.SEQUENCE,
            generator = "GlobalGenerator")
    public long getId()
    {
        return this.id;
    }
    ...
}

@Entity
public class AnotherEntity implements Serializable
{
    ...
    @Id
    @GeneratedValue(strategy = GenerationType.SEQUENCE,
            generator = "GlobalGenerator")
public long getId()
    {
        return this.id;
    }
    ...
}
```

使用@SequenceGenerator(或者<sequence-generator>)时，可以通过 schema 和 catalog 特性指定序列所属的模式和数据库。如果启用了 JPA 模式生成，那么也可以使用 initialValue(initial-value)和 allocationSize(allocation-size)表示序列的初始值和每次执行插入操作时增加的值。initialValue 默认值为 0，allocationSize 默认值为 50。

如 Publisher 所示，也可以使用@javax.persistence.TableGenerator 将一个单独的表用作数据库序列。如同@SequenceGenerator，也可以创建一个多个实体共享的@TableGenerator(或者<table-generator>)。@TableGenerator 与@SequenceGenerator 一样，有着相同的 name、schema、catalog、initialValue 和 allocationSize 特性，使用目标和默认值也都相同。它的其他特性如下所示：

- table 表示生成器数据库表的名称。
- pkColumnName 表示生成器表的主键列的名称。
- pkColumnValue 表示该生成器的主键列的值。
- valueColumnName 表示值列的名称。

在插入一条记录之前，提供者将为指定的 pkColumnValue 从序列表中选择一个值，并增大该记录的值，然后使用它作为正在插入记录的主键。

```
...
public class Publisher implements Serializable
{
    ...
    @Id
    @GeneratedValue(strategy = GenerationType.TABLE,
            generator = "PublisherGenerator")
    @TableGenerator(name = "PublisherGenerator", table = "SurrogateKeys",
            pkColumnName = "TableName", pkColumnValue = "Publishers",
            valueColumnName = "KeyValue", initialValue = 11923,
            allocationSize = 1)
    public long getId()
    {
        return this.id;
    }
    ...
}
```

规范中并未规定 table、pkColumnName、pkColumnValue 和 valueColumnName 属性的默认值，所以不同的提供者可能会使用不同的值。例如，如果忽略了 pkColumnValue 特性，Hibernate ORM 将使用实体表名作为该值，而 EclipseLink 将使用生成器名称。依赖于这些默认值将使代码变得不可移植。如果关心表的名称、列的名称和它的主键列的值，那么应该在所有实体上指定一个不同的@TableGenerator。如果不关心，那么可以完全忽略@TableGenerator 注解，只使用@GeneratedValue (strategy = GenerationType.TABLE)即可。这将使提供者为所有的 GenerationType.TABLE 实体都创建一个表，并为每个实体在表中创建一条记录。

@TableGenerator 的常见用例是：在现有的、遗留数据库中使用 JPA。通常，标识和序列 ID 足以满足所有的需求。如果愿意，可以将@SequenceGenerator 或者@TableGenerator 添加在实体类上，而不是属性或字段上。不过，必须总是将@GeneratedValue 添加到属性或字段上。

2. 创建组合 ID

组合 ID 由多个字段和列组成，与映射标准的代理键相比，它更具有挑战性。可以采用下面两种方式之一定义组合 ID。第一种技术将结合使用多个@Id 属性和@javax.persistence.IdClass。@IdClass 注解中指定了另一个类，该类包含的属性必须与实体类中所有的@Id 属性相匹配。

```
public class JoinTableCompositeId implements Serializable
{
    private long fooParentTableSk;
    private long barParentTableSk;

    public long getFooParentTableSk() { ... }
```

```
    public void setFooParentTableSk(long fooParentTableSk) { ... }

    public long getBarParentTableSk() { ... }
    public void setBarParentTableSk(long barParentTableSk) { ... }
}

@Entity
@Table(name = "SomeJoinTable")
@IdClass(JoinTableCompositeId.class)
public class JoinTableEntity implements Serializable
{
    private long fooParentTableSk;
    private long barParentTableSk;
    ...
    @Id
    public long getFooParentTableSk() { ... }
    public void setFooParentTableSk(long fooParentTableSk) { ... }

    @Id
    public long getBarParentTableSk() { ... }
    public void setBarParentTableSk(long barParentTableSk) { ... }
    ...
}
```

看到该代码时，你可能立即会好奇使用 JoinTableCompositeId 的目的是什么。毕竟，JPA 提供者不是可以直接使用两个@Id 列吗？为什么要使用一个含有冗余属性的类呢？是的，那么应该如何根据 ID 查询一个实体呢？在使用 ID 查询实体时，我们将使用 javax.persistence.EntityManager 上的 find 方法：

```
JoinTableEntity entity = entityManager.find(JoinTableEntity.class, id);
```

方法 find 不接受多个 ID 参数。它只接受一个 ID 参数，所以必须创建一个 JoinTableCompositeId 实例，用于定位实体：

```
JoinTableCompositeId compositeId = new JoinTableCompositeId();
compositeId.setFooParentTableSk(id1);
compositeId.setBarParentTableSk(id2);

JoinTableEntity entity = entityManager.find(JoinTableEntity.class, compositeId);
```

@IdClass 这个解决方案似乎有点笨拙，因为类中含有重复的属性，这个顾虑也是合理的。取代@Id 和@IdClass 的另一种方式是：结合使用@javax.persistence.EmbeddedId 和@javax.persistence.Embedded，将组合 ID 类内嵌为 ID 属性。

```
@Embeddable
public class JoinTableCompositeId implements Serializable
{
    private long fooParentTableSk;
    private long barParentTableSk;

    public long getFooParentTableSk() { ... }
    public void setFooParentTableSk(long fooParentTableSk) { ... }
```

```
    public long getBarParentTableSk() { ... }
    public void setBarParentTableSk(long barParentTableSk) { ... }
}

@Entity
@Table(name = "SomeJoinTable")
public class JoinTableEntity implements Serializable
{
    private JoinTableCompositeId id;

    @EmbeddedId
    public JoinTableCompositeId getId() { ... }
    public void setId(JoinTableCompositeId id) { ... }
}
```

该解决方案似乎更加合理，因此它是创建组合 ID 的一种更常见方法。无论使用的是哪种技术，我们都应该使用本章学习的映射注解将 fooParentTableSk 和 barParentTableSk 属性映射到正确的数据库列——例如@Column、@Basic、@Enumerated、@Temporal 和@Convert。使用@Embeddable 解决方案时应该将映射注解添加到组合 ID 类属性上，使用@IdClass 解决方案时，应该将映射注解添加到实体类属性上。第 24 章将讲解更多@Embeddable 相关的内容，以及它的其他用法。

20.1.4　使用基本数据类型

为了简化开发，JPA 将自动映射特定的数据类型，而无须使用更多的指令。如果实体(如果使用的是 AccessType.FIELD，那么指的就是字段)中的任何属性使用的是下面的类型，那么它们将自动从基本的属性映射为标准 SQL 数据类型。一些提供者也会强制把这些基本数据类型强制转型为其他的 SQL 数据类型。

- 类型为 short 和 Short 的属性将被映射为 SMALLINT、INTEGER、BIGINT 或者对应的字段。
- 类型为 int 和 Integer 的属性将被映射为 INTEGER、BIGINT 或者对应的 SQL 数据类型。
- long、Long 和 BigInteger 属性将被映射为 BIGINT 或者对应的字段。
- 类型为 float、Float、double、Double 和 BigDecimal 的属性将被映射为 DECIMAL 或者对应的 SQL 数据类型。
- byte 和 Byte 属性将被映射为 BINARY、SMALLINT、INTEGER、BIGINT 或者对应的字段。
- 类型为 char 和 Char 的属性将被映射为 CHAR、VARCHAR、BINARY、SMALLINT、INTEGER、BIGINT 或者对应的字段。
- 类型为 boolean 和 Boolean 的属性将被映射为 BOOLEAN、BIT、SMALLINT、INTEGER、BIGINT、CHAR、VARCHAR 或者对应的字段。
- byte[]和 Byte[]属性将被映射为 BINARY、VARBINARY 或者对应的 SQL 数据类型。
- char[]和 Character[]和 String 属性将被映射为 CHAR、VARCHAR、BINARY、VARBINARY 或者对应的 SQL 数据类型。
- 类型为 java.util.Date 和 Calendar 的属性将被映射为 DATE、DATETIME 或者 TIME 字段，但必须使用@Temporal 提供额外的指令。在 20.3 节中，我们将学习该知识点，以及如何更好地控制这些值的存储。
- 类型为 java.sql.Timestamp 的属性将总是被映射为 DATETIME 字段。

- 类型为 java.sql.Date 的属性将总是被映射为 DATE 字段。
- 类型为 java.sql.Time 的属性将总是被映射为 TIME 字段。
- Enum 属性将被映射为 SMALLINT、INTEGER、BIGINT、CHAR、VARCHAR 或者对应的字段。默认 enum 将它们的序数形式存储，但你可以使用@Enumerated 改变这个行为。20.3 节将进行讲解。
- 任何其他实现了 Serializable 的属性将被映射为 VARBINARY 或者对应的 SQL 数据类型，并使用标准的 Java 序列化和反序列化进行转换。

如果希望以更加显式的方式映射字段，那么可以使用@Basic 标注它。所有相同的数据类型限制和规则都将应用在@Basic 属性和字段上。也可以使用注解的 fetch 特性表示属性值是从数据库中立即读取(javax.persistence.FetchType.EAGER，未指定时使用的默认值)，还是只在访问时读取(FetchType.LAZY)。

及时获取意味着从数据库中获取实体时，同时从数据库中获取字段值。这可能会也可能不会涉及额外的 SQL 语句，取决于字段值是否驻留在一个不同的表中。使用延迟时，提供者将只在访问字段时获取字段值——在初始获取实体时不会立即获取字段值。未指定 fetch 特性(或者显式地指定为 FetchType.EAGER)将要求提供者立即获取字段值。不过，指定 FetchType.LAZY 只是使用延迟获取的一个提示。提供者可能不支持延迟访问，可能无论如何都会立即获取字段值。因此，在使用该特性之前，应该先查询提供者的文档。第 24 章将对延迟获取进行详细讲解。

最后，我们可以使用@Basic 的 optional 属性表示该属性可以为 null(这只是一个提示，并且只对模式生成有用)。原生类型将忽略该注解，因为它永远不可能为 null。代码清单 20-1 显示的完整 Book 实体演示了@Basic 的用法。

代码清单 20-1：Book.java

```
@Entity
@Table(name = "Books", uniqueConstraints = {
        @UniqueConstraint(name = "Books_ISBNs", columnNames = { "isbn" })
},
indexes = {
        @Index(name = "Books_Titles", columnList = "title")
})
public class Book implements Serializable
{
    private long id;
    private String isbn;
    private String title;
    private String author;
    private double price;
    private String publisher;

    @Id
    @GeneratedValue(strategy = GenerationType.IDENTITY)
    public long getId()
    {
        return this.id;
    }
```

```
    public void setId(long id)
    {
        this.id = id;
    }

    @Basic(optional = false)
    public String getIsbn()
    {
        return this.isbn;
    }

    public void setIsbn(String isbn)
    {
        this.isbn = isbn;
    }

    @Basic(optional = false)
    public String getTitle()
    {
        return this.title;
    }

    public void setTitle(String title)
    {
        this.title = title;
    }

    @Basic(optional = false)
    public String getAuthor()
    {
        return this.author;
    }

    public void setAuthor(String author)
    {
        this.author = author;
    }

    @Basic
    public double getPrice()
    {
        return this.price;
    }

    public void setPrice(double price)
    {
        this.price = price;
    }

    @Basic(optional = false)
    public String getPublisher()
    {
        return this.publisher;
    }
```

```
    public void setPublisher(String publisher)
    {
        this.publisher = publisher;
    }
}
```

20.1.5 指定列名和其他细节

默认情况下，JPA 将把实体属性映射到同名的列。请参考代码清单 20-1 中所示的 Book 实体，属性 id、isbn、title、author、price 和 publisher 将被自动映射为名为 Id、Isbn、Title、Author、Price 和 Publisher 的数据库列。不过，这并不总是我们希望的结果，有时出于某些原因列名称必须是不同的。通过使用@javax.persistence.Column 注解可以自定义列名，并且可以具体地控制 JPA 如何将值持久化到属性列中。@Column 有许多用于不同目的的属性，其中有几个与 JPA 模式生成相关。

特性 name 表示属性被映射到数据库的哪个列上。它与 table 特性紧密相关，该特性指定了列所在的表，默认使用的是实体的主表。将实体存储在多个表中时可以使用它(第 24 章将会进行讲解)。类型为 boolean 的特性 insertable 和 updatable 分别表示属性值是否在插入和更新时进行持久化。这两个属性的默认值都是真。@Column 的其他特性都是用于模式生成的。nullable 指定了列是否应该为 NULL 或 NOT NULL，默认值为真(NULL)。unique 是@UniqueConstraint 注解的简写，当唯一限制中只包含了一个列，并且不关心限制的名称时它是非常有用的。它的默认值是假(非唯一)。

特性 length 只用在 VARBINARY 和 VARCHAR 列中，它表示了列值应该有多长，默认值为 255。特性 scale 和 precision 的默认值都是 0，它们指示了 decimal 列的 scale(小数点之前数字的位数)和精度(小数点之后数字的位数)。如果启用了模式生成，那么必须为 decimal 列提供一个非 0 的精度值。最后，columnDefinition 提供了一种方式，用于指定生成列的真正 SQL。一旦使用了它，我们的应用程序可能无法在不同的数据库系统之间迁移。

代码清单 20-2 中的完整实体 Author 演示了如何使用@Column 修改属性的默认列名。代码清单 20-3 中的 Publisher 还演示了模式生成特性 nullable，如果未启用模式生成，它将被忽略。

代码清单 20-2：Aurhor.java

```
@Entity
@Table(name = "Authors", indexes = {
        @Index(name = "Authors_Names", columnList = "AuthorName")
})
public class Author implements Serializable
{
    private long id;
    private String name;
    private String emailAddress;

    @Id
    @GeneratedValue(strategy = GenerationType.IDENTITY)
    @Column(name = "AuthorId")
    public long getId()
    {
        return this.id;
    }

    public void setId(long id)
```

```
    {
        this.id = id;
    }

    @Basic
    @Column(name = "AuthorName")
    public String getName()
    {
        return this.name;
    }

    public void setName(String name)
    {
        this.name = name;
    }

    @Basic
    public String getEmailAddress()
    {
        return this.emailAddress;
    }

    public void setEmailAddress(String emailAddress)
    {
        this.emailAddress = emailAddress;
    }
}
```

代码清单 20-3：Publisher.java

```
@Entity(name = "PublisherEntity")
@Table(name = "Publishers", indexes = {
        @Index(name = "Publishers_Names", columnList = "PublisherName")
})
public class Publisher implements Serializable
{
    private long id;
    private String name;
    private String address;

    @Id
    @GeneratedValue(strategy = GenerationType.TABLE,
            generator = "PublisherGenerator")
    @TableGenerator(name = "PublisherGenerator", table = "SurrogateKeys",
            pkColumnName = "TableName", pkColumnValue = "Publishers",
            valueColumnName = "KeyValue", initialValue = 11923,
            allocationSize = 1)
    @Column(name = "PublisherId")
    public long getId()
    {
        return this.id;
    }

    public void setId(long id)
    {
```

```
        this.id = id;
    }

    @Basic
    @Column(name = "PublisherName", nullable = false)
    public String getName()
    {
        return this.name;
    }

    public void setName(String name)
    {
        this.name = name;
    }

    @Basic
    @Column(nullable = false)
    public String getAddress()
    {
        return this.address;
    }

    public void setAddress(String address)
    {
        this.address = address;
    }
}
```

20.2　创建和使用持久化单元

现在我们已经创建并映射了一些实体，现在几乎可以开始使用这些实体了。但在此之前我们仍然需要创建数据库表，并配置 JPA 提供者，然后就可以编写使用持久化 API 的代码进行持久化和获取实体。

20.2.1　设计数据库表

在该练习中我们需要使用 MySQL Workbench 或者个人选择的 SQL 数据工具创建一个数据库和几张表。在 Entity-Mappings 项目(从 wrox.com 代码下载站点下载)的 create.sql 文件中可以找到本节所使用的模式定义语句。打开 Workbench 并使用根用户登录本地服务器。

在查询编辑器中输入下面的 SQL 语句创建一个名为 EntityMappings 的数据库，并单击执行图标。

```
CREATE DATABASE EntityMappings DEFAULT CHARACTER SET 'utf8'
  DEFAULT COLLATE 'utf8_unicode_ci';
```

该数据库将使用字符集 utf8 和排序规则 utf8_unicode_ci。几乎在所有的环境中都应该使用它们。这些值是从任何语言中正确存储和获取字符数据的最佳值。如果需要覆盖这些值，那么可以分别在表和列上设置字符集和排序规则，但我们几乎不需要使用这两个值之外的任何其他值。在创建了数据库之后，接下来需要为 Book、Author 和 Publisher 实体创建 3 个表。记住之前的代码使用@Table 注解对表名进行了设置。

```
USE EntityMappings;

CREATE TABLE Publishers (
  PublisherId BIGINT UNSIGNED NOT NULL PRIMARY KEY,
  PublisherName VARCHAR(100) NOT NULL,
  Address VARCHAR(1024) NOT NULL,
  INDEX Publishers_Names (PublisherName)
) ENGINE = InnoDB;

CREATE TABLE Authors (
  AuthorId BIGINT UNSIGNED NOT NULL PRIMARY KEY AUTO_INCREMENT,
  AuthorName VARCHAR(100) NOT NULL,
  EmailAddress VARCHAR(255) NOT NULL,
  INDEX Publishers_Names (AuthorName)
) ENGINE = InnoDB;

CREATE TABLE Books (
  Id BIGINT UNSIGNED NOT NULL PRIMARY KEY AUTO_INCREMENT,
  Isbn VARCHAR(13) NOT NULL,
  Title VARCHAR(255) NOT NULL,
  Author VARCHAR(100) NOT NULL,
  Price DECIMAL(6,2) NOT NULL,
  Publisher VARCHAR(100) NOT NULL,
  UNIQUE KEY Books_ISBNs (Isbn),
  INDEX Books_Titles (Title)
) ENGINE = InnoDB;
```

这些表没有特殊之处。它们包含了非常简单的列，清楚地将实体属性名和数据类型关联在了一起。这里的关键在于：我们先编写代码，然后再设计出一个支持代码的数据库。在设计大多数类型的数据库时这都是更佳的方式，因为先创建数据库可能会强迫代码遵循数据库而编写。最重要的是应用程序需要实现用户的需求，而这应该通过代码而不是数据库完成。JPA 使实体的创建变得非常简单，我们只需要创建支持这些实体的数据库即可。

最后，请回想一下之前我们曾告诉 JPA 为 Publisher 代理键使用表生成器，所以这里需要创建一个正确的生成器表来满足该需求。

```
USE EntityMappings;

CREATE TABLE SurrogateKeys (
  TableName VARCHAR(64) NOT NULL PRIMARY KEY,
  KeyValue BIGINT UNSIGNED NOT NULL,
  INDEX SurrogateKeys_Table_Values (TableName, KeyValue)
) ENGINE = InnoDB;
```

这就是所有的步骤了。数据库已经创建成功，并且也可以用于持久化实体了。只需要在 Tomcat 的 conf/context.xml 文件中创建一个<Resource>(作为根<Context>元素的子元素)，提供一种从 Web 应用程序中访问数据库的方式即可。

```
<Resource name="jdbc/EntityMappings" type="javax.sql.DataSource"
          maxActive="20" maxIdle="5" maxWait="10000"
          username="tomcatUser" password="password1234"
          driverClassName="com.mysql.jdbc.Driver"
          url="jdbc:mysql://localhost/EntityMappings" />
```

20.2.2　了解持久化单元作用域

一个持久化单元就是将一个配置和一组实体类从逻辑上组合到一起。该配置将控制附着到持久化单元的 javax.persistence.EntityManager 实例和特定持久化单元中的 EntityManager(只可以管理该持久化单元中定义的实体)。例如，对于持久化单元 Foo 和 Bar，为持久化单元实例化的 EntityManager 只可以管理持久化单元 Foo 中定义的实体。它不能管理只在 Bar 中定义的实体。不过，我们可以在多个持久化单元中定义一个实体。如果一个实体同时定义在 Foo 和 Bar 中，那么为持久化单元 Foo 或者 Bar 实例化的 EntityManager 就都可以访问该实体。

在文件 persistence.xml 中可以定义一个或多个持久化单元。必须将该文件(和 orm.xml 文件，如果选择使用 XML 映射实体的话)添加到 META-INF 目录中。但应该把它们放在哪个 META-INF 目录中呢?你可能已经知道，Web 应用程序有许多不同的 META-INF 目录，例如：

```
mappings.war!/META-INF
mappings.war!/WEB-INF/classes/META-INF
mappings.war!/WEB-INF/lib/something.jar!/META-INF
```

第一个样例是 Web 应用程序的 META-INF 目录。与其他 META-INF 目录不同，该目录不在类路径上，不能使用类路径资源位置访问它的内容。该目录只用于存储 Servlet 容器使用的文件。例如，可以将 context.xml 文件添加到该目录中，并在其中添加 Tomcat 的<Resource>定义(不过，这只对 Tomcat 有用，对其他容器无效)。不过，不能将 orm.xml 或者 persistence.xml 添加到该目录中，因为 JPA 提供者无法在这里找到它们。

JPA 提供者可以找到/WEB-INF/classes/META-INF 目录和类路径上任意 JAR 文件的 META-INF 目录中的持久化文件。将 persistence.xml 文件放在哪里决定了持久化单元的作用域。理解持久化单元作用域的最重要一点是：persistence.xml 和 orm.xml 共享了相同的作用域，所以应该总是将它们添加到相同的 META-INFO 目录中(如果使用了 orm.xml 的话)。

作用域定义了哪些代码可以访问持久化单元。持久化单元对于定义它的组件和它定义的组件是可见的。一般来讲(尽管一些提供者要求不那么严格)，如果在/WEB-INF/classes/META-INF/persistence.xml 中定义了一个持久化单元，它对应用程序类和/WEB-INF/Lib 中包含的任何组件是可见的。如果在/WEB-INF/lib 中的 JAR 文件中的 META-INF/persistence.xml 中定义了一个持久化单元，那么它只对该 JAR 文件中的代码可见。同样地，定义在 EAR 文件顶层的持久化单元对该 EAR 的所有组件(WAR 文件、应用程序 JAR 文件或者 EJB-JAR 文件)都是可见的，但该 EAR 组件内定义的持久化单元对其他组件或对 EAR 自身是不可见的。

在 WAR 文件中定义持久化单元时，通常我们希望将该持久化单元添加到/WEB-INF/classes/META-INF/persistence.xml 中。在一个不提供 JPA 实现的容器中这样做尤其重要，例如 Tomcat('它只是一个 Servlet 容器，并不是完整的 Java EE 应用服务器)。在这些情况下，我们就需要提供自己的 JPA 实现(记住，本书将使用 Hibernate ORM)，并且该实现将内嵌在应用程序的 JAR 文件中，它们的行为更像是一个独立运行的应用程序，而不是一个持久化容器中的 Web 应用程序。

20.2.3　创建持久化配置

为了使用创建的实体，必须定义持久化单元。这样做是非常简单的。创建一个 persistence.xml 文件与创建部署描述符并不相同，但用到的选项更少。持久化配置文件的根元素是<persistence>。

该元素可能包含一个或多个<persistence-unit>元素。<persistence >中没有其他的元素。<persistence-unit>有两个特性：name 指定了持久化单元的名称，transaction-type 表示该持久化单元将使用 Java *Transaction API*(JTA)事务或者标准的本地事务。

特性 name 是必须指定的，通过它可以在代码中定位持久化单元。如果未指定 transaction-type，那么在 Java EE 应用服务器中它的默认值为 JTA，在 Java SE 环境或者简单的 Servlet 容器中默认值为 RESOURCE_LOCAL。不过，为了阻止不可预料的行为，最好总是显式地指定该值，而不是依赖于默认值。

注意： Java Transaction API 如同 JPA 一样，是 Java EE 栈的一部分。JTA 是一个事务处理监控器，它将在多个资源间协调事务，例如数据库和应用消息传送系统(JMS、AMQP 等)。第 21 章和第 22 章将对 JTA 进行详细讲解。

<persistence-unit>中包含了下面这些内部元素。它们都不是必需的(所以<persistence-unit>可能是空的)；不过，必须按照下面的顺序指定所使用的元素：

- <description>包含了对该持久化单元的有用描述。尽管它使阅读持久化单元变得更简单，但它没有真正的意义。
- <provider>为该持久化单元指定了 javax.persistence.spi.PersistenceProvider 实现的完全限定类名。默认，在查询持久化单元时，该 API 将使用类路径上的第一个 JPA 提供者。可以通过包含该元素使用特定的 JPA 提供者。
- 可以通过使用<jta-data-source>或者<non-jta-data-source>(但不能同时使用)来利用 JNDI 数据源资源。只有 transaction-type 是 JTA 时，才可以使用<jta-data-source>；同样地，只有 transaction-type 是 RESOURCE_LOCAL 时，才可以使用<non-jta-data-source>。指定了数据源之后，持久化单元将在所有的实体操作中使用该数据源。
- <mapping-file>指定了一个 XML 映射文件的相对于类路径的路径。如果不指定任何<mapping-file>，那么提供者将查找 orm.xml。可以通过指定多个<mapping-file>元素同时使用多个映射文件。
- 可以使用一个或多个<jar-file>元素指定一个或多个 JAR 文件，JPA 提供者应该扫描它们寻找标注了映射注解的实体。任何标注了@Entity、@Embeddable、@javax.persistence.MappedSuperclass 或者@javax.persistence.Converter 的类都将被添加到持久化单元中。
- 可以使用一个或多个<class>元素指示应该将特定的@Entity、@Embeddable、@MappedSuperclass 或者@Converter 类添加到持久化单元中。必须使用 JPA 注解标注这些类。
- 使用<exclude-unlisted-classes />或者<exclude-unlisted-classes>true</exclude-unlisted-classes>表示提供者应该忽略或者不应该忽略<jar-file>或<class>中指定的类。忽略<exclude-unlisted-classes>或者使用<exclude-unlisted-classes>false</exclude-unlisted-classes>将使 JPA 提供者在持久化文件所在的类路径上搜索标注了 JPA 注解的类。如果 persistence.xml 在一个 JAR 文件中，那么 JPA 提供者将扫描该 JAR 文件(并且只扫描该文件)。如果 persistence.xml 在一个基于目录的类路径上(例如/WEB-INF/classes)，那么 JPA 提供者将扫描该目录(并且只扫描该

目录)。在 Hibernate 4.3.0 和 Spring Framework 3.2.5 之前，将该元素的值指定为假时将被错误地解释为真。

- <shared-cache-mode>表示如何在持久化单元中缓存实体(如果 JPA 提供者支持缓存的话，这是可选的)。NONE 将禁止缓存，而 ALL 将启用对所有实体的缓存。ENABLE_SELECTIVE 意味着只有标注了@javax.persistence.Cacheable 或者@Cacheable(true)(或者在 orm.xml 中被标注了可缓存)的实体才会被缓存。DISABLE_SELECTIVE 将只会缓存除标注了@Cacheable(false)(或者在 orm.xml 中被标注了不可缓存)之外的实体。默认值 UNSPECIFIED 意味着 JPA 提供者将决定默认的行为是什么。Hibernate ORM 默认使用 ENABLE_SELECTIVE，但依赖于这是否是可迁移的。
- <validation-mode>表示是否以及如何在实体上应用 Bean 验证。NONE 意味着不启用 Bean 验证，而 CALLBACK 则意味着提供者将在插入、更新和删除时验证所有的实体。如果类路径中有 Bean 验证提供者存在，那么 AUTO 的有效值为 CALLBACK，如果类路径上没有 Bean 验证提供者存在，那么它的有效值为 NONE。如果启用了验证，那么 JPA 提供者将配置一个新的验证器用于验证实体。如果已经使用自定义本地化错误代码配置了一个特殊的 Spring Framework 验证器，那么 JPA 提供者将忽略它。因此，最好将验证模式设置为 NONE，并在持久层被调用之前使用 Bean 验证。
- <properties>提供了一种验证其他 JPA 属性的方式，包括标准的 JPA 属性(例如 JDBC 连接字符串、用户名和密码，或者模式生成设置)以及特定于提供者的属性(例如 Hibernate 设置)。使用嵌套的<property>元素指定一个或多个属性，每个都含有一个 name 和 value 特性。

Entity-Mappings 项目中的 persistence.xml 文件如下面的代码所示，它将使用 Hibernate ORM 作为 JPA 提供者，并使用 Tomcat context.xml 文件中创建的 DataSource 资源。它还显式地指定了在/WEB-INF/classes 目录的所有类中搜索实体注解，并且只缓存被标注的实体并禁用了 Bean 验证。它还包含了一个属性，用于保证模式生成被禁用(以防万一)。

```
<?xml version="1.0" encoding="UTF-8"?>
<persistence xmlns="http://xmlns.jcp.org/xml/ns/persistence"
             xmlns:xsi="http://www.w3.org/2001/XMLSchema-instance"
             xsi:schemaLocation="http://xmlns.jcp.org/xml/ns/persistence
       http://xmlns.jcp.org/xml/ns/persistence/persistence_2_1.xsd"
           version="2.1">

    <persistence-unit name="EntityMappings" transaction-type="RESOURCE_LOCAL">
        <provider>org.hibernate.jpa.HibernatePersistenceProvider</provider>
        <non-jta-data-source>
            java:/comp/env/jdbc/EntityMappings
        </non-jta-data-source>
        <exclude-unlisted-classes>false</exclude-unlisted-classes>
        <shared-cache-mode>ENABLE_SELECTIVE</shared-cache-mode>
        <validation-mode>NONE</validation-mode>
        <properties>
            <property name="javax.persistence.schema-generation.database.action"
                      value="none" />
        </properties>
    </persistence-unit>

</persistence>
```

20.2.4　使用持久化 API

持久化 API 的使用相当简单(之前我们的大多数代码都将花费在处理事务和资源上)。保存和获取实体是非常简单的。EntityServlet 将使用持久化 API 添加并显示实体。首先我们应该查看的代码是 init 和 destroy 方法，它们将分别在 Servlet 启动的时候创建 javax.persistence.EntityManagerFactory 和在 Servlet 关闭时关闭 javax.persistence.EntityManagerFactory。

```
@WebServlet(
        name = "entityServlet",
        urlPatterns = "/entities",
        loadOnStartup = 1
)
public class EntityServlet extends HttpServlet
{
    private final Random random;
    private EntityManagerFactory factory;

    public EntityServlet()
    {
        try
        {
            this.random = SecureRandom.getInstanceStrong();
        }
        catch(NoSuchAlgorithmException e)
        {
            throw new IllegalStateException(e);
        }
    }

    @Override
    public void init() throws ServletException
    {
        super.init();
        this.factory = Persistence.createEntityManagerFactory("EntityMappings");
    }

    @Override
    public void destroy()
    {
        super.destroy();
        this.factory.close();
    }

    ...
}
```

方法 createEntityManagerFactory 将从 persistence.xml 文件的配置中获得一个名为 EntityMappings 的持久化单元，并为该持久化单元创建一个新的 EntityManagerFactory。在一个完整的 Java EE 应用服务器中，我们不必执行这些额外的步骤。相反，可以这样做：

```
public class EntityServlet extends HttpServlet
{
    private final Random random;
```

```
    @PersistenceContext("EntityMappings")
    EntityManagerFactory factory;

    ...
}
```

该代码将告诉容器自动创建和注入 EntityManagerFactory。不过，除非容器提供了 JPA 和依赖注入，否则该代码是无法工作的，而 Tomcat 正是如此。下一章我们将学习如何使用 Spring Framework 工具简化该代码。

EntityServlet 将响应 GET 和 POST 请求。对于 GET 请求，它将查询实体并使用/WEB-INF/jsp/view/entities.jsp 显示出这些实体。首先，它将创建一个 EntityManager，并通过该管理器开始一个事务。然后它将使用 javax.persistence.criteria.CriteriaBuilder、javax.persistence.criteria.CriteriaQuery 和 javax.persistence.TypedQuery 列出所有的 Publisher、Author 和 Book，提交事务并在完成时关闭该管理器，如果出现错误就回滚该事务。

```
    @Override
    public void doGet(HttpServletRequest request, HttpServletResponse response)
            throws ServletException, IOException
    {
        EntityManager manager = null;
        EntityTransaction transaction = null;
        try
        {
            manager = this.factory.createEntityManager();
            transaction = manager.getTransaction();
            transaction.begin();

            CriteriaBuilder builder = manager.getCriteriaBuilder();

            CriteriaQuery<Publisher> q1 = builder.createQuery(Publisher.class);
            request.setAttribute("publishers", manager.createQuery(
                    q1.select(q1.from(Publisher.class))
            ).getResultList());

            CriteriaQuery<Author> q2 = builder.createQuery(Author.class);
            request.setAttribute("authors", manager.createQuery(
                    q2.select(q2.from(Author.class))
            ).getResultList());

            CriteriaQuery<Book> q3 = builder.createQuery(Book.class);
            request.setAttribute("books", manager.createQuery(
                    q3.select(q3.from(Book.class))
            ).getResultList());

            transaction.commit();

            request.getRequestDispatcher("/WEB-INF/jsp/view/entities.jsp")
                   .forward(request, response);
        }
        catch(Exception e)
        {
```

```
            if(transaction != null && transaction.isActive())
                transaction.rollback();
            e.printStackTrace(response.getWriter());
        }
        finally
        {
            if(manager != null && manager.isOpen())
                manager.close();
        }
    }
```

对于 POST 请求，EntityServlet 将持久化一个新的 Publisher、Author 和 Book。当然，这些值是非常普通和重复的，因为它们并不是基于用户输入创建的，但它演示了一点：使用 JPA 是非常简单的。如同 doGet 一样，doPost 也会按需要启动、提交和回滚事务。

```
    @Override
    public void doPost(HttpServletRequest request, HttpServletResponse response)
            throws ServletException, IOException
    {
        EntityManager manager = null;
        EntityTransaction transaction = null;
        try
        {
            manager = this.factory.createEntityManager();
            transaction = manager.getTransaction();
            transaction.begin();

            Publisher publisher = new Publisher();
            publisher.setName("John Wiley & Sons");
            publisher.setAddress("1234 Baker Street");
            manager.persist(publisher);

            Author author = new Author();
            author.setName("Nicholas S. Williams");
            author.setEmailAddress("nick@example.com");
            manager.persist(author);

            Book book = new Book();
            book.setIsbn("" + this.random.nextInt(Integer.MAX_VALUE));
            book.setTitle("Professional Java for Web Applications");
            book.setAuthor("Nicholas S. Williams");
            book.setPublisher("John Wiley & Sons");
            book.setPrice(59.99D);
            manager.persist(book);

            transaction.commit();

            response.sendRedirect(request.getContextPath() + "/entities");
        }
        catch(Exception e)
        {
```

```
            if(transaction != null && transaction.isActive())
                transaction.rollback();
            e.printStackTrace(response.getWriter());
        }
        finally
        {
            if(manager != null && manager.isOpen())
                manager.close();
        }
    }
```

为了测试该项目，请执行下面的步骤：

(1) 编译并从 IDE 中启动 Tomcat。在浏览器中访问地址 http://localhost:8080/mappings/entities，单击 Add More Entities 按钮数次。

(2) 关闭 Tomcat 并重新启动它。

(3) 返回到 http://localhost:8080/mappings/entities，实体仍然没有消失，它们在虚拟机的不同实例之间保持了持久化状态。

(4) 现在打开 MySQL Workbench 并执行下面的语句，如图 20-1 所示。请查看每个结果页，你可以看到 Hibernate ORM 插入到数据库表中的值。

```
USE EntityMappings;
SELECT * FROM Publishers;
SELECT * FROM Authors;
SELECT * FROM Books;
SELECT * FROM SurrogateKeys;
```

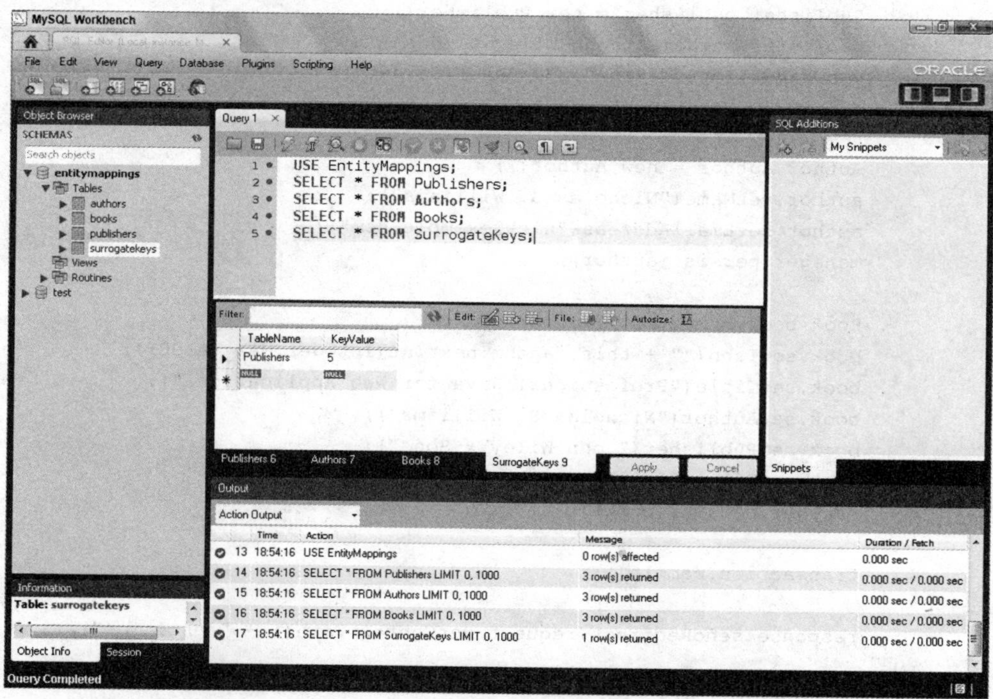

图 20-1

20.3　映射复杂数据类型

此时你应该已经了解了一些映射实体的基础知识，但还有一些高级知识尚未学习。本节将学习如何正确地映射复杂数据类型，例如枚举、日期、事件和大对象。第 24 章将学习更高级的映射任务(例如继承、嵌套实体和自定义数据类型)。本节将使用 Enums-Dates-Lobs 项目，从 wrox.com 代码下载站点可以找到下载文件。该项目对本章之前使用的 Entity-Mappings 项目进行了扩展，本节的代码将展示该项目的扩展部分。

20.3.1　使用枚举作为实体属性

如之前所讨论的，JPA 提供者可以自动持久化类型为枚举的实体属性，无需任何特殊配置。不过枚举被持久化的标准方式可能不是你所希望的。请考虑下面的 Gender 枚举：

```
public enum Gender
{
    MALE,
    FEMALE,
    UNSPECIFIED
}
```

实体 Author 有一个类型为 Gender 的 gender 属性，它表示作者的性别。

```
...
public class Author implements Serializable
{
    ...
    private Gender gender;

    ...

    public Gender getGender()
    {
        return this.gender;
    }

    public void setGender(Gender gender)
    {
        this.gender = gender;
    }
}
```

采用这种方式时，JPA 提供者将使用整数顺序值持久化枚举。所以 Author 的性别 MALE 在数据库的 gender 列中值为 0。同样的，FEMALE 和 UNSPECIFIED 持久化后的值分别为 1 和 2。这时就出现了一些挑战。

- 我们无法直接查看数据库表(例如通过 MySQL Workbench)，也无法自动识别数据。在 gender 列中只能看到 0、1、2，而不是有用的描述。
- 如果某人修改了枚举，对常量进行了重新排序(例如，按字母顺序排序)，那么之前存储的所有数据现在都损坏了——这明显是个大问题。

无论数据库列是数值列(例如 INT)还是字符串列(例如 NVARCHAR)，默认的行为都是一致的。幸运的是，JPA 提供了@javax.persistence.Enumerated 注解，通过它可以修改枚举值被持久化的方式。@Enumerated 的唯一特性是枚举 javax.persistence.EnumType。默认的行为对应着 EnumType.ORDINAL。另一个选项是 EnumType.STRING，它将告诉 JPA 提供者以字符串格式持久化枚举(常量的名字)。这既是重构安全的(当然，除非某人修改了常量名，这是更大的问题)，也易于在数据库中直接查看。

```
@Enumerated(EnumType.STRING)
public Gender getGender()
{
    return this.gender;
}
```

在使用 EnumType.STRING 时，列不仅必须是字符串类型列(明显的)，它还必须是一个 Unicode 列(例如使用了 UTF-8 或 UTF-16 字符集的 NVARCHAR 或者 VARCHAR)(该规则的一个例外就是：如果数据库供应商已经支持了本地 ENUM 列类型的话)。这样做的原因是：Java 枚举产量可能包含一些无法在非 Unicode 列中正确存储的字符。当然，可以总是避免使用这样的字符；不过，因为 Java 中的字符串总是 Unicode 的，所以通常最好使所有的文本列都变成 Unicode 类型，这样才不需要进行字符集转换。

Authors 表的新定义将遵守和使用特殊的 MySQL 数据类型 ENUM，它将在数据库中提供一个额外的元数据和验证层，这样在存储数据时也可以使用较少的空间。

```
CREATE TABLE Authors (
  AuthorId BIGINT UNSIGNED NOT NULL PRIMARY KEY AUTO_INCREMENT,
  AuthorName VARCHAR(100) NOT NULL,
  EmailAddress VARCHAR(255) NOT NULL,
  Gender ENUM('MALE', 'FEMALE', 'UNSPECIFIED') NULL,
  INDEX Publishers_Names (AuthorName)
) ENGINE = InnoDB;
```

20.3.2　了解 JPA 如何处理日期和时间

从软件的起源开始，对于软件开发者来说，日期和时间可能一直都是最大的挑战。使用 JDBC 毫无疑问也会遇到这个挑战。JPA 使它变得更加简单，但仍然有一些挑战需要考虑。JDBC 4.2(Java SE 8)包含了重大的改进，它将以更简单的方式处理数据库日期和时间(由于 Java 8 日期和时间 API 的出现)，但 JPA 可能直到 2.2 或者 2.3 才会采用这些修改。大多数关系数据库中与日期相关的主要有三个数据类型：DATE、TIME 和 DATETIME。某些数据库也有 TIMESTAMP 数据类型，但这些大都与 DATETIME 相同，并且在使用 JDBC(和 JPA)时可以认为它们是对等的。你总是需要了解数据库供应商提供的所有与日期相关不同数据类型的目的、特性和限制，并为指定的属性选择最符合需求的类型。

在 JDBC 之前的版本中，插入日期、时间和日期-时间的唯一选项是 PreparedStatement 的 setDate、setTime 和 setTimestamp 方法。这些方法分别需要使用 java.sql.Date、java.sql.Time 和 java.sql.Timestamp。同样地，ResultSet 的 getDate、getTime 和 getTimestamp 方法将返回一个 Date、Time 和 Timestamp，并且它的 updateDate、updateTime 和 updateTimestamp 方法功能与三个 PreparedStatement 方法一致。这些类型存储在数据库中的方式为：

- Date 只存储日期(只有年、月、日)。

- Time 只存储时间(时、分、秒)。
- Timestamp 是两者的结合，总是被存储为年、月、日、时、分和秒。

JDBC 4.2 添加了将任意对象插入和获取为日期、时间、含时区时间、日期-时间或者含时区的日期-时间的能力，使用 PreparedStatement 上的 setObject(int, Object, java.sql.SQLType)方法和 ResultSet 上的 updateObject(int, Object, SQLType)、updateObject(String, Object, SQLType)、getObject(int, Class)和 getObject(String,Class)方法实现。当然，可以只使用驱动供应商支持的这些类型，但所有的 JDBC 4.2 供应商都应该正确地支持 Java 8 日期和时间类型，以及 java.util.Date、Calendar、java.sql.Date、Time 和 Timestamp。与日期和时间类型相关联的 SQLType 如下所示：

- java.sql.JDBCType.DATE(只存储日期)
- JDBCType.TIME (只存储时间)
- JDBCType.TIME_WITH_TIMEZONE(只存储时间和时区)
- JDBCType.TIMESTAMP (只存储日期和时间)
- JDBCType.TIMESTAMP_WITH_TIMEZONE (只存储日期、时间和时区)

某些数据库系统，例如 Microsoft SQL Server，除了总是匹配服务器时区的标准时间和日期-时间列，还同时支持存储时区的时间和日期-时间列。其他数据库，例如 MySQL，只支持服务器所在时区的时间和日期-时间列。对于这些支持结合时区列的供应商来说，TIME_WITH_TIMEZONE 和 TIMESTAMP_WITH_TIMEZONE 常量是唯一有效的常量。应该尽量少用它们，并且只在支持的时候使用。在大多数情况下，我们都应该存储服务器所在时区的时间和日期-时间，并只在必要的时候将它们转换成其他时区。

警告：无论何时在使用最新的 JDBC 4.1 和 JDBC 4.2 特性时都要小心。许多驱动，例如 *MySQL* 和 *Microsoft SQLServer* 的驱动，甚至尚未完全实现 2011 年 7 月 Java 7 中新增的 JDBC 4.1 特性。实际上，到本书编写的时候，*PostgreSQL* 的 *JDBC* 驱动只支持 2002 年 4 月在 Java 4 中引入的 JDBC 3.0 特性。*PostgreSQL* 声称它部分兼容于 JDBC 4.0 驱动，包括 2006 年 12 月发布的 Java 6 特性，但该驱动远还没有完成，在许多地方都会抛出 AbstractMethodError 错误。*Oracle* 是唯一一个目前支持 JDBC 4.1 的主要供应商。可以期待这个趋势会继续下去，所以在 MySQL、*Microsoft SQLServer*、*PostgreSQL* 中使用新的 JDBC 4.2 特性可能还需要等待许多年。

在使用 JPA 时，类型为 java.sql.Date 的属性将只存储日期(使用 PreparedStatement.setDate)。即使数据库列的类型是 DATETIME,，该列的时间部分将全部为 0。同样地，Time 属性将只存储时间(使用 PreparedStatement.setTime)，并且数据库列必须只能是 TIME(或者对等的)列。Timestamp 属性将自动地同时存储日期和时间部分，对应的数据库列必须是 DATETIME(或者对等的)。如果实体中包含了 java.utl.Date 或者 Calendar 属性，那么事情将变得麻烦。对于这些属性，必须使用@javax.persistence.Temporal 注解，告诉提供者如何持久化该类型。特性 value 的值应该是一个 javax.persistence.TemporalType 类型值，它的选项如下所示：

- TemporalType.DATE(将 Date 和 Calendar 属性转换为 java.sql.Date，或者从 java.sql.Date 转换为 Date 和 Calendar)
- TemporalType.TIME (将属性转换为 Time，或者将 Time 转换为属性)
- TemporalType.TIMESTAMP (将属性转换为 Timestamp，或者将 Timestamp 转换为属性)

对于已经是 java.sql.Date、Time 或者 Timestamp 类型的属性不可以使用@Temporal。Publisher 实体的 dateFounded 属性将使用 Calendar 存储 Publisher 被创建的日期，并将值存储在一个 DATE 列中。

```
...
public class Publisher implements Serializable
{
    ...
    private Calendar dateFounded;

    ...

    @Temporal(TemporalType.DATE)
    public Calendar getDateFounded()
    {
        return dateFounded;
    }

    public void setDateFounded(Calendar dateFounded)
    {
        this.dateFounded = dateFounded;
    }
}

CREATE TABLE Publishers (
  PublisherId BIGINT UNSIGNED NOT NULL PRIMARY KEY,
  PublisherName VARCHAR(100) NOT NULL,
  Address VARCHAR(1024) NOT NULL,
  DateFounded DATE NOT NULL,
  INDEX Publishers_Names (PublisherName)
) ENGINE = InnoDB;
```

当然，这并不理想。我们不希望使用 java.util.Date 或者 Calendar 只保存日期，而使用 java.sql.Date 与使用 java.util.Date 一样痛苦(它甚至继承了 java.util.Date，这真的很奇怪)。这里我们真正希望的是将新的 java.time.LocalDate 用作实体属性，但 JPA 提供者不知道如何处理该类型。第 24 章将学习如何编写转换器，用于处理 Java 8 日期和时间类型。

20.3.3 将大属性映射为 CLOB 和 BLOB

有时 CHAR、VARCHAR、NCHAR 或者 NVARCHAR 列通常被限制为数千个字符，这并不够大。将二进制数据存储在 BINARY 或者 VARBINARY 列中也存在着相同的情况。大多数数据库都提供一种存储大对象的方式(LOB)，它可以存储数百万甚至数十亿字节。LOB 的文本形式是字符大对象(CLOB)，而二进制形式就是二进制大对象(BLOB)。

JDBC 为存储和获取 LOB 提供了不同的优化机制，它们与标准的 setString 和 setBytes 方法并不兼容，所以我们需要告诉 JPA 将要存储的值可能是 LOB 值，而不是标准列。通过使用@javax.

persistence.Lob 注解实现。标注了@Lob 的字符串和 char[]将被持久化为 CLOB。所有其他类型，例如 byte[]和 Serializable 属性，将被持久化为 BLOB。实体 Book 将使用@Lob 属性存储本书 PDF 形式的开始数页内容的预览。

```
public class Book implements Serializable
{
    ...
    private byte[] previewPdf;

    ...
    @Lob
    public byte[] getPreviewPdf()
    {
        return previewPdf;
    }

    public void setPreviewPdf(byte[] previewPdf)
    {
        this.previewPdf = previewPdf;
    }
}

CREATE TABLE Books (
  Id BIGINT UNSIGNED NOT NULL PRIMARY KEY AUTO_INCREMENT,
  Isbn VARCHAR(13) NOT NULL,
  Title VARCHAR(255) NOT NULL,
  Author VARCHAR(100) NOT NULL,
  Price DECIMAL(6,2) NOT NULL,
  Publisher VARCHAR(100) NOT NULL,
  PreviewPdf MEDIUMBLOB NULL,
  UNIQUE KEY Books_ISBNs (Isbn),
  INDEX Books_Titles (Title)
) ENGINE = InnoDB;
```

注意：可以将@Basic 与@Enumerated、@Temporal 和@Lob 结合使用来启用延迟加载，或者将属性标记为可选的。不过。与其他基本类型一样，如果不希望或者不需要的话，就不必使用@Basic。

测试 Enums-Lobs-Dates 项目实际上与测试 Entity-Mappings 项目一样：

(1) 在 MySQL Workbench 中运行 create.sql，创建 EnumsLobsDates 数据库和它的表。

(2) 更新 Tomcat 的 JNDI 资源指向新的数据库。

```
<Resource name="jdbc/EnumsDatesLobs" type="javax.sql.DataSource"
          maxActive="20" maxIdle="5" maxWait="10000"
          username="tomcatUser" password="password1234"
          driverClassName="com.mysql.jdbc.Driver"
          url="jdbc:mysql://localhost/EnumsDatesLobs" />
```

(3) 在浏览器中访问 http://localhost:8080/mappings/entities，并单击 Add More Entities 按钮多次。

它应该与之前实现的功能一样，但增加了作者的性别和出版商的成立日期(本章中使用的是今天的日期)。

(4) 也可以使用 MySQL Workbench 查询表，检查插入的数据。需要使用 MySQL 的 hex 功能将 PreviewPdf 列转换为十六进制字符串用于显示：

```
USE EnumsDatesLobs;
SELECT * FROM Publishers;
SELECT * FROM Authors;
SELECT Id, Isbn, Title, Author, Price, Publisher, hex(PreviewPdf) FROM Books;
SELECT * FROM SurrogateKeys;
```

20.4 小结

本章讲解了使用 JPA 注解映射实体的基本知识，并演示了一个使用 orm.xml 实现 XML 映射的简洁样例。它还讲解了 persistence.xml、使用它的目的、持久化单元的定义和如何使用持久化单元作用域。我们在 MySQL 中创建了几张表，并实现了如何使用持久化 API 从这些表中存储和读取数据。最后还讲解了一些处理枚举、日期、事件、日期-时间和 LOB 时涉及的重要步骤和顾虑。

我们尚未真正开始使用持久化 API，仍然有许多内容需要学习，它们将关注于查找、插入、更新和删除实体。下一章将更彻底地对持久化 API 进行讲解，并使用 Spring Framework 处理注入持久化单元和管理事务的普通工作。

第21章 在 Spring Framework 仓库中使用 JPA

本章内容：

- 了解 Spring 仓库和事务的使用
- 在 Spring Framework 中创建持久化
- 实现和使用 JPA 仓库
- 转换 DTO 和实体中的数据

本章需要从 wrox.com 下载的代码

访问网址 http://www.wrox.com/go/projavaforwebapps 的 Download Code 选项卡，找到本章的代码下载链接。本章的代码被分成了下面几个主要的例子：

- Spring-JPA 项目
- Customer-Support-v15 项目

本章新增的 Maven 依赖

除了之前章节中引入的 Maven 依赖，本章还需要下面的 Maven 依赖：

```
<dependency>
    <groupId>org.springframework</groupId>
    <artifactId>spring-orm</artifactId>
    <version>4.0.0</version>
    <scope>compile</scope>
</dependency>

<dependency>
    <groupId>org.javassist</groupId>
    <artifactId>javassist</artifactId>
    <version>3.18.1-GA</version>
    <scope>runtime</scope>
</dependency>
```

21.1 使用 Spring 仓库和事务

在对象关系映射变得如此常见、JPA Persistence API 发布之前，Spring Framework 的 org.springframework.jdbc.core.JdbcTemplate 提供了一种标准的、简单的方式，用于在 Spring Framework 应用程序中使用 JDBC 持久化和检索实体。除了使表与实体之间的转换更加简单，JdbcTemplate 还可以识别各种特定于供应商的不同 SQLException 和错误代码(JDBC 驱动可能抛出的异常)，并将它们转换成 org.springframework.dao.DataAccessException 层次中的成员。例如，在 Oracle、Microsoft SQL Server、MySQL 或者任何其他数据库中插入一条记录时，如果因为唯一键冲突导致插入失败，那么此时它将会抛出清晰的 org.springframework.dao.DuplicateKeyException 异常。现在 JdbcTemplate 仍然存在，但它的能力已经远远落后于 JPA 或者独立运行的 O/RM 工具。

然而，使用 JPA 完成一些任务仍然是困难的或者繁琐的。例如，在所有方法中手动地创建 EntityManager 和管理事务，将会使用到大量的持久化代码(之前章节中曾经编写过)。更重要的是，事务会通常包含选择和操作多种类型的实体。在单个工作单元的整个生命周期内，我们需要一种创建 EntityManager、启动事务并在多个仓库之间共享它的方式。

幸亏，Spring Framework 提供了满足这种需求以及一些其他需求的工具。在之前的 Spring 版本中，org.springframework.orm.jpa.JpaTemplate 提供了一种类似于 JdbcTemplate 的机制，它将帮助在 Spring Framework 应用程序中使用持久化 API。不过，由于 Spring 对 JPA 新的支持中已经可以直接使用持久化单元 EntityManager，所以 JpaTemplate 在 Spring 3.1 中被废弃了，并在 Spring 4.0 中被移除了。本章将学习如何配置和使用 Spring Framework 事务、共享 EntityManager 和转换 JPA 异常。

21.1.1 了解事务范围

在 Spring Framework 中，我们将使用 org.springframework.transaction.PlatformTransactionManager 控制事务，也需要为自己的环境定义一个正确的 PlatformTransactionManager，并在根应用上下文中选择一种持久化技术。该接口中的方法并不重要——永远不需要直接使用它，只需要配置一个它的实现即可。Spring 将自动代替我们启动、提交和回滚事务。这将通过使用@org.springframework.transaction.annotation.Transactional 和@javax.transaction.Transactional 注解来完成。我们可以在接口、类、接口方法和类方法上标注这些注解。标注一个接口或者类将会影响该接口或者类中的所有方法。在接口或类的方法上标注则将会覆盖接口或类上标注的注解。

当 Spring 遇到一个注解方法时，它将启动一个事务。事务的范围包括该方法的执行、任何被该方法调用的方法的执行等，直到该方法返回。任何由已配置的 PlatformTransactionManager 所覆盖到的和事务范围中使用的受管理资源都将参与到事务中。例如，如果使用的是 org.springframework.jdbc.datasource.DataSourceTransactionManager，那么从目标数据源中获得的连接将自动参与到事务中。同样地，在由 org.springframework.jms.connection.JmsTransactonManager 管理的事务中执行的 Java 消息服务操作也将参与该事务。

事务以两种方式终止：要么方法成功执行，事务管理器提交事务，要么方法抛出异常，事务管理器回滚该事务。默认，任何 java.lang.RuntimeException 都将导致事务回滚。可以使用任意的@Transactional 注解扩展或限制该过滤器，重新定义哪种情况将会触发事务回滚。

当然，这里有一点小小的要求，在适用的事务范围中，必须以某种特定的方式使用这些资源。

具体使用哪种方式取决于不同的 PlatformTransactionManager 实现和资源类型。

21.1.2　为事务和实体管理器使用线程

之前讨论的事务范围都被限制在开始事务的线程中。在事务的整个生命周期内，事务管理器将把事务与同一线程中受管理的资源关联在一起。在使用 Java Persistence API 时，我们需要使用的资源是 EntityManager。它在功能上等同于 Hibernate ORM 的会话和 JDBC 的连接。通常，在开始事务和执行 JPA 之前，需要先从 EntityManagerFactory 中获得一个 EntityManager。不过，这并不符合 Spring Framework 代表我们管理事务的模型。

这个问题的解决方案是 org.springframework.orm.jpa.support.SharedEntityManagerBean。在 Spring Framework 中配置 JPA 时，它将创建一个代理了 EntityManager 接口的 SharedEntityManagerBean。然后该代理将被注入到 JPA 仓库中。当代理实例上的 EntityManager 方法被调用时，下面的操作将会在后台执行：

- 如果当前线程已经存在了一个含有活跃事务的真正 EntityManager，那么它将把方法的调用委托给该 EntityManager。
- 否则，Spring Framework 将从 EntityManagerFactory 中获得一个新的 EntityManager，启动事务，并将它们都绑定到当前线程。然后它将把方法的调用委托给该 EntityManager。

当事务被提交或回滚时，Spring 将从线程中解除对事务和 EntityManager 的绑定，然后关闭 EntityManager。将来在同一线程上(甚至同一请求内)发生的@Transactional 操作将再次启动整个过程，从工厂中获得新的 EntityManager 并开始新的事务。通过这种方式，任意两个线程都不会同时使用同一个 EntityManager，并且指定的线程在给定的时间内只有一个事务和一个活跃的 EntityManager。

可以使用@javax.persistence.PersistenceContext 注解表示 Spring 应该为 EntityManager 注入一个代理，而不是在仓库的 EntityManager 字段上标注@Inject 或者@Autowired。

```
@PersistenceContext
EntityManager entityManager;
```

普通的 EntityManager 不是线程安全的，而且它们总是要求在使用之前开始新的事务。不过，从 Spring Framework 中获得一个@PersistenceContext EntityManager 意味着：仓库可以在多个线程中使用该实例，并且在后台每个线程都有自己的 EntityManager 实例，它们将代表你对事务进行管理。

使用@PersistenceContext 的另一个优点是：可以为给定的 EntityManager 实例指定一个持久化单元名称。通过这种方式，我们可以在 Spring 应用上下文中定义多个持久化上下文配置，并通过指定它的名称表明希望在仓库中使用的 EntityManager 实例。

```
public class FooRepository
{
    @PersistenceContext(unitName = "fooUnit")
    EntityManager entityManager;
    ...
}

public class BarRepository
{
    @PersistenceContext(unitName = "barUnit")
    EntityManager entityManager;
```

```
    ...
}
```

在 Spring Framework 中使用 JPA 时，可以使用下面两个 PlatformTransactionManager 实现之一：

- 最标准和常见的实现是 org.springframework.orm.jpa.JpaTransactionManager，它也是本书将要使用的实现。该实现只可以为 EntityManager 操作管理事务，并且只可以为单个持久化单元管理事务，不过大多数情况下这都足以满足我们的需求。
- 如果希望在应用程序中使用多个持久化单元(如之前的样例所示)或者跨多种类型的资源管理事务(例如 EntityManager 和 Java 消息服务资源)，那么就需要使用 org.springframework.transaction.jta.JtaTransactionManager 或者它的子类之一(WebLogic 服务器上的 WebLogicJtaTransactionManager；WebSphere 服务器上的 WebSphereUowTransactionManager)。该实现要求使用一个 Java Transaction API 提供者，因此为了使用 JPA，就需要使用一个完整的 Java EE 应用服务器或者复杂的独立运行的 JTA 配置(Tomcat 就是这种情况)。

JTA 是一个范围广泛的话题，在完整的 Java EE 应用服务器之外很难进行配置，所以本书不会深入讲解该话题。现在有许多在线的 JTA 教程，而且应用服务器文档也是非常有用的资源。

21.1.3 使用异常转换

在直接使用 JDBC 的日子里，处理异常可能就是一个噩梦。所有的 JDBC 驱动供应商都拥有一组只属于自己的、继承了 java.sql.SQLException 的异常，以及与这些异常相关联的错误代码(也随着供应商的不同而变化)。如果希望在代码中准确地知道发生了什么错误，要么需要将代码限制在单个供应商中，并分析清楚供应商的异常模式，要么就需要在捕获块中测试所有供应商的异常。这个过程是非常乏味的，并且这通常会需要编写更多的代码(与实际执行工作的代码相比)。

随着 O/RM 变得更加流行，一些供应商定义了有用的异常层次，一些没有。Java Persistence API 定义了一个适度的异常层次(从 javax.persistence.PersistenceException 开始)，但即使是它，也缺少了一些关键的特性(例如用于表示发生唯一键冲突的异常)。在 NoSQL 工具的领域中，每个客户端都定义了自己的一组检查或者未检查的异常，它们没有一个继承了公共的持久化异常，这使问题变得更加麻烦。

Spring Framework 和它相关的数据工具(例如 Spring Data NoSQL)通过定义一个完整的持久化异常(继承自 org.springframework.dao.DataAccessException)层次解决了这个问题。该异常层次中包含了许多异常，本书不会涵盖到所有的异常。可以说无论是直接使用 JDBC、Hibernate 或者另一个 O/RM，还是 JPA、Java 数据对象或者 NoSQL，都可以在该层次中找到对应的异常，而不是必须使用特定于某种技术的异常。

在应用程序中实现异常转换有两个关键的概念。首先，必须在根应用上下文中配置一个或多个 org.springframework.dao.support.PersistenceExceptionTranslator 实现。不同的技术使用的 PersistenceExceptionTranslator 实现也不相同。如果需要在应用程序中使用多种持久化技术——例如 JPA 和 NoSQL——那么就需要配置一个处理所有操作的实现或者配置多个实现(Spring 将使用 org.springframework.dao.support.ChainedPersistenceExceptionTranslator 自动将它们链接在一起)。

Spring Framework 含有各种用于处理不同持久化技术异常的 PersistenceExceptionTranslator。下一节中配置的 org.springframework.orm.jpa.LocalContainerEntityManagerFactoryBean 也是一个能够将 JPA 异常和底层 JDBC 错误代码转换成 DataAccessException 的 PersistenceExceptionTranslator。只要

定义了该 bean，就等于已经为 JPA 配置了异常转换。如果应用程序中使用了多种持久化技术，那么可以为每种技术都配置一个实现。

在配置了异常转换之后，接下来我们必须使用@Repository 标注仓库。这将告诉 Spring 被标注的 bean 可以使用已配置的 PersistenceExceptionTranslator 对异常进行转换。如果仓库方法抛出了任何持久化异常，PersistenceExceptionTranslator 都将按需求对这些异常进行转换。注意：这意味着不能在仓库中捕获转换后的 DataAccessException 异常，因为异常转换尚未发生。只可以在调用仓库方法的代码中捕获 DataAccessException 异常。

注意：如果查看了 Spring Framework 和它的工具所提供的所有 PersistenceUnitTranslator 实现，那么会注意到这里没有普通的 JDBC 异常转换器。在 Spring 仓库中使用 JDBC 时，它会期望你使用 JdbcTemplate。因为 JdbcTemplate 是一个 Spring Framework 工具，不是第三方类，所以它拥有内建的持久化异常转换器。

21.2　在 Spring Framework 中配置持久化

在 Spring 中配置 JPA 实际上是非常直接的，但我们需要了解几个选项，本节将对这些选项进行讲解。一般来说，Spring JPA 配置处理有三个部分：

- 创建或查找数据源
- 创建或查找持久化单元，并配置 Spring 将它注入到仓库中。
- 创建转换管理，使@Transactional 方法得到正确的处理。

接下来我们可以使用从 wrox.com 代码下载站点中下载的 Spring-JPA 项目。该项目将从本书第 II 部分末尾使用的标准 Spring 引导和配置开始。

21.2.1　查找数据源

第一件需要做的事情是为应用程序找到可用的数据源。有多种方式可以完成该任务。例如，如果需要快速地执行一些测试，那么可以按照需求使用 Spring 的 org.springframework.jdbc.datasource.DriverManagerDataSource 创建出一个数据源：

```
@Bean
public DataSource springJpaDataSource()
{
    DriverManagerDataSource dataSource = new DriverManagerDataSource();
    dataSource.setUrl("jdbc:mysql://localhost/SpringJpa");
    dataSource.setUsername("tomcatUser");
    dataSource.setPassword("password1234");
    return dataSource;
}
```

不过，这将创建出一个简单的数据源，该数据源返回的连接只能使用一次，因为它并未提供连接池，所以它永远不应该被应用在任何类型的生产环境中。在独立运行的应用程序中，我们可以使用 Apache Commons DBCP 和 Apache Commons Pool 创建并返回一个含有连接池的数据源。通常，可以从属性文件中读取 URL、用户名和密码信息，这样修改连接信息就不会要求重新编译代码。不过，在应用服务器或者 Servlet 容器中，最简单的方式就是在服务器中定义一个数据源(如之前章节中所做的)，并从根应用上下文中查找该数据源。这就是 Spring-JPA 项目所采用的方式。

```
@Bean
public DataSource springJpaDataSource()
{
    JndiDataSourceLookup lookup = new JndiDataSourceLookup();
    return lookup.getDataSource("jdbc/SpringJpa");
}
```

注意：连接池类似于第 II 部分所学的线程池概念。一个连接池包含了多个等待使用的空闲连接。这些连接将被从池中借出然后返还，并在不需要它们的时候进行重置。通过这种方式，不断打开和关闭连接的开销就被避免了。在应用服务器和 Servlet 容器中配置的数据源都将使用连接池技术。

在实现该功能时，不要忘记在 Tomcat 的 context.xml 配置文件中定义数据源(下一节将学习 defaultTransactionIsolation 特性)。

```
<Resource name="jdbc/SpringJpa" type="javax.sql.DataSource"
        maxActive="20" maxIdle="5" maxWait="10000"
        username="tomcatUser" password="password1234"
        driverClassName="com.mysql.jdbc.Driver"
        defaultTransactionIsolation="READ_COMMITTED"
        url="jdbc:mysql://localhost/SpringJpa" />
```

在该样例应用程序中，我们将使用标准的数据源，它无法参与 JTA 事务。对于本书的样例来说这是足够的，但如果希望事务扩展到多个数据源或者多种技术(例如 JMS)，那么必须定义和查找一个支持 JTA 的数据源。尽管在 Tomcat 中这是非常困难的，但仍然可以做到。为了实现该目的，最好使用一个完整的 Java EE 应用服务器。

21.2.2　在代码中创建持久化单元

在配置 Spring Framework 的 JPA 支持时必须要做的、最重要的一件事情可能就是：创建自己的持久化单元。第 20 章已经讲解了如何在/WEB-INF/classes/META-INF/persistence.xml 文件中创建持久化单元，但是使用 Spring Framework 进行配置时并不是必须采用这种方式。

为了正确地创建 JPA，我们需要配置一个实现了 org.springframework.orm.jpa.AbstractEntityManagerFactoryBean 的 bean。该类型的 bean 可以创建 SharedEntityManagerBean，用于管理应用程序中负责线程绑定、链接事务的 EntityManager。

最简单的方式就是配置一个 org.springframework.orm.jpa.LocalEntityManagerFactoryBean。该 bean 要求/META-INF/persistence.xml 文件必须存在，它将从该文件中读取持久化单元配置。在配置 LocalEntityManagerFactoryBean 时，还需要指定它应该使用的持久化单元名称。

```
@Bean
public LocalEntityManagerFactoryBean entityManagerFactoryBean()
{
    LocalEntityManagerFactoryBean factory =
            new LocalEntityManagerFactoryBean();
    factory.setPersistenceUnitName("SpringJpa");
    factory.setJpaVendorAdapter(new HibernateJpaVendorAdapter());
    factory.setDataSource(this.springJpaDataSource());
    return factory;
}
```

这完全足够使用了，但它非常不灵活。Spring 还有一个更有用的实现就是 org.springframework.orm.jpa.LocalContainerEntityManagerFactoryBean，它不要求/META-INF/persistence.xml 文件必须存在。例如，可以将持久化文件添加到包中，而不是 META-INF 目录中，然后告诉 LocalContainerEntityManagerFactoryBean 持久化文件的位置即可。

```
@Bean
public LocalContainerEntityManagerFactoryBean entityManagerFactoryBean()
{
    LocalContainerEntityManagerFactoryBean factory =
            new LocalContainerEntityManagerFactoryBean();
    factory.setPersistenceXmlLocation(
            "classpath:com/wrox/config/persistence.xml"
    );
    factory.setPersistenceUnitName("SpringJpa");
    factory.setJpaVendorAdapter(new HibernateJpaVendorAdapter());
    factory.setDataSource(this.springJpaDataSource());
    return factory;
}
```

该代码中最重要的一点可能就是：不需要在 LocalContainerEntityManagerFactoryBean 中配置持久化文件。我们可以完全忽略持久化 XML 位置和持久化单元名称，并使用纯 Java 代码的方式创建持久化单元配置。这就是使用 Spring-JPA 项目的 RootContextConfiguration 配置持久化单元的方式。

```
@Bean
public LocalContainerEntityManagerFactoryBean entityManagerFactoryBean()
{
    Map<String, Object> properties = new Hashtable<>();
    properties.put("javax.persistence.schema-generation.database.action",
            "none");

    HibernateJpaVendorAdapter adapter = new HibernateJpaVendorAdapter();
    adapter.setDatabasePlatform("org.hibernate.dialect.MySQL5InnoDBDialect");

    LocalContainerEntityManagerFactoryBean factory =
            new LocalContainerEntityManagerFactoryBean();
    factory.setJpaVendorAdapter(adapter);
    factory.setDataSource(this.springJpaDataSource());
    factory.setPackagesToScan("com.wrox.site.entities");
    factory.setSharedCacheMode(SharedCacheMode.ENABLE_SELECTIVE);
    factory.setValidationMode(ValidationMode.NONE);
    factory.setJpaPropertyMap(properties);
    return factory;
}
```

请认真检查该代码，其中发生了许多事情。首先，它创建了一个 Map 用于保存 JPA 的配置属性——此时指的是模式生成属性。接下来，它创建了一个 org.springframework.orm.jpa.vendor.HibernateJpaVendorAdapter，并将它设置为工厂的适配器。这是一个特殊的 Spring 模式，它完成了以下任务：

- 它将告诉 LocalContainerEntityManagerFactoryBean 哪个 PersistenceProvider 使用(org.hibernate.jpa.HibernatePersistenceProvider)。它替代了 persistence.xml 文件中的<provider>。
- 它将告诉 SharedEntityManagerBean 要代理的是哪个继承了 EntityManagerFactory 接口的类(org.hibernate.jpa.HibernateEntityManagerFactory)以及哪个继承了 EntityManager 接口的类(org.hibernate.jpa.HibernateEntityManager)。
- 它将告诉 Spring 如何正确地将 Hibernate ORM 特定的 JPA 异常转换为 DataAccessException。
- 如果有一些特殊问题需要在开始和结束事务时进行处理，它将告诉事务管理一些额外的步骤，用于解决这些问题。
- 它将为 Hibernate ORM 配置正确的数据库方言。Hibernate 将尝试检测需要使用的正确方言，但对于 MySQL，它总是选择 org.hibernate.dialect.MySQLDialect。这个遗留下来的方言只适用于 MySQL 4.x，不适用于 MySQL 5.x。所以总是手动地指定该值才是最安全的。

Hibernate ORM 中有超过 50 种不同的方言。表 21-1 列出了最常见的 Hibernate ORM 方言和它们支持的数据库版本。

表 21-1　常见的 Hibernate 方言

数据名称&版本	方　言　类
H2 Database Engine	org.hibernate.dialect.H2Dialect
HyperSQL 1.8+, 2.x+	org.hibernate.dialect.HSQLDialect
MySQL 4.x Generic	org.hibernate.dialect.MySQLDialect
MySQL 4.x MyISAM Engine	org.hibernate.dialect.MySQLMyISAMDialect
MySQL 4.x InnoDB Engine	org.hibernate.dialect.MySQLInnoDBDialect
MySQL 5.x+ Generic + MyISAM	org.hibernate.dialect.MySQL5Dialect
MySQL 5.x+ InnoDB Engine	org.hibernate.dialect.MySQL5InnoDBDialect
Oracle Database 8i	org.hibernate.dialect.Oracle8iDialect
Oracle Database 9i	org.hibernate.dialect.Oracle9iDialect
Oracle Database 10g, 11g+	org.hibernate.dialect.Oracle10gDialect
PostgreSQL 8.1	org.hibernate.dialect.PostgreSQL81Dialect
PostgreSQL 8.2+	org.hibernate.dialect.PostgreSQL82Dialect
Microsoft SQL Server 2000	org.hibernate.dialect.SQLServerDialect
Microsoft SQL Server 2005	org.hibernate.dialect.SQLServer2005Dialect
Microsoft SQL Server 2008, 2012+	org.hibernate.dialect.SQLServer2008Dialect
Sybase 10	org.hibernate.dialect.SybaseDialect
Sybase 11.9.2+	org.hibernate.dialect.Sybase11Dialect
Sybase ASE 15+	org.hibernate.dialect.SybaseASE15Dialect
Sybase Anywhere 8+	org.hibernate.dialect.SybaseAnywhereDialect

HibernateJpaVendorAdapter 只是 org.springframework.orm.jpa.JpaVendorAdapter 的一个实现。Spring 也有 EclipseLink 和 OpenJPA 的适配器，它们可以帮助为这些 JPA 供应商正确地配置 Spring，而且在必要的情况下，它也可以轻松地创建出支持另一个供应商的实现。注意：LocalEntityManager-FactoryBean 和 LocalContainerEntityManagerFactoryBean 在没有 JpaVendorAdapter 实现的情况下可能工作，也可能不工作。因此，我们应该总是提供 JpaVendorAdapter。

注意：除了调用适配器的 setDatabasePlatform 方法，还可以调用 setDatabase 方法并传给它一个 org.springframework.orm.jpa.vendor.Database 枚举常量。然后 HibernateJpaVendorAdapter 将为你选择 Hibernate 方言。不过，它只会为 MySQL 数据库选择 MySQLDialect，为 SQL Server 数据库选择 *SQL Server 2000 dialect*，依此类推。尽管这是一个方便的工具，但我们最好还是告诉 Hibernate 究竟需要使用哪个方言，这样它才能以最好的方式工作。否则，它可能无法为数据库得到正确的方言。

在配置了供应商适配器之后，该代码将把数据源设置为之前配置的其中一个数据源。它替代的是 persistence.xml 文件中的<non-jta-data-source>元素，并且它将把持久化单元的 transaction-type 设置为 RESOURCE_LOCAL(调用 setJtaDataSource 等同于使用<jta-data-source>并将 transaction-type 设置为 JTA)。

然后它将告诉 LocalContainerEntityManagerFactoryBean 扫描包 com.wrox.site.entities 查找实体 bean。这等同于使用<exclude-unlisted-classes>true</exclude-unlisted-classes>，并使用<class>列出所有的实体类，不同之处在于 Spring 将自动检测并注册实体类。这比使用<exclude-unlisted-classes>false</exclude-unlisted-classes>启动速度要快得多，因为 Spring 将把扫描工作限制在指定的一个或多个包中，而 JPA 提供者则需要扫描许多包和类。然后该配置将会设置共享缓存模式(等同于<shared-cache-mode>)、验证模式(等同于<validation-mode>)和 JPA 属性。

注意：一般来说，只要使用的是 JPA，我们就不需要了解太多 Hibernate ORM 编码相关的知识。不过，你还是需要知道一些内容，例如方言。作为参考，你可以查看 Hibernate ORM 4.3 API 文档，地址为 http://docs.jboss.org/hibernate/orm/4.3/javadocs/。在为特定的数据库选择方言之前，应该查看 org.hibernate.dialect.Dialect 和它的子类的 API 文档。

21.2.3 创建事务管理

配置事务管理是在 Spring Framework 中创建 JPA 的最后一步。尽管它并不是特别困难，但仍然有一些事情需要注意。首先我们需要在 RootContextConfiguration 上标注@org.springframework.transaction.annotation.EnableTransactionManagement 激活事务管理和@Transactional 方法拦截。如同已经使用过的@EnableAsync 注解一样，通过使用@EnableTransactionManagement，Spring 将自动对@Transactional bean

方法进行增强。不过这样做时一定要小心。

首先，必须使用相同的 AdviceMode(PROXY 或者 ASPECTJ)和相同的 proxyTargetClass 值配置@EnableAsync 和@EnableTransactionManagement。如第 14 章所讨论的，最简单的方式就是使用 AdviceMode.PROXY，并将 proxyTargetClass 设置为假。

关于 Spring Framework 方法增强的注意事项

Spring Framework 可以使用 AspectJ 切点或代理对方法进行增强。使用 AdviceMode.PROXY 启用代理，意味着代理类将被增强方法所包围，在必要的时候——方法执行或之后执行增强方法。可以使用动态代理创建这些代理方法(proxyTargetClass = false)，这是标准 Java SE API 的一部分。这种代理机制也是推荐的方式和最佳实践。不过，动态代理只可以增强接口中指定的方法，并且只有在代码使用接口而不是实现类时才能使用代理。如果需要增强只属于类的方法(而不是接口的方法)，那么必须使用 CGLIB 代理(proxyTargetClass = true)。记住使用 CGLIB 代理时的缺点在于：bean 构造函数将执行两次，而不是一次，所以请提前做出相应的安排。

在使用动态代理时，只有使用另一个类执行受 Spring 管理 bean 实例的方法，它们提供的方法增强才会起作用。如果调用 FooBean 实例上的方法将执行同一个 FooBean 实例中的另一个方法(使用或不使用 this)，那么方法增强并不会执行(请查看 org.springframework.aop.framework.AopContext 中的丑陋代码，无论何时都应该尽可能地避免这种情况)。CGLIB 代理将覆盖类中所有非 final 方法，所以当 FooBean 调用另一个 FooBean 的方法时，方法增强将会起作用(使用或不使用 this)。不过，Spirng 不能为 final 类创建 CGLIB 代理。

如果这两个选项都不能满足你的需求，那么你可以启用加载时织入并使用 AspectJ 切点。加载时织入将在加载类时修改它编译后的字节码，直接在字节码中添加方法增强。这种方法对于 final 类、非 final 类和方法以及从相同对象中调用的方法都是有效的。应用方法增强的对象甚至不必是由 Spring 管理的 bean！(对于遗留应用程序来说这是非常有用的)。通过将增强模式设置为 AdviceMode.ASPECTJ、使用@EnableLoadTimeWeaving(aspectjWeaving=EnableLoadTimeWeaving.AspectJWeaving.ENABLED)标注根上下文配置类启用它，并且需要在项目中添加下面的依赖：

```
<dependency>
   <groupId>org.springframework</groupId>
   <artifactId>spring-aspects</artifactId>
   <version>4.0.2.RELEASE</version>
   <scope>runtime</scope>
</dependency>
```

第 24 章将详细讲解 AspectJ 加载时织入。无论选择如何在应用程序中配置方法增强，都必须采用相同的方式对所有使用它的特性进行配置。例如，必须使用与配置@EnableTransactionManagement 相同的方式配置@EnableAsync。如果配置它们的方式不同，那么 Spring 将选择其中一种配置，并将它用作唯一的配置方式，这样可能会引起不可预料的结果。

另外，有一点很重要：一定要考虑这两种代理的执行顺序。如果事务管理代理在异步代理之前执行，那么与创建异步方法相关的操作将被包含到事务管理中，并且线程绑定的事务可能无法正常工作。RootContextConfiguration 类将使用这两个注解的 order 特性，保证代理按照正确的顺序执行(在事务管理代理之前执行异步操作代理)。

```
@Configuration
@EnableScheduling
@EnableAsync(
        mode = AdviceMode.PROXY, proxyTargetClass = false,
        order = Ordered.HIGHEST_PRECEDENCE
)
@EnableTransactionManagement(
        mode = AdviceMode.PROXY, proxyTargetClass = false,
        order = Ordered.LOWEST_PRECEDENCE
)
@ComponentScan(
        basePackages = "com.wrox.site",
        excludeFilters =
        @ComponentScan.Filter({Controller.class, ControllerAdvice.class})
)
public class RootContextConfiguration implements
...
```

无论何时使用@EnableTransactionManagement，都必须提供一个 PlatformTransactionManager 的默认实现。对于 JPA 资源，应该使用 org.springframework.orm.jpa.JpaTransactionManager。它的构造函数绑定了一个 EntityManagerFactory，所以应该使用之前创建的 LocalContainerEntityManagerFactoryBean 构造 JpaTransactionManager。

```
@Bean
public PlatformTransactionManager jpaTransactionManager()
{
    return new JpaTransactionManager(
            this.entityManagerFactoryBean().getObject()
    );
}
```

默认，事务管理将查找一个名为 txManager 的 bean，然后返回它可以找到的 PlatformTransactionManager 实现的第一个 bean。不过，应用上下文中可能存在着多个 PlatformTransactionManager。为了防止出现这种情况，配置类可以实现 TransactionManagementConfigurer 类，Spring 总是使用 annotationDrivenTransactionManager 方法返回的管理器作为@Transactional 方法的默认管理器。

```
@Configuration
@EnableScheduling
@EnableAsync(
        mode = AdviceMode.PROXY, proxyTargetClass = false,
        order = Ordered.HIGHEST_PRECEDENCE
)
@EnableTransactionManagement(
        mode = AdviceMode.PROXY, proxyTargetClass = false,
        order = Ordered.LOWEST_PRECEDENCE
)
@ComponentScan(
        basePackages = "com.wrox.site",
        excludeFilters =
        @ComponentScan.Filter({Controller.class, ControllerAdvice.class})
)
```

```
public class RootContextConfiguration implements
        AsyncConfigurer, SchedulingConfigurer, TransactionManagementConfigurer
{
    ...
    @Bean
    public PlatformTransactionManager jpaTransactionManager()
    {
        return new JpaTransactionManager(
                this.entityManagerFactoryBean().getObject()
        );
    }
    ...
    @Override
    public PlatformTransactionManager annotationDrivenTransactionManager()
    {
        return this.jpaTransactionManager();
    }
    ...
}
```

请注意：该方法只是调用了@Bean jpaTransactionManager 方法，保证所选择的 bean 名称(jpaTransactionManager)被保留了下来。

21.3 创建和使用 JPA 仓库

在 Spring 仓库中使用 JPA 比单独使用 JPA 要更简单，因为我们不需要处理事务和 EntityManagerFactory。本节将展示实现该任务的最简单步骤，并演示如何在服务中标定事务的界限。我们还将创建一个通用仓库，使用公共代码处理许多不同类型的实体。Spring-JPA 项目将使用之前章节中创建的 Book、Author 和 Publisher 实体，从 Book 中去除了 previewPdf 属性，并使用相同的数据库创建脚本，只是将数据库名称修改为 SpringJpa。

21.3.1 注入持久化单元

这里将创建三个仓库——为每个实体创建一个。这是一种常见的、有用的模式，但不是必需的。例如，可以为几个相关的实体创建一个仓库。但是为每个实体使用一个仓库，可以帮助创建出通用的仓库代码，本节稍后将讲解如何实现。每个仓库都将实现一个接口，本节稍后将详细讲解。

```
public interface AuthorRepository { ... }
public interface BookRepository { ... }
public interface PublisherRepository { ... }
```

为了在仓库实现中执行 JPA 操作，我们需要一个 EntityManager 实例。如之前讨论的，所有需要做的就是声明一个 EntityManager 字段，并标记上@PersistenceContext JPA 注解。不需要在字段上标注@Inject 或者@Autowired；@PersistenceContext 的目的是相同的。因为@PersistenceContext 在 Spring Framework 支持 JPA 之前出现，所以在 Spring 中没有对应的注解，该注解就是所有我们需要担心的。

```
@Repository
```

```
public class DefaultAuthorRepository implements AuthorRepository
{
    @PersistenceContext EntityManager entityManager;

    ...
}

@Repository
public class DefaultBookRepository implements BookRepository
{
    @PersistenceContext EntityManager entityManager;

    ...
}

@Repository
public class DefaultPublisherRepository implements PublisherRepository
{
    @PersistenceContext EntityManager entityManager;

    ...
}
```

请回想一下本章之前的内容，这里注入的 EntityManager 并不是 JPA 供应商(Hibernate ORM)提供的那个。相反，它是真正的 EntityManager 的一个代理实例，它将把方法调用委托给之前在相同事务和线程中创建的链接到事务并绑定线程的 EntityManager(如果 EntityManager 不存在，就创建一个新的 EntityManager 和事务)。

21.3.2 实现标准 CRUD 操作

现在仓库只需要执行最简单的操作——返回单个实体、列出实体、添加实体、更新实体和删除实体。AuthorRepository 接口列出了这些操作。

```
public interface AuthorRepository
{
    Iterable<Author> getAll();

    Author get(long id);

    void add(Author author);

    void update(Author author);

    void delete(Author author);

    void delete(long id);
}
```

代码清单 21-1 中这些方法的实现采取了另一种方式，与之前章节中 EntityServlet 使用的方式稍有不同。它并未使用更新的条件 API，而是使用 Java 持久化查询语言(JPQL)查询实体。如你所见，JPQL 非常类似于 ANSI SQL；不过，当然它们也有一些区别。例如，SELECT 语句中的标识符标志了返回哪个实体，而不是如同 SQL 查询一样指定返回的列。JPQL 查询可以在 WHERE 语句中使用多个实体，但只在 SELECT 语句中返回其中一个实体。另外，FROM 语句中的标识符表示的是实体名称，而不是 SQL 查询中的表名。

代码清单 21-1：DefaultAuthorRepository.java

```
@Repository
public class DefaultAuthorRepository implements AuthorRepository
{
    @PersistenceContext EntityManager entityManager;

    @Override
    public Iterable<Author> getAll()
    {
        return this.entityManager.createQuery(
                "SELECT a FROM Author a ORDER BY a.name", Author.class
        ).getResultList();
    }

    @Override
    public Author get(long id)
    {
        return this.entityManager.createQuery(
                "SELECT a FROM Author a WHERE a.id = :id", Author.class
        ).setParameter("id", id).getSingleResult();
    }

    @Override
    public void add(Author author)
    {
        this.entityManager.persist(author);
    }

    @Override
    public void update(Author author)
    {
        this.entityManager.merge(author);
    }

    @Override
    public void delete(Author author)
    {
        this.entityManager.remove(author);
    }

    @Override
    public void delete(long id)
    {
        this.entityManager.createQuery(
                "DELETE FROM Author a WHERE a.id = :id"
        ).setParameter("id", id).executeUpdate();
    }
}
```

21.3.3　为所有的实体创建一个基础仓库

请思考AuthorRepository和它指定的方法一分钟，然后思考BookRepository和PublisherRepository应该指定的方法。你应该立即会注意到相似之处：

```
public interface BookRepository
{
    Iterable<Book> getAll();
    Book get(long id);
    void add(Book book);
    void update(Book book);
    void delete(Book book);
    void delete(long id);
}

public interface PublisherRepository
{
    Iterable<Publisher> getAll();
    Publisher get(long id);
    void add(Publisher publisher);
    void update(Publisher publisher);
    void delete(Publisher publisher);
    void delete(long id);
}
```

再考虑一下这些方法的实现，你应该很快意识到它们与 DefaultAuthorRepository 类几乎是一致的。你会好奇是否有一种方法可以编写出处理所有实体的代码。为了使仓库代码变得更加有用，我们需要使用泛型。遵循最佳实践，从一个接口开始，考虑应该如何编写它。

```
@Validated
public interface GenericRepository<I extends Serializable, E extends Serializable>
{
    @NotNull
    Iterable<E> getAll();

    E get(@NotNull I id);

    void add(@NotNull E entity);

    void update(@NotNull E entity);

    void delete(@NotNull E entity);

    void deleteById(@NotNull I id);
}
```

泛型类型变量 I 代表了实体代理键的类型——通常是 long，但并不总是这样，这也就是为什么它是一个变量的原因。E 代表了实体的类型。使用 Bean 验证@NotNull 限制是告诉仓库用户和实现它不支持 null 参数和返回值的一种很好的方式。由于这里 I 和 E 的模糊性(理论上，它们可以是相同的类型)，编译器无法区分方法参数类型 I 和方法参数类型 E。因此，delete 和 deleteById 方法必须使用不同的名字。

注意：JPA 并不严格要求实体或者它们的代理键是 Serializable 的，但这是最佳实践。

现在仓库接口只需要继承父接口，并指定它们提供访问的实体的类型变量。

```
public interface AuthorRepository extends GenericRepository<Long, Author>
{

}

public interface BookRepository extends GenericRepository<Long, Book>
{
    Book getByIsbn(String isbn);
}

public interface PublisherRepository extends GenericRepository<Long, Publisher>
{

}
```

AuthorRepository 和 PublisherRepository 接口并未定义任何方法，因为它们不需要定义，所有的方法都定义在 PublisherRepository 接口中，类型变量值将使方法参数类型和返回类型变成具体类型。BookRepository 定义了一个额外的方法用于按照 ISBN 查找图书——一个常见的需求。

下一个逻辑步骤是定义所有 GenericRepository 方法的公共实现。在 Java 8 中，可以采用使用默认方法的唯一一种方式：

```
@Validated
public interface GenericRepository<I extends Serializable, E extends Serializable>
{
    @NotNull
    default Iterable<E> getAll()
    {
        ...
    }

    ...
}
```

不过，这样做是一个糟糕的选择，原因如下：

- 默认方法并未被设计用于替换抽象类。创建它们的目的在于，可以对接口进行改进而无须破坏现有实现。例如，Java 8 使用默认方法改进了集合，而无须破坏现有的 Collection、List、Set、Map、Iterable 和 Iterator 实现。默认方法有着不同的语义，而不是抽象类中的具体类，所以不应该用于该目的。
- 我们需要注入一个 EntityManager 执行这些方法的代码，但我们无法在接口中获得 EntityManager。

- 我们需要访问 I 和 E 的类型(Class)，用于执行安全的 JPA 查询操作。获得类型(而且如果希望使这些值变成 final 的，那么这是唯一的方式)的最佳方式是在构造函数中，这是接口所没有的。

一个更合适的方法是使用通用基础类，这可以满足所有的需求。在决定如何进行之前，有一些事情需要考虑。首先是为类型变量决定 Class 实例。最简单的方式就是在构造函数中要求使用它们。

```
public abstract class
        GenericBaseRepository<I extends Serializable, E extends Serializable>
    implements GenericRepository<I, E>
{
    protected final Class<I> idClass;
    protected final Class<E> entityClass;

    public GenericBaseRepository(Class<I> idClass, Class<E> entityClass)
    {
        this.idClass = idClass;
        this.entityClass = entityClass;
    }

    ...
}
```

该代码将正常工作，但是在实现的类型变量参数中已经包含了类型信息的情况下，要求使用这些构造函数参数似乎有点傻。幸运的是，你可以访问这些类型变量参数，尽管需要花费一些功夫。

```
public abstract class
        GenericBaseRepository<I extends Serializable, E extends Serializable>
    implements GenericRepository<I, E>
{
    protected final Class<I> idClass;
    protected final Class<E> entityClass;

    @SuppressWarnings("unchecked")
    public GenericBaseRepository()
    {
        Type genericSuperclass = this.getClass().getGenericSuperclass();
        while(!(genericSuperclass instanceof ParameterizedType))
        {
            if(!(genericSuperclass instanceof Class))
                throw new IllegalStateException("Unable to determine type " +
                        "arguments because generic superclass neither " +
                        "parameterized type nor class.");
            if(genericSuperclass == GenericBaseRepository.class)
                throw new IllegalStateException("Unable to determine type " +
                        "arguments because no parameterized generic superclass " +
                        "found.");

            genericSuperclass = ((Class)genericSuperclass).getGenericSuperclass();
        }

        ParameterizedType type = (ParameterizedType)genericSuperclass;
        Type[] arguments = type.getActualTypeArguments();
        this.idClass = (Class<I>)arguments[0];
```

```
        this.entityClass = (Class<E>)arguments[1];
    }
}
```

该构造函数可能会使你感到糊涂，所以请逐块代码查看。当一个类继承了 GenericBaseRepository 时，该类的父类就是 GenericBaseRepository。更重要的是，GenericBaseRepository 是它的通用父类，因此它应该是一个使用了类型参数的 ParameterizedType。现在该代码只是调用了((ParameterizedType) this.getClass().getGenericSuperclass()).getActualTypeArguments()，但只有所有仓库都直接继承 GenericBaseRepository 并且是 final 类时，该代码才可以正常工作。不仅这个限制是不理想的，它还无法与 Spring Framework 事务代理和异常转换一起工作。所以该循环将遍历整个继承树，检测它遇到的每个类型直到它找到一个 ParameterizedType。如果它遇到一个不是类的类型，那么它就无法再继续遍历继承树。如果它遇到了自己的类型，那么就表示它已经遍历完了继承树。这两个条件毫无疑问都是不可能的，但仍然需要测试。当它找到 ParameterizedType 时，它就找到了指定类型变量参数的父类。然后它将从类型中获得这些参数，并将它们赋给字段。

该构造函数是 GenericBaseRepository 提供的唯一一个值。它并未提供 EntityManager 或者方法实现，因为你可能希望在应用程序中混合使用 JPA 和非 JPA 仓库。决定类型参数与 JPA 没有关系，所以最好在它自己的父类中添加该行为。代码清单 21-2 所示的 GenericJpaRepository 完成了所有有趣的 JPA 工作。

代码清单 21-2：GenericJpaRepository.java

```
public abstract class
        GenericJpaRepository<I extends Serializable, E extends Serializable>
    extends GenericBaseRepository<I, E>
{
    @PersistenceContext protected EntityManager entityManager;

    @Override
    public Iterable<E> getAll()
    {
        CriteriaBuilder builder = this.entityManager.getCriteriaBuilder();
        CriteriaQuery<E> query = builder.createQuery(this.entityClass);

        return this.entityManager.createQuery(
                query.select(query.from(this.entityClass))
        ).getResultList();
    }

    @Override
    public E get(I id)
    {
        return this.entityManager.find(this.entityClass, id);
    }

    @Override
    public void add(E entity)
    {
        this.entityManager.persist(entity);
    }
```

```
    @Override
    public void update(E entity)
    {
        this.entityManager.merge(entity);
    }

    @Override
    public void delete(E entity)
    {
        this.entityManager.remove(entity);
    }

    @Override
    public void deleteById(I id)
    {
        CriteriaBuilder builder = this.entityManager.getCriteriaBuilder();
        CriteriaDelete<E> query = builder.createCriteriaDelete(this.entityClass);

        this.entityManager.createQuery(query.where(
                builder.equal(query.from(this.entityClass).get("id"), id)
        )).executeUpdate();
    }
}
```

之前代码的一些注意事项如下：

- 原始的 DefaultAuthorRepository 演示了 Java 持久化查询语言，但如果不知道真正的实体名称的话，它并不容易使用(无法在通用仓库中实现)。相反，GenericJpaRepository 将使用条件 API 返回所有实体的列表，按照 ID 删除实体。
- 在该代码中，只有当所有的实体都有名为 id 的属性时，deleteById 方法才能工作。如果代理键特性名不同，就必须按照 ID 获得实体，然后调用 remove 方法。
- DefaultAuthorRepository 和 DefaultPublisherRepository 不再需要任何方法，因为所有方法已经在 GenericJpaRepository 中定义了。
- 只有 DefaultBookRepository 需要添加一个方法，该方法实现了 BookRepository 接口中指定的额外的 getByIsbn 方法。

```
@Repository
public class DefaultAuthorRepository extends GenericJpaRepository<Long, Author>
    implements AuthorRepository
{

}

@Repository
public class DefaultBookRepository extends GenericJpaRepository<Long, Book>
        implements BookRepository
{
    @Override
    public Book getByIsbn(String isbn)
    {
        CriteriaBuilder builder = this.entityManager.getCriteriaBuilder();
```

```
        CriteriaQuery<Book> query = builder.createQuery(this.entityClass);
        Root<Book> root = query.from(this.entityClass);

        return this.entityManager.createQuery(
                query.select(root).where(builder.equal(root.get("isbn"), isbn))
        ).getSingleResult();
    }
}

@Repository
public class DefaultPublisherRepository
        extends GenericJpaRepository<Long, Publisher>
        implements PublisherRepository
{

}
```

JPA 条件 API 不是最直观的 API，它比使用 Hibernate ORM 的条件 API 难用得多。与 Hibernate 的 API(它的目的在于：使在实体查询中添加表达式和限制更加简单)不同，JPA 的 API 被设计用于模仿查询语言自身。GenericJpaRepository 中的 getAll 条件从字面上看，可以被读作“Select from entity”，排除了顺序指令之后，这与之前创建的 JPQL 查询是一致的。如果顺序非常重要，那么也有一些可用的选项。可以按需要覆盖该方法，或者可以指定一个构造函数参数(子类将使用它指定默认顺序指令)。条件 API 中的排序并不难用。

```
...
Root<Book> root = query.from(Book.class);

return this.entityManager.createQuery(
        query.select(root).orderBy(builder.asc(root.get("name")))
).getResultList();
```

新的查询可以被读作“Select from Book ordered by Book.name ascending”。注意：该代码先创建了根查询类型，因为它需要同时在 FROM 和 ORDER BY 子句中使用 Book。这似乎可能有点冗余，因为 CriteriaQuery 实例已经类型化了，但记住 CriteriaQuery 将使用返回对象的类型。查询可以使用返回类型之外的类型。尽管通常我们可以找到更易用的 JPQL，但使用条件 API 可以执行任何相同的任务。使用哪种方式取决于个人的用例和偏好。

21.3.4　在服务中标记事务范围

如之前提到的，使用 Spring 的@Transactional 注解或者 JTA 的@Transactional 注解告诉 Spring Framework 何时以及如何开始和结束一个事务。

使用@javax.transaction.Transactional 注解时，可以使用 dontRollbackOn 特性定义一个异常的黑名单(它们不应该触发回滚)、使用 rollbackOn 定义一个异常的白名单，覆盖默认的回滚规则(所有 RuntimeException)和何时以及如何创建事务的规则(使用 Transactional.TxType 枚举 value 特性)。Transactional.TxType 包含下列枚举常量：

- MANDATORY 表示事务必须已经存在，不可以创建新的事务，如果事务不存在的话必须抛出异常。
- NEVER 表示必须没有事务存在，禁止使用事务，如果存在事务，则必须抛出异常。

- NOT_SUPPORTED 意味着禁止使用事务，如果存在事务，那么必须被挂起，使代码可以在事务之外执行。当代码执行结束之后，所有挂起的事务必须被恢复。
- REQUIRED 意味着必须使用事务。如果不存在事务，那么它应该在方法执行之前开始，并在方法返回之后结束。如果事务已经存在，那么应该使用该事务，并允许在方法返回之后继续执行。
- REQUIRES_NEW 如它的名称所示。与 REQUIRED 一样，它表示如果不存在事务，那么它应该在方法执行之前开始，并在方法返回之后结束。不过，如果事务已经存在，那么它应该被挂起，并在方法执行之前开始一个新的事务，在方法返回之后，新的事务应该完成，原有的事务也应该被恢复。
- SUPPORTS 可能是最灵活的指令。它意味着必须使用已有的事务，如果不存在事务，该方法必须在没有事务的情况下执行。

@org.springframework.transaction.annotation.Transactional 具有特性 noRollbackFor、rollbackFor 和 propagation，它们分别与 JTA 中的 dontRollbackOn、rollbackOn 和 value 具有相同的语义。它也有 noRollbackForClassName 和 rollbackForClassName 特性，这些特性接受一个字符串类名而不是类。org.springframework.transaction.annotation.Propagation 枚举中的常量与 Transactional.TxType 中的常量具有相同的语义。

另外，Propagation 有一个 NESTED 常量，它意味着如果事务已经存在，那么就创建一个嵌套的事务，否则创建一个新的事务。使用 JpaTransactionManager 时不支持 NESTED。在使用 JtaTransactionManager 时，某些 JTA 提供者可能会支持它，但是使用它将使应用程序变得不可迁移。这两个@Transactional 注解的默认规则都是 REQUIRED，在几乎所有的情况中，这都可以满足你的需求。

Spring 的注解也包含了其他几个有用的特性。使用 org.springframework.transaction.annotation.Isolation 枚举设置 isolation，可以指定事务的隔离级别。JpaTransactionManager 和 JtaTransactionManager 不支持该特性，它将被忽略。这些管理器的事务隔离级别总是 JPA 或 JTA 数据源配置中指定的隔离级别，或者 JDBC 驱动的默认隔离级别(如果数据源中并未指定的话)。因为默认隔离级别随着 JDBC 驱动的改变而不同，所以最好总是在定义数据源资源的时候设置隔离级别。

可用的隔离级别有：NONE、READ_COMMITTED、READ_UNCOMMITTED、REPEATABLE_READ 和 SERIALIZABLE。关于它们的具体含义请查看数据库服务器的文档。本书将一直使用 READ_COMMITTED。

Spring 的@Transactional 注解中还有一个可用的特性 readOnly，JpaTransactionManager 和 JtaTransactionManager 也不支持该特性。它将指示底层的事务系统：事务中的写操作应该被禁止，它的默认值为假。JtaTransactionManager 支持 timeout 特性，而 JpaTransactionManager 不支持它。该特性将限制事务在出现异常终止并回滚之前可以使用的时间。

在使用 JTA 的@Transactional 注解时，Spring 总是使用默认的 PlatformTransactionManager。记住，它是由 TransactionManagementConfigurer 方法返回的，如果 TransactionManagementConfigurer 不存在并且有多个事务管理器存在，那么它就是名为 txManager 的那个 bean，如果只有一个事务管理器，那么它就是该管理器。不过，可以在 Spring 的@Transactional 注解中使用多个 PlatformTransactionManager bean。如果忽略了 value 特性，那么它将使用默认的事务管理器，但是我们可以在 value 特性中指定一个 bean 名称，并使用该 PlatformTransactionManager bean。

```
@Configuration
@EnableTransactionManagement(
        mode = AdviceMode.PROXY, proxyTargetClass = false,
        order = Ordered.LOWEST_PRECEDENCE
)
public class RootContextConfiguration implements TransactionManagementConfigurer
{
    ...
    @Bean
    public PlatformTransactionManager jpaTransactionManager()
    {
        return new JpaTransactionManager(
                this.entityManagerFactoryBean().getObject()
        );
    }

    @Bean
    public PlatformTransactionManager dataSourceTransactionManager()
    {
        return new DataSourceTransactionManager(this.springJpaDataSource());
    }

    @Override
    public PlatformTransactionManager annotationDrivenTransactionManager()
    {
        return this.jpaTransactionManager();
    }
    ...
}
```

之前的配置创建了两个 PlatformTransactionManager bean，一个用于 JPA，另一个用于简单的数据源操作。JpaTransactionManager 将被用作默认的事务管理器。使用该配置时，下面服务中的 actionOne 方法将在默认(JPA)事务管理器的控制下执行。同样地，actionTwo 将显式地使用 JpaTransactionManager 事务管理器，而 actionThree 则显式地使用 DataSourceTransactionManager。

```
public SomeService
{
    @Transactional
    public void actionOne();

    @Transactional("jpaTransactionManager")
    public void actionTwo();

    @Transactional("dataSourceTransactionManager")
    public void actionThree();
}
```

在使用这些@Transactional 注解时，可以将它们标注在接口、单独的接口方法、类或者类方法上。如果标注在接口上，那么它等同于标注了该接口的所有方法。同样地，标注在类上等同于标注了该类的所有方法。在应用程序的代码中标记事务范围时，最佳实践是：将注解标注在具体的类或类方法上，而不是接口或接口方法上。如果标注在接口或者它的方法上，那么只有使用动态代理(proxyTargetClass = false)时@Transactional 才能正常工作。如果需要使用 CGLIB 代理(proxyTargetClass =

true)，那么接口注解将无法正常工作。与 Bean 验证注解(该注解是在接口上创建契约)不同，@Transactional 是具体的实现细节，并不属于契约。代码清单 21-3 中的 DefaultBookManager 实现在服务方法上添加了注解。尽管 DefaultBookManager 并未展示这一点，但实际上@Transactional 方法可以使用多个仓库访问和操作多个实体，所有操作都可以在相同的事务上下文中。

代码清单 21-3：DefaultBookManager.java

```
@Service
public class DefaultBookManager implements BookManager
{
    @Inject AuthorRepository authorRepository;
    @Inject BookRepository bookRepository;
    @Inject PublisherRepository publisherRepository;

    @Override
    public List<Author> getAuthors()
    {
        return this.toList(this.authorRepository.getAll());
    }

    @Override
    public List<Book> getBooks()
    {
        return this.toList(this.bookRepository.getAll());
    }

    @Override
    public List<Publisher> getPublishers()
    {
        return this.toList(this.publisherRepository.getAll());
    }

    private <E> List<E> toList(Iterable<E> i)
    {
        List<E> list = new ArrayList<>();
        i.forEach(list::add);
        return list;
    }

    @Override
    public void saveAuthor(Author author)
    {
        if(author.getId() < 1)
            this.authorRepository.add(author);
        else
            this.authorRepository.update(author);
    }

    @Override
    public void saveBook(Book book)
    {
        if(book.getId() < 1)
            this.bookRepository.add(book);
```

```
        else
            this.bookRepository.update(book);
    }

    @Override
    public void savePublisher(Publisher publisher)
    {
        if(publisher.getId() < 1)
            this.publisherRepository.add(publisher);
        else
            this.publisherRepository.update(publisher);
    }
}
```

21.3.5　使用事务服务方法

在使用@Transactional 服务方法时没有任何特殊的地方。从使用者的角度来看，事务的发生是透明的。BookController 的工作方式与第 20 章的 EntityServlet 类似：它为 GET 请求获取了 Author、Book 和 Publisher，并为 POST 请求创建它们。

```
@WebController
public class BookController
{
    private final Random random;

    @Inject BookManager bookManager;

    public BookController()
    {
        try
        {
            this.random = SecureRandom.getInstanceStrong();
        }
        catch(NoSuchAlgorithmException e)
        {
            throw new IllegalStateException(e);
        }
    }

    @RequestMapping(value = "/", method = RequestMethod.GET)
    public String list(Map<String, Object> model)
    {
        model.put("publishers", this.bookManager.getPublishers());
        model.put("authors", this.bookManager.getAuthors());
        model.put("books", this.bookManager.getBooks());

        return "entities";
    }

    @RequestMapping(value = "/", method = RequestMethod.POST)
    public View add()
    {
        Publisher publisher = new Publisher();
        publisher.setName("John Wiley & Sons");
```

```
            publisher.setAddress("1234 Baker Street");
            publisher.setDateFounded(Calendar.getInstance());
            this.bookManager.savePublisher(publisher);

            Author author = new Author();
            author.setName("Nicholas S. Williams");
            author.setEmailAddress("nick@example.com");
            author.setGender(Gender.MALE);
            this.bookManager.saveAuthor(author);

            Book book = new Book();
            book.setIsbn("" + this.random.nextInt(Integer.MAX_VALUE));
            book.setTitle("Professional Java for Web Applications");
            book.setAuthor("Nicholas S. Williams");
            book.setPublisher("John Wiley & Sons");
            book.setPrice(59.99D);
            this.bookManager.saveBook(book);

            return new RedirectView("/", true, false);
        }
    }
```

为了测试该代码，请执行下面的步骤：

(1) 保证在 Tomcat 的 context.xml 文件中添加了数据源资源定义，并在 MySQL Workbench 中运行 create.sql 数据库创建脚本，创建出必要的数据库表。

```
<Resource name="jdbc/SpringJpa" type="javax.sql.DataSource"
          maxActive="20" maxIdle="5" maxWait="10000"
          username="tomcatUser" password="password1234"
          driverClassName="com.mysql.jdbc.Driver"
          defaultTransactionIsolation="READ_COMMITTED"
          url="jdbc:mysql://localhost/SpringJpa" />
```

(2) 编译应用程序并从 IDE 中启动 Tomcat。

(3) 访问 http://localhost:8080/repositories/，并单击 Add More Entities 按钮多次，正如在之前章节中所做的一样。

在浏览器和数据库表中都应该看到多个实体。按照 ID(和 ISBN)查询每个实体，这个练习就留给读者自己来完成。

21.4 在 DTO 和实体之间转换数据

wrox.com 代码下载站点中的 Customer-Support-v15 应用程序将使用 Spring-JPA 中配置的 LocalContainerEntityManagerFactoryBean 和事务管理。它也有相同的 GenericRepository 接口和 GenericBaseRepository 及 GenericJpaRepository 抽象类。不过，将客户支持应用程序修改为使用 JPA 仓库和 MySQL 数据库并不是这么简单。Ticket 类中的属性尚未使用目前学到的 JPA 机制进行转换——创建 Instant 日期和附件的 Map。最简单的方式就是将 Ticket 用作数据传输对象(Data Transfer Object，DTO)，并创建一个单独的 TicketEntity 用于持久化到数据库中。

21.4.1　为客户支持应用程序创建实体

该应用程序需要使用一些不同的实体，并且可以重用一些现有的对象。例如，Attachment 只需要被移动到 com.wrox.site.entities 包中进行标注，并添加一个 ID 属性和一个引用该票据的外键引用。

```
@XmlRootElement(name = "attachment")
@Entity
public class Attachment implements Serializable
{
    private static final long serialVersionUID = 1L;

    private long id;
    private long ticketId;
    @NotBlank(message = "{validate.attachment.name}")
    private String name;
    @NotBlank(message = "{validate.attachment.mimeContentType}")
    private String mimeContentType;
    @Size(min = 1, message = "{validate.attachment.contents}")
    private byte[] contents;

    @Id
    @Column(name = "AttachmentId")
    @GeneratedValue(strategy = GenerationType.IDENTITY)
    public long getId() { ... }
    public void setId(long id) { ... }

    @Basic
    public long getTicketId() { ... }
    public void setTicketId(long ticketId) { ... }

    @Basic
    @Column(name = "AttachmentName")
    public String getName() { ... }
    public void setName(String name) { ... }

    @Basic
    public String getMimeContentType() { ... }
    public void setMimeContentType(String mimeContentType) { ... }

    @XmlSchemaType(name = "base64Binary")
    @Lob
    public byte[] getContents() { ... }
    public void setContents(byte[] contents) { ... }
}
```

UserRepository 和 UserPrincipal 发生了巨大的变化，因为用户现在被存储在数据库中。UserPrincipal 也移动到了 com.wrox.site.entities 包中，现在它有一个 ID、用户名和密码。应用程序永远不应该存储普通文本密码，或者甚至是在数据库中使用弱哈希值，因此这里将使用一个含盐的强哈希值。

```
@Entity
@Table(uniqueConstraints = {
        @UniqueConstraint(name="UserPrincipal_Username", columnNames="Username")
```

```
})
public class UserPrincipal implements Principal, Cloneable, Serializable
{
    private static final long serialVersionUID = 1L;
    private static final String SESSION_ATTRIBUTE_KEY = "com.wrox.user.principal";

    private long id;
    private String username;
    private byte[] password;

    @Id
    @Column(name = "UserId")
    @GeneratedValue(strategy = GenerationType.IDENTITY)
    public long getId() { ... }
    public void setId(long id) { ... }

    @Override
    @Transient
    public String getName() { ... }

    @Basic
    public String getUsername() { ... }
    public void setUsername(String username) { ... }

    @Basic
    @Column(name = "HashedPassword")
    public byte[] getPassword() { ... }
    public void setPassword(byte[] password) { ... }

    ...
}
```

因为 Ticket 包含了一个 Instant 和一个 Map，所以我们需要创建一个 TicketEntity 用于向 DTO Ticket 传输数据。它看起来非常像 Ticket，但使用 Timestamp 类型创建日期，并且有一个引用了客户的 UserPrincipal ID 而不是客户名称的外键引用。

```
@Entity
@Table(name = "Ticket")
public class TicketEntity implements Serializable
{
    private static final long serialVersionUID = 1L;

    private long id;
    private long userId;
    private String subject;
    private String body;
    private Timestamp dateCreated;

    @Id
    @Column(name = "TicketId")
    @GeneratedValue(strategy = GenerationType.IDENTITY)
    public long getId() { ...}
    public void setId(long id) { ... }
```

```
    @Basic
    public long getUserId() { ... }
    public void setUserId(long userId) { ... }

    @Basic
    public String getSubject() { ... }
    public void setSubject(String subject) { ... }

    @Basic
    public String getBody() { ... }
    public void setBody(String body) { ... }

    @Basic
    public Timestamp getDateCreated() { ... }
    public void setDateCreated(Timestamp dateCreated) { ... }
}
```

这些就是所有现在需要的实体。我们还需要一个可用于存储这些实体的数据库模式，以及之前硬编码在 Java 代码中的 4 个初始用户。

```
CREATE DATABASE CustomerSupport DEFAULT CHARACTER SET 'utf8'
  DEFAULT COLLATE 'utf8_unicode_ci';

USE CustomerSupport;

CREATE TABLE UserPrincipal (
  UserId BIGINT UNSIGNED NOT NULL AUTO_INCREMENT PRIMARY KEY,
  Username VARCHAR(30) NOT NULL,
  HashedPassword BINARY(60) NOT NULL,
  UNIQUE KEY UserPrincipal_Username (Username)
) ENGINE = InnoDB;

CREATE TABLE Ticket (
  TicketId BIGINT UNSIGNED NOT NULL AUTO_INCREMENT PRIMARY KEY,
  UserId BIGINT UNSIGNED NOT NULL,
  Subject VARCHAR(255) NOT NULL,
  Body TEXT,
  DateCreated DATETIME NOT NULL,
  CONSTRAINT Ticket_UserId FOREIGN KEY (UserId)
    REFERENCES UserPrincipal (UserId) ON DELETE CASCADE
) ENGINE = InnoDB;

CREATE TABLE Attachment (
  AttachmentId BIGINT UNSIGNED NOT NULL AUTO_INCREMENT PRIMARY KEY,
  TicketId BIGINT UNSIGNED NOT NULL,
  AttachmentName VARCHAR(255) NULL,
  MimeContentType VARCHAR(255) NOT NULL,
  Contents BLOB NOT NULL,
  CONSTRAINT Attachment_TicketId FOREIGN KEY (TicketId)
    REFERENCES Ticket (TicketId) ON DELETE CASCADE
) ENGINE = InnoDB;

INSERT INTO UserPrincipal (Username, HashedPassword) VALUES ( -- password
  'Nicholas', '$2a$10$x0k/yA5qN8SP8JD5CEN.6elEBFxVVHeKZTdyv.RPra4jzRR5SlKSC'
);
```

```
INSERT INTO UserPrincipal (Username, HashedPassword) VALUES ( -- drowssap
  'Sarah', '$2a$10$JSxmYO.JOb4TT42/4RFzguaTuYkZLCfeND1bB0rzoy7wH0RQFEq8y'
);
INSERT INTO UserPrincipal (Username, HashedPassword) VALUES ( -- wordpass
  'Mike', '$2a$10$Lc0W6stzND.9YnFRcfbOt.EaCVO9aJ/QpbWnfjJLcMovdTx5s4i3G'
);
INSERT INTO UserPrincipal (Username, HashedPassword) VALUES ( -- green
  'John', '$2a$10$vacuqbDw9I7rr6RRH8sByuktOzqTheQMfnK3XCT2WlaL7vt/3AMby'
);
```

这些实体的仓库是非常简单的。所有的接口都继承了 GenericRepository，所有的实现都继承了 GenericJpaRepository。UserRepository 需要使用一个自定义方法实现，通过用户名查询用户，而 AttachmentRepository 需要一个方法用于按照特定的票据查找附件。

```
public interface UserRepository extends GenericRepository<Long, UserPrincipal>
{
    UserPrincipal getByUsername(String username);
}

@Repository
public class DefaultUserRepository
        extends GenericJpaRepository<Long, UserPrincipal>
        implements UserRepository
{
    @Override
    public UserPrincipal getByUsername(String username)
    {
        return this.entityManager.createQuery(
                "SELECT u FROM UserPrincipal u WHERE u.username = :username",
                UserPrincipal.class
        ).setParameter("username", username).getSingleResult();
    }
}

public interface TicketRepository extends GenericRepository<Long, TicketEntity>
{ }

@Repository
public class DefaultTicketRepository
        extends GenericJpaRepository<Long, TicketEntity>
        implements TicketRepository { }

public interface AttachmentRepository extends GenericRepository<Long, Attachment>
{
    Iterable<Attachment> getByTicketId(long ticketId);
}

@Repository
public class DefaultAttachmentRepository
        extends GenericJpaRepository<Long, Attachment>
        implements AttachmentRepository
{
    @Override
    public Iterable<Attachment> getByTicketId(long ticketId)
```

```
    {
        return this.entityManager.createQuery(
                "SELECT a FROM Attachment a WHERE a.ticketId = :id ORDER BY a.id",
                Attachment.class
        ).setParameter("id", ticketId).getResultList();
    }
}
```

21.4.2　使用 BCrypt 保护用户密码

为了使用新的仓库，我们需要更新客户支持应用程序中的服务。TemporaryAuthenticationService 被重命名为 DefaultAuthenticationService，现在它变得更加安全。它将使用 BCrypt 哈希算法的工业标准 jBCrypt Java 实现，由下面的 Maven 依赖提供。

```
<dependency>
    <groupId>org.mindrot</groupId>
    <artifactId>jbcrypt</artifactId>
    <version>0.3m</version>
</dependency>
```

如果使用方式正确的话，BCrypt 是极其健壮的。它被设计为极其缓慢的。这可能似乎有点违反直觉，但在现实中它并未在登录或者保存用户的过程中增加过多的时间。真正的性能影响在于：为词典攻击生成数以亿计的的样例密码时——为不同的密码使用不同的盐，这样攻击一个安全密码的数据库的代价是极其昂贵并且不实际的。

永远不应该使用快速哈希算法，例如 MD5 或者任何其他 SHA 算法，因为现代密码破解系统可以在一秒钟生成数以亿计的词典比较。BCrypt 是今天最强大并且经过完善测试的密码哈希算法，在保护用户密码时应该坚持使用它。它将使用一个迭代次数(表示为 2 的幂)，用于决定采用的哈希计算次数。例如，当输入的迭代次数为 10 时，哈希将被计算 1024 次。每次都将使用一个小的、固定的内存大小，这样该算法就很难只通过硬件实现，所以即使是现代密码破解系统每秒也只可以生成词典比较的一小部分。代码清单 21-4 中的 DefaultAuthenticationService 将使用新的 UserRepository 和 BCrypt 保存和验证用户。

代码清单 21-4：DefaultAuthenticationService.java

```
@Service
public class DefaultAuthenticationService implements AuthenticationService
{
    private static final Logger log = LogManager.getLogger();
    private static final SecureRandom RANDOM;
    private static final int HASHING_ROUNDS = 10;
    static
    {
        try
        {
            RANDOM = SecureRandom.getInstanceStrong();
        }
        catch(NoSuchAlgorithmException e)
        {
            throw new IllegalStateException(e);
        }
```

```
    }

    @Inject UserRepository userRepository;

    @Override
    @Transactional
    public UserPrincipal authenticate(String username, String password)
    {
        UserPrincipal principal = this.userRepository.getByUsername(username);
        if(principal == null)
        {
            log.warn("Authentication failed for non-existent user {}.", username);
            return null;
        }

        if(!BCrypt.checkpw(
                password,
                new String(principal.getPassword(), StandardCharsets.UTF_8)
        ))
        {
            log.warn("Authentication failed for user {}.", username);
            return null;
        }

        log.debug("User {} successfully authenticated.", username);

        return principal;
    }

    @Override
    @Transactional
    public void saveUser(UserPrincipal principal, String newPassword)
    {
        if(newPassword != null && newPassword.length() > 0)
        {
            String salt = BCrypt.gensalt(HASHING_ROUNDS, RANDOM);
            principal.setPassword(BCrypt.hashpw(newPassword, salt).getBytes());
        }

        if(principal.getId() < 1)
            this.userRepository.add(principal);
        else
            this.userRepository.update(principal);
    }
}
```

21.4.3　在服务中将数据传输到实体中

代码清单 21-5 中的 DefaultTicketService 将使用新的 TicketRepository、AttachmentRepository 和 UserRepository 获取和保存 Ticket 和 TicketEntity。因为应用程序使用的是 Ticket，但数据库持久化的是 TicketEntity，所以数据必须通过 DefaultTicketService 在两种不同的 POJO 之间进行传输。该代码大量使用了 lambda、方法引用和 Java 8 Collections Stream API，用于减少实现该任务所必需的代码。

代码清单 21-5：DefaultTicketService.java

```
@Service
public class DefaultTicketService implements TicketService
{
    @Inject TicketRepository ticketRepository;
    @Inject AttachmentRepository attachmentRepository;
    @Inject UserRepository userRepository;

    @Override
    @Transactional
    public List<Ticket> getAllTickets()
    {
        List<Ticket> list = new ArrayList<>();
        this.ticketRepository.getAll().forEach(e -> list.add(this.convert(e)));
        return list;
    }

    @Override
    @Transactional
    public Ticket getTicket(long id)
    {
        TicketEntity entity = this.ticketRepository.get(id);
        return entity == null ? null : this.convert(entity);
    }

    private Ticket convert(TicketEntity entity)
    {
        Ticket ticket = new Ticket();
        ticket.setId(entity.getId());
        ticket.setCustomerName(
                this.userRepository.get(entity.getUserId()).getUsername()
        );
        ticket.setSubject(entity.getSubject());
        ticket.setBody(entity.getBody());
        ticket.setDateCreated(Instant.ofEpochMilli(
                entity.getDateCreated().getTime()
        ));
        this.attachmentRepository.getByTicketId(entity.getId())
                .forEach(ticket::addAttachment);
        return ticket;
    }

    @Override
    @Transactional
    public void save(Ticket ticket)
    {
        TicketEntity entity = new TicketEntity();
        entity.setId(ticket.getId());
        entity.setUserId(this.userRepository.getByUsername(
                ticket.getCustomerName()
        ).getId());
        entity.setSubject(ticket.getSubject());
        entity.setBody(ticket.getBody());
```

```
            if(ticket.getId() < 1)
            {
                ticket.setDateCreated(Instant.now());
                entity.setDateCreated(new Timestamp(
                        ticket.getDateCreated().toEpochMilli()
                ));
                this.ticketRepository.add(entity);
                ticket.setId(entity.getId());
                for(Attachment attachment : ticket.getAttachments())
                {
                    attachment.setTicketId(entity.getId());
                    this.attachmentRepository.add(attachment);
                }
            }
            else
                this.ticketRepository.update(entity);
        }

        @Override
        @Transactional
        public void deleteTicket(long id)
        {
            this.ticketRepository.deleteById(id);
        }
    }
```

现在可以测试客户支持应用程序了，但这次票据将被持久化到数据库中：

(1) 在 Tomcat 的 context.xml 文件中创建下面的数据源资源，并保证运行 create.sql 脚本创建出数据库和表。

```
<Resource name="jdbc/CustomerSupport" type="javax.sql.DataSource"
          maxActive="20" maxIdle="5" maxWait="10000"
          username="tomcatUser" password="password1234"
          driverClassName="com.mysql.jdbc.Driver"
          defaultTransactionIsolation="READ_COMMITTED"
          url="jdbc:mysql://localhost/CustomerSupport" />
```

(2) 编译应用程序并从 IDE 中启动 Tomcat。

(3) 访问 http://localhost:8080/support/，并使用之前数据库中已有的某个用户登录。

(4) 创建一个或两个票据、附加一些文件并重启 Tomcat。这些票据应该仍然存在，因为它们被持久化到了数据库中。

在 MySQL Workbench 中查询数据库表并且应该看到被持久化的实体。

21.5　小结

本章讲解了许多关于如何在 Spring Framework 中使用 JPA 和 Hibernate ORM 的内容。本章使用 LocalContainerEntityManagerFactoryBean 进行了实验，讲解了 Spring Framework 增强方法的各种不同方式，讲解了如何使用@Transactional 和 JpaTransactionManager 实现事务管理，并创建了一个可以处理实体的大多数标准 CRUD 操作的通用仓库。本章还讲解了 Spring 如何完全替代 persistence.xml

文件，以及如何在内存中创建一个持久化单元，减少必须编写的 XML 数量。接下来，本章比较了条件 API 和 JPQL，并演示了它们的优点和缺点。最后，讲解了在持久化数据库中的密码之前，如何使用安全的 BCrypt 密码慢哈希算法保护用户密码。

不过，你可能认为现在仍然需要编写许多糟糕的代码，尤其是在查询持久化实体时。如果需要使用许多不同的字段通过多种方式查询一个实体该如何实现呢？那么更为复杂的排序和结果分页又该如何实现呢？下一章将学习使用 Spring Data JPA 简化 JPA 仓库的开发——减少不必要的代码。

第22章 使用 Spring Data JPA 消除公式化的仓库

本章内容：

- 了解 Spring Data 的统一数据访问
- 创建 Spring Data JPA 仓库
- 重构客户支持应用程序

本章需要从 wrox.com 下载的代码

访问网址 http://www.wrox.com/go/projavaforwebapps 的 Download Code 选项卡，找到本章的代码下载链接。本章的代码被分成了下面几个主要的例子：

- Spring-Data-JPA 项目
- Customer-Support-v16 项目

本章新增的 Maven 依赖

除了之前章节中引入的 Maven 依赖，本章还需要下面的 Maven 依赖。SLF4J JCL 桥被排除了，因为 Log4j 2 的使用将使它变得不再是必要的。

```
<dependency>
    <groupId>org.springframework.data</groupId>
    <artifactId>spring-data-jpa</artifactId>
    <version>1.5.0.RELEASE</version>
    <scope>compile</scope>
    <exclusions>
        <exclusion>
            <groupId>org.slf4j</groupId>
            <artifactId>jcl-over-slf4j</artifactId>
        </exclusion>
    </exclusions>
</dependency>
```

```
<dependency>
    <groupId>org.slf4j</groupId>
    <artifactId>slf4j-api</artifactId>
    <version>1.7.5</version>
    <scope>runtime</scope>
</dependency>
```

22.1 了解 Spring Data 的统一数据访问

第 20 章讲解了 Java Persistence API 的强大之处，第 21 章讲解了如何使用 Spring Framework 简化 JPA 开发。Spring 将负责所有的事务管理以及 EntityManager 的创建和关闭(减少了个人的开发工作)。它甚至去除了在应用程序中包含 persistence.xml 文件的需求！可能其中帮助最大的就是：我们创建了一个通用的基础仓库，所有的仓库都可以继承它，它提供了基本的 CRUD 操作，这样就不需要在所有的仓库中重新编写这些代码。

但我们仍然需要面对一个问题：大多数仓库除了标准 CRUD 操作之外，还需要许多额外的操作。对于初学者来说，你通常需要使用唯一限制列而不是主键执行一些基本的查询。在上一章的 Spring-JPA 项目中，我们添加了一个方法用于通过 ISBN 查询图书，而在 Customer-Support-v15 项目中，UserRepository 中包含了一个方法用于按照名字查询用户。

有时我们还需要使用多个字段过滤实体。例如，作为一个系统管理员，你可能需要按照人们的姓和名或者电话号码查询他们，这可能会返回多个结果。我们还可能需要添加搜索功能，例如查找含有特定关键字的产品或者查找含有匹配搜索词组内容的支持票据。最后，可能也是最困难的任务：不能简单地返回一个含有所有实体或者甚至是所有匹配过滤器的实体的列表。这在用户界面中并不容易实现(想象一下从数据库中返回 10 000 000 条记录，但只在屏幕中显示其中 50 条)。这就要求必须实现某种方式的分页，而且在实现分页的同时还要保证结果的顺序。

22.1.1 避免代码重复

可以使用 Java 持久化查询语言和条件 API 实现排序和结果分页。不过，没有简单的方法。这两个操作都要求构造和执行两个不同的查询：一个用于返回结果的数目，另一个用于返回结果的子集。下面的代码演示了如何使用 JPQL 实现该功能。之前我们已经学习了如何过滤结果，所以下面的代码将主要关注于分页，不使用过滤器。

```
TypedQuery<Long> countQuery = this.entityManager.createQuery(
        "SELECT count(b) FROM Book b WHERE predicates...", Long.class
);
long totalRows = countQuery.getSingleResult();

TypedQuery<Book> pagedQuery = this.entityManager.createQuery(
        "SELECT b FROM Book b WHERE predicates... " +
            "ORDER BY b.title ASC, b.isbn DESC", Book.class
);
pagedQuery.setFirstResult(startRecordNumber);
pagedQuery.setMaxResults(maxPerPage);
List<Book> singlePage = pagedQuery.getResultList();
```

使用条件 API 实现相同的任务更加复杂，但它更有利于支持未知类型实体的通用查询。

```
CriteriaBuilder builder = this.entityManager.getCriteriaBuilder();

CriteriaQuery<Long> pageCriteria = builder.createQuery(Long.class);
Root<Book> root = pageCriteria.from(Book.class);
TypedQuery<Long> countQuery = this.entityManager.createQuery(
       pageCriteria.select(builder.count(root))
              .where(predicates...)
);
long totalRows = countQuery.getSingleResult();

CriteriaQuery<Book> criteria = builder.createQuery(Book.class);
root = criteria.from(Book.class);
TypedQuery<Book> pagedQuery = this.entityManager.createQuery(
       criteria.select(root)
              .where(predicates...)
              .orderBy(builder.asc(root.get("title")),
                     builder.desc(root.get("isbn")))
);
pagedQuery.setFirstResult(startRecordNumber);
pagedQuery.setMaxResults(maxPerPage);
List<Book> singlePage = pagedQuery.getResultList();
```

在这两个样例中，*startRecordNumber* 和 *maxPerPage* 都是输入变量，它们分别用于表示：页面中第一个实体的索引(从 0 开始计算)和希望返回的最大实体数量。*totalRows* 是要返回的所有匹配结果的数目，而 *singlePage* 是将要返回的实体的列表(明显地，我们需要返回某种持有对象，用于包含这些值)。与编写数据库特定的 SQL 并使用原生 JDBC 相比，尽管这些样例更简单，但它们并不完全友好。这两个样例中都用到了 predicates...，WHERE 语句将使用它们对结果进行过滤，这意味着我们必须创建这些谓词并设置相同的参数两次。Hibernate ORM 特有的 API 稍微简单一些，它允许创建条件一次，并在生成记录数和实体的有限列表时重用它们。

但即使使用的是更简单的 Hibernate 私有 API，我们仍然需要在必要的地方对结果进行分页——大多数需要返回实体列表的地方。有许多代码需要编写(和测试)。最终，我们可以尝试在基础仓库类中为实体的通用查询创建一种特定的方式，用于指定过滤器、排序信息和分页指令。但这真的有必要吗？

幸亏，你不需要这样做。Spring Data(从 Spring Framework 中分离出来的一个 Spring 项目，但它是独立的)可以帮助编写仓库代码。所有需要做的就是创建一个接口，Spring Data 将在运行时自动生成实现该接口的必要代码。图 22-1 展示了 Spring Framework 中常见的普通程序执行路径。控制器应该针对服务接口进行编写。Spring 将拦截对这些接口的调用，并执行所有必要的任务，例如 Bean 验证、启动事务或者异步调用方法。当服务方法返回时，Spring 可能也会执行进一步的 Bean 验证，并提交或回滚事务。

同样地，服务代码也将针对仓库接口进行编写。在调用仓库方法时，Spring 将再次执行所有必需的任务，例如启动事务。当方法返回时，Spring 将把所有抛出的异常都转换为 DataAccessException。这些仓库代码是不需要自己编写的。它并未包含任何业务逻辑(应该在服务中编写业务逻辑)或者用户界面逻辑(应该在控制器中编写用户界面逻辑)，所以仓库代码中并不需要编写什么特别的代码。它只是持久化和获取实体的公式化代码。

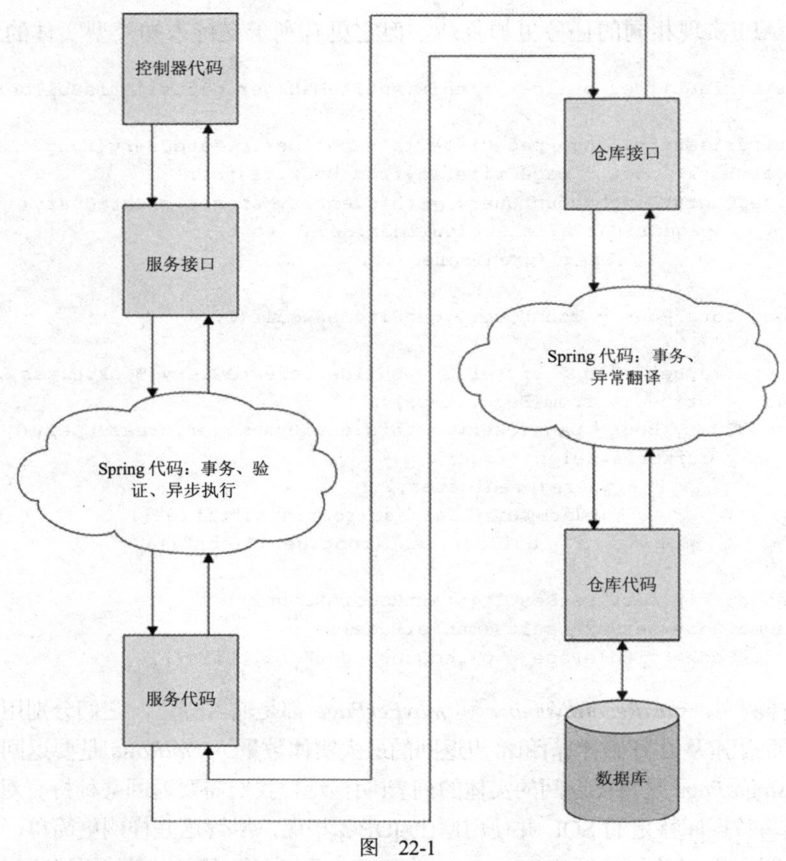

图　22-1

使用 Spring Data 时，仓库代码将会被自动创建。在某些情况下，有些仓库代码可能无法通过 Spring Data 进行处理，那么就必须自己编写，它也提供了这种情况的解决方案。图 22-2 显示了这个新的程序执行路径。因为控制器和服务中包含了特定于应用程序的逻辑，所以大多数环节都将保持不变。在执行了仓库接口上的方法之后，就不再有你编写的代码了。Spring Framework 和 Spring Data 将处理此点之后发生的所有事情。

Spring Data 支持多种数据访问方法，包括 JPA、JdbcTemplate、NoSQL 等。它的主要子项目 Spring Data Commons 提供了一个工具集，所有其他的子项目都将使用它创建仓库。Spring Data JPA 子项目为 Java Persistence API 提供了仓库代码的实现。

注意：实际工作中可能会用到 Spring Data Commons 和 Spring Data JPA 中的许多类，但本书无法讲解所有这些方法的细节。你应该查阅 *Spring Data Commons API* 文档 http://docs.spring.io/spring-data/commons/docs/1.7.x/api/和 *Spring Data JPA API 文档 http://docs.spring.io/spring-data/jpa/docs/1.5.x/api/*作为参考。

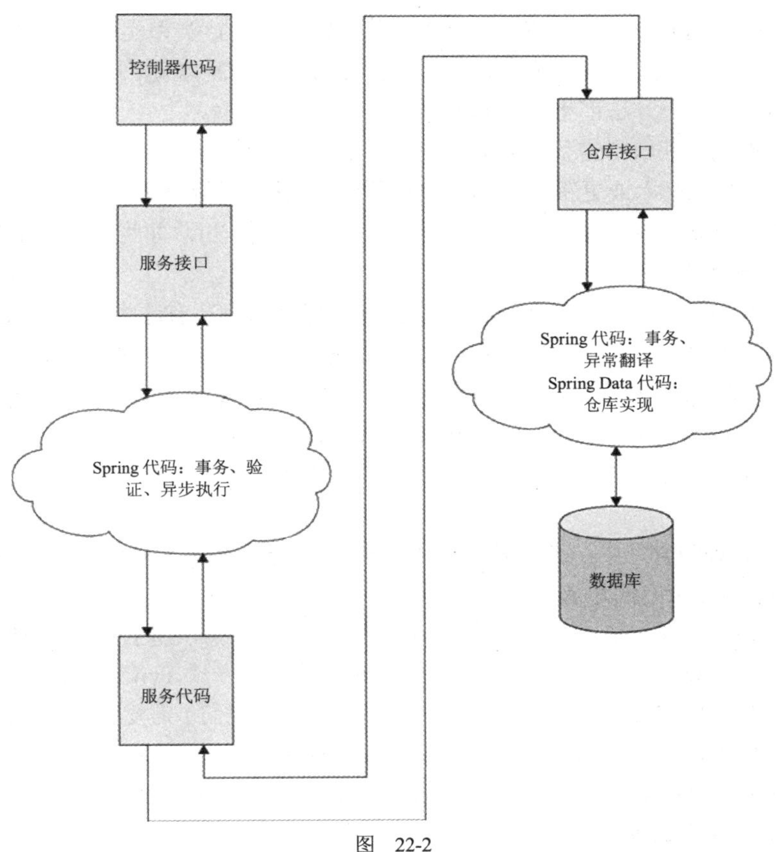

图　22-2

22.1.2　使用 Stock 仓库接口

在 Spring Data Commons 提供的工具中，其中有一个就是 org.springframework.data.repository.Repository <T, ID extends Serializable>接口。所有 Spring Data 仓库接口必须继承该标记接口(它并未指定任何方法)。只有继承了 Repository 的接口才可用于生成动态实现。泛型参数 T 和 ID 分别代表实体类型和标识符类型，类似于第 21 章创建的 GenericRepository。

注意：GenericRepository 中创建的 type 参数在 Spring Data 中是保留的。另外，ID 参数必须实现 Serializable，而参数 T 就没有这样的限制。

可以创建一个直接继承 Repository 的接口，但是因为它并没有指定任何方法，所以我们可能永远也不会这样做。一种更有用的方式是：继承 org.springframework.data.repository.CrudRepository<T, ID>，它指定了许多基本 CRUD 操作的方法。该接口非常类似于第 21 章创建的 GenericRepository，但它使用了一些不同的约定。

- count()将返回一个 long 值，代表继承了 T 的未过滤实体的总数。
- delete(T)和 delete(ID)将删除单个、指定的实体，而 delete(Iterable<? extends T>)将删除多个实体，deleteAll()将删除该类型的所有实体。

- exists(ID)将返回一个布尔值，表示指定代理键对应的该类型实体是否存在。
- findAll()将返回类型 T 的所有实体，而 findAll(Iterable<ID>)将返回所有代理键对应的类型 T 的实体。这两个方法都将返回 Iterable<T>。
- findOne(ID)将获取指定代理键对应的类型 T 的单个实体。
- save(S)将保存(插入或更新)类型 S(它继承了类型 T)的指定实体，并返回 S(已保存的实体)。
- save(Iterable<S>)将保存所有的实体(再次，S 继承了 T)，并将已保存的实体作为新的 Iterable<S>返回。

所有的 Spring Data 项目都已经知道了如何为指定的类型实现所有这些方法。不过，你会注意到该仓库仍然未指定支持分页和排序的方法。这是为了使这些方法不会被添加到你不希望使用分页和排序的仓库中。如果希望仓库提供分页和排序方法，那么可以继承接口 org.springframework.data.repository.PagingAndSortingRepository<T, ID extends Serializable>。

- findAll(Sort)将使用参数提供的排序指令对所有 T 实体进行排序，并将结果作为 Iterable<T>返回。
- findAll(Pageable)将返回一个排序后实体的单个 org.springframework.data.domain.Page<T>，以 Pageable 指令指定的边界为限。

org.springframework.data.domain.Sort 对象封装了一些属性信息，用于指定按照哪种方向对结果集进行排序。org.springframework.data.domain.Pageable 中封装了一个 Sort 对象和每页中实体的数目以及将要返回的哪一页(都是整数)。在 Web 应用程序中，通常我们不需要自己创建 Pageable 对象。Spring Data 提供了两个 org.springframework.web.method.support.HandlerMethodArgumentResolver 实现：org.springframework.data.web.PageableHandlerMethodArgumentResolver 和 org.springframework.data.web.SortHandlerMethodArgumentResolver，它们可以将 HTTP 请求参数转换为 Pageable 和 Sort 对象。

所有这些预定义的方法都是非常有用的，标准的 Sort 和 Pageable 对象肯定是非常方便的，但现在除了使用代理键，我们仍然无法通过其他方法找到特定的实体和实体列表——至少，在未添加自己的方法实现的情况下是这样的。此时就轮到 Spring Data 的查询方法出场了。

22.1.3 为搜索实体创建查询方法

查询方法是专门定义的方法，它们将告诉 Spring Data 如何查找实体。查询方法的名称应以 find...By、get...By 或者 read...By 开头，然后紧跟着匹配的属性名称。方法参数提供了应该匹配方法名中指定属性的值(如果值的类型相同，那么它们需要与方法名中列出的属性顺序相同)。该方法的返回类型将告诉 Spring Data 是应该期待单个结果(T)还是多个结果(Iterable<T>、List<T>、Collection<T>、Page<T>等)。例如，在 BookRepository 中，我们可能需要使用图书的 ISBN、作者或者出版商定位到它：

```
public interface BookRepository extends PagingAndSortingRepository<Book, Long>
{
    Book findByIsbn(String isbn);
    List<Book> findByAuthor(String author);
    List<Book> findByPublisher(String publisher);
}
```

分析这些方法的算法将知道 findByIsbn 应该将图书的 isbn 属性匹配到方法参数，并且该结果应该是唯一的。同样地，它知道 findByAuthor 和 findByPublisher 应该分别使用图书的 author 和 publisher

Book 属性匹配多个纪录。注意：仓库方法名中引用的属性名与 Book 实体中的 JPA 属性名是相匹配的——这是我们必须遵守的约定。在大多数情况下，它也是 JavaBean 属性名称。当然，作者可以编写许多书，出版商当然也会出版许多书，所以你可能需要让查询方法支持分页。

```
public interface BookRepository extends PagingAndSortingRepository<Book, Long>
{
    Book findByIsbn(String isbn);
    Page<Book> findByAuthor(String author, Pageable instructions);
    Page<Book> findByPublisher(String publisher, Pageable instructions);
}
```

查询方法名中可以添加多个属性，并使用逻辑操作符分隔它们：

```
List<Person>findByFirstNameAndLastName(String firstName, String lastName);
List<Person> findByFirstNameOrLastName (String firstName, String lastName);
```

许多数据库在匹配基于字符串的字段时会忽略大小写(要么是默认的，要么可以通过可选的配置实现)，不过我们可以使用 IgnoreCase 显式地表示是否应该忽略大小写：

```
Page<Person> findByFirstNameOrLastNameIgnoreCase(String firstName,
                                                 String lastName,
                                                 Pageable instructions);
```

在之前的样例中，只有姓会忽略大小写。也可以使用方法名 findByFirstNameIgnoreCaseOrLastNameIgnoreCase 忽略名的大小写，但这样过于冗长。相反，可以使用 findByFirstNameOrLastNameAllIgnoreCase 告诉 Spring Data 忽略所有字符串属性的大小写。

有时实体中的属性不是简单类型。例如，Person 可能有一个类型为 Address 的 address 属性。如果参数类型是 Address 的话，Spring Data 也可以匹配该属性，但通常我们不希望匹配整个地址。例如，我们可能希望返回一个含有特定邮编的人的列表。这可以轻松地通过使用 Spring Data 属性表达式实现。

```
List<Person>findByAddressPostalCode(PostalCode code);
```

假设 Person 有一个 address 属性，并且该属性的类型有一个类型为 PostalCode 的 postalCode 属性，Spring Data 可以找到数据库中含有指定邮编的人。不过，属性表达式可能会在匹配算法中产生歧义。Spring Data 在寻找属性表达式之前将使用贪婪方式匹配属性名，正如正则表达式可能会使用贪婪的方式匹配一个“或多个”控制字符一样。该算法可能匹配一个与预期不同的属性名，而找到的匹配属性表达式的属性类型可能也无法匹配预期的类型。出于这个原因，我们最好总是使用下划线将属性表达式分隔开：

```
Page<Person> findByAddress_PostalCode(PostalCode code, Pageable instructions);
```

这将会消除歧义，从而帮助 Spring Data 匹配到正确的属性。

毫无疑问，查询方法应该总是以 find...By、get...By 或者 read...By 开头。这些是引入从句，而 By 就是分隔引入从句和匹配条件的分隔符。基本上讲，我们可以在 find、get 或者 read 和 By 之间添加任意的内容。例如，为了使用更“自然的语言”，可以将方法命名为 findBookByIsbn 或 findPeopleByFirstNameAndLastName。在本例中，Book 和 People 将被忽略。不过，如果在引入从句

(例如 findDistinctBooksByAuthor)中使用了单词 Distinct(用于匹配结果)，这将触发特定的行为，Spring Data 将在底层查询上启用 distinct 标志。这可能、也可能不会被应用到存储媒介上，但对于 JPA 或者 JdbcTemplate 仓库来说，它等同于在 JPQL 或者 SQL 查询中使用 DISTINCT 关键字。

除了用于分隔多个条件的 Or 和 And 关键字，查询方法名中的条件还可以包含许多其他关键字，用于定义匹配条件的方式：

- 在不使用其他关键字的情况下，Is 和 Equals 就是默认的逻辑操作符，但我们可以显式地指定它们。findByIsbn 等同于 findByIsbnIs 和 findByIsbnEquals。
- 除了 Or 和 And，Not 和 IsNot 将对其他任何关键字进行否定。在不使用其他关键字的情况下，Is 和 Equals 仍然是默认的逻辑操作符，所以 findByIsbnIsNot 等同于 findByIsbnIsNotEqual。
- After 和 IsAfter 表示属性值应该是一个在指定值之后的日期和/或时间，而 Before 和 IsBefore 则表示属性值应该在指定值之前。样例：findByDateFoundedIsAfter(Date date)。
- Containing、IsContaining 和 Contains 表示属性值可以以任何的值开头或结尾，但应该包含指定的值。这类似于 StartingWith、IsStartingWith 和 StartsWith，它们表示属性值应该以指定的值开头。同样地，EndingWith、IsEndingWith 和 EndsWith 表示属性值应该以指定值结尾。例如：findByTitleContains(String value)等同于 SQL 条件 WHERE title = '%value%'。
- Like 类似于 Contains、StartsWith 和 EndsWith，但是为它提供的参数值中需要包含合适的通配符(而不是由 Spring Data 来添加)。这样我们就可以灵活地指定一些更高级的模式。NotLike 是对 Like 的否定。例如：将"%Catcher%Rye%" 作为参数调用 findByTitleLike(String value)时，它将会匹配“The Catcher in the Rye”和“Catcher Brings Home Rye Bread”。
- Between 和 IsBetween 表示属性值应该在两个指定值之间。这意味着我们必须为该属性条件提供两个参数。可以通过这种方式将 Between 应用在任何能够以数学的方式进行比较的类型上，例如数值和日期类型。样例：findByDateFoundedBetween(Date start, Date end)。
- Exists 表示某个条件应该存在。它的含义随着存储媒介的变化会发生很大的变化。它基本上等同于 JPQL 和 SQL 中的 EXISTS 关键字。
- True 和 IsTrue 表示属性值应该为真，而 False 和 IsFalse 则表示属性值应该为假。这些关键字不要求使用方法参数，因为它们的值已经由关键字本身所指定。样例：findByApprovedIsFalse()。
- GreaterThan 和 IsGreaterThan 表示属性值应该大于参数值。可以使用 GreaterThanEqual 或者 IsGreaterThanEqual 将参数值纳入到比较范围中。与这些关键字相反的是 LessThan、IsLessThan、LessThanEqual 和 IsLessThanEqual。
- In 表示属性值必须等于参数指定的多个值中的一个。匹配条件的参数应该是属性的相同类型的 Iterable。样例：findByAuthorIn(Iterable<String> authors)。
- Null 和 IsNull 表示属性值应该为 null。这些关键字也不要求使用方法参数，因为它们的值也将由方法名中的属性所指定。
- Near、IsNear、Within 和 IsWithin 这些关键字对于特定的 NoSQL 数据库是非常有用的，但对 JPA 是没有任何意义的。
- Regex、MatchesRegex 和 Matches 表示属性值应该匹配对应方法参数中指定的字符串正则表达式(不使用 Pattern)。

22.1.4　提供自定义方法实现

如你所见，查询方法语言真的非常强大。其中包含了许多 Spring Data 接口方法无法实现的功能。几乎在所有的情况下，我们都可以简单地创建一个接口，然后让 Spring Data 完成所有剩下的工作。不过，每次我们也都会遇到一些 Spring Data 无法处理的情况。其中一个样例就是执行全文搜索，第 23 章将会讲解一些与它相关的内容。

另一个样例是用户生成的动态查询。通常我们希望严格构造将在持久化数据上执行的查询。允许用户基于任意的属性进行过滤可能会导致严重的性能影响。在了解了风险并作出相应的计划之后，这样的工具对于用户来说可能是极其强大和有用的。使用标准的 Spring Data 查询方法是无法实现这些功能的。

注意：尽管 Spring Data 未提供执行动态查询的标准机制，但 Spring Data JPA 使用 JPA 条件 API 或 Querydsl(http://www.querydsl.com/)谓词提供了实现动态查询的两种私有机制。如果使用的是 JPA 仓库，那么可以使用这些机制中的一种。如果你将使用一些其他的 Spring Data 仓库类型，那么你仍然需要为动态查询创建自己的机制。

无论决定添加哪些 Spring Data 无法实现的特性，在 Spring Data 仓库中添加自定义行为通常是非常简单的。在必要的时候，可以采取两种方式之一或者同时采用两种方式实现：自定义单个仓库或者自定义所有的仓库。

1. 自定义单个仓库

自定义单个仓库的第一步是为该自定义创建一个接口。该接口应该从真正的仓库接口中分离出来，并且应该指定所有仓库自定义实现的方法(至少一个)。然后，该仓库接口应该继承自定义的接口。

```
public interface BookRepositoryCustomization
{
    public Page<Book> findBooksWithQuery(DynamicQuery query, Pageable p);
    public Page<Book> searchBooks(String searchQuery, Pageable p);
}

public interface BookRepository
    extends PagingAndSortingRepository<Book, Long>, BookRepositoryCustomization
{
}
```

可以将仓库和自定义接口命名为任意希望的名字；这些名字都只是样例。在使用 Spring Data 查找 BookRepository 时，它首先查找相同包中名为 BookRepositoryImpl 的类(或者任意的接口名加上 Impl)，并将该类实例化和封装为普通的 Spring bean。该类应该实现 BookRepositoryCustomization 接口，并为接口所有的方法提供实现。当调用 BookRepository 上的自定义方法时，Spring Data 将把调用委托给该实现。对于所有其他的方法，Spring Data 都将提供标准的 Spring Data 实现。下面的脚本演示了这个实现的代码。构成方法的实际代码是不重要的，DynamicQuery 类只是动态查询条件的一个虚拟占位符。

注意：可以将 Spring Data 查找的类名后缀 Impl 修改成其他值——下一节将详细讲解。

```
public class BookRepositoryImpl
    implements BookRepositoryCustomization
{
    @PersistenceContext EntityManager entityManager;

    @Override
    public Page<Book> findBooksWithQuery(DynamicQuery query, Pageable p)
    {
        // code to implement finding books
    }

    @Override
    public Page<Book> searchBooks(String searchQuery, Pageable p)
    {
        // code to implement searching books
    }
}
```

如果大量使用全文搜索或者动态查询的话，那么自定义单个仓库可能是非常常见的。本章不会演示一个可用的样例，但第 23 章将使用该自定义技术实现搜索方法。

2. 自定义所有仓库

如你所见，自定义单个仓库真的非常简单。几乎在所有的自定义情景中，要么只需要自定义一些仓库，要么所有仓库的自定义都不同。在这些情况下，自定义单个仓库将是你希望采用的方式。不过，在极少的情况下，你也可能会希望为特定类型的所有仓库提供相同的自定义方法(例如所有的 JPA 仓库)。这是一个极其复杂的过程。首先，我们必须创建一个新的接口，使它继承项目中特定的接口，并指定自定义的单个或多个方法。

```
@NoRepositoryBean
public interface CustomRepository<T, ID extends Serializable>
        extends JpaRepository<T, ID>
{
    public void customOperation(T entity);
}
```

注意：该接口继承了 org.springframework.data.jpa.repository.JpaRepository(它依次继承了 CrudRepository 和 PagingAndSortingRepository)。每个 Spring Data 子项目都提供了一个或多个继承了基础 Spring Data Commons 仓库接口的仓库接口。这里使用 Spring Data JPA 作为样例，所以 CustomRepository 必须继承 JpaRepository(这是 Spring Data JPA 将扫描的接口)。

还必须在 CustomRepository 上标注@org.springframework.data.repository.NoRepositoryBean。因为 CustomRepository 自身继承了 Repository(通过 JpaRepository extends PagingAndSortingRepository extends CrudRepository 的方式)，Spring Data JPA 通常将检测它并创建它的实现。我们并不希望这样做——CustomRepository 应该只是所有仓库的基础接口。@NoRepositoryBean 将告诉 Spring Data 不要创建该接口的实现(如果查看 CrudRepository、PagingAndSortingRepository 和 JpaRepository 的 API 文档的话，它们也都标注了@NoRepositoryBean)。

在指定了新的接口之后，我们必须继承 Spring Data JPA 项目提供的基础仓库类。

```
public class CustomRepositoryImpl<T, ID extends Serializable>
       extends SimpleJpaRepository<T, ID>
       implements CustomRepository<T, ID>
{
   private Class<T> domainClass;
   private EntityManager entityManager;

   public CustomRepositoryImpl(Class<T> domainClass, EntityManager entityManager)
   {
      super(domainClass, entityManager);
      this.domainClass = domainClass;
      this.entityManager = entityManager;
   }

   public CustomRepositoryImpl(JpaEntityInformation<T, ?> information,
                      EntityManager entityManager)
   {
      super(information, entityManager);
      this.domainClass = information.getJavaType();
      this.entityManager = entityManager;
   }

   public void customOperation(T)
   {
      // 实现自定义操作的代码
   }
}
```

org.springframework.data.jpa.repository.support.SimpleJpaRepository 类提供了预定义接口方法的基础支持，例如 findOne(ID)和 save(T)。如果还希望提供 Querydsl 支持，那么应该继承 org.springframework.data.jpa.repository.support.QueryDslJpaRepository，而不是 SimpleJpaRepository。

现在轮到如何为所有的仓库提供自定义行为了。Spring Data JPA 不会自动使用 CustomRepositoryImpl 作为它的基础仓库类。所以必须创建一个工厂 bean 用于执行该任务，并使用该工厂 bean 替换默认的工厂 bean。

```
public class CustomRepositoryFactoryBean<R extends JpaRepository<T, ID>, T,
                                  ID extends Serializable>
       extends JpaRepositoryFactoryBean<R, T, ID>
{
   @Override
   protected RepositoryFactorySupport createRepositoryFactory(EntityManager e)
   {
      return new CustomRepositoryFactory<T, ID>(e);
   }
```

```
    private static class CustomRepositoryFactory<T, ID extends Serializable>
            extends JpaRepositoryFactory
    {
        private EntityManager entityManager;

        public CustomRepositoryFactory(EntityManager entityManager)
        {
            super(entityManager);
            this.entityManager = entityManager;
        }

        @Override
        @SuppressWarnings("unchecked")
        protected Object getTargetRepository(RepositoryMetadata metadata)
        {
            return new CustomRepositoryImpl<T, ID>(
                    (Class<T>) metadata.getDomainType(), this.entityManager
            );
        }

        @Override
        protected Class<?> getRepositoryBaseClass(RepositoryMetadata metadata)
        {
            return CustomRepositoryImpl.class;
        }
    }
}
```

正如 LocalContainerEntityManagerFactoryBean 被用作创建 EntityManagerFactory 的工厂一样，CustomRepositoryFactoryBean 被用作创建 CustomRepositoryFactory 的工厂。CustomRepositoryFactory 将存储 EntityManager，并响应对新的 CustomRepository 实例的调用。因为 CustomRepositoryImpl(在自己的代码中，通过继承 SimpleJpaRepository 的方式)已经实现了所有 CrudRepository、PagingAndSortingRepository、JpaRepository 和 CustomRepository 中指定的基础方法，所以 Spring Data JPA 只需要接受创建的 CustomRepositoryImpl 实例，并动态地为所有扩展接口(例如 BookRepository 或者 PersonRepository)中指定的方法添加实现即可。

在所有 JPA 实体中添加该自定义行为的最后一步是：配置 Spring Data JPA 使用 CustomRepositoryFactoryBean，而不是使用默认的 JpaRepositoryFactoryBean。下节内容将讲解如何实现该配置。因为我们可能从来也不需要为指定的数据库类型在所有的仓库中添加相同的自定义方法，所以本书也不会提供一个这样真正工作的样例；不过，你可以根据这里所示的样例代码创建出一个样例。在某些情况下，创建一个自定义接口和实现可能会更简单一些，如同自定义单个仓库，然后将该接口应用到所有仓库上一样。

22.2 配置和创建 Spring Data JPA 仓库

之前的小节已经讲解了如何使用 Spring Data 编写仓库接口，并讲解了如何使用手动编写的接口完全替换它。尽管文中偶尔会提到 Spring Data JPA(例如在添加自定义方法实现的时候)，但所有学到的内容都是 Spring Data 的通用知识，我们所学到的这些技术不止可以应用在 Spring Data JPA 上，也可以应用在其他支持不同数据库类型的 Spring Data 项目上。现在本节将改变主题，专门讲解 Spring Data JPA：如何使用它以及如何配置它。第 21 章已经讲解了如何在 Spring Framework 中配置 JPA。如果你并未阅读第 21 章，那么就需要返回到第 21 章学习这部分内容。本节在创建 Spring Data JPA 时将大量使用该章内容介绍的配置。

配置 Spring Data JPA 并为它创建要实现的仓库都是非常简单的任务。使用任何 Spring Data 项目的优点在于：除非要实现一些自定义行为，否则并不需要太多的工作量。本节将学习使用 wrox.com 代码下载站点中可用的 Spring-Data-JPA 项目创建和运行 Spring Data JPA。该项目基于第 21 章的 Spring-JPA 项目所创建。它们的实体是一致的，并且它也将使用已有的数据库、数据库表模式和 Tomcat 数据源资源。

22.2.1　启用仓库自动生成

配置 Spring Data JPA 并不需要太多的工作。只有一些选项需要考虑。如同 Spring Framework 一样，有两种不同的配置方式可以使用：XML 或 Java。本节将同时使用这两种配置，但 Spring-Data-JPA 项目将只演示 Java 配置。即使你不准备使用 XML 命名空间配置，也要保证自己阅读了 XML 命名空间配置，因为它在 Java 配置中引入了一些重要的概念。

1. 使用 XML 命名空间配置

配置 Spring Data JPA 时将会用到两个 XML 命名空间。首先是 http://www.springframework.org/schema/data/repository，它是 Spring Data Commons 的核心命名空间(在本书中，命名空间前缀是 data)。所有 Spring Data 项目都将以某种方式使用该命名空间，用于配置仓库生成。在某些情况下，Spring Data 项目，例如 Spring Data JPA，可能扩展 Spring Data Commons 命名空间中的一些类型，创建出额外的元素。确实，Spring Data JPA 命名空间 http://www.springframework.org/schema/data/jpa 就是这种情况(本书使用的命名空间前缀为 data-jpa)。

Spring Data 具有使用它生成的仓库在数据库中填充数据的能力。它将通过 XML 或者 JSON 文件实现这一点。本书不会讲解该特性的细节，因为你只应该在开发环境中使用该特性，在生产环境中使用它可能是非常危险的。不过，我们可以使用下面的 XML 命名空间元素之一配置该特性，这些元素都来自于 Spring Data Commons 命名空间。

- <data:jackson-populator>定义了一个 bean，用于通过 Jackson Data Processor 1.x ObjectMapper 的方式使用 JSON 文件填充实体。必须使用 locations 特性指定 JSON 文件的一个名字或多个名字。可以使用 id 特性自定义该 bean 的名称。如果已经创建和配置了一个 ObjectMapper 1.x bean，那么应该将该 bean 的名字添加到 object-mapper-ref 特性中，这样 Spring Data 将使用该 mapper 进行数据填充。
- <data:jackson2-populator>还定义了一个使用 JSON 文件填充实体的 bean，但使用的是 Jackson Data Processor 2.x ObjectMapper。它也有一个必需的 locations 特性、可选的 id bean 名字特性以及一个 object-mapper-ref 特性(用于引用 ObjectMapper 2.x bean)。
- <data:unmarshaller-populator>定义了使用 XML 文件填充实体的 bean。它的 locations 特性必须指向一个或多个包含实体定义的 XML 文件。因为 Spring Unmarshaller 要求使用一些配置(第 17 章已经学习了)，所以必须使用要求的 unmarshaller-ref 特性指定 Unmarshaller bean 名字。也可以使用 id 特性自定义 bean 的名称。

在 Spring Data Commons 的当前版本中，这些就是命名空间中包含的所有元素。除非你决定启用实体自动填充，否则永远也不需要使用它们。Spring Data Commons 命名空间定义了一些核心类型作为这两个 Spring Data JPA 命名空间元素的基础。

<data-jpa:repositories>元素是使用 Spring Data 和 Spring Data JPA 配置仓库生成的核心元素。它的大多数特性和子元素都来自于 Commons 命名空间，并且在其他项目命名空间元素中也是可用的，例如<data-mongo:repositories>和<data-neo4j:repositories>。公共的特性包括：

- base-package ——这是唯一一个必须指定的特性。Spring Data JPA 将查看该包和所有的子包，搜索继承了 Repository 并且未标注@NoRepositoryBean 的接口。然后它将为这些接口生成实现。
- named-queries-location——如果选择在 Spring Data 项目中使用命名查询，那么可以使用该特性定义包含这些命名查询的.properties 文件的位置。这无法作用于 Spring Data JPA，它将在 orm.xml 中使用标准的<named-query>元素，或者在实体类上使用@javax.persistence.NamedQuery 和@javax.persistence.NamedQueries 注解定义命名查询。
- repository-impl-postfix——它定义了 Spring Data 添加到仓库接口之后的后缀，用于定位自定义方法实现。它的默认值为 Impl，这就是为什么之前小结中 BookRepository 的自定义方法实现类被命名为 BookRepositoryImpl 的原因。在大多数 Spring Data 项目中包括 Spring Data JPA 都可以使用该特性，但它无法作用于所有的项目。如果你使用的是一个优秀的 IDE，它将告诉你是否可以使用该元素。
- query-lookup-strategy ——该特性指定了 Spring Data 为查询方法创建查询的方式。默认的方式为 create-if-not-found，这通常可以满足我们的需求。它意味着 Spring Data 应该查找匹配方法名的命名查询，如果它不存在，就使用之前小节中描述的算法自动创建一个方法(记住：find...By)。把特性值设置为 create 将禁用命名查询的搜索，只使用查询方法算法。把特性值设置为 use-declared-query 将禁用查询方法算法，只使用命名查询，如果未找到匹配的查询就失败返回。
- factory-class——通过它可以指定一个不同的仓库工厂 bean(这就是之前小节中配置 CustomRepositoryFactoryBean 的位置)。该特性只会作用于一些 Spring Data 项目，包括 Spring Data JPA。
- transaction-manager-ref——Spring Data JPA 和一些其他 Spring Data 项目都支持事务仓库。如果是这种情况，那么可以指定仓库应该使用的 PlatformTransactionManager bean 的名称。如果未指定，那么 Spring Data JPA 将使用 Spring Framework 所采用的相同算法决定默认的 PlatformTransactionManager。在适当的时候指定该特性总是最安全的方式。

在<data-jpa:repositories>和所有其他 Spring Data 项目命名空间 repositories 元素中使用的公共子元素有：

- <data:include-filter>——使用一个或多个该元素定义一些额外的条件，接口只有满足这些条件才可以使用自动生成机制。这些条件替代了标准仓库接口而存在。该元素与第 12 章学习的<context:component-scan>元素中的<context:include-filter>元素一致。
- <data:exclude-filter>——使用一个或多个该元素从适用于自动生成的仓库接口中排除特定仓库接口。该元素类似于<context:component-scan>中的<context:exclude-filter>元素。

作为一个使用这些子元素的样例，请考虑下面的代码。通常启用了 Spring Data JPA 仓库之后，它将会扫描所有继承了 Repository 的接口。不过，如果同时使用了 Spring Data JPA 和 Spring Data MongoDB，那么它们都将扫描 Repository，这将会导致产生重复的仓库和严重的问题。使用下面的元素取消默认扫描(Repository)，并使用更具体的扫描方式——为 Spring Data JPA 扫描继承了 JpaRepository 的接口，为 Spring Data MongoDB 扫描继承了 MongoRepository 的接口(另外，也可以将这些仓库添加到不同的包中)。

```
<data-jpa:repositories base-package="com.sample">
    <data:include-filter type="assignable"
                         expression="org.springframework.data.jpa.
repository.JpaRepository" />
</data-jpa:repositories>

<data-mongo:repositories base-package="com.sample">
    <data:include-filter type="assignable"
                         expression="org.springframework.data.mongodb.
repository.MongoRepository" />
</data-mongo:repositories>
```

Spring Data JPA 定义了一个额外的 entity-manager-factory-ref 特性，用于指定 Spring Data JPA 应该在 JPA 操作中使用的 EntityManagerFactory。因为通常我们会配置一个 LocalContainerEntityManagerFactoryBean，所以应该直接引用该 bean。

在使用 Spring Data JPA 时，可以使用<data-jpa:auditing>元素配置实体审计。启用了审计之后，Spring Data 可以在保存实体时设置特定的实体属性，例如保存它的用户或者保存的日期和时间。一些其他的 Spring Data 项目也具有该元素(但使用的是不同的命名空间前缀)。所有提供该元素的项目都支持下面这些特性：

- auditor-aware-ref——这是 org.springframework.data.domain.AuditorAware<U>实现的 bean 名称，该 bean 将决定目前认证的用户或 Principal。如果没有该引用，那么审计不会记录修改记录的用户。
- set-dates——这是一个布尔值，表示是否在创建或保存实体时设置创建和修改日期。它的默认值为真。
- date-time-provider-ref——使用该特性指定一个 org.springframework.data.auditing.DateTimeProvider 实现的 bean 名字，用于决定出于审计目的所使用的日期和时间。默认实现是 org.springframework.data.auditing.CurrentDateTimeProvider。在 Spring Data Commons 1.7 之前，使用一个日期时间提供者要求在类路径上添加 Joda Time。到了版本 1.7 之后，DateTimeProvider 是基于 Calendar 的，所以就不再需要使用 Joda Time。
- modify-on-creation——该特性也表示是否需要在创建时设置修改日期，它的默认值为真。如果为假，那么修改日期将只在更新时保存。

这看起来可能很多，但在现实中，典型的 Spring Data JPA 配置应该与下面的代码相似：

```
<?xml version="1.0" encoding="UTF-8"?>
<beans xmlns="http://www.springframework.org/schema/beans"
       xmlns:xsi="http://www.w3.org/2001/XMLSchema-instance"
       xmlns:data-jpa="http://www.springframework.org/schema/data/jpa"
       xsi:schemaLocation="http://www.springframework.org/schema/beans
           http://www.springframework.org/schema/beans/spring-beans-4.0.xsd
```

```
            http://www.springframework.org/schema/data/jpa
            http://www.springframework.org/schema/data/jpa/spring-jpa-1.3.xsd">

    <data-jpa:repositories base-package="com.sample"
                           transaction-manager-ref="jpaTransactionManager"
                           entity-manager-factory-ref="entityManagerFactoryBean"/>

</beans>
```

如果要配置审计、自定义扫描过滤器、自动生成和不同的查询方法策略，那么你的配置可能会如下所示：

```
<?xml version="1.0" encoding="UTF-8"?>
<beans xmlns="http://www.springframework.org/schema/beans"
       xmlns:xsi="http://www.w3.org/2001/XMLSchema-instance"
       xmlns:data="http://www.springframework.org/schema/data/repository"
       xmlns:data-jpa="http://www.springframework.org/schema/data/jpa"
       xsi:schemaLocation="http://www.springframework.org/schema/beans
            http://www.springframework.org/schema/beans/spring-beans-4.0.xsd
            http://www.springframework.org/schema/data/repository
            http://www.springframework.org/schema/data/repository/spring-
repository-1.6.xsd
            http://www.springframework.org/schema/data/jpa
            http://www.springframework.org/schema/data/jpa/spring-jpa-1.3.xsd">

    <data:jackson2-populator locations="classpath:com/sample/config/inserts.json"
                             object-mapper-ref="objectMapper" />

    <data-jpa:repositories base-package="com.sample"
                           transaction-manager-ref="jpaTransactionManager"
                           entity-manager-factory-ref="entityManagerFactoryBean"
                           query-lookup-strategy="create">
        <data:include-filter type="annotation"
                             expression="com.sample.MyRepository" />
    </data-jpa:repositories>

    <data-jpa:auditing auditor-aware-ref="auditorAwareImpl" />

</beans>
```

2. 使用 Java 配置

@org.springframework.data.jpa.repository.config.EnableJpaRepositories 注解将替代<data-jpa:repositories>命名空间元素。它将注册必要的、相同的 bean，并包含与 XML 命名空间元素相同的配置选项。这些配置包括：

- basePackages 和 basePackageClasses 将替代特性 base-package。
- namedQueriesLocation 将替代特性 named-queries-location。
- repositoryImplementationPostfix 将替代特性 repository-impl-postfix。
- queryLookupStrategy 将替代特性 query-lookup-strategy，并使用 org.springframework.data.repository.query.QueryLookupStrategy.Key 枚举。
- repositoryFactoryBeanClass 将替代特性 factory-class。

- transactionManagerRef 将替代特性 transaction-manager-ref。
- entityManagerFactoryRef 将替代特性 entity-manager-factory-ref。
- includeFilters 和 excludeFilters 将替代元素<data:include-filter>和<data:exclude-filter>，并使用我们已经熟悉的@ComponentScan.Filter 注解。

Spring-Data-JPA 项目中的 RootContextConfiguration 将使用@EnableJpaRepositories 创建 Spring Data JPA。它不要求配置任何特殊的 bean。

```
@Configuration
...
@EnableJpaRepositories(
        basePackages = "com.wrox.site.repositories",
        entityManagerFactoryRef = "entityManagerFactoryBean",
        transactionManagerRef = "jpaTransactionManager"
)
...
public class RootContextConfiguration implements
        AsyncConfigurer, SchedulingConfigurer
{
    ...
}
```

如果你希望使用 Spring Data 的 set-dates 和 modify-on-creation 审计设置的默认值，那么可以使用纯 Java 配置审计。自定义一个实现 AuditorAware 的 bean，Spring Data 就可以找到它。不过，如果需要将这些元素中的一个或多个设置为假，那么必须使用 XML 命名空间和@ImportResource 在 Java 配置中包含 XML 配置。

不过，在大多数情况下，都需要以实体为单位配置审计。在 Spring Data Commons 之前的版本中，可审计的实体必须实现 org.springframework.data.domain.Auditable<U, ID extends Serializable>接口，此时 U 是用户或者 Principal 类型。该接口定义了一个非常固定的属性名，和必须使用 Joda Time 的时间戳。所有可审计的实体必须含有 createdBy、createdDate、lastModifiedBy 和 lastModifiedDate 属性。到了 Spring Data Commons 1.5 之后，可以使用注解将实体属性标记为可审计的属性。一个实体类最多可以拥有下列属性注解中的一个(包括从父类中继承的属性)。我们可以选择使用其中一个可审计的属性或者所有这 4 个可审计属性。

- 在创建实体时，@org.springframework.data.annotation.CreatedBy 属性值将被设置为登录用户。它的 Java 类型必须匹配 AuditorAware 实现返回的类型。
- 在创建实体时，@org.springframework.data.annotation.CreatedDate 属性值将被设置为当前日期和时间。在 Spring Data Commons 1.7 之前，支持的 Java 类型只有 long、Long、java.util.Date 和 org.joda.time.DateTime。到了 Spring Data Commons 1.7，还可以使用 Calendar 以及 Java 8 日期和时间类型 Instant、LocalDateTime、OffsetDateTime 和 ZonedDateTime。不过不能使用 Timestamp。无论选择的是什么类型，使用的持久化技术(JPA、MongoDB 等)也必须支持这些类型。
- 在更新实体时，@org.springframework.data.annotation.LastModifiedBy 属性将被设置为登录用户。它的 Java 类型必须匹配 AuditorAware 实现返回的类型。

- 在更新实体时，@org.springframework.data.annotation.LastModifiedDate 属性将被设置为当前时间。它支持的类型与@CreatedDate 属性相同。

3. 配置 Spring MVC 支持

如之前小节中提到的，Spring Data 可以自动将请求参数转换为 Spring Web MVC 处理器方法参数，用于分页和排序。另外，使用仓库时，它可以自动将请求参数和路径变量转换为实体类型，如同 Spring Web MVC 处理器方法参数一样。例如，可以创建下面这样的处理器方法：

```
@RequestMapping("/person/{id}")
public String viewPerson(@PathVariable("id") Person person)
{
    // 方法实现
}
```

Spring Data 可以接受 URL 中的 ID，在它创建的 Person 仓库实现中使用 findOne(ID)方法获得 Person 对象，并自动将该 Person 对象提供给控制器方法。这消除了使用 long 类型 ID 方法参数从仓库中获取的 Person 的手动代码。

该特性是 Spring Data Commons 1.6 中新增的特性，配置对它的支持是非常简单的。只需要使用@org.springframework.data.web.config.EnableSpringDataWebSupport 标注 DispatcherServlet 配置类(如果有多个 DispatcherServlet 的话，需要配置多个类)。这将自动注册一个 org.springframework.data.repository.support.DomainClassConverter，它将把请求参数和路径变量转换为实体。它也将注册 PageableHandlerMethodArgumentResolver 和 SortHandlerMethodArgumentResolver bean，用于从请求参数中转换得到 Pageable 和 Sort。WebServletContextConfiguration 类演示了这一点。

```
@Configuration
@EnableWebMvc
@EnableSpringDataWebSupport
@ComponentScan(
        basePackages = "com.wrox.site",
        useDefaultFilters = false,
        includeFilters = @ComponentScan.Filter(WebController.class)
)
public class WebServletContextConfiguration extends WebMvcConfigurerAdapter
{
    ...
}
```

通过使用@EnableSpringDataWebSupport 注册的 bean 包含了许多被初始化为默认值的设置。这些设置包括参数名称、最大页大小、默认的分页和排序值(当请求参数丢失时)等。这些可能可以满足你的需求，如果不能，那么你需要省略@EnableSpringDataWebSupport 注解并手动注册这些 bean。RestServletContextConfiguration 类演示了这一点。

```
@Configuration
@EnableWebMvc
@ComponentScan(
        basePackages = "com.wrox.site",
        useDefaultFilters = false,
        includeFilters =
```

```
        @ComponentScan.Filter({RestEndpoint.class, RestEndpointAdvice.class})
)
public class RestServletContextConfiguration extends WebMvcConfigurerAdapter
{
    private static final Logger log = LogManager.getLogger();

    @Inject ApplicationContext applicationContext;
    ...
    @Override
    public void addArgumentResolvers(List<HandlerMethodArgumentResolver>
                                    resolvers)
    {
        Sort defaultSort = new Sort(new Sort.Order(Sort.Direction.ASC, "id"));
        Pageable defaultPageable = new PageRequest(0, 20, defaultSort);

        SortHandlerMethodArgumentResolver sortResolver =
                new SortHandlerMethodArgumentResolver();
        // sortParameter 默认值为"sort"
        sortResolver.setSortParameter("$paging.sort");
        sortResolver.setFallbackSort(defaultSort);

        PageableHandlerMethodArgumentResolver pageableResolver =
                new PageableHandlerMethodArgumentResolver(sortResolver);
        pageableResolver.setMaxPageSize(200);
        pageableResolver.setOneIndexedParameters(true); // page starts at 1, not 0
        // pageProperty 默认值为 "page", sizeProperty 默认值为"size"
        //   下面的代码等同于 setPageProperty("$paging.page")和
        //   .setSizeProperty("$paging.size");
        pageableResolver.setPrefix("$paging.");
        pageableResolver.setFallbackPageable(defaultPageable);

        resolvers.add(sortResolver);
        resolvers.add(pageableResolver);
    }

    @Override
    public void addFormatters(FormatterRegistry registry)
    {
        if(!(registry instanceof FormattingConversionService))
        {
            log.warn("Unable to register Spring Data JPA converter.");
            return;
        }

        // DomainClassConverter 将自己添加到注册表中
        DomainClassConverter<FormattingConversionService> converter =
                new DomainClassConverter<>((FormattingConversionService)registry);
        converter.setApplicationContext(this.applicationContext);
    }
    ...
}
```

22.2.2　编写和使用 Spring Data JPA 接口

除非应用程序拥有数十个或者数百个仓库，否则与创建仓库相比，可能需要更多代码在配置

Spring Data JPA 上。Spring-Data-JPA 项目中新建的 AuthorRepository、BookRepository 以及 PublisherRepository 接口实际上是空的。之前章节中的 Spring-JPA 项目包含的 GenericRepository、GenericBaseRepository、GenericJpaRepository、DefaultAuthorRepository、DefaultBookRepository 以及 DefaultPublisherRepository 接口都被移除了，因为不再需要它们。请思考一下所有被移除的代码！

```
public interface AuthorRepository extends CrudRepository<Author, Long>
{

}

public interface BookRepository extends CrudRepository<Book, Long>
{
    Book getOneByIsbn(String isbn);
}

public interface PublisherRepository extends CrudRepository<Publisher, Long>
{

}
```

使用这些新接口只要求对 DefaultBookManager 服务作出一点小小的修改。方法 saveAuthor()、saveBook()和 savePublisher()之前会在 ID 小于 1 的情况下调用 add()方法，ID 大于等于 1 的情况下调用 update()方法，现在它们只需要调用正确仓库上的 save()方法即可。方法 getAuthors()、getBooks()和 getPublishers()之前使用的是 getAll()仓库方法，现在使用的是 findAll()仓库方法。

```
...
@Override
@Transactional
public List<Author> getAuthors()
{
    return this.toList(this.authorRepository.findAll());
}
...
@Override
@Transactional
public void saveAuthor(Author author)
{
    this.authorRepository.save(author);
}
...
```

你可能会好奇为什么仓库返回的是一个 Iterable<T>而不是 List<T>，以及为什么需要花费额外的步骤迭代 Iterable<T>并将它转换为 List<T>。O/RM 通常会备份从 JDBC 结果集中直接返回的实体列表。这样做将改善性能，并允许调用代码在数据库仍在向应用程序返回数据时立即开始执行。不过，从@Transactional 方法中返回将会提交事务并关闭 JDBC 连接，从而关闭结果集。当 O/RM 返回一个 List 或者其他 Iterable 时，最好迭代列表中所有需要的部分，并在退出事务上下文之前将 Iterable 的内容复制到另一个集合中。这将保证所有实体数据都能在事务关闭之前从数据库中正确地读出。

注意：你可能注意到项目中创建的 JPA 仓库继承的是 *Spring Data Commons* 中的 CrudRepository，而不是 *Spring Data JPA* 中的 JpaRepository。你应该只继承希望暴露给服务的方法所在的接口。在大多数情况下，都不应该需要暴露仓库在使用 JPA 这个事实，所以仓库不应该继承 JpaRepository。如果希望暴露出分页能力，那么请继承 PagingAndSortingRepository。只有当你希望暴露特定于 JPA 的行为时(例如，批量删除或者 EntityManager 刷新)，才应该继承 JpaRepository。

如同第 21 章中测试 Spring-JPA 项目一样进行测试应用程序：

(1) 如果你曾经测试过第 21 章中的 Spring-JPA 项目，那么请保证在 MySQL Workbench 中运行过 create.sql，创建出必需的数据库表，并在 Tomcat 的 context.xml 文件中创建了数据源资源。

```
<Resource name="jdbc/SpringJpa" type="javax.sql.DataSource"
          maxActive="20" maxIdle="5" maxWait="10000"
          username="tomcatUser" password="password1234"
          driverClassName="com.mysql.jdbc.Driver"
          defaultTransactionIsolation="READ_COMMITTED"
          url="jdbc:mysql://localhost/SpringJpa" />
```

(2) 编译代码并从 IDE 中启动 Tomcat。在浏览器中访问 http://localhost:8080/repositories/，你应该看到在测试第 21 章的 Spring-JPA 项目时创建的实体。

(3) 单击 Add More Entities 按钮多次，更多的实体应该出现在屏幕中和数据库表中。

我们在使用 JPA 和 Hibernate ORM，但并未编写任何持久化代码！

22.3　重构客户支持应用程序

当然，本书一直在构建的客户支持应用程序也可以使用 Spring Data 和 Spring Data JPA。实际上，我们可以极大地减少应用程序所需的代码，并使应用程序变得更加简单。

本节将使用 wrox.com 代码下载站点中提供的 Customer-Support-v16 项目。它使用的@EnableJpaRepositories 配置将与之前章节中在 RootContextConfiguration 中创建的配置相同。不过，它并未在 WebServletContextConfiguration 中使用@EnableSpringDataWebSupport。相反，它手动地创建了一个 SortHandlerMethodArgumentResolver 和 PageableHandlerMethodArgumentResolver，使用了合理的默认值，正如在 RestServletContextConfiguration 中所采用的方式一样。

22.3.1　转换现有仓库

如同 Spring-Data-JPA 项目一样，你会注意到：

- Customer-Support-v16 项目中不再含有 GenericRepository、GenericBaseRepository 和 GenericJpaRepository。
- DefaultAttachmentRepository、DefaultTicketRepository 和 DefaultUserRepository 也被移除了。

- AttachmentRepository、TicketRepository 和 UserRepository 接口继承了 CrudRepository，并被移动到了 com.wrox.site.repositories 包中。

我们甚至不需要修改 AttachmentRepository 和 UserRepository 中定义的额外方法；它们已经兼容于 Spring Data 查询方法算法。

```
public interface AttachmentRepository extends CrudRepository<Attachment, Long>
{
    Iterable<Attachment> getByTicketId(long ticketId);
}

public interface TicketRepository extends CrudRepository<TicketEntity, Long>
{

}

public interface UserRepository extends CrudRepository<UserPrincipal, Long>
{
    UserPrincipal getByUsername(String username);
}
```

对这些仓库的修改要求对使用它们的服务也做出一些调整。例如，DefaultAuthenticationService 中的 saveUser 方法需要使用仓库的新 save 方法替代 add 和 update 方法。

```
@Override
@Transactional
public void saveUser(UserPrincipal principal, String newPassword)
{
    if(newPassword != null && newPassword.length() > 0)
    {
        String salt = BCrypt.gensalt(HASHING_ROUNDS, RANDOM);
        principal.setPassword(BCrypt.hashpw(newPassword, salt).getBytes());
    }

    this.userRepository.save(principal);
}
```

DefaultTicketService 中的改动包括：

- getAll 变成了 findAll。
- get 变成了 findOne。
- add 和 update 变成了 save。
- deleteById 变成了 delete。

这些改动都非常小，但涉及了整个类，所以这里并未展示该代码。另外，Customer-Support-v16 项目也不再使用由 Spring Data 提供的分页特性。更新现有的分页代码就由读者来完成。作为样例，本节稍后将对票据评论进行分页。

注意：在之前的 GenericRepository 接口中，两个类型参数都继承了 Serializable，所以同时使用 delete(E)和 delete(I)方法会引起歧义，而且无法编译成功。这就是 GenericRepository 定义 delete(E)和 deleteById(I)方法的原因。在 CrudRepository 中，只有 ID 类型参数继承了 Serializable，所以可以通过这种方式对 delete 方法进行重载。因此，CrudRepository 的方法为 delete(T)和 delete(ID);

22.3.2　在支持票据中添加评论

到目前为止，客户支持系统缺少的一个重大特性就是票据评论。如果没有人可以评论一个票据，那么它又能有什么用呢？使用 JPA、Spring Data 和 Spring Data JPA 时，在客户支持应用程序中添加评论是非常简单的。我们仍然需要修改业务逻辑和用户界面，但持久层代码可以保持不变。首先创建一个评论实体和仓库，然后更新服务来操作评论。在完成该工作之后，还需要在用户界面中添加评论。

1. 创建实体和仓库

当然，我们希望从创建 TicketComment POJO 开始。它看起来与票据实体极其相似，但缺少了主题。

```
public class TicketComment
{
    private long id;

    @NotBlank(message = "{validate.ticket.comment.customerName}")
    private String customerName;

    @NotBlank(message = "{validate.ticket.comment.body}")
    private String body;

    private Instant dateCreated;

    // mutators and accessors omitted
}
```

因为我们仍然不能持久化具有 Instant 属性的实体，所以需要创建一个单独的 TicketCommentEntity。然后将 TicketComment 用作 DTO。

```
@Entity
@Table(name = "TicketComment")
public class TicketCommentEntity implements Serializable
{
    private static final long serialVersionUID = 1L;

    private long id;
    private long ticketId;
    private long userId;
    private String body;
```

```
    private Timestamp dateCreated;

    @Id
    @Column(name = "CommentId")
    @GeneratedValue(strategy = GenerationType.IDENTITY)
    public long getId() { ... }
    public void setId(long id) { ... }

    @Basic
    public long getTicketId() { ... }
    public void setTicketId(long ticketId) { ... }

    @Basic
    public long getUserId() { ... }
    public void setUserId(long userId) { ... }

    @Basic
    public String getBody() { ... }
    public void setBody(String body) { ... }

    @Basic
    public Timestamp getDateCreated() { ... }
    public void setDateCreated(Timestamp dateCreated) { ... }
}
```

现在还需要一个用于保存评论的新 MySQL 表。确保在客户支持数据库上运行下面的创建语句，这些语句都包含在 create.sql 文件中。

```
CREATE TABLE TicketComment (
  CommentId BIGINT UNSIGNED NOT NULL AUTO_INCREMENT PRIMARY KEY,
  TicketId BIGINT UNSIGNED NOT NULL,
  UserId BIGINT UNSIGNED NOT NULL,
  Body TEXT,
  DateCreated TIMESTAMP(6) NULL,
  CONSTRAINT TicketComment_UserId FOREIGN KEY (UserId)
    REFERENCES UserPrincipal (UserId) ON DELETE CASCADE ,
  CONSTRAINT TicketComment_TicketId FOREIGN KEY (TicketId)
    REFERENCES Ticket (TicketId) ON DELETE CASCADE
) ENGINE = InnoDB;
```

最后，创建 TicketCommentRepository 是所有步骤中最简单的一步，因为所有需要做的就是定义一个接口，并由 Spring Data 负责处理接下来的工作。

```
public interface TicketCommentRepository
        extends CrudRepository<TicketCommentEntity, Long>
{
    Page<TicketCommentEntity> getByTicketId(long ticketId, Pageable p);
}
```

2. 更新服务

服务层的更新也应该是非常简单的。需要添加用于获得票据评论、保存评论和删除评论的方法。对于评论来说，并不需要更多的方法。下面的三个方法将被添加到 TicketService 接口中用于处理这些任务。在 TicketService 接口中添加这些方法是合理的，因为评论与票据是紧密相关的。

```
@NotNull
Page<TicketComment> getComments(
        @Min(value = 1L, message = "{validate.ticketService.getComments.id}")
            long ticketId,
        @NotNull(message = "{validate.ticketService.getComments.page}")
            Pageable page
);
void save(
        @NotNull(message = "{validate.ticketService.save.comment}")
        @Valid TicketComment comment,
        @Min(value = 1L, message = "{validate.ticketService.saveComment.id}")
            long ticketId
);
void deleteComment(long id);
```

DefaultTicketService 中的 save 和 deleteComment 实现是非常标准的，它模拟了票据的对应方法。不过，getComments 方法很有意思，因为它必须将仓库返回的 Page<TicketCommentEntity>转换为 Page<TicketComment>。第 24 章将讲解如何在实体中使用 Instant，这样就可以避免这个额外工作了。

```
@Override
@Transactional
public Page<TicketComment> getComments(long ticketId, Pageable page)
{
    List<TicketComment> comments = new ArrayList<>();
    Page<TicketCommentEntity> entities =
            this.commentRepository.getByTicketId(ticketId, page);
    entities.forEach(e -> comments.add(this.convert(e)));

    return new PageImpl<>(comments, page, entities.getTotalElements());
}

private TicketComment convert(TicketCommentEntity entity)
{
    TicketComment comment = new TicketComment();
    comment.setId(entity.getId());
    comment.setCustomerName(
            this.userRepository.findOne(entity.getUserId()).getUsername()
    );
    comment.setBody(entity.getBody());
    comment.setDateCreated(Instant.ofEpochMilli(
            entity.getDateCreated().getTime()
    ));

    return comment;
}
```

3. 从用户界面中进行评论

更新用户界面是在客户支持应用程序中添加评论的最后一步。TicketController 的改动非常小。首先，view 方法需要一个 Pageable 参数(Spring Data 将自动解析出该参数)和两行简单的代码。

```
model.put("comments", this.ticketService.getComments(ticketId, page));
```

```
model.put("commentForm", new CommentForm());
```

控制器也需要一个添加新评论的方法。在票据-查看页面中添加一个评论表单，这样用户可以在评论的同时查看票据和其他评论。因此，如果出现验证错误，该方法将会调用 view 方法。

```
@RequestMapping(value = "comment/{ticketId}", method = RequestMethod.POST)
public ModelAndView comment(Principal principal, @Valid CommentForm form,
                            Errors errors, Map<String, Object> model,
                            Pageable page,
                            @PathVariable("ticketId") long ticketId)
{
    Ticket ticket = this.ticketService.getTicket(ticketId);
    if(ticket == null)
        return this.getListRedirectModelAndView();

    if(errors.hasErrors())
        return this.view(model, page, ticketId);

    TicketComment comment = new TicketComment();
    comment.setCustomerName(principal.getName());
    comment.setBody(form.getBody());

    try
    {
        this.ticketService.save(comment, ticketId);
    }
    catch(ConstraintViolationException e)
    {
        model.put("validationErrors", e.getConstraintViolations());
        return this.view(model, page, ticketId);
    }

    return new ModelAndView(new RedirectView(
            "/ticket/view/" + ticketId, true, false
    ));
}
```

用于显示和添加评论的 JSP 代码是非常长的，并且其中还包含了许多用于分页的代码。你可以查看/WEB-INF/jsp/view/ticket/view.jsp 中的代码。第 21 行之后的代码是用于显示和添加评论的。当你阅读代码时，你可能会决定要对页面链接进行修改(例如添加第一页和最后一页的链接，而不是在存在许多页的情况下为每一页显示一个链接)。你应该很快会意识到：在所有需要分页的地方重复复制该代码是并不可取的。自定义 JSP 标签正是用于解决这个问题，创建该标签的任务也将留给读者来完成。

现在我们可以按照下面的步骤开始测试更新后的客户支持应用程序了：

(1) 如果尚未测试第 21 章的应用程序，那么需要保证已经运行了 create.sql 脚本，并在 Tomcat 的 context.xml 文件中添加了数据源资源。如果已经测试过，那么需要保证在数据库中添加了 TicketComment 表。

(2) 编译项目并从 IDE 中启动 Tomcat。

(3) 在浏览器中访问 http://localhost:8080/support/，登录并对第 21 章创建的一些票据进行评论。

(4) 如果需要创建更多的票据，请尝试作为不同的用户登录并创建不同的评论。

(5) 为单个票据添加超过 10 个评论，对分页进行测试。使用 Spring Data JPA 可以轻松地重构和在支持系统中添加评论。

你可能已经注意到 SOAP 和 RESTful Web 服务并未被更新，因此它们不能创建和返回评论。这也将作为练习留给读者来完成。

22.4　小结

本章讲解了如何使用 Spring Data 和 Spring Data JPA 消除冗余的、重复编写的仓库代码。还讲解了创建 Spring Data 仓库接口和编写 Spring Data 查询方法的方式，以及 Spring Data 如何为这些接口动态地生成实现。本章也简单介绍了如何在 Spring Data 仓库中添加自定义行为，下一章将会进行深入学习。最后，在 Spring Data 的帮助下，我们在客户支持应用程序中花费了很少的工作量就成功地在支持票据中添加了评论功能，并演示了通过 Spring Data 的 Pageable、Page 和 Sort 对象如何轻松地实现数据分页。

在下一章我们将学习各种数据搜索的不同方式以及如何在 JPA 仓库中集成原生 MySQL 全文搜索和 Apache Lucene 全文搜索。

第23章 使用 JPA 和 Hibernate Search 搜索数据

本章内容：

- 搜索基础
- 使用高级条件定位对象
- 使用 JPA 全文索引
- 使用 Apache Lucene 和 Hibernate Search 索引数据

本章需要从 wrox.com 下载的代码

访问网址 http://www.wrox.com/go/projavaforwebapps 的 Download Code 选项卡，找到本章的代码下载链接。本章的代码被分成了下面几个主要的例子：

- Advanced-Criteria
- Customer-Support-v17 项目
- Search-Engine 项目

本章新增的 Maven 依赖

除了之前章节中引入的 Maven 依赖，本章还需要下面的 Maven 依赖，它们只会用在本节的 Apache Lucene、Hibernate Search 和 Search-Engine 项目中。

```
<dependency>
    <groupId>org.hibernate</groupId>
    <artifactId>hibernate-search-orm</artifactId>
    <version>4.5.0.Final</version>
    <scope>compile</scope>
</dependency>
```

23.1 搜索介绍

搜索数据可以采取许多不同的方式。我们可以使用 grep、find、Agent Ransack、Spotlight 或者 Windows Search 这样的工具定位硬盘上的文件。也可以寻找匹配的文件名和文件内容。对于我们来说可能最熟悉的就是：打开 Web 浏览器并使用流行的搜索工具(例如 Google)查找网络上的内容。或者如果有 Gmail 账户的话，还可以使用 Gmail 页面顶部的搜索栏查找电子邮件，并根据搜索模式创建过滤器。

如果希望在线购物的话，那么你可能会经常访问一个最喜爱的商店，并使用它的搜索工具查找感兴趣的商品。作为开发者，毫无疑问你会使用 IDE 中的搜索工具查找特定的文件或类、项目中的关键字或者代码文件中的代码。你可能也曾使用过 GitHub 搜索在开源仓库中查找代码，然后使用浏览器的搜索工具定位页面中的特定关键字。你可能有一个社交网络账户，那么可能也曾使用它的搜索工具定位你已经知道的用户或者感兴趣的话题。当然，谁也不会忘记原始(最不准确的)搜索方法：手动在图书馆的文件柜或微缩胶片中逐个查找文档，并搜索目标文件。

在所有这些不同的搜索方式中，出现了两个不可否认的事实：索引搜索比非索引搜索要快，创建索引将使内容的创建时间变长。

INDEXES 还是 INDICES？

语言和计算机术语经常会导致一些有趣的争论。例如，你使用的是计算机 mice 还是计算机 mouses？(本书作者使用的是计算机 mouses)。单词“index”的复数形式在传统上讲应该是“indices”，但在近些年发生了一点变化。一些人会看到“Books have indexes; math has indices”这样的句子。因为数学 indices 在计算机科学中也有着重要的意义，所以许多人在谈到技术时喜欢使用“indexes”，而不是负数形式的非数学索引。本书也将使用“indexes”。

23.1.1 了解索引的重要性

使用文档柜作为例子。一旦我们得到文档之后，就可以将它们扔到文档柜中第一个可用的位置中。这可能非常快速，并且关闭上抽屉之后，这看起来也是非常有组织的。但在六个月之后再去查找该文件，这将是一个非常耗时的工作。

另外，我们可以在文档柜中创建文件夹用于管理所有的文档——所有的保险文件放在一起、所有关于特定主题的研究放在一起等。突然，查找文档变得更加简单。不需要再查看整个文档柜(或者更糟的情况，查看多个文档柜)中的文档直至找到目标文档，而是打开抽屉找到文档所在的文件夹，并查看一些类似的文档直至找到正确的文档。不利的一面在于：将文档插入到文档柜中会变得慢一些。我们不能只是打开一个抽屉、将文档丢进去然后离开。我们需要找到存储该文档类型的正确抽屉，定位到合适的文件夹，如果目标文件夹不存在就创建它，然后插入文档。

索引文档也涉及一定的重组工作量。如果特定的抽屉或者文件夹变得太满，那么可能就需要减小分类的范围，并对部分或者所有文档进行重新排列。现在非常清晰的一点就是：要保持文档有序并不是没有代价的。甚至这个代价可能比较大，大到不可接受。对于包含了数字信息的索引来说也是同样的。有一个问题你必须问自己：“为获得该利益所付出的代价是否合理”。

使用 grep 和 Mac OS X 的 Spotlight 功能搜索文档，比较它们的区别。如果使用 grep 搜索一个小文件夹的内容，它可能很快就会返回结果。Spotlight 也是这样。但是如果搜索的目标是一个包含了成千上万个文件的整个硬盘呢？Grep 可能需要几分钟或者甚至是几个小时的时间才能返回结果，而 Spotlight 只会花费上几秒钟。区别就在于它们搜索的方式。每次搜索时，Grep 必须打开并阅读所有文档的内容，而 Spotlight 则保存了文件内容的索引，并将使用索引进行搜索。它的代价则在于磁盘性能：每次保存文件时，Spotlight 必须同时更新索引。每几天或者几个小时(取决于计算机的活跃程度)，Spotlight 就需要使用 CPU 对索引进行重组。大多数时间你都不会注意到它，但有时你的机器可能会变得非常繁忙。为了加快搜索速度付出这个代价是否值得呢？对于大多数用户来说答案是肯定的。

索引是任意一种使数据搜索更简单的结构。根据创建索引的主体的不同，索引可以采用许多不同的形式。许多关系数据库都大量使用了 B-tree 索引，它非常有利于存储有序数据。而含有大量文本的数据(需要根据内容匹配搜索查询的程度进行搜索)通常会使用全文索引进行存储。Google 的搜索使用了一种严格保密的索引算法，大多数人都不知道它。出于这些索引的目的，它们都有自己的优点(更快的搜索)和代价。对于大多数索引来说，代价是数据保存速度变得更慢。对于 Google 这样需要涵盖第三方内容的搜索引擎来说，代价就是需要操作“爬虫”在数据更新之后对它们进行索引。

那么如何知道创建索引所带来的好处能够大于代价呢？这是一个复杂的问题，它的答案可能需要许多章内容才能描述清楚。一般来说，索引的代价直接与读写比相关。与写操作多于读操作的系统相比，读操作比写操作多出许多的系统可以接受更多和更复杂的索引。有时，系统中的不同部分的读写比也是不同的。例如，保存新闻文章的数据库表的更新频率要比保存这些文章的评论的数据库表要小得多。因此，新闻文章表与评论表相比，在代价相同的情况下，它可以使用更多、更复杂的索引。该索引的价值将与代价和读操作(使用索引读取那些不使用索引的数据)的比例相关。

决定如何以及在哪里创建索引是一门学习的艺术，这通常会涉及对查询类型和比例的艰难分析、瓶颈以及调优工具的输出。但一般来讲，如果希望在一个合理的时间内搜索任意大量的数据，那么我们就需要创建一个或多个索引。搜索时如果不使用索引，那么这将是一个极其缓慢的操作，并且可能会影响到应用程序中其他部分的性能。使用哪种索引技术极大地取决于存储媒介、计算机语言和编程方法。

23.1.2　采取三种不同的方式

本章将学习使用三种不同的方式进行索引和搜索：

- 含有复杂查询的简单索引
- 使用数据库供应商索引的全文搜索
- 使用 Apache Lucene 和 Hibernate Search 的全文搜索

这绝不是一个详尽的分析，但它确实涵盖了一些 Java、JPA 和关系数据库程序员采用的一些最常见的技术。所有这些方式都将通过某种方式与 JPA 进行集成，不过我们也可以在 JPA 环境之外使用它们。在学完这三种不同的技术之后，我们就具有了一个良好的起点，可以尝试将使用的任意其他搜索和索引技术集成到应用程序中。

23.2　使用高级条件定位对象

可能一开始最明显的解决方案就是：使用条件 API 以许多不同的方式查找对象。如同本章展示的所有解决方案，对于某些情况来说它是最佳的选择，而对于另一些情况来说它又是最糟糕的选择。在动态查询中，用户将为一个或多个字段提供期望值，并且需要表示应该满足所有的条件还是任意的条件，并提交搜索。与让用户输入一个人的姓和名，并在应用程序中查找 Person 对象相比，动态查询要复杂得多。之前的操作并不需要使用条件 API；我们可以简单地创建一个名为 findByFirstNameAndLastName 的 Spring Data 查询方法满足该需求。

对于动态查询来说，我们在编译时并不知道用户希望搜索哪些字段，所以不能通过复杂的查询方法实现搜索。从用户的角度来看，一个动态查询可能看起来与图 23-1 相似。它没有正式的名称；它只是另一种类型的搜索。可以使用一个不同的名称称呼它。本章将一直将它称为动态查询。

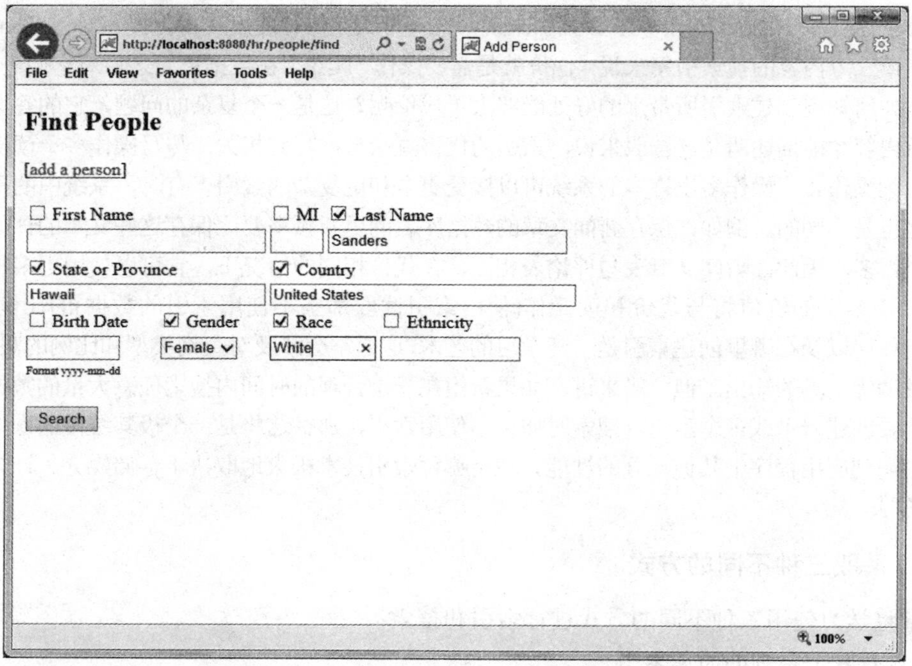

图　23-1

在搜索界面中，用户可以按照自己的需要在查询中包含几个或者许多字段。当前输入的查询应该搜索所有居住在美国夏威夷的姓为 Sanders 的白人女性。该条件将使用 AND 逻辑操作符进行隐式分组，但复选框未选中的字段将不会被包含到查询中。我们无法在编译时就创建出静态查询执行该搜索。这是一个动态查询，实现它的最好方式就是使用条件 API。

23.2.1　创建复杂条件查询

继续使用图 23-1 所示的样例搜索界面，假设应用程序拥有下面的 Person 实体，它包含了正确的设置和访问方法。在本节接下来的内容中，我们可以使用 wrox.com 代码下载站点中可用的 Advanced-Criteria 项目。

```
@Entity
@Table(name = "Person")
public class Person
{
    private long id;
    private String firstName;
    private String middleInitial;
    private String lastName;
    private String state;
    private String country;
    private Date birthDate;
    private Gender gender;
    private String race;
    private String ethnicity;

    // mutators and accessors
}
```

1. 在 API 中表示搜索条件

我们不能直接使用 JPA 条件 API 创建搜索条件，然后将它们传递到应用程序的不同层次中。该 API 需要一个 EntityManager 实例，并且需要访问域层代码(我们不应该从用户界面层直接访问该层代码)。因此我们需要使用某种方式将用户界面中的搜索查询传递到仓库中。因为这可能不是唯一一个我们希望使用这种方式进行搜索的实体，而且我们需要跨应用程序重用这种机制，所以它不是特定于 Person 实体的。

```
public class Criterion
{
    private final String propertyName;
    private final Operator operator;
    private final Object compareTo;

    public Criterion(String propertyName, Operator operator, Object compareTo)
    { ... }

    // accessors

    public static enum Operator
    {
        EQ, NEQ, LT, LTE, GT, GTE, LIKE, NOT_LIKE, IN, NOT_IN, NULL, NOT_NULL
    }
}

public interface SearchCriteria extends List<Criterion>
{
}
```

该 API 非常简单：一个涉及一个或多个 Criterion 实例列表的搜索。每个 Criterion 都代表了一个实体属性和值之间的比较，使用 Operator 枚举决定如何执行比较。对于现在来说，它只允许使用 AND 条件，因为这就是该搜索所需要的，它也更易于实现。如果希望添加 AND/OR 分组，那么可以在 SearchCriteria 接口中创建额外的特性实现(这个任务就留给读者自己来完成)。

2. 添加自定义搜索方法

仓库中需要一个可以接受 SearchCriteria 参数的自定义搜索方法。它也应该接受 Pageable 并返回 Page<Person>，这样搜索结果就可以按照分页的方式获取。不过，我们不希望为所有的仓库重写该方法，因此该方法应该是通用的。这就需要使用第 21 章采用的一些聪明的策略来完成：为泛型类获得类型参数。

首先，创建一个接口反映出我们希望可搜索仓库完成的任务。Person 仓库接口应该继承该接口，表示人是可以搜索的。

```
public interface SearchableRepository<T>
{
    Page<T> search(SearchCriteria criteria, Pageable pageable);
}

public interface PersonRepository extends JpaRepository<Person, Long>,
        SearchableRepository<Person>
{
}
```

所有可搜索的仓库都可以共享所创建的 search 方法的公共实现，因此为自定义仓库实现一个通用的基类是合理的。方法 search 中的代码需要知道 T 的类型，但可能其他的通用基类也会需要该信息。所以我们需要创建一个使用抽象类型参数的基类和一个用于搜索的基类。

```
abstract class AbstractDomainClassAwareRepository<T>
{
    protected final Class<T> domainClass;

    @SuppressWarnings("unchecked")
    protected AbstractDomainClassAwareRepository()
    {
        Type genericSuperclass = this.getClass().getGenericSuperclass();
        while(!(genericSuperclass instanceof ParameterizedType))
        {
            if(!(genericSuperclass instanceof Class))
                throw new IllegalStateException("Unable to determine type " +
                        "arguments because generic superclass neither " +
                        "parameterized type nor class.");
            if(genericSuperclass == AbstractDomainClassAwareRepository.class)
                throw new IllegalStateException("Unable to determine type " +
                        "arguments because no parameterized generic superclass " +
                        "found.");

            genericSuperclass = ((Class)genericSuperclass).getGenericSuperclass();
        }

        ParameterizedType type = (ParameterizedType)genericSuperclass;
        Type[] arguments = type.getActualTypeArguments();
        this.domainClass = (Class<T>)arguments[0];
    }
}

abstract class AbstractSearchableJpaRepository<T>
```

```
        extends AbstractDomainClassAwareRepository<T>
        implements SearchableRepository<T>
{
    @PersistenceContext protected EntityManager entityManager;

    @Override
    public Page<T> search(SearchCriteria criteria, Pageable pageable)
    {
        return null;
    }
}
```

现在尚未显示出搜索方法，但我们很快会看到它。在 PersonRepository 接口中添加 SearchableRepository<Person>，但 Spring Data 仍然不知道应该如何找到搜索方法实现。为了解决这个问题，我们需要创建一个 PersonRepositoryImpl 类。注意：该类只实现了 SearchableRepository<Person>(通过继承 AbstractSearchableJpaRepository<Person>的方式)。它并未实现 PersonRepository，因为 Spring Data JPA 会实现这一点。

```
public class PersonRepositoryImpl extends
AbstractSearchableJpaRepository<Person>
{
}
```

3. 根据搜索输入创建查询

现在我们仍然需要实现 search 方法。它需要完成下面几件事情：

- 将 SearchCriteria 转换为 JPA CriteriaQuery<Long>，统计匹配记录的数目。
- 将 SearchCriteria 转换为 JPA CriteriaQuery<T>，获得真正的实体。
- 使用 Pageable 参数中的 Sort 信息对记录进行排序。
- 在查询中应用 Pageable 限制，获得正确的页。
- 将查询结果转换为含有完全初始化的实体列表的 Page<T>。

当你开始思考 Criterion.Operator 枚举中的所有选项时，你应该很快会意识到这需要许多代码才能完成。因为需要转换 SearchCriteria 两次，所以该转换应该在一个单独的方法中实现。不过，该方法包含了 12 个 if 语句或者 12 个 case 语句(每个对应一种操作符) ——这并非是最符合面向对象的方式。当 Operator 枚举呈现自然多态时，为什么还需要执行如此繁重的逻辑呢？

事实证明，我们可以使用 javax.persistence.criteria.Predicate 代表每个 Criterion(不要与 Java 8 的 java.unit.function.Predicate 混淆)。一般来讲(对于这两个 Predicate 接口来说)，一个谓词只是一个布尔表达式。在 JPA 和 Java 8 接口的概念中，Predicate 是一个可以在之后某个时间点进行评估的布尔表达式。每个 Operator 常量都可以使用 Criterion、Root 和 CriteriaBuiler 作为输入，对一个 Predicate 做出准确的评估。代码清单 23-1 所示的 Operator 枚举定义了一个抽象的 toPredicate 方法，它将在所有的常量中实现。

代码清单 23-1：Criterion.java

```
public class Criterion
{
    // previously printed code
```

```
public static enum Operator
{
    EQ {
        @Override
        public Predicate toPredicate(Criterion c, Root<?>r, CriteriaBuilder b)
        {
            return b.equal(r.get(c.getPropertyName()), c.getCompareTo());
        }
    }, NEQ {
        @Override
        public Predicate toPredicate(Criterion c, Root<?>r, CriteriaBuilder b)
        {
            return b.notEqual(r.get(c.getPropertyName()), c.getCompareTo());
        }
    }, LT {
        @Override @SuppressWarnings("unchecked")
        public Predicate toPredicate(Criterion c, Root<?>r, CriteriaBuilder b)
        {
            return b.lessThan(
                    r.<Comparable>get(c.getPropertyName()), getComparable(c)
            );
        }
    }, LTE {
        @Override @SuppressWarnings("unchecked")
        public Predicate toPredicate(Criterion c, Root<?>r, CriteriaBuilder b)
        {
            return b.lessThanOrEqualTo(
                    r.<Comparable>get(c.getPropertyName()), getComparable(c)
            );
        }
    }, GT {
        @Override @SuppressWarnings("unchecked")
        public Predicate toPredicate(Criterion c, Root<?>r, CriteriaBuilder b)
        {
            return b.greaterThan(
                    r.<Comparable>get(c.getPropertyName()), getComparable(c)
            );
        }
    }, GTE {
        @Override @SuppressWarnings("unchecked")
        public Predicate toPredicate(Criterion c, Root<?>r, CriteriaBuilder b)
        {
            return b.greaterThanOrEqualTo(
                    r.<Comparable>get(c.getPropertyName()), getComparable(c)
            );
        }
    }, LIKE {
        @Override
        public Predicate toPredicate(Criterion c, Root<?>r, CriteriaBuilder b)
        {
            return b.like(
                    r.get(c.getPropertyName()), getString(c)
            );
        }
```

```
    }, NOT_LIKE {
        @Override
        public Predicate toPredicate(Criterion c, Root<?>r, CriteriaBuilder b)
        {
            return b.notLike(
                    r.get(c.getPropertyName()), getString(c)
            );
        }
    }, IN {
        @Override
        public Predicate toPredicate(Criterion c, Root<?>r, CriteriaBuilder b)
        {
            Object o = c.getCompareTo();
            if(o == null)
                return r.get(c.getPropertyName()).in();
            if(o instanceof Collection)
                return r.get(c.getPropertyName()).in((Collection) o);
            throw new IllegalArgumentException(c.getPropertyName());
        }
    }, NOT_IN {
        @Override
        public Predicate toPredicate(Criterion c, Root<?>r, CriteriaBuilder b)
        {
            Object o = c.getCompareTo();
            if(o == null)
                return b.not(r.get(c.getPropertyName()).in());
            if(o instanceof Collection)
                return b.not(r.get(c.getPropertyName()).in((Collection) o));
            throw new IllegalArgumentException(c.getPropertyName());
        }
    }, NULL {
        @Override
        public Predicate toPredicate(Criterion c, Root<?>r, CriteriaBuilder b)
        {
            return r.get(c.getPropertyName()).isNull();
        }
    }, NOT_NULL {
        @Override
        public Predicate toPredicate(Criterion c, Root<?>r, CriteriaBuilder b)
        {
            return r.get(c.getPropertyName()).isNotNull();
        }
    };

    public abstract Predicate toPredicate(Criterion c, Root<?> r,
                                          CriteriaBuilder b);

    @SuppressWarnings("unchecked")
    private static Comparable<?> getComparable(Criterion c) {
        Object o = c.getCompareTo();
        if(o != null && !(o instanceof Comparable))
            throw new IllegalArgumentException(c.getPropertyName());
        return (Comparable<?>)o;
    }
```

```
        private static String getString(Criterion c) {
            if(!(c.getCompareTo() instanceof String))
                throw new IllegalArgumentException(c.getPropertyName());
            return (String)c.getCompareTo();
        }
    }
}
```

使用 toPredicate 方法时，将 SearchCriteria 转换为 CriteriaQuery 的代码是非常简单的。

```
    ...
    public Page<T> search(SearchCriteria criteria, Pageable pageable)
    {
        CriteriaBuilder builder = this.entityManager.getCriteriaBuilder();

        CriteriaQuery<Long> countCriteria = builder.createQuery(Long.class);
        Root<T> countRoot = countCriteria.from(this.domainClass);
        long total = this.entityManager.createQuery(
                countCriteria.select(builder.count(countRoot))
                        .where(toPredicates(criteria, countRoot, builder))
        ).getSingleResult();

        CriteriaQuery<T> pageCriteria = builder.createQuery(this.domainClass);
        Root<T> pageRoot = pageCriteria.from(this.domainClass);
        List<T> list = this.entityManager.createQuery(
                pageCriteria.select(pageRoot)
                        .where(toPredicates(criteria, pageRoot, builder))
                        .orderBy(toOrders(pageable.getSort(), pageRoot, builder))
        ).setFirstResult(pageable.getOffset())
                .setMaxResults(pageable.getPageSize())
                .getResultList();

        return new PageImpl<>(new ArrayList<>(list), pageable, total);
    }

    private static Predicate[] toPredicates(SearchCriteria criteria, Root<?> root,
                                            CriteriaBuilder builder)
    {
        Predicate[] predicates = new Predicate[criteria.size()];
        int i = 0;
        for(Criterion c : criteria)
            predicates[i++] = c.getOperator().toPredicate(c, root, builder);
        return predicates;
    }
    ...
```

该代码将执行之前列举的 5 个步骤。toOrders 方法调用(粗体)是 org.springframework.data.jpa.repository.query.QueryUtils 的一个静态导入，用于将 Spring Data Sort 转换为 JPA 的排序指令。方法 search 将返回一个含有 Pageable 信息、记录总数和结果列表的 org.springframework.data.domain.PageImpl。记住：由 JPA 提供者返回的列表可能是懒加载的，因此可能直到迭代时它才会被填充。这就是为什么代码将结果列表封装到一个新的 ArrayList 中的原因。

注意：关于 search 方法，一个不利的地方在于：我们需要将 SearchCriteria 转换为 CriteriaQuery 两次。某些 JPA 实现允许在多个查询中重用 Root 对象，此时就可以避免产生额外的步骤。不过，JPA 规范并未清晰地说明这一点；因此，这样的用法是不可迁移的。

Advanced-Criteria 项目中包含了一个 MainController、一个/WEB-INF/jsp/view/people/add.jsp 和一个/WEB-INF/jsp/view/people/find.jsp，它们组成了用于创建和搜索人的用户接口。MainController 将用到 PersonService，DefaultPersonService 将使用 PersonRepository。这些细节并不重要，因为它们所包含的内容本书之前都已经介绍过了。不过，你应该知道目前的用户界面是有限制的——它只支持在所有的条件之间使用 AND 逻辑，并且它只支持 EQ 操作符。请尽情地扩展用户界面，让它支持其他的操作符，例如 LT、GT、LIKE 等。在进行扩展时，你会很快意识到创建一个有用的动态查询是一个庞大的任务。

为了测试现有的有限的用户界面，请执行下面的步骤：

(1) 保证在 MySQL Workbench 中运行了 create.sql，并在 Tomcat 的 context.xml 配置文件中创建出下面的数据源资源。

```
<Resource name="jdbc/AdvancedCriteria" type="javax.sql.DataSource"
          maxActive="20" maxIdle="5" maxWait="10000"
          username="tomcatUser" password="password1234"
          driverClassName="com.mysql.jdbc.Driver"
          defaultTransactionIsolation="READ_COMMITTED"
          url="jdbc:mysql://localhost/AdvancedCriteria" />
```

(2) 编译项目并从 IDE 中启动 Tomcat，然后在浏览器中访问 http://localhost:8080/hr/people/add。使用该界面在数据库中添加几个含有不同名字、性别、生日日期、种族和位置的人。

(3) 一旦添加了足够的人员，我们就可以开始执行搜索测试了。请访问地址 http://localhost:8080/hr/people/find，你应该看到如之前图 23-1 所示的界面。尝试不同的搜索查询，检查它们对结果产生的影响。为了测试分页，我们还需要执行一个匹配超过 10 条记录的搜索。

23.2.2 在查询中使用 OR

现在你应该已经意识到条件 API 是非常强大的。事实上，如此的强大也代表它可能是非常危险的——为用户提供了不受约束的权限，他们可以在任意的列上创建查询，这样可能会产生严重的性能问题。但到目前为止，我们所实现的只是在 where 方法中指定了许多简单的表达式 Predicate。所有的 Predicate 都是使用 AND 相结合的，这当然无法满足所有的情况。假设你知道一个人的生日和名字“Cooper”，但不知道这是姓还是名。那么就需要使用 OR 结合姓和名 Predicate，然后使用 AND 结合它们的结果与生日 Predicate。那么应该如何使用条件 API 实现呢？

如你从日常的编程经验中所获知的一样，在使用 AND 或 OR 结合两个或多个布尔表达式，产生的结果也将是一个布尔表达式。同样地，使用条件 API 时可以使用 AND 或 OR 结合两个或多个 Predicate 创建出另一个 Predicate。如果我们提供了多个 Predicate，那么 where 方法默认将使用 AND，不过也可以显式地指定 AND 或者 OR Predicate。对于名字为“Cooper”的人，可以使用下面的代码实现搜索(n 代表名字“Cooper”，b 代表生日)：

```
criteria.select(root)
        .where(
                builder.or(
                        builder.equal(root.get("lastName"), n),
                        builder.equal(root.get("firstName"), n)
                ),
                builder.equal(root.get("birthDate"), b)
        );
```

这里的 or 方法接受了多个 Predicate 并返回了一个 Predicate(它包含了使用 OR 结合的这些 Predicate)。再次，这里的 where 方法将使用隐式的 AND 结合已经使用了 OR 的谓词和生日谓词。如果你更愿意显式地指定 AND 条件，那么可以将它重写为下面的查询：

```
criteria.select(root)
        .where(
                builder.and(
                        builder.or(
                                builder.equal(root.get("lastName"), n),
                                builder.equal(root.get("firstName"), n)
                        ),
                        builder.equal(root.get("birthDate"), b)
                )
        );
```

通过使用 or 和 and 方法，我们可以嵌套任意层的谓词，模拟代码或 SQL 中由圆括号构成的层，这样就可以执行一些相当复杂的查询。大多数情况下，对于标准的搜索用例来说，我们都不需要使用这样的查询，但是在批量处理的情况下和后台工作中，这种程度的复杂性可能会派上用场。

```
pageCriteria.select(pageRoot)
        .where(
                builder.or(
                        builder.and(
                                builder.equal(expr),
                                builder.equal(expr),
                                pageRoot.get("property").in(expr)
                        ),
                        builder.or(
                                builder.lessThan(expr),
                                builder.greaterThanOrEqualTo(expr)
                        )
                ),
                builder.and(
                        builder.equal(expr),
                        builder.greaterThan(expr)
                )
        );
```

23.2.3　创建有用的索引改进性能

如之前所讲过的，无论何时搜索数据我们都需要一个或多个索引。但有一点很重要，那就是：并不是所有的场景中都可以索引。在数据库表上添加越多的索引，插入、更新和删除操作也会变得越慢。不同应用程序的具体目标是不同的，对于复杂的数据库索引的详细介绍足以出版另一本书了。每个数据库系统都是不同的，没有任何指导准则可以对所有数据库都有效。不过一般来说，目标应该是：95%的查询都应该至少包含一个索引中的第一个列，大多数查询都应该至少包含一个索引中的两个或多个列(这里的包含指的是在 Where 从句中添加它们)。与不常用的查询相比，我们应该优先处理最常用的查询。这可能意味着需要针对数据库运行一个追踪程序，统计哪些查询运行的频度最高。根据使用的数据库服务器的不同，我们可能会得到一些可用于分析查询的工具，并得知需要使用哪个索引(如果存在的话)。

记住，LIKE 比较可以使用索引，但如果它以通配符开头，它将会触发扫描。而扫描是糟糕的(非常缓慢)，所以如果需要执行一个以通配符开头的 LIKE 比较，那么请尝试包含至少一个总是使用索引的其他条件。例如，可以要求用户指定一个日期范围或者自动将结果限制为去年创建或更新的。

以 OR 相结合的条件可以使用索引，但在大多数情况下，它都不如以 AND 结合的条件高效。所以如果希望使用 OR 结合某些条件，可以尝试包含一个使用索引的 AND 条件(如果可以的话)。

记住：查询在使用索引的任意其他列之前，必须包含索引的第一个列。所以如果某个昂贵的查询在 WHERE 从句中使用了一个列，但所有的索引都不以该列为开头，那么你将会遇到问题。索引将该列放在第二个或者第三个位置，并不能帮助该查询进行搜索。

最后，唯一约束有利于查询的执行。它们是除主键外最快的索引(在某些数据库中，例如 Oracle，必须显式地创建匹配约束的索引)。如果你正在创建 User 表，并认为“我会在代码中保证用户名的唯一性”，那么请考虑采用唯一约束。唯一约束不只可以强制保证唯一性——它也提供了一种定位记录的高效方式，可以使用该列进行查询(否则，为什么需要关心唯一性呢？)。在代码中保证唯一性——当然，这是最佳实践。但请你也为它添加唯一约束。

23.3 使用 JPA 的全文索引

尽管不同的行业和应用程序类型中存在着不同的趋势，但是现在大多数用户都更喜欢在单个文本框中输入搜索查询条件，用于搜索数据。有几种方式可以实现该用例，但全文搜索是一种非常常见的解决方案。在全文搜索中，搜索引擎将分析数据库中所有单个文档的所有单个单词，并产生包含了相关性得分的匹配结果。不同的搜索引擎计算相关性的方式不同，但一般来说它涉及评估结果与搜索查询的匹配程度和特定结果中搜索条目之间的接近程度。一个包含了匹配搜索的精确短语的结果，与只包含了所有单词但并未组成短语的结果相比，它的相关性更高。

这样的搜索比简单的 LIKE 比较要昂贵的多，采用了全文索引之后可以使该任务变得非常高效。这些索引将存储被索引数据中的所有单词和每个单词出现的次数(最常见单词的权重要比不常见单词的权重高)、它们出现在哪个记录中以及其他的统计和分析数据。在执行全文搜索时，数据库可以使用索引快速地找到匹配结果，然后计算这些结果的相关性。该技术与直接执行的全文搜索相比要高效得多，因此大多数数据库都要求在执行全文搜索之前创建全文索引。

本节将讲解如何在 MySQL 中创建全文索引、如何在 JPA 仓库中使用这些索引以及如何使全文搜索可以更方便地迁移到其他关系数据库中。这里将为客户支持项目(本书一直在使用的项目)添加全文搜索，使用户和雇员可以轻松地搜索支持票据。你可以使用 wrox.com 代码下载站点中的 Customer-Support-v17 项目继续下面的学习。

23.3.1　在 MySQL 表中创建全文索引

如同大多数数据库一样，MySQL 也要求在执行全文搜索之前创建全文索引。作为 MyISAM 数据库引擎的一部分，它已经支持全文索引超过了 10 年时间，但是在这段时间内，只有 MyISAM 表可以使用全文索引。这意味着我们可以创建一个事务表(InnoDB)或者一个支持全文索引的表(MyISAM)，但不能创建一个表既是事务的，又支持全文索引。不过，到了 MySQL 5.6.4 之后，我们可以在 InnoDB 表中创建全文索引了，这个特性已经让成千上万的用户等待了数年时间。现在，通过使用该特性即可创建出一个完全兼容于 ACID 并且也支持全文搜索的表。使用 MySQL 这个特性时有一些事情需要注意，所以要记住它们：

- MyISAM 和 InnoDB 是 MySQL 中采用的两种不同引擎，所以自然地它们的全文索引实现和算法是不同的。这并不意味着其中一个引擎比另一个引擎好，但从 MyISAM 切换到 InnoDB 时要记住这一点。不过，在 MyISAM 和 InnoDB 中使用全文搜索和索引的语法是一致的。
- InnoDB 全文引擎仍然是非常年轻的(从添加全文支持开始只经历了 12 个补丁版本，从版本 5.6.5 到 5.6.16)。因此，它一定有一些问题尚未被识别和解决。但不要因此而停止使用它。社区需要你帮助发现和报告问题。
- 尽管 MyISAM 有默认的终止词(由于它们的普遍性而从索引中过滤掉的单词)，InnoDB 只有 36 个默认终止词。一些人抱怨有的时候 MyISAM 使用的终止词过多，而这个问题在 InnoDB 中得到了解决(不破坏 MyISAM 用户的向后兼容性)。MySQL 文档(http://dev.mysql.com/doc/refman/5.6/en/)提供了用于向这两个引擎添加和删除终止词的指令。
- 由 InnoDB 引擎计算的相关性得分与 MyISAM 引擎计算的得分是完全不同的，所以不能将针对 MyISAM 表执行的查询得分与针对 InnoDB 表执行的查询得分相比。无论如何这都不是最佳实践。
- MyISAM ft_min_word_length 配置和 InnoDB innodb_ft_min_token_size 配置的目标实际上是一致的，但默认值不同。如果之前使用的是 MyISAM 全文搜索，那么你可能希望将 innodb_ft_min_token_size 设置修改为之前一直使用的值。
- 最近 InnoDB 修复了一些严重的全文搜索问题。请保证你至少使用的是 MySQL 5.6.16、5.7.3 或者更新的版本！

如果你熟悉如何在 MyISAM 表上创建全文索引，那么在 InnoDB 上创建全文索引的方式也是相同的，除了一次只能添加一个全文索引之外。一个表可以有多个全文索引，但出于某些原因，它们必须在不同的语句中添加。对于客户支持应用程序(之前第 I 部分一直在使用的项目)来说，我们希望对票据主题、票据正文和评论正文进行索引。打开 MySQL Workbench，运行下面的语句，创建出必需的全文索引。

```
USE CustomerSupport;
ALTER TABLE Ticket ADD FULLTEXT INDEX Ticket_Search (Subject, Body);
ALTER TABLE TicketComment ADD FULLTEXT INDEX TicketComment_Search (Body);
```

如果在之前的章节中你尚未使用客户支持应用程序，那么请运行下载的项目中提供的完整 create.sql，并在 Tomcat 的 context.xml 配置文件中创建正确的数据源资源。

注意：在创建这些全文索引时，MySQL 将会发出一个警告，内容为："124 InnoDB rebuilding table to add column FTS_DOC_ID"。不要担心这一点；这完全是正常的。MySQL 在含有全文索引的 InnoDB 表中添加了一个隐藏列，用于唯一地区分每个索引记录。你永远不会看到该列，并且它不会影响表的正常使用。如果表中有多个全文索引，那么 MySQL 将只会添加一个隐藏列，该表的所有索引都将共享它。

23.3.2　创建和使用可搜索的仓库

如同之前讲解的一样，我们需要自定义仓库才可以使它们变得更具有可搜索性。这里将从 SearchableRepository 开始讲解，它与之前小节中使用的代码稍有不同。我们也需要一种方式，它不仅要返回 Ticket 信息，还要返回结果的相关性。这就要求使用自定义结果集映射，这是一些之前我们尚未用过的技术，但本节将会使用他们。为了返回实体和它的相关性，新的 SearchResult 类需要被用作两者的封装器。

```
public class SearchResult<T>
{
    private final T entity;
    private final double relevance;

    public SearchResult(T entity, double relevance)
    {
        this.entity = entity;
        this.relevance = relevance;
    }

    // accessors
}

public interface SearchableRepository<T>
{
    Page<SearchResult<T>> search(String query, boolean useBooleanMode,
                                 Pageable pageable);
}

public interface TicketRepository extends JpaRepository<TicketEntity, Long>,
        SearchableRepository<TicketEntity>
{
}
```

1. 使用原生查询和自定义映射进行查询

JPA 自身并不支持全文搜索。条件 API 或 JPQL 中也并未提供对全文搜索的支持。不过，JPA 允许执行原生查询。原生查询将在数据库中直接执行，而不是像 JPQL 查询一样由 JPA 提供者进行翻译。因此，我们必须使用数据库提供者支持的 SQL 语法而不是 JPQL 语法编写原生查询。可以使用原生查询在数据库上执行全文搜索。遗憾的是，原生查询不是 TypedQuery，但是在创建它们时我们仍然可以提供域对象的类型，因此提供者仍然知道如何将结果集转换为正确的实体。

除此之外，我们还需要使用一个查询从数据库中获得 TicketEntity 和自定义列、搜索相关性。这意味着我们无法只通过域对象的类型使用标准查询。相反，需要定义一个自定义结果集映射告诉 JPA 如何处理额外的列。可以通过在 TicketEntity 类上添加@javax.persistence.SqlResultSetMapping 注解实现。

```
@Entity
@Table(name = "Ticket")
@SqlResultSetMapping(
        name = "searchResultMapping.ticket",
        entities = { @EntityResult(entityClass = TicketEntity.class) },
        columns = { @ColumnResult(name = "_ft_scoreColumn", type = Double.class) }
)
public class TicketEntity implements Serializable
{
    ...
}
```

命名自定义结果集映射，并在创建使用映射结果集的查询时引用该名字。然后，我们可以使用一个或多个 entities、columns 和 classes 特性指定如何映射结果集。通过使用 entities，可以指定一个或多个受管理的 JPA 实体(应该从结果映射成的实体)(因此可以使用一个查询返回多个不同的实体)。通过 columns 特性可以将每个列映射为标量值。在本例中，ft_scoreColumn 被设置为了 Double 类型。最后。特性 classes 是一个@javax.persistence.ConstructorResult 注解的数组。通过使用该特性，可以将多个标量值列映射到任意类的构造函数中，并使用这些列构造和返回这个类的对象。

@SqlResultSetMapping 并未替代它所在实体的映射指令。实际上，它甚至不需要出现在它将要映射的实体上——只需要出现在某些实体的某个地方，使 JPA 提供者可以发现该自定义结果集映射即可。如果不需要使用注解实现，也可以使用 XML 映射。下面的 XML 与之前使用的@SqlResultSet-Mapping 效果是一样的：

```
<?xml version="1.0" encoding="UTF-8"?>
<entity-mappings xmlns="http://xmlns.jcp.org/xml/ns/persistence/orm"
             xmlns:xsi="http://www.w3.org/2001/XMLSchema-instance"
             xsi:schemaLocation="http://xmlns.jcp.org/xml/ns/persistence/orm
      http://xmlns.jcp.org/xml/ns/persistence/orm_2_1.xsd"
             version="2.1">

    <sql-result-set-mapping name="searchResultMapping.ticket">
        <entity-result entity-class="com.wrox.site.entities.TicketEntity" />
        <column-result name="_ft_scoreColumn" class="java.lang.Double" />
    </sql-result-set-mapping>

</entity-mappings>
```

通常我们需要将该 XML 配置添加到/META-INF/orm.xml 中。不过，也可以在 persistence.xml 文件中使用<mapping-file>配置为该文件指定一个不同的类路径位置。还可以使用 Spring Framework 的 LocalContainerEntityManagerFactoryBean 指定一个不同的类路径位置：

```
    @Bean
    public LocalContainerEntityManagerFactoryBean entityManagerFactoryBean()
```

```
{
    ...
    factory.setJpaPropertyMap(properties);
    factory.setMappingResources("com/wrox/config/mappings.xml");
    return factory;
}
```

TicketRepositoryImpl 实现了用于在数据库中搜索票据的自定义搜索方法。注意：这里没有 Advanced-Criteria 中出现的 AbstractSearchableJpaRepository。尽管我们可以使全文搜索变得通用，但它将涉及许多代码并且极其复杂。一个通用的仓库需要注意每个实体的表和模式，以及全文索引中的索引列。另外，用于搜索票据的查询并不是普通的全文搜索查询。如果它是，那么它应该看起与下面的语句一样：

```
SELECT *, MATCH(Subject, Body) AGAINST('search phrase') AS _ft_scoreColumn
  FROM Ticket
  WHERE MATCH(Subject, Body) AGAINST('search phrase')
  ORDER BY _ft_scoreColumn DESC, TicketId DESC;
```

不过在本例中，用户希望查找匹配的票据和含有匹配评论的票据，这样就需要使用一个更加复杂的查询。

```
public class TicketRepositoryImpl implements SearchableRepository<TicketEntity>
{
    @PersistenceContext EntityManager entityManager;

    @Override
    public Page<SearchResult<TicketEntity>> search(String query,
                                                   boolean useBooleanMode,
                                                   Pageable pageable)
    {
        String mode = useBooleanMode ?
                "IN BOOLEAN MODE" : "IN NATURAL LANGUAGE MODE";
        String matchTicket = "MATCH(t.Subject, t.Body) AGAINST(?1 " + mode + ")";
        String matchComment = "MATCH(c.Body) AGAINST(?1 " + mode + ")";

        long total = ((Number)this.entityManager.createNativeQuery(
                "SELECT COUNT(DISTINCT t.TicketId) FROM Ticket t " +
                        "LEFT OUTER JOIN TicketComment c ON c.TicketId = " +
                        "t.TicketId WHERE " + matchTicket + " OR " + matchComment
        ).setParameter(1, query).getSingleResult()).longValue();

        @SuppressWarnings("unchecked")
        List<Object[]> results = this.entityManager.createNativeQuery(
                "SELECT DISTINCT t.*, (" + matchTicket + " + " + matchComment +
                        ") AS _ft_scoreColumn " +
                        "FROM Ticket t LEFT OUTER JOIN TicketComment c " +
                        "ON c.TicketId = t.TicketId " +
                        "WHERE " + matchTicket + " OR " + matchComment + " " +
                        "ORDER BY _ft_scoreColumn DESC, TicketId DESC",
                "searchResultMapping.ticket"
        ).setParameter(1, query)
                .setFirstResult(pageable.getOffset())
                .setMaxResults(pageable.getPageSize())
```

```
                .getResultList();

        List<SearchResult<TicketEntity>> list = new ArrayList<>();
        results.forEach(o -> list.add(
                new SearchResult<>((TicketEntity)o[0], (Double)o[1])
        ));

        return new PageImpl<>(list, pageable, total);
    }
}
```

如你所见，TicketRepositoryImpl 不仅要处理搜索，还需要对结果正确地分页。第一个查询将统计匹配票据和含有匹配评论的票据的数目，而第二个查询将返回正确的票据。第二个查询将票据和评论的相关性添加到了一起，使同时匹配票据和评论的票据获得更高的得分；然后它将对评分进行降序排序。这也将保证票据不匹配但匹配评论的结果被添加到正确的位置中。为了使分页可以正确地工作，结果的顺序必须是确定的。因为两个记录可能具有相同的相关性，所以我们总是应该添加一个备用排序。按照主键降序排序是一个不错的选择，因为较新的结果通常与大多数用户的相关性更高。

注意：不需要担心相同的 MATCH 条件会同时出现在查询的 SELECT 和 WHERE 谓词中。MySQL 查询优化器会识别出它们，并只对它们进行一次评估。

由于缺少 TypedQuery，因此必须对结果列表进行强制转型并抑制未检查异常。因为我们使用的是自定义结果集映射(注意第二个查询是如何引用 searchResultMapping.ticket 这个命名结果集映射的)，所以该查询将返回一个 Object 数组的列表。Object 数组的大小等于@SqlResultSetMapping 注解中指定的映射的数目。因为现在有两个映射(一个用于映射 TicketEntity 实体，另一个用于映射 Double 标量值)，所以结果 List 中的 Object 数组每个都包含了两个元素。粗体显示的 lambda 表达式将使用根据这些 Object 数组创建的 SearchResult 填充结果列表。

2. 在用户界面中添加搜索

现在我们需要在 TicketService 中添加搜索方法，这是一个非常直观的任务。该工作的大部分内容都与 getAllTickets 和 getComments 方法相同。

```
public interface TicketService
{
    ...
    Page<SearchResult<Ticket>> search(
            @NotBlank(message = "{validate.ticketService.search.query}")
                String query,
            boolean useBooleanMode,
            @NotNull(message = "{validate.ticketService.search.page}")
                Pageable pageable
    );
    ...
}
```

```
public class DefaultTicketService implements TicketService
{
    ...
    @Override
    @Transactional
    public Page<SearchResult<Ticket>> search(String query, boolean useBooleanMode,
                                             Pageable pageable)
    {
        List<SearchResult<Ticket>> list = new ArrayList<>();
        Page<SearchResult<TicketEntity>> entities =
                this.ticketRepository.search(query, useBooleanMode, pageable);
        entities.forEach(r -> list.add(
                new SearchResult<>(this.convert(r.getEntity()), r.getRelevance())
        ));

        return new PageImpl<>(list, pageable, entities.getTotalElements());
    }
    ...
}
```

注意：搜索方法实现必须创建出一个新的 SearchResult 对象集合，同时这也增强我们的一些需求：移除 DTO 过程、解决如何直接持久化 Ticket、自动映射 Instant 字段和附件的问题。不要放弃。下一章将讲解这些相关内容。

在控制器中添加搜索的方法同样简单。只需要添加一个简单的方法用于显示空白的搜索表单，以及另一个用于处理搜索的简单方法。我们还需要添加一个新的 SearchForm 命令对象(它只是一个 POJO)。

```
public class TicketController
{
    ...
    @RequestMapping(value = "search")
    public String search(Map<String, Object> model)
    {
        model.put("searchPerformed", false);
        model.put("searchForm", new SearchForm());

        return "ticket/search";
    }

    @RequestMapping(value = "search", params = "query")
    public String search(Map<String, Object> model, @Valid SearchForm form,
                         Errors errors, Pageable pageable)
    {
        if(errors.hasErrors())
            model.put("searchPerformed", false);
        else
        {
            model.put("searchPerformed", true);
            model.put("results", this.ticketService.search(
```

```
                form.getQuery(), form.isUseBooleanMode(), pageable
        ));
    }

    return "ticket/search";
}
...
}
```

视图/WEB-INF/jsp/view/ticket/search.jsp 的代码很长但非常直观，所以这里并未打印出来。它有一个普通的表单用于提供查询和支持布尔搜索操作符、与之前章节相同的分页和如同/WEB-INF/jsp/view/ticket/list.jsp 所示的显示功能。/WEB-INF/tags/template/basic.tag 中的搜索页中也添加了一个新的链接。该视图将在它的原生表单中显示出每个结果的相关性，这对于大多数用户来说都没有太大的意义。使该值变得有意义这个任务就作为练习留给读者来完成。

现在请开始测试！编译项目并从 IDE 中启动 Tomcat。登录 http://localhost:8080/support/地址中的客户支持应用程序，并添加几个含有不同内容的票据，使搜索不会返回空。然后单击搜索链接，输入搜索词并提交表单。也要保证自己搜索了一些不应该返回任何结果的搜索词。现在搜索功能的添加就完成了！

23.3.3 使全文搜索可迁移

到目前为止，TicketRepositoryImpl 中的搜索方法完全是特定于 MySQL 数据库的。它无法使用任何其他关系数据库。那么如何才能使该方法具有可迁移性呢？答案相当简单，你不能——至少无法完全使它变得可迁移。并非所有的关系数据库都支持全文搜索，所以永远也不可能使该特性完全可迁移。不过许多其他 JPA 特性也是如此，例如 ID 自动生成(Oracle 就不支持它)。因此我们可以为所有支持全文搜索的数据库提供一般的可迁移性。

实现这个目标不是一个简单的任务。执行查询和处理分页可以通过通用的方式实现。但我们需要一个不同的实现，用于为每个支持的关系数据库生成原生的 SQL 查询。因此我们必须通过某种方式检测底层的数据库类型，或者要求采用某种类型的配置(一种合理的方式，我们几乎总是需要配置 Hibernate ORM 方言)。所以在解决这个问题之前，首先需要确定自己是否真的需要它。事实上，通常在特定的应用程序中我们只需要使用一种关系数据库。如果希望切换或者添加另一个数据库，那么可以按需要为它的全文搜索添加支持。

另外，还可以使用开源项目 JPA Native Full-Text Search(Maven artifactnet.nicholaswilliams.java.jpa.search:fulltext-core)。它的目标是提供通用的、自配置的 JPA 全文集成，它应该可以跨多种数据库工作，并且支持所有的实体(不需要编写任何查询)。不过，它是一个非常年轻的项目，仍然需要贡献者为它添加对所有不同 SQL 方言的支持，并测试它的所有特性。

23.4 使用 Apache Lucene 和 Hibernate Search 索引任意数据

如你到目前为止所看到的，全文搜索是一个极其强大的工具，它对于你和你的用户来说可能是不可或缺的。不过，它并不总是一个可用的选项。可能你使用的关系数据库并不支持全文搜索，例如 HyperSQL。或者可能你结合使用了几个数据库，并希望搜索方式在它们之间保持一致。甚至你可能使用了其他的存储选项，例如 XML、JSON 文件或者不支持全文搜索的 NoSQL 数据库。甚至也有可能你只是不喜欢目前数据库全文搜索的工作方式，但无法切换到另一个数据库。幸亏，并没有规定要求我们必须使用数据库供应商提供的全文搜索工具。现在有许多其他的选项可以满足你的搜索需求。其中一种技术就是 Apache Lucene。

Apache Lucene 是一个大型项目，它包括了几个开源搜索软件项目。其中之一就是 Lucene Core。Lucene Core 是一个基于 Java 的搜索引擎，它也支持高级工具，例如拼写检查、命中高亮和高级搜索分析。毫无异议，与大多数数据库提供的全文搜索相比，它提供了更加高级和特性丰富的全文搜索，并且在众多网站中得到了应用，例如 Twitter、Apple 和 Wikipedia。

Apache Solr 是由 Lucene Core 构建的搜索服务器。它提供了高性能 HTTP、XML、JSON、Ruby 和 Python API、缓存、复制和图形服务器管理界面。可以结合使用 Lucene Core 和 Solr 的客户端 Java API，或者单独使用 Lucene Core。甚至更好的选择是，使用 Hibernate 项目 Hibernate Search，它可以将 Lucene Core 和 JPA/Hibernate 集成在一起，针对 Lucene Core 搜索引擎进行搜索，并从存储数据的地方返回 JPA 实体。如果使用的 JPA 提供者是 Hibernate，还可以直接使用 Hibernate Search 和 Hibernate ORM API，或者使用 Hibernate Search 和 JPA。如果使用的是一些其他的 JPA 提供者(例如 OpenJPA 或者 EclipseLink)，那么就需要直接使用 Lucene API。

在本章的剩余内容中，请使用 Search-Engine 项目，在 wrox.com 代码下载站点中可以找到它。无论在哪里看到术语 Lucene，都可以假设它指的是 Apache Lucene Core。同样地，无论在哪里看到术语 Solr，它们都指的是 Apache Solr。

警告：本章只是展示了如何将 Apache Lucene 用作本章所将详细讲解的其他搜索方法的备用选项。Lucene 是一个含有许多不同特性的庞大项目，详细地讲解 Lucene 的特性或者配置都超出了本书的范围。这里只会粗略地对搜索引擎进行介绍，并将它与 Hibernate Search 结合使用，在没有认真地研究和了解它的工作方式之前，不应该将它应用在生产环境中。

23.4.1　了解 Lucene 全文索引

Lucene 采用的是简单的 CRUD 方式，与 Java Persistence API 和 Hibernate ORM 非常相似。不过 JPA 中持久化的是实体，而 Lucene API 持久化的是 Lucene 文档。这些文档与 NoSQL 文档数据库中持久化的文档不同。一个 Lucene 文档只包含了文档标识符和希望索引的数据。该文档 ID 必须通过某种方式绑定到它所来自的完整实体，这样 Lucene 才可以在获取数据时将这些数据片段关联在一起。常见的做法是：使用实体的主键作为 Lucene 文档的 ID。

从这个意义上讲，Lucene 是一个非常高级的全文索引，它对数据库的能力做出了补充。更重要的是，它的索引和匹配分析能力远远超过大多数全文索引所提供的能力。它可以识别听起来相似的单词，例如“through”和“thru”或者“cat”和“kat”，并且在针对其中的一个单词搜索时，它也会同时匹配另一个单词。它还可以识别相关的单词和同根词。例如，搜索“run”可能也会匹配“ran”和“running”，而搜索“there”可能也会匹配“their”和“they're”

它的另一个强大之处在于同义词，搜索“hop”可能会匹配索引中的“hop”、“jump”和“leap”。Lucene 极其有用的特性之一就是：它对查询和索引数据(启用时)进行拼写检查的能力，启用它之后，它将为错误拼写的查询提供建议，并返回匹配这些建议的结果。它在实现这个特性的同时也提供了非常优秀的性能统计，可以在它的网站 http://lucene.apache.org/core/中看到更多具体信息。

Lucene 的另一个重要特性是：可以将它的索引配置为异步执行。这意味着创建、更新和删除操作不会受到全文索引过程的影响。这是一个非常有用的能力，现代关系数据库都尚且无法为它们的全文索引提供这个能力。

在单独使用 Apache Lucene 时，调用 Lucene Java API 索引数据(以及从索引中移除被删除的数据)即可。无论是在相同的 Java 进程中使用 Lucene(类似于内存数据库)，还是使用 Solr 作为 Lucene 搜索服务器，都应该这样做。本书不会涉及 Lucene API。相反，我们将使用 Hibernate Search，它为索引和搜索 JPA 及 Hibernate ORM 实体提供了更简单的接口。Hibernate ORM 和 Hibernate Search 将在使用 JPA 添加和更新实体时，自动在 Lucene 中索引它们，并在使用 JPA 搜索持久化的实体时从 Lucene 中搜索它们。

23.4.2　使用索引元数据标注实体

与手动配置 Lucene，索引所有的实体，并在每次添加或更新实体时操作 Lucene API 相反，我们可以使用 Hibernate Search 注解标注希望索引的实体，这样 Hibernate Search 将自动完成所有的具体工作。请将 Lucene 看成 JDBC API，将 Hibernate Search 看成 Lucene 的 O/RM。Search-Engine 项目展示了一个用户可以发布消息的、极其简单的论坛。它不支持回复。User 实体明显是一个简单实体。它只包含了 ID 和用户名。

```
@Entity
@Table(name = "UserPrincipal")
public class User
{
    private long id;
    private String username;

    @Id
    @Column(name = "UserId")
    @GeneratedValue(strategy = GenerationType.IDENTITY)
    public long getId() { ... }
    public void setId(long id) { ... }

    @Basic
    @Field
    public String getUsername() { ... }
    public void setUsername(String username) { ... }
}
```

该实体只是一个标准的 JPA 实体。此时，实际上我们不需要在用户实体上执行全文搜索，但需要按照创建帖子的用户的用户名搜索论坛帖子。那么应该如何实现呢？请看 ForumPost 实体。

```
@Entity
@Table(name = "Post")
@Indexed
public class ForumPost
{
    private long id;
    private User user;
```

```
    private String title;
    private String body;
    private String keywords;

    @Id
    @DocumentId
    @Column(name = "PostId")
    @GeneratedValue(strategy = GenerationType.IDENTITY)
    public long getId() { ... }
    public void setId(long id) { ... }

    @ManyToOne(fetch = FetchType.EAGER, optional = false)
    @JoinColumn(name = "UserId")
    @IndexedEmbedded
    public User getUser() { ... }
    public void setUser(User user) { ... }

    @Basic
    @Field
    public String getTitle() { ... }
    public void setTitle(String title) { ... }

    @Lob
    @Field
    public String getBody() { ... }
    public void setBody(String body) { ... }

    @Basic
    @Field(boost = @Boost(2.0F))
    public String getKeywords() { ... }
    public void setKeywords(String keywords) { ... }
}
```

ForumPost 使用了两个尚未讲解的 JPA 注解：@ManyToOne 和@JoinColumn。下一章将对它们进行详细讲解，现在我们必须使用它们演示 Hibernate Search 的功能。该实体也是一个@org.hibernate.search.annotations.Indexed 实体。@Indexed 注解表示该实体适用于全文索引。Hibernate Search 将自动为该实体创建或更新文档，无论何时添加或者保存它。@org.hibernate.search.annotations.DocumentId 注解将告诉 Hibernate Search 哪个属性是文档 ID。它被添加到 id 属性上只是为了演示的目的；如果不添加该注解，Hibernate Search 将自动使用标注了@Id 的属性。

@org.hibernate.search.annotations.IndexedEmbedded 是一个有意思的注解。它将告诉 Hibernate Search：该属性自身是一个含有索引字段的实体，它应该作为文档的一部分进行索引。通过这种方式，可以将 user 属性包含在搜索中，根据创建帖子的用户进行搜索。

@org.hibernate.search.annotations.Field 注解被同时用在了 User 和 ForumPost 实体上。它将属性标记为应该进行全文索引并适用于搜索，它有许多不同的特性，这些特性可以影响属性索引和存储的方式。了解如何使用这些特性要求深入了解 Lucene，而本书并不包含这一部分内容。在许多情况下，使用默认值是非常安全的。在 ForumPost 实体中，属性 keywords 将通过使用@org.hibernate.search.annotations.Boost 注解和 boost 特性，为它赋予了一个额外的加分。这种方式指定了一个因素，它表示 keywords 属性中衍生出来的相关性得分应该被增加多少。在本例中，该属性包含了用户指定的关键字(用户觉得该关键字能最好地表示帖子的内容)。因此，关键字应该在得分中具有更高的权重。

Search-Engine 项目中的 create.sql 文件将创建一个 SearchEngine 数据库，并为这些实体创建出必需的数据库表。它也将在 User 表中填充几个用户。打开 MySQL Workbench 并执行脚本创建该数据库，然后在 Tomcat 的 context.xml 配置文件中创建下面的数据源资源：

```
<Resource name="jdbc/SearchEngine" type="javax.sql.DataSource"
          maxActive="20" maxIdle="5" maxWait="10000"
          username="tomcatUser" password="password1234"
          driverClassName="com.mysql.jdbc.Driver"
          defaultTransactionIsolation="READ_COMMITTED"
          url="jdbc:mysql://localhost/SearchEngine" />
```

23.4.3　结合使用 Hibernate Search 和 JPA

在准备好了用于索引的实体后，我们必须配置 Hibernate Search 用于索引，并使用 Hibernate Search 和 Apache Lucene API 执行搜索。剩下的工作就是使用 Spring Data 自定义创建另一个可搜索的仓库，你现在应该已经非常熟悉了。

1. 配置 Hibernate Search

配置 Hibernate Search 是非常简单的。只需要在 RootContextConfiguration 类中配置的 EntityManagerFactory 中添加下面的两个属性(粗体)即可。

```
@Bean
public LocalContainerEntityManagerFactoryBean entityManagerFactoryBean()
{
    Map<String, Object> properties = new Hashtable<>();
properties.put("javax.persistence.schema-generation.database.action",
            "none");
    properties.put("hibernate.search.default.directory_provider",
            "filesystem");
    properties.put("hibernate.search.default.indexBase", "../searchIndexes");

    HibernateJpaVendorAdapter adapter = new HibernateJpaVendorAdapter();
    adapter.setDatabasePlatform("org.hibernate.dialect.MySQL5InnoDBDialect");

    LocalContainerEntityManagerFactoryBean factory =
            new LocalContainerEntityManagerFactoryBean();
    factory.setJpaVendorAdapter(adapter);
    factory.setDataSource(this.searchEngineDataSource());
    factory.setPackagesToScan("com.wrox.site.entities");
    factory.setSharedCacheMode(SharedCacheMode.ENABLE_SELECTIVE);
    factory.setValidationMode(ValidationMode.NONE);
    factory.setJpaPropertyMap(properties);
    return factory;
}
```

添加这两个属性完成了下面几件事情：

- 使 Hibernate ORM 使用 Hibernate Search。
- 指定了应该单独使用 Lucene(不含 Solr)执行全文索引，并将索引保存在本地文件系统中。
- 将../searchIndexes(相对于当前目录)指定为保存全文索引的位置。

当然，如果使用的是 Tomcat 群集或者同时从多个 JVM 中访问这些索引，那么这些配置是不安全的。也可以使用这些和其他类似的属性，通过不同的值对 Hibernate Search 进行配置，让它采用 Solr 服务器而不是 Lucene Core，从而使索引在群集环境中也可以安全使用。对于本地测试来说，目前的配置是足够的。

2. 创建使用 Lucene 的可搜索仓库

创建一个使用 Lucene 的可搜索仓库当然是不同的，但并不比之前小节中创建的原生全文仓库困难多少。通常，我们选择从一些基本的接口开始，例如 SearchableRepository 和 ForumPostRepository。

```
public interface SearchableRepository<T>
{
    Page<SearchResult<T>> search(String query, Pageable pageable);
}

public interface ForumPostRepository extends JpaRepository<ForumPost, Long>,
        SearchableRepository<ForumPost>
{
}
```

如往常一样，最困难的工作在于 ForumPostRepositoryImpl，如代码清单 23-2 所示。一个关键的地方在于：它使用了 org.hibernate.search.jpa.FullTextEntityManager，Hibernate Search JPA 集成中的重要接口。它继承了 EntityManager，并添加了全文能力。与 Spring Framework 注入的 EntityManager(它是一个绑定到线程、链接到事务的 EntityManager 代理，该代理将为每个新的事务委托一个新的 EntityManager)不同，FullTextEntityManager 是一个真正的 EntityManager。这意味着每次调用 search 方法时都需要创建一个新的实例(这也是使用 Spring 注入的 EntityManager 代理时，幕后所发生的事情)。另外，只要 Hibernate Search 能够访问真正的 Hibernate ORM EntityManager 实现(与封装器或者代理相反)，我们就可以创建出一个 FullTextEntityManager。

代码清单 23-2：ForumPostRepositoryImpl.java

```
public class ForumPostRepositoryImpl implements SearchableRepository<ForumPost>
{
    @PersistenceContext EntityManager entityManager;

    EntityManagerProxy entityManagerProxy;

    @Override
    public Page<SearchResult<ForumPost>> search(String query,
                                                Pageable pageable)
    {
        FullTextEntityManager manager = this.getFullTextEntityManager();

        QueryBuilder builder = manager.getSearchFactory().buildQueryBuilder()
                .forEntity(ForumPost.class).get();

        Query lucene = builder.keyword()
                .onFields("title", "body", "keywords", "user.username")
                .matching(query)
                .createQuery();
```

```
        FullTextQuery q = manager.createFullTextQuery(lucene, ForumPost.class);
        q.setProjection(FullTextQuery.THIS, FullTextQuery.SCORE);

        long total = q.getResultSize();

        q.setFirstResult(pageable.getOffset())
                .setMaxResults(pageable.getPageSize());

        @SuppressWarnings("unchecked") List<Object[]> results = q.getResultList();
        List<SearchResult<ForumPost>> list = new ArrayList<>();
        results.forEach(o -> list.add(
                new SearchResult<>((ForumPost)o[0], (Float)o[1])
        ));

        return new PageImpl<>(list, pageable, total);
    }

    private FullTextEntityManager getFullTextEntityManager()
    {
        return Search.getFullTextEntityManager(
                this.entityManagerProxy.getTargetEntityManager()
        );
    }

    @PostConstruct
    public void initialize()
    {
        if(!(this.entityManager instanceof EntityManagerProxy))
            throw new FatalBeanException("Entity manager " + this.entityManager +
                    " was not a proxy");

        this.entityManagerProxy = (EntityManagerProxy)this.entityManager;
    }
}
```

注意：如果你直接使用的是 Hibernate API(不使用 JPA)，那么你将需要使用 org.hibernate.search.FullTextSession 接口，它在 org.hibernate.Session 中而不是 FullTextEntityManager 中添加了全文特性。

为了解决这个问题，initialize 方法首先将把 EntityManager 强制转型为 org.springframework.orm.jpa.EntityManagerProxy，这是一个由 Spring 注入的 EntityManager 实现的接口。该方法只会被调用一次，但 getFullTextEntityManager 方法将在每次需要 FullTextEntityManager 时调用，并且只在事务内调用。它将调用 EntityManagerProxy 的 getTargetEntityManager 方法获得真正的 Hibernate ORM EntityManager 实现。然后使用 org.hibernate.search.jpa.Search 的静态方法 getFullTextEntityManager 从底层的 EntityManager 实例中获得 FullTextEntityManager。

当 search 方法含有 FullTextEntityManager 时，它将为 ForumPost 实体创建一个 org.hibernate.search.query.dsl.QueryBuilder。然后使用该构造函数为提供的查询字符串和希望搜索的

ForumPost 字段创建一个 org.apache.lucene.search.Query。注意：这里使用点标记(代码清单 23-2 的粗体)在 user 字段上搜索 User 实体的 username 字段。可以按需要使用点标记进行多级嵌套，对内嵌的实体进行索引。另外还要注意，如果需要，你可以直接使用 Lucene API 而不是使用 QueryBuilder 创建该查询。

接下来，该代码将为 Lucene 查询和 ForumPost 实体获取一个 org.hibernate.search.jpa.FullTextQuery。FullTextQuery 是一个能够执行所有必要的 Lucene 和 JPA 查询的 javax.persistence.Query。它将为查询设置投影，对于结果列表中的每个结果，它都会告诉 Hibernate Search 将该实体作为对象数组的第一个实体返回(FullTextQuery.THIS)，将相关性得分作为第二个元素(FullTextQuery.SCORE)返回。这实际上与之前小节中同时获得实体和得分的技术是一致的。

最后，该代码将获得预期的结果总大小、设置分页范围、获得结果列表并将它转换为 SearchResult<ForumPost>的一页数据。唯一需要注意的地方在于：Lucene 不参与 JPA 事务，所以在调用 getResultSize 和 getResultList 方法之间，结果的总数可能会发生变化。

3. 测试搜索引擎

在测试 Apache Lucene 仓库之前需要完成的最后一步是：创建事务服务、控制器和用户界面。MainService 和 DefaultMainService 是极其简单的，它们只是被用作控制器和仓库之间的传递者(标注了@Transactional)。MainController 同样简单。它放弃了许多过去使用的验证和检查例程，因为该项目只是用于测试 Lucene 的搜索能力。它将响应对主页的请求，视图/WEB-INF/jsp/view/add.jsp 中包含了一个简单的表单用于创建新的论坛帖子。控制器方法对搜索的处理你应该非常熟悉，因为它们几乎与客户支持应用程序中的 TicketController 的方法是一致的。最后，/WEB-INF/jsp/view/search.jsp 将处理搜索论坛、搜索结果和分页的显示，并且采用的方式也与客户支持应用程序非常类似。

现在请阅读该代码的其他部分，并按照下面的步骤进行测试：

(1) 编译应用程序并从 IDE 中启动 Tomcat。你应该看到 Tomcat 的主目录(如果使用的是 Windows，那么该目录可能是 C:\Program Files\Apache Software Foundation\Tomcat 8.0)中出现 Lucene 的索引文件目录。

(2) 在最喜爱的浏览器中访问 http://localhost:8080/forums/，并先创建几个论坛帖子。轮流在每个帖子中使用用户名 Nicholas、Sarah、Mike 和 John。这些是之前创建数据库时预先填充的用户。

(3) 在创建了含有不同内容的帖子之后，单击搜索链接并尝试搜索一些不同的内容。请保证你也使用了一个或两个用户名对帖子进行搜索。

23.5　小结

本章讲解了许多内容。首先讲解了搜索和索引数据的一些基本概念，并讲解了如何使用 JPA 条件 API 创建极其复杂的查询。接下来本章讲解了全文搜索的概念，并讲解了如何在 MySQL 中创建全文索引和如何使用 JPA 执行全文搜索。还讲解了 Apache Lucene 和 Hibernate Search，并使用 Lucene 全文索引创建索引实体和支持搜索这些实体的仓库。有一点非常重要，这里真正使用的只是 Apache Lucene 和 Hibernate Search 的一些基础内容。关于它们的使用和能力可能需要数百页的内容才能讲解清楚，希望本章内容已经激起了你深入学习这些话题的兴趣。

下一章我们将结束 Java Persistence API 的学习。我们将学习如何创建一些复杂的映射，最后我们还将在实体中使用 JPA 转换器包含这些 Java 8 日期和时间类型。我们还将学习本章最后一节出现的@ManyToOne 和@JoinTable 注解。

第24章 创建高级映射和自定义数据类型

本章内容：

- 转换非标准数据类型的原因
- 如何在实体中内嵌 POJO
- 如何定义实体之间的关系
- 使用修订和时间戳对实体进行版本控制
- 如何定义公共实体祖先
- 如何映射含有基本和内嵌值的 Collection 和 Map
- 使用多个表存储实体
- 构造编程式触发器
- 使用加载时织入延迟加载简单属性

本章需要从 wrox.com 下载的代码

访问网址 http://www.wrox.com/go/projavaforwebapps 的 Download Code 选项卡，找到本章的代码下载链接。本章的代码被分成了下面几个主要的例子：

- Advanced-Mappings 项目
- Customer-Support-v18 项目

本章新增的 Maven 依赖

本章没有新增的 Maven 依赖。继续使用之前所有章节引入的依赖即可。

24.1 JPA 的相关内容

到目前为止我们已经学习了如何使用 JPA 实现一些很酷的事情。从简单的查找到复杂查询，再到高级搜索，我们已经完整地学习了 Java Persistence API 和它的 CRUD 功能。

那么还剩下什么内容未讲解呢？关于将对象映射到数据库表的方式，我们之前只是学习了一点基础内容。到目前为止我们的实体都是非常直观的，只包含了基本类型，JPA 提供者可以直接(无二义的方式)将它们在实体属性类型和数据库字段类型之间转换。在现实中，实体并不会如此简单。你已经看到了客户支持应用程序的 TicketEntity 和 TicketCommentEntity 中的这个问题。例如，如果可以使用 Instant 创建日期的话，代码会变得非常简单，但相反我们不得不在实体中使用时间戳。希望 JPA 2.2(或者无论接下来的是哪个版本，也可能是 JPA 3.0)将会以原生的方式支持 Java 8 日期和时间类型，但现在我们还是需要一个不同的解决方案。

注意：为了帮助保证下一版本的 JPA 中会包含 Java 8 日期和时间支持，请访问网址 https://java.net/jira/browse/JPA_SPEC-63，并在特性请求中投票。你需要创建一个 Java.net 账户或者使用已有的账户登录并投票。

作为一个新的起点，请查询一些你仍然需要学习的内容，它们将组成 JPA 实体的大部分：

- 转换未得到原生支持的简单类型，例如 Instant、LocalDateTime、java.net.InetAddress 等。
- 除了映射基本的属性，还需要映射实体的 POJO 类型属性。例如，可能有一个 PhoneNumber 对象，它包含了存储在多个列中而不是独立实体的电话号码组件。
- 定义一对多、多对一和多对多关系。一个很棒的例子就是：在获取 Ticket 的同时获得 Ticket 相关的附件。当然，该关系应该是延迟加载的，这样就不必在列出 Ticket 时，同时加载许多附件。另一个例子是：在获得 Ticket 的同时获得创建 Ticket 的 UserPrincipal。
- 对实体进行版本控制，记录它们被更新的次数。
- 在许多实体都继承的基类中定义这些实体通用的属性。通过这种方式，你不需要重复复制这些代码，例如 ID、审计和版本。
- 在实体中将键值对存储为 Map。值甚至可能是其他实体。
- 修改现有的数据库和应用程序。并不是所有的应用程序都可以从域模型开始，然后再创建合适的数据库。在这些情况下，有时实体的数据会被分散到几个表中，我们需要一种方式将所有的数据合并到一个实体中。
- 在实体上的 CRUD 操作发生之前或之后定义自定义行为。

如你所见，这才刚刚开始。本章将讲解所有这些内容，当你完成学习之后，你几乎有无限种方式可以使用 JPA 实体。对于本章的大部分内容来说，你都可以使用 wrox.com 代码下载站点提供的 Advanced-Mappings 项目。本章将涉及该项目中的映射，但并未提到 Spring Data JPA 仓库、服务、控制器或者(简单的)你已经熟悉的用户接口。在本章的任何位置，你都可以编译并从 IDE 中启动 Tomcat，访问 http://localhost:8080/mappings，再使用主页上的链接测试实体映射。

在本章的结尾，我们将采用已经掌握的一些技术，简化客户支持应用程序的实体持久化代码。

24.2 转换非标准数据类型

第 20 章讲解了 JPA 供应商必须支持的@Basic、@Lob、@Enumerated 和@Temporal 等类型。该列表是非常宽泛的，但无论如何它也无法满足所有的需求。你已经看到它并未包含新的 Java 8 日期和时间类型(但请留意下一版本的 JPA 是否支持它)。一些提供者确实支持了额外的类型——例如，Hibernate ORM 将自动支持 Joda Time 数据类型。Hibernate ORM5.0 甚至可能会在某个时间点开始支持 Java 8 日期和时间类型。不过，依赖于它的支持是不可迁移的，因为它不是标准。如果某天切换到其他提供者，那么你的实体将停止工作。

那么应该如何处理这个问题呢？在 JPA 之前的版本中，我们不能实现任何可以迁移的方式。在 JPA 2.1 之前，没有标准方式可用于持久化和获取未获得原生支持的简单类型(不是 POJO)。这极大地限制了我们的选项。结果，大多数主流的提供者都提供了私有的 API，通过这些 API 可以定义自定义数据类型。使用 Hibernate ORM 时，可以实现 org.hibernate.usertype.UserType 或者 org.hibernate.usertype.CompositeUserType，然后在属性上标注@org.hibernate.annotations.Type 指定处理该属性的 UserType 或 CompositeUserType 实现类。不过，除了依赖于特定提供者支持的非标准基本类型之外没有其他的可迁移方式，一旦切换提供者，代码就无法正常工作。

该问题最终在 JPA 2.1 中通过特性转换器得到了解决，尽管它们也有自己的缺点。

24.2.1 了解特性转换器

特性转换器是任意实现了 javax.persistence.AttributeConverter 的类。它的目的是将实体属性在不支持的简单类型和支持的基本类型之间转换。这几乎可以在所有的环境中工作。使用 JDBC 时，你最终必须在将值保存到数据库中之前，把所有的简单类型(你可以想象的)都转换为数据库支持的基本类型。例如，如果创建了一个持有无符号长整数的 UnsignedLong 类，那么从数据库中取出存入该值的唯一方式就是调用 PreparedStatement 的 setBigDecimal 方法和 ResultSet 的 getBigDecimal 方法。这意味着在 JPA 中通过实现 AttributeConverter(在 UnsignedLong 和 BigDecimal 之间转换)也可以实现该需求。

讽刺的是，涉及日期和时间的转换是一个特例。JDBC 中的 setDate、setTime、setTimestamp、getDate、getTime 和 getTimestamp 方法处理的是 java.sql.Dates、Times 和 Timestamps。在 JDBC 4.1 中，我们必须使用这些类型设置和获取数据库中的日期和时间。与 4.1 相比，JDBC 4.2 中添加了支持更多类型的方法。在拥有了对 JDBC API 和 JDBC 4.2 驱动的直接访问之后，下面的代码是持久化 Instant、LocalDateTime、LocalDate、LocalTime、OffsetDateTime、OffsetTime 和 ZonedDateTime 属性的正确方式。

```
statement.setObject(1, instant, JDBCType.TIMESTAMP);
statement.setObject(2, localDateTime, JDBCType.TIMESTAMP);
statement.setObject(3, localDate, JDBCType.DATE);
statement.setObject(4, localTime, JDBCType.TIME);
statement.setObject(5, offsetDateTime, JDBCType.TIMESTAMP_WITH_TIMEZONE);
statement.setObject(6, offsetTime, JDBCType.TIME_WITH_TIMEZONE);
statement.setObject(7, zonedDateTime, JDBCType.TIMESTAMP_WITH_TIMEZONE);
```

同样地，获取这些值的代码类似于下面的代码：

```
instant = resultSet.getObject("instant", Instant.class);
localDateTime = resultSet.getObject("localDateTime", LocalDateTime.class);
localDate = resultSet.getObject("localDate", LocalDate.class);
localTime = resultSet.getObject("localTime", LocalTime.class);
offsetDateTime = resultSet.getObject("offsetDateTime", OffsetDateTime.class);
offsetTime = resultSet.getObject("offsetTime", OffsetTime.class);
zonedDateTime = resultSet.getObject("zonedDateTime", ZonedDateTime.class);
```

不过，AttributeConverter 无法访问 PreparedStatement 和 ResultSet 对象。它只可以在自定义类型

和 JPA 支持的目标类型之间转换。因此，你要么需要编写一个在这些类型和 java.sql.Date、Time 和 Timestamp 之间转换的 AttributeConverter，要么仍然需要使用例如 Hibernate UserType 这样的专用供应商 API。你应该还记得第 20 章曾提到过，在所有的主流关系数据库都提供 JDBC 4.2 驱动之前可能需要数年的时间。如果没有对这些新方法的支持，使用 UserType 解决问题是无效的。所以最好的选择就是坚持使用 AttributeConverter。

24.2.2　了解转换注解

实现 AttributeConverter 只是创建和使用特性转换器的第一步。为了使转换器工作，还需要使用几个非常容易混淆的注解。其中第一个注解就是@javax.persistence.Converter。一个实现 AttributeConverter 的具体类要么必须标注上@Converter，要么必须在 JPA 映射文件(例如 orm.xml)中指定<converter>元素。此外，如果希望使用的转换器不是持久化单元的根元素或者启用了<exclude-unlisted-classes>，那么必须在 persistence.xml 中使用<class>或者<jar-file>表示转换器是一个受管理的类。@Converter 的 autoApply 特性(默认值是假)表示 JPA 提供者是否应该自动将转换器应用在匹配的属性上。因此，特性转换器的定义应该如下所示：

```
@Converter
public class InstantConverter implements AttributeConverter<Instant, Timestamp>
{
    ...
}
```

如果 autoApply 的值为假或者被忽略了('它的默认值为假)，那么你必须在 JPA 属性上使用名称相似的@javax.persistence.Convert 注解，表示转换器应该作用于哪个属性。使用@Convert 的 converter 特性指定可用的转换器类。可以在字段(如果使用字段属性访问的话)、访问方法(如果使用方法属性访问的话)或者实体上标注@Convert。如果标注在实体上，那么也必须指定 attributeName 特性。@Convert 下面的三种用法是等同的。

```
public class MyEntity
{
    @Convert(converter = InstantConverter.class)
    private Instant dateCreated;

    ...

    public Instant getDateCreated() { ... }
    public void setDateCreated(Instant instant) { ... }

    ...
}

public class MyEntity
{
    private Instant dateCreated;

    ...

    @Convert(converter = InstantConverter.class)
    public Instant getDateCreated() { ... }
```

```
    public void setDateCreated(Instant instant) { ... }

    ...
}

@Convert(attributeName = "dateCreated", converter = InstantConverter.class)
public class MyEntity
{
    private Instant dateCreated;

    ...

    public Instant getDateCreated() { ... }
    public void setDateCreated(Instant instant) { ... }

    ...
}
```

如果使用的是后面的方式，那么你可以同时指定几个需要转换的特性。尽管标注单个属性可能更简单，但我们可以使用@javax.persistence.Converts 注解在实体级别上对多个@Convert 注解进行分组。

```
@Converts({
    @Convert(attributeName = "dateCreated", converter = InstantConverter.class),
    @Convert(attributeName = "dateModified", converter = InstantConverter.class)
})
public class MyEntity
{
    private Instant dateCreated;
    private Instant dateModified;

    ...

    public Instant getDateCreated() { ... }
    public void setDateCreated(Instant instant) { ... }

    public Instant getDateModified() { ... }
    public void setDateModified(Instant instant) { ... }

    ...
}
```

24.2.3　创建和使用特性转换器

在许多情况下，特性转换器都是非常简单的。Advanced-Mappings 项目中的 InstantConverter 每个方法中都只有一行代码。

```
@Converter
public class InstantConverter implements AttributeConverter<Instant, Timestamp>
{
    @Override
    public Timestamp convertToDatabaseColumn(Instant instant)
    {
```

```
        return instant == null ? null:new Timestamp(instant.toEpochMilli());
    }

    @Override
    public Instant convertToEntityAttribute(Timestamp timestamp)
    {
        return timestamp == null ? null:Instant.ofEpochMilli(timestamp.getTime());
    }
}
```

User 实体演示了自定义特性转换器的使用，通过转换器它可以在不使用 DTO 和服务对值进行转换的情况下持久化 dateJoined 属性。

```
@Entity
@Table(name = "UserPrincipal")
public class User
{
    private long id;
    private Instant dateJoined;
    private String username;

    @Id
    @Column(name = "UserId")
    @GeneratedValue(strategy = GenerationType.IDENTITY)
    public long getId() { ... }
    public void setId(long id) { ... }

    @Convert(converter = InstantConverter.class)
    public Instant getDateJoined() { ... }
    public void setDateJoined(Instant dateJoined) { ... }

    @Basic
    public String getUsername() { ... }
    public void setUsername(String username) { ... }
}
```

最后，包 com.wrox.site.converters 中的 RootContextConfiguration 类中添加了 LocalContainerEntity-ManagerFactoryBean 的 packagesToScan 属性。这将保证转换器被添加到持久化单元中，从而使它对整个应用程序可用。

```
@Bean
public LocalContainerEntityManagerFactoryBean entityManagerFactoryBean()
{
    ...
    factory.setDataSource(this.advancedMappingsDataSource());
    factory.setPackagesToScan("com.wrox.site.entities",
            "com.wrox.site.converters");
    factory.setSharedCacheMode(SharedCacheMode.ENABLE_SELECTIVE);
    ...
}
```

24.3 在实体中内嵌 POJO

有时只在实体中使用简单类型的属性是非常不方便的。请考虑经典的电话号码难题：一个人拥有电话号码，但你希望将国家代码和电话号码存储在不同的列中。你可以创建出属性 phoneNumberCountryCode 和 phoneNumberNumber，但这是很尴尬的。更理想的解决方案是添加一个类型为 PhoneNumber 的 phoneNumber 属性，该类型将含有属性 countryCode 和 number。通过使用 JPA 内嵌类型实现这样的方式是可行的。嵌套类型本质上是封闭实体的一部分。它们总是与实体存储在相同的表中，与实体共享相同的 ID。它们不是也无法成为真正的实体。

24.3.1 表示嵌套的类型

从许多方面看，嵌套的类型都与实体非常相似。它可以包含任意数量标注了注解(例如@Basic、@Column、@Lob、@Temporal、@Enumerated、@Convert 等)的属性。不过，它不能标注@Entity 或者@Table，并且它不能包含任何标注了@Id 或者@EmbeddedId 的属性。它可以包含其他嵌套类型的属性。

为了将类标注为可嵌入的，所有需要做的就是在该类上标注@javax.persistence.Embeddable。如下面 PhoneNumber 类所演示的，该注解表示它可以被内嵌为应用程序中任意实体的属性。如同@Entity 类一样，@Embeddable 类必须在持久化单元中被注册为受管理的类。这意味着我们必须在持久化单元配置的<class>或者<jar-file>元素中指定它们，在持久化单元配置中禁用<exclude-unlisted-classes>或者在 Spring 的 LocalContainerEntityManagerFactoryBean 扫描的类中添加它们。通过在 com.wrox.site.entities 包中添加 PhoneNumber，它将被自动扫描并添加到持久化单元中。

```
@Embeddable
public class PhoneNumber
{
    private String countryCode;
    private String number;

    @Basic
    @Column(name = "PhoneNumber_CountryCode")
    public String getCountryCode() { ... }
    public void setCountryCode(String countryCode) { ... }

    @Basic
    @Column(name = "PhoneNumber_Number")
    public String getNumber() { ... }
    public void setNumber(String number) { ... }
}
```

注意：PhoneNumber 包含了两个属性，每个属性都被映射到了一个单独的列上。任何包含 PhoneNumber 属性的实体，也都将在实体的表中添加两个列 PhoneNumber_CountryCode 和 PhoneNumber_Number。

24.3.2 使属性成为可嵌入属性

实际上内嵌一个可嵌入类型是非常简单的。在属性上添加@javax.persistence.Embedded 注解即可。禁止使用任何其他注解标注该属性，例如@Basic、@Temporal 或者 @Column。下面的 Person 实体演示了这一点。

```
@Entity
public class Person
{
    private long id;
    private String firstName;
    private String lastName;
    private PhoneNumber phoneNumber;

    @Id
    @Column(name = "PersonId")
    @GeneratedValue(strategy = GenerationType.IDENTITY)
    public long getId() { ... }
    public void setId(long id) { ... }
    @Basic
    public String getFirstName() { ... }
    public void setFirstName(String firstName) { ... }

    @Basic
    public String getLastName() { ... }
    public void setLastName(String lastName) { ... }

    @Embedded
    public PhoneNumber getPhoneNumber() { ... }
    public void setPhoneNumber(PhoneNumber phoneNumber) { ... }
}
```

注意：@Embedded 只限于用在实体的非 ID 属性上。可以将可内嵌类型用作组合实体 ID，但必须使用@javax.persistence.EmbeddedId 而不是@Embedded 标注 ID 属性。第 20 章已经讲解了如何创建组合 ID。

如之前提到的，可嵌入类型自己也可以包含内嵌属性。下面的 Address 和 PostalCode POJO 就是一个很好的例子。

```
@Embeddable
public class PostalCode
{
    private String code;
    private String suffix;

    @Basic
    @Column(name = "PostalCode_Code")
    public String getCode() { ... }
    public void setCode(String code) { ... }

    @Basic
```

```
    @Column(name = "PostalCode_Suffix")
    public String getSuffix() { ... }
    public void setSuffix(String suffix) { ... }
}

@Embeddable
public class Address
{
    private String street;
    private String city;
    private String state;
    private String country;
    private PostalCode postalCode;

    @Basic
    @Column(name = "Address_Street")
    public String getStreet() { ... }
    public void setStreet(String street) { ... }

    @Basic
    @Column(name = "Address_City")
    public String getCity() { ... }
    public void setCity(String city) { ... }

    @Basic
    @Column(name = "Address_State")
    public String getState() { ... }
    public void setState(String state) { ... }

    @Basic
    @Column(name = "Address_Country")
    public String getCountry() { ... }
    public void setCountry(String country) { ... }

    @Embedded
    public PostalCode getPostalCode() { ... }
    public void setPostalCode(PostalCode postalCode) { ... }
}
```

24.3.3　覆盖可内嵌列列名

PostalCode 被设计用于可独立使用或者用作 Address 的一部分。问题的关键在于列名。我们在编写代码的时候，Person 含有列 Address_Street、Address_City、Address_State、Address_Country、PostalCode_Code 和 PostalCode_Suffix。从这些名字中，我们无法看出邮政编码列是地址的一部分。在 Person 实体中使用@javax.persistence.AttributeOverride 注解可以轻松地解决这个问题，该注解允许修改它们所在实体的列名。也可以使用@javax.persistence.AttributeOverrides 注解，该注解可用于对多个@AttributeOverride 注解进行分组。

```
@Entity
public class Person
{
    ...
    private Address address;
```

```
    ...

    @Embedded
    @AttributeOverrides({
            @AttributeOverride(name = "postalCode.code",
                    column = @Column(name = "Address_PostalCode_Code")),
            @AttributeOverride(name = "postalCode.suffix",
                    column = @Column(name = "Address_PostalCode_Suffix"))
    })
    public Address getAddress() { ... }
    public void setAddress(Address address) { ... }
}
```

特性 name 使用点标记表示将要被覆盖的列对应的属性。因为 Address 实体包含了一个名为 postalCode 的属性，所以这两个名字的第一部分都是 postalCode。这个名字是基于属性名的，而不是属性类型，所以如果 Address 的 PostalCode 被命名为 zip，那么被覆盖的名字的第一部分将变为 zip。名字的第二部分是正在被覆盖的 PostalCode 中的属性。

使用了这个点标记之后，就可以指定任意深度的覆盖了。通过特性覆盖也可以在任意指定的实体(或者其他可内嵌类型)中使用相同的可嵌套类型多次。只需要覆盖除了被使用的列之外的所有列名即可(尽管更常见的是覆盖所有的列)。完成这些修改之后，下面的语句将为 Person 实体创建出正确的表和列。

```
CREATE TABLE Person (
  PersonId BIGINT UNSIGNED NOT NULL AUTO_INCREMENT PRIMARY KEY,
  FirstName VARCHAR(60) NOT NULL,
  LastName VARCHAR(60) NOT NULL,
  PhoneNumber_CountryCode VARCHAR(5) NOT NULL,
  PhoneNumber_Number VARCHAR(15) NOT NULL,
  Address_Street VARCHAR(100) NOT NULL,
  Address_City VARCHAR(100) NOT NULL,
  Address_State VARCHAR(100) NULL,
  Address_Country VARCHAR(100) NOT NULL,
  Address_PostalCode_Code VARCHAR(10) NOT NULL,
  Address_PostalCode_Suffix VARCHAR(5)
) ENGINE = InnoDB;
```

24.4　定义实体间的关系

如你所见，一个实体与其他实体相关联是非常常见的。例如，客户支持应用程序中的 Ticket 包含了 Attachment，到目前为止我们必须在服务层管理这个关系。不过，这个额外的步骤是不必要的。在特定的情况下，你可能仍然希望使用这种方式，尤其是如果特定的实体与其他实体有许多关系时。但除了这些特殊的情况，我们可以在这些实体中直接定义实体的关系，并且 JPA 提供者也可以在需要的时候获取这些实体。

24.4.1　了解一对一关系

一对一关系可能是最不需要定义的关系。一对一关系意味着实体 A 最多只能关联到一个实体 B，实体 B 也最多只能关联到一个实体 A。一般来说，这样的关系违反了范式和已为大家所接受的面向对象设计实践的规则。不过，在某些情况下，这是一种解决特殊问题的更实际的方式。例如，如果实体包含了数百个属性，那么你可能更希望将这些属性划分为不同的子实体(所有相关的属性都属于它们自己的实体)。下面的 Employee 实体就演示了一个这样的用例。

```
@Entity
public class Employee
{
    private long id;
    ...
    private EmployeeInfo info;

    @Id
    @Column(name = "EmployeeId")
    @GeneratedValue(strategy = GenerationType.IDENTITY)
    public long getId() { ... }
    public void setId(long id) { ... }

    ...

    @OneToOne(mappedBy = "employee", fetch = FetchType.LAZY,
            cascade = CascadeType.ALL, orphanRemoval = true)
    public EmployeeInfo getInfo() { ... }
    public void setInfo(EmployeeInfo employeeInfo) { ... }
}

@Entity
public class EmployeeInfo
{
    private long id;
    private Employee employee;
    ...

    @Id
    public long getId() { ... }
    public void setId(long id) { ... }

    @OneToOne(mappedBy = "info")
    @Column(name = "EmployeeId")
    public Employee getEmployee() { ... }
    public void setEmployee(Employee employee) { ... }

    ...
}
```

如果需要的话，可以只在一个实体中定义这个关系。例如，可以在 Employee 中添加 info 属性，但忽略 EmployeeInfo 中的 employee 属性(反之亦然)。在本例中，关系是双向的，所以必须使用 @javax.persistence.OneToOne 注解标记 Employee 的 info 属性和 EmployeeInfo 的 employee 属性，这两个注解都必须指定 mappedBy 特性。

该特性将告诉 JPA 提供者在关系的另一端对应“这个”实体的属性是哪个。特性 fetch 将使用 javax.persistence.FetchType 枚举表示何时从数据库中获取相关的实体。FetchType.EAGER 意味着 JPA

提供者必须在获取实体的同时获取相关值。另一方面，FetchType.LAZY 则被用作 JPA 提供者的提示，它可以等待并只在第一次访问属性时获取相关值(可能永远也不会，从而减少了对数据库的访问)。不过，JPA 提供者并不是必须支持延迟加载，所以这些值可能总是被及时加载的。这里，fetch 特性的默认值是 FetchType.EAGER，在一对一关系中这通常是没有问题的。Hibernate ORM 和 EclipseLink 都支持延迟加载，但对于一对一关系，我们必须启用类织入。

@OneToOne 的 cascade 特性表示在指定了级联指令的实体上执行操作时，应该对相关实体采取什么样的操作。通过使用 java.persistence.CascadeType 枚举，可以指定一个或多个值：DETACH、MERGE、PERSIST、REFRESH 和 REMOVE。每个都代表了一个应该对关联实体进行级联的 EntityManager 操作。也可以使用 ALL 作为简写同时指定这 5 个值。对于一对一关系，我们通常不希望在被包含的实体内指定级联指令。不过，你可能希望在包含的实体内指定级联指令。相关的 orphanRemoval 特性表示是否应该从数据库中删除孤儿实体。默认值为假，这意味着如果将 Employee 的 info 属性设置为 null，那么数据库中的 EmployeeInfo 记录也不会被删除。这并不是我们所期待的行为，所以应该总是将该值设置为真，如样例所示。

最后，特性 optional 表示关系是否是可选的。如果设置为假，它表示关系的两端总是必须有值。它的默认值为真，这意味着关系的一端可以为 null。

24.4.2 使用一对多和多对一关系

一对多和多对一关系在应用程序中更加常见。它们是紧密关联的。实际上，无论何时在一个实体中指定了一个一对多关系，那么通常会在另一个实体中指定一个对应的多对一关系。在一对多关系中，一个实体 A 可以与许多实体 B 有关系。这通常通过在实体 A 中添加存储 B 的实例的某种集合来表示。多对一关系正好相反。所以在这个例子中，实体 B 与实体 A 已经有了多对一的关系。

实体通过设计以这样的方式而不是通过注解相关联。如果一个实体与另一个实体有一对多的关系，那么另一个实体必然会与第一个实体有多对一的关系。不过，我们可以控制的是：是否将这个关系告诉 JPA。在之前使用的客户支持应用程序中，Ticket 与 Attachment 有一对多关系，Attachment 与 Ticket 有多对一关系，但 JPA 提供者并不知道这些关系。如果希望通过一个实体访问它的关系，那么只需要将关系的一边或多边告诉 JPA 即可。这可以通过创建导航属性实现，如 Advanced-Mappings 项目中的 Applicant 和 Resume 实体所示。

```
@Entity
public class Applicant
{
    private long id;
    private String firstName;
    private String lastName;
    private boolean citizen;
    private Set<Resume> r¨¦sum¨¦s = new HashSet<>();

    @Id
    @Column(name = "ApplicantId")
    @GeneratedValue(strategy = GenerationType.IDENTITY)
    public long getId() { ... }
    public void setId(long id) { ... }

    @Basic
```

```
    public String getFirstName() { ... }
    public void setFirstName(String firstName) { ... }

    @Basic
    public String getLastName() { ... }
    public void setLastName(String lastName) { ... }

    @Basic
    public boolean isCitizen() { ... }
    public void setCitizen(boolean citizen) { ... }

    @OneToMany(fetch = FetchType.LAZY, cascade = CascadeType.ALL,
            orphanRemoval = true)
    @JoinColumn(name = "ApplicantId")
    public Set<Resume> getRésumés() { ... }
    public void setRésumés(Set<Resume> résumés) { ... }
}

@Entity
@Table(name = "Applicant_Resume")
public class Resume
{
    private long id;
    private String title;
    private String content;

    @Id
    @Column(name = "ResumeId")
    @GeneratedValue(strategy = GenerationType.IDENTITY)
    public long getId() { ... }
    public void setId(long id) { ... }

    @Basic
    public String getTitle() { ... }
    public void setTitle(String title) { ... }

    @Lob
    public String getContent() { ... }
    public void setContent(String content) { ... }
}
```

注意：变量和方法名中的特殊字符是重音字符吗？这是合法的吗？是的，在 Java 中，没有规则禁止在类型名称、方法名和标识符中使用重音字符。因为单词“resume”中不含重音，所以它是一个完全不同的单词，它意味着重启或者取消暂停，你不会希望使用这个单词，对吗？遗憾的是，ZIP 格式不如 Java 这么友好。如果实体类也被命名为 Résumé，那么在下载 Résumé.java 文件时将会得到损坏的 ZIP 文件。因此，样例代码在 Resume 和 ResumeRepository 类名中并未使用重音。不过，RésuméForm 类使用了重音，因为它是 MainController 的一个内部类，因此不会影响内部类。同样地，数据库也不能容忍对象中的重音字符，所以 Applicant_Resume 表中也没有重音。

在本样例中，一个申请人(大概是一个求职者)可以有多个简历。Applicant 实体定义了一个名为 résumés 的导航属性，它包含了一个简历的 Set。该属性允许持有 Applicant 的代码块直接浏览申请人的简历，而无须返回到服务或者仓库中。在本例中，JPA 得知的关系是单向的，因为 Resume 类并未包含到 Applicant 的导航属性。在进一步地思考之后，你可能希望代码包含一个 Resume，用于导航到创建它的 Applicant。让 JPA 得知双边的关系是非常简单的，只需要在 Resume 中添加导航属性，并对 Applicant 的导航属性稍作调整即可。

```
@Entity
public class Applicant
{
    ...

    @OneToMany(mappedBy = "applicant", fetch = FetchType.LAZY,
            cascade = CascadeType.ALL, orphanRemoval = true)
    public Set<Resume> getRésumés() { ... }
    public void setRésumés(Set<Resume> résumés) { ... }
}

@Entity
@Table(name = "Applicant_Resume")
public class Resume
{
    private long id;
    private Applicant applicant;
    ...

    @ManyToOne(fetch = FetchType.EAGER, optional = false)
    @JoinColumn(name = "ApplicantId")
    public Applicant getApplicant() { ... }
    public void setApplicant(Applicant applicant) { ... }

    ...
}
```

注解@javax.persistence.OneToMany 和@javax.persistence.ManyToOne 包含了许多与@OneToOne 相同的特性。@OneToMany 中不含 optional 特性，因为这样这个概念不能应用在值的集合上(一个集合总是可以为空)。只有@OneToMany 包含了一个 mappedBy 特性，因为在一个双向的一对多对一(one-to-many-to-one)关系中，只有一对多这一边需要该信息。@OneToMany 是两个注解中唯一一个含有 orphanRemoval 特性的注解，因为这样的操作只在关系的这一边有效。

你可能已经注意到：@javax.persistence.JoinColumn 注解从原来的 Applicant 中移动到了 Resume 的新属性中。该注解与@Column 注解非常相似，它指定了连接两个表的列的细节信息(如果使用的是复合外键，那么可以使用@javax.persistence.JoinColumns 对多个注解进行分组)。在单向的一对多关系中，它只可以用在关系的一端：@OneToMany 这一边(Applicant)。对于这些关系，它表示了另一个实体的表的哪个列包含了“当前”实体的主键。不过，在单向的多对一关系中或者双向一对多对一关系中，它属于关系的@ManyToOne 这一边(Resume)。对于这些关系，@JoinColumn 表示“当前”实体的表的哪个列包含了其他实体的主键。它也替代了该属性的@Column 注解。

与使用存储 Resume 的 Set 相反，你可以使用一个 Resume 的列表，并通过某种方式维护它们的顺序。为了实现这一点，可以使用@javax.persistence.OrderColumn 标注 List 属性(@OneToMany 这边)，并在 Applicant_Resume 表中指定 Resume 中应该用于排序的列名。也可以指定一个 Resume 的 Map。在这种情况下，就需要从 Applicant_Resume 表中选择几列用作 Map 的键。可以在该 Map 属性上标注@javax.persistence.MapKey，这意味着 Map 的键值是 Resume 的@Id 属性。或者，可以使用@javax.persistence.MapKeyColumn 指定 Applicant_Resume 列的名称用作 Map 键值，例如 Title。

最后一个需要注意的地方是：使用了 Map 属性之后，我们仍然可以使用@OrderColumn 获得一个 Map，它们的条目(由 entrySet()返回)和值(由 values()返回)将按照该列进行排序。

Applicant 和 Resume 实体的最终版本被映射到了下面的 MySQL 模式上：

```
CREATE TABLE Applicant (
  ApplicantId BIGINT UNSIGNED NOT NULL AUTO_INCREMENT PRIMARY KEY,
  FirstName VARCHAR(60) NOT NULL,
  LastName VARCHAR(60) NOT NULL,
  Citizen BOOLEAN NOT NULL
) ENGINE = InnoDB;

CREATE TABLE Applicant_Resume (
  ResumeId BIGINT UNSIGNED NOT NULL AUTO_INCREMENT PRIMARY KEY,
  ApplicantId BIGINT UNSIGNED NOT NULL,
  Title VARCHAR(100) NOT NULL,
  Content TEXT NOT NULL,
  CONSTRAINT Applicant_Resume_Applicant FOREIGN KEY (ApplicantId)
    REFERENCES Applicant(ApplicantId) ON DELETE CASCADE
) ENGINE = InnoDB;
```

24.4.3 创建多对多关系

多对多关系是对一对多和多对一关系的自然扩展。在多对多关系中，关系的每一边都可以关联到关系另一边的多个实体。一个常见的样例是学校和学生之间的关系。一个学校可以有许多学生，一个学生也可以有多个学校。因此，School 实体可以有一个学生的 Set、List 或者 Map，Student 实体也可以有一个 School 的 Set、List 或者 Map。

我们可以使用@javax.persistence.ManyToMany 注解宣告多对多关系的一边或两边。它包含了我们常用的 cascade、fetch 和 mappedBy 特性。并且只有在宣告的关系是双边的情况下，我们才必须指定 mappedBy 特性，并且如往常一样它的值必须指向关系的另一边的属性。只可以在关系的一边指定 mappedBy(非拥有者这一边，无论以什么方式定义的所有关系)。

在宣告多对多关系时(单边或双边)，JPA 供应商将尝试猜测连接表的名称和它的列。出于理性，最好删除猜测变量并指定@javax.persistence.JoinTable 注解。只将该变量添加到关系的所有者一边(与指定 mappedBy 相反的另一边)。除了表名和其他细节，该注解包含了 joinColumns 和 inverseJoinColumns 特性。使用 joinColumns 指定一个或多个@JoinColumns，用于表示“该”实体的主键被映射到的一个列或多个列。同样地，使用 inverseJoinColumns 指定一个或多个@JoinColumns，用于表示另一个实体(被拥有)的主键所映射到的一个或多个列。在之前描述的 School 和 Student 样例中，School 实体的映射应该如下所示：

```
@ManyToMany(fetch = FetchType.LAZY)
@JoinTable(name = "School_Student",
        joinColumns = { @JoinColumn(name = "SchoolId") },
```

```
        inverseJoinColumns = { @JoinColumn(name = "StudentId") })
    public List<Student> getStudents() { ... }
    public void setStudents(List<Student> students) { ... }
```

24.5 处理其他常见的情况

还有一些其他的常见情况存在，它们都是非常容易解决的，不需要单独拿出整节内容进行讲解。不要因此就认为它们没什么用；其中一些是非常有用的。这些主题包括版本化实体、定义通用实体祖先、在实体中添加 Collection 和 Map，所有这些都将在本章进行讲解。

24.5.1 使用修订和时间戳版本化实体

在最简单的情况下，我们可以采取任意的方式版本化目标实体。JPA 提供者将把版本属性当作其他普通的属性一样对待，正常地持久化和获取它。不过，我们可以定义一些特殊类型的版本属性，帮助 JPA 提供者保证完整性并避免在执行合并操作时产生的并发修改问题。为了创建这样的属性，可以使用@javax.persistence.Version 注解进行标注。

@Version 属性的类型可以是 int、Integer、long、Long、short、Short 或者 Timestamp(将来还可能使用 Instant)。千万不要手动设置@Version 属性的值；JPA 提供者会自动设置。在向数据库写入实体的改动时，提供者将会在 UPDATE 语句中增加该版本号，并包含一个 WHERE 子句，如果版本已经发生了变化，那么该子句的结果将为假。例如，如果版本化实体的表为 MyEntity，@Id 属性列是 EntityId 并且@Version 属性列是 VersionNumber(整数)，那么 UPDATE 语句应该类似于下面的语句：

```
UPDATE MyEntity SET [other values[,...]], VersionNumber = VersionNumber + 1
  WHERE EntityId = ? AND VersionNumber = ?;
```

如果该语句无法成功更新任何记录，那么表示一些其他线程已经删除或更新了实体。如果发生这样的情况，JPA 提供者将抛出 javax.persistence.OptimisticLockException 异常。

因为手动设置@Version 属性是糟糕的，并且可能在应用程序中引起严重的问题，所以最佳实践就是：使设置方法变成保护的或者包内私有的，从而减少某些代码不小心设置它的可能性。

了解乐观锁和悲观锁

乐观锁允许两个或多个线程同时读取相同的实体，但只允许其中一个线程更新实体。这也将阻止对实体的并发修改。不过，如果你希望锁定数据库的一行，从而保证一个线程可以在任意指定的时间读取该实体，那么可以在 EntityManager 中任意支持 PESSIMISTIC_READ 的方法(即任何一次只影响一个实体的方法)上指定 javax.persistence.LockModeType 枚举常量 PESSIMISTIC_READ。在使用 Spring Data JPA 时，你可以通过在仓库接口上标注@org.springframework.data.jpa.repository.Lock 注解，并将 LockModeType.PESSIMISTIC_READ 指定为它的 value 特性值的方式实现。如果需要在父接口的方法上添加@Lock，那么在接口中覆盖它即可。

使用乐观锁时，可能会出现两种类型的失败。第一种是无法成功获得锁，导致数据库回滚该事务。这样的错误对于事务来说是致命的，它将导致 javax.persistence.PessimisticLockException 异常(如果 JTA 事务存在的话也会回滚)。不过，数据库锁失败可能只会导致回滚单个语句。在这种情况下，失败只是暂时的，而且它将导致 javax.persistence.LockTimeoutException 异常。对于 LockTimeoutException 异常的处理，无论是重新执行语句还是回滚事务，这都取决于你。在几乎所有的情况中，乐观锁都是足够的，你不应该启用悲观锁。

24.5.2　定义公共属性的抽象实体

在创建了几个实体之后，你可能会注意到它们至少会重复地包含一些相同的属性。例如，你可能意识到所有的实体都有 ID、创建日期、最后修改日期和@Version 属性。与每次创建实体时都重新定义这些实体相反，我们可以创建一个映射父类，只定义实体一次。

一个映射父类与普通实体非常相似。它不包含@Table 注解，而是使用@javax.persistence.MappedSuperclass 注解替代了@Entity 注解，但我们可以像使用普通实体一样映射其中的任意属性。映射父类中的属性总是映射到最终继承它的@Entity 类的表上。在继承层次中也不限制必须使用单个映射父类。我们可以定义许多映射父类，并使用一个实体继承所有作为它的祖先的映射父类的属性。

一个映射父类或者实体可以通过覆盖父类方法覆盖它继承的属性的列映射，并重新定义@Column 注解。不过，如果通过字段访问而不是方法访问，那么这种方式是无法工作的，在这种情况下，我们需要使用@AttributeOverride 标注类、在 name 特性中指定属性名，并提供新的@Column 定义。我们不能覆盖@Basic、@Lob、@Temporal、@Enumerated、@Convert 这样的注解和其他的 JPA 类型注解。如果一个映射父类定义了一个@Transient 属性，那么它的子类不能覆盖该属性使它变为非@Transient 的。同样地，一个映射父类或实体也不能覆盖来自于它的祖先之一的非@Transient 方法，并使它变成@Transient 的。

Advanced-Mappings 项目中的映射实体 BaseEntity 定义了简单的 id 属性，所有继承它的实体都需要该属性。另一个映射父类 VersionedEntity 继承了 BaseEntity，用于为乐观锁指定一个@Version 属性。最后，映射父类 AuditedEntity 继承了 VersionedEntity，并指定了创建日期和修改日期属性。

```
@MappedSuperclass
public abstract class BaseEntity
{
    private long id;

    @Id
    @GeneratedValue(strategy = GenerationType.IDENTITY)
    public long getId() { ... }
    public void setId(long id) { ... }
}

@MappedSuperclass
public abstract class VersionedEntity extends BaseEntity
{
    private long version;

    @Version
    @Column(name = "Revision")
    public long getVersion() { ... }
    void setVersion(long version) { ... }
}
```

```
@MappedSuperclass
public abstract class AuditedEntity extends VersionedEntity
{
    private Instant dateCreated;
    private Instant dateModified;

    @Convert(converter = InstantConverter.class)
    public Instant getDateCreated() { ... }
    public void setDateCreated(Instant dateCreated) { ... }

    @Convert(converter = InstantConverter.class)
    public Instant getDateModified() { ... }
    public void setDateModified(Instant dateModified) { ... }
}
```

我们可以按需要创建出许多实体，它们将继承这些映射父类。接下来的 NewsArticle 实体继承了 AuditedEntity，并继承了所有父类的属性。它的 SQL 模式将反映出被覆盖的 id 属性列名。

```
@Entity
@AttributeOverride(name = "id", column = @Column(name = "ArticleId"))
public class NewsArticle extends AuditedEntity
{
    private String title;
    private String content;

    @Basic
    public String getTitle() { ... }
    public void setTitle(String title) { ... }

    @Basic
    public String getContent() { ... }
    public void setContent(String content) { ... }
}

CREATE TABLE NewsArticle (
  ArticleId BIGINT UNSIGNED NOT NULL AUTO_INCREMENT PRIMARY KEY,
  Revision BIGINT UNSIGNED NOT NULL,
  DateCreated TIMESTAMP(6) NULL,
  DateModified TIMESTAMP(6) NULL,
  Title VARCHAR(100) NOT NULL,
  Content TEXT NOT NULL
) ENGINE = InnoDB;
```

如同@Entity 类一样，@MappedSuperclass 类必须在持久化单元中注册为受管理的类。这意味着要么必须在持久化单元配置的<class>或者<jar-file>元素中指定它们，并禁止持久化单元配置中的<exclude-unlisted-classes>，要么必须将它们包含在 Spring 的 LocalContainerEntityManagerFactoryBean 将要扫描的类中。将 BaseEntity、VersionedEntity 和 AuditedEntity 添加到 com.wrox.site.entities 包中，它们将自动被发现并添加到持久化单元中。

24.5.3 映射基本的和内嵌的集合

到目前为止，我们已经创建了含有基本的和可内嵌类型属性以及值为其他实体集合的属性的实体。不过，有时我们只需要使用基本的或者内嵌类型的一个简单集合。例如，一个雇员通常有多个电话号码和地址。我们可以添加两个或三个电话号码属性和两到三个地址属性，但为什么要采用这种方式呢？它不仅违反了数据库的范式，还违反了良好的面向对象实践。根据它们的顺序是否重要，使用电话号码和地址的 List 或者 Set 更加合理。在 JPA 中，使用@javax.persistence.ElementCollection 注解将字段标记为一个基本的或者内嵌类型的集合。

@ElementCollection 有一个 targetClass 特性，在特定的情况下可以使用也可以不使用它。它指定了 Collection 中存储的元素的类型。如果使用的是未指定类型的 Collection(永远也不应该这样做，因为这是不安全的)，那么必须指定 targetClass 特性。不过，只要使用了泛型(例如 List<String>或者 Set<Address>)，JPA 提供者就可以自动发现元素类型(String、Address)，并且不可以指定 targetClass 特性。特性 fetch 表示 Collection 值应该使用即时加载的方式还是延迟加载的方式从数据库读取，默认值为 FetchType.LAZY。

现在你可能希望知道之前描述的内嵌类型有什么限制：它们必须与包含它们的实体存储在相同的表中。这只是其中一个限制。如果它们是集合属性的一部分，那么它们可以存储在不同的表中。在这种情况下，集合默认存储在一个名字等于实体表名加上下划线再加上属性名的表中。基于类型和属性名也可以对列名作出一些推断。请考虑下面的样例 Employee 实体。

```
@Entity
public class Employee
{
    private long id;
    private String firstName;
    private String lastName;
    private List<String> phoneNumbers = new ArrayList<>();
    private Set<Address> addresses = new HashSet<>();

    @Id
    @Column(name = "EmployeeId")
    @GeneratedValue(strategy = GenerationType.IDENTITY)
    public long getId() { ... }
    public void setId(long id) { ... }

    @Basic
    public String getFirstName() { ... }
    public void setFirstName(String firstName) { ... }

    @Basic
    public String getLastName() { ... }
    public void setLastName(String lastName) { ... }

    @ElementCollection(fetch = FetchType.EAGER)
    public List<String> getPhoneNumbers() { ... }
    public void setPhoneNumbers(List<String> phoneNumbers) { ... }

    @ElementCollection(fetch = FetchType.LAZY)
    public Set<Address> getAddresses() { ... }
    public void setAddresses(Set<Address> addresses) { ... }
}
```

使用了这些默认的映射之后，Employee 的电话号码将被认为是保存在数据库表 Employee_

PhoneNumbers 中，并且该表含有一个名为 EmployeeId 的外键列，以及一个包含了电话号码的 PhoneNumber 列。Employee 的地址被认为是保存在 Employee_Addresses 表中，该表也有一个 EmployeeId 外键列。不过，因为本章之前创建的 Address 类是一个拥有自己映射的可内嵌类型，所以 JPA 提供者不必为它做出这些假设，它会知道对应的列为 Address_Street、Address_City、Address_State、Address_Country、PostalCode_Code 和 PostalCode_Suffix。这些可能不是你希望使用的名字，所以你可以自定义名字：

```
@Entity
public class Employee
{
    ...
    @ElementCollection(fetch = FetchType.EAGER)
    @CollectionTable(name = "Employee_Phone", joinColumns = {
            @JoinColumn(name = "Employee", referencedColumnName = "EmployeeId")
    })
    @OrderColumn(name = "Priority")
    public List<String> getPhoneNumbers() { ... }
    public void setPhoneNumbers(List<String> phoneNumbers) { ... }

    @ElementCollection(fetch = FetchType.LAZY)
    @CollectionTable(name = "Employee_Address", joinColumns = {
            @JoinColumn(name = "Employee", referencedColumnName = "EmployeeId")
    })
    @AttributeOverrides({
            @AttributeOverride(name = "street", column =@Column(name = "Street")),
            @AttributeOverride(name = "city", column = @Column(name = "City")),
            @AttributeOverride(name = "state", column = @Column(name = "State")),
            @AttributeOverride(name = "country", column=@Column(name = "Country"))
    })
    public Set<Address> getAddresses() { ... }
    public void setAddresses(Set<Address> addresses) { ... }
}
```

通过使用@javax.persistence.CollectionTable 注解可以自定义表名和它连接的列。通过使用@javax.persistence.OrderColumn 可以指定 Collection 中元素的排序列(这只能作用于 List，而不能作用于 Set)。在保存了基本类型的 Collection 中，可以使用@Column 指定集合表中存储这些值的列名。不过，如果集合保存的是内嵌类型，那么必须使用@AttributeOverride 和@AttributeOverrides 注解。按照这里的映射来说，Employee 实体将保存在下面的 MySQL 模式中：

```
CREATE TABLE Employee (
  EmployeeId BIGINT UNSIGNED NOT NULL AUTO_INCREMENT PRIMARY KEY,
  FirstName VARCHAR(50) NOT NULL,
  LastName VARCHAR(50) NOT NULL
) ENGINE = InnoDB;

CREATE TABLE Employee_Phone (
  Employee BIGINT UNSIGNED NOT NULL,
  Priority SMALLINT UNSIGNED NOT NULL,
  Number VARCHAR(20) NOT NULL,
  CONSTRAINT Employee_Phone_Employee FOREIGN KEY (Employee)
    REFERENCES Employee (EmployeeId) ON DELETE CASCADE
```

```
) ENGINE = InnoDB;

CREATE TABLE Employee_Address (
  Employee BIGINT UNSIGNED NOT NULL,
  Street VARCHAR(100) NOT NULL,
  City VARCHAR(100) NOT NULL,
  State VARCHAR(100) NULL,
  Country VARCHAR(100) NOT NULL,
  PostalCode_Code VARCHAR(10) NOT NULL,
  PostalCode_Suffix VARCHAR(5),
  CONSTRAINT Employee_Address_Employee FOREIGN KEY (Employee)
    REFERENCES Employee(EmployeeId) ON DELETE CASCADE
) ENGINE = InnoDB;
```

注意：除了可内嵌的类型和标准的基本类型外，也可以在 Collection 属性中存储需要转换的类型。使用@Convert 标注 Collection 属性，就像它是任何其他的基本属性一样。

24.5.4 持久化含有键值对的 Map

尽管@ElementCollection 的名字表示它只能作用于 Collection 属性，但@ElementCollection 其实也可以用于标记 Map 属性。Map 属性总是将键和值保存在相同的表中，该表与 Collection 属性有着相同的默认名，而且也可以使用@CollectionTable 自定义该表的名称。使用@Column 指定存储 Map 值的列名，使用@javax.persistence.MapKeyColumn 指定存储 Map 键的列名。Map 属性也总是应该使用泛型，但如果出于某些原因它们不能使用，那么请使用@ElementCollection 的 targetClass 特性指定值的类型，并使用@javax.persistence.MapKeyClass 指定键所属的类型。

键和值都可以是任意的基本类型，包括枚举和时间类型、任何需要特性转换器的类型和任意的可内嵌类型。如同 Collection 属性一样，不需要在键或值是可内嵌类型的 Map 属性上指定@Embedded 注解。枚举类型与基本属性的语义相同，可以使用常用的@Enumerated 注解为 Map 值覆盖这些语义，使用@javax.persistence.MapKeyEnumerated 注解为键覆盖这些语义。同样地，也可以使用常用的@Temporal 为值自定义时间类型的语义，使用@javax.persistence.MapKeyTemporal 为键自定义时间类型的语义。

使用 Map 属性存储某些在编译时无法获知的补充实体属性是很棒的一种方式，例如自定义字段。下面新的 Employee 属性和它被映射到的表演示了这一点：

```
@Entity
public class Employee
{
    ...
    private Map<String, String> extraProperties = new HashMap<>();

    ...

    @ElementCollection(fetch = FetchType.EAGER)
```

```
    @CollectionTable(name = "Employee_Property", joinColumns = {
            @JoinColumn(name = "Employee", referencedColumnName = "EmployeeId")
    })
    @Column(name = "Value")
    @MapKeyColumn(name = "KeyName")
    public Map<String, String> getExtraProperties() { ... }
    public void setExtraProperties(Map<String, String> extraProperties) { ... }
}
```

```
CREATE TABLE Employee_Property (
  Employee BIGINT UNSIGNED NOT NULL,
  KeyName VARCHAR(100) NOT NULL,
  Value VARCHAR(255) NOT NULL,
  CONSTRAINT Employee_Property_Employee FOREIGN KEY (Employee)
    REFERENCES Employee(EmployeeId) ON DELETE CASCADE
) ENGINE = InnoDB;
```

24.5.5　在多个表中存储实体

尽管这是不常见的场景，但是我们可以将实体存储在多个表中。不要将这一点与 Collection 或者 Map 属性存储在单独的表中的概念混淆——那是良好的规范方式所产生的目标结果。相反，这个特殊的场景将实体的基本属性存储在不同的表中，实际上是会破坏范式的。在一个荒唐的例子中，Employee 的名可能被存储在表 Employee1 中，而它的姓被存储在表 Employee2 中。这通常是遗留数据库的特征，对象关系映射的数据库设计改造或者单个表中的列数超出了底层数据库供应商允许的数目。

默认情况下，实体的所有的非Collection、非Map属性都被认为保存在主表中。主表就是在@Table中指定的表，或者在不使用@Table 的情况下与实体同名的表。如果实体的某些属性存储在副表中，那么应该使用@javax.persistence.SecondaryTable 注解标注它，指定表的名称和其他细节(可选的)。如果实体有多个副表，还可以使用@javax.persistence.SecondaryTables 对多个@SecondaryTable 注解进行分组。然后，实体中的每个属性应该被标记上@Column，表示它所属的表。@Id 属性必须总是保存在主表上。

我们会假定副表包含了一个与主表的主键列同名的列，并且该列应该是副表的主键。可以在@SecondaryTable 注解中自定义该列的细节。

尽管 Advanced-Mappings 项目中并未演示如何将实体映射到多个表中，但是 Employee 实体看起来有点像这样的场景：

```
@Entity
@Table(name = "Employee")
@SecondaryTables({
        @SecondaryTable(name = "Employee2", pkJoinColumns = {
                @PrimaryKeyJoinColumn(name = "Employee",
                        referencedColumnName = "EmployeeId")
        })
})
public class Employee
{
    ...

    @Id
```

```
    @Column(name = "EmployeeId")
    @GeneratedValue(strategy = GenerationType.IDENTITY)
    public long getId() { ... }
    public void setId(long id) { ... }

    @Basic
    @Column(name = "FirstName", table = "Employee")
    public String getFirstName() { ... }
    public void setFirstName(String firstName) { ... }

    @Basic
    @Column(name = "LastName", table = "Employee2")
    public String getLastName() { ... }
    public void setLastName(String lastName) { ... }

    ...
}
```

24.6 创建编程式触发器

在很大程度上，过去使用的关系数据库触发器应该如同业务逻辑一样存在于服务中。从数据库中移除所有的业务逻辑是最后一个步骤，完成该步骤之后就可以将业务完全地从应用程序的存储机制中抽象出来，并且可以在需要时轻松地切换存储机制。同样重要的是，它强化了一个观点：应用程序才是目标，数据库只是实现目标的一种方式。不过，有时实体仍然需要一点自己的持久化逻辑。典型的例子就是：更新版本化或者审计相关的字段(尽管你可能希望 Spring Data 为你处理它们)。尽管从严格意义上讲这与映射的关系并不密切，但是 JPA 允许在实体中添加特殊的注解，用于在 Java 代码中定义编程式触发器，而不是依赖于数据库触发器。

24.6.1 在 CRUD 操作之前或之后执行

通过创建一个执行目标逻辑的方法并标记上触发器注解，可以在实体上创建一个触发器。这些方法正式的名称是生命周期事件处理器或者生命周期事件回调方法，它们是实例方法，并且能够访问实体的所有属性。这意味着这些方法可以使用和修改任意的属性。除了在具体实体上标注方法，也可以标注用于创建触发器的映射父类的方法，这些触发器将可以映射到继承了映射父类的所有实体上。当然，这样的触发器可以安全地使用和修改映射父类以及它的祖先的属性。

@javax.persistence.PostLoad 注解定义了一个读触发器，该触发器将在实体构造并从结果集中填充之后执行。它是唯一一个没有对应的、在操作之前执行触发器注解的触发器注解，因为实体在构造之前是无法读取的。所有其他注解都在相同的包中，如下所示：

- @PrePersist 方法将在实体持久化之前执行：在 EntityManager 上的 persist 方法被调用之后，实体被真正地附着到 EntityManager 之前立即执行。注意：在长时间运行的事务中，在方法执行之后，实体被真正写入到数据库之前可能需要花费很长时间。
- @PostPersist 方法将在实体被真正地写入到数据库(在刷新或者提交期间，取决于哪个先发生)之后立即调用。在该方法被调用之后，事务仍然可以回滚。

- EntityManager 一发现实体发生了变化就会立即调用@PreUpdate 方法。理解这一点很重要：在使用 JPA 时，除非实例是在事务提交之后修改的，否则你不需要调用 merge 方法更新实体。调用实体上的任意一个设置方法都会改变实体，当事务提交时，即使你并未调用 merge 方法，这些改动也会被写入到数据库中。一旦实体被设置方法调用修改了，就会立即触发@PreUpdate 触发器。在长时间运行的事务中，在方法执行之后，实体被真正写入到数据库之前可能需要花费很长时间。
- @PostUpdate 方法将在实体的改动被写入到数据库之后立即执行。在该方法被调用之后，事务仍然可以回滚。
- 当实体被标记为从 EntityManager 删除之后，@PreRemove 方法将会立即执行。在长时间运行的事务中，在方法执行之后，实体被真正写入到数据库之前可能需要花费很长时间。
- @PostRemove 方法将在实体被真正从数据库删除之后立即调用。在该方法被调用之后，事务仍然可以回滚。

一个触发器方法可能被用作多个事件的触发器(例如，它可以被同时标注上@PrePersist 和@PreUpdate)，但是对于特定的事件，一个实体只能有一个方法处理该事件。这包括继承得来的触发器方法，这意味着实体中的@PostRemove 方法将会禁用它从映射父类中继承得来的@PostRemove 方法。不过，这不会禁止该方法上标注的其他事件的处理，例如@PostUpdate。

触发器方法必须返回 void 并且不能使用参数。它们的名字可以是任意的，而且可以是公开的、受保护的、包私有的或者私有的，但它们不能是静态的。为了阻止不正常的行为，它们永远不应该调用 EntityManager 或者 Query 方法，或者访问任何其他实体。如果一个触发器方法抛出了异常，那么事务将会回滚(例如，你可以使用触发器方法阻止非法的修改)。

之前创建的 Person 实体演示了所有不同触发器方法的使用，它们记录了实体的生命周期。

```
@Entity
public class Person
{
    ...

    private static final Logger log = LogManager.getLogger();

    @PostLoad void readTrigger()
    {
        log.debug("Person entity read.");
    }

    @PrePersist void beforeInsertTrigger()
    {
        log.debug("Person entity about to be inserted.");
    }

    @PostPersist void afterInsertTrigger()
    {
        log.debug("Person entity inserted into database.");
    }

    @PreUpdate void beforeUpdateTrigger()
    {
```

```
        log.debug("Person entity just updated by call to mutator method.");
    }

    @PostUpdate void afterUpdateTrigger()
    {
        log.debug("Person entity just updated in the database.");
    }

    @PreRemove void beforeDeleteTrigger()
    {
        log.debug("Person entity about to be deleted.");
    }

    @PostRemove void afterDeleteTrigger()
    {
        log.debug("Person entity about deleted from database.");
    }
}
```

24.6.2　使用实体监听器

实体监听器与之前讲解的触发器方法紧密相关。一个实体监听器是实体类之外定义触发器方法的一个构造函数。这些方法将被外部的触发器方法或者外部生命周期事件处理器调用，相对于之前学习的存在于实体类或者父类中的内部触发器方法而言。通过使用外部触发器方法可以保持逻辑与实体类的真正分离。实体监听器必须有公开的、无参构造函数，并且可以定义之前描述的任意的或者所有的触发器方法。不过，这里有一些细微的区别：

- 在实体监听器中定义的外部触发器方法必须有一个参数：触发生命周期事件的实体。可以将参数类型设置为模糊的(映射父类或者甚至是 Object)，或者设置为希望使用的具体类型(精确的实体类型)。
- 从映射父类中继承得到的实体监听器如同内部触发器方法一样，除了它们不会覆盖继承得来的实体监听器之外。这意味着，对于相同实体触发的特定生命周期事件可以执行多个触发器方法。

在执行触发器方法时，提供者首先将调用所有的外部触发器方法，然后调用所有的内部触发器方法。实体监听器中的外部触发器方法将从映射父类祖先的顶层开始执行，一直执行到真正的实体类。我们还可以定义默认的实体监听器，在所有其他监听器之前执行。这些实体监听器将作用在应用程序中的所有实体上，但只可以在映射文件(例如 orm.xml)中定义一个默认的实体监听器。

编写一个实体监听器类如同创建一个类并添加触发器方法一样简单。该类不需要实现任何接口或者继承任何父类(不过，当然它也可以实现或继承其他类型，如果它们有帮助的话)。在创建了实体监听器之后，我们需要使用@javax.persistence.EntityListeners 注解将它附着到实体上。可以将该注解添加到实体类或者映射父类上，从而将监听器附着到该实体类或者映射父类上，例如：

```
@EntityListeners(Listener1.class)
@MappedSuperclass
public abstract class AbstractEntity
{
    ...
}
```

```
@EntityListeners({ Listener2.class, Listener3.class })
@Entity
public class ConcreteEntity extends AbstractEntity
{
    ...
}
```

如果所创建的实体继承了一个映射父类，但我们不希望它继承被映射父类的实体监听器，那么可以使用@javax.persistence.ExcludeSuperclassListeners 标注实体。也可以使用@ExcludeSuperclass-Listeners 标注映射父类，阻止它和它的子类继承祖先的监听器。同样地，也可以在实体或者映射父类上标注@javax.persistence.ExcludeDefaultListeners，为它和它的子类排除所有的默认监听器。

24.7　简化客户支持应用程序

在学完本章讲解的工具之后，我们可以对本书一直在使用的客户支持应用程序做出许多改进。接下来，我们将停止把 Ticket 用作 TicketEntity 的 DTO，删除 TicketEntity，并开始直接将 Ticket 用作实体。使用本章之前创建的 InstantConverter 可以实现这一点。

我们还可以定义 Ticket 和 Attachment 之间的关系，在获取 Ticket 实体时自动获取它的附件。说到附件，现在我们可以通过使用连接表和关系(类似于附件与 Ticket 的关系)，在 TicketComment 中添加附件。还可以直接将 UserPrincipal 关联到一个 Ticket 或者 TicketComment。最后，还可以保证 Attachment 的内容总是延迟加载的，这样在列出 Ticket 的附件和它的评论时就不会一次性加载数百兆的数据。从 wrox.com 代码下载站点下载的 Customer-Support-v18 项目中完成了这些修改。

24.7.1　映射附件的集合

因为我们现在将同时在 Ticket 和 TicketComment 中使用 Attachment，所以 Attachment 实体不再需要 ticketId 属性，对应的表也不再需要 TicketId 列。相反，使用下面的连接表将 Attachment 关联到 Ticket 和 TicketComment(代码在 create.sql 文件中)。

```
USE CustomerSupport;

CREATE TABLE Ticket_Attachment (
  SortKey SMALLINT NOT NULL,
  TicketId BIGINT UNSIGNED NOT NULL,
  AttachmentId BIGINT UNSIGNED NOT NULL,
  CONSTRAINT Ticket_Attachment_Ticket FOREIGN KEY (TicketId)
    REFERENCES Ticket (TicketId) ON DELETE CASCADE,
  CONSTRAINT Ticket_Attachment_Attachment FOREIGN KEY (AttachmentId)
    REFERENCES Attachment (AttachmentId) ON DELETE CASCADE,
  INDEX Ticket_OrderedAttachments (TicketId, SortKey, AttachmentId)
) ENGINE = InnoDB;

CREATE TABLE TicketComment_Attachment (
  SortKey SMALLINT NOT NULL,
  CommentId BIGINT UNSIGNED NOT NULL,
  AttachmentId BIGINT UNSIGNED NOT NULL,
  CONSTRAINT TicketComment_Attachment_Comment FOREIGN KEY (CommentId)
    REFERENCES TicketComment (CommentId) ON DELETE CASCADE,
```

```
  CONSTRAINT TicketComment_Attachment_Attachment FOREIGN KEY (AttachmentId)
    REFERENCES Attachment (AttachmentId) ON DELETE CASCADE,
  INDEX TicketComment_OrderedAttachments (CommentId, SortKey, AttachmentId)
) ENGINE = InnoDB;
```

如果你已经运行了客户支持应用程序之前的版本，那么就需要将 TicketId 列中的数据迁移到表 Ticket_Attachment 中，并删除该列。如下面的语句所示(create.sql 文件被注释掉的部分)。

```
USE CustomerSupport;

INSERT INTO Ticket_Attachment (SortKey, TicketId, AttachmentId)
    SELECT @rn := @rn + 1, TicketId, AttachmentId
        FROM Attachment, (SELECT @rn:=0) x
        ORDER BY TicketId, AttachmentName;
CREATE TEMPORARY TABLE $minSortKeys ENGINE = Memory (
  SELECT min(SortKey) as SortKey,TicketId FROM Ticket_Attachment GROUP BY TicketId
);
UPDATE Ticket_Attachment a SET a.SortKey = a.SortKey - (
  SELECT x.SortKey FROM $minSortKeys x WHERE x.TicketId = a.TicketId
) WHERE TicketId > 0;
DROP TABLE $minSortKeys;
ALTER TABLE Attachment DROP FOREIGN KEY Attachment_TicketId;
ALTER TABLE Attachment DROP COLUMN TicketId;
```

映射 Ticket-Attachment 和 TicketComment-Attachment 关系是非常简单的。首先，Ticket 不再有按照名字获取附件的 getAttachment 方法。Attachment 不再严格与 Ticket 相关联，所以每次读取必须使用 ID，而不是名字。下面的映射连接了 Ticket 和 Attachment 实体：

```
@OneToMany(fetch = FetchType.LAZY, cascade = CascadeType.ALL,
        orphanRemoval = true)
@JoinTable(name = "Ticket_Attachment",
        joinColumns = { @JoinColumn(name = "TicketId") },
        inverseJoinColumns = { @JoinColumn(name = "AttachmentId") })
@OrderColumn(name = "SortKey")
@XmlElement(name = "attachment")
@JsonProperty
public List<Attachment> getAttachments()
{
    return this.attachments;
}
```

而下面的映射连接了 TicketComment 和它的 Attachment：

```
@OneToMany(fetch = FetchType.EAGER, cascade = CascadeType.ALL,
        orphanRemoval = true)
@JoinTable(name = "TicketComment_Attachment",
        joinColumns = { @JoinColumn(name = "CommentId") },
        inverseJoinColumns = { @JoinColumn(name = "AttachmentId") })
@OrderColumn(name = "SortKey")
@XmlElement(name = "attachment")
@JsonProperty
public List<Attachment> getAttachments()
{
    return this.attachments;
}
```

注意：票据的附件是延迟加载的，而评论的附件是即时加载的。为什么呢？在列出票据的时候，我们并不需要列出附件。因此，没有理由要加载不需要的信息。相反，在 DefaultTicketService 中可以告诉 Hibernate，在事务的过程中调用附件列表上的方法单独为每个票据加载附件(记住：getNumberOfAttachments 将调用 List<Attachment>的 size 方法)。

```
@Override
@Transactional
public Ticket getTicket(long id)
{
    Ticket ticket = this.ticketRepository.findOne(id);
    ticket.getNumberOfAttachments();
    return ticket;
}
```

不过，这不同于评论。当查看票据并列出评论时，你也会希望列出它们的附件。因此，需要即时加载评论的附件列表。因为 Attachment 在这些实体间是共享的，所以它们的关系是单向的(Attachment 没有@ManyToOne 的 Ticket 或者 Comment 属性)。Attachment 没有任何指向 Ticket 或者 TicketComment 的导航属性。

这个改动的优点之一是：DefaultTicketService 变得更加简洁。不再需要在 DTO 和实体之间进行转换，消除了许多代码。你可以在下载的项目中查看重构后的服务，还有更新后的控制器和视图。

24.7.2 使用加载时织入延迟加载简单属性

现在票据和它们的评论都可以有附件了，查看票据时也不需要再加载大量数据。如果票据有几个 10 兆的附件，并且每个评论都有几个 10 兆大小的附件，那么查看一个票据可能会导致加载数百兆不必要的数据。这可能会引起严重的性能问题。我们真正需要做的就是延迟加载 Attachment 的 contents 属性：

```
@Lob
@Basic(fetch = FetchType.LAZY)
@XmlElement
@XmlSchemaType(name = "base64Binary")
@JsonProperty
public byte[] getContents()
{
    return this.contents;
}
```

然后在 DefaultTicketService 中，只有需要获得单个票据(用于下载)时才加载该内容：

```
@Override
@Transactional
public Attachment getAttachment(long id)
{
    Attachment attachment = this.attachmentRepository.findOne(id);
    if(attachment != null)
        attachment.getContents();
    return attachment;
}
```

不过，这并不简单。对于 Map 和 Collection(List 和 Set)这样的属性来说，延迟加载是可以自动的，因为它们都是接口，而且 Hibernate ORM 为这些接口都创建了代理实现，只有在以某种方式(计算大小、遍历等)使用 Map 或者 Collection 属性时才会运行必要的查询加载数据。如果希望延迟加载 byte[]或者 String、@OneToOne 或者@ManyToOne 这样类型的简单属性，那么 Hibernate 必须对实体的字节码做出修改，保证它可以拦截获取这些属性的方法调用。在不进行一些配置的情况下，它无法完成这个工作。

首先，我们必须创建一个支持字节码织入的环境。有三种不同的方式可以实现：

- 将一个 Java 代理附着到 JVM 上(请查看 java 命令的-agent 参数)，它将使用一个类文件转换器进行检测，并在必要时转换 JVM 的类加载器加载的所有类。不过，这对于应用服务器或者 Servlet 容器环境来说有点过于笨重。我们需要通过某种方式将它应用到单个应用程序上。
- 使用 Hibernate 的 org.hibernate.tool.instrument.InstrumentTask Ant 任务(要么在 Ant 脚本中使用，要么通过 Maven POM 中的 Ant 插件使用)。该任务将在编译时修改实体的字节码，就在编译之后、部署应用程序之前。其他的 O/RM 将提供类似的机制在编译时修饰字节码。
- 使用加载时字节码织入。请查看 Customer-Support-v18 项目最后采用的方式。

使用 Spring Framework 的加载时织入特性时，我们可以在加载类文件时，使用几个可插拔 org.springframework.instrument.classloading.LoadTimeWeaver 实现中的一个转换类。默认的实现是：之前提到的使用 Java 代理实现，但在这里不是必须的。一个更好的选项是：使用织入器，它将使用容器提供的可编入字节码的 ClassLoader。

GlassFish、JBoss、WebLogic 和 WebSphere 都提供了可编入字节码的 ClassLoader，Spring 可以使用它们。在 Tomcat 8.0 之前，我们必须要告诉 Tomcat 使用一个特殊的 ClassLoader(由 Spring 提供)，该 ClassLoader 继承了默认的 Tomat ClassLoader。不过，现在 Tomcat 8.0 提供了一个 Spring 可以自动使用的 ClassLoader。

配置 Spring Framework 的加载时织入，就是在 RootContextConfiguration 中添加@org.springframework.context.annotation.EnableLoadTimeWeaving 注解这样简单。它将自动检测并使用 Tomcat 的可编入 ClassLoader。使用一个额外的 Hibernate 属性告诉 Hibernate ORM 使用这个加载时织入。

```
...
@EnableLoadTimeWeaving
...
public class RootContextConfiguration implements
        AsyncConfigurer, SchedulingConfigurer, TransactionManagementConfigurer
{
    ...
    @Bean
    public LocalContainerEntityManagerFactoryBean entityManagerFactoryBean()
    {
        ...
        properties.put("hibernate.ejb.use_class_enhancer", "true");
        ...
    }
    ...
}
```

最后一个必须考虑的事情是：这些实体的 XML 和 JSON 序列化。不过，在这些类中编入字节码时(在编译时以静态的方式、使用代理或者使用加载时动态织入)，Hibernate 可能在实体中添加任意数量未指定的字段和方法。这没有问题，因为它们不会影响这些实体的正常使用，但是 JAXB(用于 XML 序列化)和 Jackson Data Processor(用于 JSON 序列化)，不知道如何处理这些字段和方法。这个问题的解决方案是：使用@XmlAccessorType 和@JsonAutoDetect 告诉 JAXB 和 Jackson 默认忽略实体的属性，在希望序列化的属性上添加@XmlElement 和@JsonProperty，并从不希望序列化的属性上移除@XmlTransient 和@JsonIgnore。

```
...
@XmlAccessorType(XmlAccessType.NONE)
@JsonAutoDetect(creatorVisibility = JsonAutoDetect.Visibility.NONE,
        fieldVisibility = JsonAutoDetect.Visibility.NONE,
        getterVisibility = JsonAutoDetect.Visibility.NONE,
        isGetterVisibility = JsonAutoDetect.Visibility.NONE,
        setterVisibility = JsonAutoDetect.Visibility.NONE)
public class Ticket implements Serializable
{
    ...
    @XmlElement
    @JsonProperty
    public long getId() { ... }
    ...
}

...
@XmlAccessorType(XmlAccessType.NONE)
@JsonAutoDetect(...)
public class TicketComment implements Serializable
{
    ...
    @XmlElement
    @JsonProperty
    public long getId() { ... }
    ...
}

...
@XmlAccessorType(XmlAccessType.NONE)
@JsonAutoDetect(...)
public class Attachment implements Serializable
{
    ...
    @XmlElement
    @JsonProperty
    public long getId() { ... }
    ...
}
```

当你查看了客户支持应用程序的所有改动之后，请编译项目，从 IDE 中启动 Tomcat，并在浏览器中访问 http://localhost:8080/support。登录，创建一个或两个票据，添加一些含有附件的评论检查应用程序是否正常工作。如果在 TicketController 的 view/{ticketId}方法上添加断点的话，你可以看到票据附件和票据评论的 contents 字段都为 null。只有通过 attachment/{attachmentId}方法下载时内容才会被加载。

注意：你可能会注意到 RESTful 和 SOAP Web service 不再工作了。这是因为 Ticket 要求传入一个 UserPrincipal，而且不会存储它。第 28 章在讲解如何保护 Web service 的安全时会解决这个问题。

24.8　小结

本章讲解了 JPA 中映射实体相关的所有内容。它讲解了如何创建属性转换器处理非标准类型和使用@Embeddable 和@Embedded 在实体中内嵌的 POJO，并在自动加载或者延迟加载的实体之间创建了关系。本章还讲解了如何版本化实体、创建通用的实体祖先、在实体中添加简单和内嵌值的 Collection 和 Map、在多个表中存储实体以及如何在 Java 代码中创建触发器，这些触发器将在各种 CRUD 操作执行之前或者之后执行。本章还简化了客户支持应用程序：移除了 DTO、简化了它的服务层、使用附件增强了附件评论。

这就是本书第III部分的全部内容了。它并未涵盖 JPA 和它的 API 的全部细节，而且它忽略了许多 XML 映射语法，这些 XML 语法是注解的替代方式。相反，它专注于一些应用程序每天都需要使用的关键工具，并展示了如何结合库(Spring Framework、Spring Data JPA 和 Hibernate Search)以更聪明的方式使用这些工具。关于 JPA 仍然有一些需要你了解的细节，例如它的 XML 映射语法，现在你可以下载 http://download.oracle.com/otndocs/jcp/persistence-2 _1-fr-eval-spec/index.html 中的规范并轻松地理解它们。

在第IV部分，本书的最后一部分，我们将学习如何使用 Spring Security 和相关的工具保护应用程序不受未授权访问的威胁。

第Ⅳ部分

使用Spring Security保护应用程序

- 第 25 章：介绍 Spring Security
- 第 26 章：使用 Spring Security 验证用户
- 第 27 章：使用授权标签和注解
- 第 28 章：使用 OAuth 保护 RESTful Web 服务

第25章

介绍 Spring Security

本章内容：

- 了解认证和授权
- 集成 Spring Security

本章需要从 wrox.com 下载的代码

本章没有可下载的代码。

本章新增的 Maven 依赖

本章没有新增的 Maven 依赖。继续使用之前所有章节引入的依赖即可。

25.1 认证的概念

当许多人想到认证时，他们会认为这是一种决定某人是否可以访问系统的机制。尽管这个过程与认证相关，但它实际上是授权。当你检查某人是否有权限访问某些系统、构建、文件或者其他项目时，你在检查的是：他们是否被授权以要求使用的模式使用目标资源。授权的第一步就是认证。公司的总裁可能被授权查看一些机密文件，但直到你认证了他的身份，否则无法确定他到底真的是总裁本人或者其他人装扮成了总裁。如果他是某人装扮的总裁，那么你不应该让他通过认证，因此也不应该为他授权。

你每天都会遇到认证和授权。当你早上登录计算机网络开始工作时，它将验证你并创建你的身份。接下来，你在网络中的权限将根据你的身份决定你被授权访问哪个系统。如果一天下午你要到学校接自己的侄女，因为她的父母被堵在了路上，那么学校首先将检查你的 ID，确认你是否是本人。这就是认证。然后他们将检查女孩的文件，查看你的名字是否在被授权接她的名单中。假设是这样并且只有这样的时候，他们才会让你带她离开。如果你要进入一个军事设施，他们会立即检查你的 ID，保证你就是本人。有时，他们会进行更深入的检查，例如指纹或者视网膜扫描，以更安全的方式对你进行认证。他们可能会问你“当前的颜色”或者“当天的密码”。当他们被说服你的认证是有效的时候，他们会检查你是否被授权访问你尝试访问的区域。

尽管认证和授权都是必需的，并且它们之间有着千丝万缕的联系，但它们并不是相同的概念。继续往下学习的时候，你必须记住它们的区别。本章将学习认证和授权相关的细微差别和相关技术。然后我们将学习 Spring Security，这是一个在本书的第Ⅳ部分、也是最后一部分中使用的框架，它将为 Web 应用程序添加安全特性。

25.1.1　集成认证

尽管它不必是在应用程序中集成的第一个安全组件，但认证是用户参与被保护的活动或者访问应用程序中被保护资源时必须接受的第一步。无论他们是通过信任的第三方认证还是直接通过应用程序提供的机制认证，用户都必须在你可以为他们授权之前建立自己的身份。如何实现这一点是一个非常有意思的话题。创建认证机制可以采取的方式有数十种之多。其中一些比另一些更好，但大多数都是相同的。使用哪种机制很大程度上取决于特殊的业务和安全需求，并且通常这是由用户的期望和技术理解所驱动的。

1. 匿名认证

匿名认证是现存的最简单的认证形式。你可能会思考“匿名认证实际上是如何认证的呢？我认为认证就是与检验某人的身份相关。”这句话可能是真的，因为它完全是相对于你的身份的定义而言的。例如，你可能需要确定访问当前页面的浏览器必须与几分钟之前访问之前页面的浏览器是同一个浏览器。HTTP 会话通过会话 ID 令牌的方式实现这个需求。因为浏览器将会在每次访问网站的页面时把相同的会话 ID 令牌发送到服务器，所以可以将属于相同身份的这些请求绑定在一起。你可能不关心访问者到底是谁。相反，你只希望知道它是否是同一个人。这就是匿名认证的一种形式。

更广泛地讲，你可以将匿名认证看作是不使用任何其他形式认证的认证。大多数 Web 应用程序都支持匿名验证。例如，Twitter 支持查看用户的消息、话题趋势和更多内容，而无须“登录”。这就是匿名认证。不过，如果你希望将一些信息推送给用户或者接收其他用户的信息，那么就必须通过某种方式认证你已经创建的 Twitter ID。

许多站点允许你在使用匿名认证的情况下，执行一些基本的任务并访问一些资源，只有当你希望执行受保护的活动或者访问受保护的资源时，才需要获得更高级别的认证。网络上许多网站的论坛中都是这样的，通常你可以使用匿名的方式访问所有的帖子，但只有在认证之后才能创建新的帖子。当然也有一些其他的网站完全不需要认证——可以通过匿名认证做任何事情。某些网站，尽管很少见，不允许以匿名的方式查看任何信息。本章一直使用的客户支持应用程序就是这样一个禁止匿名认证的样例。

2. 密码认证

毫无疑问，当你还是孩子的时候，你可能会要求朋友参观你的某种城堡、会所或者树屋。在他们可以进入之前，你可能会向他们索要“密码”。如果你没有收到授权他们进入的密码，那么他们就不能进入。你不用问他们的用户名和密码，那太复杂了。你只希望知道他们是否知道“密码”。使用密码的最早记录来自于古罗马，当时罗马军队使用密码(被称为口令)认证他们所遇到的军队成员。这是非常重要的，因为军队如此庞大，大多数成员都不知道有其他的成员。识别朋友和敌人的唯一方式就是索要密码。如果是知道密码的人，那么他们就是朋友。如果不知道，他们就是敌人。

该系统的一个问题可能已经立即变得非常明显。罗马的敌人最终发现了这一点，他们遇到罗马军人时会在罗马军人索要密码之前先发声索要。罗马军人会立即说出密码，并未意识到他正在把密码泄露给敌人，然后敌人将会恶意地使用该密码。为了解决这个问题，密码的使用最终演变成了密码和反密码的使用。在第二次世界大战中，美国第一百零一空降师在法国诺曼底的诺曼底登陆战役中使用了密码和反密码。伞兵会喊出密码“闪光”作为 盘问，然后地面部队将回应“雷”。就这样伞兵和地面军队就共同建立了他们美国军队的身份。

这种密码和反密码的方式非常类似于 Web 应用程序中涉及的现代方式，用户会在提供他们的用户认证证书之前，期望 HTTPS 证书验证网站的身份。如果用户将自己的身份提供给了一个伪装为目标网站的欺诈网站，那么该网站将可以使用这些证书实施一些恶意的活动。共同的认证将帮助阻止这样的攻击——这被称为中间人攻击。

最早使用的电脑密码验证记录发生在 1961 年的 MIT，它的兼容分时系统有一个 LOGIN 命令，要求使用用户密码才能访问分时资源。从那时起，保护计算机和网站的密码就变成了永不停止的战争。在 1970 年，Robert Morris 在使用 UNIX 系统工作时，提出了存储密码的单向散列值的想法，而不是存储密码自身。从理论上讲，因为这些散列值是不可逆的，所以黑客无法分析出实际的密码并使用它们访问受保护的资源。存储单向散列的技术一直持续到今天，并且仍然是保护用户密码最安全的方式(万一密码数据存储被破解了的话)。

当然，你可能知道哈希破解硬件和软件已经变得越来越先进，计算哈希值的算法不得不变得随之发展，始终保持在破解者之前。现代密码破解计算机含有多达 30 个图形处理单元(GPU)。通常在显示器上渲染图形时所采用的 GPU 需要进行密集的数字计算，所以与标准的 CPU 相比，它更适合于快速计算密码的哈希值。另外，创建一个含有数十个 GPU 的系统要比创建一个含有数十个 CPU 的系统要简单。通过使用可以利用该能力的特殊软件，黑客每秒可以生成数十亿个密码。这样黑客就可以计算出数十亿个可能的密码组合的哈希值，然后将这些哈希值与密码数据库中的哈希值相比较，从而通过这种方式在密码数据库上快速地进行词典攻击。现在高级的哈希计算算法，例如 BCrypt，它被设计为非常缓慢并且非常消耗内存资源，通过这种方式将使基于 GPU 的攻击变得困难或者不可行。

3. 用户名和密码

我们不可能只使用密码保护应用程序。使用单个密码意味着通过了网站认证的所有人都有着相同的身份。它也使密码的修改变得困难——必须通知所有知道该密码的人——并且使密码变得不太安全。毫无疑问地，我们已经熟悉了另一个可选的方式：分配用户名和密码。每个用户都有一个唯一的用户名，其他用户不能共享该用户名和与用户名相关联的密码。

为了认证和建立用户的身份，用户必须在必要的时候输入用户名和密码。有时用户名是用户自己选择的值，例如名字、昵称或者用户更喜欢被称为的“称号”。有时用户名也可能是用户的电子邮件地址，这样系统就不需要再同时存储用户名和电邮地址了。有时用户名也可能是系统分配的值，此时用户没有任何控制权。这在人力资源系统的员工网站中非常常见，例如工资网站。此时用户名通常是分配给员工的员工 ID 号码。银行有时会使用客户的账户号码作为他们的用户名。

用户名的起源和意义对于用户名-密码认证来说并不重要。对于此种类型的认证，我们需要为每个用户创建一个唯一的标识。用户名将被用作标识，而密码将用于认证该标志是否为真。用户名-密码认证是许多不同认证方法的基础，例如表单认证、操作系统认证等。大多数情况下(如果不是所有的话)，我们在认证网站、应用程序或者系统时可能都会使用某种形式的用户名-密码认证。

4. 基本认证和摘要认证

基本的访问认证就是一个 HTTP 认证协议，通过它可以主动认证请求，并认证返回的响应。当由基本认证保护的资源接收到一个缺少凭证的请求时，它将返回一个状态码为 401 Not Authorized、头为 WWW-Authenticate 的响应，如下面的样例响应头所示：

```
HTTP/1.1 401 Not Authorized
Date: Sun, 25 Aug 2013 21:46:47 GMT
WWW-Authenticate: Basic realm="Multinational Widget Corp. Customer Support"
```

当浏览器接收到该响应时，它将在一个模拟窗口中提示用户输入用户名和密码，该窗口中包含了 realm 头参数的文本值。如果用户单击取消，浏览器也将取消该请求。如果用户输入了用户名和密码，那么浏览器将重新发送完全相同的请求，但包含了一个 Authorization 头，它由单词 Basic 加上空格再加上由冒号分隔的用户名和密码的 Base64 编码值。所以如果用户名是“John”，密码是“green”，那么浏览器将对“John:green”进行编码，然后重新发送请求：

```
GET /support HTTP/1.1
Host: www.example.org
Authorization: Basic Sm9objpncmVlbg==
```

服务器将对头进行解码，然后将用户名和密码与服务器端凭证数据库中存储的值相比较。因为该凭证是不正确的，服务器仍然返回的是一个包含 401 Not Authorized 状态码和 WWW-Authenticate 头的响应。假设该凭证通过了验证，用户认证成功，那么服务器将返回一个正常的响应。然后浏览器将缓存该认证，接下来每次发送请求对该资源或者该资源的子资源进行访问时，它都将自动重发该凭证。通常，该缓存将在一段时间的不活动之后过期。

基本认证的优点在于：它不需要登录页面、cookies 或者 HTTP 会话 ID 令牌。它在不使用服务器 401 挑战响应，也不需要用户操作 Authorization 头的情况下可以正常工作。用户可以直接将凭证内嵌在请求 URL 和它们的浏览器或者命令行客户端中，例如 Wget 或者 cURL，将这些凭证自动转换为 Authorization 头。这样的 URL 看起来可能会像：http://John:green@www.example.org/support。

当然，该协议在许多方面都非常脆弱。首先，用户名和密码是以明文发送的(Base64 只是一种编码算法；它并未采用任何哈希或加密计算)。任何嗅探网络数据包的有恶意的第三方都可以观察到并捕捉传输中的凭证。他们可以将这些凭证用于恶意的目的。即使这些人对凭证自身不感兴趣，但他们可以轻松地生成请求并访问受保护的资源。这些问题都非常严重，但如果请求和响应采用的是 HTTPS，那么这些问题也就不存在了。HTTPS 可以保护凭证避免嗅探(中间人攻击)和阻止重放攻击。不过，第三个问题仍然存在；密码通常是以明文存储在服务器端的，这也是一个脆弱的地方。不过，大多数现代 Web 服务器都提供了相应的机制，用于存储密码的单向哈希值。

对于无法使用或者不希望使用 HTTPS 的情况，服务器和客户端仍然可以使用相似的协议实现某种级别的安全，该协议被称为摘要访问认证。该协议将使用 MD5 校验算法计算一系列的单向哈希值，这样密码就永远不需要在网络上传输。另外，两个不同的随机数(服务器随机数和客户端随机数或者 cnonce)和一串请求序号将会阻止重放攻击，这样黑客就不能简单地重放请求并查看受保护的资源。对于不含凭证的请求，服务器将返回一个状态码为 401 Not Authorized、头为 WWW-Authenticate: Digest 的请求，并在其中包含 realm 参数和几个其他头参数：

- algorithm 表示客户端创建第一个哈希值时应该使用的技术，默认值为“MD5”，它意味着第一个哈希值将使用 MD5 进行计算(username:realm:password)。另一个有效值是“MD5-sess”，它意味着第一个哈希值是使用 MD5(MD5(*username*:*realm*:*password*):*nonce*:*cnonce*)计算的。
- qop 表示保护的质量，它的值要么是“auth”(默认值)或者“auth-int”，要么是“auth,auth-int”(此时客户端可以选择使用哪个选项)。如果客户端选择“auth”，那么第二个哈希值将使用 MD5(*requestMethod*:*requestUri*)进行计算。如果客户端选择“auth-int”，那么第二个哈希值将使用 MD5(*requestMethod*:*requestUri*:MD5(requestBody))进行计算。选项"auth-int"只可以作用于包含请求正文的请求(POST、PUT 等)，所以服务器通常会请求使用"auth,auth-int"，而客户端将为含有正文的请求使用“autu-int”，为不含正文的请求使用“auth”。
- opaque 是一个必需的参数，它的值是一个随机字符串数据。必须使用十六进制或者 Base64 对它的值进行编码。客户端必须返回相同的 opaque 参数值。它没有特殊的含义，也并未提供任何指令；它只是一个完整性检查。
- nonce 包含了服务器随机数。它必须是随机的，而且在任意两个 401 Not Authorized 响应之间永远不能重复。客户端必须返回相同的 nonce 参数值。因为服务器会一直发送 401 Not Authorized 响应直到客户端认证成功，所以客户端将为所有的请求发送相同的服务器随机数——最近一次的服务器随机数。

注意：nonce 是一个特殊的令牌，用于阻止重放攻击。每次客户端请求服务器时，它都将生成一个随机令牌，并将该令牌保存在请求中。服务器将存储随机数令牌，用于保证任何两个请求都不会使用相同的随机数。通常，时间戳与随机数会成对出现，这样服务器就无须永远存储随机数——时间戳超过一定时间的随机数将总是被拒绝。这就要求在哈希计算过程中包含随机数和时间戳，这样攻击者就无法简单地通过修改随机数或者时间戳来重放请求。

在客户端计算了第一个和第二个哈希值之后，接下来它将计算最后的哈希值或者响应哈希值。(这里的响应意味着认证挑战中的响应，而不是服务器响应)。如果未指定 qop，那么最后的哈希值将是 MD5(*firstHash*:*nonce*:*secondHash*)。如果指定了 qop，那么最后的哈希值将是 MD5(*firstHash*:*nonce*:*nc*:*cnonce*:*qop*:*secondHash*)，而 nc 则是客户端随机数计数器，也被称为串行请求序号。

第二种方式更安全，所以现代服务器几乎总是指定 qop。当客户端发送一个含有(响应中的)凭证的后续请求挑战响应时，它将计算所有的哈希值，并将最后的哈希值添加到 Authorization 头的 response 参数中。它还将包含一个 qop 参数，其中设置了所选择的保护质量，除非服务器忽略该参数。

最后，它将在 username、realm、nonce、uri、nc、cnonce 和 opaque 参数中包含期望值(cnonce 必须在每次请求时重新生成，而且它和 nc 永远也不可以重复)。当服务器收到请求时，它将基于客户端提供的参数，使用与客户端采用的相同方式重新计算所有的哈希值(密码被存储为哈希值：MD5(*username*:*realm*:*password*)，所以该哈希值已经被计算过了)。如果最后的哈希值可以匹配 response 参数中的值，那么客户端就成功完成认证了。

这个交换过程如下面的样例请求和响应所示，假设用户名、领域和密码都与之前相同：

Request 1

```
GET /support HTTP/1.1
Host: www.example.org
```

Response 1

```
HTTP/1.1 401 Not Authorized
Date: Sun, 25 Aug 2013 21:46:47 GMT
WWW-Authenticate: Digest realm="Multinational Widget Corp. Customer Support",
                         algorithm="MD5-sess", qop="auth,auth-int",
                         nonce="d41d8cd98f00b204e9800998ecf8427e",
                         opaque="66ffcd4fb3f0ceb07195b60fa7991592"
```

Request 2

```
GET /support HTTP/1.1
Host: www.example.org
Authorization: Digest realm="Multinational Widget Corp. Customer Support",
                      username="John", qop="auth", uri="/support",
                      nc="000001"
                      nonce="d41d8cd98f00b204e9800998ecf8427e",
                      opaque="66ffcd4fb3f0ceb07195b60fa7991592",
                      cnonce="9dba9637e8635a4d912075cd6ea55530",
                      response="4b4a3883cc8d220fc105e81a9592331c"
```

Response 2

```
HTTP/1.1 200 OK
Date: Sun, 25 Aug 2013 21:47:10 GMT
Content-Type: text/html;charset=UTF-8
Content-Length: 11485
...
```

Request 3

```
GET /support/ticket/list HTTP/1.1
Host: www.example.org
Authorization: Digest realm="Multinational Widget Corp. Customer Support",
                      username="John", qop="auth", uri="/support/ticket/list",
                      nc="000002"
                      nonce="d41d8cd98f00b204e9800998ecf8427e",
                      opaque="66ffcd4fb3f0ceb07195b60fa7991592",
                      cnonce="361a1ce4535219d9208b61a3f5aa9706",
                      response="456fd32109400477064cafce92090662"
```

Response 3

```
HTTP/1.1 200 OK
Date: Sun, 25 Aug 2013 21:49:31 GMT
Content-Type: text/html;charset=UTF-8
Content-Length: 15817
...
```

因为 cnonce 和 nc 在每次请求时都会改变，并且服务器也会记住它们的值一段时间，这样就阻止了重放攻击。因为密码从未在网络中传输，而且存储的是它的哈希值，所以它一直是安全的。幸运的是，服务器将会自动处理这个过程，所以作为一个程序员不需要担心这些细节。根据服务器环境的不同，我们只需要声明由基本认证或摘要认证保护的特殊资源即可。不过，由于最近发生了 MD5 攻击(表示它在很大程度上已经过时了)，所以通常在不使用 HTTPS 的情况下，我们也不应该再依赖于摘要认证。即使采用了 HTTPS，如果可能我们仍然应该使用摘要认证结合基本认证。注意：尽管所有现代浏览器都支持摘要认证，但是最流行的浏览器中没有一个支持 auth-int 质量的保护。

5. 表单认证

HTTP 表单认证可能是我们最熟悉的协议了。它的实现非常简单：当客户端尝试访问受保护的资源时，服务器将使用 302 Found、303 See Other 或者 307 Temporary Redirect 响应把客户端重定向至一个包含了用户名和密码字段的登录表单。用户需要在表单中输入用户名和密码，正如他在使用基本或者摘要认证时输入到虚拟窗口中的用户名和密码一样。如果凭证不正确，那么服务器将继续把用户重定向至登录表单，并通知用户登录失败。如果凭证是正确的，那么服务器将把用户发送到他原始的目标或者(如果服务器行为不规范的话)应用程序首页。该认证机制中没有任何特殊的或者重要的地方需要强调。我们可能每天都在使用它。如同基本认证一样，凭证将以明文形式在 Web 中传输，所以如果可能我们应该采用 HTTPS 保护这些凭证。

6. Microsoft Windows 认证

如同基本、摘要和表单认证一样，Windows 认证要求用户提供用户名和密码。实际上，这些凭证也可以使用基本或者表单认证进行展示。在这些情况下，它们主要的区别在于：凭证是通过 Windows 域控制器而不是内部凭证数据库验证的。不过，这些情况中主要使用的仍然是基本或者表单认证。集成 Windows 认证(Integrated Windows Authentication，IWA)将使用 SPNEGO、Kerberos 或者 NTLMSSP 在客户端机器上捕捉它们的凭证，并自动将这些凭证以安全的方式传输到服务器，无须在请求中包含密码。当该验证过程发生时，它对用户来说是透明的。它们永远不会提示一个模拟窗口或者登录表单让用户输入凭证，因为该协议将自动检测到 Windows 凭证。

不过，这只在特定的环境中适用。通常，用户必须使用 Microsoft Internet Explorer。Mozilla Firefox 可以支持 NTLMSSP，但只有用户访问 about:config 并在 network.automatic-ntlm-auth.trusted-uris 属性(它包含了一个信任网站的列表，以逗号分隔，它们可能会使用 IWA)中配置网站的地址时才可用。大多数互联网用户都不具有修改该属性的能力，所以通常 Firefox 也是不可用的。Google Chrome 支持 IWA，但它使用的安全设置比 Internet Explorer 定义的安全设置更加严格。在 Chrome 允许 IWA 继续处理之前，网站必须符合 Local Intranet 的安全区域。

当然，上面描述的情况都假设用户是从 Microsoft Windows 机器上发起连接的，而现在这种可能性比 10 年前要低多了。许多用户已经选择使用 Mac OS X 或者 Linux 机器了，而它们并不支持 Windows 域凭证。因此，集成 Windows 认证通常只被用于访问公司环境的内部资源，此时用户都在统一的环境下工作。公开的网站很少使用 IWA 实现用户认证。另外，当你无法保证所有用户环境都是 Windows 环境并运行了支持 IWA 的浏览器时，你必须提供额外的备用选项，例如后台由 Windows 域控制器支持的基本认证或者表单认证。

注意：Simple and Protected GSSAPI Negotiation Mechanism(SPNEGO)、Kerberos 和 NT LAN Manager Security Support Provider (NTLMSSP)是不同的，但也是相关的协议(与协议协商和挑战-响应认证相关)。本书中不会使用它们，所以对它们进行详细讲解也就超出了本书的范围。

7. 客户端证书

客户端证书认证是一种验证用户身份的不同方式。它不涉及用户名或者密码，这使它变得更加安全。实际上，客户端证书认证是可用的、最安全的认证协议之一。作为 SSL 协议的一部分，客户端证书认证要求使用 HTTPS。当你通过 HTTPS 连接到服务器时，该服务器将使用服务器 SSL 证书标识自身。它将展示自己的公钥(由受信任的证书颁发机构所签署)，并使用它的私钥对服务器与浏览器之间的通信进行签名。客户端证书的认证过程正好与此相反。

在“注册”(通常在用户创建用户名和密码的过程中)时，服务器将告诉用户浏览器生成公钥/私钥对。浏览器将在用户机器中以安全的方式存储私钥，并将公钥传输给服务器。从此开始，浏览器将把公钥展示给服务器用于识别它的身份，并使用私钥对浏览器与服务器之间的通信进行签名。使用该协议的缺点在于：用户如果希望使用一个新的或者不同的机器在网站中进行认证会变得非常困难。他们必须备份自己的公钥/私钥对并在另一个希望使用的机器上恢复它。不过，采用该协议的优点在于安全性：用户的凭证无法被轻松破解。一个黑客必须完全控制用户的计算机才能使用他的凭证。

许多高度敏感的应用程序都要求使用健壮的安全机制，它们会采用客户端证书认证。它的优点是非常具有吸引力的，但是它要求使用更高级的技术，而大多数互联网用户都尚不了解这些技术，所以这是最少使用的一种 Web 认证协议。

8. 智能卡和生物识别

用户名-密码认证的两个可选变种是智能卡和生物识别。智能卡就是一个特殊的集成电路，用户可以放在口袋中随身携带，在需要认证的时候将它插入到计算机中。如同政府发行的 ID 卡或者磁性员工卡一样，智能卡中包含了用于判定用户身份的信息。展示该智能卡将使持有者被认证为该用户。Microsoft Internet Explorer、Mozilla Firefox 和 Google Chrome 都支持智能卡，尽管配置复杂度的级别不同。

生物识别技术涉及采集指纹、声纹、虹膜扫描、DNA 或用户的其他生物身份，并要求每次认证用户时出示该身份。大多数浏览器都使用供应商提供的插件以某种方式支持生物识别，这些插件将与所用的生物识别硬件进行集成。生物识别是一个极其复杂的话题，它远远超出了本书的范围。

尽管智能卡和生物识别都是 Web 应用程序认证的可用选项，但是通常它们被用于认证进入建筑物或者登录公司或政府计算机系统的人。

9. 基于声明的认证

到目前为止，我们已经学习了各种不同的认证机制，我们可以在应用程序中直接实现它们。基于声明的认证是一种我们无法实现的机制。在使用了基于声明的认证之后，我们的应用程序将信任一个第三方应用程序，由它代替我们对用户进行认证。我们不需要关心也不需要知道第三方应用程序是如何执行认证过程的。如果你曾经使用 Facebook 来认证另一个网站的话，你就曾经使用过基于声明的认证。通常在基于声明的认证中，当用户尝试访问应用程序中的受保护资源时，我们只是将它们重定向至一个第三方应用程序。在成功完成认证之后，他们将返回到我们的网站(含有表明他们身份的一个或多个声明)。这些声明由第三方应用程序发布，向该应用程序发送一个回调请求获得该验证，即可轻松地对这些声明进行验证，如图 25-1 所示。许多不同的协议(例如 OAuth 和 SAML)都实现或者启用了基于声明的认证机制。我们还可以将声明用于授权，本节稍后将详细讲解授权相关的内容。

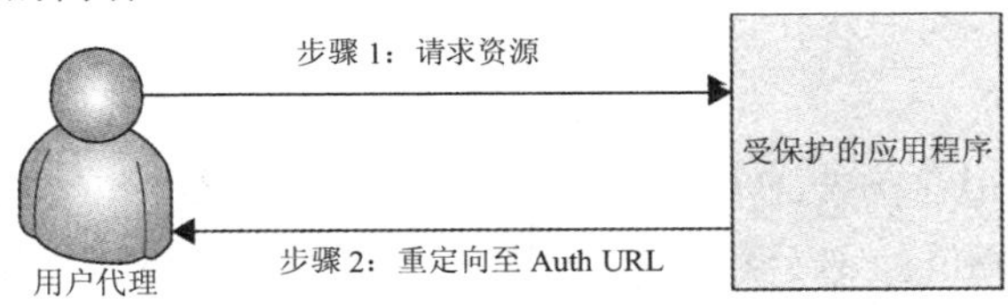

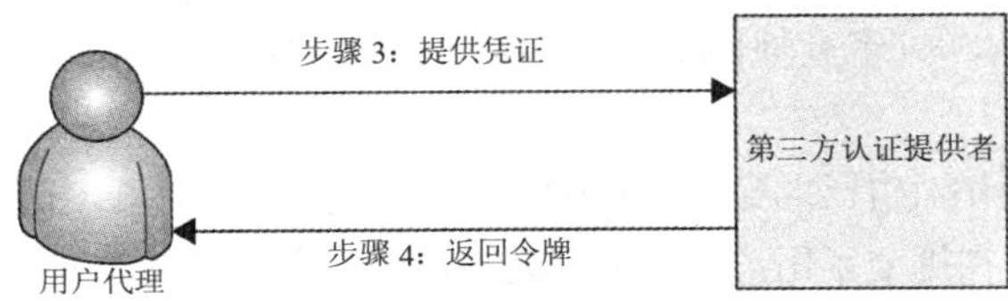

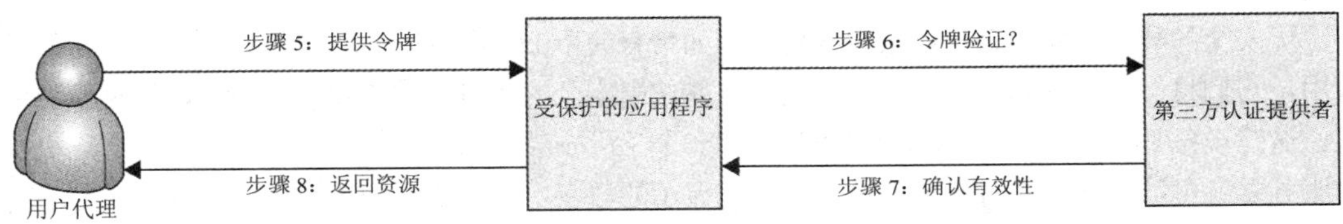

图　25-1

在某些情况下，我们的系统将直接与第三方系统进行通信，交换声明的凭证。两个常见的例子是：Microsoft Windows 的活动目录域认证和轻量级目录访问协议(LDAP)。直接基于声明的认证过程如图 25-2 所示。

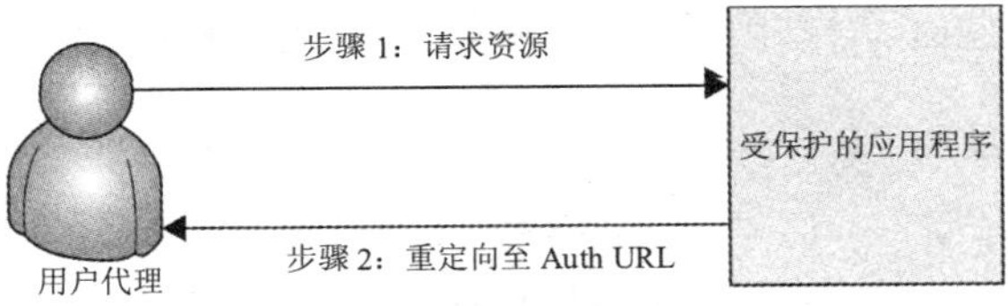

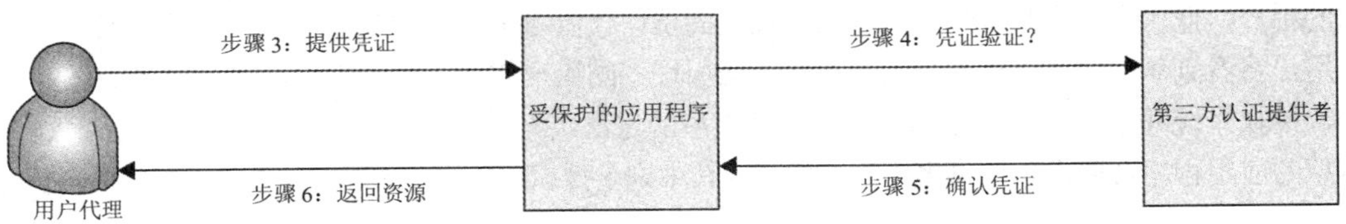

图　25-2

这种方式看起来似乎更简单，也更具有吸引力，但是它并不总是最佳的选项(或者甚至不是可用的选项)。当用户使用某个安全服务的凭证时，如果他们总是访问相同的登录页面，那么他们就会感到安全。请考虑这种情况：如果网站要求你使用 Google 账户进行认证，那么你是更希望跳转到 Google 的网站进行登录，还是更希望将自己的 Google 凭证交给可能不受信任的网站？你的答案可以清晰地解释为什么第一种方式通常更受欢迎。直接的认证一般被保留用于高度受信任的应用程序，通常这只会出现在控制认证服务的相同组织或者公司中。

10. 多因素认证

到目前为止描述的所有机制都只涉及一个认证因素。使用用户名-密码认证和它的许多衍生认证机制时，所有用户需要做的就是提供用户名和密码。对于客户端证书认证，用户只需要出示正确的客户端证书即可。对于生物识别、智能卡和基于声明的认证来说也是如此。在所有这些机制中，成功认证一个用户只需要一步。现在，许多 Web 应用程序要求或者可以要求多因素认证(MFA)。Gmail、Twitter、Facebook、Amazon.com、WordPress 和许多其他网站都为用户提供了启用多因素认证的选项。

多因素认证要求用户执行两步或者多步操作对自己的身份进行确认。这可能包括，例如出示客户端证书和用户名及密码。更常见的情况是，在提交了用户名和密码之后，许多网站将发送文本消息到用户已知的电话号码，该消息中包含了一个特殊的代码，用户在继续访问之前必须将该代码输入到 Web 应用程序中。

更安全的解决方案中会包含某些设备，例如带有简单 LCD 屏的 keychain dongles 或者智能手机应用，它们将显示一个 6 到 9 位的安全代码，并使用安全的随机数生成器每 30 到 60 秒重新生成一次。这些设备都包含了一个高度精确的时钟和一个工厂安装的随机种子，通过它们，知道随机种子的服务器就可以在任意的时间预测设备中正在显示的数字。智能手机应用将以安全的方式与令牌服务器进行通信，确认并显示出正确的令牌。当用户输入自己的普通凭证(用户名和密码、证书等)，他们也需要同时输入 dongles 或者智能手机应用中显示出的数字。

尽管多因素认证的概念非常简单，但是它在安全性上的优点是非常显著的，这一点也是非常明显的。黑客几乎不可能同时既可以提供凭证，又可以接收到发给用户的文本消息或者查看到用户的 dongle 或智能手机上的数字。所有这些样例都只包含了认证的两个因素。如果添加了第三个或第四个因素，那么安全级别将进一步提高。出于这些原因，多因素认证正在变得越来越流行，我们可以预期这个趋势会继续发展下去。

25.1.2 了解授权

用户在完成了认证之后——通过这些方法中的某一种或者某些其他的方法——我们可以检查用户是否获得了在系统中执行特定操作的权限。即使是最简单的系统，它通常也至少会有两种不同类型的用户：低权限用户和管理员。这两个级别的访问代表着不同类型的授权。被授权管理应用程序的用户将看到额外的菜单项，与未授权管理应用程序的用户相比，他们也可以执行更多的任务。不过，授权系统并不要求访问级别创建出某种类型的层次结构(每个级别都比另一个级别更强大)。更典型的应用程序会要求使用许多不同的授权，其中许多授权可能有着相同的“权利”，但用于不同的任务。

论坛系统就是一个很好的例子。请考虑一个含有两个不同论坛的网站：一个产品论坛和一个艺术论坛。用户 A 可能被授权操作产品论坛中的话题，而用户 B 则被授权操作艺术论坛中的话题。作为版主，这两个用户有相同的“权利”，但他们被授权操作不同的论坛。

类似地，在一个非常庞大的应用程序中，我们可能有许多类似于管理员这样的授权。例如，某些员工可以管理用户，而其他员工则可以管理产品列表，另一部分员工则负责管理新闻报道。所有这些员工在他们各自的领域中都有着相同的“权利”，但授权是不同的，因为他们不能管理彼此的系统。

1. 使用主体和标识

创建用户授权的第一步就是以某种标准形式表示用户。尽管我们可以使用任意的方式表示用户，但是在 Java 中的惯例是实现 java.security.Principal。至少 Principal 中应该持有用户的标识。记住：我们将要针对该标识进行认证。我们首先要确认用户是否是他声称的那个人，然后将该标识存储在 Principal 中。一个标识可以只是一个用户名，或者它也可以是许多其他信息的组合，例如合法名称、生日日期、地址和电话号码。然后系统中的任意代码都可以通过检查 Principal(存在于安全上下文中)包含的标识来判断它是否已经通过了认证。那么 Principal 还有什么别的用途吗？

除了存储标识，Principal 还可以存储用户被授权执行的操作。获得了这个信息之后，应用程序中的任意代码就可以访问安全上下文，获得当前的 Principal，并决定用户是否已经被授权执行他正在尝试执行的操作。我们有许多方式可以代表该信息；接下来我们将学习一些标准的技术。更重要的是，我们使用的表示对象应该是不变的常量对象，例如枚举常量或者限定字符串。否则，含有许多授权信息的 Principal 对象可能会占用大量的内存，这会对性能造成不利影响。

2. 角色、组、活动和权限

选择哪种代表授权权限的方法主要取决于个人的偏好，但是大多数技术都有自己的优点和缺点。不论如何处理授权，我们的目标本质上可以归结为：需要确定用户是否有权限执行他希望执行的操作。表面上看，这听起来非常简单。但这是一个需要深思熟虑和精心策划的任务，因为在一个大型应用程序中，一旦选择了某种方式就很难再更换。

一种最常见的和著名的方法是将所有的用户都分配给角色。例如，在论坛系统中我们创建了 Poster、Moderator 和 Administrator 角色。发帖者可以发布消息和回复；版主也可以做这些事情，同时也可以删除消息和回复；管理员除了可以做任何版主可以做的事情，还删除和禁止用户以及管理版主。这种方式的优点相当明显：只需要使用一个简单的单选按钮，我们就可以表示用户是发帖者、版主还是管理员，使权限的管理变得相当直观。不过，采用了这种方式之后，我们就必须编写类似于下面这样的代码：

```
public void deleteMessage(long id)
{
    if(security.userInRole("moderator"))
    {
        ...
    }
}

public void deleteReply(long id)
{
```

```
        if(security.userInRole("moderator"))
        {
            ...
        }
    }
```

当我们决定为消息和回复添加不同的版主时会怎么样呢？我们不得不修改、重新编译、重新测试并重新部署应用程序。解决这种改动问题的方法非常简单，只需要将权限的粒度划分得足够细即可。最好的办法就是：思考用户会进行哪些活动。在论坛的例子中，下面这些活动是我们希望看到的：

- 创建帖子
- 创建回复
- 编辑帖子
- 编辑回复
- 删除自己的帖子
- 删除自己的回复
- 删除他人的帖子
- 删除他人的回复
- 临时禁止用户
- 永远禁止用户
- 删除用户
- 为用户分配权限

得到了这些活动之后，检查用户授权的代码与之前样例中的代码就没有什么太大区别了：

```
public void deleteMessage(long id)
{
    if(security.userHasActivity("DELETE_OTHER_MESSAGE") ||
        isOwnMessage() && security.userHasActivity("DELETE_OWN_MESSAGE"))
    {
        ...
    }
}

public void deleteReply(long id)
{
    if(security.userHasActivity("DELETE_OTHER_REPLY") ||
        isOwnReply() && security.userHasActivity("DELETE_OWN_REPLY"))
    {
        ...
    }
}
```

判断我们需要哪些活动最简单的方式可能就是查看服务中的方法。每个方法可能都需要一个活动来表示。方法名通常指示了活动到底是什么。某些方法，例如之前代码中的那些方法，可能需要两个活动。在这种情况下，删除自己的消息与删除他人的消息是两个不同的活动。

尽管这种权限力度的划分降低了应用程序重新编译的可能性，但是它也增加了管理用户权限所需的工作量。在编辑用户时，我们必须从含有许多权限的列表中选择一个或多个权限。在一个含有数以百计活动的庞大系统中，为所有的用户管理权限列表就会变得非常困难。严格来说它并不是必需的，不过我们可以采用用户组的概念，组中的用户将继承某个组可以执行的所有活动的能力。通过简单地修改用户所属的组，我们即可轻松地修改许多用户可以执行的活动。如果某个用户或者某些用户需要不同的权限，那么只需要将他们移动到不同的组中。这几乎与角色的概念是一致的，不过组是可以在运行时动态创建和修改的，而无须修改代码。

注意： 角色？权限？组？它们真的有区别吗？谁来决定它们应该被称作什么呢？在本书中，这些术语只是用于区分几种不同的约定。实际上你可以随意地称呼它们。无论将它们命名为角色还是组都没有关系；如何使用它们才是最重要的。

定义组的一种方式就是使用 Principal。设计一个抽象的 Principal 实现，在其中保存活动权限，这样我们就可以继承该 Principal，并组成用户和组 Principal。然后用户 Principal 可以使用一个组 Principal 作为它的对象属性(根据个人的需要，也可以使用一个组 Principal 的列表)。这只是一个样例，我们可以采取许多不同的方式实现。

3. 基于声明的授权

本节之前的内容中曾经介绍了基于声明的认证的概念。基于声明的授权是对该概念的补充。在基于声明的授权中，用户标识声明包含了用户有权执行的活动。其中一个样例系统就是：Microsoft 的活动目录。当我们使用 Windows 的域凭证在机器上进行认证时，域控制器将给予该机器我们的身份声明(用户名、真实名字、电子邮件地址和域用户上附加的信息)和权限声明(分配的域权限)。我们所属的域组是身份声明的一部分，因此我们将继承分配给这些组的权限。这是一个结合使用了基于声明的认证和授权的系统。

如果选择使用基于声明的认证，那么我们可以但不是必须使用基于声明的授权。通常认证用户的第三方系统无法得知应用程序的细节，所以它所做出的授权对于我们的应用程序来说是无用的。在这种情况下，当认证系统返回了用户的标识声明之后，我们还需要采取一个额外的步骤：为认证系统返回的标识在自己的系统中找到分配给它的权限。

25.2　选择 Spring Security 的原因

在本书的剩余部分中，我们将学习如何使用 Spring Security 在应用程序中集成安全特性。尽管有许多可用的 Java 安全框架，但是 Spring Security 可能是 Web 应用程序中最流行的框架，而且作为一个 Spring 项目，它可以与 Spring Framework 无缝集成。注意：正如完整的 Java EE 应用服务器可以提供 IoC、依赖注入和持久化提供者服务一样，它也可以提供完整的安全框架。不过，与第 II、第III部分一样，本部分内容主要关注于为不能或者不愿意使用容器安全的应用程序提供一种可用的选项。

25.2.1　了解 Spring Security 基础

Spring Security 提供了认证和授权服务。我们可以完全使用配置的方式自动完成这些服务的处理，或者也可以提供一些关键操作的代码，自定义它的行为。除了使用 JDBC 或者自己的服务或仓库之一来认证用户，Spring Security 还提供了内建的系统用于认证和(如果需要的话)授权，该系统将使用 Microsoft 的 Active Directory、Jasig 的 Central Authentication Service (CAS)、*Java Authentication and Authorization Service* 或者 *JAAS* (一个可插拔的认证模块，或者 *PAM*、实现)、LDAP 和 *OpenID*，所有这些技术都是基于声明的服务。使用了 Spring Security 之后，我们就可以保护基于 Web 和基于客户端的应用程序；不过，它是专门设计用于 Web 应用程序的，如果要在客户端应用程序中使用就需要进行一些额外的处理。

Spring Security 使用的核心接口是：org.springframework.security.core.Authentication。它扩展了 Principal，并提供了与标识相关的一些额外信息。例如，getIdentity 将返回一个代表 Principal 标识的 Object。该对象通常是一个用户名(一个字符串，通常与 getName 返回的值相同)，但也可以是一些其他的对象，例如 X509 标识代表或者电子邮件地址。getCredentials 将返回用于验证身份是否为真的凭证。该属性通常只在认证过程中使用，当认证完成后就会被擦除。在常见的例子中，它持有的 Object 是一个密码(也是一个字符串)。isAuthenticated 则表示主体是否已经通过了认证(因此，它的标识也已经得到了充分的证明)。而 setAuthenticated 则是一种修改该指示器的机制。通常这也只在认证过程中使用。

Authentication 还通过 getAuthorities 方法提供了用户的 org.springframework.security.core.GrantedAuthority。一个 GrantedAuthority 可以是一个角色，如果使用的是基于角色的授权或者是一个活动权限，如果使用的是基于活动的授权的话。因为如何命名它并不重要，如何使用它才重要，所以 GrantedAuthority 可以同时被用于这两种目的。

当我们使用一个服务(例如 LDAP 或者活动目录)进行认证时，Spring Security 将使用用户所属的目录组自动填充 Authentication 的授权信息。在这种情况下，组实际上与基于角色的认证的作用是一样的。我们可以编写一些代码，使用本地权限集或者分配给这些组的权限替换这些组，这样就可以自定义它的行为，将其转换为基于活动的授权。

我们一直会用到的最后一个核心接口是：org.springframework.security.authentication.AuthenticationProvider。如它的名字所示，它是应用程序中认证服务的提供者。它的 authenticate 方法将接受一个未认证的 Authentication(其中包含了用于证明身份的凭证)，然后它可以将该 Authentication 标记为已认证并返回相同的对象、返回一个代表已认证主体的、完全不同的 Authentication 或者抛出一个 org.springframework.security.core.AuthenticationException 异常(如果认证失败的话)。Spring Security 为活动目录、CAS、JAAS、LDAP、OpenID、JDBC(使用已经配置的表模式)等都提供了 AuthenticationProvider 实现。我们还可以提供自己的实现，完成更多的自定义认证行为。

25.2.2　使用 Spring Security 的授权服务

在 Spring Security 中有多种方式可以使用授权，而且它们并不是互斥的。一种方式是：使用全局方法安全注解。这可能是最好的方式之一，因为它可以在服务内而不是在用户界面中增强安全——如果存在使用相同服务的多个用户界面时，这一点尤其重要。只需要使用几个不同的、与安全相关的注解中的一个对服务方法进行标注即可，Spring Security 将确保当前的 Authentication 含有能够执行目标方法的属性 GrantedAuthority。在接下来的章节中，我们将学习更多可以使用的注解以及使用它们的方式。

另一种方式是在 Spring Security 配置中定义方法拦截规则。这些规则类似于面向切面编程的连接点。如同使用安全注解一样，我们可以定义拦截服务方法的规则，这将使采用授权规则保护代码的方法变得更具有吸引力。取决于应用程序的复杂度，定义拦截方法的规则可能会比使用注解更简单。另外，如果使用的是 XML 配置，那么我们可以在不重新编译的情况下修改方法拦截规则(这可能是也可能不是你所希望的)。我们无法使用注解实现这一点。

最后一种可用的方式是：定义 URL 拦截规则。这有时是最简单的方式，但它有几个缺点。首先，我们只可以将它应用于 Web 应用程序，而不可以应用于其他应用程序。另外，如果有多个 Web 用户界面的话(例如，Web、REST 和 SOAP)，那么就必须为所有的用户界面都定义拦截规则。我们定义出的这些规则很容易会出现不一致，这样就会导致授权上出现漏洞。几乎在所有的情况下，我们都会希望使用注解或者已配置的规则来保护服务，将所有已有的或者将来的用户界面都绑定到这些安全需求上。即使使用的是方法安全，我们通常也会希望围绕登录和退出界面定义一些 URL 安全规则。接下来的章节中将对所有这些选项进行讲解。

25.2.3　配置 Spring Security

为了清晰起见，我们必须结合使用 Spring Framework 和 Spring Security。Spring Security 的配置与 Spring Framework 的配置紧密地绑定在了一起，并且它大量使用了 ApplicationContext 来管理它的安全上下文。

在创建 Spring Security 时，我们可以使用 XML、Java 或者混合配置。Java 配置是 Spring Security 3.2 中新增的。在某些方面，它类似于 Spring Framework 的 Java 配置，但它也有许多关键性的区别。一个重要的区别是：我们不需要使用许多配置相关的注解(只有两个)。相反，我们需要调用@Configuration 类(实现了配置接口)的方法以编程的方式创建安全上下文。这是因为：尽管 Spring Framework 每个应用上下文都只有一个配置，但是 Spring Security 在一个应用上下文中可以有多个配置。例如，在 Web MVC 上下文中，根据应用上下文中 URL 的不同，我们可以有一个、两个或者一打不同的安全上下文。每个上下文都要求使用一个单独的配置，所以需要在@Configuration 类中定义一个方法，使用 Spring Security 的配置类添加所有需要定义的安全上下文。接下来的章节中，我们将深入学习它们的细节。更重要的是，因为与 Spring Framework Java 配置相比，Spring Security 的 Java 配置要更加复杂，所以接下来的章节中使用的所有配置都将同时使用 XML 和 Java。

25.3　小结

在这个简短的介绍性章节中，它讲解了认证和授权之间的区别，并了解了它们在实施安全过程中的作用。接下来本章讲解了认证和授权的许多不同方式，例如用户名和密码认证、基本和摘要认证、表单认证、基于角色的授权和基于活动的授权。最后，本章还讲解了 Spring Security，本书剩余的部分中将一直使用这个安全和授权框架。我们学习了 Authentication、GrantedAuthority 和 AuthenticationProvider 接口以及它们如何组成了 Spring Security 操作的基础。我们还了解了在 Spring

Framework 应用程序中使用 Spring Security 的授权服务和配置 Spring Security 的多种方式。

下一章我们将创建第一个启用了 Spring Security 的应用程序，并学习如何根据个人的不同需求对用户进行验证。

第26章 使用 Spring Security 验证用户

本章内容：

- 在应用程序中添加 Spring Security 认证
- 使用表单登录、JDBC、LDAP 和 OpenID
- 防止会话固定攻击并限制用户会话
- 记住会话之间的用户
- 创建自定义认证提供者
- 降低跨站请求伪造攻击的风险

本章需要从 wrox.com 下载的代码

访问网址 http://www.wrox.com/go/projavaforwebapps 的 Download Code 选项卡，找到本章的代码下载链接。本章的代码被分成了下面几个主要的例子：

- Authentication-App 项目
- Customer-Support-v19 项目

本章新增的 Maven 依赖

除了之前章节中引入的 Maven 依赖，本章还需要下面的 Maven 依赖：

```
<dependency>
    <groupId>org.springframework.security</groupId>
    <artifactId>spring-security-web</artifactId>
    <version>3.2.0.RELEASE</version>
    <scope>compile</scope>
</dependency>

<dependency>
    <groupId>org.springframework.security</groupId>
    <artifactId>spring-security-config</artifactId>
    <version>3.2.0.RELEASE</version>
    <scope>compile</scope>
</dependency>
```

```
<dependency>
    <groupId>org.springframework.security</groupId>
    <artifactId>spring-security-crypto</artifactId>
    <version>3.2.0.RELEASE</version>
    <scope>compile</scope>
</dependency>
```

因为 Spring Security 在它的发行包中已经包含了 BCrypt 实现，所以不再需要使用下面的依赖了。

```
<dependency>
    <groupId>org.mindrot</groupId>
    <artifactId>jbcrypt</artifactId>
    <version>0.3m</version>
</dependency>
```

26.1　选择并配置认证提供者

首先要做的事情之一就是选择使用哪种机制验证用户。如你在之前的章节中看到的，Spring Security 提供了许多内建的 AuthenticationProvider 实现，它们可以支持几种不同的机制。我们也可以创建自己的实现，使选项变得更加广泛。在选择了一种机制之后，接下来就需要配置它并创建安全上下文。本节将学习各种内建的提供者以及 Spring Security 认证的配置。下一节中我们将创建自己的 AuthenticationProvider 实现，用于执行更加自定义的认证步骤。

注意：如果你尚未阅读第 5 章，并且你也不熟悉 HttpSession、会话标识符或会话固定攻击和其他会话缺点的概念，那么强烈推荐你在继续学习之前返回到第 5 章学习相关的内容。否则本章提到的一些概念你可能无法理解。

26.1.1　配置用户细节提供者

可以使用的最简单的 AuthenticationProvider 实现之一就是 org.springframework.security.authentication.dao.DaoAuthenticationProvider。该提供者的核心概念就是：它将使用数据访问对象以 org.springframework.security.core.userdetails.UserDetailsService 实现的形式，按照用户名从数据库中获取 org.springframework.security.core.userdetails.UserDetails 对象。UserDetails 对象包含了关于用户的信息，例如用户名和密码、GrantedAuthority，以及用户是否被启用、过期和锁定了。这些对象共同组成了通用的验证提供者。不要担心认证用户的细节，你只需要提供一种机制，用于获得用户的细节，并允许 Spring Security 管理认证过程即可。当然，也可以选择不同的默认 UserDetailsService 实现。

开始使用 DaoAuthenticationProvider 的最简单方式就是采用 org.springframework.security.provisioning.InMemoryUserDetailsManager。这个简单的实现并不适用于生产环境，它是简单测试应用程序和演示的最佳选择——例如 wrox.com 代码下载站点中的 Authentication-App 项目。

如何配置 Spring Security 与如何配置 Spring Framework 有着根本的区别。Spring Security 通过一

系列过滤器实现进行操作，这些过滤器将在幕后处理各种不同的实现细节。需要保证应用程序的所有请求都被正确地拦截，并按需要进行保护。因此，不需要在单独的 DispatcherServlet 应用上下文中配置 Spring Security。相反，应该总是在根应用上下文中配置它，即使你打算使用不同的安全准则保护不同的 DispatcherServlet 应用上下文。配置 Spring Security 由两个关键步骤组成：注册过滤器和创建安全规则。

1. 创建 Spring Security 过滤器

为了使用 Java 配置注册过滤器，Spring Security 提供了一个抽象的 WebApplicationInitializer 实现，用于处理这种情况。记住，WebApplicationInitializer 是 Spring Framework 用于初始化 Servlet 3.0 以及新版应用程序的接口。Spring 的 ServletContainerInitializer 实现将发现所有的 WebApplicationInitializer 实现并实例化它们。在之前的章节中，我们创建了实现 WebApplicationInitializer 的 Bootstrap 类，用于注册所有的 Spring Framework 监听器和 Servlet。

在使用 Spring Security 的 Java 配置时，所有需要做的就是继承 org.springframework.security.web.context.AbstractSecurityWebApplicationInitializer。它将负责正确地注册所有安全相关的过滤器。不过，对应用程序中的所有过滤器进行排序时一定要小心。应用程序中的过滤器必须按照下面的顺序执行：

- 处理几乎所有类型登录的过滤器，例如登录请求或者在 Log4j 2 ThreadContext 中添加鱼标签
- 所有的 Spring Security 过滤器
- 处理安全敏感日志的过滤器，例如在 Log4j 2 ThreadContext 中添加鱼标签
- 处理多租户决定的过滤器(在多租户应用程序中，需要尽早决定请求属于哪个承租人)。
- 按照正确的顺序执行所有其他的过滤器

在最简单的 Authentication-App 项目中，我们不使用任何过滤器，所以现在不需要担心顺序问题。具体信息请参看下一节的内容。现在，只需要创建一个继承了 AbstractSecurityWebApplicationInitializer 的 SecurityBootstrap 类即可。

```
public class SecurityBootstrap extends AbstractSecurityWebApplicationInitializer
{
}
```

注意：该类没有任何字段或者方法；因为它不需要这样做。对于注册 Spring Security 的过滤器来说这已经足够了。它也将把会话记录模式设置为只允许 cookies。如果选择一种不同的方式记录会话(URL 或者 SSL 会话 ID)，那么需要覆盖 getSessionTrackingModes 方法表明这一点：

```
public class SecurityBootstrap extends AbstractSecurityWebApplicationInitializer
{
    @Override
    protected Set<SessionTrackingMode> getSessionTrackingModes()
    {
        return EnumSet.of(SessionTrackingMode.SSL);
    }
}
```

不过使用会话 cookies 是最简单的解决方案，并且适用于当前的目标，所以接受默认的设置即可。如果不使用 Java 配置的话，那么在部署描述符中添加 DelegatingFilterProxy 即可。该类是封装了所有 Spring Security 过滤器并在内部对它们排序的过滤器代理。

```
<filter>
    <filter-name>springSecurityFilterChain</filter-name>
    <filter-class>
        org.springframework.web.filter.DelegatingFilterProxy
    </filter-class>
</filter>

<filter-mapping>
    <filter-name>springSecurityFilterChain</filter-name>
    <url-pattern>/*</url-pattern>
    <dispatcher>ERROR</dispatcher>
    <dispatcher>REQUEST</dispatcher>
</filter-mapping>
```

记住：如果选择使用这种方式，那么 DelegatingFilterProxy 必须按照之前提到的顺序，出现在 Spring Security 过滤器所属的位置。如果要以编程的方式在其他地方注册过滤器，那么可能就需要继承 AbstractSecurityWebApplicationInitializer。

2. 配置登录机制和受保护的 URL

现在我们已经注册了 Spring Security 过滤器，接下来就可以在应用程序中配置 Spring Security。将它添加到根应用上下文中，这通常要求在之前创建的、从本书第 II 部分就开始使用的 RootContextConfiguration 中添加更多的代码。不过，该类会变得有点复杂，安全配置最终可能变得非常庞大，所以一种可选的、也更有吸引力的方式就是创建一个新的配置类，并在 RootContext-Configuration 中导入它。

```
...
@ComponentScan(
        basePackages = "com.wrox.site",
        excludeFilters =
        @ComponentScan.Filter({Controller.class, ControllerAdvice.class})
)
@Import({ SecurityConfiguration.class })
public class RootContextConfiguration implements
        AsyncConfigurer, SchedulingConfigurer, TransactionManagementConfigurer
{
    ...
}

@Configuration
@EnableWebMvcSecurity
public class SecurityConfiguration extends WebSecurityConfigurerAdapter
{
    @Override
    protected void configure(AuthenticationManagerBuilder builder)
            throws Exception
    {
        builder
                .inMemoryAuthentication()
                        .withUser("John")
                        .password("password")
                        .authorities("USER")
```

```
                .and()
                    .withUser("Margaret")
                    .password("green")
                    .authorities("USER", "ADMIN");
    }

    @Override
    public void configure(WebSecurity security)
    {
        security.ignoring().antMatchers("/resource/**");
    }

    @Override
    protected void configure(HttpSecurity security) throws Exception
    {
        security
                .authorizeRequests()
                    .antMatchers("/signup", "/about", "/policies").permitAll()
                    .antMatchers("/secure/**").hasAuthority("USER")
                    .antMatchers("/admin/**").hasAuthority("ADMIN")
                    .anyRequest().authenticated()
                .and().formLogin()
                    .loginPage("/login").failureUrl("/login?error")
                    .defaultSuccessUrl("/secure/")
                    .usernameParameter("username")
                    .passwordParameter("password")
                    .permitAll()
                .and().logout()
                    .logoutUrl("/logout").logoutSuccessUrl("/login?loggedOut")
                    .invalidateHttpSession(true).deleteCookies("JSESSIONID")
                    .permitAll()
                .and().csrf().disable();
    }
}
```

该代码包含了许多内容，让我们将它进行分割逐块进行讲解。

这里有两个注解需要了解，它们是非常类似的：@org.springframework.security.config.annotation.web.configuration.EnableWebSecurity 和@org.springframework.security.config.annotation.web.servlet.configuration.EnableWebMvcSecurity。第一个注解用于启用 Spring Security Web 认证和授权特性。第二个注解用于启用与 Spring Web MVC 控制器的集成。除非不使用 Spring Web MVC，否则总是应该使用@EnableWebMvcSecurity。无论何时在@Configuration 类上标注了@EnableWebSecurity 或者@EnableWebMvcSecurity，该类要么应该实现 org.springframework.security.config.annotation.web.WebSecurityConfigurer，要么应该扩展 org.springframework.security.config.annotation.web.configuration.WebSecurityConfigurerAdapter。扩展 WebSecurityConfigurerAdapter 是一种更简单的方式，没有理由你不应该这样做。

方法 configure(AuthenticationManagerBuilder)将创建应该用于验证用户的 AuthenticationProvider。为了使用内存用户数据库，实际上不需要直接使用 InMemoryUserDetailsManager。Java 和 XML 配置选项都提供了配置 InMemoryUserDetailsManager 的简洁方式。在该方法中，我们在内存中创建了两个默认的用户，并赋予了正确的 GrantedAuthority。是的，这就是授权的细节，但有时我们很难保证这些细节不会被泄漏。

注意：你可能注意到 configure(AuthenticationManagerBuilder)方法提到了一个认证管理器，而本书一直提到的都是认证提供者。从技术上讲，Spring Security 的认证能力驻留在 org.springframework.security.authentication.AuthenticationManager 实现中。尽管从技术上讲你可以实现该接口，但是永远不应该这样做。默认和唯一的实现 org.springframework.security.authentication.ProviderManager 将代理一个或多个 AuthenticationProvider 实现。通过这种方式，你可以结合使用多种方式给认证用户。本节稍后的内容中将演示一个样例："记住我"认证。

方法 configure(WebSecurity)非常简单。在本例中，它完成的所有事情就是避免 Spring Security 对资源(JavaScript、样式表、图片等)的访问进行安全评估。方法 configure(HttpSecurity)完成了大多数工作。首先，它定义了几个 URL 模式以及如何保护它们。这也是一个授权细节，但创建一些最低级别的授权使 Spring Security 要求用户登录是必要的。

方法 permitAll 的调用将指示 Spring Security 允许所有对/signup、/about 和/policies URL 的访问。如果要访问/secure/ URL 底下的任何资源，都需要用户具有 USER 权限，而访问/admin/和它底下的任何资源都要求用户具有 ADMIN 权限。任何其他请求都只要求认证，不需要关心权限。

接下来，调用 formLogin 方法，通过登录表单的方式配置用户名和密码认证的过程。它创建了登录表单所属的 URL、用户认证失败时跳转到的 URL、在已提交登录表单中的用户名和密码的请求参数的名称。最后，调用 logout 方法配置应该触发退出操作的 URL 和用户退出之后跳转到的 URL。permitAll 方法被调用了两次，这样将保证用户可以访问登录和退出 URL，而无须先进行认证(出于明显的原因)。默认 Java 配置中的跨站请求伪造(CSRF)保护是启用的(在 XML 配置中默认是禁用的)。CSRF 保护是一个复杂的话题，下一节将对它进行讲解，所以现在它是禁用的，调用 csrf 的 disable 方法实现。

注意：你可能希望知道在 configure(WebSecurity)中忽略 URL 和在 configure(HttpSecurity)中允许对 URL 的所有访问之间的区别。忽略 URL 将会使大多数 Spring Security 的内部过滤器都忽略它们。这是非常重要的，因为你希望以尽可能快的速度访问某些静态资源，并通过忽略 Spring Security 内部过滤器的访问保证这个速度。而允许对 URL 的所有访问仍然会发送请求到这些 URL，并通过 Spring Security 内部过滤器的过滤，这将会为受保护的 URL 增加不必要的开销。

在配置这些设置时有太多可用的选项，这里就不一一列出了。API 文档就是你最好的朋友，应该经常参考它们，地址为 http://docs.spring.io/spring-security/site/docs/3.2.x/apidocs/。这里 Spring Security 遵循的处理是非常简单的。如果 Spring Security 检测到用户尝试访问受保护的 URL，它将把这些访问重定向至已配置的登录 URL。

必须提供实现了登录表单的视图，并保证它使用 POST 将表单提交到相同的 URL。不过，我们不需要实现处理被提交表单的代码。当 Spring Security 检测到访问已配置 URL 的 POST 请求时，它将会使用已配置的参数提取用户名和密码，找到已配置的 AuthenticationProvider(它将使用 org.springframework.security.authentication.UsernamePasswordAuthenticationToken 支持认证，本例中提供者是 DaoAuthenticationProvider 和 InMemoryUserDetailsManager)，并使用该提供者认证用户。如果认证失败，Spring Security 将把用户重定向至失败 URL。如果认证成功，它将把用户发送到原本希望访问的 URL(如果用户直接访问登录界面的话，就跳转至默认的 URL)。

最后，如果 Spring Security 检测到一个访问已配置的退出 URL 的请求，那么它将清空认证，使 HttpSession 无效，删除会话 cookie 并将用户重定向至已配置的成功 URL。

如你所见，Spring Security Java 配置使用了流式 API，这与 Spring Framework 的 Java 配置形成了鲜明对比。这是必要的，不只是设计的原因。它将使配置各种不同的(有时是重复的)安全组件变得相当简单，而且 IDE 代码提示也可以帮助分析出每个组件的可用选项。不过，并不是所有人都喜欢流式 API，某些开发者更喜欢采取另一种不同的方式。下面的 XML 配置与 Authentication-App 项目中的 Java 配置是一致的。可以在 RootContextConfiguration 中使用@ImportResource(而不是@Import)将它导入。

```
<?xml version="1.0" encoding="UTF-8"?>
<beans:beans xmlns="http://www.springframework.org/schema/security"
           xmlns:beans="http://www.springframework.org/schema/beans"
           xmlns:xsi="http://www.w3.org/2001/XMLSchema-instance"
           xsi:schemaLocation="http://www.springframework.org/schema/security
        http://www.springframework.org/schema/security/spring-security-3.2.xsd
        http://www.springframework.org/schema/beans
        http://www.springframework.org/schema/beans/spring-beans-4.0.xsd">

    <authentication-manager>
        <authentication-provider>
            <user-service>
                <user name="John" authorities="USER" password="password" />
                <user name="Margaret" authorities="USER,ADMIN" password="green" />
            </user-service>
        </authentication-provider>
    </authentication-manager>

    <http security="none" pattern="/resource/**" />

    <http use-expressions="true">
        <intercept-url pattern="/signup" access="permitAll" />
        <intercept-url pattern="/about" access="permitAll" />
        <intercept-url pattern="/policies" access="permitAll" />
        <intercept-url pattern="/login" access="permitAll" />
        <intercept-url pattern="/logout" access="permitAll" />
        <intercept-url pattern="/secure/**" access="hasAuthority('USER')" />
        <intercept-url pattern="/admin/**" access="hasAuthority('ADMIN')" />
        <form-login login-page="/login"
                    login-processing-url="/login"
                    authentication-failure-url="/login?error"
                    default-target-url="/secure/"
                    username-parameter="username"
```

```
                password-parameter="password" />
        <logout logout-url="/logout"
                logout-success-url="/login?loggedOut"
                invalidate-session="true"
                delete-cookies="JSESSIONID" />
    </http>

</beans:beans>
```

3. 创建会话固定攻击保护

你应该已经很熟悉 HTTP 会话固定攻击这个问题了，并且应该熟悉它们是如何威胁到网站中用户的账户安全的。第 5 章已经学习了弱化这些攻击的方式。幸亏，Spring Security 也提供了内建的工具，用于弱化这些攻击。在 Servlet 3.1 之前，开发者需要通过某种方式解决这个问题：创建新的会话，从一个会话将数据复制到另一个会话，然后使旧的会话无效。Spring Security 使这个任务变得非常简单——使用一个简单的配置开关控制这个行为。默认情况下，Spring Security 会话固定攻击保护是启用的，因为会话固定攻击是 Web 应用程序中的一个重要问题。Servlet 3.1 在 HttpServletRequest 中添加了 changeSessionId 方法，使会话固定攻击问题的解决变得非常简单，Spring Security 3.2 也包含了对该方法的支持。我们可以在配置中仔细调整这个过程。

```
@Configuration
@EnableWebMvcSecurity
public class SecurityConfiguration extends WebSecurityConfigurerAdapter
{
    ...
    @Override
    protected void configure(HttpSecurity security) throws Exception
    {
        ...
                .invalidateHttpSession(true).deleteCookies("JSESSIONID")
                .permitAll()
            .and().sessionManagement()
                .sessionFixation().changeSessionId()
            .and().csrf().disable();
    }
    ...
}
```

之前的代码获得了会话管理配置，并指示 Spring Security 使用 Servlet 3.1 的 changeSessionId 方法防止会话固定攻击。要清楚的是，这并不是必须的。默认情况下，Spring Security 将为运行在 Servlet 3.1 容器和更新版本容器上的应用程序使用 changeSessionId 机制。另外，还可以选择：

- newSession：它将创建新的会话，但不复制现有的会话特性。
- migrateSession：它将创建新的会话并复制所有现有的特性。
- none：禁用会话固定攻击保护。

当应用程序运行在 Servlet 3.0 或者更早版本的容器中时，migrateSession 是默认的选项。在 XML 中配置会话固定攻击保护是非常简单的：

```
    <http use-expressions="true">
        ...
```

```
    <session-management session-fixation-protection="migrateSession" />
</http>
```

4. 限制用户会话的数量

有时我们希望限制单个用户一次可以持有的会话数量。这将阻止用户一次从多个计算机、浏览器或位置同时访问网站，通常这被用作一个安全特性，用于保证同时只有一个人使用了赋予他的凭证集。通过使用会话管理配置，可以限制用户同时使用的会话数量。下面的 Java 和 XML 配置将启用该特性。

```
@Configuration
@EnableWebMvcSecurity
public class SecurityConfiguration extends WebSecurityConfigurerAdapter
{
    ...
    @Override
    protected void configure(HttpSecurity security) throws Exception
    {
        ...
                    .invalidateHttpSession(true).deleteCookies("JSESSIONID")
                    .permitAll()
                .and().sessionManagement()
                    .sessionFixation().changeSessionId()
                    .maximumSessions(1).expiredUrl("/login?maxSessions")
                .and().and().csrf().disable();
    }
    ...
}

    <http use-expressions="true">
        ...
        <session-management session-fixation-protection="changeSessionId">
            <concurrency-control max-sessions="1"
                                 expired-url="/login?maxSessions" />
        </session-management>
    </http>
```

在配置会话的最大数目时，默认的行为是：如果用户再次登录就使现有的会话过期。在本例中，当原有会话的持有者尝试再次访问会话时，他们将被重定向至/login?maxSessions。这并不是我们希望的行为。相反，可以指示 Spring Security 阻止第二次登录，并返回一个未授权的响应，允许保持原有会话不变。

```
@Configuration
@EnableWebMvcSecurity
public class SecurityConfiguration extends WebSecurityConfigurerAdapter
{
    ...
    @Override
    protected void configure(HttpSecurity security) throws Exception
    {
        ...
                    .invalidateHttpSession(true).deleteCookies("JSESSIONID")
                    .permitAll()
```

```
                .and().sessionManagement()
                    .sessionFixation().changeSessionId()
                    .maximumSessions(1).maxSessionsPreventsLogin(true)
                .and().and().csrf().disable();
    }
    ...
}
```

```
<http use-expressions="true">
    ...
    <session-management session-fixation-protection="changeSessionId">
        <concurrency-control max-sessions="1"
                             error-if-maximum-exceeded="true" />
    </session-management>
</http>
```

注意：该行为的配置选项在新的 Java 配置和 XML 配置中的名字是不同的。当然，我们可以在不改变默认固定会话攻击保护的情况下，启用会话并发控制。保留 sessionFixation().*option*()代码或者 session-fixation-protection XML 特性。

为了启用并发控制，还必须配置一个特殊的 Spring Security 监听器，它们将发布 HttpSession 相关的事件。通过这种方式 Spring Security 将构建出一个会话注册表，它可以使用该注册表检测并发会话。启用该监听器最简单的方式就是覆盖 SecurityBootstrap 类中的 enableHttpSessionEventPublisher 方法。

```
public class SecurityBootstrap extends AbstractSecurityWebApplicationInitializer
{
    @Override
    protected boolean enableHttpSessionEventPublisher()
    {
        return true;
    }
}
```

如果使用的是 XML 配置，那么可以手动地将监听器添加到部署描述符中。

```
<listener>
    <listener-class>
        org.springframework.security.web.session.HttpSessionEventPublisher
    </listener-class>
</listener>
```

无论采用的是哪种方式配置该监听器，如果要将应用程序部署到群集环境中，都必须小心地在群集的所有节点间正确地同步会话。否则，监听器不会注意到所有的会话，它也无法正确地限制用户可以持有的会话数量。

Authentication-App 项目中包含了一个基本的控制器，它将负责响应 Spring Security 正在保护的简单 URL。该控制器的细节是不重要的，其中包含的内容之前都已经学过了。为了测试该项目，请按照下面的步骤执行：

(1) 编译项目，并从 IDE 中启动 Tomcat。

(2) 访问网址 http://localhost:8080/authentication/about、http://localhost:8080/authentication/signup

和 http://localhost:8080/authentication/policies。现在我们可以在不登录的情况下访问这些页面。

(3) 现在访问 http://localhost:8080/authentication/secure/或者它底下的任意 URL，Spring Security 将要求你登录。输入错误的凭证，Spring Security 将把页面重定向至登录界面，并告诉你登录失败了。

(4) 输入正确的凭证，现在应该可以正常访问页面了。

(5) 单击 Log Out 链接退出，然后使用一组不同的凭证登录。登录为用户 John，尝试访问 http://localhost:8080/authentication/admin/，Spring Security 将阻止该访问。

(6) 退出并重新登录为 Margaret，Spring Security 现在将允许你访问管理页面。

5. 使用 JDBC 用户细节服务

如之前提到的，InMemoryUserDetailsManager 只是一个测试实现，永远不应该在生产环境中使用它。它对于演示来说是非常有用的，但其他可用的选项都有什么呢？如果在数据库中存储了用户信息(大多数应用程序都采取这种方式)，那么 org.springframework.security.provisioning.JdbcUserDetailsManager 将提供一种简单的机制，用于从数据库中获得 UserDetails 对象。为它设置一个数据源，并配置相关的 SQL 查询，用于从数据库中获得用户和他们的许可。

```
@Configuration
@EnableWebMvcSecurity
public class SecurityConfiguration extends WebSecurityConfigurerAdapter
{
    ...
    @Inject DataSource dataSource;

    @Override
    protected void configure(AuthenticationManagerBuilder builder)
            throws Exception
    {
        builder
                .jdbcAuthentication()
                    .dataSource(this.dataSource)
                    .usersByUsernameQuery("SELECT Username, Password, Enabled " +
                          "FROM User WHERE Username = ?")
                    .authoritiesByUsernameQuery("SELECT Username, Permission " +
                          "FROM UserPermission WHERE Username = ?")
                    .passwordEncoder(new BCryptPasswordEncoder());
    }
    ...
}
```

该配置的大部分都是可以自说明的。“users by username” SQL 查询必须返回一个结果集，其中应包含用户名、密码和启用/禁用标志等列(按照这个顺序)。“authorities by username” SQL 查询必须返回一个结果集，其中应包含用户名和授权名称等列(按照这个顺序)。这两个查询都要求使用一个参数：定位用户所需的用户名。

当然，永远不应该在数据库中存储用户的明文密码，Spring Security 的 org.springframework.security.crypto.password.PasswordEncoder 接口提供了一种机制，用于比较密码和哈希密码。所有我们需要做的就是在配置的“users by username”查询中返回哈希密码列，并提供正确的 PasswordEncoder 实现用于处理哈希密码格式。org.springframework.security.crypto.bcrypt.BCryptPasswordEncoder 使用

BCrypt 哈希算法提供给了一个比较用户密码的标准实现。

下面的 XML 配置与 JDBC 用户细节服务的 Java 配置是一致的。

```
<authentication-manager>
    <authentication-provider>
        <jdbc-user-service data-source-ref="dataSource"
                users-by-username-query=
"SELECT Username, Password, Enabled FROM User WHERE Username = ?"
                authorities-by-username-query=
"SELECT Username, Permission FROM UserPermission WHERE Username = ?" />
        <password-encoder hash="bcrypt" />
    </authentication-provider>
</authentication-manager>
```

6. 使用其他用户细节服务

除了 JdbcUserDetailsManager，还有 org.springframework.security.ldap.userdetails.LdapUserDetails-Manager 和 LdapUserDetailsService，但这些类都完全是用于信息检索的。不能将它们用于真正的验证过程，因为它们不能从 LDAP 提供者中获得密码。接下来我们将学习这些服务。尽管没有其他的捆绑 UserDetailsService 实现，但你可以定义自己的简单服务。只需要创建一个 UserDetailsService 实现，在 SecurityConfiguration 类中获得它的实例(要么手动创建它，要么注入它)，并将它添加到安全配置中即可。

```
@Configuration
@EnableWebMvcSecurity
public class SecurityConfiguration extends WebSecurityConfigurerAdapter
{
    ...
    @Inject MyUserDetailsService myUserDetailsService;

    @Override
    protected void configure(AuthenticationManagerBuilder builder)
            throws Exception
    {
        builder.userDetailsService(this.myUserDetailsService)
                .passwordEncoder(new BCryptPasswordEncoder());
    }
    ...
}
```

使用 XML 配置自定义的 UserDetailsService 事实上是一样的。

```
<authentication-manager>
    <authentication-provider user-service-ref="myUserDetailsService">
        <password-encoder hash="bcrypt" />
    </authentication-provider>
</authentication-manager>
```

26.1.2　使用 LDAP 和活动目录提供者

确实，DaoAuthenticationProvider 类和对应的 UserDetailsService 接口是非常方便的，它们可以快速地启动 Spring Security，并在简单的环境中运行 Spring Security。但现实中的应用程序很少这样简单，它们通常需要更复杂的认证机制。使用轻量级目录访问协议(LDAP)的声明认证就是其中一个例子。对于该认证，Spring Security 提供了 org.springframework.security.ldap.authentication.LdapAuthenticationProvider。

该提供者是必须的，因为我们并不总是能够从 LDAP 服务器中获得密码(哈希密码或者其他密码)。例如，最常见的认证策略被称为绑定，用户真正地"登录"到 LDAP 服务器，并创建自己的身份。LdapAuthenticationProvider 将直接使用 LDAP 服务器进行认证，而不是将用户重定向至认证服务器。它有几个可用的选项，但我们永远不需要直接配置它。相反，我们可以使用 Java 配置快捷方式或者 XML 命名空间。

```
@Configuration
@EnableWebMvcSecurity
public class SecurityConfiguration extends WebSecurityConfigurerAdapter
{
    ...
    @Override
    protected void configure(AuthenticationManagerBuilder builder)
            throws Exception
    {
        builder
                .ldapAuthentication()
                    .contextSource()
                        .url("ldap://ldap1.example.org:389/dc=example,dc=org
ldap://ldap2.example.org:389/dc=example,dc=org")
                        .managerDn("uid=admin,ou=system")
                        .managerPassword("bindPassword")
                        .and()
                    .userSearchFilter("(uid={0})")
                    .userSearchBase("ou=people")
                    .groupSearchBase("ou=groups");
    }
    ...
}

    <ldap-server manager-dn="uid=admin,ou=system" manager-password="bindPassword"
              url="ldap://ldap1.example.org:389/dc=example,dc=org
ldap://ldap2.example.org:389/dc=example,dc=org" />

    <authentication-manager>
        <ldap-authentication-provider user-search-filter="(uid={0})"
                                      user-search-base="ou=people"
                                      group-search-base="ou=groups" />
    </authentication-manager>
```

这些配置假设服务器并未启用匿名访问，因此提供了一个管理器用于识别绑定到其他用户的名字和密码。如果服务器允许匿名访问，那么可以忽略这些值。使用空格分隔的 URL 指定用于冗余和高可用性的多台服务器，这是 LDAP 的约定。这些配置还假设用户可以存在于目录中的多个节点上(一个典型的场景)，并指定了在基本节点中的任意位置用于定位用户的用户搜索基础和过滤器。如果用户总是定位于相同的节点上，那么可以忽略搜索过滤器和基础属性，并使用 userDnPatterns/user-dn-pattern 属性取代基础属性。组搜索基础属性将指示 Spring Security 如何定位用户所属的 LDAP

组。如果希望在基于声明的认证中使用目录，那么这是必须的，否则可以忽略它。为了进一步限制所返回的组，可以指定 groupSearchFilter/group-search-filter。

警告：LDAP 是一个复杂的话题，它超出了本书的范围。配置一个任意类型的 LDAP 客户端很容易出错，而这样将会使应用程序变得不安全或者不可访问(取决于你所犯的错误)。你总是应该在尝试将 LDAP 认证集成到应用程序之前，咨询 LDAP 服务器管理员。

之前你已经阅读了 LdapUserDetailsManager 和 LdapUserDetailsService 类。它们可以从 LDAP 服务器中获得 UserDetails，但它们不能获得正在认证用户的密码。所以它们的目的是什么呢？你并不是一定需要它们。之前的配置可以使用 LDAP 服务器对用户进行验证。不过，如果希望在一个启用了 LDAP 的应用程序的登录界面上提供 remember-me 复选框并使用 XML 配置，那么也必须配置 LdapUserDetailsManager 或者 LdapUserDetailsService(这些类如何解析用户是稍有区别的，而这个话题也超出了本书的范围)。

当"被记住的"用户返回时，它将自动完成认证，该服务从 LDAP 服务器中获得了用户的细节(并保证用户未被删除、禁用或者锁定)。应该使用与 LdapAuthenticationProvider 配置的相同搜索和过滤器细节配置该服务。Java 配置将自动处理这些细节。本章稍后将讲解如何使用 member-me 认证。

Spring Security 对 Windows 域活动目录认证提供了内建的支持。它使用了 LDAP，因此会要求在域控制器中启用 LDAP(默认是启用的，但某些域管理员为了简单的安全策略可能会禁用它)。它也意味着 org.springframework.security.ldap.authentication.ad.ActiveDirectoryLdapAuthenticationProvider 与 LdapAuthenticationProvider 是紧密相关的——它们都扩展了 org.springframework.security.ldap.authentication.AbstractLdapAuthenticationProvider。

配置 LdapAuthenticationProvider，使它正确地链接到 Windows 域控制器是非常复杂的任务。因为 LDAP 结构在所有的 Windows 域控制器中总是相同的，所以 Spring Security 提供了 ActiveDirectoryLdapAuthenticationProvider 用于简化这个任务。它还将把域控制器返回的 Microsoft 自有的错误代码翻译成有用的错误信息(与 LdapAuthenticationProvider 可以提供的相比)。所有需要做的就是提供默认的 Windows 域名(当用户名中未包含显式的域名时使用)和域控制器的 LDAP 服务器的一个或多个 URL，如下面的 Java 和 XML 配置所示。

```
@Configuration
@EnableWebMvcSecurity
public class SecurityConfiguration extends WebSecurityConfigurerAdapter
{
    ...
    @Override
    protected void configure(AuthenticationManagerBuilder builder)
            throws Exception
    {
        builder.authenticationProvider(
                new ActiveDirectoryLdapAuthenticationProvider(
                        "example.com",
                        "ldap://dc1.example.com:389/ ldap://dc2.example.com:389/"
```

```
            )
        );
    }
    ...
}

    <beans:bean id="activeDirectoryProvider"
              class="org.springframework.security.ldap.authentication.ad.
ActiveDirectoryLdapAuthenticationProvider">
        <beans:constructor-arg value="example.com" />
        <beans:constructor-arg value="ldap://dc1.example.com:389/
ldap://dc2.example.org:com/"/>
    </beans:bean>

    <authentication-manager>
        <authentication-provider ref="activeDirectoryProvider" />
    </authentication-manager>
```

注意：为了使用 Spring Security 的 LDAP 支持，需要在项目中添加下面的 Maven 依赖，它也将自动添加所有 Spring LDAP 项目的外部依赖。

```
<dependency>
    <groupId>org.springframework.security</groupId>
    <artifactId>spring-security-ldap</artifactId>
    <version>3.2.0.RELEASE</version>
    <scope>compile</scope>
</dependency>
```

26.1.3 使用 OpenID 进行认证

Spring Security 还提供了对 OpenID 认证的内建支持。如果对 OpenID 认证不感兴趣，则可以直接跳到 26.1.4 节。本节的内容将会假设你已经了解 OpenID 是如何进行认证的，并将引用几个 OpenID 的概念，而不会详细讲解它们的定义。因为 OpenID 是一个基于声明的认证系统，它要求用户被重定向至提供者，我们不需要 AuthenticationProvider 实现，并且不需要配置表单登录机制。相反，需要配置一个 OpenID 登录机制，它将在必要时把用户重定向至 OpenID 提供者的登录表单。

我们还需要一个页面处理 OpenID 登录的第一步——为用户提供支持的 OpenID 提供者列表和需要输入 OpenID 标识符的字段。当用户提交表单时，Spring Security 将会接管一切，将它们重定向至正确的提供者 URL，并在他们从提供者返回时完成回调认证过程。

```
@Configuration
@EnableWebMvcSecurity
public class SecurityConfiguration extends WebSecurityConfigurerAdapter
{
    @Override
    public void configure(WebSecurity security)
    {
        security.ignoring().antMatchers("/resource/**");
```

```
    }

    @Override
    protected void configure(HttpSecurity security) throws Exception
    {
        security
                .authorizeRequests()
                    .antMatchers("/signup", "/about", "/policies").permitAll()
                    .antMatchers("/secure/**").hasAuthority("USER")
                    .antMatchers("/admin/**").hasAuthority("ADMIN")
                    .anyRequest().authenticated()
                .and().openidLogin()
                    .loginPage("/login")
                    .failureUrl("/login?error")
                    .defaultSuccessUrl("/secure/")
                    .authenticationUserDetailsService(new MyUserDetailsService())
                    .attributeExchange("https://www.google.com/.*")
                        .attribute("firstname").required(true)
                        .type("http://axschema.org/namePerson/first")
                        .and()
                        .attribute("lastname").required(true)
                        .type("http://axschema.org/namePerson/last")
                        .and()
                        .attribute("email").required(true)
                        .type("http://axschema.org/contact/email")
                        .and()
                    .and()
                    .attributeExchange(".*yahoo.com.*")
                        .attribute("fullname").required(true)
                        .type("http://axschema.org/namePerson")
                        .and()
                        .attribute("email").required(true)
                        .type("http://axschema.org/contact/email")
                        .and()
                    .and()
                .and().logout()
                    .logoutUrl("/logout").logoutSuccessUrl("/login?loggedOut")
                    .invalidateHttpSession(true).deleteCookies("JSESSIONID")
                    .permitAll()
                .and().sessionManagement()
                    .sessionFixation().changeSessionId()
                    .maximumSessions(1).maxSessionsPreventsLogin(true)
                .and().and().csrf().disable();
    }
}
```

该配置创建了 OpenID 登录机制，并配置了与两个常见提供者进行交互的特性。如果需要配置与许多提供者交互的特性，那么分别为每个提供者创建用于完成创建工作的私有方法会更加合理。该配置还创建了我们熟悉的登录页面、失败 URL 和默认的成功 URL(我们之前已经为表单登录机制配置的 URL)。

页面 loginPage 是一个包含了 OpenId 标识符字段(字段名必须是 openid_identifier)和按钮(为所有支持的提供者提供的)的视图。MyUserDetailsService 理论上是可以接受 org.springframework.security.

openid.OpenIDAuthenticationToken 的 org.springframework.security.core.userdetails.AuthenticationUserDetailsService 实现，它将返回对应的 UserDetails 对象。如果决定启用 remember-me 认证，那么必须提供 UserDetailsService 实现。可以使用相同的 UserDetailsService 实现这些目标。

如你所见，在 Spring Security 中配置 OpenID 所涉及的细节是非常多的，它可以用整章内容来描述。如果希望看到更多的样例，Spring Security GitHub 仓库(https://github.com/spring-projects/spring-security)中的样例代码是一个很好的资源。

注意：为了使用 Spring Security 的 OpenID 支持，你需要在项目中添加下面的 Maven 依赖(第一个被用作直接的依赖，其他的依赖将强制使用更新的临时依赖，它们包含了许多问题修复和安全改进)。该依赖还将引入许多临时依赖。

```
<dependency>
    <groupId>org.springframework.security</groupId>
    <artifactId>spring-security-openid</artifactId>
    <version>3.2.0.RELEASE</version>
    <scope>compile</scope>
</dependency>

<dependency>
    <groupId>commons-codec</groupId>
    <artifactId>commons-codec</artifactId>
    <version>1.9</version>
    <scope>runtime</scope>
</dependency>

<dependency>
    <groupId>org.apache.httpcomponents</groupId>
    <artifactId>httpclient</artifactId>
    <version>4.3.1</version>
    <scope>runtime</scope>
</dependency>
```

26.1.4 remember-me 认证

许多网站都提供了 remember-me 认证。这个概念通常会涉及登录界面上的一个复选框，用户可以通过它表示网站是否应该记住用户的浏览器，并在下次用户登录时自动认证。它是通过在用户浏览器中保存 cookie 实现的，当用户下次访问时可以通过 cookie 识别出他们。

很明显，这里将会出现一个安全漏洞。攻击者只要获得用户的 cookie，然后代表用户访问你的应用程序即可。通过使 remember-me 令牌快速地过期或者只允许使用一次的方式可以减少安全问题，但在现实中这个问题依然存在。在保护敏感信息(例如健康数据、金融或者纳税记录，或者员工信息)时一定不要使用 remember-me 验证。不过，对于安全性低的环境(例如用户论坛和支持评论的新闻网站)，在用户便利的前提下，这种方式有时是可以接受的。

Spring Security 通过一个特殊的 org.springframework.security.authentication.RememberMeAuthenticationProvider 提供 remember-me 认证。如果你决定启用 remember-me 服务，那么请在登录界面上添

加一个字段名为 remember-me 的复选框(使用 XML 配置时字段名为_spring_security_remember_me)，然后在配置中切换为 remember-me 服务：

```
@Configuration
@EnableWebMvcSecurity
public class SecurityConfiguration extends WebSecurityConfigurerAdapter
{
    ...
    @Override
    protected void configure(HttpSecurity security) throws Exception
    {
        ...
                    .maximumSessions(1).maxSessionsPreventsLogin(true)
                .and().and().csrf().disable()
                .rememberMe().key("myApplicationName");
    }
    ...
}
```

```
<http use-expressions="true">
    ...
    <remember-me key="myApplicationName"/>
</http>
```

如果使用 SSL 进行登录(应该这样做)，那么为了增加安全性，应该将 useSecureCookie(或者 use-secure-cookie)设置为真。这将可以禁止攻击者获得用户的 remember-me cookie 的多种方式中的一种。还可以使用 tokenValiditySeconds(或者 token-validity-seconds)控制 remember-me 令牌多长时间后才会过期，进一步限制被偷窃令牌的用途。如之前所讨论的，为了正常工作，remember-me 服务要求使用一个 UserDetailsService 实现。没有该服务，remember-me 服务就无法正常工作。如果有多个 UserDetailsService 实现，那么必须挑选一个用于支持 remember-me 服务，并将它命名为 userDetailsService (或者 user-service-ref)。

还有一个更安全的 remember-me 服务，这个版本的服务要求使用一个数据源和一个采用了特定模式的表。Spring Security 文档中详细讲解了该特性的使用方法，但通常作者建议永远不要使用 remember-me 服务。

26.1.5 学习其他认证提供者

Spring Security 还提供了几个其他内建的 AuthenticationProvider。org.springframework.security.cas.authentication.CasAuthenticationProvider 使用 Jasig Central Authentication Service 管理认证。org.springframework.security.authentication.jaas.DefaultJaasAuthenticationProvider 和 org.springframework.security.authentication.jaas.JaasAuthenticationProvider 都使用 Java 认证和授权服务提供者；不过，JaasAuthenticationProvider 依赖于特定的 JAAS 实现，并不是所有的 Java 虚拟机都包含该实现，而 DefaultJaasAuthenticationProvider 则可以使用任意的 JAAS 实现。

org.springframework.security.web.authentication.preauth.PreAuthenticatedAuthenticationProvider 是一个有趣的实现。它将根据你所遇到的某些情况进行操作，在这些情况下你不能或者不希望使用 Spring Security 实现认证，但希望使用它的授权能力。这样的场景包括客户端证书认证(只有 Servlet 容器可以处理)、SiteMinder 认证和其他在 Servlet 容器内直接处理的认证。在配置预认证时，必须小心地告诉 Spring Security 如何正确地和安全地识别预认证请求。

org.springframework.security.authentication.rcp.RemoteAuthenticationProvider 是一个非常类似的提供者，它作用于稍微不同的一种情况，在这种情况下认证也是在外部处理的，Spring Security 仍然将负责授权。

最后一个内建提供者是 org.springframework.security.access.intercept.RunAsImplAuthentication-Provider。可以使用它临时地将当前的 Authentication 替换为一个认证含有不同 GrantedAuthority(潜在地)的不同 Principal 的 Authentication。它的一个样例是：使用一个权限较少的用户运行大部分代码，但在特权代码中运行特定的代码。

这些提供者的配置细节是非常复杂的，尝试将它们全部打印在这里是不合理的。之前提到的 Spring Security API 文档和 GitHub 仓库样例都是非常有用的学习资料。还可以查看 Spring Security 参考文档获得更多信息，地址为：http://docs.spring.io/spring-security/site/docs/3.2.x/reference/html/。

26.2　编写自己的认证提供者

所有这些内建认证机制是非常有用的，但有时它们并不足以满足需求。幸亏，编写自己的 AuthenticationProvider 是非常简单的，本节将讲解如何实现。请使用 wrox.com 代码下载站点中下载的 Customer-Support-v19 项目。这个项目我们从第 3 章开始就一直在不断地改进和重构，为了完善它，现在剩下的唯一一个任务就是添加认证和授权。如果从一开始就没有使用该项目，那么也不要担心！该项目是自包含的，下载之后就立即可以运行它。本节只会讲解项目的改动：在客户支持应用程序中添加认证。

早期我们在应用程序中为用户名和密码表单验证添加了一个简单的系统。这是在项目中添加一些基本特性所必须的步骤。现在，我们将使用 Spring Security 的企业级特性替换自定义的认证。本章将展示如何完成该任务，还将介绍跨站请求伪造攻击以及 Spring Security 3.2 引入的缓解特性。

26.2.1　以正确的顺序启动

你可能还记得，客户支持应用程序中的 Spring Framework、Servlet 和过滤器配置比样例 Authentication-App 中创建的配置要复杂得多。一个重要的问题是 LoggingFilter 执行了两个任务：在 Log4j 2 ThreadContext 中添加鱼标签(以 UUID 的方式)和登录用户名。这种方式的问题在于：用户名在 Spring Security 过滤器链执行之后是不可用的，这意味着过滤器代码必须最后运行。不过，最后运行鱼标签代码将导致 Spring Security 日志中无法包含鱼标签，这并不是我们期望的行为。因此，必须将日志过滤器拆分成两个过滤器，并按照正确的顺序启动所有的过滤器。

1. 拆分日志过滤器

拆分日志过滤器并不是一个复杂的任务。使用 PreSecurityLoggingFilter 和 PostSecurityLogging-Filter 替换 LoggingFilter。PreSecurityLoggingFilter 负责创建鱼标签，并在请求完成时同时清空鱼标签和用户名。

```
public class PreSecurityLoggingFilter implements Filter
{
    @Override
```

```
    public void doFilter(ServletRequest request, ServletResponse response,
                         FilterChain chain) throws IOException, ServletException
    {
        String id = UUID.randomUUID().toString();
        ThreadContext.put("id", id);
        try
        {
            ((HttpServletResponse)response).setHeader("X-Wrox-Request-Id", id);
            chain.doFilter(request, response);
        }
        finally
        {
            ThreadContext.remove("id");
            ThreadContext.remove("username");
        }
    }
    ...
}
```

PostSecurityLoggingFilter 甚至更加简单。它将使用 Spring Security 的 org.springframework.security.core.context.SecurityContextHolder 类中的静态方法获得当前的 org.springframework.security.core.context.SecurityContext。该上下文是属于请求的，它持有当前请求和 HTTP 会话的 Authentication。PostSecurityLoggingFilter 将把从 ThreadContext 删除用户名的操作委托给 PreSecurityLoggingFilter，这样用户名就可以在 ThreadContext 中存在尽可能长的时间。

```
public class PostSecurityLoggingFilter implements Filter
{
    @Override
    public void doFilter(ServletRequest request, ServletResponse response,
                         FilterChain chain) throws IOException, ServletException
    {
        SecurityContext context = SecurityContextHolder.getContext();
        if(context != null && context.getAuthentication() != null)
            ThreadContext.put("username", context.getAuthentication().getName());

        chain.doFilter(request, response);
    }
    ...
}
```

2. 对多个启动类进行排序

现在我们已经拆分了日志过滤器，接下来最重要的就是保证所有的应用程序组件都按照正确的顺序进行初始化。必须先注册 PreSecurityLoggingFilter，然后注册 Spring Security 过滤器链，最后注册 PostSecurityLoggingFilter。因为 Spring Framework 只注册 ServletContextListener 和几个 Servlet，所以在哪个阶段初始化 Spring Framework 并不重要。它不会影响过滤器执行顺序。

对几个 Spring Framework WebApplicationInitializer 进行排序真的非常简单。所有需要做的就是在类上添加@org.springframework.core.annotation.Order 注解，并提供初始化器的优先级对应的值。最小的值对应着最高的优先级，所以-2、147、483、648 是可用的最高优先级。最大值对应着最低的优先级，所以可用的最低优先级有 2、147、483、647。为了满足需求，最简单的方法就是按照需要使用 1、2、3 对 3 个启动类进行排序。这些类被添加到 com.wrox.config.bootstrap 中，FrameworkBootstrap 替换了旧版客户支持应用程序中的 Bootstrap 类。代表 Spring Framework 启动代码的省略号部分并未改变。唯一一个主要的区别在于之前的 AuthenticationFilter 被移除了，这里注册的 PreSecurityLoggingFilter 并不是之前的 LoggingFilter。

```
@Order(1)
public class FrameworkBootstrap implements WebApplicationInitializer
{
    private static final Logger log = LogManager.getLogger();

    @Override
    public void onStartup(ServletContext container) throws ServletException
    {
        log.info("Executing framework bootstrap.");

        ...

        FilterRegistration.Dynamic registration = container.addFilter(
                "preSecurityLoggingFilter", new PreSecurityLoggingFilter()
        );
        registration.addMappingForUrlPatterns(null, false, "/*");
    }
}
```

接下来，需要启动 Spring Security 的过滤器链。除了额外添加的@Order 注解和日志语句(用于演示顺序是否正确)，该代码与之前在 Authentication-App 项目中创建的 SecurityBootstrap 是一致的。

```
@Order(2)
public class SecurityBootstrap extends AbstractSecurityWebApplicationInitializer
{
    private static final Logger log = LogManager.getLogger();

    @Override
    protected boolean enableHttpSessionEventPublisher()
    {
        log.info("Executing security bootstrap.");

        return true;
    }
}
```

启动过程的最后一步就是在新的 LoggingBootstrap 类中注册 PostSecurityLoggingFilter。现在当 Spring Framework 启动时，它将按照这些启动类出现的顺序执行。

```
@Order(3)
public class LoggingBootstrap implements WebApplicationInitializer
{
    private static final Logger log = LogManager.getLogger();

    @Override
    public void onStartup(ServletContext container) throws ServletException
    {
        log.info("Executing logging bootstrap.");
```

```
        FilterRegistration.Dynamic registration = container.addFilter(
                "postSecurityLoggingFilter", new PostSecurityLoggingFilter()
        );
        registration.addMappingForUrlPatterns(null, false, "/*");
    }
}
```

26.2.2 创建和配置提供者

现在我们已经为日志和 Spring Security 创建了正确的启动顺序，接下来该创建自己的 AuthenticationProvider 实现了。因为在应用程序中我们将使用 UserPrincipal 实体作为身份，所以实现 Authentication 的最简单方式就是更新 UserPrincipal。接着我们可以在 AuthenticationProvider 实现中返回它。

注意：使 UserPrincipal 扩展 Authentication 只是其中的一种方式。下一章我们将学习另一种方式——扩展 UserDetails。

1. 转换用户主体和认证服务

UserPrincipal 的大部分内容都保持不变。它的映射是相同的，而且它仍然实现了 Principal 和 Serializable，但是通过实现 Authentication 的间接方式实现的。唯一的重要改动就是在 Authentication 中添加了 getAuthorities、getPrincipal、getDetails、getCredentials、isAuthenticated 和 setAuthenticated 方法。它们的实现都是模板化的。下一章我们将把用户授权映射到存储用户许可的新数据库表中。

最重要的改动发生在 AuthenticationService 接口和它的 DefaultAuthenticationService 实现中。现在 AuthenticationService 扩展了 AuthenticationProvider 并覆盖了它的 authenticate 方法，用于表明该提供者只返回 UserPrincipal。

```
@Validated
public interface AuthenticationService extends AuthenticationProvider
{
    @Override
    UserPrincipal authenticate(Authentication authentication);

    void saveUser(
            @NotNull(message = "{validate.authenticate.saveUser}") @Valid
                UserPrincipal principal,
            String newPassword
    );
}
```

saveUser 方法的实现并未改变。方法 authenticate 明显做出了许多改动，supports 方法表示该 AuthenticationProvider 可以只使用 UsernamePasswordAuthenticationTokens 进行认证。在将 Authentication 强制转换为 UsernamePasswordAuthenticationToken 并获得用户名和密码之后，authenticate 将擦除令牌中存储的明文密码，这样它就不会不小心在某处泄露该密码。然后它将获得 UserPrincipal，并运行之前使用的标准检查。在确认了用户身份之后，它将把 authenticated 标志设置为真(粗体显示)，确认认证已经成功。

```
@Service
public class DefaultAuthenticationService implements AuthenticationService
{
    ...

    @Override
    @Transactional
    public UserPrincipal authenticate(Authentication authentication)
    {
        UsernamePasswordAuthenticationToken credentials =
                (UsernamePasswordAuthenticationToken)authentication;
        String username = credentials.getPrincipal().toString();
        String password = credentials.getCredentials().toString();
        credentials.eraseCredentials();

        UserPrincipal principal = this.userRepository.getByUsername(username);
        if(principal == null)
        {
            log.warn("Authentication failed for non-existent user {}.", username);
            return null;
        }

        if(!BCrypt.checkpw(
                password,
                new String(principal.getPassword(), StandardCharsets.UTF_8)
        ))
        {
            log.warn("Authentication failed for user {}.", username);
            return null;
        }

        principal.setAuthenticated(true);
        log.debug("User {} successfully authenticated.", username);

        return principal;
    }

    @Override
    public boolean supports(Class<?> c)
    {
        return c == UsernamePasswordAuthenticationToken.class;
    }

    ...
}
```

现在只需要配置 Spring Security，将 AuthenticationService 实现用作 AuthenticationProvider 即可。代码清单 26-1 中的 SecurityConfiguration 类演示了这一点，它是在 RootContextConfiguration 类中使用@Import 标准导入的。注意：它让 Spring Framework 自动注入了 AuthenticationService，然后简单地在 configure(AuthenticationManagerBuilder))方法中对它进行了封装。方法 configure(WebSecurity)从 Spring Security 的过滤器链中排除了静态资源和可能的网站图标，而 configure(HttpSecurity)则要求

验证所有的请求，并创建了表单登录和退出机制，类似于 Authentication-App 中的代码。它也实现了一些其他的代码，稍后会进行讲解。

代码清单 26-1：SecurityConfiguration.java

```
@Configuration
@EnableWebMvcSecurity
public class SecurityConfiguration extends WebSecurityConfigurerAdapter
{
    @Inject AuthenticationService authenticationService;

    @Bean
    protected SessionRegistry sessionRegistryImpl()
    {
        return new SessionRegistryImpl();
    }

    @Override
    protected void configure(AuthenticationManagerBuilder builder)
            throws Exception
    {
        builder.authenticationProvider(this.authenticationService);
    }

    @Override
    public void configure(WebSecurity security)
    {
        security.ignoring().antMatchers("/resource/**", "/favicon.ico");
    }

    @Override
    protected void configure(HttpSecurity security) throws Exception
    {
        security
                .authorizeRequests()
                    .anyRequest().authenticated()
                .and().formLogin()
                    .loginPage("/login").failureUrl("/login?loginFailed")
                    .defaultSuccessUrl("/ticket/list")
                    .usernameParameter("username")
                    .passwordParameter("password")
                    .permitAll()
                .and().logout()
                    .logoutUrl("/logout").logoutSuccessUrl("/login?loggedOut")
                    .invalidateHttpSession(true).deleteCookies("JSESSIONID")
                    .permitAll()
                .and().sessionManagement()
                    .sessionFixation().changeSessionId()
                    .maximumSessions(1).maxSessionsPreventsLogin(true)
                    .sessionRegistry(this.sessionRegistryImpl())
                .and().and().csrf()
                    .requireCsrfProtectionMatcher((r) -> {
                        String m = r.getMethod();
                        return !r.getServletPath().startsWith("/services/") &&
```

```
                        ("POST".equals(m) || "PUT".equals(m) ||
                              "DELETE".equals(m) || "PATCH".equals(m));
                });
    }
}
```

2. 替换会话注册表

你可能好奇为什么代码清单 26-1 中的 SecurityConfiguration 类手动地创建了 Spring Security SessionRegistryImpl bean，然后(粗体)将它注入到会话管理配置中。Spring Security 不会自动创建该 bean 吗？是的，Spring Security 会创建该 bean，但是这样做的话，SessionRegistry 就不会作为 bean 暴露在整个应用程序中。本书开始使用 SessionListener(HttpSessionListener 和 HttpSessionIdListener 的实现)创建了自己的 com.wrox.site.SessionRegistry。Spring Security 的 SessionRegistry 完全可以替代这个功能。通过手动地创建 SessionRegistryImpl bean，将该 bean 暴露给应用程序，这样就可以在 Spring Security 类之外的其他应用程序 bean 中使用它。现在 SessionListController 将使用 Spring Security 的 SessionRegistry，而不是遗留下来的 com.wrox.site.SessionRegistry。

```
@WebController
@RequestMapping("session")
public class SessionListController
{
    @Inject SessionRegistry sessionRegistry;

    @RequestMapping(value = "list", method = RequestMethod.GET)
    public String list(Map<String, Object> model)
    {
        List<SessionInformation> sessions = new ArrayList<>();
        for(Object principal : this.sessionRegistry.getAllPrincipals())
            sessions.addAll(this.sessionRegistry.getAllSessions(principal, true));

        model.put("timestamp", System.currentTimeMillis());
        model.put("numberOfSessions", sessions.size());
        model.put("sessionList", sessions);

        return "session/list";
    }
}
```

通过使用 Spring Framework 的发布-订阅消息，Spring Security 在发生特定的认证事件时可以发布各种消息。API 文档中详细讲解了这些不同的事件，但其中最常用的一些事件如下所示：

- org.springframework.security.authentication.event.AbstractAuthenticationFailureEvent：由于某种原因验证失败时会发布该事件。它的子类显示了失败原因的细节。
- org.springframework.security.authentication.event.AuthenticationSuccessEvent：认证成功时发布。不过，这可能也包含自动认证事件，例如 remember-me 认证。如果只希望知道交互式认证，那么请使用 org.springframework.security.authentication.event.InteractiveAuthenticationSuccessEvent。
- org.springframework.security.web.authentication.session.SessionFixationProtectionEvent：当会话固定攻击保护引起会话改变时发布(例如，会话迁移或者 changeSessionId)。

- org.springframework.security.core.session.SessionDestroyedEvent: 会话销毁时发布(退出或者会话超时)。

之前，ChatEndpoint 一直使用遗留的 com.wrox.site.SessionRegistry 订阅会话销毁相关的事件。现在它可以实现 ApplicationListener<SessionDestroyedEvent>处理这些事件。不过，只有单例 bean 可以实现 ApplicationListener<?>。因为 ChatEndpoint 不是一个单例 bean(相反，每次创建新的 WebSocket 连接时都会创建新的实例)，所以它不能实现该方法(Spring Framework 会记录一个警告并忽略它)。为了解决这个问题，com.wrox.site.chat.SessionDestroyedListener 类将被用作一个代理，监听会话销毁事件并将事件转发到所有活跃的 WebSocket 连接。

谈到 ChatEndpoint，它现在将使用 SecurityContextHolder 获得 EndpointConfigurator 中的 UserPrincipal。

```
public static class EndpointConfigurator extends SpringConfigurator
{
    ...
    @Override
    public void modifyHandshake(ServerEndpointConfig config,
                                HandshakeRequest request,
                                HandshakeResponse response)
    {
        ...
        config.getUserProperties().put(
                PRINCIPAL_KEY,
                SecurityContextHolder.getContext().getAuthentication()
        );
        ...
    }
    ...
}
```

3. 修改认证控制器

AuthenticationController 现在已经非常简单了。它不需要处理登录或退出命令，所以这些方法已经被移除了。Spring Security 将负责处理这些工作。唯一一个 AuthenticationController 必须完成的任务就是：渲染登录视图(在检查了 SecurityContextHolder 保证用户尚未登录之后)。尽管它从未真正地使用 LoginForm(因为它不再处理已提交的登录)，它仍然在模型中添加了 LoginForm，这样就可以在登录视图中使用 Spring Framework 的<form:form>标签。如果没有命令对象，就不能使用<form:form>。

```
@WebController
public class AuthenticationController
{
    @RequestMapping(value = "login", method = RequestMethod.GET)
    public ModelAndView login(Map<String, Object> model)
    {
        if(SecurityContextHolder.getContext().getAuthentication() instanceof
                UserPrincipal)
            return new ModelAndView(new RedirectView("/ticket/list", true, false));

        model.put("loginForm", new LoginForm());
        return new ModelAndView("login");
```

```
    }

    public static class LoginForm { ... }
}
```

26.2.3　缓解跨站请求伪装攻击

跨站请求伪装(CSRF)是最糟糕的 Web 漏洞之一。在 CSRF 攻击中，攻击者将会使用用户在攻击者希望访问的网站中现有的登录信息。这种攻击通常会采取两种方式之一。在登录攻击中，恶意网站通常会伪装成用户希望登录的网站(很多时候这都是结合钓鱼攻击一起进行的)。用户输入他们的凭证并尝试登录。恶意网站首先会捕捉到凭证信息，然后将这些凭证转发到真正的网站中。因为用户成功地登录到了真正的网站，所以他们就永远不会注意到他们已经把自己的凭证交给了攻击者。这些攻击者难以攻击使用 HTTPS 保护登录表单的网站，假设用户习惯于寻找有效的证书的话。

为了了解攻击的其他类型，请考虑下面的场景：用户登录他的在线银行软件。在保持登录的情况下，他打开了另一个浏览器选项卡，其中显示了一个警告告诉他他赢得了 1000 美元。遗憾的是，当他单击该按钮时，它并未给他 1000 美元。相反，一个不可见的表单将在幕后被提交到他的银行软件，具有讽刺意义的是，该网页将从用户的账户中转出了 1000 美元到攻击者的账户。

可以使用同步令牌模式缓解这两种攻击。在该模式下，每个应用程序的请求都将生成一个安全的随机令牌字符串。该令牌作为特性被持久化在 HttpSession 中，并被添加为屏幕中所有表单的隐藏表单字段。如果其中一个表单被提交了，应用程序将检查表单确保被提交的令牌匹配会话中的令牌，只有令牌匹配的情况下才允许继续执行表单处理。攻击者不能提前知道该令牌，所以他不能在被提交的表单中包含该令牌欺骗用户。

对于登录攻击，同步令牌模式不能完全防止攻击。所有可以做的就是让用户知道攻击发生了，并且攻击者已经获得了他们的凭证。在本例中，用户必须立即修改他们的密码。作为最佳实践，应用程序应该要求用户这样做。对于所有其他的 CSRF 攻击，该模式都可以防止。因为表单永远不会被处理，所以永远也不会造成损失。当然，如果被提交的表单中包含了敏感数据，那么仍然会存在一些风险，所以应该通知用户。

1. 配置 CSRF 保护

Spring Security 可以自动保护用户防止 CSRF 攻击。使用 Java 配置时该保护默认是启用的，但使用 XML 配置时它是被禁止的(为了维护之前版本中的现有行为)。在它的标准配置中，它要求 Spring Security 过滤器链处理(甚至是 permitAll 的这些过滤器)的所有 POST、PUT、DELETE 和 PATCH 请求都使用 CSRF 令牌(这些请求可能有副作用)。只有过滤器链(例如 configure(WebSecurity))中忽略或者排除的请求是不受保护的。不过，这并不总是所有被保护的 URL 期望发生的行为。例如，在客户支持应用程序中，不应该在 RESTful 和 SOAP Web 服务中包含 CSRF 保护，因为它们不使用 Web 表单。代码清单 26-1 中的 requireCsrfProtectionMatcher 调用覆盖了 CSRF 保护的默认请求匹配器，从 CSRF 保护中排除了 Web 服务。

注意：尽管 lambda 表达式有一定的帮助，但代码清单 26-1 中的 CSRF 配置是最尴尬的，因为你必须定义新的匹配器。第 28 章在向 Web 服务中添加认证和授权时，将学习配置 CSRF 的更好方式。

2. 保护 Web 表单

在按需要配置了 CSRF 保护之后，应该如何保护表单呢？在某种程度上，你并不需要做任何事情。只要使用@EnableWebMvcSecurity 而不是@EnableWebSecurity 配置了 Spring Security，任何使用 POST、PUT、PATCH 或者 DELETE 操作的<form:form>标签的地方，Spring Security 都将自动为它们添加一个隐藏的 CSRF 令牌字段。这就是为什么你仍然希望在登录视图中使用<form:form>的原因——所以 CSRF 保护将自动发生(如果只使用@EnableWebSecurity 配置 Spring Security，那么必须创建一个类型为 org.springframework.security.web.servlet.support.csrf.CsrfRequestDataValueProcessor 的 bean 启用该特性)。Spring Security 将自动搜索请求中匹配已配置的请求匹配器的 CSRF 令牌。

添加 CSRF 保护时必须采取额外步骤的地方有：使用标准 HTML <form>但未使用 Spring 的<form:form>时、提交通过 JavaScript 生成的隐藏表单时、提交 Ajax 调用到服务器时。在这些情况中，我们需要负责在表单或请求中添加 CSRF 字段或头。Spring Security 也将通过在所有的 JSP 视图中注册一个类型为 org.springframework.security.web.csrf.CsrfToken 的 EL 变量_crsf 简化这个任务。所有需要做的就是使用令牌属性，手动地在表单或 JavaScript 中添加正确的值。客户支持应用程序中的 JavaScript 函数 postInvisibleForm 将启动并加入聊天会话，然后退出应用程序。对该函数进行简单的调整，它将保护以这种方式提交的所有代码。

```
var postInvisibleForm = function(url, fields) {
    var form = $('<form id="mapForm" method="post"></form>')
            .attr({ action: url, style: 'display: none;' });
    for(var key in fields) {
        if(fields.hasOwnProperty(key))
            form.append($('<input type="hidden">').attr({
                name: key, value: fields[key]
            }));
    }
    form.append($('<input type="hidden">').attr({
        name: '${_csrf.parameterName}', value: '${_csrf.token}'
    }));
    $('body').append(form);
    form.submit();
};
```

在保护表单时，你应该知道今天的“最佳实践”就是禁用表单登录的自动补全。这将保护与其他人共享电脑的用户，例如在公共图书馆中。实现这个任务非常简单，在 login.jsp 的<form:form>、<form:input>和<form:password>标签中添加 autocomplete="off"即可。在启用了 CSRF 保护之后，Spring Security 要求通过 POST 请求退出。它不会响应 GET 类型退出请求。这就是为什么客户支持应用程序中的登录链接现在将提交一个隐藏表单的原因。

在查看了所有这些改动之后，编译项目并从 IDE 中启动 Tomcat。在 http://localhost:8080/support/ 登录应用程序，创建、列出和搜索票据以及与客服人员聊天都没有太大的变化。从用户的角度来看，应用程序执行的任务都是相同的；不过，它现在更加的安全和健壮了。我们仍然需要处理含有不同权限的用户，这些内容将在第 27 章进行讲解。

Spring Security 3.2 中的 HTTP 安全头

随着过去数年时间的发展，行业专家和工作小组已经建议和采取了几种安全相关的 HTTP 头，用于指示浏览器启用特定的安全机制。制定的这些头是用于解决各种不同的 Web 漏洞，例如跨站脚本(XSS)和单击劫持(用户界面劫持)攻击。

Spring Security 3.2 可以自动地将这些头设置为“最佳实践”值，使应用程序尽可能地变得更安全。与 CSRF 保护一样，这些头只会被添加到 Spring Security 的过滤器链处理的所有 URL 中。如果使用的是 XML 配置，那么这些头默认将被禁用，从而维护与之前版本相同的行为。不过，如果使用的是 Java 配置，那么这些默认将被启用，意味着你应该了解它们是如何工作的以及它们如何决定你是否需要禁止其中的某个头。

- Cache-Control 被设置为 no-cache、no-store、max-age=0，must-revalidate 和 Pragma 被设置为 no-cache。这将告诉客户浏览器和代理永远不要缓存网站返回的数据，保护其中可能包含的机密信息。
- X-Content-Type-Options 被设置为 nosniff，指示浏览器永远不要猜测页面和资源的 MIME 内容类型。相反，浏览器必须完全依赖于 Content-Type 头。这比猜测更加的安全，可以帮助防止 XSS 攻击，但它意味着你必须保证服务总是为所有的请求返回有效的 Content-Type 头。
- Strict-Transport-Security 被设置为 max-age=31536000；includeSubDomains 将帮助在未来从 HTTP 重定向至 HTTPS 时，保护用户防止中间人攻击。该头只可以设置在通过 HTTPS 发送的响应中，并告诉浏览器在接下来的一年中总是使用 HTTPS 访问网站和它的子域。
- X-Frame-Options 被设置为 DENY，阻止响应显示在框架中。这将帮助防止单击劫持攻击。
- X-XSS-Protection 被设置为 1；mode=block。如果浏览器检测到可能包含 XSS 的可疑脚本，那么它将完全禁用脚本，而不是尝试只禁用可疑的部分。

为了在 XML 配置中启用这些安全头，在希望应用的<http>配置中添加<headers />即可。为了在 Java 配置中禁用这些头，编写一些类似于下面的代码即可：

```
@Override
protected void configure(HttpSecurity security) throws Exception
{
    security
            ...
            .and().headers().disable();
}
```

还可以单独控制每个头类型。下面的代码将启用所有的头(或者不禁用它们)：

```
@Override
protected void configure(HttpSecurity security) throws Exception
{
    security
            ...
            .and().headers().cacheControl().contentTypeOptions()
                .frameOptions().httpStrictTransportSecurity()
                .xssProtection();
}
```

26.3　小结

本章讲解了如何使用 Spring Security 实现认证。Spring Security 作为一个总的安全解决方案，本章也讲解了一些它的使用方法，例如 CSRF 缓解和 Spring Security 3.2 中添加的新 HTTP 安全头。我们还实验了各种不同的认证机制，并为客户支持应用程序创建了自己的认证提供者。最后，本章阐述了 XML 和 Java 配置选项以及 Spring Security Java 配置与 Spring Framework Java 配置之间的重大区别。

第 27 章我们将完成认证-授权的学习，并学习检查用户权限的各种不同方式，以及如何保证授权用户执行安全的操作。

第27章 使用授权标签和注解

本章内容：

- 检查代码中的授权规则
- 声明 URL 和方法安全
- 使用公共注解和 Spring Security 注解
- 了解授权决定
- 为对象安全创建访问控制列表
- 使用 Spring Security 的标签库

本章需要从 wrox.com 下载的代码

访问网址 http://www.wrox.com/go/projavaforwebapps 的 Download Code 选项卡，找到本章的代码下载链接。本章的代码都包含在下面的例子中：

- Customer-Support-v20 项目

本章新增的 Maven 依赖

除了之前章节中引入的 Maven 依赖，本章还需要使用下面的 Maven 依赖：

```
<dependency>
    <groupId>org.springframework.security</groupId>
    <artifactId>spring-security-taglibs</artifactId>
    <version>3.2.0.RELEASE</version>
    <scope>runtime</scope>
</dependency>
```

27.1 通过声明进行授权

第 25 章学习了授权的一些不同方式。现在有许多可以使用的技术，如果要说一种技术比另一种技术好这是不正确的。技术的选择很大程度上取决于个人需求、应用程序架构和采用的认证方式。直观的方式可能就是简单地在代码中添加授权代码。一种非常常见的技术，也通常被认为是最佳实践，它就是通过声明进行授权。在这种技术中，代码或它的配置声明了规则(决定哪些用户可以做什么)和安全机制(该机制将拦截对代码的访问，代表你增强这些规则)。这种模式类似于本书第III部分讲解的事务模式。本章讲解实现这两种方式的各种不同方法，并讲解 Spring Framework 中可用的约定和工具。

27.1.1 在方法代码中检查权限

通常，代码中需要使用下面这样的代码检查用户是否被授权执行一个操作：

```
public void doSomeAction(...)
{
    if(security.userCanPerformAction("ACTION_1"))
    {
        // 执行操作的代码
    }
    else
        throw new AccessDeniedException("Not authorized to perform action.");
}
```

不过，服务可能会因为重复代码很快变得很杂乱。请考虑下面这个管理论坛帖子和回复的服务：

```
public Post getPost(long id)
{
    if(security.userCanPerformAction("READ_POST")) {
        // 返回帖子的代码
    } else
        throw new AccessDeniedException("Not authorized to perform action.");
}

public Page<Post> listPosts(long forumId, Pageable pageable)
{
    if(security.userCanPerformAction("LIST_POSTS")) {
        // 列出帖子的代码
    } else
        throw new AccessDeniedException("Not authorized to perform action.");
}

public void savePost(Post post)
{
    if(security.userCanPerformAction("SAVE_POST")) {
        //保存帖子的代码
    } else
        throw new AccessDeniedException("Not authorized to perform action.");
}

public void deletePost(Post post)
{
    if(security.userCanPerformAction("DELETE_POST")) {
        // 删除帖子的代码
    } else
        throw new AccessDeniedException("Not authorized to perform action.");
```

```
    }

    public Reply getReply(long id)
    {
        if(security.userCanPerformAction("READ_REPLY")) {
            // 返回回复的代码
        } else
            throw new AccessDeniedException("Not authorized to perform action.");
    }

    public Page<Reply> listReplies(long postId, Pageable pageable)
    {
        if(security.userCanPerformAction("READ_REPLIES")) {
            // 列出回复的代码
        } else
            throw new AccessDeniedException("Not authorized to perform action.");
    }

    public void saveReply(Reply reply)
    {
        if(security.userCanPerformAction("SAVE_REPLY")) {
            // 保存回复的代码
        } else
            throw new AccessDeniedException("Not authorized to perform action.");
    }

    public void deleteReply(Reply reply)
    {
        if(security.userCanPerformAction("DELETE_REPLY")) {
            // 删除回复的代码
        } else
            throw new AccessDeniedException("Not authorized to perform action.");
    }
```

当然，该代码非常简单。它忽略了用户可能只被授权查看某些帖子和回复的事实，并且它并未检查版主删除其他用户帖子和用户删除自己帖子之间的区别。即使是这样，该服务中至少使用了 24 行代码用于检查授权规则，这些代码重复性是很高的。可以使用回调和 lambda 表达式移除一些重复代码，如下所示：

```
    public Post getPost(long id)
    {
        return security.doSecured("READ_POST", () -> {
            // 返回帖子的代码
        });
    }

    ...
```

尽管这进行了一定的改进，但仍然存在一些重复的代码。它也不是最干净的方式，因为所有的服务代码中都需要添加回调 lambda 表达式。另外，请思考如何为之前代码样例执行单元测试。这绝不容易！每个测试都需要使用正确的 GrantedAuthority 创建 Authentication，同时检查正面的例子(代码正常执行，因为用户已被授权)和负面的例子(代码并未执行，因为用户未被授权)。你需要为所有的代码执行相同的操作，重新测试授权代码。你真的必须使用这段代码吗？

一般来说，不需要采取这些方式中的任何一种。实际上，Spring Security 只为第一种技术提供了有限的支持，并不知道第二种技术(不过，你可以实现自己的服务支持第二种方式)。Spring Security 的过滤器链将封装所有的 HttpServletRequest 对象，并实现 getUserPrincipal、getRemoteUser 和 isUserInRole 方法，这些方法将分别返回 Authentication 对象、被认证的用户名和授权检查结果。在 Spring Web MVC 控制器中，可以将一个 Principal 用作处理器方法参数，将它强制转换为 Authentication，并检查它的 GrantedAuthority 以决定是否可以访问目标。不过，该代码有点笨重。可以通过实现 HandlerMethodArgumentResolver 对该技术做出一点改进，这个接口提供了 Authentication 或者 List<GrantedAuthority>处理器方法参数，但是这种方式仍然有自己的问题。

到了 Spring Security 3.2 之后，可以使用另一种方式：使用@org.springframework.security.web.bind.annotation.AuthenticationPrincipal 标注控制器方法参数。只要使用了@EnableWebMvcSecurity 配置注解，Spring Security 将自动注册一个可以为@AuthenticationPrincipal 参数提供值的 HandlerMethod-ArgumentResolver。一个@AuthenticationPrincipal 参数可以是任意的类型——关键是它的类型必须匹配应用程序使用的 Authentication 的 getPrincipal 方法所返回的类型。在大多数情况中，这将是一个 UserDetails 实现，如下面的样例所示：

```
@RequestMapping(value = "addMessage", method = RequestMethod.POST)
public View addMessage(MessageForm form,
                       @AuthenticationPrincipal MyUserDetails user)
{
    ...
}
```

所有这些技术都适用于控制器；不过，如果你希望在服务中增强授权(你应该这样做)，那么就需要将该信息作为参数传入到服务中，这不是理想的方式。另一个选项是：使用 SecurityContextHolder 获得当前的 Authentication，并检查它的 GrantedAuthority。这更适用于在服务中增强授权，但它仍然涉及每个方法中的大量代码，并将使单元测试变得非常困难。如果希望采取这种方式，那么你应该创建一些辅助类，完成大部分的重复工作。

那么应该怎么做呢？为什么 Spring Security 不提供一些更好的工具呢？Spring Security 强调了使用声明的方式实现授权，所以它并未提供辅助类用于编程式检查。声明式授权可以将业务逻辑与授权逻辑解耦合，这种方式最终将避免许多麻烦。可以使用许多不同的方式实现声明式授权。本章的剩余部分将提供这些方法的概述，以及如何在 Spring Security 中使用它们。

27.1.2 采用 URL 安全

我们在第 26 章已经学习了实现声明式安全的一种方式：URL 安全。这涉及声明 URL 模式和定义谁可以访问这些 URL 模式的规则。我们已经看到了 permitAll、authenticated 和 hasAuthority 规则。尽管可以不使用 URL 安全，但使用 URL 安全会非常简单。例如，在客户支持应用程序中，我们将使用 URL 安全声明所有要求用户登录的 URL，但从该规则中排除登录和退出 URL。permitAll、authenticated 和 hasAuthority 是授权表达式函数，它们的用途基本上与它们的名称所代表的含义相同。

下面是我们可以选择的几个表达式函数：

- denyAll 将阻止所有人访问指定的资源(它的结果总是为假)。如果需要临时阻塞对特定 URL 的访问，那么这种方式是非常方便的，但是它很少有长期值。
- permitAll 与 denyAll 相反。它允许所有人访问指定的资源，无论它们是否已经被通过了认证(它的结果总是为真)。
- hasAuthority(String)的结果将为真，如果用户指定了 GrantedAuthority 作为参数传入到函数中。
- hasAnyAuthority(String...)允许指定多个 GrantedAuthority，如果用户至少拥有这些授权中的一个，那么该函数的结果将为真。
- hasRole(String)是 hasAuthority 的同义函数，它们实现的功能是一样的。使用哪个函数只是个人的偏好而已。如果你希望避免出现基于角色的授权，那么可以选择使用 hasAuthority。
- hasAnyRole(String...)是 hasAnyAuthority 的同义函数。
- hasPermission 是一个特殊的表达式函数，它将根据用户的角色或授权检查用户对特定资源的访问权限。例如，它可以检查用户是否可以访问特定的论坛，在不同的论坛中使用的方式是不同的。如何使用 hasPermission 是一个复杂的话题，在“访问控制列表”一节中将进行详细讲解。
- isAnonymous：如果用户是匿名认证的(换句话说他们并未“登录”)，那么该函数的结果将为真。
- isRememberMe：如果用户使用 remember-me 认证进行认证，那么该函数的结果将为真。
- isAuthenticated 与 isAnonymous 函数相反——如果用户不是匿名的，那么该函数的结果将为真(换句话说，他们已经“登录”)。
- isFullyAuthenticated：如果 isAuthenticated 为真，并且 isRememberMe 为假，那么 isFullyAuthenticated 的结果将为真。可以使用它降低 remember-me 认证的一些风险。在 isAuthenticated 为真的情况下可以只赋予用户对不敏感资源的有限访问，只有 isFullyAuthenticated 为真时才赋予他们对敏感资源的访问。
- hasIpAddress(String)：如果用户的请求来自于指定的 IP 地址，那么它的结果将为真。可以指定一个无类型域间路由(CIDR)块(例如 65.128.76.0/24)，如果用户的 IP 地址属于该 IP 地址块，那么 hasIpAddress 的结果将为真。
- getAuthentication 将返回一个 Authentication 对象，可以使用它执行更复杂或者特殊的比较，这些比较将返回一个布尔值。

Spring Framework 表达式语言(Spring EL 或者 SpEL)就是这些授权函数所采用的技术。本书并未涵盖 SpEL，但它真的非常简单。它非常类似于 Java 统一表达式语言，使用 Spring Security 表达式时你会学到许多需要了解的内容。不过，如果需要了解更多的信息，请查看 Spring Framework 的参考文档，地址为：http://docs.spring.io/spring/docs/4.0.x/spring-framework-reference/html/expressions. html。

使用 XML 配置时，在<intercept-url>的内部元素<http>中定义 URL 访问规则。默认 access 特性的作用如同 hasAnyRole 或者 hasAnyAuthorities 一样。它简单地接受一个逗号分隔的 GrantedAuthority 列表，并且用户必须使用其中一个访问匹配的 URL。注意：这些<intercept-url>标签出现的顺序非常重要。Spring Security 将评估 URL 匹配的第一个规则，所以如果翻转这两个规则的顺序，那么所有人都将可以访问/admin/ URL。

```
<http>
    <intercept-url pattern="/admin/**" access="ADMINISTRATOR" />
    <intercept-url pattern="/**" access="USER" />
    <form-login ...>
    <logout ...>
</http>
```

为了在 access 特性中使用授权表达式函数，必须在<http>元素中启用表达式。启用表达式非常简单，将 use-expressions 特性设置为真即可。在完成了设置之后，就不再需要为 access 特性提供简单的逗号分隔的 GrantedAuthority 列表。必须使用表达式。使用一个或多个安全函数加上布尔操作符 or 和 and，如果需要还可以再加上圆括号，共同组成一个完整的安全表达式。通过这种语法可以为保护应用程序的 Web 资源定义一个非常简单或非常复杂的规则。例如，如果要访问管理员面板，用户必须是完全认证的(不是 remember-me 认证)、拥有管理员特权、从内部 IP 地址的某个范围访问，可以使用下面的配置实现：

```
    <http use-expressions="true">
        <intercept-url pattern="/admin/**" access="isFullyAuthenticated
and hasAuthority('ADMINISTRATOR') and hasIpAddress('192.168.0.0/24')" />
        <intercept-url pattern="/**" access="hasAuthority('USER')" />
        <form-login ...>
        <logout ...>
    </http>
```

在本例中，如果用户使用 remember-me 认证进行认证，那么他在访问管理员面板之前，将会被要求进行完全认证(“登录”)。如果用户没有 ADMINISTRATOR GrantedAuthority 权限，或者使用了一个被禁止的 IP 地址访问应用程序，那么他将接收到一个 403 Forbidden HTTP 错误。当然，可以使用 or 取代 and，但这样就不合理了。只有三个条件同时满足时，才可以允许用户访问管理员面板。

Java 配置有一点不同，因为它只支持安全表达式。考虑到 Java 配置和 XML 配置的区别，以及这两种配置中许多默认值设置的不同，它们两者之间存在区别是很正常的。当你在 Java 配置中选择 URL 模式时(anyRequest、antMatchers 或者 regexMatchers)，返回的对象是 org.springframework.security.config.annotation.web.configurers.ExpressionUrlAuthorizationConfigurer.AuthorizedUrl。获得了该对象之后，就可以调用 access 方法创建一个复杂的 SpEL 表达式(与之前在 XML 配置中创建的表达式一致)，或者使用一个合适的名字对安全函数进行命名，再创建简单的表达式。下面的 Java 配置与之前 XML 配置的效果是一致的(再次注意：URL 匹配器的顺序是非常重要的)。

```
@Override
protected void configure(HttpSecurity security) throws Exception
{
    security
            .authorizeRequests()
                .antMatchers("/admin/**").access("isFullyAuthenticated and " +
                        "hasAuthority('ADMINISTRATOR') and " +
                        "hasIpAddress('192.168.0.0/24')")
                .antMatchers("/**").hasAuthority("USER")
            .and().formLogin()
    ...
}
```

警告：尽管 hasRole 和 hasAnyRole 安全函数与 hasAuthority 和 hasAnyAuthority 安全函数是一致的，但是对于 Java 配置的便利方法来说并不是这样。hasRole 和 hasAnyRole 便利方法假设传入的授权中已经包含了 ROLE_。如果你使用的授权确实包含了 ROLE_开头，那么这没有问题。在本例中，保持 ROLE_不变即可，它将被自动添加。不过，如果你的授权并不是以 ROLE_开头，那么就需要坚持使用 hasAuthority 和 hasAnyAuthority。

使用声明式 URL 安全当然有它的优点。它易于配置并且易于应用到 URL 集合中，它的表达式是非常灵活的，如果使用的是 XML 配置，那么可以修改授权规则，但不用重新编译应用程序。对于评估所有应用程序方法中的安全限制来说它绝对是一个改进。不过，它也有两个明显的缺点，它们阻止了该特性的使用：

- 它将授权绑定到了 Web 层——如果创建了另一个执行相同任务的用户界面，但忘记在该用户界面中定义重复的安全规则，那么这将会影响该功能的安全。
- 它使重构变得危险——如果用户界面发生了变化，但是授权规则不变，那么应用程序的安全可能会受到影响。

当然，如果你甚至都没有 Web 层的话，那么可以完全忽略它！之前方法中评估授权规则的代码都有一个共同点——规则被应用在服务中。这意味着这些规则将被统一应用到所有的用户界面中。在服务中应用更精确和更复杂的规则的同时，在 UI 中应用一些简单的规则，这样才是合理的方式。

27.1.3　使用注解声明权限

如果不在服务中真正地编写授权代码，那么应该如何在服务中评估授权规则呢？可以采用与第III部分使用注解实现数据库事务类似的方式——在服务方法上标注@Transactional 之后，Spring Framework 事务代理将保证事务在方法执行之前启动事务，并在方法结束之后提交或回滚事务。我们可以使用相同的方式在服务方法中添加安全特性——使用一个或多个安全相关的注解标注它们，声明用户必须拥有的 GrantedAuthority 或权限表达式(在允许用户调用目标操作之前它的评估结果必须为真)。

1. 常用的授权注解

Common Annotations API 是 Java EE 的一部分，它指定了几个可用于实现权限控制的授权注解。它们都存在于 javax.annotation.security 包中。

- @DeclareRoles：它不在 Spring Security 环境中使用，它提供了一种列出所有应用程序使用的角色(或者权限、或者操作等)的方式。
- @DenyAll 将禁止所有访问。当然，该注解的使用也非常有限。在方法上标注它意味着外部的操作者(另一个类)永远不能执行它。一个对象可以正常地执行它自己的@DenyAll 方法，因为在这种情况中并未使用代理。不过，如果你使用的是字节码织入，而不是接口或者 CGLIB 代理(第 24 章进行了详细讲解)，那么这种方式也无法正常执行。因此，很少有需要使用该注解的情况。如果在整个类或者接口上标注了该注解，那么它将阻止类中所有方法的执行。

- @PermitAll 与@DenyAll 相反。它表示所有人都可以执行该方法。尽管它看起来是无用的，但实际上它是相当有用的。为了了解这个原因，你必须先理解下一个注解。
- @RolesAllowed 可能具有欺骗性，因为它的名字表示它只适用于基于角色的授权。记住第 25 章所讲解的：名字并不能决定它的用途；如何使用它才能决定它的用途。@RolesAllowed 指定了一个或多个角色(或权限，或者 GrantedAuthority)，用户在执行方法时必须拥有这些角色。不要求用户拥有所有这些角色，但至少需要拥有其中一个角色。如果在类或接口上标注了该注解，那么它将应用于该类中的所有方法上。如果同时指定在类和方法上，那么通常方法上的限制会被添加到类的限制上。不过，如果方法注解指定的角色也出现在类注解中，那么该方法限制将完全覆盖类限制。更进一步，如果类上标注了@RolesAllowed，并且它的其中一个方法标注了@PermitAll，那么任何人都可以执行该方法。
- @RunAs 将指示容器使用一个不同的用户运行该方法。不过，使用容器提供的授权时，该注解只在完整的 Java EE 容器中有用。Spring Security 并未提供对该注解的支持。

使用@RolesAllowed 注解是非常直观的。只需要在任意的方法或者类(受 Spring 管理的 bean)中添加它，并在注解值中指定一个或多个权限即可。

```
@RolesAllowed("ADMINISTRATOR")
public interface SettingsMutatorService
{
    @RolesAllowed({"ADD_GENERAL_SETTING", "ALTER_GENERAL_SETTING"})
    void saveGeneralSettings(Map<String, Object> settings);

    @RolesAllowed({"ALTER_MEMBERSHIP_SETTING"})
    void saveMembershipSettings(Map<String, Object> settings);

    ...
}
```

如果用户尝试在没有足够权限的情况下调用一个方法，那么代码将会抛出 org.springframework.security.access.AccessDeniedException 异常。通常你不需要担心如何捕捉该异常。作为一个 RuntimeException 异常，它会使所有相关的事务回滚，并自动传播(无需额外的代码)。然后 Spring Security 的过滤器链将捕捉该异常并返回一个 403 Forbidden 错误给用户。在少数场景中，你可能需要捕捉该异常，但通常只需要在非 Web 应用程序中这样做。

如你所见，@RolesAllowed 和@PermitAll 注解可以是非常有用的。在 Spring Security 中使用其他三个注解时有一点需要注意。这些注解是非常有用的，但是它们完全不知道用户请求调用的方法的用途。如果论坛帖子都通过相同的方法调用来访问，那么无法使用@RolesAllowed 限制对某些论坛帖子的访问，而是必须限制访问所有的论坛帖子。幸运的是，Spring Security 提供了一组更强大的注解，它们可以满足你的需求。

2. 安全注解

@org.springframework.security.access.annotation.Secured 注解是 Spring Security 最初通过的声明式安全注解。它在 Java EE 5 发布之前出现，因此也出现在 Common Annotations API 之前。实际上讲，

@Secured 与@RolesAllowed 是一致的。它将接受一个或多个 GrantedAuthority，只有用户至少拥有这些 GrantedAuthority 中的一个时才可以执行被标注的方法。

不过，它们有一点小小的区别。@RolesAllowed 可以使用任意的值，但@Secured 要求指定的值必须以 ROLE_开头。指定的 GrantedAuthority 如果不以 ROLE_开头，那么它们将被忽略。这是因为访问决定投票者模式中的成员是可变的，下一节对该模式进行讲解。如果不希望所有的权限名字都以 ROLE_开头，那么应该避免使用@Secured，而是使用@RolesAllowed。如同使用@RolesAllowed 一样，可以在类或接口上指定@Secured，从而影响类或接口中的所有方法，或者也可以在单独的方法上指定它，或者同时在两者上指定它。第三种情况中使用的优先级和覆盖规则与之前的规则是相同的。

```
@Secured("ADMINISTRATOR")
public interface SettingsMutatorService
{
    @Secured({"ADD_GENERAL_SETTING", "ALTER_GENERAL_SETTING"})
    void saveGeneralSettings(Map<String, Object> settings);

    @Secured({"ALTER_MEMBERSHIP_SETTING"})
    void saveMembershipSettings(Map<String, Object> settings);

    ...
}
```

3. 授权前和授权后注解

Spring Security 的执行前和执行后授权注解是 Spring Security 现代声明式授权能力的核心。在 org.springframework.security.access.prepost 包中有一组 4 个注解，通过使用它们我们可以在方法执行之前或之后(或者在之前和之后)使用之前学习的表达式。如同@RolesAllowed 和@Secured 一样，可以在类或接口上指定这些注解，或者在单独的方法上，或者同时在两者上标注。如果在方法和它的类上同时指定了相同的执行前和执行后注解，那么方法注解将完全覆盖类注解。

@PreAuthorize 可能是 Spring Security 支持的注解中我们将会使用最多的注解。在@PreAuthorize 中指定的安全表达式将在方法执行之前执行。该表达式可以通过在参数名前添加#的方式引用任意的方法参数。例如，如果方法有一个名为 employee 的参数，那么可以在表达式中使用#employee 访问该参数的值。暴露出的 SpEL 变量的类型与它们对应的参数类型相同，而且我们可以调用该参数的方法和访问参数的属性。

```
@PreAuthorize("isFullyAuthenticated and hasAuthority('USER')")
public interface UserService
{
    @PreAuthorize("#userId == authentication.principal.userId or " +
            "hasAuthority('CHANGE_OTHER_USER_PASSWORD')")
    void changePassword(long userId, String oldPassword, String newPassword);

    @PreAuthorize("#user.userId == authentication.principal.userId or " +
            "hasAuthority('CHANGE_OTHER_USER_DETAILS')");
    void updateDetails(User user);

    @PreAuthorize("#user.userId == 0 and ( isAnonymous or " +
            "hasAuthority('CREATE_NEW_USER') )")
```

```
    void addUser(User user);

    ...
}
```

如果该表达式的执行结果为真，那么方法将会继续执行。如果该表达式的执行结果为假，该方法将不会被调用，而且会抛出一个 AccessDeniedException 异常。在这里，我们需要注意参数名的解析。在 Java 8 之前，除非编译类时包含了调试信息，否则 SpEL 无法发现参数名。这意味着需要在生产环境中使用包含了调试信息的类，某些开发者希望避免这种情况。另外，接口中不包含调试信息，所以 Spring Security 无法使用调试符号发现接口方法的参数名。

在 Java 8 新的参数名反射特性出现之后，到了 Spring Security 3.2，参数名发现变得更加可靠，并且也对接口可用。在编译代码时必须使用–parameters 编译器选项启用参数名反射。不过，在某些环境下它仍然无法工作，例如 bean 代理可能影响整个过程。如果可以小心地控制环境的话，我们可以使用参数名，但更好的选项(也是 Spring Security 3.2 中新增的特性)是标注方法参数并在 Spring Security 表达式中指定它们的名字。可以使用@org.springframework.security.access.method.P 或者 Spring Data 的@Param 实现(如果正在使用 Spring Data 的话)。

```
    @PreAuthorize("#u.userId == 0 and ( isAnonymous or " +
                  "hasAuthority('CREATE_NEW_USER') )")
    void addUser(@P("u") User user);
```

Spring Security 3.2 的默认配置将使用下面的检查(按照优先级顺序)决定表达式参数变量名。本章稍后将讲解如何自定义这个过程。

(1) 如果参数上标注了@P，那么就使用该注解中指定的名称。即使@Param 也存在，也应该使用它。

(2) 如果@Param 在类路径上，并且参数上标注了@Param 而不是@P，那么就使用@Param 中指定的名称。

(3) 如果 Java 8 参数名反射信息可用，那么就使用方法参数的名称。

(4) 如果调试符号可用，那么就使用方法参数的名称。

警告：当你为授权启用执行前和执行后注解时，Spring Security 将为所有未显式指定@PreAuthorize 的可用方法应用@PreAuthorize("permitAll")限制。这意味着所有用户都可以调用未标注@PreAuthorize 的方法。要清楚这与@Secured 和@RolesAllowed 的行为并没有什么真正的区别——不使用这些注解的时候，访问方法是不受限制的(当然，无论授权注解的状态是怎么样的，URL 安全都仍然会被应用)。

@PostAuthorize 实际上与@PreAuthorize 是相同的，区别在于它是在方法执行完成之后执行。该注解中的表达式不能访问方法参数，但它可以使用 EL 变量 returnObject(它的类型与方法返回类型相同)访问方法返回的值。

```
@PostAuthorize("returnObject.userId == authentication.principal.userId");
User getUser(long id);
```

很少有场景需要使用该注解(可以使用@PreAuthorize 替换本样例中的@PostAuthorize)，因为即使用户没有权限该方法也可以执行。它可能导致事务回滚(假设你对代理进行了正确的排序)，并且它可以阻止用户获得方法执行的返回值，但是如果在没有权限的情况下，不希望方法执行产生副作用，那么你应该使用@PreAuthorize。

@PostFilter 是一个特别强大的注解，通过它可以过滤方法返回的值。只有方法返回的是集合或者数组类型时才可以使用该注解。可以在@PostFilter 中指定的 SpEL 表达式中使用一个名为 filterObject 的 EL 变量。该变量的类型与集合中存储的元素类型相同。该表达式将为集合或数组中的每个元素执行一次，表达式执行结果为假的值将在继续执行之前从集合或者数据中移除。如果返回值不是一个集合或数组，那么它将导致抛出 IllegalArgumentException 异常。可以使用该注解确保登录用户只能看到自己"拥有"或者"管理"的对象(例如对象的理论 userId 属性值与主体的 userId 属性值相匹配)。或者可以使用访问控制列表执行更高级的过滤，27.3 节中将进行讲解。

```
@PostAuthorize("returnObject.userId == authentication.principal.userId or " +
            "hasPermission(returnObject, 'read') or " +
            "hasPermission(returnObject, 'admin')")
User getUser(long id);

@PostFilter("hasPermission(filterObject, 'read') or " +
          "hasPermission(filterObject, 'admin')")
List<User> getManagedUsers();
```

@PreFilter 类似于@PostFilter，区别在于它将作用于方法参数，而不是方法的返回值。如同@PostFilter 一样，方法参数必须是集合(该注解不支持数组)，而且 SpEl 表达式中可以使用变量 filterObject(它的类型与集合中的元素类型相同)。如果该方法只有一个类型为集合的参数，那么 Spring Security 可以自动检测到它。如果有多个集合参数，那么必须使用注解的 filterTarget 特性指定希望过滤的参数名称。该参数名将使用之前为@PreAuthorize 描述的过程匹配方法参数。很少有需要使用该注解的场景，你可能发现自己永远不会使用到它。

> **警告：**尽管过滤方法参数和返回值是非常有用的，但是它不能完全替代方法内的安全检查。更重要的是，该技术与分页技术是不兼容的：只有正常返回一个特定对象的未分页集合的方法才可以使用它。如果尝试将它与分页结合在一起，那么页面可能无法得到正确的结果数目，也可能无法保证每一页都含有相同数目的结果。另外，过滤返回结果可能会影响性能。为了根据用户的权限限制列表数据，通常你仍然需要修改获取数据的逻辑(例如，修改 SQL 查询，在结果中排除用户不应该看到的数据)。因此，永远不可能完全地从服务中消除所有授权代码。不过，你几乎完全可以使用声明式授权替代它。

如你所见，Spring Security 的执行前和执行后授权注解比 Common Annotations API 或者@Secured 要强大得多。通过在这些注解中指定 SpEl 作为表达式引擎，几乎可以满足所有的需求。不过，你可能一直困惑样例中使用的 hasPermission 函数，到现在仍然没有讲到它。hasPermission 使用了 Spring Security 的访问控制列表，27.3 节中将详细讲解它。

注意：如果你不希望使用 SpEL 表达式，并且希望使用@Secured 或@RolesAllowed，而且仍然希望使用 isAnonymous、isRememberMe 和 isFullyAuthenticated 安全函数，那么只需要使用特殊的权限/角色 IS_AUTHENTICATED_ANONYMOUSLY、IS_AUTHENTICATED_REMEMBERED 和 IS_AUTHENTICATED_FULLY 即可。它们与这些函数有着相同的效果。

4. 了解使用注解的优势

在了解了可以在这些注解中编写代码之后，你可能会好奇这与在服务方法中编写代码相比，为什么是改进呢？你知道将授权代码和业务逻辑分离是主要的目标吗？这是不是只是将问题挪到了另一个地方呢？请记住之前讲解的关于如何对服务进行单元测试的内容：当你必须创建 SecurityContext，并需要为每个单元测试测试它的正面例子和负面例子时，这会使单元测试变得更加困难。以这种方式使用注解会消除这个问题。因为授权检查只会在注解中声明，它永远不会在单元测试中执行。这样将允许测试关注于测试代码应用代码所实现的真正业务逻辑。

另外很重要的一点：授权规则是一个真正的契约。当你创建 UserService 接口时，是为所有 UserService 建立了必须实现的契约，无论它们是如何实现的。现在请想像一下如果要切换 UserService 的实现，这些实现是否突然也会有不同的授权规则呢？不。授权规则并不是实现细节。它们是契约的一部分，因此它们不属于实现——它们属于接口。通过使用 Spring Security 的注解支持可以(但不要求必须这样做)在接口中声明这些授权规则，从而使它们成为契约的一部分，并应用到所有的实现中。与在应用代码中内嵌授权检查相比，这是个巨大的改进。

5. 配置注解支持

默认 Spring Security 的注解支持是被禁用的。为了使用本节讲解的这些注解，必须启用注解支持；否则，它们将被忽略。为了启用注解支持，首先需要将 AuthenticationManager 暴露为 bean。因为我们可以同时创建多个 Web 安全配置(下一章将进行讲解)，所以默认 WebSecurityConfigurerAdapter 不会暴露 AuthenticationManager bean(否则，我们可能会得到重复的 bean)。覆盖配置适配器的 authenticationManagerBean 方法允许暴露该 bean。

接下来，需要在配置类中添加@org.springframework.security.config.annotation.method.configuration.EnableGlobalMethodSecurity，并配置它的特性。其中 3 个特性用于指定希望支持的注解。jsr250Enabled 控制是否支持 Common Annotations API，而 securedEnabled 控制是否支持@Secured，prePostEnabled 用于控制是否支持执行前注解和执行后注解。默认情况下，所有这 3 个类型的支持都是被禁止的，因为它们的特性默认为假。下面的配置将使用第 26 章创建的 SecurityConfiguration 类启用对所有这三个分组的支持：

```
@Configuration
@EnableWebMvcSecurity
@EnableGlobalMethodSecurity(
        jsr250Enabled = true, securedEnabled = true, prePostEnabled = true
)
```

```
public class SecurityConfiguration extends WebSecurityConfigurerAdapter
{
    ...
    @Bean
    @Override
    public AuthenticationManager authenticationManagerBean() throws Exception
    {
        return super.authenticationManagerBean();
    }
    ...
}
```

不过，在大多数情况下，你都不会希望同时启用这 3 个注解分组。实际上，混合使用这些注解分组可能会导致出现意料之外的结果。你应该总是选择其中一种注解分组，并坚持在应用程序中一直使用它。在本书的最后两章内容中，我们将只会使用执行前和执行后注解。

另外，还需要关注代理的顺序。你应该记得第III部分提到的内容(在 RootContextConfiguration 中添加@EnableTransactionManagement 时)，所有使用代理封装 bean 的 Spring Framework 特性必须以相同的方式进行配置，并且应该正确地进行排序。如果在某个 bean 上使用了 AdviceMode.PROXY，那么就应该在所有的 bean 上使用它。如果在一个 bean 上将 proxyTargetClass 设置为假，那么也应该在所有的 bean 上使用该设置。如同@EnableAsync 和@EnableTransactionManagement 一样，@EnableGlobalMethodSecurity 提供了 mode、proxyTargetClass 和 order 属性，用于控制这些特性，因为它配置了一个封装 bean 的代理。应该在@EnableAsync 和@EnableTransactionManagement 中使用相同的 mode 和 proxyTargetClass 值。至于顺序，一般来说，Spring Security 代理应该在相同方法上的所有其他代理执行之前执行。更重要的是，它总是应该在异步执行和事务管理代理之前执行。

```
@Configuration
@EnableWebMvcSecurity
@EnableGlobalMethodSecurity(
        prePostEnabled = true, order = 0,
        mode = AdviceMode.PROXY, proxyTargetClass = false
)
public class SecurityConfiguration extends WebSecurityConfigurerAdapter
{
    ...
}
```

之前的代码与下面的 XML 配置是一致的：

```
<?xml version="1.0" encoding="UTF-8"?>
<beans:beans xmlns="http://www.springframework.org/schema/security"
          xmlns:beans="http://www.springframework.org/schema/beans"
          xmlns:xsi="http://www.w3.org/2001/XMLSchema-instance"
          xsi:schemaLocation="http://www.springframework.org/schema/security
       http://www.springframework.org/schema/security/spring-security-3.2.xsd
       http://www.springframework.org/schema/beans
       http://www.springframework.org/schema/beans/spring-beans-4.0.xsd">

    <global-method-security pre-post-annotations="enabled"
                            proxy-target-class="false" order="0" />

    ...
```

```
</beans:beans>
```

有许多方式可以进一步地自定义全局方法安全。可以创建自定义决定管理器、表达式处理器、调用管理器、元数据源和方法增强。在 XML 配置中使用其他<global-method-security>特性或子元素实现。使用 Java 配置时，必须扩展 org.springframework.security.config.annotation.method.configuration.GlobalMethodSecurityConfiguration，并覆盖它的一个或多个方法，用于进一步自定义配置的默认值。

例如，使用 org.springframework.security.access.PermissionEvaluator 的实现处理 hasPermission 安全函数。通常，我们需要为它配置一个 org.springframework.security.acls.AclPermissionEvaluator(它将使用 Spring Security 的访问控制列表特性评估对象权限)。如果希望使用自定义实现，那么只需要覆盖 createExpressionHandler 方法，并自定义它使用的 PermissionEvaluator 即可。也可以调用处理器的 setParameterNameDiscoverer 方法，配置另一种参数名发现协议。

```
@Configuration
@EnableWebMvcSecurity
public class SecurityConfiguration extends WebSecurityConfigurerAdapter
{
    ...
    @Configuration
    @EnableGlobalMethodSecurity(
            prePostEnabled = true, order = 0,
            mode = AdviceMode.PROXY, proxyTargetClass = false
    )
    public static class AuthorizationConfiguration
            extends GlobalMethodSecurityConfiguration
    {
        @Override
        public MethodSecurityExpressionHandler createExpressionHandler()
        {
            DefaultMethodSecurityExpressionHandler handler =
                    new DefaultMethodSecurityExpressionHandler();
            handler.setPermissionEvaluator(new CustomPermissionEvaluator());
            return handler;
        }
    }
}
```

该代码使用了之前未曾见过的新配置语法。SecurityConfiguration 已经扩展了 WebSecurity-ConfigurerAdapter，所以它不能扩展另一个类。为了解决这个问题，只需要定义一个单独的配置类，使它扩展 GlobalMethodSecurityConfiguration。通过使用一个内部类可以在该文件中对整个安全配置进行分组的同时，也避免了使用@Import 导入 AuthorizationConfiguration(Spring Framework 将自动导入其他@Configuration 的静态内部类@Configuration)。如果创建了一个扩展 GlobalMethodSecurity-Configuration 的配置类，那么必须使用@EnableGlobalMethodSecurity 标注它。可以只有一个标注了该注解的配置类，并且只有一个配置类可以扩展 GlobalMethodSecurityConfiguration。

27.1.4　定义方法切点规则

你可能知道，有些开发者团队不喜欢在接口和类上使用越来越多的注解。安全注解的使用有一些存在争议的缺点。例如，修改授权规则意味着重新编译接口或者它们的实现。重新编译配置类会简单一些，或者(更重要的)在 XML 文件中进行配置，这样就可以在不重新编译代码的情况下修改配置。在<global-method-security> XML 标签中，可以定义一个或多个 AspectJ 切点表达式和对应的权限或角色(为单个切点使用 or 连接多个权限，并使用逗号分隔它们)。Spring Security 将把这些限制应用到所有匹配 AspectJ 切点的 bean 方法上，例如：

```
<global-method-security>
    <protect-pointcut expression="execution(* com.wrox.site.admin.*(*))"
                      access="ADMIN" />
</global-method-security>
```

遗憾的是，该特性不支持 SpEL 安全表达式，这样就限制了它的用途(如果你真的感兴趣的话，Spring Security JIRA 问题 SEC-1663 记录了一个特性请求，希望它添加对表达式的支持)。它也要求开发者了解非常复杂的 AspectJ 切点表达式语法，这超出了我们的讨论范围。尽管方法切点规则是非常有用的，它可以使用最少的代码将非常简单的限制应用到大量的方法上，但是本书推荐为方法安全使用执行前和执行后注解。本书不会再对方法安全切点进行更多的讲解。

27.2　了解授权决策

在很大程度上，我们可以配置 Spring Security 处理大多数授权场景，而无须自定义它的实现。不过，偶尔也可能需要自定义一些部分，了解 Spring Security 如何做出授权决策会使整个过程变得更加简单。了解这个做出决策的过程也可以帮助分析一些不符合预期或者目标的行为。最后，如果希望将 Spring Security 的默认决策制定设置切换为 Spring Security 提供的另一种配置，那么掌握 Spring Security 的访问决策过程是非常关键的。本节将讲解这个决策过程以及相关的接口和实现。

27.2.1　使用访问决策投票者

访问决策投票者是决策制定过程中的重要参与者。一个典型的 Spring Security 配置将包含几个投票者，它们都是 org.springframework.security.access.AccessDecisionVoter 的实现。正如政府机构成员为是否通过某条法律进行投票一样，AccessDecisionVoter 将为是否允许访问应用程序的某个部分而投票。当投票者发表自己意见表示是否为访问授权时，它将根据投票者得到的特定信息进行投票。如果它并未得到足够的信息，无法做出合理的投票(例如，一些它不知道的其他特性是保护资源的唯一特性)，那么它将在它的 vote 方法中返回 AccessDecisionVoter.ACCESS_ABSTAIN，从而放弃投票。如果它获得了足够的信息，并且相信应该为访问授权，那么它将返回 AccessDecisionVoter.ACCESS_GRANTED。同样地，如果它相信不应该为访问授权的话，应该返回 AccessDecisionVoter.ACCESS_DENIED。

现在有几个可用的 AccessDecisionVoter 实现，Spring Security 将根据启用和禁用的安全特性自动配置一个合适的选项。应用程序可以只使用一个，也可以使用多个 AccessDecisionVoter。下面的列表详细地描述了现有的实现：

- org.springframework.security.acls.AclEntryVoter 将根据 Spring Security 的访问控制列表进行投票。如果被访问的资源并未使用 hasPermission 表达式函数进行保护，那么 AclEntryVoter 将

放弃投票。该投票者并不是自动配置的，实际上你可能永远也不会使用它。下一节将介绍一种更好的方式用于配置访问控制列表。

- org.springframework.security.access.vote.AuthenticatedVoter 被用作一种特殊情况下的角色：IS_AUTHENTICATED_ANONYMOUSLY、IS_AUTHENTICATED_REMEMBERED 和 IS_AUTHENTICATED_FULLY。如果资源并未使用这些角色进行保护，那么 AuthenticatedVoter 将放弃投票。
- org.springframework.security.access.annotation.Jsr250Voter 将为所有使用 Common Annotations API (JSR 250)进行保护的方法进行投票。例如，如果方法上标注了@RolesAllowed，那么 Jsr250Voter 将根据该注解中指定的权限进行投票。只有启用了对 JSR 250 注解的支持，该投票者才可用。另外，只有方法(或者它的类或接口)上标注了 JSR 250 注解时，它才会投票。如果注解不存在或者该注解存在于非方法资源上(例如 URL)，那么该投票者将会弃权。
- org.springframework.security.access.prepost.PreInvocationAuthorizationAdviceVoter 将根据@PreAuthorize 和@PreFilter 注解进行投票。只有启用执行前和执行后注解时才会启用它。对于非方法资源或者方法(或者它的类或接口)上不存在注解，它将会弃权。@PostFilter 和@PostAuthorize 没有投票者——Spring Security 将把这些注解当作特殊情况处理，因为投票者只在资源访问前使用。
- org.springframework.security.access.vote.RoleHierarchyVoter 将使用 Spring Security 的角色层次系统做出访问决策。如果启用了角色层次系统，就必须手动创建它。如果正在访问的被保护资源上不存在角色层次限制，那么它将弃权。本章不会详细讲解角色层次系统，因为我们不鼓励使用基于角色的授权方式(参见第 25 章)。
- org.springframework.security.access.vote.RoleVoter 将为使用非表达式 URL 限制、方法切点限制或者@Secured 注解保护的资源投票，对于其他情况它都会弃权。只有一个或多个被列出的“角色”都使用了 ROLE_前缀时，它才会投票(这就是为什么只可以在@Secured 中使用含 ROLE_前缀权限的原因)。如果启用了@Secured 注解，或者在 XML <http>配置元素中将 use-expressions 设置为假，或者使用了方法切点限制，那么该投票者也会被启用。
- org.springframework.security.web.access.expression.WebExpressionVoter 将根据表达式保护 URL 资源做出它的决策。对于方法保护决策和不使用表达式保护的特定 URL，它会弃权。如果使用 Java 配置或者在 XML <http>配置元素中将 use-expressions 设置为真，那么它也会被启用。

这种模式的投票(“是”、“否”或者“放弃”)在控制访问技术中是非常常见的。例如，几乎所有的防火墙系统都有这样的规则：“接受”、“拒绝”或者“不置可否”。如果你记得第 11 章讲解的 Log4j 2 过滤器，那么你应该知道它们使用的也是类似的模式。它是一个极其灵活的架构，基本上可以支持所有可能出现的规则。

27.2.2 使用访问决策管理器

如你所见，现在有几个可用的内建投票者，并且多个投票者可能同时被启用。实际上，多个投票者在特定的访问决策上可能都有非弃权的意见。那么 Spring Security 如何解决这些差异呢？它将使用访问决策管理器协调这些投票者投出的选票，并将它们转换成访问请求的最终决策。

让我们继续以政府机构作为对比，决策管理器实现了 org.springframework.security.access.Access-

DecisionManager，它的作用将如同政府机构的首相或发言人。它将总结所有的投票并决定是否满足了授权的正确规则。最终，决策管理器决定是否抛出 AccessDeniedException 异常的组件。

应用程序中可以同时配置多个决策管理器。如果启用了全局方法安全，那么它将创建一个决策管理器用于管理受保护方法的访问。该决策管理器可以使用之前提到的大多数投票者。同样的，在 HTTP 配置中配置 URL 限制将创建另一个决策管理器，用于控制对应用程序 URL 的访问。WebExpressionVoter 只为该管理器服务，因为它在应用程序的其他位置没有任何作用。

Spring Security 含有 3 个标准的 AccessDecisionManager 实现；不过，创建一个自己的实现是非常简单的。可以将这些实现用于管理方法安全、URL 安全或者任何其他被称为决策管理器的东西。默认情况下，所有投票者都弃权时访问将被拒绝，但每个标准实现都提供了一个设置，用于决定在这种场景下是否授权访问。

1. 由赞成结果决定

org.springframework.security.access.vote.AffirmativeBased 是默认的配置，可能也是最简单的决策管理器。如果至少有一个非弃权投票者赞成，该决策管理器就授权访问。即使其他投票者拒绝访问，只要有一个投票者返回 ACCESS_GRANTED，决策管理器仍然会授权访问。你可能看出这种模式在某些情况下可能会有问题，但大多数情况下它都是足以满足需求的。通常你不会有两个 URL 限制匹配同一个请求，但如果出现这种情况，通常只要有一个同意就授权访问是没有问题的。方法限制也使用了相同的规则。但我们很少会在方法上同时使用@Secured 和@PreAuthorize，例如如果你这样做了，那么这些条件在逻辑上应该是使用 or 而不是 and 连接的。

2. 由协商决定

协商决定可能是你最熟悉的类型。所有共和和民主形式的政府都按照某些协商决定的原则运行，无论它是简单多数原则还是三分之二原则。org.springframework.security.access.vote.ConsensusBased 决策管理器将基于简单多数原则运行。如果 51%非弃权投票者赞成，那么就授予访问权限。

例如，如果总共启用了 7 个投票者，其中 4 个投票者弃权，2 个投赞成票，1 个投反对票，那么管理器将为访问授权。不过，如果 1 个投赞成票，2 个投反对票，访问将被拒绝。当然，这里可能出现平局的情况，投出的赞成和反对票数相同。对于这种情况，ConsensusBased 决策管理器提供了一个设置，用于决定决胜策略。默认情况下，在平手的情况下将会授权访问。

3. 由全体决定

由标准决策管理器集得到的自然结论就是 org.springframework.security.access.vote.UnanimousBased，它要求所有的非弃权投票者都投赞成票。所有非弃权投票者必须投赞成票；否则该决策管理器将拒绝访问。这是非常严格的策略，不过在某些情况下也是正确的策略。

配置一个不同的 AccessDecisionManager 用在全局方法安全中是非常直观的。如果@Configuration 类尚未扩展 GlobalMethodSecurityConfiguration，那么就让它扩展该类。然后覆盖 accessDecisionManager 方法返回一个 ConsesusBased、UnanimousBased 或者一些自定义的实现。无论最终决定返回什么，管理器都不要忘记包含投票者。为 Web 安全配置一个不同的决策管理器同样简单：将它添加到 configure(HttpSecurity)方法中即可。

```
    @Override
    protected void configure(HttpSecurity security) throws Exception
    {
        security
                .authorizeRequests()
                    .accessDecisionManager(new CustomDecisionManager())
            ...
    }
```

27.3　为对象安全创建访问控制列表

到目前为止，本章已经展示了实现授权的一种原生方式，只有用户的权限或者他是否“拥有”资源或对象才能决定他是否可以访问该资源。有时这种方式是足以满足需求的。简单的应用程序，尤其是用户输入较少的应用程序，通常只需要很少的授权规则即可。甚至像用户论坛这样的应用程序，看起来非常复杂，实际上在授权上是非常简单的。不过，有时你需要更加复杂的解决方案。

访问控制列表(或者 ACL)是实现对象安全的一种更加复杂的方式，它定义了每个用户、每个对象的权限。对于指定的对象类型 Foo，用户 Bar 在该对象的不同实例上可能有着完全不同的权限。这超出了用户所有权的概念：用户可能管理一些实例、写入其他的实例、删除其他的实例、读取其他的实例、最后可能根本不访问它们。操作系统文件权限，例如 Microsoft Windows 和 Apple Mac OS X，都是基于 ACL 原则实现的。Linux 操作系统也支持 ACL 权限；不过，默认它们并未启用，许多 Linux 用户都不熟悉如何使用它们。

27.3.1　了解 Spring Security 的 ACL

如果你曾经管理过 Windows 或者 Mac OS X，或者启用了 ACL 权限的 Linux 中的文件权限，那么你就会非常熟悉 ACL 的工作方式。文件系统的所有文件都有一组权限，对于任何指定的文件，都可以为每个访问该文件系统的用户定义不同的权限。

如你可以想象的，一个支持 ACL 的系统绝不是普通的系统。除了包含复杂的权限管理机制，系统还要求使用一个庞大的支持数据集用于保存这些权限。请想象一下一个拥有一百万用户的系统中，它包含了一百万条指定类型的记录，那么只是为了记录一个对象类型的用户权限就可能需要使用一兆条数据！不论存储数据的效率如何，你都需要查找百万兆条数据。尽管这是个极端的场景(大多数用户都只会访问每种数据类型的一小部分)，但毫无疑问设计一个优秀的系统非常重要。

Spring Security 提供了一个成熟的、经过业界测试的 ACL 系统，它为用户权限提供了细粒度的控制。这个系统的核心参与者是 org.springframework.security.acls.model.Acl 接口。它代表了单个域对象的访问控制列表，所有的域对象都只有一个 Acl。通常它会以 org.springframework.security.acls.model.ObjectIdentity 的形式封装域对象的 ID，以 org.springframework.security.acls.model.Sid 的形式封装域对象所有者的ID(创建它的用户)，并以 org.springframework.security.acls.model.AccessControlEntry 列表的形式封装所有赋给用户的权限(允许用户以某种方式使用该对象)的列表。

每个 AccessControlEntry 都封装了用户的 ID，该用户应持有该条目和赋给该条目的 org.springframework.security.acls.model.Permission。权限是以位掩码表示的——一种高效的存储机制，数字的每一位都代表了一个权限。例如，位 1 可能控制的是读权限，而 2 控制的是写权限。一个 Acl 还可以包含父亲 Acl，在这种情况下，它将继承父亲的 AccessControlEntry。

注意： 位掩码对于经验丰富的开发者来说也可能是个非常可怕的术语。标准的 Unix 文件系统权限和许多其他应用程序和操作系统活动中都使用了相同的技术。放心，Spring Security 将抽象出所有位掩码的难点；你永远不需要直接处理它。标准的 Permission 实现 org.springframework.security.acls.domain.BasePermission 了解读、写、创建、删除和管理权限，在大多数情况下它们都足以满足需求。如果需要支持其他的权限，那么必须实现自己的 Permission 类，告诉它如何为自己的实现转换位掩码。

Sid 有两个标准实现：org.springframework.security.acls.domain.PrincipalSid 对应于一个 Authentication，而 org.springframework.security.acls.domain.GrantedAuthoritySid 对应于一个 GrantedAuthority。如果使用 GrantedAuthority 表示角色和组并且希望为特定角色或者组中的所有用户授权，那么后者是非常有用的。使用了这两种实现之后，Sid 最终将使用 Authentication 或者 GrantedAuthority(用户名或者授权名称)的字符串形式表示。如果希望使用长整数用户 ID 表示，那么可以轻松实现自己的 Sid。

ACL 系统是由 org.springframework.security.acls.model.AclService 实现控制的。该服务可以按照权限评估中使用的对象标识符加载 ACL。通过它可以使用 hasPermission 表达式函数控制对方法的访问——调用该函数将使用 AclService 实现为指定的域对象加载 ACL。

如果需要的话，还可以实现自己的 AclService，但不推荐这样做。Spring Security 的 org.springframework.security.acls.jdbc.JdbcAclService 被设计用于在关系数据库中高效地存储 ACL，并以高性能的方式获取它们。spring-security-acl 的 JAR artifact 中包含了在 MySQL/MariaDB (createAclSchemaMySql.sql)、PostgreSQL (createAclSchemaPostgresql.sql)和 HSQLDB (createAclSchema.sql)中创建必要数据库表的 SQL 脚本。因为 JdbcAclService 将使用标准的 ANSI SQL 特性操作数据，所以它应该兼容于几乎所有流行的关系数据库。

4 个 ACL 表分别提供了下面的功能：

- acl_sid 唯一地定义了系统中的每个 Sid，将被用作其他表的参照完整性。通常，该表中为系统中的所有用户都创建了一行数据，假设你只使用了 PrincipalSid 或者类似的 Sid 的话。
- acl_class 唯一地定义了应用程序中每个域对象的类。如 acl_sid 一样，该表用于参照完整性。
- acl_object_identity 对应于 Acl 类，它保存了 ObjectIdentity、所有者 Sid 和其他的 Acl 属性。系统中所有使用 ACL 保护的域对象在表中都有一行记录。
- acl_entry 映射到了每个 Acl 中的 AccessControlEntrys 列表上。

警告： 表 acl_entry 的记录数量可能增长到数十亿或甚至数以万亿，这取决于应用程序中域对象的数量、这些域对象中持久化实例的数量和系统中用户的数量。你应该总是监控该表，如果发现性能问题，应按照需要调整索引、系统属性和硬件。

27.3.2　配置访问控制列表

如果你希望实现自己的 ACL 系统，那么如何配置它在很大程度上取决于它是如何设计的。要么实现 AclService 并修改 DefaultMethodSecurityExpressionHandler，提供一个含有 AclPermission-Evaluator(它将使用 AclService 服务)的 ACL 系统，要么定义自己的 PermissionEvaluator 实现。

配置 Spring Security 的 ACL 实现需要许多步骤，但是一旦设置成功，它将负责完成大部分的工作。首先在应用程序中创建 Spring Security ACL 方法，并为全局方法安全定义一个内部@Configuration 类。

```
@Configuration
@EnableGlobalMethodSecurity(
        prePostEnabled = true, order = 0,
        mode = AdviceMode.PROXY, proxyTargetClass = false
)
public static class MethodAuthorizationConfiguration
        extends GlobalMethodSecurityConfiguration
{
    private static final Logger log = LogManager.getLogger();

    ...
}
```

注意： spring-security-acl 的 *Maven artifact* 已经是应用程序中包含的其他 Spring Security artifact 的运行时依赖。不过，如果你将要使用 ACL 的话，需要使该依赖设置为编译时依赖。

```
<dependency>
    <groupId>org.springframework.security</groupId>
    <artifactId>spring-security-acl</artifactId>
    <version>3.2.0.RELEASE</version>
    <scope>compile</scope>
</dependency>
```

我们需要配置一个 org.springframework.security.acls.domain.AclAuthorizationStrategy 的实现。ACL 系统将使用它决定当前主体是否真正有权限访问 ACL 服务的管理功能(例如修改特定对象的 ACL)。如果主体是对象的所有者、拥有该对象的管理权限或者拥有策略构造函数中列出的授权之一，那么标准实现将允许主体使用这些管理方法。

```
@Bean
public AclAuthorizationStrategy aclAuthorizationStrategy()
{
    return new AclAuthorizationStrategyImpl(
            new SimpleGrantedAuthority("ADMINISTRATOR")
    );
}
```

接下来，我们需要配置一个 org.springframework.security.acls.model.PermissionGrantingStrategy。

通过该接口可以自定义如何评估权限，但标准的实现通常已经可以满足需求了。它需要使用 org.springframework.security.acls.domain.AuditLogger 记录 ACL 授权事件。如下面代码所示的配置，它使用了一个 lambda 表达式提供日志行为。还可以采用许多其他不同的方式，例如使用默认的 org.springframework.security.acls.domain.ConsoleAuditLogger 将日志输出到标准输出。

```
@Bean
public PermissionGrantingStrategy permissionGrantingStrategy()
{
    return new DefaultPermissionGrantingStrategy((granted, entry) -> {
        if (!granted)
            log.info("Access denied for [{}].", entry);
    });
}
```

现在，我们需要创建一个 org.springframework.security.acls.model.AclCache 实现。为了优化性能，ACL 系统需要缓存条目，直到它们发生改变。Spring Security 提供了可以使用 Ehcache(为 Java 编写的一种流行的开源分布式缓存系统)或者 Spring Framework 的缓存系统的 AclCache 实现。出于演示的目的，基于 java.util.concurrent.ConcurrentMap 构建的 Spring Framework 缓存就足以满足需求了。不过，对于分布式应用程序来说，我们必须提供一种合适的分布式缓存实现。

```
@Bean
public AclCache aclCache()
{
    return new SpringCacheBasedAclCache(
            new ConcurrentMapCache("Security-Acl"),
            this.permissionGrantingStrategy(),
            this.aclAuthorizationStrategy()
    );
}
```

在配置了这些基本的系统之后，接下来需要创建 JDBC ACL 实现并添加 PermissionEvaluator。JdbcAclService 和 org.springframework.security.acls.jdbc.BasicLookupStrategy 一起协作可以使用应用数据源高效地获取 ACL 条目，并在适当的时候缓存它们。AclPermissionEvaluator 和 org.springframework.security.acls.AclPermissionCacheOptimizer 将共同用于评估 hasPermission 表达式。

```
@Inject DataSource dataSource;

@Bean
public LookupStrategy lookupStrategy()
{
    return new BasicLookupStrategy(
            this.dataSource,
            this.aclCache(),
            this.aclAuthorizationStrategy(),
            this.permissionGrantingStrategy()
    );
}

@Bean
public AclService aclService()
{
```

```
        return new JdbcAclService(this.dataSource, this.lookupStrategy());
    }

    @Override
    public MethodSecurityExpressionHandler createExpressionHandler()
    {
        DefaultMethodSecurityExpressionHandler handler =
                new DefaultMethodSecurityExpressionHandler();
        handler.setPermissionEvaluator(new AclPermissionEvaluator(
                this.aclService()
        ));
        handler.setPermissionCacheOptimizer(new AclPermissionCacheOptimizer(
                this.aclService()
        ));
        return handler;
    }
```

最后，可以在方法中添加 hasPermission 表达式，根据 ACL 权限进行访问限制。剩下的大部分内容都是由简单的 Spring bean 组成的，你应该非常熟悉如何使用 XML 配置这些组件了。如果使用的是 XML 配置，那么需要将 DefaultMethodSecurityExpressionHandler 和它的配置器及优化器配置为标准的 bean，然后使用 Spring Security 命名空间将它赋给全局方法安全：

```
<?xml version="1.0" encoding="UTF-8"?>
<beans:beans xmlns="http://www.springframework.org/schema/security"
        xmlns:beans="http://www.springframework.org/schema/beans"
        xmlns:xsi="http://www.w3.org/2001/XMLSchema-instance"
        xsi:schemaLocation="http://www.springframework.org/schema/security
    http://www.springframework.org/schema/security/spring-security-3.2.xsd
    http://www.springframework.org/schema/beans
    http://www.springframework.org/schema/beans/spring-beans-4.0.xsd">

    <global-method-security pre-post-annotations="enabled" order="0"
                            proxy-target-class="false">
        <expression-handler ref="expressionHandler" />
    </global-method-security>
```

27.3.3 为实体填充 ACL

到目前为止，我们已经学习了如何使用 ACL，但仍然需要为自己的实体填充 ACL。Spring Security 不会自动完成该任务。无论何时创建一个实体，都必须填充它的所有者、管理员和该实体的其他权限。同样地，你可能需要专门用于修改实体权限的服务方法，这里提供的用户界面正是用于这个目的。如果需要，可以手动地填充 ACL 数据库表，但 Spring Security 确实提供了实现这个任务的简单方式。可以使用 org.springframework.security.acls.model.MutableAclService 创建 ObjectIdentity、Sid、Permission 和 Acl 实例，并将它们持久化到数据库中，类似于使用对象关系映射的方式。

为了实现这个行为，首先必须使用 JdbcAclService 的可变版本 org.springframework.security.acls.jdbc.JdbcMutableAclService 替代现有的服务。它还需要引用缓存 bean，因为它必须在 ACL 改变时更新缓存。

```
    @Bean
    public MutableAclService aclService()
    {
```

```
        return new JdbcMutableAclService(
                this.dataSource, this.lookupStrategy(), this.aclCache()
        );
    }
```

使用可变版本的服务非常简单。在任何一个服务中都可以获得标注@Inject 的 MutableAclService，然后在必要时使用它插入或更新 ACL。下面的代码将更新现有的 ACL 或者插入新的 ACL(如果不存在的话)。这里使用的 ObjectIdentityImpl 构造函数将希望实体拥有 getId 方法。另外，还可以使用接受 Class<?>对象类型和 Serializable ID 值的构造函数。如果可变的 ACL 服务必须创建新的 ACL，那么它将把当前的主体用作对象的所有者。可以调用 MutableAcl 上的 setOwner 方法修改所有者。下面的代码为另一个用户赋予了论坛帖子的读和写权限。

```
ObjectIdentityImpl identity = new ObjectIdentityImpl(forumPost);

MutableAcl acl;
try
{
    acl = (MutableAcl)this.mutableAclService.readAclById(identity);
}
catch(NotFoundException e)
{
    acl = this.mutableAclService.createAcl(identity);
}

Authentication otherUser = this.userService.getUser("OtherUserName");
PrincipalSid sid = new PrincipalSid(otherUser);
acl.insertAce(acl.getEntries().length, BasePermission.READ, sid, true);
acl.insertAce(acl.getEntries().length, BasePermission.WRITE, sid, true);
this.mutableAclService.updateAcl(acl);
```

尽管 Spring Security 的 ACL 系统非常强大，但是它可能有点过于强大。不是所有的系统都需要使用 ACL，如果可以在不使用 ACL 的情况下创建一个有用的、安全的应用程序，那么这通常是更好的。更重要的是，在不必要的时候使用 ACL 可能导致性能问题。在应用程序中集成 Spring Security 的 ACL 系统就作为练习留给读者来完成。

27.4　在客户支持应用程序中添加授权

在上一章中，我们创建了一个简单的应用程序，用于演示 Spring Security 认证，然后在客户支持应用程序中集成了认证功能。本章将使用 Spring Security 授权改进客户支持应用程序的安全性。从 wrox.com 代码下载站点中可以获得项目 Customer-Support-v20。如果你不理解之前章节中使用的客户支持应用程序，也不用担心。从网站下载的项目是可以编译和启动的，所以你不需要熟悉应用程序之前已经完成的工作。不过，你应该了解一下第 26 章添加的认证功能。

在开始之前，有一点需要知道：Spring Security 的错误消息已经为几种不同的语言做了本地化。在 RootContextConfiguration 的 messageSource bean 中添加资源包即可：

```
...
messageSource.setBasenames(
```

```
                "/WEB-INF/i18n/titles", "/WEB-INF/i18n/messages",
                "/WEB-INF/i18n/errors", "/WEB-INF/i18n/validation",
                "classpath:org/springframework/security/messages"
        );
        ...
```

27.4.1　切换到自定义用户细节

第 26 章在客户支持应用程序中添加认证时，创建了一个自定义 Authentication 对象和 AuthenticationProvider 实现。它只是演示可以这样做，但实际上是不必要的。实际上，它也不是最佳实践，所以如果可以的话，应该避免这样做。相反，惯例是提供一个 UserDetailsService 实现，在必要时再提供一个自定义的 UserDetails。

1. 决定用户细节实现

在设计系统时，最终你需要决定是否希望将用于持久化目的的用户对象和用于认证和授权目的的用户对象合并在一起。分离它们的优点在于：不需要在安全上下文中使用一个可变的用户对象，保持它们分离将增强这一点。不过，使用相同对象的优点在于：不需要花费太多功夫在其他实体中内嵌用户实体。最终，只有可以决定哪种方式才是最适用于你的。

为简单起见，客户支持应用程序将 UserDetails 实现和实体合并到相同的对象中。修改 UserPrincipal 是非常简单的。现在它将实现 UserDetails(而不是 Authentication)和 org.springframework.security.core.CredentialsContainer，这样 Spring Security 就可以在认证过程结束的时候清空密码。

```
...
public class UserPrincipal implements UserDetails, CredentialsContainer, Cloneable
{
    private static final long serialVersionUID = 1L;

    private long id;
    private String username;
    private byte[] hashedPassword;
    private Set<UserAuthority> authorities = new HashSet<>();
    private boolean accountNonExpired;
    private boolean accountNonLocked;
    private boolean credentialsNonExpired;
    private boolean enabled;

    // userId 和 username 属性

    @Basic(fetch = FetchType.LAZY)
    @Column(name = "HashedPassword")
    public byte[] getHashedPassword() { ... }
    public void setHashedPassword(byte[] password) { ... }

    @Transient
    @Override
    public String getPassword()
    {
        return this.getHashedPassword() == null ? null :
                new String(this.getHashedPassword(), StandardCharsets.UTF_8);
    }
```

```
    @Override
    public void eraseCredentials()
    {
        this.hashedPassword = null;
    }

    @Override
    @ElementCollection(fetch = FetchType.LAZY)
    @CollectionTable(name = "UserPrincipal_Authority", joinColumns = {
            @JoinColumn(name = "UserId", referencedColumnName = "UserId")
    })
    public Set<UserAuthority> getAuthorities() { ... }
    public void setAuthorities(Set<UserAuthority> authorities) { ... }

    @Override
    @XmlElement @JsonProperty
    public boolean isAccountNonExpired() { ... }
    public void setAccountNonExpired(boolean accountNonExpired) { ... }

    @Override
    @XmlElement @JsonProperty
    public boolean isAccountNonLocked() { ... }
    public void setAccountNonLocked(boolean accountNonLocked) { ... }

    @Override
    public boolean isCredentialsNonExpired() { ... }
    public void setCredentialsNonExpired(boolean credentialsNonExpired) { ... }

    @Override
    @XmlElement @JsonProperty
    public boolean isEnabled() { ... }
    public void setEnabled(boolean enabled) { ... }

    ...
}
```

当然，这需要在 UserPrincipal 表中添加一些额外的列。如果这是你第一次运行客户支持应用程序，那么请运行应用程序中的 create.sql 的 SQL 脚本，创建所有的表和索引。否则，请使用下面的代码添加必要的列。

```
USE CustomerSupport;
ALTER TABLE UserPrincipal
  ADD COLUMN AccountNonExpired BOOLEAN NOT NULL DEFAULT TRUE,
  ADD COLUMN AccountNonLocked BOOLEAN NOT NULL DEFAULT TRUE,
  ADD COLUMN CredentialsNonExpired BOOLEAN NOT NULL DEFAULT TRUE,
  ADD COLUMN Enabled BOOLEAN NOT NULL DEFAULT TRUE;
ALTER TABLE UserPrincipal
  MODIFY COLUMN AccountNonExpired BOOLEAN NOT NULL,
  MODIFY COLUMN AccountNonLocked BOOLEAN NOT NULL,
  MODIFY COLUMN CredentialsNonExpired BOOLEAN NOT NULL,
  MODIFY COLUMN Enabled BOOLEAN NOT NULL;
```

UserAuthority 类是非常简单的：它只是一个实现了 GrantedAuthority 的可内嵌 POJO。UserPrincipal

中的@CollectionTable 将 UserAuthority 映射到了表 UserPrincipal_Authority。

```
@Embeddable
public class UserAuthority implements GrantedAuthority
{
    private String authority;

    public UserAuthority() { }

    public UserAuthority(String authority)
    {
        this.authority = authority;
    }

    @Override
    public String getAuthority() { ... }

    public void setAuthority(String authority) { ... }
}

CREATE TABLE UserPrincipal_Authority (
  UserId BIGINT UNSIGNED NOT NULL,
  Authority VARCHAR(100) NOT NULL,
  UNIQUE KEY UserPrincipal_Authority_User_Authority (UserId, Authority),
  CONSTRAINT UserPrincipal_Authority_UserId FOREIGN KEY (UserId)
    REFERENCES UserPrincipal (UserId) ON DELETE CASCADE
) ENGINE = InnoDB;
```

2. 使用新的用户细节实体

旧 AuthenticationService 不再需要处理认证。相反，它继承了 UserDetailsService，所以将它重命名为 UserService 更加合理(将它的实现重命名为 DefaultUserService)。

```
@Validated
public interface UserService extends UserDetailsService
{
    @Override
    UserPrincipal loadUserByUsername(String username);

    ...
}

@Service
public class DefaultUserService implements UserService
{
    ...

    @Override
    @Transactional
    public UserPrincipal loadUserByUsername(String username)
    {
        UserPrincipal principal = userRepository.getByUsername(username);
        //保证授权和密码已经被加载
        principal.getAuthorities().size();
```

```
            principal.getPassword();
            return principal;
        }

        ...
    }
```

该配置只需要稍微做一点调整：使用由 UserService 支持的 DaoConfigurationProvider，并告诉 Spring Security 在认证之后擦除凭证。

```
@Configuration
@EnableWebMvcSecurity
public class SecurityConfiguration extends WebSecurityConfigurerAdapter
{
    @Inject UserService userService;

    ...

    @Override
    protected void configure(AuthenticationManagerBuilder builder)
            throws Exception
    {
        builder
                .userDetailsService(this.userService)
                        .passwordEncoder(new BCryptPasswordEncoder())
                .and()
                .eraseCredentials(true);
    }

    ...
}
```

在认证用户时，UserPrincipal 对象最终将被存储在 Authentication 对象中。可以调用 Authentication 的 getPrincipal 方法获取对应的 UserPrincipal。在 Spring Security 之前的版本中，这是非常麻烦的，因为需要将 Principal 强制转换为 Authentication，然后调用 getPrincipal 方法，再将它强制转换为 UserPrincipal。不过 Spring Security 3.2 中新增了@AuthenticationPrincipal 注解(之前已经讲解过)，所以可以通过在控制器方法中添加被标注的 UserPrincipal 参数的方式解决这个问题。注意：如果 UserPrincipal 仍然实现了 Authentication(如第 26 章所示)，那么这就是不可能的。

```
@WebController
@RequestMapping("ticket")
public class TicketController
{
    ...
    @RequestMapping(value = "create", method = RequestMethod.POST)
    public ModelAndView create(@AuthenticationPrincipal UserPrincipal principal,
                               @Valid TicketForm form, Errors errors,
                               Map<String, Object> model)
            throws IOException
    {
        ...
    }
    ...
}
```

27.4.2　保护服务方法

第 26 章添加了一个简单的授权规则，通过认证的方式保护所有的 URL。现在我们需要保护服务方法，这样只有特定用户才可以执行特定的任务。首先，需要启用全局方法安全。只需要在 SecurityConfiguration 类中添加@EnableGlobalMethodSecurity 即可——在认证过程中启用执行前和执行后注解——并将 AuthenticationManager 暴露为 bean。在本例中，不需要创建扩展 GlobalMethod-SecurityConfiguration 的内部类，因为方法安全配置中没有什么需要自定义的。

```
@Configuration
@EnableWebMvcSecurity
@EnableGlobalMethodSecurity(
        prePostEnabled = true, order = 0, mode = AdviceMode.PROXY,
        proxyTargetClass = false
)
public class SecurityConfiguration extends WebSecurityConfigurerAdapter
{
    ...
    @Bean
    @Override
    public AuthenticationManager authenticationManagerBean() throws Exception
    {
        return super.authenticationManagerBean();
    }
    ...
}
```

注意：这里将全局方法安全代理的顺序设置为 0。另外，异步方法执行的代理顺序是 1，而事务支持的代理顺序是 2。这将保证安全代理总是首先运行，接着是异步方法执行，最后是事务操作。

保护 TicketService 是非常直观的。可以使用@PreAuthorize 和相当简单的表达式保护所有的方法。不过，因为我们只希望用户编辑自己的票据和评论(除非他们具有管理员级别的权限才可以编辑所有人的评论)，所以必须将保存 Ticket 和 TicketComment 的 save 方法分割成 create 和 update 方法。然后 TicketController、TicketRestEndpoint 和 TicketSoapEndpoint 必须更新已修改的方法名(这里并未显示)。注意：这里使用@P 来表示 Spring Security 表达式中用到的参数名。

```
...
public interface TicketService
{
    @NotNull
    @PreAuthorize("hasAuthority('VIEW_TICKETS')")
    List<Ticket> getAllTickets();
    @NotNull
    @PreAuthorize("hasAuthority('VIEW_TICKETS')")
    Page<SearchResult<Ticket>> search(...);
    @PreAuthorize("hasAuthority('VIEW_TICKET')")
```

```
    Ticket getTicket(...);
    @PreAuthorize("#ticket.id == 0 and hasAuthority('CREATE_TICKET')")
    void create(@NotNull(message = "{validate.ticketService.save.ticket}")
            @Valid @P("ticket") Ticket ticket);
    @PreAuthorize("(authentication.principal.equals(#ticket.customer) and " +
          "hasAuthority('EDIT_OWN_TICKET')) or hasAuthority('EDIT_ANY_TICKET')")
    void update(@NotNull(message = "{validate.ticketService.save.ticket}")
            @Valid @P("ticket") Ticket ticket);
    @PreAuthorize("hasAuthority('DELETE_TICKET')")
    void deleteTicket(long id);

    @NotNull
    @PreAuthorize("hasAuthority('VIEW_COMMENTS')")
    Page<TicketComment> getComments(...);
    @PreAuthorize("#comment.id == 0 and hasAuthority('CREATE_COMMENT')")
    void create(
          @NotNull(message = "{validate.ticketService.save.comment}")
          @Valid @P("comment") TicketComment comment,
          @Min(value = 1L, message = "{validate.ticketService.saveComment.id}")
              long ticketId
    );
    @PreAuthorize("(authentication.principal.equals(#comment.customer) and " +
          "hasAuthority('EDIT_OWN_COMMENT')) or " +
          "hasAuthority('EDIT_ANY_COMMENT')")
    void update(@NotNull(message = "{validate.ticketService.save.comment}")
            @Valid @P("comment") TicketComment comment);
    @PreAuthorize("hasAuthority('DELETE_COMMENT')")
    void deleteComment(long id);

    @PreAuthorize("hasAuthority('VIEW_ATTACHMENT')")
    Attachment getAttachment(long id);
}
```

另外，我们还需要保护聊天请求，这将会引入一些问题。在这里我们不仅需要检查用户是否被授权执行该任务，还需要在用户发送消息或者离开会话时检查他们是否真的是该聊天会话的成员。

```
public interface ChatService
{
    @PreAuthorize("authentication.principal.username.equals(#user) and " +
          "hasAuthority('CREATE_CHAT_REQUEST')")
    CreateResult createSession(@P("user") String user);
    @PreAuthorize("authentication.principal.username.equals(#user) and " +
          "hasAuthority('START_CHAT')")
    JoinResult joinSession(long id, @P("user") String user);
    @PreAuthorize("authentication.principal.username.equals(#user) and " +
          "(#user.equals(#session.customerUsername) or " +
          "#user.equals(#session.representativeUsername)) and " +
          "hasAuthority('CHAT')")
    ChatMessage leaveSession(@P("session") ChatSession session,
                    @P("user") String user, ReasonForLeaving reason);
    @PreAuthorize("authentication.principal.username.equals(#message.user) and " +
          "(#message.user.equals(#session.customerUsername) or " +
          "#message.user.equals(#session.representativeUsername)) and " +
          "hasAuthority('CHAT')")
    void logMessage(@P("session") ChatSession session,
```

```
            @P("message") ChatMessage message);
    @PreAuthorize("hasAuthority('VIEW_CHAT_REQUESTS')")
    List<ChatSession> getPendingSessions();

    ...
}
```

不过，还有一些其他的事情需要考虑。目前，Spring Security 不支持 WebSocket 会话的处理。这是 Spring Security 4.0 计划中的特性，希望它可以在 2014 年中期发布。该版本将会自动处理许多事情，例如覆盖会话中的 Principal、当 HttpSession 退出时关闭 WebSocket 会话。确实，它可以帮助从应用程序中去除大量的代码。不过，现在我们必须自己采取一些特殊的步骤。当 WebSocket 会话切换，异步通信开始时，安全上下文将被清空。作为弥补，我们必须创建一个处理被保护操作的方法。

```
private void doSecured(SecuredAction secureAction)
{
    SecurityContextHolder.setContext(this.securityContext);
    try
    {
        secureAction.execute();
    }
    finally
    {
        SecurityContextHolder.clearContext();
    }
}

@FunctionalInterface
private static interface SecuredAction
{
    void execute();
}

public static class EndpointConfigurator extends SpringConfigurator
{
    ...
    @Override
    public void modifyHandshake(ServerEndpointConfig config,
                                HandshakeRequest request,
                                HandshakeResponse response)
    {
        ...
        config.getUserProperties().put(SECURITY_CONTEXT_KEY,
                SecurityContextHolder.getContext());
        ...
    }
    ...
}
```

然后必须保证所有的@OnOpen、@OnClose、@OnMessage 和@OnError 方法(及所有其他 WebSocket 容器可以调用的方法)都在被保护的操作中执行。例如，下面是一个新的@OnError 方法：

```
@OnError
public void onError(Throwable e)
```

```
    {
        this.doSecured(() -> {
            log.warn("Error received in WebSocket session.", e);

            synchronized(this)
            {
                if(this.closed)
                    return;
                this.close(ChatService.ReasonForLeaving.ERROR,
                        "error.chat.closed.exception");
            }
        });
    }
```

最后一件需要考虑的事情就是会话列表。这是一个管理功能，但我们无法控制该服务(Spring Security 的 SessionRegistry)，所以无法在其中添加安全注解。因此，我们需要在 SecurityConfiguration 中使用标准的 URL 安全规则。

```
    @Override
    protected void configure(HttpSecurity security) throws Exception
    {
        security
                .authorizeRequests()
                    .antMatchers("/session/list")
                        .hasAuthority("VIEW_USER_SESSIONS")
                    .anyRequest().authenticated()
        ...
    }
```

在了解了应用程序中所有受保护的操作有哪些之后，现在我们需要为用户赋予权限。如果在本节稍早的时候已经运行了 create.sql 脚本，那么就无须再重复这个过程。否则，必须在脚本找到下面的 4 个插入语句，并运行它们为用户授权。这些插入语句假设数据库中预填充的用户仍然存在(Nicholas、Sarah、Mike 和 John)，它们为 Nicholas、Sarah 和 Mike 赋予了标准的“客户”权限，为 John 赋予了“代表”权限。

```
USE CustomerSupport;
INSERT INTO UserPrincipal_Authority (UserId, Authority)
  VALUES (1, 'VIEW_TICKETS'), (1, 'VIEW_TICKET'), (1, 'CREATE_TICKET'),
    (1, 'EDIT_OWN_TICKET'), (1, 'VIEW_COMMENTS'), (1, 'CREATE_COMMENT'),
    (1, 'EDIT_OWN_COMMENT'), (1, 'VIEW_ATTACHMENT'), (1, 'CREATE_CHAT_REQUEST'),
    (1, 'CHAT');

INSERT INTO UserPrincipal_Authority (UserId, Authority)
  VALUES (2, 'VIEW_TICKETS'), (2, 'VIEW_TICKET'), (2, 'CREATE_TICKET'),
    (2, 'EDIT_OWN_TICKET'), (2, 'VIEW_COMMENTS'), (2, 'CREATE_COMMENT'),
    (2, 'EDIT_OWN_COMMENT'), (2, 'VIEW_ATTACHMENT'), (2, 'CREATE_CHAT_REQUEST'),
    (2, 'CHAT');

INSERT INTO UserPrincipal_Authority (UserId, Authority)
  VALUES (3, 'VIEW_TICKETS'), (3, 'VIEW_TICKET'), (3, 'CREATE_TICKET'),
    (3, 'EDIT_OWN_TICKET'), (3, 'VIEW_COMMENTS'), (3, 'CREATE_COMMENT'),
```

```
    (3, 'EDIT_OWN_COMMENT'), (3, 'VIEW_ATTACHMENT'), (3, 'CREATE_CHAT_REQUEST'),
    (3, 'CHAT');

INSERT INTO UserPrincipal_Authority (UserId, Authority)
  VALUES (4, 'VIEW_TICKETS'), (4, 'VIEW_TICKET'), (4, 'CREATE_TICKET'),
    (4, 'EDIT_OWN_TICKET'), (4, 'VIEW_COMMENTS'), (4, 'CREATE_COMMENT'),
    (4, 'EDIT_OWN_COMMENT'), (4, 'VIEW_ATTACHMENT'), (4, 'CREATE_CHAT_REQUEST'),
    (4, 'CHAT'), (4, 'EDIT_ANY_TICKET'), (4, 'DELETE_TICKET'),
    (4, 'EDIT_ANY_COMMENT'), (4, 'DELETE_COMMENT'), (4, 'VIEW_USER_SESSIONS'),
    (4, 'VIEW_CHAT_REQUESTS'), (4, 'START_CHAT');
```

27.4.3　使用 Spring Security 的标签库

现在我们已经配置了方法安全，所有的服务都已经针对未授权的访问做出了保护。不过，当用户单击一个链接时却得到消息“访问拒绝”，这真是一个良好的用户体验吗？我们需要改进视图，使用户无法看到他们不能执行的操作。Spring Security 的创建者考虑到了所有的事情，使用 Spring Security 的标签库可以轻松地完成这个任务。

```
<%@ taglib prefix="security" uri="http://www.springframework.org/security/tags" %>
```

通过使用<security:accesscontrollist>标签可以针对对象的访问控制列表执行授权检查(这里并未使用它)。在 domainObject 特性中，使用一个 EL 表达式(不是 SpEL 表达式)将域对象暴露为一个 EL 变量。在 hasPermission 特性中指定一个或多个(逗号分隔)对象权限(用户在该域对象上必须拥有的)。标签内嵌套的代码并不会执行，除非用户拥有指定域对象的这些权限。Spring Security 4.0 将包含<security:csrfField>和<security:csrfMetaTags>标签，它们将分别输出一个 CSRF 表单字段和 CSRF HTML <meta>元素。JavaScript 代码可以使用这些 HTML<meta>元素应用 CSRF 字段和头名称及 CSRF 令牌值。

<security:authentication>标签是非常有用的。通过它可以输出当前 Authentication 的属性。WEB-INF/tags/template/basic.tag 文件通过输出当前主体的用户名演示了它的用法。

```
<br />Welcome, <security:authentication property="principal.username" />!
```

最经常使用的标签应该是<security:authorize>。只有该标签特性中定义的授权规则评估结果为真时，它的嵌套内容才会执行。如果指定了 access 特性，那么它将把该特性值当作安全表达式处理(所以这里可以使用 hasAuthority 和其他函数)。特性 url 中可以指定一个应用程序相关的 URL，Spring Security 将找到并评估匹配的 URL 安全规则(如果存在的话)。如果使用了 url 特性，那么还可以指定 method 特性，限制允许访问的 HTTP 方法。不能同时指定 access 和 url 特性。basic.tag 演示了如何使用<security:authorize>隐藏用户未被授权访问的链接。

```
<security:authorize access="hasAuthority('VIEW_TICKETS')">
    <a href="<c:url value="/ticket/list" />">...</a><br />
    <a href="<c:url value="/ticket/search" />">...</a><br />
</security:authorize>
<security:authorize access="hasAuthority('CREATE_TICKET')">
    <a href="<c:url value="/ticket/create" />">...</a><br />
</security:authorize>
<security:authorize access="hasAuthority('CREATE_CHAT_REQUEST')">
```

```
        <a href="javascript:void 0;" onclick="newChat();">...</a><br />
    </security:authorize>
    <security:authorize access="hasAuthority('VIEW_CHAT_REQUESTS')">
        <a href="<c:url value="/chat/list" />">...</a><br />
    </security:authorize>
    <security:authorize access="hasAuthority('VIEW_USER_SESSIONS')">
        <a href="<c:url value="/session/list" />">...</a><br />
    </security:authorize>
```

如同之前使用的许多标签一样，所有的 Spring Security 标签都提供了 var 特性。对于<security:authorize>和<security:accesscontrollist>标签，指定的变量包含了规则评估的布尔值结果。如果使用了该特性，标签就不能有嵌套内容。对于其他标签来说，标签输出将被存储在指定的变量中。WEB-INF/jsp/view/chat/list.jsp 演示了如何使用<security:authorize>中的 var 特性在列表中忽略某些用户没有权限访问的链接(没有 START_CHAT 授权)。

```
<security:authorize access="hasAuthority('START_CHAT')"
                    var="canJoin" />
<spring:message code="message.chatList.instruction" />:<br /><br />
<c:forEach items="${sessions}" var="s">
    <c:choose>
        <c:when test="${canJoin}">
            <a...>${s.customerUsername}</a><br />
        </c:when>
        <c:otherwise>${s.customerUsername}</c:otherwise>
    </c:choose>
    ...
```

在视图中完成这些修改之后，就可以开始使用客户支持应用程序了。编译应用程序，从 IDE 中启动 Tomcat，在浏览器中访问 http://localhost:8080/support。使用不同的用户登录，测试授权系统是否可以正常工作：列出和创建票据、列出会话和参与聊天会话。如果希望，可以设置系统属性 spring.security.disableUISecurity，它将会禁用<security:authorize>标签，这样它们的内容将总是会被渲染出来，我们就可以轻松地尝试访问未授权的资源，确认方法安全正常工作。

注意： 如果之前你从未运行过客户支持应用程序或者你不记得用户名和密码，那么请查询 create.sql 脚本。每个用户的 INSERT 语句都包含了一个该用户密码明文的注释。

27.5　小结

本章讲解了许多使用 Spring Security 为用户授权的技术。它讲解了 URL 安全和全局方法安全，并比较了许多不同的方法安全注解和使用它们的方式。接下来讲解了 Spring Security 如何做出访问决策以及投票者如何影响决策结果，还讲解了 Spring Security 强大的访问控制列表(ACL)系统。最后，本章在跨国部件公司的客户支持应用程序中添加了授权功能。我们将 UserPrincipal 从一个

Authentication 转换成了 UserDetails、配置了方法安全、使用安全标签库添加了用户界面安全，并采取了特殊的步骤在 WebSocket 终端中维护安全上下文。

客户支持应用程序中剩下的唯一一件需要完成的任务就是：保护 Web 服务终端并使它们正常运行。第 28 章将讲解 Web 服务安全和 OAuth，并讲解如何在客户支持应用程序中集成 Spring Security OAuth。

第28章 使用 OAuth 保护 RESTful Web 服务

本章内容：

- 了解 Web 服务安全
- 介绍 OAuth
- 比较 OAuth 1.0a 和 2.0
- 使用 Spring Security 和 OAuth
- 完成客户支持应用程序
- 编写 OAuth 客户端应用程序

本章需要从 wrox.com 下载的代码

访问网址 http://www.wrox.com/go/projavaforwebapps 的 Download Code 选项卡，找到本章的代码下载链接。本章的代码被分成了下面几个主要的例子：

- Customer-Support-v21 项目
- OAuth-Client 项目

本章新增的 Maven 依赖

除了之前章节中引入的 Maven 依赖，本章还需要下面的 Maven 依赖：

```
<dependency>
    <groupId>org.springframework.security.oauth</groupId>
    <artifactId>spring-security-oauth2</artifactId>
    <version>1.0.5.RELEASE</version>
    <scope>compile</scope>
</dependency>

<dependency>
    <groupId>commons-codec</groupId>
    <artifactId>commons-codec</artifactId>
    <version>1.9</version>
    <scope>runtime</scope>
</dependency>
```

```
<dependency>
    <groupId>org.apache.httpcomponents</groupId>
    <artifactId>httpclient</artifactId>
    <version>4.3.1</version>
    <scope>runtime</scope>
</dependency>
```

28.1　了解 Web 服务安全

到目前为止，第Ⅳ部分已经讲解认证和授权相关的概念和技术，并将新学到的知识应用到了基于 Web 的图形用户界面中。第 17 章讲解了 SOAP 和 RESTful Web 服务，但到现在为止，这些 Web 服务都还处于没有保护的状态。本章将讲解 Web 服务安全和保护 Web 服务资源的各种方式。我们将学习 OAuth 标准并将它集成到客户支持应用程序中。最后再为测试客户支持 RESTful Web 服务创建一个非常简单的 Web 服务客户端。

28.1.1　比较 Web GUI 和 Web 服务安全

保护 Web 服务的安全与保护 Web GUI 的安全有很大的区别。不用再担心特定的漏洞。因为现在没有用户必须填写的图形表单，因此就不需要担心跨站请求伪装攻击。因为不使用 JavaScript，所以也不需要担心跨站脚本攻击。因为 Web 服务不使用 HTTP 会话和 cookies，所以它也不会受到固定会话攻击的威胁。不过，有一些新的并且类似的漏洞需要处理。

现在不要误会。这并不是说使用 Web 服务的客户端 Web 应用程序的开发者不需要担心这些漏洞——他们需要。另外，如果是使用自己的 Web 服务支持自己的 Web 用户界面，那么仍然需要记住这些漏洞。但如果提供的 Web 服务只会被其他应用程序所使用，那么就不需要担心这些问题。

Web 服务仍然有主机的安全问题。我们需要考虑中间人攻击，这通常可以通过使用健壮的 SSL 机制解决。需要考虑认证令牌被盗的问题，下一节将会进行讲解。假设我们希望认证 Web 服务的用户，并保证他们获得执行特定任务的授权，但是 Web 服务提供的特性可能与 Web GUI 不同，而且不需要认证(也可能是其他的方式)。我们还需要记住所有类型的 HTTP 协议漏洞，如同我们在保护 Web GUI 时需要注意的一样。

假设我们希望认证 Web 服务的用户(常见的)，那么应该如何实现呢？暂时忘记那些认证机制(基本认证、表单认证、LDAP 认证等)。你希望使用相同的用户吗？对于许多组织来说，这个问题的答案是“是”。对于其他一些组织来说，答案是“否”。与许多其他东西一样，这完全取决于个人的业务需求。没有任何需求、技术或者其他条件要求我们必须使用相同的一组用户保护 Web GUI 和 Web 服务。当然，了解 Web GUI 和 Web 服务中是否暴露了相同的数据之后，用户会期望 Web 服务使用相同的用户，因为其他用户不应该看到他们的私有数据。本章强调了使用同一组用户的方式。

在回答了这些问题之后，下一步就是决定采用哪种或哪些认证机制保护 Web 服务。除了标准的约定之外，还有许多选项可供选择，本章将对它们进行讲解。

28.1.2　选择认证机制

第 26 章讲解了几种认证机制，其中的大多数都适用于某种形式的 Web 服务。例如，可以为 Web 服务添加基本认证或者摘要认证，这实际上非常适合 REST 的无状态特性。SOAP 可以是有状态的也可以是无状态的，但无论哪种情况，基本认证和摘要认证都可以为这些类型的 Web 服务正常工作。不过，这两种机制都有一个主要的问题：在使用 Web 服务的整个过程中，客户端必须知道并保留凭证。如果客户端应用程序是用户的话，那可能没有问题，但如果用户希望使用第三方应用程序连接到目标 Web 服务的话，那么他们可能会觉得不舒服或者不愿意为该应用程序提供自己的凭证。

另一个选项是直接使用应用程序认证用户，然后给予客户端应用程序一个某种类型的令牌，用于维护该认证。这实际上是表单认证和 HTTP 会话认证背后的基本概念：用户使用网站的表单进行认证，接着应用程序给予用户的浏览器(客户端应用程序)一个令牌(会话 ID cookie)，用于在未来的请求中维护认证。使用这种方式的优点在于：用户永远不需要为客户端应用程序提供他们的凭证，这改善了实际的和感觉上的安全性。这也强调了安全的一个重要概念：了解实际的和感觉上的安全性之间的区别。

如果采用某种方式让用户感到这是一种更高级别的安全措施，那么他们会更加高兴，从而使你的业务变得更加成功。不过，该操作可能实际上并未真正地使他们变得更加安全。有时这没有什么问题：如果用户在使用网站时真的已经是安全的，并且无法使他们变得更加安全，那么使用户感觉更加安全可以帮助发展自己的业务。但如果你的网站容易受到一种或多种攻击，但你使用户感到更加的安全，这将造成错误的安全感，而这是危险的，它可能危害到你和你的用户。实际上，网站中与安全相关的所有改动都可能导致以下后果，下面将按照你希望出现的结果的顺序显示：

(1) **所做的改动实际上会使用户更加安全，也使他们感到更加安全。**这是双赢的事情，并且应该总是我们的目标。

(2) **所做的改动实际上会使用户更加安全，但不会影响他们在安全上的感觉。**这仍然是个好事情，不应该完全避免这种情况。无论用户知道还是不知道，这对用户都是有好处的。

(3) **所做的改动实际上会使用户更加安全，但是感觉上没那么安全。**这是个糟糕的事情。如果用户停止使用我们的网站，那么即使这个改动增加了安全性也是一个糟糕的事情，因为用户感到不安全。我们几乎总是可以采用更好的公共关系方法进行改动，从而避免出现这种困境。

(4) **所做的改动实际上会使用户变得不安全，并且也会使他们感觉不那么安全。明显这是个糟糕的事情。**不要使用户感到不安全。不过，如果用户觉得网站不安全，那么他们将停止使用你的网站，最终只能由你自己来承担这个后果。

(5) **所做的改动实际上会使用户变得不安全，但用户不会感到变化，或者更糟的情况，他们感到更安全。**是的，这实际上比结果 4 更加糟糕。你可能在短期内会有利可图，并且也可能永远不会有人发现这个问题。但问题就在于用户最终可能需要承担这个改动所引起的后果，当他们发现自己上当受骗之后，可能会向你索取补偿。

明显，我们希望设计一个含有所有特性，并达到目标 1 的认证和授权系统。因为这只可能存在于完美的世界中，所以我们实际的目标应该是 1 或者 2，使用尽可能多的特性以达到目标 1。如果安全特性中包含了可能导致出现结果 3、4、5 这样的特性，那么必须倒退一步重新评估自己所采用的方式。

返回到之前讨论的话题：使用应用程序直接验证用户，并返回一个维护令牌给客户端应用程序。这种方式也有自己的缺点。

- 返回的令牌有可能被盗。该风险基本上与凭证被盗的风险是相同的。实际上，如果经常更换令牌的话(至少一天一次)，那么应用程序会变得更加安全，因为用户通常不愿意按这样的频率修改自己的密码。

- 令牌伪装问题。可以轻松地缓解这个问题的影响(下一节将进行讲解)。

无论这些缺点是否存在，令牌都是非常安全和高效的方式，业界广泛采用了这种方式用于保护 Web 服务。如往常一样，重复发明轮子是不明智的，而且现在已经有可用的工具可以帮助在 Web 服务应用程序中集成健壮的安全特性。本章将学习其中的一个工具：OAuth。

28.2　介绍 OAuth

OAuth 是一个授权的开源标准，它由 Twitter 的 Blaine Cook、Ma.gnolia 的 Larry Halff、Chris Messina(一位开源提倡者，他曾经在 Google 和几个其他的公司工作过)和 David Recordon(来自 Facebook 的开源标准提倡者)所创建。你可能会感到奇怪，这里使用了授权这个单词来描述 OAuth。我们是否需要寻找一个授权的解决方案呢？不，我们已经有了解决方案！实际上，我们有许多解决方案。基本认证、摘要认证、表单认证、Windows 认证、证书、智能卡——除此之外，还有许多其他解决方案。

我们不需要一种创建用户身份的新方法；事实上我们已经是这方面的专家了。我们真正需要的是一种在未来的请求中继续使用这种授权方式的方法，确定用户已经被授权访问 Web 服务。当然，这强调了认证和授权之间模糊的界限。它们紧密相关并且相互依赖。在某种程度上，我们甚至可以将认证看作是某种形式的授权。至少，认证总是授权的第一步。要清楚，OAuth 是一个授权标准，但它与认证紧密地绑定在一起了。

警告：本书不是任何版本 OAuth 的权威指南。一章内容无法完全涵盖到 OAuth 的所有细节。本章将帮助创建一个简单的 OAuth 系统，但是在你阅读 OAuth 的规范和支持文档之前，不应该将这个系统部署到生产环境中。你可以分别在网址 http://tools.ietf.org/html/rfc5849、http://tools.ietf.org/html/rfc6749 和 http://tools.ietf.org/html/rfc6750 中找到 OAuth 1.0a、OAuth 2.0 和 OAuth 2.0 Bearer Tokens 的 IETF 标准文档。

28.2.1　了解关键参与者

所有版本的 OAuth 都有官方的术语，用于区别认证和授权过程中的参与者。知道这些术语并了解每个参与者在 OAuth 会话中的角色是非常重要的。本章会经常用到这些术语，并且在接下来的内容中也不会再进一步讲解，所以在继续学习之前要保证自己清楚明白它们的含义。

- 客户端就是任意支持使用 OAuth 访问 Web 服务 API 的 HTTP 应用程序。它可以是一个 JavaScript 应用程序、Web 浏览器插件、桌面应用程序、移动应用程序或者任何你可以想到的应用程序。更重要的是，客户端不是用应用程序认证的用户或者人。
- 受保护资源非常简单，它就是应用程序中必须经过授权才能访问的资源。它只可以在 OAuth 认证的请求中访问。

- 资源所有者是某些被授权访问这些受保护资源的实体。资源所有者可以是一个组织、一个人或者甚至是另一个应用程序——一般来说，它就是你所认为的用户。资源所有者使用客户端连接到应用程序，并获取或者操作受保护的资源。

28.2.2　起始：OAuth 1.0

当几个创始人分别为他们各自的组织实现了 OpenID 时，OAuth 就诞生了。例如，Larry Halff 正在尝试为他的 OpenID 用户提供一种方式，将他们的 Mac OS X Dashboard Widgets 连接到 Ma.gnolia 的 Web 服务。经过简短的协商后，创始人确定目前尚不存在 Web 服务 API 的开源授权标准，因此 OAuth 就诞生了。

创始人在 2007 年 4 月组成了一个开源标准讨论小组，并开始为 OAuth 标准而工作。它经过了几次修订，此时 Eran Hammer 加入了讨论小组。在 2007 年 10 月，该小组发布了 OAuth Core 1.0 最终草案。在 2009 年，人们发现 OAuth 1.0 对于某一种形式的会话固定攻击来说是非常脆弱的。该攻击的细节超出了本书的范围，但在 Eran Hammer 的博客中可以找到相关的内容，地址为 http://hueniverse.com/2009/04/explaining-the-oauth-session-fixation-attack/。出于这个原因，我们可以将 OAuth 1.0 草案看作是不安全的，也不应该使用它。

28.2.3　标准：OAuth 1.0a

互联网项目工作小组(IETF)在 2008 年开会讨论将 OAuth 1.0 草案纳入网络工作标准中。OAuth 享受到了更广泛的社区支持，IETF 小组在它上面工作了几乎两年。在 2010 年 4 月，它通过了审批并作为网络标准 RFC5849 发布。按照官方的规定，它是 OAuth Core 1.0 修订版 A，它修复了 2009 年发布的 OAuth 1.0 中发现的会话固定攻击问题。通常我们使用 OAuth 1.0a 引用它，而且它被认为是一个授权协议(对于本书来说，这意味着它描述了实现必须拥有的特性)。本节将简单介绍 OAuth 1.0a 是如何工作的，包括用于削弱会话固定攻击漏洞的改动。

1. 了解 OAuth 1.0a 术语

该标准定义了几个 OAuth 1.0a 特有的术语。术语服务器就是你或者你的应用程序。客户端将向服务器发出请求，假设它已经获得了授权，那么服务器将向客户端返回响应。服务器的一般概念是：负责认证和授权服务并托管受保护的资源。凭证是可以建立标识的一对值。该值由一个标识符(例如用户名或者公钥)和一个秘密(例如密码或者秘钥)组成。OAuth 1.0a 中有三种类型的凭证：

- 客户端凭证将对发出请求的客户端进行认证(记住：不是用户)。客户端凭证是非常重要的，因为通过它们可以限制哪些应用程序可以代表用户访问你的 Web 服务。
- 临时凭证顾名思义就是临时的，在认证过程中通过它可以将所有的步骤安全地链接在一起。
- 令牌凭证是由认证服务器返回给客户端的凭证，该客户端可以通过它对将来资源所有者发起的所有请求进行授权。一个令牌，如同用户名一样，是一个唯一标识符(有时是完全随机的字符串，有时则具有更多的含义)。在资源所有者正确地完成认证之后，服务器将为客户端发布一个令牌。结合共享的秘密一起组成令牌凭证，该令牌将与被认证的资源所有者的请求相关联。

2. 使用 OAuth 1.0a 实现认证和授权

OAuth 认证请求的流程是非常直观的，即使这个概念似乎有点混淆。通过图表可以帮助我们了解这个过程，所以本节将通过几个图表进行讲解。当资源所有者希望访问一个服务器上受保护的资源时(通过使用客户端)，一定会出现下面三种情况中的一种：

注意：本章稍后将讨论图 28-1 ~ 图 28-3，在它们的附近也会有许多相关的讨论。当你浏览下面的列表时，请参考这些图表。

- 客户端没有资源所有者的令牌凭证，无法访问受保护的资源(见图 28-1)。
- 客户端拥有资源所有者的有效令牌凭证，可以访问受保护的资源(见图 28-2)。
- 客户端拥有资源所有者的过期的或者撤消的令牌凭证，无法访问受保护的资源(见图 28-3)。

这些情况中的每一种都将导致一组不同的操作，这些操作最终将为受保护的资源赋予访问权限(假设这种访问是允许的)。如果客户端没有资源所有者的令牌凭证，那么它首先(对于资源所有者来说是透明的)将向临时凭证请求终端(客户端已经知道的终端 URL)发起一个空 HTTP POST 请求。该请求将使用 Authorization: OAuth 头和几个授权头协议参数，服务器将使用它们对客户端进行认证。

- *realm* 决定了最终被访问的应用程序或资源，正如标准的基本认证或者摘要认证一样。
- *oauth_consumer_key* 包含了客户端凭证中的标识符(客户端从服务器提前获得的)。
- oauth_signature_method 是正在采用的签名机制。
- *oauth_timestamp* 是创建请求时的时间戳，它被指定为从 Unix 时代开始以来的秒数。
- *oauth_nonce* 是请求的唯一标识符，它永远也不应该重复(用于阻止重放攻击)。
- *oauth_callback* 是客户端通过认证并获得授权之后，服务器应该返回给客户端的 URI。
- *oauth_signature* 是使用所有这些参数、请求的各个不同部分以及客户端凭证中的密码计算得到的签名。

注意：为了明确起见，Authorization 头只是一种客户端可以用来传输协议参数的方式。当请求是 x-www-form-urlencoded(次优选)和请求 URL 参数(最不推荐使用的)时，客户端也可以使用请求实体参数。使用 Authorization 头是推荐使用的方式，因为此时网络代理的表现会更加良好，而且它们也不会缓存这些类型的请求。

秘密永远不应该通过请求进行传输——它不需要这样做，因为客户端将使用密码生成签名。签名总是 HMAC-SHA1(对称的，使用一个或多个秘密作为盐)或者 RSA-SHA1(非对称的，使用私钥生成签名)中的一种。因为服务器也知道对称的密码，所以如果客户端使用了正确的密码并保证签名与预期值相匹配，那么服务器将可以计算出该签名并进行验证。对于非对称签名，服务器可以使用匹配的公钥对私钥生成的签名进行验证。

无论使用哪种方式，如果签名是有效的，客户端最终将获得权限，服务器也将允许客户端继续进行授权。如果请求中包含了不支持的参数或者协议版本，服务器将返回 400 Bad Request，如果签名未通过验证、凭证无效、令牌过期、随机数是无效的或者已经被使用了，那么服务器将返回 401 Unauthorized 响应。此时，服务器将返回一个 x-www-form-urlencoded 格式的 200 OK 响应到客户端，响应正文中包含了临时凭证。oauth_token 响应参数包含了临时标识符，而 oauth_token_secret 包含了临时的秘密。因为响应中包含的秘密采用的是纯文本，所以 OAuth 标准要求请求和响应必须通过 TLS(例如 HTTPS)执行。oauth_callback_confirmed 是第三个必需的响应参数，它构成了与旧版协议之间的区别。它必须总是被设置为真。所有这些内容都显示在图 28-1 的步骤 1 和 2 中。

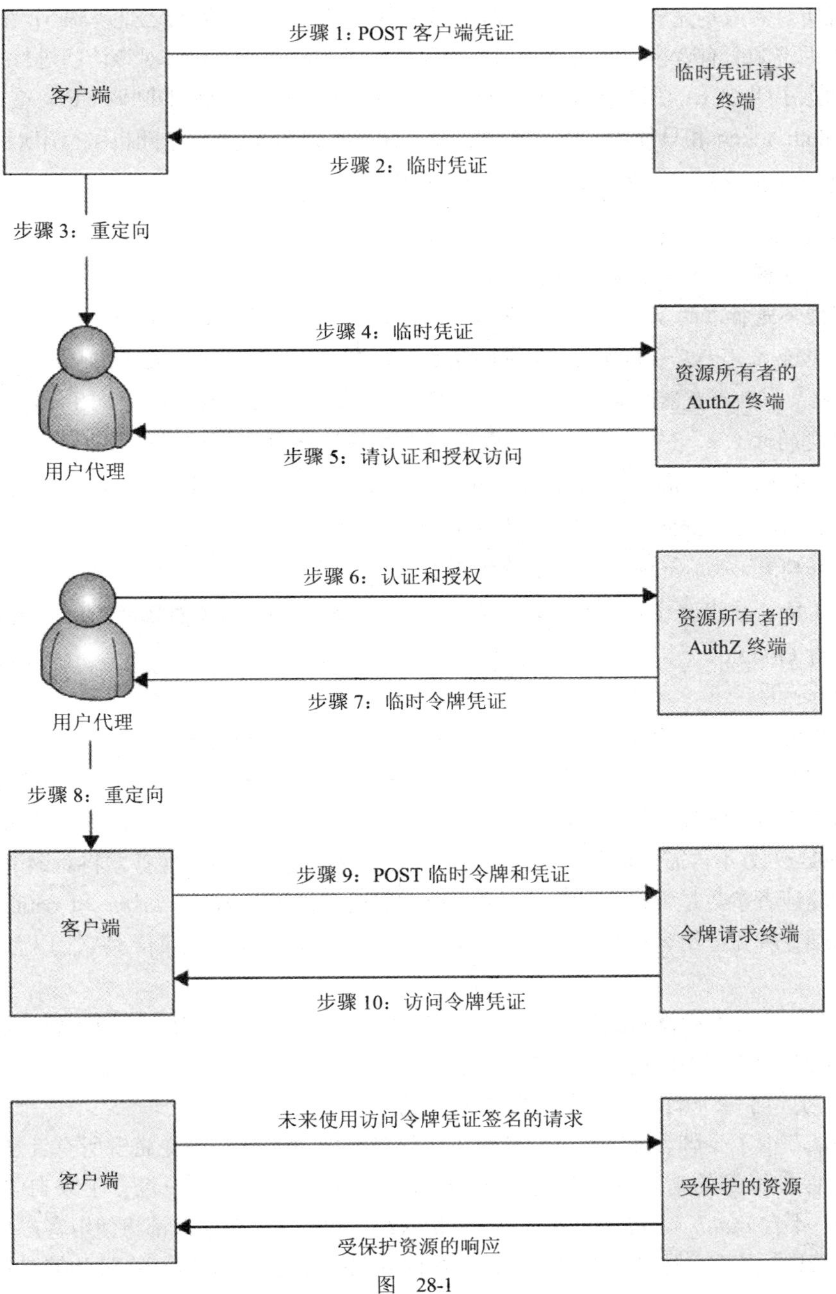

图 28-1

现在客户端已经获得了临时凭证，接下来它就可以将资源所有者重定向至服务器的资源所有者认证终端，并在请求参数中使用临时 oauth_token(步骤 3 和 4)。由此开始，服务器将负责处理认证过程。如果资源所有者已经认证成功(例如，目前他已经拥有了一个服务器上的 HTTP 会话)，那么服务器将直接进入到授权界面(不过出于安全增强的原因，服务器可能要求资源所有者再次进行认证)。否则，它将要求资源所有者通过普通的方式进行认证(步骤 5，它可能是表单认证、基本认证、摘要认证或者 Windows 认证)。

在资源所有者成功完成了认证之后，服务器将继续进入到授权界面(还是步骤 5)。在授权界面中，服务器将告诉资源所有者客户端希望访问的受保护的资源，并请求允许对该访问进行授权。如果资源所有者同意了(步骤 6)，那么服务器将把资源所有者重定向至客户端的回调 URI。重定向请求中包含了临时 oauth_token 和只使用一次的 oauth_verifier 参数(它的值为一个随机字符串)(步骤 7 和 8)。参数 *oauth_verifier* 将用于减轻之前提到的会话固定攻击。

注意：你可能会好奇为什么这里提到的是回调 URI，而不是回调 URL。回调 URI 可能不是标准的 Web URL。如果客户端应用程序是一个桌面或者移动应用程序，而不是 Web 应用程序，那么 Web URL 将无法工作。回调 URI 可以是应用程序特有的协议 URI，一种浏览器或者操作系统可以理解的协议。当浏览器看到该 URI 时，通过之前协定的方式，它可以打开目标应用程序并将请求参数传递给它。

例如，mailto:nicholas@example.org 将打开一个邮件客户端并发送邮件到 nicholas@example.org。更实际的例子，fb://notifications 将打开 Facebook 应用并跳转至通知列表，而 twitter://timeline 将打开 Twitter 应用的时间线。一般来说，为了有效地使用 URI，应用程序开发者必须在某些公认的权威机构中注册自己的 URI，例如 Apple 或者 Google。

当客户端收到回调重定向时，它将在后台创建一个新的空 POST 请求，发送到令牌请求终端(步骤 9)。该请求中同样也包含了 Authorization: OAuth 头，其中的值也基本保持不变(明显，时间戳和随机数是不同的)。它还将在回调重定向中包含 *oauth_token* 和 *oauth_verifier* 头参数，并忽略 oauth_callback 参数(不再需要)。这次，请求将使用临时秘密进行签名。服务器将对该请求进行认证，验证令牌和验证者参数是否符合资源所有者批准的授权，并使用 *oauth_token* 和 oauth_token_secret 响应参数返回令牌凭证给客户端。此时，服务器将把临时凭证设置为过期，使它们无法再被使用(步骤 10)。

这似乎是一个复杂而漫长的过程，但这一切都发生在短短的几秒钟内。更重要的是，尽管标准强烈推荐在所有的通信中都使用 TLS，但只有临时凭证和令牌获取才是标准要求必须使用 TLS 的两个步骤，因为此时每个响应中的秘密都是明文的。

当客户端获得了令牌凭证之后，它就可以访问受保护的资源了(无论资源所有者是否在场)。未来所有对受保护资源的请求都将包含 Authorization: OAuth 头，其中包含了来自于令牌凭证的 *oauth_token*，不含 *oauth_verifier* 或者 *oauth_callback* 头参数。这些请求都将使用客户端凭证秘密和令牌凭证秘密进行签名。服务器在授权客户端访问受保护资源之前将验证令牌和签名是否有效，如图 28-2 所示。

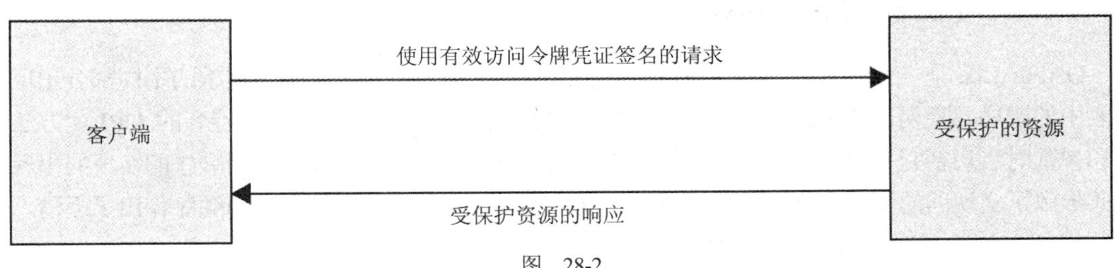

图　28-2

令牌凭证可以但不需要一直是有效的。服务器可能周期性地将令牌凭证设置为过期，或者某个资源所有者可要求撤消指定的令牌凭证(例如，资源所有者决定他不希望客户端再访问他的数据)。当出现这些情况时，服务器将对下一个受保护资源的请求做出 401 Unauthorized 响应。然后客户端可以再次开始获得临时凭证、授权资源所有者和为令牌凭证交换临时凭证的过程。图 28-3 演示了这个过程。

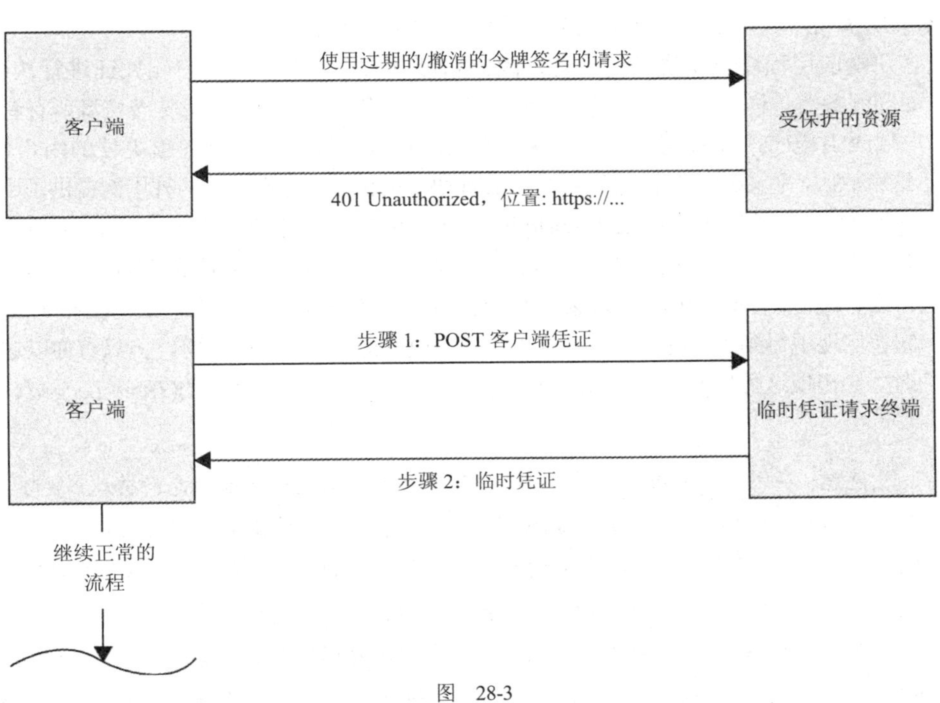

图　28-3

警告：OAuth 1.0a 标准未包含这个过程中任何一种令牌的结构、内容或者长度相关的规范(客户端凭证标识符、临时凭证标识符和令牌凭证标识符)。它们可以采用任意一种提供者希望使用的格式。令牌可以由随机数据组成或者它们可以包含提供者了解的可预测结构。因此，客户端不应该提前做任何的假设，也不应该对这些令牌做任何的限制。

3. OAuth 1.0a 面临的一些挑战

OAuth 1.0a 是一个非常安全的协议，但它也有自己的缺点。首先，关于请求的不同部分出现在签名中的顺序，最初 OAuth 出现了一些含糊不清的地方。例如，当列出需要签名的 URL、方法、头和参数时，最初它并未清晰地指出添加请求参数的位置。这导致了使用不同顺序的实现的出现，因此导致了实现间的不兼容性。从此时开始，规范为请求参数出现在签名中的顺序作出了澄清，但一些遗留实现中仍然存在着这个问题。

OAuth 1.0a 因为它的签名需求受到了大量的批评。业界中的一些人觉得对请求的所有部分都进行签名几乎得不到什么实际的好处。尽管该技术可以保证请求和响应都不受到篡改，但是它可以通过使用 TLS 以更轻松和高效的方式提供该安全性。相反，还有许多人认为签名只应该包含 Authorization 头的参数。他们认为这足以实现最终目标：客户端将持有正确的秘密，而无须通过网络发送秘密或者引入不必要的复杂性。

另一个常见的抱怨是：如前所述，OAuth 1.0a 事实上假设资源所有者是一个人，而客户端总是不受信任的。严格的 OAuth 1.0a 流程忽略了两个重要的用例：

- 客户端应用程序也是资源所有者，因此它可以只使用自己的客户端凭证进行认证。
- 如同服务器一样，客户端应用程序也是由相同的组织创建的。这意味着资源所有者信任客户端应用程序，并且愿意由客户端直接输入认证凭证，从而创建出更佳的用户体验。

出于这个原因，许多实现都创建了 OAuth 1.0a 协议的扩展，它们对这两种用例提供了更好的支持。例如，我们可以选择使用 Spring Security OAuth，而无须让资源所有者单独进行认证(相反，将客户端当作资源所有者)。通过这种方式，所有请求将总是包含客户端凭证标识符，并使用客户端凭证秘密进行签名。该技术被称为 *Two-Legged OAuth*(相对于 OAuth 1.0a 标准的非官方名称 *Three-Legged OAuth*)，它在实现中得到了广泛的支持。这也将使实现变得有点与规范不符，但只有你以这种方式配置它们时才会出现这种情况。默认情况下，它们仍然应该是兼容于标准的(*Three-Legged OAuth*)。

注意：在阅读了 *OAuth 1.0a* 之后，你可能会想到这是一个有状态的协议。实际上，令牌凭证与 HTTP 会话 ID cookies 非常类似(尽管有一些重要的安全区别)。但这与 RESTful Web 服务提供无状态架构的目标不是冲突的吗？是的，OAuth 的有状态和 REST 的无状态形成了鲜明对比。但实际上，我们无法避免这一点(至少是不安全的)。为了实现无状态性，客户端必须在所有的请求中都发送资源所有者的凭证(类似于之前讨论的基本认证和摘要认证方式)。对于不受信任的第三方客户端来说，这是不安全的，而资源所有者是无法忍受这种信任缺失的。一个安全的认证和授权系统要求使用一个有状态的协议。

28.2.4　演化：OAuth 2.0

IETF OAuth 工作组开始开发 OAuth 2.0 时，OAuth 1.0a 的发布就停止了。它的最终草案作为提议标准 RFC 6749 在 2012 年 10 月发布，在互联网标准跟踪中提议标准代表着具有入门级成熟度的标准。在经过了大量的反馈和修订之后，该标准最终从提议标准变成了草案标准。当标准成为草案标准之后，就很少有大的改动了，但仍然会有一些解决标准已存在问题的修订。第三个、也是最后一个成熟度是互联网标准，它意味着该标准已被采用，并且可以广泛应用。

到了 2013 年 10 月，OAuth 2.0 仍然是提议标准。RFC 2026 说这意味着它不适于用在“中断敏感的环境”中(意味着不要在生产环境中使用它)。然而，尽管有这样的警告存在，它已经在业界中得到了广泛的应用，也有许多提供者要求使用 OAuth 2.0，例如 Facebook 和 Twitter。

OAuth 2.0 是对 OAuth 1.0 的继承和替代，而且它不具有向后兼容性。OAuth 1.0a 客户端不能使用 OAuth 2.0 服务器(OAuth 2.0 客户端也不能使用 OAuth 1.0a 服务器)，但允许实现同时支持这两个标准。最重要的是，OAuth 2.0 不是一个协议；相反，它是一个描述了可以(但不要求)如何实现协议的框架。这一直是许多争议的来源，本节稍后将进行讲解。

1. 使用 OAuth 2.0 术语

如同 OAuth 1.0a 一样，OAuth 2.0 定义了一些自己的术语。OAuth 2.0 认为受保护的资源和认证/授权系统并不总是驻留在相同的服务器上，所以 OAuth 1.0a 中的服务器在 OAuth 2.0 中被划分为了资源服务器和授权服务器。

而凭证则是一个不同的故事。一般来说，我们仍然会使用某种形式的客户端凭证，但不会直接使用临时和令牌凭证。根据所选择的授权准许类型的不同，可能会存在着一些相似的概念，或者我们可以为 OAuth 2.0 添加扩展用于处理不同的凭证类型。

2. 了解授权准许

OAuth 2.0 中一个关键的特性，并且也是它的强项之一就是：它考虑到了 Web 服务 API 授权的各种不同用例。它不再会假设所有的资源所有者都来自于不同的客户端，也不会假设所有的客户端都是不受信任的。该标准定义了四个内建的授权准许类型以及使用每种类型进行认证和授权的过程，而且它允许我们通过扩展添加额外的准许类型。所有的准许类型都将遵守图 28-4 中演示的基本流程，尽管每种类型在如何获得授权准许这一点上会有所不同。

在 OAuth 1.0a 中，客户端将使用客户端凭证在授权服务器中进行认证(直接在后台发送请求到授权服务器)。无论选择的是哪种准许类型都是这样。所有客户端都有公开的客户端标识符。客户端拥有的秘密也可以对客户端凭证进行补充。授权服务器必须注意到信任的客户端(可以认为它们能够安全地保护自己秘密的客户端)与公开客户端(无法安全地持有秘密的客户端，例如含有秘密的开源应用程序)之间的区别。授权服务器不应该只依赖于客户端凭证授权来建立公开客户端的身份。通常来讲，客户端将通过 HTTP 基本认证在授权服务器中进行认证。这只是提供者必须为客户端认证支持的一种机制，尽管它们可以不支持其他的机制。

授权码准许的功能相当于 Three-Legged OAuth 1.0a。当客户端需要获得访问令牌时，它将把资源所有者重定向至授权服务期的授权终端，并包含请求参数 response_type(该准许类型的值应该设置为“code”)、client_id(从客户端凭证获得)，redirect_uri(授权批准后将资源所有者重定向至的 URI)，scope(可选的令牌作用域，用于限制它的访问)和 state(可选的参数，但却是推荐使用的参数，它可以阻止 CRSF 攻击)。

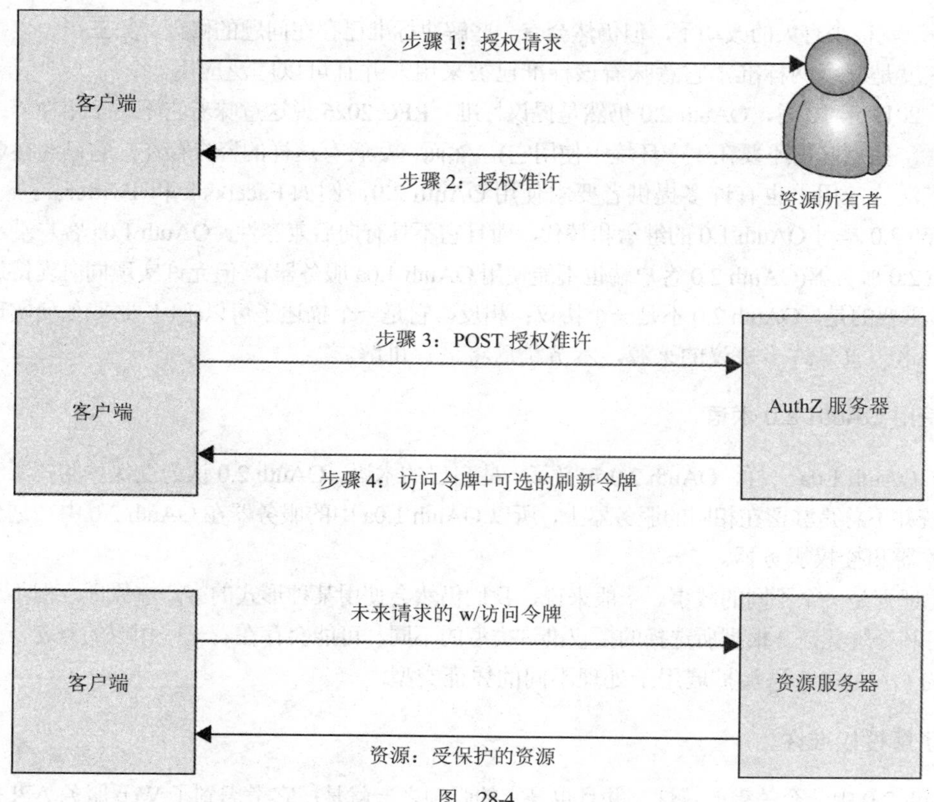

图 28-4

当资源所有者在授权服务器完成了认证和授权之后，服务器将把资源所有者重定向至重定向终端(如同 OAuth 1.0a)，并在 code 响应参数中包含一个授权代码和一个 state 参数(值与请求中的 state 参数相同，如果请求中提供了的话)。该授权代码就是图 28-4 所描述的授权批准过程。然后，客户端将在后台发起一个 POST 请求到授权服务器的令牌终端，并使用授权代码交换访问令牌。用于交换访问令牌的请求中包含了请求参数 grant_type(被设置为该准许类型的“授权代码”)、code(刚接收到的授权代码)、redirect_uri(发送到授权终端的原始 redirect_uri 参数值)和 client_id。响应的格式是 JSON 格式，其中包含了根级别值 access_token、token_type (例如 bearer)、expires_in (以秒为单位的值)、refresh_token(可选的，如果启用了刷新令牌的话)以及任何其他已发送的请求参数的相同值。

该令牌的特性实际上并未在框架中定义。相反，应用开发者可以选择几种扩展之一(或者创建自己的扩展)决定访问令牌应该采用哪种格式、存活的位置、如何派生以及何时过期。无论它是如何实现的，接下来我们都将使用访问令牌访问资源服务器上的受保护资源。如何使用访问令牌也是未定义的(例如，Authorization 头的请求参数)，它由所选择的访问令牌类型所决定。

隐式准许极其类似于授权码准许，在功能上仍然等同于 Three-Legged OAuth 1.0a，尽管它明显是不安全的。在隐式准许中，资源所有者仍然使用授权服务器认证客户端和为客户端授权。该请求几乎与授权码准许中的请求是一致的，除了它的 response_type 被设置成“token”。不过，回调重定向中并未包含任何用于交换访问令牌的授权代码。相反，回调中直接包含了访问令牌(因此避免了图 28-4 所示的基本流程中的中间步骤)。其中的参数有 access_token、token_type、expires_in、scope 和 state(在该准许类型中，刷新令牌是被禁用的)。因为客户端现在已经获得了访问令牌，所以它不需要再向令牌终端发起请求。

你可能会指出该准许类型中的一些明显的安全漏洞，出于这个原因，该标准表示我们只应该将它应用在非常有限的环境中。例如，浏览器应用程序可能不容易受到这种准许类型暴露出来的问题的影响。因为大多数浏览器应用程序都是用 JavaScript 编写的，授权码准许可能会引起性能问题，而隐式准许可以轻松地解决这个问题，并且不产生严重的安全影响。

如图 28-5 所示，客户端凭证准许在功能上等同于 Two-Legged OAuth 1.0a，它最后被添加到了标准中。在该准许类型中，客户端将联系令牌终端，并使用它的客户端凭证交换访问令牌。请求中包含了一个 grant_type(被设置为“client_credentials”)和一个可选的 scope 参数。客户端认证将通过常见的过程执行——基本认证。响应中包含了常见的 access_token、 token_type 和 expires_in JSON 值(在该准许类型中，刷新令牌是被禁用的)。在这种方式中，客户端将作为自己的资源所有者，而客户端凭证将作为图 28-4 中所提到的授权准许。然后，客户端将代表它自己使用访问令牌访问资源服务器上受保护的资源，而不是代表一些其他的资源所有者。

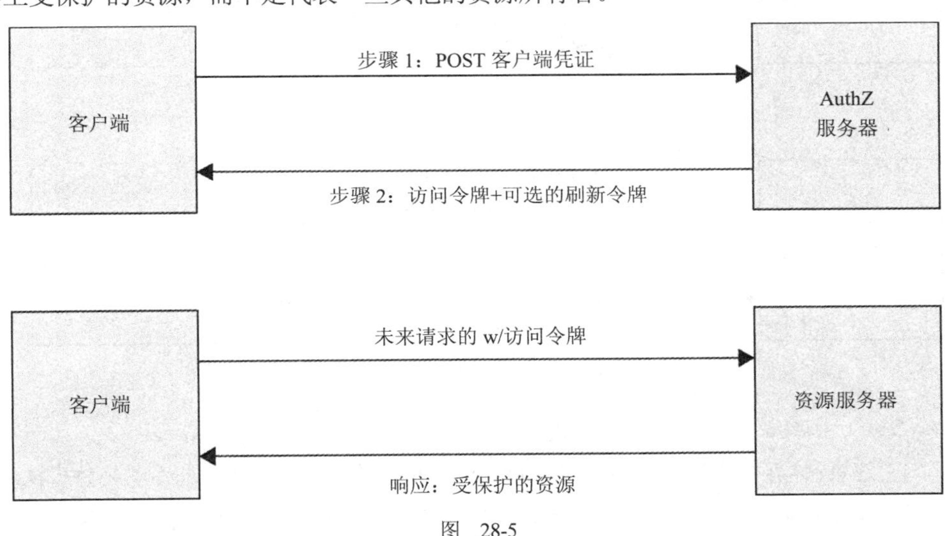

图　28-5

如图 28-6 所示，资源所有者密码凭证准许对于用户是最友好的，也是潜在的最不安全的准许类型。采用了该准许类型之后，资源所有者将直接把他的凭证(用户名和密码、公钥和私钥等)提供给客户端，永远也不需要重定向至授权终端。这些资源所有者凭证是图 28-4 中提到的授权准许。然后，客户端将代表资源所有者把这些凭证转发到令牌终端，并使用它们交换访问令牌。

这时请求的 grant_type 参数将被设置为“password”，请求中也将包含 username、password 和 scope 参数。username 和 password 参数是资源所有者凭证类型的通用参数，它们实际上可能并未包含用户名和密码。它的 JSON 响应与授权码准许类型的响应相同。同样地，返回的访问令牌可以被用于访问资源服务器上受保护的资源。

在处理桌面和移动应用程序时，该准许类型毫无疑问提供了最佳的用户体验。与应用程序和浏览器(有时频繁地)之间只是为了认证而进行的交互相反，资源所有者可以存在于单个应用程序中。当然，这代表了一个明显的安全暗示：资源所有者必须将他的凭证(以未加密的和未保护的方式)提供给客户端应用程序。出于这个原因，使用该准许类型的最佳实践是：只有当创建应用程序的组织也是托管授权服务器的组织时使用它。这是唯一一个客户端可以完全信任资源所有者凭证的场景。

永远不应该允许第三方客户端使用资源所有者密码凭证授权。

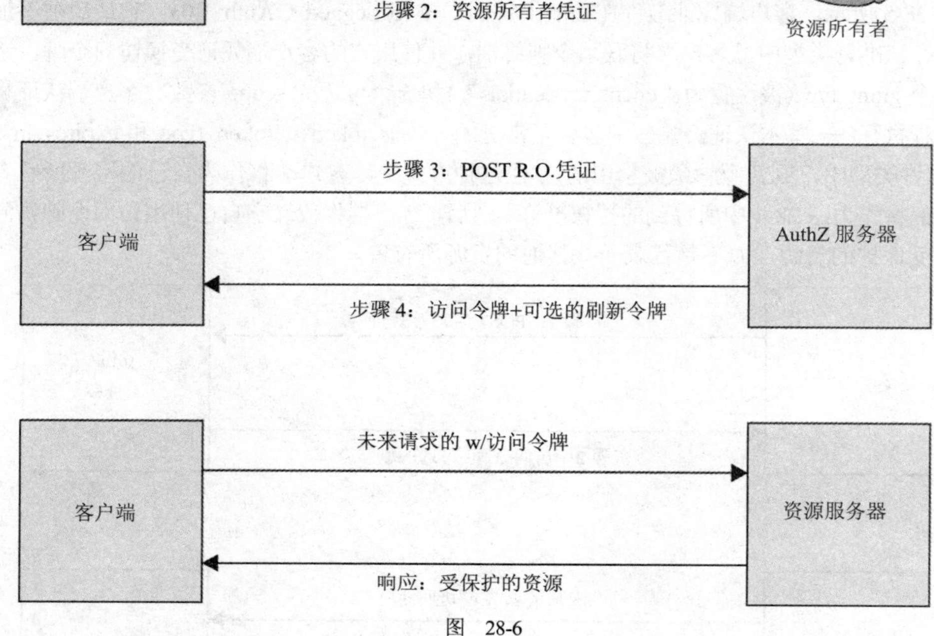

图　28-6

注意：你可能已经注意到了，OAuth 2.0 中并未提供临时凭证请求终端的替代技术。这是因为 OAuth 2.0 不使用临时凭证，在将客户端重定向至授权服务器之前也不会发起请求获得临时凭证。尽管这确实对流程进行了一点简化，但同样这可以被看作是一个漏洞。因此，我们应该总是使用 state 参数，帮助防止这可能会引起的一些问题。

3. 使用不记名令牌

你可能注意到我们尚未了解任何与 Authorization 头格式相关以及与资源服务器交互使用的参数相关的信息。这是因为它们并未被指定！更准确的说，OAuth 2.0 标准并未对它们做出要求。相反，这些格式和参数完全依赖于我们所选择的访问令牌类型。不过，标准的和推荐使用的访问令牌实现是不记名令牌。RFC 6750 中指定的不记名令牌正如它的名字所示：持有令牌的人将获得准许。这与 HTTP 会话 ID 令牌是一致的，开始它听起来可能与 OAuth 1.0a 令牌凭证相同，但实际上它是完全不同的(并且潜在地非常不安全)。

回想一下之前的 OAuth 1.0a 令牌凭证，它包含了两个部分：身份(令牌)和秘密。所有的请求中都将包含令牌，但不会包含秘密。相反，客户端将使用秘密生成一个服务器可以复制或者验证的签名。使用正确的令牌和一个有效的签名就可以创建授权。不记名令牌并未使用签名。实际上这里根本没有签名过程。

当社区在争论是否采用一种易于实现的签名(只对 Authorization 头的内容进行签名)时，工作组决定完全移除签名。这意味着不记名令牌是代表资源所有者访问受保护资源时唯一需要的一个凭证。如果不记名令牌被破坏了，现在没有撤消它的流程。相反，该规范选择使用短暂的不记名令牌，它们将很快过期，从而削弱被盗令牌产生的影响。不过，为了保证资源所有者不需要不断地进行认证，该标准也定义了一个刷新令牌的概念。在发布不记名令牌的同时，授权服务器也可以(但不要求)发布一个刷新令牌。当不记名令牌过期时，客户端可以联系授权服务器，使用刷新令牌交换新的不记名令牌和刷新令牌，这样就不需要让资源所有者再次进行认证。图 28-7 演示了这个流程。

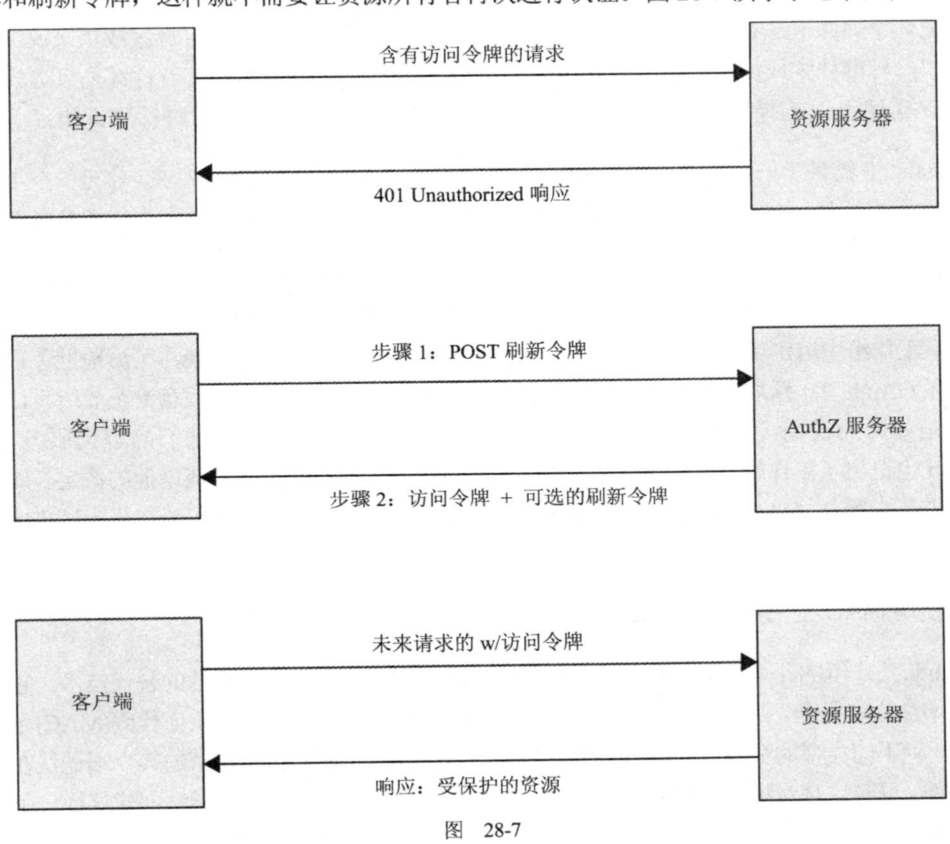

图 28-7

这种方式明显存在着一些问题，最明显的就是不记名令牌可能会被盗窃走。工作组在制定规范时也并未使用随机数和时间戳，因此该框架易于受到重放攻击(但再次声明，它只是一个框架，我们可以构建出比框架指定的协议更安全的协议)。为了减轻对这些问题的顾虑，工作组提出了两个论点。

- 他们声称无须使 OAuth 比 HTTP 会话 ID 更加安全，因为会话 ID 已经是 Web 安全中最弱的环节。
- 该标准声称使用 TLS 应该可以避免所有这些问题，因为加密的通信是无法被拦截和破解的(对于大多数通信来说，在该标准中是否使用 TLS 是可选的，正如 OAuth 1.0a 一样。只有当秘密被以明文方式发送时才要求使用)。

不过，对于这两种描述也有两个有力的反驳：

- 使用最薄弱环节的论点将导致 Web 安全永远也不会发展；当下一个工作组尝试改进 HTTP 会话 ID 安全时，它可以指出 OAuth 2.0 是最薄弱的环节，并再次断言无须对安全做出改进。
- SSL 的健壮性取决于会话中涉及的最脆弱的实现。有时客户端采用的是错误的配置，并且并未正确地验证服务器证书链。如果出现了这种情况，中间人攻击可以轻松地介入并充当资源服务器，盗窃不记名令牌并一直使用它直至过期(这尤其会影响 RESTful Web 服务，此时该弱点会使预期的发现过程变得更加危险)。出于这个原因，开源标准社区中有大量反对者都不赞同使用标准中提出的不记名令牌。

4. 解决 OAuth 2.0 的争议

不记名令牌并不是 OAuth 2.0 遇到的唯一一个争议。对于许多开源标准社区成员来说，争论的焦点在于：标准社区成员中缺少了真正的“牙齿”(必需的特性)。几乎所有特性都是可选的或者存在例外，实现可以选择忽略它们。实际上，该标准在 Section 1.8 中专门进行了说明：

OAuth 2.0 提供了一个丰富的授权框架，它具有良好定义的安全属性。不过，作为一个丰富的和高度可扩展的框架，它含有许多可选的组件，就其本身而言，该规范可能产生许多非交互实现。

到了 2012 年，许多社区成员，甚至是一些工作组成员，他们觉得已经忍受够了。Eran Hammer 曾经从一开始就参与了 OAuth 的制定工作，现在他从该标准中移除了自己的名字，辞去了主编的职位，并从工作组中退出了。他编写了一系列的博客文章，并主持了许多会谈，严厉地批评了工作组的流程和 OAuth 2.0 标准的结果。特别令人感兴趣的是，他声称该标准是故意为企业所设计的，它的定义是如此的模糊，这样参与的企业就可以为如何实现标准而出售他们的咨询服务。David Recordon 也退出了工作组，并从标准中移除了自己的名字，但他并未公开谈论他的决定。即使是伴随着这些人的离去，OAuth 2.0 提议标准仍然在 2012 年 10 月发布了，并且可能在尚未解决这些重大问题的情况下进一步成为互联网标准。

5. 使用 MAC 替代不记名令牌

OAuth 工作组的几个成员以及其他一些社区成员提供了一个不记名令牌的替代技术，它可以为 OAuth 增加许多安全，并消除目前存在的许多抱怨(除了交互问题)。消息认证代码(MAC)令牌扩展指定了一种不同类型的令牌，该令牌是使用消息签名创建的，所以持有秘密的客户端无法在网络中传输秘密。尽管这是对推荐使用的不记名令牌扩展的重大改进——可以说能够创建这样一个扩展的事实是对 OAuth 2.0 设计的一个巨大的证明——但该提议并非没有缺点。

尽管该提议的目标跟踪是标准跟踪，但目前它只是一个互联网草案。它尚未成为一个提议标准，而且尚未获得一个 RFC 序号。在本书编写时，目前的草案版本是 4，它将在 2014 年 1 月 16 日过期。到那时该草案可以进一步变为提议标准，被另一个草案版本更新或者抛弃。即使它未被抛弃，在它成为互联网标准之前仍然需要几年时间，这样对于许多组织来说，它都变成了没有吸引力的解决方案。

6. 选择 OAuth 版本

应该使用哪个版本呢？这取决于个人的需求。使用或不使用某个版本都有理由存在。OAuth 1.0a 更稳定、更成熟并且更多地经历了业界的测试。它没有未知的漏洞，而且大多数熟悉 OAuth 的开发者至少都熟悉 OAuth 1.0a。不过，OAuth 2.0 更具有扩展性，它支持有用的、额外的准许类型，而且毫无意外它是 OAuth 的未来。因为主要的参与者(例如 Twitter、Facebook 和 Google 等)都已经采用了 OAuth 2.0，所以 OAuth 1.0a 长期存在下去的可能性不大。如果你不喜欢未来的 OAuth，那么可以浏览一些其他的解决方案。如果你决定了使用 OAuth 2.0，那么不应该使用不记名令牌。相反，使用一种更安全的令牌类型(例如 MAC 令牌)或者创建自己的令牌系统(使用消息签名创建授权)。

本章剩余部分的内容将演示如何创建自己的令牌系统。通过使用 Spring Security，我们将创建自己的令牌系统来实现 OAuth 2.0，并将创建一个非常简单的客户端用于访问我们自己的服务。

注意：需要指出的重要一点(具有讽刺意义的)是：OAuth 2.0 项目的目标之一曾经是减少实现之间的非交互性。通常，为了与提供者的授权/资源服务器正确地进行交互，OAuth 1.0a 客户端不得不使用提供者所提供的库。不过，OAuth 2.0 中内建的非交互性几乎保证了这个问题会变得更加糟糕，而不是更好。创建自己的令牌系统——本质上要求安全地使用 OAuth 2.0——将保证你不得不为自己的客户端提供客户端库，该库将与私有的 OAuth 2.0 实现进行交互。

28.3　使用 Spring Security OAuth

Spring Security 通过它的 Spring Security OAuth 子项目为 OAuth 1.0a 和 2.0 提供了丰富的支持。除了在提供者应用程序中保护受保护的资源，Spring Security OAuth 还可以帮助在客户端应用程序中安全地访问由 OAuth 保护的资源。Spring Security OAuth 支持被分成了两个 Maven artifact：

- spring-security-oauth 提供了 OAuth 1.0 和 1.0a 支持。
- spring-security-oauth2 提供了 OAuth 2.0 支持。

这些 artifact 中的类被组织到了不同的包中，所以我们同时使用它们——但有一些事情需要注意。尽管我们可以使用不同的 OAuth 版本保护不同的 URL，但不能使用 OAuth 1.0(a)和 OAuth 2.0 同时保护相同的 URL。我们可以编写一个客户端应用程序，在其中使用 Spring Security OAuth 同时访问 OAuth 1.0(a)和 OAuth 2.0 的服务。

本书并未涵盖所有这 4 种 Spring Security OAuth 场景：OAuth 1.0(a)提供者、Oauth 1.0(a) 客户端、OAuth 2.0 提供者和 OAuth 2.0 客户端。不过，它必须涵盖提供者和客户端场景；否则，我们无法测试自己的应用程序。因为 OAuth 2.0 最终将替代 OAuth 1.0a，所以本章将讲解 Spring Security OAuth 2.0 支持。由于不记名令牌的不安全性，本章也会涵盖如何创建自己的令牌系统。与对 OAuth 2.0 的支持相比，对 OAuth 1.0 的支持有一些相似之处，但也有许多重大的区别。如果希望了解更多 OAuth 1.0 支持的信息，请访问参考文档：https://github.com/spring-projects/spring-security-oauth/wiki/oauth1。

28.3.1　创建 OAuth 2.0 提供者

Spring Security OAuth 2.0 提供者实现被分成了两个组件：

- 授权服务器实现

- 资源服务器实现

这对应于 OAuth 2.0 规范，该规范认为授权服务和资源服务将驻留在不同的服务器上。

如果希望，我们可以只将 Spring Security OAuth 用于授权服务器或者只用于资源服务器。不过更可能的是，我们将同时在授权服务器和资源服务器中使用它，无论是在相同的服务器上还是不同的服务器上。为了简单起见，本章的样例将假设授权服务器和资源服务器都驻留在相同的服务器上，并且驻留在群集中的所有服务器上。最后一点是非常重要的，因为在简单的、非群集应用程序中我们将把令牌持久化在内存中。任何群集应用程序都必须使用一种更持久的方式持久化令牌。

1. 管理客户端细节

在第 26 和 27 章我们已经学习了 Spring Security 的 UserDetails 和 UserDetailsService 接口。Spring Security OAuth 中包含了类似的接口：org.springframework.security.oauth2.provider.ClientDetails 和 org.springframework.security.oauth2.provider.ClientDetailsService。

ClientDetails 指定了允许访问应用程序的 OAuth 客户端的信息。因为客户端可以代表自己访问资源(例如客户端凭证准许)，所以 ClientDetails 包含了一个客户端持有的 GrantedAuthority 的 Collection。它提供了客户端 ID 和客户端秘密，通过它们可以为授权请求和客户端凭证准许访问令牌请求对客户端进行认证。ClientDetails 也表示了客户端允许请求的准许集合、客户端可以访问的资源(如果不受限制，值为 null)和客户端被限制为的一个或多个 OAuth 作用域(如果不受限制，值为 null)。

同样的，通过使用 ClientDetailsService，我们可以按照客户端 ID 加载一个 ClientDetails 实例。无论何时对客户端进行认证，Spring Security OAuth 都将使用 ClientDetailsService 加载客户端，并将客户端秘密与 HTTP 基本认证的 Authorization 头相比较。为了正确运行，Spring Security OAuth 的授权服务器组件要求使用一个 UserDetailsService。该服务的两个默认实现都存在于相同的包中。

- InMemoryClientDetailsService 在启动时将使用所有应用程序支持的客户端进行配置。
- JdbcClientDetailsService 使用了一个硬编码的表定义，用于存储和获取客户端细节。

因为客户端将使用 HTTP 基本认证进行认证(Spring Security 已经支持了这一点)，所以我们将使用 DaoAuthenticationProvider 和 org.springframework.security.oauth2.provider.client.ClientDetailsUserDetailsService 配置一个标准的认证管理器。

2. 了解授权服务器

当客户端需要访问其中一个受保护的资源但没有访问令牌时，它将把资源所有者重定向至授权终端。Spring Security OAuth 的授权服务器托管了该授权终端。它代表了一个批准界面，用于处理该界面的提交、生成授权代码并将资源所有者重定向至客户端应用程序。它还将响应令牌终端请求，包括使用授权代码交换访问令牌的请求以及使用客户端凭证和资源所有者凭证交换访问令牌的请求。在配置授权服务器时，我们还必须配置 Spring Security，用于保护授权终端。采用这种方式时，Spring Security 要求用户通过认证并拥有必要的授权才可以访问授权终端(Spring Security OAuth 已经通过 HTTP 基本认证使用客户端凭证对令牌终端进行了保护)。

配置授权服务器是非常复杂的，随着应用程序的不同会发生很大的变化。本书不可能描述所有可能出现的方式，不过本节确实提供了一些通用的信息。下一节将演示一种可能出现的配置的样例。

3. 配置代码和令牌服务

为了配置授权服务器，我们首先必须配置能够存储和获取授权代码和访问令牌的服务。org.springframework.security.oauth2.provider.code.AuthorizationCodeServices 指定了一个创建、存储和使用授权代码的接口。当资源所有者批准了客户端的授权之后，授权服务器将使用该服务创建一个授权代码。当客户端联系授权服务器使用授权代码交换访问令牌时，它将通过 AuthorizationCodeServices 使用授权代码。一旦使用了授权代码，它就无法被再次使用该代码。接下来，授权服务器将使用 org.springframework.security.oauth2.provider.token.AuthorizationServerTokenServices 的实现创建访问令牌和刷新令牌，并将这些令牌返回到客户端。该实现必须通过某种方式对令牌进行持久化，这样资源服务器才可以在稍后获得它们。

在未来向资源服务器发起的请求中，org.springframework.security.oauth2.provider.token.ResourceServerTokenServices 提供了一种机制，用于获得与访问令牌相关联的 Authentication 对象。Authentication 对象最初在资源所有者执行认证时产生，当资源所有者对客户端进行授权时，它将被附加到授权代码上。当稍后使用授权代码交换访问令牌时，Authentication 将被附加到访问令牌，这样每次客户端访问受保护的资源时才可以引用它。通过这种方式，在请求访问受保护资源的过程中，Spring Security 的授权服务可以访问资源所有者的用户细节信息和授权。

两个标准的 AuthorizationCodeServices 实现都与接口一样存在于相同的包中。

- InMemoryAuthorizationCodeServices 创建了由随机字母和数字组成的授权代码并将它们持久化到内存中。该实现是非常棒的而且性能良好，但是只有当应用程序运行在非群集环境中时它才是有用的。即使是负载均衡粘滞会话也可能无法与授权终端和令牌终端一起正常工作。很可能客户端的下一个请求将会命中一个不同的服务器，而 InMemoryAuthorizationCodeServices bean 并没有另一个服务器上生成的授权代码的记录。所以，如果计划对应用程序进行群集(你很有可能会这样做)，那么就需要计划将授权代码保存在一个中央位置，例如数据库。
- JdbcAuthorizationCodeServices 也将创建随机授权代码，并提供一种机制将它们存储在关系数据库中(在创建和交换授权代码之间)。我们可以自定义用于管理授权代码的 INSERT、SELECT 和 DELETE 语句。当然，如果需要的话也可以创建自己的实现。

org.springframework.security.oauth2.provider.token.DefaultTokenServices 是 AuthorizationServerTokenServices 唯一的一个标准实现。它也是唯一一个标准的 ResourceServerTokenServices 实现。它将负责不记名令牌的创建、存储和获取，并使用 org.springframework.security.oauth2.provider.token.TokenStore 管理令牌实际的持久化工作。我们可以选择 InMemoryTokenStore(在群集环境中将面临相同的问题)或 JdbcTokenStore，或者还可以自己实现这些接口。

我们将把这些服务配置为简单的 Spring bean。如果选择使用内存实现，那么 Spring Security OAuth 提供了 XML 命名空间元素用于简化这些 bean 的创建。在大多数情况下，当你配置 Spring Security OAuth 但未指定其他选项时，内存实现都是默认的选择。因为内存实现并不适用于群集环境，所以我们需要修改这些默认值。

Spring Security OAuth 2.0 XML 模式的 URI 是 http://www.springframework.org/schema/security/oauth2。我们可以将该模式添加到任意的 Spring Beans XML 文件中(使用推荐的 oauth2 命名空间前缀)，用于配置 OAuth 2.0 支持。如果需要使用 XML 配置 OAuth 1.0，那么请使用 http://www.springframework.org/

schema/security/oauth XML 模式 URI(和推荐的 oauth1 命名空间前缀)。因为这些模式是分离的，所以我们可以同时配置 OAuth 1.0 和 OAuth 2.0 组件。元素<oauth2:authorization-server>将对授权服务器进行配置。它的 client-details-service-ref 特性允许我们指定一个 ClientDetailsService bean 的引用，而 token-services-ref 表示一个 AuthorizationServerTokenServices 的实例。我们可以使用 authorization-endpoint-url 和 token-endpoint-url 特性(默认值分别为/oauth/authorize 和/oauth/token)自定义终端 URL。

在该元素中我们可以指定几个其他的元素，用于控制支持哪种准许类型。默认支持所有的准许类型。<authorization-code>、<implicit>、<client-credentials>和<password>分别控制了授权码准许、隐式准许、客户端凭证准许和资源所有者凭证准许。这里还有一个特殊的<refresh-token>准许元素，因为刷新令牌的工作方式非常像是一个特殊类型的准许。

每个控制这些准许类型的元素都有一个 disabled 特性，通过将它设置为真，可以禁用该准许类型。<authorization-code>元素还包含了一个 authorization-code-services-ref 特性，通过它我们可以自定义所使用的 AuthorizationCodeService。同样地，<password>中包含了一个 authentication-manager-ref 特性，可以通过它指定一个备用的 AuthenticationManager 实例。

注意：你可能会好奇为什么缺少了 Java 配置的描述。尽管在 Spring Security OAuth 1 和 2 的版本 2.0.x 中应该包含了 Java 配置，但是直到本书出版该版本仍未发布，所以本书并未涵盖到 Java 配置相关的信息。在编写本书时，Spring Security OAuth Java 配置仍然是不完整的，并且缺少了许多 XML 命名空间已提供的特性。一定要检查本书的第二版，其中应该只会包含 Spring Security OAuth 2 的 Java 配置。

4. 使用资源服务器

如你已经读到的，资源服务器负责控制对受保护资源的访问。它保证请求中携带了访问令牌，检查这些访问令牌是否有效并将未授权的请求重定向至授权终端。在该特性中单词“服务器”可能是个混淆的术语，因为它根本不是一个服务器。资源服务器只是一个简单的 Filter 实现和一些用于支持它的类。它实际上并不提供请求；相反，它将拦截应用服务器提供的资源请求。资源服务器将使用之前提到的 ResourceServerTokenServices bean 查找并验证资源请求中包含的访问令牌。

资源服务器可变动的部分较少，使用<oauth2:resource-server> XML 配置元素进行配置会更简单。在大多数情况下，我们都需要指定 token-services-ref 特性，它应该是一个 ResourceServerToken-Services bean 的引用。另外，如果你使用了 OAuth 资源 ID，那么也应该使用 resource-id 特性指定该服务器正在保护的资源 ID；否则所有资源的 ID 都将允许访问。这是在应用程序中创建 Spring Security OAuth 的最后一步。下一节将演示一个实际的样例。

5. 使用 OAuth 安全表达式

在第 27 章我们学习了 Spring Security 的授权表达式，可以将它们应用于 URL 和方法安全，例如在使用@PreAuthorize 注解时。Spring Security OAuth 扩展了该表达式支持，为所有的表达式都提供了一个可用的 oauth2 SpEL 变量。该变量本质上是几个授权函数的一个命名空间，而且它永远不为 null(即使该方法并未作为受 OAuth 保护资源的一部分执行)。这些额外的授权函数如下所示：

- 如果当前认证不是 OAuth 认证，那么#oauth2.denyOAuthClient()将返回真。这在禁止远程(OAuth)终端用户访问应用程序中特定的特性时(即使它们正常地获得了充足的授权)特别有用。
- 如果客户端拥有指定的授权，那么#oauth2.clientHasRole(String)将返回真。为了检查资源所有者是否拥有授权，请使用标准的 hasAuthority 和 hasRole 函数。
- 如果客户端至少拥有指定授权中的某一个，#oauth2.clientHasAnyRole(String...)将返回真。为了检查资源所有者是否至少拥有授权中的一个，请使用 hasAnyAuthority 或者 hasAnyRole 函数。
- 如果 OAuth 认证已经指定了 OAuth 作用域，那么#oauth2.hasScope(String)将返回真。
- 如果 OAuth 认证具有至少一个指定的 OAuth 作用域，那么#oauth2.hasAnyScope(String...)将返回真。
- 如果当前认证属于一个 OAuth 客户端，那么#oauth2.isClient()将返回真(例如，使用的是客户端凭证准许)。
- 如果当前认证属于一个 OAuth 资源所有者，那么#oauth2.isUser()将返回真(例如，使用的是授权代码准许、隐式准许或者资源所有者密码凭证准许)。

为了使用这些新的表达式，我们需要配置对扩展表达式的支持，并替换现有的表达式支持。如果使用的是 XML 配置，那么可以使用<oauth2:expression-handler>和<oauth2:web-expression-handler>元素配置方法安全和 Web 安全表达式处理器、指定它们的 bean ID，并将这些 bean 的引用注入到所有需要它们的其他任意配置组件中。Java 配置同样的简单。只需要扩展 GlobalMethodSecurityConfiguration 并重写 createExpressionHandler 方法创建出一个 OAuth2MethodSecurityExpressionHandler 即可，而不是使用默认值(DefaultMethodSecurityExpressionHandler)创建。同样地，在定义 URL 表达式时，使用 OAuth2WebSecurityExpressionHandler 替换默认的表达式处理器(DefaultWebSecurityExpressionHandler)。

28.3.2　创建 OAuth 2.0 客户端

使用 OAuth 保护服务的另一面就是从客户端应用程序中访问受 OAuth 保护的资源。如之前提到的，Spring Security OAuth 也可以帮助实现这一点。

为了了解 Spring Security OAuth 客户端组件是如何工作的，我们首先必须知道 Spring Framework 的 org.springframework.web.client.RestOperations。该接口指定了一个 RESTful Web 服务操作的基本集合。通过使用该接口的实现，我们可以从 Web 服务中获得(GET)一个实体或者实体的集合、删除(DELETE)实体、创建(POST)实体、更新(PUT)实体、获得资源的 HEAD、决定资源的 OPTIONS 等。该接口的默认实现 org.springframework.web.client.RestTemplate 是我们访问 RESTful Web 服务时唯一需要的一个类。这个工具是非常完整的，而且经过了充分的测试，它还提供了拦截请求和响应以及操作它们(例如添加或修改请求头)的机制。

不过，RestTemplate 并未对任何类型的安全提供内建支持。尽管我们可以使用拦截器手动地实现 OAuth 授权，但这是不必要的，因为 Spring Security OAuth 已经提供了这样的实现。org.springframework.security.oauth2.client.OAuth2RestOperations 继承了 RestOperations 接口，指定了 OAuth 相关的方法。同样地，org.springframework.security.oauth2.client.OAuth2RestTemplate 扩展了 RestTemplate，实现了 OAuth2RestOperations 并提供了对 OAuth 2.0 客户端的支持。

1. 配置 OAuth REST 模板

在使用 OAuth2RestTemplate 时，我们应该记住一个重要的事情。使用标准的 RestTemplate 时，我们可以在应用程序的任何位置重用单个 RestTemplate bean，用于访问 Web 中任意位置上的 Web 服务终端。这是因为 RestTemplate 是完全无状态的，在请求之间不会存储任何标志信息。不过，对于 OAuth2RestTemplate 来说并不是这样的——它可能与我们配置在拦截器中的所有 RestTemplate 也不相同，这取决于拦截器到底做了什么。

当我们配置 OAuth2RestTemplate 时，需要为它提供一个 org.springframework.security.oauth2.client.resource.OAuth2ProtectedResourceDetails。该类指定了客户端 ID、客户端秘密和其他信息，模板在使用资源服务器进行授权时将会用到这些信息。它代表了一个远程资源或者一组资源，它们都接受相同的客户凭证和访问令牌。因此，如果我们需要访问使用不同资源服务器保护的多个 Web 服务，那么就需要定义多个 OAuth2RestTemplate bean，并使用 Spring 的@Qualifer 或者 Java EE 的@javax.inject.Qualifier 对它们进行依赖注入(如第 12 章所讲解的)。

在一个独立运行的应用程序中(并非运行在 Web 中)，使用 OAuth2RestTemplate 是相当简单的。我们可以像使用其他 RestTemplate 实例一样使用它，除了我们需要为每个客户端凭证创建一个实例(而不是创建一个全局实例)之外。我们需要为每个 OAuth2RestTemplate 都提供 org.springframework.security.oauth2.client.OAuth2ClientContext 实现，它们需要能够为特定的请求判断出正确的客户端上下文和访问代码(如果有的话)。通常，我们将该信息存储在每个线程中，或者存储在整个 JVM 的某个全局位置。

如果访问令牌是无效的或者由 OAuth 保护的请求被拒绝了，那么 OAuth2RestTemplate 将抛出适当的异常。不过，如果资源所有者尚未授权，而且需要被重定向至授权终端(因为我们使用的是授权代码准许或者隐式准许)，那么该方法将抛出 org.springframework.security.oauth2.client.resource.UserRedirectRequiredException 异常。

在捕获了这个异常之后，我们的代码可以启动一个浏览器窗口，重定向该请求或者通过任何必要的操作将终端用户发送到授权终端，对客户端进行授权。记住：即使是独立运行的应用程序也必须接受来自于授权终端的重定向，用于接收授权代码(或者访问令牌，如果采用的是隐式准许的话)。在独立运行的应用程序中，这意味着我们的应用程序必须使用操作系统和已安装的浏览器注册特有的应用程序启动器 URI 模式，或者必须在应用程序中包含一个内嵌浏览器。如果无法做到这一点，那么我们就需要使用客户端凭证准许或者资源所有者密码凭证准许。

2. 在 Web 应用程序中使用 REST 模板

在 Web 应用程序中使用 OAuth2RestTemplate 甚至比在独立运行的应用程序中使用它更简单，因为 Spring Security 的过滤器链可以帮助完成大量困难的工作。<oauth2:resource>将使用指定的配置选项创建出一个 OAuth2ProtectedResourceDetails bean。我们可以配置客户端 ID 和秘密、授权终端 URL、访问令牌终端 URL 和更多该元素拥有的属性。可以使用该元素多次，定义出应用程序将使用的多个资源(另外，我们也可以手动地创建<bean>或者@Bean，而不是使用快捷元素)。

在定义了应用程序将使用的受保护资源之后，我们可以使用一个或多个<oauth2:rest-template>元素定义 OAuth2RestTemplate bean，该 bean 将会使用这些受保护的资源的细节信息。接着，我们可以在其他的 bean 中使用这些模板访问受保护的资源。该模板将使用特有的会话作用域中的客户端上下文进行配置，这意味着多个用户可以同时执行模板代码，而该代码将以线程安全的方式使用绑定到每个用户会话的访问令牌。

为了使这些特性正常工作，我们必须在过滤器链中启用 OAuth 客户端过滤器。使用命名空间配置时这是非常简单的。只需要在 XML 配置中添加<oauth2:client>元素，并在一个或多个<http>元素中添加已定义的过滤器即可。

```
<oauth2:client id="oauth2ClientFilter" />

<http ...>
    ...

    <custom-filter ref="oauth2ClientFilter"
                   after="EXCEPTION_TRANSLATION_FILTER" />
</http>
```

你可能会觉得这是显而易见的，但应该注意：这些特殊的、使用会话作用域的模板只在应用程序的处理过程中或者响应应用程序的 HTTP 请求时有用。我们可以“在后台”使用这些模板，只要后台线程是由一个 HTTP 请求处理线程所创建的(只有这样才可以继承 Authentication 和会话信息)。不过在这种情况下，我们必须要小心地保证在线程被移走之前已经获得了访问令牌。对于纯计划任务我们无法使用这些模板，有两个明显的原因：

- 计划任务无法被重定向至授权终端。
- 因为过滤器永远不会被调用，运行在计划任务中的模板代码就无法为已认证的终端用户选择正确的访问令牌。

如果希望在纯计划任务中使用 OAuth2RestTemplate，那么需要使用为这些任务使用客户端凭证许可。对于这些情况，我们必须手动地配置 OAuth2RestTemplate。

注意：尽管这也许不必说，但是在不使用 Spring Security 认证的情况下是无法使用 Spring Security OAuth 客户端特性的。客户端特性要求 Spring Security 上下文和其他组件必须存在。

28.4　完成客户端支持应用程序

wrox.com 代码下载站点中可以下载的 Customer-Support-v21 项目是客户端支持应用程序的最后一个版本。从第 3 章开始我们就一直在使用这个项目，现在它看起来与第一个版本有着很大的区别。对于其中的大部分内容来说，它与之前章节中使用的项目相比基本上是相同的。最后一个、也是唯一剩下的这个部分也已经就位了——保护 Web 服务，避免未授权的访问。尽管通常 OAuth 被用于 RESTful Web 服务中，但我们也可以考虑将它应用在 SOAP Web 服务中。出于简单性，客户端支持应用程序将使用 OAuth 同时保护这两种类型的 Web 服务。

使 OAuth 2 令牌安全的关键在于避免传输受保护资源请求的访问令牌。我们可以通过 OAuth 1

中提到的方式轻松实现——使用令牌为每个请求生成签名，而不是传输真正的令牌。我们需要避免 OAuth 1 签名中存在的一些不必要的复杂性，所以我们不需要对 URL、请求参数、请求正文、请求头和其他请求属性进行签名。

不过，我们确实需要对所有请求的不同数据块进行签名；否则，该签名总是相同的，攻击者就可以轻松地重新生成它。这代表了一个同时处理两个问题的机会——还需要阻止一般的重放攻击。最简单的实现方式就是在请求中包含随机数，随机数可以作为一个签名项，用于确保每个请求都将生成不同的签名值。本节将涵盖随机数和令牌系统的设计，并使用 Spring Security OAuth 在提供者这一方实现它。下一节将演示如何创建能够使用这些受保护资源的 OAuth 客户端。

28.4.1　生成请求随机数和签名

生成安全随机数和签名令牌实际上是非常简单的。记住：随机数不会验证请求的有效性或者验证发起它的用户的认证。它只是被用作签名中的盐(用于阻止令牌被盗)和请求的标志(用于阻止它被重放)。随机数应该是完全随机的，这样它们才是不可预测的。不过，因为真正的随机性并未排除重复的情况，所以需要将随机数搭配时间戳使用。提供者应该保证任何随机数-时间戳结合后产生的值是唯一的。因此，为了阻止攻击者通过修改时间戳并重用随机数来重放请求，签名令牌中除了随机数还应该包含时间戳。

此时，我们已经知道了签名令牌至少应该包含访问令牌(但只是作为签名中的盐)、随机数和时间戳。那么它还应该包含哪些其他值呢？对于希望查找正确访问令牌用于验证签名的提供者来说，请求需要包含某种类型的标识符，这样提供者才可以使用它从令牌存储中查找特定的访问令牌。因为请求中将包含该标识符，所以在签名中也包含该标识符是非常合理的。

OAuth 1.0a 在所有受保护资源的请求中包含了客户端 ID，用于保证只有获得了访问令牌的客户端才可以使用访问令牌，但 OAuth 2.0 缺少了该安全特性。在受保护资源请求中包含客户端 ID 是简单的，在签名中包含客户端 ID 将保证它不会被篡改。作为最后的完整性检查，在签名中包含请求的一些组件也不会造成什么影响。当然它不需要像 OAuth 1.0a 一样复杂，包含请求参数、post 变量和几个头即可——一些简单的东西，与请求方法或 URL 所使用的一样。从构成上看，一个签名看起来应该如下所示：

```
SHA1( clientId "," tokenId "," nonce "," timestamp "," method "," tokenValue )
```

当客户端 ID 值为 TestClient、令牌 ID 为 y8FglFPKzW、随机值为 i74K5E4y4B、时间戳为 1381292470、请求方法为 POST、令牌值为 Y4KPI2432489ey50i3hK 时，签名可以通过下面的方式来描述：

```
SHA1( TestClient,y8FglFPKzW,i74K5E4y4B,1381292470,POST,Y4KPI2432489ey50i3hK )
```

该签名计算后的值将如下所示：

```
ead5cea9b0d6474f597467bb13dba9d78ca5923b
```

来自于相同客户端和资源所有者的所有受保护资源请求的客户端 ID、令牌 ID 和令牌值都是相同的。只有随机数和时间戳在所有的请求中才会发生变化。当然，请求方法总是反映了指定请求的方法。

我们需要一种方式将这些数据与每个请求一起进行传输。对受保护资源请求进行授权的标准机制是：在每个请求中都包含 Authorization 头。当头的值以单词“Brearer”加上一个空格开头时，剩余的值就代表了不记名令牌。对于这种模式，我们可以使用单词“Signing”取代“Bearer”，然后在代表令牌信息的值中使用逗号分隔的键值对。使用之前描述的值和签名，请求中的 Authorization 头看起来将如下所示(其中添加的换行符只是出于清晰的目的，在真正头的值中可以忽略它们)：

```
Authorization: Signing client_id=TestClient, token_id=y8FglFPKzW,
                  nonce=i74K5E4y4B, timestamp=1381292470,
                  signature=ead5cea9b0d6474f597467bb13dba9d78ca5923b
```

注意：令牌值并未出现在头中，因为它的目标是在不传输令牌的情况下证明客户端持有了它。请求方法也未出现在头中，因为它只是请求的一部分。尽管各个值出现在签名中的顺序非常重要，它们出现在头中的顺序并不重要。当提供者接收到请求时，所有它必须做的就是使用令牌 ID 查询令牌，并保证指定的客户端是令牌的持有者，检查随机数之前从未使用过，然后使用给定的信息重新计算签名。如果计算得到的签名匹配请求中提供的签名，那么访问令牌的有效性就建立了。如果签名不匹配，请求将被拒绝。

警告：刚刚描述的正是 OAuth 2.0 文档中指定的一种标准不记名令牌系统的替代技术。该替代技术尚未被 OAuth 社区或者安全专家所审阅。与不记名令牌相比，尽管该建议提供了更强大的安全特性，但是在将它应用到生产应用程序中之前，应该认真地、全面地对它进行评估，并咨询组织中的安全人员。一般来说，在使用 OAuth 之前我们同样应该进行认真的评估。

注意：如果你希望进一步提高安全级别，那么可以使用非对称公-私钥对生成和验证签名，而不是使用共享秘密令牌作为签名的盐。额外的好处是：授权服务器永远也不需要存储秘密(私钥)——只有客户端拥有该信息。即使整个 OAuth 凭证数据库被盗了，攻击者也无法使用里面的公钥破坏我们的系统。此外，只要是由客户端生成的键对而不是由服务器生成，那么私钥永远也不需要通过网络进行传输——这是极其安全的。学习该技术需要花费更多的时间，所以就留给读者自己进行深入研究。

28.4.2　实现客户端服务

我们需要一种定义客户端的方式，通过这种方式可以允许特定的客户端访问我们的 Web 服务。对于一个拥有非常静态的和稳定的内部开发客户端组的简单系统来说，我们可以直接使用 Spring Security OAuth 的 InMemoryClientDetailsService，但在大多数情况下这都是不够的。我们可以使用 JdbcClientDetailsService，但是如果我们已经在使用 JPA、Spring Data 和 Spring Framework 事务，那么创建自己的实现可能会更简单。

1. 创建客户端实体

客户端实体是非常直观的。它需要实现 ClientDetails 并映射到几个数据库表。因为我们在自定义它，所以我们将遇到一些 ClientDetails 属性，可以使用它们安全地对自己的情况进行硬编码。例如，我们可能希望要求客户端总是展示秘密和作用域，但不允许使用刷新令牌，不使用任何额外的信息，并且总是使用相同的一个或多个授权。下面这个简短的 WebServiceClient 将演示这一点(它将使用一些第 24 章讲解的高级映射技术)：

```
@Entity
public class WebServiceClient implements ClientDetails, Serializable
{
  // 字段

    @Id @Column(name = "WebServiceClientId")
    @GeneratedValue(strategy = GenerationType.IDENTITY)
    public long getId() { ... }
    public void setId(long id) { ... }

    @Override
    public String getClientId() { ... }
    public void setClientId(String clientId) { ... }

    @Override
    public String getClientSecret() { ... }
    public void setClientSecret(String clientSecret) { ... }

    @Override @Column(name = "Scope")
    @ElementCollection(fetch = FetchType.EAGER)
    @CollectionTable(name = "WebServiceClient_Scope", joinColumns = {
            @JoinColumn(name = "WebServiceClientId",
                    referencedColumnName = "WebServiceClientId")
    })
    public Set<String> getScope() { ... }
    public void setScope(Set<String> scope) { ... }

    @Override @Column(name = "GrantName")
    @ElementCollection(fetch = FetchType.EAGER)
    @CollectionTable(name = "WebServiceClient_Grant", joinColumns = {
            @JoinColumn(name = "WebServiceClientId",
                    referencedColumnName = "WebServiceClientId")
    })
    public Set<String> getAuthorizedGrantTypes() { ... }
    public void setAuthorizedGrantTypes(Set<String> authorizedGrantTypes) { ... }

    @Override @Column(name = "Uri")
    @ElementCollection(fetch = FetchType.EAGER)
    @CollectionTable(name = "WebServiceClient_RedirectUri", joinColumns = {
            @JoinColumn(name = "WebServiceClientId",
                    referencedColumnName = "WebServiceClientId")
    })
    public Set<String> getRegisteredRedirectUri() { ... }
    public void setRegisteredRedirectUri(Set<String> uri) { ... }
```

```
{
    void recordNonceOrFailIfDuplicate(String nonce, long timestamp);
}

public class DefaultOAuthNonceServices implements OAuthNonceServices
{
    @Inject NonceRepository nonceRepository;

    @Override @Transactional
    public void recordNonceOrFailIfDuplicate(String nonce, long timestamp)
    {
        if(this.nonceRepository.getByValueAndTimestamp(nonce, timestamp) != null)
            throw new InvalidTokenException("Duplicate nonce value [" + nonce +
                    "," + timestamp + "]");

        this.nonceRepository.save(new Nonce(nonce, timestamp));
    }

    @Transactional @Scheduled(fixedDelay = 60_000L)
    public void deleteOldNonces()
    {
        this.nonceRepository.deleteWhereTimestampLessThan(
                (System.currentTimeMillis() - 120_000L) / 1_000L
        );
    }
}
```

28.4.4 实现令牌服务

如之前讲解的，Spring Security OAuth 拥有 InMemoryTokenStore 和 JdbcTokenStore，可以将它们与 DefaultTokenServices 一起使用。对于不记名令牌来说，DefaultTokenServices 和 JdbcTokenStore 是完全够用的，但我们需要为自己的、基于签名的令牌提供一些更加自定义的功能。

首先，我们需要实现 OAuth2AccessToken，可以轻松地通过实体实现并为它创建相应的仓库。然后需要实现 AuthorizationServerTokenServices 和 ResourceServerTokenServices.。

1. 设计令牌实体

在存储访问令牌时，我们必须使用一种方式将访问令牌与 Authentication(用户)关联在一起，Authentication 将为客户端授权访问。该 Authentication 是一个 OAuth2Authentication，用于为 Spring Security OAuth 2 内部组件提供额外的信息。

对于内建的不记名令牌支持，Spring Security OAuth 将采用简单的方式对 OAuth2Authentication 进行序列化，并将它存储在访问令牌表的某一列中。在这种情况下我们完全可以采用相同的方式。SigningAccessToken 实体实现了 OAuth2AccessToken 并提供了 OAuth2Authentication 作为实体属性。它还提供了一个 key 属性，用于按照令牌 ID(包含在受保护资源的请求中)查找访问令牌。通过 additionalInformation 属性可以在访问令牌请求中添加额外的键-值对，它们将被包含在响应中发送回客户端。我们将通过这种方式告诉客户端令牌标识符，它必须与使用它签名的请求一起发送。

SigningAccessToken 很长，所以这里并未打印出它的内容，但我们可以在 Customer-Support-v21 项目中查看它。有一点很重要：实体将被映射到两个新表：OAuthAccessToken 和 OAuthAccessToken_

```
    private String value;
    private long timestamp;

    public Nonce() { }
    public Nonce(String value, long timestamp) { ... }

    @Id @Column(name = "OAuthNonceId")
    @GeneratedValue(strategy = GenerationType.IDENTITY)
    public long getId() { ... }
    public void setId(long id) { ... }

    public String getValue() { ... }
    public void setValue(String value) { ...}

    @Column(name = "NonceTimestamp")
    public long getTimestamp() { ... }
    public void setTimestamp(long timestamp) { ... }
}

CREATE TABLE OAuthNonce (
  OAuthNonceId BIGINT UNSIGNED NOT NULL AUTO_INCREMENT PRIMARY KEY,
  Value VARCHAR(50),
  NonceTimestamp BIGINT NOT NULL,
  UNIQUE KEY OAuthNonce_Value_Timestamp (Value, NonceTimestamp)
) ENGINE = InnoDB;
```

NonceRepository 使用了一种第 22 章讲解过但未进行试验的技术——使用@org.springframework.data.jpa.repository.Query 为不匹配标准 Spring Data 仓库方法模式的方法定义查询。注解@org.springframework.data.jpa.repository.Modifying 将告诉 Spring Data:该方法将修改数据(与读取数据相反)并且应该这样执行。

```
public interface NonceRepository extends CrudRepository<Nonce, Long>
{
    Nonce getByValueAndTimestamp(String value, long timestamp);

    @Modifying
    @Query("DELETE FROM Nonce n WHERE n.timestamp < :timestamp")
    void deleteWhereTimestampLessThan(long timestamp);
}
```

方法 delete 的目的是非常简单的。因为随机数必须被存储下来，用于检查重复性，那么如果服务器负载非常重的话，随机数表可能很快就会被填满。该问题的一个简单的解决方案就是：周期性地删除时间戳早于当前时间数分钟的随机数，并简单地拒绝所有使用了旧时间戳的请求。这就要求客户端应用程序的系统时钟必须相当准确，这对于安全系统来说并非是不合理的要求。

DefaultOAuthNonceServices 中的 deleteOldNonces 方法将使用 Spring Framework 计划每隔 1 分钟就删除所有存在时间超过 2 分钟的随机数。记住：计划方法也可以是事务的，该方法必须在接口中指定，或者如果不希望暴露它的话，Spring Framework 必须使用 CGLIB 代理，而不是 JDK 代理(整个应用程序中的 proxyTargetClass 都必须被设置为真)。另外要注意：OAuthNonceService 甚至并未暴露 Nonce 实体，因为对于这样简单的服务来说并不需要这样做。

```
public interface OAuthNonceServices
```

```
    @Inject WebServiceClientRepository clientRepository;

    @Override
    @Transactional
    public WebServiceClient loadClientByClientId(String clientId)
    {
        WebServiceClient client = this.clientRepository.getByClientId(clientId);
        if(client == null)
            throw new ClientRegistrationException("Client not found");
        return client;
    }
}
```

项目中的 create.sql 文件在客户端支持数据库中添加了 4 个新表，并在这些表中插入了一个测试客户端。如果在之前的章节中你尚未使用客户端支持应用程序，那么就需要运行 create.sql 脚本，并创建正确的 Tomcat DataSource 资源(名为 jdbc/CustomerSupport)。如果已经有了一个需要升级的数据库，那么一定要保证运行了这 4 个表的创建语句。为了创建测试客户端，请运行下面这些语句将数据插入到新表中(客户端密码是使用 BCrypt 计算得到的哈希值“y471l12D2y55U5558rd2”)。

```
INSERT INTO WebServiceClient (ClientId, ClientSecret) VALUES (
    'TestClient', '$2a$10$elDBcfb/ZKyuNgOPK5.70Oi4gN2EuhU2yONPsoF3avx9.Hd/b8BTa'
);

INSERT INTO WebServiceClient_Scope (WebServiceClientId, Scope)
  VALUES (1, 'READ'), (1, 'WRITE'), (1, 'TRUST');

INSERT INTO WebServiceClient_Grant (WebServiceClientId, GrantName)
  VALUES (1, 'authorization_code');

INSERT INTO WebServiceClient_RedirectUri (WebServiceClientId, Uri)
  VALUES (1, 'http://localhost:8080/client/support');
```

另外如果你正在升级一个现有的数据库，那么需要为访问 Web 服务而授予权限。从 create.sql 脚本中摘取的下面几条语句将为用户 Nicholas 和 John(假设你在数据库中保留了默认的用户)添加该权限。

```
INSERT INTO UserPrincipal_Authority (UserId, Authority)
  VALUES (1, 'USE_WEB_SERVICES'), (4, 'USE_WEB_SERVICES');
```

28.4.3　实现随机数服务

Spring Security OAuth 2 并未指定与随机数相关的任意类型的接口，因为随机数并不是 OAuth 2.0 的标准部分。不过，创建自己的系统是非常简单的。随机数实体、仓库和服务中的代码非常少。如果你已经有了需要升级的数据库，那么一定要保证运行了 SQL 创建语句。

```
@Entity
@Table(name = "OAuthNonce")
public class Nonce implements Serializable
{
    private static final long serialVersionUID = 1L;

    private long id;
```

Scope。如果我们需要升级现有的数据库，那么一定要保证运行了 create.sql 中这些表的创建语句。

2. 创建和获取令牌

访问令牌实体的仓库是另一个简单的 Spring Data 仓库，它包含了两个额外的查询方法。注意：该仓库接口的不同点在于，它扩展了 JpaRepository 而不是 CrudRepository。不过遗憾的是，它必须泄露 JPA 细节，因为使用该仓库的服务需要调用 flush 方法。

```
public interface SigningAccessTokenRepository
        extends JpaRepository<SigningAccessToken, Long>
{
    SigningAccessToken getByKey(String key);
    SigningAccessToken getByValue(String value);
}
```

创建和获取访问令牌的服务将完成更多的工作。出于简单性，它不仅同时实现了 AuthorizationServerTokenServices 和 ResourceServerTokenServices，还提供了一个额外的方法，用于按照令牌标识符(key 属性)查询访问令牌。该方法是在 SigningAccessTokenServices 接口中指定的。

```
public interface SigningAccessTokenServices
        extends AuthorizationServerTokenServices, ResourceServerTokenServices
{
    SigningAccessToken getAccessToken(String key);
}
```

代码清单 28-1 中的 DefaultAccessTokenServices 实现了该接口，并提供了所有创建和获取基于签名的访问令牌所必需的逻辑。方法 refreshAccessToken 将抛出 UnsupportedOperationException 异常，因为刷新令牌对于基于签名的令牌来说并不是必需的，在这种特殊情况下，无论何时访问令牌过期，我们都希望要求用户对客户端进行重新授权。

DefaultAuthenticationKeyGenerator 可以基于给定的 OAuth2Authentication 生成一个确定的键(用作令牌标识符)。当客户端连接授权服务器使用授权代码交换访问令牌时，授权服务器将调用 createAccessToken 方法。在某些情况下它也可以调用 getAccessToken(OAuth2Authentication)方法，确定键的生成器也使它可以查询到访问令牌。授权服务器也将调用 refreshAccessToken，除了在刷新令牌被禁用的项目中。

SigningAccessTokenServices 中指定的 getAccessToken(String)方法是我们将在资源服务器中，使用客户端提供的键查询访问令牌的方法。资源服务器通常会使用其他两个方法按照令牌值获取令牌和认证，但在本节稍后我们创建的自定义资源服务器实现中，这些方法是不必要的。相反，我们需要使用 getAccessToken(String)，因为客户端连接包含了令牌标识符而不是令牌值。

代码清单 28-1：DefaultAccessTokenServices.java

```
public class DefaultAccessTokenServices implements SigningAccessTokenServices
{
    AuthenticationKeyGenerator authenticationKeyGenerator =
            new DefaultAuthenticationKeyGenerator();

    @Inject SigningAccessTokenRepository repository;
```

```
    private static final Set<String> RESOURCE_IDS = new HashSet<>();
    private static final Set<GrantedAuthority> AUTHORITIES = new HashSet<>();
    static {
        RESOURCE_IDS.add("SUPPORT");
        AUTHORITIES.add(new SimpleGrantedAuthority("OAUTH_CLIENT"));
    }

    @Override @Transient
    public Set<String> getResourceIds() { return RESOURCE_IDS; }

    @Override @Transient
    public Collection<GrantedAuthority> getAuthorities() { return AUTHORITIES; }

    @Override @Transient
    public Integer getAccessTokenValiditySeconds() { return 3600; }

    @Override @Transient
    public Integer getRefreshTokenValiditySeconds() { return -1; }

    @Override @Transient
    public Map<String, Object> getAdditionalInformation() { return null; }

    @Override @Transient
    public boolean isSecretRequired() { return true; }

    @Override @Transient
    public boolean isScoped() { return true; }
}
```

2. 提供客户端细节

支持该实体的 Spring Data 仓库接口是非常简单的，它消除了所有的困难工作。

```
public interface WebServiceClientRepository
        extends CrudRepository<WebServiceClient, Long>
{
    WebServiceClient getByClientId(String clientId);
}
```

WebServiceClientService 接口扩展了 ClientDetailsService，用于表明该服务将总是返回 WebServiceClient 实体，并且该实现是非常直观的。注意：loadClientByClientId 永远不会返回 null。如果无法找到客户端，它将抛出 Spring Security OAuth 的 ClientRegistrationException 异常，表示该客户端是无效的。另外要注意：该服务并未提供任何注册新客户端的机制(同样地，也没有提供注册的用户界面)。它的实现将随着业务需求的不同而变化，这就作为练习留给读者来完成。

```
public interface WebServiceClientService extends ClientDetailsService
{
    @Override
    WebServiceClient loadClientByClientId(String clientId);
}

public class DefaultWebServiceClientService implements WebServiceClientService
{
```

```
    @Override @Transactional
    public OAuth2Authentication loadAuthentication(String tokenValue)
            throws AuthenticationException
    {
        SigningAccessToken token = this.repository.getByValue(tokenValue);
        if(token == null)
            throw new InvalidTokenException("Invalid token " + tokenValue + ".");

        if(token.isExpired())
        {
            this.repository.delete(token);
            throw new InvalidTokenException("Expired token " + tokenValue + ".");
        }

        return token.getAuthentication();
    }

    @Override
    public OAuth2AccessToken refreshAccessToken(String refreshToken,
                                        AuthorizationRequest request)
            throws AuthenticationException
    {
        throw new UnsupportedOperationException();
    }
}
```

28.4.5 自定义资源服务器过滤器

通常我们将使用XML命名空间元素<oauth2:resource-server>配置Spring Security OAuth 2资源服务器。它将创建一个org.springframework.security.oauth2.provider.authentication.OAuth2Authentication-ProcessingFilter，该过滤器将拦截受保护资源的请求，然后提取和验证访问令牌。该过滤器专门为不记名令牌所编写，而且不容易扩展，所以在这种情况下我们必须实现自己的过滤器。

OAuthSigningTokenAuthenticationFilter 将为我们处理所有这些事情。该类也比较长，所以它的大部分内容都未在这里打印出来。方法 parseHeader 将解析 Authorization 头，并保证它是一个 Signing 值，然后返回头中参数的 Map<String, String>。方法 doFilter 将调用 parseHeader 判断头是否存在，然后将头参数值的 Map 传给 authenticate 方法。接下来，该方法将完成计算签名的困难工作，将它与请求中提供的签名相比较、验证令牌并保证请求中包含的不是一个旧的或者重复的随机数。

```
    private void authenticate(Map<String, String> header,
                              HttpServletRequest request)
    {
        String tokenId = header.get("token_id");
        if(tokenId == null)
            throw new InvalidTokenException("Header [" + header +
                    "] missing token_id.");

        SigningAccessToken token = this.tokenServices.getAccessToken(tokenId);
        if(token == null)
            throw new InvalidTokenException("Token [" + tokenId + "] not found.");
```

```
        OAuth2Authentication authentication = token.getAuthentication();
        AuthorizationRequest authorizationRequest =
                authentication.getAuthorizationRequest();

        String clientId = header.get("client_id");
        if(!authorizationRequest.getClientId().equals(clientId))
            throw new InvalidTokenException("Client ID does not match token.");

        Collection<String> resourceIds = authorizationRequest.getResourceIds();
        if(this.resourceId != null && resourceIds != null &&
                !resourceIds.isEmpty() && !resourceIds.contains(this.resourceId))
            throw new InvalidTokenException("Resource ID not permitted.");

        String timestamp = header.get("timestamp");
        String nonce = header.get("nonce");
        if(timestamp == null || nonce == null)
            throw new InvalidTokenException("Header missing timestamp or nonce.");

        String toSign = clientId + "," + tokenId + "," + nonce + "," +
                timestamp + "," + request.getMethod().toUpperCase() + "," +
                token.getValue();
        String signature = new String(Base64.getEncoder().encode(
                DIGEST.digest(toSign.getBytes(StandardCharsets.UTF_8))
        ), StandardCharsets.UTF_8);
        String presentedSignature = header.get("signature");
        if(!signature.equals(presentedSignature))
            throw new InvalidTokenException("Missing or invalid signature.");

        long timestampValue = Long.parseLong(timestamp);
        long now = System.currentTimeMillis() / 1_000L;
        if(timestampValue < now - 60L || timestampValue > now + 60L)
            throw new InvalidTokenException("Header timestamp out of range.");

        this.nonceServices.recordNonceOrFailIfDuplicate(nonce, timestampValue);

        request.setAttribute(OAuth2AuthenticationDetails.ACCESS_TOKEN_VALUE,
                token.getValue());
        authentication.setDetails(this.authenticationDetailsSource.buildDetails(
                request
        ));
        SecurityContextHolder.getContext().setAuthentication(authentication);
    }
```

该方法的一个关键点是：它只接受时间戳在当前时间一分钟之内的请求。因为我们之前创建的随机数服务将删除所有存在时间超过 2 分钟的随机数，所以我们应该只允许使用在两分钟窗口之内创建的随机数(当前时间戳一分钟之前和之后)。这意味着访问我们 Web 服务的客户端的时钟与服务器时钟的误差应在 1 分钟之内。现在，网络时间协议是标准的协议，并且所有不同类型设备上的所有操作系统默认都启用了该协议，所以这对于用户来说并不会造成困扰。

```
            class="org.springframework.security.oauth2.provider.error.
OAuth2AccessDeniedHandler" />

    <beans:bean id="oauthAuthenticationEntryPoint"
            class="org.springframework.security.oauth2.provider.error.
OAuth2AuthenticationEntryPoint" />

    <authentication-manager>
        <authentication-provider user-service-ref="userService">
            <password-encoder ref="passwordEncoder" />
        </authentication-provider>
    </authentication-manager>

    <authentication-manager id="oauthClientAuthenticationManager">
        <authentication-provider user-service-ref="clientDetailsUserService">
            <password-encoder ref="passwordEncoder" />
        </authentication-provider>
    </authentication-manager>

    <oauth2:authorization-server token-services-ref="tokenServices"
            client-details-service-ref="webServiceClientService"
            user-approval-page="oauth/authorize" error-page="oauth/error">
        <oauth2:authorization-code />
    </oauth2:authorization-server>
```

<oauth2:authorization-server>元素是 OAuth 配置的一个重要部分。它创建了授权终端(/oauth/authorize，相对于应用程序根)和访问令牌终端(/oauth/token)，并将处理访问对这些 URL 的请求。已配置的授权服务器甚至将自动处理这些请求的响应(使用 HTML 授权表单)。不过，该表单是非常通用的，它的样式明显不会与我们的网站相符。因此，在大多数情况下，我们都希望替换它。通过使用 user-approval-page 特性我们可以指定一个表单的 Spring MVC 视图名称，用于显示授权请求，而通过 error-page 特性我们可以指定一个错误页面的视图名称，出现授权错误时将会显示出该页面。

本例中的视图名称分别为/WEB-INF/jsp/view/oauth/authorize.jsp 和/WEB-INF/jsp/view/oauth/error.jsp 文件对应的视图名称。这些 JSP 中的 EL 变量和表单字段名称都是 Spring Security OAuth 的标准行为，没有任何不同。

下一个我们需要配置的是资源服务器过滤器。通常，它的配置应该类似于下面的配置：

```
    <oauth2:resource-server id="resourceServerFilter" resource-id="SUPPORT"
                    entry-point-ref="oauthAuthenticationEntryPoint"
                    token-services-ref="tokenServices" />
```

它将在外部处理不记名令牌，但因为我们正在使用自定义令牌，所以需要手动配置自己的随机数服务和自定义资源服务器过滤器。

```
    <beans:bean id="nonceServices"
            class="com.wrox.site.DefaultOAuthNonceServices" />
    <beans:bean id="resourceServerFilter"
            class="com.wrox.site.OAuthSigningTokenAuthenticationFilter">
        <beans:property name="authenticationEntryPoint"
                ref="oauthAuthenticationEntryPoint" />
        <beans:property name="nonceServices" ref="nonceServices" />
        <beans:property name="tokenServices" ref="tokenServices" />
```

```
    <beans:property name="resourceId" value="SUPPORT" />
</beans:bean>
```

当我们完成之前的所有配置之后，最后一步就是配置全局方法安全和 HTTP 安全。全局方法安全是非常直观的，开头的两个<http>元素将配置从所有安全过滤器中排除的 URL 模式。

```
<global-method-security pre-post-annotations="enabled" order="0"
                    proxy-target-class="true">
    <expression-handler ref="methodSecurityExpressionHandler" />
</global-method-security>

<http security="none" pattern="/resource/**" />
<http security="none" pattern="/favicon.ico" />
```

接下来的<http>元素配置了访问令牌终端的安全。这将保证客户端在它们可以使用授权代码交换访问令牌之前，使用 HTTP 基本认证对自己的客户端 ID 和秘密进行认证。注意：这些<http>元素出现的顺序是非常重要的，因为所有的请求都将使用它第一个匹配的配置。另外要注意该配置是无状态的，这意味着向访问令牌终端发起的请求并未创建 HTTP 会话。

```
<http use-expressions="true" create-session="stateless"
      authentication-manager-ref="oauthClientAuthenticationManager"
      entry-point-ref="oauthAuthenticationEntryPoint" pattern="/oauth/token">
    <intercept-url pattern="/oauth/token"
                  access="hasAuthority('OAUTH_CLIENT')" />
    <http-basic />
    <access-denied-handler ref="oauthAccessDeniedHandler" />
    <expression-handler ref="webSecurityExpressionHandler" />
</http>
```

下面的<http>元素也是无状态的，它将使用我们之前创建的自定义资源服务器过滤器保护我们的 Web 服务(采用基于签名的访问令牌)。它还将保证资源所有者在可以使用我们的 Web 服务之前，必须获得 USE_WEB_SERVICES 授权。这并未取代我们在所有服务中添加的@PreAuthorize 检查——它同样会产生作用。

```
<http use-expressions="true" create-session="stateless"
      entry-point-ref="oauthAuthenticationEntryPoint" pattern="/services/**">
    <intercept-url pattern="/services/**"
                  access="hasAuthority('USE_WEB_SERVICES')" />
    <custom-filter ref="resourceServerFilter" before="PRE_AUTH_FILTER" />
    <access-denied-handler ref="oauthAccessDeniedHandler" />
    <expression-handler ref="webSecurityExpressionHandler" />
</http>
```

最后一个<http>元素本质上与第 26 和 27 章使用 Java 创建的 HttpSecurity 配置是一致的，但有两点小小的区别：

- 尽管 Java 配置允许登录表单提交的 URL 与表单所显示的 URL 相同，但 XML 配置不允许这样做，所以登录表单现在将提交到/login/。
- 该配置将使用标准的 Web 安全保护 OAuth 授权终端，所以该用户必须登录并在他们可以为客户端授权之前，获得 USE_WEB_SERVICES 授权。

注意这里使用<csrf>元素启用了 CSRF 保护，它在 XML 配置中默认是禁用的。

```
<http use-expressions="true">
    <intercept-url pattern="/session/list"
                   access="hasAuthority('VIEW_USER_SESSIONS')" />
    <intercept-url pattern="/oauth/**"
                   access="hasAuthority('USE_WEB_SERVICES')" />
    <intercept-url pattern="/login/**" access="permitAll()" />
    <intercept-url pattern="/login" access="permitAll()" />
    <intercept-url pattern="/logout" access="permitAll()" />
    <intercept-url pattern="/**" access="isFullyAuthenticated()" />
    <form-login default-target-url="/ticket/list" login-page="/login"
                login-processing-url="/login/submit"
                authentication-failure-url="/login?loginFailed"
                username-parameter="username" password-parameter="password" />
    <logout logout-url="/logout" logout-success-url="/login?loggedOut"
            delete-cookies="JSESSIONID" invalidate-session="true" />
    <session-management invalid-session-url="/login"
                        session-fixation-protection="changeSessionId">
        <concurrency-control error-if-maximum-exceeded="true" max-sessions="1"
                             session-registry-ref="sessionRegistry" />
    </session-management>
    <csrf />
    <expression-handler ref="webSecurityExpressionHandler" />
</http>
```

此时我们已经使用 Spring Security OAuth 成功地创建和配置了一个 OAuth 2.0 提供者。你会注意到 Web 服务终端还将在它们的处理器方法中使用@AuthenticationPrincipal 获得 UserPrincipal。

在继续讲解之前，我们还需要查看两个类：TicketService 接口和 DefaultTicketService 实现。这些代码已经进行了更新，这样代码才可以指定在事务中获取属性(它们通常是延迟加载的)的 lambda 表达式，并保证这些值被正确地序列化了。然后 TicketRestEndpoint 和 TicketSoapEndpoint 控制器将使用该扩展能力。当然，这只是解决问题的一种方式，也是迄今为止最好的解决方案。最后，我们需要一种方式告诉 Jackson Data Processor 和其他工具何时忽略尚未完全加载的延迟加载属性。这是一个困难的工作，就留给读者自己来完成，因为这超出了本书的范围。

我们已经做出的改动尚未能给我们带来太大的好处，因为我们还没有测试它们的方法。下一节和本章的最后一节将帮助我们创建一个简单的 OAuth 2 客户端，用于测试提供者和客户端支持应用程序。

28.5　创建 OAuth 客户端应用程序

幸运的是，Spring Security OAuth 不仅包含了提供者实现，还包含了客户端实现，这将使受 OAuth 保护资源的使用变得非常简单。目前，Spring Security OAuth 2 客户端只支持访问 RESTful Web 服务，因为它被严格地绑定到了我们之前讲解的 OAuth2RestTemplate 类上。下一版本正在对它进行改进，将使它变得更加通用，这样所有其他的客户端，例如 SOAP 客户端，也都可以使用 OAuth 客户端特性。

OAuth-Client 项目(在 wrox.com 代码下载站点中可以下载到)将演示如何使用 Spring Security OAuth 和 OAuth2RestTemplate 访问客户端支持应用程序的 RESTful Web 服务。

当打开该项目时，我们首先会注意到的是：它含有 Ticket、Attachment 和 UserPrincipal 类(移除了 JPA 注解)，以及来自于 Customer-Support-v21 应用程序的 TicketWebServiceList 类。这将使客户端解析从客户端支持 Web 服务中返回的响应变得简单。实际上，提供者将包含了发布数据类型(例如 Ticket 和 Attachment)的 artifact 分布给客户端是非常常见的，这样客户端可以通过更可靠的方式使用相关的 Web 服务。

OAuth-Client 项目还提供了一个非常简单的 AuthenticationController 和登录界面，用于通过 Spring Security 处理项目登录。

28.5.1 自定义 REST 模板

通常，外部的客户端配置是非常直观的，也可以满足我们的需求，但我们在使用基于签名的自定义令牌，所以就需要执行一些自定义操作。这种自定义不会如同 OAuth 提供者实现中所添加的自定义涉及许多代码。我们所有需要做的就是扩展 OAuth2RestTemplate，重写 createRequest 方法并使用自定义访问令牌协议取代默认的不记名令牌。代码清单 28-2 中的 OAuth2SigningRestTemplate 实现了客户端令牌签名生成。它使用 UUID 生成了一个随机数、创建了签名字符串、生成了签名，然后将含有必要的参数的头添加到请求中。

代码清单 28-2：OAuth2SigningRestTemplate.java

```
public class OAuth2SigningRestTemplate extends OAuth2RestTemplate
{
    private static final Logger log = LogManager.getLogger();
    private static final MessageDigest DIGEST;
    static {
        try {
            DIGEST = MessageDigest.getInstance("SHA-1");
        } catch (NoSuchAlgorithmException e) { // not possible
            throw new IllegalStateException(e);
        }
    }

    private final OAuth2ProtectedResourceDetails resource;

    public OAuth2SigningRestTemplate(OAuth2ProtectedResourceDetails resource)
    { ... }
    public OAuth2SigningRestTemplate(OAuth2ProtectedResourceDetails resource,
                                     OAuth2ClientContext context) { ... }

    @Override
    protected ClientHttpRequest createRequest(URI uri, HttpMethod method)
            throws IOException
    {
        OAuth2AccessToken token = this.getAccessToken();

        String tokenType = token.getTokenType();
        if(!StringUtils.hasText(tokenType))
            tokenType = OAuth2AccessToken.BEARER_TYPE;

        if("Signing".equalsIgnoreCase(tokenType))
        {
            String clientId = this.resource.getClientId();
```

```
            String tokenId = token.getAdditionalInformation()
                    .get("token_id").toString();
            String nonce = UUID.randomUUID().toString();
            long timestamp = System.currentTimeMillis() / 1_000L;

            String toSign = clientId + "," + tokenId + "," + nonce + "," +
                    timestamp + "," + method + "," + token.getValue();
            String signature = new String(Base64.getEncoder().encode(
                    DIGEST.digest(toSign.getBytes(StandardCharsets.UTF_8))
            ), StandardCharsets.UTF_8);

            String header = "Signing client_id=" + clientId + ", token_id=" +
                    tokenId + ", timestamp=" + timestamp + ", nonce=" + nonce +
                    ", signature=" + signature;

            ClientHttpRequest request =
                    this.getRequestFactory().createRequest(uri, method);
            log.debug("Created [{}] request for [{}].", method, uri);
            log.debug("toSign = [{}], signature = [{}]", toSign, signature);
            request.getHeaders().add("Authorization", header);
            return request;
        }
        else
            throw new OAuth2AccessDeniedException(
                    "Unsupported access token type [" + tokenType + "].");
    }
}
```

28.5.2 配置 Spring Security OAuth 客户端

OAuth-Client 项目的许多 Spring Security 配置都是非常公式化的。它包含了许多我们已经学过的配置，并将被 RootContextConfiguration 导入(正如客户端支持应用程序一样)。

<authentication-manager>元素声明了一个简单的内存型用户服务，该服务包含了两个硬编码的用户，而<http>元素定义了直观的认证和授权规则。<oauth2:resource>和<oauth2:client>是我们尚未使用过的新特性。第一个定义了一个该客户端将会使用的受第三方保护的资源，包括它的授权和访问令牌终端、客户端 ID、客户端秘密等。如果我们希望客户端访问由多个提供者保护的资源，那么就需要定义多个资源元素。不过，客户端元素总是被使用一次——它定义了一个捕捉 UserRedirectRequiredException 异常的过滤器，并在其中某个异常发生时将用户重定向至正确的授权终端。

```
<?xml version="1.0" encoding="UTF-8"?>
<beans:beans xmlns="http://www.springframework.org/schema/security"
        xmlns:beans="http://www.springframework.org/schema/beans"
        xmlns:aop="http://www.springframework.org/schema/aop"
        xmlns:oauth2="http://www.springframework.org/schema/security/oauth2"
        xmlns:xsi="...">

    <oauth2:resource id="oAuth2ClientBean" client-authentication-scheme="header"
                client-id="TestClient" client-secret="y471l12D2y55U5558rd2"
                authentication-scheme="header" type="authorization_code"
                scope="READ,WRITE,TRUST"
        user-authorization-uri="http://localhost:8080/support/oauth/authorize"
        access-token-uri="http://localhost:8080/support/oauth/token" />
```

```
    ...

    <authentication-manager>
        <authentication-provider>
            <user-service>
                <user name="Steve" password="apple" authorities="USER" />
                <user name="Bill" password="orange" authorities="USER" />
            </user-service>
        </authentication-provider>
    </authentication-manager>

    <oauth2:client id="oAuth2ClientFilter" />

    <http use-expressions="true">
        <intercept-url pattern="/login/**" access="permitAll()" />
        <intercept-url pattern="/login" access="permitAll()" />
        <intercept-url pattern="/logout" access="permitAll()" />
        <intercept-url pattern="/**" access="hasAuthority('USER')" />
        <session-management invalid-session-url="/login"
                    session-fixation-protection="changeSessionId" />
        <csrf />
        <form-login authentication-failure-url="/login?loginFailed"
                login-page="/login" login-processing-url="/login/submit"
                username-parameter="username" password-parameter="password"
                default-target-url="/" />
        <logout logout-url="/logout" logout-success-url="/login?loggedOut"
              delete-cookies="JSESSIONID" invalidate-session="true" />
        <custom-filter ref="oAuth2ClientFilter"
                   after="EXCEPTION_TRANSLATION_FILTER" />
    </http>

</beans:beans>
```

最后一个需要配置的是 RestTemplate 实现。如果我们正在使用的是默认的不记名令牌类型，那么该配置将如下面的配置一样简单：

```
<oauth2:rest-template id="customerSupportRestTemplate"
                      resource="oAuth2ClientBean" />
```

不过，因为我们已经创建了一个自定义的 RestTemplate，所以必须手动配置它。这是复杂的并将涉及几件事情：创建一个请求范围内的访问令牌请求并将它封装为代理、创建一个会话范围内的客户端上下文并将它封装为代理，最后创建使用这些其他 bean 的自定义 RestTemplate。通常这些事情都是由<oauth2:rest-template>元素自动完成的。正如<oauth2:resource>一样，我们将为所有应用程序要访问的受保护资源配置一个 RestTemplate。

```
    <beans:bean name="accessTokenRequestProxy" scope="request"
            class="org.springframework.security.oauth2.client.token.
DefaultAccessTokenRequest">
        <aop:scoped-proxy />
        <beans:constructor-arg index="0" value="#{request.parameterMap}" />
        <beans:property name="currentUri"
                value="#{request.getAttribute('currentUri')}" />
```

```
    </beans:bean>
    <beans:bean name="clientContextProxy" scope="session"
            class="org.springframework.security.oauth2.client.
DefaultOAuth2ClientContext">
        <aop:scoped-proxy />
        <beans:constructor-arg index="0" ref="accessTokenRequestProxy" />
    </beans:bean>
    <beans:bean id="customerSupportRestTemplate"
            class="com.wrox.site.OAuth2SigningRestTemplate">
        <beans:constructor-arg index="0" ref="oAuth2ClientBean" />
        <beans:constructor-arg index="1">
            <beans:bean class="org.springframework.security.oauth2.config.
OAuth2ClientContextFactoryBean">
                <beans:property name="resource" ref="oAuth2ClientBean" />
                <beans:property name="bareContext">
                    <beans:bean class="org.springframework.security.oauth2.client.
DefaultOAuth2ClientContext" />
                </beans:property>
                <beans:property name="scopedContext" ref="clientContextProxy" />
            </beans:bean>
        </beans:constructor-arg>
        <beans:property name="messageConverters">
            <beans:list value-type="org.springframework.http.converter.
HttpMessageConverter">
                <beans:bean class="org.springframework.http.converter.json.
MappingJackson2HttpMessageConverter">
                    <beans:property name="objectMapper" ref="objectMapper" />
                </beans:bean>
            </beans:list>
        </beans:property>
    </beans:bean>
```

注意：这个复杂的配置是必需的，因为 Spring Security OAuth2 并未提供一种可以插入额外令牌类型的机制，这意味着我们必须继承 OAuth2RestTemplate 并配置该类。希望 Spring Security OAuth 2 版本 2.0 将会提供一种插件机制，用于提供可选择的令牌类型，从而避免这个问题，但在本书出版之后这个事情仍然是未知的。

28.5.3　使用 REST 模板

使用自定义 OAuth2RestTemplate 可能是 OAuth-Client 项目中最简单的部分。SupportController 将从客户端支持 Web 服务中获得一个所有 Ticket 的列表，并将请求转发到一个显示所有标题的视图。如果目前登录到客户端的用户没有 Web 服务的访问令牌，那么将会出现 UserRedirectRequired-Exception 异常，用户也将被重定向至授权终端。

当含有授权代码的响应返回到该控制器之后，Spring Security OAuth 2 将联系访问令牌终端，并使用授权代码交换访问令牌。然后它可以使用访问令牌安全地访问客户端支持 Web 服务。

```
@WebController
```

```
public class SupportController
{
    private static final Logger log = LogManager.getLogger();

    @Inject @Qualifier("customerSupportRestTemplate")
    RestTemplate webService;

    @RequestMapping("support")
    public String getTickets(Map<String, Object> model)
    {
        TicketWebServiceList list = this.webService.getForObject(
                "http://localhost:8080/support/services/Rest/ticket",
                TicketWebServiceList.class
        );
        model.put("tickets", list);

        return "support";
    }
}
```

警告：现在你可能会注意到这些应用程序的任何位置都没有使用 HTTPS。如果你使用的是不记名令牌，那么必须为所有访问授权服务器和资源服务器的请求使用 HTTPS(即使标准中只要求为重定向终端和访问令牌终端的请求使用 HTTPS)。如果你使用的是基于签名的令牌(如同这里的样例所示)，那么你仍然必须为访问重定向终端和访问令牌终端的请求使用 HTTPS。不过，为所有的资源服务器通信使用它并没有那么必要，这取决我们系统所使用的数据的敏感性。无论是哪种情况，为本书的样例应用程序使用 HTTPS 都是不必要的，而且这也超出了本书的范围。在真实的应用程序中一定要确保遵守了最佳安全实践。

28.5.4 同时测试提供者和客户端

同时测试提供者和客户端需要花上一点功夫，但不是太难。

(1) 在 IDE 中打开 OAuth-Client 项目，编译文件夹形式的 Web 应用程序 artifact。

(2) 在 Maven 的 target 目录中找到该 artifact 目录(可能名为 oauth-client-1.0.0-SNAPSHOT)，将它复制到 Tomcat 的 webapps 目录(在 Windows 机器上可能是 C:\Program Files\Apache Software Foundation\Tomcat 8.0\webapps)。

(3) 将复制过来的目录重命名为 client。

(4) 在 IDE 中打开 Customer-Support-v21 项目并编译它。

(5) 如同之前一样，从 IDE 的 Tomcat 中启动客户端支持应用程序。当 Tomcat 启动时，它将先部署客户端应用程序，因为该应用程序已经存在于 webapps 目录中，然后部署客户端支持应用程序(为了清晰起见，顺序实际上是不重要的)。

(6) 当 Tomcat 完全启动之后，访问 http://localhost:8080/client 并使用硬编码的用户中的某一个登录客户端应用程序。启动页将提供为应用程序授权的指令。

(7) 简单地单击链接，我们将被重定向至客户端支持应用程序的登录页面。

(8) 使用客户端支持应用程序的某个用户登录，此时我们将会看到授权页面。

(9) 为客户端应用程序授权，最后我们将被重定向回 http://localhost:8080/client/support，但此时已经携带了授权代码。Spring Security OAuth 2 将在后台获得访问令牌，然后访问受保护的资源。

在客户端应用程序中我们应该看到一个 Ticket 主题的列表，这意味着我们的 OAuth 提供者和客户端都正常工作了。

28.6 小结

本章涵盖了许多概念和技术，它们都涉及如何保护 Web 服务防止未授权的访问。本章讲解了 OAuth，并比较了 OAuth 1.0a 和 OAuth 2.0 标准，但并未深入讲解 OAuth 标准，我们在将任意一个 OAuth 版本的实现应用到生产环境之前都应该认真阅读它的规范。本章讲解了 OAuth 2.0 是如何在 Spring Security OAuth 中工作的，包括 Spring Security OAuth 将如何帮助我们创建资源提供者和客户端应用程序。最后，本章通过使用 OAuth 保护客户端支持应用程序的 Web 服务，完成了客户端支持应用程序的所有工作，并且还创建了一个样例客户端应用程序，用于证明 OAuth 实现是可以正常工作的。

本书从简单的介绍开始一直讲到基本 Java EE Web 应用程序的结构。我们学习了 Servlet、JSP、自定义 JSP 标签、HTTP 会话、过滤器、WebSocket 和使用 Log4j 2 的应用程序日志。接下来我们学习了 Spring Framework 和它的强大特性，它将帮助我们创建世界一流的应用程序。在实验了 Java Persistence API 之后，我们学习了 Spring Data 如何通过数行代码就实现了实体持久化。最后，在最后一部分我们学习了如何使用 Spring Security、表单认证和 OAuth 保护应用程序。

你永远无法学完所有 Java EE、Spring Framework 和 Java Persistence 相关的内容(不断地学习也是乐趣的一部分！)，但本书教会了你所需要的工具，并指导你走在了创建高级、企业级应用程序(可以为你和你的客户更好地服务)的正确道路上。

我们在本书中使用的工具每天都会有新版本发布，并且每个新版本都带来了可以改进我们应用程序的新特性。请寻找这些新特性和本书未来的版本，及时了解专业 Java Web 应用程序开发的最新技术和方式。

注意：替换标准的 Spring Security OAuth 2 认证过程过滤器是必须的，因为 Spring Security OAuth 2 未提供一种插入额外令牌类型的机制。希望 Spring Security OAuth 2 版本 2.0 将会提供一种插件机制，用于提供可选择的令牌类型，从而避免这个问题，但在本书出版之后这个事情仍然是未知的。

28.4.6　重新配置 Spring Security

完成 OAuth 2 提供者的最后一步就是在 Spring Security 中配置它。尽管我们在之前的章节中已经使用纯 Java 配置了 Spring Security，但是 Spring Security OAuth 尚未支持 Java 配置。尽管理论上我们可以创建一个混合的 Spring Security 配置，将 XML 命名空间和 Java 配置特性结合起来，但相较于它带来的好处，这样做会引起更多的麻烦。我们最好只使用 XML 命名空间配置。

你会注意到 SecurityConfiguration 已经不再存在了。它已经被资源目录中的 securityConfiguration.xml 文件所替代，而 RootContextConfiguration 也已经被修改为导入 XML 文件。

```
...
@ImportResource({ "classpath:com/wrox/config/securityConfiguration.xml" })
public class RootContextConfiguration implements
        AsyncConfigurer, SchedulingConfigurer, TransactionManagementConfigurer
{
    ...
}
```

XML 配置将以命名空间导入和一些基本 bean 的定义开头。

```
<?xml version="1.0" encoding="UTF-8"?>
<beans:beans xmlns="http://www.springframework.org/schema/security"
             xmlns:beans="http://www.springframework.org/schema/beans"
             xmlns:oauth2="http://www.springframework.org/schema/security/oauth2"
             xmlns:xsi="http://www.w3.org/2001/XMLSchema-instance"
             xsi:schemaLocation="...">

    <beans:bean id="userService" class="com.wrox.site.DefaultUserService" />
    <beans:bean id="webServiceClientService"
                class="com.wrox.site.DefaultWebServiceClientService" />
    <beans:bean id="clientDetailsUserService"
                class="org.springframework.security.oauth2.provider.client.
ClientDetailsUserDetailsService">
        <beans:constructor-arg ref="webServiceClientService" />
    </beans:bean>

    <beans:bean id="sessionRegistry"
                class="org.springframework.security.core.session.
SessionRegistryImpl" />

    <beans:bean id="webSecurityExpressionHandler"
                class="org.springframework.security.oauth2.provider.expression.
OAuth2WebSecurityExpressionHandler" />
```

```
    <beans:bean id="methodSecurityExpressionHandler"
                class="org.springframework.security.oauth2.provider.expression.
OAuth2MethodSecurityExpressionHandler" />

    <beans:bean id="passwordEncoder"
                class="org.springframework.security.crypto.bcrypt.
BCryptPasswordEncoder" />

    ...

</beans:beans>
```

注意密码编码器、会话注册表和 DefaultUserService 的配置，在之前的章节中我们使用 Java 完成了它们的配置。它还配置了 Spring Security OAuth 2 表达式处理器用于替代 stock 表达式处理器和 DefaultWebServiceClientService(之前创建的、用于查找 OAuth 客户端的服务)。ClientDetailsUserDetailsService 是 ClientDetailsService 和 UserDetailsService 接口之间的一个特殊桥梁，为了使访问令牌终端中的认证管理器可以正常工作，它也是必要的。对于不记名令牌来说，通常我们会定义 DefaultTokenServices 和 TokenStore。例如，我们可以使用下面的配置：

```
    <beans:bean id="tokenStore"
                class="org.springframework.security.oauth2.provider.token.
InMemoryTokenStore" />

    <beans:bean id="tokenServices"
                class="org.springframework.security.oauth2.provider.token.
DefaultTokenServices">
        <beans:property name="tokenStore" ref="tokenStore" />
        <beans:property name="supportRefreshToken" value="true" />
        <beans:property name="clientDetailsService"
                        ref="webServiceClientService" />
    </beans:bean>
```

不过，我们只需要配置 DefaultAccessTokenServices 即可。

```
    <beans:bean id="tokenServices"
                class="com.wrox.site.DefaultAccessTokenServices" />
```

接下来我们需要配置几个其他的 OAuth 和认证管理组件。UserApprovalHandler 将处理资源所有者对客户端认证请求的响应。OAuth2AccessDeniedHandler 将处理访问拒绝错误和返回含有客户端请求内容类型的响应。OAuth2AuthenticationEntryPoint 完成了相同的事情，除了它处理的是认证错误而不是访问拒绝错误之外。第一个<authentication-manager>将为第 26 章配置的认证创建认证管理器，而第二个<authentication-manager>将创建一个特殊的认证管理器，只用于处理访问令牌终端的客户端请求。

```
    <beans:bean id="userApprovalHandler"
                class="org.springframework.security.oauth2.provider.approval.
TokenServicesUserApprovalHandler">
        <beans:property name="tokenServices" ref="tokenServices" />
    </beans:bean>

    <beans:bean id="oauthAccessDeniedHandler"
```